Lineare Modelle mit fehlerbehafteten Daten

Hans Schneeweiß
Hans-Joachim Mittag

Lineare Modelle mit fehlerbehafteten Daten

Mit 50 Abbildungen und 18 Tabellen

Physica-Verlag Heidelberg Wien

Professor Dr. Hans Schneeweiss, Zeller Straße 62,
D-8026 Ebenhausen, FRG

Hans-Joachim Mittag, Burgstraße 24 a,
D-5802 Wetter, FRG

ISBN 3-7908-0320-0 Physica-Verlag Heidelberg Wien

CIP-Kurztitelaufnahme der Deutschen Bibliothek
Schneeweiss, Hans:
Lineare Modelle mit fehlerbehafteten Daten / Hans
Schneeweiss ; Hans-Joachim Mittag. – Heidelberg ;
Wien : Physica-Verlag, 1986.
(Physica-Paperback)
ISBN 3-7908-0320-0
NE: Mittag, Hans-Joachim:

Satz- und Druckarbeiten: Liebing Druck GmbH, 8700 Würzburg
Bindearbeiten: Konrad Triltsch GmbH, Graphischer Betrieb, 8700 Würzburg

7120/7130 - 543210

Corrigenda

S. 49, 4. Zeile: $\hat{\beta}_i \approx \beta(1 - \ldots)$ statt $\hat{\beta}_i \approx (1 - \ldots)$

S. 97, 2. Zeile von Abschnitt 2.1.2c: Abb. 2.1/2 statt Abb. 2.1/1

Im Lösungsteil sind in L 1.3/10 — 11 und L 1.4/4 teilweise falsche Abbildungen einmontiert worden:

L 1.3/10

Die beiden letzten Abbildungen sind durch die nachstehenden zu ersetzen:

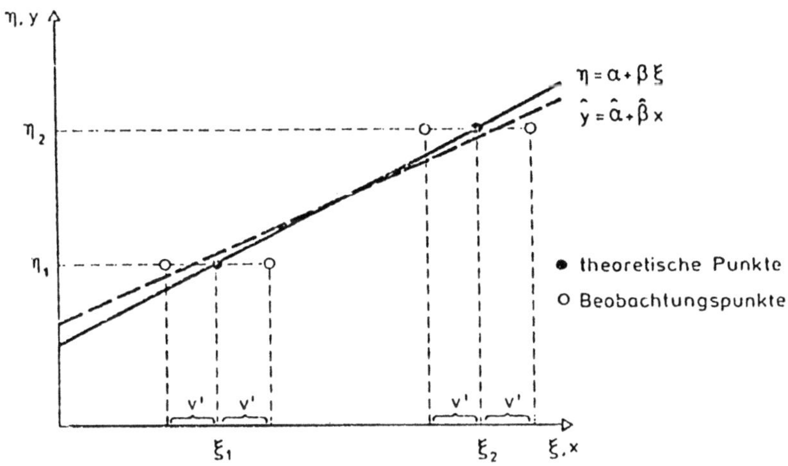

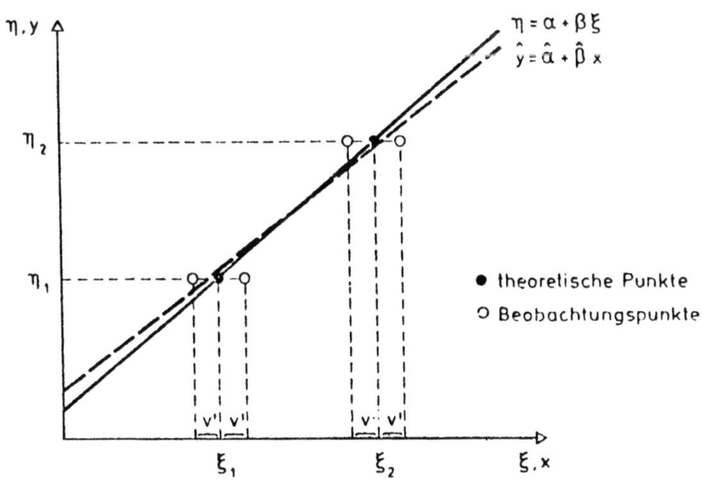

L 1.3/11

Die dort verwendete Abb. ist durch die nachstehende zu ersetzen:

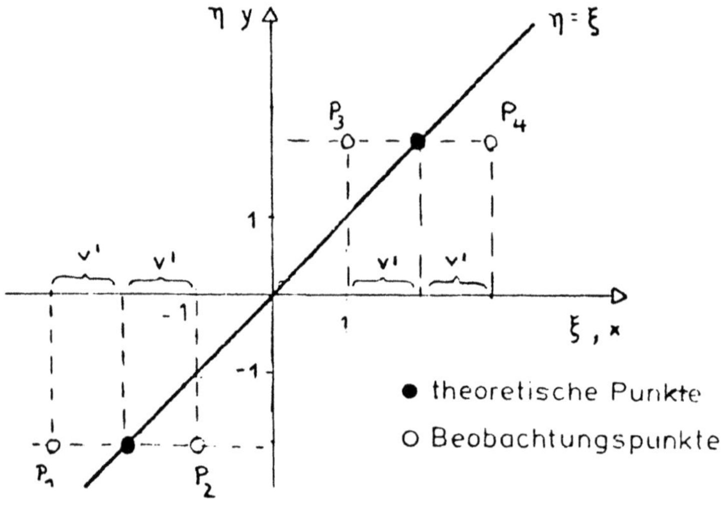

L 1.4/4

Die dort wiedergegebene Veranschaulichung der Größenrangordnung ist durch die nachstehende zu ersetzen:

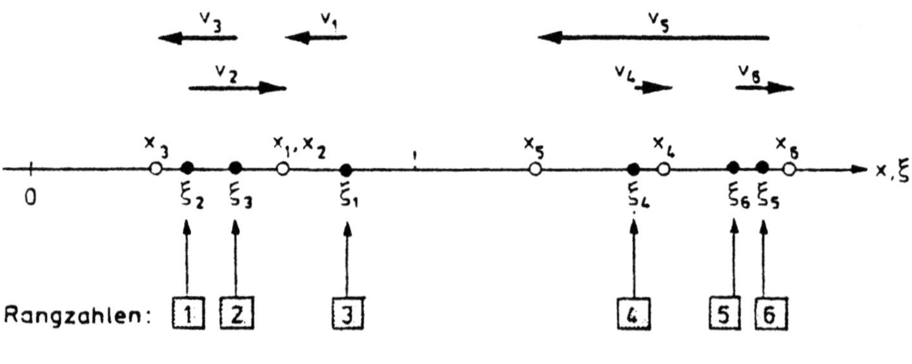

Vorwort

Lineare Modelle mit Fehlern in den Variablen finden sowohl in der theoretischen Statistik als auch in den verschiedensten Anwendungsbereichen der theoretischen Statistik zunehmend Beachtung. Entsprechend ihrer Bedeutung wird ihnen in vielen Lehrbüchern der Statistik, aber auch in den Lehrbüchern der Ökonometrie, ein eigenes Kapitel oder zumindest ein eigener Abschnitt gewidmet. Am ausführlichsten ist wohl das Kapitel 29 in *Kendall/Stuart* [1979]. In dem von *Humak* [1983] herausgegebenen Buch haben *Höschel* und *Nussbaum* in Kapitel 3 auf hohem abstraktem Niveau eine ausführliche Darstellung der Modelle mit Fehlern in den Variablen gegeben. Darüber hinaus gibt es mehrere Übersichtsartikel zu diesem Thema, so vor allem *Madanski* [1959], *Moran* [1971], *Anderson* [1984] und *Aigner* et al. [1984]. Auf Spezialgebieten sind Monographien oder Sammelbände erschienen *Maravall*, 1979; *Geraci*, 1982; *Aigner/Goldberger*, 1977. Im Zusammenhang mit dem linearen Modell haben *Acton* [1959], *Williams* [1959] und *Sprent* [1969] in ihren Büchern Modelle mit Fehlern in den Variablen berücksichtigt.

Ein Lehrbuch, das sich ausschließlich und umfassend Modellen mit fehlerbehafteten Daten widmet, gibt es dagegen noch nicht. Wir hoffen, mit diesem Buch eine Lücke zu schließen. Insbesondere hoffen wir, der gerade in den letzten Jahren zu beobachtenden stürmischen Entwicklung auf dem Gebiet der Fehler in den Variablen ausreichend Rechnung getragen zu haben. Diese fortschreitende Entwicklung hatte den Abschluß des Buches immer wieder verzögert.

Ausgangspunkt bei der Konzeption des vorliegenden Buchmanuskripts war ein Fernstudienkurs, der von den Autoren 1977-1978 auf Vorschlag von Prof. Dr. Josef Gruber, Lehrgebiet Statistik und Ökonometrie der FernUniversität Hagen, erstellt wurde. Der Kurs, der an der FernUniversität von 1978-1984 unter der Bezeichnung „Ökonometrische Modelle mit Fehlern in den Variablen" angeboten wurde, umfaßte einen weitaus engeren, allein auf ökonometrische Modelle zugeschnittenen Bereich. Das Buch ist hingegen fächerübergreifend angelegt. Es behandelt u.a. ausführlich zahlreiche praxisnahe Beispiele, die aus ganz verschiedenen Gebieten stammen — neben der Ökonometrie etwa aus der Biometrie, der Medizin, dem Eichwesen, der Geophysik oder der Luft- und Raumfahrt.

Das Buch, so wie es sich jetzt darbietet, hat jedenfalls kaum noch etwas mit dem damaligen Kurs gemein. Dennoch waren die mit dem Kurs gesammelten didaktischen Erfahrungen eine wertvolle Hilfe bei der Konzeption des Buches. So ist letzteres wie der Kurs selbstinstruierend angelegt und mit vielen Übungsaufgaben angereichert (einschl. Lösungen). Zahlreiche Abbildungen und tabellarische Übersichten gestatten, wie wir hoffen, einen leichteren Zugang zu der Materie. Am Ende eines zusammenhängenden Abschnitts sind i.d.R. Hinweise gegeben auf neuere

Ergebnisse, offene Fragestellungen etc. Diese Hinweise sollen den Einstieg in weiterführende Literatur erleichtern. Einige der neueren Entwicklungen sind jedoch in den Text aufgenommen worden. Neben Darstellungen des dynamischen und des interdependenten Modells mit Fehlern in den Variablen wird insbesondere auch ein Überblick gegeben über Ergebnisse aus der „Kleine-Stichproben-Forschung", die sich sonst nur verstreut in der Literatur finden.

Das Buch wendet sich sowohl an Praktiker, die einen Einstieg in den Themenkreis „Modelle mit fehlerbehafteten Daten" suchen (etwa um Anwendungen aus ihrem Berufsfeld zu erschließen), als auch an Wissenschaftler, die sich über den derzeitigen Stand der Theorie informieren wollen.

Die Autoren sind vor allem Prof. Gruber zu besonderem Dank verpflichtet. Prof. Gruber, der schon sehr früh die Entwicklung dieser Monographie anregte, hat die Arbeit an diesem Buch durch Ratschläge und ständige Ermutigungen entscheidend gefördert. Er hat den Autoren insbesondere Gelegenheit gegeben, viele Male an seinem Lehrgebiet über die Ergebnisse der fortlaufenden Arbeit zu referieren und kontroverse Aspekte zu diskutieren.

Förderlich für das Buch war auch der Workshop on Functional and Structural Relationships and Factor Analysis, der in Dundee (Schottland) im August/September 1983 mit Unterstützung des U.K. Science and Engineering Research Council abgehalten wurde und an dem einer der Autoren teilnehmen konnte. Beide Autoren haben die anschließende Konferenz zum gleichen Gegenstand in Dundee besucht.

Anregungen kamen schließlich auch von anderen Wissenschaftlern, die sich mit dem gleichen Thema beschäftigen. Mit Dank erwähnen möchten wir insbesondere Prof. Dr. Wayne A. Fuller, Prof. Dr. Jan Kmenta und Dr. m Wansbeek. Herr Dr. R. Galata hat das Manuskript kritisch durchgesehen, wofür wir ihm danken möchten. Bei der Abfassung des z.T. formelreichen Manuskripts haben Frau E. Greber und Frau H. Wrage, auch wegen des mehrfachen Neu- und Umschreibens, beachtliche Mühe gehabt. Auch ihnen danken wir sehr für ihren Einsatz und ihre stete Geduld. Dank gebührt schließlich auch dem Physica-Verlag für die erfreuliche Zusammenarbeit.

August 1986

Hans Schneeweiß, München
Hans-Joachim Mittag, Hagen

Inhaltsverzeichnis

3 Schätzung der Modellparameter

5 Spezifikationstests und Prognose

Abbildungsverzeichnis

Tabellenverzeichnis

Verzeichnis der Anwendungsbeispiele

Im folgenden sind, nach Wissenschaftsgebieten geordnet, diejenigen Anwendungsbeispiele zusammengestellt, die im Manuskript ausführlicher dargestellt sind. Nicht berücksichtigt sind Anwendungen, die im Text lediglich erwähnt werden, z.B. in den Anmerkungen. Die Angaben in Klammern verweisen auf die Unterabschnitte, in denen das betreffende Beispiel behandelt ist.

Soziologie
Erklärung des Rollenverhaltens von Managern (3.3.1e)

Erziehungswissenschaften
Aufdeckung von Begabungsfaktoren (1.5.2c)

Biometrie
Messung von Proportionen an einem wachsenden Organismus (Allometrie) (3.3.2f, 3.4.1b)

Biochemie
Abhängigkeit der durch Muskelarbeit erzeugten Wärme von chemischen Umwandlungsprozessen (3.5.2i)

Medizin
Zusammenhang zwischen dem Eiweißgehalt im Blut und im Urin (3.4.2f)
Zusammenhang zwischen oral und rektal gemessener Körpertemperatur (3.4.2f)
Anstieg des Blutdrucks in Abhängigkeit vom Anfangswert (3.3.1e)

Agrarwissenschaften
Zusammenhang zwischen Ernteertrag und Düngung beim Maisanbau (1.2.2e)

Geophysik
Messung von Erdbebenstärken (3.5.3c, 5.2.2c)

Physik
Abhängigkeit der Lichtstärke von der elektrischen Spannung (1.5.5b)

Geologie
Altersbestimmung von Gesteinen (3.3.2f)

Astronomie
Bewegung von Himmelskörpern (1.2.2e)

Luft- und Raumfahrt
Bestimmung der Raumkoordinaten eines Flugkörpers (3.6.2b)

Eichwesen
Feinabstimmung von Meßinstrumenten (3.4.2f, 3.5.3c)

Verzeichnis der wichtigsten Abkürzungen

Modelle

FA-Modell	faktoranalytisches Modell
FV-Modell	Modell mit fehlerbehafteten Daten, Modell mit Fehlern in den Variablen
FVE-Modell	FV-Modell mit Einflußgrößen, **FV-E**influßgrößen-Modell
FVI-Modell	FV-Modell mit Indikatorvariablen, **FV-I**ndikator-Modell
I-Modell	interdependentes Modell (ohne Meßfehler)
LISREL-Modell	allgemeines lineares Modell mit latenten Variablen (**li**near structural **rel**ationships)
MIMIC-Modell	FV-Modell mit Indikatoren und Einflußgrößen, Indikator-Einflußgrößen-Modell (**mi**ltiple **i**ndicator **m**ult**i**ple **c**ause)
R-Modell	FV-Modell mit **R**eplikationen

Schätzungen

G-Schätzung	Schätzung mit **g**ruppierten Daten
IV-Schätzung	Schätzung unter Verwendung von **I**nstrument**v**ariablen
K-Schätzung	Schätzung mit Informationen über **K**umulanten
KQ-Schätzung	Schätzung nach der Methode der **k**leinsten **Q**uadrate
2KQ-Schätzung	zweistufige KQ-Schätzung
M-Schätzung	Schätzung mit Informationen über **M**omente, Momentenschätzer. Die maximale Ordnung dieser Momente wird gelegentlich durch einen Index gekennzeichnet (M_2-Schätzung, M_3-Schätzung)
ML-Schätzung	**M**aximum-**L**ikelihood-Schätzung
P-Schätzung	Schätzung bei Kenntnis der Kovarianzmatrix Σ_0 aller Fehlervariablen bis auf einen **P**roportionalitätsfaktor
$\hat{\text{P}}$-Schätzung	Modifizierte P-Schätzung. Im Unterschied zur P-Schätzung wird anstelle der Kenntnis von Σ_0 (bis auf einen Proportionalitätsfaktor) nur die Kenntnis einer Schätzung $\hat{\Sigma}_0$ der Kovarianzmatrix Σ_0 vorausgesetzt.
R-Schätzung	Schätzung auf der Basis von **R**eplikationen
V-Schätzung	Schätzung bei Kenntnis der Kovarianzmatrix Σ der Fehler in den exogenen Variablen (im einfachen FV-Modell ist dies eine Varianz)
$\hat{\text{V}}$-Schätzung	Modifizierte V-Schätzung. Im Unterschied zur V-Schätzung wird anstelle der Kenntnis von Σ nur die Kenntnis einer Schätzung $\hat{\Sigma}$ der Kovarianzmatrix Σ vorausgesetzt.

0 Einleitung

0.1 Fehler in den Variablen

Statistische Daten sind in der Regel fehlerbehaftet. Die Fehler rühren von einer fehlerhaften Messung bzw. Erhebung der Daten her und und werden daher auch als **Meßfehler** bezeichnet. Werden die Daten als Ausprägungen statistischer Variablen angesehen, dann bezeichnet man die Meßfehler als **Fehler in den Variablen.** Sie mögen gelegentlich vernachlässigbar klein sein, häufig aber sind sie beachtlich, und ganz zu vermeiden sind sie wohl nur selten. Jede weitergehende Analyse, die mit Hilfe fehlerhafter Daten unternommen wird, wird im allgemeinen ebenfalls fehlerhaft ausfallen. Wir wollen insbesondere die Auswirkungen von Fehlern in den Variablen auf die Analyse von *linearen Regressionsbeziehungen* zwischen diesen Variablen untersuchen. Auch wollen wir nach Möglichkeiten suchen, wie man die Fehler bei der Analyse in der Weise berücksichtigt, daß man trotz vorhandener Meßfehler zu unverzerrten Schätzungen, Tests und Prognosen gelangt. Dieses Ziel ist freilich nur erreichbar, wenn man die Natur der Meßfehler genau kennt oder — in der Theorie — wenn man geeignete Annahmen über sie trifft.

Wir unterscheiden zunächst grob zwischen **systematischen Meßfehlern** und **zufälligen Meßfehlern.** Erstere sind deterministische Funktionen der zu messenden Größe. Im einfachsten und wohl auch häufigsten Fall sind sie konstant, d.h. der Meßwert unterscheidet sich vom wahren Wert um einen konstanten Fehler. Zufällige Meßfehler variieren dagegen von Messung zu Messung stochastisch um den Mittelwert 0. Im einfachsten Fall sind sie stochastisch unabhängig voneinander und folgen einer für jede Messung gleichbleibenden Wahrscheinlichkeitsverteilung mit konstanter Varianz. Beide Fehlerarten treten gewöhnlich zusammen auf. Welcher von beiden überwiegt und welcher in der Datenanalyse die größere Relevanz besitzt, hängt ganz vom Untersuchungsgegenstand ab.

In den *experimentellen* Naturwissenschaften, bei denen der Meßfehler von dem eingesetzten Meßgerät und dem verwendeten Meßverfahren abhängt, kann man häufig — aber keineswegs immer — den systematischen Fehler durch Justierung des Meßgeräts vernachlässigbar klein machen. Um so wichtiger ist der Zufallsmeßfehler. Die Qualität etwa einer physikalischen Messung hängt entscheidend von der Varianz des zufälligen Meßfehlers ab. Die sogenannten „exakten" Wissenschaften sind gerade deswegen exakt, weil sie die Größe des Meßfehlers voll in Rechnung stellen. Dabei kann man in den experimentellen Wissenschaften i.d.R. davon ausgehen, daß die Varianz des zufälligen Meßfehlers mit ausreichender Genauigkeit bekannt ist. Aus zahlreichen Messungen, die in der Vergangenheit mit dem gleichen Meßinstrument durchgeführt worden sind, hat sich im Laufe der Zeit ein Erfahrungswert für die Fehlervarianz ergeben, mit dessen Hilfe künftige Messungen beurteilt werden können. Diese A-priori-Information (Kenntnis einer oder mehrerer Meßfehlervarianzen) eröffnet dann Möglichkeiten zur konsistenten Schätzung der Parameter im Regressionsmodell (vgl. 3.3).

Die Fehlervarianz kann in den experimentellen Wissenschaften in vielen Fällen dadurch herabgedrückt werden, daß man jeden Wert *mehrmals* mißt (replizierte Messungen) und aus den Meßwerten (Replikationen) den Durchschnitt bildet. Ganz verschwindet der Meßfehler freilich auch dann nicht. Zudem gibt es Fälle, etwa in der Biologie oder Medizin, wo nur sehr wenige Male der gleiche Meßvorgang wiederholt werden kann. Wenn man dann nicht auf frühere Erfahrungswerte über die Meßfehlervarianz zurückgreifen kann, ist man darauf angewiesen, allein aus der gerade vorliegenden Meßreihe die Varianz des Meßfehlers zu schätzen. Die über Replikationen erlangte approximative Kenntnis einer oder mehrerer Meßfehlervarianzen läßt sich für die konsistente Schätzung der Regressionsparameter heranziehen, wie wir in 3.4 sehen werden.

Die Möglichkeit, durch wiederholte Messungen die Meßfehlervarianz zu reduzieren und zu schätzen, entschärft gewiß das Meßfehlerproblem in den experimentellen Wissenschaften, wenn es dadurch auch nicht völlig beseitigt wird. Es gibt aber auch noch einen anderen Grund, warum Meßfehler in den experimentellen Wissenschaften jedenfalls für die Regressionsanalyse nicht die gleiche Bedeutung haben wie in anderen Wissenschaften. Häufig wird nämlich ein Experiment, bei dem es um die Messung des Zusammenhangs zwischen zwei Variablen geht, so angelegt, daß die unabhängige (exogene) Variable vom Experimentator auf einen vorweg bestimmten Wert festgelegt wird. Dieser Wert wird dann systematisch variiert, um den Einfluß auf die abhängige Variable zu studieren. Wenn der Wert der exogenen Variablen mit Hilfe eines Meßgeräts festgelegt wird, muß man natürlich auch hier wieder mit einem Meßfehler rechnen. Es zeigt sich aber, daß bei dieser Experimentanordnung der Meßfehler zwar durchaus die Genauigkeit der Messungen beeinflußt, aber keine systematische Verzerrung in die Regressionsschätzung hineinbringt. Die Regressionsparameter werden in diesem Fall nämlich, wie *Berkson* [1950] feststellte, bereits durch die gewöhnliche Methode der kleinsten Quadrate konsistent geschätzt.

In den *nichtexperimentellen* Naturwissenschaften, z.B. in der Astronomie oder Geologie, und erst recht in den Sozial- und Wirtschaftswissenschaften, in denen ja Experimente in der Regel auch nicht möglich sind, kommt der zufällige Meßfehler wieder voll zur Geltung. Hier muß bei jeder Regressionsanalyse grundsätzlich mit Verzerrungen gerechnet werden, die von Meßfehlern herrühren.

Bemerkenswerterweise spielen gerade in diesen Wissenschaftsbereichen auch systematische Fehler eine große Rolle. Die Geschichte der astronomischen Entfernungsmessungen ist eine Geschichte der Irrtümer und systematischen Fehleinschätzungen, die zu immer wieder neuen Revisionen Anlaß gegeben haben. Ähnlich sind die ständigen Revisionen amtlicher statistischer Daten ein deutlicher Hinweis auf das Vorhandensein systematischer Fehler in diesen Daten. Wir gehen darauf in 0.2 ein.

Doch zurück zum zufälligen Fehler. Wo in den nichtexperimentellen Wissenschaften Wiederholungen des Meßvorgangs möglich sind, besteht auch dort die Chance, die Meßfehlervarianz einerseits herabzudrücken, zugleich aber auch ihre

Größe aufzudecken oder zumindest abzuschätzen. In den Sozialwissenschaften etwa, bei denen der „Meßvorgang" meistens aus einem Befragungsakt besteht, kann manchmal die Befragung wiederholt werden. Aus der Antwortvariabilität lassen sich u.U. gewisse Rückschlüsse auf die Fehlervarianz ziehen [vgl. z.B. *Strecker*, 1980; *Strecker et al.*, 1983; *Strecker/Wiegert*, 1985 oder *Battese/Fuller/Hickman*, 1976].

In anderen Fällen kann man zunächst die Daten in Gruppen aufteilen und die zu einer bestimmten Gruppe gehörenden Daten dann ähnlich behandeln wie im Replikationsfall. Wiederholte Querschnittserhebungen oder besser noch Panelerhebungen gestatten bisweilen ebenfalls Rückschlüsse auf die Fehlervarianzen. Auf Parameterschätzungen mittels gruppierter Daten gehen wir in 3.6 ein.

Bei den gesamtwirtschaftlichen Daten, die durch Erhebungen von Einzeldaten und anschließender Aggregation gewonnen werden, ist eine Wiederholungserhebung i.d.R. nicht möglich. Hier ist auch die Fehlerabschätzung äußerst problematisch und kann, wenn überhaupt, nur sehr vage und subjektiv erfolgen.

0.2 Ursachen und Ausmaß von Fehlern

Worauf sind Fehler in den Variablen aber zurückzuführen? Diese Frage wird sicher in jedem Sachgebiet anders zu beantworten sein. Besonders komplex und vielfältig sind die Fehlerquellen bei Daten, die aus statistischen Erhebungen gewonnen werden. Als Beispiel sei auf die Zahlen der Volkswirtschaftlichen Gesamtrechnung (VWG) hingewiesen. **Erhebungsfehler** lassen sich u.a. zurückführen auf

- falsche Messungen bzw. falsche Antworten bei den Erhebungseinheiten
- falsche Abgrenzung der Grundgesamtheit
- Doppelzählungen
- Stichprobenschätzfehler.

In manchen Fällen ist eine direkte Erhebung der gewünschten Daten zu schwierig, so daß man sich mit Schätzungen begnügen muß.

Weitere Fehler können sich bei der Aufbereitung der Rohdaten einschleichen, wobei hier nur die unvermeidlichen **Rundungsfehler** genannt seien.

Selbst schon bei der Konzeption der zu erhebenden Merkmale bzw. Merkmalsaggregate können sich Fehler einstellen, weil häufig das theoretisch angestrebte Konzept in der Praxis gar nicht exakt erhoben werden kann und daher nach angenähert meßbaren Konzepten gesucht werden muß (**Adäquationsfehler**). Vor dieser Lage steht oft genug der Ökonometriker, der eine theoretisch definierte Variable als Bestimmungsgröße in ein Modell aufnehmen möchte, diese Variable aber unter den von den statistischen Institutionen bereitgestellten Daten nicht vorfindet und daher gezwungen ist, eine möglichst ähnliche Variable ersatzweise (als sog. **Proxy-Variable**) zu verwenden.

Fehler in den Variablen können also ganz verschiedene Ursachen haben. In jedem Falle verfälschen sie die erhobenen Daten. Wie stark kann eine solche Verfälschung sein?

Objektive Methoden zur Abschätzung der Größe der Fehler in den Variablen gibt es wohl nur bezüglich des Stichprobenfehlers. Hier können die bekannten statistischen Verfahren zur Abschätzung des Schätzfehlers herangezogen werden. Bezüglich der anderen Fehler muß man sich mit mehr oder weniger gut begründeten, aber letztlich doch subjektiven Abschätzungen von Experten begnügen. Der mit der Erhebungstechnik betraute Statistiker kann wohl am ehesten Aussagen über den möglichen Meßfehler machen. So kam z.B. *Kuznets* [1941, S. 501 — 537] aufgrund von Expertenbefragungen und anderen Detailanalysen zu der Ansicht, daß das Volkseinkommen der USA mit einem durchschnittlichen Fehler von ± 10% bis ± 20% ausgewiesen wird [*Rinne*, 1969a, S. 17f., 1969b]. *Dalenius* [1977] hat eine umfangreiche Bibliographie zum Nichtstichprobenfehler zusammengestellt.

Hinweise über das Ausmaß der Fehler liefern auch die in der statistischen Arbeit immer wieder auftretenden Diskrepanzen und Revisionen.

Diskrepanzen treten meistens dann auf, wenn dieselbe statistische Zahl auf unterschiedliche Weise berechnet wird, so z.B. wenn das Sozialprodukt nach Entstehung, Verwendung oder Verteilung berechnet wird. Solche Diskrepanzen werden in der Regel auf die Komponenten, aus denen sich eine statistische Größe (wie z.B. das Sozialprodukt) zusammensetzt, aufgeteilt und erscheinen dann oft nicht mehr in den veröffentlichten Zahlenwerken. Diskrepanzen treten auch dann auf, wenn dieselbe Größe von verschiedenen Institutionen erhoben bzw. berechnet wird, etwa vom Statistischen Bundesamt einerseits und von den Konjunktur- und Wirtschaftsforschungsinstituten andererseits.

Morgenstern [1963] gibt eklatante Beispiele für Diskrepanzen an, die verdeutlichen, mit welchen Fehlern man im Einzelfall rechnen muß. So wird der Export von den USA in die Bundesrepublik Deutschland im Jahre 1960 seitens der BRD um 33,7% niedriger ausgewiesen als seitens der USA — eine Diskrepanz, die nach *Morgenstern* [1963, S. 169ff.] nicht allein mit der unterschiedlichen Erfassung, durch Frachtkosten, Versicherungen, Zölle usw. erklärt werden kann.

Revisionen werden von den Statistischen Ämtern regelmäßig vorgenommen, denn die ersten Veröffentlichungen haben fast immer nur vorläufigen Charakter. Zum Zeitpunkt der ersten Veröffentlichung liegen noch nicht alle relevanten Informationen vor. Später hinzukommende Informationen führen dann zwangsläufig zu einer Revision der Daten. Solche statistisch bedingten und laufend vorgenommenen Revisionen werden von Fall zu Fall durch einmalige, ganze Zeitabschnitte einbeziehende Revisionen ergänzt. Diese haben meist ihren Ursprung darin, daß die Definition des zu erhebenden Begriffs geändert wird, was dann natürlich andere Zahlenwerte zur Folge hat. Nach *Rinne* [1969a, S. 8] wurde der für 1950 errechnete Wert des Bruttosozialproduktes (BSP) für die Bundesrepublik Deutschland von 1951, dem Zeitpunkt der ersten Veröffentlichung, bis 1963 insgesamt sechsmal revidiert.

Das Ausmaß der Revisionen ist sehr unterschiedlich. Es hängt von der Art der Revision und von der revidierten Zahlenreihe selbst ab. Die ersten Revisionen, in aller Regel statistisch bedingt, sind vergleichsweise klein, z.B. ± 1% beim BSP [*Rinne*, 1969a, S. 10]. Die Generalrevisionen führen oft zu viel größeren Abweichungen. Besonders starke Schwankungen, zwischen 20% und 60%, zeigen gewisse Teilaggregate des BSP, wie etwa die Abschreibungen oder die Vorratsänderungen [*Rinne*, 1969a, S. 13].

Diskrepanzen und Revisionen vermitteln eine Vorstellung über die Größenordnung der Meßfehler. Da sie bei Zeitreihendaten Jahr für Jahr anfallen, gestatten sie darüber hinaus eine eingehende Analyse. Stellt man nämlich für irgendeine Zeitreihe die aus Diskrepanzen oder Revisionen herrührenden Abweichungen selbst wieder zu einer Zeitreihe zusammen, dann entdeckt man, daß sie nicht rein zufällig schwanken, sondern zumindest teilweise systematischer Natur sind.

Zur Verdeutlichung sehe man sich Tab. 0.1/1 an [*Rinne*, 1969a, Tabellenanhang I]. Die abgebildete Tabelle weist in der ersten Spalte erste vorläufige Werte des Nettosozialproduktes (NSP) zu Faktorkosten auf. In der zweiten Spalte stehen die „endgültigen Daten", das sind hier die Werte, wie sie nach der Generalrevision von 1963 ausgewiesen worden sind. (Alle Größen sind in Milliarden DM und in laufenden Preisen ausgedrückt.) Die dritte Spalte gibt die Unterschiede zwischen vorläufigen und endgültigen Daten an.

Jahr	Nettosozialprodukt zu Faktorkosten		
	erste vorläufige Daten (1)	endgültige Daten (2)	Differenz (1) – (2)
1949	64,484	66,07	– 1,586
1950	73,351	75,16	– 1,809
1951	90,101	91,08	– 0,979
1952	98,434	103,77	– 5,336
1953	103,037	112,13	– 9,093
1954	112,343	121,08	– 8,737
1955	126,157	139,46	– 13,303
1956	147,016	154,37	– 7,354
1957	158,0	168,29	– 10,29
1958	169,1	180,14	– 11,04
1959	188,6	193,17	– 4,57
1960	214,7	216,92	– 2,22

Tab. 0.1/1: Vergleich zweier NSP-Zeitreihen [nach *Rinne*].

Eine Analyse der Tabelle zeigt, daß die Werte in der letzten Spalte um einen Mittelwert von – 6,4 (Mrd. DM) mit einer Standardabweichung von 4,0 (Mrd. DM) schwanken. Sieht man – ganz hypothetisch – die „endgültigen" Daten als fehlerfrei an, dann könnte man sagen, daß die ersten vorläufigen Daten mit einem konstanten systematischen Fehler von – 6,4 und einem Zufallsfehler mit Erwartungswert 0 und Standardabweichung 4,0 behaftet sind.

Wenn wir die ersten vorläufigen Daten mit y_t, die endgültigen Daten mit η_t, die Differenz $y_t - \eta_t$ mit ω_t und die stochastische Komponente von ω_t mit ω'_t bezeichnen, dann läßt sich das Ergebnis der Analyse von Tab. 0.1/1 wie folgt zusammenfassen:

$$y_t = \eta_t + \underbrace{\omega_t}_{\text{Meß-fehler}}, \qquad \omega_t = \underbrace{-\,6{,}4}_{\text{system. Fehler}} + \underbrace{\omega'_t}_{\text{Zufalls-fehler}}, \qquad E(\omega'_t) = 0, \qquad \sigma_{\omega'} = 4{,}0$$

Dabei ist noch zu beachten, daß die Zufallsfehler aus verschiedenen Perioden nicht stochastisch unabhängig sind, sondern eine gewisse Autokorrelation aufweisen.

In Wirklichkeit sind natürlich auch die „endgültigen" Daten nicht fehlerfrei, aber diese Analyse zeigt doch im Prinzip, wie sich Fehler in eine systematische und eine stochastische Komponente aufteilen lassen und mit welcher Größenordnung der Fehler zu rechnen ist.

Bei der Ermittlung der Fehler etwa durch Vergleich von vorläufigen und endgültigen Daten unterscheiden sich systematische und zufällige Fehler. Es wurde schon gesagt, daß bei der Gegenüberstellung von vorläufigen und endgültigen Daten nicht davon ausgegangen werden kann, daß letztere fehlerfrei sind. Insbesondere können auch die endgültigen Daten einen systematischen Fehler haben, über dessen Ausmaß nichts bekannt ist. Es läßt sich allenfalls vermuten, daß er dem Betrag nach kleiner ist als der durch die Revision aufgedeckte relative Fehler der vorläufigen Daten (relativ im Vergleich zu den endgültigen Daten). So wird man etwa bei dem Beispiel aus Tab. 0.1/1 davon ausgehen, daß der nach der Revision des NSP eventuell noch vorhandene systematische Fehler dem Betrage nach nicht größer als 6,4 Mrd. DM sein wird. Insofern vermittelt diese Zahl nur eine Vorstellung von der Größenordnung des möglicherweise vorhandenen systematischen Fehlers. Genauere Aussagen lassen sich nur bei näherer Kenntnis der Erhebungsmethoden machen, nicht aber durch einen bloßen Vergleich von vorläufigen und endgültigen Daten.

Anders liegen die Dinge beim zufälligen Fehler. Hier kann man unter gewissen zusätzlichen Annahmen durch den Vergleich von vorläufigen und endgültigen Daten oder auch durch den Vergleich von zwei nach unterschiedlichen Erhebungsmethoden gewonnenen (aber sich auf denselben Gegenstand beziehenden) Zahlenreihen Aufschlüsse über die Varianz des Zufallsfehlers gewinnen. Dabei wird berücksichtigt, daß beide Zahlenreihen mit Zufallsfehlern behaftet sind. So umfaßt die in dem Beispiel aus Tab. 0.1/1 angegebene Standardabweichung von 4,0 Mrd. DM sowohl den Zufallsfehler der vorläufigen Daten als auch den sicher noch vorhandenen Zufallsfehler der endgültigen Daten. Man kann daher zunächst vermuten, daß der tatsächliche Standardfehler sowohl in den vorläufigen als auch in den endgültigen Daten kleiner als 4,0 ist. Diese Überlegung ist jedoch zu einfach. Sie berücksichtigt nicht, daß mit großer Wahrscheinlichkeit die Zufallsfehler der vorläufigen Daten mit denen der endgültigen Daten hoch korreliert sind, denn in beiden Fällen sind ja doch im wesentlichen die gleichen Erhebungsmethoden angewandt worden.

Langaskens/Van Rijikeghem [1974] haben eine Methode entwickelt, die diese Korrelation berücksichtigt und eine ungefähre Abschätzung der Standardabweichungen der Zufallsfehler in beiden Datenreihen gestattet. Bei Anwendung ihrer Methode auf die in Tab. 0.1/1 dargestellten Zeitreihen ergibt sich, wie hier nicht weiter ausgeführt werden soll, ein Standardfehler für die vorläufigen Daten des Nettosozialprodukts zwischen 11 und 17, für die endgültigen Daten zwischen 15 und 20 (also bemerkenswerterweise ein größerer Wert). Die Zufallsfehler beider Reihen sind ziemlich hoch korreliert mit einem Korrelationskoeffizienten von mindestens 0,988. Die beiden Autoren haben in ihrem Aufsatz für zahlreiche Beispiele aus der VWG für Belgien die Standardabweichungen der Zufallsfehler ermittelt. Allerdings haben sie erst die Datenreihen in Veränderungsraten transformiert und dann analysiert. Wie zu erwarten, sind die gefundenen Standardfehler sehr unterschiedlich je nach der analysierten Datenreihe. Auch weisen die endgültigen Daten im Vergleich zu den vorläufigen Daten keineswegs immer die kleineren Standardfehler auf.

0.3 Modelle mit fehlerbehafteten Daten (FV-Modelle)

Wie schon in 0.1 gesagt, wollen wir u.a. die Auswirkungen von Fehlern in den Variablen auf die Schätzung von Modellparametern studieren und vor allem untersuchen, wie diese Auswirkungen korrigiert werden können. Dabei beschränken wir uns weitgehend auf lineare Modelle. Im einfachsten Fall besteht ein lineares Modell mit fehlerbehafteten Daten aus einer Gleichung

$$\eta = \alpha + \beta \xi$$

zwischen zwei latenten Variablen ξ und η, die nur fehlerhaft beobachtet werden können. Statt ξ und η beobachtet man die Meßwerte x und y, die mit ξ und η durch die Gleichungen

$$y = \eta + w$$

$$x = \xi + v$$

verknüpft sind. Dabei sind v und w die Meßfehler, die wir hier als zufällig und von ξ und η unabhängig ansehen wollen. Das Modell wird in der Literatur auch als **lineare strukturelle Beziehung** oder auch als **funktionale Beziehung** bezeichnet. Wir sprechen stattdessen vom **Modell mit Fehlern in den Variablen** oder abkürzend vom **FV-Modell.** Als Synonym für FV-Modell verwendeten wir im Buchtitel die Bezeichnung **Modell mit fehlerbehafteten Daten.**

Welche Auswirkungen haben die Meßfehler auf die Schätzung der Parameter α und β? Wir nehmen an, daß eine Stichprobe von Meßwerten (x_t, y_t), $t = 1, \ldots, T$, vorliegt. Bildet man nun mit diesen Daten eine Regression von y auf x und schätzt die Regressionsparameter nach der Methode der kleinsten Quadrate, dann erhält man verzerrte (inkonsistente) Schätzungen für α und β, und das selbst dann, wenn die Meßfehler symmetrisch um den Wert 0 verteilt sind. Diese Beobachtung, auf die wir in 3.2 eingehen, ist der Ausgangspunkt für eine Theorie der linearen FV-Modelle.

Konsistente Schätzverfahren lassen sich in vielfältiger Weise konstruieren, aber immer nur dann, wenn irgendwelche Zusatzinformationen über das FV-Modell vorliegen. Insbesondere ist, wie wir in 3.3 und 3.4 ausführen, eine konsistente Schätzung dann möglich, wenn man Kenntnisse über die Fehlervarianzen besitzt. Schon zu Ende des letzten Jahrhunderts hat *Adcock* [1877, 1878] ein Schätzverfahren angegeben, das gerade dann geeignet ist, wenn die Varianzen der beiden Fehlervariablen v und w gleich groß sind. Man kennt es heute unter dem Namen „Methode der orthogonalen kleinsten Quadrate".

Das FV-Modell mit gleichen Fehlervarianzen, oder etwas allgemeiner, mit einem bekannten Quotienten der Fehlervarianzen, wurde in der statistischen Theorie ausgiebig diskutiert, vor allem in der sog. **Funktionalvariante**, bei der die Variablen ξ_t nichtstochastisch sind und als unbekannte Parameter angesehen werden (sog. inzidentelle Parameter). Es zeigt sich nämlich, daß das Maximum-Likelihood-Prinzip hier nicht zu konsistenten Schätzungen führt [vgl. *Lindley*, 1947; *Solari*, 1969; *Sprent*, 1970; *Copas*, 1972 sowie *Kiefer/Wolfowitz*, 1956, letztere mit einer abweichenden Meinung] und daß offenbar der Likelihood-Ansatz geeignet modifiziert werden muß, um die inzidentellen Parameter korrekt zu berücksichtigen [vgl. *Kalbfleisch/Sprott*, 1970]. Anwendungen stellten sich allerdings erst später und nur sehr zögernd ein.

Vor allem in den Sozial- und Wirtschaftswissenschaften wurde das FV-Modell lange Zeit wenig beachtet, wohl weil die Ermittlung der Fehlervarianzen dort besonders problematisch ist und weil andere Möglichkeiten der konsistenten Parameterschätzung zunächst nicht gesehen wurden. Eine Ausnahme ist *Tintner* [1946], der die Fehlervarianz aus den Abweichungen von der Trendkomponente zu berechnen versucht. Andererseits wurden schon sehr früh allgemeinere Modelle mit latenten Variablen eingesetzt, wie z.B. die **Modelle der Pfadanalyse** [*Wright*, 1921, 1934, 1960, 1968] oder die u.a. in der Psychometrie verwendeten **faktoranalytischen Modelle** [*Thurstone*, 1931, 1947; *Lawley*, 1940]. Diese Modelle sind mit dem FV-Modell sehr verwandt. Aber gerade die Faktoranalyse wurde von der theoretischen Statistik lange Zeit mit großem Mißtrauen betrachtet.

Es ist auch bemerkenswert, daß man sich in der *Ökonometrie* zwar immer der

Fehlerproblematik vollauf bewußt war, daraus aber selten die Konsequenzen zog: "The presence of measurement error in economic aggregates is widely recognized, of course, but almost as widely ignored in econometric work" [*Denton/Oksanen*, 1972]. *Griliches* [1974] gibt einige Gründe für die Vernachlässigung der Fehlerproblematik in der Ökonometrie an. Dabei sind die ersten theoretischen Arbeiten auf diesem Gebiet der Ökonometrie fast so alt wie die Ökonometrie selbst [*Frisch*, 1934; *Koopmans*, 1937; *Tintner*, 1945, 1946; *Anderson/Hurwicz*, 1949; *Haavelmo*, 1950]. In einem der älteren Lehrbücher der Ökonometrie [*Tintner*, 1952] werden Modelle mit Fehlern in den Variablen ausführlich behandelt. Später wandte sich die theoretische Ökonometrie mehr anderen Problemen zu, die dringlicher erschienen und/oder deren Lösung leichter zu erreichen war. In neuester Zeit ist das Interesse an FV-Modellen wieder gestiegen, nachdem man gesehen hat, daß die Auswirkung von Meßfehlern nicht vernachlässigbar ist, und man neue wirkungsvolle Schätzverfahren entwickelt hat.

Eines dieser alternativen Schätzverfahren, das keine Kenntnis von Fehlervarianzen benötigt, basiert auf der Verwendung von Instrumentvariablen. Schon Ragnar Frisch hat auf die Möglichkeit einer konsistenten Parameterschätzung mittels Instrumentvariablen hingewiesen — eine Idee, die von *Reiersøl* [1941, 1945] und *Geary* [1943, 1949] aufgegriffen und von *Durbin* [1954] weiterentwickelt wurde. Doch fanden sich zunächst keine Anwendungen, vielleicht weil man in konkreten Fällen nicht wußte, woher man die Instrumentvariablen nehmen sollte. Auch das von *Wald* [1940] entwickelte Gruppierungsverfahren, das als spezielles Instrumentvariablenverfahren interpretiert werden kann, wurde nicht sogleich konkret angewendet.

Der Durchbruch im Bereich der Ökonometrie kam mit *Friedmans* Permanenter Einkommenshypothese [1957]. Hier wurde eine nichtbeobachtbare Einflußgröße, eben das permanente Einkommen, explizit in ein Modell der Konsumfunktion aufgenommen. Schätzmöglichkeiten ergaben sich u.a. mittels Gruppierungsverfahren. Aber auch der Einbau von beobachtbaren Einflußgrößen in das Modell, die dann als Instrumentvariablen verwendet werden konnten, verhalf zu weiteren Schätzmöglichkeiten [*Attfield*, 1976].

Den theoretischen Unterbau für die Behandlung von FV-Modellen mit im Modell fest verankerten Instrumentvariablen lieferten u.a. *Zellner* [1970] und *Goldberger* [1972]. Es setzte sich die Erkenntnis durch, daß Instrumentvariablen im Rahmen umfassender Modelle leichter gefunden werden können. Die Instrumentvariablen wurden durch zusätzliche Gleichungen, sei es als Einflußgrößen (causes), sei es als Indikatorgrößen (indicators), in das ursprüngliche FV-Modell eingebunden, wodurch dieses eine Erweiterung zum „*M*ultiple-*I*ndicator-*M*ult*i*ple-*C*ause-*M*odell" **(MIMIC-Modell)** erfährt [*Hauser/Goldberger*, 1971; *Jöreskog/Goldberger*, 1975].

In Fortführung dieses Gedankens kam man schließlich zu interdependenten Mehrgleichungsmodellen mit Fehlern in den Variablen [*Geraci*, 1976, 1977, 1982; *Hsiao*, 1976] und kehrte damit wieder zu dem Ausgangspunkt des von Frisch in Gang gesetzten Forschungsprogramms zurück. Wir behandeln Modelle mit Einflußgrößen in 3.5.2, solche mit Indikatoren in 3.5.3 und interdependente FV-Modelle in 3.7.2.

Ähnlich erkannte man, daß dynamische Beziehungen in Zeitreihenmodellen das Schätzproblem bei Fehlern in den Variablen zu lösen imstande sind, ohne daß Kenntnisse über die Fehlervarianzen benötigt werden [*Grether/Maddala*, 1973; *Maravall/Aigner*, 1977; *Maravall*, 1979; *Nowak*, 1983]. Wir gehen hierauf in 3.7.1 ein.

Man darf wohl sagen, daß heute genügend viele praktikable Schätzverfahren zur Verfügung stehen, um Modelle mit Fehlern in den Variablen, so wie sie in den verschiedensten Wissenschaftsgebieten auftreten, adäquat analysieren zu können. In der Tat finden sich mehr und mehr Anwendungen aus den unterschiedlichsten Bereichen. Wir haben zur Illustration der vielseitigen Anwendungsmöglichkeiten des FV-Modells und verwandter Modelle Beispiele aus den folgenden Gebieten ausgewählt:

- Ökonometrie
- Soziologie
- Erziehungswissenschaften
- Biometrie
- Biochemie
- Medizin
- Agrarwissenschaften
- Geophysik
- Physik
- Geologie
- Astronomie
- Luft- und Raumfahrt
- Eichwesen.

Die Liste von Anwendungsgebieten ließe sich noch fast beliebig erweitern. Die von uns verwendeten Beispiele haben wir in einem gesonderten Beispielverzeichnis zusammengestellt.

0.4 Gliederung des Textes

In Kapitel 1 wird das FV-Modell in verschiedenen Varianten und Erweiterungen vorgestellt. Die eigentliche statistische Analyse (Schätz- und Testprobleme) wird hier noch nicht vorgenommen. Lediglich die Modelle mit systematischen Fehlern werden schon in Kapitel 1 vollständig behandelt. Danach ist nur noch der zufällige Meßfehler Untersuchungsgegenstand

Vor der Behandlung des Schätzproblems wird in Kapitel 2 die Identifikationsfrage gestellt und beantwortet. Mit der Antwort erhält man oft auch schon einen Hinweis auf das anzuwendende Schätzverfahren.

Die Schätzung im FV-Modell mit und ohne A-priori-Information ist Gegenstand von Kapitel 3, des weitaus umfangreichsten Kapitels. Je nach Art der Zusatzinformation, die dem FV-Modell beigegeben ist, kommen unterschiedliche konsistente Schätzverfahren zur Anwendung, die teilweise miteinander verwandt sind.

In Kapitel 4 wird die Frage der Schätzgenauigkeit gestellt. Sie wird einesteils asymptotisch, bei einigen Schätzverfahren aber auch für kleine Stichproben beantwortet. Dabei werden auch exakte Testverfahren und Verfahren zur Konstruktion exakter Konfidenzbereiche angegeben.

Das relativ kurze Kapitel 5 schließlich ist dem Modelltest und der Prognoseproblematik gewidmet. Diese beiden Fragestellungen hängen nur lose miteinander zusammen. Immerhin besteht insofern ein Zusammenhang, als jedenfalls vom praktischen Standpunkt aus die Güte von Prognosen, die mit einem Modell erstellt worden sind, letztlich auch die Beurteilung der Adäquatheit des verwendeten Modells gestattet.

Will man eine spezielle Variante des FV-Modells für sich genommen und unabhängig von anderen Modellvarianten studieren, angefangen von der Beschreibung des Modells und seiner Identifizierbarkeit über die Entwicklung von Schätz- und Testverfahren bis hin zu den stochastischen Eigenschaften dieser Verfahren, dann muß man sich die entsprechenden Abschnitte heraussuchen und zu einem Spezialmenü zusammenstellen. Das folgende Schema mag eine Hilfe dafür sein:

FV-Modelle		Modellbeschreibung (Kap. 1)	Identifikation (Kap. 2)	Schätzverfahren (Kap. 3)	Schätzgenauigkeit (Kap. 4)		
					asymptotisch	bei endlichen Stichproben	exakte Tests und Konfidenzbereiche
Statisches FV-Modell (Eingleichungsmodell) mit und ohne A-priori-Information	Keine Zusatzinformation	1.1 – 1.3	2.2, 2.4.1	3.2	4.2.1	4.3.2	
	Varianz der exogenen Fehlervariablen gegeben	1.4.1a	2.3.1a	3.3.1	4.2.2		
	Quotient der Fehlervarianzen gegeben	1.4.1b	2.3.1b	3.3.2	4.2.3a, b	4.3.3	4.4.2
	Beide Fehlervarianzen gegeben	1.4.1c	2.3.1c	3.3.3	4.2.3c		4.4.3
	Replikationen	1.4.2		3.4	4.2.4		4.4.4
	Instrumentvariablen gegeben (nicht im Modell verankert)	1.4.3a	2.3.2a	3.5.1	4.2.5	4.3.4a	4.4.5c
	FV-Modelle mit Einflußgrößen (FVE-Modell)	1.5.1d		3.5.2	4.2.5b	4.3.4b, c	
	FV-Modell mit Indikatoren (FVI-Modell)	1.5.1d		3.5.3			
	Gruppierungsmöglichkeit	1.4.3b	2.3.2b	3.6.1	4.2.6	4.3.4a	4.4.5d
	Nichtnormalverteilte exogene Variablen	1.4.3c	2.3.2d, 2.5.1b	3.8	4.2.7		
Dynamisches FV-Modell		1.5.4		3.7.1			
Interdependentes FV-Modell		1.5.1c		3.3.1e, 3.7.2			

Tab. 0.4/1: Wegweiser zu Kap. 1 – 4

Die Lücken in dem Tableau sind teils darauf zurückzuführen, daß der entsprechende Gegenstand in anderen Kapiteln mitbehandelt wird (so insbesondere die Lücken in Spalte 2), teils, daß es keine diesbezüglichen Resultate gibt (letzte Spalte), teils schließlich, daß wir den Gegenstand hier nicht behandeln. Im Text sind dann aber weiterführende Literaturverweise angegeben.

An dieser Stelle wollen wir noch auf zwei Gebiete der Theorie der Fehler-in-den-Variablen-Modelle hinweisen, die wir nicht dargestellt oder nur flüchtig gestreift haben: die **nichtlinearen FV-Modelle** und die **Bayessche Theorie der FV-Modelle**. Zu letzterer vgl z.B. *Lindley/El-Sayyad*, 1968; *Zellner*, 1970, 1971; *Lösgen*, 1976; *Florens/Mouchart/Richard*, 1974; *Reilly/Patino-Leal*, 1981. Nichtlineare Modelle werden z.B. behandelt von *Geary*, 1953; *Hey/Hey*, 1960; *Chan*, 1965; *Clutton-Brock*, 1967; *O'Neill et al.*, 1969; *Griliches/Ringstad*, 1970; *Dolby*, 1972; *Dolby/Lipton*, 1972; *Britt/Luecke*, 1973; *Höschel*, 1978; *Höschel/Penev*, 1980; *Wolter/Fuller*, 1982a, b; *Carroll/Stefanski*, 1983; *Carroll et al.*, 1984; *Duever et al.*, 1983 sowie *Fuller*, 1985.

1. Das lineare Modell mit fehlerbehafteten Daten

In 1.1 wird das lineare Modell mit fehlerbehafteten Daten vorgestellt. Wir betrachten also ein lineares Modell, bei dem die Modellvariablen mit Meß- oder Beobachtungsfehlern behaftet sind, wobei wir in 1.2 zwischen systematischen und stochastischen Fehlern unterscheiden. Wir zeigen in 1.3, daß die Fehler in den Variablen eine ganze Reihe empirischer Phänomene erklären können (verzerrte KQ-Schätzungen, scheinbare Strukturbrüche, u.a.).

Falls geeignete Zusatzinformationen vorhanden sind, z.B. A-priori-Informationen über die Varianzen und Kovarianzen der Meßfehler oder Informationen über die latenten exogenen Variablen, kann man Schätzverfahren anwenden, die im Gegensatz zur KQ-Schätzung konsistent sind. Solche Zusatzinformationen werden in 1.4 beschrieben.

In 1.5 schließlich stellen wir Erweiterungen des linearen Modells mit Fehlern in den Variablen vor und stellen Verbindungen zu verwandten Modellen her.

1.1 Modellgleichungen

1.1.1 Einfaches FV-Modell

a. Grundform

Wir gehen aus von einer linearen Regression

$$\eta_t = \alpha + \beta\,\xi_t + \varepsilon_t, \qquad t = 1, \ldots, T$$

zwischen einer abhängigen oder endogenen Variablen η_t und einer unabhängigen oder exogenen Variablen ξ_t. Dabei bezeichnet ε_t die Störvariable der Regression. Die Variablen η_t und ξ_t seien nicht direkt beobachtbar. Vielmehr werden anstelle von η_t bzw. ξ_t die Variablen y_t bzw. x_t gemessen. Die Beobachtungen sind mit je einem Meßfehler w_t bzw. v_t behaftet:

$$\underbrace{\begin{matrix} y_t \\ x_t \end{matrix}}_{\text{empirische Variablen}} \begin{matrix} = \\ = \end{matrix} \underbrace{\begin{matrix} \eta_t \\ \xi_t \end{matrix}}_{\text{„wahre" Variablen}} \begin{matrix} + \\ + \end{matrix} \underbrace{\begin{matrix} w_t \\ v_t \end{matrix}}_{\text{Beobachtungsfehler}} \qquad t = 1, \ldots, T.$$

Wir haben also insgesamt das Modell

$$\begin{aligned} \eta_t &= \alpha + \beta\,\xi_t + \varepsilon_t \\ y_t &= \eta_t + w_t \qquad\qquad t = 1, \ldots, T. \\ x_t &= \xi_t + v_t \end{aligned} \tag{1}$$

Durch Elimination von ξ_t ergibt sich daraus eine regressionartige Beziehung in den empirischen Variablen:

$$\left.\begin{aligned} y_t &= \alpha + \beta x_t + u_t \\ u_t &= w_t + \varepsilon_t - \beta v_t \end{aligned}\right. \qquad t = 1, \ldots, T. \tag{2}$$

Die Variablen η und ξ werden auch als **systematische** oder **„wahre" Variablen** bezeichnet. Man bezeichnet häufig die Meßfehler v und w als **Fehler in den Variablen** ("errors") und die Störvariable ε als **Fehler in der Gleichung** ("shock"). Wenn im folgenden von Fehlern oder Fehlervariablen schlechthin gesprochen wird, sind alle diese Variablen v, w und ε gemeint.

Wir werden ein Modell, das neben dem üblichen Fehler in der Gleichung noch Meßfehler berücksichtigt, **Modell mit fehlerbehafteten Variablen** oder **Modell mit Fehlern in den Variablen** oder kurz **FV-Modell** nennen. Im Englischen ist auch die Bezeichnung **„shock-error model"** gebräuchlich. Die Fassung (1) nennen wir **Grundform des einfachen FV-Modells.**

Die Beziehungen zwischen den Variablen, wie sie in (1) zum Ausdruck kommen, lassen sich durch ein Pfeildiagramm veranschaulichen:

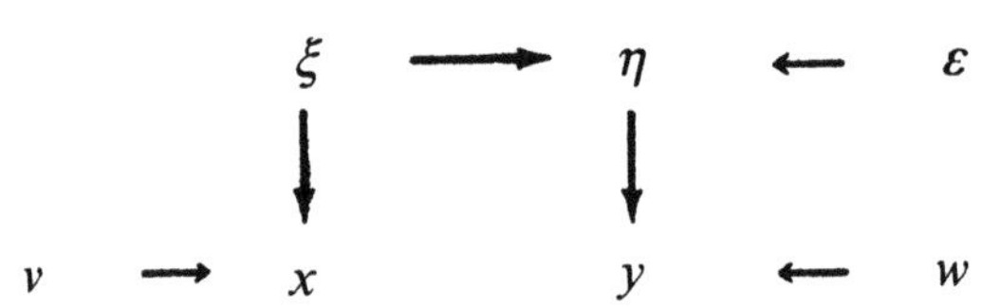

Abb. 1.1/1: Pfeildiagramm für das einfache FV-Modell

Grundsätzlich sind alle Variablen eines FV-Modells als Zufallsvariablen anzusehen. Erst die Angabe der Wahrscheinlichkeitsverteilungen der Zufallsvariablen oder zumindest einzelner Charakteristika derselben legt das Modell näher fest.

Im Grenzfall können die latenten exogenen Variablen oder auch die Meßfehler zu deterministischen (= nichtstochastischen oder systematischen) Variablen entartet sein. In 1.2.1 und 1.3.1 gehen wir auf FV-Modelle mit systematischen Meßfehlern ein. Im übrigen Teil dieses Buches behandeln wir ausschließlich FV-Modelle mit stochastischen Meßfehlern. Wenn dort von FV-Modellen die Rede ist, sind stets FV-Modelle mit stochastischen Meßfehlern gemeint.

Für die Variablen ε_t treffen wir aber schon jetzt die aus dem gewöhnlichen Regressionsmodell her bekannten üblichen Annahmen: Sie sind unabhängig identisch verteilte, von $\xi_1, \ldots, \xi_T$ stochastisch unabhängige Zufallsvariablen mit Erwartungswert Null und konstanter Varianz σ_ε^2.

In einigen wichtigen, vor allem naturwissenschaftlichen Anwendungen kann $\varepsilon \equiv 0$ gesetzt werden. Dann ist (1a) eine ungestörte lineare Beziehung zwischen η und ξ und die einzigen Fehler sind die Fehler in den Variablen (reines "error model").

Darüber hinaus kann man durch eine formale Umdefinition der Variablen immer erreichen, daß ein Gleichungssystem in der Grundform (1) entsteht, bei dem $\varepsilon \equiv 0$ ist. Dies soll im folgenden gezeigt werden.

b. Symmetrische Form

Das einfache FV-Modell in der Grundform (1) läßt sich in eine symmetrische Form umwandeln. Hierzu definieren wir

$$\tilde{\eta}_t := \alpha + \beta\,\xi_t \qquad t = 1, \ldots, T$$

als den systematischen Teil der Regression (1a); d.h., wir führen $\tilde{\eta}$ als eine neue latente Variable ein. Im Gegensatz zu η ist sie ohne Störung linear mit ξ verbunden. Führen wir noch die zusammengesetzte Fehlervariable

$$\tilde{w}_t := w_t + \varepsilon_t \qquad t = 1, \ldots, T \tag{3}$$

ein, dann können wir anstelle von (1) auch schreiben:

$$\begin{aligned} \tilde{\eta}_t &= \alpha + \beta\,\xi_t \\ y_t &= \tilde{\eta}_t + \tilde{w}_t \qquad t = 1, \ldots, T. \\ x_t &= \xi_t + v_t \end{aligned} \tag{4}$$

Formal erscheint in (4) kein Fehler in der Gleichung mehr; die Gleichung (4a) ist ungestört. Sie kann daher unter der Voraussetzung $\beta \neq 0$ ebenso nach ξ wie nach $\tilde{\eta}$ aufgelöst werden. Die Variablen $\tilde{\eta}$ und ξ treten also in dieser Formulierung des FV-Modells symmetrisch auf. Die Symmetrie wird noch deutlicher, wenn wir in (4) alle Variablen umbenennen:

$$\begin{aligned} \xi_0 &:= \tilde{\eta}, \quad \xi_1 := \xi, \\ x_0 &:= y, \quad x_1 := x, \\ v_0 &:= \tilde{w}, \quad v_1 := v. \end{aligned} \tag{5}$$

Wenn wir nun noch (4a) nach α auflösen, die Setzung $-\beta =: \beta_1$ vornehmen und auch vor die Variable $\tilde{\eta}$ einen Parameter β_0 stellen, dann wird aus (4)

$$\begin{aligned} \beta_0\,\xi_{t0} + \beta_1\,\xi_{t1} &= \alpha \\ x_{t0} &= \xi_{t0} + v_{t0} \qquad t = 1, \ldots, T. \\ x_{t1} &= \xi_{t1} + v_{t1} \end{aligned} \tag{6}$$

In dieser Formulierung des FV-Modells treten die Variablen und Parameter vollkommen symmetrisch auf. Wir sprechen daher von der **symmetrischen Form des einfachen FV-Modells**. Bei dieser ist β_0 als weiterer Parameter hinzugekommen. Doch das ist nur Schein, denn in Wirklichkeit lassen sich β_0, β_1 und α nur bis auf einen gemeinsamen Faktor bestimmen. Es muß also noch eine Normierungsregel hinzutreten.

In der Auswahl dieser Regel aber sind wir frei. Wir können z.B. $\beta_0 = 1$ setzen und kommen dann nach erneuter Umbenennung wieder auf (4) zurück. Wir können aber auch ebenso $\beta_1 = 1$ setzen und (6a) nach ξ_1 auflösen. Auch andere, symmetrische Normierungen sind denkbar, z.B. $\beta_0 + \beta_1 = 1$ oder $\beta_0^2 + \beta_1^2 = 1$.

Man beachte, daß das FV-Modell (1) im Falle $\varepsilon \equiv 0$ schon in der symmetrischen Form (4) vorliegt, weil dann $w \equiv \tilde{w}$ und $\eta \equiv \tilde{\eta}$ ist.

Wir werden im folgenden häufig von der Möglichkeit der Umwandlung der Grundform in die Formen (4) bzw. (6) Gebrauch machen und dann sogar von vornherein in der Grundform $\varepsilon \equiv 0$ setzen. Der für die folgende Darstellung wichtige Fall $\varepsilon \equiv 0$ ist also so zu verstehen, daß entweder bei der ursprünglichen Formulierung des Modells gar kein Fehler in der Gleichung vorkam, oder aber, daß von einem ursprünglichen Modell mit $\varepsilon \not\equiv 0$ zu einem Modell mit $\varepsilon \equiv 0$ in der beschriebenen Weise übergegangen wurde. Verloren geht bei diesem Übergang die Unterscheidung zwischen ε, dem Fehler in der Gleichung, und w, dem Fehler in der abhängigen Variablen. Sofern wir aber zwischen diesen beiden nicht unterscheiden wollen oder (was meistens der Fall sein wird) empirisch auch gar nicht unterscheiden können, ist der Verlust an Unterscheidbarkeit nur scheinbar. Die Setzung $\varepsilon \equiv 0$ bedeutet dann keine Beschränkung der Allgemeinheit.

1.1.2 Multiples FV-Modell

a. Grundform

Das in 1.1.1 beschriebene einfache FV-Modell läßt sich leicht auf den multiplen Fall übertragen. Die (1) entsprechenden Gleichungen der **Grundform des multiplen FV-Modells** lauten

$$\begin{aligned} \eta_t &= \sum_{i=1}^{K} \beta_i \xi_{ti} + \varepsilon_t \\ x_{ti} &= \xi_{ti} + v_{ti} \qquad\qquad t = 1, \ldots, T;\ i = 1, \ldots, K. \\ y_t &= \eta_t + w_t \end{aligned} \tag{7}$$

Dabei kann die Variable ξ_1 auch eine Scheinvariable sein ($\xi_1 \equiv 1$); ihr wird dann formal der „Meßfehler" $v_1 \equiv 0$ zugeordnet. Die Formulierung (7) umfaßt also sowohl den Fall der homogenen als auch den der inhomogenen Regression.

Um eine kompakte Darstellung von (7) zu erreichen, führen wir neben

$$\boldsymbol{\beta} := (\beta_1, \ldots, \beta_K)' \tag{8}$$

noch die Vektoren

$$\begin{aligned} \boldsymbol{\eta} &:= (\eta_1, \ldots, \eta_T)' \\ \boldsymbol{y} &:= (y_1, \ldots, y_T)' \end{aligned} \qquad (9)$$

$$\begin{aligned} \boldsymbol{w} &:= (w_1, \ldots, w_T)' \\ \boldsymbol{\varepsilon} &:= (\varepsilon_1, \ldots, \varepsilon_T)' \end{aligned} \qquad (10)$$

und die $(T \times K)$-Matrizen

$$\boldsymbol{\Xi} := \begin{pmatrix} \xi_{11} & \xi_{12} & \cdots & \xi_{1K} \\ \vdots & \vdots & & \vdots \\ \xi_{T1} & \xi_{T2} & \cdots & \xi_{TK} \end{pmatrix} = (\boldsymbol{\xi}_1, \ldots, \boldsymbol{\xi}_K)$$

$$\boldsymbol{X} := \begin{pmatrix} x_{11} & x_{12} & \cdots & x_{1K} \\ \vdots & \vdots & & \vdots \\ x_{T1} & x_{T2} & \cdots & x_{TK} \end{pmatrix} = (\boldsymbol{x}_1, \ldots, \boldsymbol{x}_K) \qquad (11)$$

$$\boldsymbol{V} := \begin{pmatrix} v_{11} & v_{12} & \cdots & v_{1K} \\ \vdots & \vdots & & \vdots \\ v_{T1} & v_{T2} & \cdots & v_{TK} \end{pmatrix} = (\boldsymbol{v}_1, \ldots, \boldsymbol{v}_K) \qquad (12)$$

ein. Anstelle von (7) können wir jetzt schreiben

$$\begin{aligned} \boldsymbol{\eta} &= \boldsymbol{\Xi}\boldsymbol{\beta} + \boldsymbol{\varepsilon} \\ \boldsymbol{y} &= \boldsymbol{\eta} + \boldsymbol{w} \\ \boldsymbol{X} &= \boldsymbol{\Xi} + \boldsymbol{V}. \end{aligned} \qquad (13)$$

Die (2) entsprechende regressionsartige Beziehung in den empirischen Variablen lautet dann

$$\begin{aligned} \boldsymbol{y} &= \boldsymbol{X}\boldsymbol{\beta} + \boldsymbol{u} \\ \boldsymbol{u} &:= \boldsymbol{w} + \boldsymbol{\varepsilon} - \boldsymbol{V}\boldsymbol{\beta} \end{aligned} \qquad (14)$$

Zuweilen benötigen wir eine Darstellung von (7), die im Gegensatz zu (13) noch die Abhängigkeit vom Beobachtungsindex erkennen läßt. Dazu definieren wir

$$\begin{aligned} \boldsymbol{\xi}_{(t)} &:= (\xi_{t1}, \ldots, \xi_{tK})' \\ \boldsymbol{x}_{(t)} &:= (x_{t1}, \ldots, x_{tK})' \end{aligned} \qquad t = 1, \ldots, T \qquad (15)$$

$$\boldsymbol{v}_{(t)} := (v_{t1}, \ldots, v_{tK})' \qquad t = 1, \ldots, T. \qquad (16)$$

Aus (7) wird so

$$\begin{aligned} \eta_t &= \boldsymbol{\beta}' \boldsymbol{\xi}_{(t)} + \varepsilon_t \\ y_t &= \eta_t + w_t \qquad t = 1, \ldots, T. \\ \boldsymbol{x}_{(t)} &= \boldsymbol{\xi}_{(t)} + \boldsymbol{v}_{(t)} \end{aligned} \tag{17}$$

b. Symmetrische Form

Schließlich kann auch für das multiple FV-Modell eine symmetrische Form angegeben werden. Mit Hilfe der zusammengesetzten Fehlervariablen

$$\tilde{\boldsymbol{w}} := \boldsymbol{w} + \boldsymbol{\varepsilon} \tag{18}$$

überführen wir (13) zunächst in die Form

$$\begin{aligned} \tilde{\boldsymbol{\eta}} &:= \boldsymbol{\Xi} \boldsymbol{\beta} \\ \boldsymbol{y} &= \tilde{\boldsymbol{\eta}} + \tilde{\boldsymbol{w}} \\ \boldsymbol{X} &= \boldsymbol{\Xi} + \boldsymbol{V}. \end{aligned} \tag{19}$$

Wenn wir in (19a) auch vor $\tilde{\boldsymbol{\eta}}$ einen Koeffizienten β_0 stellen und dann die Variablenumbenennungen

$$\boldsymbol{\xi}_0 := \tilde{\boldsymbol{\eta}}, \quad \boldsymbol{x}_0 := \boldsymbol{y}, \quad \boldsymbol{v}_0 := \tilde{\boldsymbol{w}}$$

vornehmen, erhalten wir (20)

$$\begin{aligned} \beta_0 \boldsymbol{\xi}_0 &= \boldsymbol{\Xi} \boldsymbol{\beta} \\ \boldsymbol{x}_0 &= \boldsymbol{\xi}_0 + \boldsymbol{v}_0 \\ \boldsymbol{X} &= \boldsymbol{\Xi} + \boldsymbol{V} \end{aligned}$$

Mit Einführung des Vektors

$$\boldsymbol{\beta}_0 := (\beta_0, -\beta_1, \ldots, -\beta_K)' = (\beta_0, -\boldsymbol{\beta}')' \tag{21}$$

und der Matrizen

$$\boldsymbol{\Xi}_0 := \begin{pmatrix} \xi_{10} & \xi_{11} & \cdots & \xi_{1K} \\ \vdots & \vdots & & \vdots \\ \xi_{T0} & \xi_{T1} & \cdots & \xi_{TK} \end{pmatrix} = (\boldsymbol{\xi}_0, \boldsymbol{\xi}_1, \ldots, \boldsymbol{\xi}_K) = (\boldsymbol{\xi}_0, \boldsymbol{\Xi})$$

$$\boldsymbol{X}_0 := \begin{pmatrix} x_{10} & x_{11} & \cdots & x_{1K} \\ \vdots & \vdots & & \vdots \\ x_{T0} & x_{T1} & \cdots & x_{TK} \end{pmatrix} = (\boldsymbol{x}_0, \boldsymbol{x}_1, \ldots, \boldsymbol{x}_K) = (\boldsymbol{x}_0, \boldsymbol{X}) \tag{22}$$

$$\boldsymbol{V}_0 := \begin{pmatrix} v_{10} & v_{11} & \cdots & v_{1K} \\ \vdots & \vdots & & \vdots \\ v_{T0} & v_{T1} & \cdots & v_{TK} \end{pmatrix} = (\boldsymbol{v}_0, \boldsymbol{v}_1, \ldots, \boldsymbol{v}_K) = (\boldsymbol{v}_0, \boldsymbol{V}) \tag{23}$$

gewinnt man die kürzere Darstellung

$$\begin{aligned} \boldsymbol{\Xi}_0 \boldsymbol{\beta}_0 &= \boldsymbol{o} \\ \boldsymbol{X}_0 &= \boldsymbol{\Xi}_0 + \boldsymbol{V}_0. \end{aligned} \tag{24}$$

Dies ist die **symmetrische Form des multiplen FV-Modells.**

Auch eine (17) entsprechende Darstellung ist möglich, wenn wir die Vektoren

$$\begin{aligned} \boldsymbol{\xi}_{0(t)} &:= (\xi_{t0}, \xi_{t1}, \ldots, \xi_{TK})' \\ \boldsymbol{x}_{0(t)} &:= (x_{t0}, x_{t1}, \ldots, x_{tK})' \end{aligned} \qquad t = 1, \ldots, T \tag{25}$$

und

$$\boldsymbol{v}_{0(t)} := (v_{t0}, v_{t1}, \ldots, v_{tK})' \qquad t = 1, \ldots, T \tag{26}$$

einführen. Man hat dann statt (24) für die symmetrische Form die ausführlichere Darstellung

$$\begin{aligned} \boldsymbol{\beta}'_0 \boldsymbol{\xi}_{0(t)} &= o \\ \boldsymbol{x}_{0(t)} &= \boldsymbol{\xi}_{0(t)} + \boldsymbol{v}_{0(t)} \end{aligned} \qquad t = 1, \ldots, T. \tag{27}$$

c. Scheinvariablenbereinigung

Wenn die Variable ξ_1 in (7) den Charakter einer Scheinvariablen besitzt ($\xi_1 \equiv 1$), erweist es sich bei der Schätzung der Regressionskoeffizienten oft als zweckmäßig, das FV-Modell von der Scheinvariablen zu „bereinigen“. Die Bereinigung erfolgt dadurch, daß man von jeder der in (7) auftretenden Modellvariablen das über $t = 1, \ldots, T$ gebildete arithmetische Mittel subtrahiert. Die derart transformierten Variablen kennzeichnen wir mit einem Stern (*), also z.B.

$$y_t^* := y_t - \bar{y}, \qquad t = 1, \ldots, T, \tag{28}$$

wobei $\bar{y} := (1/T) \sum y_t$. Mit diesen neuen Variablen wird aus (7)

$$
\begin{aligned}
\eta_t^* &= \sum_{i=2}^{K} \beta_i \xi_{ti}^* + \varepsilon_t^* \\
y_t^* &= \eta_t^* + w_t^* \qquad\qquad t = 1, \ldots, T;\, i = 2, \ldots, K. \\
x_{ti}^* &= \xi_{ti}^* + v_{ti}^*
\end{aligned}
\tag{29}
$$

Man beachte, daß der Parameter β_1 in (29) nicht mehr vorkommt.

Die Matrixschreibweise kann natürlich auch für die Variablen der scheinvariablenbereinigten Fassungen eingeführt werden. Wir definieren zunächst

$$\boldsymbol{\beta}^* := (\beta_2, \ldots, \beta_K)' \tag{30}$$

als den Vektor der eigentlichen Regressionskoeffizienten. Die Vektoren (9) und (10) transformiert man in naheliegender Weise dadurch, daß man jede ihrer Komponenten gemäß (28) transformiert, also z.B.

$$\boldsymbol{y}^* := (y_1^*, \ldots, y_T^*)' \tag{31}$$

Ähnlich lassen sich auch die Matrizen (11) und (12) transformieren. Bei der Bereinigung etwa der Matrix $\boldsymbol{\Xi}$ werden die Elemente ξ_{ti} durch die transformierten Variablen $\xi_{ti}^* = \xi_{ti} - \bar{\xi}_i$ ersetzt. Da mit $\xi_1 \equiv 1$ offenbar $\xi_1^* \equiv 0$ gilt, ist es allerdings zweckmäßig, die erste Spalte, die ja dann nur aus Nullen besteht, wegzulassen. Wir setzen also

$$\boldsymbol{\Xi}^* := \begin{pmatrix} \xi_{12}^* & \cdots & \xi_{1K}^* \\ \vdots & & \vdots \\ \xi_{T2}^* & \cdots & \xi_{TK}^* \end{pmatrix} = (\boldsymbol{\xi}_2^*, \ldots, \boldsymbol{\xi}_K^*). \tag{32}$$

Analog sind wegen $x_1^* \equiv 0$ und $v_1^* \equiv 0$ auch $\boldsymbol{X}^*$ und $\boldsymbol{V}^*$ zu definieren.

Mit diesen Bezeichnungen wird aus (29)

$$
\begin{aligned}
\boldsymbol{\eta}^* &= \boldsymbol{\Xi}^* \boldsymbol{\beta}^* + \boldsymbol{\varepsilon}^* \\
\boldsymbol{y}^* &= \boldsymbol{\eta}^* + \boldsymbol{w}^* \\
\boldsymbol{X}^* &= \boldsymbol{\Xi}^* + \boldsymbol{V}^*.
\end{aligned}
\tag{33}
$$

Für spätere Zwecke definieren wir noch analog zu (32) Bereinigungen der Vektoren (15a) und (25a)

$$
\begin{aligned}
\boldsymbol{\xi}_{(t)}^* &:= (\xi_{t2}^*, \ldots, \xi_{tK}^*)' \\
\boldsymbol{\xi}_{0(t)}^* &:= (\xi_{t0}^*, \xi_{t2}^*, \ldots, \xi_{tK}^*)'.
\end{aligned}
\tag{34}
$$

Entsprechend sind $\boldsymbol{x}_{(t)}^*$, $\boldsymbol{x}_{0(t)}^*$ sowie $\boldsymbol{v}_{(t)}^*$ und $\boldsymbol{v}_{0(t)}^*$ zu definieren.

Anmerkung: Gelegentlich werden wir später allgemeiner Bereinigungen von fehlerfrei gemessenen exogenen Variablen, also nicht nur von der Scheinvariablen, vornehmen. Die verbleibenden transformierten Variablen kennzeichnen wir dann ebenfalls durch einen (*).

A 1.1/1

a. Die Bereinigung der Variablenvektoren (9, 10) von einer Scheinvariablen $x_1 \equiv 1$ entspricht einer Linksmultiplikation dieser Vektoren mit der Transformationsmatrix

$$P_1 := I - \frac{1}{T} x_1 \, x'_1 .$$

Beweisen Sie diese Behauptung exemplarisch für den Variablenvektor y.

b. Leiten Sie die Gleichung $P_1 x_1 = o$ ab.

c. Zeigen Sie, daß die Matrix P_1 symmetrisch ($P_1 = P'_1$) und idempotent ($P_1 = P_1^2$) ist.

1.2 Spezifikation der Meßfehler

Wir unterscheiden zwei Arten von Meßfehlern: systematische und (rein) zufällige. Gewöhnlich treten sie gemeinsam auf. Dennoch sollen sie hier getrennt behandelt werden. Es wird sich zeigen, daß nur die zufälligen Fehlervariablen Anlaß zu einer ausgedehnten Theorie des FV-Modells geben.

1.2.1 Systematische Meßfehler

a. Arten systematischer Fehler

Wir sprechen von einem **systematischen Meßfehler**, wenn die Fehlervariable eine (deterministische) Funktion der systematischen Variablen ist. Bezogen auf das einfache FV-Modell, auf das wir uns hier beschränken wollen, bedeutet dies:

$$\begin{aligned} w_t &= f_1(\eta_t) \\ v_t &= f_2(\xi_t) \end{aligned} \qquad t = 1, \ldots, T.$$

Im einfachsten Fall sind die Funktionswerte konstant:

$$\begin{aligned} w_t &\equiv b \\ v_t &\equiv d \end{aligned} \qquad t = 1, \ldots, T. \tag{1}$$

Für die empirischen Variablen gilt dann

$$\begin{aligned} y_t &= \eta_t + b \\ x_t &= \xi_t + d \end{aligned} \qquad t = 1, \ldots, T. \tag{2}$$

Man spricht in diesem Fall von einem additiven oder **konstanten systematischen Fehler**.

Eine andere Möglichkeit ist der Fall eines multiplikativen oder **proportionalen systematischen Fehlers**. Hier ist der Fehler proportional zur systematischen Variablen:

$$\begin{aligned} w_t &= p\,\eta_t \\ v_t &= q\,\xi_t \end{aligned} \qquad t = 1, \ldots, T. \tag{3}$$

Aus (3) ergibt sich, daß die beobachteten Variablen ebenfalls proportional zu den systematischen Variablen sind. Mit $a := 1 + p$ und $c := 1 + q$ gilt nämlich

$$\begin{aligned} y_t &= \eta_t + p\,\eta_t = a\,\eta_t \\ x_t &= \xi_t + q\,\xi_t = c\,\xi_t \end{aligned} \qquad t = 1, \ldots, T. \tag{4}$$

Beide Fälle verallgemeinernd sprechen wir von einem **linearen systematischen Fehler** , wenn gilt:

$$\begin{aligned} w_t &= b + p\,\eta_t \\ v_t &= d + q\,\xi_t \end{aligned} \qquad t = 1, \ldots, T \tag{5}$$

bzw.

$$\begin{aligned} y_t &= a\,\eta_t + b \\ x_t &= c\,\xi_t + d \end{aligned} \qquad t = 1, \ldots, T. \tag{6}$$

Diese Begriffe lassen sich leicht auf das multiple FV-Modell übertragen.

In der Einleitung findet man Beispiele für verschiedene Arten systematischer Fehler.

b. Fehlerbereinigung durch Datentransformation

Bei gewissen in der Zeitreihenanalyse üblichen Datentransformationen können die systematischen Fehler behoben werden.

Ist y_t mit einem linearen systematischen Fehler (6a) behaftet, dann ist der aus Differenzen erster Ordnung gebildete Quotient

$$\frac{\Delta\, y_t}{\Delta\, y_{t-1}} := \frac{y_t - y_{t-1}}{y_{t-1} - y_{t-2}}$$

fehlerfrei: $\Delta\, y_t / \Delta\, y_{t-1} \equiv \Delta\, \eta_t / \Delta\, \eta_{t-1}$.

Bei speziellen Fehlerarten genügen auch einfachere Transformationen. Ist y_t etwa mit einem konstanten Fehler behaftet, dann ist die Veränderung

$$\Delta\, y_t := y_t - y_{t-1}$$

fehlerfrei: $\Delta\, y_t \equiv \Delta\, \eta_t$. Im Falle eines proportionalen Fehlers in y_t ist die Meßzahl

$$m(y_t) := \frac{y_t}{y_{t-1}}$$

fehlerfrei: $m(y_t) \equiv m(\eta_t)$. Gleiches gilt für die Veränderungsrate

$$\dot{y}_t := \frac{y_t - y_{t-1}}{y_{t-1}}.$$

Logarithmiert man eine mit einem proportionalen Fehler behaftete Variable, so wird dieser in einen konstanten Fehler transformiert.

1.2.2 Stochastische Meßfehler

Der für uns interessantere Fall ist der, daß sämtliche Fehlervariablen stochastisch sind. Wir wollen voraussetzen, daß die Fehlerterme unabhängig identisch verteilt sind. In der Praxis können die Fehlerprozesse freilich beliebigen stochastischen Prozessen folgen. Der Fall unabhängig identisch verteilter Fehlervariablen ist daher nur als ein besonders wichtiger Grenzfall anzusehen, auf den wir uns aus didaktischen Gründen beschränken.

a. Das einfache FV-Modell

Wir betrachten zunächst das einfache FV-Modell, das hier noch einmal in der Grundform (1.1/1) angegeben sei:

$$\begin{aligned} \eta_t &= \alpha + \beta \xi_t + \varepsilon_t \\ y_t &= \eta_t + w_t \qquad\qquad t = 1, \ldots, T. \\ x_t &= \xi_t + v_t \end{aligned}$$

Für die Fehlervariablen werden mit (1.1/10) und $\boldsymbol{v} := (v_1, \ldots, v_T)'$ folgende Annahmen getroffen:

(F1) Die Fehlervariablenvektoren $(v_t, w_t, \varepsilon_t)$, $t = 1, \ldots, T$, sind unabhängig identisch verteilt.

(F2) Die Varianzen der Fehlervariablen existieren, und es gilt für $t = 1, \ldots, T$:

$$E(v_t) = E(w_t) = E(\varepsilon_t) = 0$$

$$V(v_t) = \sigma_v^2,\; V(w_t) = \sigma_w^2,\; V(\varepsilon_t) = \sigma_\varepsilon^2.$$

(F3) Die Fehlervariablenmatrix $(\boldsymbol{v}, \boldsymbol{w}, \boldsymbol{\varepsilon})$ und der Vektor $\boldsymbol{\xi} = (\xi_1, \ldots, \xi_T)'$ der exogenen Variablen sind stochastisch unabhängig.

(F4) Die Meßfehlermatrix $(\boldsymbol{v}, \boldsymbol{w})$ und der Störvariablenvektor $\boldsymbol{\varepsilon}$ sind stochastisch unabhängig.

(F5) Die Meßfehlervektoren $\boldsymbol{v}$ und $\boldsymbol{w}$ sind stochastisch unabhängig.

Wir bezeichnen das durch (1.1/1) und (F1) — (F5) definierte Modell als **einfaches FV-Modell im engeren Sinne.**

Wird Abhängigkeit zwischen den Meßfehlern w_t und v_t zugelassen, dann sprechen wir vom **einfachen FV-Modell im weiteren Sinne**. Die Kovarianz zwischen v_t und w_t bezeichnen wir mit σ_{vw}.

Die Annahmen (F1) — (F3) und (F5) lassen sich entsprechend auch für die symmetrische Form des einfachen FV-Modells formulieren. Die auf die symmetrische Form bezogenen Annahmen sind in Tab. 1.2/1 formuliert.

Man beachte, daß eine (F4) entsprechende Annahme bei der symmetrischen Form nicht benötigt wird, weil die Variable ε dort nicht explizit aufgeführt wird. Eine Folge von (F4) ist aber, daß die Kovarianzen zwischen v und w und zwischen $v_0 := \tilde{w}$ und $v_1 := v$ übereinstimmen (A 1.2/2).

Will oder kann man zwischen den Variablen w und ε nicht unterscheiden, dann darf man o.B.d.A. von vornherein von einem Modell mit $\varepsilon \equiv 0$ ausgehen, ohne daß dies die Kovarianzstruktur zwischen den Meßfehlervariablen berührt, und kann dann auch nach entsprechender Variablenumbenennung zur symmetrischen Form übergehen.

Anmerkungen zu den Modellannahmen:

1. Allgemein gilt, daß die stochastische Unabhängigkeit zweier Zufallsvektoren auch die stochastische Unabhängigkeit aller Komponenten und Teilvektoren des ersten Vektors von allen Komponenten und Teilvektoren des zweiten Vektors impliziert.

   Auf (F5) bezogen bedeutet dies z.B., daß mit den Vektoren $\boldsymbol{v}$ und $\boldsymbol{w}$ insbesondere auch beliebig herausgegriffene Komponenten v_t und w_s dieser Vektoren stochastisch unabhängig sind. (F5) und analog auch (F3, 4) beinhalten demnach nicht nur stochastische Unabhängigkeit innerhalb ein und derselben Einheit t, sondern auch über verschiedene Einheiten hinweg. Andererseits besagt aber (F5) mehr als nur die paarweise Unabhängigkeit von je zwei Variablenwerten v_t und w_s aus beliebigen Einheiten. Entsprechendes gilt für (F3, 4).
2. Aus (F3, 4) läßt sich u.a. folgern, daß die vektoriellen Variablen $\boldsymbol{v}$ und $\boldsymbol{\eta}$ stochastisch unabhängig sind. Dies folgt daraus, daß $\boldsymbol{\eta}$ gemäß (1.1/1a) eine Funktion von $\boldsymbol{\xi}$ und $\boldsymbol{\varepsilon}$ ist. Gemäß (F3, 4) aber sind $\boldsymbol{v}$ und $(\boldsymbol{\varepsilon}, \boldsymbol{\xi})$ stochastisch unabhängig. Daher sind nach allgemeinen Sätzen der Wahrscheinlichkeitslehre auch $\boldsymbol{v}$ und eine beliebige meßbare Funktion von $(\boldsymbol{\varepsilon}, \boldsymbol{\xi})$, wie z.B. $\boldsymbol{\eta}$, stochastisch unabhängig [*Gänssler/Stute*, 1977, Satz 1.15.9, S. 78]. Entsprechend läßt sich stochastische Unabhängigkeit von $\boldsymbol{w}$ und $\boldsymbol{\eta}$ ableiten.
3. (F1) besagt mehr, als wenn nur gefordert würde, daß die Variablensätze $v_1, \ldots, v_T$ und $w_1, \ldots, w_T$ sowie $\varepsilon_1, \ldots, \varepsilon_T$ je für sich unabhängig identisch verteilt sein sollen. Aus (F1) folgt, daß auch Linearkombinationen der Variablen v_t, w_t und ε_t — wie z.B. $\tilde{w}_t = w_t + \varepsilon_t$ — unabhängig identisch verteilt sind. Tatsächlich ist (F1) so stark, daß man (F4) und ähnlich (F5) wesentlich abschwächen könnte, ohne das Modell zu ändern.

   So läßt sich z.B. (F4) abschwächen zu der Forderung, daß ε_t und (v_t, w_t) für jedes t stochastisch unabhängig sind. Letztgenannte Forderung verlangt im Gegensatz zu (F4) nur stochastische Unabhängigkeit innerhalb derselben Einheit t und nicht über verschiedene Einheiten hinweg. Dennoch impliziert sie (F4), wenn man noch (F1) zu Hilfe nimmt (A 1.2/1b).
4. Im folgenden werden die Modellannahmen nicht immer in ihrer vollen Stärke benötigt. Oft genügen schwächere Annahmen, wie z.B. Unkorreliertheit statt stochastischer Unabhängigkeit oder auch nur stochastische Unabhängigkeit für Variablen derselben Einheit t und nicht über verschiedene Einheiten hinweg.

A 1.2/1

a. Zu welcher Annahme lassen sich (F3) — (F5) zusammenfassen?
b. Zeigen Sie, daß die in Anmerkung 3 genannte Abschwächung der Annahme (F4) zusammen mit (F1) die Gültigkeit von (F4) impliziert.
c. Wie läßt sich analog zu (F4) bei Gültigkeit von (F1) die Annahme (F5) abschwächen?

Hinweis: Setzen Sie voraus, daß alle Variablen Dichtefunktionen besitzen.

A 1.2/2

Zeigen Sie, daß die Kovarianzen $C(v_t, w_t) =: \sigma_{vw}$ und $C(v_t, \tilde{w}_t) =: \sigma_{v\tilde{w}}$ übereinstimmen.

b. Das multiple FV-Modell

Auch das multiple FV-Modell in der Grundform (1.1/7) sei zur Erinnerung noch einmal angegeben:

$$\begin{aligned} \eta_t &= \sum_{i=1}^{K} \beta_i \xi_{ti} + \varepsilon_t \\ y_t &= \eta_t + w_t \qquad\qquad t = 1, \ldots, T; i = 1, \ldots, K. \\ x_{ti} &= \xi_{ti} + v_{ti} \end{aligned}$$

Die Annahmen entsprechen denjenigen beim einfachen FV-Modell:

(F1) Die Fehlervariablenvektoren $(v_{t1}, \ldots, v_{tK}, w_t, \varepsilon_t)$, $t = 1, \ldots, T$, sind unabhängig identisch verteilt.

(F2) Die Varianzen der Fehlervariablen existieren, und es gilt für $t = 1, \ldots, T$:

$$E(v_{ti}) = E(w_t) = E(\varepsilon_t) = 0$$

$$V(v_{ti}) = \sigma_i^2,\ V(w_t) = \sigma_w^2,\ V(\varepsilon_t) = \sigma_\varepsilon^2 \qquad i = 1, \ldots, K$$

$$C(v_{ti}, v_{tj}) = \sigma_{ij} \qquad i, j = 1, \ldots, K;\ i \neq j.$$

(F3) $(\boldsymbol{v}_1, \ldots, \boldsymbol{v}_K, \boldsymbol{w}, \boldsymbol{\varepsilon})$ und $(\boldsymbol{\xi}_1, \ldots, \boldsymbol{\xi}_K)$ — d.h. die Matrizen $(\boldsymbol{V}, \boldsymbol{w}, \boldsymbol{\varepsilon})$ und $\boldsymbol{\Xi}$ — sind stochastisch unabhängig.

(F4) $(\boldsymbol{v}_1, \ldots, \boldsymbol{v}_K, \boldsymbol{w})$ und $\boldsymbol{\varepsilon}$ — d.h. die Matrix $(\boldsymbol{V}, \boldsymbol{w})$ und der Vektor $\boldsymbol{\varepsilon}$ — sind stochastisch unabhängig.

(F5) $(\boldsymbol{v}_1, \ldots, \boldsymbol{v}_K)$ und $\boldsymbol{w}$ — d.h. die Matrix $\boldsymbol{V}$ und der Vektor $\boldsymbol{w}$ — sind stochastisch unabhängig.

Das durch (1.1/7) und (F1) — (F5) definierte Modell nennen wir **multiples FV-Modell im engeren Sinne**. In diesem Modell wird Unabhängigkeit zwischen $\boldsymbol{w}$ und $\boldsymbol{V}$ vorausgesetzt. Wird die Forderung (F5) fallengelassen, dann sprechen wir von einem **multiplen FV-Modell im weiteren Sinne**.

Wenn auch im FV-Modell i.e.S. Unabhängigkeit zwischen dem Fehler in der endogenen Variablen und den Fehlern in den exogenen Variablen gefordert wird, so können doch letztere sehr wohl untereinander stochastisch abhängig sein. Solche Abhängigkeiten schlagen sich in Kovarianzen zwischen den v_i wieder. Sie wurden schon in (F2) eingeführt. Wir bezeichnen die Kovarianzmatrix des Fehlervektors $\boldsymbol{v}_{(t)} = (v_{t1}, \ldots, v_{tK})'$ mit $\boldsymbol{\Sigma}$:

$$\boldsymbol{\Sigma} := (C(v_{ti}, v_{tj}))_{i,j=1,2,\ldots,K} = (\sigma_{ij})_{i,j=1,2,\ldots,K}. \tag{7}$$

Hierbei ist zu beachten, daß die Varianz $\sigma_1^2 = V(v_{t1})$ und alle Kovarianzen $\sigma_{1i} = C(v_{t1}, v_{ti})$, $i \neq 1$, Null sind, sofern ξ_1 Scheinvariablencharakter besitzt. Die Matrix $\boldsymbol{\Sigma}$ enthält daher im Falle $\xi_1 \equiv 1$ in der ersten Zeile und Spalte nur Nullen. Die übrigen Elemnete von $\boldsymbol{\Sigma}$ konstituieren dann die Kovarianzmatrix $\boldsymbol{\Sigma}^* = V(v^*_{(t)})$ des Vektors $v^*_{(t)} = (v_{t2}, \ldots, v_{tK})'$ der eigentlichen Fehlervariablen:

$$\boldsymbol{\Sigma}^* := (C(v_{ti}, v_{tj}))_{i,j=2,3,\ldots,K} = (\sigma_{ij})_{i,j=2,3,\ldots,K}. \tag{8}$$

Beim einfachen FV-Modell degeneriert $\boldsymbol{v}^*_{(t)}$ zur skalaren Variablen $v_t := v_{t2}$ und damit $\boldsymbol{\Sigma}^*$ zur Varianz $\sigma_v^2 = V(v_t)$.

Die Matrix (7) läßt sich erweitern zur Kovarianzmatrix $\boldsymbol{\Sigma}_{0(t)} = V(\boldsymbol{v}_{0(t)})$ der Vektoren $\boldsymbol{v}_{0(t)} = (v_{t0}, v_{t1}, \ldots, v_{tK})'$ aller Fehlervariablen:

$$\boldsymbol{\Sigma}_0 = (C(v_{ti}, v_{tj}))_{i,j=0,1,\ldots,K} = (\sigma_{ij})_{i,j=0,1,\ldots,K}. \tag{9}$$

Dabei ist $v_{t0} := \tilde{w}_t = w_t + \varepsilon_t$ (vgl. 1.1.1b).

Die Matrix $\boldsymbol{\Sigma}_0$ werden wir bei der Behandlung der symmetrischen Form des FV-Modells benötigen. Dabei beschränken wir uns o.B.d.A. auf den Fall $\varepsilon \equiv 0$. Mit $\varepsilon \equiv 0$ gilt $v_0 = w$ und man erhält für (9) die ausführlichere Darstellung

$$\boldsymbol{\Sigma}_0 = \begin{pmatrix} \sigma_w^2 & \boldsymbol{\sigma}' \\ \boldsymbol{\sigma} & \boldsymbol{\Sigma} \end{pmatrix}, \qquad \boldsymbol{\sigma} := (\sigma_{v_1 w}, \ldots, \sigma_{v_K w})'. \tag{10}$$

Beim FV-Modell *i.e.S.* ist in (10) $\boldsymbol{\sigma} = \boldsymbol{o}$.

Die Gleichungen und Annahmen des einfachen und des multiplen FV-Modells mit stochastischen Fehlern sind in Tab. 1.2/1 zusammenfassend dargestellt.

A 1.2/3

a. Zu welcher Annahme lassen sich (F3) – (F5) zusammenfassen?
b. Welche Gestalt hat $\boldsymbol{\Sigma}^*$, wenn die Fehlervariablen $v_2, \ldots, v_K$ paarweise unabhängig sind?

c. Ergänzende Annahmen für das einfache FV-Modell

Wir werden später noch weitere Annahmen hinzunehmen, diese jedoch nicht durchgehend benötigen. Sie seien hier zunächst für den Fall des einfachen FV-Modells zusammengestellt:

	Einfaches FV-Modell	Multiples FV-Modell
Grundform FV-Modell i.w.S. (F1)–(F2) FV-Modell i.e.S. (F1)–(F5)	*Modellgleichungen* $\eta_t = \alpha + \beta \xi_t + \varepsilon_t$ $y_t = \eta_t + w_t \qquad t = 1, \ldots, T$ $x_t = \xi_t + v_t$ *Modellannahmen* (F1) $(v_t, w_t, \varepsilon_t)$ unabhängig ident. verteilt (F2) $E(v_t) = E(w_t) = E(\varepsilon_t) = 0$ $V(v_t) = \sigma_v^2,\ V(w_t) = \sigma_w^2,\ V(\varepsilon_t) = \sigma_\varepsilon^2$ (F3) (v, w, ε) und ξ unabhängig (F4) (v, w) und ε unabhängig (F5) v und w unabhängig	*Modellgleichungen* $\boldsymbol{\eta} = \boldsymbol{\Xi}\boldsymbol{\beta} + \boldsymbol{\varepsilon}$ $\boldsymbol{y} = \boldsymbol{\eta} + \boldsymbol{w}$ $\boldsymbol{X} = \boldsymbol{\Xi} + \boldsymbol{V}$ *Modellannahmen* (F1) $(v_{t1}, \ldots, v_{tK}, w_t, \varepsilon_t)$ unabhg. ident. verteilt (F2) $E(v_{ti}) = E(w_t) = E(\varepsilon_t) = 0;\ i = 1, \ldots, K$ $C(v_{ti}, v_{tj}) = \sigma_{ij}, V(w_t) = \sigma_w^2, V(\varepsilon_t) = \sigma_\varepsilon^2$ (F3) $(\boldsymbol{V}, \boldsymbol{w}, \boldsymbol{\varepsilon})$ und $\boldsymbol{\Xi}$ unabhängig (F4) $(\boldsymbol{V}, \boldsymbol{w})$ und $\boldsymbol{\varepsilon}$ unabhängig (F5) $\boldsymbol{V}$ und $\boldsymbol{w}$ unabhängig
Symmetrische Form FV-Modell i.w.S. (erste drei Annahmen) FV-Modell i.e.S. (alle Annahmen)	*Modellgleichungen* $\beta_0 \xi_{t0} + \beta_1 \xi_{t1} = \alpha$ $x_{t0} = \xi_{t0} + v_{t0}$ $x_{t1} = \xi_{t1} + v_{t1}$ *Modellannahmen* (v_{t0}, v_{t1}) unabhängig ident. verteilt $E(v_{t0}) = E(v_{t1}) = 0$ $V(v_{t0}) = \sigma_0^2,\ V(v_{t1}) = \sigma_1^2$ $(\boldsymbol{v}_0, \boldsymbol{v}_1)$ und $\boldsymbol{\xi}_1$ unabhängig $\boldsymbol{v}_0$ und $\boldsymbol{v}_1$ unabhängig	*Modellgleichungen* $\boldsymbol{\Xi}_0 \boldsymbol{\beta}_0 = \boldsymbol{o}$ $\boldsymbol{X}_0 = \boldsymbol{\Xi}_0 + \boldsymbol{V}_0$ *Modellannahmen* $(v_{t0}, \ldots, v_{tK})$ unabhängig ident. verteilt $E(v_{ti}) = 0 \quad i = 0, 1, \ldots, K$ $C(v_{ti}, v_{tj}) = \sigma_{ij},\ V(v_{ti}) = \sigma_i^2$ $\boldsymbol{V}_0$ und $\boldsymbol{\Xi}$ unabhängig $\boldsymbol{v}_0$ und $\boldsymbol{V}$ unabhängig
Zusammenhang zwischen den Variablen beider Modellformen im Falle $\varepsilon \equiv 0$	$\xi_{t0} := \eta_t,\ \xi_{t1} := \xi_t$ $x_{t0} := y_t,\ x_{t1} := x_t$ $v_{t0} := w_t,\ v_{t1} := v_t$	$\boldsymbol{\Xi}_0 = (\boldsymbol{\xi}_0, \boldsymbol{\Xi}), \quad \boldsymbol{\xi}_0 := \boldsymbol{\eta}$ $\boldsymbol{X}_0 := (\boldsymbol{x}_0, \boldsymbol{X}), \quad \boldsymbol{x}_0 := \boldsymbol{y}$ $\boldsymbol{V}_0 := (\boldsymbol{v}_0, \boldsymbol{V}), \quad \boldsymbol{v}_0 := \boldsymbol{w}$ $\boldsymbol{\beta}_0 := (\beta_0, -\boldsymbol{\beta})', \quad \beta_0 = 1$

Tab. 1.2/1: Gleichungen und Annahmen des FV-Modells

Spezifikation der latenten exogenen Variablen

Hier sind zwei Spezialfälle von besonderer Bedeutung. Man spricht von der **Strukturvariante des einfachen FV-Modells**, wenn gilt:

(SV) Die latenten exogenen Variablen ξ_t sind unabhängig identisch verteilt; $t = 1, \ldots, T$.

Die **Funktionalvariante des einfachen FV-Modells** ist durch nachstehende Zusatzannahme charakterisiert:

(FV) Die latenten exogenen Variablen ξ_t sind nichtstochastisch; $t = 1, \ldots, T$.

Bei der Funktionalvariante sind die ξ_t als unbekannte Parameter aufzufassen. Sie werden nach *Neyman/Scott* [1948] auch **inzidentelle Parameter** genannt und den **Strukturparametern** α, β, σ_v^2, σ_w^2, σ_{vw} und σ_ε^2 gegenübergestellt. Die Anzahl der inzidentellen Parameter nimmt mit dem Stichprobenumfang T zu.

Asymptotische Momente der latenten exogenen Variablen

Bei den Untersuchungen des asymptotischen Verhaltens von Schätzern im FV-Modell benötigen wir auch eine Annahme über die asymptotischen Momente der latenten exogenen Variablen:

(A) Die Grenzmomente $M_\xi := \lim \bar{\xi}$ und $S_{\xi\xi} := \lim s_\xi^2$ existieren m.W.1, und es ist $S_{\xi\xi} > 0$.

Im Falle der Strukturvariante ist (A) nach dem Starken Gesetz der Großen Zahlen (vgl. Satz 3.1/1 und die sich daran anschließenden Ausführungen) äquivalent mit

(A') Die Varianz $\sigma_\xi^2 := V(\xi_t)$ existiert und ist positiv.

Normalverteilungsannahmen

Gelegentlich treffen wir für alle Modellvariablen die Normalverteilungsannahme:

(N) Sämtliche Modellvariablen sind normalverteilt.

Häufig wird die Normalverteilungsannahme nur für die Fehlervariablen v und w oder gar nur für v getroffen:

($N_{v,w}$) Die Fehlervariablen v_t und w_t sind gemeinsam normalverteilt; $t = 1, \ldots, T$.

(N_v) Die Fehlervariablen v_t sind normalverteilt; $t = 1, \ldots, T$.

Entsprechend bedeutet (N_ξ) Normalverteilung der latenten exogenen Variablen. Gelegentlich wird Normalverteilung der latenten exogenen Variablen explizit ausgeschlossen:

($\bar{N}_\xi$) Die latenten exogenen Variablen ξ_t sind nicht normalverteilt; $t = 1, \ldots, T$.

d. Ergänzende Annahmen für das multiple FV-Modell

Für das multiple FV-Modell seien die später benötigten Annahmen nur aufgelistet:

Spezifikation der latenten exogenen Variablen

Die **Strukturvariante des multiplen FV-Modells** ist charakterisiert durch die Zusatzannahme

(SV) Die Vektoren $\boldsymbol{\xi}_{(t)}$ resp. $\boldsymbol{\xi}_{0(t)}$ sind unabhängig identisch verteilt.

Für die **Funktionalvariante des multiplen FV-Modells** gilt hingegen:

(FV) Die Vektoren $\boldsymbol{\xi}_{(t)}$ resp $\boldsymbol{\xi}_{0(t)}$ sind nichtstochastisch.

Dabei bezieht sich $\boldsymbol{\xi}_{(t)}$ jeweils auf die Grundform und $\boldsymbol{\xi}_{0(t)}$ auf die symmetrische Form des Modells.

Asymptotische Momente der latenten exogenen Variablen

(A) Der Grenzmomentvektor $\boldsymbol{M}_{\xi} := \lim \bar{\boldsymbol{\xi}}$ mit $\bar{\boldsymbol{\xi}} := (\bar{\xi}_1, \ldots, \bar{\xi}_K)'$ und die Grenzmomentenmatrix

$$\boldsymbol{M}_{\xi\xi} := \lim \frac{1}{T} \Sigma\, \boldsymbol{\xi}_{(t)}\, \boldsymbol{\xi}'_{(t)} = \lim \frac{1}{T}\, \boldsymbol{\Xi}'\, \boldsymbol{\Xi}$$

existieren m.W.1, und letztere ist regulär.

Für die Strukturvariante gilt $\boldsymbol{M}_{\xi\xi} = E(\boldsymbol{\xi}_{(t)}\, \boldsymbol{\xi}'_{(t)})$. Annahme (A) ist hier äquivalent mit

(A′) Die theoretische Momentenmatrix $\boldsymbol{M}_{\xi\xi} = E(\boldsymbol{\xi}_{(t)}\, \boldsymbol{\xi}'_{(t)})$ existiert und ist regulär.

Normalverteilungsannahmen

($N_{v,w}$) Die Fehlervektoren $(w_t, \boldsymbol{v}'_{(t)})'$ sind $N(\boldsymbol{o}, \boldsymbol{\Sigma}_0)$ – verteilt.
(N_v) Die Fehlervektoren $\boldsymbol{v}_{(t)}$ sind $N(\boldsymbol{o}, \boldsymbol{\Sigma})$ – verteilt.

Dabei sind $\boldsymbol{\Sigma}_0$ und $\boldsymbol{\Sigma}$ die Matrizen (10) und (7).

A 1.2/4

Das multiple FV-Modell (1.1/7) geht im Falle $K = 2$ und $\xi_1 \equiv 1$ in das einfache FV-Modell (1.1/1) über. Zeigen Sie, daß entsprechend auch die vorstehende Annahme (A) für das multiple FV-Modell mit der Annahme (A) aus 1.2.2c (einfaches FV-Modell) übereinstimmt, wenn man $K = 2$ und $\xi_1 \equiv 1$ setzt.

e. Beispiele aus der Ökonometrie, Agrarökonomie und Astronomie

① *Die Permanent-Income Hypothese nach Friedman*

M. Friedman [1957] hat eine Konsumfunktion aufgestellt, in der der laufende Konsum C nicht direkt vom laufenden Einkommen Y abhängt, sondern von einer fiktiven, weitgehend psychologisch und von Erwartungen bestimmten Einkommensgröße Y^P, dem Dauereinkommen (permanent income). Dies ist das Einkommen, das der Konsument im Mittel und auf Dauer erwartet. Es hängt von vielen Variablen ab, wie Zinssatz, Guthaben, Verdienstmöglichkeiten, Einschätzung der eigenen Fähigkeiten usw., wobei die beiden letzten wieder von objektiven Größen wie vor allem dem Strom der früheren Einkommenswerte bestimmt sind. Es ist für das folgende unerheblich, wie ein Konsument die Erwartungsgröße Y^P bildet.

Für uns ist Y^P eine latente Variable, wohingegen das laufende Einkommen Y eine beobachtbare Variable ist. Das laufende Einkommen Y wird von Friedman additiv in zwei Komponenten zerlegt, das Dauereinkommen Y^P und das transitorische Einkommen Y^T, welches als eine von Y^P unabhängige Zufallsvariable aufgefaßt wird:

$$Y = Y^P + Y^T. \tag{11}$$

Die Variable Y^T repräsentiert demnach die stochastisch schwankenden Abweichungen des laufenden Einkommens Y vom Dauereinkommen Y^P. Sie ist der Friedmanschen Theorie zufolge für die Konsumentscheidung nicht relevant. Friedman nimmt eine entsprechende Zerlegung der Konsumvariablen vor:

$$C = C^P + C^T. \tag{12}$$

Er postuliert sodann eine fehlerfreie lineare homogene Konsumfunktion

$$C^P = \beta Y^P. \tag{13}$$

Die Gleichungen (11) — (13) stellen das Gerüst der Friedmanschen Konsumtheorie dar. Durch sie ist ein einfaches FV-Modell mit $\alpha = 0$ und $\varepsilon \equiv 0$ gegeben:

einfaches FV-Modell mit $\alpha = 0$ und $\varepsilon \equiv 0$	Permanent-Income-Hypothese
$\eta = \beta \xi$	$C^P = \beta Y^P$
$y = \eta + w$	$C = C^P + C^T$
$x = \xi + v$	$Y = Y^P + Y^T$

Tab. 1.2/2: Das Permanent-Income-Modell als FV-Modell

Der Fehlerterm $v = Y^T$ ist also hier nicht ein Meßfehler im eigentlichen Sinne des Wortes, sondern eine ökonomische Variable, die allerdings latent ist und stochastisch variiert und daher formal den Status einer Fehlervariablen besitzt.

Die Friedmansche Konsumtheorie ist in der Lage, eine Reihe von ökonomischen Phänomenen zu erklären, die mit einer klassischen Konsumfunktion vom Keynesschen Typ $C = f(Y)$ unvereinbar sind. Wir kommen darauf in 1.3.3 zurück.

Das Beispiel der Friedmanschen Konsumfunktion wird uns noch in 2.3.1d und 3.5.2i begegnen, wenn wir Folgerungen aus dem FV-Modell ziehen und die Schätzproblematik untersuchen. Friedmans Hypothese gab der Theorie der FV-Modelle frische Impulse. Vor allem das Interesse der Ökonometriker an diesen Modellen ist durch Friedman wieder geweckt worden.

② *Zusammenhang zwischen Maisertrag und Stickstoffgehalt des Bodens*

Fuller [1985] verwendet das einfache FV-Modell, um zu beschreiben, wie die auf jeweils gleiche Flächeneinheiten bezogenen Ernteerträge y_t, $t = 1, \ldots, 11$, elf verschiedener Maisfelder in Iowa (USA) vom Stickstoffgehalt ξ_t der Böden abhängen. Anstelle von ξ_t wird jeweils ein Stickstoffwert $x_t = \xi_t + v_t$ gemessen, wobei v_t die durch Auswahl der Bodenproben bedingten Stichprobenfehler und die bei der chemischen Analyse im Labor anfallenden Meßfehler zusammenfaßt.

An diesem Beispiel läßt sich gut verdeutlichen, daß man weitere Informationen benötigt, um eine Ausprägung des FV-Modells als Strukturvariante oder als Funktionalvariante sachlich vertreten zu können. Ist z.B. bekannt, daß es sich bei den elf Feldern, deren Stickstoffgehalt untersucht wird, um eine Zufallstichprobe aus der Gesamtheit aller Maisfelder in Iowa handelt, so wird man die wahren Stickstoffgehalte ξ_t als stochastisch spezifizieren, d.h. man wird von der Strukturvariante ausgehen. Ist hingegen etwa bekannt, daß auf den elf Feldern im Rahmen eines großangelegten Experiments systematisch durch Variation der Düngung ein unterschiedlicher N-Gehalt im Boden induziert wird, so wird man die auch hier unbekannten Stickstoffgehalte ξ_t als feste Größen ansehen, also die Funktionalvariante zugrundelegen.

③ *Bewegung von Himmelskörpern*

Das folgende Beispiel soll illustrieren, daß in der Praxis auftretende FV-Modelle nicht immer linear sein müssen. Auf nichtlineare FV-Modelle gehen wir allerdings, wie schon in der Einleitung erwähnt, nicht weiter ein [vgl. hierzu *Fuller*, 1985].

In einem Aufsatz von *Barton/David* [1960] geht es um die Rotation der Sterne unserer Galaxie um das galaktische Zentrum C. Sei η_i die Winkelgeschwindigkeit des Sterns i bezüglich C und sei ξ_i seine Entfernung von C. Falls die Umlaufbahn des Sterns um C kreisförmig ist und in der galaktischen Ebene liegt, ist η_i eine Funktion von ξ_i, die durch das in der Galaxis herrschende Kraftfeld näher festgelegt wird:

$$\eta_i = f(\xi_i).$$

Dieser Zusammenhang ist nichtlinear und wird durch eine quadratische Funktion approximiert:

$$\eta_i \approx \alpha + \beta \xi_i + \gamma \xi_i^2.$$

Bei der Messung von η_i und ξ_i treten zufällige Meßfehler w_i resp. v_i auf. Diese sind voneinander unabhängig und in erster Näherung auch unabhängig von η_i und ξ_i. Bezeichnen wir die gemessenen Werte von Winkelgeschwindigkeit und Entfernung mit y_i und x_i, dann ist

$$y_i = \eta_i + w_i$$
$$x_i = \xi_i + v_i.$$

Wir haben damit ein FV-Modell *i.e.S.* vor uns. Vor allem die Entfernungsmessung ist in der Regel mit großen Ungenauigkeiten behaftet, so daß der Ansatz eines FV-Modells hier sehr berechtigt ist: die Fehler v_i können nicht vernachlässigt werden.

Bei der von Barton und David vorgenommenen statistischen Analyse des Modells zeigt es sich, daß die Nichtlinearität von f wesentlich zur Schätzung der Parameter α, β, γ sowie σ_w^2 und σ_v^2 ausgenutzt werden kann.

1.3 Auswirkungen von Meßfehlern

Das zentrale Problem im FV-Modell ist die Parameterschätzung. Da die fehlerfreien systematischen Variablen η und ξ nicht direkt beobachtbar sind, muß man auf die fehlerbehafteten beobachtbaren Variablen y und x zurückgreifen und mit ihrer Hilfe möglichst genaue Schätzungen konstruieren.

Es liegt nahe, eine Schätzung zunächst einmal mit der **Methode der kleinsten Quadrate (KQ-Methode)**, angewandt auf eine Regression von y auf x, zu versuchen. Es zeigt sich jedoch, daß die so gewonnen **Kleinstquadrat-Schätzer (KQ-Schätzer)** i.d.R. inkonsistent sind. Dies gilt — jedoch in ganz unterschiedlicher Weise und aus unterschiedlichen Gründen — sowohl bei Anwesenheit von systematischen wie von zufälligen Fehlern in den Variablen. Diese beiden Fälle werden im folgenden getrennt behandelt, wobei im Falle der zufälligen Fehler zunächst nur graphisch unterstützte Plausibilitätsargumente ins Feld geführt werden. Eine genaue Bestimmung des asymptotischen Fehlers der KQ-Schätzung erfolgt erst in 3.2.

Als Konsequenz der Inkonsistenz der KQ-Parameterschätzung lasssen sich verschiedene Eigenschaften des FV-Modells aufzeigen, die in der Praxis häufig beobachtet werden.

Wir beschränken uns in diesem Abschnitt aus didaktischen Gründen fast durchweg auf das *einfache* FV-Modell.

1.3.1 Auswirkungen systematischer Meßfehler auf Schätzung, Strukturkonstanz, Prognose

a. Verzerrte KQ-Schätzung des absoluten Gliedes bei konstanten Fehlern

Wir gehen aus von den Modellgleichungen (1.1/1) und (1.2/1), die hier noch einmal zusammengefaßt wiedergegeben sind:

$$\begin{aligned} \eta_t &= \alpha + \beta\,\xi_t + \varepsilon_t \\ y_t &= \eta_t + b \qquad\qquad t = 1, \ldots, T. \\ x_t &= \xi_t + d \end{aligned} \tag{1}$$

Die Variable ε_t erfülle die in 1.1.1a getroffenen Annahmen. Werden in (1a) η und ξ durch y und x ersetzt, erhält man

$$y_t = \alpha^* + \beta^* x_t + \varepsilon_t^* \qquad t = 1, \ldots, T \tag{2}$$

mit

$$\alpha^* := \alpha + b - \beta d$$

$$\beta^* := \beta \tag{3}$$

$$\varepsilon_t^* := \varepsilon_t.$$

Die Regression (2) zwischen den Variablen y und x kann zur Grundlage einer Parameterschätzung genommen werden. Man erhält die bekannten KQ-Schätzungen für α^*, β^* und $\sigma^2_{\varepsilon^*}$:

$$\hat{\alpha}^* := \bar{y} - \hat{\beta}^* \bar{x}$$

$$\hat{\beta}^* := \frac{s_{xy}}{s_x^2} \tag{4}$$

$$\hat{\sigma}^2_{\varepsilon^*} := \frac{1}{T-2} \Sigma\, \hat{\varepsilon}_t^{*2} \qquad {}^{1)}$$

In (4c) ist

$$\hat{\varepsilon}_t^* := y_t - \hat{y}_t^*, \qquad \hat{y}_t^* := \hat{\alpha}^* + \hat{\beta}^* x_t.$$

Die Formeln (4) stellen bekanntlich erwartungstreue und unter geeigneten Annahmen — z.B. Annahme (A) aus 1.2.2c — auch konsistente Schätzungen für α^*, β^* und $\sigma^2_{\varepsilon^*}$ dar [vgl. z.B. *Schneeweiß*, 1978, S. 59 ff.].

Faßt man allerdings $\hat{\alpha}^*$, $\hat{\beta}^*$ und $\hat{\sigma}^2_{\varepsilon^*}$ als Schätzungen für α, β und σ^2_ε auf, dann sind nur $\hat{\beta}^*$ und $\hat{\sigma}^2_{\varepsilon^*}$ erwartungstreu und konsistent. Wegen (3) gilt nämlich

$$p\text{lim}\, \hat{\alpha}^* = E(\hat{\alpha}^*) = \alpha + b - \beta d$$

$$p\text{lim}\, \hat{\beta}^* = E(\hat{\beta}^*) = \beta \tag{5}$$

$$p\text{lim}\, \hat{\sigma}^2_{\varepsilon^*} = E(\hat{\sigma}^2_{\varepsilon^*}) = \sigma^2_\varepsilon.$$

Eine erwartungstreue und konsistente Schätzung für α gewinnt man durch Korrektur von α^*:

$$\hat{\alpha} := \hat{\alpha}^* - b + \hat{\beta}^* d. \tag{6}$$

Der Schätzer (6) läßt sich offenbar nur dann berechnen, wenn die systematischen Fehler b und d bekannt sind. In diesem Fall können allerdings mittels (1b, c) auch die

[1)] Wir vereinbaren, daß der Summationsindex bei Summen stets von 1 bis T läuft, sofern er nicht explizit angegeben wird. Limesbedingungen („lim", „$p$lim") verstehen sich jeweils für $T \to \infty$.

gemessenen Variablenwerte (x_t, y_t) selbst korrigiert werden, so daß man die wahren Variablenwerte (ξ_t, η_t) zurückerhält. Man vermag dann die Parameter α, β und σ_ε^2 der „wahren" Regression (1a) auch direkt zu schätzen und erhält dabei natürlich dieselben Schätzwerte (6) und (4b, c).

A 1.3/1

Zeigen Sie, daß der Schätzer (6) erwartungstreu und konsistent ist.

A 1.3/2

Eine empirische Regression (2) wurde wie folgt nach der KQ-Methode geschätzt:

$\hat{y} = 10 + 3\,x, \quad \hat{\sigma}_{\varepsilon^*}^2 = 1.$

Die Daten y und x sind fehlerbehaftete Messungen von „wahren" Variablen η und ξ. Es gilt $y_t = \eta_t + 2$, $x_t = \xi_t + 1$. Geben Sie erwartungstreue und konsistente Schätzungen für die Parameter α, β und σ_ε^2 der „wahren" Regression (1a) an.

b. Verzerrte KQ-Schätzungen bei proportionalen Fehlern

Wir gehen jetzt von den Modellgleichungen (1.1/1) und (1.2/4) aus:

$$\begin{aligned} \eta_t &= \alpha + \beta\,\xi_t + \varepsilon_t \\ y_t &= \eta_t + p\,\eta_t = a\,\eta_t \qquad t = 1,\ldots,T. \\ x_t &= \xi_t + q\,\xi_t = c\,\xi_t \end{aligned} \tag{7}$$

Ersetzen von η und ξ durch y und x führt zu der Regression

$$y_t = \alpha^{**} + \beta^{**}\,x_t + \varepsilon_t^{**} \qquad t = 1,\ldots,T \tag{8}$$

mit

$$\begin{aligned} \alpha^{**} &= a\,\alpha \\ \beta^{**} &= \frac{a\,\beta}{c} \\ \varepsilon_t^{**} &= a\,\varepsilon_t. \end{aligned} \tag{9}$$

Auch hier führt die KQ-Methode, angewandt auf (8), zu erwartungstreuen und konsistenten Schätzungen $\hat{\alpha}^{**}$, $\hat{\beta}^{**}$ und $\hat{\sigma}_{\varepsilon^{**}}^2$. Als Schätzungen für α, β, σ_ε^2 aufgefaßt, sind sie jedoch systematisch verzerrt. Gemäß (9) gilt:

$$\begin{aligned} \operatorname{plim} \hat{\alpha}^{**} &= E(\hat{\alpha}^{**}) = a\,\alpha \\ \operatorname{plim} \hat{\beta}^{**} &= E(\hat{\beta}^{**}) = \frac{a\,\beta}{c} \\ \operatorname{plim} \hat{\sigma}_{\varepsilon^{**}}^2 &= E(\hat{\sigma}_{\varepsilon^{**}}^2) = a^2\,\sigma_\varepsilon^2. \end{aligned} \tag{10}$$

Wieder lassen sich erwartungstreue und konsistente Schätzungen für α, β und σ_ε^2 gewinnen, wenn die systematischen Fehler und damit die Faktoren a und c aus (7b, c) bekannt sind:

$$\begin{aligned} \hat{\alpha} &:= \frac{1}{a}\,\hat{\alpha}^{**} \\ \hat{\beta} &:= \frac{c}{a}\,\hat{\beta}^{**} \\ \hat{\sigma}_\varepsilon^2 &:= \frac{1}{a^2}\,\hat{\sigma}_{\varepsilon^{**}}^2. \end{aligned} \tag{11}$$

Die bisherigen Ergebnisse dieses Abschnitts sind in Tab. 1.3/1 zusammengefaßt:

Art der Meßfehler	Zusammenhang zwischen latenten und beobachtbaren Variablen	Zusammenhang zwischen den beobachtbaren Variablen
–	$y_t = \eta_t$ $x_t = \xi_t$	$\eta_t = \alpha + \beta\,\xi_t + \varepsilon_t$ („wahre“ Regression)
konstante Fehler in y_t und x_t	$y_t = \eta_t + b$ $x_t = \xi_t + d$	$y_t = \alpha^* + \beta^*\,x_t + \varepsilon_t^*$ $= (\alpha + b - \beta\,d) + \beta\,x_t + \varepsilon_t$
proportionale Fehler in y_t und x_t	$y_t = \eta_t + p\,\eta_t = a\,\eta_t$ $x_t = \xi_t + q + \xi_t = c\,\xi_t$	$y_t = \alpha^{**} + \beta^{**}\,x_t + \varepsilon_t^{**}$ $= a\,\alpha + \dfrac{a\,\beta}{c}x_t + a\,\varepsilon_t$

Tab. 1.3/1: Auswirkungen systematischer Meßfehler auf die Koeffizienten der empirischen Regression

A 1.3/3

Eine empirische Regression (8) werde wie in A 1.3/2 nach der KQ-Methode geschätzt, jedoch sei jetzt $y_t = 1{,}02\ \eta_t$, $x_t = 0{,}99\ \xi_t$. Geben Sie erwartungstreue und konsistente Schätzungen für die Parameter α, β und σ_ε^2 der Regression (1a) an.

c. Approximation eines proportionalen Fehlers durch einen konstanten Fehler

Ein proportionaler Fehler läßt sich unter bestimmten Voraussetzungen durch einen konstanten Fehler approximieren. Um dies zu zeigen und die Auswirkung einer solchen Approximation auf die Regressionsbeziehung (8) zu untersuchen, gehen wir vom Gleichungssystem (7) aus, also von einer Regression mit proportionalen Meßfehlern. Der Einfachheit halber nehmen wir an, daß y_t fehlerfrei gemessen wird; d.h. wir setzen in (7b) $a = 1$. Für die empirische Regression (8) mit proportionalen Meßfehlern in x_t folgt dann wegen (9) und $c = 1 + q$

$$y_t = \alpha + \frac{\beta}{1+q}\,x_t + \varepsilon_t = \alpha + \beta^{**}\,x_t + \varepsilon_t. \tag{12}$$

Bei kleinem q und kleiner Streuung der ξ_t-Werte kann man die Meßfehler $q\,\xi_t$ der empirischen Variablen x_t approximieren durch

$$q\,\xi_t = q(\xi_t - \bar{\xi}) + q\,\bar{\xi} \approx q\,\bar{\xi}.$$

Wir können demnach unter diesen Bedingungen das System (7) mit $a = 1$ näherungsweise ersetzen durch das System (1), wobei man dort $b = 0$ und $d = q\,\bar{\xi}$ zu setzen hat. Für die zu (1) gehörende empirische Regression mit konstanten Meßfehlern folgt dann wegen (3)

$$y_t = (\alpha - \beta\, q\,\bar{\xi}) + \beta\, x_t + \varepsilon_t = \alpha^* + \beta\, x_t + \varepsilon_t. \tag{13}$$

Man darf also die empirische Regression (12) mit proportionalen Meßfehlern $q\,\xi_t$ bei kleinem q und kleinem Streubereich der ξ_t-Werte durch die empirische Regression (13) mit konstanten Meßfehlern $q\,\bar{\xi}$ ersetzen. Wesentlich ist, daß die zu (13) gehörende Regressionsgerade $\tilde{y} = \alpha^* + \beta\, x$ aus der zur „wahren" Regression (1a) gehörenden Regressionsgeraden $\tilde{\eta} = \alpha + \beta\,\xi$ durch eine einfache Verschiebung hervorgeht:

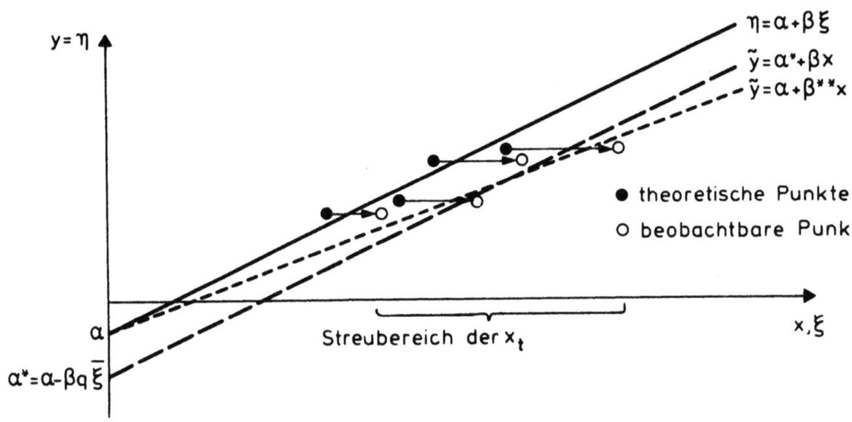

Abb. 1.3/1: Regressionsgeraden bei proportionalen und bei konstanten Meßfehlern in x

Man erkennt aus Abb. 1.3/1, daß die zu (12) und (13) gehörenden Regressionsgeraden sich zwar grundsätzlich unterscheiden, im Streubereich der x_t aber nur wenig voneinander abweichen.

Die vorausgegangenen Überlegungen lassen sich auch für den Fall anstellen, daß die endogene Variable mit proportionalen Fehlern behaftet ist, die durch konstante Fehler approximierbar sind.

A 1.3/4

Gegeben sei eine empirische Regression (8). Die empirischen Variablen y_t und x_t seien wie in A 1.3/3 mit proportionalen Meßfehlern $w_t = 0{,}02\ \eta_t$ resp. $v_t = -0{,}01\ \xi_t$ behaftet. Gelte $\bar{y} = 30$ und $\bar{x} = 10$.

Approximieren Sie die proportionalen Fehler in x_t und y_t durch konstante Fehler.

A 1.3/5

Die empirische Regression aus A 1.3/4 werde nach der KQ-Methode durch $\hat{y} = 10 + 3x$ geschätzt. Wie sind die Parameterschätzungen zu korrigieren, wenn man

a. die proportionalen Meßfehler berücksichtigt?
b. anstelle der proportionalen Meßfehler bei der Korrektur approximativ die in L 1.3/4 berechneten konstanten Fehler heranzieht?

d. KQ-Schätzungen im multiplen FV-Modell bei linearen Fehlern

Die bisherigen Überlegungen aus 1.3.1 lassen sich leicht auf den Fall der multiplen Regression (1.1/7) übertragen. Wir wollen dabei allgemeiner gleich von linearen Fehlern (vgl. (1.2/6)) ausgehen, die ja die konstanten und proportionalen Fehler als Spezialfälle enthalten. Die Modellgleichungen lauten, wenn man in (1.1/7) ξ_1 als Scheinvariable annimmt ($\xi_1 \equiv 1$):

$$\eta_t = \beta_1 + \sum_{i=2}^{K} \beta_i \xi_{ti} + \varepsilon_t$$

$$y_t = a\,\eta_t + \mathrm{b} \qquad\qquad t = 1, \ldots, T;\ i = 2, \ldots, K.$$

$$x_{ti} = c_i\,\xi_{ti} + d_i$$

Ersetzen von η und ξ_i durch y und x_i liefert die empirische Regression

$$y_t = \beta_1^* + \sum_{i=2}^{K} \beta_i^* x_{ti} + \varepsilon_t^*$$

mit

$$\beta_1^* = a\beta_1 + b - \sum_{i=2}^{K} \beta_i^* d_i$$

$$\beta_i^* = \frac{a\,\beta_i}{c_i} \qquad\qquad i = 2, \ldots, K.$$

$$\varepsilon_t^* = a\,\varepsilon_t$$

Die letzten drei Gleichungen gelten analog auch für die Wahrscheinlichkeitslimites und Erwartungswerte der KQ-Schätzungen $\hat{\beta}_1^*, \ldots, \hat{\beta}_K^*$ und $\hat{\sigma}_\varepsilon^{*2}$. Mit Hilfe dieser Beziehungen können die Verzerrungen der KQ-Schätzungen korrigiert werden, sofern nur a, b, c_i und d_i bekannt sind ($i = 2, \ldots, K$).

A 1.3/6

Eine Regression wurde wie folgt nach der KQ-Methode geschätzt:

$$\hat{y}_t = 10 + 3\,x_{t2} - 5\,x_{t3}.$$

Nach der Schätzung stellte sich heraus, daß alle Variablen fehlerhaft gemessen worden sind, und zwar

y um einen konstanten Betrag von 2 zu groß,
x_2 um 1% (bezogen auf den wahren Wert) zu klein,
x_3 um den konstanten Betrag 4 zu klein.

Man korrigiere die Schätzungen der Koeffizienten.

e. Scheinbarer Strukturbruch und verzerrte Prognosen

Gelegentlich werden **Strukturbrüche** in einer ökonometrischen Regression beobachtet, d.h.,eine Regression ändert sich in ihren Parametern mehr oder weniger sprunghaft von einem bestimmten Zeitpunkt ab.

Ein Strukturbruch wird gewöhnlich als Änderung des Verhaltens der Wirtschaftssubjekte — das ja durch die Regression beschrieben werden soll — gedeutet. Ein Strukturbruch kann aber auch allein durch eine Änderung der Meßvorschrift (der Erhebungsmethode) hervorgerufen werden, ohne daß sich die eigentliche Verhaltensgleichung geändert hat.

Wir wollen letzeres anhand der einfachen Regression (1) mit konstanten Meßfehlern verdeutlichen. Der Einfachheit halber setzen wir in (1) $b = 0$, nehmen also an, daß nur die exogene Variable fehlerhaft gemessen wird. Wird nun bei diesem Modell z.B. im Zeitraum $t = 1, \ldots, T_1$ anders erhoben als im Zeitraum $t = T_1 + 1, \ldots, T$, derart, daß in der exogenen Variablen im ersten Zeitraum konstante Meßfehler d_1, im zweiten Zeitraum konstante Meßfehler d_2 ($d_2 \neq d_1$) anfallen, so wird in der empirischen Regression (2) ein Strukturbruch vorgetäuscht. Sieht man einmal von Zufallsabweichungen ab, dann springt die Schätzung von α^* vom ersten zum zweiten Zeitraum um den Betrag $\beta(d_1 - d_2)$. Dieser Sachverhalt ist in Abb. 1.3/2 veranschaulicht.

Man hat ebenfalls „Strukturbrüche" im Falle eines konstanten Fehlers in η oder bei proportionalen Fehlern in ξ oder η.

Ähnlich verhält es sich bei **Prognosen**, wenn sich im Prognosezeitraum das Meßkonzept gegenüber dem Schätzzeitraum geändert hat. Die Prognosen von $y_{T+\tau}$ bei gegebenem $x_{T+\tau}$ weichen systematisch um den Betrag $\beta(d_1 - d_2)$ vom beobachteten Wert ab, wenn in der exogenen Variablen im Schätzzeitraum konstante Fehler d_1 und im Prognosezeitraum konstante Fehler d_2 anfallen.

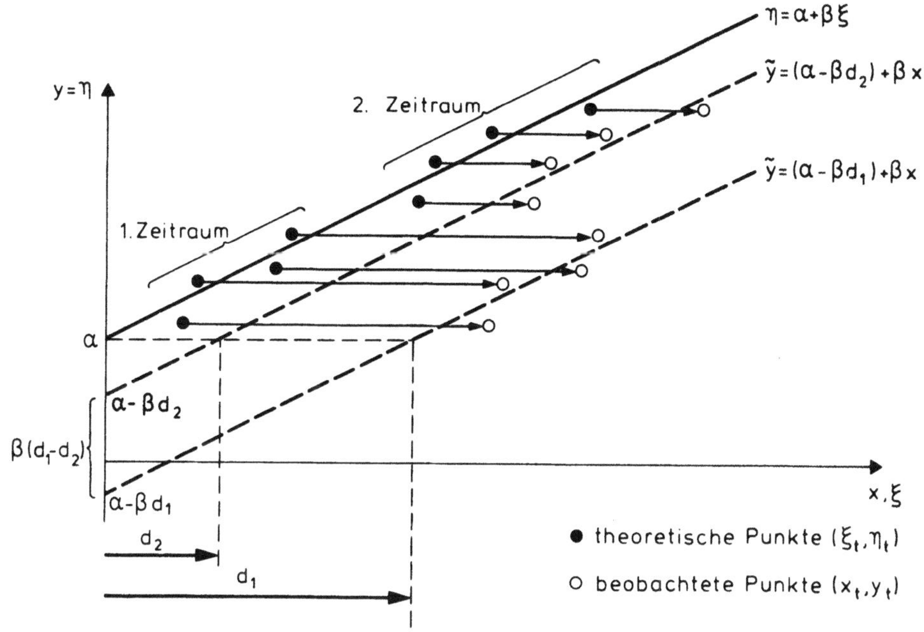

Abb. 1.3/2: Scheinbarer Strukturbruch bei Änderung des Fehlers in der exogenen Variablen

A 1.3/7

a. Mit Hilfe der Regressionsschätzung aus A 1.3/2 ist eine (bedingte) erwartungstreue Prognose für η_{T+1} zu berechnen, wobei der fehlerfreie Wert $\xi_{T+1} = 15$ gegeben und die konstanten Fehler in den Variablen bekannt seien ($y_t = \eta_t + 2$, $x_t = \xi_t + 1$).
b. Wie lautet das Ergebnis, wenn statt ξ_{T+1} der Wert $x_{T+1} = 16$ gegeben ist? Geben Sie unter dieser Voraussetzung auch eine (bedingte) erwartungstreue Prognose für y_{T+1} an.

1.3.2 Auswirkungen stochastischer Meßfehler auf die Schätzung

a. Inkonsistenz der KQ-Schätzung

Auch bei stochastischen Meßfehlern ergeben sich systematische Verzerrungen der KQ-Schätzungen. Wir wollen sie vorerst nur qualitativ anhand von Diagrammen für das einfache FV-Modell studieren. Eine genauere quantitative Analyse und die Verallgemeinerung auf den multiplen Fall wird erst in 3.2 vorgenommen.

Aus den Modellgleichungen (1.1/1) des einfachen FV-Modells ergab sich durch Elimination von ξ_t eine regressionsartige Beziehung (1.1/2), die hier noch einmal wiedergegeben sei:

$$\begin{aligned} y_t &= \alpha + \beta x_t + u_t \\ u_t &:= w_t + \varepsilon_t - \beta v_t \end{aligned} \qquad t = 1, \ldots, T. \tag{14}$$

Aus den Annahmen (F1) — (F5), die wir für das einfache FV-Modell i.e.S. zugrundegelegt hatten (s. Tab. 1.2/1), folgt sofort, daß die Variablen $u_1, \ldots, u_T$ unabhängig identisch verteilt sind mit

$$\begin{aligned} E(u_t) &= 0 \\ V(u_t) &= \sigma_w^2 + \sigma_\varepsilon^2 + \beta^2 \sigma_v^2 =: \sigma_u^2 \end{aligned} \qquad t = 1, \ldots, T. \tag{15}$$

Die Beziehung (14a) sieht auf den ersten Blick wie eine gewöhnliche Regression aus. Tatsächlich ist aber eine entscheidende Bedingung des klassischen Regressionsmodells verletzt: x_t und u_t sind nicht stochastisch unabhängig, weil sie den Fehlerterm v_t als gemeinsame Komponente haben. Man verifiziert leicht für das FV-Modell *i.e.S* (vgl. A 1.3/8b), daß

$$\sigma_{xu} := C(x_t, u_t) = -\beta \sigma_v^2. \tag{16}$$

Die Situation ist ähnlich wie beim interdependenten Modell der Ökonometrie (vgl. 1.5.1c), wo der Störterm mit endogenen Variablen korreliert ist.

Als Folge der Korreliertheit von x und u erweist sich die KQ-Schätzung der Parameter des einfachen FV-Modells als inkonsistent. Die Inkonsistenz beruht allein auf dem Vorhandensein eines Fehlers in der *exogenen* Variablen. Wäre dieser Fehler Null, dann wären die Annahmen des klassischen Regressionsmodells erfüllt — unabhängig davon, ob die endogene Variable fehlerbehaftet ist oder nicht.

Schon eine einfache graphische Analyse zeigt den Einfluß des Fehlers v auf die Schätzung. Wir wollen annehmen, daß ξ nur zwei Werte ξ_1 und ξ_2 annimmt, jeden zweimal. Auch v möge ebenfalls nur zwei Werte v' und $-v'$ je mit Wahrscheinlichkeit 0,5 annehmen; beide Werte seien für ξ_1 und ξ_2 je einmal realisiert. Ferner sei der Einfachheit halber $\varepsilon \equiv 0$ und $w \equiv 0$ vorausgesetzt, so daß also $y = \alpha + \beta \xi$, $x = \xi + v$ gilt. Dabei sei $\beta > 0$. Man erhält dann die in Abb. 1.3/3 eingezeichneten vier Beobachtungspunkte mit der zugehörigen KQ-Regressionsgeraden $\hat{y} = \hat{\alpha} + \hat{\beta} x$.

Aus der Zeichnung ist ersichtlich, daß die nach der KQ-Methode bestimmte Regressionsgerade flacher als die wahre Regressionsgerade verläuft; β wird also systematisch unterschätzt.

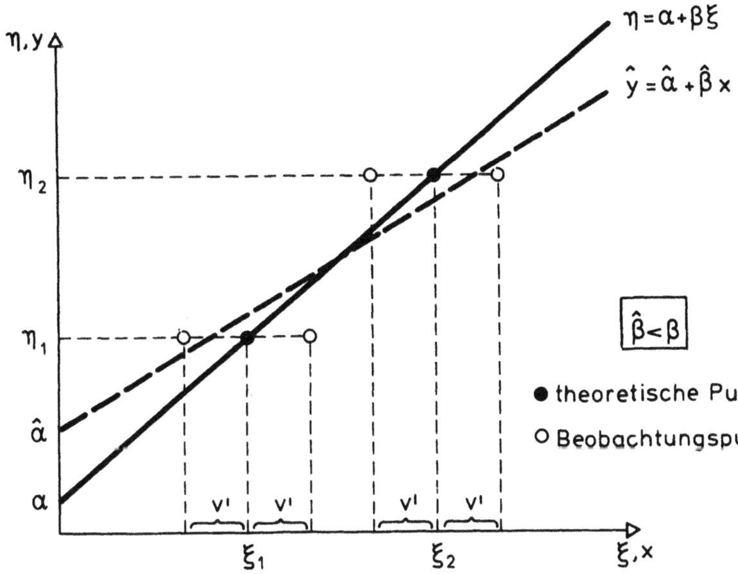

Abb. 1.3/3: Geschätzte und wahre Regressionsgerade im Falle $w \equiv 0$, $v \not\equiv 0$

Im Gegensatz hierzu sehe man sich Abb. 1.3/4 an, wo w je zwei Werte w' und $-w'$ angenommen hat und $v \equiv 0$ ist. Hier stimmen nach der KQ-Methode geschätzte und wahre Regressionsgerade überein:

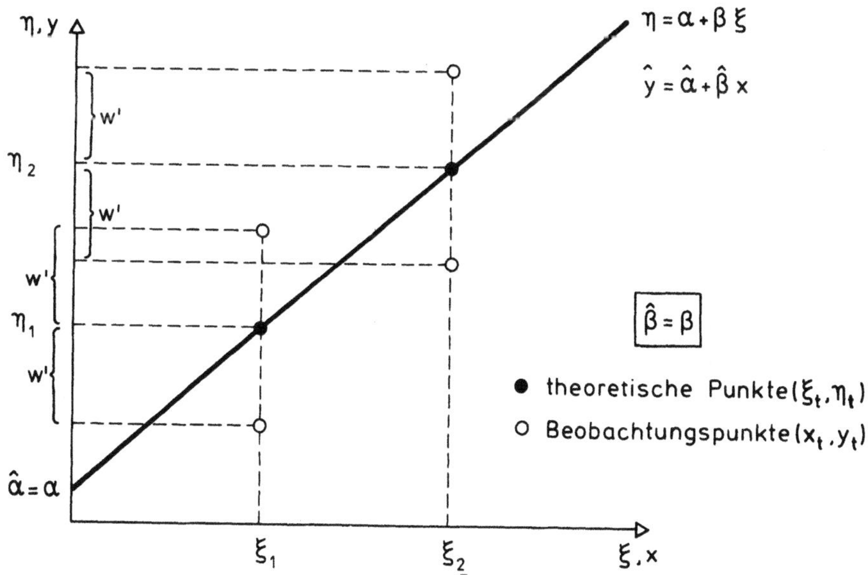

Abb. 1.3/4: Geschätzte und wahre Regressionsgerade im Falle $v \equiv 0$, $w \not\equiv 0$

Abb. 1.3/5 zeigt einen Mischfall, bei dem v und w unabhängig voneinander je zwei Werte annehmen. Wir nehmen an, daß alle Kombinationen (ξ_t, v_t, w_t) realisiert sind, d.h. wir gehen jetzt von 2^3 Beobachtungen aus. Die KQ-Schätzgerade verläuft in diesem Fall genauso wie in Abb. 1.3/3. Der einzige Unterschied, der freilich in der Abbildung nicht sichtbar wird, ist der, daß im Mischfall die Schätzung mit einem größeren Zufallsfehler behaftet ist als im Fall $w \equiv 0$. (Da in diesen Demonstrationsbeispielen immer angenommen wurde, daß alle möglichen Werte der Zufallsvariablen auch wirklich realisiert werden, kommen Zufallsschwankungen nicht zum Ausdruck. Nur der systematische Schätzfehler kann so studiert werden. Stochastische Schätzfehler lassen sich durch Simulationen veranschaulichen.)

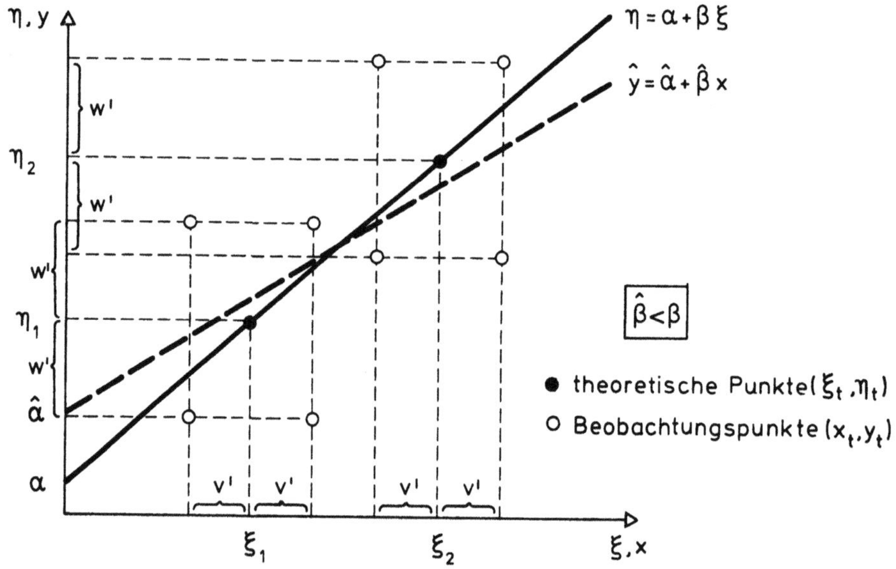

Abb. 1.3/5: Geschätzte und wahre Regressionsgerade im Falle $v \neq 0$, $w \neq 0$

Man erkennt zumindest qualitativ, daß die systematische Verzerrung der KQ-Schätzungen $\hat{\alpha}$ und $\hat{\beta}$ von der Modellsituation abhängt: Sie ist um so größer, je größer die Streuung von v und je kleiner die Streuung von ξ ist.

Außerdem hängt das Ausmaß der Verzerrung von β ab. In 3.2.1 wird auf analytischem Wege gezeigt, daß für den KQ-Schätzer $\hat{\beta}$ die asymptotische Beziehung

$$\text{plim}\,\hat{\beta} = \beta(1 - e) \tag{17}$$

gilt. Dabei bezeichnet e den Varianzquotienten

$$e := \frac{\sigma_v^2}{\text{plim}\, s_x^2} =: \frac{\sigma_v^2}{S_{xx}}. \tag{18}$$

Aus (17) läßt sich ableiten, daß $|\beta|$ systematisch unterschätzt wird (vgl. Abb. 3.2/1).

Daß ein FV-Modell zu einer verzerrten KQ-Schätzung führt, kann man inhaltlich auch ohne eine Abbildung verstehen: η ist von ξ abhängig, auch wenn diese Abhängigkeit durch ε gestört wird. Die Ersetzung von η durch y bedeutet nur, daß zu der Störung ε der Fehler w hinzutritt. Beide zusammen, d.h. $\tilde{w} = w + \varepsilon$, werden durch die Methode der kleinsten Quadrate herausgemittelt, so daß man eine unverzerrte Schätzung des Regressionszusammenhangs erhält. Wird aber noch ξ durch x ersetzt, dann wird in den Regressor die Fehlervariable v eingeführt, die vom Regressanden $y = \eta + w$ stochastisch unabhängig ist. Die Regression von y auf x mißt daher den Zusammenhang zwischen y und $\xi + v$, nicht denjenigen zwischen y und ξ. Variiert v im Vergleich zu ξ nur wenig, dann wird im wesentlichen der Einfluß von ξ allein zur Geltung kommen und die Regression von y auf x zeigt praktisch denselben Zusammenhang wie die von y auf ξ (also auch wie die von η auf ξ). Je stärker aber v im Vergleich zu ξ variiert, je mehr also x durch v statt durch ξ bestimmt ist, um so mehr wird die Regression von y auf x zu einer Regression von y auf v. Da aber y von v nicht abhängt, hat diese Regression die Steigung Null. Im allgemeinen hat die Regression von y auf x eine Steigung, die gerade zwischen den beiden Extremfällen liegt, der Steigung der wahren Regression zwischen η und ξ und der Steigung Null. Daher wird eine positive Steigung β systematisch unterschätzt.

Mit $\hat{\beta}$ ist auch der KQ-Schätzer $\hat{\alpha}$ verzerrt. Man erkennt dies deutlich aus Abb. 1.3/3. Darüber hinaus wird auch σ_u^2 durch die KQ-Schätzung

$$\hat{\sigma}_u^2 := \frac{1}{T-2} \sum \hat{u}_t^2, \quad \hat{u}_t := y_t - (\hat{\alpha} + \hat{\beta} x_t) \tag{19}$$

verzerrt geschätzt. In 3.2.1c zeigen wir, daß σ_u^2 asymptotisch unterschätzt wird.

Wir stellen also fest, daß bei Vorhandensein zufälliger Fehler in den Variablen sämtliche Parameter der empirischen Regression (14) inkonsistente KQ-Schätzungen aufweisen.

A 1.3/8

a. Berechnen Sie die Kovarianz σ_{xu} von x und u für den Fall, daß die Meßfehler v und w korreliert sind (FV-Modell *i.w.S.*, vgl. Tab. 1.2/1).
b. Zeigen Sie dann, daß für das FV-Modell *i.e.S.* (16) gilt.

A 1.3/9

Beweisen Sie, daß in den in Abb. 1.3/3 und Abb. 1.3/5 veranschaulichten Fällen jeweils die gleichen KQ-Schätzgeraden resultieren.

A 1.3/10

Wie verändert sich in Abb. 1.3/3 die Lage der geschätzten Regressionsgeraden, wenn man

a. den Abstand der Punkte ξ_1 und ξ_2 vergrößert?
b. v' verkleinert?

Fertigen Sie zwei Zeichnungen an, und vergleichen Sie mit Abb. 1.3/3.

A 1.3/11

Gehen Sie aus von Abb. 1.3/3 mit den Setzungen $\xi_1 = -2$, $\xi_2 = 2$, $v' = 1$ und $\alpha = 0$, $\beta = 1$. Während in Abb. 1.3/3 alle vier möglichen Beobachtungspunkte systematisch durch je eine Beobachtung besetzt waren, kann man es auch dem Zufall überlassen, welche Beobachtungspunkte realisiert werden. Man bestimme durch Münzwurf vier v_t-Werte (mit $v_t = \pm v'$ je mit Wahrscheinlichkeit 0,5) und ermittle auf diese Weise mit den o.g. Setzungen vier Beobachtungspunkte (x_t, y_t), die natürlich auch zum Teil zusammenfallen können. Danach berechne man die KQ-Schätzer $\hat{\beta}$ und $\hat{\alpha}$.

Dieses Verfahren wiederhole man einige Male und ermittle den Durchschnittswert all dieser Schätzer.

A 1.3/12

a. Wie lautet (15b) im einfachen FV-Modell *i.w.S.*?
b. Übertragen Sie (15b) auf das multiple FV-Modell.

b. Beispiele aus der Ökonometrie

① *KQ-Schätzung der marginalen Konsumquote nach Friedman*

Eine Besonderheit der Friedmanschen Konsumfunktion (1.2/13) ist, daß für sie $\alpha = 0$ postuliert wird. Die durch (1.2/13) definierte Gerade verläuft demnach durch den Nullpunkt. Außerdem ist ihre Steigung β, die marginale Konsumquote, offenbar positiv, weil Konsum C^P und Einkommen Y^P sicher positiv korreliert sind. Anstelle von Punkten (Y_t^P, C_t^P), die alle auf dieser Geraden liegen müßten, werden gemäß (1.2/11, 12) die durch Fehler — oder in Friedmans Terminologie: durch transitorische Komponenten — überlagerten Datenpaare (Y_t, C_t) gemessen. Aufgrund der im vorausgegangenen Abschnitt angestellten heuristischen Überlegungen ist bekannt, daß die mit den Werten (Y_t, C_t) bestimmbare KQ-Schätzgerade eine Steigung $\hat{\beta}$ aufweist, die zumindest asymptotisch kleiner als β ist; d.h. der KQ-Schätzer $\hat{\beta}$ unterschätzt systematisch den wahren Wert für die marginale Konsumquote β.

Über die Lage der KQ-Schätzgeraden und der „wahren" Regressionsgeraden (1.2/13) läßt sich eine weitere Aussage treffen. Erstere verläuft durch den Schwerpunkt ($\bar{Y}$, $\bar{C}$) der Beobachtungspunkte (Y_t, C_t) — das ist eine bekannte Eigenschaft der KQ- Methode — während letztere durch den Schwerpunkt ($\bar{Y}^P$, $\bar{C}^P$) der Punkte (Y_t^P, C_t^P) geht. Wenn nun die Zahl der Beobachtungen hinreichend groß ist, kann man damit rechnen, daß sich die Fehler $v = Y^T$ und $w = C^T$ im Mittel ausgleichen. Nach (1.2/11, 12) folgt dann $\bar{Y}^P \approx \bar{Y}$ und $\bar{C}^P \approx \bar{C}$, d.h. die Gerade (1.2/13) verläuft näherungsweise ebenfalls durch ($\bar{Y}$, $\bar{C}$).

Friedman benutzt u.a. Querschnittsdaten über Konsum und Einkommen von Haushalten in einem bestimmten Jahr, z.B. 1950. Er hat genügend viele Beobachtungen, um approximativ annehmen zu können, daß beide Geraden durch den Schwerpunkt ($\bar{Y}$, $\bar{C}$) verlaufen. Die theoretische Gerade (1.2/13) geht außerdem durch den Nullpunkt und ist damit festgelegt; insbesondere errechnet man β aus der Näherungsformel $\beta \approx \bar{Y}/\bar{C}$. Die KQ-Schätzgerade verläuft hingegen zwar durch den Schwerpunkt, erscheint aber im Vergleich zu der theoretischen im Uhrzeigersinn verdreht: sie hat eine geringere Steigung $\hat{\beta}$ und ein positives absolutes Glied $\hat{\alpha}$. Friedman hat mit den Daten für 1950 die Werte $\hat{\beta} \approx 0{,}75$ und $\beta \approx 0{,}90$ bestimmt.

Die geschilderte Situation ist in der folgenden Figur dargestellt. Zur Vereinfachung wurde $C^T \equiv 0$ angenommen (analog zu Abb. 1.3/3):

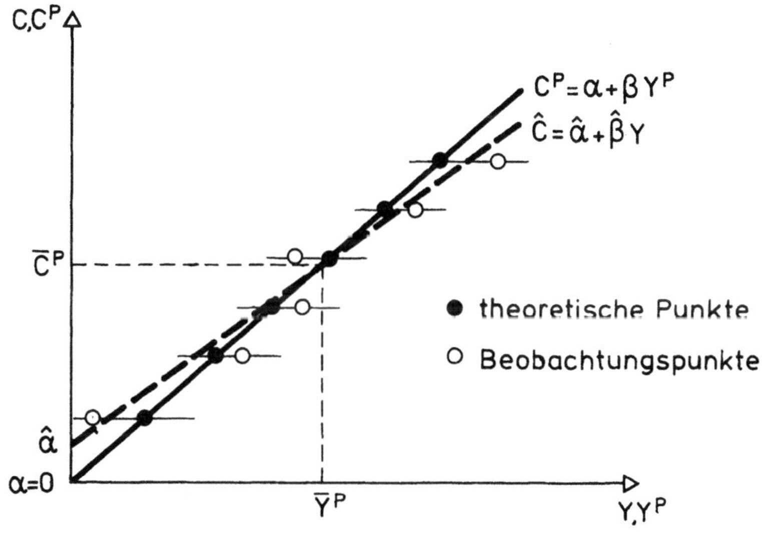

Abb. 1.3/6: Bestimmung des Parameters β der Konsumfunktion nach Friedman

Die von Friedman mit den Daten von 1950 ermittelten Werte für $\hat{\beta}$ und β liefern natürlich noch keinen empirischen Beweis für die Richtigkeit der Permanent-Income-Hypothese. Die nach der KQ-Methode geschätzte Regressionsgerade kann ebenso als Schätzung einer konventionellen linearen Konsumfunktion $C = \alpha + \beta\, Y + u$ interpretiert werden. Einen Beweis, oder besser, ein erhärtendes

Indiz, erhielt Friedman erst, nachdem er mehrere Querschnittsanalysen vorgenommen hatte. Da sich dabei jedesmal dasselbe Bild wie in Abb. 1.3/6 ergab und die Schwerpunkte dieser Querschnittsdaten alle, von geringfügigen Zufallsabweichungen abgesehen, auf derselben Geraden durch den Nullpunkt (mit einer Steigung $\beta \approx 0{,}9$) lagen, war ein starker Hinweis auf die Richtigkeit der Friedmanschen Theorie gegeben. Mit einer konventionellen Konsumfunktion ließe sich eine solche Erscheinung jedenfalls nicht erklären (vgl. auch Abb. 1.3/9). Bez. weiterer Einzelheiten vgl. *Houthakker* [1958] und die sich anschließende, von *Eisner* [1958] angeführte Diskussion.

② *Messung von Preiselastizitäten bei der Importnachfrage*

Orcutt [1950] wies darauf hin, daß in den zahlreichen empirischen Arbeiten zur Messung der Importnachfrage die Preiselastizitäten i.d.R. bei weitem zu klein gemessen werden und daß daher die Meinung, Abwertungen der heimischen Währung brächten keine nennenswerte Reduktion der Importe, durch diese ökonometrischen Untersuchungen nur scheinbar gestützt würde. Orcutt führt mehrere Gründe für die vermutete Fehlschätzung der Preiselastizität an, u.a. die beachtlichen Fehler in der Preisvariablen. Importnachfragefunktionen sind gewöhnlich multiple Regressionen. Wir kommen daher auf dieses Beispiel zurück, wenn wir den Effekt stochastischer Meßfehler auf die KQ-Schätzung im multiplen Regressionsmodell diskutieren (vgl. 3.2.2e).

In ähnlicher Weise wird nach *Clark/Freeman* [1980] die Lohnelastizität der Arbeitsnachfrage von Fehlern in den Preisvariablen affiziert.

c. *Asymptotisch verzerrte Korrelationsschätzung*

Eine direkte Folge der asymptotisch verzerrten Parameterschätzung in einem FV-Modell mit zufälligen Fehlern ist, daß der empirische Korrelationskoeffizient r_{xy} zwischen x und y keine konsistente Schätzung des theoretischen Korrelationskoeffizienten $\varrho_{\xi\eta}$ zwischen ξ und η abgibt. Um überhaupt sinnvoll von einem theoretischen Korrelationskoeffizienten $\varrho_{\xi\eta}$ sprechen zu können, beziehen wir uns hier auf die ***Strukturvariante*** des einfachen FV-Modells, bei der ξ als stochastisch spezifiziert ist. Wir gehen von einem FV-Modell *i.e.S.* aus.

Wir wollen zeigen, daß der Wahrscheinlichkeitslimes des empirischen Korrelationskoeffizienten

$$r_{xy} = \frac{s_{xy}}{s_x\, s_y}$$

mit $\varrho_{\xi\eta}$ nicht übereinstimmt. Da $x_1, \ldots, x_T$ und $y_1, \ldots, y_T$ bei der Strukturvariante jeweils unabhängig identisch verteilt sind, gilt zunächst (vgl. Satz 3.1/3)

$$\text{plim } r_{xy} = \frac{\sigma_{xy}}{\sigma_x\, \sigma_y} =: \varrho_{xy}.$$

Aus (F3) und (F4) kann gefolgert werden, daß v und w von ξ und η stochastisch unabhängig sind (vgl. Anmerkung 2 zu 1.2.2a). In Verbindung mit den Modellgleichungen $x = \xi + v$ und $y = \eta + w$ folgt hieraus bei Beachtung von (F5), daß $\sigma_{xy} = \sigma_{\xi\eta}$. Somit gilt

$$\text{plim } r_{xy} = \frac{\sigma_{\xi\eta}}{\sigma_x \sigma_y} = \varrho_{\xi\eta} \frac{\sigma_\xi \sigma_\eta}{\sigma_x \sigma_y}.$$

Zusammen mit den Gleichungen $\sigma_\xi^2 = \sigma_x^2 - \sigma_v^2$ und $\sigma_\eta^2 = \sigma_y^2 - \sigma_w^2$, die sich mit den Modellannahmen (F2) – (F4) ableiten lassen, erhält man

$$\text{plim } r_{xy} = \varrho_{\xi\eta} \sqrt{1 - \frac{\sigma_v^2}{\sigma_x^2}} \sqrt{1 - \frac{\sigma_w^2}{\sigma_y^2}}.$$

Mit dem Varianzquotienten (18), der bei der hier zugrunde gelegten Strukturvariante die Gestalt $e = \sigma_v^2/\sigma_x^2$ hat, und $f := \sigma_w^2/\sigma_y^2$ gewinnt man schließlich für den Wahrscheinlichkeitslimes von r_{xy} die Darstellung

$$\text{plim } r_{xy} = \varrho_{\xi\eta} \sqrt{1 - e} \sqrt{1 - f}.$$

Der Betrag $|\varrho_{\xi\eta}|$ des theoretischen Korrelationskoeffizienten wird also im einfachen FV-Modell (Strukturvariante) durch den empirischen Korrelationskoeffzienten systematisch unterschätzt. *Cochran* [1968, 1970] leitet eine entsprechende Aussage für den multiplen Fall her.

Anmerkung: Man beachte, daß r_{xy} im einfachen FV-Modell mit *nichtstochastischen linearen* Meßfehlern durchaus eine konsistente Schätzung für $\varrho_{\xi\eta}$ liefert. Da der Korrelationskoeffizient invariant gegenüber linearen Transformationen in beiden Variablen ist, gilt hier $\varrho_{xy} = \varrho_{\xi\eta}$ und mithin plim $r_{xy} = \varrho_{\xi\eta}$.

1.3.3 Weitere Auswirkungen stochastischer Meßfehler

In 1.3.2a wurde gezeigt, daß der Fehler v in der exogenen Variablen die Ursache der verzerrten KQ-Schätzung ist. Die Fehlervariable v ist noch für eine ganze Reihe weiterer empirischer Phänomene verantwortlich, von denen einige im folgenden dargestellt werden.

a. Scheinbarer Strukturbruch

In 1.3.1e haben wir gezeigt, daß systematische Fehler einen Strukturbruch vortäuschen können, nämlich dann, wenn sich beim Übergang von einem Zeitraum $t = 1, \ldots, T_1$ zu einem anderen Zeitraum $t = T_1 + 1, \ldots, T$ der systematische Fehler sprunghaft ändert (z.B. weil die Erhebungsprozedur oder die statistische Variablendefinition geändert wurde), ohne daß damit ein wirklicher Bruch in der Strukturgleichung, d.h. eine Änderung in den Parametern α und β, verbunden wäre.

Eine ähnliche Situation liegt vor, wenn die Meßfehler Zufallsfehler sind — mit einem wichtigen Unterschied allerdings: Jetzt können „Strukturbrüche" auch dann auftreten, wenn weder die Regressionsparameter α und β noch die Wahrscheinlichkeitsverteilung und insbesondere die Varianz der Fehler sich geändert haben.

Nehmen wir an, daß der erste Zeitraum T_1 und der zweite Zeitraum T_2 Beobachtungen umfaßt ($T_1 + T_2 =: T$) und daß in beiden Zeiträumen dasselbe lineare FV-Modell (1.1/1) mit den Modellannahmen (F1) — (F5) gilt.

Der Modellparameter β sei positiv. Die ξ_t-Werte mögen im zweiten Zeitraum ein größeres arithmetisches Mittel als im ersten Zeitraum haben:

$$\bar{\xi}_1 := \frac{1}{T_1} \sum_1 \xi_t < \frac{1}{T_2} \sum_2 \xi_t =: \bar{\xi}_2 \quad ^{1)} \tag{20}$$

Die Bedingung (20) kann z.B. erfüllt sein, wenn die ξ_t-Werte einem aufsteigenden Trend folgen und daher im zweiten Zeitraum ein höheres durchschnittliches Niveau erreichen. (Man denke etwa an eine Konsumfunktion in einer wachsenden Wirtschaft mit steigenden Einkommen.)

Die theoretische Regressionsgerade ist in beiden Teilzeiträumen einheitlich gegeben durch $\tilde{\eta} = \alpha + \beta\,\xi$. Wenn beide Teilzeiträume genügend viele Beobachtungen umfassen, kann man wieder annehmen, daß sich die Störvariable ε wie auch die Beobachtungsfehler v und w innerhalb eines jeden Teilzeitraums im Mittel aufheben. Nach (1.1/4) geht die „wahre" Regressionsgerade dann zumindest annähernd durch die beiden Schwerpunkte $(\bar{x}_i, \bar{y}_i)$ der empirischen Variablen. Diese Schwerpunkte fallen nicht zusammen, denn mit (20) kann man wegen $\bar{\xi}_i \approx \bar{x}_i$ auch $\bar{x}_1 < \bar{x}_2$ annehmen.

Wird für jeden Teilzeitraum einzeln eine empirische Regressionsgerade nach der KQ-Methode bestimmt, so verläuft jede der beiden Geraden durch den zum jeweiligen Teilzeitraum gehörenden Schwerpunkt $(\bar{x}_i, \bar{y}_i)$; $i = 1; 2$. Wie wir wissen, wird der als positiv vorausgesetzte Parameter β durch die im i-ten Teilzeitraum ermittelten KQ-Schätzungen $\hat{\beta}_i$ in dem Sinne unterschätzt, daß $p\lim \hat{\beta}_i < \beta$. Da wir den Beobachtungsumfang beider Teilzeiträume als groß angenommen haben, können wir davon ausgehen, daß mit $p\lim \hat{\beta}_i < \beta$ auch $\hat{\beta}_i < \beta$ gilt. Die in den beiden Teilzeiträumen bestimmten KQ-Regressionsgeraden $\hat{y}_i = \hat{\alpha}_i + \hat{\beta}_i\, x$ verlaufen also flacher als die theoretische Regressionsgerade $\tilde{\eta} = \alpha + \beta\,\xi$. Auf diese Weise entsteht der Eindruck eines Strukturbruchs.

Im allgemeinen werden die KQ-Schätzungen $\hat{\beta}_1$ und $\hat{\beta}_2$ nicht übereinstimmen. Wenn wir aber noch zusätzlich annehmen, daß die empirischen Varianzen $s^2_{x(i)}$ der

---

[1)] Der Index unter dem Summenzeichen gibt den Zeitraum an, über den summiert wird (Zeitraum 1: $t = 1, \ldots, T_1$; Zeitraum 2: $t = T_1 + 1, \ldots, T$).

x_t-Werte in den beiden Teilzeiträumen ($i = 1, 2$) ungefähr gleich sind, dann gilt mit hoher Wahrscheinlichkeit auch $\hat{\beta}_1 \approx \hat{\beta}_2$. Aus (17, 18) ersieht man nämlich, daß bei hinreichend großem Beobachtungsumfang für jeden Teilzeitraum mit großer Wahrscheinlichkeit $\hat{\beta}_i \approx (1 - \sigma_v^2 / s_{x(i)}^2)$ ist; in Verbindung mit $s_{x(1)}^2 \approx s_{x(2)}^2$ folgt hieraus $\hat{\beta}_1 \approx \hat{\beta}_2$. Demnach verlaufen die nach der KQ-Methode geschätzten Regressionsgeraden unter der Zusatzvoraussetzung $s_{x(1)}^2 \approx s_{x(2)}^2$ nahezu parallel; d.h. es entsteht das Bild eines scheinbaren Strukturbruchs im absoluten Glied (vgl. hierzu auch die Diskussion von Beispiel 1 in 1.3.2b). Diese Situation ist in Abb. 1.3/7 dargestellt, wobei die gemeinsame Steigung der beiden KQ-Regressionsgeraden wieder unter Weglassung des Periodenindexes einfach mit $\hat{\beta}$ bezeichnet wurde:

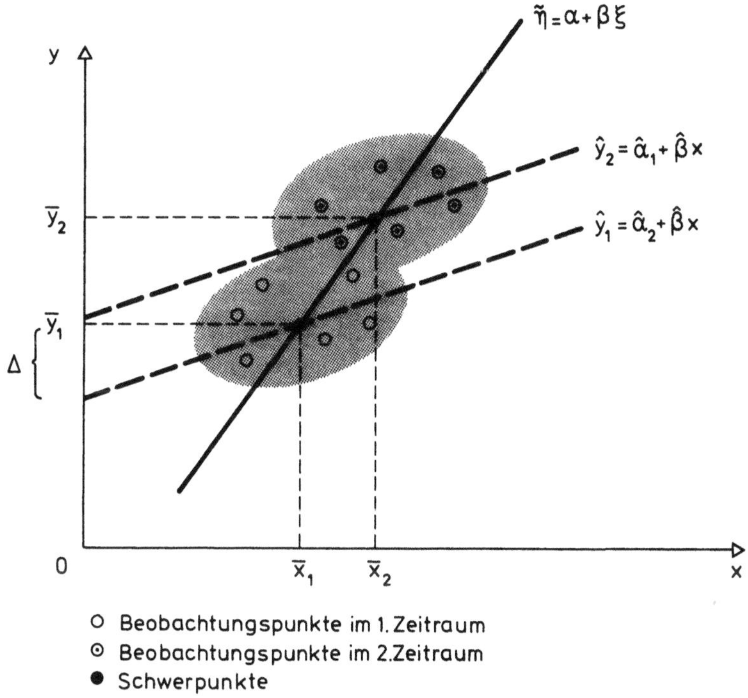

Abb. 1.3/7: Scheinbarer Strukturbruch im absoluten Glied

Das Ausmaß der Verschiebung Δ läßt sich, wenn man abkürzend $d := \bar{x}_2 - \bar{x}_1$ setzt, wie folgt darstellen:

$$\Delta = |\hat{\beta} - \beta| \; d.$$

Man erkennt dies aus der nachstehenden Abbildung, in der die Schwerpunkte $(\bar{x}_i, \bar{y}_i)$ mit S_i bezeichnet sind:

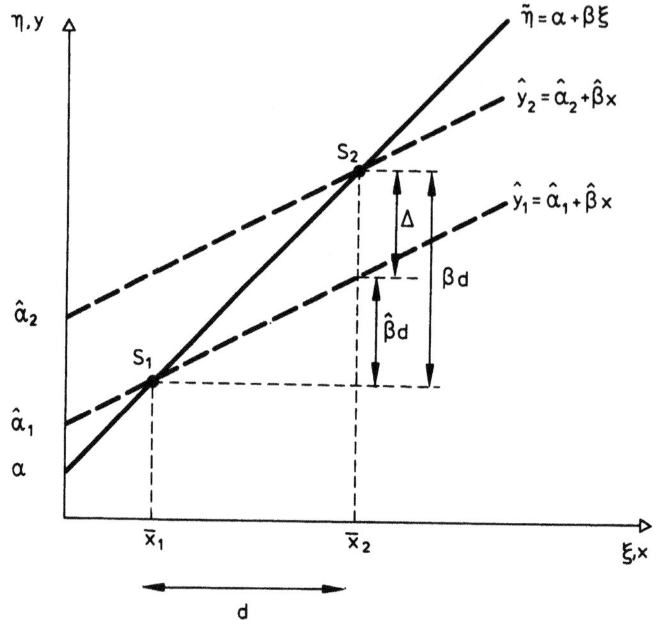

Abb. 1.3/8: Änderung Δ des absoluten Gliedes der KQ-Regression als Differenz zweier Strecken

Da wir einen großen Stichprobenumfang zugrundegelegt haben, gilt nach (17, 18) die Approximation $\hat{\beta} \approx \beta(1 - \sigma_v^2/s_x^2)$ und daher

$$\Delta \approx \frac{\beta \sigma_v^2 d}{s_x^2}.$$

Dieselben Strukturbrüche, nur oft noch ausgeprägter, beobachtet man, wenn man Querschnittsanalysen zu verschiedenen Zeitpunkten miteinander vergleicht. Ein besonders eindrucksvolles Beispiel für dieses Phänomen liefert Friedmans Untersuchung zur Konsumfunktion. *Friedman* [1957] schätzt die Konsumfunktion (1.2/13) mit Querschnittsdaten für die beiden Perioden 1888 – 90 und 1950.[1)] Das Durchschnittseinkommen $\bar{x}_1 = \bar{Y}_1$ von 1888 – 90 war deutlich kleiner als das Durchschnittseinkommen $\bar{x}_2 = \bar{Y}_2$ von 1950. Außerdem waren die Einkommensstreuungen in beiden Zeiträumen ungefähr gleich. Wie nach Friedmans Theorie zu erwarten, ergaben sich daher für beide Zeiträume annähernd parallele KQ-Schätzgeraden mit einer gegenüber der „ wahren" Regressionsgeraden verminderten Steigung:

[1)]Genau genommen bezieht sich eine Querschnittsanalyse auf einen Zeitpunkt. Aus erhebungstechnischen Gründen muß dieser jedoch durch eine kurze Zeitspanne ersetzt werden. (Sie ist in Friedmans Beispiel für den ersten Zeitpunkt etwas größer als für den zweiten).

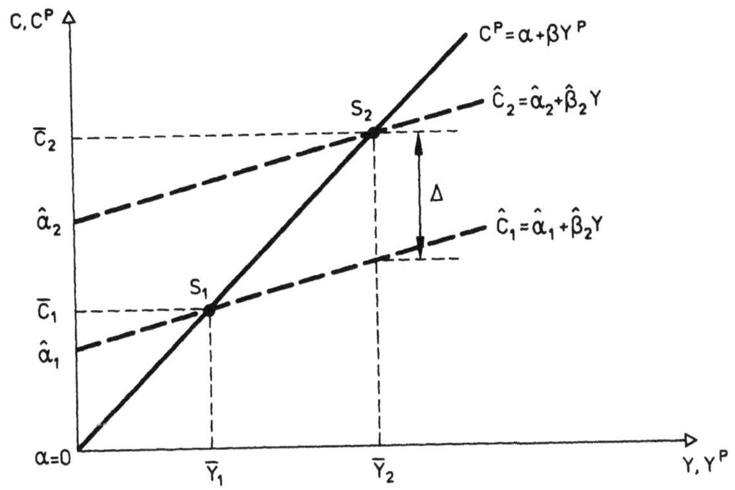

Abb. 1.3/9: Scheinbarer Strukturbruch in der Konsumfunktion[1)]

Die KQ-Schätzung der Konsumfunktion von 1950 ist gegenüber der entsprechenden Schätzung von 1888 — 90 um einen positiven Betrag Δ nach oben verschoben. Diese Parallelverschiebung müßte man ohne Friedmans Theorie als echten Strukturbruch interpretieren. Eigenartig wäre dann nur, daß solche Strukturbrüche bei jeder Querschnittsanalyse erneut auftreten und daß die Schwerpunkte approximativ alle auf ein und derselben durch den Nullpunkt verlaufenden Geraden liegen. Anders gesagt, man könnte nicht erklären, warum die marginalen Konsumquoten für alle Querschnittsanalysen durchgehend kleiner als die Durchschnittskonsumquoten sind und warum letztere näherungsweise alle übereinstimmen.

Diese paradoxe Erscheinung wird aber durch Friedmans Theorie befriedigend erklärt. Die Strukturbrüche sind nach Friedman nur Schein; sie spiegeln kein verändertes Konsumverhalten wider, sondern sind vielmehr lediglich Auswirkungen des Vorhandenseins stochastischer Fehler C^T und Y^T (vgl. Tab. 1.2/3).

Wie echte Strukturbrüche mit fehlerbehafteten Daten überprüft werden können, zeigen *Stroud* [1972] und *DeGracie / Fuller* [1972].

b. Unterschiede in Zeitreihen- und Querschnittsanalysen

In der Ökonometrie werden häufig Unterschiede in der KQ-Regressionsgeraden festgestellt, je nachdem, ob der Schätzung Zeitreihen- oder Querschnittsdaten zugrunde liegen. Gewöhnlich wird dies zurückgeführt auf Fehlspezifikationen des Modells und / oder auf Aggregationsfehler. Tatsächlich können aber auch Meßfehler für das genannte Phänomen verantwortlich sein.

---

1) Die Abbildung entspricht, von Vereinfachungen und einer gewissen Schematisierung abgesehen, der Figur 4 bei *Friedman* [1957, S. 47]. Friedman hat allerdings eine logarithmische Skalierung gewählt.

Nehmen wir an, daß von zwei Mikrovariablen ξ und η zu einem festen Zeitpunkt t jeweils N fehlerfreie Querschnittsbeobachtungen $\xi_{t1}, \ldots, \xi_{tN}$ resp. $\eta_{t1}, \ldots, \eta_{tN}$ vorliegen. Diese N Beobachtungen mögen alle der gleichen, vom Beobachtungszeitraum t unabhängigen Regressionsbeziehung

$$\eta_{ti} = \alpha + \beta \xi_{ti} + \varepsilon_{ti} \qquad i = 1, \ldots, N; t = 1, \ldots, T$$

genügen. Dann werden die aggregierten Variablen

$$\eta_t := \sum_{i=1}^{N} \eta_{ti}, \quad \xi_t := \sum_{i=1}^{N} \xi_{ti}, \quad \varepsilon_t := \sum_{i=1}^{N} \varepsilon_{ti} \qquad t = 1, \ldots, T$$

einer Zeitreihenregression mit den denselben Parametern α und β folgen:

$$\eta_t = \alpha + \beta \xi_t + \varepsilon_t \qquad t = 1, \ldots, T.$$

Man würde also bei Fehlen von Fehlern in den Variablen ($\eta_{ti} \equiv y_{ti}, \xi_{ti} \equiv x_{ti}$) mit der KQ-Methode die gleiche Regression schätzen, gleichgültig, ob man mit Querschnittsdaten zu irgendeinem festen Zeitpunkt, mit Zeitreihendaten oder mit gepoolten Querschnittszeitreihendaten arbeitete.

Sind jedoch die Werte (x_{ti}, y_{ti}) der empirischen Variablen mit Fehlern behaftet, d.h. liegt ein FV-Modell vor, dann brauchen die nach dem KQ-Verfahren geschätzten Regressionen keineswegs mehr übereinzustimmen. Die KQ-Schätzungen sind ja nach (17, 18) systematisch verzerrt; die Verzerrung aber ist bei Zeitreihendaten anders als bei Querschnittsdaten. In vielen Fällen verläuft die mit Zeitreihen gewonnene KQ-Regressionsgerade steiler als die entsprechende auf Querschnittsdaten beruhende Gerade. Das rührt daher, daß der Quotient σ_v^2 / s_x^2 bei Zeitreihendaten oft kleiner ist als bei Querschnittsdaten. (Dies ist wiederum z.T. als Aggregationseffekt erklärbar.) Die Steigung $\hat{\beta}$ einer KQ-Regressionsgeraden läßt sich ja nach (17, 18) bei hinreichend großem Beobachtungsumfang durch $\hat{\beta} \approx \beta(1 - \sigma_v^2 / s_x^2)$ approximieren. Mit abnehmender Größe von σ_v^2 / s_x^2 rückt $\hat{\beta}$ näher an β heran; d.h. die Schätzgerade verläuft mit abnehmender Größe von σ_v^2 / s_x^2 steiler.

Friedman [1957] hat bei seinen Zeitreihenanalysen der Konsumfunktion (1.2/13) nur geringe Abweichungen zwischen $\hat{\beta}$ und β festgestellt, während die Querschnittsanalysen, wie in Abb. 1.3/9 dargestellt, zu beachtlichen Abweichungen führten.

Darüber hinaus hat *Friedman* [1957, S. 58 ff.] auch Unterschiede zwischen Schätzungen festgestellt, die mit Querschnittsdaten zum gleichen Zeitpunkt, aber für unterschiedliche Grundgesamtheiten erstellt worden sind. Bei einem Vergleich zweier Querschnittsanalysen, wobei sich eine auf landwirtschaftliche Haushalte, die andere auf nichtlandwirtschaftliche Haushalte bezog, stellte sich heraus, daß die nach der KQ-Methode geschätzte Regressionsgerade für erstere wesentlich flacher verläuft. (Für 1941 errechnete Friedman z.B. $\hat{\beta} \approx 0{,}5$ für landwirtschaftliche Haushalte und $\hat{\beta} \approx 0{,}8$ für nichtlandwirtschaftliche Haushalte.) Dieser Befund läßt sich wieder auf Unterschiede in der Größe des Quotienten σ_v^2 / s_x^2 zurückführen. Landwirtschaftliche Haushalte beziehen ein Einkommen, das größeren Zufallsschwankungen unterworfen ist. D.h., das transitorische Einkommen $v = Y^T$ aus (1.2/11) streut bei landwirtschaftlichen Haushalten stärker als bei nichtlandwirtschaftlichen Haushalten, während andererseits die Gesamtstreuung des Einkommens $x = Y$ in etwa gleich ist. Bei landwirtschaftlichen Haushalten ist daher σ_v^2 / s_x^2 größer und der Verlauf der KQ-Regressionsgeraden infolgedessen flacher als bei nichtlandwirtschaftlichen Haushalten.

c. *Asymptotische Autokorrelation in den KQ - Residuen*

Die KQ-Residuen eines FV-Modells mit stochastischen Meßfehlern weisen asymptotische Autokorrelation auf, sofern mit Zeitreihendaten gerechnet wird und die Werte der Variablen $x_1, \ldots, x_T$ asymptotisch autokorreliert sind. Ein derartiges Phänomen ist bei systematischen Fehlern in den Variablen nicht zu beobachten.

Nehmen wir an, daß die Werte $x_1, \ldots, x_T$ asymptotisch mit erster Ordnung autokorreliert sind. Das soll heißen, daß die Autokovarianz erster Ordnung

$$s_{xx}(1) := \frac{1}{T-1} \sum_{t=2}^{T} (x_t - \bar{x})(x_{t-1} - \bar{x})$$

von $x_1, \ldots, x_T$ für $T \to \infty$ einen von Null verschiedenen Wahrscheinlichkeitslimes besitzt.

Für die KQ-Residuen $\hat{u}_t$ der empirischen Regression (14) gilt

$$\hat{u}_t = u_t + (\beta - \hat{\beta})\, x_t + \alpha - \hat{\alpha} \qquad t = 1, \ldots, T \tag{21}$$

und daher, wenn man $s_{\hat{u}\hat{u}}(1)$, $s_{xu}(1)$ und $s_{ux}(1)$ in Analogie zu $s_{xx}(1)$ definiert,

$$s_{\hat{u}\hat{u}}(1) = s_{uu}(1) + (\beta - \hat{\beta})\,[s_{ux}(1) + s_{xu}(1)] + (\beta - \hat{\beta})^2\, s_{xx}(1).$$

Man beweist mit Hilfe der in 1.2.2c eingeführten Zusatzannahme (A), daß die Wahrscheinlichkeitslimites von $s_{uu}(1)$, $s_{ux}(1)$ und $s_{xu}(1)$ Null sind, weil die Modellannahmen (F1) — (F4) eine stochastische Abhängigkeit zwischen Variablenwerten aus verschiedenen Perioden ausschließen. Es folgt daher mit (17)

$$\text{plim}\; s_{\hat{u}\hat{u}}(1) = (\beta\, e)^2\; \text{plim}\; s_{xx}(1). \tag{22}$$

Die KQ-Residuen $\hat{u}_t$ weisen somit wegen plim $s_{xx}(1) \neq 0$ bei Vorhandensein stochastischer Beobachtungsfehler eine asymptotische Autokorrelation erster Ordnung auf, sofern nur β und e von Null verschieden sind. Das Ausmaß der asymptotischen Autokorrelation (22) hängt offenbar nicht vom Fehler in der empirischen Variablen y, wohl aber entscheidend vom Fehler in x ab.

Es gibt ein anderes, analoges Ergebnis für die Autokovarianzen höherer Ordnung. Mit den Bezeichnungen

$$s_{xx}(\tau) := \frac{1}{T-\tau} \sum_{t=\tau+1}^{T} (x_t - \bar{x})(x_{t-\tau} - \bar{x})$$

$$s_{\hat{u}\hat{u}}(\tau) = \frac{1}{T-\tau} \sum_{t=\tau+1}^{T} \hat{u}_t \hat{u}_{t-\tau} \qquad \tau = 1, \ldots, T-1$$

gilt in Verallgemeinerung von (22)

$$\text{plim } s_{\hat{u}\hat{u}}(\tau) = (\beta e)^2 \text{ plim } s_{xx}(\tau). \tag{23}$$

Die Voraussetzung der asymptotischen Autokorreliertheit der exogenen Variablen ist vor allem bei ökonomischen Variablen oft erfüllt. Wird daher in einem Zeitreihen-Regressionsmodell Autokorrelation in den KQ-Residuen $\hat{u}_t$ festgestellt, z.B. mit Hilfe des Durbin-Watson-Tests, dann muß das nicht unbedingt heißen, daß die Störvariablen u_t autokorreliert sind; es kann auch heißen, daß zufällige Fehler in den exogenen Variablen enthalten sind. In der Praxis tritt beides oft gleichzeitig auf: Meßfehler in den exogenen Variablen neben Autokorrelation in den Störvariablen [vgl. dazu *Grether/Maddala*, 1973].

d. Asymptotische serielle Korrelation zwischen KQ-Residuen und exogener Variablen

Aus (16) geht hervor, daß die Störvariable u_t der empirischen Regression (14) mit der exogenen Variablen x_t korreliert ist. Diese Korrelation kommt freilich nicht in einer entsprechenden empirischen Korrelation zwischen den KQ-Residuen $\hat{u}_t$ und den x_t zum Ausdruck, denn bekanntlich gilt für KQ-Residuen immer $s_{\hat{u}x} = 0$.

Wenn wir aber die Reihe der $\hat{u}_t$ mit der um eine oder mehrere Perioden verzögerten Reihe der x_t korrelieren, dann konvergiert der Korrelationskoeffizient für $T \to \infty$ stochastisch gegen einen von Null verschiedenen Wert, sofern die x_t asymptotisch autokorreliert sind. In der Tat folgt aus (21)

$$s_{\hat{u}x}(\tau) = s_{ux}(\tau) + (\beta - \hat{\beta})\, s_{xx}(\tau).$$

Da der Wahrscheinlichkeitslimes von $s_{ux}(\tau)$ Null ist, erhält man wieder unter Rückgriff auf (18)

$$\text{plim } s_{\hat{u}x}(\tau) = (\beta e)^2 \text{ plim } s_{xx}(\tau). \tag{24}$$

Die KQ-Residuen und die exogene Variable sind also nach Verzögerung einer der beiden Variablen asymptotisch korreliert, sofern die exogene Variable asymptotisch autokorreliert ist. Man sagt auch $\hat{u}_t$ und x_t seien **asymptotisch seriell korreliert**.

Anmerkungen:

1. Die in 1.3.3a – c dargestellen Phänomene sind in der Praxis häufig beobachtbar, werden dort aber meist auf andere, sehr verschiedene Ursachen zurückgeführt. Es ist bemerkenswert, daß ein einziges Modell – eben das FV-Modell – in der Lage ist, all diese Phänomene ohne Zusatzannahmen zu erklären.
2. Die erläuterten Auswirkungen stochastischer Meßfehler sind empirisch überprüfbar. Sie können daher auch für Tests auf Fehler in den Variablen herangezogen werden. In der Praxis weiß man ja häufig nicht, ob ein gegebenes Modell als FV-Modell zu behandeln ist. Bei der Lösung dieses speziellen Spezifikationsproblems kann man sich von der Überlegung leiten lassen, daß Fehler in den Variablen bestimmte, empirisch feststellbare Auswirkungen haben, die dann als Indiz für die Richtigkeit der Interpretation eines gegebenen Modells als FV-Modell verwendbar sind. Die in 1.3.3a – d dargestellten Eigenschaften sind solche empirisch überprüfbaren Auswirkungen. Insbesondere können die bekannten Tests auf Strukturbruch und auf Autokorrelation (z.B. **Chow** – bzw. **Durbin-Watson-Test**) als Spezifikationstest umgedeutet werden. In 5.1 werden wir noch andere Spezifikationstests für FV-Modelle ansprechen.

e. Nichtlinearität der empirischen Regression

Als weitere Auswirkung von stochastischen Fehlern in den exogenen Variablen erwähnen wir eine Eigenschaft, die Ähnlichkeit mit dem in 1.3.3a behandelten Strukturbruchphänomen aufweist. Wir beschränken uns auf die *Strukturvariante* und setzen außerdem voraus, daß die Fehlervariable v normalverteilt ist (Zusatzannahme (N_v).

Lindley [1947] hat für dieses Modell gezeigt, daß die lineare Regression (1.1/1) zwischen ξ und η genau dann auch eine lineare Regressionsbeziehung zwischen x und y nach sich zieht, wenn ξ normalverteilt ist. Bei nicht normalverteiltem ξ ist die Regression von y auf x nichtlinear, in dem Sinne, daß $E(y|x)$ eine nichtlineare Funktion von x ist.

Anmerkung: Lindleys Resultat ist allgemeiner [vgl. auch *Kendall/Stuart*, 1979, Abschn. 29.57].

f. Verfälschung von Testergebnissen zur Granger-Kausalität

Für Zeitreihenvariablen x_t und y_t, $t = \ldots, -1, 0, 1, 2, \ldots$, wurde von *Granger* [1969] ein Kausalitätsbegriff eingeführt. Dieser beruht auf der Analyse von dynamischen Modellen, wie wir sie noch in 1.5.4 betrachten wollen. Man stellt eine lineare dynamische Beziehung

$$\sum_{i=0}^{p} \gamma_i y_{t-i} = \sum_{j=0}^{q} \beta_j x_{t-j} + \varepsilon_t \tag{25}$$

zwischen den Variablen x und y auf und prüft, ob die Variablen $x_t, x_{t-1}, \ldots, x_{t-q}$ einen signifikanten Einfluß auf y_t ausüben. Ist dies der Fall, dann wird die Zeitreihe $\{x_t\}$ als **Granger-kausal** für die Zeitreihe $\{y_t\}$ bezeichnet. Der Test wird in Form eines **F-Tests** ausgeführt. Man prüft die Nullhypothese

$$H_0 : \beta_0 = \beta_1 = \ldots = \beta_q = 0.$$

Falls der Test die Nullhypothese verwirft, ist x kausal für y.

Wenn nun aber die Variablen x_t und y_t fehlerhaft gemessen werden, dann liegt statt (25) das dynamische FV-Modell (1.5/42) vor. Wird in diesem Modell der genannte F-Test durchgeführt, dann ist dessen Ergebnis durch die Meßfehler verfälscht. Insbesondere läßt sich bei unabhängigen und zeitlich nicht korrelierten Meßfehlern eine Tendenz zur Bestätigung der Nullhypothese beobachten, auch dann, wenn für die „wahren" Variablen ξ_t und η_t eine kausale Beziehung besteht.In der Tat haben zahlreiche wirtschaftsempirische Untersuchungen gezeigt, daß sich Granger-Kausalität häufig statistisch nicht nachweisen läßt, auch dort nicht, wo theoretisch eine Kausalität bestehen müßte. Daß der Grund für dieses Versagen des statistischen Tests die möglicherweise vorhandenen Meßfehler in den Variablen sein könnten, darauf hat *Newbold* [1978] hingewiesen. *Kirchgässner* [1981] begründet den Einfluß von Meßfehlern theoretisch für den genannten wie auch für andere Tests der Granger-Kausalität und weist ihn empirisch anhand einer eingehenden Studie über Popularitätsdaten nach.

1.4 Das FV-Modell mit Zusatzinformation

Um die von den Beobachtungsfehlern in den Regressoren herrührende Inkonsistenz der KQ-Schätzung beheben zu können, sind Zusatzinformationen erforderlich. Im Falle linearer systematischer Beobachtungsfehler ist, wie wir in 1.3.1 gesehen haben, eine Korrektur nur möglich, wenn die Fehlerparameter und damit die Fehler selbst bekannt sind. Im Falle zufälliger Beobachtungsfehler kann man mit weitaus geringeren Zusatzinformationen konsistente Schätzungen erhalten. Aus diesem Grund beschäftigen wir uns im folgenden nur noch mit dem FV-Modell mit stochastischen Beobachtungsfehlern. Wenn wir künftig vom FV-Modell sprechen, ist immer das Modell mit zufälligen Fehlern gemeint, sofern nicht ausdrücklich anderes gesagt wird.

Wir beschränken uns in 1.4 aus didaktischen Gründen auf das *einfache* FV-Modell i.e.S. Wir ergänzen dieses Modell durch Zusatzinformationen, die später eine Identifikation und konsistente Schätzung der Parameter ermöglichen (vgl. 2.3 — 2.4 und 3.3 — 3.8). Die für das einfache FV-Modell beschriebenen Zusatzinformationen lassen sich unschwer auf den multiplen Fall übertragen (vgl. hierzu 3.3 — 3.8).

Die Zusatzinformationen zum FV-Modell können ganz unterschiedlicher Natur sein. Einige von ihnen sind als Vorgaben zu verstehen, die aus externen Wissensquellen stammen und mit den Daten des Modells selbst nicht nachprüfbar sind (A-priori-Informationen), andere beinhalten eine nähere Spezifikation der im FV-Grundmodell noch offen gelassenen Modellcharakteristiken und können im Prinzip mit den Daten des Modells getestet werden.

Unter einem anderen Gesichtpunkt können wir zwei große Gruppen von Zusatzinformationen unterscheiden: solche, die die Zufallsfehler, insbesondere deren Varianzen, und solche, die die latenten exogenen Variablen — und sei es auch nur indirekt — betreffen.

Wenn man Messungen wiederholen kann wie in den experimentellen Wissenschaften, gewinnt man gleichzeitig sowohl Informationen über die Meßfehler als auch über die „wahren" exogenen Variablen. Dieser Fall ist also keiner der beiden Gruppen eindeutig zuzuordnen. Das gleiche gilt für den Fall, daß eine Instrumentvariable z bekannt ist, von der erwartet wird (vgl. 1.4.3a), daß sie einerseits mit ξ korreliert, andererseits von den Meßfehlern v und w unabhängig sein soll.

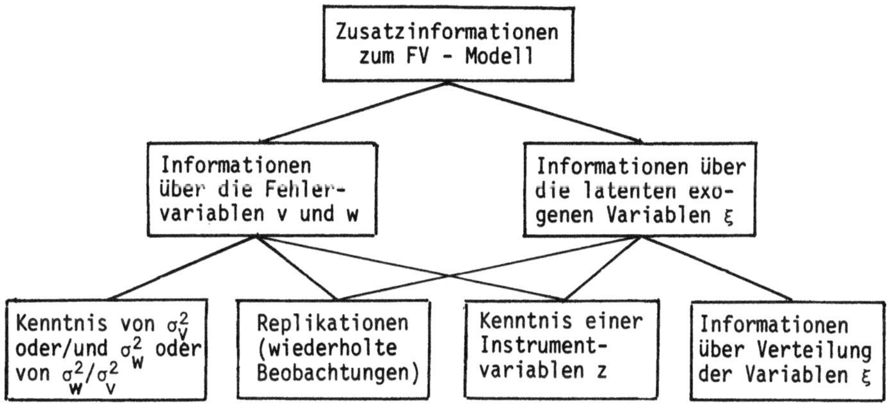

Abb. 1.4/1: Zusatzinformationen zum FV-Modell

Wir beschreiben im folgenden die in Abb. 1.4/1 angesprochenen Erweiterungsmöglichkeiten des einfachen FV-Modells.

Anmerkung: Wenn wir in den folgenden Kapiteln nur noch das FV-Modell mit *stochastischen* Beobachtungsfehlern betrachten, so darf daraus nicht geschlossen werden, daß wir systematische Fehler für weniger praxisrelevant halten als zufällige. Es läßt sich jedoch theoretisch weitaus weniger über sie sagen, während die Theorie der FV-Modelle mit stochastischen Beobachtungsfehlern sehr viel reicher ist. Das liegt daran, daß es grundsätzlich viele Möglichkeiten gibt, mit gewissen Zusatzinformationen die aus den zufälligen Fehlern in den Variablen herrührende Inkonsistenz der Parameterschätzung zu beheben, während bei systematischen Fehlern dies nur bei Kenntnis der Fehler selbst möglich ist. Außerdem spielen systematische Fehler bei Modellen, deren Variablen in Differenzen oder in Veränderungsraten konzipiert worden sind, keine Rolle, während Zufallsfehler durch solche Variablentransformationen nicht eliminiert werden. Schließlich weist ein Modell mit stochastischen Beobachtungsfehlern, wie wir in 1.3 gesehen haben, mehr empirisch relevante Eigenschaften auf als ein Modell mit systematischen Fehlern.

1.4.1 Informationen über die Meßfehlervarianzen

Aus einer genauen Analyse der Erhebungs- und Meßtechnik lassen sich manchmal Rückschlüsse auf die Varianzen σ_v^2 und σ_w^2 der Beobachtungsfehler ziehen. So geben z.B. die in der Einleitung erwähnten Datenrevisionen Hinweise auf die durchschnittliche Größe des Beobachtungsfehlers und auch auf dessen Varianz. Im günstigsten Fall sind diese Varianzen und Kovarianzen exakt bekannt.

Dagegen ist bei Auftreten eines Fehlers in der Gleichung kaum je anzunehmen, daß dessen Varianz σ_ε^2 bekannt ist. Die Störvariable ε soll ja alle restlichen Einflußgrößen zusammenfassen, die nicht schon in den exogenen Variablen enthalten sind, und diese restlichen Einflußgrößen sind i.d.R. unbekannt.

Man hat in der Literatur die nachstehend beschriebenen Fälle sehr genau untersucht [vgl. z.B. *Madansky*, 1959; *Moran*, 1971]:

a. Kenntnis einer Meßfehlervarianz

In manchen praktischen Anwendungen kann man annehmen, daß eine der Meßfehlervarianzen (zumindest approximativ) bekannt ist.

Die Annahme, daß σ_v^2 bekannt ist, erscheint realistisch, sofern mit v ein Meßfehler im eigentlichen Sinne des Wortes gemeint ist. Muß man die Variable v hingegen als Restgröße interpretieren, d.h. als Abweichung von einem hypothetischen Konstrukt (wie z.B. dem Permanent Income nach Friedman), so ist die Annahme der Kenntnis von σ_v^2 sehr problematisch. Immerhin läßt sich σ_v^2 auch dann noch manchmal unter geeigneten Zusatzannahmen abschätzen.

Die Annahme, daß σ_w^2 gegeben ist, läßt sich nur dann verwerten, wenn kein Fehler in der Gleichung vorkommt. Wenn letzteres zutrifft, kann sie analog zur Annahme bekannter Varianz σ_v^2 benutzt werden, wie man anhand der symmetrischen Form (1.1/4) des einfachen FV-Modells unmittelbar erkennt. Ist jedoch $\varepsilon \not\equiv 0$, dann tritt an die Stelle der Annahme bekannter Varianz σ_w^2 die, daß die Summe $\sigma_{\bar{w}}^2 = \sigma_w^2 + \sigma_\varepsilon^2$ gegeben ist. Diese Annahme ist aber unrealistisch, weil σ_ε^2 i.d.R. unbekannt ist.

b. Kenntnis des Quotienten der Meßfehlervarianzen

Der „klassische" Fall eines FV-Modells mit Zusatzinformation ist der, daß kein Fehler in der Gleichung vorkommt ($\varepsilon \equiv 0$) und das Verhältnis $\lambda := \sigma_w^2/\sigma_v^2$ der Meßfehlervarianzen bekannt ist.

In den durch streng deterministische Kausalzusammenhänge gekennzeichneten Naturwissenschaften kann man z.B. oft annehmen, daß eine Gleichung, die den Zusammenhang zwischen zwei Größen beschreibt, keinen Störterm ε aufweist. Diskrepanzen zwischen theoretischen und gemessenen Werten werden dann nicht auf eine Vielzahl stochastischer Störeinflüsse, sondern ausschließlich auf Meßfehler zurückgeführt. Die Varianzen der Meßfehler sind aber vielfach aus unabhängigen Untersuchungen der Meßinstrumente bekannt. Zumindest kann in solchen Fällen häufig das Verhältnis λ der beiden Meßfehlervarianzen als bekannt angenommen werden.

Ein typischer Fall hierfür ist jener, bei dem die beiden Variablen ξ und η unabhängig voneinander mit dem gleichen Meßinstrument gemessen wedren. Man kann dann zumeist annehmen, daß $\sigma_v^2 = \sigma_w^2$ und somit $\lambda = 1$ ist.

Die Annahme $\varepsilon \equiv 0$ ist andererseits in anderen Bereichen, z.B. bei ökonometrischen Anwendungen, vielfach nicht zu rechtfertigen. Man kann formal in diesen Fällen das FV-Modell (1.1/1) mit $\varepsilon \not\equiv 0$ gemäß (1.1/4) in ein solches mit $\varepsilon \equiv 0$ überführen. Die Annahme der Kenntnis von σ_w^2/σ_v^2 ist dann durch die Annahme zu ersetzen, daß der Quotient $\sigma_{\tilde{w}}^2/\sigma_v^2$ mit $\sigma_{\tilde{w}}^2 = \sigma_w^2 + \sigma_\varepsilon^2$ bekannt sei. Diese Annahme ist aber zumeist unrealistisch, denn σ_ε^2 ist normalerweise unbekannt.

c. *Kenntnis beider Meßfehlervarianzen*

Es ist denkbar, daß $\varepsilon \equiv 0$ ist und man nicht nur das Verhältnis σ_w^2/σ_v^2, sondern sogar σ_w^2 und σ_v^2 selbst kennt. Hier ist, wie wir in 2.3.1 noch sehen werden, mehr Information gegeben, als man zur Identifikation der Parameter benötigt. Hinsichtlich der praktischen Relevanz dieses Falles gilt das in 1.4.1b Gesagte.

Anmerkung: Erwähnt sei noch, daß der sog. **Bayes-Ansatz** Schätzungen bereits dann ermöglicht, wenn lediglich mehr oder weniger vage Kenntnisse über die Fehlervarianzen $\sigma_{\tilde{w}}^2$ und σ_v^2 vorhanden sind. Bei diesem Ansatz werden die unbekannten Parameter wie Zufallsvariablen behandelt, denen eine Wahrscheinlichkeitsverteilung zukommt. Insbesondere schlagen sich die Kenntnisse über die Fehlervarianzen in einer Wahrscheinlichkeitsverteilung nieder.

Man unterscheidet A-priori-Wahrscheinlichkeitsverteilungen, die man vor Kenntnis der Daten hat, die also (a priori) gegeben sein müssen, und A-posteriori-Wahrscheinlichkeitsverteilungen, die man durch Verarbeitung der empirisch gefundenen Daten gewinnt. Das Bayessche Theorem gestattet die Berechnung der A-posteriori-Verteilung aus einer gegebenen A-priori-Verteilung und aus gegebenen Daten [vgl. *Zellner*, 1971, bes. Abschnitt 5.4].

A 1.4/1

a. Welche Information über die Fehlervarianzen ist Abb. 1.3/4 zu entnehmen? Wie kann man den Parameter β der dort veranschaulichten „wahren" Regression konsistent schätzen?
b. Beantworten Sie dieselben Fragen auch für Abb. 1.3/3. Überführen Sie hierfür zunächst die „wahre" Regression aus Abb. 1.3/3 in eine Regression von x auf y.

1.4.2 *Replikationen*

In den experimentellen Wissenschaften kann man sich beliebig genaue Kenntnisse über die Fehlervarianz σ_v^2 dadurch beschaffen, daß man dieselbe Größe ξ_t genügend oft unabhängig voneinander mißt. Jedesmal erhält man andere fehlerbehaftete Meßwerte $x_{ti} = \xi_t + v_{ti}$, $i = 1, 2, \ldots$, aus deren Streuung zumindest approximativ auf σ_v^2 geschlossen werden kann.

Entsprechendes gilt für σ_w^2. Auf die Varianz $\sigma_{\tilde{w}}^2$ des Gesamtfehlers $\tilde{w}_t = w_t + \varepsilon_t$ kann man auf diese Weise aber nicht schließen, wenn man von dem Spezialfall $\varepsilon \equiv 0$, in dem ja $\sigma_{\tilde{w}}^2$ und σ_w^2 identisch sind, einmal absieht.

Mit der approximativen Bestimmung der Fehlervarianzen σ_v^2 oder σ_w^2 nähert man sich den in 1.4.1 abgehandelten Fällen.

Aus unabhängigen Messungen $x_{t1}, x_{t2} \ldots$ der empirischen Variablen x_t (bei festem ξ_t) kann man nicht nur auf die Größe der Fehlervarianz σ_v^2, sondern auch auf den Wert ξ_t selbst zurückschließen. Insofern besteht ebenfalls eine Verwandtschaft zwischen dem Replikationsfall und den in 1.4.3 diskutierten Fällen.

In nichtexperimentellen Wissenschaften, wie etwa der Ökonometrie, ist es i.d.R. nicht möglich, Beobachtungen unabhängig zu wiederholen.

Man kann aber häufig unter sachlichen Gesichtspunkten die Daten zu Gruppen zusammenfassen und befindet sich dann in einer ähnlichen Situation wie im Replikationsfall (vgl. 3.6.1).

1.4.3 Informationen über die latenten exogenen Variablen

a. Kenntnis einer Instrumentvariablen

Die Inkonsistenz der KQ-Schätzung im einfachen FV-Modell rührt von der Korrelation zwischen x und u her (vgl. 1.3/16). Ähnlich wie bei den interdependenten Modellen [vgl. z.B. *Schneeweiß*, 1978, S. 283 f.] gelingt es, die Korrelation „aufzubrechen", wenn man zur Schätzung anstelle von x eine Instrumentvariable z heranzieht. Diese muß einerseits mit u unkorreliert, andererseits mit ξ möglichst hoch korreliert sein.

Wir wollen hier noch über die erste Bedingung hinausgehen und verlangen, daß $\boldsymbol{z} := (z_1, \ldots, z_T)'$ von $\boldsymbol{w} = (w_1, \ldots, w_T)'$ und $\boldsymbol{v} = (v_1, \ldots, v_T)'$ sowie von $\boldsymbol{\varepsilon} = (\varepsilon_1, \ldots, \varepsilon_T)'$ stochastisch unabhängig ist. Das ist die Grundannahme, die wir im folgenden immer treffen werden, wenn von Instrumentvariablen im Zusammenhang mit dem einfachen FV-Modell die Rede ist:

(I1) Der Vektor $\boldsymbol{z}$ der Instrumentvariablenwerte ist von der Fehlermatrix $(\boldsymbol{v}, \boldsymbol{w}, \boldsymbol{\varepsilon})$ stochastisch unabhängig.

Aus (I1) und $u_t = w_t + \varepsilon_t - \beta\, v_t$ folgt, daß z_t von u_s stochastisch unabhängig ist($s, t = 1, \ldots, T$; beliebig).

Außerdem stellen wir an eine Instrumentvariable z noch die Bedingung, daß ξ und z asymptotisch korreliert sind:

(I2) Die Grenzkovarianz $S_{\xi z} := \lim s_{\xi z}$ existiert m.W.1, und es ist $S_{\xi z} \neq 0$.

Mit Hilfe einer so definierten Instrumentvariablen läßt sich ein konsistenter Schätzer für β konstruieren (vgl. 3.5.1a), wobei man für den Konsistenzbeweis noch eine Zusatzannahme benötigt, welche die Existenz der empirischen Momente $\bar{z}$ und s_z^2 für $T \rightarrow \infty$ gewährleistet:

(Az) Die Grenzmomente $M_z := \lim \bar{z}$ und $S_{zz} := \lim s_z^2$ existieren m.W.1.

Es ist in der Praxis allerdings schwer, eine Variable z zu finden, die (I1,2) genügt, d.h. die einerseits keinerlei Beziehung zu den Fehlervariablen v und w hat, andererseits aber in einem möglichst engen sachlichen Zusammenhang mit ξ steht. Man muß von Fall zu Fall unter sachlichen Gesichtspunkten und unter Berücksichtigung der Erhebungs- und Meßtechniken prüfen, ob man gute Instrumentvariablen finden kann, wobei „gut" im Sinne hoher Korrelation mit ξ zu verstehen ist.

Häufig wird man davon ausgehen können, daß die in (I2) geforderte asymptotische Korrelation zwischen ξ und z durch das Bestehen einer zufallsgestörten Linearbeziehung zwischen diesen beiden Variablen zustande kommt. Die Hinzunahme einer solchen Gleichung zu den Gleichungen des FV-Grundmodells erweitert dieses zu einem FV-Modell, in das die Instrumentvariable fest eingebaut ist. Für eine solche Erweiterung bestehen zwei Möglichkeiten:

▷ Die latente Variable ξ wird als abhängig von der Instrumentvariablen z dargestellt:

$$\xi_t = \gamma + \delta z_t + f_t, \qquad t = 1, \ldots, T.$$

Dabei ist f_t eine von $\mathbf{z}$ und $(\mathbf{v}, \mathbf{w})$ unabhängige Zufallsvariable mit $E(f_t) = 0$.

▷ Die Instrumentvariable z wird als abhängig von der latenten Variablen ξ dargestellt:

$$z_t = \gamma + \delta \xi_t + f_t, \qquad t = 1, \ldots, T.$$

Hier ist f_t eine von $\boldsymbol{\xi}$ und $(\mathbf{v}, \mathbf{w})$ unabhängige Zufallsvariable mit $E(f_t) = 0$.

Im ersten Fall bezeichnen wir die Variable z auch als kausale **Einflußgröße** und nennen das um die entsprechende Gleichung erweiterte FV-Modell dann (einfaches) **FV-Einflußgrößen-Modell** oder **FV-Modell mit Einflußgrößen** oder abkürzend **FVE-Modell** (vgl. hierzu 1.5.1d und 3.5.2). Im zweiten Fall bezeichnen wir z als **Indikatorvariable** und das erweiterte FV-Modell als (einfaches) **FV-Indikator-Modell** oder **FV-Modell mit Indikatoren** oder abkürzend **FVI-Modell** (vgl. auch 1.5.1d und 3.5.3).

A 1.4/2

Unter der Annahme, daß z und v ebenso wie ξ und v empirisch unkorreliert sind ($s_{vz} = s_{\xi v} = 0$), zeige man für die empirischen Korrelationskoeffizienten $r_{xz} = s_{xz}/(s_x s_z)$ und $r_{\xi z} = s_{\xi z}/(s_\xi s_z)$, daß

$$r_{xz} = r_{\xi z} / \sqrt{1 + \frac{s_v^2}{s_\xi^2}} = r_{\xi z} \sqrt{1 - \frac{s_v^2}{s_x^2}}.$$

A 1.4/3

Es sei $\xi_t = t + h_t$ ($t = 1, \ldots, T$) mit identisch und unabhängig verteilten Zufallsvariablen h_t, für die $E(h_t) = 0$ gelte. Man wähle $z_t := t$ als Instrumentvariable. Berechnen Sie a. den empirischen Korrelationskoeffizienten $r_{\xi z}$ b. $p\lim r_{\xi z}$.

Hinweis: Sind $h_1, h_2, \ldots$ unabhängig identisch verteilt, dann ist $p\lim (s_{th}/s_t^2) = 0$.

b. Anordnung und Gruppenbildung

Dies ist eigentlich ein Spezialfall des vorausgegangenen Unterabschnitts 1.4.2a. Es wird angenommen, daß man Informationen über die Größenbeziehungen der ξ_t-Werte besitzt, die es erlauben, die Beobachtungsindizes in einer noch zu spezifizierenden Weise anzuordnen oder in Gruppen aufzuteilen.

Der Beobachtungsindex charakterisiert bekanntlich bei Zeitreihendaten den Zeitpunkt, zu dem die entsprechende Beobachtung gemacht wurde oder auf den sich die Beobachtungswerte beziehen. Bei Querschnittsdaten ist er die Nummer der Erhebungseinheit, an der die Beobachtung gemacht wurde oder auf den sich die Beobachtungswerte beziehen. Der Beobachtungsindex identifiziert also Daten, d.h. er gibt an, zu welchem Zeitpunkt bzw. zu welcher Erhebungseinheit sie gehören. Eine Gruppenaufteilung innerhalb der Beobachtungsindizes $1, \ldots, T$ ist mit einer Gruppenaufteilung innerhalb der Beobachtungspaare $(x_1, y_1), \ldots, (x_T, y_T)$ äquivalent, sofern die Beobachtungspaare noch erkennen lassen, zu welchen Indizes sie jeweils gehören.

Wir beschreiben drei Arten von Informationen über die Größenordnung der ξ_t-Werte, mit deren Hilfe in 3.6 konsistente Schätzer für die Parameter des einfachen FV-Modells abgeleitet werden. Am allgemeinsten ist der nachstehende Fall:

▷ 1. Informationstyp

Man hat Kenntnisse, die es gestatten, die Indizes t der Beobachtungspaare (x_t, y_t) unabhängig von letzteren so in zwei Gruppen G_1 und G_2 aufzuteilen, daß das arithmetische Mittel $\bar{\xi}_1$ der zu G_1 gehörenden ξ_t-Werte kleiner ist als das arithmetische Mittel $\bar{\xi}_2$ der zu G_2 gehörenden ξ_t-Werte.

Hier kann man wie folgt eine Instrumentvariable konstruieren:

$$z_t := \begin{cases} 1 & \text{falls } t \in G_1 \\ 0 & \text{falls } t \in G_2 \,. \end{cases} \tag{1}$$

Diese Binärvariable z ist von v, w und ε stochastisch unabhängig, d.h. sie genügt (I1). Sie ist außerdem mit ξ korreliert. Es ist damit auch (I2) erfüllt, wenn man voraussetzt, daß die Korrelation mit ξ auch asymptotisch noch besteht. Die Variable z hat also unter der genannten (schwachen) Zusatzannahme tatsächlich Instrumentvariablencharakter.

Neben (1) lassen sich aber auch andere, gleichwertige Instrumentvariablen finden, z.B.

$$z_t := \begin{cases} +1 & \text{falls } t \in G_1 \\ -1 & \text{falls } t \in G_2 \,. \end{cases} \tag{2}$$

Es ist auch denkbar, daß man spezifische Informationen über die ξ_t besitzt, die auf andere Weise eine Aufteilung der Beobachtungsindizes in zwei Gruppen zulassen [*Wald*, 1940; vgl. auch 3.6.1c]:

▷ 2. Informationstyp
Man hat Kenntnisse, die es gestatten, die Indizes t der Beobachtungspaare (x_t, y_t) *so in zwei Gruppen* G_1 *und* G_2 *aufzuteilen, daß die zu* G_1 *gehörenden* ξ_t*-Werte durchweg kleiner sind als alle zu* G_2 *gehörenden* ξ_t*-Werte:*

$$\xi_{t_i} < \xi_{t_j} \text{ für alle } t_i \in G_1,\ t_j \in G_2.$$

Offenbar gilt dann wieder $\bar{\xi}_1 < \bar{\xi}_2$, d.h. dieser Informationstyp ist lediglich ein Spezialfall des vorher beschriebenen Typs.

Man kann die Beobachtungsindizes bei Vorliegen einer geeigneten Zusatzinformation auch in mehr als zwei Gruppen aufteilen [*Bartlett*, 1949; vgl. auch 3.6.1d]. Wichtig ist dabei stets, daß die Gruppenaufteilung von v und w unabhängig ist.

Der reichhaltigste und speziellste Informationstyp ist schließlich der, daß man die Größenordnung der ξ_t-Werte genau kennt:

▷ 3. Informationstyp
Man hat Kenntnisse, die es gestatten, die Beobachtungsindizes t — und damit auch die Beobachtungspaare (x_t, y_t) *— nach steigender Größe der* ξ_t *anzuordnen.*

Eine Information dieses Typs ist gleichbedeutend damit, daß man die Rangzahlen der ξ_t kennt. Die Rangzahl von ξ_t ist diejenige Zahl z_t, die die Position von ξ_t angibt, wenn man die $\xi_1, \ldots, \xi_T$ der Größe nach angeordnet hat:

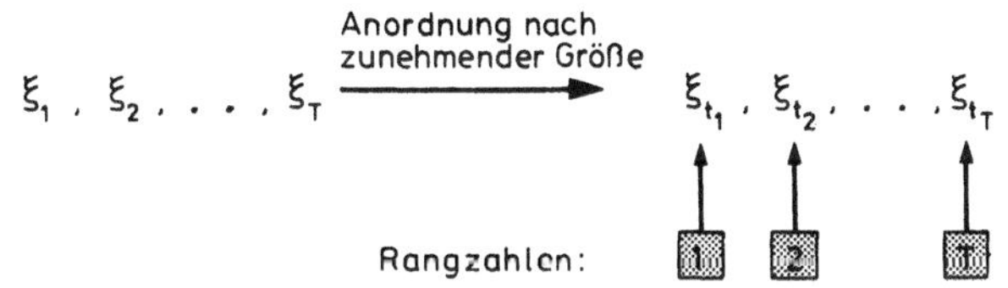

Abb. 1.4/2: Rangzahlen der ξ-Werte

Die Rangzahl ist von den Fehlervariablen v, w und ε unabhängig, weil dies gemäß (F3) für ξ zutrifft und z_t für jedes feste t allein von den Variablenwerten $\xi_1, \ldots, \xi_T$ abhängt. Es gilt also (I1). Außerdem ist z mit ξ korreliert, weil mit $\xi_{t_1} \leq \xi_{t_2}$ stets auch $z_{t_1} \leq z_{t_2}$ gilt. Wenn man voraussetzt, daß die Korrelation mit ξ auch asymptotisch noch besteht, ist (I2) ebenfalls erfüllt, d.h. die Rangzahl z_t hat Instrumentvariablencharakter.

Normalerweise sind die ξ_t-Werte unbekannt. Zur Bestimmung der Rangzahlen braucht man aber die ξ_t-Werte auch nicht genau zu kennen. Es genügt, wenn man ihre Größenrangordnung kennt. Letztere bezeichnet die Reihenfolge der ξ_t-Werte nach erfolgter Umordnung gemäß Abb. 1.4/2.

Man beachte, daß bei allen drei Informationstypen nicht Größenbeziehungen zwischen den Meßwerten x_t, sondern vielmehr Größenbeziehungen zwischen den latenten „wahren" Werten ξ_t als Kriterium für die Anordnung oder Gruppierung der Beobachtungsindizes verwendet werden. Eine Anordnung oder Gruppenbildung bez. der x_t ist stets ohne weiteres möglich. Um jedoch die Beobachtungsindizes t bez. der ξ_t ordnen zu können, muß man über zusätzliche Informationen verfügen. Es ist genau diese Information, die schließlich eine konsistente Schätzung ermöglicht (vgl. 3.6.2).

Woher diese Information im konkreten Fall kommen mag, läßt sich nicht generell beantworten. Denkbar ist z.B. eine Situation, in der die beobachteten Werte x_t so weit auseinanderliegen, daß man davon ausgehen kann, daß die Meßfehlerbeträge $|v_t|$ durchweg kleiner als der kleinste halbe Abstand zwischen zwei benachbarten x_t-Werten sind. Die Größenrangordnung der ξ_t stimmt dann mit der der x_t überein, und da letztere beobachtbar sind, ist damit die Größenrangordnung der ξ_t bekannt.

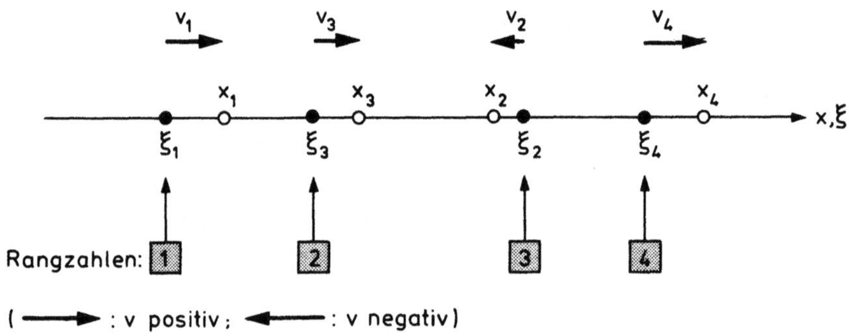

Abb. 1.4/3: x- und ξ-Werte mit gleicher Größenrangordnung

Die beschriebene Zusatzinformation, die letzten Endes zu einer Kenntnis der Größenordnung der ξ_t führte, ist die Information, daß für alle t gilt:

$$|v_t| < \frac{1}{2} \min_{t', t''} |x_{t'} - x_{t''}|.$$

Das ist natürlich eine Information über die Spannweite der Verteilung der v_t. Daher ist dieser Fall mit dem in 1.4.1a behandelten Fall verwandt, daß die Varianz σ_v^2 bekannt ist.

Ein anderer Fall, der die Kenntnis der Größenordnung der ξ_t vermittelt, liegt vor, wenn der ξ_t-Prozeß ein Wachstumsprozeß ist. Weiß man, daß die Variable ξ_t mit t wächst, dann ist klar, daß die ξ_t-Werte schon nach aufsteigender Größe geordnet vorliegen, auch wenn die beobachteten x_t-Werte eventuell nicht der Größe nach geordnet sind. Die Rangzahlen sind hier $z_t = t$.

A 1.4/4

Gegeben seien die folgenden Datenpaare:

t	x_t	y_t	z_t
1	2	10	
2	2	11	
3	1	6	
4	5	15	
5	4	15	
6	6	23	

Von den (ansonsten unbekannten) ξ_t weiß man, daß sie in folgender Größenbeziehung zueinander stehen:

$$\xi_2 < \xi_3 < \xi_1 < \xi_4 < \xi_6 < \xi_5 .$$

a. Bestimmen Sie aus dieser Größenrangordnung für jedes ξ_t die zugehörige Rangzahl z_t, und vervollständigen Sie die Tabelle.

b. Skizzieren Sie in einer Figur die Lage der x_t auf der x-Achse und tragen Sie „plausible" ξ_t-Werte ein, die der gegebenen Größenbeziehung folgen.

   Skizzieren Sie auch die Zufallsfehler v_t, und kennzeichnen Sie in der Figur für jedes ξ_t die zugehörige Rangzahl z_t.

A 1.4/5

Berechnen Sie für die Binärvariable (1) die empirischen Momente a. s_z^2 b. s_{xz}.

Anleitung: Bezeichnen Sie die Gruppenumfänge mit T_1 und T_2, und setzen Sie $t_i := T_i / T$.

c. *Information über die Verteilung der latenten exogenen Variablen*

Bei der Spezifikation des FV-Modells wurden keine einschränkenden Annahmen über die Verteilung der latenten exogenen Variablen ξ getroffen. Besitzt man aber Zusatzinformationen über den Verteilungstyp dieser Variablen, so kann dieses Wissen in manchen Fällen zur Identifikation und zur Schätzung der Parameter des FV-Modells herangezogen werden.

Weiß man z.B., daß ξ — und damit bei normalverteiltem v auch x — eine schiefe Verteilung besitzt, dann läßt sich mit dieser Kenntnis ein konsistentes Schätzverfahren entwickeln (vgl. 3.8.1). Es hat Ähnlichkeit mit der Instrumentvariablenschätzung (s. 3.5.1).

A 1.4/6

Es sei $E(\xi_t) = 0$ und $v_t \sim N(0, \sigma_v^2)$. Bestimmen Sie das dritte Moment $E(x_t^3)$. Verwenden Sie dabei, daß das dritte zentrale Moment einer normalverteilten Zufallsvariablen Null ist.

1.5 Erweiterungen des FV-Modells und verwandte Modelle

Im folgenden wollen wir das FV-Modell verallgemeinern und Verbindungen zu Modellen aufzeigen, die u.a. in der Soziologie und Psychologie weite Verbreitung gefunden haben.

Eine naheliegende Verallgemeinerung des bisher behandelten FV-Modells besteht darin, statt einer einzigen „wahren" Regression mehrere solcher Regressionen mit jeweils gleichen Regressoren zu betrachten und diese zu einem System zusammenzufassen. Man gelangt so zum **multivariaten FV-Modell**, das wir in 1.5.1 ausführlich beschreiben. Bei diesem Modell stehen die einzelnen Regressionen unverbunden nebeneinander. Noch allgemeiner ist das **interdependente FV-Modell** (vgl. 1.5.1c), bei dem diese Unverbundenheit der Einzelregressionen nicht mehr besteht.

Beim interdependenten FV-Modell wird, genau wie beim bisher behandelten Eingleichungs-FV-Modell, jeder latenten systematischen Variablen genau eine beobachtbare Variable zugeordnet. Wenn diese strikte Zuordnung aufgehoben wird, gelangt man zum **LISREL-Modell**, auf das wir in 1.5.2 eingehen. Das interdependente FV-Modell ist also ein Spezialfall des LISREL-Modells. Ein anderer Spezialfall ist das **faktoranalytische Modell**. Letzterem kann man, wie in 1.5.3 u.a. gezeigt wird, umkehrbar eindeutig ein multivariates FV-Modell zuordnen.

In 1.5.4 verallgemeinern wir das Eingleichungs-FV-Modell in anderer Weise, nämlich durch Aufnahme verzögerter Variablen in die Modellgleichung (**dynamisches FV-Modell**). In 1.5.5 wird das bisher diskutierte FV-Modell hingegen durch Abänderung einer Modellannahme modifiziert. Das dabei resultierende **Modell von Berkson** ist insofern bemerkenswert, als dort die für das FV-Modell typischen Verzerrungen bei den KQ-Schätzungen entfallen.

1.5.1 Multivariates FV-Modell

Von einem **multivariaten FV-Modell** sprechen wir, wenn zwischen den systematischen Variablen *mehrere* lineare Beziehungen bestehen. Es stellt eine Verallgemeinerung des multiplen FV-Modells dar, bei dem die systematischen Variablen nur einer linearen Gleichung unterliegen. Man gelangt, je nachdem, von welcher Form des multivariaten FV-Modells man ausgeht, zur Grundform oder zur symmetrischen Form des multivariaten FV-Modells. Letzteres kann durch geeignete Parameterrestriktionen in die Form eines interdependenten Modells mit Fehlern in den Variablen überführt werden.

a. Grundform

Die Gleichung (1.1/7a) der Grundform des multiplen FV-Modells stellt eine stochastisch gestörte lineare Transformation der exogenen Variablen $\xi_1, \ldots, \xi_K$ in die endogene Variable η dar. Wir gelangen zu einer multivariaten Verallgemeinerung, wenn wir mehrere derartige lineare Transformationen simultan aufstellen, bei denen dieselben exogenen Variablen $\xi_1, \ldots, \xi_K$ in verschiedene endogene Variablen $\eta_1, \ldots, \eta_M$ transformiert werden. Die systematischen Variablen $\eta_1, \ldots, \eta_M$ und $\xi_1, \ldots, \xi_K$ lassen sich wieder nur fehlerhaft beobachten, d.h., man mißt an ihrer Stelle die empirischen Variablen $y_1, \ldots, y_M$ resp. $x_1, \ldots, x_K$:

$$\begin{aligned} \eta_{tj} &= \sum_{i=1}^{K} \beta_{ij}\, \xi_{ti} + \varepsilon_{tj} \\ y_{tj} &= \eta_{tj} + w_{tj} \qquad\qquad i = 1, \ldots, K;\; j = 1, \ldots, M;\; t = 1, \ldots, T. \qquad (1) \\ x_{ti} &= \xi_{ti} + v_{ti} \end{aligned}$$

Dabei sind die ε_j Fehler in den Gleichungen, während v_i sowie w_j Meßfehlervariablen bezeichnen.

Wir gelangen zu einer knapperen Schreibweise von (1), wenn wir in Verallgemeinerung von (1.1/8) die Matrix

$$\boldsymbol{B} := \begin{pmatrix} \beta_{11} & \beta_{12} & \ldots & \beta_{1M} \\ \vdots & \vdots & & \vdots \\ \beta_{K1} & \beta_{K2} & \ldots & \beta_{KM} \end{pmatrix} \qquad (2)$$

definieren und analog zu den mit (1.1/15, 16) eingeführten Vektoren $\boldsymbol{\xi}_{(t)} = (\xi_{t1}, \ldots, \xi_{tK})'$, $\boldsymbol{x}_{(t)} = (x_{t1}, \ldots, x_{tK})'$ und $\boldsymbol{v}_{(t)} = (v_{t1}, \ldots, v_{tK})'$ noch die Vektoren

$$\begin{aligned} \boldsymbol{\eta}_{(t)} &:= (\eta_{t1}, \ldots, \eta_{tM})' \\ \boldsymbol{y}_{(t)} &:= (y_{t1}, \ldots, y_{tM})' \end{aligned} \qquad t = 1, \ldots, T \qquad (3)$$

$$\begin{aligned} \boldsymbol{w}_{(t)} &:= (w_{t1}, \ldots, w_{tM})' \\ \boldsymbol{\varepsilon}_{(t)} &:= (\varepsilon_{t1}, \ldots, \varepsilon_{tM})' \end{aligned} \qquad t = 1, \ldots, T \qquad (4)$$

verwenden. Es folgt so die (1.1/17) entsprechende Darstellung

$$\begin{aligned} \boldsymbol{\eta}_{(t)} &:= \boldsymbol{B}'\, \boldsymbol{\xi}_{(t)} + \boldsymbol{\varepsilon}_{(t)} \\ \boldsymbol{y}_{(t)} &:= \boldsymbol{\eta}_{(t)} + \boldsymbol{w}_{(t)} \qquad t = 1, \ldots, T. \qquad (5) \\ \boldsymbol{x}_{(t)} &:= \boldsymbol{\xi}_{(t)} + \boldsymbol{v}_{(t)} \end{aligned}$$

Mit den $(T \times K)$-Variablenmatrizen $\boldsymbol{\Xi}$, $\boldsymbol{X}$ und $\boldsymbol{V}$ nach (1.1/11, 12) und den $(T \times M)$-Matrizen

$$\boldsymbol{H} = \begin{pmatrix} \eta_{11} & \eta_{12} & \cdots & \eta_{1M} \\ \vdots & \vdots & & \vdots \\ \eta_{T1} & \eta_{T2} & \cdots & \eta_{TM} \end{pmatrix} = (\boldsymbol{\eta}_1, \ldots, \boldsymbol{\eta}_M) = \begin{pmatrix} \boldsymbol{\eta}'_{(1)} \\ \vdots \\ \boldsymbol{\eta}'_{(T)} \end{pmatrix}$$

$$\boldsymbol{Y} = \begin{pmatrix} y_{11} & y_{12} & \cdots & y_{1M} \\ \vdots & \vdots & & \vdots \\ y_{T1} & y_{T2} & \cdots & y_{TM} \end{pmatrix} = (\boldsymbol{y}_1, \ldots, \boldsymbol{y}_M) = \begin{pmatrix} \boldsymbol{y}'_{(1)} \\ \vdots \\ \boldsymbol{y}'_{(T)} \end{pmatrix} \tag{6}$$

$$\boldsymbol{W} = \begin{pmatrix} w_{11} & w_{12} & \cdots & w_{1M} \\ \vdots & \vdots & & \vdots \\ w_{T1} & w_{T2} & \cdots & w_{TM} \end{pmatrix} = (\boldsymbol{w}_1, \ldots, \boldsymbol{w}_M) = \begin{pmatrix} \boldsymbol{w}'_{(1)} \\ \vdots \\ \boldsymbol{w}'_{(T)} \end{pmatrix}$$

$$\boldsymbol{E} = \begin{pmatrix} \varepsilon_{11} & \varepsilon_{12} & \cdots & \varepsilon_{1M} \\ \vdots & \vdots & & \vdots \\ \varepsilon_{T1} & \varepsilon_{T2} & \cdots & \varepsilon_{TM} \end{pmatrix} = (\boldsymbol{\varepsilon}_1, \ldots, \boldsymbol{\varepsilon}_M) = \begin{pmatrix} \boldsymbol{\varepsilon}'_{(1)} \\ \vdots \\ \boldsymbol{\varepsilon}'_{(T)} \end{pmatrix} \tag{7}$$

erhalten wir schließlich in Verallgemeinerung von (1.1/13) eine noch kompaktere Fassung des Systems (1):

$$\begin{aligned} \boldsymbol{H} &= \boldsymbol{\Xi} \boldsymbol{B} + \boldsymbol{E} \\ \boldsymbol{Y} &= \boldsymbol{H} + \boldsymbol{W} \\ \boldsymbol{X} &= \boldsymbol{\Xi} + \boldsymbol{V}. \end{aligned} \tag{8}$$

Durch geeignete Umdefinition der Matrizen $\boldsymbol{H}$ und $\boldsymbol{W}$ erhält man aus (8) mit

$$\tilde{\boldsymbol{W}} := \boldsymbol{W} + \boldsymbol{E} \tag{9}$$

ein System, in dem die Störvariablenmatrix $\boldsymbol{E}$ nicht mehr auftritt:

$$\begin{aligned} \tilde{\boldsymbol{H}} &:= \boldsymbol{\Xi} \boldsymbol{B} \\ \boldsymbol{Y} &= \tilde{\boldsymbol{H}} + \tilde{\boldsymbol{W}} \\ \boldsymbol{X} &= \boldsymbol{\Xi} + \boldsymbol{V}. \end{aligned} \tag{10}$$

Sofern keine speziellen Informationen über $\boldsymbol{W}$ und $\boldsymbol{E}$ vorliegen, die es gestatten, aus der Kenntnis der Verteilung von $\tilde{\boldsymbol{W}}$ auf die von $\boldsymbol{W}$ und $\boldsymbol{E}$ zu schließen, kann man auf eine getrennte Modellierung von $\boldsymbol{W}$ und $\boldsymbol{E}$ verzichten und gleich zum System (10) übergehen. Dies bedeutet aber, daß man o.B.d.A. in (8) $\boldsymbol{E} = \boldsymbol{O}$ setzen kann.

Für die Fehlervariablen werden analoge Annahmen getroffen wie im multiplen FV-Modell (vgl. Tab. 1.2/1). Wir bezeichnen diese Annahmen mit (MF1) — (MF5), wobei wir die den Annahmen (F1) und (F2) des multiplen FV-Modells entsprechenden Voraussetzungen zu einer Annahme (MF1/2) zusammenfassen:

(MF1/2) Die Fehlervariabenvektoren $(\boldsymbol{v}'_{(t)}, \boldsymbol{w}'_{(t)}, \boldsymbol{\varepsilon}'_{(t)})'$, $t = 1, \ldots, T$, sind unabhängig identisch verteilt mit Erwartungswertvektor $\boldsymbol{o}$ und gemeinsamer Kovarianzmatrix.

(MF3) $(\boldsymbol{V}, \boldsymbol{W}, \boldsymbol{E})$ ist von $\boldsymbol{\Xi}$ stochastisch unabhängig.

(MF4) $\boldsymbol{E}$ ist von $(\boldsymbol{V}, \boldsymbol{W})$ stochastisch unabhängig.

(MF5) $\boldsymbol{V}$ und $\boldsymbol{W}$ sind stochastisch unabhängig.

Wir bezeichnen das hiermit beschriebene Modell als **Grundform des multivariaten FV-Modells** *i.e.S.* oder — bei Verzicht auf (MF5) — *i.w.S.*

Wie beim multiplen FV-Modell unterscheiden wir auch hier bezüglich der $\boldsymbol{\xi}_{(t)}$ die **Funktionalvariante** und die **Strukturvariante** (vgl. 1.2.2d). Erstere ist dadurch gekennzeichnet, daß die Elemente von $\boldsymbol{\Xi}$, bzw. die Vektoren $\boldsymbol{\xi}_{(t)}$, unbekannte, aber feste Parameter sind (Annahme (FV)), letztere dadurch, daß die Vektoren $\boldsymbol{\xi}_{(t)}$ unabhängig identisch verteilte Zufallsvariablen sind (Annahme (SV)). Vielfach werden die Vektoren $(\boldsymbol{v}'_{(t)}, \boldsymbol{w}'_{(t)})$ als gemeinsam normalverteilt angenommen, ebenso auch die $\boldsymbol{\xi}_{(t)}$ bei der Strukturvariante.

Will man sicherstellen, daß sich die Matrix $\boldsymbol{B}$ im Falle $\boldsymbol{E} = \boldsymbol{O}$ wenigstens für den hypothetischen Fall beobachtbarer η- und ξ- Variablen eindeutig bestimmen läßt, muß man annehmen, daß rg $\boldsymbol{\Xi} = K$ gilt. Alsdann ist nämlich $\boldsymbol{B} = (\boldsymbol{\Xi}'\boldsymbol{\Xi})^{-1}\boldsymbol{\Xi}'\boldsymbol{H}$, während die Matrix $\boldsymbol{B}$ im Falle rg $\boldsymbol{\Xi} < K$ nicht eindeutig bestimmbar ist. Für die Herleitung asymptotischer Schätzeigenschaften benötigen wir anstelle von rg $\boldsymbol{\Xi} = K$ die in 1.2.2d formulierte Grenzwertannahme (A).

b. Symmetrische Form

In gleicher Weise läßt sich auch die symmetrische Form (1.1/24) resp. (1.1/27) des multiplen FV-Modells verallgemeinern. Nehmen wir an, der Variablenvektor $\boldsymbol{\xi}_{0(t)}$ aus (1.1/27) besitze N Komponenten und es gebe nicht nur eine, sondern M unabhängige lineare Beziehungen der Art (1.1/27a), d.h. es gelte $\boldsymbol{B}'_0\,\boldsymbol{\xi}_{0(t)} = \boldsymbol{o}$, wobei $\boldsymbol{B}_0$ eine $(N \times M)$-Matrix mit rg $\boldsymbol{B}_0 = M$ bezeichnet. Wir haben dann also anstelle von (1.1/27)

$$\begin{aligned} \boldsymbol{B}'_0\,\boldsymbol{\xi}_{0(t)} &= \boldsymbol{o} \\ \boldsymbol{x}_{0(t)} &= \boldsymbol{\xi}_{0(t)} + \boldsymbol{v}_{0(t)} \end{aligned} \qquad t = 1, \ldots, T \qquad (11)$$

und anstelle von (1.1/24)

$$\begin{aligned} \boldsymbol{\Xi}_0 \boldsymbol{B}_0 &= \boldsymbol{O} \\ \boldsymbol{X}_0 &= \boldsymbol{\Xi}_0 + \boldsymbol{V}_0. \end{aligned} \tag{12}$$

Bezüglich der Fehlervektoren treffen wir Annahmen, die denen entsprechen, die wir für die symmetrische Form des multiplen FV-Modells getroffen hatten (vgl. Tab. 1.2/1):

> Die Vektoren $\boldsymbol{v}_{0(t)}$, $t = 1, \ldots, T$, sind unabhängig identisch verteilt mit Erwartungswertvektor $\boldsymbol{o}$ und gemeinsamer Kovarianzmatrix.
>
> $\boldsymbol{\Xi}_0$ und $\boldsymbol{V}_0$ sind stochastisch unabhängig.

Wir bezeichnen das hiermit beschriebene Modell als **symmetrische Form des multivariaten FV-Modells** oder als **multivariates symmetrisches FV-Modell**.

Auch hier unterscheiden wir hinsichtlich der Spezifikation der Vektoren $\boldsymbol{\xi}_{o(t)}$ eine **Funktional-** und eine **Strukturvariante** (Zusatzannahmen (FV) resp. (SV), vgl. 1.2.2d).

Das lineare Gleichungssystem (11a) bestimmt durch die Menge seiner Lösungen $\boldsymbol{\xi}_0$ eindeutig eine lineare Mannigfaltigkeit der Dimension $N - M$ im N-dimensionalen euklidischen Raum $\mathbb{R}^N$. Die Koeffizientenmatrix $\boldsymbol{B}_0'$ in (11a) wird durch diese Lösungsmannigfaltigkeit allerdings nicht eindeutig festgelegt.[1] Wird nämlich $\boldsymbol{B}_0$ in (11a) durch $\bar{\boldsymbol{B}}_0 := \boldsymbol{B}_0 \boldsymbol{A}$ mit beliebiger regulärer $(M \times M)$-Matrix $\boldsymbol{A}$ ersetzt, dann entsteht ein zu (11a) äquivalentes Gleichungssystem mit $\operatorname{rg} \bar{\boldsymbol{B}}_0 = \operatorname{rg} \boldsymbol{B}_0 = M$.

$\boldsymbol{B}_0$ ist also höchstens bis auf eine reguläre lineare Transformation von rechts — bzw. $\boldsymbol{B}_0'$ bis auf eine reguläre lineare Transformation von links — eindeutig bestimmt. Zwei Koeffizientenmatrizen $\boldsymbol{B}_0$ und $\bar{\boldsymbol{B}}_0$ eines symmetrischen FV-Modells, die sich nur um eine reguläre Transformation von rechts unterscheiden, werden als *äquivalent* bezeichnet. (Es ist leicht zu sehen, daß es sich hierbei tatsächlich um eine Äquivalenzrelation handelt.) Äquivalente Koeffizientenmatrizen beschreiben das gleiche symmetrische FV-Modell.

Will man diese Mehrdeutigkeit beweisen, dann sind A-priori-Restriktionen an die Koeffizienten von $\boldsymbol{B}_0$ zu stellen derart, daß es keine reguläre Matrix $\boldsymbol{A} \neq \boldsymbol{I}$ gibt, so daß neben $\boldsymbol{B}_0$ auch $\bar{\boldsymbol{B}}_0 := \boldsymbol{B}_0 \boldsymbol{A}$ sämtliche Restriktionen erfüllt. Die A-priori-Restriktionen können aus sachlichen Erwägungen bereits modellmäßig festgelegt sein (vgl. 1.5.2c), sie können aber auch willkürlich auferlegt werden — allein zu dem Zweck, die Matrix $\boldsymbol{B}_0$ eindeutig festzulegen.

---

[1] Im Gegensatz hierzu wird die Koeffizientenmatrix $\boldsymbol{B}$ der Grundform (5) des multivariaten FV-Modells durch die von ihr induzierte lineare Transformation eindeutig bestimmt.

Z.B. kann gefordert werden, daß eine bestimmte $(M \times M)$-Teilmatrix $\boldsymbol{B}_{00}$ von $\boldsymbol{B}_0$ gerade die Einheitsmatrix ist: $\boldsymbol{B}_{00} = \boldsymbol{I}$. In der Tat ist es dann nicht mehr möglich, $\boldsymbol{B}_0$ mit einer Matrix $\boldsymbol{A} \neq \boldsymbol{I}$ von rechts zu multiplizieren, ohne daß diese Forderung verletzt wird. Ein multivariates symmetrisches FV-System (12) mit $\boldsymbol{B}_{00} = \boldsymbol{I}$ ist offenbar ein multivariates FV-Modell in der Grundform (8) mit $\boldsymbol{E} = \boldsymbol{O}$ (vgl. 1.5.1a).

Es ist allerdings keineswegs notwendig, solch einschränkende Forderungen an $\boldsymbol{B}_0$ zu stellen. Oft begnügt man sich mit schwächeren Forderungen, z.B. der, daß die Spalten von $\boldsymbol{B}_0$ zueinander orthogonal sind, oder man verzichtet ganz auf zusätzliche Restriktionen. In letzterem Fall muß man sich dann natürlich damit zufriedengeben, daß $\boldsymbol{B}_0$ höchstens bis auf eine reguläre Transformation von rechts bestimmt ist.

Wir wollen als kennzeichnend für ein multivariates symmetrisches FV-Modell ansehen, daß seine Koeffizientenmatrix und ebenso seine Fehlerkovarianzmatrix entweder keinen oder allenfalls symmetrischen Restriktionen unterliegt, d.h. solchen, die keine der Variablen vor den anderen auszeichnen. Die Forderung der Spaltenorthogonalität von $\boldsymbol{B}_0$ ist z.B. ein System symmetrischer Restriktionen. Dagegen ist die Forderung $\boldsymbol{B}_{00} = \boldsymbol{I}$ für eine bestimmte $(M \times M)$-Teilmatrix von $\boldsymbol{B}_0$ nicht symmetrisch, hebt sie doch die zu $\boldsymbol{B}_{00}$ gehörenden Koeffizienten besonders hervor. Wie wir schon gesehen haben, führt die Restriktion $\boldsymbol{B}_{00} = \boldsymbol{I}$ direkt zur Grundform (8) des multivariaten FV-Modells. Letztere ist unsymmetrisch. Davon abgesehen, ist aber die Beziehung zwischen beiden Modellformen sehr eng, so eng, daß man sie als bloße Varianten desselben multivariaten FV-Modells ansehen kann.

In der Tat kann man jedes multivariate FV-Modell i.w.S. in eine symmetrische Form umwandeln, indem man (8a) mit einer beliebigen regulären Matrix von rechts multipliziert, und umgekehrt kann man in einem multivariaten symmetrischen FV-Modell immer eine äquivalente Koeffizientenmatrix $\boldsymbol{B}_0$ finden, so daß für eine $(M \times M)$-Teilmatrix $\boldsymbol{B}_{00} = \boldsymbol{I}$ ist (vgl. A 1.5/1b). Wenn wir im folgenden vom multivariaten FV-Modell schlechthin sprechen, dann soll damit zum Ausdruck kommen, daß wir noch offen lassen, in welcher Fassung es vorliegt — ob in der Grundform (8) oder in der symmetrischen Form (12) — bzw. in welcher Form wir es behandeln wollen. Ergebnisse für die eine Variante lassen sich unmittelbar auf die andere übertragen.

Ähnlich wie bei der Grundform stellt sich auch bei der symmetrischen Form des multivariaten FV-Modells die Frage, ob die Koeffizientenmatrix wenigstens in dem hypothetischen Fall bekannter systematischer Variablenwerte, d.h. bekannter Matrix $\boldsymbol{\Xi}_0$, eindeutig (bis auf Äquivalenzen) bestimmbar ist. Man kann zeigen (A 1.5/2), daß $\boldsymbol{B}_0$ aus (12a) mit rg $\boldsymbol{B}_0 = M$ genau dann bis auf eine reguläre Transformation von rechts eindeutig bestimmbar ist, wenn rg $\boldsymbol{\Xi}_0 = K$ mit $K := N - M$. Äquivalent ist die Bedingung rg $\boldsymbol{\Xi}_0' \boldsymbol{\Xi}_0 = K$.

Die Forderung rg $\boldsymbol{\Xi}_0 = K$ beinhaltet, daß es unter den Spalten von $\boldsymbol{\Xi}_0$, also unter den ξ-Variablen, genau M linear unabhängige lineare Beziehungen gibt. Aufgrund des Modells, insbesondere wegen (12a) und wegen rg $\boldsymbol{B}_0 = M$, gibt es ohnehin M linear unabhängige lineare Beziehungen unter den ξ-Variablen. Die Bedingung rg $\boldsymbol{\Xi}_0 = K$ sagt also aus, daß es darüber hinaus keine weiteren von diesen unabhängige lineare Beziehungen gibt.

Die Frage nach der genauen Zahl der linear unabhängigen Gleichungen des multivariaten FV-Modells (Spezifikationsproblem) hat ähnliche Bedeutung wie das Schätzproblem.

Die nachstehende vergleichende Tabelle gibt zusammenfassend die Gleichungen des multiplen und des multivariaten FV-Modells wieder:

Modellfassung	Multiples FV-Modell	Multivariates FV-Modell
	$\eta_t = \boldsymbol{\beta}'\boldsymbol{\xi}_{(t)} + \varepsilon_t$ $y_t = \eta_t + w_t$ $\boldsymbol{x}_{(t)} = \boldsymbol{\xi}_{(t)} + \boldsymbol{v}_{(t)}$	$\boldsymbol{\eta}_{(t)} = \boldsymbol{B}'\boldsymbol{\xi}_{(t)} + \boldsymbol{\varepsilon}_{(t)}$ $\boldsymbol{y}_{(t)} = \boldsymbol{\eta}_{(t)} + \boldsymbol{w}_{(t)}$ $\boldsymbol{x}_{(t)} = \boldsymbol{\xi}_{(t)} + \boldsymbol{v}_{(t)}$
Grundform in matrizieller Notation	$\boldsymbol{\eta} = \boldsymbol{\Xi}\boldsymbol{\beta} + \boldsymbol{\varepsilon}$ $\boldsymbol{y} = \boldsymbol{\eta} + \boldsymbol{w}$ $\boldsymbol{X} = \boldsymbol{\Xi} + \boldsymbol{V}$	$\boldsymbol{H} = \boldsymbol{\Xi}\boldsymbol{B} + \boldsymbol{E}$ $\boldsymbol{Y} = \boldsymbol{H} + \boldsymbol{W}$ $\boldsymbol{X} = \boldsymbol{\Xi} + \boldsymbol{V}$
Symmetrische Form in vektorieller Notation	$\boldsymbol{\beta}_0'\boldsymbol{\xi}_{0(t)} = 0$ $\boldsymbol{x}_{0(t)} = \boldsymbol{\xi}_{0(t)} + \boldsymbol{v}_{0(t)}$	$\boldsymbol{B}_0'\boldsymbol{\xi}_{0(t)} = \boldsymbol{o}$ $\boldsymbol{x}_{0(t)} = \boldsymbol{\xi}_{0(t)} + \boldsymbol{v}_{0(t)}$
Symmetrische Form in matrizieller Notation	$\boldsymbol{\Xi}_0\boldsymbol{\beta}_0 = \boldsymbol{o}$ $\boldsymbol{X}_0 = \boldsymbol{\Xi}_0 + \boldsymbol{V}_0$	$\boldsymbol{\Xi}_0\boldsymbol{B}_0 = \boldsymbol{O}$ $\boldsymbol{X}_0 = \boldsymbol{\Xi}_0 + \boldsymbol{V}_0$

Tab. 1.5/1: Gleichungen des multiplen und des multivariaten FV-Modells

A 1.5/1

Sei $\boldsymbol{B}_0 = (\boldsymbol{B}'_{00}, \boldsymbol{B}'_1)$ eine Zerlegung der $(N \times M)$-Matrix $\boldsymbol{B}_0$ mit einer $(M \times M)$-Matrix $\boldsymbol{B}_{00}$.

a. Gelte $\boldsymbol{B}_{00} = \boldsymbol{I}$. Zeigen Sie, daß (12) dann in der Form (8) mit $\boldsymbol{E} = \boldsymbol{O}$ geschrieben werden kann.
b. Die Matrix $\boldsymbol{B}_{00}$ sei regulär. Beweisen Sie, daß es dann eine zu $\boldsymbol{B}_0$ äquivalente Matrix $\bar{\boldsymbol{B}}_0$ gibt, deren erste M Zeilen die Einheitsmatrix bilden.

A 1.5/2

Beweisen Sie, daß die $(N \times M)$-Matrix $\boldsymbol{B}_0$ in (12a), für die rg $\boldsymbol{B}_0 = M$ vorausgesetzt wurde, bei gegebener Matrix $\boldsymbol{\Xi}_0$ genau dann bis auf eine reguläre Transformation von rechts eindeutig bestimmt ist, wenn rg $\boldsymbol{\Xi}_0 = N - M$.

c. Interdependentes FV-Modell und I-Modell

Ein interdependentes Modell besteht aus einem System zufallsgestörter Gleichungen zwischen exogenen und endogenen Variablen. Es wird vornehmlich in der Ökonometrie angewandt und dient dort zur Beschreibung des Zusammenhangs zwischen ökonomischen und auch außerökonomischen Variablen [vgl. z.B. *Johnston*, 1972; *Gruber*, 1968; *Frohn*, 1980; *Schönfeld*, 1971; *Schneeweiß*, 1978]. Üblicherweise werden die Variablen als fehlerfrei angenommen. Wir bezeichnen ein solches interdependentes Modell ohne Meßfehler als **I-Modell**.

Man erhält aus einem I-Modell ein **interdependentes FV-Modell**, wenn man die Annahme meßfehlerfreier systematischer Variablen aufgibt. In einem interdependenten FV-Modell werden also die in dem Gleichungssystem vorkommenden exogenen und endogenen Variablen grundsätzlich als latent angenommen und ihre Meßwerte als fehlerbehaftet. Das schließt nicht aus, daß einige Variablen (z.B. die Scheinvariable) dennoch fehlerfrei sind.

Das lineare interdependente FV-Modell wird durch ein Gleichungssystem der folgenden Art beschrieben:

$$
\begin{aligned}
\sum_{j=1}^{M} \gamma_{jg}\, \eta_{tj} &= \sum_{i=1}^{K} \beta_{ig}\, \xi_{ti} + \varepsilon_{tg}, \\
y_{tj} &= \eta_{tj} + w_{tj} \qquad\qquad g = 1, \ldots, M; \quad t = 1, \ldots, T. \\
x_{ti} &= \xi_{ti} + v_{ti}
\end{aligned}
\tag{13}
$$

Mit Hilfe der Koeffizientenmatrix $\boldsymbol{\Gamma} = (\gamma_{jg})$ und $\boldsymbol{B} = (\beta_{ig})$ und der Variablenvektoren (3) — (5) läßt es sich kürzer schreiben als

$$\begin{aligned} \boldsymbol{\Gamma}' \boldsymbol{\eta}_{(t)} &= \boldsymbol{B}' \boldsymbol{\xi}_{(t)} + \boldsymbol{\varepsilon}_{(t)} \\ \boldsymbol{y}_{(t)} &= \boldsymbol{\eta}_{(t)} + \boldsymbol{w}_{(t)} \qquad t = 1, \ldots, T. \\ \boldsymbol{x}_{(t)} &= \boldsymbol{\xi}_{(t)} + \boldsymbol{v}_{(t)} \end{aligned} \tag{14}$$

bzw. mit den Variablenmatrizen (6) und (7) noch kürzer als

$$\begin{aligned} \boldsymbol{H}\boldsymbol{\Gamma} &= \boldsymbol{\Xi}\boldsymbol{B} + \boldsymbol{E} \\ \boldsymbol{Y} &= \boldsymbol{H} + \boldsymbol{W} \\ \boldsymbol{X} &= \boldsymbol{\Xi} + \boldsymbol{V}. \end{aligned} \tag{15}$$

Die stochastischen Modellannahmen bezüglich der Fehlervariablen sind dieselben wie für die Grundform (1) bzw. (8) des multivariaten FV-Modells. Zusätzlich wird angenommen, daß $\boldsymbol{\Gamma}$ nichtsingulär ist. Für $\boldsymbol{\Gamma} = \boldsymbol{I}$ geht (15) in (8) über.

Genau wie beim symmetrischen multivariaten FV-Modell (12) ist die zusammengesetzte Koeffizientenmatrix $(\boldsymbol{\Gamma}', \boldsymbol{B}')$ nur bis auf eine beliebige reguläre Transformation $\boldsymbol{A}$ von links eindeutig bestimmt, jedenfalls solange die Variablen ε_{tg} keinerlei Einschränkungen unterworfen sind. Auch hier läßt sich durch geeignete Parameterrestriktionen erreichen, daß $(\boldsymbol{\Gamma}', \boldsymbol{B}')$ eindeutig wird. Diese A-priori-Restriktionen werden in der Ökonometrie aus ökonomischen Sachzusammenhängen heraus vorgegeben, sind also nicht willkürlich dem System auferlegt. Sie haben in den meisten Fällen die Form von Nullrestriktionen, d.h., es werden einzelne der Parameter γ_{ig} und β_{jg} gleich Null gesetzt. Letzteres bedeutet, daß die zugehörigen Variablen η_{ti} und ξ_{tj} aus der g-ten Gleichung a priori ausgeschlossen werden.

Hat man so viele Parameterrestriktionen, daß die Eindeutigkeit der Koeffizientenmatrizen gerade eben garantiert wird, dann spricht man von *genau identifizierenden Restriktionen*. Gewöhnlich ergeben sich aber aus den genannten Sachzusammenhängen heraus mehr Restriktionen als zur Identifizierung der Koeffizientenmatrizen nötig ist. Man spricht dann von *überidentifizierenden Restriktionen* [vgl. z.B. *Schneeweiß*, 1978, S. 270]. Sie spielen für die Schätzung der Parameter eine ausschlaggebende Rolle. Die Angabe der Parameterrestriktionen ist Bestandteil der Modellspezifikation.

Da $\boldsymbol{\Gamma}$ als regulär angenommen wurde, kann das System nach den endogenen Variablen aufgelöst werden. Man erhält mit $\boldsymbol{\Pi} := \boldsymbol{B}\boldsymbol{\Gamma}^{-1}$ und $\boldsymbol{f}_{(t)} := (\boldsymbol{\Gamma}^{-1})' \boldsymbol{\varepsilon}_{(t)}$ aus (14)

$$\begin{aligned} \boldsymbol{\eta}_{(t)} &= \boldsymbol{\Pi}' \boldsymbol{\xi}_{(t)} + \boldsymbol{f}_{(t)} \\ \boldsymbol{y}_{(t)} &= \boldsymbol{\eta}_{(t)} + \boldsymbol{w}_{(t)} \qquad t = 1, \ldots, T \\ \boldsymbol{x}_{(t)} &= \boldsymbol{\xi}_{(t)} + \boldsymbol{v}_{(t)} \end{aligned} \tag{16}$$

und entsprechend mit $\boldsymbol{F} := (\boldsymbol{f}_{(1)}, \ldots, \boldsymbol{f}_{(T)})' = \boldsymbol{E}\boldsymbol{\Gamma}^{-1}$ aus (15)

$$H = \Xi \Pi + F$$
$$Y = H + W \tag{17}$$
$$X = \Xi + V.$$

Die A-priori-Restriktionen in (Γ, B) garantieren, daß Γ und B eindeutig aus Π zurückgewonnen werden können [vgl. z.B. *Schneeweiß*, 1978, S. 262].

Das System (17), die sogenannte **reduzierte Form des interdependenten FV-Modells** (15), ist mit (8) identisch. Genau wie dort kann man zu einem System übergehen, bei dem F verschwindet. Wir können also o.B.d.A. schon in (15) $E = O$ setzen, sofern für die Variablen ε und w keine Restriktionen vorgegeben sind. Mit der Setzung $E = O$ ist (15) eine spezielle Form des Modells (12) mit $B'_0 := (\Gamma', -B')$ und $\Xi_0 := (H, \Xi)$, das sich von diesem — abgesehen von den sachlich begründeten Parameterrestriktionen — nur durch die (dann freilich künstlich erscheinende) Aufteilung der Variablen in exogene und endogene unterscheidet.

Wir gehen in 3.7.2 darauf ein, wie man die Parametermatrizen Γ und B des Modells (15) identifizieren und konsistent schätzen kann, wobei die Meßfehlermatrizen V und W als voneinander stochastisch unabhängig angenommen werden (interdependentes FV-Modell *i.e.S.*).

Beim einleitend angesprochenen *I-Modell* vereinfachen sich die Darstellungen (13) — (17) wesentlich, weil die Gleichungen für die Meßfehler jeweils entfallen. Man kann dann die latenten systematischen Variablen durch die zugehörigen beobachtbaren Variablen ersetzen und erhält so z.B. statt (13) die Darstellung

$$\sum_{j=1}^{M} \gamma_{jg}\, y_{tj} = \sum_{i=1}^{K} \beta_{ig}\, x_{ti} + \varepsilon_{tg}, \qquad g = 1, \ldots, M;\ t = 1, \ldots, T \tag{18}$$

und entsprechend statt (14)

$$\Gamma'\, y_{(t)} = B'\, x_{(t)} + \varepsilon_{(t)}, \qquad t = 1, \ldots, T. \tag{19}$$

Die reduzierte Form des I-Modells (19) hat schließlich die Gestalt

$$y_{(t)} = \Pi'\, x_{(t)} + f_{(t)}, \qquad t = 1, \ldots, T, \tag{20}$$

wobei Π und f wie in (16) erklärt sind.

d. MIMIC-, FVE- und FVI-Modell

Durch spezielle Parameterrestriktionen kann man aus dem interdependenten FV-Modell (14) verschiedene Spezialmodelle gewinnen. Einige seien hier kurz vorgestellt. Sie werden z.T. später in 3.5.2 und 3.5.3 wieder aufgegriffen.

Formal lassen sich diese Modelle so darstellen, daß man von einem interdependenten FV-Modell (14) ausgeht und diesem spezielle Gleichungen hinzufügt. Wir wollen annehmen, daß der K-Vektor ξ in (14a) nicht nur über (14c) mit beobachtbaren Variablen verknüpft ist, sondern zusätzlich auch über eine stochastisch gestörte

Lineartransformation $\boldsymbol{z}_1 = \boldsymbol{D}'\boldsymbol{\xi} + \boldsymbol{f}_1$ mit einem Beobachtungsvektor $\boldsymbol{z}_1$. Außerdem stehe ein Teilvektor $\boldsymbol{\xi}_1$ von $\boldsymbol{\xi}$ in stochastisch gestörter linearer Abhängigkeit von einem Beobachtungsvektor $\boldsymbol{z}_2$, also $\boldsymbol{\xi}_1 = \boldsymbol{\Pi}'\boldsymbol{z}_2 + \boldsymbol{f}_2$. Das um diese Gleichungen ergänzte interdependente FV-Modell (14) hat also die Gestalt

$$\begin{aligned}
\boldsymbol{\Gamma}'\boldsymbol{\eta}_{(t)} &= \boldsymbol{B}'\boldsymbol{\xi}_{(t)} + \boldsymbol{\varepsilon}_{(t)} \\
\boldsymbol{y}_{(t)} &= \boldsymbol{\eta}_{(t)} + \boldsymbol{w}_{(t)} \\
\boldsymbol{x}_{(t)} &= \boldsymbol{\xi}_{(t)} + \boldsymbol{v}_{(t)} \qquad t = 1, \ldots, T. \\
\boldsymbol{z}_{1(t)} &= \boldsymbol{D}'\boldsymbol{\xi}_{(t)} + \boldsymbol{f}_{1(t)} \\
\boldsymbol{\xi}_{1(t)} &= \boldsymbol{\Pi}'\boldsymbol{z}_{2(t)} + \boldsymbol{f}_{2(t)}.
\end{aligned} \tag{21}$$

Die Matrizen $\boldsymbol{\Gamma}$, $\boldsymbol{B}$, $\boldsymbol{D}$ und $\boldsymbol{\Pi}$ sind Koeffizientenmatrizen, die die zu schätzenden Parameter enthalten. Die Matrix $\boldsymbol{\Gamma}$ sei wieder regulär. Bezüglich des Teilvektors $\boldsymbol{\xi}_1$ nehmen wir o.B.d.A. an, daß er aus den ersten K_1 $(0 \leq K_1 \leq K)$ Komponenten des Vektors $\boldsymbol{\xi}$ besteht. Ist $\boldsymbol{\xi}_2$ der zu $\boldsymbol{\xi}_1$ komplementäre Teilvektor, dann gilt die Zerlegung $\boldsymbol{\xi}' = (\boldsymbol{\xi}_1', \boldsymbol{\xi}_2')$.

Das Modell enthält in (21a) ein System von Gleichungen, das man als **Struktursystem** bezeichnen kann, weil es die Zusammenhänge zwischen den latenten systematischen Variablen beschreibt.

Die Gleichungen (21b — d) kann man **Meßsysteme** nennen, weil sie angeben, wie die latenten systematischen Variablen $\boldsymbol{\eta}$ und $\boldsymbol{\xi}$ in meßbare Variablen $\boldsymbol{y}$, $\boldsymbol{x}$ und $\boldsymbol{z}_1$ transformiert werden. Dabei sind (21b, c) die eigentlichen (direkten) Meßgleichungen, die jeder latenten Variablen einen zugehörigen Meßwert einzeln zuordnen. Dagegen stellt (21d) ein System zusätzlicher (indirekter) Meßgleichungen dar, das den latenten Variablen erst nach einer linearen Transformation Meßwerte zuordnet.

Man kann die Gleichungen (21d) auch als **Indikatorgleichungen** und die in $\boldsymbol{z}_1$ zusammengefaßten Variablen als **Indikatoren** oder **Indikatorvariablen** (für $\boldsymbol{\xi}$) bezeichnen, weil sie bei bekannter Matrix $\boldsymbol{D}$ Rückschlüsse auf die in $\boldsymbol{\xi}$ zusammengefaßten Variablen gestatten. Die in den Gleichungen (21e) in $\boldsymbol{z}_2$ erscheinenden Variablen lassen sich als kausale **Einflußgrößen** für die Elemente des Vektors $\boldsymbol{\xi}_1$ deuten. Wir können das Modell (21) daher in Anlehnung an *Goldberger* [1972a] als **Indikator-Einflußgrößen-Modell** oder kürzer als **MIMIC-Modell** (**m**ultiple **i**ndicator **m**ultiple **c**ause) bezeichnen [vgl. auch *Hauser/Goldberger*, 1971; *Jöreskog/Goldberger*, 1975; *Aigner/Goldberger*, 1977; *Robinson*, 1974; *Abraham/Ledolter*, 1979]. In der Literatur wird das MIMIC — Modell häufig auch etwas enger definiert, nämlich durch (21) mit $\boldsymbol{\Gamma} = \boldsymbol{I}$.

So wie wir für das interdependente FV-Modell (14) eine Matrixdarstellung (15) angegeben haben, führen wir auch für das MIMIC-Modell (21) die Matrixdarstellung

$$
\begin{aligned}
\boldsymbol{H}\boldsymbol{\Gamma} &= \boldsymbol{\Xi}\boldsymbol{B} + \boldsymbol{E} \\
\boldsymbol{Y} &= \boldsymbol{H} + \boldsymbol{W} \\
\boldsymbol{X} &= \boldsymbol{\Xi} + \boldsymbol{V} \\
\boldsymbol{Z}_1 &= \boldsymbol{\Xi}\boldsymbol{D} + \boldsymbol{F}_1 \\
\boldsymbol{\Xi}_1 &= \boldsymbol{Z}_2\boldsymbol{\Pi} + \boldsymbol{F}_2
\end{aligned}
\tag{22}
$$

an, wobei $\boldsymbol{\Xi}_1, \boldsymbol{F}_1, \boldsymbol{F}_2, \boldsymbol{Z}_1$ und $\boldsymbol{Z}_2$ jeweils T-zeilige Matrizen sind, die in naheliegender Weise durch Zusammenfassung der Vektoren $\boldsymbol{\xi}'_{1(t)}, \boldsymbol{f}'_{1(t)}, \boldsymbol{f}'_{2(t)}, \boldsymbol{z}'_{1(t)}$ bzw. $\boldsymbol{z}'_{2(t)}$ zu bilden sind. Analog wird $\boldsymbol{\Xi}_2$ definiert. Dabei gilt die Zerlegung: $\boldsymbol{\Xi} = (\boldsymbol{\Xi}_1, \boldsymbol{\Xi}_2)$.

Die Schreibweise (22) ermöglicht eine knappe Formulierung der zum MIMIC-Modell gehörenden Annahmen. Da diese die in 1.5.1a für das multivariate FV-Modell *i.w.S.* angegebenen Annahmen nur verallgemeinern, bezeichnen wir sie wie dort mit (MF1) – (MF4):

(MF1/2) Die Fehlervektoren $(\boldsymbol{v}'_{(t)}, \boldsymbol{w}'_{(t)}, \boldsymbol{\varepsilon}'_{(t)}, \boldsymbol{f}'_{1(t)}, \boldsymbol{f}'_{2(t)})'$, $t = 1, \ldots, T$, sind unabhängig identisch verteilt mit Erwartungswertvektor $\boldsymbol{o}$ und gemeinsamer Kovarianzmatrix.

(MF3) $(\boldsymbol{V}, \boldsymbol{W}, \boldsymbol{E}, \boldsymbol{F}_1)$ ist von $(\boldsymbol{\Xi}, \boldsymbol{Z}_2)$ und $\boldsymbol{F}_2$ von $(\boldsymbol{\Xi}_2, \boldsymbol{Z}_2)$ stochastisch unabhängig.

(MF4) $\boldsymbol{E}$, $\boldsymbol{F}_1$ und $(\boldsymbol{V}, \boldsymbol{W})$ sind stochastisch unabhängig.

Unter diesen Annahmen können $\boldsymbol{Z}_1$ und $\boldsymbol{Z}_2$ als Instrumentvariablenmatrizen zur Schätzung von $\boldsymbol{B}$ herangezogen werden und ähnlich $\boldsymbol{Z}_2$ zur Schätzung von $\boldsymbol{D}$ (vgl. A 1.5/3b).

Wenn man im MIMIC-Modell die Vektorgleichung (21d) fortläßt und $\boldsymbol{\Gamma} = \boldsymbol{I}$ setzt, entsteht mit $\boldsymbol{f} := \boldsymbol{f}_2$ und $\boldsymbol{z} := \boldsymbol{z}_2$ das Modell

$$
\begin{aligned}
\boldsymbol{\eta}_{(t)} &= \boldsymbol{B}'\boldsymbol{\xi}_{(t)} + \boldsymbol{\varepsilon}_{(t)} \\
\boldsymbol{y}_{(t)} &= \boldsymbol{\eta}_{(t)} + \boldsymbol{w}_{(t)} \\
\boldsymbol{x}_{(t)} &= \boldsymbol{\xi}_{(t)} + \boldsymbol{v}_{(t)} \qquad t = 1, \ldots, T, \\
\boldsymbol{\xi}_{1(t)} &= \boldsymbol{\Pi}'\boldsymbol{z}_{(t)} + \boldsymbol{f}_{(t)}
\end{aligned}
\tag{23}
$$

welches wir als **FV-Modell mit Einflußgrößen** oder **FV-Einflußgrößen-Modell** bezeichnen wollen (**FVE-Modell**). Die in $\boldsymbol{z}$ zusammengefaßten Variablen können als Instrumentvariablen bei der Schätzung der Elemente von $\boldsymbol{B}$ verwendet werden. Wir gehen darauf in 3.5.2 noch ein, wobei wir uns dort allerdings auf die univariate Fassung von (23) beschränken (vgl. A 1.5/5).

Wird im MIMIC-Modell die Gleichung (21e) fortgelassen und $\boldsymbol{\Gamma} = \boldsymbol{I}$ gesetzt, dann entsteht ein Modell, das wir als **FV-Modell mit Indikatoren** oder **FV-Indikatoren-Modell (FVI-Modell)** bezeichnen wollen. Es hat mit $\boldsymbol{z} := \boldsymbol{z}_1$ und $\boldsymbol{f} := \boldsymbol{f}_1$ die Gestalt

$$\begin{aligned} \boldsymbol{\eta}_{(t)} &= \boldsymbol{B}' \boldsymbol{\xi}_{(t)} + \boldsymbol{\varepsilon}_{(t)} \\ \boldsymbol{y}_{(t)} &= \boldsymbol{\eta}_{(t)} + \boldsymbol{w}_{(t)} \\ \boldsymbol{x}_{(t)} &= \boldsymbol{\xi}_{(t)} + \boldsymbol{v}_{(t)} \\ \boldsymbol{z}_{(t)} &= \boldsymbol{D}' \boldsymbol{\xi}_{(t)} + \boldsymbol{f}_{(t)}. \end{aligned} \qquad t = 1, \ldots, T. \qquad (24)$$

Auch in diesem Modell können die in $\boldsymbol{z}$ zusammengefaßten Indikatoren als Instrumentvariablen zur Schätzung von $\boldsymbol{B}$ herangezogen werden. Wir behandeln die Schätzung im FVI-Modell noch in 3.5.3, wobei wir uns ebenfalls nur auf die univariate Modellfassung stützen (vgl. A 1.5/5).

Die Beziehungen zwischen den Variablenvektoren im FVE-Modell und FVI-Modell, wie sie in (23) und (24) zum Ausdruck kommen, sind in den folgenden Pfeildiagrammen veranschaulicht (s. auch Abb. 1.1/1):

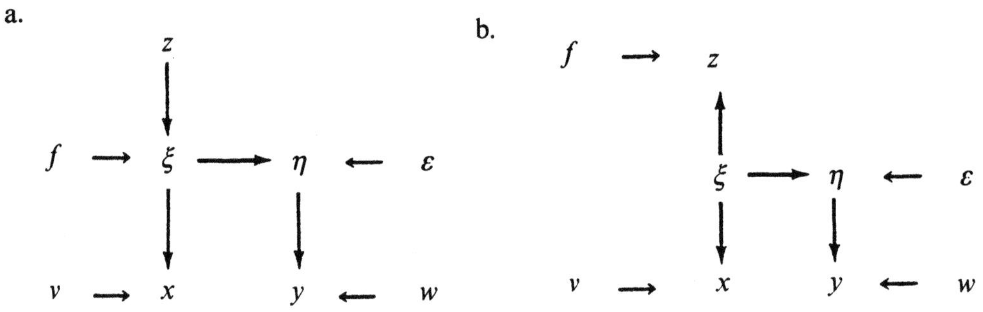

Abb. 1.5/1: Pfeildiagramm für das a. FVE-Modell b. FVI-Modell

Anmerkungen:

1. Das FV-Indikator-Modell (24) ist ein spezielles multivariates FV-Modell (vgl. A 1.5/4b). Es unterscheidet sich vom allgemeinen multivariaten FV-Modell (5) nur darin, daß ein Teil der Modellgleichungen (5a) besonders herausgehoben wird — in (24) ist es das Teilsystem der Indikatorgleichungen (24d) — und zwar insofern, als angenommen wird, daß die Fehler in diesen Gleichungen bzw. die Fehler der zugehörigen endogenen Variablen von allen anderen Fehlervariablen stochastisch unabhängig sind. Bezogen auf das System (24) heißt dies, daß $\boldsymbol{F}$ von $(\boldsymbol{E}, \boldsymbol{V}, \boldsymbol{W})$ stochastisch unabhängig ist (vgl. (MF4) mit $\boldsymbol{F} := \boldsymbol{F}_1$).

   In den Anwendungen wird zumeist angenommen, daß die Zahl L der in dem Vektor $\boldsymbol{z}_{(t)}$ zusammengefaßten Indikatorvariablen mindestens so groß wie die Zahl der fehlerbehafteten exogenen Variablen sei. Auch durch diese Eigenschaft, die wir hier allerdings nicht als modellimmanent angenommen haben, unterscheidet sich in der Praxis das FVI-Modell vom allgemeinen multivariaten FV-Modell.
2. Beispiele zum FVE- und FVI-Modell findet man in 3.5.2 und 3.5.3. Ein typisches Beispiel für die Anwendung eines MIMIC-Modells liefern etwa *Robbins/West* [1977], die den Wert eines Eigenheims als latente Variable behandeln und diese mittels Indikatoren und Einflußgrößen abzuschätzen versuchen.

A 1.5/3

Zeigen Sie für das MIMIC-Modell:

a. (MF3,4) ist äquivalent mit der Aussage $(\boldsymbol{\Xi}_2, \boldsymbol{Z}_2)$, $\boldsymbol{F}_1$, $\boldsymbol{F}_2$, $\boldsymbol{E}$ und $(\boldsymbol{V}, \boldsymbol{W})$ sind stochastisch unabhängig.
b. Aus (MF3,4) folgt: $(\boldsymbol{Z}_1, \boldsymbol{Z}_2)$ ist stochastisch unabhängig von $(\boldsymbol{E}, \boldsymbol{V}, \boldsymbol{W})$.

A 1.5/4

a. Zeigen Sie, daß das MIMIC-Modell (21) ein Spezialfall des interdependenten FV-Modells (14) ist.
b. Zeigen Sie, daß das Indikatormodell (24) ein Spezialfall des multivariaten FV-Modells (5) ist.

A 1.5/5

Wie lauten die Gleichungen des FVE-Modells (23) mit $\boldsymbol{\xi}_1 = \boldsymbol{\xi}$ und des FVI-Modells (24) im univariaten Fall?

1.5.2 Allgemeine Modelle mit latenten Variablen

a. LISREL-Modell

Das allgemeinste der bisher vorgestellten linearen Modelle mit fehlerbehafteten Daten ist das interdependente FV-Modell (14). Charakteristisch für dieses FV-Modell ist, daß jeder latenten systematischen Variablen eine beobachtbare Variable, die ihren Meßwert darstellt, zugeordnet ist, derart, daß sich beobachtbare und latente Variablen gerade um einen — ebenfalls latenten — Meßfehler unterscheiden.

In der Psychologie, Soziologie und z.T. auch Ökonometrie tauchen bisweilen Modelle mit latenten Variablen auf, bei denen diese strikte Zuordnung nicht immer gegeben sein muß. Man hat hier in Verallgemeinerung von (14) Systeme der Art

$$
\begin{aligned}
\boldsymbol{\Gamma}' \boldsymbol{\eta}_{(t)} &= \boldsymbol{B}' \boldsymbol{\xi}_{(t)} + \boldsymbol{\varepsilon}_{(t)} \\
\boldsymbol{y}_{(t)} &= \boldsymbol{\Delta}'_1 \boldsymbol{\eta}_{(t)} + \boldsymbol{w}_{(t)} \qquad t = 1, \ldots, T. \qquad (25) \\
\boldsymbol{x}_{(t)} &= \boldsymbol{\Delta}'_2 \boldsymbol{\xi}_{(t)} + \boldsymbol{v}_{(t)}
\end{aligned}
$$

Die Koeffizientenmatrix $\boldsymbol{\Gamma}$ wird wieder als regulär angenommen. Anders als in (14) können die Dimensionen der Vektoren $\boldsymbol{y}$ und $\boldsymbol{\eta}$ bzw. $\boldsymbol{x}$ und $\boldsymbol{\xi}$ in (25) durchaus verschieden sein.

Die Annahmen für das Modell (25), das nach *Jöreskog/Sörbom* [1977, 1981] **LISREL-Modell** genannt wird (**Li**near **S**tructural **Rel**ationships), entsprechen genau denjenigen, die wir in 1.5.1a für das multivariate FV-Modell getroffen hatten. Daneben gehören zum Modell (25) auch A-priori-Restriktionen, die sich auf die Elemente der Koeffizientenmatrizen $\boldsymbol{\Gamma}$, $\boldsymbol{B}$, $\boldsymbol{\Delta}_1$ und $\boldsymbol{\Delta}_2$ sowie auf die Varianzen und

Kovarianzen der Fehlervariablen beziehen. Es können aber auch Restriktionen bezüglich der $\boldsymbol{\xi}_{(t)}$ vorhanden sein.

Man kann (25a) wieder als **Struktursystem** und die Gleichungen (25b,c) als **Meßsysteme** bezeichnen. Das LISREL-Modell und das interdependente FV-Modell unterscheiden sich offenbar nur in den Meßsystemen, wobei die Meßsysteme des LISREL-Modells die des interdependenten FV-Modells verallgemeinern. Im Falle $\boldsymbol{\Delta}_1 = \boldsymbol{I}$ und $\boldsymbol{\Delta}_2 = \boldsymbol{I}$ gehen erstere ja in letztere über.

Das interdependente FV-Modell ist also ein Spezialfall des LISREL-Modells. Ein anderer Spezialfall ist das **faktoranalytische Modell**, auf das wir in 1.5.2b noch eingehen. Zu erwähnen sind auch die **Modelle der Pfadanalyse** [*Wright*, 1934, 1968; *Duncan*, 1966; *Cortner*, 1969; *Blalock*, 1969], die als LISREL-Modelle mit genau identifizierbaren Parametern interpretierbar sind.

Für die Schätzung von LISREL-Modellen wurde von Jöreskog ein **Computerprogrammpaket** entwickelt, das ebenfalls den Namen **LISREL** trägt. Es werden dort mehrere Schätzverfahren verwendet. Eines ist das Maximum-Likelihood-Verfahren, das wir in 3.5.3 im Ansatz vorstellen wollen. Mit LISREL lassen sich natürlich auch Schätzungen in allen bisher vorgestellten FV-Modellen durchführen, sofern sie identifizierbar sind (vgl. Kap. 2).

Beispiele aus der Soziologie und den Wirtschaftswissenschaften für die Anwendung des LISREL-Modells findet man u.a. in den Büchern von *Goldberger/Duncan* [1973] und *Aigner/Goldberger* [1977]. Wir erwähnen speziell ein Modell von *Aigner* [1974a] zur Arbeitsangebotsschätzung, mehrere Arbeitsmarktmodelle von *Knepel* [1981a, b; vgl. auch *Hujer/ Knepel*, 1982a], ein Geldmarktmodell von *Avery* [1979] sowie Modelle zur Analyse von Bildung und Humankapital von *Chamberlain/ Griliches* [1975; vgl. auch *Chamberlain*, 1977, und *Griliches/Mason*, 1972]. Weitere Übersichtsartikel zum Thema latente Variablen liefert *Goldberger* [1974, 1977].

b. Das faktoranalytische Modell (FA-Modell)

Das **faktoranalytische Modell**, das wir abkürzend **FA-Modell** nennen, ist ein spezielles Modell mit latenten Variablen, das vor allem in der Psychologie und Soziologie eine hervorragende Rolle spielt [vgl. z.B. *Hanushek/Jackson*, 1977]. In diesem Modell wird ein M-Vektor $\boldsymbol{y}_{(t)} = (y_{t1}, \ldots, y_{tM})'$ beobachtbarer Variablen $y_1, \ldots, y_M$, die zumeist untereinander korreliert sind, durch ein System zufallsgestörter linearer Gleichungen auf einen K-Vektor $\boldsymbol{\xi}_{(t)} = (\xi_{t1}, \ldots, \xi_{tK})'$ von latenten Variablen $\xi_1, \ldots, \xi_K$, den sog. **gemeinsamen Faktoren**, zurückgeführt. Dabei ist $K < M$. Der Beobachtungsindex t kennzeichnet bei FA-Modellen in der Psychologie gewöhnlich die verschiedenen Versuchspersonen.

Das FA-Modell kann man mit einer $(K \times M)$-Koeffizientenmatrix $\boldsymbol{B}$ und dem M-Vektor (4a) der Fehlervariablen in der Form

$$\boldsymbol{y}_{(t)} = \boldsymbol{B}' \boldsymbol{\xi}_{(t)} + \boldsymbol{w}_{(t)} \qquad t = 1, \ldots, T. \tag{26}$$

schreiben. Es läßt sich auch mittels abhängiger latenter Variablen $\boldsymbol{\eta}_{(t)}$ formulieren:

$$\begin{aligned} \boldsymbol{\eta}_{(t)} &= \boldsymbol{B}' \boldsymbol{\xi}_{(t)} \\ \boldsymbol{y}_{(t)} &= \boldsymbol{\eta}_{(t)} + \boldsymbol{w}_{(t)} \end{aligned} \qquad t = 1, \ldots, T. \tag{27}$$

Dabei ist der M-Vektor $\boldsymbol{\eta}_{(t)}$ wieder durch (3a) definiert.

In (26) erscheint der Vektor $\boldsymbol{w}_{(t)}$ als Fehler in den Gleichungen, in (27) als Fehler in den Variablen.

Mittels der Variablenmatrizen (6,7) aus 1.5.1a lassen sich die beiden Darstellungen des FA-Modells noch knapper ausdrücken. Man erhält für (26) die äquivalente Fassung

$$\boldsymbol{Y} = \boldsymbol{\Xi} \boldsymbol{B} + \boldsymbol{W} \tag{28}$$

und für (27) entsprechend

$$\begin{aligned} \boldsymbol{H} &= \boldsymbol{\Xi} \boldsymbol{B} \\ \boldsymbol{Y} &= \boldsymbol{H} + \boldsymbol{W}. \end{aligned} \tag{29}$$

Die Matrix $\boldsymbol{B}$ wird als **Faktorladungsmatrix** bezeichnet. Für sie wird rg $\boldsymbol{B} = K$ vorausgesetzt.

Bezüglich der Fehlervariablen werden die üblichen Annahmen getroffen: die $\boldsymbol{w}_{(t)}$ sind für $t = 1, \ldots, T$ unabhängig identisch verteilt mit Erwartungswertvektor $\boldsymbol{o}$ und einer gewöhnlich als diagonal angenommenen Kovarianzmatrix; die Matrizen $\boldsymbol{\Xi}$ und $\boldsymbol{W}$ sind stochastisch unabhängig. Die Komponenten des Vektors $\boldsymbol{w}_{(t)}$ werden **spezifische Faktoren** genannt.

Hinsichtlich der Spezifikation der latenten Variablen $\xi_1, \ldots, \xi_M$ unterscheiden wir auch beim FA-Modell zwischen der *Strukturvariante* mit unabhängig identisch verteilten Vektoren $\boldsymbol{\xi}_{(t)}$ (Annahme (SV)) und der *Funktionalvariante*, bei der die $\boldsymbol{\xi}_{(t)}$ unbekannte, feste Modellparameter sind (Annahme (FV)).

Man beachte, daß die in $\boldsymbol{\xi}_{(t)}$ zusammengefaßten Variablen allesamt wirklich latent sind. Es kommt also insbesondere unter den ξ-Variablen keine Scheinvariable vor. Üblicherweise wird diesem Mangel dadurch Rechnung getragen, daß auf der rechten Seite von (27a) noch ein konstanter Parametervektor $\boldsymbol{b}$ hinzugefügt wird. Wir verzichten hier der Einfachheit halber auf diese Erweiterung des Modells und nehmen stattdessen an, daß ein eventueller Konstantenvektor schon von $\boldsymbol{\eta}_{(t)}$ abgezogen worden ist.

Das FA-Modell kann als spezielles LISREL-Modell aufgefaßt werden. Das LISREL-Modell (25) geht ja im Falle $\boldsymbol{\Gamma} = \boldsymbol{I}, \boldsymbol{\varepsilon} = \boldsymbol{o}, \boldsymbol{\Delta}_1 = \boldsymbol{I}$ bei Fortlassen der Gleichung (25c) in (27) über.

Vom multivariaten FV-Modell (5) mit $\boldsymbol{\varepsilon} = \boldsymbol{o}$ unterscheidet sich das FA-Modell (27) durch das Fehlen eines zu (5c) analogen Meßsystems. Wäre die Matrix $\boldsymbol{\Xi}$ der Faktoren über ein Meßsystem $\boldsymbol{X} = \boldsymbol{\Xi} + \boldsymbol{V}$ mit empirischen Variablen verknüpft, dann hätte man in (27) das multivariate FV-Modell (5) vor sich. Gerade das Fehlen der Beziehung (5c) bedingt, daß die Matrix $\boldsymbol{B}'$ nicht eindeutig bestimmt ist. In der

Tat ist $\boldsymbol{B}'$ höchstens bis auf eine beliebige reguläre lineare Transformation von rechts eindeutig bestimmt. Ist A eine reguläre $(K \times K)$-Matrix und $\bar{\boldsymbol{B}}' := \boldsymbol{B}' A$, definieren wir ferner mittels $\bar{\boldsymbol{\xi}}_{(t)} := A^{-1} \boldsymbol{\xi}_{(t)}$ neue latente Variablen, dann ist (26) äquivalent mit

$$\boldsymbol{y}_{(t)} = \bar{\boldsymbol{B}}' \bar{\boldsymbol{\xi}}_{(t)} + \boldsymbol{w}_{(t)}. \tag{30}$$

Dabei ist rg $\bar{\boldsymbol{B}}$ = rg $\boldsymbol{B} = K$. Die Systeme (26) und (30) sind ununterscheidbar, weshalb auch zwischen $\boldsymbol{B}$ und $\bar{\boldsymbol{B}}$ empirisch nicht unterschieden werden kann. Durch geeignete A-Priori-Restriktionen kann diese Vieldeutigkeit eingeschränkt oder ganz beseitigt werden. Man kann solche Restriktionen für $\boldsymbol{B}$, für $\boldsymbol{\Xi}$ oder für beide fordern.

Eine solche Restriktion wäre z.B. die Forderung, daß eine $(K \times K)$-Untermatrix von $\boldsymbol{B}$ die Einheitsmatrix sein soll. In diesem Fall hätte man wieder das multivariate FV-Modell (5) vor sich. Da die genannte Restriktion als eine Art Normierung aufgefaßt werden kann, darf man auch sagen, daß das multivariate FV-Modell (5) und speziell das FV-Indikatormodell (24) normierte FA-Modelle sind, jedenfalls sofern die Anzahl der in (5a) bzw. (24a, d) zusammengefaßten Modellgleichungen die Anzahl K der latenten exogenen Variablen übersteigt.

Damit die Matrix $\boldsymbol{B}'$ wenigstens in dem hypothetischen Fall fehlender Fehlervariablen $(\boldsymbol{W} = \boldsymbol{O})$ bis auf Multiplikation mit einer regulären Matrix A von rechts eindeutig bestimmt werden kann, ist zu fordern, daß rg $\boldsymbol{\Xi} = K$, d.h., daß die K Faktoren linear unabhängig sind (vgl. A 1.5/2).

Das Bestehen einer Ungleichung rg $\boldsymbol{\Xi} < K$ hätte übrigens zur Folge, daß die Faktoren einer linearen Beziehung gehorchen und man daher bei der modellmäßigen Erfassung der beobachtbaren Variablen gemäß (28) oder (29) mit weniger als K Faktoren auskäme. Die Frage nach der maximalen Anzahl der Faktoren, die man benötigt, um ein Modell der Form (28) aufzustellen, ist neben dem Schätzproblem eine der Kernfragen der Faktorenanalyse.

c. Beispiel zum FA-Modell aus den Erziehungswissenschaften

Als ein typisches Bespiel für ein Faktorenmodell betrachten wir das Problem, die Schulnoten eines Abiturzeugnisses auf einige wenige Faktoren zurückzuführen. Sei also $\boldsymbol{y}$ der Vektor der Noten in M Fächern und $\boldsymbol{\xi}$ ein Vektor hypothetischer Begabungsfaktoren, die — von Zufalleinflüssen $\boldsymbol{w}$ abgesehen — die Noten bestimmen. Man könnte beispielsweise an einen Faktor für Sprachbegabung ξ_1, einen für mathematisch-naturwissenschaftliche Begabung ξ_2 und schließlich einen für musische Begabung ξ_3 denken $(K = 3)$ und das System

$$y_{tj} = \sum_{i=1}^{3} \beta_{ij} \xi_{ti} + w_{tj}, \qquad j = 1, \ldots, M, \; t = 1, \ldots, T$$

als Modell zur „Erklärung" der Noten y_{tj} in M Fächern für T Schüler aufstellen. Die Faktorladungen β_{ij} geben an, mit welchem Gewicht der Begabungsfaktor i auf die Note im Fach j einwirkt. Die β_{ij} können zu einer $(3 \times M)$-Matrix $\boldsymbol{B}$ zusammengefaßt werden.

1.5.3 Verwandtschaft zwischen FV-Modell und anderen multivariaten Modellen

Für die Statistik und die theoretische Ökonometrie sind FV-Modelle u.a. auch deswegen von besonderem Interesse, weil sie mit anderen Modellen der Statistik und der Ökonometrie eng verwandt sind. Man kann insbesondere das in 1.5.1c eingeführte interdependente ökonometrische Modell (I-Modell) als ein spezielles FV-Modell auffassen. Darüber hinaus bestehen Verwandtschaften zu anderen Modellen mit latenten Variablen, wie z.B. dem faktoranalytischen Modell (FA-Modell) aus 1.5.2b. Das Aufdecken solcher Zusammenhänge wirft ein neues Licht auf schon bekannte Modelle und auf die dort bereits entwickelten Schätzverfahren. Umgekehrt können diese zur Entwicklung neuer Schätzverfahren im FV-Modell beitragen.

a. Dualität zwischen FV-Modell und FA-Modell

Jedem multivariaten linearen FV-Modell kann umkehrbar eindeutig ein FA-Modell zugeordnet werden. Wir wollen dies in zwei Schritten zeigen.

Gehen wir zunächst vom multivariaten FV-Modell aus, das in der symmetrischen Form (11) gegeben sei. Die Darstellung (11) lautet, wenn man den Beobachtungsindex t der Einfachheit halber unterdrückt,

$$\begin{aligned} \boldsymbol{B}'_0 \,\boldsymbol{\xi}_0 &= \boldsymbol{o} \\ \boldsymbol{x}_0 &= \boldsymbol{\xi}_0 + \boldsymbol{v}_0. \end{aligned} \tag{31}$$

Dabei ist $\boldsymbol{B}_0$ eine $(N \times M)$-Matrix mit rg $\boldsymbol{B}_0 = M < N$ und $\boldsymbol{\xi}_0$ ein N-Vektor. Sei $K := N - M$. Aus 1.5.1b wissen wir, daß $\boldsymbol{B}_0$ bis auf eine rechtsseitige Multiplikation mit einer regulären Matrix $\boldsymbol{A}$ eindeutig bestimmt ist. Zwei Matrizen $\boldsymbol{B}_0$ und $\bar{\boldsymbol{B}}_0$ hatten wir als *äquivalent* bezeichnet, wenn es eine reguläre Matrix $\boldsymbol{A}$ gibt mit $\bar{\boldsymbol{B}}_0 = \boldsymbol{B}_0 \boldsymbol{A}$. In (31) kann also $\boldsymbol{B}_0$ durch eine zu $\boldsymbol{B}_0$ äquivalente Matrix $\bar{\boldsymbol{B}}_0$ ersetzt werden, ohne daß sich am Modell etwas ändert.

Der Matrix $\boldsymbol{B}_0$ ist eindeutig bis auf rechtsseitige Multiplikation mit einer beliebigen regulären Matrix eine $(N \times M)$-Matrix $\boldsymbol{C}$ zugeordnet, derart, daß rg $\boldsymbol{C} = K$ und

$$\boldsymbol{B}'_0\, \boldsymbol{C} = \boldsymbol{O}. \tag{32}$$

Mit (32) gilt auch $\bar{\boldsymbol{B}}'_0\, \bar{\boldsymbol{C}} = \boldsymbol{O}$ für alle zu $\boldsymbol{B}_0$ resp. $\boldsymbol{C}$ äquivalenten Matrizen $\bar{\boldsymbol{B}}_0$ und $\bar{\boldsymbol{C}}$. Der Äquivalenzklasse von $(N \times M)$-Matrizen $\boldsymbol{B}_0$ mit rg $\boldsymbol{B}_0 = M$ ist also eindeutig eine Äquivalenzklasse von $(N \times K)$-Matrizen $\boldsymbol{C}$ mit rg $\boldsymbol{C} = K$ zugeordnet. Diese Zuordnung ist eindeutig umkehrbar. Man spricht auch von einer Dualität zwischen $\boldsymbol{B}_0$ und $\boldsymbol{C}$.

Mit Hilfe der Matrix $\boldsymbol{C}$ können wir nun für $\boldsymbol{\xi}_0$ ein FA-Modell aufstellen. Wir konstruieren zu $\boldsymbol{\xi}_0$ den K-Vektor $\boldsymbol{\psi}$ von Faktoren gemäß

$$\boldsymbol{\psi} := (\boldsymbol{C}'\, \boldsymbol{C})^{-1}\, \boldsymbol{C}'\, \boldsymbol{\xi}_0. \tag{33}$$

Hieraus folgt für $\boldsymbol{\xi}_0$ die Darstellung $\boldsymbol{\xi}_0 = \boldsymbol{C}\boldsymbol{\psi}$ (s. A 1.5/6). Zusammen mit (31b) gilt also

$$\begin{aligned} \boldsymbol{\xi}_0 &= \boldsymbol{C}\boldsymbol{\psi} \\ \boldsymbol{x}_0 &= \boldsymbol{\xi}_0 + \boldsymbol{v}_0. \end{aligned} \tag{34}$$

Mit (34) liegt aber ein FA-Modell (27) vor.

Sei nun umgekehrt ein FA-Modell gegeben, das wir in der Form (34) mit rg $\boldsymbol{C} = K$ schreiben. Der Äquivalenzklasse von $\boldsymbol{C}$ ist eindeutig mittels (32) eine Äquivalenzklasse von $(N \times M)$-Matrizen $\boldsymbol{B}_0$ mit rg $\boldsymbol{B}_0 = M$ zugeordnet. Mit Hilfe einer Matrix $\boldsymbol{B}_0$ aus dieser Klasse erhalten wir aus (34a) durch Multiplikation von links die Gleichung (31a). Dem FA-Modell (34) ist also eindeutig ein multivariates FV-Modell (31) zugeordnet, und diese Zuordnung ist gerade die Umkehrung der zuerst beschriebenen Zuordnung.

Man kann zusammenfassend sagen, daß durch die vermöge (32) gestiftete Dualität zwischen den Matrizen $\boldsymbol{B}_0$ und $\boldsymbol{C}$ eine entsprechende Dualität zwischen multivariaten FV-Modellen und FA-Modellen hergestellt wird:

$\boldsymbol{B}'_0\,\boldsymbol{\xi}_0 = \boldsymbol{o}$ $\boldsymbol{x}_0 = \boldsymbol{\xi}_0 + \boldsymbol{v}_0$	$\boldsymbol{B}'_0\,\boldsymbol{C} = \boldsymbol{O}$ $\Longleftrightarrow$	$\boldsymbol{\xi}_0 = \boldsymbol{C}\boldsymbol{\psi}$ $\boldsymbol{x}_0 = \boldsymbol{\xi}_0 + \boldsymbol{v}_0$
FV-Modell (*M Gleichungen,* *N beobachtbare Variablen)*		FA-Modell (*K := N − M Faktoren,* *N beobachtbare Variablen)*

Abb. 1.5/2: Dualität zwischen FV- und FA-Modell

Beide Modelle sind Darstellungen desselben empirischen Sachverhalts. Wenn an die Koeffizientenmatrizen $\boldsymbol{B}_0$ und $\boldsymbol{C}$ keine zusätzlichen Anforderungen gestellt werden, sind beide Darstellungsformen gleichwertig. Sie unterscheiden sich erst dann, wenn Restriktionen für $\boldsymbol{B}_0$ und $\boldsymbol{C}$ formuliert werden.

Geometrisch gesprochen, beschreiben die beiden Gleichungen (31a) und (34a) die gleiche K-dimensionale lineare Mannigfaltigkeit für die N-Vektoren $\boldsymbol{\xi}_0$, jedoch in dualer Form: (31a) als Schnitt von M Hyperebenen, (34a) als ein von K Basisvektoren aufgespannter Raum. Die M Vektoren, die die Hyperebenen definieren, bilden ein orthogonales Komplement der K Basisvektoren ($N = K + M$). Erstere sind durch die M Zeilenvektoren von $\boldsymbol{B}'_0$ gegeben, letztere durch die K Spaltenvektoren von $\boldsymbol{C}$.

Man erkennt noch aus Abb. 1.5/2, daß der symmetrischen Form (1.1/27) des univariaten FV-Modells, welches man aus (31) im Spezialfall $M = 1$ erhält, ein FA-Modell mit $K = N - 1$ Faktoren entspricht. Einem FA-Modell mit nur einem Faktor ($K = 1$) entspricht offenbar ein multivariates FV-Modell (31) mit $M = N - 1$ Gleichungen.

Anmerkungen:

1. Wir wissen aus 1.5.1b, daß sich die Äquivalenzklasse von $\boldsymbol{B}_0$ genau dann mittels (31a) eindeutig aus einer gegebenen Menge von Vektoren $\boldsymbol{\xi}_{0(t)}$ bestimmen läßt, wenn die aus diesen gebildete Matrix $\boldsymbol{\Xi}_0 = (\boldsymbol{\xi}_{0(1)}, \ldots, \boldsymbol{\xi}_{0(T)})'$ den Rang K hat (vgl. A 1.5/2). Die Bedingung rg $\boldsymbol{\Xi}_0 = K$ ist auch notwendig und hinreichend dafür, daß sich die Äquivalenzklasse von $\boldsymbol{C}$ mittels (34a) aus den $\boldsymbol{\xi}_{0(t)}$ eindeutig bestimmen läßt.
2. Historisch interessant ist, daß *Ragnar Frisch* [1934], der das FV-Modell in die Ökonometrie eingeführt hat, vom Faktorenmodell ausging, um auf diesem Wege zu Mehrgleichungsmodellen mit Fehlern in den Variablen zu gelangen. *Tintner* [1945, 1946] hat das multivariate FV-Modell behandelt. *Geary* wies [1948] auf den Zusammenhang mit dem FA-Modell hin [vgl. auch *Malinvaud*, 1980].

A 1.5/6

Beweisen Sie, daß (33) und (31a) für $\boldsymbol{\xi}_0$ die Darstellung (34a) implizieren.

b. Verwandtschaft zwischen FVE- und I-Modell

Zwischen dem FVE-Modell (23) und dem I-Modell (19) besteht eine formale Verwandtschaft, die allerdings nicht so eng ist wie die zwischen dem multivariaten FV-Modell und dem FA — Modell. Wir wollen uns darauf beschränken, diesen Zusammenhang zwischen einem univariaten (aber multiplen) FVE-Modell und einer Einzelgleichung eines I-Modells darzustellen.

Gehen wir zunächst vom FVE-Modell aus. Das multivariate FVE-Modell wurde in (23) vorgestellt. Die univariate Fassung, bei der nur eine Gleichung anstelle des Systems (23a) steht, hat bei Unterdrückung des Beobachtungsindexes t die Gestalt (s. L 1.5/5)

$$
\begin{aligned}
\eta &= \boldsymbol{\beta}'\boldsymbol{\xi} + \varepsilon \\
y &= \eta + w \\
\boldsymbol{x} &= \boldsymbol{\xi} + \boldsymbol{v} \\
\boldsymbol{\xi}_1 &= \boldsymbol{\Pi}'\boldsymbol{z} + \boldsymbol{f}
\end{aligned}
\tag{35}
$$

mit $\boldsymbol{\xi}' = (\boldsymbol{\xi}_1', \boldsymbol{\xi}_2')$. Wir wollen annehmen, daß die Elemente des Teilvektors $\boldsymbol{\xi}_2$ fehlerfrei gemessen werden. Wir können dann das System (35) bei entsprechender Zerlegung der K-Vektoren $\boldsymbol{x}$, $\boldsymbol{v}$ und $\boldsymbol{\beta}$ wie folgt schreiben:

$$
\begin{aligned}
\eta &= \boldsymbol{\beta}_1'\boldsymbol{\xi}_1 + \boldsymbol{\beta}_2'\boldsymbol{\xi}_2 + \varepsilon \\
y &= \eta + w \\
\boldsymbol{x}_1 &= \boldsymbol{\xi}_1 + \boldsymbol{v}_1 \\
\boldsymbol{x}_2 &= \boldsymbol{\xi}_2 \\
\boldsymbol{\xi}_1 &= \boldsymbol{\Pi}'\boldsymbol{z} + \boldsymbol{f}.
\end{aligned}
\tag{36}
$$

Durch Einsetzen der Meßgleichungen (36b — d) in (36a) und von (36e) in (36c) folgt

$$\begin{aligned} y - \boldsymbol{\beta}_1' \boldsymbol{x}_1 &= \boldsymbol{\beta}_2' \boldsymbol{x}_2 + u \\ \boldsymbol{x}_1 &= \boldsymbol{\Pi}' \boldsymbol{z} + \tilde{\boldsymbol{v}} \end{aligned} \tag{37}$$

mit $u := w + \varepsilon - \boldsymbol{\beta}_1' \boldsymbol{v}_1$ und $\tilde{\boldsymbol{v}} := \boldsymbol{v}_1 + \boldsymbol{f}$.

Dies ist, wie man sofort bestätigt, ein I-Modell (19) mit $(y, \boldsymbol{x}_1')'$ als Vektor der endogenen und $(\boldsymbol{x}_2', \boldsymbol{z}')'$ als Vektor der exogenen Variablen. Dem Störvariablenvektor $\boldsymbol{\varepsilon}$ in (19) entspricht hier der Vektor$(u, \tilde{\boldsymbol{v}}')'$.

Gehen wir nun umgekehrt von einem I-Modell aus. Wir zeigen, daß man jede einzelne Gleichung dieses Modells als FVE-Modell uminterpretieren kann. Betrachten wir z.B. die erste Gleichung des I-Modells. Sie ist durch (18) gegeben, wenn man dort $g = 1$ setzt. Nehmen wir an, daß den Parametern dieser Gleichung nur Nullrestriktionen auferlegt sind. O.B.d.A seien die ersten M_1 γ-Koeffizienten freie, unbekannte Parameter und die letzten $M - M_1$ γ-Koeffizienten a priori gleich Null gesetzt; ebenso seien die ersten K_1 β-Koeffizienten frei und die letzten $K - K_1$ gleich Null. Die erste Modellgleichung lautet dann:

$$\sum_{j=1}^{M_1} \gamma_{j1} \, y_{tj} = \sum_{i=1}^{K_1} \beta_{i1} \, x_{ti} + \varepsilon_{t1}, \qquad t = 1, \ldots, T. \tag{38}$$

Nehmen wir weiterhin an, daß einer der γ-Parameter zu Eins normiert ist, z.B. $\gamma_{11} := 1$. Man kann (38) dann wie folgt schreiben:

$$y_{t1} + \sum_{j=2}^{M_1} \gamma_{j1} \, y_{tj} = \sum_{i=1}^{K_1} \beta_{i1} \, x_{ti} + \varepsilon_{t1}, \qquad t = 1, \ldots, T. \tag{39}$$

Die endogenen Variablen y_{tj}, $j = 2, \ldots, M_1$, lassen sich gemäß (20) als lineare, zufallsgestörte Funktionen der exogenen Variablen x_{ti}, $i = 1, \ldots, K$, schreiben:

$$y_{tj} = \sum_{i=1}^{K} \pi_{ij} \, x_{ti} + f_{tj}, \qquad j = 2, \ldots, M_1 \,;\, t = 1, \ldots, T. \tag{40}$$

Mit entsprechenden Variablenvektoren und Parametervektoren bzw. -matrizen können (39) und (40) auch kürzer geschrieben werden:

$$\begin{aligned} y_1 + \boldsymbol{\gamma}'_* \boldsymbol{y}_* &= \boldsymbol{\beta}'_* \, \boldsymbol{x}_* + \varepsilon_1 \\ \boldsymbol{y}_* &= \boldsymbol{\Pi}'_* \, \boldsymbol{x}_* + \boldsymbol{\varepsilon}_2. \end{aligned} \tag{41}$$

Das System (41), bei dem der Beobachtungsindex t unterdrückt wurde, stellt wieder ein I-Modell dar mit $y_{t1}, \ldots, y_{tM_1}$ als endogenen und $x_{t1}, \ldots, x_{tK}$ als exogenen Variablen. Wir wollen es das aus der ersten Modellgleichung abgeleitete I-Modell nennen. Es hat nach entsprechender Variablenumbenennung die Form (37) und kann daher in ein FVE-Modell der Form (36) umgewandelt werden. In diesem Sinne ist jeder Gleichung eines I-Modells ein FV-Einflußgrößen-Modell zugeordnet.

Anmerkung: Einen ganz anderen Zusammenhang zwischen FV-Modell und I-Modell haben *Anderson* [1976] und *Kunitomo* [1983] zum Zwecke der Übertragung von Schätzern des einen auf das andere Modell ausgenutzt. Dieser Zusammenhang sei hier am Beispiel einer nur zwei endogene Variablen enhaltenden Gleichung eines I-Modells skizziert. Die Gleichung laute

$$y_1 = \beta y_2 + \varepsilon$$

mit T-Vektoren y_1, y_2 und ε. Dies entspricht (39) mit $M_1 = 2$ und $K_1 = 0$. Die ersten beiden Gleichungen der reduzierten Form haben dann die Gestalt

$$(y_1, y_2) = Z(\pi_1, \pi_2) + (f_1, f_2)$$

mit einer $(T \times K)$-Matrix Z der exogenen Variablen und K-Vektoren π_1 und π_2. Seien $p_i := (Z'Z)^{-1} Z' y_i$ die KQ-Schätzungen der Vektoren π_i; $i = 1, 2$. Es gilt dann

$$\pi_1 = \beta \pi_2$$

$$(Z'Z)^{\frac{1}{2}} p_i = (Z'Z)^{\frac{1}{2}} \pi_i + (Z'Z)^{\frac{1}{2}} (p_i - \pi_i), \qquad i = 1, 2.$$

Dieses System ist ein FV-Modell des Typs (1.1/1) mit $\varepsilon = 0$. Man erkennt dies, wenn man die K-Vektoren

$$y := (Z'Z)^{\frac{1}{2}} p_1, \qquad x := (Z'Z)^{\frac{1}{2}} p_2,$$

$$\eta := (Z'Z)^{\frac{1}{2}} \pi_1, \qquad \xi := (Z'Z)^{\frac{1}{2}} \pi_2,$$

$$w := (Z'Z)^{\frac{1}{2}} (p_1 - \pi_1), \qquad v := (Z'Z)^{\frac{1}{2}} (p_2 - \pi_2).$$

einführt. Man beachte, daß in diesem FV-Modell dem Stichprobenumfang hier die Zahl K der exogenen Variablen des I-Modells entspricht.

Für eine andere Darstellung desselben Zusammenhangs zwischen FV- und I-Modell vgl. *Schneeweiß* [1985].

1.5.4 Dynamisches FV-Modell

Das in 1.1 vorgestellte FV-Modell ist ein *statisches* Modell, weil in den Modellgleichungen keine verzögerten Variablen auftreten. Dasselbe gilt für die in 1.5.1 dargestellten Verallgemeinerungen dieses Modells. Dort hatten wir das FV-Eingleichungsmodell zu Mehrgleichungsmodellen ausgebaut.

Wir verallgemeinern nun das FV-Modell in anderer Weise, indem wir jetzt auch verzögerte Variablen in die Modellgleichung aufnehmen (*dynamisches* FV-Modell). Dabei beschränken wir uns darauf, das *einfache* FV-Modell (1.1/1) mit einer Zeitstruktur zu versehen. Entsprechend lassen sich natürlich auch die anderen FV-Modelle dynamisieren.

Unter einem **dynamischen Modell** verstehen wir eine Gleichung oder ein Gleichungssystem zwischen endogenen und exogenen Variablen, dessen Lösung für die endogene Variable einen zeitlichen Verlauf beschreibt. Die Variablen eines solchen Modells sind als Elemente zeitdiskreter stochastischer Prozesse aufzufassen. Wir wollen hier zusätzlich annehmen, daß sämtliche Variablen des Modells (schwach) *stationären stochastischen Prozessen* folgen, d.h. zeitinvariante Verteilungen aufweisen. Unter dieser Voraussetzung impliziert ein dynamisches Modell, daß der Prozeß $\{\eta_t\}$ der endogenen Variablen Autokorrelation aufweist. Diese kann auf verschiedene Weise zustande kommen:

- durch Abhängigkeit der endogenen Variablen von ihren eigenen Werten in den Vorperioden
- durch Abhängigkeit der endogenen Variablen von exogenen Variablen und deren Vorperiodenwerten
- durch Autokorrelation in den exogenen Variablen
- schließlich durch Autokorrelation in den Störvariablen.

Ein dynamisches lineares Eingleichungsmodell für die endogene Variable η mit nur einer exogenen Variablen ξ hat die Gestalt

$$\sum_{i=o}^{p} \gamma_i \, \eta_{t-i} = \sum_{j=o}^{q} \beta_j \, \xi_{t-j} + \varepsilon_t, \qquad t = 0, \pm 1, \pm 2, \ldots, \tag{42}$$

wobei sowohl $\{\xi_t\}$ als auch $\{\varepsilon_t\}$ Autokorrelation aufweisen können. Die Prozesse $\{\xi_t\}$ und $\{\varepsilon_t\}$ sollen stochastisch unabhängig sein mit $E(\varepsilon_t) = 0$.

Sind die Variablen ξ und η in (42) nicht direkt beobachtbar, sondern nur in der Form

$$\begin{aligned} y_t &= \eta_t + w_t \\ x_t &= \xi_t + v_t \end{aligned} \qquad t = 0, \pm 1, \pm 2, \ldots \tag{43}$$

(also fehlerbehaftet) meßbar, dann liegt ein **dynamisches FV-Modell** vor. Für dieses gelten wieder die Annahmen (F1) — (F5) mit Ausnahme der in (F1) enthaltenen Forderung nach stochastischer Unabhängigkeit der Störvariablen ε_t. Es wird vielmehr für ε_t das Vorhandensein von Autokorrelation zugelassen.

Die Parameter eines dynamischen FV-Modells lassen sich in vielen Fällen nach der Instrumentvariablenmethode schätzen, wobei die verzögerten Werte der Beobachtungsvariablen x und y als Instrumentvariablen herangezogen werden. Wir gehen darauf in 3.7.1 noch ein.

Wir werden in 3.7.1b und 3.7.1c als Grenzfall eines dynamischen FV-Modells insbesondere auch den Fall eines rein autoregressiven Prozesses mit fehlerbehafteten Variablen in unsere Untersuchungen einbeziehen. Er geht aus (42, 43) dadurch hervor, daß man in (42) die Summe auf der rechten Seite fortläßt und gleichzeitig (43b) unterdrückt. In diesem Modell kommen also keine exogenen Variablen vor. Nach *Box/Jenkins* [1976, S. 121 f.] kann ein solcher Prozeß in einen **ARIMA-Prozeß** (**a**uto**r**egressive **i**ntegrated **m**oving **a**verage process) ohne Fehler in den Variablen umgewandelt werden. Das Modell kann außerdem als ein **Kalman-Filter** aufgefaßt werden [vgl. z.B. *Kalman*, 1960].

Wie in 1.3.3f ausgeführt, spielen dynamische FV-Modelle bei Untersuchungen über Kausalitätsbeziehungen eine wichtige Rolle.

1.5.5 Berksons Modell

a. Modellbeschreibung

Eine Modifikation des in Tab. 1.2/1 dargestellten einfachen FV-Modells i.e.S. ist das Modell vom Berkson [vgl. hierzu *Berkson*, 1950; *Scheffé*, 1958; *Fedorov*, 1974]. Während beim einfachen FV-Modell angenommen wurde, daß die Fehlervariable v und ξ unabhängig (und damit von x abhängig) ist, geht diese Variante umgekehrt davon aus, daß v von x unabhängig (und damit von ξ abhängig) ist. Alle anderen Modellannahmen werden unverändert übernommen.

Berksons Modell ist insofern interessant, als hier keine Verzerrungen bei der KQ-Schätzung auftreten. Die Variable $x = \xi + v$ ist jetzt von v, w und ε und damit — im Gegensatz zum FV-Modell (vgl. 1.3/16)) — auch von $u = w + \varepsilon - \beta v$ stochastisch unabhängig.

Die Verzerrtheit der KQ-Schätzung beim einfachen FV-Modell lag nur in der stochastischen Abhängigkeit zwischen Fehlerterm u und dem Regressor x in der empirischen Regression (1.1/2) begründet. Unter den Voraussetzungen des Modells von Berkson sind hingegen für die Regression (1.1/2) alle Annahmen des klassischen Regressionsmodells erfüllt. Die KQ-Methode führt infolgedessen zu konsistenten Schätzungen mit den bekannten „gutartigen" Eigenschaften.

Bei nichtlinearen FV-Modellen muß man freilich weiterhin mit Verzerrungen rechnen auch dann, wenn Berksons Fall vorliegt [vgl. *Geary*, 1953].

A 1.5/7

Für die wahre Variable ξ gelte $\xi = \xi_1 + \xi_2$, wobei ξ_1 fehlerfrei meßbar sei. Zwischen ξ_2 und ξ_1 bestehe eine stochastisch gestörte Proportionalitätsbeziehung $\xi_2 = p\,\xi_1 + \varepsilon$ (p bekannter Proportionalitätsfaktor; ε stochastische Störgröße, die von ξ_1 unabhängig ist.)

Zeigen Sie, daß Berksons Fall vorliegt. Setzen Sie dabei $x := (1 + p)\,\xi_1$.

A 1.5/8

Wie groß ist die Korrelation zwischen ξ_t und v_t in Berksons Fall, wenn x_t als fest angenommen wird?

b. Beispiele aus der Physik und der Ökonometrie

① *Abhängigkeit der Lichtstärke von der elektrischen Spannung*

Berksons Fall, d.h. stochastische Unabhängigkeit zwischen x und v, kann vor allem in den experimentellen Wissenschaften auftreten, nämlich dann, wenn der Experimentator die exogene Variable kontrolliert. Er wird versuchen, die Variable ξ an einer bestimmten, von ihm gewählten Stelle festzuhalten, um die Auswirkung auf η bzw. y zu messen. Wegen der Beobachtungsfehler v gelingt es ihm freilich nur, x an einer gewünschten Stelle festzuhalten, nicht ξ. Die Variable ξ weicht von x um den Meßfehler v ab. Da aber x exogen festgelegt wurde, ist jetzt v von x unabhängig, nicht von ξ.

Ein einfaches Beispiel mag die geschilderte Situation verdeutlichen. Ein Physiker will die Auswirkung der elektrischen Spannung auf die Helligkeit einer Glühbirne messen. Er stellt einen bestimmten Wert der Spannung ein, indem er diese so lange reguliert, bis ein Voltmeter den gewünschten Wert x anzeigt. Die tatsächliche Spannung ist dann $\xi = x - v$. Die Variable v ist hier von x stochastisch unabhängig.

② *Messung volkswirtschaftlicher Daten*

Nach *Durbin* [1954] kann eine solche Situation auch bei der Messung volkswirtschaftlicher Daten eintreten. Einige Komponenten der Volkswirtschaftlichen Gesamtrechnung können kaum anders gewonnen werden, als durch eine mehr oder weniger plausible, „über den Daumen gepeilte" Schätzung, z.B. durch Extrapolation früherer Daten, durch Analogieschluß oder durch Ersetzen durch andere, ähnliche Größen (Proxy-Variablen). Ist dann der wahre Wert ξ symmetrisch um den so geschätzten Wert x verteilt, dann ist zumindest $E(v|x) = 0$. Dies ist eine etwas schwächere Bedingung als die der stochastischen Unabhängigkeit zwischen v und x. Insofern liegt hier auch nur eine abgeschwächte Form von Berksons Modell vor. Immerhin reicht die Bedingung $E(v|x) = 0$ aber aus, die Erwartungstreue der KQ-Schätzung zu gewährleisten. Bei Hinzunahme von Zusatzannahmen, wie sie in der Ökonometrie gebräuchlich sind, ist die KQ-Schätzung auch konsistent [vgl. z.B. *Schneeweiß*, 1978, Abschn. 1.4.8].

2 Das Identifikationsproblem

Wir wissen aus 1.3.2a, daß beim FV-Modell die klassische Annahme der Unkorreliertheit von Störvariablen und exogenen Variablen verletzt ist. Als Folge dieser Korreliertheit liefert das KQ-Verfahren i.a. inkonsistente Schätzungen für die Modellparameter. Es bleibt zu fragen, ob es überhaupt konsistente Schätzverfahren gibt oder ob solche prinzipiell nicht existieren und daher auch trotz größter Anstrengungen nicht gefunden werden können. Die Antwort fällt unterschiedlich aus, je nachdem, welche Zusatzinformationen zum FV-Grundmodell hinzutreten (vgl. Abb. 1.4/1).

Die Beantwortung der Frage nach der Existenz eines konsistenten Schätzverfahrens für das FV-Modell führt auf die Frage nach der Identifizierbarkeit der Parameter des FV-Modells. In der Tat wird mit der Lösung des Identifikationsproblems geklärt, ob eine konsistente Schätzung der Parameter im FV-Modell *prinzipiell* möglich ist. Sind die Parameter nicht identifizierbar, dann erübrigt sich die Suche nach einem konsistenten Schätzverfahren. Erweisen sich andererseits die Parameter als identifizierbar, dann besteht auch begründete Aussicht, ein konsistentes Schätzverfahren zu finden. Meistens ergeben sich im Zuge des Nachweises der Identifizierbarkeit auch schon Hinweise, wie ein solches Schätzverfahren zu konstruieren ist.

2.1 Der Identifikationsbegriff im einfachen FV-Modell

Das Identifikationsproblem soll zunächst grob beschrieben werden:

Das FV-Modell beschreibt Beziehungen zwischen nicht direkt beobachtbaren (= latenten) Variablen, unbekannten Parametern und beobachtbaren Variablen. Durch die Werte der latenten Variablen und der Parameter werden die Werte der beobachtbaren Variablen eindeutig bestimmt. Die Frage ist, ob man umgekehrt aus den Beobachtungswerten in eindeutiger Weise auf die Parameter und eventuell auch auf weitere Charakteristika der latenten Variablen zurückschließen kann. In der Praxis stehen nur endlich viele Beobachtungen zur Verfügung. Man kann deshalb die Parameter nur schätzen und nicht eindeutig bestimmen. Nimmt man aber Idealbedingungen bezüglich der Beobachtungen an, z.B., daß die Wahrscheinlichkeitsverteilung der beobachtbaren Variablen bekannt ist oder eine unendlich große Stichprobe von Daten vorliegt, dann wird die Frage nach dem eindeutigen Rückschluß sinnvoll. Erweisen sich die Parameter als eindeutig bestimmbar, dann sind sie identifizierbar, andernfalls sind sie es nicht.

Man sieht, daß es — je nachdem, wie man die Idealbedingungen ansetzt — verschiedene Identifikationsbegriffe gibt. Es scheint in der Tat zweckmäßig zu sein, mit verschiedenen Identifikationsbegriffen zu arbeiten, je nachdem, wie das FV-Modell näher spezifiziert ist. Das Grundmodell läßt ja noch viele Möglichkeiten zu. Es legt nur die Beziehungen zwischen den Variablen in Form von linearen Gleichungen fest und bestimmt außerdem, welche Variablen stochastisch unabhängig sein sollen. Über die Wahrscheinlichkeitsverteilung der Fehlervariablen v, w und ε oder der latenten exogenen Variablen ξ wird dagegen nichts ausgesagt, wenn man von den Annahmen (F1) — (F2) einmal absieht. Hier können mannigfaltige zusätzliche Spezifikationen das Modell einschränken, ganz abgesehen von den Zusatzinformationen, durch die man das FV-Grundmodell erweitern kann (vgl. Abb. 1.4/1).

Da wir dem Problem der Parameteridentifikation im FV-Modell nicht so breiten Raum geben wollen wie der in Kap. 3 behandelten Parameterschätzung, beschränken wir uns in Kap. 2 weitgehend auf das *einfache* FV-Modell *i.e.S.* (Die Überlegungen und Ergebnisse können auf das multiple und multivariate FV-Modell übertragen werden, s. 2.5). Außerdem greifen wir unter den vielen Möglichkeiten der Feinspezifikation des einfachen FV-Modells den Sonderfall der *Strukturvariante* heraus. Wir setzen also bei der Untersuchung der Identifizierbarkeitsfrage voraus, daß die Variablen ξ_t — wie schon gemäß (F1) die Fehlervariablen ε_t, v_t und w_t — unabhängig identisch verteilt sind.

Für die Konzentration auf die Strukturvariante spricht, daß sich das Identifikationsproblem hier besonders einfach darstellt. Man argumentiert mit einem Identifikationsbegriff, der ganz auf Beziehungen zwischen Wahrscheinlichkeitsverteilungen abstellt. Außerdem kann man zeigen, daß mit der Lösung des Identifikationsproblems für die Strukturvariante die Frage der konsistenten Schätzbarkeit von Parametern nicht nur für die Strukturvariante, sondern auch für die Funktionalvariante beantwortet ist: Die Existenz eines konsistenten Schätzers für den Parameter β bei der Funktionalvariante ist genau dann gewährleistet, wenn β bei der Strukturvariante identifizierbar ist. Wir gehen auf diese Zusammenhänge in 2.4 noch ein [vgl. *Aigner* et al., 1983].

2.1.1 Die Strukturvariante des einfachen FV-Modells

a. Modellbeschreibung

Wir gehen also im folgenden von der *Strukturvariante* des einfachen FV-Modells i.e.S. aus, d.h. wir erweitern die Grundform des einfachen FV-Modells um die in 1.2.2c formulierte Annahme (SV). Die Existenz der Varianzen der Variablen ξ_t wollen wir voraussetzen. Die Erwartungswerte und Varianzen der ξ_t sind dann wegen (SV) vom Beobachtungsindex t unabhängig:

$$E(\xi_t) =: \mu_\xi, \quad V(\xi_t) =: \sigma_\xi^2, \qquad t = 1, \dots, T.$$

Aus den Annahmen (F1) und (SV) folgt, daß die Variablenvektoren $(\xi_t, v_t, w_t, \varepsilon_t)$ unabhängig identisch verteilt sind; $t = 1, \dots, T$. Daher darf der Index t bei der Modellbeschreibung auch fortgelassen werden. Anstelle von (1.1/1) können wir also kürzer schreiben:

$$\begin{aligned} \eta &= \alpha + \beta\xi + \varepsilon \\ y &= \eta + w \\ x &= \xi + v\,. \end{aligned} \qquad (1)$$

Auch die Annahmen (F2) — (F5) lassen sich einfacher formulieren:

(F2) $E(v) = E(w) = E(\varepsilon) = 0$
$V(v) = \sigma_v^2,\ V(w) = \sigma_w^2,\ V(\varepsilon) = \sigma_\varepsilon^2$;

(F3) (v, w, ε) ist von ξ stochastisch unabhängig;

(F4) (v, w) ist von ε stochastisch unabhängig;

(F5) v und w sind stochastisch unabhängig.

Zur weiteren Vereinfachung beschränken wir uns im folgenden fast durchweg auf den Fall $\varepsilon \equiv 0$. Aus (1) wird dann

$$\begin{aligned} \eta &= \alpha + \beta\xi \\ y &= \eta + w \\ x &= \xi + v. \end{aligned} \tag{2}$$

Die Annahme $\varepsilon \equiv 0$ stellt, wie in 1.1.1b ausgeführt, i.a. keine Beschränkung der Allgemeinheit dar, weil die Variablen w und ε empirisch meist gar nicht unterschieden werden können. Falls allerdings Zusatzinformationen zur Verfügung stehen, die eine solche Unterscheidung gestatten, dann lassen sich alle für den Fall $\varepsilon \equiv 0$ gültigen Resultate unmittelbar auf den Fall $\varepsilon \not\equiv 0$ übertragen. Man hat hierzu nur gemäß (1.1/3) in den noch abzuleitenden Identifikationsformeln w durch $\tilde{w} = w + \varepsilon$ zu ersetzen und die aus Annahme (F4) resultierende Beziehung $\sigma_{\tilde{w}}^2 = \sigma_w^2 + \sigma_\varepsilon^2$ zu beachten.

b. Die Strukturvariante für Modelle mit Querschnittsdaten

Ein Modell vom Typ des FV-Modells in der Strukturvariante kann vor allem bei der Analyse von Querschnittsdaten eine Rolle spielen.

Querschnittsdaten werden aufgrund von (Total- oder Teil-) Erhebungen einer vorgegebenen Grundgesamtheit gewonnen. Der Index t bedeutet in diesem Fall die Nummer der erhobenen Einheit in der Stichprobe und x_t, y_t sind die an der t-ten Einheit gemessenen Werte der Variablen x und y. Ähnlich sind ξ_t, η_t, ε_t, v_t und w_t zu interpretieren. Sofern die Indizes t den Einheiten zufällig zugeordnet werden, haben alle Modellvariablen eine von t unabhängige Verteilung.

In ökonometrischen Studien will man z.B. mit einer Querschnittsanalyse gewöhnlich keine Aussage über die konkret vorliegende endliche Grundgesamtheit machen, sondern einen allgemeinen Zusammenhang zwischen ökonomischen Variablen feststellen. Man faßt also die erhobene Gesamtheit als eine Zufallsstichprobe aus einer theoretischen, unendlichen Grundgesamtheit auf. Bei dieser Auffassung werden z.B. die x_t unabhängige Zufallsvariablen. Gleiches gilt für die anderen Variablen. Sämtliche Variablen sind dann unabhängig identisch verteilt für $t = 1, \ldots, T$, d.h., das Weglassen des Beobachtungsindexes hat hier seine Berechtigung.

Ein Beispiel für eine auf Querschnittsdaten beruhende ökonometrische Analyse wird in 2.3.2e vorgestellt.

Anders liegen die Verhältnisse bei der Analyse von Zeitreihendaten. Dort wird meist, zumindest in der exogenen Variablen, aber oft auch in den Fehlervariablen, eine Abhängigkeit zwischen verschiedenen Zeitpunkten zu beobachten sein oder eine Evolution der Variablen mit der Zeit, z.B. eine Trendentwicklung. Zur Beschreibung solcher Fälle ist das FV-Modell in seiner Strukturvariante nicht geeignet. Wir werden auf Zeitreihenmodelle noch in 3.7.1 eingehen.

2.1.2 Identifikationsbegriffe

Der Identifikationsbegriff kann allgemein für beliebige Modelle definiert werden [vgl. z.B. *Schneeweiß*, 1978]. Wir führen ihn hier, wie schon begründet, in einer auf die Strukturvariante des FV-Modells zugeschnittenen Form ein.

Aus (2) ist unmittelbar erkennbar, daß die Werte der beobachtbaren Variablen x und y eindeutig festgelegt sind, wenn neben α und β die Werte der latenten Variablen ξ, w und v bekannt sind.

Können wir umgekehrt bei Kenntnis eines Wertepaares (x, y) der empirischen Variablen in eindeutiger Weise auf die fünf Werte von α, β, ξ, v und w zurückschließen, die dieses Beobachtungspaar (x, y) erzeugen? Offensichtlich ist das nicht möglich: dazu wären fünf unbekannte Größen — α, β, ξ, v und w — aus den Gleichungen (2) zu bestimmen.

Nun wird uns allerdings nicht nur *ein* Wertepaar der empirischen Variablen zur Verfügung stehen, sondern eine Stichprobe $(x_1, y_1), \ldots, (x_T, y_T)$. Aus dieser könnte man zunächst die gemeinsame Wahrscheinlichkeitsverteilung der emprischen Variablen x und y näherungsweise bestimmen und dann mit dieser Kenntnis die Parameter α und β und evtl. weitere Charakteristika der Verteilungen von ξ, v und w zu ermitteln versuchen. Im (hypothetischen) Idealfall kennt man die Wahrscheinlichkeitsverteilung von (x, y) vollständig. Kann man wenigstens in diesem günstigsten Fall auf das Modell, d.h. auf Parameter und latente Variablen zurückschließen? Die Beantwortung dieser Frage ist gleichbedeutend mit der Lösung des Identifikationsproblems.

a. Identifizierbarkeit einer Modellstruktur

Die gemeinsame Wahrscheinlichkeitsverteilung der empirischen Variablen x und y aus (2) ist bei gegebenen Parameterwerten α und β durch die Wahrscheinlichkeitsverteilungen der latenten Variablen ξ, v und w eindeutig bestimmt. Das folgt aus der bereits festgestellten eindeutigen Bestimmtheit eines Wertepaares (x, y) durch einen Wertesatz $(\alpha, \beta, \xi, v, w)$. Die Wahrscheinlichkeitsverteilungen von ξ, v und w sind wiederum durch Verteilungsfunktionen F_ξ, F_v und F_w gekennzeichnet. Man nennt ein numerisch gegebenes Parameterpaar (α, β) zusammen mit numerisch gegebenen Verteilungsfunktionen F_ξ, F_v, F_w eine **Struktur** S des einfachen FV-Modells *i.e.S.*

$$S := (\alpha, \beta, F_\xi, F_v, F_w).$$

Jede Struktur S bestimmt also eindeutig eine gemeinsame Wahrscheinlichkeitsverteilung der Variablen x und y, die wir abkürzend mit P bezeichnen. Man sagt auch, *S induziere P*: $S \rightarrow P$.

Gibt es nun zu einer Struktur S eine zweite von ihr verschiedene Struktur S', die die gleiche gemeinsame Verteilung P der Variablen x und y induziert, dann ist S *nicht* identifizierbar. Ist umgekehrt S die einzige *Struktur*, die P induziert, dann ist S **identifizierbar**:

(a) (b)

Abb. 2.1/1: Nichtidentifizierbare und identifizierbare Struktur S

Im Falle (a) der Abb. 2.1/1 kann man aus der Kenntnis von P nicht auf die dahinterstehende Struktur zurückschließen, denn P kann genauso von S wie von S' erzeugt worden sein. Im Fall (b) ist die Struktur S durch P eindeutig bestimmt.

Anmerkung: Das Begriffspaar „Modell/Struktur" taucht innerhalb der Ökonometrie auch an anderen Stellen auf, so insbesondere bei der Diskussion des Identifikationsproblems im Zusammenhang mit interdependenten Modellen. Allgemein spricht man von einer **Struktur** eines Modells, wenn alle Parameter des Modells und alle Verteilungen der in dem Modell vorkommenden Zufallsvariablen numerisch festgelegt sind. Vgl. hierzu auch *Schneeweiß* [1978, Kap. 10].

A 2.1/1

Charakterisieren Sie die gemeinsame Verteilung von x und y für den Fall, daß ξ, v und w je zwei Werte mit Wahrscheinlichkeit 0,5 annehmen, und zwar ξ die Werte ξ_1 und ξ_2, v die Werte v' und $-v'$ und w die Werte w' und $-w'$.

A 2.1/2

Ein Modell (nicht unbedingt ein FV-Modell) umfasse genau 7 verschiedene Strukturen. Ihnen seien 4 verschiedene Wahrscheinlichkeitsverteilungen für beobachtbare Variablen wie folgt zugeordnet:

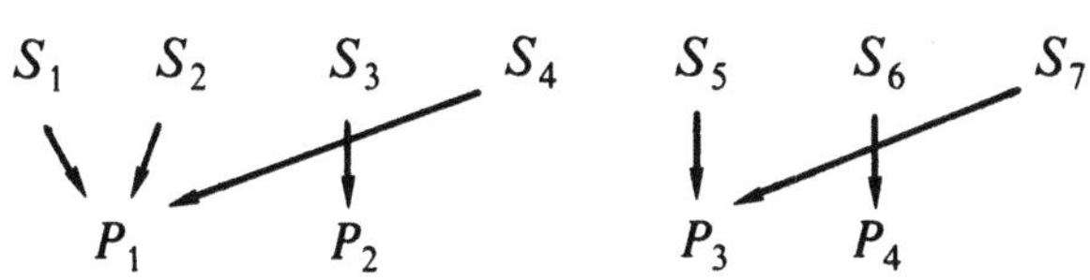

Welche Strukturen sind identifizierbar?

b. Identifizierbarkeit eines Modellparameters

Unser Interesse gilt beim einfachen FV-Modell primär dem Parameterpaar (α, β) und erst in zweiter Linie den Verteilungen von ξ, v und w. Bei letzteren reduziert sich das Interesse oft auch nur auf die Varianzen σ_ξ^2, σ_v^2 und σ_w^2, sofern diese existieren. Dies legt die Frage nahe, ob man von der gemeinsamen Wahrscheinlichkeitsverteilung P der empirischen Variablen wenigstens eindeutig auf das Parameterpaar (α, β) und evtl. noch auf die Varianzen σ_ξ^2, σ_v^2 und σ_w^2 zurückschließen kann.

Man nennt einen *Parameter* Θ des einfachen FV-Modells (z.B. α oder β oder auch μ_ξ, σ_ξ^2, σ_v^2, σ_w^2) **identifizierbar**, wenn je zwei Strukturen S' und S'', die dieselbe gemeinsame Wahrscheinlichkeitsverteilung P für x und y induzieren, im Wert dieses Parameters übereinstimmen. M.a.W., der Parameter Θ ist identifizierbar, wenn (für alle S', S'', P) aus $S' \rightarrow P$ und $S'' \rightarrow P$ immer folgt, daß $\Theta' = \Theta''$. Dabei sind Θ' und Θ'' die zu S' bzw. S'' gehörigen Parameterwerte von Θ:

$$\left\{\begin{array}{l} S' = (\alpha', \beta', F'_\xi, F'_v, F'_w) \searrow \\ \qquad\qquad\qquad\qquad\qquad\quad P \\ S'' = (\alpha'', \beta'', F''_\xi, F''_v, F''_w) \nearrow \end{array}\right\} \Rightarrow \Theta' = \Theta''$$

Abb. 2.1/2: Identifizierbarer Parameter Θ

Ist Θ in diesem Sinne identifizierbar, dann läßt sich aus der Kenntnis von P immer eindeutig auf den Wert von Θ zurückschließen, denn es gibt nur einen Wert von Θ, der die Verteilung P induziert haben kann. Verschiedene Werte von Θ induzieren, wenn Θ identifizierbar ist, notwendigerweise verschiedene Verteilungen P.

A 2.1/3

Zeigen Sie, daß in dem folgenden, aus 5 Strukturen bestehenden Modell der Parameter α identifizierbar ist. (Jeder Struktur S_i ist ein Parameterwert α_j zugeordnet, jede Struktur induziert eine Wahrscheinlichkeitsverteilung P_k beobachtbarer Variablen. Verschiedene Indizes bedeuten verschiedene Strukturen, verschiedene Parameterwerte bzw. verschiedene Wahrscheinlichkeitsverteilungen.)

$$\begin{array}{ccccc} S_1 \rightarrow \alpha_1 & S_2 \rightarrow \alpha_1 & S_3 \rightarrow \alpha_2 & S_4 \rightarrow \alpha_3 & S_5 \rightarrow \alpha_1 \\ \downarrow & \downarrow & \downarrow & \downarrow & \downarrow \\ P_1 & P_1 & P_2 & P_3 & P_4 \end{array}$$

Anleitung: Es ist nachzuweisen, daß jede Wahrscheinlichkeitsverteilung P_k eindeutig einen Parameterwert α_j bestimmt.

A 2.1/4

Ein ähnliches Modell sei wie folgt charakterisiert:

$$\begin{array}{ccccc} S_1 \rightarrow \alpha_1 & S_2 \rightarrow \alpha_2 & S_3 \rightarrow \alpha_2 & S_4 \rightarrow \alpha_3 & S_5 \rightarrow \alpha_3 \\ \downarrow & \downarrow & \downarrow & \downarrow & \downarrow \\ P_1 & P_2 & P_1 & P_3 & P_4 \end{array}$$

Ist der Parameter α identifizierbar?

c. M_2-*Identifizierbarkeit eines Modellparameters*

Bisher wurde noch nicht geklärt, ob die Parameter α und β des Systems (2) in dem in Abb. 2.1/1 veranschaulichten Sinne identifizierbar sind. Diese Frage ist in der Tat in dieser Allgemeinheit schwer zu beantworten. Wir wollen daher noch einen etwas enger gefaßten Identifikationsbegriff einführen und die Frage bez. dieses neuen Identifikationsbegriffs untersuchen.

Wir haben einen Parameter des einfachen FV-Modells als identifizierbar bezeichnet, wenn aus der Kenntnis der gemeinsamen Verteilung P der empirischen Variablen in eindeutiger Weise auf den Wert dieses Parameters zurückgeschlossen werden konnte. Einfacher und vom praktischen Standpunkt gesehen relevanter ist die Frage, ob der Wert des betreffenden Parameters schon bei Kenntnis einiger wichtiger Charakteristika der Verteilung P bestimmbar ist.

Hier kämen vor allem die Erwartungswerte $\mu_x := E(x)$ und $\mu_y := E(y)$ in Betracht, ferner die Varianzen σ_x^2 und σ_y^2 sowie die Kovarianz σ_{xy}, also die theoretischen Momente erster und zweiter Ordnung von x und y.

Man nennt allgemein einen Parameter des einfachen FV-Modells (also z.B. α, β, σ_v^2 oder σ_w^2) M_n**-identifizierbar**, wenn je zwei Strukturen S' und S'', die Verteilungen P' und P'' mit übereinstimmenden Momenten bis zur Ordnung n induzieren, auch im Wert dieses Parameters übereinstimmen. Die einschränkende Bezeichnung „M_n-Identifizierbarkeit" soll andeuten, daß zur Identifizierung Momente bis zur n-ten Ordnung benutzt werden.

Speziell ist ein Parameter Θ demnach M_2**-identifizierbar**, wenn (für alle S', S'', P', P'') gilt:

$$\left\{ S' \rightarrow P',\ S'' \rightarrow P'',\ \underbrace{(\mu'_x, \mu'_y, \sigma'_x, \sigma'_y, \sigma'_{xy})}_{\text{Momente 1. und 2. Ordnung von } P'} = \underbrace{(\mu''_x, \mu''_y, \sigma''_x, \sigma''_y, \sigma''_{xy})}_{\text{Momente 1. und 2. Ordnung von } P''} \right\} \Rightarrow \Theta' = \Theta''$$

Abb. 2.1/3: M_2-identifizierbarer Parameter Θ

In diesem Fall kann aus der Kenntnis der theoretischen Momente erster und zweiter Ordnung μ_x, μ_y, σ_x^2, σ_y^2 und σ_{xy} eindeutig auf den Parameterwert Θ zurück-

geschlossen werden; d.h. Θ ist eine Funktion dieser Momente:
$\Theta = \varphi(\mu_x, \mu_y, \sigma_x^2, \sigma_y^2, \sigma_{xy})$.

Wir nennen einen Parameter insbesondere **stetig M_2-identifizierbar**, wenn die Funktion, die den Zusammenhang zwischen dem Momentensatz $(\mu_x, \mu_y, \sigma_x^2, \sigma_y^2, \sigma_{xy})$ und dem Parameter vermittelt, stetig ist.

Ist ein Parameter *nicht* M_2-identifizierbar, dann gibt es zumindest *eine* Kombination von theoretischen Momenten erster und zweiter Ordnung der beobachtbaren Variablen, die mit mehr als einem Wert des betreffenden Parameters verträglich ist; der Parameter ist also in diesem Falle nicht als Funktion dieser Momente darstellbar.

Bei alledem ist natürlich vorauszusetzen, daß die Momente erster und zweiter Ordnung existieren.

Anmerkung: Offensichtlich impliziert M_2-Identifizierbarkeit eines Parameters Θ auch dessen Identifizierbarkeit, während die Umkehrung i.a. nicht gilt.

Die Umkehrung gilt aber z.B. bei der Strukturvariante, wenn alle Modellvariablen normalverteilt sind. Die Verteilung gemeinsam normalverteilter Variablen sind ja schon durch die Momente erster und zweiter Ordnung vollständig determiniert.

A 2.1/5

Ein FV-Modell sei durch Zusatzrestriktionen derart eingeschränkt, daß es nur 3 Strukturen $S_1 - S_3$ zuläßt. Ihnen sind Wahrscheinlichkeitsverteilungen $P_1 - P_3$ der empirischen Variablen zugeordnet, die Momente erster und zweiter Ordnung wie folgt besitzen:

$$S_1 = (\alpha_1, \beta_1, F_\xi^1, F_v^1, F_w^1) \rightarrow P_1 \searrow$$
$$\qquad (\mu_x, \mu_y, \sigma_x, \sigma_y, \sigma_{xy})$$
$$S_2 = (\alpha_2, \beta_1, F_\xi^2, F_v^1, F_w^1) \rightarrow P_2 \nearrow$$
$$S_3 = (\alpha_3, \beta_2, F_\xi^3, F_v^1, F_w^1) \rightarrow P_3 \quad \rightarrow (\mu_x, \mu_y, \sigma_x', \sigma_y', \sigma_{xy}').$$

Sind die Parameter α und β M_2-identifizierbar? Begründen Sie Ihre Antwort.

2.2 Identifikation im einfachen FV-Modell ohne Zusatzinformation

2.2.1 Momentengleichungssystem für die empirischen Variablen

Wir leiten im folgenden für die Strukturvariante des einfachen FV-Modells *i.e.S.* ein Gleichungssystem ab, das die Momente erster und zweiter Ordnung der empirischen Variablen x und y mit den Modellparametern verbindet. Anhand dieses Systems kann man unmittelbar erkennen, daß die Modellparameter bei Fehlen geeigneter Zusatzinformation nicht M_2-identifizierbar sind.

a. Ableitung des Momentengleichungssystems
Aus den Modellgleichungen und den Annahmen (F2) — (F5) leitet man mit $\mu_\xi := E(\xi)$ und $\mu_\eta := E(\eta)$ die nachstehende Zerlegung des Erwartungswertvektors und der Kovarianzmatrix der beobachtbaren Variablen ab:

$$\begin{pmatrix} \mu_y \\ \mu_x \end{pmatrix} = \begin{pmatrix} \mu_\eta \\ \mu_\xi \end{pmatrix}$$

$$\begin{pmatrix} \sigma_y^2 & \sigma_{xy} \\ \sigma_{xy} & \sigma_x^2 \end{pmatrix} = \begin{pmatrix} \sigma_\eta^2 & \sigma_{\xi\eta} \\ \sigma_{\xi\eta} & \sigma_\xi^2 \end{pmatrix} + \begin{pmatrix} \sigma_w^2 & 0 \\ 0 & \sigma_v^2 \end{pmatrix}. \tag{1}$$

Berücksichtigt man die aus (2.1/2) folgenden Beziehungen $\mu_\eta = \alpha + \beta\,\mu_\xi$, $\sigma_{\xi\eta} = \beta\,\sigma_\xi^2$ und $\sigma_\eta^2 = \beta^2\,\sigma_\xi^2$, so hat man in skalarer Notation das **Momentengleichungssystem**

$$\begin{aligned} \mu_x &= \mu_\xi \\ \mu_y &= \alpha + \beta\,\mu_\xi \\ \sigma_x^2 &= \sigma_\xi^2 + \sigma_v^2 \\ \sigma_y^2 &= \beta^2\,\sigma_\xi^2 + \sigma_w^2 \\ \sigma_{xy} &= \beta\,\sigma_\xi^2. \end{aligned} \tag{2}$$

Wir nennen die Gleichungen (2) auch kurz **Momentengleichungen.**

Anmerkung: Wenn man Annahme (SV) aufgibt und entsprechend die auf die Strukturvariante zugeschnittene Zusatzannahme (A′) durch die in 1.2.2c wiedergegebene allgemeinere Fassung (A) ersetzt, kann man ein (2) verallgemeinerndes System für die asymptotischen Momente der empirischen Variablen ableiten (vgl. (3.1/19)).

A 2.2/1

Wie ist das Momentengleichungssystem (2) zu modifizieren, wenn das einfache FV-Modell *i.w.S.* zugrunde gelegt wird?

b. Lösbarkeit des Momentengleichungssystems
Man ersieht aus (2), daß die genannten sechs Modellparameter die theoretischen Momente erster und zweiter Ordnung von x und y eindeutig bestimmen.

Kann man aber umgekehrt bei gegebenem Momentensatz $(\mu_x, \mu_y, \sigma_x^2, \sigma_y^2, \sigma_{xy})$ in eindeutiger Weise auf einen Parameterwertesatz $(\alpha, \beta, \mu_\xi, \sigma_\xi^2, \sigma_v^2, \sigma_w^2)$ zurückschließen? Das ist offenbar nicht möglich, denn für die sechs Parameter stehen nach (2) nur fünf Bestimmungsgleichungen zur Verfügung.

Können aber wenigstens die uns hauptsächlich interessierenden Parameter α und β aus den Gleichungen (2) eindeutig bestimmt werden, wenn die Momente erster und zweiter Ordnung von x und y bekannt sind? Auch diese Frage ist zu verneinen, denn man kann in diesem Falle einen beliebigen Wert für α oder β in das System (2) einsetzen und dann jeweils eindeutig nach den restlichen fünf Parametern auflösen. Die Parameter α und β sind also nicht M_2-identifizierbar. Das gleiche gilt offenbar auch für σ^2_ξ, σ^2_v und σ^2_w. M_2-identifizierbar und damit auch identifizierbar im allgemeineren Sinne ist lediglich der Parameter μ_ξ, der ja gemäß (2a) schon durch μ_x eindeutig festgelegt ist.

Wir fassen dieses Ergebnis in Form eines Satzes zusammen:

▷ **Satz 2.2/1**

Die Parameter $\alpha, \beta, \sigma^2_v, \sigma^2_w$ und σ^2_ξ des einfachen FV-Modells in der Strukturvariante sind bei Fehlen von Zusatzinformationen nicht M_2-identifizierbar, d.h., sie lassen sich nicht aus den Momenten $\mu_x, \mu_y, \sigma^2_x, \sigma^2_y$ und σ_{xy} der beobachtbaren Variablen allein bestimmen.

Satz 2.2/1 gilt auch für das FV-Modell *i.w.S.*; hier stehen den fünf empirischen Momenten in (2) ja sogar sieben statt sechs Modellparameter gegenüber, weil im FV-Modell i.w.S. die Kovarianz σ_{vw} als weiterer Parameter hinzutritt (vgl. L 2.2/1).

A 2.2/2

a. Wie ist (2) zu modifizieren, wenn man nicht von den Modellgleichungen (2.1/2), sondern von (2.1/1) mit $\varepsilon \neq 0$ ausgeht?
b. Welche Aussage über die Identifizierbarkeit der Modellparameter $\alpha, \beta, \mu_\xi, \sigma^2_\xi$, σ^2_v, σ^2_w und σ^2_ε läßt sich aus dem modifizierten Momentengleichungssystem ableiten?

A 2.2/3

a. Bestimmen Sie $\alpha, \sigma^2_\xi, \sigma^2_v$ und σ^2_w aus (2) bei gegebenem Wert für β.
b. Welche Identifikationsbeziehungen ergeben sich aus (2) für $\beta, \mu_\xi, \sigma^2_v$ und σ^2_w im Falle $\alpha = 0$?

2.2.2 Restriktionen für die Modellparameter

a. Restriktionen für den Parameter β

Wir haben festgestellt, daß sich bei gegebenem Momentensatz $(\mu_x, \mu_y, \sigma^2_x, \sigma^2_y, \sigma_{xy})$ und beliebig vorgegebenem Wert β für die restlichen fünf Parameter stets aus (2) ein eindeutig bestimmter Wertesatz $(\alpha, \mu_\xi, \sigma^2_\xi, \sigma^2_v, \sigma^2_w)$ errechnen ließe (vgl. A 2.2/3). Ganz willkürlich kann β allerdings nicht gewählt werden. Es sind sicher nur solche Werte für β sinnvoll, bei denen sich nichtnegative Varianzen σ^2_ξ, σ^2_v und σ^2_w ergeben. Aus $\sigma^2_\xi \geq 0$ und (2e) folgt aber, daß β und σ_{xy} das gleiche Vorzeichen (Signum) besitzen müssen:

$$\operatorname{sgn} \beta = \operatorname{sgn} \sigma_{xy}. \tag{3}$$

Eine weitere Restriktion für β ergibt sich aus $\sigma_v^2 \geq 0$ bzw. $\sigma_w^2 \geq 0$ und (2c, d). Danach muß nämlich

$$\sigma_\xi^2 \leq \sigma_x^2, \qquad \beta^2 \sigma_\xi^2 \leq \sigma_y^2$$

gelten. Multipliziert man die erste dieser Ungleichungen mit $|\beta|$ und ersetzt dann gemäß (2e) in beiden Ungleichungen $|\beta|\sigma_\xi^2$ durch $|\sigma_{xy}|$, so erhält man

$$|\sigma_{xy}| \leq |\beta|\, \sigma_x^2, \qquad |\beta|\, |\sigma_{xy}| \leq \sigma_y^2.$$

Wir wollen voraussetzen, daß σ_x^2 und σ_{xy} von Null verschieden sind – damit schließen wir lediglich ein degeneriertes FV-Modell aus. Unter dieser Voraussetzung können wir die letzten Ungleichungen durch σ_x^2 resp. σ_{xy} dividieren. Man erhält dann für $|\beta|$ die nicht weiter verschärfbare Abschätzung

$$\frac{|\sigma_{xy}|}{\sigma_x^2} \leq |\beta| \leq \frac{\sigma_y^2}{|\sigma_{xy}|}. \tag{4}$$

Man erkennt aus (3, 4), daß es trotz der prinzipiell nicht gegebenen M_2-Identifizierbarkeit von β doch Fälle geben kann, in denen dieser Parameter auf ein so kleines Intervall eingeschränkt ist, daß man ihn vom praktischen Standpunkt aus als nahezu identifizierbar ansehen kann. In anderen Fällen ist das Intervall, in dem β liegen muß, allerdings sehr groß, so daß β aus den Beobachtungsdaten (x, y) allein, d.h. ohne zusätzliche Information, nicht einmal näherungsweise bestimmt werden kann.

Anmerkung: Die Ungleichungen (4) waren schon *Gini* [1921] bekannt. *R. Frisch* [1934] hat wohl als erster auf ihre Bedeutung für die Ökonometrie hingewiesen. Er schlug u.a. vor, β durch das geometrische Mittel der beiden Schranken zu schätzen. *Kalman* [1983] betrachtet die Ungleichung (4) unter systemtheoretischen Aspekten.

Eine Verallgemeinerung von (4) auf den Fall einer multiplen Regression wird in 2.5.1c dargestellt.

A 2.2/4

Welche zu (3) analoge Restriktion für β läßt sich aus dem Momentengleichungssystem für das einfache FV-Modell *i.w.S.* (vgl. L 2.2/1) ableiten, wenn $\varkappa := \sigma_{vw}/\sigma_v^2$ als bekannt vorausgesetzt wird?

A 2.2/5

a. Wie ist (4) in den Fällen $\sigma_{xy} = 0$ und $\sigma_x^2 = 0$ abzuändern?
b. Formulieren Sie (4) unter Beachtung von (3) auch ohne Betragsstriche. Unterscheiden Sie dabei die Möglichkeiten $\sigma_{xy} > 0$ und $\sigma_{xy} < 0$.

A 2.2/6

a. Formen Sie die in (4) angegebenen Schranken für $|\beta|$ so um, daß der Korrelationskoeffizient $\varrho_{xy} = \sigma_{xy}/(\sigma_x\, \sigma_y)$ anstelle der Kovarianz σ_{xy} erscheint.

b. Geben Sie eine notwendige und hinreichende Bedingung dafür an, daß (4) für β zu einem Punkt degeneriert. Zu welchem Punkt degeneriert das Intervall (4) dann?
c. Welche Werte besitzen σ_v^2 und σ_w^2, wenn (4) zu einem Punkt degeneriert?

b. Restriktionen für die Fehlervarianzen
Für die Fehlervarianz σ_w^2 folgt aus (2d, e)

$$\sigma_w^2 = \sigma_y^2 - \beta\,\sigma_{xy},$$

wofür wir wegen (3) auch schreiben können

$$\sigma_w^2 = \sigma_y^2 - |\beta||\sigma_{xy}|.$$

Mit dem linken Teil der Ungleichungskette (4) wird daraus

$$\sigma_w^2 \leq \sigma_y^2 - \frac{\sigma_{xy}^2}{\sigma_x^2}.$$

oder, wenn wir den Korrelationkoeffizienten $\varrho_{xy} = \sigma_{xy}/(\sigma_x\,\sigma_y)$ einführen,

$$\sigma_w^2 \leq \sigma_y^2\,(1 - \varrho_{xy}^2). \tag{5}$$

Der rechte Teil von (4) führt nur zu der trivialen Abschätzung $\sigma_w^2 \geq 0$.
Aus Symmetriegründen (vgl. (2.1/2)) gilt entsprechend auch

$$\sigma_v^2 \leq \sigma_x^2\,(1 - \varrho_{xy}^2). \tag{6}$$

Anmerkung: Auf die in (5) angegebene obere Schranke für σ_w^2 hat schon *Wald* [1940] hingewiesen. Man beachte, daß diese Schranke im Falle normalverteilter Variablen x und y genau der Residualvarianz $V(y|x)$ einer Regression von y auf x entspricht.
Die Abschätzungen (5) und (6) lassen sich im übrigen nicht verschärfen.

A 2.2/7

Leiten Sie (6) aus (2) und (4) her.

A 2.2/8

Leiten Sie für σ_ξ^2 die Abschätzung $\sigma_x^2\,\varrho_{xy}^2 \leq \sigma_\xi^2 \leq \sigma_x^2$ her.

2.3 Identifikation im einfachen FV-Modell mit Zusatzinformation

Wir haben festgestellt, daß die Parameter α, β, μ_ξ, σ_ξ^2, σ_v^2 und σ_w^2 des einfachen FV-Modells i.e.S. mit $\varepsilon \equiv 0$ (Strukturvariante) mit Ausnahme von μ_ξ nicht M_2-identifizierbar sind, weil das System (2.2/2), aus dem die sechs Parameter zu bestimmen sind, nur fünf Gleichungen umfaßt. Es fehlt also genau eine Bestimmungsgleichung. Dieser Mangel kann durch geeignete Zusatzinformationen beseitigt werden (vgl.

Abb 1.4/1). Kennt man z.B. a priori einen der Parameter α, β, σ^2_ξ, σ^2_v und σ^2_w, dann lassen sich die restlichen Parameter aus (2.2/2) eindeutig bestimmen (vgl. A 2.2/3), d.h. die Modellparameter sind M_2-identifizierbar. Verfügt man über mehr Zusatzinformation als zur Bestimmung der Modellparameter erforderlich ist, so ist das FV-Modell **überidentifiziert**. Überidentifikation ist z.B. gegeben, wenn zwei oder mehr der genannten Parameter a priori bekannt sind.

2.3.1 Informationen über die Fehlervarianzen

a. Kenntnis einer Fehlervarianz

Denkbar ist der Fall, daß eine der Fehlervarianzen σ^2_v oder σ^2_w bekannt ist. Kennt man z.B. σ^2_v, so läßt sich sofort σ^2_ξ aus (2.2/2c), danach β aus (2.2/2e), schließlich α aus (2.2/2a, b) und σ^2_w aus (2.2/2d) bestimmen. Für β erhält man

$$\beta = \frac{\sigma_{xy}}{\sigma^2_x - \sigma^2_v}. \tag{1}$$

Der Parameter β ist also M_2-identifizierbar und damit auch identifizierbar im weiteren Sinne. Gleiches gilt für die Parameter α, σ^2_ξ und σ^2_w.

Identifizierbarkeit der Modellparameter ist entsprechend auch bei Kenntnis von σ^2_w gewährleistet. Für β erhält man die Identifikationsformel

$$\beta = \frac{\sigma^2_y - \sigma^2_w}{\sigma_{xy}}. \tag{2}$$

A 2.3/1

Bei bekannter Varianz σ^2_v kann β gemäß (1) berechnet werden. Wie lauten die entsprechenden Formeln für die Parameter

a. σ^2_ξ b. σ^2_w c. α ?

A 2.3/2

Berechnen Sie β aus dem System (2.2/2), wenn

a. σ^2_w / σ^2_y b. $\sigma^2_v / \sigma^2_\xi$ c. σ^2_v / σ^2_x

als bekannt vorausgesetzt werden.

A 2.3/3

a. Zeigen Sie, daß sich für β aus dem Momentengleichungssystem für das einfache FV-Modell *i.w.S.* (s. L 2.2/1) die (1) verallgemeinernde Identifikationsformel $\beta = (\sigma_{xy} - \sigma_{vw})/(\sigma^2_x - \sigma^2_v)$ gewinnen läßt, wenn neben σ^2_v auch σ_{vw} bekannt ist.
b. Wie ändert sich diese Identifikationsformel, wenn man nicht von den Modellgleichungen (2.1/2), sondern von (2.1/1) mit $\varepsilon \neq 0$ ausgeht (vgl. auch L 2.2/2)?

b. Kenntnis des Quotienten zweier Fehlervarianzen

In 1.4.1a wurde der Fall diskutiert, daß das einfache FV-Modell um die Zusatzinformation „Kenntnis des Quotienten σ_w^2/σ_v^2" erweitert ist. In dieser Situation lassen sich alle Modellparameter identifizieren. Um dies für β zu zeigen, ersetzen wir σ_ξ^2 in (2.2/2c, d) durch σ_{xy}/β (vgl. (2.2/2e)) und lösen nach σ_w^2 bzw. σ_v^2 auf:

$$\sigma_w^2 = \sigma_y^2 - \beta\,\sigma_{xy}, \qquad \sigma_v^2 = \sigma_x^2 - \frac{\sigma_{xy}}{\beta}.$$

Hieraus folgt, wenn man noch $\lambda := \sigma_w^2/\sigma_v^2$ setzt,

$$\sigma_y^2 - \beta\,\sigma_{xy} = \lambda\left(\sigma_x^2 - \frac{\sigma_{xy}}{\beta}\right).$$

Durch Multiplikation mit β und anschließende Umordnung erhält man eine in β quadratische Gleichung:

$$\sigma_{xy}\,\beta^2 - (\sigma_y^2 - \lambda\,\sigma_x^2)\,\beta - \lambda\,\sigma_{xy} = 0. \tag{3}$$

Die Lösungen dieser Gleichung sind

$$\beta_{1,2} = \frac{\sigma_y^2 - \lambda\,\sigma_x^2}{2\,\sigma_{xy}} \pm \sqrt{\lambda + \left(\frac{\sigma_y^2 - \lambda\,\sigma_x^2}{2\,\sigma_{xy}}\right)^2}.$$

Man erhält also zunächst scheinbar zwei verschiedene Werte für β. Wegen der Vorzeichenbedingung (2.2/3) ist β jedoch eindeutig bestimmt:

Da $\lambda > 0$ ist, ist die Wurzel immer größer als der Betrag des vor ihr stehenden Ausdrucks. Man überlegt sich leicht, daß β_1 (Pluszeichen vor der Wurzel) deshalb immer positiv, β_2 hingegen immer negativ sein muß. Wegen (2.2/3) steht genau dann das Pluszeichen vor der Wurzel, wenn σ_{xy} positiv ist. Es ist also

$$\beta = \begin{cases} \beta_1, \text{ wenn } \sigma_{xy} > 0 \\ \beta_2, \text{ wenn } \sigma_{xy} < 0\,. \end{cases}$$

Die eindeutig bestimmte Lösung β der Gleichung (3) ist daher gegeben durch

$$\beta = \frac{\sigma_y^2 - \lambda\,\sigma_x^2}{2\,\sigma_{xy}} + (\operatorname{sgn}\sigma_{xy})\sqrt{\lambda + \left(\frac{\sigma_y^2 - \lambda\,\sigma_x^2}{2\,\sigma_{xy}}\right)^2}. \tag{4}$$

Äquivalent ist die Darstellung

$$\beta = \frac{1}{2\,\sigma_{xy}}\left[(\sigma_y^2 - \lambda\,\sigma_x^2) + \sqrt{4\,\lambda\,\sigma_{xy}^2 + (\sigma_y^2 - \lambda\,\sigma_x^2)^2}\,\right]. \tag{5}$$

A 2.3/4

Zeigen Sie, daß sich für β aus dem Momentengleichungssystem für das einfache FV-Modell *i.w.S.* (s. L 2.2/1) mit $\varkappa := \sigma_{vw}/\sigma_v^2$ die (5) verallgemeinernde Identifikationsformel

$$\beta = \frac{1}{2A}\left(C + \sqrt{4AB + C^2}\right)$$

$$A := \sigma_{xy} - \varkappa\,\sigma_x^2, \qquad B := \lambda\,\sigma_{xy} - \varkappa\,\sigma_y^2, \qquad C := \sigma_y^2 - \lambda\,\sigma_x^2$$

ableiten läßt.

A 2.3/5

a. Beweisen Sie die Äquivalenz von (4) und (5).
b. Offenbar gelten die Formeln (4) und (5) nur für $\sigma_{xy} \neq 0$. Wie bestimmt sich β im Fall $\sigma_{xy} = 0$? (Es sei vorausgesetzt, daß $\lambda \neq \sigma_y^2/\sigma_x^2$.)
   Welche Werte ergeben sich dann für die Parameter α, σ_v^2 und σ_ξ^2?

c. Kenntnis zweier Fehlervarianzen

Kennt man nicht nur den Quotienten σ_w^2/σ_v^2, sondern sogar σ_w^2 und σ_v^2 selbst, so hat man offensichtlich mehr Information als zur M_2-Identifizierbarkeit der übrigen Parameter benötigt wird. Man kann dann β und damit auch die übrigen Modellparameter nach dem in 2.3.1a oder 2.3.1b beschriebenen Verfahren bestimmen.

Insbesondere gelten für den Parameter β die Identifikationsformeln (1) und (5). Das bedeutet, daß die Momente σ_x^2, σ_{xy} und σ_y^2 der empirischen Variablen bei Kenntnis von σ_w^2 und σ_v^2 der Restriktion unterliegen, die sich bei Gleichsetzung der rechten Seiten von (1) und (5) ergibt. Diese Restriktion ist eine Folge der hier vorliegenden Überidentifikation.

d. Beispiel aus der Ökonometrie: Identifikation und Schätzung von Friedmans Modell

① *Verfahren von Tintner (Zeitreihendaten)*

In Beispiel ① aus 1.2.2e wurde dargelegt, daß sich das Friedmansche Permanent-Income-Modell als ein spezielles FV-Modell interpretieren läßt (vgl. Tab. 1.2/2). Es handelt sich jedoch um ein FV-Modell, bei dem α bekannt ist ($\alpha = 0$) und dessen Parameter daher identifizierbar sind (vgl. A 2.2/3b). Wird dort jedoch die Annahme $\alpha = 0$ fallengelassen, so erhält man ein FV-Modell, dessen Parameter bei Fehlen von Zusatzinformationen nicht identifizierbar, also auch nicht schätzbar sind.

Tintner [1946] zeigt, wie man beim Modell von Friedman im Falle $\alpha \neq 0$ zu Informationen über die Fehlervarianzen und damit auch zu einer Schätzung der Modellparameter kommen kann. Er geht davon aus, daß das permanente Einkommen Y^P eine nichtstochastische Variable repräsentiert, d.h. er spezifiziert das Friedmansche Modell als ein FV-Modell in der *Funktionalvariante* (Zeitreihenmodell).

Er nimmt ferner an, daß das permanente Einkommen $\xi = Y^P$ und der permanente Konsum $\eta = C^P$ je durch einen Polynomtrend hinreichend genau approximierbar sind, z.B. ξ_t durch $\xi_t = a_0 + a_1 t + a_2 t^2 + a_3 t^3$ (Polynom dritten Grades). Den Polynomgrad bestimmt Tintner nach der **Variate-Difference-Methode** [vgl. *Tintner*, 1940]. Anschließend wird je eine Trendregression für x_t bzw. y_t eingeführt, also z.B. $x_t = a_0 + a_1 t + a_2 t^2 + a_3 t^3 + v_t$. Die KQ-Residuen dieser beiden Trendregressionen sind Schätzungen für v_t resp. w_t; die Residualvarianzen sind entsprechend als Schätzungen für σ_v^2 und σ_w^2 anzusehen.[1)]

Man kann den Parameter β der Friedmanschen Konsumtheorie (1.2/13) dann durch einfache Modifikation der Identifikationsformel (5) schätzen. Man hat nur bei der Berechnung von $\lambda = \sigma_w^2 / \sigma_v^2$ die Fehlervarianzen durch ihre Schätzwerte und die theoretischen Momente σ_x^2, σ_y^2 und σ_{xy} durch die entsprechenden empirischen Momente s_x^2, s_y^2 und s_{xy} zu ersetzen (vgl. auch 3.3.2a und 3.5.2e).

Tintner [1944] wendet das Verfahren zur Schätzung einer Nachfragefunktion nach landwirtschaftlichen Gütern wie auch zur Schätzung von Angebots- und Produktionsfunktionen an.

② *Verfahren von Friedman (Querschnittsdaten)*

Friedman [1957] liefert ein Beipiel dafür, daß gelegentlich auch σ_ξ^2 als identifizierende Zusatzinformation vorgegeben sein kann.

Die Kenntnis von σ_ξ^2 ist wegen $\sigma_x^2 = \sigma_\xi^2 + \sigma_v^2$ gleichbedeutend mit der Kenntnis von σ_v^2, weil σ_x^2 als bekannt anzusehen ist. Aus diesem Grund haben wir den Fall, daß σ_ξ^2 a priori bekannt ist, nicht gesondert in die Liste der Zusatzinformationen aufgenommen (vgl. Abb. 1.4/1).

Wie schon in 1.3.2b geschildert, hat Friedman seine Permanent-Income-Hypothese u.a. anhand von Querschnittsdaten überprüft und mit Hilfe dieser Daten die marginale Grenzneigung β des Konsums zum permanenten Einkommen ermittelt (s. Abb. 1.3/6).

Weniger, um eine neue Schätzung für β zu gewinnen, als vielmehr zur weiteren Stützung seiner Theorie hat Friedman versucht, die Varianz σ_ξ^2 des permanenten Einkommens $\xi = Y^P$ zu bestimmen. Bei Kenntnis von σ_ξ^2 bot sich ihm dann die Möglichkeit, seine Hypothese anhand der Identifikationsformel (1) zu testen. Die Beziehung (1) ist ja wegen $\sigma_x^2 = \sigma_\xi^2 + \sigma_v^2$ äquivalent mit

$$\beta = \frac{\sigma_{xy}}{\sigma_\xi^2}. \tag{6}$$

[1)] Die Fehlervarianzen σ_v^2 und σ_w^2 lassen sich nach der Variate-Difference-Methode auch direkt, ohne den Umweg über eine Trendberechnung, schätzen — so auch Tintners Vorschlag. Allerdings erhält man dabei andere Schätzungen als nach der KQ-Methode.

Zur Bestimmung der Varianz σ_ξ^2 sind Zusatzannahmen erforderlich. Wir wollen hier vereinfachend annehmen, daß das permanente Einkommen ξ_i des Haushalts i-($i = 1, \ldots, N$) über eine Zeitspanne von z.B. zwei Jahren konstant bleibt, während das transitorische Einkommen v_i in dieser Zeitspanne stochastisch variiert.[1] Genauer: Bezeichnen wir mit $\xi_i^{(1)}$ und $\xi_i^{(2)}$ bzw. $v_i^{(1)}$ und $v_i^{(2)}$ die Werte von ξ_i bzw. v_i für zwei um zwei Jahre auseinanderliegende Perioden, dann soll einerseits $\xi_i^{(1)} = \xi_i^{(2)} =: \xi_i$ sein, andererseits sollen $v_i^{(1)}$ und $v_i^{(2)}$ unabhängig identisch verteilte Zufallsvariablen mit Erwartungswert Null und konstanter Varianz σ_v^2 darstellen. Außerdem sollen, wie schon früher angenommen, sämtliche Variablen in jeder Periode $t = 1, 2$ über die Haushalte i hinweg unabhängig identisch verteilt sein. Aufgrund dieser letzten Voraussetzung ist Friedmans Modell hier als FV-Modell in der *Strukturvariante* spezifiziert (Querschnittsdatenmodell).

Wird nun das Einkommen $x_i^{(t)}$ des Haushalts i zu den beiden um zwei Jahre auseinanderliegenden Perioden $t = 1, 2$ gemessen, dann gilt für die Kovarianz zwischen $x_i^{(1)} = \xi_i + v_i^{(1)}$ und $x_i^{(2)} = \xi_i + v_i^{(2)}$:

$$\begin{aligned} C(x_i^{(1)}, x_i^{(2)}) &= V(\xi_i) + C(\xi_i, v_i^{(1)}) + C(\xi_i, v_i^{(2)}) + C(v_i^{(1)}, v_i^{(2)}) \\ &= V(\xi_i) \qquad i = 1, \ldots, N. \end{aligned}$$

Da alle ξ_i die gleiche Verteilung mit Varianz σ_ξ^2 haben, folgt:

$$C(x_i^{(1)}, x_i^{(2)}) = \sigma_\xi^2 \qquad i = 1, \ldots, N. \tag{7}$$

Die theoretische Kovarianz kann durch die empirische Kovarianz zwischen $x_i^{(1)}$ und $x_i^{(2)}$ geschätzt werden. Wir erhalten also eine konsistente Schätzung für σ_ξ^2, wenn wir innerhalb einer Grundgesamtheit von N Haushalten die empirische Kovarianz $s_{x^{(1)}x^{(2)}}$ der in zwei verschiedenen Perioden gemessenen Einkommen $x_i^{(1)}$ und $x_i^{(2)}$ der Haushalte i ($i = 1, \ldots, N$) berechnen. Der Parameter β läßt sich dann gemäß der Identifikationsformel (6) schätzen. Man hat dort nur σ_{xy} und σ_ξ^2 durch s_{xy} resp. $s_{x^{(1)}x^{(2)}}$ zu ersetzen.

Friedman fand bei der auf diese Weise vorgenommenen Schätzung von β in den meisten von ihm untersuchten Fällen eine gute Übereinstimmung mit den Werten, die sich bei Anwendung der in 1.3.2b (Beispiel ①) angewendeten Methoden ergaben. Um die Schätzung praktisch durchführen zu können, müssen Paneldaten für eine Stichprobe von Haushalten erhoben werden. Eine ähnliche Untersuchung mit z.T. abweichenden Ergebnissen stammt von *Liviatan* [1961].

[1] *Friedman* [1957, S. 184 ff.] macht die realistischere Annahme, daß das permanente Einkommen jedes Haushalts proportional zum Durchschnittseinkommen sämtlicher Haushalte variiert. Bei einem Vergleich nahe beieinanderliegender Zeitpunkte ist jedoch der Unterschied in den Durchschnittseinkommen nicht sehr groß, so daß unsere Annahme wie die Friedmansche in etwa zum selben Ergebnis führt.

A 2.3/6

a. Zeigen Sie, daß der Quotient σ_ξ^2/σ_x^2 mit dem Korrelationskoeffizienten $\varrho^{(1,2)}$ zwischen den gemessenen Einkommen $x_t^{(1)}$ und $x_t^{(2)}$ übereinstimmt.
b. Bringen Sie (6) mit Hilfe der Beziehung $\varrho^{(1,2)} = \sigma_\xi^2/\sigma_x^2$ in die Form $\beta = b/\varrho^{(1,2)}$. Dabei sei $b := \sigma_{xy}/\sigma_x^2$ die Steigung der KQ-Regression von y auf x.
c. Bei einer Querschnittsuntersuchung sei die Schätzung $\hat{\varrho}^{(1,2)} = 0{,}83$ ermittelt worden. Eine KQ-Regression des gemessenen Konsums $y = C$ auf das gemessene Einkommen $x = Y$ ergab den Koeffizienten $\hat{b} = 0{,}75$. Geben Sie eine Schätzung für β an.

2.3.2 Informationen über die latenten exogenen Variablen

a. Kenntnis einer Instrumentvariablen

In 1.4.3a hatten wir den Begriff der Instrumentvariablen definiert. Wir wollen zeigen, daß auch bei Kenntnis einer solchen Instrumentvariablen z eine M_2-Identifikation der Parameter möglich ist.

Da wir nach wie vor die *Strukturvariante* des FV-Modells zugrunde legen, ist es zweckmäßig, auch für die Variablen z_t stochastische Unabhängigkeit und identische Verteilungen zu fordern. Um mögliche Abhängigkeiten zwischen den Modellvariablen zu berücksichtigen, treffen wir die weitergehende Annahme

(SVz) Die Variablenvektoren (z_t, ξ_t, v_t, w_t) sind unabhängig identisch verteilt; $t = 1, \ldots, T$.

Da alle Modellvariablen — einschließlich der Instrumentvariablen — Wahrscheinlichkeitsverteilungen aufweisen, die vom jeweiligen Beobachtungsindex t unabhängig sind, kann der Index wieder fortgelassen werden.

Um die M_2-Identifizierbarkeit der Modellparameter untersuchen zu können, muß gewährleistet sein, daß sämtliche ersten und zweiten Momente existieren.

Die Existenz von σ_ξ^2, σ_v^2 und σ_w^2 wurde schon in 2.1.1a vorausgesetzt. Zusätzlich wird hier die Existenz von σ_z^2 gefordert. Damit ist die Existenz aller Momente erster und zweiter Ordnung der Modellvariablen garantiert.

Die Existenz von σ_z^2 ist übrigens bei dem hier zugrunde gelegten speziellen Modell mit der asymptotischen Annahme (Az) aus 1.4.3a äquivalent. Annahme (I2), die wir neben (I1) üblicherweise im Zusammenhang mit einer Instrumentvariablen für das einfache FV-Modell treffen, ist hier äquivalent mit der Forderung $\sigma_{\xi z} \neq 0$. Beide Äquivalenzen sind eine Folge der Annahme (SVz) — vgl. hierzu *Bauer* [1978, Sätze 37.2 und 37.3].

Um in dem derart charakterisierten FV-Modell mit einer Instrumentvariablen z die Frage der M_2-Identifizierbarkeit zu studieren, ergänzen wir das Momentengleichungssystem (2.2/2) um Gleichungen, die auch σ_{xz} und σ_{yz} als Funktion von Modellparametern darstellen. Da die Kovarianzen σ_{vz} und σ_{wz} nach (I1) Null sind, erhält man

$$\sigma_{xz} = C(\xi + v, z) = \sigma_{\xi z}, \qquad \sigma_{yz} = C(\alpha + \beta\xi + w, z) = \beta\sigma_{\xi z}.$$

Hieraus ergibt sich für β die Identifikationsbeziehung

$$\beta = \frac{\sigma_{yz}}{\sigma_{xz}}. \tag{8}$$

Der Nenner in (8) ist wegen (I2) und $\sigma_{xz} = \sigma_{\xi z}$ offensichtlich von Null verschieden.

Der Parameter β ist also in dem hier betrachteten FV-Modell mit einer Instrumentvariablen M_2-identifizierbar. Gleiches gilt dann natürlich auch für die anderen Modellparameter, die ja bei gegebenem β alle aus (2.2/2) errechenbar sind.

A 2.3/7

Formen Sie (8) so um, daß anstelle der Kovarianzen σ_{xz} und σ_{yz} die Korrelationskoeffizienten ϱ_{xz} und ϱ_{yz} erscheinen.

A 2.3/8

Welche Formeln lassen sich für die Parameter α, σ^2_ξ, σ^2_v und σ^2_w aus (2.2/2) ableiten, wenn β gemäß (8) berechenbar ist?

A 2.3/9

Welche Parameter lassen sich im FV-Modell *i.w.S.* mit Hilfe einer Instrumentvariablen z identifizieren? (Hinweis: L 2.2/1)

A 2.3/10

Welche Schranken ergeben sich aus (2.2/4) für den Quotienten $\varrho_{yz}/\varrho_{xz}$? (Hinweis: L 2.3/7)

A 2.3/11

Welches Vorzeichen hat σ_{yz}, wenn $\sigma_{xz} > 0$ und $\sigma_{xy} > 0$?

b. Anordnung und Gruppenbildung

Wenn man über Kenntnisse der in 1.4.3b dargestellten Art verfügt — vgl. die drei dort beschriebenen Informationstypen — so kann man stets eine Instrumentvariable z konstruieren, die dem jeweiligen Informationstyp äquivalent ist. Wenn die Verteilung dieser Instrumentvariablen außerdem vom Beobachtungsindex t unabhängig ist (Annahme (SVz)), dann sind die Modellparameter identifizierbar, wie aus dem vorausgegangenen Abschnitt hervorgeht.

c. *Informationen über die Verteilung der latenten exogenen Variablen*

Bis jetzt haben wir bei dem FV-Modell (2.1/2), d.h. bei der Strukturvariante des einfachen FV-Modells mit $\varepsilon \equiv 0$, lediglich die M_2-Identifizierbarkeit der Modellparameter untersucht. Wir haben also nur die Momente erster und zweiter Ordnung der gemeinsamen Wahrscheinlichkeitsverteilung von x und y bei der Klärung der Identifizierbarkeitsfrage herangezogen.

Dabei konnten wir feststellen, daß eine M_2- Identifikation — und damit auch eine Identifikation im allgemeineren Sinne — bei geeigneter Zusatzinformation möglich ist. Die Zusatzinformation beinhaltete entweder die Kenntnis eines Modellparameters oder einer Instrumentvariablen.

Wir wollen nun Zusatzinformationen behandeln, die zwar nicht für eine M_2-Identifikation, wohl aber für eine Parameteridentifikation im allgemeinen Sinne ausreichen. A-priori-Kenntnisse über die Wahrscheinlichkeitsverteilung der latenten exogenen Variablen ξ können Zusatzinformationen dieses Typs sein. Wir stellen im folgenden solche Zusatzinformationen vor und zeigen, wie sie zur Parameteridentifikation herangezogen werden. Dabei setzen wir hier voraus, daß die Fehlervariablen v und w des FV-Modells normalverteilt sind:

($N_{v,w}$) Die Fehlervariablen v und w sind gemeinsam normalverteilt.

Ist zusätzlich ξ normalverteilt, so sind auch x und y normalverteilt, wie man aus (2.1/2) ersieht. Alle Variablen des FV-Modells sind dann normalverteilt. Da die Verteilungen gemeinsam normalverteilter Variablen schon durch die Momente erster und zweiter Ordnung vollständig festgelegt sind, ist das Identifikationsproblem bei normalverteiltem ξ mit dem Problem der M_2-Identifizierbarkeit äquivalent. Die Modellparameter sind somit nach Satz 2.2/1 bei normalverteiltem ξ mit Ausnahme von μ_ξ *nicht* identifizierbar, sofern außer der Information „ξ ist normalverteilt" keine weiteren Zusatzinformationen vorliegen. Verfügt man jedoch über weitere Informationen — z.B. Kenntnis von σ_v^2 — dann ist eine Parameteridentifikation natürlich möglich.

Nehmen wir jetzt an, daß ξ nicht normalverteilt ist:

($\bar{N}_\xi$) ξ ist nicht normalverteilt.

Annahme ($\bar{N}_\xi$) ist zusammen mit ($N_{v,w}$) gleichbedeutend damit, daß auch $x = \xi + v$ nicht normalverteilt ist.

Reiersøl [1950] hat u.a. den folgenden Satz bewiesen, der auch für das FV-Modell *i.w.S.* gilt:

▷ **Satz 2.3/1**: *Identifikationssatz von Reiersøl für das einfache FV-Modell*
Es liege die Strukturvariante des einfachen FV-Modells mit $\varepsilon \equiv 0$ und normalverteilten Fehlervariablen vor.

In diesem Modell ist ($\bar{N}_\xi$) notwendig und hinreichend für die Identifizierbarkeit des Parameters β:
ξ ist nicht normalverteilt $\Leftrightarrow$ β ist identifizierbar.

Es sei bemerkt, daß im Falle der Identifizierbarkeit von β die übrigen Parameter des FV-Modells (2.1/2) ebenfalls identifizierbar sind (vgl. A 2.2/3a).
Satz 2.3/1 läßt sich auch auf das multiple FV-Modell übertragen (vgl. Satz 2.5/1).

d. Identifikation mit Momenten dritter Ordnung

Wir wollen jetzt über die Annahme ($\bar{N}_\xi$) hinausgehen und noch voraussetzen, daß $E[(\xi-\mu_\xi)^3] \neq 0$ ist. Da das dritte zentrale Moment einer *normalverteilten* Zufallsvariablen stets Null ist, gilt damit insbesondere auch ($\bar{N}_\xi$). (Die Umkehrung ist nicht richtig). Die in 2.3.2c getroffene Annahme normalverteilter Fehlervariablen v und w ersetzen wir durch die schwächere Annahme (N_v), die Normalverteilung nur der Variablen v beinhaltet.

Zur Abkürzung führen wir für bivariate („gemischte") und univariate („reine") zentrale theoretische Momente die Notation

$$\begin{aligned} &\mu_{ij}(x, y) := E[(x-\mu_x)^i (y-\mu_y)^j] \\ &\mu_i(x) := \mu_{i0}(x, y), \quad \mu_j(y) := \mu_{0j}(x, y) \end{aligned} \tag{9}$$

ein. Insbesondere ist dann $\mu_{11}(x, y) = \sigma_{xy}$, $\mu_2(x) = \sigma_x^2$, und die von uns vorausgesetzte A-priori-Information lautet $\mu_3(\xi) \neq 0$.

Um mit der Zusatzinformation $\mu_3(\xi) \neq 0$ eine Identifikationsbeziehung für β abzuleiten, gehen wir von der empirischen Regression (1.1/2a) aus, d.h. von der Gleichung $y = \alpha + \beta x + u$. Wir subtrahieren auf beiden Seiten den Erwartungswert und erhalten mit $y' := y - \mu_y$ und $x' := x - \mu_x$ zunächst $y' = \beta x' + u$. Wir multiplizieren dann diese Gleichung mit x'^2, bilden den Erwartungswert und erhalten so

$$\mu_{21}(x, y) = \beta \mu_3(x) + \mu_{21}(x, u).$$

Das gemischte Moment $\mu_{21}(x, u)$ ist aber im FV-Modell i.e.S. Null, wenn – wie hier vorausgesetzt – die Fehlervariable v normalverteilt ist (s. A 2.3/12a). Man hat daher für β die Bestimmungsgleichung

$$\beta = \frac{\mu_{21}(x, y)}{\mu_3(x)}. \tag{10}$$

Die Zusatzinformation $\mu_3(\xi) \neq 0$ gewährleistet, daß der Nenner von (10) von Null verschieden ist, weil bei normalverteilter Fehlervariablen v die Gleichung $\mu_3(\xi) = \mu_3(x)$ gilt (s. A 2.3/12b).

Der Parameter β ist also bei Vorhandensein der Zusatzinformation $\mu_3(\xi) \neq 0$ und bei normalverteiltem v aus Momenten dritter Ordnung der gemeinsamen Verteilung der empirischen Variablen x und y gemäß (10) berechenbar, d.h. β ist M_3-identifizierbar und damit auch identifizierbar im allgemeinen Sinne. Die übrigen Parameter des FV-Modells (2.1/2) sind dann ebenfalls identifizierbar.

Wenn außer $\mu_3(\xi) \neq 0$ auch $\beta \neq 0$ ist, kann man für β noch eine andere Identifikationsformel gewinnen, zu deren Herleitung überhaupt keine Normalverteilungsannahme benötigt wird. Um dies zu zeigen, ziehen wir auf beiden Seiten der Gleichung (2.1/2a) den Erwartungswert ab und erhalten so mit $\eta' := \eta - \mu_\eta$ und $\xi' := \xi - \mu_\xi$ zunächst $\eta' = \beta\xi'$. Wird diese Gleichung mit $\eta'\,\xi'$ multipliziert und der Erwartungswert gebildet, dann resultiert

$$\mu_{12}(\xi, \eta) = \beta\,\mu_{21}(\xi, \eta).$$

Man verifiziert leicht (s. A 2.3/13), daß

$$\begin{aligned} \mu_{12}(\xi, \eta) &= \mu_{12}(x, y) \\ \mu_{21}(\xi, \eta) &= \mu_{21}(x, y). \end{aligned} \tag{11}$$

Es gilt somit auch

$$\mu_{12}(x, y) = \beta\,\mu_{21}(x, y).$$

Unter der Voraussetzung $\mu_{21}(x, y) \neq 0$ kann nach β aufgelöst werden:

$$\beta = \frac{\mu_{12}(x, y)}{\mu_{21}(x, y)}. \tag{12}$$

Da wir $\mu_3(\xi) \neq 0$ vorausgesetzt haben, ist die Bedingung $\mu_{21}(x, y) \neq 0$ wegen (11b) und

$$\mu_{21}(\xi, \eta) = \beta\,\mu_3(\xi)$$

genau dann erfüllt, wenn $\beta \neq 0$ ist.

Es sei noch erwähnt, daß man auch mit A-priori-Informationen über Kumulanten Identifikationsbeziehungen ableiten kann. Wir gehen hierauf noch in 3.8.2 ein.

Die in 2.2 und 2.3 dargestellten Ergebnisse sind in Tab. 2.3/1 zusammengefaßt. Ein Typ von Zusatzinformation wurde in 2.3 nicht behandelt und erscheint deshalb in Tab. 2.3/1 auch nicht. Es ist der in 1.4.2 erörterte Replikationsfall. Wir haben aus Platzgründen darauf verzichtet, auf direktem Wege zu zeigen, daß auch Replikationen eine Parameteridentifikation bewirken können. Da wir aber in 3.4 mit dem Informationstyp „Replikationen" konsistente Schätzer konstruieren werden, wird die Identifizierbarkeitsfrage auch für den Replikationsfall in positivem Sinne beantwortet.

<table>
<tr><th>Zusatzinformation</th><th>Identifizierbarkeit der Parameter $\alpha, \beta, \mu_\xi, \sigma_\xi^2, \sigma_v^2, \sigma_w^2$</th></tr>
<tr><td>Keine</td><td>Nur μ_ξ ist M_2-identifizierbar (und damit auch identifizierbar). Eine approximative Identifizierbarkeit von β kann gegeben sein aufgrund der Beziehungen
$$\operatorname{sgn}\beta = \operatorname{sgn}\sigma_{xy}, \quad \frac{|\sigma_{xy}|}{\sigma_x^2} \le |\beta| \le \frac{\sigma_y^2}{|\sigma_{xy}|} .$$</td></tr>
<tr><td>$\lambda := \sigma_w^2/\sigma_v^2$ ist bekannt
$\varepsilon \equiv 0$</td><td>Alle Modellparameter sind M_2-identifizierbar.
Für β gilt die Identifikationsbeziehung [1)]
$$\beta = \frac{\sigma_y^2 - \lambda\sigma_x^2}{2\sigma_{xy}} + (\operatorname{sgn}\sigma_{xy})\sqrt{\lambda + \left(\frac{\sigma_y^2 - \lambda\sigma_x^2}{2\sigma_{xy}}\right)^2} .$$</td></tr>
<tr><td>σ_v^2 oder σ_w^2 ist bekannt
Im zweiten Fall: $\varepsilon \equiv 0$</td><td>Alle Modellparameter sind M_2-identifizierbar.
Für β gilt die Identifikationsbeziehung [1)]
$$\beta = \frac{\sigma_{xy}}{\sigma_x^2 - \sigma_v^2} \text{ bzw. } \beta = \frac{\sigma_y^2 - \sigma_w^2}{\sigma_{xy}} .$$</td></tr>
<tr><td>Eine Instrumentvariable z ist bekannt.
Annahmen: (11), (12), (SVz)</td><td>Alle Modellparameter sind M_2-identifizierbar.
Für β gilt die Identifikationsbeziehung [1)]
$$\beta = \frac{\sigma_{yz}}{\sigma_{xz}} .$$</td></tr>
<tr><td>$\mu_3(\xi) \neq 0$
Annahmen:
a. (N_v)
b. $\beta \neq 0$</td><td>Alle Modellparameter sind M_3-identfizierbar.
Für β gelten die Identifikationsbeziehungen [1)]
a. $\beta = \frac{\mu_{21}(x, y)}{\mu_3(x)}$ b. $\beta = \frac{\mu_{12}(x, y)}{\mu_{21}(x, y)}$.</td></tr>
</table>

Tab. 2.3/1: Parameteridentifikation im einfachen FV-Modell (Strukturvariante)

[1)] Die übrigen Parameter lassen sich dann nach (2.2/2) bestimmen.

A 2.3/12

Beweisen Sie, daß im einfachen FV-Modell i.e.S. (Tab. 1.2/1) bei normalverteiltem v gilt

a. $\mu_{21}(x, u) = 0$ b. $\mu_3(x) = \mu_3(\xi)$.

A 2.3/13

Leiten Sie (11) ab.

e. Beispiel aus der Ökonometrie: Identifikation von Engelkurven

Als Beispiel für die Bestimmung von β mittels A-priori-Informationen über dritte Momente betrachten wir das Problem, aus Querschnittsdaten eine Engelkurve zu ermitteln. Bezeichne ξ die Einkommensvariable und η die Variable „Konsum eines bestimmten Gutes". Für alle Einheiten des Querschnitts — in der Regel sind das die Haushalte eines Landes oder einer Region zu einem bestimmten Zeitpunkt — gelte dieselbe lineare Regressionsbeziehung $\eta = \alpha + \beta\xi + \varepsilon$. Erhoben werden statt ξ und η die gemessenen Größen x und y, wobei zufällige Erhebungsfehler (Meßfehler) v und w auftreten, die als von ξ und η unabhängig angenommen werden. Wir haben also ein FV-Modell in der Strukturvariante (2.1/1) vor uns. Es sei angenommen, daß zumindest die Fehlervariable v normalverteilt ist und daß v und $\tilde{w} = w + \varepsilon$ stochastisch unabhängig sind. Da die Einkommensverteilung erfahrungsgemäß eine große Schiefe aufweist, kann davon ausgegangen werden, daß ξ nicht normalverteilt ist, und, mehr noch, daß $\mu_3(\xi) \neq 0$ ist.[1)] Wir können dann β mit der Gleichung (10) bestimmen, die auch für $\varepsilon \not\equiv 0$ gültig ist.

2.4 Identifikation und konsistente Schätzung im einfachen FV-Modell

Auf den Zusammenhang zwischen dem Identifikationsproblem und der Suche nach konsistenten Schätzern haben wir schon in der Einleitung zu diesem Kapitel hingewiesen. Jetzt sollen die bezüglich der Identifikationsfrage gefundenen Ergebnisse daraufhin untersucht werden, inwieweit sie Antworten auf die Frage nach der Existenz konsistenter Schätzer zu geben vermögen.

2.4.1 Das einfache FV-Modell ohne Zusatzinformation

a. Strukturvariante

Zunächst legen wir die *Strukturvariante* des einfachen FV-Modells mit $\varepsilon \equiv 0$ zugrunde. Die latenten exogenen Variablen ξ_t sind also unabhängig identisch verteilt. Wir gehen davon aus, daß eine Stichprobe $(x_1, y_1), \ldots, (x_T, y_T)$ vorliegt. Lassen sich die Modellparameter mit dieser Stichprobe konsistent schätzen? Eine Antwort

---

1) Man beachte, daß $\mu_3(\xi)/\sigma_\xi^3$ in der Statistik als Schiefemaß verwendet wird.

ergibt sich aus Satz 2.2/1, dessen Aussage ja die fehlende M_2-Identifizierbarkeit aller Modellparameter — mit Ausnahme von μ_ξ — beinhaltete:

▷ **Satz 2.4/1**
Die Parameter α, β, σ_v^2, σ_w^2 und σ_ξ^2 des einfachen FV-Modells in der Strukturvariante sind bei Fehlen von Zusatzinformation nicht mittels einer stetigen Funktion der empirischen Momente bis zur zweiten Ordnung der Variablenpaare (x_t, y_t), $t = 1, \ldots, T$, konsistent schätzbar.

Beweis: Wir beschränken uns darauf, Satz 2.4/1 für β zu beweisen. Dazu nehmen wir an, daß es für β einen konsistenten Schätzer $\hat{\beta}$ gibt, der sich als stetige Funktion f der empirischen Momente $\bar{x}$, $\bar{y}$, s_x^2, s_y^2 und s_{xy} darstellen läßt:

$$\hat{\beta} = f(\bar{x}, \bar{y}, s_x^2, s_y^2, s_{xy}).$$

Nach Satz 3.1/3 konvergieren die empirischen Momente stochastisch gegen die entsprechenden theoretischen Momente μ_x, μ_y, σ_x^2, σ_y^2 resp. σ_{xy}. Da f als stetig angenommen wurde, gilt dann auch

$$\text{plim}\, \hat{\beta} = f(\mu_x, \mu_y, \sigma_x^2, \sigma_y^2, \sigma_{xy}).$$

Wegen der vorausgesetzten Konsistenz von β beinhaltet die letzte Gleichung die M_2-Identifizierbarkeit von β, womit ein Widerspruch zur Aussage von Satz 2.2/1 herbeigeführt ist.

Wenn die Modellvariablen ξ, v und w des einfachen FV-Modells (Strukturvariante) als normalverteilt spezifiziert sind, fallen die Begriffe „M_2-Identifizierbarkeit" und „Identifizierbarkeit" zusammen (vgl. die Anmerkung zu 2.1.2c). Fehlende M_2-Identifizierbarkeit bedeutet dann auch fehlende Identifizierbarkeit schlechthin. Man erhält bei normalverteilten Modellvariablen folgende Verschärfung von Satz 2.4/1:

▷ **Satz 2.4/2**
Die Parameter α, β, σ_v^2, σ_w^2 und σ_ξ^2 des einfachen FV-Modells in der Strukturvariante mit normalverteilten Modellvariablen ξ, v und w sind bei Fehlen von Zusatzinformation nicht konsistent schätzbar.

Beweis: Auch der Beweis von Satz 2.4/2 soll hier nur für β geführt werden. Wir nehmen an, daß ein konsistenter Schätzer $\hat{\beta}$ für β existiert. Die Verteilung von $\hat{\beta}$ wird für jeden Stichprobenumfang T durch die gemeinsame Wahrscheinlichkeitsverteilung P der empirischen Variablen x und y eindeutig bestimmt. Daher wird auch plim $\hat{\beta}$ durch P eindeutig bestimmt. Wegen der vorausgesetzten Konsistenz von $\hat{\beta}$ wird dann auch β durch P eindeutig determiniert, d.h. β ist identifizierbar. Dies aber steht in Widerspruch zur Aussage von Satz 2.3/1.

b. Funktionalvariante

Bisher haben wir das Identifikationsproblem nur für die *Strukturvariante* des einfachen FV-Modells diskutiert. Wir wollen jetzt die Frage nach der Existenz konsistenter Parameterschätzer auch für die *Funktionalvariante* des FV-Modells beantworten. Die Funktionalvariante erhält man, wenn man die Annahme (SV) durch die Annahme nichtstochastischer Variablen ξ_t (Zusatzannahme (FV)) ersetzt. Wir ergänzen die Funktionalvariante noch um die Annahme ($N_{v,w}$) normalverteilter Fehlervariablen.

Die Verteilung einer Stichprobe $(x_1, y_1), \ldots, (x_T, y_T)$ ist bei dieser Modellspezifikation durch die Parameter $\xi_1, \ldots, \xi_T$, α, β, σ_v^2 und σ_w^2 eindeutig bestimmt. Es gilt dann der zu Satz 2.4/2 analoge Satz:

▷ **Satz 2.4/3**
Die Parameter α, β, σ_v^2 und σ_w^2 des einfachen FV-Modells in der Funktionalvariante mit normalverteilten Fehlervariablen sind bei Fehlen von Zusatzinformation nicht konsistent schätzbar.

Beweis: Der von *Nußbaum* [1977] erbrachte Beweis dieses Satzes sei hier grob skizziert, wobei wir uns wieder auf β beschränken.

Das in Satz 2.4/3 beschriebene Modell sei mit M bezeichnet. Wir nehmen an, daß der Parameter β dieses Modells durch $\hat{\beta}$ konsistent schätzbar ist, und zeigen, daß diese Annahme zu einem Widerspruch führt.

Ersetzt man in M die deterministischen Werte $\xi_1, \ldots, \xi_T$ durch unabhängig identisch normalverteilte Zufallsvariablen $\xi_1^*, \ldots, \xi_T^*$, so erhält man ein FV-Modell in der Strukturvariante, das mit M^* bezeichnet sei. Der Schätzer $\hat{\beta}$ für den Parameter β aus M kann dann auch aus Daten (x_t, y_t), die aus dem Modell M^* stammen, berechnet und als Schätzer des Parameters β aus M^* interpretiert werden.

Betrachten wir die bedingte Verteilung dieses innerhalb von M^* berechneten Schätzers $\hat{\beta}$ bei einer beliebigen Realisation $\xi_1, \ldots, \xi_T$ der Variablen $\xi_1^*, \ldots, \xi_T^*$. Sie entspricht der Verteilung von $\hat{\beta}$ aus M. Wegen der angenommenen Konsistenz von $\hat{\beta}$ in M konvergiert $\hat{\beta}$ in M stochastisch gegen β. Daher konvergiert $\hat{\beta}$ in M^* *bedingt* — d.h. bei gegebener Folge $\{\xi_t\}$ — stochastisch gegen β. Da dies für *jede* beliebig vorgegebene Folge $\{\xi_t\}$ gilt, kann man zeigen, daß $\hat{\beta}$ in M^* auch *unbedingt* stochastisch gegen ξ konvergiert, d.h. $\hat{\beta}$ ist auch in M^* konsistent. Damit ist aber ein Widerspruch zur Aussage von Satz 2.4/2 herbeigeführt.

Satz 2.4/3 läßt sich noch dahingehend verschärfen, daß konsistente Schätzer auch dann nicht existieren, wenn das Modell durch Hinzunahme der in 1.2.2c eingeführten asymptotischen Annahme (A) neben (FV) und $(N_{v,w})$ noch weiter eingeschränkt wird.

2.4.2 Das einfache FV-Modell mit Zusatzinformation

In allen Fällen, in denen wir Identifizierbarkeit der Parameter des einfachen FV-Modells in der *Strukturvariante* festgestellt haben, existieren auch konsistente Schätzer, und zwar sowohl für die Strukturvariante als auch — bei Bestehen der Annahme (A) — für die *Funktionalvariante*. Man erhält solche konsistenten Schätzungen, wenn man in den Identifikationsformeln die theoretischen Momente durch die entsprechenden aus einer Stichprobe $(x_1, y_1), \ldots, (x_T, y_T)$ gebildeten empirischen Momente ersetzt. Das liegt daran, daß die empirischen Momente gegen die entsprechenden theoretischen Momente konvergieren (Satz 3.1/1) und die Modellparameter in allen betrachteten Fällen durch die Identifikationsformeln als stetige Funktionen der theoretischen Momente dargestellt werden.

Ein stetig M_2-identifizierbarer Parameter ist also immer konsistent schätzbar. Der Sachverhalt wird später in Satz 3.1/7 noch allgemein, d.h. nicht nur auf die Struktur- oder Funktionalvariante bezogen, formuliert, wobei man zum Beweis dieser Verallgemeinerung die asymptotische Zusatzannahme (A) aus 1.2.2c benötigt.

2.5 Identifikation im multiplen und multivariaten FV-Modell

Wir haben uns in Kap. 2 bei der Darstellung des Identifikationsproblems bisher bewußt auf das einfache FV-Modell beschränkt, um die wesentlichen Gedanken besonders deutlich hervortreten zu lassen. Im folgenden Abschnitt sollen nun noch der Vollständigkeit halber einige Ergebnisse auf den multiplen Fall übertragen werden. Auf die in 2.4 angesprochenen Zusammenhänge mit dem Schätzproblem, die entsprechend auch im multiplen Fall gelten, gehen wir hier nicht mehr ein.

2.5.1 Multiples FV-Modell

a. Momentengleichungen

Wie schon beim einfachen FV-Modell beziehen wir uns auch im multiplen Fall bei der Diskussion des Identifikationsproblems auf die *Strukturvariante.*

Wir gehen von der Fassung (1.1/17) der Modellgleichungen des multiplen FV-Modells *i.e.S.* aus und setzen wieder $\varepsilon \equiv 0$:

$$\begin{aligned} \eta_t &= \boldsymbol{\beta}' \boldsymbol{\xi}_{(t)} \\ y_t &= \eta_t + w_t \qquad t = 1, \ldots, T. \\ \boldsymbol{x}_{(t)} &= \boldsymbol{\xi}_{(t)} + \boldsymbol{v}_{(t)} \end{aligned} \tag{1}$$

Für die Gleichungen (1) gelten die in Tab. 1.2/1 zusammengestellten Annahmen (F1) — (F5), die bei der Strukturvariante zu ergänzen sind durch

(SV) Die Vektoren $\boldsymbol{\xi}_{(t)}$ sind unabhängig identisch verteilt; $t = 1, \ldots, T$.

Unter dieser Spezifikation besitzen die Modellvariablen alle eine vom Beobachtungsindex t unabhängige Verteilung, so daß letzterer wie in (2.1/2) weggelassen werden kann:

$$\begin{aligned} \eta &= \boldsymbol{\beta}' \boldsymbol{\xi} \\ y &= \eta + w \\ \boldsymbol{x} &= \boldsymbol{\xi} + \boldsymbol{v}. \end{aligned} \tag{2}$$

Dabei sind wieder $\boldsymbol{x}$, $\boldsymbol{\xi}$, $\boldsymbol{v}$ und $\boldsymbol{\beta}$ K-Vektoren; y, η und w bezeichnen Skalare.

Wir fassen die beobachtbaren Variablen y und $x_1, \ldots, x_K$ wie in (1.1/25b) zu einem Vektor $\boldsymbol{x}_0$ zusammen und bezeichnen den zu $\boldsymbol{x}_0$ gehörenden Vektor der latenten Variablen mit $\boldsymbol{\xi}_0$ und die Differenz zwischen beiden mit $\boldsymbol{v}_0$, setzen also

$$\begin{aligned} \boldsymbol{x}_0 &= (y, x_1, \ldots, x_K)' = (y, \boldsymbol{x}')' \\ \boldsymbol{\xi}_0 &:= (\eta, \xi_1, \ldots, \xi_K)' = (\eta, \boldsymbol{\xi}')' \\ \boldsymbol{v}_0 &:= (w, v_1, \ldots, v_K)' = (w, \boldsymbol{v}')'. \end{aligned}$$

Sei ferner

$$\boldsymbol{\mu}_x := E(\boldsymbol{x}), \quad \mu_y := E(y), \quad \boldsymbol{\mu}_\xi := E(\boldsymbol{\xi}), \quad \mu_\eta := E(\eta)$$

$$\boldsymbol{\Sigma}_{x_o x_o} := V(\boldsymbol{x}_0), \quad \boldsymbol{\Sigma}_{\xi_o \xi_o} := V(\boldsymbol{\xi}_0), \quad \boldsymbol{\Sigma}_0 := V(\boldsymbol{v}_0),$$

$$\boldsymbol{\Sigma}_{xx} := V(\boldsymbol{x}), \quad \boldsymbol{\Sigma}_{\xi\xi} := V(\boldsymbol{\xi}), \quad \boldsymbol{\Sigma} := V(\boldsymbol{v}).$$

Schließlich sei

$$\boldsymbol{\sigma}_{xy} := C(\boldsymbol{x}, y) = E[(\boldsymbol{x} - \boldsymbol{\mu}_x)(y - \mu_y)], \quad \boldsymbol{\sigma}_{yx} := \boldsymbol{\sigma}'_{xy}.$$

Mit (F2) bis (F5) folgt dann analog zu (2.2/1)

$$\begin{pmatrix} \mu_y \\ \boldsymbol{\mu}_x \end{pmatrix} = \begin{pmatrix} \mu_\eta \\ \boldsymbol{\mu}_\xi \end{pmatrix}$$
$$\begin{pmatrix} \sigma_y^2 & \boldsymbol{\sigma}_{yx} \\ \boldsymbol{\sigma}_{xy} & \boldsymbol{\Sigma}_{xx} \end{pmatrix} = \begin{pmatrix} \boldsymbol{\beta}' \boldsymbol{\Sigma}_{\xi\xi} \boldsymbol{\beta} & \boldsymbol{\beta}' \boldsymbol{\Sigma}_{\xi\xi} \\ \boldsymbol{\Sigma}_{\xi\xi} \boldsymbol{\beta} & \boldsymbol{\Sigma}_{\xi\xi} \end{pmatrix} + \begin{pmatrix} \sigma_w^2 & \boldsymbol{o}' \\ \boldsymbol{o} & \boldsymbol{\Sigma} \end{pmatrix}. \tag{3}$$

Gleichung (3b) beinhaltet, daß mit der Zerlegung $\boldsymbol{x}_0 = \boldsymbol{\xi}_0 + \boldsymbol{v}_0$ auch eine entsprechende Zerlegung $\boldsymbol{\Sigma}_{x_o x_o} = \boldsymbol{\Sigma}_{\xi_o \xi_o} + \boldsymbol{\Sigma}_0$ für die Kovarianzmatrizen gilt (vgl. die Darstellung (1.2/10) für $\boldsymbol{\Sigma}_0$ und A 2.5/2).

Die Gleichungen (3) konstituieren das (2.2/2) verallgemeinernde **Momentengleichungssystem**

$$\begin{aligned} \boldsymbol{\mu}_x &= \boldsymbol{\mu}_\xi \\ \mu_y &= \boldsymbol{\beta}' \boldsymbol{\mu}_\xi \\ \boldsymbol{\Sigma}_{xx} &= \boldsymbol{\Sigma}_{\xi\xi} + \boldsymbol{\Sigma} \\ \sigma_y^2 &= \boldsymbol{\beta}' \boldsymbol{\Sigma}_{\xi\xi} \boldsymbol{\beta} + \sigma_w^2 \\ \boldsymbol{\sigma}_{xy} &= \boldsymbol{\Sigma}_{\xi\xi} \boldsymbol{\beta}. \end{aligned} \tag{4}$$

Das System (3) bzw. (4) verbindet den Erwartungswertvektor und die Kovarianzmatrix des Vektors $\boldsymbol{x}_0$ mit den Parametern $\boldsymbol{\beta}$, $\boldsymbol{\mu}_\xi$, $\boldsymbol{\Sigma}_{\xi\xi}$, $\boldsymbol{\Sigma}$ und σ_w^2. Letztere sind genau dann M_2-identifizierbar — und damit auch identifizierbar in dem in 2.1.2b definierten allgemeineren Sinne — wenn sie sich aus (3) resp. (4) eindeutig bestimmen lassen.

Man erkennt leicht, daß die Modellparameter — mit Ausnahme von $\boldsymbol{\mu}_\xi$ — ohne zusätzliche Restriktionen, die als A-priori-Information zum Modell gegeben sein müssen, nicht M_2-identifizierbar sind. Identifizierende Restriktionen können von der Art sein, daß gewisse Parameterwerte vorgegeben sind oder zwischen einzelnen Parametern bekannte funktionale Abhängigkeiten bestehen.

Insbesondere die in 2.3 behandelten A-priori-Informationen lassen sich auf den multiplen Fall verallgemeinern und führen dort ebenfalls zur M_2-Identifizierbarkeit. Wir brauchen hierauf an dieser Stelle nicht näher einzugehen, weil wir M_2-identifizierende Informationen über das multiple FV-Modell noch in 3.3 — 3.6 bei der Ableitung konsistenter Schätzverfahren benutzen werden. Ausgangspunkt bei der Konstruktion von Schätzverfahren sind meist die Momentengleichungen (4).

Im Spezialfall $\xi_1 \equiv 1$ läßt sich (4) in eine Form bringen, aus der man noch direkter ersieht, daß (4) eine Verallgemeinerung von (2.2/2) darstellt. Dazu setzen wir $\boldsymbol{x}^* := (x_2, \ldots, x_K)'$, $\boldsymbol{\xi}^* := (\xi_2, \ldots, \xi_K)'$, definieren entsprechend $\boldsymbol{\mu}_x^* := E(\boldsymbol{x}^*)$, $\boldsymbol{\mu}_\xi^* := E(\boldsymbol{\xi}^*)$; $\boldsymbol{\Sigma}_{xx}^* := V(\boldsymbol{x}^*)$, $\boldsymbol{\Sigma}_{\xi\xi}^* := V(\boldsymbol{\xi}^*)$, $\boldsymbol{\sigma}_{xy}^* := C(\boldsymbol{x}^*, y)$ und erhalten

$$\begin{aligned} \boldsymbol{\mu}_x^* &= \boldsymbol{\mu}_\xi^* \\ \mu_y &= \beta_1 + \boldsymbol{\beta}^{*\prime} \boldsymbol{\mu}_\xi^* \\ \boldsymbol{\Sigma}_{xx}^* &= \boldsymbol{\Sigma}_{\xi\xi}^* + \boldsymbol{\Sigma}^* \\ \sigma_y^2 &= \boldsymbol{\beta}^{*\prime} \boldsymbol{\Sigma}_{\xi\xi}^* \boldsymbol{\beta}^* + \sigma_w^2 \\ \boldsymbol{\sigma}_{xy}^* &= \boldsymbol{\Sigma}_{\xi\xi}^* \boldsymbol{\beta}^*. \end{aligned} \tag{5}$$

Man erkennt aus (5a,b), daß das absolute Glied β_1 genau dann M_2-identifizierbar ist, wenn $\boldsymbol{\beta}^*$ M_2-identifizierbar ist. Die M_2-Identifizierbarkeit von $\boldsymbol{\beta}^*$ wiederum läßt sich anhand von (5c — e) alleine studieren. Zu $\boldsymbol{\beta}^*$ vgl. (1.1/30).

A 2.5/1

Wie ist das Momentengleichungssystem (4) zu modifizieren, wenn das multiple FV-Modell *i.w.S.* vorliegt?

A 2.5/2

Leiten Sie aus (2a) die in (3b) enthaltene Darstellung für die Kovarianzmatrix $\boldsymbol{\Sigma}_{\xi_o \xi_o}$ ab.

b. Identifikation bei nichtnormalverteilten exogenen Variablen

Die in Satz 2.3/1 formulierte Aussage von *Reiersøl* über die Identifizierbarkeit des Parameters β im einfachen FV-Modell bei nichtnormalverteilten latenten exogenen Variablen läßt sich auf den multiplen Fall verallgemeinern. *Bekker* [1984] beweist den folgenden

▷ **Satz 2.5.1**: *Identifikationssatz von Bekker für das multiple FV-Modell*
Es liege die Strukturvariante des multiplen FV-Modells *i.e.S.* (1) bzw. (2) mit gemeinsam normalverteilten Fehlervariablen vor. Der Einfachheit halber sei angenommen, daß $E(\boldsymbol{\xi}) = \boldsymbol{o}$.

In diesem Modell ist für die Identifizierbarkeit des K-Vektors $\boldsymbol{\beta}$ notwendig und hinreichend, daß es keine reguläre Matrix $\boldsymbol{A} = (\boldsymbol{a}_1, \boldsymbol{A}_2)$ gibt derart, daß $\boldsymbol{a}_1' \boldsymbol{\xi}$ normalverteilt und stochastisch unabhängig von $\boldsymbol{A}_2' \boldsymbol{\xi}$ ist.

Anmerkung: *Wolfowitz* [1952] und *Aufm Kampe* [1979] geben als hinreichende Bedingung für die Identifizierbarkeit von $\boldsymbol{\beta}$ an, daß es keinen Vektor $\boldsymbol{a} \neq \boldsymbol{o}$ gibt mit der Eigenschaft „$\boldsymbol{a}' \boldsymbol{\xi}$ ist normalverteilt". Diese Aussage ist offensichtlich in dem Satz von Bekker enthalten. Unter der Annahme unabhängiger Komponenten der Vektoren $\boldsymbol{\xi}$ und $\boldsymbol{v}$ formuliert *Rao* [1966, 1967, 1969] für das FV-Modell *i.e.S.* einige stärkere Identifikationsaussagen [vgl. auch *Willassen*, 1979].

c. Parameterrestriktionen

Obwohl der Parametervektor $\boldsymbol{\beta}$ des multiplen FV-Modells ohne zusätzliche Informationen nicht identifizierbar ist, unterliegt er in bestimmten Fällen doch gewissen Restriktionen. Diese können im Idealfall so stark sein, daß $\boldsymbol{\beta}$ praktisch festgelegt ist und das Identifikationsproblem irrelevant wird. In 2.2.2a hatten wir für das einfache FV-Modell i.e.S. Schranken für den Parameter β angegeben. Die dort gefundene Restriktion (2.2/4) kann auf das multiple FV-Modell verallgemeinert werden. Wir wollen hier ohne Beweis nur ein Resultat angeben [vgl. *Reiersøl*, 1941; *Koopman*, 1937 sowie *Kalman*, 1984].

Ausgangspunkt unserer Betrachtungen ist die *symmetrische Form* (1.1/27) des multiplen FV-Modells. Da wir erneut die *Strukturvariante* zugrunde legen, können wir den Index t wieder fortlassen:

$$\begin{aligned} \boldsymbol{\beta}_0' \boldsymbol{\xi}_0 &= 0 \\ \boldsymbol{x}_0 &= \boldsymbol{\xi}_0 + \boldsymbol{v}_0. \end{aligned} \tag{6}$$

Alle Vektoren in (6) sind $(K + 1)$-Vektoren; gemäß (1.1/21) ist insbesondere $\boldsymbol{\beta}_0 = (\beta_0, -\boldsymbol{\beta}')'$, wobei hier $\beta_0 = 1$ gesetzt wird. Neben den üblichen Modellannahmen gelte Annahme (A′) aus 1.2.2d. Wir nehmen des weiteren an, ohne dies hier mit einem „*" besonders zu kennzeichnen, daß alle Variablen als Abweichungen vom Mittelwert gegeben sind und daher den Erwartungswert 0 haben. Das bedeutet, daß keine Scheinvariable vorkommt und daß daher $\boldsymbol{\beta}$ mit dem Vektor der eigentlichen Regressionskoeffizienten identisch ist. Nur für diesen wollen wir also eine Restriktion angeben.

Hierzu brauchen wir den Begriff der i-ten **Elementarregression,** $i = 0, 1, \ldots, K$. Wir verstehen darunter die nach dem Prinzip der kleinsten Quadrate bestimmte (theoretische) lineare Regression der i-ten Komponente des Variablenvektors $\boldsymbol{x}_0$ auf sämtliche übrigen Komponenten.

Bringt man in dieser Regression alle Variablen, d.h. alle Komponenten des Vektors $\boldsymbol{x}_0$, auf eine Seite der Gleichung und läßt nur die Residualvariable, die wir mit u_i bezeichnen wollen, auf der anderen Seite, dann kann die i-te Elementarregression mit Hilfe eines Koeffizientenvektors $\boldsymbol{b}_i := (b_{i0}, b_{i1}, \ldots, b_{iK})'$ und $b_{ii} := 1$ wie folgt geschrieben werden:

$$\boldsymbol{b}_i' \boldsymbol{x}_0 = u_i \qquad i = 0, 1, \ldots, K. \tag{7}$$

Der Vektor $\boldsymbol{b}_i$ wird nun nach dem Prinzip der kleinsten Quadrate unter Beachtung der Restriktion $b_{ii} = 1$ so bestimmt, daß $E(u_i^2)$ minimal wird. Man kann mit Hilfe des Lagrangeprinzips leicht nachrechnen, daß $\boldsymbol{b}_i$ positiv proportional zur i-ten Spalte der Matrix $\boldsymbol{\Sigma}_{x_o x_o}^{-1}$ ist, wenn deren Spalten mit $i = 0, \ldots, K$ durchnumeriert werden. Der Proportionalitätsfaktor ergibt sich eindeutig aus der Forderung $b_{ii} = 1$. Nachdem $\boldsymbol{b}_i$ damit festgelegt ist, nehmen wir noch eine Normierung vor, indem wir zu $\tilde{b}_i := b_i / b_{i0}$ übergehen. In $\tilde{\boldsymbol{b}}_i =: (\tilde{b}_{i0}, \tilde{b}_{i1}, \ldots, \tilde{b}_{iK})'$ ist $\tilde{b}_{i0} = 1$. Im übrigen ist auch $\tilde{\boldsymbol{b}}_i$ proportional zur i-ten Spalte $\boldsymbol{\Sigma}_{x_o x_o}^{-1}$. Wir wollen den so festgesetzten Vektor $\tilde{\boldsymbol{b}}_i$ als den **Koeffizientenvektor** der i-ten Elementarregression bezeichnen.

Die Koeffizientenvektoren $\tilde{\boldsymbol{b}}_i$ nennen wir schließlich **kompatibel**, wenn für alle $j = 0, 1, \ldots, K$ gilt, daß die j-ten Komponenten $\tilde{b}_{ij}$ der Vektoren $\tilde{\boldsymbol{b}}_i$ sämtlich das gleiche Vorzeichen aufweisen.

Nun können wir die angekündigte Restriktion für den Parametervektor $\boldsymbol{\beta}_0$ formulieren:

▷ **Satz 2.5/2**

Gegeben sei das multiple FV-Modell in symmetrischer Form (6) mit diagonaler Kovarianzmatrix $\boldsymbol{\Sigma}_0$ der Fehlervariablen. Die Modellvariablen seien in Abweichungen vom Mittelwert gemessen. Die Koeffizientenvektoren $\tilde{\boldsymbol{b}}_i$ der Elementarregressionen seien kompatibel; $i = 0, 1, \ldots, K$.

Dann ist der $(K+1)$-Vektor $\boldsymbol{\beta}_0 = (1, -\boldsymbol{\beta}')'$ der Regressionskoeffizienten als konvexe Linearkombination der Vektoren $\tilde{\boldsymbol{b}}_i$ darstellbar, d.h. es gilt

$$\boldsymbol{\beta}_0 = \sum_{i=0}^{K} c_i \tilde{\boldsymbol{b}}_i \qquad \text{mit } c_i \geq 0, \ \sum_{i=0}^{K} c_i = 1.$$

A 2.5/3

Zeigen Sie, daß die in Satz 2.5/2 angegebene Restriktion für $\boldsymbol{\beta}_0$ im Spezialfall des einfachen FV-Modells i.e.S. die Vorzeichenregel (2.2/3) sowie die Doppelungleichung (2.2/4) liefert.

2.5.2 Multivariates FV-Modell

Das multiple FV-Modell (2) wird, wie in 1.5.1a ausgeführt, zum multivariaten FV-Modell, wenn man die skalaren Variablen y, η und w durch M-Vektoren $\boldsymbol{y}$, $\boldsymbol{\eta}$ resp. $\boldsymbol{w}$ und den K-Parametervektor $\boldsymbol{\beta}$ durch eine $(K \times M)$-Matrix $\boldsymbol{B}$ ersetzt:

$$\begin{aligned} \boldsymbol{\eta} &= \boldsymbol{B}' \boldsymbol{\xi} \\ \boldsymbol{y} &= \boldsymbol{\eta} + \boldsymbol{w} \\ \boldsymbol{x} &= \boldsymbol{\xi} + \boldsymbol{v}. \end{aligned} \tag{8}$$

Aus den Modellannahmen leitet man das (3) verallgemeinernde Momentengleichungssystem

$$\begin{pmatrix} \boldsymbol{\mu}_y \\ \boldsymbol{\mu}_x \end{pmatrix} = \begin{pmatrix} \boldsymbol{\mu}_\eta \\ \boldsymbol{\mu}_\xi \end{pmatrix}$$
$$\begin{pmatrix} \boldsymbol{\Sigma}_{yy} & \boldsymbol{\Sigma}_{yx} \\ \boldsymbol{\Sigma}_{xy} & \boldsymbol{\Sigma}_{xx} \end{pmatrix} = \begin{pmatrix} \boldsymbol{B}'\boldsymbol{\Sigma}_{\xi\xi}\boldsymbol{B} & \boldsymbol{B}'\boldsymbol{\Sigma}_{\xi\xi} \\ \boldsymbol{\Sigma}_{\xi\xi}\boldsymbol{B} & \boldsymbol{\Sigma}_{\xi\xi} \end{pmatrix} + \begin{pmatrix} \boldsymbol{\Sigma}_{ww} & \boldsymbol{O} \\ \boldsymbol{O} & \boldsymbol{\Sigma} \end{pmatrix} \tag{9}$$

ab mit $\boldsymbol{\Sigma}_{yy} := V(\boldsymbol{y})$, $\boldsymbol{\Sigma}_{ww} := V(\boldsymbol{w})$ und $\boldsymbol{\Sigma}_{xy} := C(\boldsymbol{x}, \boldsymbol{y})$.

Aus (8a) und (9) gewinnt man die (4) entsprechende Darstellung

$$\begin{aligned} \boldsymbol{\mu}_x &= \boldsymbol{\mu}_\xi \\ \boldsymbol{\mu}_y &= \boldsymbol{B}'\,\boldsymbol{\mu}_\xi \\ \boldsymbol{\Sigma}_{xx} &= \boldsymbol{\Sigma}_{\xi\xi} + \boldsymbol{\Sigma} \\ \boldsymbol{\Sigma}_{yy} &= \boldsymbol{B}'\,\boldsymbol{\Sigma}_{\xi\xi}\,\boldsymbol{B} + \boldsymbol{\Sigma}_{ww} \\ \boldsymbol{\Sigma}_{xy} &= \boldsymbol{\Sigma}_{\xi\xi}\,\boldsymbol{B}. \end{aligned} \tag{10}$$

Auch zu (10) läßt sich im Falle $\xi_1 \equiv x_1 \equiv 1$ analog zu (5) eine scheinvariablenbereinigte Fassung aufstellen.

Anmerkung: Ein interdependentes FV-Modell (1.5/14) kann durch Übergang zur reduzierten Form auf ein multivariates FV-Modell zurückgeführt werden. Bei der Untersuchung der Identifizierbarkeit eines solchen Modells sind allerdings nicht nur Momentengleichungssysteme des Typs (10), sondern auch Zusammenhänge zwischen Strukturparametern und Parametern der reduzierten Form zu berücksichtigen.

Identifikationskriterien für interdependente FV-Modelle findet man bei *Hsiao* [1976] und *Geraci* [1976, 1982, 1983].

3 Schätzung der Modellparameter

Die Diskussion des Identifikationsproblems hat gezeigt, daß die Parameter des FV-Modells bei Fehlen von Zusatzinformationen im allgemeinen nicht identifizierbar sind. Wir können daher nicht erwarten, ein konsistentes Schätzverfahren zu finden, das ohne jegliche Zusatzinformation auskommt, also nur mit den beobachteten Daten arbeitet. Ein solches Verfahren kann es nicht geben. Insbesondere liefert die gewöhnliche KQ-Schätzung, auf die man bei Fehlen von Zusatzinformationen meist zurückgreifen wird, im Regelfall inkonsistente Schätzungen.

Verfügt man jedoch über Zusatzinformationen, so können diese zur Konstruktion konsistenter Schätzungen herangezogen werden. In 2.3 wurde gezeigt, wie man mit Hilfe von Zusatzinformation die Modellparameter bestimmen kann. Allerdings waren dort ideale Beobachtungsverhältnisse vorausgesetzt, insofern als die Kenntnis der gemeinsamen Wahrscheinlichkeitsverteilung der empirischen Variablen x und y unterstellt wurde. Will man praxisrelevante Schätzverfahren entwickeln, muß man diese unrealistischen Idealvoraussetzungen aufgeben und sich endlichen Stichproben $(x_1, y_1), \ldots, (x_T, y_T)$ zuwenden. Die unter Idealbedingungen gefundenen Bestimmungsformeln für die Parameter lassen sich jedoch leicht zu brauchbaren Schätzformeln modifizieren. Man erhält auf diese Weise konsistente Schätzer, deren Gestalt natürlich von der Art der vorgegebenen Zusatzinformation abhängt.

Es scheint, daß wir auf die Konsistenzeigenschaft der Schätzer besonderes Gewicht legen. Dies versteht sich als Ausdruck des Bemühens, die Verzerrung des KQ-Schätzers zu überwinden. Tatsächlich lassen sich aber die meisten Schätzer, selbst wenn sie zunächst ad hoc und insbesondere nach dem relativ einfachen Momentenprinzip konstruiert worden sind, auch aus dem Maximum-Likelihood-Prinzip (ML-Prinzip) gewinnen oder sind mit ML-Schätzern verwandt. Sie sind daher nicht nur konsistent, sondern haben weitere günstige Schätzeigenschaften. Darauf gehen wir in Kap. 4 noch näher ein.

In 3.2 sind zunächst die wichtigsten Eigenschaften der KQ-Schätzung im FV-Modell dargestellt. Anschließend, in 3.3 — 3.8, werden Schätzverfahren vorgeführt, die bei Vorhandensein von Zusatzinformation anwendbar sind. Sie lassen sich überwiegend durch einfache Modifikation der entsprechenden Identifikationsformeln gewinnen.

Die für das Verständnis dieses Kapitels erforderlichen Grundlagen sind in 3.1 zusammengestellt.

3.1 Grundlagen für die Ableitung von Schätzverfahren

3.1.1 Statistische Grundlagen

Zur Charakterisierung der in diesem Kapitel noch vorzustellenden Schätzer für das FV-Modell benötigen wir einige statistische Grundlagen. Die hier angeführten Sätze werden aus Platzgründen nicht bewiesen. [1)]

▷ **Satz 3.1/1**: *Starkes Gesetz der Großen Zahlen (Satz von Kolmogoroff)*
Bezeichne $\{x_t\}$ eine Folge unabhängig identisch verteilter Zufallsvariablen mit gleichem Erwartungswert $E(x_t) =: \mu_x$.

Dann konvergieren die aus den ersten T Gliedern dieser Folge gebildeten arithmetischen Mittel $\bar{x} = (1/T) \sum x_t$ für $T \to \infty$ fast sicher gegen μ_x:

$$\lim \frac{1}{T} \sum x_t = \mu_x \qquad \text{m.W.1.}$$

Satz 3.1/1 gilt entsprechend auch für Folgen stochastischer Vektoren und Matrizen. Einen Beweis findet man z.B. bei *Bauer* [1978, Satz 37.2]. Aus Satz 3.1/1 folgt, daß die aus den ersten T Gliedern der Folge $\{x_t\}$ gebildeten empirischen Momente $(1/T) \sum x_t^n$ und $(1/T) \sum (x_t - \bar{x})^n$ für $T \to \infty$ fast sicher gegen die theoretischen Momente $E(x^n)$ resp. $E[(x - \mu_x)^n]$ konvergieren:

$$\left.\begin{aligned} \lim \frac{1}{T} \sum x_t^n &= E(x^n) \\ \lim \frac{1}{T} \sum (x_t - \bar{x})^n &= E[(x - \mu_x)^n]. \end{aligned}\right\} \quad \text{m.W.1.} \tag{1}$$

In Satz 3.1/1 wird der Begriff der fast sicheren Konvergenz benutzt. Wir werden bei unseren Konsistenzuntersuchungen mit dem schwächeren Begriff der Konvergenz in Wahrscheinlichkeit (stochastische Konvergenz) argumentieren. Daß Konvergenz in Wahrscheinlichkeit schwächer ist als fast sichere Konvergenz, ist die Aussage des nachstehenden Satzes, der u.a. bei *Bauer* [1978, Satz 19.4] bewiesen wird:

▷ **Satz 3.1/2**
Sei $\{x_T\}$ eine Folge von Zufallsvariablen, die für $T \to \infty$ fast sicher gegen eine Konstante a konvergiert:

$$\lim x_T = a \qquad \text{m.W.1.}$$

Dann existiert auch der Wahrscheinlichkeitslimes von x_T, und es gilt

$$p\lim x_T = a.$$

Hierbei bedeutet $p\lim x_T = a$, daß $\lim P(|x_T - a| > \delta) = 0$ ist für alle $\delta > 0$.

Da Grenzwerte bei Vektoren und Matrizen elementweise gebildet werden, gilt Satz 3.1/2 auch dann noch, wenn man die skalaren Größen x_T und a durch Vektoren $\boldsymbol{x}_T$ und $\boldsymbol{a}$ oder Matrizen $\boldsymbol{X}_T$ und $\boldsymbol{A}$ ersetzt.

Aus Satz 3.1/2 folgt speziell, daß in (1) „lim m.W.1" durch „$p$lim" ersetzt werden kann. Insbesondere gilt

---

[1)] Wir erinnern an die in 1.3 getroffene Vereinbarung, daß der Summationsindex bei Summen stets von 1 bis T läuft, sofern er nicht explizit angegeben wird. Limesbedingungen („lim", „$p$lim") verstehen sich jeweils für $T \to \infty$.

▷ **Satz 3.1/3**

Sei $\{x_t\}$ eine Folge unabhängig identisch verteilter Zufallsvariablen, deren Varianz $V(x_t) =: \sigma_x^2$ existiert. Dann gilt mit $E(x_t) =: \mu_x$

$$\text{plim } \bar{x} = \mu_x$$

$$\text{plim } s_x^2 = \sigma_x^2.$$

Ist ferner $\{(x_t, y_t)\}$ eine Folge unabhängig identisch verteilter Zufallvektoren mit $V(x_t) = \sigma_x^2$ und $V(y_t) = \sigma_y^2$, so existiert auch $C(x_t, y_t) = \sigma_{xy}$, und es ist

$$\text{plim } s_{xy} = \sigma_{xy}.$$

Einen Beweis für den folgenden Satz findet man u.a. bei *Bauer* [1978, Satz 19.3]:

▷ **Satz 3.1/4**

Sei $\{x_T\}$ eine Folge von Zufallsvariablen, deren Glieder einen gemeinsamen Erwartungswert $E(x_T) =: \mu_x$ besitzen und deren Varianzen $V(x_T)$ für $T \to \infty$ eine Nullfolge bilden:

$$\lim V(x_T) = 0.$$

Dann konvergieren die Glieder x_T stochastisch gegen Null:

$$\text{plim } x_T = 0.$$

Der Satz gilt entsprechend auch für eine Folge von Zufallsvektoren $\boldsymbol{x}_T$, wobei $V(\boldsymbol{x}_t)$ die Kovarianzmatrix von $\boldsymbol{x}_T$ bedeutet.

Schließlich formulieren wir noch eine Aussage über den Wahrscheinlichkeitslimes stetiger Funktionen [vgl. hierzu *Fisz*, 1980, S. 282]:

▷ **Satz 3.1/5**: *Theorem von Slutsky*

Seien $\{x_t\}$ und $\{y_T\}$ zwei Folgen von Zufallsvariablen mit der Eigenschaft

$$\text{plim } x_T = a, \qquad \text{plim } y_T = b,$$

und bezeichne $z_T = g(x_T, y_T)$ eine in (a, b) stetige Funktion der Zufallsvariablen x_T und y_T.

Dann konvergieren die Glieder der Folge $\{z_T\}$ für $T \to \infty$ stochastisch gegen $g(a, b)$:

$$\text{plim } g(x_T, y_T) = g(a, b).$$

Insbesondere folgt also aus dem Theorem von Slutsky

$$\begin{aligned} \text{plim } (x_T \pm y_t) &= \text{plim } x_T \pm \text{plim } y_T \\ \text{plim } x_T y_T &= (\text{plim } x_T) \text{ plim } y_T \end{aligned} \tag{2}$$

und unter der Voraussetzung $p\lim y_T \neq 0$

$$p\lim \frac{x_T}{y_T} = \frac{p\lim x_T}{p\lim y_T}. \tag{3}$$

Satz 3.1/5 gilt auch, wenn an die Stelle der skalaren Zufallsvariablen x_T und y_T Zufallsvektoren $\boldsymbol{x}_T$ und $\boldsymbol{y}_T$ oder stochastische Matrizen $\boldsymbol{X}_T$ und $\boldsymbol{Y}_T$ treten. Insbesondere ist

$$\begin{aligned} p\lim (\boldsymbol{X}_T \pm \boldsymbol{Y}_T) &= p\lim \boldsymbol{X}_T \pm p\lim \boldsymbol{Y}_T \\ p\lim \boldsymbol{X}_T \boldsymbol{Y}_T &= (p\lim \boldsymbol{X}_T)\, p\lim \boldsymbol{Y}_T \\ p\lim (\boldsymbol{X}_T^{-1}) &= (p\lim \boldsymbol{X}_T)^{-1}, \end{aligned} \tag{4}$$

wobei die Gültigkeit von (4c) natürlich die Regularität von $\boldsymbol{X}_T$ und $p\lim \boldsymbol{X}_T$ voraussetzt.

3.1.2 Schätzung im einfachen FV-Modell

a. Grenzmomente

Aus den in 3.1.1 aufgeführten Sätzen lassen sich einige Grenzmomente für das FV-Modell ableiten, auf die wir bei der Untersuchung der asymptotischen Eigenschaften von Schätzern zurückgreifen werden.

Wir beginnen mit dem einfachen FV-Modell und geben zunächst noch einmal die Gleichungen (1.1/1) der Grundform dieses Modells wieder:

$$\begin{aligned} \eta_t &= \alpha + \beta \xi_t + \varepsilon_t \\ y_t &= \eta_t + w_t \qquad\qquad t = 1, \ldots, T. \\ x_t &= \xi_t + v_t \end{aligned} \tag{5}$$

Wir setzen zur Vereinfachung der nachstehenden Ableitungen $\varepsilon \equiv 0$. Die Ergebnisse gelten aber unverändert auch im Falle $\varepsilon \not\equiv 0$, falls w durch $\tilde{w} = w + \varepsilon$ und damit σ_w^2 durch $\sigma_w^2 + \sigma_\varepsilon^2$ ersetzt wird.

Die Gleichungen (5) hatten wir durch die Annahmen (F1) — (F5) näher spezifiziert (FV-Modell *i.e.S.*; vgl. Tab. 1.2/1). Wir treffen darüber hinaus die in 1.2.2c schon eingeführte Zusatzannahme

(A) Die Grenzmomente $M_\xi := \lim \bar{\xi}$ und $S_{\xi\xi} := \lim s_\xi^2$ existieren m.W.1, und m.W.1 ist $S_{\xi\xi} > 0$.

Insbesondere existieren bei Gültigkeit von (A) auch $p\lim \bar{\xi}$ und $p\lim s_\xi^2$, wobei diese Limites nach Satz 3.1/2 mit M_ξ resp. $S_{\xi\xi}$ übereinstimmen.

Bei der Funktionalvariante sind $\bar{\xi}$ und s_ξ^2 nichtstochastisch, d.h. man darf für diesen Fall bei der Formulierung von (A) den Zusatz „m.W.1" weglassen. Bei der Strukturvariante sind die Variablen ξ_t und ξ_t^2 bez. des Beobachtungsindexes t unabhängig identisch verteilt mit Erwartungswert μ_ξ resp. $E(\xi^2)$, sofern diese Momente existieren. Annahme (A) ist bei dieser Modellspezifikation äquivalent mit der Bedingung der Existenz und Positivität von σ_ξ^2:

(A′) Die Varianz $\sigma_\xi^2 := V(\xi_t)$ existiert und ist positiv: $\sigma_\xi^2 > 0$.

Gemäß (F1) sind die Fehlervektoren (v_t, w_t) unabhängig identisch verteilt; $t = 1, \ldots, T$. Es gilt somit nach Satz 3.1/3 bei Beachtung von $E(v_t) = E(w_t) = 0$ für das einfache FV-Modell i.e.S.

$$\begin{aligned} plim\ \bar{v} &= 0 \\ plim\ \overline{v^2} &= plim\ s_v^2 = \sigma_v^2 \end{aligned} \tag{6}$$

$$\begin{aligned} plim\ \bar{w} &= 0 \\ plim\ \overline{w^2} &= plim\ s_w^2 = \sigma_w^2 \end{aligned} \tag{7}$$

$$plim\ \overline{v\,w} = plim\ s_{vw} = \sigma_{vw} = 0. \tag{8}$$

Wie v_t und w_t sind auch die Linearkombinationen $u_t = w_t - \beta v_t$ unabhängig identisch verteilt mit Erwartungswert Null und Varianz σ_u^2; d.h. es gilt

$$\begin{aligned} plim\ \bar{u} &= 0 \\ plim\ \overline{u^2} &= plim\ s_u^2 = \sigma_u^2. \end{aligned} \tag{9}$$

Für die Bestimmung der Grenzmomente $plim\ s_{\xi v}$ und $plim\ s_{\xi w}$ benötigt man die Annahme (A). Wir bestimmen zunächst $plim\ \overline{\xi v}$ und $plim\ \overline{\xi w}$ für die Funktionalvariante. Offenbar gilt dort mit $E(v_t) = E(w_t) = 0$ auch

$$E(\overline{\xi v}) = E(\overline{\xi w}) = 0. \tag{10}$$

Für die Varianzen $V(\overline{\xi v})$ und $V(\overline{\xi w})$ leitet man bei der Funktionalvariante die Beziehungen

$$\begin{aligned} V(\overline{\xi v}) &= \frac{1}{T}\sigma_v^2 (s_\xi^2 + \bar{\xi}^2) \\ V(\overline{\xi w}) &= \frac{1}{T}\sigma_w^2 (s_\xi^2 + \bar{\xi}^2) \end{aligned} \tag{11}$$

ab (vgl. A 3.1/1). Da s_ξ^2 und $\bar{\xi}$ gemäß Annahme (A) für $T \to \infty$ gegen einen endlichen Wert konvergieren, bilden die Varianzen (11) je eine Nullfolge:

$$\lim V(\overline{\xi v}) = \lim V(\overline{\xi w}) = 0.$$

Man erhält hieraus mit (10) nach Satz 3.1/4

$$p\lim \overline{\xi v} = p\lim \overline{\xi w} = 0 \tag{12}$$

und damit wegen $s_{\xi v} = \overline{\xi v} - \bar{\xi}\,\bar{v}$ und $s_{\xi w} = \overline{\xi w} - \bar{\xi}\,\bar{w}$ mit (6a, 7a) und (A)

$$p\lim s_{\xi v} = p\lim s_{\xi w} = 0. \tag{13}$$

Gleichung (13) bedeutet, daß die Variablen ξ und v resp. ξ und w asymptotisch unkorreliert sind.

Die Gleichungen (12, 13) wurden bisher nur für die Funktionalvariante des einfachen FV-Modells abgeleitet. Sie gelten aber auch für die Strukturvariante (vgl. Satz 3.1/3). Man kann — in Verallgemeinerung dieser beiden Fälle — sogar zeigen, daß die Gleichungen (12, 13) für *jedes* einfache FV-Modell Gültigkeit besitzen, wenn die Zusatzannahme (A) erfüllt ist:

▷ **Satz 3.1/6**

Für die Variablen ξ_t, v_t und w_t des einfachen FV-Modells seien die Annahmen (F1) — (F3) und (A) erfüllt.

Dann gelten (12, 13), d.h. die Variablen ξ und v resp. ξ und w sind asymptotisch unkorreliert.

Beweis: Zum Beweis von Satz 3.1/6 reicht es offenbar, wenn man unter den Voraussetzungen dieses Satzes (12) ableitet; (13) ergibt sich dann unmittelbar. Beim Beweis von (12) kann man sich wiederum auf die Bestimmung von $p\lim \overline{\xi v}$ beschränken; die Bestimmung von $p\lim \overline{\xi w}$ verläuft analog.

Bei der Herleitung der Gleichung $p\lim \overline{\xi v} = 0$ für das in Satz 3.1/6 spezifizierte allgemeine FV-Modell nutzen wir aus, daß diese Gleichung für den Spezialfall der Funktionalvariante bereits abgeleitet wurde.

Sei also $\{\xi_t\}$ eine Folge von Zufallsvariablen, für die (A) gilt. Sei ferner $\{\tilde{\xi}_t\}$ irgendeine Realisation der Folge. Ersetzen wir in dem FV-Modell aus Satz 3.1/6 die ξ_t durch diese Realisationen $\tilde{\xi}_t$, so erhält man die Funktionalvariante des FV-Modells mit $\tilde{\xi}_t$ als den latenten exogenen Variablen. Für die Funktionalvariante gilt nun (12), d.h. es ist $p\lim (\overline{\tilde{\xi} v}) = 0$. Letzteres bedeutet, daß für jedes beliebig vorgegebene $a > 0$

$$(*) \lim P(|\overline{\tilde{\xi} v}| > a) = 0$$

gilt. Betrachten wir nun die bedingte Wahrscheinlichkeit des Ereignisses $|\overline{\xi v}| > a$ unter der Bedingung, daß $(\xi_1, \ldots, \xi_T) = (\tilde{\xi}_1, \ldots, \tilde{\xi}_T)$. Nach einem Satz der Wahrscheinlichkeitstheorie [vgl. *Gänssler/Stute*, 1977, Satz 5.3.22] kann man diese wegen der stochastischen Unabhängigkeit zwischen $(v_1, \ldots, v_T)$ und $(\xi_1, \ldots, \xi_T)$ einfach so bestimmen, daß man ξ in der Beschreibung des Ereignisses durch $\tilde{\xi}$ ersetzt und dann die gewöhnliche (d.h. unbedingte) Wahrscheinlichkeit bestimmt:

$$P\{|\overline{\xi v}| > a \,|\, (\xi_1, \ldots, \xi_T) = (\tilde{\xi}_1, \ldots, \tilde{\xi}_T)\} = P(|\overline{\tilde{\xi} v}| > a).$$

Wegen (*) gilt daher

$$\lim P\{|\overline{\xi v}| > a \,|\, (\xi_1, \ldots, \xi_T) = (\tilde{\xi}_1, \ldots, \tilde{\xi}_T)\} = 0.$$

Wenn wir nun von der gegebenen Realisation $\{\tilde{\xi}_t\}$ wieder abgehen und zu bedingten Wahrscheinlichkeiten bei gegebener Zufallsfolge $\{\xi_t\}$ übergehen, dann ist zu beachten, daß der oben angegebene Grenzwert nur mit Wahrscheinlichkeit 1 besteht, denn nach Annahme (A) gibt es Realisationen von $\{\xi_t\}$, für die M_ξ und $S_{\xi\xi}$ existieren, nur mit Wahrscheinlichkeit 1. Man hat daher für jedes $a > 0$

$$\lim P(|\overline{\xi v}| > a \,|\, \xi_1, \ldots, \xi_T) = 0 \qquad \text{m.W.1.}$$

Nun ist die bedingte Wahrscheinlichkeit $P(|\overline{\xi v}| > a | \xi_1, \ldots, \xi_T)$ durch 0 und 1 beschränkt. Nach dem Satz von Lebesgue [vgl. z.B. *Bauer*, 1978, Satz 13.4] konvergiert daher ihr Erwartungswert

$$E\{P(|\overline{\xi v}| > a | \xi_1, \ldots, \xi_T)\} = P(|\overline{\xi v}| > a)$$

ebenfalls gegen 0. Die Aussage „lim $P(|\overline{\xi v}| > a) = 0$ für jedes $a > 0$“ ist aber äquivalent mit der zu beweisenden Gleichung plim $\overline{\xi v} = 0$.

Aus den Modellgleichungen (5) folgt mit (6a, 7a)

$$\begin{aligned} M_x &:= \text{plim } \bar{x} = M_\xi \\ M_y &:= \text{plim } \bar{y} = \alpha + \beta M_\xi . \end{aligned} \tag{14}$$

Die Gleichungen (5) liefern ferner

$$\begin{aligned} s_x^2 &= s_\xi^2 + 2 s_{\xi v} + s_v^2 \\ s_y^2 &= \beta^2 s_\xi^2 + 2 \beta s_{\xi w} + s_w^2 . \end{aligned} \tag{15}$$

Mit (5) und $u_t = w_t - \beta v_t$ erhält man schließlich noch

$$\begin{aligned} s_{xy} &= \beta s_{x\xi} + s_{xw} = \beta s_\xi^2 + \beta s_{\xi v} + s_{\xi w} + s_{vw} \\ s_{xu} &= s_{xw} - \beta s_{xv} = s_{\xi w} - \beta s_{\xi v} - \beta s_v^2 + s_{vw} . \end{aligned} \tag{16}$$

Bildet man den Wahrscheinlichkeitslimes, so ergibt sich mit (6b, 7b) und (13) für das einfache FV-Modell i.e.S.

$$\begin{aligned} S_{xx} &:= \text{plim } s_x^2 = S_{\xi\xi} + \sigma_v^2 \\ S_{yy} &:= \text{plim } s_y^2 = \beta^2 S_{\xi\xi} + \sigma_w^2 \end{aligned} \tag{17}$$

$$\begin{aligned} S_{xy} &:= \text{plim } s_{xy} = \beta S_{\xi\xi} \\ S_{xu} &:= \text{plim } s_{xu} = -\beta \sigma_v^2 . \end{aligned} \tag{18}$$

Die Gleichungen (14), (17) und (18a) ergeben zusammen ein **Gleichungssystem für die Grenzmomente** erster und zweiter Ordnung der empirischen Variablen x und y:

$$\begin{aligned} M_x &= M_\xi \\ M_y &= \alpha + \beta M_\xi \\ S_{xx} &= S_{\xi\xi} + \sigma_v^2 \\ S_{yy} &= \beta^2 S_{\xi\xi} + \sigma_w^2 \\ S_{xy} &= \beta S_{\xi\xi} . \end{aligned} \tag{19}$$

Da dieses System im Falle der Strukturvariante nach Satz 3.1/3 in (2.2/2) übergeht, stellt (19) eine Verallgemeinerung des nur für die Strukturvariante abgeleiteten Momentengleichungssystems (2.2/2) dar.

Anmerkungen:

1. Die Herleitung von (19) stützt sich nur auf (6) — (8), (13) und eine abgeschwächte asymptotische Zusatzannahme, die wir hier mit (Ã) bezeichnen wollen und die aus (A) dadurch hervorgeht, daß in (A) „lim m.W.1“ durch „*p*lim“ ersetzt wird (vgl. in 3.1.2a den auf Annahme (A) folgenden Text). Die Gleichungen (6) — (8) und (13) sowie (Ã) basieren wiederum auf den Annahmen (F1) — (F5) und (A).
   Es ist bemerkenswert, daß diese Annahmen bei den späteren Konsistenzuntersuchungen meist keine direkte Rolle mehr spielen. Für letztere kommen wir i.d.R. mit (6) — (8), (13), (Ã) und dem daraus abgeleiteten System (19) aus.
2. Die Gleichungen (6) — (8) und (13), auf denen unsere Konsistenzuntersuchungen gründen, gelten aber auch schon unter schwächeren Bedingungen als (F1) — (F5) und (A).
   So lassen sich (6) — (8) auch für nicht identisch verteilte Fehlervariablen beweisen, sofern man die Existenz höherer Momente voraussetzt und über diese geeignete Annahmen trifft. Die asymptotischen Beziehungen (6) — (8) können sogar dann noch gelten, wenn die Glieder der Folgen $\{v_t\}$ resp. $\{w_t\}$ autokorreliert sind, sofern die Autokorrelation mit wachsendem Abstand der Folgeglieder hinreichend rasch abnimmt. Zur Ableitung von (13) genügt es, wenn man anstelle von (A) nur die Beschränktheit der Folge $\{\xi_t\}$ annimmt.
   Aus alledem wird deutlich, daß man sich bei der Behandlung des Konsistenzproblems von den Annahmen (F1) —(F5) und (A) z.T. lösen kann, ohne die Gültigkeit der Ergebnisse in Frage zu stellen. Wir werden allerdings bei den folgenden Konsistenzuntersuchungen auf die Formulierung solcher Abschwächungen verzichten und im Interesse einer einheitlichen Darstellung (F1) — (F5) und (A) in voller Stärke zugrunde legen. Auf Annahme (F5) verzichten wir stellenweise.
   Zur weiteren Rechtfertigung sei auf Kap. 4 verwiesen, wo wir (F1) — (F5) und (A) bei der Bestimmung der asymptotischen Varianzen der Schätzer wieder benötigt werden.

A 3.1/1

Beweisen Sie (11a) für die Funktionalvariante des einfachen FV-Modells. Welche Modellannahmen werden benutzt?

A 3.1/2

Wie ändert sich (18b), wenn man das FV-Modell *i.w.S.* zugrunde legt?

b. Momentenschätzer

Wir hatten in 2.4.2 Zusatzinformationen im Rahmen der *Strukturvariante* des einfachen FV-Modells als *stetig M_2-identifizierend* bezeichnet, wenn sie es ermöglichten, aus (2.2/2) für alle oder zumindest einige Modellparameter eine Darstellung als stetige Funktion der theoretischen Momente μ_x, μ_y, σ_{xx}, σ_{yy} und σ_{xy} abzuleiten. Diese Definition läßt sich jetzt unschwer übertragen auf das hier betrachtete *allgemeinere einfache FV-Modell*, bei dem die Annahme (SV) nicht mehr vorausgesetzt wird. Bei Zugrundelegung dieses Modells wollen wir solche Zusatzinformationen **stetig M_2-identifizierend** nennen, die es erlauben, aus (19) für alle oder einige Parameter eine Darstellung als stetige Funktion der Grenzmomente M_x, M_y, S_{xx}, S_{yy} und S_{xy} zu gewinnen. Damit ist der Anschluß an das schon in

2.4.2 angeschnittene Problem der konsistenten Schätzung unter Identifikationsbedingungen hergestellt:

▷ **Satz 3.1/7**
Hinreichend für die konsistente Schätzbarkeit eines Parameters des durch (5), (F1) — (F4) und (A) spezifizierten FV-Modells i.w.S. mit Zusatzinformation ist, daß dieser Parameter stetig M_2-identifizierbar ist.

Beweis: Parameter des in Satz 3.1/7 angesprochenen allgemeinen einfachen FV-Modells sind neben α, β, σ_v^2, σ_w^2 und σ_{vw} noch M_ξ und $S_{\xi\xi}$.

Nehmen wir etwa an, der Parameter β dieses Modells sei stetig M_2-identifizierbar. Er ist dann aus (19) eindeutig bestimmbar, wobei sich β als stetige Funktion der Grenzmomente erster und zweiter Ordnung von x und y ergibt: $\beta = \varphi(M_x, M_y, S_{xx}, S_{yy}, S_{xy})$. Ersetzt man die fünf Grenzmomente durch die empirischen Momente $\bar{x}$, $\bar{y}$, s_{xx}, s_{yy} resp. s_{xy}, so hat man — da letztere stochastisch gegen erstere konvergieren und φ stetig ist — nach Satz 3.1/5 eine konsistente Schätzung für β gefunden.

Entsprechend kann man bez. der anderen fünf Modellparameter argumentieren.

Im vorstehenden Beweis von Satz 3.1/7 wird ein konstruktives zweistufiges Verfahren zur Gewinnung konsistenter Parameterschätzungen bei Vorhandensein geeigneter — d.h. stetig M_2-identifizierender — Zusatzinformationen beschrieben: Auflösen von (19) nach den Parametern und nachfolgende Substitutionen der Grenzmomente von x und y durch die entsprechenden endlichen Momente.

Äquivalent ist die umgekehrte Vorgehensweise, bei der die beiden Verfahrensschritte vertauscht sind. Man erhält auf diese Weise im ersten Schritt aus (19) ein Bestimmungssystem für konsistente Parameterschätzungen $\hat{\alpha}$, $\hat{\beta}$, $\hat{M}_\xi$, $\hat{S}_{\xi\xi}$, $\hat{\sigma}_v^2$ und $\hat{\sigma}_w^2$:

$$
\begin{aligned}
\bar{x} &= \hat{M}_\xi \\
\bar{y} &= \hat{\alpha} + \hat{\beta}\,\hat{M}_\xi \\
s_x^2 &= \hat{S}_{\xi\xi} + \hat{\sigma}_v^2 \\
s_y^2 &= \hat{\beta}^2\,\hat{S}_{\xi\xi} + \hat{\sigma}_w^2 \\
s_{xy} &= \hat{\beta}\,\hat{S}_{\xi\xi}.
\end{aligned}
\tag{20}
$$

Aus (20) läßt sich dann für jeden Parameter, der aufgrund von stetig M_2-identifizierenden Zusatzinformationen aus (19) bestimmbar ist, die zugehörige konsistente Schätzung gewinnen. Wir nennen diese Schätzer **Momentenschätzer** oder genauer **M_2-Schätzer**, weil sie aus empirischen Momenten maximal zweiter Ordnung der beobachtbaren Variablen gebildet sind. Momentenschätzer sind also in dem hier zugrundegelegten Modell stets konsistent.

Wir halten fest, daß man immer Momentenschätzer aus (20) gewinnen kann, wenn das System durch stetig M_2-identifizierende Restriktionen ergänzt wird. (Restriktionen dieser Art sind z.B. durch die in 2.3.1 beschriebenen Informationstypen gegeben.) Der Parameter M_ξ kann auch bei Fehlen von Zusatzinformationen durch (20a) konsistent geschätzt werden, wie man aus (19a) sofort ersieht.

Es kann allerdings auch der Fall auftreten (vgl. 2.3.1c), daß „zu viele" Restriktionen vorhanden sind, so daß (20) bei voller Berücksichtigung dieser Information nicht auflösbar ist. In diesem Überidentifikationsfall kann man sich zunächst damit behelfen, daß man nicht die gesamte Information oder nicht alle Gleichungen des Systems (20) beachtet. Sofern man dann eindeutige Lösungen erhält, sind diese weiterhin konsistent. Sie sind aber nicht optimal, weil sie die vorgegebene Information nicht voll ausnutzen.

Ein allgemeines Schätzverfahren, das in dieser Situation zumeist zu besseren Schätzungen führt, ist das **Maximum-Likelihood-Prinzip** (ML-Prinzip). Es benötigt zwar zur Ableitung von Schätzformeln strengere Voraussetzungen (üblicherweise die Normalverteilungsvoraussetzung), doch sind die mittels des ML-Prinzips abgeleiteten **ML-Schätzer** auch ohne diese Voraussetzungen zumeist noch konsistent und asymptotisch effizient.

3.1.3 Schätzung im multiplen FV-Modell

a. Grenzmomente

Ausgangspunkt bei der Bestimmung von Grenzmomenten für das multiple FV-Modell ist die Grundform (1.1/13), die hier noch einmal wiedergegeben sei:

$$\begin{aligned} \boldsymbol{\eta} &= \boldsymbol{\Xi}\boldsymbol{\beta} + \boldsymbol{\varepsilon} \\ \boldsymbol{y} &= \boldsymbol{\eta} + \boldsymbol{w} \\ \boldsymbol{X} &= \boldsymbol{\Xi} + \boldsymbol{V}. \end{aligned} \tag{21}$$

Wir setzen hier wieder o.B.d.A. voraus, daß $\boldsymbol{\varepsilon} = \boldsymbol{o}$.

Die Gleichungen (21) hatten wir durch die Annahmen (F1) —(F5) näher spezifiziert (FV-Modell *i.e.S.*, vgl. Tab. 1.2/1). Wir treffen nun darüber hinaus noch die schon in 1.2.2d eingeführte Annahme

(A) Der Grenzmomentenvektor $\boldsymbol{M}_\xi = \lim\,(\bar{\xi}_1, \ldots, \bar{\xi}_K)'$ und die Grenzmomentenmatrix $\boldsymbol{M}_{\xi\xi} := \lim\,(1/T)\,\boldsymbol{\xi}'\,\boldsymbol{\xi}$ existieren m.W.1, und letztere ist regulär.

Wenn (A) erfüllt ist, gilt nach Satz 3.1/2 insbesondere auch $p\lim\,(1/T)\,\boldsymbol{\Xi}'\,\boldsymbol{\Xi} = \boldsymbol{M}_{\xi\xi}$.

Wir leiten zunächst die multiplen Analoga der Grenzmomentenbeziehungen (6) – (9) her.

Die Variablenvektoren $(v_{t1}, \ldots, v_{tK}, w_t)'$ sind gemäß (F1) unabhängig identisch verteilt. Es folgt daher nach Satz 3.1/3 bei Beachtung von (F2) mit $\sigma_i^2 := V(v_{ti})$ und $\sigma_{ij} := C(v_{ti}, v_{tj})$ für das multiple FV-Modell i.e.S.:

$$\begin{aligned} &\text{plim } \bar{v}_i = 0 \\ &\text{plim } \overline{v_i^2} = \sigma_i^2 \qquad\qquad i, j = 1, \ldots, K \\ &\text{plim } \overline{v_i\, v_j} = \sigma_{ij} \end{aligned} \tag{22}$$

$$\begin{aligned} &\text{plim } \bar{w} = 0 \\ &\text{plim } \overline{w^2} = \sigma_w^2 \end{aligned} \tag{23}$$

$$\text{plim } \overline{v_i\, w} = \sigma_{v_i w} = 0 \qquad\qquad i = 1, \ldots, K. \tag{24}$$

Bei Gültigkeit von (F1) und (F2) sind auch die Variablen $u_t = w_t - \sum \beta_i\, v_{ti}$ unabhängig identisch verteilt mit Erwartungswert Null und Varianz σ_u^2; d.h. es gilt

$$\begin{aligned} &\text{plim } \bar{u} = 0 \\ &\text{plim } \overline{u^2} = \sigma_u^2. \end{aligned} \tag{25}$$

Die Bestimmung der Grenzmomente von $\overline{\xi_i\, v_j}$ und $\overline{\xi_i\, w}$ erfolgt analog zum einfachen FV-Modell (vgl. Satz 3.1/6) unter Verwendung der Zusatzannahme (A). Dabei erhält man als Verallgemeinerung von (12)

$$\text{plim } \overline{\xi_i\, v_j} = \text{plim } \overline{\xi_i\, w} = 0 \qquad i, j = 1, \ldots, K. \tag{26}$$

Mit Hilfe der Identitäten

$$\begin{aligned} &\frac{1}{T} V'\, V = (\overline{v_i\, v_j})_{i, j = 1, \ldots, K} \\ &\frac{1}{T} V'\, w = (\overline{v_1\, w}, \ldots, \overline{v_K\, w})' \\ &\frac{1}{T}\, w'\, w = \overline{w^2} \end{aligned} \tag{27}$$

$$\begin{aligned} &\frac{1}{T} \Xi'\, V = (\overline{\xi_i\, v_j})_{i, j, \ldots, K} \\ &\frac{1}{T} \Xi'\, w = (\overline{\xi_1\, w}, \ldots, \overline{\xi_K\, w})' \end{aligned} \tag{28}$$

gewinnt man aus den Gleichungen (22) — (24) und (26) die Beziehungen

$$plim \frac{1}{T} \boldsymbol{V}' \boldsymbol{V} = \boldsymbol{\Sigma}$$

$$plim \frac{1}{T} \boldsymbol{V}' \boldsymbol{w} = \boldsymbol{o} \tag{29}$$

$$plim \frac{1}{T} \boldsymbol{w}' \boldsymbol{w} = \sigma_w^2$$

$$plim \frac{1}{T} \boldsymbol{\Xi}' \boldsymbol{V} = \boldsymbol{O}$$

$$plim \frac{1}{T} \boldsymbol{\Xi}' \boldsymbol{w} = \boldsymbol{o}. \tag{30}$$

Für den Vektor $\boldsymbol{u} = \boldsymbol{w} - \boldsymbol{V}\boldsymbol{\beta}$ leitet man mit (29, 30)

$$plim \frac{1}{T} \boldsymbol{X}' \boldsymbol{u} = - \boldsymbol{\Sigma}\boldsymbol{\beta} \tag{31}$$

ab. Wenn wir in Analogie zu (14) mit $\bar{\boldsymbol{\xi}} := (\bar{\xi}_1, \ldots, \bar{\xi}_K)'$ und $\bar{\boldsymbol{x}} := (\bar{x}_1, \ldots, \bar{x}_K)'$ die vektoriellen Grenzmomente erster Ordnung

$$\boldsymbol{M}_\xi := plim\, (\bar{\xi}_1, \ldots, \bar{\xi}_K)' = plim\, \bar{\boldsymbol{\xi}}$$

$$\boldsymbol{M}_x := plim\, (\bar{x}_1, \ldots, \bar{x}_K)' = plim\, \bar{\boldsymbol{x}} = \boldsymbol{M}_\xi \tag{32}$$

und analog zu (17, 18a) die Grenzmomentenmatrizen zweiter Ordnung

$$\boldsymbol{M}_{xx} := plim \frac{1}{T} \boldsymbol{X}' \boldsymbol{X} = \boldsymbol{M}_{\xi\xi} + \boldsymbol{\Sigma}$$

$$M_{yy} := plim \frac{1}{T} \boldsymbol{y}' \boldsymbol{y} = \boldsymbol{\beta}' \boldsymbol{M}_{\xi\xi} \boldsymbol{\beta} + \sigma_w^2 \tag{33}$$

$$\boldsymbol{M}_{xy} := plim \frac{1}{T} \boldsymbol{X}' \boldsymbol{y} = \boldsymbol{M}_{\xi\xi} \boldsymbol{\beta}$$

$$\boldsymbol{M}_{yx} := plim \frac{1}{T} \boldsymbol{y}' \boldsymbol{X} = \boldsymbol{M}'_{xy} \tag{34}$$

einführen (vgl. auch A 3.1/3), erhält man mit $M_y := plim\, \bar{y}$ und $M_\eta := plim\, \bar{\eta}$ das **Grenzmomentensystem**

$$\begin{pmatrix} M_y \\ M_x \end{pmatrix} = \begin{pmatrix} M_\eta \\ M_\xi \end{pmatrix}$$

$$\begin{pmatrix} M_{yy} & M'_{xy} \\ M_{xy} & M_{xx} \end{pmatrix} = \begin{pmatrix} \boldsymbol{\beta}' M_{\xi\xi} \boldsymbol{\beta} & \boldsymbol{\beta}' M_{\xi\xi} \\ M_{\xi\xi} \boldsymbol{\beta} & M_{\xi\xi} \end{pmatrix} + \begin{pmatrix} \sigma_w^2 & \boldsymbol{o}' \\ \boldsymbol{o} & \boldsymbol{\Sigma} \end{pmatrix}. \tag{35}$$

Wegen (21a) gilt $M_\eta = \boldsymbol{\beta}' M_\xi$. Man kann daher (35) auch in die Form

$$\begin{aligned} M_x &= M_\xi \\ M_y &= \boldsymbol{\beta}' M_\xi \\ M_{xx} &= M_{\xi\xi} + \boldsymbol{\Sigma} \\ M_{yy} &= \boldsymbol{\beta}' M_{\xi\xi} \boldsymbol{\beta} + \sigma_w^2 \\ M_{xy} &= M_{\xi\xi} \boldsymbol{\beta} \end{aligned} \tag{36}$$

überführen. Man erkennt sofort, daß das Grenzmomentensystem (35) bzw. (36) im Spezialfall der Strukturvariante mit (2.5/3) resp. (2.5/4) übereinstimmt.

Falls die Variable ξ_1 des multiplen FV-Modells (21) Scheinvariablencharakter besitzt ($\xi_1 \equiv 1$), sind (36a, b) in (36c, e) enthalten (s. A 3.1/3). Man kann in diesem Fall anstelle von (36) eine scheinvariablenbereinigte Fassung verwenden. Um diese zu gewinnen, greifen wir auf die Definitionen für $\boldsymbol{\beta}^*$, $\boldsymbol{y}^*$ und $\boldsymbol{\Xi}^*$ sowie für $\boldsymbol{\Sigma}^*$ aus 1.1.2c bzw. 1.2.2b zurück und führen zunächst in Analogie zu den Grenzmomentenvektoren (32) die $(K-1)$-Vektoren

$$\begin{aligned} M_\xi^* &:= \text{plim}\,(\bar{\xi}_2, \ldots, \bar{\xi}_K)' \\ M_x^* &:= \text{plim}\,(\bar{x}_2, \ldots, \bar{x}_K)' = M_\xi^* \end{aligned} \tag{37}$$

und als bereinigte Fassungen von (33, 34) die Grenzmomente

$$\begin{aligned} S_{xx} &:= \text{plim}\,\frac{1}{T}\; X^{*\prime} X^* = S_{\xi\xi} + \boldsymbol{\Sigma}^* \\ S_{yy} &:= \text{plim}\,\frac{1}{T}\; \boldsymbol{y}^{*\prime} \boldsymbol{y}^* = \text{plim}\; s_y^2 = \boldsymbol{\beta}^{*\prime} S_{\xi\xi} \boldsymbol{\beta}^* + \sigma_w^2 \end{aligned} \tag{38}$$

$$\begin{aligned} S_{xy} &:= \text{plim}\,\frac{1}{T}\; X^{*\prime} \boldsymbol{y}^* = S_{\xi\xi} \boldsymbol{\beta}^* \\ S_{yx} &:= \text{plim}\,\frac{1}{T}\; \boldsymbol{y}^{*\prime} X^* = S'_{xy} \end{aligned} \tag{39}$$

ein, wobei $\boldsymbol{S}_{\xi\xi} = p\text{lim}\ (1/T)\ \boldsymbol{\Xi}^{*\prime}\ \boldsymbol{\Xi}^{*}$. Die Existenz der Matrizen $\boldsymbol{S}_{xx}$ und $\boldsymbol{S}_{\xi\xi}$ ist m.W.1 durch die Zusatzannahme (A) gesichert; $\boldsymbol{S}_{\xi\xi}$ ist bei Gültigkeit von (A) sogar regulär (vgl. A 3.1/4).

Mit diesen Notationsvereinbarungen erhält man das scheinvariablenbereinigte Grenzmomentensystem

$$\begin{aligned} \boldsymbol{M}_x^* &= \boldsymbol{M}_\xi^* \\ M_y &= \beta_1 + \boldsymbol{\beta}^{*\prime}\, \boldsymbol{M}_\xi^* \\ \boldsymbol{S}_{xx} &= \boldsymbol{S}_{\xi\xi} + \boldsymbol{\Sigma}^* \\ S_{yy} &= \boldsymbol{\beta}^{*\prime}\, \boldsymbol{S}_{\xi\xi}\, \boldsymbol{\beta}^* + \sigma_w^2 \\ \boldsymbol{S}_{xy} &= \boldsymbol{S}_{\xi\xi}\, \boldsymbol{\beta}^*. \end{aligned} \tag{40}$$

Das System (40), das unschwer als multiples Analogon von (19) zu identifizieren ist, stimmt bei der Strukturvariante mit (2.5/5) überein.

Abschließend sei noch eine Grenzmomentenbeziehung erwähnt, die wir für die symmetrische Form des multiplen FV-Modells benötigen werden. Wir verwenden die in 1.1.2b eingeführten Matrizen $\boldsymbol{X}_0 = (\boldsymbol{y}, \boldsymbol{X})$ und $\boldsymbol{\Xi}_0 = (\boldsymbol{\Xi}\boldsymbol{\beta}, \boldsymbol{\Xi})$ und definieren analog zu (33)

$$\begin{aligned} \boldsymbol{M} &:= p\text{lim}\, \frac{1}{T} \boldsymbol{X}_0'\, \boldsymbol{X}_0 \\ \boldsymbol{M}_0 &:= p\text{lim}\, \frac{1}{T} \boldsymbol{\Xi}_0'\, \boldsymbol{\Xi}_0. \end{aligned} \tag{41}$$

Anstelle von (35b) hat man die kürzere Darstellung

$$\boldsymbol{M} = \boldsymbol{M}_0 + \boldsymbol{\Sigma}_0. \tag{42}$$

Diese Beziehung gilt auch im multiplen FV-Modell *i.w.S.*, wobei dort der Kovarianzvektor $\boldsymbol{\sigma}$ aus (1.2/10) allerdings vom Nullvektor verschieden ist.

Die wichtigsten Ergebnisse aus 3.1.2a und 3.1.3a sind in Tab. 3.1/1 zusammengefaßt.

A 3.1/3

Zeigen Sie, daß im Falle $\xi_1 \equiv 1$ (36a) in (36c) und (36b) in (36e) enthalten ist.

A 3.1/4

a. Leiten Sie für $S_{\xi\xi}$ die Darstellung $\boldsymbol{S}_{\xi\xi} = \boldsymbol{M}_{\xi\xi}^* - \boldsymbol{M}_\xi^* \boldsymbol{M}_\xi^{*\prime}$ her mit

$$\boldsymbol{M}_{\xi\xi}^* := p\text{lim}\, \frac{1}{T}\, \boldsymbol{\xi}_*'\, \boldsymbol{\xi}_*, \qquad \boldsymbol{\xi}_* := (\xi_2, \ldots, \xi_K).$$

b. Zeigen Sie mit Hilfe der Annahme (A), daß $S_{\xi\xi}$ positiv definit ist.
c. Weisen Sie die Regularität von M_{xx} und S_{xx} nach.

Einfaches FV-Modell	Multiples FV-Modell	
	Ursprüngliche Daten	Daten als Abweichung vom Mittelwert
$\text{plim}\ \bar{\xi} = M_\xi$	$\text{plim}\ \bar{\xi} = M_\xi$	
$\text{plim}\ \bar{x} = M_\xi$	$\text{plim}\ \bar{x} = M_\xi$	
$\text{plim}\ \bar{y} = \alpha + \beta M_\xi$	$\text{plim}\ \bar{y} = \beta' M_\xi$	
$\text{plim}\ s_w^2 = \sigma_w^2$	$\text{plim}\ \frac{1}{T} w' w = \sigma_w^2$	$\text{plim}\ \frac{1}{T} w^{*\prime} w^* = \sigma_w^2$
$\text{plim}\ s_v^2 = \sigma_v^2$	$\text{plim}\ \frac{1}{T} V' V = \Sigma$	$\text{plim}\ \frac{1}{T} V^{*\prime} V^* = \Sigma^*$
$\text{plim}\ s_{vw} = 0$	$\text{plim}\ \frac{1}{T} V' w = 0$	$\text{plim}\ \frac{1}{T} V^{*\prime} w^* = 0$
$\text{plim}\ s_u^2 = \sigma_u^2$	$\text{plim}\ \frac{1}{T} u' u = \sigma_u^2$	$\text{plim}\ \frac{1}{T} u^{*\prime} u^* = \sigma_u^2$
$\text{plim}\ s_{\xi w} = 0$	$\text{plim}\ \frac{1}{T} \Xi' w = 0$	$\text{plim}\ \frac{1}{T} \Xi^{*\prime} w^* = 0$
$\text{plim}\ s_{\xi v} = 0$	$\text{plim}\ \frac{1}{T} \Xi' V = 0$	$\text{plim}\ \frac{1}{T} \Xi^{*\prime} V^* = 0$
$\text{plim}\ s_{xu} = -\beta \sigma_v^2$	$\text{plim}\ \frac{1}{T} X' u = -\Sigma \beta$	$\text{plim}\ \frac{1}{T} X^{*\prime} u^* = -\Sigma^* \beta^*$
$\text{plim}\ s_\xi^2 = S_{\xi\xi}$	$\text{plim}\ \frac{1}{T} \Xi' \Xi = M_{\xi\xi}$	$\text{plim}\ \frac{1}{T} \Xi^{*\prime} \Xi^* = S_{\xi\xi}$
$\text{plim}\ s_x^2 = S_{\xi\xi} + \sigma_v^2$	$\text{plim}\ \frac{1}{T} X' X = M_{\xi\xi} + \Sigma$	$\text{plim}\ \frac{1}{T} X^{*\prime} X^* = S_{\xi\xi} + \Sigma^*$
$\text{plim}\ s_y^2 = \beta^2 S_{\xi\xi} + \sigma_w^2$	$\text{plim}\ \frac{1}{T} y' y = \beta' M_{\xi\xi} \beta + \sigma_w^2$	$\text{plim}\ \frac{1}{T} y^{*\prime} y^* = \beta^{*\prime} S_{\xi\xi} \beta^* + \sigma_w^2$
$\text{plim}\ s_{xy} = \beta S_{\xi\xi}$	$\text{plim}\ \frac{1}{T} X' y = M_{\xi\xi} \beta$	$\text{plim}\ \frac{1}{T} X^{*\prime} y^* = S_{\xi\xi} \beta^*$

Tab. 3.1/1: Grenzmomente erster und zweiter Ordnung im FV-Modell *i.e.S.*

b. Momentenschätzer

Wird das System (36) bzw. das im Falle $\xi_1 \equiv 1$ äquivalente System (40) durch geeignete identifizierende Zusatzinformationen ergänzt, dann läßt es sich nach den Modellparametern eindeutig auflösen. Man erhält — analog zur Vorgehensweise beim einfachen FV-Modell — konsistente Schätzer, wenn man in (36) bzw. in (40) die Grenzmomente der beobachtbaren Variablen durch die entsprechenden empirischen Momente ersetzt und bei Beachtung der zusätzlich gegebenen Restriktionen nach den Modellparametern auflöst.

Da die Gleichungen (36a, b) für $\xi_1 \equiv 1$ redundant sind (s. A 3.1/3), beinhaltet (36) in diesem Falle nicht mehr Information als (35b). Es genügt dann, das geschilderte Verfahren auf das Teilsystem (35b) anzuwenden. Man gewinnt auf diese Weise Bestimmungsgleichungen für konsistente Schätzungen der Parameter β, $\boldsymbol{M}_{\xi\xi}$, $\boldsymbol{\Sigma}$ und σ_w^2:

$$\frac{1}{T}\begin{pmatrix} y'y & y'X \\ X'y & X'X \end{pmatrix} = \begin{pmatrix} \hat{\beta}'\hat{M}_{\xi\xi}\hat{\beta} & \hat{\beta}'\hat{M}_{\xi\xi} \\ \hat{M}_{\xi\xi}\hat{\beta} & \hat{M}_{\xi\xi} \end{pmatrix} + \begin{pmatrix} \hat{\sigma}_w^2 & o' \\ o & \hat{\Sigma} \end{pmatrix}. \tag{43}$$

Beschränkt man sich auf die Schätzung von $\boldsymbol{\beta}^*$, $\boldsymbol{S}_{\xi\xi}$, $\boldsymbol{\Sigma}^*$ und σ_w^2, so kann man von (40c — e) ausgehen und erhält anstelle von (43)

$$\frac{1}{T}\begin{pmatrix} y^{*\prime}y^* & y^{*\prime}y^* \\ X^{*\prime}y^* & X^{*\prime}X^* \end{pmatrix} = \begin{pmatrix} \hat{\beta}^{*\prime}\hat{S}_{\xi\xi}\hat{\beta}^* & \hat{\beta}^{*\prime}\hat{S}_{\xi\xi} \\ \hat{S}_{\xi\xi}\hat{\beta}^* & \hat{S}_{\xi\xi} \end{pmatrix} + \begin{pmatrix} \hat{\sigma}_w^2 & o' \\ o & \hat{\Sigma}^* \end{pmatrix}. \tag{44}$$

Hinzu treten die als Zusatzinformationen gegebenen Parameterrestriktionen.

Das Bestimmungssystem (43) kann man natürlich auch im homogenen Fall zur Ableitung von Schätzern verwenden. Es stehen dann über (43) hinaus noch die Bestimmungsgleichungen zur Verfügung, die sich aus (36a, b) ergeben.

Schätzer, die aus (43) oder (44) gewonnen werden, nennen wir wieder **Momentenschätzer** oder präziser **M_2-Schätzer**. Wir werden in 3.3 — 3.6 sehen, wie Momentenschätzer in Abhängigkeit von der jeweils vorgegebenen Zusatzinformation gebildet werden. Voraussetzung für die Konstruierbarkeit der Schätzer ist immer, daß das System (43) resp. (44) in Verbindung mit den zusätzlichen Restriktionen eindeutig lösbar ist. Bei Überidentifikation hilft i.a. die ML-Methode weiter.

A 3.1/5

a. Aus (36c, e) folgt das Gleichungssystem $\boldsymbol{\Sigma\beta} = \boldsymbol{M}_{xx}\boldsymbol{\beta} - \boldsymbol{M}_{xy}$. Geben Sie dieses System in skalarer Schreibweise wieder.
b. Welche Gestalt besitzt die i-te Gleichung des Systems, wenn die Fehlervariablen $v_1, \ldots, v_K$ nicht miteinander korreliert sind (Diagonalgestalt von $\boldsymbol{\Sigma}$)? Leiten Sie daraus unter der Voraussetzung $\beta_i \neq 0$ eine Identifikationsbeziehung für die Varianz $\sigma_i^2 = V(v_i)$ ab.
c. Wie kann man aus der Identifikationsbeziehung eine konsistente Schätzung für σ_i^2 gewinnen, wenn man über eine konsistente Schätzung $\hat{\boldsymbol{\beta}} = (\hat{\beta}_1, \ldots, \hat{\beta}_K)'$ für den Regressionskoeffzientenvektor $\boldsymbol{\beta} = (\beta_1, \ldots, \beta_K)'$ verfügt?

3.2 Anwendung der KQ-Methode auf das FV-Modell

Wir haben schon in 1.3.2a plausibel gemacht, daß die KQ-Schätzung im FV-Modell inkonsistent ist. Die in 3.1 abgeleiteten Grenzmomentenbeziehungen erlauben es uns nun, dieses heuristische Ergebnis auch zu beweisen und den asymptotischen KQ-Schätzfehler anzugeben.

3.2.1 KQ-Schätzung im einfachen FV-Modell

Ausgangspunkt unserer Betrachtungen ist das einfache FV-Modell in der Grundform

$$\begin{aligned} \eta_t &= \alpha + \beta \xi_t + \varepsilon_t \\ y_t &= \eta_t + w_t \qquad t = 1, \ldots, T. \\ x_t &= \xi_t + v_t \end{aligned} \tag{1}$$

Wir setzen im folgenden o.B.d.A. voraus, daß $\varepsilon \equiv 0$. Durch Elimination von ξ_t erhält man dann aus (1) die empirische Regression

$$\begin{aligned} y_t &= \alpha + \beta x_t + u_t \\ & \qquad\qquad t = 1, \ldots, T. \\ u_t &= w_t - \beta v_t \end{aligned} \tag{2}$$

Die Gleichungen (1) waren durch die Annahmen (F1) — (F5) näher spezifiziert worden (FV-Modell *i.e.S.*; vgl. Tab. 1.2/1).

Wir werden darüber hinaus im folgenden noch die in 1.2.2c formulierte asymptotische Annahme (A) treffen. Außerdem setzen wir voraus, daß das empirische Moment s_x^2 m.W.1 von Null verschieden ist. Die letztgenannte Bedingung ist nur eine technische Annahme, die die Existenz der KQ-Schätzungen der Regressionskoeffizienten β und α gewährleistet.

a. Schätzung der Regressionskoeffizienten

Die **KQ-Schätzung** von β lautet bekanntlich

$$\hat{\beta}_{KQ} := \frac{s_{xy}}{s_x^2}. \tag{3}$$

Den Parameter α schätzt man dann durch

$$\hat{\alpha}_{KQ} := \bar{y} - \hat{\beta}_{KQ}\, \bar{x}. \tag{4}$$

Die Inkonsistenz der Schätzungen (3, 4) ist eine Folge der Korreliertheit der Variablen x_t und u_t in (2). Sie läßt sich leicht beweisen mit Hilfe der Grenzmomentenbeziehungen (3.1/17a, 18a). Mit diesen Gleichungen folgt für den Wahrscheinlichkeitslimes von $\hat{\beta}_{KQ}$ bei Beachtung von (3.1/3)

$$\operatorname{plim} \hat{\beta}_{KQ} = \frac{S_{xy}}{S_{xx}} = \frac{\beta\,(S_{xx} - \sigma_v^2)}{S_{xx}}.$$

Führt man zur Abkürzung die sog. **asymptotische relative Fehlervarianz**

$$e := \frac{\sigma_v^2}{S_{xx}} \tag{5}$$

ein, so erhält man

$$\operatorname{plim} \hat{\beta}_{KQ} = \beta\,(1 - e). \tag{6}$$

Der **asymptotische Fehler**

$$\operatorname{plim} (\hat{\beta}_{KQ} - \beta) = -\beta\, e \tag{7}$$

der KQ-Schätzung des Regressionskoeffizienten β nimmt demnach mit der Größe des Quotienten (5) zu. Dieser kann allerdings nicht unbegrenzt wachsen, vielmehr gilt die Beschränkung (s. A 3.2/1b)

$$0 \leq e \leq 1 - R_{xy}^2, \tag{8}$$

wobei $R_{xy} := \operatorname{plim} r_{xy}$ den **asymptotischen empirischen Korrelationskoeffizienten** der Variablen x und y bezeichnet. Die Existenz von R_{xy} läßt sich aus (A) und den Modellgleichungen (1) folgern. Bei der Strukturvariante ist R_{xy} mit dem theoretischen Korrelationskoeffizienten ϱ_{xy} identisch.

Das Ergebnis (7) läßt sich auch direkt aus der empirischen Regression (2) ableiten. Mit (2a) gilt nämlich die Momentenbeziehung $s_{xy} = \beta s_x^2 + s_{xu}$, so daß man für den KQ-Schätzfehler zunächst die Darstellung

$$\hat{\beta}_{KQ} - \beta = \frac{\beta s_x^2 + s_{xu}}{s_x^2} - \beta = \frac{s_{xu}}{s_x^2} \tag{9}$$

erhält. Wegen (3.1/18b) und $e = \sigma_v^2 / S_{xx}$ folgt hieraus sofort (7).

Aus (6), (8) erkennt man, daß die KQ-Regressionsgerade $\hat{y}_{KQ} = \hat{\alpha}_{KQ}\ \hat{}_{KQ}x$ asymptotisch sowohl für $\beta > 0$ als auch für $\beta < 0$ flacher als die wahre Regressionsgerade verläuft:

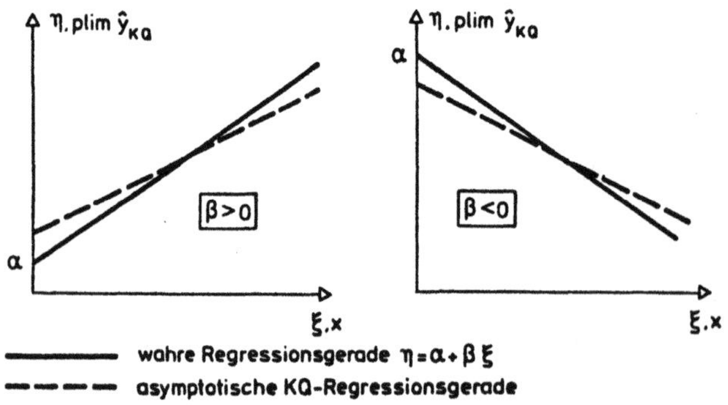

Abb. 3.2/1: Vergleich von wahrer und asympotischer KQ-Regressionsgeraden

Die Inkonsistenz des KQ-Schätzers (3) impliziert Inkonsistenz auch des KQ-Schätzers (4). Man erhält für $\hat{\alpha}_{KQ}$ mit $M_x := plim\ \bar{x}$ wegen (6) und (3.1/14)

$$plim\ \hat{\alpha}_{KQ} = \alpha + \beta M_x e\ . \qquad (10)$$

Nach Satz 3.1/3 gilt für die Strukturvariante speziell $e = \sigma_v^2 / \sigma_x^2$ und $M_x = \mu_x$.

Anmerkungen:

1. Der Beweis der Gleichungen (6) und (10) basierte neben (F1) — (F5) entscheidend auf der Annahme (A). Wenn (A) nicht erfüllt ist, sind die KQ-Schätzer $\hat{\beta}_{KQ}$ und $\hat{\alpha}_{KQ}$ im FV-Modell nicht mehr notwendigerweise inkonsistent.

   Betrachten wir etwa den Fall, daß die Variablen ξ_t einem linearen Trend $\xi_t = a + b\,t + \varepsilon'_t$ folgen, wobei die Störvariablen ε'_t unabhängig identisch verteilt sind mit $E(\varepsilon'_t) = 0$ und $V(\varepsilon'_t) = \sigma^2_{\varepsilon'}$. Dann existieren die Grenzwerte $\lim \bar{\xi}$ und $\lim s^2_\xi$ nicht mehr, d.h. (A) ist nicht erfüllt. In diesem Falle sind die Parameterschätzungen (3, 4) konsistent [vgl. z.B. *Schneeweiß*, 1982a].

   Bezüglich (3) ist diese Aussage leicht einzusehen. Offenbar gilt m.W.1, daß $s_x^2 \to \infty$ für $T \to \infty$. Folglich besitzt $e = \lim (\sigma_v^2 / s_x^2)$ den Wert Null, woraus sich nach (6) sofort die Konsistenz von $\hat{\beta}_{KQ}$ ergibt.

   Die Konsistenz von (4) ist nicht ganz so einfach plausibel zu machen, da neben $s_x^2 \to \infty$ auch $\bar{x} \to \infty$ für $T \to \infty$ (m.W.1). Man kann jedoch zeigen, daß $plim\ (\bar{x}/s_x^2) = 0$. Wegen $M_x e = \sigma_v^2\ plim\ (\bar{x}/s_x^2)$ ist damit auch $M_x e = 0$. Dies aber impliziert nach (10) die Konsistenz von $\hat{\alpha}_{KQ}$.
2. Wie man an (9) erkennt, ist die Inkonsistenz von $\hat{\beta}_{KQ}$ eine Folge der asymptotischen Korreliertheit von x und u. Aus ähnlichem Grund, nämlich wegen der Korreliertheit zwischen erklärenden endogenen Variablen und Störvariablen, sind KQ-Schätzungen im interdependenten Modell der Ökonometrie (I-Modell) i.a. ebenfalls inkonsistent. Das zeigt wieder die enge Verwandtschaft zwischen FV-Modell und I-Modell; vgl. 1.5.3a und 3.5.2g.

A 3.2/1

a. Beweisen Sie die Existenz von R_{xy}.
b. Leiten Sie dann für die asymptotische relative Fehlervarianz (5) die Abschätzung (8) her.

A 3.2/2

Welche Formel ergibt sich anstelle von (6) im FV-Modell *i.w.S.* (vgl. Tab. 1.2/1)?

A 3.2/3

Die Fehlervarianz σ_v^2 betrage 10% der exogenen Grenzvarianz S_{xx}. Um wieviel Prozent unterschätzt $\hat{\beta}_{KQ}$ asymptotisch den wahren Parameter β ($\beta > 0$)?

A 3.2/4

Für den Koeffizienten β des FV-Modells (1) sei mit 40 Datenpaaren (x, y) eine KQ-Schätzung $\hat{\beta}_{KQ} = 0{,}42$ berechnet. Gelte $s_x^2 = 20$. Es sei a priori bekannt, daß $\sigma_v^2 = 4$. Bestimmen Sie mit diesen Angaben approximativ den wahren Wert β.

A 3.2/5

a. Drücken Sie den Wahrscheinlichkeitslimes $plim\,(\hat{\alpha}_{KQ} - \alpha)$ als Funktion von $plim\,(\hat{\beta}_{KQ} - \beta)$ aus.
b. Bestimmen Sie den Wahrscheinlichkeitslimes von $\hat{\alpha}_{KQ}$ für den Fall, daß $plim\,(\hat{\beta}_{KQ} - \beta) = -0{,}2$ und $M_x = 10$. Veranschaulichen Sie diese Situation in einer Skizze.

b. Schätzung der Koeffizienten der Umkehrregression

Wenn im FV-Modell (1) mit $\varepsilon \equiv 0$ zusätzlich $\beta \neq 0$ vorausgesetzt wird, kann man eine Schätzung von β auch über die Umkehrregression von x auf y versuchen. Für $\beta \neq 0$ können wir die Gleichung $\eta = \alpha + \beta\xi$ ja nach ξ auflösen und gewinnen so aus (1) mit $\alpha' := -\alpha/\beta$ und $\beta' := 1/\beta$

$$\begin{aligned} \xi_t &= \alpha' + \beta' \eta_t \\ y_t &= \eta_t + w_t \qquad\qquad t = 1, \dots, T. \qquad (11) \\ x_t &= \xi_t + v_t \end{aligned}$$

Werden ξ und η durch x und y ersetzt, erhält man in Analogie zu (2) eine Regressionsgleichung von x auf y, die sogenannte **Umkehrregression**:

$$\begin{aligned} x_t &= \alpha' + \beta' y_t + u'_t \\ u'_t &:= v_t - \beta' w_t \end{aligned} \qquad t = 1, \dots, T. \qquad (12)$$

Die KQ-Schätzung von β' lautet dann

$$\hat{\beta}'_{KQ} = \frac{s_{xy}}{s_y^2}. \qquad (13)$$

Sie ist wie $\hat{\beta}_{KQ}$ bei Gültigkeit von (A) inkonsistent, und zwar gilt in Analogie zu (6) mit $S_{yy} = plim\, s_y^2$ und $f := \sigma_w^2 / S_{yy}$

$$plim\, \hat{\beta}'_{KQ} = \beta'(1 - f). \qquad (14)$$

Wegen (3.1/17b) und Annahme (A) ist gewährleistet, daß S_{yy} existiert und positiv ist. Dies wiederum sichert die Existenz des Wahrscheinlichkeitslimes (14).

Man kann wegen $\beta = 1/\beta'$ aus (14) eine Schätzung

$$\breve{\beta}_{KQ} := \frac{1}{\hat{\beta}'_{KQ}} = \frac{s_y^2}{s_{xy}} \qquad (15)$$

für β gewinnen. Die Schätzung (15), auch als **inverse KQ-Schätzung** bezeichnet, ergibt sich nach dem KQ-Prinzip, wenn man nicht – wie bei der gewöhnlichen KQ-Schätzung – die Quadratsumme der lotrechten Abstände minimiert, sondern die der *waagerechten* Abstände. Mit (14) ist auch (15) inkonsistent:

$$plim\, \check{\beta}_{KQ} = \frac{1}{\beta'(1-f)} = \frac{\beta}{1-f}\,. \tag{16}$$

Wegen $0 \leq f < 1$ gilt immer $plim\,|\check{\beta}_{KQ}| \geq |\beta|$. Zusammen mit der aus (6) ableitbaren Ungleichung $plim\,|\hat{\beta}_{KQ}| \leq |\beta|$ erhält man

$$plim\,|\hat{\beta}_{KQ}| \leq |\beta| \leq plim\,|\check{\beta}_{KQ}|. \tag{17}$$

Die Neigung β der wahren Regressionsgeraden liegt also immer zwischen den Wahrscheinlichkeitslimites der beiden nach dem KQ-Prinzip gewonnenen Schätzungen, wobei einmal die lotrechten, das andere Mal die waagerechten Abstandsquadrate minimiert werden.

Der Ungleichungskette (17) entspricht bei der Strukturvariante die Ungleichungskette (2.2/4).

Es ist bemerkenswert, daß *Henry Schultz* [1938] in einer der ältesten großen ökonometrisch-empirischen Studien seine Nachfragefunktionen nach beiden KQ-Prinzipien (3) und (15) geschätzt hat. Ein starkes Auseinanderklaffen von $\hat{\beta}_{KQ}$ und $\check{\beta}_{KQ}$ war für ihn ein Indiz für besonders unzuverlässige Schätzungen.

c. Schätzung der Fehlervarianz σ_u^2

Im klassischen Regressionsmodell ohne Meßfehler wird bekanntlich die Störvarianz σ_u^2 durch die um die Zahl der Freiheitsgrade korrigierte Summe der Residuenquadrate, d.h. durch

$$\hat{\sigma}_u^2 := \frac{1}{T-2} \Sigma\, \hat{u}_t^2 = \frac{T}{T-2}\, s_{\hat{u}}^2 \tag{18}$$

erwartungstreu und konsistent geschätzt, wobei

$$\hat{u}_t := y_t - (\hat{\alpha}_{KQ} + \hat{\beta}_{KQ}\, x_t). \tag{19}$$

Wir wollen zeigen, daß diese Schätzung im FV-Modell nicht mehr konsistent ist. Dazu setzen wir (2a) in (19) ein und erhalten

$$\hat{u}_t = (\alpha - \hat{\alpha}_{KQ}) + (\beta - \hat{\beta}_{KQ})\, x_t + u_t$$

oder nach Umordnen

$$u_t = \hat{u}_t + (\hat{\beta}_{KQ} - \beta)\, x_t + (\hat{\alpha}_{KQ} - \alpha).$$

Bildet man auf beiden Seiten die empirische Varianz, dann erhält man wegen $s_{x\hat{u}} = 0$ die Streuungszerlegungsformel

$$s_u^2 = s_{\hat{u}}^2 + (\hat{\beta}_{KQ} - \beta)^2\, s_x^2$$

und hieraus bei Beachtung von (3.1/9b)

$$plim\, s_{\hat{u}}^2 = \sigma_u^2 - [plim\,(\hat{\beta}_{KQ} - \beta)]^2\, S_{xx}. \tag{20}$$

Da die Wahrscheinlichkeitslimites von $s^2_{\hat{u}}$ und $\hat{\sigma}^2_u$ wegen (18) offenbar übereinstimmen, folgt mit (7)

$$plim\ \hat{\sigma}^2_u = \sigma^2_u - (\beta e)^2 S_{xx}. \tag{21}$$

Da S_{xx} nicht negativ sein kann, bedeutet (21), daß σ^2_u durch $\hat{\sigma}^2_u$ asymptotisch unterschätzt wird. Der **asymptotische Schätzfehler**

$$plim\ (\hat{\sigma}^2_u - \sigma^2_u) = -(\beta e)^2 S_{xx} \tag{22}$$

hängt nicht nur von β und e, sondern — im Gegensatz zu $plim\ (\hat{\beta}_{KQ} - \beta)$ — auch von der empirischen Grenzvarianz S_{xx} ab.

Eine obere Schranke für den Wahrscheinlichkeitslimes (21) ist also durch σ^2_u gegeben. Eine untere Schranke erhält man, wenn man (21) mit Hilfe der Gleichungen $\sigma^2_u = \sigma^2_w + \beta^2 \sigma^2_v$ (s. (1.3/15b)) und $e^2 S_{xx} = \sigma^2_v e$ in die Gestalt

$$plim\ \hat{\sigma}^2_u = \sigma^2_w + \beta^2 \sigma^2_v (1 - e)$$

bringt. Aus dieser Darstellung ist ersichtlich, daß (21) in σ^2_w eine untere Schranke besitzt. Insgesamt gilt also die Ungleichungskette

$$\sigma^2_w \leq plim\ \hat{\sigma}^2_u \leq \sigma^2_u. \tag{23}$$

A 3.2/6

Geben Sie analog zu (23) eine untere und obere Schranke für den Wahrscheinlichkeitslimes der Störvarianzschätzung

$$\hat{\sigma}^2_{u'} := \frac{1}{T-2} \Sigma (\hat{u}'_t)^2, \qquad \hat{u}'_t := x_t - (\hat{\alpha}'_{KQ} + \hat{\beta}'_{KQ} y_t)$$

an (Störvarianz der Umkehrregression (12)).

A 3.2/7

a. Schätzen Sie mit den Daten aus A 3.2/4 den asymptotischen Fehler (22) ab.
b. Angenommen, es habe sich $\hat{\sigma}^2_u = 2$ ergeben. Bestimmen Sie für diesen Fall approximativ den wahren Wert σ^2_u.

A 3.2/8

Was erhält man anstelle von (21), wenn man in (18, 19) $\hat{\beta}_{KQ}$ durch irgendeinen konsistenten Schätzer $\hat{\beta}$ ersetzt?

3.2.2 KQ-Schätzung im multiplen FV-Modell

Wir übertragen nun die in 3.2.1 dargestellten Ergebnisse auf den multiplen Fall.

Ausgangspunkt unserer Betrachtungen ist die Grundform des multiplen FV-Modells:

$$\begin{aligned} \boldsymbol{\eta} &= \boldsymbol{\Xi}\boldsymbol{\beta} + \boldsymbol{\varepsilon} \\ \boldsymbol{y} &= \boldsymbol{\eta} + \boldsymbol{w} \\ \boldsymbol{X} &= \boldsymbol{\Xi} + \boldsymbol{V}. \end{aligned} \tag{24}$$

Wir setzen im folgenden $\boldsymbol{\varepsilon} = \boldsymbol{o}$ voraus. Durch Auflösen von (24 b) nach $\boldsymbol{\Xi}$ und Einsetzen in (24a) erhält man dann die empirische Regression

$$\begin{aligned} \boldsymbol{y} &= \boldsymbol{X}\boldsymbol{\beta} + \boldsymbol{u} \\ \boldsymbol{u} &= \boldsymbol{w} - \boldsymbol{V}\boldsymbol{\beta}. \end{aligned} \tag{25}$$

Die Modellgleichungen (24) waren durch die Annahmen (F1) — (F5) näher spezifiziert worden (multiples FV-Modell *i.e.S.*, vgl. Tab. 1.2/1). Wir werden im folgenden zusätzlich noch die in 1.2.2d eingeführten Annahmen (A) treffen. Außerdem setzen wir voraus, daß die Datenmatrix $\boldsymbol{X}'\boldsymbol{X}$ regulär ist. Letzteres garantiert die Existenz der KQ-Schätzung von $\boldsymbol{\beta}$.

Zu schätzen sind vor allem der Regressionskoeffizientenvektor $\boldsymbol{\beta}$ und die Varianz $\sigma_u^2 = V(u_t)$ der identisch verteilten Komponenten des Vektors $\boldsymbol{u}$.

a. Schätzung des Regressionskoeffizientenvektors

Die KQ-Schätzung des K-Vektors $\boldsymbol{\beta}$ lautet

$$\hat{\boldsymbol{\beta}}_{KQ} := (\boldsymbol{X}'\boldsymbol{X})^{-1}\boldsymbol{X}'\boldsymbol{y}. \tag{26}$$

Durch Einsetzen von $\boldsymbol{y}$ aus (25a) ergibt sich nach elementaren Umformungen

$$\hat{\boldsymbol{\beta}}_{KQ} = \boldsymbol{\beta} + \left(\frac{1}{T}\boldsymbol{X}'\boldsymbol{X}\right)^{-1}\left(\frac{1}{T}\boldsymbol{X}'\boldsymbol{u}\right).$$

Aus dieser Darstellung, bei der es sich offenbar um das multiple Analogon zu (9) handelt, folgt sofort wegen (3.1/31) und (3.1/4)

$$p\lim \hat{\boldsymbol{\beta}}_{KQ} = (\boldsymbol{I} - \boldsymbol{M}_{xx}^{-1}\boldsymbol{\Sigma})\boldsymbol{\beta}, \tag{27}$$

wobei die Invertierbarkeit der Matrix $\boldsymbol{M}_{xx} := p\lim\,(1/T)\,\boldsymbol{X}'\boldsymbol{X}$ wegen ihrer Regularität gewährleistet ist (vgl. L 3.1/4c). Die Schätzung (26) ist also inkonsistent. Für den **asymptotischen Schätzfehler** gilt

$$p\lim\,(\hat{\boldsymbol{\beta}}_{KQ} - \boldsymbol{\beta}) = -\boldsymbol{M}_{xx}^{-1}\boldsymbol{\Sigma}\boldsymbol{\beta}. \tag{28}$$

Im Falle $\xi_1 \equiv 1$ kann man der KQ-Schätzung anstelle von (25) die scheinvariablenbereinigte Fassung

$$\begin{aligned} y^* &= X^* \boldsymbol{\beta}^* + u^* \\ u^* &:= w^* - V^* \boldsymbol{\beta}^* \end{aligned} \tag{29}$$

zugrundelegen, welche man unmittelbar aus (1.1/33) erhält. Aus (29) läßt sich für den KQ-Schätzer $\hat{\boldsymbol{\beta}}^*_{KQ}$ des Vektors $\boldsymbol{\beta}^* = (\beta_2, \ldots, \beta_K)'$ der eigentlichen Regressionskoeffizienten die Darstellung

$$\hat{\boldsymbol{\beta}}^*_{KQ} = (X^{*\prime} X^*)^{-1} X^{*\prime} y^* \tag{30}$$

ableiten [vgl. *Schneeweiß*, 1978, S. 98], woraus sich dann in Analogie zu (28) ergibt, daß

$$\text{plim}\, \hat{\boldsymbol{\beta}}^*_{KQ} = (I - S_{xx}^{-1} \Sigma^*) \boldsymbol{\beta}^* \tag{31}$$

mit $S_{xx} := \text{plim}\,(1/T)\, X^{*\prime} X^*$. Der asymptotische Schätzfehler ist dann entsprechend gegeben durch

$$\text{plim}\,(\hat{\boldsymbol{\beta}}^*_{KQ} - \boldsymbol{\beta}) = - S_{xx}^{-1} \Sigma^* \boldsymbol{\beta}^*. \tag{32}$$

Anmerkung: Der Beweis der Inkonsistenzaussage (27) fußte entscheidend auf der Annahme (A), welche u.a. die Existenz der Grenzmomentenmatrix $M_{\xi\xi}$ m.W.1 beinhaltete. Wenn $M_{\xi\xi}$ nicht existiert, was z.B. bei linearem Trend einiger oder aller Regressoren ξ_i, $i = 1, \ldots, K$; der Fall ist, ist der Vektor $\hat{\boldsymbol{\beta}}_{KQ}$ nicht mehr notwendigerweise inkonsistent [vgl. *Krämer*, 1982].

A 3.2/9

a. Zeigen Sie, daß (31) im Falle $K = 2$ mit (6) übereinstimmt.
b. Beweisen Sie, daß (27) im Falle $K = 2$ und $x_1 \equiv 1$ in (6) und (10) übergeht.

A 3.2/10

Welche Formel ergibt sich anstelle von (27) im multiplen FV-Modell *i.w.S.* (vgl. Tab. 1.2/1)?

b. Schätzung der Fehlervarianz σ_u^2

Die Varianz $V(u_t) =: \sigma_u^2$ der identisch verteilten Komponenten u_t des Vektors $\boldsymbol{u} = (u_1, \ldots, u_T)'$ aus (25) schätzt man auch im multiplen FV-Modell durch die um die Zahl der Freiheitsgrade korrigierte Summe der Residuenquadrate, d.h. durch

$$\hat{\sigma}_u^2 := \frac{1}{T-K} \Sigma\, \hat{u}_t^2 = \frac{1}{T-K} \hat{\boldsymbol{u}}' \hat{\boldsymbol{u}}. \tag{33}$$

Dabei ist $\hat{\boldsymbol{u}} = \boldsymbol{y} - X\hat{\boldsymbol{\beta}}_{KQ}$, wofür man wegen $\boldsymbol{u} = \boldsymbol{y} - X\boldsymbol{\beta}$ auch

$$\begin{aligned} \hat{\boldsymbol{u}} &= P \boldsymbol{u} \\ P &:= I - X(X'X)^{-1} X' \end{aligned} \tag{34}$$

schreiben kann. Da die Projektionsmatrix $\boldsymbol{P}$ symmetrisch und idempotent ist, gilt mit (34a) auch $\hat{\boldsymbol{u}}'\,\hat{\boldsymbol{u}} = \boldsymbol{u}'\,\boldsymbol{P}\,\boldsymbol{u}$. Diese Beziehung liefert mit (34b)

$$p\text{lim}\,\frac{1}{T}\,\hat{\boldsymbol{u}}'\,\hat{\boldsymbol{u}} = p\text{lim}\left[\frac{1}{T}\,\boldsymbol{u}'\,\boldsymbol{u} - \left(\frac{1}{T}\,\boldsymbol{u}'\,\boldsymbol{X}\right)\left(\frac{1}{T}\,\boldsymbol{X}'\,\boldsymbol{X}\right)^{-1}\left(\frac{1}{T}\,\boldsymbol{X}'\,\boldsymbol{u}\right)\right].$$

Wegen (3.1/4) folgt hieraus (vgl. Tab. 3.1/1)

$$p\text{lim}\,\frac{1}{T}\hat{\boldsymbol{u}}'\,\hat{\boldsymbol{u}} = \sigma_u^2 - \boldsymbol{\beta}'\,\boldsymbol{\Sigma}\,\boldsymbol{M}_{xx}^{-1}\,\boldsymbol{\Sigma}\,\boldsymbol{\beta}.$$

Da die Wahrscheinlichkeitslimites von $(1/T)\,\hat{\boldsymbol{u}}'\,\hat{\boldsymbol{u}}$ und (33) übereinstimmen, gilt also auch

$$p\text{lim}\,\hat{\sigma}_u^2 = \sigma_u^2 - \boldsymbol{\beta}'\,\boldsymbol{\Sigma}\,\boldsymbol{M}_{xx}^{-1}\,\boldsymbol{\Sigma}\,\boldsymbol{\beta}. \tag{35}$$

Der **asymptotische Schätzfehler**

$$p\text{lim}\,(\hat{\sigma}_u^2 - \sigma_u^2) = -\,\boldsymbol{\beta}'\,\boldsymbol{\Sigma}\,\boldsymbol{M}_{xx}^{-1}\,\boldsymbol{\Sigma}\,\boldsymbol{\beta}$$

ist demnach negativ, d.h. die Varianz σ_u^2 wird durch (33) asymptotisch unterschätzt.

Eine obere Schranke für den Wahrscheinlichkeitslimes (35) ist offenbar durch σ_u^2 gegeben. Eine untere Schranke erhält man mit Hilfe der Beziehung

$$\sigma_u^2 = \sigma_w^2 + \boldsymbol{\beta}'\,\boldsymbol{\Sigma}\,\boldsymbol{\beta}, \tag{36}$$

welche im hier zugrundegelegten FV-Modell i.e.S. Gültigkeit besitzt (s. L 1.3/12b). Durch Einsetzen von (36) in (35) ergibt sich

$$p\text{lim}\,\hat{\sigma}_u^2 = \sigma_w^2 + \boldsymbol{\beta}'\,\boldsymbol{\Sigma}\,(\boldsymbol{I} - \boldsymbol{M}_{xx}^{-1}\,\boldsymbol{\Sigma})\,\boldsymbol{\beta}. \tag{37}$$

Es läßt sich zeigen (s. A 3.2/11), daß das Matrizenprodukt $\boldsymbol{\Sigma}(\boldsymbol{I} - \boldsymbol{M}_{xx}^{-1}\,\boldsymbol{\Sigma})$ positiv semidefinit ist. Daraus folgt aber, daß $p\text{lim}\,\hat{\sigma}_u^2$ in σ_w^2 eine untere Schranke besitzt.

Damit ist gezeigt, daß die Ungleichungskette (23) auch für das multiple FV-Modell gilt.

Wenn ξ_1 Scheinvariablencharakter besitzt ($\xi_1 \equiv 1$, $v_1 \equiv 0$), kann man bei der Schätzung von σ_u^2 wieder von der bereinigten Fassung (29) ausgehen. Man erhält dann anstelle von (35)

$$p\text{lim}\,\hat{\sigma}_u^2 = \sigma_u^2 - \boldsymbol{\beta}^{*\prime}\,\boldsymbol{\Sigma}^*\,\boldsymbol{S}_{xx}^{-1}\,\boldsymbol{\Sigma}^*\,\boldsymbol{\beta}^*.$$

Im Falle $K = 2$ stimmt diese Gleichung mit (21) überein (vgl. A 3.2/9).

In der nachstehenden Tab. 3.2/1 sind die bisher abgeleiteten asymptotischen Ergebnisse zur KQ-Schätzung im FV-Modell zusammengefaßt.

A 3.2/11

Beweisen Sie, daß die Matrix $\boldsymbol{\Sigma}(\boldsymbol{I} - \boldsymbol{M}_{xx}^{-1}\,\boldsymbol{\Sigma}) =: \boldsymbol{A}$ positiv semidefinit ist.

Einfaches FV-Modell	Multiples FV-Modell	
	ursprüngliche Daten	Daten als Abweichungen vom Mittelwert
$\hat{\beta}_{KQ} = \frac{s_{xy}}{s_x^2}$ $\hat{\alpha}_{KQ} = \bar{y} - \hat{\beta}_{KQ}\,\bar{x}$ $\hat{\sigma}_u^2 := \frac{1}{T-2}\sum \hat{u}_t^2$ $\hat{u}_t = y_t - (\hat{\alpha}_{KQ} + \hat{\beta}_{KQ}\,x_t)$	$\hat{\boldsymbol{\beta}}_{KQ} = (\boldsymbol{X}'\boldsymbol{X})^{-1}\boldsymbol{X}'\boldsymbol{y}$ $\hat{\sigma}_u^2 = \frac{1}{T-K}\sum \hat{u}_t^2 = \frac{1}{T-K}\hat{\boldsymbol{u}}'\hat{\boldsymbol{u}}$ $\hat{\boldsymbol{u}} = \boldsymbol{y} - \boldsymbol{X}\hat{\boldsymbol{\beta}}_{KQ}$	$\hat{\boldsymbol{\beta}}^*_{KQ} = (\boldsymbol{X}^{*\prime}\boldsymbol{X}^*)^{-1}\boldsymbol{X}^{*\prime}\boldsymbol{y}^*$ $\hat{\sigma}_u^2 = \frac{1}{T-K}\sum \hat{u}_t^2 = \frac{1}{T-K}\hat{\boldsymbol{u}}'\hat{\boldsymbol{u}}$ $\hat{\boldsymbol{u}} = \boldsymbol{y}^* - \boldsymbol{X}^*\hat{\boldsymbol{\beta}}^*_{KQ}$
$\text{plim}\,\hat{\beta}_{KQ} = \beta(1-e)$ $\text{plim}\,\hat{\alpha}_{KQ} = \alpha + \beta M_x e$ $\text{plim}\,\hat{\sigma}_u^2 = \sigma_u^2 - (\beta e)^2 S_{xx}$ $= \sigma_w^2 + \beta^2\sigma_v^2(1-e)$	$\text{plim}\,\hat{\boldsymbol{\beta}}_{KQ} = (\boldsymbol{I} - \boldsymbol{M}_{xx}^{-1}\boldsymbol{\Sigma})\boldsymbol{\beta}$ $\text{plim}\,\hat{\sigma}_u^2 = \sigma_u^2 - \boldsymbol{\beta}'\boldsymbol{\Sigma}\boldsymbol{M}_{xx}^{-1}\boldsymbol{\Sigma}\boldsymbol{\beta}$ $= \sigma_w^2 + \boldsymbol{\beta}'\boldsymbol{\Sigma}(\boldsymbol{I} - \boldsymbol{M}_{xx}^{-1}\boldsymbol{\Sigma})\boldsymbol{\beta}$	$\text{plim}\,\hat{\boldsymbol{\beta}}^*_{KQ} = (\boldsymbol{I} - \boldsymbol{S}_{xx}^{-1}\boldsymbol{\Sigma}^*)\boldsymbol{\beta}^*$ $\text{plim}\,\hat{\sigma}_u^2 = \sigma_u^2 - \boldsymbol{\beta}^{*\prime}\boldsymbol{\Sigma}^*\boldsymbol{S}_{xx}^{-1}\boldsymbol{\Sigma}^*\boldsymbol{\beta}^*$ $= \sigma_w^2 + \boldsymbol{\beta}^{*\prime}\boldsymbol{\Sigma}^*(\boldsymbol{I} - \boldsymbol{S}_{xx}^{-1}\boldsymbol{\Sigma}^*)\boldsymbol{\beta}^*$

Tab. 3.2/1: KQ-Schätzungen im FV-Modell und ihre Wahrscheinlichkeitslimites

c. *Der Spezialfall zweier exogener Variablen*

Um das asymptotische Verhalten des KQ-Schätzers im multiplen FV-Modell detaillierter zu studieren, wollen wir zunächst den Fall betrachten, daß in den Modellgleichungen (24) eine Scheinvariable ($\xi_1 \equiv 1$) und zwei echte exogene Variablen ξ_2 und ξ_3 auftreten. Die Gleichungen (24) lauten dann in skalarer Schreibweise bei Unterdrückung des Beobachtungsindixes t

$$
\begin{aligned}
\eta &= \beta_1 + \beta_2\,\xi_2 + \beta_3\,\xi_3 + \varepsilon \\
y &= \eta + w \\
x_2 &= \xi_2 + v_2 \\
x_3 &= \xi_3 + v_3 .
\end{aligned}
\tag{38}
$$

Wir beschränken uns im folgenden auf die Bestimmung der asymptotischen KQ-Schätzfehler für die eigentlichen Regressionskoeffizienten β_2 und β_3.

Die KQ-Schätzung $\hat{\boldsymbol{\beta}}^*_{KQ} = (\hat{\beta}_{2,KQ}\,;\hat{\beta}_{3,KQ})'$ des Vektors $\boldsymbol{\beta}^* = (\beta_2, \beta_3)'$ besitzt den asymptotischen Fehler (32), wobei hier speziell

$$
\begin{aligned}
\boldsymbol{S}_{xx} &= (S_{ij})_{i,j=2,3}\,; \qquad S_{ij} = \text{plim}\; s_{x_i x_j} \\
\boldsymbol{\Sigma}^* &= (\sigma_{ij})_{i,j=2,3}\,; \qquad \sigma_{ij} = C(v_{ti}, v_{tj}).
\end{aligned}
\tag{39}
$$

Für die Komponente $\hat{\beta}_{2,KQ}$ des Vektors $\hat{\boldsymbol{\beta}}^*_{KQ}$ leitet man hieraus ab, daß

$$
\text{plim}\,(\hat{\beta}_{2,KQ} - \beta_2) = -\frac{1}{D}[(S_{33}\,\sigma_{22} - S_{23}\,\sigma_{23})\,\beta_2 + (S_{33}\,\sigma_{23} - S_{23}\,\sigma_{33})\,\beta_3].
\tag{40}
$$

Dabei bezeichnet D die Determinante von S_{xx}. Es gilt, falls man die empirische Grenzkorrelation $p\lim r_{x_2 x_3}$ zwischen x_2 und x_3 mit R und die empirischen Grenzstandardabweichungen $p\lim s_{x_2} = \sqrt{S_{22}}$ und $p\lim s_{x_3} = \sqrt{S_{33}}$ mit S_2 resp. S_3 abkürzt,

$$D = S_{22}\,S_{33} - S_{23}^2 = S_{22}\,S_{33}\left[1 - \left(\frac{S_{23}}{S_2\,S_3}\right)^2\right] = S_{22}\,S_{33}\,(1 - R^2).$$

Wenn man D in (40) durch $S_{22}\,S_{33}\,(1 - R^2)$ ersetzt und noch in Analogie zu (5) relative asymptotische Fehlervarianzen

$$e_{22} := \frac{\sigma_{22}}{S_{22}}, \qquad e_{23} := \frac{\sigma_{23}}{S_2\,S_3}, \qquad e_{33} := \frac{\sigma_{33}}{S_{33}} \tag{41}$$

einführt, erhält man schließlich

$$p\lim(\hat{\beta}_{2,KQ} - \beta_2) = -\frac{1}{1-R^2}\left[e_{22}\,\beta_2 - R\,e_{33}\,\beta_3\,\frac{S_3}{S_2} + e_{23}\left(\beta_3\,\frac{S_3}{S_2} - R\,\beta_2\right)\right]. \tag{42}$$

Analog leitet man aus (32) und (39) für den asymptotischen Schätzfehler von $\hat{\beta}_{3,KQ}$ ab, daß

$$p\lim(\hat{\beta}_{3,KQ} - \beta_3) = -\frac{1}{1-R^2}\left[e_{33}\,\beta_3 - R\,e_{22}\,\beta_2\,\frac{S_2}{S_3} + e_{23}\left(\beta_2\,\frac{S_2}{S_3} - R\,\beta_3\right)\right]. \tag{43}$$

Wenn die bei der Erhebung von ξ_2 und ξ_3 auftretenden Meßfehler unkorreliert sind ($\sigma_{23} = e_{23} = 0$), vereinfachen sich (42, 43) zu

$$p\lim(\hat{\beta}_{2,KQ} - \beta_2) = \underbrace{-\frac{1}{1-R^2}}_{\text{Verstärker}}\left(\underbrace{e_{22}\,\beta_2}_{\text{direkter Beitrag}} - \underbrace{R\,e_{33}\,\beta_3\,\frac{S_3}{S_2}}_{\text{indirekter Beitrag}}\right) \tag{44}$$

$$p\lim(\hat{\beta}_{3,KQ} - \beta_3) = \overbrace{-\frac{1}{1-R^2}}\left(\overbrace{e_{33}\,\beta_3} - \overbrace{R\,e_{22}\,\beta_2\,\frac{S_2}{S_3}}\right). \tag{45}$$

Wir wollen diesen besonders transparenten Spezialfall unkorrelierter Meßfehler noch genauer analysieren. Zunächst erkennt man, daß (44, 45) im Falle $R = 0$ die Gestalt

$$p\lim(\hat{\beta}_{i,KQ} - \beta_i) = -\,e_{ii}\,\beta_i \qquad i = 2;3 \tag{46}$$

annehmen, was dem Ergebnis (7) für das einfache FV-Modell entspricht.

Ist in (44,45) hingegen $R \neq 0$, so sind besondere Effekte zu beobachten. Auffällig ist, daß der Fehler in *beiden* exogenen Variablen zur Inkonsistenz von $\hat{\beta}_{2,KQ}$ resp. $\hat{\beta}_{3,KQ}$ beiträgt. Man hat also einen direkten und einen indirekten Beitrag zu den asymptotischen Schätzfehlern (44,45). Der direkte Beitrag zum asymptotischen Schätzfehler (44) etwa hat seinen Ursprung im Meßfehler von x_2, der indirekte im Meßfehler in der anderen exogenen Variablen x_3. Selbst wenn x_2 fehlerfrei gemessen würde ($e_{22} = 0$), wiese $\hat{\beta}_{2,KQ}$ einen asymptotischen Schätzfehler auf. Dieser ist cet. par. um so größer, je stärker x_2 und x_3 korreliert sind, d.h. je größer R ist. Bei positiver Korrelation und positiven Regressionskoeffizienten β_2 und β_3 weist dieser indirekte Beitrag in die andere Richtung als der direkte Beitrag, so daß man ohne nähere Kenntnis der Meßfehlervarianzen und -kovarianzen keine Aussage über das Vorzeichen der asymptotischen Schätzfehler treffen kann.

Des weiteren ist aus (44, 45) zu erkennen, daß das Resultat des Zusammenwirkens von direktem und indirektem Beitrag noch mit dem Faktor $1/(1 - R^2)$ zu multiplizieren ist. Dieser Verstärkungsfaktor vergrößert den asymptotischen Schätzfehler um so mehr, je größer $|R|$. Gerade bei hoher Kollinearität muß daher mit großen asymptotischen Schätzfehlern gerechnet werden, selbst wenn die relativen asymptotischen Fehlervarianzen (41) klein sind.

A 3.2/12

a. Wie vereinfachen sich (42, 43), wenn nur x_2 fehlerbehaftet ist?
   Worin unterscheidet sich das Ergebnis (42) von (7)?
b. In welche Richtung weisen die asymptotischen Schätzfehler (42, 43), wenn nur x_2 fehlerbehaftet ist?

d. Bereinigung von fehlerfrei gemessenen Regressoren

In 3.2.2a wurde bereits skizziert, wie man das Verfahren der Parameterschätzung nach der KQ-Methode vereinfachen kann, wenn in der Regression (25) eine Scheinvariable auftritt ($\xi_1 \equiv 1, x_1 \equiv 1$). Wir stellten fest, daß es in diesem Falle möglich ist, der Schätzung die scheinvariablenbereinigte Fassung (29) zugrundezulegen.

Nunmehr erörtern wir, wie das KQ-Schätzverfahren modifiziert werden kann, wenn bekannt ist, daß sich unter den K Regressoren $\xi_1, \ldots, \xi_K$ mindestens K_1 Regressoren befinden ($1 \leq K_1 \leq K$), die fehlerfrei gemessen werden. Wir wollen ein Verfahren entwickeln, das von diesen K_1 Variablen bereinigt. Da sich auch eine Scheinvariable als fehlerfrei gemessene Variable interpretieren läßt, ist die Scheinvariablenbereinigung lediglich ein Spezialfall der hier angesprochenen Bereinigung von mehreren fehlerfreien Variablen.

Nehmen wir also an, daß sich unter den Regressoren $\xi_1, \ldots, \xi_K$ mindestens K_1 fehlerfrei gemessene Variablen befinden. O.B.d.A. dürfen wir annehmen, daß dies die Variablen $\xi_1, \ldots, \xi_{K_1}$ sind (ggf. Umbezeichnung der Indizes). Fehlerbehaftet seien somit allenfalls die Messungen der $K_2 := K - K_1$ Variablen $\xi_{K_1+1}, \ldots, \xi_K$.

(Unter diesen Variablen können sich durchaus noch weitere fehlerfreie befinden.)

Die Matrix (1.1/11a) läßt sich dann zerlegen in $\boldsymbol{\Xi} = (\boldsymbol{\Xi}_1, \boldsymbol{\Xi}_2)$ mit

$$\boldsymbol{\Xi}_1 := (\boldsymbol{\xi}_1, \ldots, \boldsymbol{\xi}_{K_1}),\ \boldsymbol{\Xi}_2 := (\boldsymbol{\xi}_{K_1+1}, \ldots, \boldsymbol{\xi}_K).$$

Die Partitionierung von $\boldsymbol{\Xi}$ induziert eine entsprechende Zerlegung der Matrizen $\boldsymbol{X}$ und $\boldsymbol{V}$ sowie des Vektors $\boldsymbol{\beta}$:

$$\boldsymbol{X} = (\boldsymbol{X}_1, \boldsymbol{X}_2), \qquad \boldsymbol{V} = (\boldsymbol{V}_1, \boldsymbol{V}_2), \qquad \boldsymbol{\beta} = (\boldsymbol{\beta}'_1, \boldsymbol{\beta}'_2)'.$$

Bei Beachtung von $\boldsymbol{V}_1 = \boldsymbol{O}$ kann man daher jetzt anstelle von (25) schreiben

$$\begin{aligned} \boldsymbol{y} &= \boldsymbol{X}_1 \boldsymbol{\beta}_1 + \boldsymbol{X}_2 \boldsymbol{\beta}_2 + \boldsymbol{u} \\ \boldsymbol{u} &= \boldsymbol{w} - \boldsymbol{V}_2 \boldsymbol{\beta}_2. \end{aligned} \tag{47}$$

Um den Vektor $\boldsymbol{y}$ vom Einfluß der fehlerfreien Regressoren zu bereinigen, wird eine Regression von $\boldsymbol{y}$ auf $\boldsymbol{X}_1$ aufgestellt und der Residuenvektor $\boldsymbol{y}^*$ berechnet. Letzterer ist das Ergebnis der Bereinigung des Vektors $\boldsymbol{y}$ von $\boldsymbol{X}_1$. Analog zu (34) ergibt sich

$$\begin{aligned} \boldsymbol{y}^* &= \boldsymbol{P}_1 \boldsymbol{y} \\ \boldsymbol{P}_1 &:= \boldsymbol{I} - \boldsymbol{X}_1 (\boldsymbol{X}'_1 \boldsymbol{X}_1)^{-1} \boldsymbol{X}'_1 \end{aligned} \tag{48}$$

mit symmetrischer und idempotenter Projektionsmatrix $\boldsymbol{P}_1$.

In derselben Weise werden alle anderen Variablenvektoren und -matrizen durch Multiplikation mit $\boldsymbol{P}_1$ von $\boldsymbol{X}_1$ bereinigt. Es ist z.B., wenn man die transformierten Vektoren und Matrizen ebenfalls mit einem Stern kennzeichnet,

$$\boldsymbol{X}_2^* = \boldsymbol{P}_1 \boldsymbol{X}_2, \qquad \boldsymbol{V}_2^* = \boldsymbol{P}_1 \boldsymbol{V}_2, \qquad \boldsymbol{w}^* = \boldsymbol{P}_1 \boldsymbol{w}.$$

Ferner gilt, wie man leicht nachrechnet,

$$\boldsymbol{X}_1^* = \boldsymbol{P}_1 \boldsymbol{X}_1 = \boldsymbol{O}.$$

Wenn wir nun die empirische Regression (47) mit $\boldsymbol{P}_1$ multiplizieren, erhält man die von den fehlerfreien Regressoren bereinigte Fassung

$$\begin{aligned} \boldsymbol{y}^* &= \boldsymbol{X}_2^* \beta_2 + \boldsymbol{u}^* \\ \boldsymbol{u}^* &= \boldsymbol{w}^* - \boldsymbol{V}_2^* \boldsymbol{\beta}_2. \end{aligned} \tag{49}$$

Das System enthält (29) als Spezialfall.

Die KQ-Schätzungen der in β_2 zusammengefaßten Koeffizienten der fehlerbehafteten exogenen Variablen sind nun aus der bereinigten Fassung (49) ableitbar. Man kann nämlich zeigen [vgl. *Goldberger*, 1964, Kap. 7], daß sich der als Teilvektor in (26) enthaltene KQ-Schätzer $\hat{\boldsymbol{\beta}}_{2,KQ}$ von $\boldsymbol{\beta}_2$ auch aus (49a), d.h. aus der Regression von $\boldsymbol{y}^*$ auf $\boldsymbol{X}_2^*$, gewinnen läßt:

$$\hat{\boldsymbol{\beta}}_{2,KQ} = (\boldsymbol{X}_2^{*\prime} \boldsymbol{X}_2^*)^{-1} \boldsymbol{X}_2^{*\prime} \boldsymbol{y}^*. \tag{50}$$

Die KQ-Schätzung $\hat{\boldsymbol{\beta}}_{1,KQ}$ des Vektors $\boldsymbol{\beta}_1$ (Koeffizientenvektor der fehlerfreien exogenen Variablen) findet man durch Anwendung der KQ-Methode auf eine Regression von $\boldsymbol{y} - \boldsymbol{X}_2 \hat{\boldsymbol{\beta}}_{2,KQ}$ auf $\boldsymbol{X}_1$. Man erhält die Formel [vgl. *Goldberger*, 1964, Kap. 7].

$$\hat{\boldsymbol{\beta}}_{1,KQ} = (\boldsymbol{X}'_1 \boldsymbol{X}_1)^{-1} \boldsymbol{X}'_1 (\boldsymbol{y} - \boldsymbol{X}_2 \hat{\boldsymbol{\beta}}_{2,KQ}). \tag{51}$$

Wir wollen auch noch den Wahrscheinlichkeitslimes der Schätzer (50, 51) angeben und die Ergebnisse für den Spezialfall $K_2 = 1$ auswerten.

Für den Schätzer (50) erhält man mit $\boldsymbol{M}^*_{22} := \text{plim}\,(1/T)\,\boldsymbol{X}^{*\prime}_2 \boldsymbol{X}^*_2$ die asymptotische Aussage (vgl. A 3.2/13c)

$$\text{plim}\,\hat{\boldsymbol{\beta}}_{2,KQ} = (\boldsymbol{I} - \boldsymbol{M}^{*-1}_{22} \boldsymbol{\Sigma}_2)\,\boldsymbol{\beta}_2, \tag{52}$$

wobei die reguläre Matrix $\boldsymbol{M}^*_{22}$ die Darstellung

$$\boldsymbol{M}^*_{22} = \boldsymbol{M}_{22} - \boldsymbol{M}_{21} \boldsymbol{M}^{-1}_{11} \boldsymbol{M}_{12}, \qquad \boldsymbol{M}_{ij} := \text{plim}\,\frac{1}{T}\,\boldsymbol{X}'_i \boldsymbol{X}_j \qquad (i, j = 1; 2) \tag{53}$$

besitzt und $\boldsymbol{\Sigma}_2$ die Kovarianzmatrix der Fehlervariablen $v_{K_1+1}, \ldots, v_K$ bezeichnet (Submatrix von $\boldsymbol{\Sigma}$, die im Falle $K_1 = 1$ mit $\boldsymbol{\Sigma}^*$ übereinstimmt; vgl. (1.2/8)).

Der asymptotische Schätzfehler von $\hat{\boldsymbol{\beta}}_{2,KQ}$ ist demnach gegeben durch

$$\text{plim}\,(\hat{\boldsymbol{\beta}}_{2,KQ} - \boldsymbol{\beta}_2) = -\,\boldsymbol{M}^{*-1}_{22} \boldsymbol{\Sigma}_2 \boldsymbol{\beta}_2. \tag{54}$$

Für den Schätzer (51) läßt sich beweisen (s. A 3.2/13d), daß

$$\text{plim}\,\hat{\boldsymbol{\beta}}_{1,KQ} = \boldsymbol{\beta}_1 - \boldsymbol{M}^{-1}_{11} \boldsymbol{M}_{12}\,\text{plim}\,(\hat{\boldsymbol{\beta}}_{2,KQ} - \boldsymbol{\beta}_2). \tag{55}$$

Man erhält somit für den asymptotischen Schätzfehler von $\hat{\boldsymbol{\beta}}_{1,KQ}$

$$\text{plim}\,(\hat{\boldsymbol{\beta}}_{1,KQ} - \boldsymbol{\beta}_1) = -\,\boldsymbol{M}^{-1}_{11} \boldsymbol{M}_{12}\,\text{plim}\,(\hat{\boldsymbol{\beta}}_{2,KQ} - \boldsymbol{\beta}_2). \tag{56}$$

Betrachten wir jetzt den *Spezialfall* $K_2 = 1$.

In diesem Falle ist höchstens eine exogene Variable — o.B.d.A. x_K — fehlerbehaftet. Aus (54) ergibt sich dann

$$\text{plim}\,(\hat{\beta}_{K,KQ} - \beta_K) = -\,\beta_K\, e^*_K \tag{57}$$

mit der asymptotischen relativen Fehlervarianz $e^*_K := \sigma^2_K / M^*_{KK}$. Dabei ist $\sigma^2_K := V(v_{tK})$ die Varianz der Fehlervariablen v_K und $M^*_{KK} := \text{plim}\,(x^*_K)^2$ das asymptotische Moment zweiter Ordnung der Variablen x_K nach Bereinigung von den fehlerfreien Variablen $x_1, \ldots, x_{K-1}$.

Wegen $0 \le e^*_K \le 1$ beinhaltet (57), daß der Wahrscheinlichkeitslimes von $\hat{\beta}_{K,KQ}$ (KQ-Schätzung des Koeffizienten der einzigen fehlerbehafteten Variablen x_K) stets zwischen 0 und und β_K liegt, d.h. $|\beta_K|$ wird asymptotisch unterschätzt [vgl. auch *Levi*, 1973, 1977 sowie *Rao*, 1973]. Dieses Resultat entspricht dem Ergebnis (6) beim einfachen FV-Modell.

Die in $\hat{\boldsymbol{\beta}}_{1,KQ}$ zusammengefaßten KQ-Schätzungen von $\beta_1, \ldots, \beta_{K-1}$ (KQ-Schätzungen für die Koeffizienten der fehlerfreien Variablen $x_1, \ldots, x_{K-1}$) sind ebenfalls inkonsistent; nach (56, 57) gilt ja

$$\text{plim}\,(\hat{\boldsymbol{\beta}}_{1,KQ} - \boldsymbol{\beta}_1) = -\beta_K\, e_K^*\, \boldsymbol{M}_{11}^{-1}\, \boldsymbol{M}_{12}. \tag{58}$$

Allerdings müssen die Wahrscheinlichkeitslimites der Komponenten $\hat{\beta}_{i,KQ}$ des Vektors $\hat{\boldsymbol{\beta}}_{1,KQ}$ nicht mehr unbedingt zwischen 0 und β_i liegen [s. *Garber/Klepper*, 1980]. Man kann aus (58) lediglich ableiten, daß der asymptotische Schätzfehler $\text{plim}\,(\hat{\beta}_{i,KQ} - \beta_i)$ dem asymptotischen Schätzfehler (57) proportional ist. Eine Verbesserung der Messung von x_K vermindert also nicht nur den asymptotischen Schätzfehler von $\hat{\beta}_{K,KQ}$, sondern auch diejenigen der Schätzungen $\hat{\beta}_{i,KQ}$; $i = 1, \ldots, K-1$.

Für $K_2 > 1$ ist die Analyse der Aussagen (54, 56) erheblich schwieriger. Im *Spezialfall* $\mathbf{K}_2 = 2$, in dem nicht mehr als zwei exogene Variablen — o.B.d.A x_{K-1} und x_K — fehlerbehaftet sind, kann man auf die Ergebnisse von 3.2.2c zurückgreifen (s. A 3.2/14).

Anmerkung:

1. Wenn nur von einer Scheinvariablen x_1 zu bereinigen ist ($K_1 = 1$), besitzt die Projektionsmatrix (48b) die Gestalt

$$\boldsymbol{P}_1 = \boldsymbol{I} - \frac{1}{T}\boldsymbol{x}_1\boldsymbol{x}_1', \qquad \boldsymbol{x}_1 = (1, \ldots, 1)'.$$

Die in (49) auftretenden Vektoren $\boldsymbol{y}^*$, $\boldsymbol{u}^*$, $\boldsymbol{w}^*$ sind dann mit den gleichbezeichneten Vektoren $\boldsymbol{y}^*$, $\boldsymbol{u}^*$ und $\boldsymbol{w}^*$ aus (29) identisch (vgl. A 1.1/1); die Matrizen $\boldsymbol{X}_2^*$, $\boldsymbol{V}_2^*$ und der Vektor $\boldsymbol{\beta}_2$ stimmen in diesem Spezialfall mit $\boldsymbol{X}^*$, $\boldsymbol{V}^*$ resp. $\boldsymbol{\beta}^*$ überein.

2. Die schon erwähnte enge Verwandtschaft zwischen FV-Modell und I-Modell wird besonders deutlich, wenn man (47a) mit der Darstellung (1.5/41a) für eine Einzelgleichung des I-Modells vergleicht. Letztere hat in matrizieller Schreibweise die Gestalt

$$\boldsymbol{y}_1 = \boldsymbol{Y}_*\,\boldsymbol{\gamma}_* + \boldsymbol{X}_*\,\boldsymbol{\beta}_* + \boldsymbol{\varepsilon}_1.$$

Hier sind $\boldsymbol{Y}_*$ (Matrix der erklärenden endogenen Variablen) und $\boldsymbol{\varepsilon}_1$ (Störvariablenvektor der ersten Gleichung des I-Modells) stochastisch abhängig. In (47a) besteht Abhängigkeit zwischen $\boldsymbol{X}_2$ (Matrix der fehlerbehafteten Regressoren) und dem Störvariablenvektor $\boldsymbol{u}$. Diese Abhängigkeiten bedingen jeweils inkonsistente KQ-Schätzungen.

A 3.2/13

a. Leiten Sie für $\boldsymbol{M}_{22}^* = \text{plim}\,(1/T)\,\boldsymbol{X}_2^{*\prime}\boldsymbol{X}_2^*$ die Darstellung (53) ab.

b. Beweisen Sie, daß

$$\text{plim}\,(1/T)\,\boldsymbol{\Xi}_2'\,\boldsymbol{P}_1\,\boldsymbol{w} = \boldsymbol{o}, \qquad \text{plim}\,(1/T)\,\boldsymbol{\Xi}_2'\,\boldsymbol{P}_1\,\boldsymbol{V}_2 = \boldsymbol{O}$$
$$\text{plim}\,(1/T)\,\boldsymbol{V}_2'\,\boldsymbol{P}_1\,\boldsymbol{w} = \boldsymbol{o}, \qquad \text{plim}\,(1/T)\boldsymbol{V}_2'\,\boldsymbol{P}_1\,\boldsymbol{V}_2 = \boldsymbol{\Sigma}_2.$$

c. Zeigen Sie, daß $\boldsymbol{M}_{22}^*$ positiv definit und damit regulär ist.

d. Verifizieren Sie (52) unter Verwendung der in Aufgabenteil b angegebenen Gleichungen.

e. Beweisen Sie dann auch (55).

A 3.2/14

Im multiplen FV-Modell (24) seien nur x_{K-1} und x_K fehlerbehaftet. Außerdem gelte $x_1 \equiv 1$.

Geben Sie unter Verwendung der Ergebnisse aus 3.2.2c die asymptotischen Schätzfehler von $\hat{\beta}_{K-1,\,KQ}$ und $\hat{\beta}_{K,\,KQ}$ an.

e. Beispiele aus der Ökonometrie

① *Messung von Preiselastizitäten bei der Importnachfrage*

Wir kommen noch einmal auf Beispiel ② aus 1.3.2b zurück.

Es sei η die Importnachfrage nach einem Gut, ξ_2 sein Preis und ξ_3 das Sozialprodukt des importierenden Landes. Die Importfunktion laute dann

$$\eta = \beta_1 + \beta_2\,\xi_2 + \beta_3\,\xi_3 + \varepsilon$$

mit $\beta_2 < 0$ und $\beta_3 > 0$. Der Importpreis ξ_2 werde — im Gegensatz zum Sozialprodukt ξ_3 — fehlerbehaftet gemessen. Man erhält dann, wenn man auch bei der Messung von η Meßfehler w zuläßt, das Modell

$$\begin{aligned} \eta &= \beta_1 + \beta_2\,\xi_2 + \beta_3\,\xi_3 + \varepsilon \\ y &= \eta + w \\ x_2 &= \xi_2 + v_2 \\ x_3 &\equiv \xi_3 . \end{aligned} \tag{59}$$

Wir nehmen an, daß die in (59) auftretenden Variablen den Annahmen des FV-Grundmodells i.e.S. genügen (vgl. Tab. 1.2/1).

Wenn man die primär interessierenden Koeffizienten β_2 und β_3 nach der KQ-Methode schätzt, wird nicht nur β_2, sondern auch β_3, der Koeffizient der *fehlerfreien* exogenen Variablen, inkonsistent geschätzt. Die asymptotischen Schätzfehler sind gegeben durch (s. L 3.2/12 und auch (57, 58))

$$\text{plim}\,(\hat{\beta}_{2,\,KQ} - \beta_2) = -\frac{e_{22}}{1 - R^2}\,\beta_2 .$$

$$\text{plim}\,(\hat{\beta}_{3,\,KQ} - \beta_3) = +\frac{R}{1 - R^2}\,e_{22}\,\beta_2\,\frac{S_2}{S_3} .$$

Insbesondere wird also $|\beta_2|$ asymptotisch unterschätzt, und zwar um so stärker, je größer die Korrelation zwischen ξ_2 und ξ_3 ist. Auf diese Unterschätzung hat *Orcutt* [1950] hingewiesen.

Wenn neben ξ_2 auch ξ_3 fehlerhaft gemessen wird und die Meßfehler keine Korrelation aufweisen, sind die asymptotischen KQ-Schätzfehler durch (44, 45) gegeben. Man verifiziert leicht bei Beachtung von $\beta_2 < 0$ und $\beta_3 > 0$, daß die

Schätzfehler (44, 45) im Falle $R > 0$ absolut genommen größer sind als die vorstehend angegebenen asymptotischen KQ-Schätzfehler bei fehlerfrei gemessenem Sozialprodukt β_3.

In einer kritischen Bemerkung zu Orcutts Aufsatz weist *Kemp* [1962] darauf hin, daß üblicherweise die Importvariable in einer Importfunktion nicht nominal, sondern real, d.h. preisbereinigt gemessen wird [vgl. auch *Kakwani*, 1972 sowie *Kohler*, 1985]. Zur Preisbereinigung bedient man sich des Importpreises, also gerade jener Variablen ξ_2, die auch als Einflußgröße auftritt. Ist nun aber ξ_2 fehlerbehaftet, dann bedeutet dies, daß sowohl die endogene Variable (reale Importnachfrage) als auch die exogene Variable (Importpreis) fehlerhaft gemessen werden und daß die Meßfehler w und v_2 korreliert sind. Man hat also ein FV-Modell *i.w.S.* vor sich. Die Gleichungen (44) und (45) für den asymptotischen Schätzfehler sind dann zu modifizieren. Nach Kemp ist die geschätzte Preiselastizität der Importnachfrage in Richtung auf den Wert -1 asymptotisch verzerrt.

Scobie und *Johnson* [1975] schätzen die Preiselastizität auf dem Umweg über die Schätzung einer Substitutionselastizität. Dabei gehen sie davon aus, daß die Preisvariable nur indirekt als Quotient aus einer Wert- und einer Mengengröße bestimmt wird. Wird die Mengenvariable fehlerhaft gemessen, dann folglich auch die Preisvariable, und beide Fehler sind miteinander korreliert, so daß wieder ein FV-Modell i.w.S. resultiert.

Anmerkung: In einer anderen ökonometrischen Studie zeigen *Garber* und *Klepper* [1980], daß die adäquate Berücksichtigung von Fehlern in den Variablen u.U. sogar eine ganze Theorie zu Fall bringen kann. In ihrem Beispiel ist es die "administered pricing"-Theorie, d.h. die ökonometrisch scheinbar gesicherte Behauptung, daß die kurzfristige Preisflexibilität in einem Industriesektor von dessen Konzentrationsgrad abhängt. In diesem Fall rühren die Fehler aber nicht von fehlerhaften Erhebungen her, sondern von der Benutzung von Proxyvariablen an Stelle der von der Theorie geforderten, aber nicht direkt beobachtbaren Variablen.

② *Berücksichtigung von Proxyvariablen*

Will man den Einfluß einer Variablen x_2 auf eine Variable y messen, dann genügt es im allgemeinen nicht, die Regression von y auf x_2 allein aufzustellen. Es ist vielmehr darauf zu achten, daß auch alle anderen Größen $x_3, \ldots, x_K$, die einen wesentlichen Einfluß auf y ausüben, in die Regression aufgenommen werden. Das ist besonders dann wichtig, wenn diese Variablen mit x_2 korreliert sind. Bei Nichtberücksichtigung der zusätzlichen Einflußgrößen $x_3, \ldots, x_K$ würde die Schätzung des Zusammenhangs zwischen y und x_2 inkonsistent sein.

Es kann nun aber sein, daß einige der aufzunehmenden zusätzlichen Einflußgrößen nicht meßbar sind und man sich daher mit Ersatzvariablen begnügen muß. Solche Variablen, die zwar gemessen werden können, nicht aber selbst als Einflußgrößen gelten, sondern nur Ersatz sind für die nicht meßbaren eigentlichen Einflußgrößen, heißen in der Ökonometrie **Proxyvariablen**. Die Differenz zwischen einer Proxyvariablen und der zugehörigen wahren Einflußvariablen können wir als Meßfehler interpretieren. Ist dieser unabhängig von der Einflußvariablen, dann liegt ein FV-Modell vor (vgl. auch die Einleitung).

Es ist allerdings die Frage, ob es sinnvoll ist, solche Proxyvariablen in eine Regression aufzunehmen. Denn offensichtlich begeht man einen Fehler, wenn man anstelle der wahren Einflußgröße nur eine Näherungsvariable aufnimmt. Man begeht aber auch einen Fehler, wenn man die Einflußgröße überhaupt nicht berücksichtigt. Wie auch immer man sich entscheidet, man begeht in beiden Fällen einen Fehler, der zu inkonsistenten KQ-Schätzungen der Parameter — insbesondere also auch des vornehmlich interessierenden Parameters β_2 — führt.

Zur Illustration dieser Problematik greifen wir erneut auf Beispiel ② aus 1.3.2b zurück. Wir nehmen jetzt an, daß die bei der Messung des Importpreises ξ_2 auftretenden Meßfehler vernachlässigbar sind ($x_2 \equiv \xi_2$). Außerdem wollen wir bei der Aufstellung der Regression für die Importnachfrage das Sozialprodukt des importierenden Landes — in (59) als ξ_3 bezeichnet — der Einfachheit halber außer acht lassen. Dafür berücksichtigen wir jetzt, daß die Nachfrage nach einem bestimmten Importgut auch vom Preis der gleichen oder einer ähnlichen Gütergruppe aus heimischer Produktion beinflußt wird. Diese Einflußgröße, jetzt anstelle des Sozialprodukts mit ξ_3 benannt, fungiert als Konkurrenzpreis zu ξ_2. Man kann annehmen, daß ξ_3 auf y einen starken Einfluß hat. In der Praxis wird ξ_3 nicht genau zu bestimmen sein, weil man nicht exakt abzugrenzen vermag, welche Güter der heimischen Produktion als Konkurrenzprodukte anzusehen sind. Wie immer man diese Abgrenzung festlegt, es ist davon auszugehen, daß die erhobene Variable x_3 nicht identisch ist mit der Variablen ξ_3, die als eigentliche Konkurrenzpreisvariable in Frage käme. Die Variable x_3 fungiert also als Proxyvariable für die unbeobachtete, aber eigentlich wirksame Variable ξ_3. Der Unterschied $v_3 := x_3 - \xi_3$ zwischen beiden ist als Meßfehler interpretierbar.

Wir haben jetzt also das Modell

$$\begin{aligned} \eta &= \beta_1 + \beta_2 \xi_2 + \beta_3 \xi_3 + \varepsilon \\ y &= \eta + w \\ x_2 &= \xi_2 \\ x_3 &= \xi_3 + v_3 . \end{aligned} \tag{60}$$

Es seien wieder die Annahmen des FV-Modells i.e.S. erfüllt. Insbesondere sind dann $\tilde{w} = w + \varepsilon$ und v_3 untereinander wie auch jeweils von ξ_2 und ξ_3 stochastisch unabhängig.

In der Hauptsache interessiere in (60) der Parameter β_2, aus dem sich die Preiselastizität der Importnachfrage berechnen läßt. Es gilt, diesen Parameter möglichst genau nach der KQ-Methode zu schätzen.

Als Grundlage für die KQ-Schätzung kommt sowohl die aus (60) abgeleitete empirische Regression

$$\begin{aligned} y &= \beta_1 + \beta_2 x_2 + \beta_3 x_3 + u \\ u &= \tilde{w} - \beta_3 v_3 \end{aligned} \tag{61}$$

in Betracht als auch die empirische Einfachregression

$$\begin{aligned} y &= \beta_1 + \beta_2 x_2 + w' \\ w' &= \beta_3 x_3 + u, \end{aligned} \tag{62}$$

bei der die Proxyvariable x_3 fortgelassen wurde. Die auf (61) resp. (62) basierenden KQ-Schätzer $\hat{\beta}_{2,KQ}$ und $\hat{\hat{\beta}}_{2,KQ}$ sind beide inkonsistent, weil der Einfluß des Konkurrenzpreises ξ_3 in (62) überhaupt nicht und in (61) nur ungenau — über die Proxyvariable x_3 — berücksichtigt wird. Wir wollen zeigen, daß $\hat{\beta}_{2,KQ}$ einen kleineren absoluten asymptotischen Schätzfehler aufweist als $\hat{\hat{\beta}}_{2,KQ}$.

Den asymptotischen Fehler der aus (61) ermittelten KQ-Schätzung $\hat{\beta}_{2,KQ}$ erhält man aus (44), wenn man dort $e_{22} = 0$ setzt (vgl. auch A 3.2/12a):

$$p\lim (\hat{\beta}_{2,KQ} - \beta_2) = \beta_3 R \cdot \frac{S_3}{S_2} \cdot \frac{e_{33}}{1 - R^2}. \tag{63}$$

Dabei bezeichnet $R = S_{23}/(S_2 S_3)$ wieder die empirische Grenzkorrelation zwischen x_2 und x_3.

Aus (62) leitet man für den KQ-Schätzer $\hat{\hat{\beta}}_{2,KQ} = s^2_{x_2 y}/s^2_{x_2}$ aufgrund von $w' = \beta_3(x_3 - v_3) + \tilde{w}$ die Darstellung

$$\hat{\hat{\beta}}_{2,KQ} = \frac{\beta_2 s^2_{x_2} + s_{x_2 \tilde{w}'}}{s^2_{x_2}} = \frac{\beta_2 s^2_{x_2} + \beta_3 (s_{x_2 x_3} - s_{x_2 v_3}) + s_{x_2 \tilde{w}}}{s^2_{x_2}} \tag{64}$$

ab. Wenn wir wieder die Existenz der Wahrscheinlichkeitslimites $S_{ij} := p\lim s_{x_i x_j}$ voraussetzen und die vorausgesetzte Unabhängigkeit von x_2 und (v_3, w) beachten, folgt für den asymptotischen Fehler des Schätzers (64)

$$p\lim (\hat{\hat{\beta}}_{2,KQ} - \beta_2) = \beta_3 \cdot \frac{S_{23}}{S_{22}} = \beta_3 R \cdot \frac{S_3}{S_2}. \tag{65}$$

Wir vergleichen nun die beiden asymptotischen Schätzfehler (63) und (65). Für e_{33} läßt sich die (8) entsprechende Abschätzung $e_{33} \leq 1 - R^2$ beweisen, d.h. es ist $e_{33}/(1 - R^2) \leq 1$. Es folgt daher unmittelbar

$$p\lim |\hat{\beta}_{2,KQ} - \beta_2| \leq p\lim |\hat{\hat{\beta}}_{2,KQ} - \beta_2|. \tag{66}$$

Die KQ-Schätzung von β_2 besitzt also bei Berücksichtigung der Proxyvariablen x_3 einen kleineren absoluten asymptotischen Fehler. Wenn man den asymptotischen Schätzfehler als Kriterium für die Beurteilung der Güte des Schätzers verwendet, ist demnach der auf der Basis von (61) bestimmte Schätzer vorzuziehen. Dies bedeutet, daß die Proxyvariable x_3 in die Regression aufgenommen werden sollte, auch wenn der Fehler v_3 sehr groß ist.

Anmerkungen:

1. Unser Resultat, das sich auf den Spezialfall $K = 3$ bezog, steht im Einklang mit einem etwas allgemeineren Ergebnis von *McCallum* [1972] und *Wickens* [1972]. Beide Autoren haben unabhängig voneinander gezeigt, daß die Einbeziehung einer Proxyvariablen in eine multiple Regression mit $K - 1$ fehlerfreien Regressoren stets zu kleineren asymptotischen KQ-Schätzfehlern führt. Diese Verallgemeinerung ergibt sich aber auch aus den vorstehenden Ableitungen (Gleichungen (60) — (66)), wenn man die multiple Regression von $K - 2$ der insgesamt $K - 1$ fehlerfreien Regressoren nach der in 3.2.2d beschriebenen Methode bereinigt. Man erhält auf diese Weise eine (60, 61) entsprechende Regression mit zwei — transformierten — exogenen Variablen.
2. Der Wert des Ergebnisses von McCallum und Wickens wird allerdings durch eine Untersuchung von *Aigner* [1974] relativiert. Wenn man nämlich anstelle des asymptotischen Fehlers den mittleren quadratischen Fehler als Kriterium für die Beurteilung der Schätzgüte heranzieht, kann nach Aigner u.U. auch die Nichtberücksichtigung der Proxyvariablen x_K zu besseren KQ-Schätzungen führen.
3. *Garber* und *Klepper* [1980a] haben abgeleitet, daß die Einbeziehung einer Proxyvariablen x_K in eine multiple Regression mit $K - 1$ Regressoren $x_1, \ldots, x_{K-1}$ nicht mehr notwendigerweise zu einem kleineren absoluten asymptotischen KQ-Schätzfehler $\hat{\beta}_{K,KQ}$ führt, sofern neben x_K nur mindestens eine der Variablen $x_1, \ldots, x_{K-1}$ fehlerbehaftet ist [vgl. auch *Barnow*, 1976]. Auch dieses Ergebnis relativiert den praktischen Nutzen der vorher skizzierten Arbeiten von *McCallum* [1972] und *Wickens* [1972].

3.3 Schätzung mit Informationen über die Fehlervarianzen

Aus 2.3 ist bekannt, daß die Parameter des FV-Modells bei Vorhandensein geeigneter Zusatzinformationen identifizierbar sind. Wir zeigen in 3.3 — 3.8, wie man mit Hilfe solcher Zusatzinformationen konsistente Schätzer konstruieren kann. Die in 2.3 gewonnen Erkenntnisse werden uns hierbei von Nutzen sein. Je nach Art der gegebenen Zusatzinformationen gewinnen wir verschiedene Schätzer. In 3.3 werden Informationen über die Fehlervarianzen verwendet.

3.3.1 Schätzung bei Kenntnis der Kovarianzmatrix Σ der Fehler in den exogenen Variablen (V-Schätzung)

Wir beginnen mit dem Fall, daß die Kovarianzmatrix $\boldsymbol{\Sigma}$ der Fehler in den exogenen Variablen $x_1, \ldots, x_K$ bekannt ist. Im einfachen FV-Modell entspricht dies der Kenntnis der Varianz σ_v^2 des Fehlers in der Variablen x. Die auf der Basis dieser A-priori-Information abgeleiteten Parameterschätzungen — mit Ausnahme der ML-Schätzungen — wollen wir **V-Schätzungen** nennen und mit dem Index "V" kennzeichnen. ML-Schätzungen kennzeichnen wir unabhängig von der verwendeten Zusatzinformation stets mit dem Index "ML".

a. V-Schätzung im einfachen FV-Modell

Ausgangspunkt unserer Überlegungen ist zunächst wieder das einfache FV-Modell *i.e.S.*, für das wir wie in 3.2.1 neben (F1) — (F5) durchgehend die Annahme (A) treffen.

Wir hatten in 3.2.1 festgestellt, daß die KQ-Schätzer $\hat{\beta}_{KQ}$ und $\hat{\alpha}_{KQ}$ der Regressionskoeffizienten dieses Modells inkonsistent sind. Aus der Darstellung (3.2/6), die wir für das einfache FV-Modell i.e.S abgeleitet hatten, ersieht man, daß man bei Kenntnis der asymptotischen Fehlervarianz $e = \sigma_v^2 / S_{xx}$ mit $\hat{\beta} := (1 - e)^{-1} \hat{\beta}_{KQ}$ einen Schätzer konstruieren könnte, dem die gewünschte Konsistenzeigenschaft zukäme. In einigen Anwendungen, vor allem in der Psychologie und der Soziologie, kann man in der Tat e als a priori bekannt annehmen. Es liegt dann zumeist die Strukturvariante vor, und e stellt sich als $e = \sigma_v^2 / \sigma_x^2$ dar. Der Term $1 - e$ wird bisweilen als Reliabilität bezeichnet. (Für ein Anwendungsbeispiel und weitere Ausführungen vgl. *Fuller* und *Hidiroglou* [1978]).

Hier wollen wir jedoch davon ausgehen, daß allein die Varianz σ_v^2 bekannt ist. Dann ist offenbar auch der von uns als **relative Fehlervarianz** bezeichnete Quotient

$$\tilde{e} := \frac{\sigma_v^2}{s_x^2} \tag{1}$$

bekannt, und man hat wegen $p\lim \tilde{e} = e$ in

$$\hat{\beta}_V := \frac{\hat{\beta}_{KQ}}{1 - \tilde{e}} \tag{2}$$

einen konsistenten Schätzer für β.

Wir bezeichnen (2) als V-Schätzer von β. Um die Existenz dieses Schätzers zu gewährleisten, setzen wir $\tilde{e} \neq 1$ (m.W.1) voraus.

Der V-Schätzer (2) geht also aus dem KQ-Schätzer durch Multiplikation mit dem Korrekturterm $(1 - \tilde{e})^{-1}$ hervor. Im Falle $\sigma_v^2 = 0$ $(\tilde{e} = 0)$ stimmen V-Schätzer und KQ-Schätzer von β überein.

Durch Einsetzen von (1) in (2) ergibt sich für den V-Schätzer (2) die Darstellung

$$\hat{\beta}_V = \frac{s_x^2}{s_x^2 - \sigma_v^2} \hat{\beta}_{KQ}. \tag{3}$$

Substituiert man in (3) noch $\hat{\beta}_{KQ}$ durch s_{xy}/s_x^2, so erhält man mit

$$\hat{\beta}_V = \frac{s_{xy}}{s_x^2 - \sigma_v^2} \tag{4}$$

eine weitere Darstellung, die gegenüber (2) und (3) den Vorteil besitzt, daß $\hat{\beta}_V$ hier direkt aus den Daten – ohne vorherige Bestimmung von $\hat{\beta}_{KQ}$ – ermittelt werden kann.

Der V-Schätzer (4) ist ein Momentenschätzer. Er ergibt sich aus (3.1/20), ergänzt um die Gleichung

$$\hat{\sigma}_v^2 = \sigma_v^2, \tag{5}$$

welche die hier vorausgesetzte A-priori-Information wiederspiegelt.

Der V-Schätzer (4) geht formal auch aus der Identifikationsformel (2.3/1) hervor, wenn man dort die theoretischen Momente σ_{xy} und σ^2_x durch die empirischen Momente s_{xy} und s^2_x ersetzt.

So wie sich die V-Schätzung von β aus (3.1/20) ableiten läßt, kann man auch die V-Schätzungen der übrigen Parameter α, σ^2_w, M_ξ und $S_{\xi\xi}$ aus (3.1/20) ermitteln. Für α und σ^2_w ergeben sich die Schätzer

$$\hat{\alpha}_V = \bar{y} - \hat{\beta}_V \bar{x} \tag{6}$$

$$\hat{\sigma}^2_{w,V} = s^2_y - \hat{\beta}_V s_{xy}. \tag{7}$$

Sie sind als Momentenschätzer konsistent. Für M_ξ und $S_{\xi\xi}$ erhält man die Momentenschätzer

$$\hat{M}_{\xi,V} = \bar{x} \tag{8}$$

$$\hat{S}_{\xi\xi,V} = s^2_x - \sigma^2_v \tag{9}$$

In (8) kann man den Index "V" (V-Schätzung) auch weglassen, weil M_ξ stets durch $\bar{x}$ konsistent geschätzt wird. Wir brauchen daher im folgenden auch nicht mehr auf die Schätzung von M_ξ im Rahmen anderer FV-Modelle mit Zusatzinformation einzugehen.

Aus (7) und (9) ist erkennbar, daß die V-Schätzungen von σ^2_w und $S_{\xi\xi}$ u.U. auch negativ und damit unbrauchbar sein können. Mit einem negativen Schätzwert für $S_{\xi\xi}$ ist jedoch nur dann zu rechnen, wenn die asymptotische Fehlervarianz $e = \sigma^2_v / S_{xx}$ sehr groß ist, d.h. nahe bei Eins liegt.

Man kann auch für das einfache FV-Modell *i.w.S.* (vgl. Tab. 1.2/1) konsistente V-Schätzer für die Modellparameter konstruieren, wobei dann allerdings außer σ^2_v auch noch die Kovarianz σ_{vw} bekannt sein muß. Man erhält in Verallgemeinerung von (4) und (7) die Schätzformeln

$$\left.\begin{aligned} \hat{\beta}_V &= \frac{s_{xy} - \sigma_{vw}}{s^2_x - \sigma^2_v} \\ \hat{\sigma}^2_{w,V} &= s^2_y - \hat{\beta}_V (s_{xy} - \sigma_{vw}). \end{aligned}\right. \tag{10}$$

Die V-Schätzungen (6) und (9) für α und $S_{\xi\xi}$ bleiben unverändert.

Anmerkung: Die Schätzformel (4) resp. die äquivalenten Formeln (2, 3) sind nur bei Kenntnis von σ^2_v anwendbar. In der Praxis ist es aber unrealistisch, von der exakten Kenntnis der Varianz σ^2_v auszugehen. Anstelle von σ^2_v hat man dort i.d.R. nur Schätzungen $\hat{\sigma}^2_v$. Wenn man den V-Schätzer (4) nun derart modifiziert, daß man σ^2_v durch eine Schätzung $\hat{\sigma}^2_v$ ersetzt, so hat man eine abgewandelte V-Schätzung für den Regressionskoeffizienten β und damit über (6, 7) auch abgewandelte V-Schätzungen für α und σ^2_w. Entsprechendes gilt für das FV-Modell i.w.S., wenn in (10) σ^2_v und σ_{vw} durch $\hat{\sigma}^2_v$ und $\hat{\sigma}_{vw}$ ersetzt werden. Wir wollen die so modifizierten V-Schätzungen als **$\hat{V}$-Schätzungen** bezeichnen. In 3.4.2b wird uns noch eine solche skalare $\hat{V}$-Schätzung begegnen (vgl. (3.4/14)).

Die $\hat{V}$-Schätzungen sind offenbar genau dann konsistent, wenn $\hat{\sigma}^2_v$ resp. $\hat{\sigma}^2_v$ und $\hat{\sigma}_{vw}$ konsistent sind [zur $\hat{V}$-Schätzung vgl. auch *Tukey*, 1951; *Madansky*, 1959; *Acton*, 1959; *Dorff/Gurland*, 1961a sowie *Fuller*, 1980].

A 3.3/1

Zeigen Sie, daß $\hat{\alpha} := \bar{y} - \hat{\beta}\,\bar{x}$, $\hat{\sigma}^2_v := s^2_x - s_{xy}/\hat{\beta}$ und $\hat{\sigma}^2_w := s^2_y - \hat{\beta}\, s_{xy}$ stets konsistente Schätzungen für die Parameter α, σ^2_v resp. σ^2_w des einfachen FV-Modells *i.e.S.* liefern, sofern nur $\hat{\beta}$ konsistent ist.

A 3.3/2

a. Beweisen Sie die Konsistenz der V-Schätzungen (10) im FV-Modell *i.w.S.*.
b. Welchen Wahrscheinlichkeitslimes besitzt der V-Schätzer (4) im FV-Modell i.w.S.?

A 3.3/3

a. Beweisen Sie, daß $\hat{\alpha}_V - \hat{\alpha}_{KQ} = (\hat{\beta}_{KQ} - \hat{\beta}_V)\,\bar{x}$.
b. Vergleichen Sie die Lage der KQ-Regressionsgeraden mit der Regressionsgeraden der V-Schätzung anhand einer Skizze, und veranschaulichen Sie in dieser Zeichnung die in Aufgabenteil a genannte Gleichung. Gehen Sie davon aus, daß $\hat{\beta}_{KQ}$ positiv ist.

b. V-Schätzung als ML — Schätzung

Die Formeln (4) und (6) — (9) für die V-Schätzer der Parameter des einfachen FV-Modells können auch aus dem Maximum-Likelihood-Prinzip (ML-Prinzip) abgeleitet werden, aber nur für den speziellen Fall der Strukturvariante mit normalverteilten Variablen.

Nehmen wir also an, das FV-Modell liege in der *Strukturvariante* vor und sämtliche Variablen seien normalverteilt (Zusatzannahmen (SV) und (N)). Es sind dann α, β, μ_ξ, σ^2_ξ und σ^2_w die zu schätzenden Modellparameter. Sie stehen — bei gegebenem σ^2_v — über das Momentensystem (2.2/2) in umkehrbar eindeutiger Beziehung zu den Momenten μ_x, μ_y, σ^2_x, σ^2_y und σ_{xy} der beobachtbaren Variablen (x, y). Man kann daher die ML-Schätzungen für die Modellparameter dadurch finden, daß man zunächst nach dem ML-Prinzip Schätzungen für die fünf genannten Momente berechnet, die Schätzungen in das System (2.2/2) einsetzt und dann nach den Modellparametern auflöst.

Das Variablenpaar (x, y) gehorcht wegen (N) einer bivariaten Normalverteilung mit den oben angegebenen theoretischen Momenten. Bekanntlich werden diese nach dem ML-Prinzip durch die entsprechenden empirischen Momente $\bar{x}$, $\bar{y}$, s^2_x, s^2_y, s_{xy} geschätzt. Letzteres gilt allerdings nur, wenn die theoretischen Momente von x und y keinerlei Einschränkungen unterliegen. Im vorliegenden Fall sind sie jedoch durch das hier zugrundegelegte Modell mit gegebenem σ^2_v auf eine Teilmenge aller möglichen Momente eingeschränkt. Nur solche Momente sind zulässig, die vermöge des Systems (2.2/2) bei gegebenem σ^2_v zu zulässigen Parameterwerten führen, nämlich zu nichtnegativen Werten für σ^2_ξ und σ^2_w. (Die anderen Parameter α, β, μ_ξ unterliegen keinen Restriktionen.)

Man hat also die Likelihoodfunktion als Funktion der Momente auf dem eingeschränkten Momentenraum zu maximieren. Wird dagegen die Likelihoodfunktion auf dem uneingeschränkten Momentenraum maximiert, dann stellt das Maximum nur dann eine ML-Schätzung der theoretischen Momente dar, wenn es im eingeschränkten Momentenraum liegt.

Aus diesen Überlegungen folgt, daß die empirischen Momente $\bar{x}$, $\bar{y}$, s_x^2, s_y^2 und s_{xy} genau dann ML-Schätzungen der theoretischen Momente von (x, y) sind, wenn die zugehörigen Parameterschätzungen, die man durch Auflösen des Systems (3.1/20) zusammen mit (5) unter Beachtung von $\hat{\sigma}_\xi^2 = \hat{S}_{\xi\xi}$ und $\hat{\mu}_\xi = \hat{M}_\xi$ erhält, zulässig sind, d.h., wenn $\hat{\sigma}_\xi^2 \geq 0$ und $\hat{\sigma}_w^2 \geq 0$ ist. Genau in diesem Fall stimmen die ML-Schätzungen der Modellparameter mit den V-Schätzungen (4) und (6) — (9) überein.

Die Bedingung $\hat{\sigma}_\xi^2 \geq 0$, $\hat{\sigma}_w^2 \geq 0$ ist genau dann erfüllt, wenn für die empirischen Momente s_x^2, s_y^2 und s_{xy} die Restriktionen

$$s_x^2 \geq \sigma_v^2, \qquad s_y^2 \geq \frac{s_{xy}^2}{s_x^2 - \sigma_v^2} \tag{11}$$

gelten, wie man aus (3.1/20c — e) in Verbindung mit der Zusatzgleichung (5) leicht ableitet. Wegen (4) sind die Restriktionen (11), die das Auftreten negativer Varianzschätzungen ausschließen, äquivalent zu

$$s_x^2 \geq \sigma_v^2, \qquad \frac{s_y^2}{|s_{xy}|} \geq |\hat{\beta}_V|. \tag{12}$$

Wenn auch nur eine der Restriktionen (12) verletzt wird, weichen die ML-Schätzungen — mit Ausnahme der Schätzung für μ_ξ — allesamt von den V-Schätzungen ab. Nach Birch [1964] ist in diesem Fall

$$\hat{\beta}_{ML} = s_y^2 / s_{xy}, \qquad \hat{\alpha}_{ML} = \bar{y} - \hat{\beta}_{ML}\,\bar{x},$$

$$\hat{\sigma}_{\xi,\,ML}^2 = s_{xy}^2 / s_y^2, \qquad \hat{\sigma}_{w,\,ML}^2 = 0.$$

Insbesondere gilt also für den ML-Schätzer von β mit $\breve{\beta}_{KQ} := s_y^2 / s_{xy}$

$$\hat{\beta}_{ML} = \begin{cases} \hat{\beta}_V & \text{falls } s_x^2 \geq \sigma_v^2 \text{ und } |\breve{\beta}_{KQ}| \geq |\hat{\beta}_V| \\ \breve{\beta}_{KQ} & \text{sonst}\,. \end{cases} \tag{13}$$

Der Schätzer $\breve{\beta}_{KQ}$, den wir schon in (3.2/15) eingeführt hatten, minimiert die Quadratsumme der *waagerechten* Abstände der Beobachtungspaare (x_t, y_t) von der Regressiongeraden.

Es sei bemerkt, daß die Bedingung (12) bei großem T mit hoher Wahrscheinlichkeit erfüllt ist. Bei großem T kann man also gemäß (13) erwarten, daß die ML-Schätzungen mit den V-Schätzungen übereinstimmen.

Die ML-Schätzung (13) gilt für die Strukturvariante des einfachen FV-Modells i.e.S. mit normalverteilten Variablen. Für die *Funktionalvariante* des einfachen FV-

Modells i.e.S. mit normalverteilten Fehlervariablen gestaltet sich der ML-Ansatz ganz anders. Hier sind die ξ_t keine stochastischen Größen, sondern feste unbekannte Parameter, die zusätzlich zu den eigentlichen Modellparametern zu schätzen sind. Man kann zeigen, daß die Likelihoodfunktion in diesem Fall kein Maximum besitzt und daher ML-Schätzungen nicht existieren (vgl. A 3.3/4). Dennoch existieren konsistente Parameterschätzungen, nämlich z.B. die V-Schätzungen, für deren Konsistenzbeweis außer der Annahme (A) keine über das FV-Grundmodell hinausgehende Annahmen benötigt werden. Für den Parameter β des FV-Modells in der Funktionalvariante hat man aber ebenso in (13) eine konsistente Schätzung, wenn auch keine ML-Schätzung. Die Schätzung (13) ist hier der einfachen V-Schätzung (4) vorzuziehen, weil (13) immer zu nichtnegativen Schätzungen für σ^2_ξ und σ^2_w führt.

Anmerkung: Die Bedingung (11) bzw. (12) ist mit der zu (2.2/6) analogen Ungleichung $\sigma_v^2 \leq s_x^2(1 - r_{xy}^2)$ äquivalent.

A 3.3/4

Stellen Sie für die Funktionalvariante des einfachen FV-Modells *i.e.S.* mit normalverteilten Fehlervariablen die Likelihoodfunktion auf und zeigen Sie, daß diese beliebig große Werte annehmen kann.

c. V-Schätzung im multiplen FV-Modell

Die Ausführungen in 3.3.1a lassen sich leicht auf das multiple FV-Modell übertragen. Wir legen zunächst das multiple FV-Modell *i.e.S.* zugrunde (vgl. Tab. 1.2/1) und treffen außerdem wieder die asymptotische Annahme (A). Wir setzen voraus, daß die Kovarianzmatrix $\boldsymbol{\Sigma}$ der Fehler in den exogenen Variablen bekannt ist. Außerdem wollen wir annehmen, daß die Matrix $\boldsymbol{X}'\boldsymbol{X} - T\boldsymbol{\Sigma}$ („korrigierte" Datenmatrix) m.W.1 regulär ist.

Aus der Darstellung (3.2/27) ersieht man, daß der Regressionskoeffizientenvektor $\boldsymbol{\beta}$ des multiplen FV-Modell i.e.S. durch $\hat{\boldsymbol{\beta}} := (\boldsymbol{I} - \boldsymbol{M}_{xx}^{-1}\boldsymbol{\Sigma})^{-1}\hat{\boldsymbol{\beta}}_{KQ}$ konsistent geschätzt wird. Die Konstruktion dieses Schätzers setzt allerdings außer der Kenntnis von $\boldsymbol{\Sigma}$ noch die Kenntnis der Grenzmomentenmatrix $\boldsymbol{M}_{xx}$ voraus. Der V-Schätzer

$$\hat{\boldsymbol{\beta}}_V := \left[\boldsymbol{I} - \left(\frac{1}{T}\boldsymbol{X}'\boldsymbol{X}\right)^{-1}\boldsymbol{\Sigma}\right]^{-1}\hat{\boldsymbol{\beta}}_{KQ} \tag{14}$$

läßt sich hingegen bereits dann konstruieren, wenn lediglich $\boldsymbol{\Sigma}$ bekannt ist. Wegen $p\lim\,(1/T)\,\boldsymbol{X}'\boldsymbol{X} =: \boldsymbol{M}_{xx}$ ist er ebenfalls konsistent.

Der Schätzer (14) ist das multiple Analogon des V-Schätzers (2). So wie sich für letzteren noch zwei äquivalente Darstellungen ableiten ließen, kann man auch (14) noch umformen. Das Analogon zu (3) lautet

$$\hat{\boldsymbol{\beta}}_V = (\boldsymbol{X}'\boldsymbol{X} - T\boldsymbol{\Sigma})^{-1}\boldsymbol{X}'\boldsymbol{X}\hat{\boldsymbol{\beta}}_{KQ}. \tag{15}$$

Durch Substitution von $\hat{\boldsymbol{\beta}}_{KQ}$ durch $(\boldsymbol{X}'\boldsymbol{X})^{-1}\boldsymbol{X}'\boldsymbol{y}$ vereinfacht sich (15) zu

$$\hat{\boldsymbol{\beta}}_V = (\boldsymbol{X}'\boldsymbol{X} - T\boldsymbol{\Sigma})^{-1}\boldsymbol{X}'\boldsymbol{y}. \tag{16}$$

Die Existenz des V-Schätzers ist gewährleistet, weil die Matrix $\boldsymbol{X}'\boldsymbol{X} - T\boldsymbol{\Sigma}$ als regulär vorausgesetzt wurde.

Offenbar ist (16) die Lösung des Gleichungssystems

$$(\boldsymbol{X}'\boldsymbol{X} - T\boldsymbol{\Sigma})\hat{\boldsymbol{\beta}}_V = \boldsymbol{X}'\boldsymbol{y}. \tag{17}$$

Da das System (17) dem System der Normalgleichungen im klassischen Regressionsmodell stark ähnelt – es unterscheidet sich von diesem nur durch den Korrekturterm $T\boldsymbol{\Sigma}$ – bezeichnen wir (17) auch als **Normalgleichungssystem für den V-Schätzer.**

Es sei bemerkt, daß man im Falle $\xi_1 \equiv 1$ wieder von der scheinvariablenbereinigten Modellfassung (3.2/29) ausgehen kann. Man erhält dann analog zu (14) – (16) Schätzformeln für den Vektor $\boldsymbol{\beta}^* = (\beta_2, \ldots, \beta_K)'$ der eigentlichen Regressionskoeffizienten. Anstelle von (16) ergibt sich z.B.

$$\hat{\boldsymbol{\beta}}^*_V = (\boldsymbol{X}^{*\prime}\boldsymbol{X}^* - T\boldsymbol{\Sigma}^*)^{-1}\boldsymbol{X}^{*\prime}\boldsymbol{y}^*. \tag{18}$$

Entsprechend läßt sich die V-Schätzung auch dann modifizieren, wenn mehrere Regressoren fehlerfrei sind. Wir skizzieren das in solchen Fällen anwendbare allgemeinere Bereinigungsverfahren in 3.3.1d.

Der V-Schätzer (16) des Regressionskoeffizientenvektors $\boldsymbol{\beta}$ wurde durch Korrektur des KQ-Schätzers gewonnen. Der Schätzer (16) läßt sich aber auch direkt aus dem Momentengleichungssystem (3.1/43) gewinnen, wenn man dieses um die Gleichung

$$\hat{\boldsymbol{\Sigma}} = \boldsymbol{\Sigma} \tag{19}$$

ergänzt. Er erweist sich dadurch als Momentenschätzer. Auch für die Parameter σ^2_w und $\boldsymbol{M}_{\xi\xi}$ gewinnt man aus (3.1/43) und (19) die konsistenten Schätzungen

$$\hat{\sigma}^2_{w,V} = \frac{1}{T}(\boldsymbol{y}'\boldsymbol{y} - \hat{\boldsymbol{\beta}}'_V\boldsymbol{X}'\boldsymbol{y}) \tag{20}$$

$$\hat{\boldsymbol{M}}_{\xi\xi,V} = \frac{1}{T}\boldsymbol{X}'\boldsymbol{X} - \boldsymbol{\Sigma}. \tag{21}$$

Die V-Schätzer (16) und (20, 21) lassen sich bei geeigneter Spezifikation des FV-Modells wieder als ML-Schätzungen interpretieren (vgl. 3.3.1b). Liegt das FV-Modell z.B. in der Strukturvariante mit normalverteilten Modellvariablen vor, dann sind die drei genannten V-Schätzungen zugleich ML-Schätzungen, sofern sie im zulässigen Parameterbereich liegen, d.h. sofern $\hat{\sigma}^2_{w,V}$ nichtnegativ und $\hat{\boldsymbol{M}}_{\xi\xi,V}$ positiv semidefinit ist.

Betrachten wir schließlich noch das multiple FV-Modell *i.w.S.* (vgl. Tab. 1.2/1), welches wieder durch die Annahme (A) zu ergänzen ist. Auch für die Parameter dieses Modells lassen sich konsistente V-Schätzungen angeben, sofern neben der Kovarianzmatrix $\boldsymbol{\Sigma}$ der Fehler $v_1, \ldots, v_K$ auch der Vektor

$$\boldsymbol{\sigma} := (\sigma_{v_1 w}, \ldots, \sigma_{v_K w})' \tag{22}$$

der Kovarianzen zwischen den Fehlern v_i und w bekannt ist. Man erhält in Verallgemeinerung von (16) und (20)

$$\begin{aligned} \hat{\boldsymbol{\beta}}_V &= (X'X - T\boldsymbol{\Sigma})^{-1}(X'y - T\boldsymbol{\sigma}) \\ \hat{\sigma}^2_{w,\,V} &= \frac{1}{T}[y'y - \hat{\boldsymbol{\beta}}'_V(X'y - T\boldsymbol{\sigma})]. \end{aligned} \tag{23}$$

Die V-Schätzung (21) für $\boldsymbol{M}_{\xi\xi}$ ist auch im FV-Modell *i.w.S.* konsistent.

Anmerkungen:

1. Die Anwendung der konsistenten Schätzung (16) setzt die Kenntnis der Kovarianzmatrix $\boldsymbol{\Sigma}$ voraus. Hat man nur eine Schätzung $\hat{\boldsymbol{\Sigma}}$, so kann man diese anstelle der unbekannten Matrix $\boldsymbol{\Sigma}$ in (16) einsetzen. Entsprechend kann man beim FV-Modell i.w.S. die V-Schätzung (23a) abwandeln, wenn statt $\boldsymbol{\Sigma}$ und $\boldsymbol{\sigma}$ nur Schätzungen $\hat{\boldsymbol{\Sigma}}$ und $\hat{\boldsymbol{\sigma}}$ verfügbar sind. Wir nennen die so modifizierten V-Schätzungen wieder $\hat{\text{V}}$-Schätzungen. In 3.5.2c wird uns noch eine solche vektorielle $\hat{\text{V}}$-Schätzung begegnen (vgl. (3.5/50)).
   $\hat{\text{V}}$-Schätzungen für das multiple FV-Modell sind offenbar genau dann konsistent, wenn die hilfsweise verwendeten Schätzungen $\hat{\boldsymbol{\Sigma}}$ resp. $\hat{\boldsymbol{\Sigma}}$ und $\hat{\boldsymbol{\sigma}}$ konsistent sind.
2. Die Schätzformeln (20) und (21) können gelegentlich einen negativen Wert für $\hat{\sigma}^2_{w,\,V}$ oder eine indefinite Matrix für $\hat{\boldsymbol{M}}_{\xi\xi,\,V}$ liefern. Nach Fuller [1980] lassen sich die Schätzungen für $\boldsymbol{\beta}$, σ^2_w und $\boldsymbol{M}_{\xi\xi}$ so modifizieren, daß diese Fälle nicht eintreten. Ist γ der kleinste Eigenwert von

   $$\det\left[\frac{1}{T}\begin{pmatrix} y'y & y'X \\ X'y & X'X \end{pmatrix} - \gamma\begin{pmatrix} 0 & \boldsymbol{o}' \\ \boldsymbol{o} & \boldsymbol{\Sigma} \end{pmatrix}\right] = 0,$$

   dann lautet die modifizierte V-Schätzung für $\boldsymbol{\beta}$:

   $$\hat{\boldsymbol{\beta}}_{VM} := \begin{cases} (X'X - T\boldsymbol{\Sigma})^{-1}X'y, & \text{falls } \gamma \geq 1 \\ (X'X - \gamma T\boldsymbol{\Sigma})^{-1}X'y, & \text{falls } \gamma < 1. \end{cases}$$

Entsprechend wird $\hat{\boldsymbol{M}}_{\xi\xi,\,V}$ so modifiziert, daß in (21) $\boldsymbol{\Sigma}$ durch $\gamma\,\boldsymbol{\Sigma}$ ersetzt wird, falls $\gamma < 1$. Der Parameter σ^2_w wird weiterhin nach (20) geschätzt, allerdings mit $\hat{\boldsymbol{\beta}}_{VM}$ anstelle von $\hat{\boldsymbol{\beta}}_V$. Im Falle $\gamma < 1$ wird dann $\hat{\sigma}^2_{w,\,VM} = 0$. Diese Schätzungen verallgemeinern die Schätzformeln nach Birch aus 3.3.1b auf das multiple FV-Modell.

Eine weitere Modifikation, nämlich die Ersetzung von γ durch $\gamma' = \gamma - 1/T$ an allen Stellen in der Schätzformel von $\hat{\boldsymbol{\beta}}_{VM}$, garantiert nach Fuller, daß die Momente von $\hat{\boldsymbol{\beta}}_{VM}$ auch bei endlichem Beobachtungsumfang T existieren (vgl. auch Anmerkung 2 zu 4.3.3b). Durch zusätzliche Abänderungen lassen sich darüber hinaus günstige Kleine-Stichproben-Eigenschaften gewinnen.

A 3.3/5

a. Beweisen Sie die Äquivalenz der Darstellungen (14) und (15).
b. Welche rechentechnischen Vorteile bietet (15) gegenüber (14)?

A 3.3/6

a. Beweisen Sie die Konsistenz der V-Schätzungen (23) im FV-Modell *i.w.S.*.
b. Welchen Wahrscheinlichkeitslimes besitzt der V-Schätzer (16) im FV-Modell *i.w.S.*?

A 3.3/7

Zeigen Sie, daß die im Falle $\xi_1 \equiv 1$ anwendbare bereinigte Schätzformel (18) für $K = 2$ mit (4) übereinstimmt.

A 3.3/8

a. Wie lautet (17) im Falle $K = 2$ in skalarer Notation?
b. Zeigen Sie, daß man aus (17) im Spezialfall $K = 2$ und $x_1 \equiv 1$ die Formeln (4, 6) gewinnt.

A 3.3/9

Gegeben sei eine Regression (3.2/38) mit $\sigma_2^2 = V(v_2) = 0{,}02$; $\sigma_{23} = C(v_2, v_3) = 0$; $\sigma_3^2 = V(v_3) = 0{,}04$ und den Daten

x_2	1	1	2	3	3
x_3	3	4	5	6	7
y	10	12	16	21	21

a. Ermitteln Sie die KQ-Schätzungen der Regressionskoeffizienten.
b. Bestimmen Sie dann auch V-Schätzungen für diese Parameter und für σ_w^2.

A 3.3/10

Zeigen Sie in Verallgemeinerung von (20), daß $\hat{\sigma}_w^2 := (1/T)(\boldsymbol{y}'\boldsymbol{y} - \hat{\boldsymbol{\beta}}'\boldsymbol{X}'\boldsymbol{y})$ stets eine konsistente Schätzung für den Parameter σ_w^2 des multiplen FV-Modells i.e.S. liefert, sofern nur $\hat{\beta}$ konsistent ist.

d. Bereinigung von fehlerfrei gemessenen Regressoren

Im allgemeinen werden in einer multiplen Regression auch fehlerfreie exogene Variablen vorkommen. Ähnlich wie bei der KQ-Methode (vgl. 3.2.2d) kann man auch bei der V-Schätzmethode mit Variablen operieren, die von den fehlerfreien exogenen Variablen bereinigt worden sind. Das Schätzverfahren wird dadurch weniger aufwendig. Auch gewinnt man zusätzliche Einblicke in das Schätzverfahren selbst.

Nehmen wir also wie in 3.2.2d an, daß sich unter den K Regressoren der multiplen Regression (3.2/25) mindestens K_1 fehlerfreie und entsprechend höchstens $K_2 := K - K_1$ fehlerbehaftete Regressoren befinden, deren Werte wir wieder in den Matrizen $\boldsymbol{X}_1$ resp. $\boldsymbol{X}_2$ zusammenfassen. Die Partitionierung $\boldsymbol{X} = (\boldsymbol{X}_1, \boldsymbol{X}_2)$ induziert die Zerlegungen $\boldsymbol{\beta}' = (\boldsymbol{\beta}'_1, \boldsymbol{\beta}'_2)$ und

$$\boldsymbol{\Sigma} = \begin{pmatrix} \boldsymbol{O} & \boldsymbol{O} \\ \boldsymbol{O} & \boldsymbol{\Sigma}_2 \end{pmatrix},$$

wobei $\boldsymbol{\Sigma}_2$ die Kovarianzmatrix der Meßfehler in den Regressoren $\boldsymbol{X}_2$ bedeute.

Ersetzt man nun im Normalgleichungssystem (17), aus dem sich der V-Schätzer für $\boldsymbol{\beta}$ ja ermitteln läßt, $\boldsymbol{X}$ durch $(\boldsymbol{X}_1, \boldsymbol{X}_2)$ und $\hat{\boldsymbol{\beta}}'_V$ durch $(\hat{\boldsymbol{\beta}}'_{1,V}, \hat{\boldsymbol{\beta}}'_{2,V})$, so ergibt sich die partitionierte Fassung

$$\boldsymbol{X}'_1 \boldsymbol{X}_1 \hat{\boldsymbol{\beta}}_{1,V} + \boldsymbol{X}'_1 \boldsymbol{X}_2 \hat{\boldsymbol{\beta}}_{2,V} = \boldsymbol{X}'_1 \boldsymbol{y}$$

$$\boldsymbol{X}'_2 \boldsymbol{X}_1 \hat{\boldsymbol{\beta}}_{1,V} + (\boldsymbol{X}'_2 \boldsymbol{X}_2 - T\boldsymbol{\Sigma}_2) \hat{\boldsymbol{\beta}}_{2,V} = \boldsymbol{X}'_2 \boldsymbol{y}.$$

Durch Multiplikation der ersten Gleichung mit $\boldsymbol{X}'_2 \boldsymbol{X}_1 (\boldsymbol{X}'_1 \boldsymbol{X}_1)^{-1}$ von links und anschließender Subtraktion von der zweiten Gleichung kann $\hat{\boldsymbol{\beta}}_{1,V}$ aus dem Gleichungssystem eliminiert werden. Man erhält als Bestimmungsgleichung für $\hat{\boldsymbol{\beta}}_{2,V}$

$$[\boldsymbol{X}'_2 \boldsymbol{X}_2 - \boldsymbol{X}'_2 \boldsymbol{X}_1 (\boldsymbol{X}'_1 \boldsymbol{X}_1)^{-1} \boldsymbol{X}'_1 \boldsymbol{X}_2 - T\boldsymbol{\Sigma}_2] \hat{\boldsymbol{\beta}}_{2,V} = \boldsymbol{X}'_2 \boldsymbol{y} - \boldsymbol{X}'_2 \boldsymbol{X}_1 (\boldsymbol{X}'_1 \boldsymbol{X}_1)^{-1} \boldsymbol{X}'_1 \boldsymbol{y}.$$

Wenn man zur Abkürzung erneut die Projektionsmatrix (3.2/48b) einführt und wieder die Notation $\boldsymbol{X}^*_2 := \boldsymbol{P}_1 \boldsymbol{X}_2$ und $\boldsymbol{y}^* := \boldsymbol{P}_1 \boldsymbol{y}$ verwendet, folgt

$$(\boldsymbol{X}^{*\prime}_2 \boldsymbol{X}^*_2 - T\boldsymbol{\Sigma}_2) \hat{\boldsymbol{\beta}}_{2,V} = \boldsymbol{X}^{*\prime}_2 \boldsymbol{y}^*$$

und somit bei regulärer Matrix $(\boldsymbol{X}^{*\prime}_2 \boldsymbol{X}^*_2 - T\boldsymbol{\Sigma}_2)$

$$\hat{\boldsymbol{\beta}}_{2,V} = (\boldsymbol{X}^{*\prime}_2 \boldsymbol{X}^{*\prime}_2 - T\boldsymbol{\Sigma}_2)^{-1} \boldsymbol{X}^{*\prime}_2 \boldsymbol{y}^*. \tag{24}$$

Die Gleichung (24) enthält (18) als Spezialfall. Sie entspricht der Formel (3.2/50) aus 3.2.2d.

Durch Einsetzen von (24) in die partitionierte Fassung des Normalgleichungssystems ermittelt man für $\hat{\boldsymbol{\beta}}_{1,V}$ die zu (3.2/51) analoge Formel

$$\hat{\boldsymbol{\beta}}_{1,V} = (\boldsymbol{X}'_1 \boldsymbol{X}_1)^{-1} \boldsymbol{X}'_1 (\boldsymbol{y} - \boldsymbol{X}_2 \hat{\boldsymbol{\beta}}_{2,V}). \tag{25}$$

Die V-Schätzung von $\boldsymbol{\beta}_1$ läßt sich demnach als KQ-Schätzung einer Regression von $\boldsymbol{y} - \boldsymbol{X}_2 \hat{\boldsymbol{\beta}}_{2,V}$ auf $\boldsymbol{X}_1$ interpretieren.

e. Beispiele aus der Soziologie und der Medizin

① *Rollenverhalten von Managern*

Warren, White und *Fuller* [1974] betrachten ein Modell zur Erklärung des Rollenverhaltens η von Managern in landwirtschaftlichen Genossenschaften als lineare Funktion

$$\eta = \beta_0 + \beta_1 \xi_1 + \beta_2 \xi_2 + \beta_3 \xi_3 + \beta_4 \xi_4 + \varepsilon$$

von mehreren charakteristischen Eigenschaften des Managers: seinen Kenntnissen in geschäftlichen Dingen ξ_1, seiner Neigung zu rational-ökonomischer Denkweise ξ_2, der Zufriedenheit mit seiner Rolle ξ_3 und seiner Ausbildung ξ_4. Dabei faßt ε noch mögliche andere Einflußfaktoren zusammen.

Die Variable ξ_4 bestimmt sich aus der Zahl der Schuljahre und wird als fehlerfrei angenommen: $x_4 \equiv \xi_4$, $v_4 \equiv 0$. Alle anderen Variablen werden jedoch durch zahlreiche Einzelfragen erhoben und sind sicher fehlerbehaftet. Die Antworten auf die Fragen werden für jede Variable η bzw. ξ_i zu je einem Wert y bzw. x_i zusammengefaßt, der als Meßwert der Variablen η bzw. ξ_i aufgefaßt wird ($i = 1, \ldots, 3$). Die Meßfehler sind $w = y - \eta$ und $v_i = x_i - \xi_i$, $i = 1, \ldots, 3$. Deren Varianzen σ_w^2 und $\sigma_{v_i}^2$, $i = 1, \ldots, 3$, können unter bestimmten Zusatzannahmen aus der Antwortvariabilität ermittelt (genauer: geschätzt) werden. Es wird angenommen, daß alle Meßfehler unabhängig voneinander sind. Es liegt also ein FV-Modell *i.e.S.* mit diagonaler Kovarianzmatrix Σ vor. Mit der geschätzten Kovarianzmatrix $\hat{\Sigma}$ kann eine $\hat{\mathrm{V}}$-Schätzung von $\boldsymbol{\beta}$ gemäß (16) mit $\hat{\boldsymbol{\Sigma}}$ an Stelle von $\boldsymbol{\Sigma}$ vorgenommen werden. Ferner kann die Varianz von $\tilde{w} = w + \varepsilon$ nach (20) geschätzt werden, wenn man dort die linke Seite durch $\hat{\sigma}_{\tilde{w},\,V}^2$ ersetzt. Da für σ_w^2 eine unabhängige Schätzung vorliegt, läßt sich auch $\sigma_\varepsilon^2 = \sigma_{\tilde{w}}^2 - \sigma_w^2$ schätzen.

Die $\hat{\mathrm{V}}$-Schätzungen für die Komponenten des Vektors $\boldsymbol{\beta}$ weichen z.T. signifikant von den KQ-Schätzungen ab. Z.B. erweist sich der Einfluß von x_4 im FV-Modell als insignifikant, während er als signifikant erscheint, wenn man alle Variablen als fehlerfrei auffaßt.

② *Anstieg des Blutdrucks in Abhängigkeit vom Anfangswert*

Bekanntlich steigt der Blutdruck mit zunehmendem Alter. Darüber hinaus besteht die Vermutung, daß der Anstieg des Blutdrucks pro Jahr mit dem Anfangswert des Blutdrucks zu Beginn der untersuchten Zeitspanne positiv korreliert ist. D.h., Patienten mit hohem Anfangsblutdruck haben i.d.R. auch eine hohe Anstiegsrate des Blutdrucks über die Jahre.

Um diese Hypothese zu prüfen, wird an einer unabhängigen Stichprobe von n Patienten über mehrere Jahre hinweg der Blutdruck gemessen. Sei b_{ij} der gemessene Blutdruck am i-ten Patienten zum Zeitpunkt t_j, wobei der Anfangszeitpunkt bei $t_1 = 0$ liegen soll. Für jeden Patienten gelte die lineare Trendbeziehung

$$b_{ij} = \xi_i + \eta_i t_j + \delta_{ij}, \qquad i = 1, \ldots, n; j = 1, \ldots, m$$

mit $\delta_{ij} \sim N(0, \sigma_\delta^2)$. Für den i-ten Patienten ist ξ_i der Anfangswert und η_i die Anstiegsrate des Blutdrucks. Dabei sind ξ_i und η_i zwar für jeden einzelnen Patienten feste (Trend-)Parameter, über die Individuen hinweg aber Zufallsvariablen, die wieder in einer linearen Regressionsbeziehung

$$\eta_i = \alpha + \beta \xi_i + \varepsilon_i$$

zueinander stehen mit $\xi_i \sim N(\mu_\xi, \sigma_\xi^2)$ und $\varepsilon_i \sim N(0, \sigma_\varepsilon^2)$. Die Variable ε sei stochastisch unabhängig von ξ, und δ sei unabhängig von ξ und η.

Es gilt nun, den Parameter β zu schätzen. Dieser gibt an, wie die Anstiegsrate des Blutdrucks η_i vom Anfangswert ξ_i abhängt.

Hierzu werden zunächst für jedes Individuum i die Trendgleichungen nach der KQ-Methode geschätzt. Man erhält die bekannten KQ-Schätzungen $\hat{\xi}_{i,KQ}$ und $\hat{\eta}_{i,KQ}$, die wir hier mit den Symbolen x_i bzw. y_i belegen wollen. Die Schätzfehler seien mit v_i bzw. w_i bezeichnet, so daß also

$$\left.\begin{aligned} y_i &= \eta_i + w_i \\ x_i &= \xi_i + v_i \end{aligned}\right\} \quad i = 1, \ldots, n$$

gilt, wobei die (v_i, w_i) von den (ξ_i, η_i) stochastisch unabhängig sind. Damit hat man offenbar für die (ξ_i, η_i) ein FV-Modell *i.w.S.* gefunden. Es liegt in der *Strukturvariante* mit normalverteilten Variablen vor. Die Kovarianzmatrix der Fehlervariablen (v, w) ist aus der Regressionstheorie her bekannt [vgl. z.B. *Schneeweiß*, 1978, S. 60 f]. Man hat insbesondere

$$\sigma_v^2 = \frac{\sigma_\delta^2 \, \overline{t^2}}{S}, \qquad \sigma_{vw} = -\frac{\sigma_\delta^2 \, \bar{t}}{S}$$

mit

$$\bar{t} := \frac{1}{m} \sum_{j=1}^{m} t_j, \qquad \overline{t^2} := \frac{1}{m} \sum_{j=1}^{m} t_j^2, \qquad S := \sum_{j=1}^{m} (t_j - \bar{t})^2 .$$

Die Varianz σ_δ^2 läßt sich mit Hilfe der Gesamtsumme aller Residuenquadrate als

$$\hat{\sigma}_\delta^2 = \frac{1}{n(m-2)} \sum_{i=1}^{n} \sum_{j=1}^{m} \hat{\delta}_{ij}^2$$

schätzen. Wird diese Schätzung in die Formeln für σ_v^2 und σ_{vw} eingesetzt, erhält man Schätzungen $\hat{\sigma}_v^2$ und $\hat{\sigma}_{vw}$. Mit diesen wiederum kann analog zu (10a) der $\hat{\mathrm{V}}$-Schätzer (vgl. die Anmerkung zu 3.3.1a) für den gesuchten Parameter β konstruiert werden:

$$\hat{\beta}_{\hat{V}} = \frac{s_{xy} - \hat{\sigma}_{vw}}{s_x^2 - \hat{\sigma}_v^2} .$$

Blomquist [1977] schätzt β nach dieser Methode für eine Stichprobe von $n = 625$ Patienten mit je $m = 3$ Messungen, nämlich eine zu Beginn der Untersuchung, die nächste nach 3 Jahren und die letzte nach 10 Jahren. Das Ergebnis ist ein zwar sehr kleiner, aber signifikant positiver Koeffizient β, wodurch die eingangs ausgesprochene Vermutung bestätigt wird. Würde man β nach der KQ-Methode schätzen, ergäbe sich ein negativer Wert [vgl. auch *Wu/Ware/Feinlaub*, 1980].

Die hier beschriebene Methode kann ähnlich auch für die Analyse von Wachstumsprozessen eingesetzt werden. Bemerkenswert an dem ausgeführten Beispiel ist die Tatsache, daß die Fehlervariablen nicht von Meßfehlern herrühren, sondern sich als Schätzfehler ergeben, nämlich als KQ-Schätzfehler aus der vorgelagerten Trendschätzung.

f. Das interdependente FV-Modell

Die in 3.3.1c entwickelte Schätzmethodik kann leicht auf die Schätzung der Parameter eines interdependenten FV-Modells übertragen werden. Dieses Modell wurde in 1.5.1c vorgestellt.

Betrachten wir also das aus M Einzelgleichungen bestehende interdependente statische FV-Modell (1.5/15), das hier noch einmal wiedergegeben sei:

$$\begin{aligned} \boldsymbol{H}\boldsymbol{\Gamma} &= \boldsymbol{\Xi}\boldsymbol{B} + \boldsymbol{E} \\ \boldsymbol{Y} &= \boldsymbol{H} + \boldsymbol{W} \\ \boldsymbol{X} &= \boldsymbol{\Xi} + \boldsymbol{V}. \end{aligned} \tag{26}$$

Geschätzt werden sollen die in $\boldsymbol{B}$ und $\boldsymbol{\Gamma}$ zusammengefaßten Strukturparameter.

Es sei vorausgesetzt, daß die Koeffizientenmatrix $\boldsymbol{\Gamma}$ regulär ist. Das System (26) läßt sich dann in die reduzierte Form (1.5/17), also

$$\begin{aligned} \boldsymbol{H} &= \boldsymbol{\Xi}\boldsymbol{\Pi} + \boldsymbol{F} \\ \boldsymbol{Y} &= \boldsymbol{H} + \boldsymbol{W} \\ \boldsymbol{X} &= \boldsymbol{\Xi} + \boldsymbol{V} \end{aligned} \tag{27}$$

überführen, wobei $\boldsymbol{\Pi} := \boldsymbol{B}\boldsymbol{\Gamma}^{-1}$ und $\boldsymbol{F} := \boldsymbol{E}\boldsymbol{\Gamma}^{-1}$. Nehmen wir jetzt wie in 3.3.1c an, daß die Kovarianzmatrix $\boldsymbol{\Sigma}$ der Fehler in den exogenen Variablen als A-priori-Information gegeben sei. Dann können wir die Elemente der Koeffizientenmatrix $\boldsymbol{\Pi}$ konsistent schätzen. Wir erhalten, wenn wir die Formel (16) auf jede einzelne Gleichung des Systems anwenden, die V-Schätzung

$$\hat{\boldsymbol{\Pi}}_V = (\boldsymbol{X}'\boldsymbol{X} - T\boldsymbol{\Sigma})^{-1}\boldsymbol{X}'\boldsymbol{Y}. \tag{28}$$

Aus der so geschätzten Matrix $\boldsymbol{\Pi}$ gewinnt man dann nach bekannten Methoden — etwa nach der indirekten KQ-Methode [s. *Schneeweiß*, 1978, S. 277] — eine konsistente Schätzung für die Matrizen $\boldsymbol{B}$ und $\boldsymbol{\Gamma}$, sofern das zu (26) analoge (fehlerfreie) I-Modell $\boldsymbol{Y}\boldsymbol{\Gamma} = \boldsymbol{X}\boldsymbol{B} + \boldsymbol{E}$ identifizierbar ist [vgl. auch *Konijn*, 1962, der allerdings neben $\boldsymbol{\Sigma}$ auch die Kovarianzmatrix der übrigen Fehlervariablen als bekannt annimmt, und *Nowak* 1975, der zusätzlich die asymptotischen Kovarianzmatrizen verschiedener Schätzer berechnet, sowie *Ketellapper*, 1982b].

3.3.2 Schätzung bei Kenntnis der Kovarianzmatrix Σ_0 aller Fehlervariablen bis auf einen Proportionalitätsfaktor (P-Schätzung)

Wir behandeln im folgenden den Fall, daß die in (1.2/9) eingeführte Kovarianzmatrix Σ_0 der Fehler $v_0, v_1, \ldots, v_K$ bis auf einen Proportionalitätsfaktor bekannt ist. Die mit dieser A-priori-Information abgeleiteten Parameterschätzungen werden wir – mit Ausnahme der ML-Schätzungen – abkürzend **P-Schätzungen** nennen und mit dem Index "P" kennzeichnen.

a. P-Schätzung im einfachen FV-Modell

Wir gehen erneut von der Grundform (3.2/1) des einfachen FV-Modells *i.e.S.* mit $\varepsilon \equiv 0$ aus und treffen wieder die asymptotische Zusatzannahme (A). Die Kovarianzmatrix $\boldsymbol{\Sigma}_0$ der Fehlervariablen $v_0 =: w$, $v_1 \equiv 0$ und $v_2 =: v$ dieses Modells hat die Gestalt (vgl. (1.2/10))

$$\boldsymbol{\Sigma}_0 = \begin{pmatrix} \sigma_w^2 & 0 & 0 \\ 0 & 0 & 0 \\ 0 & 0 & \sigma_v^2 \end{pmatrix}. \tag{29}$$

Aus (29) ist ersichtlich, daß die Kenntnis von $\boldsymbol{\Sigma}_0$ bis auf einen Proportionalitätsfaktor hier äquivalent ist mit der Kenntnis des Quotienten $\lambda = \sigma_w^2/\sigma_v^2$. P-Schätzungen für das einfache FV-Modell sind also Schätzungen, die auf der Basis der Kenntnis von λ abgeleitet werden.

Die Parameter des einfachen FV-Modells mit bekanntem Fehlervarianzquotienten λ sind nach Satz 3.1/7 konsistent schätzbar, weil sich die Parameter dieses Modells als stetig M_2-identifizierbar erwiesen hatten. Eine konsistente Schätzung für β ergibt sich aus der Identifikationsformel (2.3/5), wenn man dort die theoretischen Momente durch ihre empirischen Entsprechungen ersetzt:

$$\hat{\beta}_P = \frac{1}{2\, s_{xy}} \left[(s_y^2 - \lambda\, s_x^2) + \sqrt{4\, \lambda\, s_{xy}^2 + (s_y^2 - \lambda\, s_x^2)^2} \right]. \tag{30}$$

Der Term (30) ist Lösung der zu (2.3/3) analogen quadratischen Gleichung

$$s_{xy}\, \hat{\beta}^2 - (s_y^2 - \lambda\, s_x^2)\, \hat{\beta} - \lambda\, s_{xy} = 0. \tag{31}$$

Die Konsistenz dieses P-Schätzers im hier betrachteten FV-Modell i.e.S. folgt aus seiner Eigenschaft, Momentenschätzer zu sein. Die Formel (30) ergibt sich nämlich auch aus dem um die Gleichung $\hat{\sigma}_w^2/\hat{\sigma}_v^2 = \lambda$ erweiterten Momentensystem (3.1/20).

Wenn man die P-Schätzung (30) errechnet hat, kann man aus (3.1/20) in Verbindung mit $\hat{\sigma}_w^2/\hat{\sigma}_v^2 = \lambda$ auch P-Schätzungen für die übrigen Modellparameter ableiten. Man erhält

$$\hat{\alpha}_P = \bar{y} - \hat{\beta}_P \bar{x} \tag{32}$$

$$\hat{\sigma}^2_{v,\,P} = s_x^2 - \frac{1}{\hat{\beta}_P} s_{xy} \tag{33}$$

$$\hat{\sigma}^2_{w,\,P} = s_y^2 - \hat{\beta}_P\, s_{xy} = \lambda\, \hat{\sigma}^2_{v,\,P} \tag{34}$$

$$\hat{S}_{\xi\xi,\,P} = s_x^2 - \hat{\sigma}^2_{v,\,P}. \tag{35}$$

Bemerkenswert ist, daß diese P-Schätzungen immer innerhalb des zulässigen Parameterraums liegen, d.h. die geschätzten Varianzen (33) — (35) können niemals negativ werden [s. *Kendall/Stuart*, 1979, Abschn. 29.12; vgl. ferner A 3.3/12].

Es läßt sich leicht ableiten, daß die Nichtnegativität von (33) — (35) äquivalent ist mit der Gültigkeit der zu (2.2/3, 4) analogen Beziehungen

$$\begin{aligned} &\operatorname{sgn} \hat{\beta}_P = \operatorname{sgn} s_{xy} \\ &|\hat{\beta}_{KQ}| \leq |\hat{\beta}_P| \leq |\check{\beta}_{KQ}|. \end{aligned} \tag{36}$$

Es sei auch noch auf drei Spezialfälle der Formel (30) hingewiesen. Man kann zeigen (s. A 3.3/11b), daß $\hat{\beta}_P$ im Falle $\sigma_v^2 = 0$, d.h. $\lambda = \infty$, mit dem gewöhnlichen KQ-Schätzer $\hat{\beta}_{KQ} = s_{xy}/s_x^2$ übereinstimmt (Schätzung von β, die die Quadratsumme der *senkrechten* Abstände der Beobachtungspunkte von der Regressionsgeraden minimiert). Im Falle $\sigma_w^2 = 0$, d.h. $\lambda = 0$, ist $\hat{\beta}_P$ offenbar mit dem in (3.2/15) eingeführten Schätzer $\check{\beta}_{KQ} = s_y^2/s_{xy}$ identisch (Schätzung von β, die die Quadratsumme der *waagerechten* Abstände der Beobachtungspunkte von der Regressionsgeraden minmiert.) Im Falle $\sigma_w^2 = \sigma_v^2$, d.h. $\lambda = 1$, reduziert sich (30) zu dem **orthogonalen KQ-Schätzer**

$$\hat{\beta}_{OKQ} := \frac{1}{2\, s_{xy}} \left[\left(s_y^2 - s_x^2 \right) + \sqrt{4\, s_{xy}^2 + (s_y^2 - s_x^2)^2} \right] \tag{37}$$

(Schätzung von β, die die Quadratsumme der *orthogonalen* Abstände der Beobachtungspunkte von der Regressionsgeraden minimiert; vgl. A 3.3/16b).

Die genannten Spezialfälle sind in der nachstehenden Abb. 3.3/1 veranschaulicht. Dabei bezeichnen $\hat{R}_{KQ}$, $\check{R}_{KQ}$ resp. $\hat{R}_{OKQ}$ die aus den drei verschiedenen Minimierungsprinzipien resultierenden geschätzten Regressionsgeraden.

Der allgemeine P-Schätzer (30), in dem λ ein beliebiger nichtnegativer Wert ist, kann ebenfalls aus einem Minimierungsprinzip hergeleitet werden, das auf einem Abstandsmaß beruht. Wir werden es in 3.3.2b als Prinzip der gewogenen kleinsten Quadrate kennenlernen. Es enthält die drei Minimierungsprinzipien aus Abb. 3.3/1 als Spezialfälle.

Auch im FV-Modell *i.w.S.* kann eine konsistente Schätzformel für β aus der Momentenmethode hergeleitet werden, sofern neben λ auch der Quotient $\varkappa := \sigma_{vw}/\sigma_v^2$ bekannt ist. Sie ergibt sich, wenn wir in der Identifikationsformel von β aus A 2.3/4 die theoretischen Momente von x und y durch ihre empirischen

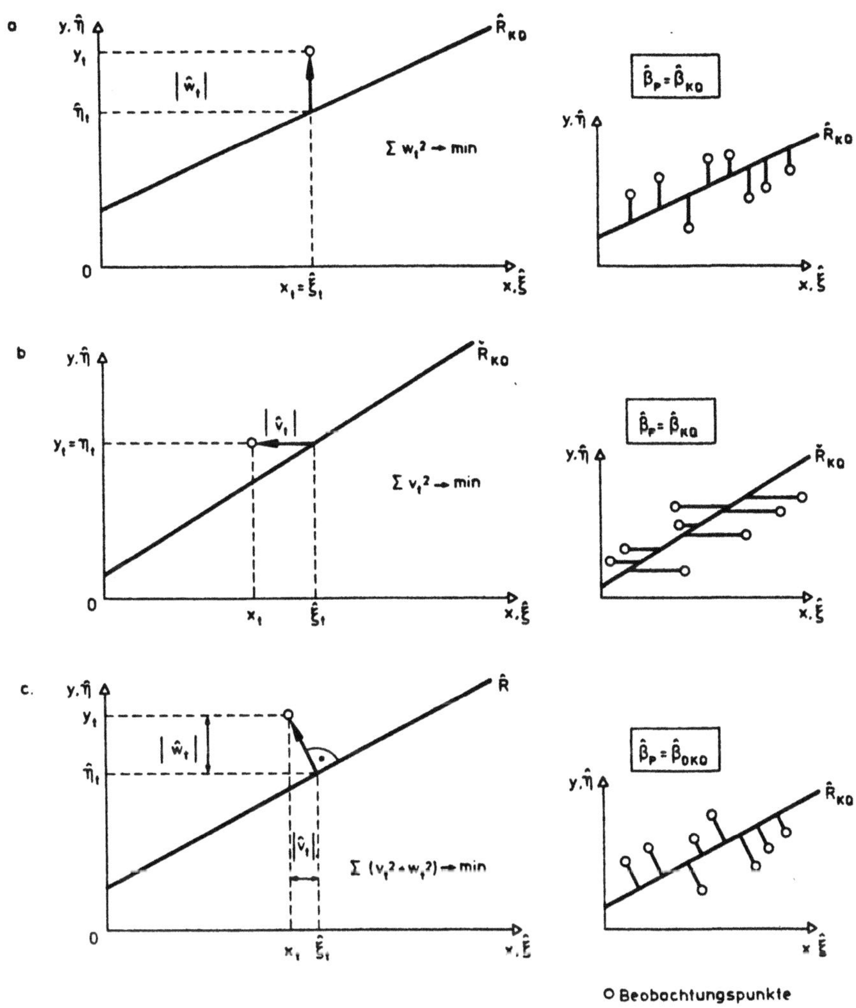

Abb. 3.3/1: Spezialfälle der P-Schätzung von β

a. $\lambda = \infty$ b. $\lambda = 0$ c. $\lambda = 1$

Analoga ersetzen. Wir bezeichnen den entsprechenden Schätzer, da er (30) verallgemeinert, ebenfalls mit $\hat{\beta}_P$:

$$\hat{\beta}_P = \frac{1}{2a}\left(c + \sqrt{4ab + c^2}\right)$$
$$a := s_{xy} - \varkappa s_x^2, \qquad b := \lambda s_{xy} - \varkappa s_y^2, \qquad c := s_y^2 - \lambda s_x^2. \tag{38}$$

Dieser Schätzer geht für $\sigma_{vw} = 0$, d.h. $\varkappa = 0$, in (30) über.

Anmerkung: Die Schätzformel (30) basiert auf der Kenntnis des Quotienten $\lambda = \sigma_w^2/\sigma_v^2$. In der Praxis wird man allerdings i.a. nur über Schätzungen von λ verfügen. Wenn man in (30) λ durch eine solche Schätzung $\hat{\lambda}$ ersetzt, so hat man eine abgewandelte P-Schätzung, die wir **$\hat{\text{P}}$-Schätzung** nennen wollen. In 3.4.2c wird uns eine solche skalare $\hat{\text{P}}$-Schätzung noch begegnen (vgl. (3.4/20)).

$\hat{\text{P}}$-Schätzungen sind offenbar genau dann konsistent im FV-Modell i.e.S., wenn $\hat{\lambda}$ konsistent ist.

A 3.3/11

a. Leiten Sie aus (30) her, daß

$$\hat{\beta}_P = \frac{2\, s_{xy}}{b + \sqrt{4\,\lambda^{-1}\, s_{xy}^2 + b^2}}, \qquad b := s_x^2 - \lambda^{-1}\, s_y^2 .$$

b. Was ergibt sich aus dieser Darstellung für den Spezialfall $\lambda = \infty$?

A 3.3/12

Die P-Schätzungen (33) — (35) sind nichtnegativ. Zeigen Sie, daß dies mit der Gültigkeit von (36) äquivalent ist.

A 3.3/13

a. Die Gleichung (36a) folgt auch aus (30). Begründen Sie dies.
b. Beweisen Sie (36b) unter Verwendung von (30) und der in A 3.3/11a angegebenen Darstellung für $\hat{\beta}_P$.

b. P-Schätzung als ML-Schätzung; Prinzip der gewogenen kleinsten Quadrate

Wir wollen zeigen, daß sich die P-Schätzer (30) und (32) — (35) auch aus dem ML-Prinzip ableiten lassen, wobei man hier zumindest für (30) und (32) sowohl die Strukturvariante mit normalverteilten Modellvariablen als auch die Funktionalvariante mit normalverteilten Fehlervariablen v und w zugrundelegen kann.

Gehen wir also zunächst von der *Strukturvariante* mit normalverteilten Variablen aus (Zusatzannahmen (SV) und (N)). Nach denselben Überlegungen, wie wir sie in 3.3.1b angestellt haben, sind die ML-Parameterschätzungen bei gegebenem λ mit den aus (3.1/20) und (31) ermittelten P-Schätzungen (30) und (32) — (35) identisch, solange die Varianzschätzungen (33) — (35) nichtnegativ sind. Da letzeres generell gilt, stimmen die auf der Basis der Kenntnis von λ bestimmten ML-Schätzungen im Rahmen der Strukturvariante mit normalverteilten Modellvariablen ohne Einschränkung mit den P-Schätzungen überein.

Betrachten wir nun das FV-Modell in der *Funktionalvariante* mit normalverteilten Fehlervariablen v und w (Zusatzannahmen (FV) und $(\text{N}_{v,\,w})$). Wir zeigen im folgenden, daß $\hat{\alpha}_P$ und $\hat{\alpha}_{ML}$ sowie $\hat{\beta}_P$ und $\hat{\beta}_{ML}$ auch innerhalb dieses Modells übereinstimmen. Dabei wird nebenbei deutlich, daß sich die P-Schätzungen (30, 32) als Schätzungen interpretieren lassen, die aus einer Modifikation der KQ-Methode hervorgehen (Prinzip der gewogenen kleinsten Quadrate).

Unbekannte Parameter in dem durch die Annahmen (FV) und ($N_{v,w}$) näher spezifizierten FV-Modell sind $\xi_1, \ldots, \xi_T$ (inzidentelle Parameter) und α, β, σ_v^2, σ_w^2 (Strukturparameter), wobei die beiden letzteren allerdings über die Nebenbedingung $\sigma_w^2/\sigma_v^2 = \lambda$ (λ bekannt) verbunden sind.

Die Fehler v_t und w_t besitzen aufgrund der Annahmen ($N_{v,w}$) und (F2) Dichtefunktionen der Gestalt[1)]

$$\begin{aligned} f(v_t) &= \frac{1}{\sigma_v \sqrt{2\pi}} \exp\left[-\frac{1}{2}\left(\frac{v_t}{\sigma_v}\right)^2\right] \\ & & t = 1, \ldots, T, \\ f(w_t) &= \frac{1}{\sigma_w \sqrt{2\pi}} \exp\left[-\frac{1}{2}\left(\frac{w_t}{\sigma_w}\right)^2\right] \end{aligned}$$

wobei natürlich vorauszusetzen ist, daß die Varianzen σ_v^2 und σ_w^2 von Null verschieden sind.

Da die Elemente des Vektors $(v_1, \ldots, v_T, w_1, \ldots, w_T)$ nach (F1) und (F5) stochastisch unabhängig sind, gilt für ihre gemeinsame Dichtefunktion $f(v_1, \ldots, v_T, w_1, \ldots, w_T)$ die Zerlegung

$$\begin{aligned} f(v_1, \ldots, v_T, w_1, \ldots, w_T) &= \prod_{t=1}^{T} f(v_t) f(w_t) \\ &= \frac{1}{(2\pi\sigma_v\sigma_w)^T} \exp\left[-\frac{1}{2}\left(\frac{1}{\sigma_v^2}\Sigma v_t^2 + \frac{1}{\sigma_w^2}\Sigma w_t^2\right)\right]. \end{aligned}$$

Faßt man nun die Variablen v_t und w_t als Residuen

$$\begin{aligned} v_t &= x_t - \xi_t \\ & & t = 1, \ldots, T \\ w_t &= y_t - \alpha - \beta\xi_t \end{aligned} \tag{39}$$

auf, so wird die gemeinsame Dichtefunktion der Fehlervariablen zur Dichtefunktion der beobachteten Variablen $x_1, \ldots, x_T, y_1, \ldots, y_T$ bei gegebenen Parametern α, β, σ_v^2, σ_w^2, $\xi_1, \ldots, \xi_T$.

Wenn man jetzt noch die Beobachtungsdaten als fest vorgegebene Größen interpretiert, erhält man die **Likelihoodfunktion** $L = L(\alpha, \beta, \sigma_v^2, \sigma_w^2, \xi_1, \ldots, \xi_T)$ der empirischen Daten $(x_1, y_1), \ldots, (x_T, y_T)$. Die Likelihoodfunktion besitzt also die Gestalt[2)]

[1)] Wir kennzeichnen vereinfachend alle Dichtefunktionen mit dem Symbol f, so daß sich verschiedene Dichtefunktionen nur in den Argumentvariablen unterscheiden.

[2)] Das Zeichen $\propto$ bedeutet hier „proportional". Der Proportionalitätsfaktor $(2\pi)^{-T}$ ist für die folgende Maximierung unerheblich.

$$L \propto \frac{1}{(\sigma_v \sigma_w)^T} \exp\left[-\frac{1}{2}\left(\frac{1}{\sigma_v^2}\Sigma v_t^2 + \frac{1}{\sigma_w^2}\Sigma w_t^2\right)\right], \tag{40}$$

wobei v_t und w_t durch (39) gegeben sind. Die ML-Schätzungen sind dann – nach Definition des ML-Prinzips – diejenigen Parameterwerte, die die Likelihoodfunktion der Beobachtungsdaten bez. α, β, σ^2_v, σ^2_w, $\xi_1, \ldots, \xi_T$ innerhalb des zulässigen Parameterraums maximieren, wobei diese Maximierung hier unter der Nebenbedingung $\sigma^2_w / \sigma^2_v = \lambda$ erfolgt:

$$L = L(\alpha, \beta, \sigma_v^2, \sigma_w^2, \xi_1, \ldots, \xi_T) \rightarrow \max |\sigma^2_w / \sigma_v^2 = \lambda. \tag{41}$$

Wir beschränken uns hier auf die Bestimmung der ML-Schätzungen $\hat{\alpha}_{ML}, \hat{\beta}_{ML}$. Man erkennt aus (39, 40), daß α und β nur im Exponenten der Likelihoodfunktion auftreten. Bei gegebenen Varianzen σ_v^2 und σ_w^2 findet man daher die ML-Schätzungen $\hat{\alpha}_{ML}$ und $\hat{\beta}_{ML}$, indem man den positiven Summenterm in (40) bez. α, β und $\xi_1, \ldots, \xi_T$ *minimiert*:

$$\frac{1}{\sigma_v^2}\Sigma v_t^2 + \frac{1}{\sigma_w^2}\Sigma w_t^2 = \frac{1}{\sigma_v^2}\Sigma(x_t - \xi_t)^2 + \frac{1}{\sigma_w^2}\Sigma(y_t - \alpha - \beta\xi_t)^2 \rightarrow \min_{\alpha, \beta, \xi_1, \ldots, \xi_T}. \tag{42}$$

Man sieht, daß hier ein besonderes Prinzip der kleinsten Quadrate vorliegt. Es werden die Residuenquadrate v_t^2 und w_t^2 gemäß (39) gebildet und zu einer gewogenen Summe zusammengefaßt. Diese ist dann zu minimieren. Man spricht daher auch vom **Prinzip der gewogenen kleinsten Quadrate**. Die aus (42) zu bestimmenden ML-Schätzungen lassen sich demnach als Schätzer interpretieren, die nach dem Prinzip der gewogenen kleinsten Quadrate gewonnen werden, wobei die Gewichte durch die reziproken Fehlervarianzen gegeben sind.

Um $\hat{\alpha}_{ML}$ und $\hat{\beta}_{ML}$ gemäß (42) zu berechnen, ermittelt man zunächst die bedingten ML-Schätzungen von $\xi_1, \ldots, \xi_T$ bei gegebenen Werten α und β. Da jedes einzelne ξ_t nach (39) nur die Fehlervariablen der gleichen Beobachtungseinheit t determiniert, ist die Bestimmung der bedingten ML-Schätzungen, die wir mit $\check{\xi}_1, \ldots, \check{\xi}_T$ bezeichnen wollen, äquivalent mit der Lösung des Minimierungsproblems

$$\frac{1}{\sigma_v^2}(x_t - \xi_t)^2 + \frac{1}{\sigma_w^2}(y_t - \alpha - \beta\xi_t)^2 \rightarrow \min_{\xi_t} \qquad t = 1, \ldots, T. \tag{43}$$

Wenn man (43) nach ξ_t differenziert und das Ergebnis Null setzt, erhält man für die $\check{\xi}_t$ die Bestimmungsgleichungen

$$\frac{1}{\sigma_v^2}(x_t - \check{\xi}_t) + \frac{\beta}{\sigma_w^2}(y_t - \alpha - \beta\check{\xi}_t) = 0 \qquad t = 1, \ldots, T. \tag{44}$$

Setzen wir die aus (44) ermittelten bedingten ML-Schätzungen $\check{\xi}_t$ in (42) ein, dann bleibt der resultierende Ausdruck nur noch bez. α und β zu minimieren:

$$\frac{1}{\sigma_v^2} \Sigma (x_t - \check{\xi}_t)^2 + \frac{1}{\sigma_w^2} \Sigma (y_t - \alpha - \beta \check{\xi}_t)^2 \to \min_{\alpha, \beta} . \tag{45}$$

Es ist aber zu beachten, daß die $\check{\xi}_t$ nach (44) Funktionen von α und β sind. Man kann jedoch die Schätzungen $\check{\xi}_t$ aus (45) eliminieren. Mit (44) läßt sich nämlich beweisen, daß

$$\frac{1}{\sigma_v^2} \Sigma (x_t - \check{\xi}_t)^2 + \frac{1}{\sigma_w^2} \Sigma (y_t - \alpha - \beta \check{\xi}_t)^2 = \frac{1}{\sigma_u^2} \Sigma u_t^2 . \tag{46}$$

Nun ist $u_t = y_t - \alpha - \beta x_t$ und $\sigma_u^2 = \sigma_w^2 + \beta^2 \sigma_v^2$ (vgl. (1.3/15b) mit $\varepsilon \equiv 0$), so daß man anstelle von (45) schreiben kann

$$\frac{\Sigma (y_t - \alpha - \beta x_t)^2}{\sigma_w^2 + \beta^2 \sigma_v^2} \to \min_{\alpha, \beta} . \tag{47}$$

Auch (47) läßt sich als eine Minimierung nach dem Prinzip der gewogenen kleinsten Quadrate auffassen; allerdings ist das Gewicht $1/\sigma_u^2$ keine Konstante, sondern eine vom Parameter β abhängige Größe.

Die Lösungen $\hat{\alpha}_{ML}$ und $\hat{\beta}_{ML}$ der Minimierungsaufgabe (47) werden in zwei Schritten bestimmt. Zunächst wird (47) bei gegebenem β bezüglich α minimiert, indem man (47) nach α differenziert und anschließend das Ergebnis Null setzt. Man erhält $\check{\alpha} := \bar{y} - \beta \bar{x}$ als minimierenden Wert für α und daher

$$\hat{\alpha}_{ML} = \bar{y} - \hat{\beta}_{ML} \bar{x}. \tag{48}$$

Wird $\check{\alpha}$ in (47) eingesetzt, dann ensteht mit $x_t^* := x_t - \bar{x}$ und $y_t^* := y_t - \bar{y}$ der nur noch bezüglich β zu minimierende Ausdruck

$$\frac{\Sigma (y_t^* - \beta x_t^*)^2}{\sigma_w^2 + \beta^2 \sigma_v^2} \to \min_{\beta} . \tag{49}$$

Durch Differentiation von (49) nach β und Nullsetzen leitet man für $\hat{\beta}_{ML}$ bei Beachtung von $\overline{x^{*2}} = s_x^2$, $\overline{y^{*2}} = s_y^2$, $\overline{x^* y^*} = s_{xy}$ und $\sigma_w^2 / \sigma_v^2 = \lambda$ die quadratische Bestimmungsgleichung

$$s_{xy} \hat{\beta}_{ML}^2 - (s_y^2 - \lambda s_x^2) \hat{\beta}_{ML} - \lambda s_{xy} = 0 \tag{50}$$

ab (A 3.3/15a). Diese mit (31) übereinstimmende Gleichung hat zwei Lösungen, von denen aber nur

$$\hat{\beta}_{ML} = \frac{1}{2 s_{xy}} \left[(s_y^2 - \lambda s_x^2) + \sqrt{4 \lambda s_{xy}^2 + (s_y^2 - \lambda s_x^2)^2} \right] \tag{51}$$

Lösung des Minimierungsproblems ist (A 3.3/15b).

Der Vergleich von (48, 51) mit (30, 32) lehrt, daß bei der Funktionalvariante mit normalverteilten Fehlervariablen die P-Schätzer von α und β mit den entsprechenden ML-Schätzern identisch sind.

Wir stellen zugleich fest, daß die P-Schätzer von α und β auch nach dem Prinzip der gewogenen kleinsten Quadrate — und zwar sowohl in der Form (42) als auch in der Form (47) — gewonnen werden können.

Die P-Schätzungen (33, 34) der Parameter σ_v^2 und σ_w^2 stimmen bei der Funktionalvariante des FV-Modells hingegen nicht mit den entsprechenden ML-Schätzungen überein. Wir verzichten hier auf den Beweis und verweisen auf die entsprechende Aussage im multiplen FV-Modell (vgl. 3.3.2d). Es zeigt sich, daß $\hat{\sigma}^2_{v,ML} = 1/2\ \hat{\sigma}^2_{v,P}$ und $\hat{\sigma}^2_{w,ML} = 1/2\ \hat{\sigma}^2_{w,P}$. ML-Schätzungen von σ_v^2 und σ_w^2 sind also inkonsistent [vgl. auch *Lindley*, 1947].

A 3.3/14

Beweisen Sie (46).

A 3.3/15

a. Zeigen Sie, daß die Lösung $\hat{\beta}_{ML}$ des Minimierungsproblems (49) der Gleichung (50) genügen muß.
b. Beweisen Sie, daß von den beiden Lösungen der quadratischen Gleichung (50) nur (51) Lösung des Minimierungsproblems (49) ist.

A 3.3/16

a. Leiten Sie aus (44) ab, daß die orthogonale Projektion des Punktes (x_t, y_t) auf die Regressionsgerade $\eta = \alpha + \beta\,\xi$ im Falle $\lambda = 1$ den Punkt $(\breve{\xi}_t, \breve{\eta}_t)$ ergibt, wobei $\breve{\eta}_t := \alpha + \beta\,\breve{\xi}_t$.
b. Beweisen Sie dann, daß (45) im Falle $\lambda = 1$ eine Minimierung nach dem Prinzip der orthogonalen kleinsten Quadrate beinhaltet.

c. *P-Schätzung im multiplen FV-Modell*

Die Verallgemeinerung der in 3.3.2a erörterten P-Schätzung auf das multiple FV-Modell wird am zweckmäßigsten anhand der symmetrischen Form (1.1/24) des FV-Modells vorgenommen, die hier noch einmal wiedergegeben sei:

$$\begin{aligned} \boldsymbol{\Xi}_0\, \boldsymbol{\beta}_0 &= \boldsymbol{o} \\ \boldsymbol{X}_0 &= \boldsymbol{\Xi}_0 + \boldsymbol{V}_0 . \end{aligned} \tag{52}$$

Für dieses Modell treffen wir wieder die asymptotische Annahme (A) aus 1.2.2d. Wir setzen voraus, daß in (1.1/18) $\boldsymbol{\varepsilon} = \boldsymbol{o}$ und damit $\boldsymbol{v}_0 = \boldsymbol{w}$ ist.

Bezüglich des Vektors $\boldsymbol{\beta}_0$ ist noch eine Normierungsvorschrift festzulegen. Man kann z.B. annehmen, daß die erste Komponente des in (1.1/21) eingeführten Vektors $\boldsymbol{\beta}_0$ gleich 1 ist, also $\boldsymbol{\beta}_0 = (1, -\boldsymbol{\beta}')'$. Es sind aber auch andere Normierungen möglich.

Die Kovarianzmatrix der Fehlervariablen $v_0, v_1, \ldots, v_K$ hatten wir mit $\boldsymbol{\Sigma}_0$ bezeichnet. Wir lassen auch Korrelation zwischen v_0 und den übrigen Fehlervariablen v_i zu, gehen also vom FV-Modell *i.w.S.* aus.

Die A-priori-Information, mit der wir Schätzungen vor allem für $\boldsymbol{\beta}_0$ und $\boldsymbol{\Sigma}_0$ ableiten wollen, besteht darin, daß die in $\boldsymbol{\Sigma}_0$ zusammengefaßten Fehlervarianzen und -kovarianzen bis auf einen gemeinsamen Faktor k bekannt sind. Genauer gesagt, wir setzen voraus, daß $\boldsymbol{\Sigma}_0$ die Gestalt

$$\boldsymbol{\Sigma}_0 = k\boldsymbol{\Lambda} \tag{53}$$

besitzt mit bekannter positiv semidefiniter Matrix $\boldsymbol{\Lambda}$ und unbekanntem Proportionalitätsfaktor k.

Wir wollen zulassen, daß im Modell auch fehlerfreie Variablen vorkommen. Seien die ersten K_1 Variablen fehlerbehaftet, die restlichen K_2 fehlerfrei ($K = K_1 + K_2$). Seien $\boldsymbol{X}_1$ und $\boldsymbol{X}_2$ die Teilmatrizen der fehlerbehafteten bzw. fehlerfreien Variablen[1]; d.h. $\boldsymbol{X}_0 = (\boldsymbol{X}_1, \boldsymbol{X}_2)$. Entsprechend sei $\boldsymbol{\beta}_0$ zerlegt in $\boldsymbol{\beta}_0 = (\boldsymbol{\beta}'_1, \boldsymbol{\beta}'_2)'$ sowie $\boldsymbol{\Lambda}$ in

$$\boldsymbol{\Lambda} = \begin{pmatrix} \boldsymbol{\Lambda}_{11} & \boldsymbol{\Lambda}_{12} \\ \boldsymbol{\Lambda}_{21} & \boldsymbol{\Lambda}_{22} \end{pmatrix} = \begin{pmatrix} \boldsymbol{\Lambda}_{11} & \boldsymbol{O} \\ \boldsymbol{O} & \boldsymbol{O} \end{pmatrix}. \tag{54}$$

Es wird im folgenden vorausgesetzt, daß $\boldsymbol{\Lambda}_{11}$ regulär und $\boldsymbol{\beta}_1 \neq \boldsymbol{o}$ ist.

Wir verwenden wieder die in (3.1/41) eingeführten Grenzmomentenmatrizen

$$\begin{aligned} \boldsymbol{M} &= \operatorname{plim} \frac{1}{T} \boldsymbol{X}'_0 \boldsymbol{X}_0 \\ \boldsymbol{M}_0 &= \operatorname{plim} \frac{1}{T} \boldsymbol{\Xi}'_0 \boldsymbol{\Xi}_0. \end{aligned} \tag{55}$$

Die mit (53) ableitbaren P-Schätzungen ergeben sich dann aus

$$\begin{aligned} \boldsymbol{M}_0 \boldsymbol{\beta}_0 &= \boldsymbol{o} \\ \boldsymbol{M}_0 + \boldsymbol{\Sigma}_0 &= \boldsymbol{M}. \end{aligned} \tag{56}$$

Die erste Gleichung dieses Systems ergibt sich sofort aus (52a), wenn man (55b) berücksichtigt. Die zweite Gleichung ist identisch mit (3.1/42), wobei die Matrix $\boldsymbol{\Sigma}_0$ hier die allgemeine Gestalt (1.2/10) besitzt (FV-Modell *i.w.S.*).

---

[1] Ähnliche Zerlegungen haben wir in 3.2.2d und 3.3.1d vorgenommen. Abgesehen davon, daß dort die unsymmetrische Form vorlag und nur die exogenen Variablen aufgeteilt wurden, besteht ein wesentlicher Unterschied der hier vorliegenden Zerlegung gegenüber der dort vorgenommenen darin, daß hier *alle* fehlerfreien Variablen in der Matrix $\boldsymbol{X}_2$ zusammengefaßt sind.

Durch Vergleich von (3.1/42) mit (3.1/35b) sieht man, daß der Rang der Matrix $\boldsymbol{M}_0$ mit dem Rang von $\boldsymbol{M}_{\xi\xi} = p\text{lim}\,(1/T)\,\boldsymbol{\Xi}'\,\boldsymbol{\Xi}$ übereinstimmt. Da die $(K \times K)$-Matrix $\boldsymbol{M}_{\xi\xi}$ nach Annahme (A) regulär ist, gilt

$$\text{rg}\,\boldsymbol{M}_0 = K. \tag{57}$$

Wir fassen $\boldsymbol{\beta}_0$, k, $\boldsymbol{\Sigma}_0$ und i.w.S. auch $\boldsymbol{M}_0$ als Modellparameter auf. Bei gegebener Matrix $\boldsymbol{\Lambda}$ bestimmen sie vermöge (53) und (56b) eindeutig die Grenzmomentenmatrix $\boldsymbol{M}$ der beobachtbaren Variablen:

$$\boldsymbol{M} = \boldsymbol{M}_0 + k\,\boldsymbol{\Lambda}.$$

Umgekehrt bestimmt $\boldsymbol{M}$ bei gegebenem $\boldsymbol{\Lambda}$ aufgrund der Gleichungen (53) und (56) eindeutig die Parameter $\boldsymbol{\beta}_0$, k, $\boldsymbol{\Sigma}_0$ und $\boldsymbol{M}_0$. Zunächst ermittelt man die Parameter $\boldsymbol{\beta}_0$ und k. Beide ergeben sich als Lösung des Eigenwertproblems

$$\min_k: \quad (\boldsymbol{M} - k\,\boldsymbol{\Lambda})\,\boldsymbol{\beta}_0 = \boldsymbol{o}. \tag{58}$$

Es ist also k der kleinste Eigenwert von $\boldsymbol{M}$ bez. $\boldsymbol{\Lambda}$, d.h. die kleinste Lösung der Determinantengleichung $\det\,(\boldsymbol{M} - k\,\boldsymbol{\Lambda}) = 0$, und $\boldsymbol{\beta}_0$ der zugehörige Eigenvektor.

Beweis: Aus $\boldsymbol{M} = \boldsymbol{M}_0 + k\,\boldsymbol{\Lambda}$ und (56a) folgt, daß k und $\boldsymbol{\beta}_0$ Lösungen des Eigenwertproblems $(\boldsymbol{M} - k\,\boldsymbol{\Lambda})\,\boldsymbol{\beta}_0 = \boldsymbol{o}$ sind. Daß k *kleinster* Eigenwert ist, ergibt sich daraus, daß $\boldsymbol{M} - k'\,\boldsymbol{\Lambda}$ für alle $k' < k$ regulär ist. Es ist nämlich

$$\boldsymbol{M} - k'\,\boldsymbol{\Lambda} = \boldsymbol{M} - k\,\boldsymbol{\Lambda} + (k - k')\,\boldsymbol{\Lambda} = \boldsymbol{M}_0 + d\,\boldsymbol{\Lambda}$$

mit $d := k - k' > 0$. Wäre nun $\boldsymbol{M}_0 + d\,\boldsymbol{\Lambda}$ singulär, dann gäbe es einen Vektor $\boldsymbol{a} \neq \boldsymbol{o}$ mit $(\boldsymbol{M}_0 + d\,\boldsymbol{\Lambda})\,\boldsymbol{a} = \boldsymbol{o}$, woraus $\boldsymbol{a}'\,\boldsymbol{M}_0\,\boldsymbol{a} + d\,\boldsymbol{a}'\,\boldsymbol{\Lambda}\,\boldsymbol{a} = 0$ folgte. Da $\boldsymbol{M}_0$ und $\boldsymbol{\Lambda}$ positiv semidefinit sind und $d > 0$ ist, müßte $\boldsymbol{M}_0\,\boldsymbol{a} = \boldsymbol{o}$ und $\boldsymbol{\Lambda}\,\boldsymbol{a} = \boldsymbol{o}$ sein. Wegen (57) hat der Lösungsraum der Gleichung $\boldsymbol{M}_0\,\boldsymbol{a} = \boldsymbol{o}$ die Dimension $(K + 1) - \text{rg}\,\boldsymbol{M}_0 = 1$. Da andererseits $\boldsymbol{\beta}_0$ wegen (56a) Lösung dieser Gleichung ist, müßten $\boldsymbol{a}$ und $\boldsymbol{\beta}_0$ proportional sein, d.h. $\boldsymbol{a} = c\,\boldsymbol{\beta}_0$ mit $c \neq 0$. Aus $\boldsymbol{\Lambda}\,\boldsymbol{a} = \boldsymbol{o}$ folgte dann $\boldsymbol{\Lambda}\,\boldsymbol{\beta}_0 = \boldsymbol{o}$. Das ist aber nicht möglich, weil nach (54) $\boldsymbol{\Lambda}\,\boldsymbol{\beta}_0 = \boldsymbol{\Lambda}_{11}\,\boldsymbol{\beta}_1$ gilt, wobei $\boldsymbol{\Lambda}_{11}$ regulär und $\boldsymbol{\beta}_1 \neq \boldsymbol{o}$. Also kann $\boldsymbol{M} - k'\,\boldsymbol{\Lambda}$ nicht singulär sein, womit bewiesen ist, daß k kleinster Eigenwert von $\boldsymbol{M}$ bezüglich $\boldsymbol{\Lambda}$ ist.

Der Parameter k ist demnach bei gegebenen Matrizen $\boldsymbol{M}$ und $\boldsymbol{\Lambda}$ durch (58) eindeutig bestimmt. Das gleiche gilt wegen (57) für $\boldsymbol{\beta}_0$, wenn man die Normierungsvorschrift beachtet. Die Parameter $\boldsymbol{\Sigma}_0$ und $\boldsymbol{M}_0$ erhält man dann unmittelbar aus (53) und (56b). Wir stellen also fest, daß die Parameter des hier betrachteten multiplen FV-Modells in der symmetrischen Form bei Kenntnis von $\boldsymbol{\Lambda}$ durch die Matrix $\boldsymbol{M} = (p\text{lim}\,\overline{x_i\,x_j})_{i,j=0,\dots,K}$ der Grenzmomente von $x_0, \dots, x_K$ eindeutig determiniert sind. Da die Elemente von $\boldsymbol{M}$ Grenzmomente von nicht höherer als zweiter Ordnung und die Parameter $\boldsymbol{\beta}_0$, k, $\boldsymbol{\Sigma}_0$ und $\boldsymbol{M}_0$ stetige Funktionen von $\boldsymbol{M}$ sind, sind die genannten Parameter stetig M_2-identifizierbar.

Man erhält analog zur Vorgehensweise im einfachen FV-Modell (vgl. 3.1.2b) konsistente Schätzungen (**Momentenschätzer** oder präziser **M_2-Schätzer**) für $\boldsymbol{\beta}_0$ und k, wenn man in (58) die Grenzmomente in $\boldsymbol{M}$ durch empirische Momente, also $\boldsymbol{M}$ durch $(1/T)\,\boldsymbol{X}_0'\,\boldsymbol{X}_0$, ersetzt. P-Schätzungen $\hat{\boldsymbol{\beta}}_{0,P}$ und $\hat{k}_P$ ergeben sich somit als Lösungen des Eigenwertproblems

$$\min_{k_p}: \left(\frac{1}{T} X_0' X_0 - k_p \boldsymbol{\Lambda}\right) \hat{\boldsymbol{\beta}}_{0,P} = \boldsymbol{o}. \tag{59}$$

Wenn rg $((1/T) X_0' X_0 - \hat{k}_P \boldsymbol{\Lambda}) = K$ ist — letzteres gilt m.W.1 — ist $\hat{\boldsymbol{\beta}}_{0,P}$ bei Berücksichtigung der Normierungsvorschrift durch (59) eindeutig bestimmt.

Wenn man die P-Schätzungen von $\boldsymbol{\beta}_0$ und k gemäß (59) ermittelt hat, erhält man wegen (53) und (56b) P-Schätzungen für $\boldsymbol{\Sigma}_0$ und $\boldsymbol{M}_0$ durch

$$\hat{\boldsymbol{\Sigma}}_{0,P} := \hat{k}_P \boldsymbol{\Lambda} \tag{60}$$

$$\hat{\boldsymbol{M}}_{0,P} := \frac{1}{T} X_0' X_0 - \hat{\boldsymbol{\Sigma}}_{0,P} \,. \tag{61}$$

Auch diese Schätzungen sind als Momentenschätzer konsistent.

Wenn $(1/T)\, X_0' X_0$ regulär ist, ist $\hat{k}_P > 0$. Andernfalls wäre ja die Matrix $(1/T) X_0' X_0 - \hat{k}_P \boldsymbol{\Lambda}$ regulär, und $\hat{k}_P$ könnte nicht Eigenwert sein. Aus $\hat{k}_P > 0$ ergibt sich, daß die Matrix (60) positiv semidefinit ist.

Auch (61) ist positiv semidefinit. Dies folgt aus $\hat{\boldsymbol{M}}_{0,P} = (1/T) X_0' X_0 - \hat{k}_P \boldsymbol{\Lambda}$ und der Tatsache, daß $\hat{k}_P$ *kleinster* Eigenwert von $(1/T) X_0' X_0$ bezüglich $\boldsymbol{\Lambda}$ ist.

Die P-Schätzungen (60, 61) sind also unter der sehr schwachen Voraussetzung, daß die Momentenmatrix $(1/T)\, X_0' X_0$ regulär ist, stets positiv semidefinit. Sie liefern daher zumindest unter dieser Voraussetzung zulässige Werte.

Anmerkungen:

1. Der P-Schätzer von $\boldsymbol{\beta}_0$ wird aus (59) unter der Voraussetzung bestimmt, daß die in (53) eingeführte Matrix $\boldsymbol{\Lambda}$ bekannt ist. Kennt man $\boldsymbol{\Lambda}$ nicht genau, sondern nur eine Schätzung $\hat{\boldsymbol{\Lambda}}$, so kann man diese anstelle von $\boldsymbol{\Lambda}$ in (59) einsetzen und erhält so eine abgewandelte P-Schätzung, die wir **$\hat{\text{P}}$-Schätzung** nennen. In 3.5.2e wird uns z.B. eine solche vektorielle $\hat{\text{P}}$-Schätzung begegnen (vgl. (3.5/58)).

   $\hat{\text{P}}$-Schätzungen für das multiple FV-Modell sind genau dann konsistent, wenn die hilfsweise verwendete Schätzung $\hat{\boldsymbol{\Lambda}}$ konsistent ist.
2. Wenn $\boldsymbol{\Lambda}$ Diagonalgestalt hat, unterliegt die P-Schätzung des Parametervektors $\boldsymbol{\beta}_0$ analogen Restriktionen wie dieser selbst. In 2.5.1c wurde $\boldsymbol{\beta}_0$ als konvexe Linearkombination der Koeffizientenvektoren der Elementarregressionen dargestellt, falls letztere kompatibel sind (Satz 2.5/2). Ähnliches gilt nach *Koopmans* [1937] für $\hat{\boldsymbol{\beta}}_{0,P}$, wenn die Elementarregressionen aus Satz 2.5/2 als empirische, nach der KQ-Methode geschätzte Regressionen aufgefaßt werden. Dieser Sachverhalt verallgemeinert die Ungleichung (3.3/36b) [vgl. auch *Patefield*, 1981a; *Klepper/Leamer*, 1984 sowie *Bekker/Kapteyn/Wansbeek*, 1984]. Die letzten Autoren zeigen, wie man den Bereich für $\boldsymbol{\beta}$ noch weiter einschränken kann, wenn gewisse A-priori-Ungleichungen vorgegeben sind.

A 3.3/17

Zeigen Sie, daß (59, 60) im Spezialfall $K = 2$ und $x_1 \equiv 1$ die P-Schätzungen (30) und (32) — (34) liefern, sofern man das FV-Modell i.e.S. zugrunde legt ($\sigma_{vw} = 0$).

A 3.3/18

Beweisen Sie unter Verwendung von (59) und der im Anschluß an (53) eingeführten Zerlegungen von $\boldsymbol{X}_0$, $\boldsymbol{\beta}_0$ und $\boldsymbol{\Lambda}$ für den Vektor $\hat{\boldsymbol{\beta}}'_{0,P} = (\hat{\boldsymbol{\beta}}'_{1,P}, \hat{\boldsymbol{\beta}}'_{2,P})$ die nachstehenden Aussagen:

a. $\hat{\boldsymbol{\beta}}_{2,P} = -(\boldsymbol{X}'_2\boldsymbol{X}_2)^{-1}\boldsymbol{X}'_2\boldsymbol{X}_1\hat{\boldsymbol{\beta}}_{1,P}$.

b. $\hat{\boldsymbol{\beta}}_{1,P}$ ist Lösung des Eigenwertproblems

$$\min_{\hat{k}_p}: \left(\frac{1}{T}\boldsymbol{X}_1^{*\prime}\boldsymbol{X}_1^* - \hat{k}_p\boldsymbol{\Lambda}_{11}\right)\hat{\boldsymbol{\beta}}_{1,P} = \boldsymbol{o}$$

mit $\boldsymbol{X}_1^* := \boldsymbol{P}_2\boldsymbol{X}_1$ und der symmetrischen und idempotenten Projektionsmatrix $\boldsymbol{P}_2 := \boldsymbol{I} - \boldsymbol{X}_2(\boldsymbol{X}'_2\boldsymbol{X}_2)^{-1}\boldsymbol{X}'_2$.

d. P-Schätzung im multiplen FV-Modell als ML-Schätzung

Wir haben in 3.3.2b gezeigt, daß sich die P-Schätzungen der Parameter des einfachen FV-Modells bei geeigneter Modellspezifikation auch aus dem ML-Prinzip ableiten lassen. Dieses Resultat gilt auch für das multiple FV-Modell.

Betrachten wir zunächst wieder die *Strukturvariante* mit normalverteilten Modellvariablen. Die Modellparameter stehen, wie in 3.3.2c dargelegt wurde, in einer umkehrbar eindeutigen und stetigen Beziehung zu den in $\boldsymbol{M} := p\lim(1/T)\boldsymbol{X}'_0\boldsymbol{X}_0$ zusammengefaßten Grenzmomenten erster und zweiter Ordnung der beobachtbaren Variablen $x_0, x_1, \ldots, x_K$. Die Grenzmomente sind im Falle der Strukturvariante zugleich die theoretischen Momente der Variablen $x_0\ x_1, \ldots, x_K$. Sie werden nach dem ML-Prinzip durch die entsprechenden empirischen Momente erster und zweiter Ordnung, zusammengefaßt in der Momentenmatrix $(1/T)\boldsymbol{X}'_0\boldsymbol{X}_0$, geschätzt. Die ML-Schätzungen der Modellparameter sind daher die den empirischen Momenten vermöge der genannten umkehrbar eindeutigen Beziehung zugeordneten Parameterwerte, sofern diese zulässig sind. Es sind das gerade die durch (59) — (61) aus $(1/T)\ \boldsymbol{X}'_0\ \boldsymbol{X}_0$ ermittelten P-Schätzungen, und diese sind, wie wir in 3.3.2c gesehen haben, immer zulässig. Also sind im Falle der Strukturvariante mit normalverteilten Modellvariablen die P-Schätzungen zugleich ML-Schätzungen.

Der Fall der *Funktionalvariante* ist bedeutend komplizierter. Jetzt ist $\boldsymbol{\Xi}_0$, die Matrix der systematischen Variablenwerte, als eine Parametermatrix aufzufassen, und die Likelihoodfunktion ist neben $\boldsymbol{\beta}_0$ und $\boldsymbol{\Sigma}_0$ auch bezüglich $\boldsymbol{\Xi}_0$ zu maximieren. Es wird angenommen, daß alle Fehlervariablen gemeinsam normalverteilt sind. Ohne Beschränkung der Allgemeinheit darf angenommen werden, daß $\boldsymbol{\Sigma}_0$ regulär ist. Man kann dies durch Bereinigung von den fehlerfreien Variablen immer erreichen[1)].

---

1) Es läßt sich zeigen, daß auch diese Bereinigung aus dem ML-Prinzip folgt. Die Parameter der fehlerfreien Variablen werden dann wie in A 3.3/18a geschätzt [vgl. auch *Konijn*, 1962].

Um die Likelihoodfunktion aufzustellen, schreiben wir zunächst die Dichtefunktion f der in (1.1/26) eingeführten Vektoren $\boldsymbol{v}_{0(t)} := (v_{t0}, v_{t1}, \ldots, v_{tK})'$ hin:[1)]

$$f(\boldsymbol{v}_{0(t)}) \propto |\boldsymbol{\Sigma}_0|^{-\frac{1}{2}} \exp\left\{-\frac{1}{2}\boldsymbol{v}'_{0(t)} \boldsymbol{\Sigma}_0^{-1} \boldsymbol{v}_{0(t)}\right\} \qquad t = 1, \ldots, T. \tag{62}$$

Da die Vektoren $\boldsymbol{v}_{0(t)}$ voneinander stochastisch unabhängig sind, ist ihre gemeinsame Dichtefunktion g, nach (1.1/23) also die Dichtefunktion von $\boldsymbol{V}_0 = (\boldsymbol{v}_{0(1)}, \ldots, \boldsymbol{v}_{0(T)})'$ gegeben durch

$$g(\boldsymbol{V}_0) = \prod_{t=1}^{T} f(\boldsymbol{v}_{0(t)}) \propto |\boldsymbol{\Sigma}_0|^{-\frac{T}{2}} \exp\left\{-\frac{1}{2}\operatorname{sp} \boldsymbol{V}_0 \boldsymbol{\Sigma}_0^{-1} \boldsymbol{V}'_0)\right\}. \tag{63}$$

Dabei bezeichnet „*sp*“ den Spuroperator. Die Spur einer quadratischen Matrix ist definiert als die Summe der Diagonalelemente.

Wird in (63) die Matrix $\boldsymbol{\Sigma}_0$ gemäß (52b) durch $\boldsymbol{X}_0 - \boldsymbol{\Xi}_0$ und $\boldsymbol{\Sigma}_0$ gemäß (53) durch $k\,\boldsymbol{\Lambda}$ ersetzt, erhält man die Likelihoodfunktion

$$L(\boldsymbol{\Xi}_0, k) \propto k^{-\frac{T(K+1)}{2}} \exp\left\{-\frac{1}{2\,k} sp\,[(\boldsymbol{X}_0 - \boldsymbol{\Xi}_0)\,\boldsymbol{\Lambda}^{-1}\,(\boldsymbol{X}_0 - \boldsymbol{\Xi}_0)']\right\}. \tag{64}$$

Man beachte, daß K hier die Anzahl allein der fehlerbehafteten exogenen Variablen bedeutet. Die fehlerfreien sind ja nach Annahme eliminiert worden.

Die Maximierung von (64) bezüglich $\boldsymbol{\Xi}_0$ und k unter Beachtung der Restriktion (52a) liefert ML-Schätzungen für diese Parameter und damit auch eine ML-Schätzung für $\boldsymbol{\beta}_0$.

Wir werden zunächst L bei gegebenen k und $\boldsymbol{\beta}_0$ nur bezüglich $\boldsymbol{\Xi}_0$ maximieren. Dazu genügt es offenbar, den Ausdruck

$$L^* := sp\,[(\boldsymbol{X}_0 - \boldsymbol{\Xi}_0)\,\boldsymbol{\Lambda}^{-1}\,(\boldsymbol{X}_0 - \boldsymbol{\Xi}_0)'] \tag{65}$$

bezüglich $\boldsymbol{\Xi}_0$ zu *minimieren*. Da diese Aufgabe, die wieder das Prinzip der gewogenen kleinsten Quadrate beinhaltet, unter der Nebenbedingung $\boldsymbol{\Xi}_0\,\boldsymbol{\beta}_0 = \boldsymbol{o}$ zu lösen ist, führen wir die **Lagrangefunktion**

$$\Phi(\boldsymbol{\Xi}_0, \boldsymbol{\beta}_0, \boldsymbol{l}) := sp\,[\boldsymbol{X}_0 - \boldsymbol{\Xi}_0)\,\boldsymbol{\Lambda}^{-1}\,(\boldsymbol{X}_0 - \boldsymbol{\Xi}_0)'] + 2\,\boldsymbol{l}'\,\boldsymbol{\Xi}_0\,\boldsymbol{\beta}_0$$

ein. Dabei bezeichnet $\boldsymbol{l}$ den Vektor der Lagrange-Multiplikatoren. Zum Auffinden des Minimums differenzieren wir die Lagrangefunktion partiell nach $\boldsymbol{\Xi}_0$ und setzen das Ergebnis Null[2)]:

$$\frac{\partial\,\Phi}{\partial\,\boldsymbol{\Xi}_0} = -\,2\,(\boldsymbol{X}_0 - \boldsymbol{\Xi}_0)\,\boldsymbol{\Lambda}^{-1} + 2\,\boldsymbol{l}\,\boldsymbol{\beta}'_0 = \boldsymbol{O}.$$

[1)] Das Zeichen $\propto$ bedeutet wieder „proportional”. Der parameterunabhängige Proportionalitätsfaktor ist für die folgende Maximierung unerheblich.

[2)] Regeln zu matriziellen Differentiation findet man z.B.- bei *Schneeweiß* [1978, S. 340].

Aus dieser Gleichung erhalten wir

$$X_0 - \boldsymbol{\Xi}_0 = \boldsymbol{l}\,\boldsymbol{\beta}'_0\,\boldsymbol{\Lambda}. \tag{66}$$

Rechtsseitige Multiplikation mit $\boldsymbol{\beta}_0$ liefert wegen $\boldsymbol{\Xi}_0\,\boldsymbol{\beta}_0 = \boldsymbol{o}$ die Beziehung $X_0\,\boldsymbol{\beta}_0 = \boldsymbol{l}\,\boldsymbol{\beta}'_0\,\boldsymbol{\Lambda}\,\boldsymbol{\beta}_0$, also

$$\boldsymbol{l} = \frac{1}{\boldsymbol{\beta}'_0\,\boldsymbol{\Lambda}\,\boldsymbol{\beta}_0} X_0\,\boldsymbol{\beta}_0 .$$

Durch Einsetzen in (66) folgt das Zwischenergebnis

$$X_0 - \boldsymbol{\Xi}_0 = \frac{1}{\boldsymbol{\beta}'_0\,\boldsymbol{\Lambda}\,\boldsymbol{\beta}_0} X_0\,\boldsymbol{\beta}_0\,\boldsymbol{\beta}'_0\,\boldsymbol{\Lambda}. \tag{67}$$

Der aus (67) für $\boldsymbol{\Xi}_0$ ableitbare Ausdruck maximiert L bei gegebenem $\boldsymbol{\beta}_0$. Um L noch bezüglich $\boldsymbol{\beta}_0$ zu maximieren, setzen wir (67) in (65) ein und minimieren den resultierenden Ausdruck bezüglich $\boldsymbol{\beta}_0$:

$$L^* = \frac{1}{(\boldsymbol{\beta}'_0\,\boldsymbol{\Lambda}\,\boldsymbol{\beta}'_0)^2}\,\mathrm{sp}\,(X_0\,\boldsymbol{\beta}_0\,\boldsymbol{\beta}'_0\,\boldsymbol{\Lambda}\,\boldsymbol{\Lambda}^{-1}\,\boldsymbol{\Lambda}\,\boldsymbol{\beta}_0\,\boldsymbol{\beta}'_0\,X'_0) \to \min_{\boldsymbol{\beta}_0}.$$

Der Spurausdruck vereinfacht sich zu

$$\mathrm{sp}\,(X_0\,\boldsymbol{\beta}_0\,\boldsymbol{\beta}'_0\,\boldsymbol{\Lambda}\,\boldsymbol{\beta}_0\,\boldsymbol{\beta}'_0\,X'_0) = \mathrm{sp}\,(\boldsymbol{\beta}'_0\,\boldsymbol{\Lambda}\,\boldsymbol{\beta}_0\,\boldsymbol{\beta}'_0\,X'_0\,X_0\,\boldsymbol{\beta}_0) = \boldsymbol{\beta}'_0\,\boldsymbol{\Lambda}\,\boldsymbol{\beta}_0\,\boldsymbol{\beta}'_0\,X'_0\,X_0\,\boldsymbol{\beta}_0,$$

so daß wir schließlich

$$L^* = \frac{\boldsymbol{\beta}'_0\,X'_0\,X_0\,\boldsymbol{\beta}_0}{\boldsymbol{\beta}'_0\,\boldsymbol{\Lambda}\,\boldsymbol{\beta}_0} \to \min_{\boldsymbol{\beta}_0} \tag{68}$$

erhalten. Diese Aufgabe führt auf die Bestimmungsgleichung

$$\frac{d\,L^*}{d\,\boldsymbol{\beta}_0} = 2\,\frac{(\boldsymbol{\beta}'_0\,\boldsymbol{\Lambda}\,\boldsymbol{\beta}_0)\,X'_0\,X_0\,\boldsymbol{\beta}_0 - (\boldsymbol{\beta}'_0\,X'_0\,X_0\,\boldsymbol{\beta}_0)\,\boldsymbol{\Lambda}\,\boldsymbol{\beta}_0}{(\boldsymbol{\beta}'_0\,\boldsymbol{\Lambda}\,\boldsymbol{\beta}_0)^2} = \boldsymbol{o},$$

welche man in die äquivalente Fassung

$$\begin{aligned} &\left(\frac{1}{T} X'_0\,X_0 - q\,\boldsymbol{\Lambda}\right)\boldsymbol{\beta}_0 = \boldsymbol{o} \\ &q := \frac{\boldsymbol{\beta}'_0\,X'_0\,X_0\,\boldsymbol{\beta}_0}{T\,\boldsymbol{\beta}'_0\,\boldsymbol{\Lambda}\,\boldsymbol{\beta}_0} = \frac{L^*}{T} \end{aligned} \tag{69}$$

überführen kann. Es genügt, (69a) ohne Beachtung von (69b) zu lösen, denn, wie man durch Linksmultiplikation von (69a) mit $\boldsymbol{\beta}'_0$ zeigt, erfüllt jede Lösung $(q, \boldsymbol{\beta}_0)$ von (69a) zugleich auch (69b). Die Gleichung (69a) beinhaltet offenbar ein Eigenwertproblem, und zwar ist q ein Eigenwert von $(1/T)\,X'_0\,X_0$ bezüglich $\boldsymbol{\Lambda}$ und $\boldsymbol{\beta}_0$ der zugehörige Eigenvektor. Unter den $K + 1$ Eigenwerten der Matrix $(1/T)\, X'_0\, X_0$ ist gemäß (69b) der kleinste zu wählen, da ja L^* minimiert werden soll.

Wir bezeichnen die Lösung des Minimierungsproblems

$$\min_{q}: \quad \left(\frac{1}{T} X'_0\, X_0 - q\, \boldsymbol{\Lambda}\right) \boldsymbol{\beta}_0 = \boldsymbol{o} \tag{70}$$

mit $q_{\min}$ und finden wegen (69b) als Minimum für L^* den Wert

$$L^* = T q_{\min}\,. \tag{71}$$

Der zu $q_{\min}$ gehörige Eigenvektor ist $\hat{\boldsymbol{\beta}}_{0,\,ML}$, die gesuchte ML-Schätzung für $\boldsymbol{\beta}_0$. Da die Eigenwertaufgabe (70), aus der sich $\hat{\boldsymbol{\beta}}_{0,\,ML}$ ergibt, mit der Eigenwertaufgabe (59) zur Bestimmung von $\hat{\boldsymbol{\beta}}_{0,\,P}$ identisch ist, gilt $\hat{\boldsymbol{\beta}}_{0,\,ML} = \hat{\boldsymbol{\beta}}_{0,\,P}$.

Um schließlich noch die ML-Schätzung für k — und damit wegen $\boldsymbol{\Sigma}_0 = k\, \boldsymbol{\Lambda}$ auch für $\boldsymbol{\Sigma}_0$ — zu finden, gehen wir auf die Likelihoodfunktion (64) zurück. Wir ersetzen dort den Spurausdruck (65) durch $T q_{\min}$ und logarithmieren:

$$\log L = -\frac{T}{2}(K + 1) \log k - \frac{T q_{\min}}{2\, k}.$$

Das Maximum von $\log L$ (und damit von L) bezüglich k findet man als Lösung der Gleichung $d \log L / d\, k = 0$:

$$\hat{k}_{ML} = \frac{q_{\min}}{K + 1}.$$

Es zeigt sich in diesem Ergebnis eine bemerkenswerte Abweichung vom P-Schätzer für k, der sich ja hier in der gewählten Notation als $\hat{k}_P = q_{\min}$ darstellt. Während $\hat{k}_P$ konsistent ist, ist $\hat{k}_{ML}$ inkonsistent. Das gleiche gilt dann für $\hat{\boldsymbol{\Sigma}}_{0,\,ML} = \hat{k}_{ML}\, \boldsymbol{\Lambda}$ im Vergleich zu $\hat{\boldsymbol{\Sigma}}_{0,\,P} = \hat{k}_P\, \boldsymbol{\Lambda}$.

Wir stellen also fest, daß bei der Funktionalvariante mit normalverteilten Fehlervariablen nur die ML-Schätzung des Regressionskoeffizientenvektors $\boldsymbol{\beta}_0$ mit der konsistenten P-Schätzung dieses Vektors übereinstimmt. Die ML-Schätzungen von k und $\boldsymbol{\Sigma}_0$ sind im Gegensatz zu den entsprechenden P-Schätzungen inkonsistent.

Anmerkungen:

1. In dem speziellen Fall $\boldsymbol{\Lambda} = \boldsymbol{I}$, auf den man den allgemeinen Fall einer beliebigen positiven semidefiniten Matrix $\boldsymbol{\Lambda}$ immer zurückführen kann, geht (70) in ein gewöhnliches Eigenwertproblem über. Aus der Minimierung von (65) wird ein Prinzip der orthogonalen kleinsten Quadrate:

$$L^* = sp\, V_0\, V'_0 = \sum v'_{0(t)}\, v_{0(t)} = \sum [(v_{t1}^2 + \ldots + v_{tK}^2) + w_t^2] \rightarrow \min_{\Xi_0}$$

mit $w_t := v_{t0}$ (vgl. auch A 3.3/16). Es wurde schon bei *van Uven* [1930] für den multiplen Fall beschrieben (vgl. auch *Pearson* [1901]).

2. *Koopmans* [1937] hat die P-Schätzung im multiplen FV-Modell aus dem ML-Prinzip hergeleitet. Übertragungen auf das multivariate FV-Modell sowohl in der Struktur- wie in der Funktionalvariante findet man bei *Tintner* [1945, 46] mit Beispiel, *Sprent* [1969], *Theobald* [1975], *Malinvaud* [1980], *Chan* [1980], *Gleser* [1981], *Anderson* [1982] sowie bei *Chan/Mak* [1983].

3. Im Heteroskedastiefall, den wir in 3.3.2e noch unter Bezug auf das einfache FV-Modell ausführlich behandeln, muß für jeden Beobachtungsindex t eine eigene Kovarianzmatrix $\boldsymbol{\Sigma}_{0t}$ angesetzt werden; $t = 1, \ldots, T$. Die A-priori-Information (53) hat dann die allgemeinere Gestalt $\boldsymbol{\Sigma}_{0t} = k\boldsymbol{\Lambda}_t$ mit bekannten positiv semidefiniten Matrizen $\boldsymbol{\Lambda}_t$ und unbekanntem Proportionalitätsfaktor k, und an die Stelle der Minimierungsaufgabe (68) tritt

$$\sum \frac{\boldsymbol{\beta}_0' \boldsymbol{x}_{0(t)} \boldsymbol{x}_{0(t)}' \boldsymbol{\beta}_0}{\boldsymbol{\beta}_0' \boldsymbol{\Lambda}_t \boldsymbol{\beta}_0} \underset{\boldsymbol{\beta}_0}{\rightarrow} \min,$$

wobei $\boldsymbol{x}_{0(t)} := (x_{t0}, \ldots, x_{tK})'$. Diese Aufgabe kann i.a. nur iterativ gelöst werden. Direkt lösbar wie im Homoskedastiefall ist sie z.B., wenn die Matrizen $\boldsymbol{\Lambda}_t$ zueinander proportional sind: $\boldsymbol{\Lambda}_t = a_t \boldsymbol{\Lambda}$.

Sprent [1966] betrachtet auch ein FV-Modell mit autokorrelierten und heteroskedastischen Fehlervariablen und führt zur Parameterschätzung ein verallgemeinertes KQ-Prinzip ein. *Dolby* [1972] zeigt, daß dieses Prinzip aus dem ML-Prinzip folgt. Er wendet es auch auf nichtlineare Beziehungen an.

e. ML-Schätzung bei Heteroskedastie

Wir haben in den vorausgegangenen Abschnitten u.a. abgeleitet, daß die P-Schätzungen der Regressionskoeffizienten des einfachen wie auch des multiplen FV-Modells mit den ML-Schätzungen dieser Parameter übereinstimmen, wenn man das FV-Modell in der *Funktionalvariante* mit normalverteilten Modellvariablen zugrundelegt. (Bei der Strukturvariante galt diese Übereinstimmung auch für die Schätzungen der Varianzen und Kovarianzen der Meßfehler.) Jetzt wollen wir die Ableitung von ML-Schätzungen für die Regressionskoeffizienten des in der Funktionalvariante vorliegenden FV-Modells noch dahingehend verallgemeinern, daß wir die Grundannahme konstanter Fehlervarianzen fallen lassen. Dabei beziehen wir uns fast ausschließlich auf das einfache FV-Modell.

Wir gehen also vom einfachen FV-Modell *i.e.S.* mit $\varepsilon \equiv 0$ aus, ersetzen nun allerdings die Grundannahme (F2) durch die schwächere Annahme

$$\left.\begin{array}{l} E(v_t) = E(w_t) = 0 \\ V(v_t) =: \sigma^2_{v_t},\ V(w_t) =: \sigma^2_{w_t} \end{array}\right. \qquad t = 1, \ldots, T.$$

Ein solches verallgemeinertes Modell mit veränderlichen Fehlervarianzen bezeichnet man als Modell mit **heteroskedastischen Fehlervariablen.** Das bisher betrachtete FV-Modell mit konstanten Fehlervarianzen ist ein Modell mit **homoskedastischen Fehlervariablen.** Heteroskedastie tritt in der Praxis häufig auf. Sie ist insbesondere im Replikationsfall zu beobachten (vgl. 3.4.2f, Beispiel ②).

Bei der Bestimmung der ML-Schätzer $\hat{\alpha}_{ML}$ und $\hat{\beta}_{ML}$ für die Funktionalvariante mit normalverteilten und heteroskedastischen Fehlervariablen gehen wir von der A-priori-Information aus, daß die Varianzen der Fehler $v_1, \ldots, v_T$ und $w_1, \ldots, w_T$ allesamt bekannt oder aber zumindest bis auf einen gemeinsamen Faktor bekannt sind. Es ist — wovon man sich leicht überzeugt — für das folgende gleichgültig, welcher dieser beiden Informationstypen vorliegt.

Die auf dieser Information basierenden Schätzer $\hat{\alpha}_{ML}$ und $\hat{\beta}_{ML}$ lassen sich durch naheliegende Verallgemeinerung der in 3.3.2b für den Homoskedastiefall vorgenommenen Ableitungen gewinnen. Die Minimierungsaufgabe (42) hat jetzt aufgrund der Abschwächung von (F2) die Gestalt

$$\Sigma \frac{v_t^2}{\sigma_{v_t}^2} + \Sigma \frac{w_t^2}{\sigma_{w_t}^2} = \Sigma \frac{(x_t - \xi_t)^2}{\sigma_{v_t}^2} + \Sigma \frac{(y_t - \alpha - \beta \xi_t)^2}{\sigma_{w_t}^2} \to \min_{\alpha, \beta, \xi_1, \ldots, \xi_T} \tag{72}$$

und aus (47) wird

$$\Sigma \frac{(y_t - \alpha - \beta x_t)^2}{\sigma_{w_t}^2 + \beta^2 \sigma_{v_t}^2} \to \min_{\alpha, \beta}. \tag{73}$$

Die Schätzer $\hat{\alpha}_{ML}$ und $\hat{\beta}_{ML}$ sind dann die Lösungen des Minimierungsproblems (73). Sie ergeben sich also auch im Heteroskedastiefall nach dem **Prinzip der gewogenen kleinsten Quadrate** in der Form (72) oder auch (73), wobei die Gewichte

$$g_t := (\sigma_{w_t}^2 + \beta^2 \sigma_{v_t}^2)^{-1} \tag{74}$$

im letzteren Fall wieder wie in (47) vom Parameter β abhängen.

Die Lösung $\hat{\alpha}_{ML}$ von (73) erhält man, indem man den linksstehenden Term in (73) nach α differenziert und Null setzt. Man errechnet auf diese Weise für α die ML-Schätzung

$$\hat{\alpha}_{ML} = \bar{\bar{y}} - \hat{\beta}_{ML} \bar{\bar{x}} \tag{75}$$

mit den gewichteten arithmetischen Mitteln

$$\bar{\bar{x}} := \frac{\Sigma g_t x_t}{\Sigma g_t}, \qquad \bar{\bar{y}} := \frac{\Sigma g_t y_t}{\Sigma g_t}. \tag{76}$$

Wenn man die durch (75, 76) definierte Lösung $\hat{\alpha}_{ML}$ in (73) einsetzt und noch die transformierten Variablen

$$x_t^* := x_t - \bar{\bar{x}}, \qquad y_t^* := y_t - \bar{\bar{y}} \tag{77}$$

einführt, dann wird aus (73) die (49) entsprechende Minimierungsaufgabe

$$\Sigma g_t (y_t^* - \beta x_t^*)^2 \to \min_{\beta}. \tag{78}$$

Bei der Minimierung ist zu beachten, daß sowohl g_t als auch y_t^* und x_t^* Funktionen von β sind. Im allgemeinen wird man daher diese Minimierungsaufgabe nur numerisch-iterativ lösen können.

Die Minimierungsaufgabe (78) vereinfacht sich aber erheblich, wenn vorausgesetzt wird, daß $\sigma_{w_t}^2 = \lambda \sigma_{v_t}^2 =: \lambda \sigma_t^2$ ist mit beliebigem $\lambda > 0$. In diesem speziellen Falle proportionaler Fehlervarianzen, der u.a. für den Replikationsfall relevant ist, besitzen die Gewichte (74) die Gestalt

$$g_t = (\lambda + \beta^2)^{-1} \sigma_t^{-2},$$

und aus (76) wird

$$\bar{\bar{x}} = \frac{\Sigma\, \sigma_t^{-2}\, x_t}{\Sigma\, \sigma_t^{-2}}, \qquad \bar{\bar{y}} = \frac{\Sigma\, \sigma_t^{-2}\, y_t}{\Sigma\, \sigma_t^{-2}} \tag{79}$$

Die durch (77, 79) erklärten transformierten Variablen x_t^* und y_t^* hängen jetzt nicht mehr von β ab, und in (78) läßt sich der in den Gewichten steckende gemeinsame Faktor $(\lambda + \beta^2)^{-1}$ vor die Summe ziehen. Mit diesen Vereinfachungen kann man nun leicht (78) bezüglich β minimieren. Durch Differentiation nach β und Nullsetzen erhält man nach einigen algebraischen Umformungen die (50) entsprechende quadratische Bestimmungsgleichung für $\hat{\beta}_{ML}$:

$$\hat{\beta}_{ML}^2\, \Sigma\, \sigma_t^{-2}\, x_t^*\, y_t^* - \hat{\beta}_{ML}\, \Sigma\, \sigma_t^{-2}\, (y_t^{*2} - \lambda\, x_t^{*2}) - \lambda\, \Sigma\, \sigma_t^{-2}\, x_t^*\, y_t^* = 0. \tag{80}$$

Die Gleichung (80) hat zwei Lösungen. Von diesen Lösungen minimiert aber nur diejenige (78), deren Vorzeichen mit dem Vorzeichen von $\Sigma\, \sigma_t^{-2}\, x_t^* y_t^*$ übereinstimmt. Man erhält also die zu (51) analoge ML-Schätzung

$$\hat{\beta}_{ML} = \frac{1}{2\, \bar{s}_{xy}} \left[(\bar{s}_y^2 - \lambda\, \bar{s}_x^2) + \sqrt{4\, \lambda\, \bar{s}_{xy}^2 + (\bar{s}_y^2 - \lambda\, \bar{s}_x^2)^2} \right] \tag{81}$$

mit den gewogenen empirischen Varianzen und Kovarianzen

$$\begin{aligned} \bar{s}_x^2 &:= \frac{\Sigma\, \sigma_t^{-2}\, x_t^{*2}}{\Sigma\, \sigma_t^{-2}}, \\ \bar{s}_y^2 &:= \frac{\Sigma\, \sigma_t^{-2}\, y_t^{*2}}{\Sigma\, \sigma_t^{-2}}, \\ \bar{s}_{xy} &:= \frac{\Sigma\, \sigma_t^{-2}\, x_t^{*2}\, y_t^{*2}}{\Sigma\, \sigma_t^{-2}}. \end{aligned} \tag{82}$$

Die Schätzung (81) geht in (51) über, wenn die Fehlervarianzen konstant sind (Homoskedastiefall).

Man kann zeigen, daß die ML-Schätzung (81) konsistent ist, sofern $\lim \Sigma\, \sigma_t^{-2} = \infty$ und sofern eine zu (A) analoge asymptotische Bedingung bezüglich der ξ_t erfüllt ist, nämlich daß $\lim \bar{\bar{\xi}}$ und $\lim \bar{s}_\xi^2 > 0$ existieren, wobei $\bar{\bar{\xi}}$ analog zu (79) und $\bar{s}_\xi^2$ analog zu (82a) definiert sind. Die Bedingung $\lim \Sigma\, \sigma_t^{-2} = \infty$ ist z.B. dann erfüllt, wenn die Gewichte σ_t^2 nach oben beschränkt sind.

Anmerkung: Das einfache FV-Modell mit heteroskedastischen, normalverteilten Fehlervariablen (Funktionalvariante) wie auch der Schätzansatz (73) gehen auf *Lindley* [1947] und *Sprent* [1966] zurück [vgl. auch *Barnett*, 1970 sowie *Chan* N. N / *Mak* 1984]. Verallgemeinerungen ergeben sich, wenn man auch Autokorrelation in den Fehlervariablen zuläßt oder das multiple FV-Modell zugrunde legt [*Sprent*, 1966; *Dolby / Freeman*, 1975; *Nußbaum*, 1977].

f. Beispiele aus der Biometrie und der Geologie

① *Wachstum von Bäumen*

Sprent [1966] gibt ein biologisches Anwendungsbeispiel. Er nimmt an, daß — abgesehen von Zufallsschwankungen — zwischen dem logarithmierten Holzzuwachs ξ und der logarithmierten Vergrößerung des Stammumfangs η einer bestimmten Baumart ein linearer Zusammenhang $\eta = \alpha + \beta \xi$ besteht. Um die Koeffizienten α und β nach der ML-Methode zu schätzen, werden zunächst über einige Jahre hinweg Messungen von ξ und η an mehreren Bäumen vorgenommen. Die Messungen sind fehlerbehaftet in dem Sinne, daß zwischen der Messung x bzw. y und dem „wahren" Wert ξ bzw. η eine individuelle, d.h. von Baum zu Baum verschiedene Abweichung v bzw. w besteht. Diese „Fehler" v und w sind nicht ausschließlich als Meßfehler zu verstehen, sondern vor allem als Abweichungen von einem idealen oder systematischen Wert. Die Fehlervarianzen lassen sich für jedes Jahr durch wiederholte Messungen an mehreren Bäumen näherungsweise bestimmen. Mit zunehmendem Alter der Bäume verändern sich diese Varianzen, so daß also Heteroskedastie vorliegt. Sprent nimmt zusätzlich eine Kovarianz zwischen den Fehlervariablen v und w an (FV-Modell i.w.S.), die ebenfalls für jedes Jahr bestimmt werden kann. Dadurch wird das in 3.3.2e beschriebene Schätzverfahren nur geringfügig komplizierter. Wesentlich ist, daß in jedem Jahr andere Bäume desselben Bestandes ausgemessen werden. Andernfalls müßte man nämlich mit Autokorrelation in den Fehlervariablen rechnen. Den Fall der Autokorrelation behandelt Sprent ebenfalls in seinem Aufsatz [vgl. auch *Sprent*, 1969].

Das Beispiel von Sprent ist nur ein Einzelfall aus einem weiten Gebiet der Biologie, bei dem es um Gesetzmäßigkeiten in Proportionen zwischen verschiedenen Teilen eines Organismus oder einer Organismengruppe geht. Oft wird ein linearer, häufiger aber ein logarithmisch linearer Zusammenhang unterstellt. Man spricht von Isometrie bzw. Allometrie. Auch komplizierte nichtlineare Beziehungen kommen vor. In allen Fällen aber wird von einem FV-Modell ausgegangen, wobei die Abweichungen der gemessenen Werte von den latenten systematischen Werten — also die „Meßfehler" — erheblich sein können [vgl. z.B. *Jolicoeur*, 1963].

② *Altersbestimmung von Gesteinen*

In einem Aufsatz von *McIntyre* u.a. [1966] wird die Rubidium-Strontium-Methode zur Altersbestimmung von Gesteinen einer statistischen Analyse unterzogen. Die Methode nützt den radioaktiven Zerfall $Rb^{87} \rightarrow Sr^{87}$ aus und beruht auf Messungen des Isotopenverhältnisses Sr^{87}/Sr^{86} und des Rb^{87}/Sr^{86}-Verhältnisses in einer Gesteinsprobe. Bezeichnet man ersteres mit η, letzteres mit ξ und den zu Beginn der Gesteinsbildung vorhandenen Anfangswert des Sr^{87}/Sr^{86}-Verhältnisses mit α, so besteht die Beziehung $\eta = \alpha + \beta \xi$. Dabei ist $\beta := e^{\lambda s} - 1$, wobei λ die Zerfallsrate von Rb^{87} und s das Alter des Gesteins repräsentiert. Dieser lineare Zusammenhang ergibt sich als Lösung der Zerfallsgleichung $d\,R/d\,s + \lambda\,R = 0$, in der R eine

Maßzahl für die zum Zeitpunkt s vorhandene Menge Rb^{87} darstellt.

Aus einer detaillierten Analyse des Meßvorgangs für ξ und η und aus zahlreichen Probemessungen gewinnen die Autoren Schätzwerte für die Varianzen der Meßfehler. Es zeigt sich, daß die Meßfehlervarianz von η, in unserer Notation also σ^2_w, konstant ist, während diejenige von ξ, also σ^2_v, mit dem Quadrat von ξ zunimmt. Approximativ wird zur Vereinfachung σ_v^2 proportional zu x^2 statt zu ξ^2 angenommen.

Zur Bestimmung von α und β — und damit des Alters $s = \lambda^{-1}\, ln\,(\beta + 1)$ des Gesteins — werden T Proben aus dem entstehungs- und altersmäßig gleichen Gestein entnommen. Für jede Probe $t\,(t = 1, \ldots, T)$ werden n_t Messungen von ξ_t und η_t vorgenommen und die Meßwerte x_{ti} und y_{ti}, $i = 1, \ldots, n_t$, zu Durchschnittswerten $\bar{x}_t$ und $\bar{y}_t$ zusammengefaßt. Die Varianzen der Meßfehler dieser Durchschnittswerte sind $\sigma^2_{v_t}/n_t$ und $\sigma^2_{w_t}/n_t$. Dabei wird, wie schon gesagt, $\sigma^2_{v_t} = c\,\overline{x_t^2}$ gesetzt, während $\sigma^2_{w_t} = \sigma^2_w$ konstant ist. Der Proportionalitätsfaktor c und die Varianz σ^2_w sind als bekannt anzusehen. (Genau genommen existieren nur Schätzungen für diese Größen.)

Schätzungen für α und β ergeben sich sodann in Analogie zu (73) als Lösungen des Minimierungsproblems

$$\Sigma\, g_t\,(\bar{y}_t - \alpha - \beta\,\bar{x}_t)^2 \to \min_{\alpha,\,\beta},$$

wobei die Gewichte g_t hier gegeben sind durch

$$g_t = n_t\,(\sigma^2_w + \beta^2\,\sigma^2_{v_t})^{-1}.$$

Man beachte, daß in (73) die Meßwerte x_t und y_t durch $\bar{x}_t$ und $\bar{y}_t$ zu ersetzen sind und gleichzeitig als Folge davon die Fehlervarianzen σ^2_w und $\sigma^2_{v_t}$ in (74) durch σ^2_w/n_t und $\sigma^2_{v_t}/n_t$.

Mit der Lösung des Minimierungsproblems gewinnt man eine Schätzung für β und damit durch Auflösen der Gleichung $\beta = e^{\lambda s} - 1$ nach s eine Schätzung des Gesteinsalters.

Das Modell und die Schätzverfahren zur Altersbestimmung von Gesteinen wurden von *Cameron* u.a. [1981] weiterentwickelt, um auch kompliziertere Fehlerstrukturen analysieren zu können.

3.3.3 Schätzung bei vollständiger Kenntnis der Kovarianzmatrix

Wir betrachten nun noch den Fall, daß die Kovarianzmatrix $\boldsymbol{\Sigma}_0$ genau und nicht nur bis auf einen Proportionalitätsfaktor bekannt ist. Wir verfügen dann über mehr Information als zur konsistenten Schätzung der Modellparameter erforderlich ist (Überidentifikation). Da mit $\boldsymbol{\Sigma}_0$ insbesondere auch die Matrix $\boldsymbol{\Sigma}$ bekannt ist, können wir sowohl auf die P-Schätzungen aus 3.3.2 als auch auf die V-Schätzungen aus 3.3.1 zurückgreifen. Letztere sind einfacher zu berechnen. Die P-Schätzungen sind jedoch vorzuziehen, weil sie die vorgegebene Information besser ausnutzen.

Die bei Kenntnis von $\boldsymbol{\Sigma}_0$ ableitbaren P-Schätzungen für die Regressionskoeffizienten lassen sich im Falle normalverteilter Fehlervariablen auch aus dem ML-Prinzip ableiten. Die Übereinstimmung von P- und ML-Schätzungen gilt sowohl für die Funktionalvariante als auch — mit Einschränkungen — für die Strukturvariante mit normalverteilten ξ-Variablen.

Diese Behauptung läßt sich für die *Funktionalvariante* mit normalverteilten Fehlervariablen leicht beweisen. Betrachten wir zunächst das einfache FV-Modell i.e.S. Dort bedeutet Kenntnis von $\boldsymbol{\Sigma}_0$ nach (29) offenbar, daß σ_v^2 und σ_w^2 einzeln gegeben sind. Man macht sich nun leicht klar, daß das Ergebnis der Maximierung der Likelihoodfunktion (41) bez. der Parameter α, β und $\xi_1, \ldots, \xi_T$ nicht davon abhängig ist, ob man nur den Quotienten λ oder aber darüber hinaus auch die den Quotienten definierenden Varianzen einzeln kennt. Die ML-Schätzungen für α und β bei Kenntnis von σ_v^2 und σ_w^2 sind also mit den ML-Schätzungen (48, 51) identisch, welche lediglich auf der Kenntnis von λ basieren. Letztere stimmten aber mit den P-Schätzungen (30, 32) überein.

Entsprechende Überlegungen lassen sich für den multiplen Fall anstellen. Man erhält die Likelihoodfunktion für den hier zugrunde gelegten Fall einer bekannten Kovarianzmatrix $\boldsymbol{\Sigma}_0$, indem man in der Likelihoodfunktion (64) — die unter der Voraussetzung aufgestellt wurde, daß anstelle von $\boldsymbol{\Sigma}_0$ nur eine zu $\boldsymbol{\Sigma}_0$ proportionale Matrix $\boldsymbol{\Lambda}$ bekannt ist — den Proportionalitätsfaktor k durch 1 und die Matrix $\boldsymbol{\Lambda}$ durch $\boldsymbol{\Sigma}_0$ ersetzt. Die Maximierung dieser so geänderten Likelihoodfunktion führt auf die Eigenwertaufgabe (70), wobei dort ebenfalls $\boldsymbol{\Lambda}$ durch $\boldsymbol{\Sigma}_0$ zu ersetzen ist:

$$\min_q: \quad \left(\frac{1}{T} \boldsymbol{X}_0' \boldsymbol{X}_0 - q \boldsymbol{\Sigma}_0\right) \boldsymbol{\beta}_0 = \boldsymbol{o}. \tag{83}$$

Bezeichne q_{Min} die Lösung des Eigenwertproblems (83). Der zu q_{Min} gehörige Eigenvektor ist dann die ML-Schätzung von $\boldsymbol{\beta}_0$. Wegen der Proportionalität von $\boldsymbol{\Lambda}$ und $\boldsymbol{\Sigma}_0$ ist aber dieser Eigenvektor identisch, der zur Lösung $q_{\min}$ von (70) gehört, d.h. die ML-Schätzungen $\hat{\boldsymbol{\beta}}_{0,\,ML}$ stimmen für die beiden Fälle, nämlich ob nun $\boldsymbol{\Sigma}_0$ oder nur $\boldsymbol{\Lambda}$ bekannt ist, überein. Für letzteren Fall aber war die ML-Schätzung von $\boldsymbol{\beta}_0$ mit der entsprechenden P-Schätzung identisch. Also stimmt auch die aus (83) zu gewinnende ML-Schätzung $\hat{\boldsymbol{\beta}}_{0,\,ML}$ mit der P-Schätzung $\hat{\boldsymbol{\beta}}_{0,\,P}$ überein.

Im übrigen erhält man aus (83) auch direkt eine ML-Schätzung für den in $\boldsymbol{\beta}_0$ als Teilvektor enthaltenen Regressionskoeffizientenvektor $\boldsymbol{\beta}$. Nach (1.1/21, 22b) ist $\boldsymbol{\beta}_0 = (\beta_0, -\boldsymbol{\beta}')$ und $\boldsymbol{X}_0 = (\boldsymbol{y}, \boldsymbol{X})$ mit $\boldsymbol{y} := \boldsymbol{x}_0$. Wenn man diese Darstellungen zusammen mit (1.2/10) in (83) einsetzt und die erste Komponente β_0 des Vektors $\boldsymbol{\beta}_0$ gleich 1 setzt ergibt sich

$$\min_q: \quad \left[\frac{1}{T}\begin{pmatrix} \boldsymbol{y}'\boldsymbol{y} & \boldsymbol{y}'\boldsymbol{X} \\ \boldsymbol{X}'\boldsymbol{y} & \boldsymbol{X}'\boldsymbol{X} \end{pmatrix} - q \begin{pmatrix} \sigma_w^2 & \boldsymbol{\sigma}' \\ \boldsymbol{\sigma} & \boldsymbol{\Sigma} \end{pmatrix}\right] \begin{pmatrix} 1 \\ -\boldsymbol{\beta} \end{pmatrix} = \boldsymbol{o} \tag{84}$$

mit dem Kovarianzvektor $\boldsymbol{\sigma} = (\sigma_{v_1 w}, \ldots, \sigma_{v_K w})'$. Hieraus folgt

$$\left(\frac{1}{T}X'\,y - q_{\text{Min}}\,\boldsymbol{\sigma}\right) - \left(\frac{1}{T}\,X'\,X - q_{\text{Min}}\,\boldsymbol{\Sigma}\right)\boldsymbol{\beta} = o.$$

Man hat daher in

$$\begin{aligned}\hat{\boldsymbol{\beta}}_{ML} &= \left(\frac{1}{T}X'\,X - q_{\text{Min}}\,\boldsymbol{\Sigma}\right)^{-1}\left(\frac{1}{T}X'\,y - q_{\text{Min}}\,\boldsymbol{\sigma}\right)\\ &= (X'\,X - T\,q_{\text{Min}}\,\boldsymbol{\Sigma})^{-1}\,(X'\,y - T\,q_{\text{Min}}\,\boldsymbol{\sigma})\end{aligned} \tag{85}$$

eine ML-Schätzung und damit gleichzeitig eine P-Schätzung von $\boldsymbol{\beta}$.

Für die *Strukturvariante* mit normalverteilten Modellvariablen ist die Übereinstimmung der P-Schätzungen der Regressionskoeffizienten mit den entsprechenden ML-Schätzungen nicht unmittelbar anhand der Likelihoodfunktion nachzuvollziehen. Für das *einfache* FV-Modell haben *Birch* [1964], *Barnett* [1967] und *Dolby* [1976] — ersterer unter Berücksichtigung pathologischer „Randfälle" — gezeigt, daß die Gestalt der ML-Schätzungen für α und β nicht davon abhängt, ob σ_w^2 und σ_v^2 einzeln oder nur bis auf einen Proportionalitätsfaktor bekannt sind. Die ML-Schätzungen für α und β, die nur auf der schmaleren Informationsbasis gründen, sind aber, wie in 3.3.2b begründet, auch bei der Strukturvariante mit normalverteilten Fehlervariablen genau die P-Schätzungen (30, 32).

Für das *multiple* FV-Modell in der Strukturvariante gilt — von Randfällen abgesehen — ebenfalls, daß sich die P-Schätzung des Parametervektors $\boldsymbol{\beta}_0$ als ML-Schätzung erweist [vgl. *Theobald*, 1975; *Anderson*, 1984; *Amemiya/Fuller*, 1984 sowie *Chan L. K./Mak*, 1984, die allesamt auch das multivariate FV-Modell untersucht haben].

3.3.4 Verallgemeinerungen

Kenntnisse über die Varianzen und Kovarianzen der Fehlervariablen lassen sich allgemein in der Form von Restriktionen für die Elemente der Kovarianzmatrix $\boldsymbol{\Sigma}_0$ darstellen, d.h. in der Form eines Gleichungssystems

$$F(\boldsymbol{\Sigma}_0) = o, \tag{86}$$

wobei F eine gegebene vektorwertige Funktion repräsentiert. Insbesondere lassen sich die in 3.3.1 — 3.3.3 zugrundegelegten A-priori-Informationen über die Elemente von $\boldsymbol{\Sigma}_0$ jeweils in die Form (86) überführen.

Noch allgemeiner kann man annehmen, daß Restriktionen über $\boldsymbol{\beta}$ und $\boldsymbol{\Sigma}_0$ gemeinsam vorgegeben sind:

$$F(\boldsymbol{\beta}, \boldsymbol{\Sigma}_0) = o. \tag{87}$$

Kapteyn und *Wansbeek* [1984] sowie *Robinson* [1977] betrachten diesen allgemeinen Typus von Zusatzinformationen, letzterer auch für das multivariate FV-Modell.

Wenn die Fehlervariablen v und w stochastisch unabhängig sind, kann das Restriktionssystem (87) wegen (1.2/10) auch in der Form

$$F(\boldsymbol{\beta}, \sigma_w^2, \boldsymbol{\Sigma}) = \boldsymbol{o} \tag{88}$$

geschrieben werden. Die Gleichung (88) läßt sich als ein System von A-priori-Bestimmungsgleichungen für die unbekannten Parameter auffassen.

A-posteriori-Bestimmungsgleichungen für Schätzer von $\boldsymbol{\beta}$, σ_w^2 und $\boldsymbol{\Sigma}$ ergeben sich aus dem Zusammenhang zwischen den Modellparametern und den Momenten erster und zweiter Ordnung der beobachtbaren Variablen (vgl. (2.5/4) und (2.2/2)). Dieser Zusammenhang kann auch als Beziehung zwischen den Modellparametern und den KQ-Schätzern für den Parametervektor $\boldsymbol{\beta}$ und der Varianz σ_u^2 beschrieben werden (s. (3.2/27, 37)):

$$p\lim \hat{\boldsymbol{\beta}}_{KQ} = (\boldsymbol{I} - \boldsymbol{M}_{xx}^{-1} \boldsymbol{\Sigma}) \boldsymbol{\beta}$$

$$p\lim \hat{\sigma}_{u,KQ}^2 = \sigma_w^2 + \boldsymbol{\beta}' \boldsymbol{\Sigma}\, p\lim \hat{\boldsymbol{\beta}}_{KQ}.$$

Die entsprechenden Stichprobengleichungen liefern Bestimmungsgleichungen für die Schätzungen von $\boldsymbol{\beta}$, σ_w^2 und $\boldsymbol{\Sigma}$:

$$\begin{aligned} &[\boldsymbol{I} - T(\boldsymbol{X}'\boldsymbol{X})^{-1} \hat{\boldsymbol{\Sigma}}] \hat{\boldsymbol{\beta}} = \hat{\boldsymbol{\beta}}_{KQ} \\ &\hat{\sigma}_w^2 + \hat{\boldsymbol{\beta}}' \hat{\boldsymbol{\Sigma}} \hat{\boldsymbol{\beta}}_{KQ} = \hat{\sigma}_{u,KQ}^2. \end{aligned} \tag{89}$$

Zusätzliche Bestimmungsgleichungen für diese Schätzer erhält man aus (88):

$$F(\hat{\boldsymbol{\beta}}, \hat{\sigma}_w^2, \hat{\boldsymbol{\Sigma}}) = \boldsymbol{o}. \tag{90}$$

Wenn das Gesamtsystem (89, 90) eine eindeutige Lösung $(\hat{\boldsymbol{\beta}}, \hat{\sigma}_w^2, \hat{\boldsymbol{\Sigma}})$ besitzt, dann ist diese eine konsistente Schätzung für $(\boldsymbol{\beta}, \sigma_w^2, \boldsymbol{\Sigma})$.

Kapteyn und *Wansbeek* [1984] bezeichnen sie als **"consistent adjusted least squares"-Schätzung (CALS-Schätzung)**, weil sie nach (89) durch Modifikation aus den KQ-Schätzungen hervorgeht.

Die Formulierung (14) zeigt, wie z.B. der V-Schätzer des Regressionskoeffizientenvektors $\boldsymbol{\beta}$ als CALS-Schätzung dargestellt werden kann.

Kapteyn und *Wansbeek* [1984] berechnen die asymptotische Kovarianzmatrix für $(\hat{\boldsymbol{\beta}}, \hat{\sigma}_w^2, \hat{\boldsymbol{\Sigma}})$ und gewinnen durch Spezialisierung die asymptotischen Varianzen und Kovarianzen für die in 3.3.1 und 3.3.2 diskutierten Schätzer.

3.4 Replikationen

Aus 1.4.2 ist bekannt, daß wiederholte, voneinander unabhängige Messungen einer empirischen Variablen des FV-Modells Zusatzinformationen vermitteln können, die eine konsistente Parameterschätzung ermöglichen. In 3.4.1 wird das FV-Modell mit Replikationen zunächst in seiner formalen Struktur vorgestellt und interpretiert.

In 3.4.2 zeigen wir dann, wie man über Replikationen konsistente Parameterschätzungen gewinnt. Diese Schätzer nennen wir — mit Ausnahme der ML-Schätzung — **R-Schätzer** und kennzeichnen sie mit dem Index "R". Wir beschränken uns im folgenden durchweg auf das *einfache* FV-Modell.

3.4.1 Das FV-Modell mit Replikationen (R-Modell)

a. Formale Struktur des Modells

In 1.1.1 hatten wir das einfache FV-Modell in der Grundform (1.1/1) eingeführt, die hier noch einmal wiedergegeben sei:

$$\begin{aligned} \eta_t &= \alpha + \beta\xi_t + \varepsilon_t \\ y_t &= \eta_t + w_t \qquad\qquad t = 1, \ldots, T. \\ x_t &= \xi_t + v_t \end{aligned}$$

Wir nehmen nun an, daß für die wahren Variablen ξ_t und η_t jeweils mehrere, voneinander unabhängige fehlerbehaftete Messungen, sogenannte **Replikationen** vorliegen, etwa $x_{t1}, \ldots, x_{tm_t}$ und $y_{t1}, \ldots, y_{tn_t}$. Anstelle der Grundform haben wir also jetzt die Modellgleichungen

$$\begin{aligned} \eta_t &= \alpha + \beta\xi_t + \varepsilon_t \\ y_{tj} &= \eta_t + w_{tj} \qquad\qquad t = 1, \ldots, T; \quad i = 1, \ldots, m_t; \quad j = 1, \ldots, n_t. \\ x_{ti} &= \xi_t + v_{ti} \end{aligned} \tag{1}$$

Wir nennen m_t und n_t die **Replikationszahlen** [1] für ξ_t bzw. η_t.

Ein wichtiger Spezialfall ist der, daß die Messungen in Paaren (x_{ti}, y_{ti}) anfallen. Dann ist natürlich $n_t = m_t$ und wir schreiben die Modellgleichungen in der Form

$$\begin{aligned} \eta_t &= \alpha + \beta\xi_t + \varepsilon_t \\ y_{ti} &= \eta_t + w_{ti} \qquad\qquad t = 1, \ldots, T; \quad i = 1, \ldots, m_t. \\ x_{ti} &= \xi_t + v_{ti} \end{aligned} \tag{2}$$

Für die Fehlervariablen in (1) resp. (2) mögen wieder die Annahmen (F1) — (F5) in einer dem Replikationsfall angepaßten Fassung (R1) — (R5) gelten:

(R1) Die Vektoren $(v_{t1}, \ldots, v_{tm_t}, w_{t1}, \ldots, w_{tn_t}, \varepsilon_t)$, $t = 1, \ldots, T$, sind unabhängig identisch verteilt. Gleiches gilt für die Variablen v_{ti}, $i = 1, \ldots, m_t$, sowie für die Variablen w_{tj}, $j = 1, \ldots, n_t$, mit $t = 1, \ldots, T$. Fallen die Messungen paarweise an, dann sind die Variablenpaare (v_{ti}, w_{ti}), $i = 1, \ldots, m_t$, unabhängig identisch verteilt; $t = 1, \ldots, T$.

[1] Dies mag dem allgemeinen Sprachgebrauch widersprechen, nach dem man wohl $m_t - 1$ und $n_t - 1$, die Anzahl der Wiederholungen der jeweils ersten Messung, als Replikationszahl bezeichnen würde.

(R2) $E(v_{ti}) = E(w_{tj}) = E(\varepsilon_t) = 0$

$V(v_{ti}) = \sigma_v^2,\ V(w_{tj}) = \sigma_w^2,\ V(\varepsilon_t) = \sigma_\varepsilon^2$

(R3) Der aus den insgesamt $\sum (1 + m_t + n_t)$ Fehlervariablen gebildete Vektor und der Vektor $(\xi_1, \dots, \xi_T)$ sind stochastisch unabhängig.

(R4) Der Meßfehlervektor $(v_{t1}, \dots, v_{tm_t}, w_{t1}, \dots, w_{tn_t})$ und die Variable ε_t sind stochastisch unabhängig; $t = 1, \dots, T$.

(R5) Die Vektoren $(v_{t1}, \dots, v_{tm_t})$ und $(w_{t1}, \dots, w_{tn_t})$ sind stochastisch unabhängig; $t = 1, \dots, T$.

Das durch (1) resp. (2) und (R1) — (R5) spezifizierte Modell ist das **einfache FV-Modell i.e.S. mit Replikationen**. Bei Verzicht auf (R5) hat man das **einfache FV-Modell i.w.S. mit Replikationen**. Wir sprechen kürzer vom **R-Modell** (i.e.S. oder i.w.S.).

In der Regel, wenn nicht anders vermerkt, behandeln wir das R-Modell *i.e.S.* Nur im Falle paarweise anfallender Messungen werden wir gelegentlich auch das R-Modell i.w.S. betrachten.

Zum Nachweis der Konsistenz der im folgenden darzustellenden Schätzverfahren benötigen wir erneut die in 1.2.1c eingeführte Annahme (A), welche die Existenz der Grenzmomente $M_\xi = \lim \bar{\xi}$ und $S_{\xi\xi} = \lim s_\xi^2$ m.W.1 beinhaltete.

Meist wird in der Literatur $\varepsilon \equiv 0$ angenommen. Sämtliche Fehlervariablen in (1) bzw. (2) sind dann reine Meßfehler. Gelegentlich kann aber auch der Fall $\varepsilon \not\equiv 0$ auftreten. Er ist anders als der Fall $\varepsilon \equiv 0$ zu behandeln, weil bezüglich ε_t keine Replikationen vorliegen.

Wenn die Messungen von ξ_t und η_t paarweise anfallen, kann man die zugehörigen Meßergebnisse $(x_{t1}, y_{t1}), \dots, (x_{tm_t}, y_{tm_t})$ in einem Koordinatensystem darstellen und für jedes t zu einer Gruppe (sog. „Meßgruppe") zusammenfassen. Dabei erhält man unterschiedliche Schaubilder, je nachdem ob in (2) $\varepsilon \equiv 0$ ist, oder ob dort neben reinen Meßfehlern auch "shocks" auftreten:

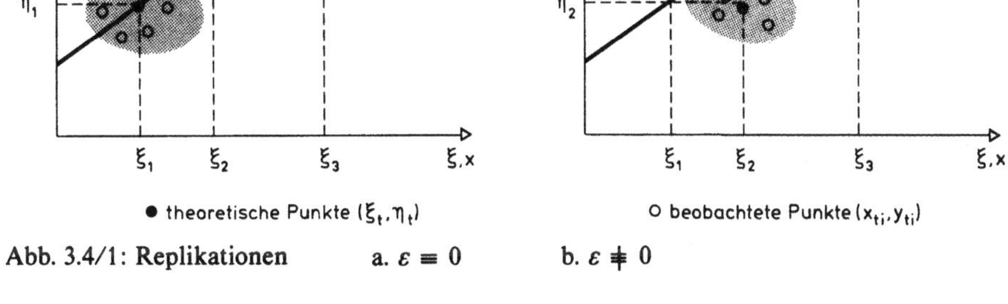

Abb. 3.4/1: Replikationen a. $\varepsilon \equiv 0$ b. $\varepsilon \not\equiv 0$

Anmerkungen:

1. Eine interessante Verallgemeinerung des R-Modells (2) mit $\varepsilon \equiv 0$ stellt die ultrastrukturelle Version des FV-Modells von *Dolby* [1976] dar. Er setzt an die Stelle von (2) die Gleichungen

$$\eta_{ti} := \alpha + \beta \xi_{ti}$$

$$y_{ti} = \eta_{ti} + w_{ti} \qquad i = 1, \ldots, m; t = 1, \ldots, T$$

$$x_{ti} = \xi_{ti} + v_{ti}$$

mit $N(0, \sigma_v^2)$ – resp. $N(0, \sigma_w^2)$ – verteilten Fehlervariablen und $N(\mu_t, \sigma_\xi^2)$ – verteilten systematischen Variablen ξ_{ti}, wobei μ_t und alle Varianzen unbekannte Parameter sind. Man erhält die verschiedensten bekannten Modelle als Spezialfälle aus diesem Modell:

– Sind alle Erwartungswerte μ_t gleich, so ergibt sich die Strukturvariante des einfachen FV-Modells (1.1/1) mit $\varepsilon \equiv 0$ und normalverteilten Modellvariablen (allerdings mit anderer Indizierung der Variablen).
– Im Falle $\sigma_\xi^2 = 0$ hat man die Funktionalvariante des Replikationsmodells (2) mit $\varepsilon \equiv 0$ und normalverteilten Fehlervariablen.
– Im Falle $\sigma_\xi^2 = 0$ und $m = 1$ resultiert die Funktionalvariante des einfachen FV-Modells (1.1/1) mit $\varepsilon \equiv 0$.

Dolby entwickelt ML-Schätzer für die Modellparameter, wobei im Falle $m = 1$ die Varianzen σ_v^2, σ_w^2 und σ_ξ^2 bis auf einen gemeinsamen Faktor vorgegeben sein müssen. Im Falle $m > 1$ können die Varianzen hingegen zusammen mit anderen Parametern geschätzt werden [vgl. auch *Patefield*, 1978 und *Morton*, 1981].

2. Ähnlich wie beim gewöhnlichen FV-Modell (ohne Replikationen) kann man den Fehler in der Gleichung ε_t dem Fehler w_{tj} in der abhängigen Variablen zuschlagen, indem man die neue Fehlervariable $\tilde{w}_{tj} := \varepsilon_t + w_{tj}$ definiert und mit $\tilde{\eta}_t := \alpha + \beta \xi_t$ das System (1) in der Form

$$\tilde{\eta}_t = \alpha + \beta \xi_t$$

$$y_{tj} = \tilde{\eta}_t + \tilde{w}_{tj} \qquad i = 1, \ldots, m_t; \quad j = 1, \ldots, n_t; \quad t = 1, \ldots, T$$

$$x_{ti} = \xi_t + v_{ti}$$

schreibt. Man beachte jedoch, daß die Variablen $\tilde{w}_{tj}, j = 1, \ldots, n_t$, im Falle $\varepsilon \not\equiv 0$ stochastisch abhängig sind, die Annahme (R1) also nicht erfüllen. Dagegen konnte im gewöhnlichen FV-Modell eine analoge Umwandlung – vgl. (1.1/4) – durchgeführt werden, ohne daß die entsprechende Modellannahme (F1) verletzt wurde.

Das obige System kann dahingehend verallgemeinert werden [*Acton*, 1955], daß man die Variable v_{ti} durch eine Variable $\tilde{v}_{ti}$ ersetzt, die sich ähnlich wie $\tilde{w}_{tj}$ in zwei voneinander unabhängige Bestandteile zerlegen läßt: $\tilde{v}_{ti} = \delta_t + v_{ti}$. Die Variablen ε_t und δ_t sind dann Fehler, die für einen Satz von Replikationen konstant bleiben, also bezüglich dieser Replikationen als systematische (additive) Fehler angesehen werden können. Jedoch variieren sie zufällig über die systematischen Wertepaare $(\xi_t, \tilde{\eta}_t)$ hinweg. Man kann mit Hilfe der Replikationen die Varianzen v_{ti} und w_{tj} schätzen, jedoch nicht die Varianzen von δ_t und ε_t. Über letztere müssen Zusatzkenntnisse vorliegen, wenn eine konsistente Schätzung der Koeffizienten α und β möglich sein soll.

3. Eine andere Verallgemeinerung betrifft die lineare Beziehung (1a). Man wird in der Praxis statt ihrer häufig auch nichtlineare Beziehungen antreffen. Die Parameter einer nichtlinearen Regression ohne Fehler in den Variablen werden gewöhnlich nach einem KQ- oder ML-Ansatz geschätzt, wobei die numerische Bestimmung der Schätzungen zumeist über ein Iterationsverfahren vorgenommen wird. *Dolby* und *Lipton* [1972] und *Dolby* und *Freeman* [1975] ziehen die Schätzung der Fehlervarianzen bei

einem nichtlinearen Modell mit Fehlern in den Variablen in das Iterationsverfahren mit ein und berechnen ML-Schätzungen für die Parameter.

Es ist bemerkenswert, daß ein nichtlineares FV-Modell im allgemeinen eine konsistente Parameterschätzung auch ohne Replikationen und ohne andere Zusatzkenntnisse zuläßt [*Kendall/Stuart*, 1979].

4. Mit Hilfe der Replikationen kann jedoch untersucht werden, ob eine lineare oder nichtlineare Beziehung vorliegt [*Acton*, 1959]. Bei Vorliegen einer linearen Beziehung und unter der Voraussetzung $\varepsilon \equiv 0$ müssen die arithmetischen Mittel $(\bar{x}_t, \bar{y}_t)$ der replizierten Daten näherungsweise auf einer Geraden liegen (vgl. Abb. 3.4/1a). Abweichungen von der Geraden sind nur meßfehlerbedingt und werden umso kleiner, je größer die Zahl der Replikationen ist. Man kann nun durch Vergleich mit den aus den Replikationen gewonnenen Schätzungen der Fehlervarianzen prüfen, ob die Abweichungen der Punkte $(\bar{x}_t, \bar{y}_t)$ von einer sie approximierenden Geraden signifikant sind oder nicht.
5. Es ließe sich auf diese Weise ebenso prüfen, ob $\varepsilon \equiv 0$ ist, denn auch $\varepsilon \not\equiv 0$ bewirkt, daß die Punkte $(\bar{x}_t, \bar{y}_t)$ nicht — auch nicht näherungsweise — auf einer Geraden zu liegen kommen (vgl. hierzu Abb. 3.4/1b).

b. Interpretation des R-Modells und Beispiel aus der Biometrie

Die übliche Interpretation des replizierten Meßverfahrens ist die, daß an ein und derselben Einheit, der ein bestimmtes festes Wertepaar (ξ_t, η_t) zukommt, mehrere unabhängige Messungen vorgenommen werden. Diese Interpretation lag der vorausgegangenen Modellbeschreibung zugrunde.

Im Falle $\varepsilon \equiv 0$ ist aber auch eine andere Interpretation möglich. Man kann sie sich etwa am Beispiel eines einfachen biologischen Wachstumsprozesses klarmachen [vgl. *Sprent*, 1966, 1969 sowie Beispiel ① in 3.3.2 f]. Zwei quantitative Merkmale x_t und y_t eines wachsenden Organismus, z.B. Dicken- und Längenzuwachs, seien im Mittel Funktionen der Zeit t, also etwa

$$E(y_t) = \psi(t), \qquad E(x_t) = \varphi(t).$$

Wir können dann auch schreiben

$$y_t = \eta_t + w_t, \qquad \eta_t = \psi(t), \qquad E(w_t) = 0$$

$$x_t = \xi_t + v_t, \qquad \xi_t = \varphi(t), \qquad E(v_t) = 0\,.$$

Nehmen wir noch an, daß $\varphi(t)$ und $\psi(t)$ linear abhängig sind, also z.B. $\psi(t) = \alpha + \beta\,\varphi(t)$, dann hat man in

$$\eta_t = \alpha + \beta\,\xi_t$$

eine lineare Beziehung in den systematischen Variablen η_t und ξ_t und insgesamt den Typus eines FV-Modells in der Funktionalvariante mit $\varepsilon \equiv 0$. Allerdings werden die Fehlervariablen v_t und w_t nicht immer den strengen Annahmen (F1) und (F2) genügen. Sie werden häufig heteroskedastisch und autokorreliert sein. Sind aber die Bedingungen (F1) und (F2) erfüllt, dann liegt ein FV-Modell i.w.S. vor. Ein FV-Modell mit Replikationen erhält man nun dadurch, daß man mehrere gleichartige — z.B. genetisch gleiche — Organismen $i = 1, \ldots, m$ mit gleichem Alter t ausmißt. Man erhält auf diese Weise die Gleichungen (2b, c). Die Fehlervariablen w_{ti} und v_{ti}

sind jetzt nicht als Meßfehler zu interpretieren, sondern als Störvariablen, die den mittleren Wachstumspfad des untersuchten Organismus überlagern. Man mag sich vorstellen, daß die Existenz dieser Störvariablen auf zufällige Umwelteinflüsse zurückzuführen ist, während die Ausprägungen der systematischen Variablen ξ_t und η_t genetisch bedingt sind. Die lineare Beziehung zwischen den systematischen Variablen ist bei dieser Sichtweise als eine Gesetzmäßigkeit zu interpretieren. Die Aufgabe des Statistikers ist es, diese Gesetzmäßigkeit mittels Replikationen und deren statistischer Analyse zu spezifizieren.

Vom Beispiel eines biologischen Wachstumsprozesses abstrahierend, könnte man sagen, daß ein R-Modell auch dann vorliegt, wenn die Replikationen nicht Messungen an derselben Einheit darstellen, sondern Messungen an verschiedenen, aber „gleichartigen" Einheiten, wobei die „Gleichartigkeit" eben darin besteht, daß diese Einheiten in den Werten gewisser sachlich relevanter, aber nicht direkt beobachtbarer Variablen (ξ und η) übereinstimmen.

3.4.2 *Konsistente Schätzung mit Replikationen (R-Schätzung)*

a. R-Schätzung der systematischen Variablen und der Meßfehlervarianzen

Replikationen führen auf zweierlei Weise zu einer Entschärfung des Schätzproblems im FV-Modell. Zum einen lassen sich mit ihrer Hilfe die Meßfehler reduzieren, zum anderen verhelfen sie zu einer Schätzung der nach der Reduktion noch verbleibenden Fehlervarianzen.

Bildet man über die Replikationen (1b, c) hinweg arithmetische Mittel der gemessenen Variablen, dann erhält man R-Schätzungen für die Werte der systematischen Variablen:

$$\begin{aligned} \hat{\eta}_{t,R} &:= \frac{1}{n_t} \sum_{j=1}^{n_t} y_{tj} =: \bar{y}_t \\ \hat{\xi}_{t,R} &:= \frac{1}{m_t} \sum_{i=1}^{m_t} x_{ti} =: \bar{x}_t. \end{aligned} \tag{3}$$

Mit zunehmender Zahl der Replikationen konvergieren diese Schätzungen stochastisch gegen die systematischen Werte:

$$\operatorname*{plim}_{n_t \to \infty} \bar{y}_t = \eta_t, \qquad \operatorname*{plim}_{m_t \to \infty} \bar{x}_t = \xi_t. \tag{4}$$

In diesem Sinne gewinnt man aus den Replikationen Informationen über die systematischen Variablen.

Darüber hinaus lassen sich mit Hilfe der Replikationen die gemeinsame Varianz σ_w^2 der Meßfehler w_{tj} und die gemeinsame Varianz σ_v^2 der Meßfehler v_{ti} durch

$$\hat{\sigma}^2_{w,R} := \frac{1}{N-T} \sum_{t=1}^{T} \sum_{j=1}^{n_t} (y_{tj} - \bar{y}_t)^2, \qquad N := \sum_{t=1}^{T} n_t$$
$$\hat{\sigma}^2_{v,R} := \frac{1}{M-T} \sum_{t=1}^{T} \sum_{i=1}^{m_t} (x_{ti} - \bar{x}_t)^2, \qquad M := \sum_{t=1}^{T} m_t \tag{5}$$

schätzen. Die Divisoren $M - T$ und $N - T$ in (5) repräsentieren die Anzahl der Freiheitsgrade des jeweiligen quadratischen Ausdrucks. Man dividiert durch diese und nicht etwa durch die Gesamtzahl M resp. N der Beobachtungen, um Erwartungstreue der R-Schätzer (5) zu erreichen:

$$E(\hat{\sigma}^2_{w,R}) = \sigma^2_w, \qquad E(\hat{\sigma}^2_{v,R}) = \sigma^2_v. \tag{6}$$

Die R-Schätzer (5) sind nicht nur erwartungstreu, sondern darüber hinaus auch konsistent bezüglich einer Vermehrung der Zahl der Freiheitsgrade:

$$\operatorname*{plim}_{N-T\to\infty} \hat{\sigma}^2_{w,R} = \sigma^2_w, \qquad \operatorname*{plim}_{M-T\to\infty} \hat{\sigma}^2_{v,R} = \sigma^2_v. \tag{7}$$

Für die Gültigkeit von (7) ist es unerheblich, wodurch es bedingt ist, daß $M - T$ resp. $N - T$ gegen Unendlich streben. Die Aussage (7) umfaßt daher insbesondere die Möglichkeit, daß die Anzahl m_t und n_t der Messungen ξ_t resp. η_t bei festem T für ein oder mehrere t gegen Unendlich strebt wie auch den Fall, daß T bei beschränkt bleibenden m_t und n_t gegen Unendlich geht.

Daß man sämtliche Daten y_{tj} und x_{ti} aus (1b, c) zu jeweils einer Schätzung von σ^2_w resp. σ^2_v zusammenfassen kann, liegt natürlich an der Modellannahme (R2), derzufolge alle Meßfehlervariablen w_{tj} resp. v_{ti} die gleiche Varianz besitzen. Bei Heteroskedastie ist (5) zu modifizieren (s. Anmerkung 2 am Ende dieses Abschnitts).

Die R-Schätzungen (3) und (5) sind von zentraler Bedeutung für die nachfolgende Ableitung von R-Schätzungen für die übrigen Parameter α, β und σ^2_ε. Die Schätzungen (3) für die Werte der systematischen Variablen verwenden wir, um zu einem Modell mit verkleinerten Fehlervarianzen überzugehen, die Schätzungen (5) der Fehlervarianzen, um die Schätzmethoden des Abschnitts 3.3 heranziehen zu können. Wir bilden zunächst in (1b, c) arithmetische Mittel über die Replikationen und erhalten aus (1) das System

$$\begin{aligned} \eta_t &= \alpha + \beta\xi_t + \varepsilon_t \\ \bar{y}_t &= \eta_t + \bar{w}_t \qquad\qquad t = 1, \dots, T \\ \bar{x}_t &= \xi_t + \bar{v}_t \end{aligned} \tag{8}$$

mit den aus (R1) und (R2) folgenden Erwartungswerten und Varianzen

$$\begin{aligned} &E(\bar{v}_t) = E(\bar{w}_t) = 0 \\ &V(\bar{v}_t) = \frac{\sigma^2_v}{m_t}, \qquad V(\bar{w}_t) = \frac{\sigma^2_w}{n_t} \end{aligned} \qquad t = 1, \dots, T. \tag{9}$$

Offensichtlich stellt (8) ein FV-Modell dar. Wir bezeichnen es als das zum ursprünglichen R-Modell (1) gehörige **aggregierte FV-Modell.** Letzteres ist kein R-Modell mehr.

Im allgemeinen sind freilich die Fehlervariablen $\bar{w}_t$ und $\bar{v}_t$ des aggregierten FV-Modells nicht homoskedastisch. Sie sind es nur dann, wenn $m_1, m_2, \ldots, m_T$ und $n_1, n_2, \ldots, n_T$ jeweils übereinstimmen, d.h. falls

$$\begin{aligned} m_1 &= m_2 = \ldots = m_T =: m \\ n_1 &= n_2 = \ldots = n_T =: n \end{aligned} \tag{10}$$

Bei Gültigkeit von (10) haben wir für die Fehlervarianzen anstelle von (9b)

$$V(\bar{v}_t) = \frac{\sigma_v^2}{m}, \qquad V(\bar{w}_t) = \frac{\sigma_w^2}{n} \qquad t = 1, \ldots, T. \tag{11}$$

Die Schätzung der Parameter α, β und σ_ε^2 erfolgt im aggregierten FV-Modell (8). Dabei sind unterschiedliche Wege einzuschlagen, je nachdem, ob in (1) $\varepsilon_t \equiv 0$ ist oder nicht. Wir erörtern in 3.4.2b zunächst den Fall $\varepsilon_t \not\equiv 0$.

A 3.4/1

Gegeben sei das Modell (2) mit den Annahmen (R1) – (R4), d.h. das R-Modell *i.w.S.* mit paarweiser Messung der systematischen Variablen.

a. Wie kann bei diesem Modell die Meßfehlerkovarianz σ_{vw} analog zu (5) geschätzt werden?
b. Durch welche Gleichungen ist das zugehörige aggregierte FV-Modell zu beschreiben?

Anmerkungen:

1. Wenn neben den Replikationen noch Zusatzkenntnisse über die Fehlervarianzen wie in 3.3 vorliegen, sollten diese zur Schätzung von α und β mit herangezogen werden. *Nußbaum* [1977] zeigt, daß es optimal ist, bekannte Fehlervarianzen wie in 3.3.2 einzusetzen, allerdings nachdem das Modell vorher zu (8) aggregiert worden ist [vgl. auch *Villegas*, 1961].

   Ein Beispiel für die Regressionskoeffizientenschätzung mit Replikationen und Zusatzinformationen über die Meßfehlervarianzen wurde in 3.3.2f vorgestellt (s. dort Beispiel ②).
2. Ähnlich wie beim gewöhnlichen FV-Modell (vgl. 3.3.2e und Anmerkung 3 am Ende von 3.3.2d) sind für den Replikationsfall Verallgemeinerungen nach verschiedenen Richtungen vorgenommen worden. Insbesondere wurde *Sprents* [1966] Modell mit allgemeiner Fehlerkovarianzmatrix (Heteroskedastie und Autokorrelation) von *Dolby* und *Lipton* [1972] sowie *Dolby* und *Freeman* [1975] auf den Replikationsfall übertragen. Liegt nur Heteroskedastie vor, dann lassen sich leicht R-Schätzungen der zu einem systematischen Wertepaar (ξ_t, η_t) gehörigen Fehlervarianzen $V(v_t) =: \sigma_{v_t}^2$ und $V(w_t) =: \sigma_{w_t}^2$ angeben:

$$\hat{\sigma}_{w_t,R}^2 = \frac{1}{n_t - 1} \sum_{j=1}^{n_t} (y_{tj} - \bar{y}_t)^2, \qquad \hat{\sigma}_{v_t,R}^2 = \frac{1}{m_t - 1} \sum_{i=1}^{m_t} (x_{ti} - \bar{x}_t)^2$$

Diese Schätzungen treten an die Stelle von (5) und mit ihrer Hilfe gelingt eine Schätzung von α und β nach dem in 3.3.2e angedeuteten Verfahren. Freilich sind dies nicht – wie in 3.3.2e – die ML-Schätzungen. ML-Schätzungen sämtlicher Parameter gewinnt man über ein iteratives Verfahren, das auf dem Newton-Raphson-Ansatz beruht.

Villegas [1961] behandelt ein Modell der Versuchsplanung und zeigt, daß dort auf natürliche Weise ein FV-Modell mit allgemeinerer Fehlerkovarianzmatrix ensteht, derart, daß z.B. v_{ti} und $v_{t'i}$ korreliert sind und außerdem verschiedene Varianzen haben.

3. Ein weiteres Beispiel für Heteroskedastie und vor allem für Autokorrelation stellt der in 3.4.1b vorgestellte biologische Wachstumsprozeß dar. Dort wurden für jeden Organismus i ($i = 1, \ldots, m$) zum Zeitpunkt t je eine Messung x_{ti} und y_{ti} vorgenommen. Die „Fehler" v_{ti} bzw. w_{ti} sind dann für jedes i über $t = 1, \ldots, T$ miteinander korreliert (autokorreliert) und evtl. auch heteroskedastisch.

b. R-Schätzung der übrigen Parameter im Fall $\varepsilon \neq 0$ bei konstanter Replikationszahl

Wir setzen jetzt voraus, daß (10) erfüllt ist (konstante Replikationszahl für ξ resp. η). Dann stellt das aggregierte FV-Modell (8) ein homoskedastisches FV-Modell dar mit den Fehlervarianzen (11). Wäre σ_v^2 bekannt, dann wäre auch $\sigma_{\bar{v}}^2 := V(\bar{v}_t)$ bekannt und β könnte aus (8) nach der V-Methode gemäß (3.3/4) durch

$$\hat{\beta}_V = \frac{s_{\bar{x}\bar{y}}}{s_{\bar{x}}^2 - \sigma_{\bar{v}}^2} \tag{12}$$

geschätzt werden, wobei die empirischen Momente $s_{\bar{x}\bar{y}}$, $s_{\bar{x}}^2$ und das im folgenden ebenfalls verwendete Moment $s_{\bar{y}}^2$ in der üblichen Weise zu definieren sind:

$$s_{\bar{x}}^2 := \frac{1}{T}\Sigma(\bar{x}_t - \bar{x})^2, \qquad s_{\bar{y}}^2 := \frac{1}{T}\Sigma(\bar{y}_t - \bar{y})^2,$$

$$s_{\bar{x}\bar{y}} := \frac{1}{T}\Sigma(\bar{x}_t - \bar{x})(\bar{y}_t - \bar{y}), \tag{13}$$

$$\bar{x} := \frac{1}{T}\Sigma\,\bar{x}_t, \qquad \bar{y} := \frac{1}{T}\Sigma\,\bar{y}_t.$$

Die Momente $s_{\bar{x}}^2$, $s_{\bar{y}}^2$ und $s_{\bar{x}\bar{y}}$ sind die sogenannten externen Varianzen und Kovarianzen für den Fall gleicher Replikationszahlen. Sie werden später in (26) für den Fall unterschiedlicher Replikationszahlen allgemeiner definiert.

Nun ist zwar σ_v^2 und damit auch $\sigma_{\bar{v}}^2$ nicht bekannt, so daß die reine V-Schätzung (12) nicht anwendbar ist. Die Varianz σ_v^2 kann aber mittels (5b) konsistent geschätzt werden, woraus sich für $\sigma_{\bar{v}}^2$ die konsistente Schätzung $\hat{\sigma}_{\bar{v},R}^2 := \hat{\sigma}_{v,R}^2/m$ gewinnen läßt. Wenn man diese anstelle von $\sigma_{\bar{v}}^2$ in (12) einsetzt, erhält man die gesuchte R-Schätzung in Form einer **$\hat{\mathbf{V}}$-Schätzung** (vgl. hierzu die Anmerkung am Ende von 3.3.1a), angewandt auf das aggregierte FV-Modell (8). Wir kennzeichnen solche, auf der V-Methode und auf Replikationen basierende Schätzungen mit dem Doppelindex "*VR*":

$$\hat{\beta}_{VR} := \frac{s_{\bar{x}\bar{y}}}{s_{\bar{x}}^2 - \hat{\sigma}_{v,R}^2/m} \tag{14}$$

Die R-Schätzung (14) ist also konsistent mit $T \to \infty$. Dabei ist es gleichgültig, ob m mit $T \to \infty$ ebenfalls unbeschränkt zunimmt oder konstant bleibt. Wenn aber mit $T \to \infty$ auch $m \to \infty$ geht, dann ist neben (14) sogar der auf das aggregierte FV-Modell (8) angewandte gewöhnliche KQ-Schätzer $\hat{\beta}_{KQR} = s_{\bar{x}\bar{y}}/s_{\bar{x}}^2$ konsistent. Die beiden Schätzungen unterscheiden sich ja nur um den Term $\hat{\sigma}_{v,R}^2/m$, der mit $m \to \infty$ gegen Null strebt.

Mit der konsistenten Schätzung (14) für β haben wir auch sofort in

$$\hat{\alpha}_{VR} := \bar{y} - \hat{\beta}_{VR}\,\bar{x} \tag{15}$$

eine konsistente Schätzung für den Regressionsparameter α.

Schließlich leiten wir noch eine konsistente Schätzung für σ_ε^2 ab. Die Varianzen $\sigma_{\bar{w}}^2 = \sigma_w^2/n$ und $\sigma_{\bar{\bar{w}}}^2$ der Fehlervariablen $\bar{w}_t$ und $\bar{\bar{w}}_t := \bar{w}_t + \varepsilon_t$ genügen wegen (R4) der Beziehung

$$\sigma_\varepsilon^2 = \sigma_{\bar{\bar{w}}}^2 - \sigma_{\bar{w}}^2. \tag{16}$$

Die Varianzen $\sigma_{\bar{w}}^2$ und $\sigma_{\bar{\bar{w}}}^2$ lassen sich bez. T konsistent schätzen durch

$$\hat{\sigma}_{\bar{\bar{w}},VR}^2 := s_{\bar{y}}^2 - \hat{\beta}_{VR}\,s_{\bar{x}\bar{y}}, \qquad \hat{\sigma}_{\bar{w},R}^2 := \frac{\hat{\sigma}_{w,R}^2}{n}, \tag{17}$$

(vgl. A 3.3/1 und (7)), so daß man in

$$\hat{\sigma}_{\varepsilon,VR}^2 := \hat{\sigma}_{\bar{\bar{w}},VR}^2 - \hat{\sigma}_{\bar{w},R}^2 \tag{18}$$

eine konsistente Schätzung für σ_ε^2 hat.

A 3.4/2

Geben Sie für das in A 3.4/1 zugrunde gelegte R-Modell (2) unter der Annahme (10) eine zu (14) analoge konsistente Schätzung von β an.

Hinweis: Modifizieren Sie (3.3/10a).

c. R-Schätzung der Regressionskoeffizienten im Fall $\varepsilon \equiv 0$ bei konstanter Replikationszahl

Falls in (1) nur reine Meßfehler auftreten ($\varepsilon \equiv 0$), fehlen uns lediglich noch Schätzungen für die Regressionskoeffizienten α und β. Für die Parameter σ_w^2 und σ_v^2 hatten wir ja mit (5) bereits Schätzungen gefunden, die sowohl im Falle $\varepsilon \not\equiv 0$ wie auch im Falle $\varepsilon \equiv 0$ erwartungstreu und konsistent sind.

Bei der Ableitung konsistenter Schätzungen für α und β im Falle $\varepsilon \equiv 0$, gehen wir wieder vom aggregierten FV-Modell (8) aus. Außerdem treffen wir erneut die Annahme (10).

Wären die Fehlervarianzen σ_w^2 und σ_v^2 des Modells (1) vollständig bekannt, dann wären auch die Varianzen $\sigma_{\bar{w}}^2$ und $\sigma_{\bar{v}}^2$ des aggregierten Modells (8) bekannt und man könnte den Regressionskoeffizienten β in (8) sowohl nach der V-Methode gemäß (12) als auch nach der P-Methode (3.3/30), d.h. durch

$$\hat{\beta}_P = \frac{1}{2\, s_{\bar{x}\bar{y}}} \left[(s^2_{\bar{y}} - \bar{\lambda}\, s^2_{\bar{x}}) + \sqrt{4\, \bar{\lambda}\, s^2_{\bar{x}\bar{y}} + (s^2_{\bar{y}} - \bar{\lambda}\, s^2_{\bar{x}})^2} \right]$$
$$\bar{\lambda} := \frac{\sigma^2_{\bar{w}}}{\sigma^2_{\bar{v}}} \tag{19}$$

schätzen. Die Varianzen σ^2_w und σ^2_v und damit auch $\sigma^2_{\bar{w}}$ und $\sigma^2_{\bar{v}}$ sind aber nicht exakt bekannt; man verfügt nicht einmal über die schwächere Information der genauen Kenntnis des Varianzquotienten $\bar{\lambda}$. Daher ist weder die reine V-Schätzung (12) noch die reine P-Schätzung (19) anwendbar. Die Varianzen σ^2_w und σ^2_v können aber mittels (5) konsistent geschätzt werden, woraus sich für $\bar{\lambda}$ die konsistente Schätzung $\hat{\bar{\lambda}}_R := \hat{\sigma}^2_{\bar{w},R} / \hat{\sigma}^2_{\bar{v},R}$ ableiten läßt mit $\hat{\sigma}^2_{\bar{w},R} := \hat{\sigma}^2_{w,R}/n$ und $\hat{\sigma}^2_{\bar{v},R} = \hat{\sigma}^2_{v,R}/m$. Wenn man $\hat{\bar{\lambda}}_R$ anstelle von $\bar{\lambda}$ in (19) einsetzt, erhält man eine R-Schätzung in Form einer **$\hat{\text{P}}$-Schätzung** (vgl. hierzu die Anmerkung am Ende von 3.3.2a), angewandt auf das aggregierte FV-Modell (8). Wir kennzeichnen solche, auf der P-Methode und auf Replikationen beruhende Schätzungen mit dem Doppelindex "*PR*":

$$\hat{\beta}_{PR} := \frac{1}{2\, s_{\bar{x}\bar{y}}} \left[(s^2_{\bar{y}} - \hat{\bar{\lambda}}_R\, s^2_{\bar{x}}) + \sqrt{4\, \hat{\bar{\lambda}}_R\, s^2_{\bar{x}\bar{y}} + (s^2_{\bar{y}} - \hat{\bar{\lambda}}_R\, s^2_{\bar{x}})^2} \right]$$
$$\hat{\bar{\lambda}}_R := \frac{\hat{\sigma}^2_{\bar{w},R}}{\hat{\sigma}^2_{\bar{v},R}} = \frac{\hat{\sigma}^2_{w,R}/n}{\hat{\sigma}^2_{v,R}/m}\,. \tag{20}$$

Mit (20) haben wir dann analog zu (15) in

$$\hat{\alpha}_{PR} := \bar{y} - \hat{\beta}_{PR}\, \bar{x} \tag{21}$$

auch eine PR-Schätzung für α.

Die Schätzungen (20, 21) sind konsistent für $T \to \infty$, weil sowohl die reine P-Schätzung (19) als auch die R-Schätzungen (5) diese Eigenschaft besitzen (vgl. die Anmerkung zu 3.3.2a sowie A 3.3/1).

Die PR-Schätzungen (20, 21) von β und α sind auch dann konsistent, wenn m und n gleichzeitig gegen unendlich gehen, ohne daß T gegen unendlich gehen muß, sofern nur $T \geq 2$ ist. Dasselbe gilt in diesem Falle für die auf das aggregierte FV-Modell (8) angewandten gewöhnlichen KQ-Schätzungen

$$\hat{\beta}_{KQR} = \frac{s_{\bar{x}\bar{y}}}{s^2_{\bar{x}}} \tag{22}$$

$$\hat{\alpha}_{KQR} = \bar{y} - \hat{\beta}_{KQR}\, \bar{x} \tag{23}$$

Der Grund für die Konsistenz der Schätzungen (22, 23) liegt darin, daß die Fehlervarianzen (11) mit $m \to \infty$ und $n \to \infty$ gegen Null streben. Da außerdem $\varepsilon \equiv 0$ vorausgesetzt wurde, konvergiert das aggregierte FV-Modell (8) mit $m \to \infty$ und $n \to \infty$ gegen ein Regressionsmodell, das weder Fehler in den Variablen ("errors") noch Fehler in der Gleichung ("shocks") besitzt. Für ein solches Modell genügen aber schon zwei Beobachtungspaare, um β und α sowohl nach der KQ-Methode wie nach der P-Methode — mit beliebigem Varianzquotienten λ — exakt bestimmen können.

Anstelle der PR-Schätzung (20) kann zur Schätzung von β natürlich auch die VR-Schätzung (14) herangezogen werden. Letztere ist einfacher zu berechnen, nutzt jedoch die verfügbare Information (5) nur in geringerem Maße aus.

d. R-Schätzung der Regressionskoeffizienten im Fall $\varepsilon \equiv 0$ bei in Paaren anfallenden Beobachtungen

Wie im vorausgegangenen Abschnitt 3.4.2c setzen wir voraus, daß $\varepsilon \equiv 0$ ist, d.h., es mögen nur Beobachtungsfehler vorliegen. Außerdem gehen wir jetzt vom R-Modell (2) aus, bei dem die Messungen von ξ_t und η_t für $t = 1, \ldots, T$ jeweils in Paaren $(x_{t1}, y_{t1}), \ldots, (x_{tm_t}, y_{tm_t})$ anfallen.

Auf die Annahme (10) wollen wir nunmehr aber verzichten, d.h. die Beobachtungshäufigkeiten m_t dürfen für jedes t unterschiedlich sein. Das zugehörige aggregierte FV-Modell (8) weist dann gemäß (9b) Heteroskedastie in den Fehlervariablen $\bar{v}$ und $\bar{w}$ auf. Es gilt mit $\lambda = \sigma_w^2 / \sigma_v^2$ die Proportionalitätsbeziehung

$$V(\bar{w}_t) = \frac{\sigma_w^2}{m_t} = \lambda \frac{\sigma_v^2}{m_t} = \lambda\, V(\bar{v}_t); \qquad t = 1, \ldots, T. \tag{24}$$

In 3.3.2e hatten wir für die Regressionskoeffizienten eines FV-Modells (ohne Replikationen) mit heteroskedastischen Fehlervariablen w und v unter der Zusatzannahme $\sigma_{w_t}^2 = \lambda \sigma_{v_t}^2 =: \lambda \sigma_t^2$ in (3.3/81, 82) und (3.3/75, 79) ein konsistentes Schätzverfahren gefunden, das auf der Anwendung des ML-Prinzips beruhte. Um dieses Verfahren auf das aggregierte FV-Modell (8) zu übertragen, ersetzen wir in 3.3.2e x_t, y_t und σ_t^2 durch $\bar{x}_t$, $\bar{y}_t$ und $V(\bar{v}_t)$. [1)] Außerdem verwenden wir anstelle des nicht exakt bekannten Varianzquotienten λ den Schätzwert $\hat{\sigma}_{w,R}^2 / \hat{\sigma}_{v,R}^2$, wobei $\hat{\sigma}_{w,R}^2$ und $\hat{\sigma}_{v,R}^2$ durch (5) gegeben sind. Man erhält dann aus (3.3/81) bei Beachtung der Proportionalität $V(\bar{v}_t) \propto m_t^{-1}$ eine zu (20) analoge Schätzung, die wir ebenfalls mit $\hat{\beta}_{PR}$ bezeichnen:

$$\begin{aligned} \hat{\beta}_{PR} &:= \frac{1}{2\, \bar{s}_{\bar{x}\bar{y}}} \left[(\bar{s}_{\bar{y}}^2 - \lambda_R\, \bar{s}_{\bar{x}}^2) + \sqrt{4\, \hat{\lambda}_R\, \bar{s}_{\bar{x}\bar{y}}^2 + (\bar{s}_{\bar{y}}^2 - \hat{\lambda}_R\, \bar{s}_{\bar{x}}^2)^2} \right] \\ \hat{\lambda}_R &:= \frac{\hat{\sigma}_{w,R}^2}{\hat{\sigma}_{v,R}^2} \end{aligned} \tag{25}$$

mit den externen Varianzen und Kovarianzen

---

1) Vor allem wegen dieser Ersetzung sind die resultierenden Schätzungen für α und β keine ML-Schätzungen mehr.

$$\bar{s}_{\bar{x}}^2 := \frac{1}{M}\Sigma\, m_t\, (\bar{x}_t - \bar{x})^2, \qquad \bar{s}_{\bar{y}}^2 := \frac{1}{M}\Sigma\, m_t\, (\bar{y}_t - \bar{y})^2,$$

$$\bar{s}_{\bar{x}\bar{y}} := \frac{1}{M}\Sigma\, m_t\, (\bar{x}_t - \bar{x})\, (\bar{y}_t - \bar{y}), \tag{26}$$

$$\bar{x} := \frac{1}{M}\Sigma\, m_t\, \bar{x}_t, \qquad \bar{y} := \frac{1}{M}\Sigma\, m_t\, \bar{y}_t.$$

Man beachte, daß die externen Varianzen und Kovarianzen (26a, b) im Gegensatz zu (13) jetzt als gewogene Momente berechnet werden. Bei gleichen Gewichten, d.h. bei Gültigkeit von (10a), geht (26) in (13) und die Schätzung (25) in (20) über.

Mit (25) und (26c) hat man für α die Schätzung

$$\hat{\alpha}_{PR} := \bar{y} - \hat{\beta}_{PR}\, \bar{x}. \tag{27}$$

Die Schätzer (25, 27) sind konsistent, wenn lim $\bar{\xi}$ und lim $\bar{s}_{\bar{\xi}}^2 > 0$ existieren, wobei $\bar{s}_{\bar{\xi}}^2$ analog zu (26a) definiert ist. Wir verzichten hier auf den Beweis.

Bei paarweise anfallenden Beobachtungen (x_{ti}, y_{ti}) wird es häufiger vorkommen, daß die Meßfehler (v_{ti}, w_{ti}) korreliert sind (R-Modell i.w.S.). Ihre Kovarianz σ_{vw} wird gemäß L 3.4/1a geschätzt. In diesem Falle ist anstelle von (25) die folgende, in Analogie zu (3.3/38) gebildete Schätzformel zu verwenden:

$$\hat{\beta}_{PR} = \frac{1}{2\,\bar{a}}\left(\bar{c} + \sqrt{4\,\bar{a}\,\bar{b} + \bar{c}^2}\right)$$

$$\bar{a} := \bar{s}_{\bar{x}\bar{y}} - \varkappa_R\, \bar{s}_{\bar{x}}^2, \qquad \bar{b} := \hat{\lambda}_R\, \bar{s}_{\bar{x}\bar{y}} - \varkappa_R\, \bar{s}_{\bar{y}}^2, \qquad \bar{c} := \bar{s}_{\bar{y}}^2 - \hat{\lambda}_R\, \bar{s}_{\bar{x}}^2 \tag{28}$$

mit $\varkappa_R := \hat{\sigma}_{vw,R} / \hat{\sigma}_{v,R}^2$ und $\hat{\lambda}_R$ wie in (25).

e. ML-Schätzung im Falle $\varepsilon \equiv 0$ bei in Paaren anfallenden Beobachtungen

Wir gehen wieder wie im vorigen Abschnitt 3.4.2d von dem speziellen R-Modell *i.e.S.* (2) mit $\varepsilon_t \equiv 0$ aus. Außerdem nehmen wir an, daß die Fehlervariablen v_{ti} und w_{ti} gemeinsam normalverteilt sind. Schließlich legen wir jetzt die Funktionalvariante zugrunde, d.h., die ξ_t werden als nichtstochastisch spezifiziert (Annahme (FV)). Für dieses Modell wollen wir die ML-Schätzungen für die Parameter α, β, σ_v^2, σ_w^2 und ξ_t entwickeln [vgl. *Villegas*, 1961 und *Barnett*, 1970].

In erster Linie interessiert uns der ML-Schätzer $\hat{\beta}_{ML}$ für β. Der Schätzer (25), den wir für das hier betrachtete Modell abgeleitet hatten, ist zwar verhältnismäßig einfach konstruiert und sicher auch für die meisten praktischen Fälle vollkommen ausreichend. Er ist aber nicht optimal, weil er die im Modell gegebene Information nicht voll ausnutzt. Er beruht über (25b) und (5) auf der in (3) formulierten Schätzung der Werte der systematischen Variablen ξ_t und η_t. Gemäß (3) werden diese Schätzungen allein aus den Replikationen gewonnen. Die Modellbeziehung (2a), die im Falle $\varepsilon_t \equiv 0$ eine zusätzliche Bindung zwischen den ξ_t und η_t darstellt, wurde nicht ausgenutzt, und eben deshalb verarbeitet der Schätzer (25) auch nicht die volle Information des Modells.

Anders der ML-Schätzer. Er beruht auf der Likelihoodfunktion und diese voll und ganz auf dem Modell (2). Es ist daher zu erwarten, daß der ML-Schätzer die gegebene Information restlos ausschöpft und folglich zu besseren Ergebnissen führt als (25). Ähnliche Erwartungen darf man bez. der ML-Schätzungen der anderen Parameter hegen.

Die logarithmierte Likelihoodfuntion kann bei Beachtung von $\varepsilon_t \equiv 0$ und der vorausgesetzten Normalverteilung für die Meßfehler aus (2) abgeleitet werden ($t = 1, \ldots, T$; $i = 1, \ldots, m_t$). Man erhält

$$\log L(\alpha, \beta, \sigma_v^2, \sigma_w^2, \xi_1, \ldots, \xi_T | \{(x_{ti}, y_{ti})\}) \\ = c - \frac{M}{2}(\log \sigma_v^2 + \log \sigma_w^2) - \frac{1}{2} \sum_t \sum_i \left[\frac{(x_{ti} - \xi_t)^2}{\sigma_v^2} + \frac{(y_{ti} - \alpha - \beta \xi_t)^2}{\sigma_w^2}\right] \tag{29}$$

mit $M = \sum m_t$ und einer für die Maximierung belanglosen Konstanten c.

Die partielle Maximierung bezüglich σ_v^2 und σ_w^2 bei gegebenen Werten der restlichen Parameter liefert die ML-Schätzungen

$$\hat{\sigma}^2_{v, ML} = \frac{1}{M} \sum_t \sum_i (x_{ti} - \hat{\xi}_{t, ML})^2 \\ \hat{\sigma}^2_{w, ML} = \frac{1}{M} \sum_t \sum_i (y_{ti} - \hat{\alpha}_{ML} - \hat{\beta}_{ML} \hat{\xi}_{t, ML})^2 \tag{30}$$

Die in (30) eingehenden ML-Schätzungen von α, β und ξ_t gewinnt man, wenn man umgekehrt σ_v^2 und σ_w^2 vorgibt und die logarithmierte Likelihoodfunktion (29) bezüglich α, β und $\xi_1, \ldots, \xi_T$ maximiert. Es liegt dann eine ähnliche Situation vor wie in 3.3.2e. Die Analogie fällt stärker ins Auge, wenn wir in (29) zunächst die Summen gemäß den Regeln der Varianzanalyse in der nachstehenden Weise zerlegen:

$$\sum_t \sum_i (x_{ti} - \xi_t)^2 = \sum_t \sum_i (x_{ti} - \bar{x}_t)^2 + \sum_t m_t (\bar{x}_t - \xi_t)^2$$

$$\sum_t \sum_i (y_{ti} - \alpha - \beta \xi_t)^2 = \sum_t \sum_i (y_{ti} - \bar{y}_t)^2 + \sum_t m_t (\bar{y}_t - \alpha - \beta \xi_t)^2.$$

Beachtet man, daß die Doppelsummen auf der rechten Seite nicht von den Parametern α, β, $\xi_1, \ldots, \xi_T$ abhängen und daher ebenso wie der zweite Term in (29) der Konstanten c zugeschlagen werden dürfen, dann kann (29) wie folgt umgeschrieben werden:

$$\log L = c' - \frac{1}{2}\left[\frac{1}{\sigma_v^2} \sum m_t (\bar{x}_t - \xi_t)^2 + \frac{1}{\sigma_w^2} \sum m_t (\bar{y}_t - \alpha - \beta \xi_t)^2\right] \tag{31}$$

mit einer neuen Konstanten c'. Die Maximierung dieses Ausdrucks bezüglich der ξ_t, α und β wird nun ganz ähnlich durchgeführt wie die Minimierung von (3.3/72) – man setze dort $x_t = \bar{x}_t$, $y_t = \bar{y}_t$, $\sigma^2_{v_t} = \sigma^2_v / m_t$ und $\sigma^2_{w_t} = \sigma^2_w / m_t$. Die ML-Schätzer für ξ_t errechnet man aus (vgl. (3.3/44))

$$(\bar{x}_t - \hat{\xi}_{t,ML})\,\hat{\sigma}^2_{w,ML} + (\bar{y}_t - \hat{\alpha}_{ML} - \hat{\beta}_{ML}\hat{\xi}_{t,ML})\,\hat{\beta}_{ML}\,\hat{\sigma}^2_{v,ML} = 0. \tag{32}$$

Für die ML-Schätzungen von α und β erhält man analog zu (3.3/75, 81)

$$\begin{aligned}\hat{\beta}_{ML} &= \frac{1}{2\,\bar{s}_{xy}}\left[(\bar{s}^2_y - \hat{\lambda}_{ML}\bar{s}^2_x) + \sqrt{4\hat{\lambda}_{ML}\bar{s}^2_{xy} + (\bar{s}^2_y - \hat{\lambda}_{ML}\bar{s}^2_x)^2}\right]\\ \hat{\lambda}_{ML} &:= \frac{\hat{\sigma}^2_{w,ML}}{\hat{\sigma}^2_{v,ML}}\end{aligned} \tag{33}$$

$$\hat{\alpha}_{ML} = \bar{y} - \hat{\beta}_{ML}\,\bar{x}, \tag{34}$$

wobei $\bar{s}^2_x$, $\bar{s}^2_y$, $\bar{s}_{xy}$, $\bar{x}$ und $\bar{y}$ wieder durch (26) definiert sind.

Durch (30) und (32) – (34) ist ein System von Bestimmungsgleichungen für die ML-Schätzungen der Modellparameter α, β, σ^2_v, σ^2_w und $\xi_1, \ldots, \xi_T$ gegeben. Es wird zweckmäßigerweise iterativ gelöst und zwar in der Reihenfolge (30) → (33) → (34) → (32) → (30) ..., beginnend mit dem Anfangswert $\hat{\xi}_t = \bar{x}_t$.

Der Vergleich der ML-Schätzungen (30) für die Meßfehlervarianzen und der impliziten ML-Schätzungen (32) für $\xi_1, \ldots, \xi_T$ mit den entsprechenden R-Schätzungen (5) und (3b) zeigt, daß das ML-Prinzip bei der hier zugrundegelegten Modellspezifikation zu anderen Schätzergebnissen führt als das Prinzip der R-Schätzung. Auch die ML-Schätzungen (33, 34) für die Regressionskoeffizienten sind verschieden von den R-Schätzungen (25, 27).

Anmerkungen:

1. *Villegas* [1961] konnte zeigen, daß in einem R-Modell *i.w.S.* sich zwar die ML-Schätzungen der ξ_i, σ^2_v, σ^2_w und σ_{vw} von den Replikationsschätzungen unterscheiden, aber erstaunlicherweise die Schätzformeln für α und β nach beiden Prinzipien zum gleichen Ergebnis führen.

   Eine ähnliche Situation liegt bei dem in 1.5.1d eingeführten FVE-Modell (FV-Einflußgrößen-Modell) vor. In 3.5.2g wird für den multiplen Fall gezeigt, daß der ML-Schätzer für den Parametervektor β im Falle eines FV-Modells *i.w.S.* mit normalverteilten Fehlervariablen mit dem $\hat{\mathrm{P}}$-Schätzer übereinstimmt. Da sich die gerade betrachtete Variante des Replikationsmodells dem allgemeineren FVE-Modell unterordnen läßt (s. 3.5.2h), ist damit auch Villegas Resultat bewiesen.

   Im übrigen findet man die ML-Schätzung im R-Modell in der Funktionalvariante schon bei *Anderson* [1951] abgehandelt. Bezüglich des multivariaten R-Modells vgl. auch *Nussbaum* [1976], *Healy* [1980] und *Isogawa* [1984].
2. Wir haben die ML-Schätzmethode nur für die Funktionalvariante des R-Modells *i.e.S.* dargestellt. Bei der Strukturvariante sind die ξ_t unabhängig identisch verteilte Zufallsvariablen. Für den Fall, daß sie darüber hinaus ebenso wie die Fehlervariablen normalverteilt sind und daß $n_t = m_t \equiv m$ ist (paarweise Messung der systematischen Variablen mit konstanter Replikationszahl), haben *Chan* und *Mak* [1979] ein ML-Schätzverfahren entwickelt. Dabei ergab sich der ML-Schätzer von β als Lösung einer Gleichung vierten Grades.

Geht man zum R-Modell *i.w.S.* über, dann zeigt es sich, daß die Parameter α und β in der Strukturvariante die gleichen ML-Schätzungen besitzen wie in der Funktionalvariante. Die Fehlerkovarianzmatrix wird allerdings in den beiden Modellvarianten unterschiedlich geschätzt. Bezüglich der ML-Schätzungen im multiplen und multivariaten R-Modell in der Strukturvariante vgl. *Anderson* [1984] sowie *Amemiya* und *Fuller* [1984].

f. Beispiele aus dem Eichwesen und der Medizin

① *Feinabstimmung von Meßinstrumenten*

Eine typische Anwendung findet das R-Modell (1) mit $\varepsilon = 0$ im Kalibrierungsproblem, bei dem es darum geht, zwei verschiedene Meßinstrumente (oder Meßmethoden) aufeinander abzustimmen. Die beiden Meßinstrumente sollen dasselbe quantitative Merkmal messen, jedoch nach unterschiedlichen Methoden und mit unterschiedlichen Meßskalen. Seien ξ_t und η_t die Meßwerte, die die Instrumente idealerweise liefern würden, wenn keine Meßfehler im Spiele wären. Man kann dann — zumindest innerhalb eines begrenzten Meßbereichs — eine lineare Beziehung $\eta_t = \alpha + \beta\,\xi_t$ zwischen ihnen unterstellen. Da die tatsächlich gemessenen Werte x_t und y_t von zufälligen Meßfehlern v_t und w_t überlagert sind, liegt ein FV-Modell vor. (Systematische Meßfehler, die es sicher auch geben wird, spielen hier keine Rolle, da es nur um den Vergleich der beiden Meßinstrumente geht und nicht um einen Vergleich zwischen Messung und wahrem Wert.) Das Problem ist, aus einer Reihe von Messungen auf die Parameter α und β zurückzuschließen, um auf diese Weise das eine Instrument am anderen eichen zu können.

In manchen Fällen wird man annehmen können, daß die Fehlervarianzen gleich sind; dann lassen sich α und β nach (3.3/30, 32) schätzen (P-Schätzung mit $\lambda = 1$). Zumeist aber werden die beiden Meßinstrumente unterschiedliche Meßgenauigkeiten aufweisen; dann verhelfen Replikationen — sofern sie technisch möglich sind — zur Schätzung der Parameter α und β.

Acton [1959, S. 136 ff.] beschreibt Beispiele für die vorstehend umrissene Situation. Ein Beispiel betrifft die Messung der Höhe eines angebundenen Ballons mit zwei Meßinstrumenten: einem im Ballon mitgeführten Höhenmesser und einem Theodoliten. Der Ballon wird im t-ten Versuch in einer bestimmten Höhe festgehalten. Dann werden an beiden Instrumenten mehrere (m) Messungen x_{ti} bzw. y_{ti} durchgeführt. Diese schwanken um ideale, aber unbekannte Meßwerte ξ_t bzw. η_t mit jeweils unabhängig identisch verteilten Meßfehlern v_{ti} bzw. w_{ti}:

$$\begin{aligned} y_{ti} &= \eta_t + w_{ti} \\ x_{ti} &= \xi_t + v_{ti} \end{aligned} \qquad i = 1, \ldots, m,$$

Danach wird der Ballon im nächsten, $(t + 1)$-ten Versuch in einer anderen Höhe festgehalten, und die Messungen werden wiederholt. Diese Versuchsserie führt man bei T verschiedenen Höheneinstellungen ($t = 1, \ldots, T$) durch. Es wird angenommen, daß für die idealen Meßwerte die lineare Beziehung

$$\eta_t = \alpha + \beta \xi_t, \qquad t = 1, \ldots, T \tag{35}$$

gilt. Die Parameter α und β dieses R-Modells *i.e.S.* mit $\varepsilon_t \equiv 0$, paarweiser Messung der systematischen Variablen und konstanter Replikationszahl lassen sich dann nach (20, 21) oder (33, 34) schätzen, wobei dort $n_t = m_t \equiv m$ und $N = M = Tm$ zu setzen ist.

Das Kalibrierungsproblem läßt sich auch ohne Replikationen lösen, aber dann muß noch mindestens ein weiteres Meßinstrument zum Vergleich herangezogen werden. Die Analyse erfolgt dann nach einem anderen Modell, dem FV-Indikator-Modell (vgl. 3.5.3 und speziell 3.5.3c). Auf das Kalibrierungsproblem mit replizierten Messungen hat im übrigen schon *Cochran* [1943] hingewiesen.

② *Zusammenhang zwischen dem Eiweißgehalt im Blut und im Urin*

Barnett [1970, 1976] schildert eine statistische Studie, bei der es um die Messung des Zusammenhangs zwischen dem Eiweißgehalt im Urin (ξ_t) und im Blut (η_t) eines Patienten geht. Aufgrund medizinischer Überlegungen wird unterstellt, daß beide Größen nach geeigneter Transformation gemäß (35) linear aufeinander bezogen sind. Beide Größen lassen sich jedoch nicht genau messen. Die Meßfehler v_t und w_t streuen erheblich und zwar so, daß die Varianzen $V(v_t) =: \sigma^2_{v_t}$ und $V(w_t) =: \sigma^2_{w_t}$ beide mit ξ_t zunehmen. Es liegt also Heteroskedastie vor. Dabei durfte in dem vorliegenden Fall angenommen werden, daß $\sigma^2_{w_t} = \lambda \sigma^2_{v_t} =: \lambda \sigma^2_t$ ist, die Fehlervarianzen also zueinander proportional sind. Bei Kenntnis des Proportionalitätsfaktors λ hätte man in (3.3/81) und (3.3/75) ML-Schätzungen für α und β.

Hier ist λ allerdings nicht bekannt. Über Replikationen lassen sich aber eine Schätzung $\hat{\lambda}_R$ und damit ML-analoge Regressionskoeffizientenschätzungen über (3.3/81, 75) gewinnen.

Barnett leitet allerdings echte ML-Schätzungen ab, die freilich nur iterativ bestimmt werden können. Er erhält eine geschätzte Regressionslinie, die beträchtlich von der KQ-Regressionsgeraden abweicht. Dieses bemerkenswerte Ergebnis sieht er vor allem als Folge der in der Regression berücksichtigten Heteroskedastie.

③ *Zusammenhang zwischen oral und rektal gemessener Körpertemperatur*

Healy [1958] schildert ein anderes medizinisches, oder besser, human-biologisches Beispiel, bei dem es um den Zusammenhang zwischen der oral und rektal gemessenen Körpertemperatur eines Patienten geht. Es wird eine lineare Beziehung zwischen den beiden unterstellt, die aber von physiologisch bedingten Schwankungen, welche als „Meßfehler" interpretiert werden, gestört ist. Es werden für jeden Patienten nur zwei Messungen im Abstand von einer Woche vorgenommen ($m = 2$). Die von Healy berechneten R-Schätzungen weichen von den gewöhnlichen KQ-Schätzungen deutlich ab.

3.5 Schätzung mit Instrumentvariablen

Aus 2.3.2a wissen wir, daß Instrumentvariablen die Identifizierbarkeit der Parameter des FV-Modells bewirken können. Es ist daher zu erwarten, daß sie auch für die Konstruktion konsistenter Schätzer von Nutzen sind. Wir werden solche, auf der Kenntnis von Instrumentvariablen basierenden Schätzungen abkürzend **IV-Schätzungen** nennen und mit dem Index "*IV*" kennzeichnen.

In 3.5.1 wird zunächst die allgemeine Methode der IV-Schätzung vorgestellt. Diese Methode geht auf eine Idee von *Reiersøl* [1941, 1945] zurück und wurde von *Geary* [1943, 1949] und später von *Durbin* [1954] und *Sargan* [1958] weiterentwickelt.

Während in 3.5.1 noch vorausgesetzt wird, daß die Anzahl L der verfügbaren Instrumentvariablen mit der Anzahl K der exogenen Variablen des FV-Modells übereinstimmt (exakt identifizierbares FV-Modell), lassen wir in 3.5.2 auch die Möglichkeit $L > K$ zu (Überidentifikationsfall). Für die Entwicklung von Schätzverfahren im Falle $L \geq K$ ist es zweckmäßig, die Instrumentvariablen über stochastisch gestörte Linearbeziehungen an das FV-Modell anzubinden. Die latenten exogenen Variablen erscheinen dabei als abhängig von den Instrumentvariablen, so daß letztere hier auch als **Einflußgrößen** für die ξ-Variablen zu interpretieren sind. Durch diese Erweiterung des FV-Modells zum **FVE-Modell** (**FV**-Modell mit **E**influßgrößen oder **FV-E**influßgrößen-Modell) wird ein Rückgriff auf bekannte Systemschätzverfahren möglich (z.B. 2 KQ-Schätzung).

Auch in 3.5.3 sind die Instrumentvariablen fest mit dem FV-Modell verbunden, jetzt allerdings in anderer Weise. Die Instrumentvariablen werden nun als abhängig von den latenten exogenen Variablen angenommen und als **Indikatorvariablen** oder **Indikatoren** bezeichnet. Ein in dieser Weise erweitertes FV-Modell hatten wir in 1.5.1d **FVI-Modell** genannt (**FV**-Modell mit **I**ndikatoren oder **FV-I**ndikatoren-Modell).

In 3.6 und 3.7 werden wir die IV-Methode auf einige wichtige Spezialfälle anwenden — auf gruppierte oder geordnete Daten in 3.6 sowie auf dynamische und auf interdependente FV-Modelle in 3.7.

3.5.1 Instrumentvariablenschätzung (IV-Methode)

a. IV-Schätzung im einfachen FV-Modell

Zunächst betrachten wir wieder das einfache FV-Modell *i.e.S.* in der Grundform

$$\begin{aligned} \eta_t &= \alpha + \beta\,\xi_t + \varepsilon_t \\ y_t &= \eta_t + w_t \qquad\qquad t = 1,\dots,T, \qquad\qquad (1) \\ x_t &= \xi_t + v_t \end{aligned}$$

das wir durch die Annahmen (F1) — (F5) spezifiziert hatten (s. Tab. 1.2/1). O.B.d.A.

(I1) und (Az) beweisen, daß

$$\begin{aligned} &\operatorname{plim} \frac{1}{T} \boldsymbol{Z}' \boldsymbol{V} = \boldsymbol{O} \\ &\operatorname{plim} \frac{1}{T} \boldsymbol{Z}' \boldsymbol{w} = \boldsymbol{o}. \end{aligned} \tag{14}$$

Wegen (12b) gilt dann auch

$$\operatorname{plim} \frac{1}{T} \boldsymbol{Z}' \boldsymbol{u} = \boldsymbol{o}. \tag{15}$$

Aus (14a) und (I2) folgt noch wegen $\boldsymbol{X} = \boldsymbol{\Xi} + \boldsymbol{V}$

$$\operatorname{plim} \frac{1}{T} \boldsymbol{Z}' \boldsymbol{X} = \boldsymbol{M}_{z\xi}. \tag{16}$$

Wir wollen im folgenden zunächst nur den *Spezialfall* $L = K$ betrachten. (Den allgemeineren Fall $L \geq K$ erörtern wir noch in 3.5.2). Wir setzen also voraus, daß genauso viele Instrumentvariablen zur Verfügung stehen, wie das Modell exogene Variablen hat. Man hat dann in Verallgemeinerung von (7) für den Vektor $\boldsymbol{\beta}$ die konsistente IV-Schätzung

$$\hat{\boldsymbol{\beta}}_{IV} := (\boldsymbol{Z}' \boldsymbol{X})^{-1} \boldsymbol{Z}' \boldsymbol{y}. \tag{17}$$

Die Konsistenz von (17) folgt wegen (15, 16) unmittelbar aus der Darstellung

$$\hat{\boldsymbol{\beta}}_{IV} = \boldsymbol{\beta} + \left(\frac{1}{T} \boldsymbol{Z}' \boldsymbol{X}\right)^{-1} \frac{1}{T} \boldsymbol{Z}' \boldsymbol{u}. \tag{18}$$

Letztere ergibt sich aus (17), wenn man dort (12a) einsetzt.

Der IV-Schätzer (17) ist offenbar die Lösung des Systems

$$\boldsymbol{Z}' \boldsymbol{X} \hat{\boldsymbol{\beta}}_{IV} = \boldsymbol{Z}' \boldsymbol{y}, \tag{19}$$

das wir **Normalgleichungssystem für den IV-Schätzer** nennen. Die Auflösbarkeit von (19) nach $\hat{\boldsymbol{\beta}}_{IV}$ ist wegen rg $\boldsymbol{Z}' \boldsymbol{X} = K$ gewährleistet.

Es sei bemerkt, daß man im Falle $\xi_1 \equiv 1$ und $z_1 :\equiv 1$ wieder von der scheinvariablenbereinigten Modellfassung (3.2/29) ausgehen kann, bei der die Daten x_{ti} und y_t durch ihre Abweichungen vom jeweiligen arithmetischen Mittel, d.h. durch $x^*_{ti} := x_{ti} - \bar{x}_i$ resp. $y^*_t := y_t - \bar{y}$, gemessen werden ($t = 1, \ldots, T$; $i = 1, \ldots, K$). Man erhält dann mit $z^*_{ti} := z_{ti} - \bar{z}_i$ und einer analog zu (1.1/32) zu definierenden Matrix $\boldsymbol{Z}^* = (\boldsymbol{z}^*_2, \ldots, \boldsymbol{z}^*_K)$ für den Vektor $\boldsymbol{\beta}^* = (\beta_2, \ldots, \beta_K)'$ der eigentlichen Regressionskoeffizienten die IV-Schätzung

$$\hat{\boldsymbol{\beta}}^*_{IV} = (\boldsymbol{Z}^{*\prime} \boldsymbol{X}^*)^{-1} \boldsymbol{Z}^{*\prime} \boldsymbol{y}^*. \tag{20}$$

Entsprechend läßt sich die IV-Schätzung auch dann vereinfachen, wenn mehrere Regressoren fehlerfrei sind. Wir beschreiben das in solchen Fällen anwendbare allgemeinere Bereinigungsverfahren in 3.5.1c.

Mit der IV-Schätzung (17) hat man in

$$\hat{\sigma}^2_{w,IV} := \frac{1}{T}(\boldsymbol{y}'\boldsymbol{y} - \hat{\boldsymbol{\beta}}'_{IV}\boldsymbol{X}'\boldsymbol{y}) \tag{21}$$

auch eine konsistente Schätzung für den Parameter σ^2_w (s. A 3.3/10).

Um eine Schätzung für die Kovarianzmatrix $\boldsymbol{\Sigma}$ zu bekommen, kann man von der aus (3.1/36c, e) erhältlichen Matrizengleichung $\boldsymbol{\Sigma\beta} = \boldsymbol{M}_{xx}\boldsymbol{\beta} - \boldsymbol{M}_{xy}$ ausgehen (System von K skalaren Identifikationsbeziehungen, vgl. L 3.1/4a). Wenn man hier $\boldsymbol{\beta}$ durch $\hat{\boldsymbol{\beta}}_{IV}$ und $\boldsymbol{M}_{xx} = p\mathrm{lim}(1/T)\boldsymbol{X}'\boldsymbol{X}$ sowie $\boldsymbol{M}_{xy} = p\mathrm{lim}(1/T)\boldsymbol{X}'\boldsymbol{y}$ durch $(1/T)\boldsymbol{X}'\boldsymbol{X}$ resp. $(1/T)\boldsymbol{X}'\boldsymbol{y}$ ersetzt, resultiert ein K skalare Gleichungen umfassendes System zur Bestimmung einer Schätzung $\hat{\boldsymbol{\Sigma}}_{IV}$ von $\boldsymbol{\Sigma}$. Aus diesem System lassen sich die K^2 Elemente von $\hat{\boldsymbol{\Sigma}}_{IV}$ allerdings nicht ohne geeignete Zusatzinformationen bestimmen. Ist aber z.B. bekannt, daß die Fehlervariablen $v_1, \ldots, v_K$ nicht miteinander korreliert sind (Diagonalgestalt von $\boldsymbol{\Sigma}$), dann hat man unter der Voraussetzung $\beta_i \neq 0$ in

$$\hat{\sigma}^2_{i,IV} := \frac{1}{\hat{\beta}_{i,IV}}\left(\sum_{j=1}^{K} \hat{\beta}_{j,IV}\overline{x_i x_j} - \overline{x_i y}\right); \qquad i = 1, \ldots, K \tag{22}$$

eine konsistente Schätzung für die Varianzen σ^2_i (s. A 3.1/5c). Dabei bezeichnet $\hat{\beta}_{j,IV}$ die j-te Komponente des IV-Schätzvektors (17). Die K Einzelschätzungen (22) ergeben zusammen für die diagonale Matrix $\boldsymbol{\Sigma}$ die IV-Schätzung

$$\hat{\boldsymbol{\Sigma}}_{IV} = (\mathrm{diag}\,\hat{\boldsymbol{\beta}}_{IV})^{-1}\,\mathrm{diag}\left\{\frac{1}{T}(\boldsymbol{X}'\boldsymbol{X}\hat{\boldsymbol{\beta}}_{IV} - \boldsymbol{X}'\boldsymbol{y})\right\}. \tag{23}$$

Hier bezeichnet „diag" den Diagonalisierungsoperator. Dieser transformiert einen K-Vektor in eine diagonale $(K \times K)$-Matrix, wobei die Elemente des Vektors nach Anwendung des Operators in unveränderter Reihenfolge auf der Matrixdiagonalen stehen.

Es kann gelegentlich vorkommen, daß die Varianzschätzformeln (21, 22) negative Werte liefern. In diesem Falle wird man die Schätzungen verwerfen und durch Null ersetzen.

Im Falle $\xi_1 \equiv 1$ sollte (22) die Schätzung $\hat{\sigma}^2_{1,IV} = 0$ ergeben. Diesen Wert errechnet man auch tatsächlich aus (22) für $i = 1$, wenn man die Scheinvariable als Instrumentvariable verwendet (s. A 3.5/5). Man kann dann unter Verwendung von (20) zur Schätzung der übrigen Varianzen anstelle von (21, 22) auch die scheinvariablenbereinigten Formeln

$$\hat{\sigma}^2_{w,IV} = \frac{1}{T}(\boldsymbol{y}^{*\prime}\boldsymbol{y}^* - \hat{\boldsymbol{\beta}}^{*\prime}_{IV}\boldsymbol{X}^{*\prime}\boldsymbol{y}^*) \tag{24}$$

$$\hat{\sigma}^2_{i,IV} = \frac{1}{\hat{\beta}_{i,IV}}\left(\sum_{j=2}^{K} \hat{\beta}_{j,IV}\overline{x_i^* x_j^*} - \overline{x_i^* y^*}\right)$$

$$= \frac{1}{\hat{\beta}_{i,IV}}\left(\sum_{j=2}^{K} \hat{\beta}_{j,IV} s_{x_i x_j} - s_{x_i y}\right) \qquad i = 2, \ldots, K \qquad (25)$$

heranziehen.

A 3.5/2

a. Wie lautet das IV-Normalgleichungssystem (19) für $K = 3$ in skalarer Notation?
b. Überführen Sie dieses System in eine scheinvariablenbereinigte Fassung ($x_1 \equiv 1$, $z_1 \equiv 1$).
c. Wie lautet die scheinvariablenbereinigte Fassung des Systems (19) für beliebiges K in Matrizenschreibweise?

A 3.5/3

Zeigen Sie, daß sich für $K = 2$ und $x_1 \equiv 1$ aus

a. der Schätzformel (17) die Formeln (7) und (8)
b. (21, 22) die Schätzungen (9, 10)

ergeben. Setzen Sie dabei $z_1 :\equiv 1$, $z_2 =: z$, $x_2 =: x$ und $(\beta_1, \beta_2) = (\alpha, \beta)$.

A 3.5/4

Berechnen Sie die IV-Schätzungen für die Parameter β_1, β_2 und β_3 des FV-Modells

$$y = \beta_1 + \beta_2 \xi_2 + \beta_3 \xi_3 + w$$

$$x_i = \xi_i + v_i \qquad i = 2, 3.$$

Gegeben seien die Daten

x_2	x_3	y	z_2	z_3
1	3	10	2	1
1	4	12	1	3
2	5	16	4	5
3	6	21	6	8
3	7	21	7	8

Anleitung: Berechnen Sie zunächst die IV-Schätzungen für β_2 und β_3 unter Verwendung des bereinigten IV-Normalgleichungssystems (*) aus L 3.5/2b.

A 3.5/5

Zeigen Sie, daß sich aus (22) im Falle $\xi_1 \equiv 1$ für die Schätzung von σ_1^2 der Wert Null ergibt, wenn man $z_1 :\equiv 1$ als Instrumentvariable verwendet.

A 3.5/6

a. Für die symmetrische Form des multiplen FV-Modells folgt aus (3.3/56) das Gleichungssystem $\boldsymbol{\Sigma}_0\boldsymbol{\beta}_0 = \boldsymbol{M}\boldsymbol{\beta}_0$ mit $\boldsymbol{M} := p\lim(1/T)\boldsymbol{X}_0'\boldsymbol{X}_0$ und dem Vektor $\boldsymbol{\beta}_0 = (\beta_0, -\beta_1, \ldots, -\beta_K)' =: (b_0, b_1, \ldots, b_K)'$. Geben Sie dieses System in skalarer Schreibweise wieder.
b. Welche Gestalt besitzt die i-te Gleichung des Systems, wenn die Fehlervariablen $v_0, v_1, \ldots, v_K$ nicht miteinander korreliert sind (Diagonalgestalt von $\boldsymbol{\Sigma}_0$)? Leiten Sie daraus unter der Voraussetzung $b_i \neq 0$ Identifikationsbeziehungen für die Varianzen $\sigma_i^2 = V(v_i)$ ab.
c. Wie kann man aus den Identifikationsbeziehungen konsistente Schätzungen für die Varianzen von $v_0 =: w$ und $v_1, \ldots, v_K$ gewinnen, wenn man die Normierung $\beta_0 = 1$ vornimmt und für die übrigen Komponenten des Vektors $\boldsymbol{\beta}_0$ eine konsistente Schätzung $\hat{\boldsymbol{\beta}} = (\hat{\beta}_1, \ldots, \hat{\beta}_K)'$ besitzt?
d. Welche Varianzschätzformeln ergeben sich insbesondere bei Verwendung von $\hat{\boldsymbol{\beta}} := \hat{\boldsymbol{\beta}}_{IV}$?

Hinweis: Machen Sie bei der Lösung zu A 3.5/6c die Variablenumbenennungen (1.1/20) rückgängig.

c. Bereinigung von fehlerfrei gemessenen Regressoren

Meistens werden nicht alle exogenen Variablen $\xi_1, \ldots, \xi_K$ der multiplen Regression (11) fehlerbehaftet sein. In 3.5.1b hatten wir bereits skizziert, wie das Verfahren der IV-Schätzung modifiziert werden kann, wenn in (11a) eine Scheinvariable $\xi_1 \equiv 1$ auftritt.

Wir nehmen nun wie schon in 3.2.2d und 3.3.1d an, daß sich unter den K exogenen Variablen der multiplen Regression (11a) mindestens K_1 fehlerfreie und entsprechend höchstens $K_2 := K - K_1$ fehlerbehaftete Regressoren befinden. Wir wollen ein modifiziertes IV-Schätzverfahren angeben, das von den K_1 fehlerfreien Variablen bereinigt. Da sich auch eine Scheinvariable als fehlerfrei gemessene Variable auffassen läßt, ist die Scheinvariablenbereinigung nur ein Spezialfall der hier angesprochenen Bereinigung von mehreren fehlerfreien Regressoren.

Nehmen wir also an, daß die Variablen $\xi_1, \ldots, \xi_{K_1}$ fehlerfrei gemessen werden. Wir können $\boldsymbol{\Xi}$ dann wie in 3.2.2d zerlegen in $\boldsymbol{\Xi} = (\boldsymbol{\Xi}_1, \boldsymbol{\Xi}_2)$, wobei $\boldsymbol{\Xi}_1$ die Werte der Regressoren $\xi_1, \ldots, \xi_{K_1}$ und $\boldsymbol{\Xi}_2$ die Werte der übrigen Regressoren $\xi_{K_1+1}, \ldots, \xi_K$ zusammenfasse. Unter letzteren dürfen sich also auch noch fehlerfreie Variablen befinden. Die Zerlegung von $\boldsymbol{\Xi}$ induziert eine entsprechende Zerlegung der Matrizen $\boldsymbol{X}$ und $\boldsymbol{V}$ sowie des Vektors $\boldsymbol{\beta}$:

$$\boldsymbol{X} = (\boldsymbol{X}_1, \boldsymbol{X}_2), \qquad \boldsymbol{V} = (\boldsymbol{V}_1, \boldsymbol{V}_2), \qquad \boldsymbol{\beta}' = (\boldsymbol{\beta}_1', \boldsymbol{\beta}_2').$$

Die ersten K_1 Instrumentvariablen mögen mit den K_1 fehlerfreien Regressoren übereinstimmen. Wir fassen sie zu der Matrix $\boldsymbol{Z}_1$ zusammen und haben also $\boldsymbol{Z}_1 = \boldsymbol{X}_1$. Die restlichen $K - K_1$ Instrumentvariablen – wir nehmen wieder $L = K$ an – seien zur Matrix $\boldsymbol{Z}_2$ zusammengefaßt, so daß also $\boldsymbol{Z} = (\boldsymbol{Z}_1, \boldsymbol{Z}_2)$ ist. Die Gleichungen (12) lauten nun wegen $\boldsymbol{V}_1 = \boldsymbol{O}$

$$\begin{aligned} \boldsymbol{y} &= \boldsymbol{X}_1 \boldsymbol{\beta}_1 + \boldsymbol{X}_2 \boldsymbol{\beta}_2 + \boldsymbol{u} \\ \boldsymbol{X}_1 &= \boldsymbol{Z}_1 \\ \boldsymbol{u} &= \boldsymbol{w} - \boldsymbol{V}_2 \boldsymbol{\beta}_2. \end{aligned} \tag{26}$$

Man kann den Vektor $\boldsymbol{y}$ und die Matrix $\boldsymbol{X}_2$ vom Einfluß der K_1 fehlerfreien Regressoren bereinigen, indem man alle Modellvariablen wieder von links mit der durch (3.2/48) definierten Projektionsmatrix $\boldsymbol{P}_1$ multipliziert; es gilt nämlich $\boldsymbol{P}_1 \boldsymbol{X}_1 = \boldsymbol{O}$. Wenn wir die derart transformierten Variablen wie in 3.2.2d mit einem Stern kennzeichnen, so geht (26) über in (3.2/49), d.h. in

$$\begin{aligned} \boldsymbol{y}^* &= \boldsymbol{X}_2^* \boldsymbol{\beta}_2 + \boldsymbol{u}^* \\ \boldsymbol{u}^* &= \boldsymbol{w}^* - \boldsymbol{V}_2^* \boldsymbol{\beta}_2. \end{aligned}$$

Hieraus kann für den Teilvektor $\boldsymbol{\beta}_2$ eine IV-Schätzung gemäß (17) konstruiert werden. Als IV-Matrix kommen entweder $\boldsymbol{Z}_2$ oder $\boldsymbol{Z}_2^* = \boldsymbol{P}_1 \boldsymbol{Z}_2$ in Frage. Beide führen aufgrund der Idempotenz von $\boldsymbol{P}_1$ auf den gleichen IV-Schätzer

$$\hat{\boldsymbol{\beta}}_{2,IV} = (\boldsymbol{Z}_2^{*\prime} \boldsymbol{X}_2^*)^{-1} \boldsymbol{Z}_2^{*\prime} \boldsymbol{y}^*. \tag{27}$$

Die in (27) zusammengefaßten Koeffizientenschätzungen $\hat{\beta}_{i,IV}$ $(i = K_1 + 1, \ldots, K)$ müssen natürlich identisch sein mit denjenigen, die man aus dem vollen IV-Normalgleichungssystem (19) ableiten kann. Man beweist dies, indem man (19) zunächst in die beiden Teilsysteme

$$\begin{aligned} \boldsymbol{Z}_1' \boldsymbol{X}_1 \hat{\boldsymbol{\beta}}_{1,IV} + \boldsymbol{Z}_1' \boldsymbol{X}_2 \hat{\boldsymbol{\beta}}_{2,IV} &= \boldsymbol{Z}_1' \boldsymbol{y} \\ \boldsymbol{Z}_2' \boldsymbol{X}_1 \hat{\boldsymbol{\beta}}_{1,IV} + \boldsymbol{Z}_2' \boldsymbol{X}_2 \hat{\boldsymbol{\beta}}_{2,IV} &= \boldsymbol{Z}_2' \boldsymbol{y} \end{aligned} \tag{28}$$

zerlegt und dort $\boldsymbol{Z}_1 = \boldsymbol{X}_1$ setzt. Man kann anschließend $\hat{\boldsymbol{\beta}}_{1,IV}$ in (28) dadurch eliminieren, daß man die erste Gleichung von links mit $\boldsymbol{Z}_2' \boldsymbol{X}_1 (\boldsymbol{X}_1' \boldsymbol{X}_1)^{-1}$ multipliziert und von der zweiten abzieht. Das Resultat ist (27).

Wenn man (28a) – mit $\boldsymbol{Z}_1 = \boldsymbol{X}_1$ – nach $\hat{\boldsymbol{\beta}}_{1,IV}$ auflöst, erhält man schließlich für den Koeffizientenvektor $\boldsymbol{\beta}_1$ der fehlerfreien exogenen Variablen die zu (3.2/51) und (3.3/25) analoge Formel

$$\hat{\boldsymbol{\beta}}_{1,IV} = (\boldsymbol{X}_1' \boldsymbol{X}_1)^{-1} \boldsymbol{X}_1' (\boldsymbol{y} - \boldsymbol{X}_2 \hat{\boldsymbol{\beta}}_{2,IV}). \tag{29}$$

Die IV-Schätzung von $\boldsymbol{\beta}_1$ läßt sich demnach als KQ-Schätzung einer Regression von $\boldsymbol{y} - \boldsymbol{X}_2 \hat{\boldsymbol{\beta}}_{2,IV}$ auf $\boldsymbol{X}_1$ interpretieren.

Anmerkungen:

1. Die formale Ähnlichkeit von (27) mit (20) ist nicht zufällig. Vielmehr ist (20) nur ein Spezialfall von (27) (vgl. hierzu die Anmerkung am Ende von 3.2.2d).
2. Die vorstehend beschriebene Bereinigung von fehlerfreien Variablen kann analog auch auf die in 3.5.2 dargestellten Schätzverfahren angewendet werden.

d. Eine Erweiterung des Instrumentvariablenbegriffs

Man kann den Instrumentvariablenbegriff, den wir in 3.5.1a für das einfache FV-Modell und in 3.5.1b für das multiple FV-Modell eingeführt hatten, noch allgemeiner fassen, ohne daß die dort abgeleiteten Eigenschaften der IV-Schätzungen ihre Gültigkeit verlieren. Wir wollen eine solche Erweiterung hier nur im Zusammenhang mit dem einfachen FV-Modell vornehmen. Eine Übertragung auf das multiple FV-Modell ist naheliegend.

Bei der Ableitung der Konsistenz des IV-Schätzers (7) gingen wir von der impliziten Annahme aus, daß mit zunehmendem Stichprobenumfang T lediglich weitere Beobachtungen der Variablen x_t, y_t und z_t hinzukommen, während die zuvor beobachteten Werte dieser Variablen unverändert bleiben. Die Vektoren $\boldsymbol{x} = (x_1, \ldots, x_T)'$, $\boldsymbol{y} = (y_1, \ldots, y_T)'$ und $\boldsymbol{z} = (z_1, \ldots, z_T)'$ werden mit wachsendem T nur verlängert.

Gelegentlich kann es aber vorkommen, daß sich mit jedem neuen Stichprobenumfang T auch die Beobachtungsvektoren $\boldsymbol{x}$, $\boldsymbol{y}$ und $\boldsymbol{z}$ vollständig ändern. Wir werden in 3.6.1a einen solchen Fall kennenlernen (vgl. dort Anmerkung 2).

Hier soll jetzt angenommen werden, daß nur die Instrumentvariablen z_t mit jeder Erweiterung der Stichprobe neu anfallen. (Man könnte ähnliches für die ξ_t und damit implizit für die x_t und y_t verlangen.) Sei also $\boldsymbol{z}_{(T)} = (z_{1(T)}, \ldots, z_{T(T)})'$ der bei der Stichprobe vom Umfang T anfallende Satz von Instrumentvariablen $z_{t(T)}$. Wir treffen über diese in Verallgemeinerung von (I1, 2) und (Az) die Annahmen

($\text{I }1_{(T)}$) $\boldsymbol{z}_{(T)}$ ist von $(\boldsymbol{v}, \boldsymbol{w})_{(T)}$ stochastisch unabhängig.

($\text{I }2_{(T)}$) Die Grenzkovarianz $S_{\xi z} := p\lim s_{\xi_{(T)}z_{(T)}}$ existiert und es ist $S_{\xi z} \neq 0$.

($\text{A }z_{(T)}$) Die Grenzmomente $M_z := \lim \bar{z}_{(T)}$ und $S_{zz} := \lim s^2_{z_{(T)}}$ existieren m.W.1.

Hierbei wurde auch den anderen Modellvariablen der Index (T) angehängt, um anzudeuten, daß auch sie zu der Stichprobe $t = 1, \ldots, T$ gehören.

Die Konsistenz des IV-Schätzers (7) – und damit (vgl. A 3.3/1) auch der IV-Schätzer für α, σ_v^2 und σ_w^2 – bleibt bei dieser Erweiterung des Instrumentvariablenbegriffs erhalten. Um dies zu zeigen, braucht man nur den in 3.5.1a geführten Beweis für die Konsistenz von (7) erneut Schritt für Schritt durchzugehen. Man stellt dabei fest, daß die einzelnen Schlüsse, insbesondere die Gleichungen (4) – (6), auch bei Zugrundelegung des verallgemeinerten Instrumentvariablenbegriffs unverändert gültig bleiben.

e. Beispiele zur IV-Schätzung aus der Ökonometrie

① *Schätzung der marginalen Grenzneigung des Konsums nach Friedman*

Liviatan [1963] ermittelt eine IV-Schätzung (7) der marginalen Grenzneigung β des Konsums C in (1.2/13). Er arbeitet dabei mit einer Stichprobe von Haushalten, deren Einkommen und Konsumausgaben zu zwei verschiedenen Zeitpunkten erhoben werden (Paneldaten – vgl. Beispiel ② in 2.3.1d). Während Einkommen $Y^{(1)}$ und Konsum $C^{(1)}$ der ersten Periode wie üblich (s. Tab. 1.2/3) als Entsprechungen der beobachtbaren Variablen x und y des einfachen FV-Modells angesehen werden, wird das Einkommen $Y^{(2)}$ – oder hilfsweise auch der Konsum $C^{(2)}$ – der zweiten Periode als Instrumentvariable z verwendet. Ähnlich verfährt auch *Bhalla* [1979]. Er berücksichtigt aber zusätzlich zum transitorischen Einkommen noch echte Meßfehler, deren Varianz er aus unabhängigen Messungen ermitteln kann.

② *Schätzung von Engelkurven*

Ein ähnliches Problem wie die Schätzung der Friedmanschen Konsumfunktion ist die Bestimmung von Engelkurven. Hierbei handelt es sich um die Messung des Zusammenhangs zwischen den logarithmierten Konsumausgaben $c := \log C$ eines Haushalts für ein bestimmtes Gut (oder eine Gütergruppe) und dem logarithmierten permanenten Einkommen $y^P := \log Y^P$ des Haushalts. Wir nehmen einen zufallsgestörten linearen Zusammenhang an:

$$c = \alpha + \beta y^P + w.$$

Während c verhältnismäßig genau etwa durch eine Verbraucherstichprobe erhoben werden kann (und im übrigen ein zufälliger Fehler in c die Schätzung von β nicht systematisch beeinflußt), läßt sich y^P nur sehr ungenau durch Befragen ermitteln. Die Diskrepanz zwischen tatsächlichem permanenten Einkommen Y^P und durch Befragen ermitteltem Einkommen Y ist zu groß, als daß sie vernachlässigt werden kann. Der Fehler ist zudem sicher nicht nur zufällig, sondern – im Gegensatz zu Friedmans Annahme – z.T. auch systematischer Natur. Daher scheidet Y als Ersatzvariable für Y^P aus.

In dieser Situation geht nun *Liviatan* [1961] so vor, daß er statt Y^P die Gesamtkonsumausgaben C_G als Proxyvariable für Y^P verwendet. C_G läßt sich über eine Verbraucherstichprobe etwa ebenso leicht und exakt ermitteln wie C.

Nach Friedman ist nun der Konsum, abgesehen von einem Zufallsfehler, proportional zum permanenten Einkommen. In logarithmierten Größen ausgedrückt heißt das mit $c_G := \log C_G$, daß

$$c_G = \gamma + y^P + v$$

ist mit $E(v) = 0$. Wäre $\gamma = 0$, dann hätten wir ein FV-Modell vor uns mit den Entsprechungen $c = y$, $y^P = \xi$ und $c_G = x$. Aber auch im Falle $\gamma \neq 0$ kann zumindest β nach der IV-Methode konsistent geschätzt werden. (Liviatan wählt sogar den allgemeineren Ansatz $c_G = \gamma + \delta y^P + v$, kann dann aber nicht β, sondern nur den

Quotienten β/δ konsistent schätzen, der sich aber auch ökonomisch sinnvoll interpretieren läßt). Da die Größe C im Gesamtkonsum C_G enthalten ist, sind v und w i.a. miteinander korreliert (FV-Modell i.w.S.).

Durch Elimination von y^P erhält man die empirische Regression

$$c = \alpha' + \beta c_G + u$$

mit $\alpha' = \alpha - \beta\gamma$ und $u = w - \beta v$. Sie wird üblicherweise bei der Schätzung von Engelkurven zugrundegelegt.

Die Anwendung der KQ-Methode führt jedoch wegen der Korrelation zwischen u und $c_G = \log C_G$ zu inkonsistenten Schätzungen von β. Hierauf hat schon *Summers* [1959] hingewiesen.

Liviatan schlägt nun als Alternative zur KQ-Methode die IV-Schätzung (1) vor mit log Y als Instrumentvariable. Das ermittelte Einkommen Y ist mit dem permanenten Einkommen Y^P sicher hoch korreliert. Zugleich darf man davon ausgehen, daß Y von v stochastisch unabhängig ist, da v den transitorischen Konsum mißt, also eine Restkomponente, die weder vom permanenten Einkommen noch von dem erhobenen Einkommen abhängt. (Die Voraussetzung ist etwas problematisch, kann aber durch geeignete Messung von Y näherungsweise erfüllt werden — *Liviatan* [1963, Fußnote 6]). Y erscheint also als Instrumentvariable gut geeignet. Liviatan schätzt für verschiedene Güterkategorien Engelkurven sowohl nach der KQ- wie auch nach der IV-Methode, wobei sich z.T. beachtliche Unterschiede ergeben.

Da hier ein FV-Modell i.w.S. vorliegt, sind die Verzerrungen der KQ-Schätzungen nicht einheitlich negativ, sondern je nach Größe der Kovarianz zwischen v und w z.T. negativ, z.T. positiv (vgl. L 3.2/2).

③ *Abhängigkeit des Wertes eines Unternehmens vom erwarteten Gewinn*

Miller und *Modigliani* [1966] untersuchen anhand eines linearen Modells, wie der Wert eines Unternehmens u.a. von dem erwarteten Gewinn dieses Unternehmens abhängt.

Es sei y eine Variable, die den Wert eines Unternehmens mißt. Sie hänge (abgesehen von anderen Größen, die hier unterschlagen werden) von dem langfristig erwarteten mitttleren Jahresgewinn ξ ab: $y = \alpha + \beta\xi + w$. Statt ξ wird der tatsächliche Gewinn x gemessen: $x = \xi + w$. Es wird nun postuliert, daß ξ mit verschiedenen Variablen z_i korreliert, wie z.B. Gesamtvermögen, laufende Dividende, Marktwert der Verbindlichkeiten, Marktwert der Vorzugsaktien usw.

Wieder können diese Variablen z_i als Instrumentvariablen verwendet werden. Sie sind hier z.T. als Einflußgrößen für ξ, z.T. als von ξ abhängige Größen (Indikatoren) aufzufassen. Will man alle z_i zusammen verwenden, dann ist das einfache IV-Schätzverfahren (17) durch ein höheres — z.B. das 2KQ-Verfahren (vgl. 3.5.2b) — zu ersetzen, weil die Zahl der Instrumentvariablen die Anzahl der zu schätzenden Parameter übersteigt.

3.5.2 Schätzung im FVE-Modell

Der IV-Schätzer (17) des Regressionskoeffizientenvektors $\boldsymbol{\beta}$ wurde in 3.5.1b als Momentenschätzer unter der Voraussetzung hergeleitet, daß ebenso viele Instrumentvariablen zur Verfügung stehen wie exogene Variablen in der zu schätzenden Gleichung vorkommen ($L = K$). Hat man weniger Instrumentvariablen ($L < K$), dann ist eine Schätzung von $\boldsymbol{\beta}$ aufgrund fehlender Identifizierbarkeit nicht möglich. Hat man dagegen mehr Instrumentvariablen ($L > K$), dann steht mehr Information zur Verfügung, als man zur konsistenten Schätzung eigentlich braucht (Überidentifikation). Man steht dann vor dem Problem, die überschüssige Information möglichst optimal zu nutzen.

In diesem Abschnitt wird *der Fall* $L \geq K$ behandelt, der somit den in 3.5.1b angesprochenen Fall $L = K$ als Spezialfall enthält.

Eine einfache, wenn auch ineffiziente Methode, $\boldsymbol{\beta}$ zu schätzen, besteht darin, daß man aus den L Instrumentvariablen K auswählt und dann nach der IV-Methode wie in 3.5.1b verfährt. Dabei bleibt jedoch die in den nichtberücksichtigten Instrumentvariablen steckende Information unausgenutzt.

Es gibt nun mehrere Möglichkeiten, alle Instrumentvariablen gemeinsam zur Schätzung heranzuziehen. Einige sollen im folgenden erörtert werden. Dabei wird es sich als zweckmäßig erweisen, die Instrumentvariablen durch gewisse noch zu definierende Gleichungen an das Modell „anzubinden", um auf diese Weise ein System von Gleichungen zu erhalten, daß sämtliche Variablen — systematische Variablen, Fehlervariablen, beobachtbare Variablen und Instrumentvariablen — umfaßt. Aus diesem System lassen sich dann unter Heranziehung bekannter Schätzprinzipien verschiedene Schätzverfahren herleiten.

a. Das FVE-Modell

Wir ergänzen das multiple FV-Modell, das wir hier in der vektoriellen Notation (1.1/17) mit $\varepsilon \equiv 0$ verwenden, durch die stochastisch gestörte Lineartransformation (1.5/23d). Diese verbindet den K-Vektor $\boldsymbol{\xi}_{(t)} = (\xi_{t1}, \ldots, \xi_{tK})'$ der latenten exogenen Variablen mit einem L-Vektor $\boldsymbol{z}_{(t)} = (z_{t1}, \ldots, z_{tL})'$ von Instrumentvariablen:

$$\begin{aligned} \eta_t &= \boldsymbol{\beta}' \boldsymbol{\xi}_{(t)} \\ y_t &= \eta_t + w_t \\ \boldsymbol{x}_{(t)} &= \boldsymbol{\xi}_{(t)} + \boldsymbol{v}_{(t)} \\ \boldsymbol{\xi}_{(t)} &= \boldsymbol{\Pi}' \boldsymbol{z}_{(t)} + \boldsymbol{f}_{(t)}. \end{aligned} \qquad t = 1, \ldots, T \qquad (30)$$

Man kann die in $\boldsymbol{z}_{(t)}$ zusammengefaßten Instrumentvariablen als kausale **Einflußgrößen** für die Elemente des Vektors $\boldsymbol{\xi}_{(t)}$ auffassen. Das Modell (30), das daher auch als **FVE-Modell** (**FV-Einflußgrößen-Modell**) bezeichnet wird, ist die *univariate* Fassung des FVE-Modells (1.5/23) mit $\boldsymbol{\xi}_{1(t)} := \boldsymbol{\xi}_{(t)}$. Während beim multivariaten

FVE-Modell mehrere skalare Strukturgleichungen angenommen wurden, die in (1.5/23a) zusammengefaßt waren, ist das univariate FVE-Modell, auf das wir uns im folgenden stets beziehen, durch eine einzige skalare Strukturgleichung (30a) charakterisiert (vgl. auch L 1.5/5).

In kompakterer Schreibweise lautet das FVE-Modell (30) mit (13) und einer $(T \times K)$-Störvariablenmatrix $\boldsymbol{F} = (\boldsymbol{f}_{(1)}, \ldots, \boldsymbol{f}_{(T)})'$

$$\begin{aligned} \boldsymbol{\eta} &= \boldsymbol{\Xi}\boldsymbol{\beta} \\ \boldsymbol{y} &= \boldsymbol{\eta} + \boldsymbol{w} \\ \boldsymbol{X} &= \boldsymbol{\Xi} + \boldsymbol{V} \\ \boldsymbol{\Xi} &= \boldsymbol{Z}\boldsymbol{\Pi} + \boldsymbol{F}. \end{aligned} \tag{31}$$

Für das Modell gelten die in 1.5.1d für das allgemeinere MIMIC-Modell getroffenen Annahmen, die wir in dem hier betrachteten univariaten Spezialfall wieder mit (F1) – (F3) bezeichnen:

(F1/2) Die Fehlervektoren $(\boldsymbol{v}'_{(t)}, w_t, \boldsymbol{f}'_{(t)})'$, $t = 1, \ldots, T$, sind unabhängig identisch verteilt mit Erwartungswertvektor $\boldsymbol{o}$ und gemeinsamer Kovarianzmatrix.

(F3) $(\boldsymbol{V}, \boldsymbol{w})$ ist von $(\boldsymbol{\Xi}, \boldsymbol{Z})$ und $\boldsymbol{F}$ von $\boldsymbol{Z}$ stochastisch unabhängig.

Stochastische Unabhängigkeit von $\boldsymbol{V}$ und $\boldsymbol{w}$ setzen wir im folgenden nicht voraus, gehen also von einem FVE-Modell *i.w.S.* aus.

Die vorstehenden Annahmen verallgemeinern die gleich bezeichneten Annahmen aus 1.2.2b für das multiple FV-Grundmodell i.w.S. mit $\boldsymbol{\varepsilon} = \boldsymbol{o}$. Aus (F3) und (31d) folgt noch, daß $\boldsymbol{Z}$, $\boldsymbol{F}$ und $(\boldsymbol{V}, \boldsymbol{w})$ stochastisch unabhängig sind (vgl. A 1.5/3).

Außer den Annahmen (F1) – (F3) mögen wieder die Annahmen (I2) und (Az) aus 3.5.1b gelten; Annahme (I1) ist offenbar schon in (F3) enthalten. Der Bequemlichkeit halber ergänzen wir (Az) um die Forderung, daß die Grenzmomentenmatrix $\boldsymbol{M}_{zz} = \lim (1/T)\, \boldsymbol{Z}'\boldsymbol{Z}$ und m.W.1 auch $\boldsymbol{Z}'\boldsymbol{Z}$ regulär sind, obwohl die folgenden Schätzer im Prinzip auch ohne diese Hilfsannahme konstruiert werden könnten. Des weiteren wird wieder vorausgesetzt, daß die $(L \times K)$-Matrix $\boldsymbol{Z}'\boldsymbol{X}$ m.W.1 vollen Rang K besitzt.

Das FVE-Modell stellt einen FV-Modelltyp dar, bei dem die Zusatzinformation fest in den Modellgleichungen verankert ist. Die latenten exogenen Variablen $\xi_1, \ldots, \xi_K$ werden hier durch beobachtbare Instrumentvariablen $z_1, \ldots, z_L$ bis auf unabhängige Störterme erklärt.

Wir entwicklen im folgenden Schätzer für den Parametervektor $\boldsymbol{\beta}$ des FVE-Modells (31). Dabei wird es sich zeigen, daß diese Schätzer besonders leicht darzustellen sind, wenn $\boldsymbol{F} = \boldsymbol{O}$ ist. In gewisssen Fällen kann in der Tat die zusätzliche Annahme $\boldsymbol{F} = \boldsymbol{O}$ getroffen werden, so insbesondere im Replikationsfall (R-Modell mit inkorporierten Instrumentvariablen; vgl. 3.5.2h). Auch bei manchen ökonometrischen

Anwendungen wird gelegentlich $\boldsymbol{F} = \boldsymbol{O}$ vorausgesetzt [*Zellner*, 1970].

Im allgemeinen bedeutet diese Annahme jedoch eine starke Restriktion, so daß wir sie im folgenden nicht voraussetzen. Wir können das FVE-Modell (31) jedoch derart umformen, daß ein neues FVE-Modell mit $\boldsymbol{F} = \boldsymbol{O}$ entsteht. Dazu definieren wir

$$\begin{aligned} \tilde{\boldsymbol{w}} &:= \boldsymbol{w} + \boldsymbol{F}\boldsymbol{\beta} \\ \tilde{\boldsymbol{V}} &:= \boldsymbol{V} + \boldsymbol{F} \end{aligned} \tag{32}$$

und erhalten aus (31)

$$\begin{aligned} \boldsymbol{y} &= \tilde{\boldsymbol{\Xi}}\boldsymbol{\beta} + \tilde{\boldsymbol{w}} \\ \boldsymbol{X} &= \tilde{\boldsymbol{\Xi}} + \tilde{\boldsymbol{V}} \\ \tilde{\boldsymbol{\Xi}} &:= \boldsymbol{Z}\boldsymbol{\Pi}. \end{aligned} \tag{33}$$

Das System (33) repräsentiert ein FVE-Modell mit $\boldsymbol{F} = \boldsymbol{O}$. Man verifiziert dies leicht, wenn man $\boldsymbol{\eta}$ in (31) eliminiert und dann mit (33) vergleicht. Wir nennen (33) das **transformierte FVE-Modell.**

Aus (33) erhalten wir durch Elimination von $\tilde{\boldsymbol{\Xi}}$ und mit $\boldsymbol{\pi} := \boldsymbol{\Pi}\boldsymbol{\beta}$ die sog. **reduzierte Form des FVE-Modells**:

$$\begin{aligned} \boldsymbol{y} &= \boldsymbol{Z}\boldsymbol{\pi} + \tilde{\boldsymbol{w}} \\ \boldsymbol{X} &= \boldsymbol{Z}\boldsymbol{\Pi} + \tilde{\boldsymbol{V}}. \end{aligned} \tag{34}$$

Wir wollen noch die Kovarianzmatrix $\tilde{\boldsymbol{\Sigma}}_0$ der transformierten Fehlervariablen $\tilde{w}$ und $\tilde{v}_1, \ldots, \tilde{v}_K$ berechnen. Zunächst haben wir, wenn man $\tilde{\sigma}_w^2 := V(\tilde{w}_t)$ sowie $\tilde{\sigma}_{v_i w} := C(\tilde{v}_{ti}, \tilde{w}_t)$ setzt $(i = 1, \ldots, K)$ und die Kovarianzmatrix von $\tilde{v}_1, \ldots, \tilde{v}_K$ mit $\tilde{\boldsymbol{\Sigma}}$ bezeichnet, die zu (1.2/10) analoge Zerlegung

$$\tilde{\boldsymbol{\Sigma}}_0 = \begin{pmatrix} \tilde{\sigma}_w^2 & \tilde{\boldsymbol{\sigma}}' \\ \tilde{\boldsymbol{\sigma}} & \tilde{\boldsymbol{\Sigma}} \end{pmatrix}, \qquad \tilde{\boldsymbol{\sigma}} := (\tilde{\sigma}_{v_1 w}, \ldots, \tilde{\sigma}_{v_K w})'. \tag{35}$$

Bezeichnet $\boldsymbol{\Sigma}_f$ die Kovarianzmatrix der Störvariablen $f_1, \ldots, f_K$ aus (30d), so gilt wegen (32) und (F3)

$$\begin{aligned} \tilde{\sigma}_w^2 &= \sigma_w^2 + \boldsymbol{\beta}'\boldsymbol{\Sigma}_f\boldsymbol{\beta} \\ \tilde{\boldsymbol{\sigma}} &= \boldsymbol{\sigma} + \boldsymbol{\Sigma}_f\boldsymbol{\beta} \\ \tilde{\boldsymbol{\Sigma}} &= \boldsymbol{\Sigma} + \boldsymbol{\Sigma}_f. \end{aligned} \tag{36}$$

Man hat daher mit (35, 36)

$$\tilde{\boldsymbol{\Sigma}}_0 = \begin{pmatrix} \sigma_w^2 & \boldsymbol{\sigma}' \\ \boldsymbol{\sigma} & \boldsymbol{\Sigma} \end{pmatrix} + \begin{pmatrix} \boldsymbol{\beta}'\boldsymbol{\Sigma}_f\boldsymbol{\beta} & \boldsymbol{\beta}'\boldsymbol{\Sigma}_f \\ \boldsymbol{\Sigma}_f\boldsymbol{\beta} & \boldsymbol{\Sigma}_f \end{pmatrix} \tag{37}$$

oder kürzer, wenn man die letzte Blockmatrix mit $\boldsymbol{\Sigma}_{00}$ abkürzt und (1.2/10) beachtet,

$$\tilde{\boldsymbol{\Sigma}}_0 = \boldsymbol{\Sigma}_0 + \boldsymbol{\Sigma}_{00}. \tag{38}$$

A 3.5/7

a. Stellen Sie die Matrix $\boldsymbol{\Pi}$ als Funktion der Grenzmomentenmatrizen $\boldsymbol{M}_{zz}$ und $\boldsymbol{M}_{zx}$ dar und zeigen Sie, daß rg $\boldsymbol{\Pi} = K$.
b. Beweisen Sie die Gleichung $\tilde{\boldsymbol{\Sigma}}_0 \boldsymbol{\beta}_0 = \boldsymbol{\Sigma}_0 \boldsymbol{\beta}_0$ mit $\boldsymbol{\beta}_0 := (1, -\boldsymbol{\beta}')'$.

b. Der zweistufige KQ-Schätzer

Aus dem transformierten FVE-Modell (33) läßt sich im Verein mit der reduzierten Form (34) unmittelbar das folgende Schätzverfahren entwickeln. Da $\tilde{\boldsymbol{V}} = \boldsymbol{V} + \boldsymbol{F}$ nach (F3) von $\boldsymbol{Z}$ stochastisch unabhängig ist, liegt in (34b) ein multiples Regressionssystem vor, dessen Parametermatrix $\boldsymbol{\Pi}$ nach der KQ-Methode konsistent geschätzt werden kann:

$$\hat{\boldsymbol{\Pi}}_{KQ} = (\boldsymbol{Z}'\boldsymbol{Z})^{-1}\boldsymbol{Z}'\boldsymbol{X}. \tag{39}$$

Einsetzen dieser Schätzung in (33c) liefert eine Schätzung für $\tilde{\boldsymbol{\Xi}}$, die wir der Einfachheit halber mit $\hat{\boldsymbol{\Xi}}_{KQ}$ – statt mit $\hat{\tilde{\boldsymbol{\Xi}}}_{KQ}$ – bezeichnen: [1)]

$$\hat{\boldsymbol{\Xi}}_{KQ} := \boldsymbol{Z}\hat{\boldsymbol{\Pi}}_{KQ} = \boldsymbol{Z}(\boldsymbol{Z}'\boldsymbol{Z})^{-1}\boldsymbol{Z}'\boldsymbol{X} =: \boldsymbol{Q}\boldsymbol{X}. \tag{40}$$

Dabei wurde die symmetrische und idempotente Matrix $\boldsymbol{Z}(\boldsymbol{Z}'\boldsymbol{Z})^{-1}\boldsymbol{Z}'$ abkürzend $\boldsymbol{Q}$ genannt. Denkt man sich dieses $\hat{\boldsymbol{\Xi}}_{KQ}$ in (33a) anstelle von $\tilde{\boldsymbol{\Xi}}$ eingesetzt und schätzt man dann $\boldsymbol{\beta}$ nach der KQ-Methode, so resultiert der Schätzer

$$\hat{\boldsymbol{\beta}}_{2KQ} = (\hat{\boldsymbol{\Xi}}'_{KQ}\hat{\boldsymbol{\Xi}}_{KQ})^{-1}\hat{\boldsymbol{\Xi}}'_{KQ}\boldsymbol{y}. \tag{41}$$

Äquivalent ist wegen (40) die Darstellung

$$\hat{\boldsymbol{\beta}}_{2KQ} = [\boldsymbol{X}'\boldsymbol{Z}(\boldsymbol{Z}'\boldsymbol{Z})^{-1}\boldsymbol{Z}'\boldsymbol{X}]^{-1}\boldsymbol{X}'\boldsymbol{Z}(\boldsymbol{Z}'\boldsymbol{Z})^{-1}\boldsymbol{Z}'\boldsymbol{y} = (\boldsymbol{X}'\boldsymbol{Q}\boldsymbol{X})^{-1}\boldsymbol{X}'\boldsymbol{Q}\boldsymbol{y}. \tag{42}$$

Die Schätzung $\hat{\boldsymbol{\beta}}_{2KQ}$ heißt **zweistufige KQ-Schätzung** (2KQ-Schätzung) von $\boldsymbol{\beta}$, weil sie auf zweimaliger Anwendung der Methode der kleinsten Quadrate basiert: als erstes wird $\boldsymbol{\Pi}$ nach der KQ-Methode geschätzt, danach der Parametervektor $\boldsymbol{\beta}$. Man kann leicht beweisen, daß $\hat{\boldsymbol{\beta}}_{2KQ}$ konsistent ist (s. A 3.5/8a). Dabei benötigt man die aus (F3) folgende stochastische Unabhängigkeit von $\boldsymbol{F}$ und $(\boldsymbol{Z}, \boldsymbol{V}, \boldsymbol{w})$ – also die das FVE-Modells charakterisierende Annahme – nicht. Das FVE-Modell war zwar bei der Entwicklung des 2KQ-Schätzers (42) hilfreich, ist aber für die Berechnung des Schätzers selbst und den Nachweis seiner Konsistenzeigenschaft entbehrlich. Das FVE-Modell wird uns allerdings noch weiter nützliche Dienste erweisen (vgl. z.B. 3.5.2g).

[1)] Diese schreibtechnische Vereinfachung (Weglassung des Zeichens ~ bei Schätzungen) gestatten wir uns auch an späterer Stelle, so z.B. bei der Schätzung von $\tilde{\Sigma}_0$ und $\tilde{\Sigma}$ in 3.5.2c.

In (42) haben wir eine Verallgemeinerung der in 3.5.1b behandelten IV-Schätzung gefunden, die insbesondere für den Fall $L > K$ geeignet ist. Sie enthält aber auch den Spezialfall $L = K$ und liefert dann gerade die in 3.5.1b abgeleitete IV-Schätzformel (17).

Es lassen sich nach der 2KQ-Methode auch noch andere Schätzungen für die Elemente des Regressionskoeffizientenvektors $\boldsymbol{\beta} = (\beta_1, \ldots, \beta_K)'$ gewinnen. Man erinnere sich nur an die symmetrische Form (1.1/24) des FV-Modells. Anstelle von y kann ja auch jede der Variablen $x_1, \ldots, x_K$ auf die linke Seite der Gleichung (12a) gestellt werden. Wird z.B. in (12a) y mit x_1 vertauscht, dann erhält man (bei Unterdrückung des Beobachtungsindexes t) statt

$$y = \beta_1 x_1 + \beta_2 x_2 + \ldots + \beta_K x_K + u$$

die Gleichung

$$x_1 = \beta'_1 y + \beta'_2 x_2 + \ldots + \beta'_K x_K + u'$$

mit $\beta'_1 := 1/\beta_1, \beta'_i := -\beta_i/\beta_1 \; (i = 2, \ldots, K), u' := -u/\beta_1$, wobei $\beta_1 \neq 0$ vorausgesetzt wurde. Man kann jetzt auf diese neue Gleichung die 2KQ-Methode anwenden und aus den so gewonnenen Parameterschätzungen $\hat{\beta}'_i$ auf die β_i wieder zurückschließen. Im allgemeinen wird man dabei andere Schätzungen $\hat{\beta}_i$ gewinnnen, als wenn man die 2KQ-Methode direkt auf (12a) anwendet (vgl. A 3.5/10). Die Schätzungen sind jedoch asymptotisch äquivalent und haben daher dieselben asymptotischen Eigenschaften.

A 3.5/8

a. Beweisen Sie die Konsistenz von (42).
b. Zeigen Sie, daß (42) im Falle $L = K$ in (17) übergeht.

A 3.5/9

Zeigen Sie, daß sich (42) auch aus einer KQ-Regression von $\hat{\boldsymbol{y}} := \boldsymbol{Q}\,\boldsymbol{y}$ auf $\hat{\boldsymbol{\Xi}}_{KQ}$ ergibt.

A 3.5/10

Gegeben sei ein einfaches FV-Modell mit $L \geq 2$ Instrumentvariablen. Man bestimme nach der 2KQ-Methode zwei Schätzungen für β, wobei einmal das FV-Modell in seiner ursprünglichen Form ($y = \alpha + \beta x + u$), das andere Mal in der nach x aufgelösten Form zugrunde gelegt wird.

Hinweis: Überführen Sie sämtliche Variablen zunächst in ihre Abweichungen vom arithmetischen Mittel.

c. *Der zweistufige KQ-Schätzer als $\hat{V}$-Schätzer*

Das transformierte FV-Einflußgrößen-Modell (33) kann zusammen mit seiner reduzierten Form (34) noch in ganz anderer Weise zur Konstruktion eines Schätzers für $\boldsymbol{\beta}$ herangezogen werden. Während in 3.5.2b mit Hilfe der reduzierten Form eine KQ-Schätzung $\hat{\tilde{\Xi}}_{KQ}$ für $\tilde{\Xi}$ ermittelt wurde, die dann zur Schätzung von $\boldsymbol{\beta}$ herangezogen werden konnte, wollen wir jetzt — ebenfalls mit Hilfe der reduzierten Form — zunächst eine KQ-Schätzung $\hat{\tilde{\boldsymbol{\Sigma}}}_{0,\,KQ}$ der Kovarianzmatrix $\tilde{\boldsymbol{\Sigma}}_0$ der transformierten Fehlervariablen $\tilde{w}, \tilde{v}_1, \ldots, \tilde{v}_K$ ableiten und diese dann zur Schätzung von $\boldsymbol{\beta}$ benutzen.

Sind $\tilde{\boldsymbol{\Sigma}}_0$ und damit gemäß (35) insbesondere auch $\tilde{\boldsymbol{\Sigma}}$ und $\tilde{\boldsymbol{\sigma}}$ exakt bekannt, so kann man $\boldsymbol{\beta}$ durch Übertragung der V-Schätzung (3.3/23a) auf das hier betrachtete transformierte Modell (33) bestimmen. Man braucht dazu in (3.3/23a) nur $\boldsymbol{\Sigma}$ und $\boldsymbol{\sigma}$ durch $\tilde{\boldsymbol{\Sigma}}$ resp. $\tilde{\boldsymbol{\sigma}}$ ersetzen und erhält so die konsistente V-Schätzung

$$\hat{\boldsymbol{\beta}}_V = (\boldsymbol{X}'\boldsymbol{X} - T\tilde{\boldsymbol{\Sigma}})^{-1}(\boldsymbol{X}'\boldsymbol{y} - T\tilde{\boldsymbol{\sigma}}). \tag{43}$$

Da man $\tilde{\boldsymbol{\Sigma}}$ und $\tilde{\boldsymbol{\sigma}}$ aber i.a. nicht exakt kennt, wird man in (43) Schätzungen dieser Parameter verwenden. Es resultiert dann eine abgewandelte V-Schätzung, die wir **$\hat{\text{V}}$-Schätzung** genannt hatten (s. Anmerkung 1 am Ende von 3.3.1c). Eine solche $\hat{\text{V}}$-Schätzung ist genau dann konsistent, wenn die hilfsweise verwendeten Schätzungen für $\tilde{\boldsymbol{\Sigma}}$ und $\tilde{\boldsymbol{\sigma}}$ konsistent sind.

Um aus (43) eine $\hat{\text{V}}$-Schätzung für $\boldsymbol{\beta}$ abzuleiten, benötigen wir demnach lediglich eine Schätzung für $\tilde{\boldsymbol{\Sigma}}_0$. Letztere gewinnen wir über die KQ-Residuen $\hat{\boldsymbol{w}}$ und $\hat{\boldsymbol{V}}$ von $\tilde{\boldsymbol{w}}$ und $\tilde{\boldsymbol{V}}$, die wir wiederum aus der reduzierten Form (34) bestimmen:

$$\begin{aligned} \hat{\boldsymbol{w}} &= \boldsymbol{y} - \boldsymbol{Z}\hat{\boldsymbol{\Pi}}_{KQ} = \boldsymbol{y} - \boldsymbol{Z}(\boldsymbol{Z}'\boldsymbol{Z})^{-1}\boldsymbol{Z}'\boldsymbol{y} \\ \hat{\boldsymbol{V}} &= \boldsymbol{X} - \boldsymbol{Z}\hat{\boldsymbol{\Pi}}_{KQ} = \boldsymbol{X} - \boldsymbol{Z}(\boldsymbol{Z}'\boldsymbol{Z})^{-1}\boldsymbol{Z}'\boldsymbol{X}. \end{aligned} \tag{44}$$

Mit der symmetrischen idempotenten Matrix

$$\boldsymbol{P} := \boldsymbol{I} - \boldsymbol{Q} = \boldsymbol{I} - \boldsymbol{Z}(\boldsymbol{Z}'\boldsymbol{Z})^{-1}\boldsymbol{Z}' \tag{45}$$

können wir die KQ-Residuen auch kürzer darstellen:

$$\hat{\boldsymbol{w}} = \boldsymbol{P}\boldsymbol{y}, \qquad \hat{\boldsymbol{V}} = \boldsymbol{P}\boldsymbol{X}. \tag{46}$$

Die Matrix $\tilde{\boldsymbol{\Sigma}}_0$ schätzen wir dann durch die empirische Kovarianzmatrix der KQ-Residuen:

$$\hat{\tilde{\boldsymbol{\Sigma}}}_{0,\,KQ} := \frac{1}{T}\begin{pmatrix} \hat{\boldsymbol{w}}'\hat{\boldsymbol{w}} & \hat{\boldsymbol{w}}'\hat{\boldsymbol{V}} \\ \hat{\boldsymbol{V}}'\hat{\boldsymbol{w}} & \hat{\boldsymbol{V}}'\hat{\boldsymbol{V}} \end{pmatrix} = \frac{1}{T}\begin{pmatrix} \boldsymbol{y}'\boldsymbol{P}\boldsymbol{y} & \boldsymbol{y}'\boldsymbol{P}\boldsymbol{X} \\ \boldsymbol{X}'\boldsymbol{P}\boldsymbol{y} & \boldsymbol{X}'\boldsymbol{P}\boldsymbol{X} \end{pmatrix}. \tag{47}$$

Mit $\boldsymbol{X}_0 = (\boldsymbol{y}, \boldsymbol{X})$ erhält man die kürzere Darstellung

$$\hat{\tilde{\boldsymbol{\Sigma}}}_{0,\,KQ} = \frac{1}{T}\boldsymbol{X}_0'\boldsymbol{P}\boldsymbol{X}_0. \tag{48}$$

Mit dieser KQ-Schätzung von $\tilde{\boldsymbol{\Sigma}}_0$, die offenbar konsistent ist, haben wir wegen (35) auch konsistente Schätzungen

$$\hat{\boldsymbol{\Sigma}}_{KQ} = \frac{1}{T} \boldsymbol{X}' \boldsymbol{P} \boldsymbol{X}, \qquad \hat{\boldsymbol{\sigma}}_{KQ} = \frac{1}{T} \boldsymbol{X}' \boldsymbol{P} \boldsymbol{y} \tag{49}$$

für $\tilde{\boldsymbol{\Sigma}}$ resp. $\tilde{\boldsymbol{\sigma}}$ und folglich für $\boldsymbol{\beta}$ die konsistente $\hat{\mathrm{V}}$-Schätzung

$$\hat{\boldsymbol{\beta}}_{\hat{V}} = (\boldsymbol{X}' \boldsymbol{X} - \boldsymbol{X}' \boldsymbol{P} \boldsymbol{X})^{-1} (\boldsymbol{X}' \boldsymbol{y} - \boldsymbol{X}' \boldsymbol{P} \boldsymbol{y}). \tag{50}$$

Ersetzt man jetzt noch $\boldsymbol{P}$ gemäß (45) durch $\boldsymbol{I} - \boldsymbol{Q}$, so folgt schließlich nach (42)

$$\hat{\boldsymbol{\beta}}_{\hat{V}} = (\boldsymbol{X}' \boldsymbol{Q} \boldsymbol{X})^{-1} \boldsymbol{X}' \boldsymbol{Q} \boldsymbol{y} = \hat{\boldsymbol{\beta}}_{2\,KQ}. \tag{51}$$

Wir haben also mit dem neuen Ansatz den alten 2KQ-Schätzer zurückgewonnen. Obwohl zunächst kein neuer Schätzer entstanden ist, kann der hier eingeschlagene Weg dennoch zu neuen Ergebnissen führen, wenn er nur konsequent weiter beschritten wird. Dies soll in den beiden folgenden Abschnitten geschehen.

Anmerkung: Man beachte, daß durch (48) die Kovarianzmatrix $\tilde{\boldsymbol{\Sigma}}_0$ der *transformierten* Fehlervariablen des Modells (33) geschätzt wird. Die Kovarianzmatrix $\boldsymbol{\Sigma}_0$ der Fehlervariablen des ursprünglichen FVE-Modells (31) kann nicht in derselben Weise geschätzt werden, es sei denn, es war schon in (31) $\boldsymbol{F} = \boldsymbol{O}$. Vielmehr kann die Kovarianzmatrix $\boldsymbol{\Sigma}_0$ nur unter Zusatzbeschränkungen geschätzt werden (z.B. durch (24, 25) bei Diagonalgestalt von $\boldsymbol{\Sigma}_0$).

d. Der Varianzkomponentenschätzer

In diesem Abschnitt wird nur eine kleine Modifikation des $\hat{\mathrm{V}}$-Schätzers (50) vorgenommen. Wir haben im vorangegangenen Abschnitt $\tilde{\boldsymbol{\Sigma}}_0$ durch die empirische Residuenkovarianzmatrix (48) geschätzt, ohne dabei die Zahl der Freiheitsgrade zu berücksichtigen. Die Schätzung $\hat{\boldsymbol{\Sigma}}_0$ ist daher nicht erwartungstreu. Eine erwartungstreue Schätzung gewinnt man, wenn man in (48) den Divisor T durch die Zahl der Freiheitsgrade $T - L$ ersetzt, also

$$\hat{\boldsymbol{\Sigma}}_0 := \frac{T}{T-L} \hat{\boldsymbol{\Sigma}}_{0,\,KQ} = \frac{1}{T-L} \boldsymbol{X}_0' \boldsymbol{P} \boldsymbol{X}_0 \tag{52}$$

als Schätzung für $\tilde{\boldsymbol{\Sigma}}_0$ konstruiert. Für $\tilde{\boldsymbol{\Sigma}}$ und $\tilde{\boldsymbol{\sigma}}$ hat man dann insbesondere die Schätzungen

$$\hat{\boldsymbol{\Sigma}} = \frac{1}{T-L} \boldsymbol{X}' \boldsymbol{P} \boldsymbol{X}, \qquad \hat{\boldsymbol{\sigma}} = \frac{1}{T-L} \boldsymbol{X}' \boldsymbol{P} \boldsymbol{y}. \tag{53}$$

Werden die Schätzungen (53) anstelle von $\tilde{\boldsymbol{\Sigma}}$ und $\tilde{\boldsymbol{\sigma}}$ in (43) eingesetzt, so hat man neben (50) einen weiteren $\hat{\mathrm{V}}$-Schätzer, der von *Tukey* [1951] als sogenannter **Varianzkomponentenschätzer** eingeführt worden ist [vgl. auch *Madansky*, 1951 und *Acton*, 1959]:

$$\hat{\boldsymbol{\beta}}_{VK} = \left(\boldsymbol{X}' \boldsymbol{X} - \frac{T}{T-L} \boldsymbol{X}' \boldsymbol{P} \boldsymbol{X}\right)^{-1} \left(\boldsymbol{X}' \boldsymbol{y} - \frac{T}{T-L} \boldsymbol{X}' \boldsymbol{P} \boldsymbol{y}\right). \tag{54}$$

Dieser Schätzer hat asymptotisch die gleichen Eigenschaften wie $\hat{\boldsymbol{\beta}}_{2KQ}$, ist also insbesondere auch konsistent. Er unterscheidet sich aber in den Kleinstichprobeneigenschaften von $\hat{\boldsymbol{\beta}}_{2KQ}$.

A 3.5/11

Zeigen Sie, daß mit $l := L/(T-L)$ gilt:
$\hat{\boldsymbol{\beta}}_{VK} = (\boldsymbol{X}'\boldsymbol{Q}\boldsymbol{X} - l\boldsymbol{X}'\boldsymbol{P}\boldsymbol{X})^{-1}(\boldsymbol{X}'\boldsymbol{Q}\boldsymbol{y} - l\boldsymbol{X}'\boldsymbol{P}\boldsymbol{y})$.

A 3.5/12

a. Beweisen Sie, daß $\text{plim}\sqrt{T}(\hat{\boldsymbol{\beta}}_{VK} - \hat{\boldsymbol{\beta}}_{2KQ}) = \boldsymbol{o}$.
b. Leiten Sie daraus die Konsistenz von $\hat{\boldsymbol{\beta}}_{VK}$ ab.

e. Der P-Schätzer im FVE-Modell

Wir haben in den beiden vorangegangenen Abschnitten die Schätzung (48) resp. (52) der Kovarianzmatrix $\tilde{\boldsymbol{\Sigma}}_0$ nicht voll zur Schätzung des Parametervektors $\boldsymbol{\beta}$ ausgenutzt. In der Tat wurden nur Schätzungen für die Teilmatrizen $\tilde{\boldsymbol{\Sigma}}$ und $\tilde{\boldsymbol{\sigma}}$ benutzt, während die Schätzung von $\tilde{\sigma}_w^2$ keine Verwendung fand. Wir können aber die Schätzung von $\tilde{\boldsymbol{\Sigma}}_0$ vollständig in die Schätzung von $\boldsymbol{\beta}$ einbringen, wenn wir auf die Ergebnisse aus 3.3.2d und 3.3.3 zurückgreifen. In 3.3.3 hatten wir angenommen, daß die Kovarianzmatrix aller Fehler — bei dem hier zugrunde gelegten transformierten Modell also $\tilde{\boldsymbol{\Sigma}}_0$ — vollständig bekannt ist. Den P-Schätzer des Vektors $\boldsymbol{\beta}_0 = (1, -\boldsymbol{\beta}')'$ erhielt man dann über die Minimierungsaufgabe (3.3/83), die hier noch einmal wiedergegeben sei:

$$\min_q : \left(\frac{1}{T}\boldsymbol{X}_0'\boldsymbol{X}_0 - q\tilde{\boldsymbol{\Sigma}}_0\right)\boldsymbol{\beta}_0 = \boldsymbol{o}. \tag{55}$$

Der zur Lösung q_{Min} des Eigenwertproblems (55) gehörende Eigenvektor war der gesuchte P-Schätzer $\hat{\boldsymbol{\beta}}_{0,P}$, wobei dieser im Falle der Funktionalvariante mit normalverteilten Fehlervariablen mit dem ML-Schätzer $\hat{\boldsymbol{\beta}}_{0,ML}$ identisch war.

Ersetzt man in (55) die Matrix $\tilde{\boldsymbol{\Sigma}}_0$ durch die Schätzung (48), so ergibt sich ein $\hat{\text{P}}$-Schätzer von $\boldsymbol{\beta}_0$ als derjenige Eigenvektor $\hat{\boldsymbol{\beta}}_{0,\hat{P}}$, der zur Lösung der Minimierungsaufgabe

$$\min_q : (\boldsymbol{X}_0'\boldsymbol{X}_0 - q\boldsymbol{X}_0'\boldsymbol{P}\boldsymbol{X}_0)\boldsymbol{\beta}_0 = \boldsymbol{o} \tag{56}$$

gehört. Wenn wir diese Lösung wieder mit q_{Min} bezeichnen, so hat man also als Bestimmungsgleichung für die $\hat{\text{P}}$-Schätzung von $\boldsymbol{\beta}_0$

$$(\boldsymbol{X}_0'\boldsymbol{X}_0 - q_{\text{Min}}\boldsymbol{X}_0'\boldsymbol{P}\boldsymbol{X}_0)\hat{\boldsymbol{\beta}}_{0,\hat{P}} = \boldsymbol{o}. \tag{57}$$

Das Eigenwertproblem (56) lautet wegen $\boldsymbol{X}_0 = (\boldsymbol{y}, \boldsymbol{X})$ in ausführlicher Notation (vgl. auch (3.3/84))

$$\min_q : \left[\begin{pmatrix} \boldsymbol{y}'\boldsymbol{y} & \boldsymbol{y}'\boldsymbol{X} \\ \boldsymbol{X}'\boldsymbol{y} & \boldsymbol{X}'\boldsymbol{X} \end{pmatrix} - q \begin{pmatrix} \boldsymbol{y}'\boldsymbol{P}\boldsymbol{y} & \boldsymbol{y}'\boldsymbol{P}\boldsymbol{X} \\ \boldsymbol{X}'\boldsymbol{P}\boldsymbol{y} & \boldsymbol{X}'\boldsymbol{P}\boldsymbol{X} \end{pmatrix}\right] \begin{pmatrix} 1 \\ -\boldsymbol{\beta} \end{pmatrix} = \boldsymbol{o}.$$

Für den in $\boldsymbol{\beta}_0$ enthaltenen Vektor $\boldsymbol{\beta}$ erhält man hieraus analog zu (3.3/85) die $\hat{\text{P}}$-Schätzung

$$\hat{\boldsymbol{\beta}}_{\hat{P}} = (\boldsymbol{X}'\boldsymbol{X} - q_{\text{Min}}\boldsymbol{X}'\boldsymbol{P}\boldsymbol{X})^{-1}(\boldsymbol{X}'\boldsymbol{y} - q_{\text{Min}}\boldsymbol{X}'\boldsymbol{P}\boldsymbol{y}). \tag{58}$$

Die Konsistenz der $\hat{\text{P}}$-Schätzer $\hat{\boldsymbol{\beta}}_{0,\hat{P}}$ und $\hat{\boldsymbol{\beta}}_{\hat{P}}$ ergibt sich aus der Konsistenz der Schätzungen (48, 49).

Man kann zeigen, daß der $\hat{\text{P}}$-Schätzer (58) und der 2KQ-Schätzer (42) die gleichen asymptotischen Eigenschaften besitzen [vgl. *Schönfeld*, 1971, S. 278, für die analogen Schätzer im I-Modell]. In den Kleinstichprobeneigenschaften zeigen sich allerdings Abweichungen, die freilich noch ungenügend erforscht sind. Man kann erwarten, daß $\hat{\boldsymbol{\beta}}_{\hat{P}}$ dem 2KQ-Schätzer $\hat{\boldsymbol{\beta}}_{2KQ}$ überlegen ist, da er die Information, die in den Daten steckt, besser auszunutzen scheint. Außerdem stimmt er unter der Normalverteilungsannahme mit dem ML-Schätzer überein (vgl. 3.5.2g). Monte-Carlo-Studien haben gezeigt, daß $\hat{\beta}_{\hat{P}}$ bei kleinem Stichprobenumfang im allgemeinen eine geringere Verzerrung als $\hat{\boldsymbol{\beta}}_{2KQ}$ aufweist, in Bezug auf das Varianz-Kriterium aber öfters unterlegen ist. Einen Überblick über verschiedene MC-Studien gibt *Johnston* [1972].

In 3.5.2f benötigen wir noch eine wichtige Eigenschaft von q_{Min}, die wir im nachstehenden Satz festhalten:

▷ **Satz 3.5/1**

Die Spalten der Datenmatrix $\boldsymbol{X}_0 = (\boldsymbol{y}, \boldsymbol{X})$ seien linear unabhängig.

Dann gilt für die Lösung q_{Min} der Minimierungsaufgabe (56): $q_{\text{Min}} \geq 1$.

Die in diesem Satz formulierte Voraussetzung der linearen Unabhängigkeit der Vektoren $\boldsymbol{y} = (y_1, \ldots, y_T)'$ und $\boldsymbol{x}_1 = (x_{11}, \ldots, x_{T1})', \ldots, \boldsymbol{x}_K = (x_{1K}, \ldots, x_{TK})'$ ist im übrigen aufgrund der Modellannahmen immer m.W.1 erfüllt, wenn $T > K$ ist und w_t eine stetige Variable darstellt.

Beweis des Satzes: Wir zeigen, daß die in (56) vorkommende Matrix $\boldsymbol{M} := \boldsymbol{X}_0'\boldsymbol{X}_0 - q\boldsymbol{X}_0'\boldsymbol{P}\boldsymbol{X}_0$ für $q < 1$ immer regulär ist und daher kein Eigenwert q mit $q < 1$ existieren kann.

Mit $\boldsymbol{Q} = \boldsymbol{I} - \boldsymbol{P}$ und $p := 1 - q$ läßt sich $\boldsymbol{M}$ zunächst umformen zu $\boldsymbol{M} = \boldsymbol{X}_0'(\boldsymbol{Q} + p\boldsymbol{P})\boldsymbol{X}_0$. Sei nun $q < 1$ und daher $p > 0$ und sei $\boldsymbol{a}$ ein beliebiger K-Vektor. Wir zeigen, daß $\boldsymbol{a}'\boldsymbol{M}\boldsymbol{a} = 0$ nur für $\boldsymbol{a} = \boldsymbol{o}$ gelten kann, woraus sich dann sofort die Regularität von $\boldsymbol{M}$ ergibt.

Gelte also $\boldsymbol{a}'\boldsymbol{M}\boldsymbol{a} = \boldsymbol{o}$. Mit $\boldsymbol{b} := \boldsymbol{X}_0\boldsymbol{a}$ folgt dann $\boldsymbol{b}'\boldsymbol{Q}\boldsymbol{b} + p\boldsymbol{b}'\boldsymbol{P}\boldsymbol{b} = 0$. Wegen der Idempotenz von $\boldsymbol{Q}$ und $\boldsymbol{P}$ ist $\boldsymbol{b}'\boldsymbol{Q}\boldsymbol{b} \geq 0$ und $\boldsymbol{b}'\boldsymbol{P}\boldsymbol{b} \geq 0$. Weil zudem $p > 0$ ist, muß daher $\boldsymbol{b}'\boldsymbol{Q}\boldsymbol{b} = 0$ und $\boldsymbol{b}'\boldsymbol{P}\boldsymbol{b} = 0$ sein. Es ist aber $\boldsymbol{b}'\boldsymbol{Q}\boldsymbol{b} = \boldsymbol{b}'\boldsymbol{b} - \boldsymbol{b}'\boldsymbol{P}\boldsymbol{b} = \boldsymbol{b}'\boldsymbol{b} = 0$, also $\boldsymbol{b} = \boldsymbol{o}$. Da die Spalten von $\boldsymbol{X}_0$ laut Voraussetzung linear unabhängig sind, ist schließlich $\boldsymbol{a} = \boldsymbol{o}$. Damit ist die Regularität von $\boldsymbol{M}$ für $q < 1$ gezeigt und der Satz bewiesen.

Anmerkung: Wenn ebenso viele Instrumentvariablen zur Verfügung stehen, wie es exogene Variablen gibt ($L = K$), stimmen die Schätzer $\hat{\boldsymbol{\beta}}_{2KQ}$ und $\hat{\boldsymbol{\beta}}_{\hat{P}}$ mit dem IV-Schätzer $\hat{\boldsymbol{\beta}}_{IV}$ aus 3.5.1 überein. Für $\hat{\boldsymbol{\beta}}_{2KQ}$ ist dies in L 3.5/8b gezeigt. Bezüglich $\hat{\boldsymbol{\beta}}_{\hat{P}}$ folgt die Behauptung aus der Beobachtung, daß im Falle $L = K$ der kleinste Eigenwert von (56) gerade gleich 1 ist und daher der $\hat{\mathrm{P}}$-Schätzer (58) mit dem $\hat{\mathrm{V}}$-Schätzer (50) übereinstimmt, der wiederum mit dem 2KQ-Schätzer (42) zusammenfällt.

A 3.5/13

Zeigen Sie, daß die Eigenwertaufgabe (56) mit den Eigenwertproblemen

a. $\min\limits_{l} : (\boldsymbol{X}_0' \boldsymbol{Q} \boldsymbol{X}_0 - l \boldsymbol{X}_0' \boldsymbol{P} \boldsymbol{X}_0) \boldsymbol{\beta}_0 = \boldsymbol{o}$

b. $\min\limits_{k} : (\boldsymbol{X}_0' \boldsymbol{Q} \boldsymbol{X}_0 - k \boldsymbol{X}_0' \boldsymbol{X}_0) \boldsymbol{\beta}_0 = \boldsymbol{o}$

äquivalent ist, in dem Sinne, daß sie allesamt dieselbe $\hat{\mathrm{P}}$-Schätzung für $\boldsymbol{\beta}_0$ liefern.

Anleitung: Setzen Sie beim Beweis von Aufgabenteil b voraus, daß die Voraussetzungen von Satz 3.5/1 erfüllt sind.

A 3.5/14

Beweisen Sie unter der Voraussetzung $L = K$, daß die Eigenwertaufgabe (56) die Lösung $q_{\mathrm{Min}} = 1$ hat (Hinweis: Satz 3.5/1).

f. Anwendung von Schätzmethoden für das I-Modell auf das FVE-Modell

In 1.5.3b wurde gezeigt, daß man das FVE-Modell (30) formal in ein I-Modell (interdependentes Modell ohne Meßfehler) überführen kann. Die dortigen Ausführungen gelten insbesondere für den Fall, daß die latenten exogenen Variablen $\xi_1, \ldots, \xi_K$ *allesamt* von den Instrumentvariablen $z_1, \ldots, z_L$ abhängen, daß also $\boldsymbol{\xi}_1 = \boldsymbol{\xi}$ ist. In diesem Falle entfällt die Partitionierung der Vektoren und Matrizen in (1.5/35) bzw. (1.5/36) und man erhält anstelle von (1.5/37) das I-Modell

$$y_t - \boldsymbol{\beta}' \boldsymbol{x}_{(t)} = u_t \qquad t = 1, \ldots, T$$

$$\boldsymbol{x}_{(t)} = \boldsymbol{\Pi}' \boldsymbol{z}_{(t)} + \tilde{\boldsymbol{v}}_{(t)}$$

mit $u_t = w_t - \boldsymbol{\beta}' \boldsymbol{v}_{(t)}$ und $\tilde{\boldsymbol{v}}_{(t)} = \boldsymbol{v}_{(t)} + \boldsymbol{f}_{(t)}$. In matrizieller Schreibweise hat man

$$\begin{aligned} \boldsymbol{y} - \boldsymbol{X}\boldsymbol{\beta} &= \boldsymbol{u} \\ \boldsymbol{X} &= \boldsymbol{Z}\boldsymbol{\Pi} + \tilde{\boldsymbol{V}}. \end{aligned} \tag{59}$$

Dieses System ergibt sich auch direkt aus (31), wenn man dort $\boldsymbol{\eta}$ und $\boldsymbol{\Xi}$ eliminiert.

Wegen der stochastischen Unabhängigkeit zwischen $\boldsymbol{Z}$ und $(\boldsymbol{u}, \tilde{\boldsymbol{V}})$ können die Instrumentvariablen $z_1, \ldots, z_L$ als exogene Variablen in dem I-Modell (59) aufgefaßt werden, die Variablen y und $x_1, \ldots, x_K$ sind dann endogene Variablen.

Die in $\boldsymbol{u}$ und $\tilde{\boldsymbol{V}}$ zusammengefaßten Störvariablen des I-Modells (59) sind für $t = 1, \ldots, T$ unabhängig identisch verteilt. Ihre Kovarianzmatrix für ein beliebiges t ist keinen Restriktionen unterworfen (d.h. ihre Elemente sind freie Parameter), solange an die Kovarianzmatrizen $\boldsymbol{\Sigma}_0$ und $\boldsymbol{\Sigma}_f$ von $\boldsymbol{v}_{0(t)} = (w_t, v_{t1}, \ldots, v_{tK})'$ resp. $\boldsymbol{f}_{(t)} = (f_{t1}, f_{t2}, \ldots, f_{tK})'$ keine einschränkenden Bedingungen gestellt werden. Das entspricht den üblichen Annahmen in der Theorie der I-Modelle. In dem Sonderfall, daß $\boldsymbol{\sigma} = \boldsymbol{o}$ und $\boldsymbol{F} = \boldsymbol{O}$ ist, unterliegt die Kovarianzmatrix der Störvariablen allerdings gewissen Restriktionen. Wir werden jedoch diesen Fall nicht näher betrachten (vgl. aber die Anmerkung zu diesem Abschnitt sowie Anmerkung 3 in 3.5.2g).

In einem allgemeinen I-Modell können grundsätzlich in jeder Gleichung alle Variablen mit irgendwelchen Koeffizienten versehen vorkommen. Zumeist sind aber einige der Koeffizienten von vornherein numerisch festgelegt (z.B. a priori gleich Null gesetzt).

Solche A-priori-Restriktionen gibt es auch im System (59): In (59a) kommen die Variablen z_j nicht vor; in (59b) ist die Variable y ausgeschlossen, und die Koeffizientenmatrix von $\boldsymbol{X}$ ist die Einheitsmatrix. Die erstgenannte Restriktion garantiert die Identifizierbarkeit der Gleichung (59a), denn nach dem Rangkriterium für I-Modelle [vgl. z.B. *Schneeweiß*, 1978] ist notwendig und hinreichend für die Identifizierbarkeit, daß rg $\boldsymbol{\Pi} = K$. Letzteres folgt aber aus (I2) — s. A 3.5/7a. Die zweite Restriktion bedeutet, daß die in (59b) zusammengefaßten Gleichungen von vornherein schon in der reduzierten Form vorliegen. Mit (59) ist also ein sehr spezielles interdependentes Modell gegeben.

Eine wichtige und naheliegende Konsequenz der Darstellbarkeit des FVE-Modells als I-Modell ist, daß sämtliche für I-Modelle entwickelten Schätzverfahren zur Schätzung des Parametervektors $\boldsymbol{\beta}$ herangezogen werden können. Es sind insbesondere die 2KQ- und 3KQ-Methode, die Schätzverfahren der k-Klasse sowie die (Quasi-)ML-Methode[1] bei voller und bei beschränkter Information zu nennen. Da sich der Teil (59b) des interdependenten Modells in der reduzierten Form befindet, fallen allerdings einerseits 2KQ- und 3KQ-Verfahren, andererseits die ML-Verfahren bei voller und bei beschränkter Information zusammen [zur ersten Behauptung vgl. *Zellner/Theil*, 1962, zur zweiten *Anderson/Rubin* 1949].

Es ist leicht zu sehen, daß das 2KQ-Verfahren beim I-Modell (59) und beim FVE-Modell (51) gleiche Schätzungen für den Koeffizientenvektor $\boldsymbol{\beta}$ liefert. Im I-Modell gewinnt man den 2KQ-Schätzer von $\boldsymbol{\beta}$ ja dadurch, daß man in (59a) $\boldsymbol{X}$ analog zu (40) durch die KQ-Schätzung

$$\hat{\boldsymbol{X}}_{KQ} := \boldsymbol{Z}\hat{\boldsymbol{\Pi}}_{KQ} = \boldsymbol{Z}(\boldsymbol{Z}'\boldsymbol{Z})^{-1}\boldsymbol{Z}'\boldsymbol{X} = \boldsymbol{Q}\boldsymbol{X}$$

ersetzt und danach $\boldsymbol{\beta}$ aus der so abgeänderten Gleichung (59a) nach der KQ-Methode als

[1] Die Quasi-ML-Methode entwickelt Schätzer nach dem ML-Prinzip unter der hypothetischen Annahme normalverteilter Störvariablen. Die so entwickelten Schätzer werden aber auch ohne diese Annahme verwendet und heißen dann **Quasi-ML-Schätzer.**

$$\hat{\beta}_{2KQ} = (\hat{X}'_{KQ}\,\hat{X}_{KQ})^{-1}\,\hat{X}'_{KQ}\,y = (X'\,Q\,X)^{-1}\,X'\,Q\,y$$

schätzt. Dies ist aber genau die 2KQ-Schätzung (42) für das FVE-Modell.
Die **Quasi-ML-Methode** bei beschränkter Information ist bekanntlich [vgl. z.B. *Schönfeld*, 1971] mit der **Methode des minimalen Varianzquotienten** äquivalent. Um letztere für das vorliegende Modell (59) zu erläutern, schreiben wir (59a) in der Kurzform

$$X_0\,\beta_0 = u \tag{60}$$

mit $X_0 = (y, X)$ und $\beta_0 = (1, -\beta')'$. Der bezüglich β_0 zu minimierende Varianzquotient q besteht aus der Residuenvarianz von (60), also $u'\,u = \beta'_0\,X'_0\,X_0\,\beta_0$, dividiert durch die Residuenvarianz einer Regression von $X_0\,\beta_0$ auf Z, also $\beta'_0\,X'_0\,P\,X_0\,\beta_0$. Die Minimierung dieses Quotienten

$$q := \frac{\beta'_0\,X'_0\,X_0\,\beta_0}{\beta'_0\,X'_0\,P\,X_0\,\beta_0}$$

bezüglich β_0 führt zu der Eigenwertaufgabe

$$\min_q : \quad (X'_0\,X_0 - q\,X'_0\,P\,X_0)\beta_0 = o,$$

welche offensichtlich mit (56) bzw. (57) identisch ist. Man hat daher die Lösung $\hat{\beta}_{0,\hat{P}} = (1, -\hat{\beta}'_{\hat{P}})'$ mit der $\hat{\text{P}}$-Schätzung $\hat{\beta}_{\hat{P}}$ nach (58). Es läßt sich also sagen, daß die $\hat{\text{P}}$-Schätzung (58) des Parametervektors β im FVE-Modell (31) mit dem Quasi-ML-Schätzer bei beschränkter Information für den Vektor β des zu (31) gehörigen I-Modells übereinstimmt.

Die **Schätzer der *k*-Klasse** schließlich sind von der Form

$$\hat{\beta}_k := (X'\,X - k\,X'\,P\,X)^{-1}\,(X'\,y - k\,X'\,P\,y) \tag{61}$$

mit einem Faktor k, der von den Daten (y, X, Z) abhängen kann. Sie enthalten die zuvor betrachteten Schätzer (3.2/26), (51), (54) und (58) als Spezialfälle:

$$k = 0 \quad \Rightarrow \hat{\beta}_k = \hat{\beta}_{KQ}$$

$$k = 1 \quad \Rightarrow \hat{\beta}_k = \hat{\beta}_{2KQ} = \hat{\beta}_{\hat{V}}$$

$$k = q_{\text{Min}} \quad \Rightarrow \hat{\beta}_k = \hat{\beta}_{\hat{P}}$$

$$k = \frac{T}{T-L} \quad \Rightarrow \hat{\beta}_k = \hat{\beta}_{VK}.$$

Alle k-Klassenschätzer mit $p\text{lim}\,k = 1$ sind konsistent. Gilt darüber hinaus $p\text{lim}\,\sqrt{T}(k-1) = 0$, dann ist der entsprechende k-Klassenschätzer asymptotisch mit dem 2KQ-Schätzer (42) äquivalent in dem Sinne, daß $p\text{lim}\,\sqrt{T}(\hat{\beta}_k - \hat{\beta}_{2KQ}) = o$ ist (s. A 3.5/15). Der Schätzer $\hat{\beta}_k$ hat dann dieselben asymptotischen Eigenschaften und insbesondere dieselbe Grenzkovarianzmatrix wie $\hat{\boldsymbol{\beta}}_{2KQ}$ (vgl. auch (4.2/85)). Da für alle oben angegebenen Schätzer außer dem KQ-Schätzer $p\lim\sqrt{T}(k-1) = 0$ gilt [*Schönfeld*, 1971], sind diese Schätzer alle asymptotisch äquivalent.

Die asymptotisch äquivalenten k-Klassenschätzer unterscheiden sich also nur in den Kleinstichproben-Eigenschaften. Hier kann man nun versuchen, durch geeignete Wahl des Faktors k einen Schätzer zu konstruieren, der günstige Eigenschaften bei kleinem T aufweist, z.B. einen möglichst geringen Bias oder eine möglichst kleine Varianz besitzt. Von *Fuller* [1977] stammt ein k-Klassen-Schätzer der Form

$$\hat{\boldsymbol{\beta}}_F = \left[\boldsymbol{X}'\boldsymbol{X} - \left(q_{\text{Min}} - \frac{a}{T-L}\right)\boldsymbol{X}'\boldsymbol{P}\boldsymbol{X}\right]^{-1}\left[\boldsymbol{X}'\boldsymbol{y} - \left(q_{\text{Min}} - \frac{a}{T-L}\right)\boldsymbol{X}'\boldsymbol{P}\boldsymbol{y}\right], \tag{62}$$

worin q_{Min} die Lösung der Eigenwertaufgabe (56) ist und a eine noch zu wählende Zahl darstellt.

Wir werden diesen Schätzer im Zusammenhang mit den Kleinstichprobeneigenschaften in 4.3.4 noch einmal kurz erörtern.

Anmerkung: Der in (61) eingehende Vektor $\boldsymbol{X}'\boldsymbol{P}\boldsymbol{y}$ ist nach (49b) die KQ-Schätzung des in (35) auftretenden Vektors $\tilde{\boldsymbol{\sigma}}$ der Kovarianzen der transformierten Fehlervariablen $\tilde{w}$ und $\tilde{v}_i$; $i = 1, \ldots, K$. In dem u.a. für das Replikationsmodell bedeutsamen Spezialfall, daß ein FV-Modell i.e.S. vorliegt ($\boldsymbol{\sigma} = \boldsymbol{o}$) und gleichzeitig die ξ-Variablen mit den z-Variablen vollkommen korrelieren ($\boldsymbol{F} = \boldsymbol{O}$), ist nach (36b) auch $\tilde{\boldsymbol{\sigma}} = \boldsymbol{o}$, so daß sich die Schätzung von $\tilde{\boldsymbol{\sigma}}$ erübrigt. Der k-Klassenschätzer (61) ist dann zu modifizieren.

Es liegt zunächst nahe, den k-Klassenschätzer im Falle $\boldsymbol{\sigma} = \boldsymbol{o}$ und $\boldsymbol{F} = \boldsymbol{O}$ dadurch zu definieren, daß man in (61) den Term $k\boldsymbol{X}'\boldsymbol{P}\boldsymbol{y}$ einfach streicht. Man erhält in der Tat auf diese Weise konsistente Schätzer, sofern wieder $p\lim k = 1$ gilt.

Eine asymptotisch bessere Schätzung erhält man aber, wenn man sich von dem ML-Ansatz des folgenden Abschnitts 3.5.2g leiten läßt, der gerade für diesen Fall eine andere Vorgehensweise nahelegt (vgl. Anmerkung 5 am Ende von 3.5.2g). Danach formen wir die Schätzformel (61) mit $\boldsymbol{Q} = \boldsymbol{I} - \boldsymbol{P}$ zunächst in

$$\hat{\boldsymbol{\beta}}_k = [\boldsymbol{X}'\boldsymbol{Q}\boldsymbol{X} - (k-1)\boldsymbol{X}'\boldsymbol{P}\boldsymbol{X}]^{-1}[\boldsymbol{X}'\boldsymbol{Q}\boldsymbol{y} - (k-1)\boldsymbol{X}'\boldsymbol{P}\boldsymbol{y}]$$

um und modifizieren diese Definition für den Fall $\boldsymbol{\sigma} = \boldsymbol{o}$ und $\boldsymbol{F} = \boldsymbol{O}$ wie folgt:

$$\hat{\boldsymbol{\beta}}_k = [\boldsymbol{X}'\boldsymbol{Q}\boldsymbol{X} - (k-1)\boldsymbol{X}'\boldsymbol{P}\boldsymbol{X}]^{-1}\boldsymbol{X}'\boldsymbol{Q}\boldsymbol{y}.$$

Wieder kann man zeigen, daß $\hat{\boldsymbol{\beta}}_k$ mit $\hat{\boldsymbol{\beta}}_{2KQ} = (\boldsymbol{X}'\boldsymbol{Q}\boldsymbol{X})^{-1}\boldsymbol{X}'\boldsymbol{Q}\boldsymbol{y}$ asymptotisch äquivalent ist, sofern $p\lim\sqrt{T}(k-1) = 0$. Setzt man in der abgewandelten k-Klassenschätzformel $k = q_{\text{Min}}$ mit q_{Min} aus der entsprechend abgewandelten Eigenwertaufgabe (57) oder $k = T/(T-L)$, so hat man die auf den Fall $\boldsymbol{\sigma} = \boldsymbol{o}$ und $\boldsymbol{F} = \boldsymbol{O}$ zugeschnittene Form von $\hat{\boldsymbol{\beta}}_P$ resp. $\hat{\boldsymbol{\beta}}_{VK}$. Da die beiden genannten k-Werte der Bedingung $p\lim\sqrt{T}(k-1) = 0$ genügen, sind die so modifizierten Schätzungen (58) und (54) asymptotisch mit dem 2KQ-Schätzer (42) äquivalent.

Es sei noch hervorgehoben, daß die Theorie des FVE-Modells gerade im Spezialfall $\boldsymbol{\sigma} = \boldsymbol{o}$ und $\boldsymbol{F} = \boldsymbol{O}$ von der traditionellen Theorie der interdependenten Modelle abweicht. Gäbe es diesen Spezialfall nicht, dann wäre das FVE-Modell ganz im Rahmen des I-Modells zu behandeln.

A 3.5/15

Beweisen Sie für den Schätzer (61) und (42) die Gültigkeit der Implikation

$$\text{plim}\sqrt{T}(k-1) = 0 \Rightarrow \text{plim}\sqrt{T}(\hat{\boldsymbol{\beta}}_k - \hat{\boldsymbol{\beta}}_{2KQ}) = \boldsymbol{o}.$$

g. ML-Schätzung im FVE-Modell

In 3.5.2f haben wir die $\hat{\mathrm{P}}$-Schätzung (58) des Parametervektors $\boldsymbol{\beta}$ im FV-Einflußgrößen-Modell *i.w.S.* als (Quasi-)ML-Schätzung erkannt, wobei wir uns auf allgemeine Ergebnisse aus der Theorie interdependenter Modelle stützten. Jetzt soll die ML-Schätzung für $\boldsymbol{\beta}$ unabhängig von derartigen Bezügen hergeleitet werden.

Dabei treffen wir die zusätzliche Annahme, daß sämtliche in $\boldsymbol{V}_0 := (\boldsymbol{w}, \boldsymbol{V})$ und $\boldsymbol{F}$ zusammengefaßten Fehlervariablen des FVE-Modells (31) gemeinsam normalverteilt sind. Wir nehmen des weiteren an, daß die Kovarianzmatrix $\boldsymbol{\Sigma}_0$ eines beliebigen Zeilenvektors $\boldsymbol{v}_{0(t)} = (w_t, v_{t1}, \ldots, v_{tK})'$, $t = 1, \ldots, T$, von $\boldsymbol{V}_0$ positiv definit ist. Die Matrix $\boldsymbol{Z}$ spezifizieren wir der Einfachheit halber als nichtstochastisch. [1]
Mit diesen Annahmen wird sich für die ML-Schätzung von $\boldsymbol{\beta}$ zeigen, daß $\hat{\boldsymbol{\beta}}_{ML} = \hat{\boldsymbol{\beta}}_{\hat{P}}$ ist. Zugleich wird bei der Herleitung dieses Resultats deutlich, daß zwischen der ML-Methode im FVE-Modell und der in 3.3.3 abgehandelten ML-Methode im FV-Modell bei gegebener Fehlerkovarianzmatrix $\boldsymbol{\Sigma}_0$ eine enge Beziehung besteht.

Bei der Ableitung der ML-Schätzung von $\boldsymbol{\beta}$ und der anderen Modellparameter ist es zweckmäßig, von der symmetrischen Form (1.1/24) des FV-Modells auszugehen:

$$\begin{aligned} \boldsymbol{\Xi}_0 \boldsymbol{\beta}_0 &= \boldsymbol{o} \\ \boldsymbol{X}_0 &= \boldsymbol{\Xi}_0 + \boldsymbol{V}_0. \end{aligned} \tag{63}$$

An die Stelle von (31d) tritt jetzt die umfassendere Gleichung

$$\boldsymbol{\Xi}_0 = \boldsymbol{Z}\boldsymbol{\Pi}_0 + \boldsymbol{F}_0 \tag{64}$$

mit $\boldsymbol{\Pi}_0 := (\boldsymbol{\Pi}\boldsymbol{\beta}, \boldsymbol{\Pi})$ und $\boldsymbol{F}_0 := (\boldsymbol{F}\boldsymbol{\beta}, \boldsymbol{F})$. Für $\boldsymbol{\Pi}_0$ und $\boldsymbol{F}_0$ gelten also die Restriktionen

$$\begin{aligned} \boldsymbol{\Pi}_0 \boldsymbol{\beta}_0 &= \boldsymbol{o} \\ \boldsymbol{F}_0 \boldsymbol{\beta}_0 &= \boldsymbol{o}. \end{aligned} \tag{65}$$

In (63, 64) hat man die symmetrische Form des FVE-Modells. Um die Verteilung von $\boldsymbol{X}_0$ zu bestimmen eliminieren wir $\boldsymbol{\Xi}_0$ in (63b) mittels (64):

$$\boldsymbol{X}_0 = \boldsymbol{Z}\boldsymbol{\Pi}_0 + \tilde{\boldsymbol{V}}_0 \tag{66}$$

mit $\tilde{\boldsymbol{V}}_0 := \boldsymbol{V}_0 + \boldsymbol{F}_0$. Dies ist wegen $\boldsymbol{X}_0 = (\boldsymbol{y}, \boldsymbol{X})$ wieder die reduzierte Form (34) des FVE-Modells in kompakterer Schreibweise. Da wir ein FVE-Modell *i.w.S.* unter-

[1] Die folgenden ML-Schätzungen ergeben sich auch dann, wenn $\boldsymbol{Z}$ als stochastisch angenommen wird, sofern die Wahrscheinlichkeitsverteilung von $\boldsymbol{Z}$ nicht von den Modellparametern abhängt.

stellt haben, unterliegt die Kovarianzmatrix $\tilde{\boldsymbol{\Sigma}}_0$ der Fehlervariablen $\tilde{v}_0 := \tilde{w}$ und $\tilde{v}_1, \ldots, \tilde{v}_K$ keinen Restriktionen (außer der, positiv definit zu sein).

Da die Zeilen von $\tilde{\boldsymbol{V}}_0$ unabhängig identisch normalverteilte Zufallsvektoren sind, ist die Dichtefunktion g der Elemente von $\tilde{\boldsymbol{V}}_0$ analog zu (3.3/63) gegeben durch

$$g(\tilde{\boldsymbol{V}}_0) \propto |\tilde{\boldsymbol{\Sigma}}_0|^{-\frac{T}{2}} \exp\left\{-\frac{1}{2}\operatorname{sp}(\tilde{\boldsymbol{V}}_0 \tilde{\boldsymbol{\Sigma}}_0^{-1} \tilde{\boldsymbol{V}}_0')\right\}. \tag{67}$$

Ersetzt man in (67) die Matrix $\tilde{\boldsymbol{V}}_0$ gemäß (66) durch $\boldsymbol{X}_0 - \boldsymbol{Z}\boldsymbol{\Pi}_0$, so hat man für die zu schätzenden Parameter die Likelihoodfunktion

$$L(\boldsymbol{\Pi}_0, \tilde{\boldsymbol{\Sigma}}_0) \propto |\tilde{\boldsymbol{\Sigma}}_0|^{-\frac{T}{2}} \exp\left\{-\frac{1}{2}\operatorname{sp}[(\boldsymbol{X}_0 - \boldsymbol{Z}\boldsymbol{\Pi}_0)\tilde{\boldsymbol{\Sigma}}_0^{-1}(\boldsymbol{X}_0 - \boldsymbol{Z}\boldsymbol{\Pi}_0)']\right\}. \tag{68}$$

Die Maximierung dieser Funktion bezüglich $\boldsymbol{\Pi}_0$ und $\tilde{\boldsymbol{\Sigma}}_0$ unter Beachtung der Restriktion (65a) führt auf die ML-Schätzungen von $\boldsymbol{\beta}_0$, $\boldsymbol{\Pi}_0$ und $\tilde{\boldsymbol{\Sigma}}_0$.

Wir geben zunächst $\tilde{\boldsymbol{\Sigma}}_0$ fest vor und maximieren L nur bezüglich $\boldsymbol{\Pi}_0$ unter der Nebenbedingung (65a). Äquivalent zur Maximierung von L ist offenbar die Minimierung des Spurausdrucks

$$\begin{aligned} L^* &:= \operatorname{sp}[(\boldsymbol{X}_0 - \boldsymbol{Z}\boldsymbol{\Pi}_0)\tilde{\boldsymbol{\Sigma}}_0^{-1}(\boldsymbol{X}_0 - \boldsymbol{Z}\boldsymbol{\Pi}_0)']. \\ &= \operatorname{sp}[\tilde{\boldsymbol{\Sigma}}_0^{-1}(\boldsymbol{X}_0 - \boldsymbol{Z}\boldsymbol{\Pi}_0)'(\boldsymbol{X}_0 - \boldsymbol{Z}\boldsymbol{\Pi}_0)] \end{aligned} \tag{69}$$

bezüglich $\boldsymbol{\Pi}_0$ bei Beachtung der genannten Restriktion.

Um diese Aufgabe zurückzuführen auf die schon behandelte Maximierung des Spurausdrucks (3.3/65), der ja große Ähnlichkeit mit (69) aufweist, führen wir wieder wie in 3.5.2b die symmetrische und idempotente Projektionsmatrix $\boldsymbol{Q} := \boldsymbol{Z}(\boldsymbol{Z}'\boldsymbol{Z})^{-1}\boldsymbol{Z}'$ ein. Mit dieser verifiziert man zunächst nach elementaren Umformungen die Identität

$$(\boldsymbol{X}_0 - \boldsymbol{Z}\boldsymbol{\Pi}_0)'(\boldsymbol{X}_0 - \boldsymbol{Z}\boldsymbol{\Pi}_0) = (\boldsymbol{Q}\boldsymbol{X}_0 - \boldsymbol{Z}\boldsymbol{\Pi}_0)'(\boldsymbol{Q}\boldsymbol{X}_0 - \boldsymbol{Z}\boldsymbol{\Pi}_0) + \boldsymbol{X}_0'(\boldsymbol{I} - \boldsymbol{Q})\boldsymbol{X}_0.$$

Da die Parametermatrix $\boldsymbol{\Pi}_0$ im letzten Summanden nicht vorkommt, braucht dieser bei der Minimierung des Spurausdrucks (69) nicht berücksichtigt zu werden. Anstelle von (69) minimieren wir also

$$L^{**} := \operatorname{sp}[\tilde{\boldsymbol{\Sigma}}_0^{-1}(\boldsymbol{Q}\boldsymbol{X}_0 - \boldsymbol{Z}\boldsymbol{\Pi}_0)'(\boldsymbol{Q}\boldsymbol{X}_0 - \boldsymbol{Z}\boldsymbol{\Pi}_0)]. \tag{70}$$

Wir setzen nun ähnlich wie in (33c)

$$\tilde{\boldsymbol{\Xi}}_0 := \boldsymbol{Z}\boldsymbol{\Pi}_0 \tag{71}$$

und erhalten

$$\begin{aligned} L^{**} &= \operatorname{sp}[\tilde{\boldsymbol{\Sigma}}_0^{-1}(\boldsymbol{Q}\boldsymbol{X}_0 - \tilde{\boldsymbol{\Xi}}_0)'(\boldsymbol{Q}\boldsymbol{X}_0 - \tilde{\boldsymbol{\Xi}}_0)] \\ &= \operatorname{sp}[(\boldsymbol{Q}\boldsymbol{X}_0 - \tilde{\boldsymbol{\Xi}}_0)\tilde{\boldsymbol{\Sigma}}_0^{-1}(\boldsymbol{Q}\boldsymbol{X}_0 - \tilde{\boldsymbol{\Xi}}_0)']. \end{aligned} \tag{72}$$

Wir minimieren (72) unter Beachtung der aus (65) und (71) fogenden Nebenbedingung $\tilde{\boldsymbol{\Xi}}_0 \boldsymbol{\beta}_0 = \boldsymbol{o}$. Die Beziehung (71) braucht dann nicht mehr berücksichtigt zu werden, weil sich nämlich zeigen wird, daß die den Spurterm (72) minimierende Matrix $\tilde{\boldsymbol{\Xi}}_0$ notwendigerweise von der Form (71) ist und die beiden Minimierungsaufgaben (70) und (72) daher äquivalent sind.

Der Spurausdruck (72) ist nun aber von derselben Form wie der Term (3.3/65); man ersetze dort lediglich $\boldsymbol{X}_0$ durch $\boldsymbol{Q}\,\boldsymbol{X}_0$, $\boldsymbol{\Xi}_0$ durch $\tilde{\boldsymbol{\Xi}}_0$ und $\boldsymbol{\Lambda}$ durch $\tilde{\boldsymbol{\Sigma}}_0$. Wir können daher die Überlegungen aus 3.3.2d und 3.3.3, insbesondere die Bestimmungsgleichung (3.3/83), direkt übernehmen. Demnach und wegen $\boldsymbol{Q}'\,\boldsymbol{Q} = \boldsymbol{Q}$ ist die bedingte ML-Schätzung $\hat{\boldsymbol{\beta}}_0$ von $\boldsymbol{\beta}_0$ bei gegebenem $\tilde{\boldsymbol{\Sigma}}_0$ der zur Lösung der Extremwertaufgabe

$$\min_k : \quad \left(\frac{1}{T}\,\boldsymbol{X}_0'\,\boldsymbol{Q}\,\boldsymbol{X}_0 - k\,\tilde{\boldsymbol{\Sigma}}_0\right)\boldsymbol{\beta}_0 = \boldsymbol{o} \tag{73}$$

gehörende Eigenvektor. Wenn wir den kleinsten Eigenwert k aus (73) mit k_{Min} bezeichnen, so hat man zur Bestimmung von $\hat{\boldsymbol{\beta}}_0$ die Gleichung

$$\left(\frac{1}{T}\,\boldsymbol{X}_0'\,\boldsymbol{Q}\,\boldsymbol{X}_0 - k_{\mathrm{Min}}\,\tilde{\boldsymbol{\Sigma}}_0\right)\hat{\boldsymbol{\beta}}_0 = \boldsymbol{o}. \tag{74}$$

Die bedingte ML-Schätzung $\hat{\tilde{\boldsymbol{\Xi}}}_0$ von $\tilde{\boldsymbol{\Xi}}_0$ erhalten wir aus (3.3/67), wenn wir dort wieder $\boldsymbol{X}_0$ durch $\boldsymbol{Q}\,\boldsymbol{X}_0$, $\boldsymbol{\Xi}_0$ durch $\hat{\tilde{\boldsymbol{\Xi}}}_0$, $\boldsymbol{\Lambda}$ durch $\tilde{\boldsymbol{\Sigma}}_0$ und außerdem $\boldsymbol{\beta}_0$ durch die gerade abgeleitete Schätzung $\hat{\boldsymbol{\beta}}_0$ ersetzen:

$$\begin{aligned} \hat{\tilde{\boldsymbol{\Xi}}}_0 &= \boldsymbol{Q}\,\boldsymbol{X}_0\,\boldsymbol{B} = \boldsymbol{Z}(\boldsymbol{Z}'\,\boldsymbol{Z})^{-1}\,\boldsymbol{Z}'\,\boldsymbol{X}_0\,\boldsymbol{B} \\ \boldsymbol{B} &:= \boldsymbol{I} - (\hat{\boldsymbol{\beta}}_0'\,\tilde{\boldsymbol{\Sigma}}_0\,\hat{\boldsymbol{\beta}}_0)^{-1}\,\hat{\boldsymbol{\beta}}_0\,\hat{\boldsymbol{\beta}}_0'\,\tilde{\boldsymbol{\Sigma}}_0\,. \end{aligned} \tag{75}$$

Wir erkennen jetzt, daß — wie angekündigt — die (72) minimierende Matrix $\hat{\tilde{\boldsymbol{\Xi}}}_0$ in der Tat von der Form (71) ist, denn nach (75a) ist ja $\hat{\tilde{\boldsymbol{\Xi}}}_0 = \boldsymbol{Z}\,\hat{\boldsymbol{\Pi}}_0$ mit

$$\hat{\boldsymbol{\Pi}}_0 := (\boldsymbol{Z}'\,\boldsymbol{Z})^{-1}\,\boldsymbol{Z}'\,\boldsymbol{X}_0\,\boldsymbol{B}. \tag{76}$$

In dieser Matrix $\hat{\boldsymbol{\Pi}}_0$ haben wir schließlich noch die bedingte ML-Schätzung von $\boldsymbol{\Pi}_0$ bei gegebenem $\tilde{\boldsymbol{\Sigma}}_0$ gefunden.

Wir lösen uns jetzt von der Annahme, daß $\tilde{\boldsymbol{\Sigma}}_0$ gegeben sei. Die partielle Maximierung der Likelihoodfunktion (68) bezüglich $\tilde{\boldsymbol{\Sigma}}_0$ führt bei gegebenem $\boldsymbol{\Pi}_0$ zu der bedingten ML-Schätzung [vgl. z.B. *Schneeweiß*, 1978, S. 303]

$$\hat{\tilde{\boldsymbol{\Sigma}}}_0 = \frac{1}{T}\,\tilde{\boldsymbol{V}}_0'\,\tilde{\boldsymbol{V}}_0 = \frac{1}{T}\,(\boldsymbol{X}_0 - \boldsymbol{Z}\,\boldsymbol{\Pi}_0)'\,(\boldsymbol{X}_0 - \boldsymbol{Z}\,\boldsymbol{\Pi}_0). \tag{77}$$

Wenn wir nun in (77) für $\boldsymbol{\Pi}_0$ deren bedingte ML-Schätzung (76) einsetzen, erhalten wir die ML-Schätzung von $\tilde{\boldsymbol{\Sigma}}_0$. Wird diese umgekehrt in (74) — (76) eingesetzt, dann entstehen Gleichungen zur Bestimmung der ML-Schätzungen für $\boldsymbol{\beta}_0$, $\tilde{\boldsymbol{\Xi}}_0$ und $\boldsymbol{\Pi}_0$.

Alle diese Gleichungen bilden zusammen ein System von Bestimmungsgleichungen für die ML-Schätzungen:

$$\left(\frac{1}{T} X_0' Q X_0 - k_{\text{Min}} \hat{\Sigma}_{0,ML}\right) \hat{\beta}_{0,ML} = o$$

$$\hat{\Sigma}_{0,ML} = \frac{1}{T} (X_0 - Z\hat{\Pi}_{0,ML})' (X_0 - Z\hat{\Pi}_{0,ML})$$

$$\hat{\Xi}_{0,ML} = Z\hat{\Pi}_{0,ML} \tag{78}$$

$$\hat{\Pi}_{0,ML} = (Z'Z)^{-1} Z' X_0 \hat{B}_{ML}$$

$$\hat{B}_{ML} := I - (\hat{\beta}_{0,ML}' \hat{\Sigma}_{0,ML} \hat{\beta}_{0,ML})^{-1} \hat{\beta}_{0,ML} \hat{\beta}_{0,ML}' \hat{\Sigma}_{0,ML}$$

mit k_{Min} aus (73). Uns interessiert besonders die ML-Schätzung für β_0, die wir aus (78a) gewinnnen. Diese Gleichung kann noch bedeutend vereinfacht werden. Man rechnet nämlich unter Benutzung des Systems (78) nach, daß

$$\hat{\Sigma}_{0,ML} \hat{\beta}_{0,ML} = \frac{1}{T} X_0' X_0 \hat{\beta}_{0,ML} \tag{79}$$

ist (vgl. A 3.5/16d). Wird diese Beziehung in die Gleichung (78a) eingesetzt, dann vereinfacht sich diese zu

$$(X_0' Q X_0 - k_{\text{Min}} X_0' X_0) \hat{\beta}_{0,ML} = o, \tag{80}$$

aus der sich die ML-Schätzung von β_0 ohne vorherige Berechnung der ML-Schätzung von $\tilde{\Sigma}_0$ bestimmen läßt.

Die Bestimmungsgleichung (80) für $\hat{\beta}_{0,ML}$ ist aber mit der Bestimmungsgleichung (57) für $\hat{\beta}_{0,P}$ äquivalent (s. A 3.5/13b). Die ML-Schätzung für β_0 im FVE-Modell i.w.S. mit normalverteilten Fehlervariablen stimmt also mit der entsprechenden $\hat{\text{P}}$-Schätzung überein.

Insbesondere stimmen dann innerhalb dieses Modells die ML-Schätzung und die $\hat{\text{P}}$-Schätzung des in $\beta_0 = (1, -\beta')'$ enthaltenen Vektors β überein; beide sind durch (58) gegeben.

Anmerkungen:

1. ML-Schätzungen im FV-Einflußgrößen-Modell wurden von *Goldberger* [1972] hergeleitet. Im Zusammenhang mit dem I-Modell (1.5/19) und (1.5/37) haben schon *Anderson* und *Rubin* [1949] die ML-Schätzungen angegeben. *Robinson* [1974] schätzt das multivariate FVE-Modell (1.5/23) mit z.T. fehlerfreien Variablen.
2. Der Fall $F = O$: Die Instrumentvariablen sind in gewissem Sinne optimal, wenn die Variablen $\xi_1, \ldots, \xi_K$ mit ihnen exakt korrelieren, d.h. wenn jede Variable ξ_i mit $z_1, \ldots, z_L$ die multiple Korrelation 1 besitzt. Das ist genau dann der Fall, wenn die Variablen ξ_i lineare Funktionen von $z_1, \ldots, z_L$ sind, d.h. wenn eine Beziehung der Form $\Xi = Z\Pi$ bzw. $\Xi_0 = Z\Pi_0$ vorliegt. Das aber bedeutet, daß in (31) $F = O$ und damit in (64) $F_0 = O$ ist. Ferner ist in diesem Fall $\tilde{V}_0 = V_0$ und $\tilde{\Sigma}_0 = \Sigma_0$.

Die aus (80) und (78b — e) zu errechnenden ML-Schätzungen gelten natürlich auch für den speziellen Fall $\boldsymbol{F} = \boldsymbol{O}$, sofern $\boldsymbol{\Sigma}_0$ keinen A-priori-Restriktionen unterliegt, d.h. sofern ein FV-Modell *i.w.S.* vorliegt. Man erhält jetzt über (78b) eine ML-Schätzung für $\boldsymbol{\Sigma}_0$, während (78b) für $\boldsymbol{F} \neq \boldsymbol{O}$ nur eine Schätzung von $\tilde{\boldsymbol{\Sigma}}_0$ liefert.

3. Das FVE-Modell *i.e.S.*: Die Ableitung der ML-Schätzungen beruhte u.a. auf der Voraussetzung, daß $\tilde{\boldsymbol{\Sigma}}_0$ keinen A-priori-Restriktionen unterliegt (außer der selbstverständlichen, positiv definit zu sein). Nur dann ist (77) die ML-Schätzung von $\tilde{\boldsymbol{\Sigma}}_0$ bei gegebenem $\boldsymbol{\Pi}_0$. Die Voraussetzung war im allgemeinen Fall eines FVE-Modells i.w.S. erfüllt. Wenn aber ein FVE-Modell i.e.S. vorliegt, dann gilt zusätzlich die Grundannahme (F5) des multiplen FV-Modells, d.h. die Fehlervariablen $v_0 := w$ und $v_i\,(i = 1, \ldots, K)$ sind stochastisch unabhängig. Die Kovarianzmatrix $\boldsymbol{\Sigma}_0$ dieser Fehler ist dann durch die Gleichung $\boldsymbol{\sigma} = \boldsymbol{o}$ eingeschränkt (vgl. (1.2/10)). Allerdings bedeutet das allein noch keine wesentliche Einschränkung für $\tilde{\boldsymbol{\Sigma}}_0$. Solange jedenfalls $\boldsymbol{\Sigma}_f$ keinen Restriktionen unterliegt, sind die Elemente von $\tilde{\boldsymbol{\Sigma}}_0$ nach wie vor freie Parameter (vgl. (37)). Freilich unterliegen sie gewissen Ungleichungen, auf die wir in der folgenden Anmerkung noch eingehen. Sie spielen jedoch bei großem Stichprobenumfang praktisch keine Rolle. Für große T können wir sie daher außer acht lassen und erhalten so auch beim FVE-Modell i.e.S. dieselben ML-Schätzungen wie beim FVE-Modell i.w.S., d.h. Schätzungen, die sich aus (80) und (78b — e) ergeben, für $\boldsymbol{\beta}$ insbesondere die Schätzung $\hat{\boldsymbol{\beta}}_{ML} = \hat{\boldsymbol{\beta}}_P$ nach (58).

   Wenn jedoch zusätzlich der Fall $\boldsymbol{F} = \boldsymbol{O}$, also $\boldsymbol{\Sigma}_f = \boldsymbol{O}$, vorliegt, dann gilt nach (37, 38)

$$\tilde{\boldsymbol{\Sigma}}_0 = \boldsymbol{\Sigma}_0 = \begin{pmatrix} \sigma_w^2 & \boldsymbol{o}' \\ \boldsymbol{o} & \boldsymbol{\Sigma} \end{pmatrix},$$

   d.h. die Elemente von $\tilde{\boldsymbol{\Sigma}}_0$ sind nicht frei wählbar. Gleichung (77) ist dann nicht mehr die korrekte Schätzformel für $\tilde{\boldsymbol{\Sigma}}_0$. Man darf sie dennoch für die ML-Schätzung heranziehen, wenn man nur σ_w^2 und $\boldsymbol{\Sigma}$ mittels (77) schätzt. Wir stellen also fest, daß auch im FVE-Modell *i.e.S.* mit $\boldsymbol{F} = \boldsymbol{O}$ die ML-Schätzungen durch das System (78) gegeben sind mit der Modifikation allerdings, daß (78b) nur zur Schätzung von σ_w^2 und $\boldsymbol{\Sigma}$ verwendet wird. Die Vereinfachung von (78a) zu (80) und die damit verbundene sukzessive Lösbarkeit des Systems (78) ist nun nicht mehr möglich. Das hat zur Folge, daß das System (78) simultan gelöst werden muß. Man wird es am zweckmäßigsten mittels eines Iterationsverfahrens lösen, und zwar in der Reihenfolge (78e) → (78d) → (78b) → (78a) → (78e) → . . . , beginnend mit $\boldsymbol{B} = \boldsymbol{I}$ [*Zellner*, 1970; *Goldberger*, 1972]. Anders als im FVE-Modell i.w.S. gilt jetzt nicht mehr $\hat{\boldsymbol{\beta}}_{ML} = \hat{\boldsymbol{\beta}}_P$.

4. Ungleichungsrestriktionen im FVE-Modell *i.e.S.*: Daß die Modellparameter im FVE-Modell i.e.S. Ungleichungsrestriktionen unterliegen, leitet man aus der Identität $\tilde{\boldsymbol{\Sigma}}_0 \boldsymbol{\beta}_0 = \boldsymbol{\Sigma}_0 \boldsymbol{\beta}_0$ (s. A 3.5/7b) ab. Wenn man dort die ausführliche Darstellung von $\boldsymbol{\Sigma}_0$ aus Anmerkung 3 einsetzt, folgt unmittelbar $\tilde{\boldsymbol{\Sigma}}_0 \boldsymbol{\beta}_0 = (\sigma_w^2, -\boldsymbol{\beta}' \boldsymbol{\Sigma})'$. Das erste Element des Vektors $\tilde{\boldsymbol{\Sigma}}_0 \boldsymbol{\beta}_0$ darf also nicht negativ sein, und diese Restriktion muß bei der Parameterschätzung berücksichtigt werden. ML-Schätzungen von $\boldsymbol{\beta}$, die sie berücksichtigen, sind kompliziert.

   Für das einfache FVE-Modell i.e.S. hat *Leamer* den ML-Schätzer unter Berücksichtigung dieser Nebenbedingung angegeben (vgl. auch Anmerkung 4 in 3.5.1a).

5. ML-Schätzung bei zusätzlicher Kenntnis von $\boldsymbol{\Sigma}_0$: Der ML-Ansatz gestattet es, auch für den (sicher seltenen) Fall, daß neben der Instrumentvariablenmatrix $\boldsymbol{Z}$ auch die Fehlerkovarianzmatrix $\boldsymbol{\Sigma}_0$ bekannt ist, eine Schätzung des Parametervektors $\boldsymbol{\beta}$ anzugeben. Wir haben dann mehr Information zur Verfügung, als wir zur konsistenten Schätzung von $\boldsymbol{\beta}$ wirklich benötigen und könnten $\boldsymbol{\beta}$ sowohl nach der 2KQ-Schätzformel (42) als auch nach der P-Schätzformel (3.3/85) bestimmen. Bei Anwendung von (42) wäre lediglich die Kenntnis von $\boldsymbol{Z}$, bei Anwendung von (3.3/85) lediglich die Kenntnis von $\boldsymbol{\Sigma}_0$ ausgenutzt. Der ML-Ansatz berücksichtigt hingegen beide Informationen.

   Die ML-Schätzung von $\boldsymbol{\beta}$ bei gegebenen Matrizen $\boldsymbol{\Sigma}_0$ und $\boldsymbol{Z}$ ergibt sich wieder aus der entsprechenden ML-Schätzung für $\boldsymbol{\beta}_0$. Zunächst ist $\tilde{\boldsymbol{\Sigma}}_0 \boldsymbol{\beta}_0 = \boldsymbol{\Sigma}_0 \boldsymbol{\beta}_0$ (s. A 3.5/7b), und diese Beziehung muß auch für die ML-Schätzung von $\boldsymbol{\beta}_0$ gelten. Man kann daher in (73) $\tilde{\boldsymbol{\Sigma}}_0$ durch $\boldsymbol{\Sigma}_0$ ersetzen. Die so abgewandelte Gleichung (73) stimmt völlig mit (3.3/83) überein, wenn man in letzterer $(1/T)\boldsymbol{X}_0'\boldsymbol{X}_0$

durch $(1/T)X_0' Q X_0$ ersetzt. Für die auf der Kenntnis von $\boldsymbol{\Sigma}_0$ und $\boldsymbol{Z}$ basierende ML-Schätzung von $\boldsymbol{\beta}$ gilt daher in Analogie zu (3.3/85) die Darstellung

$$\hat{\boldsymbol{\beta}}_{ML} = (\boldsymbol{X}' \boldsymbol{Q} \boldsymbol{X} - T k_{\text{Min}} \boldsymbol{\Sigma})^{-1} (\boldsymbol{X}' \boldsymbol{Q} \boldsymbol{y} - T k_{\text{Min}} \boldsymbol{\sigma}).$$

Für den Fall des einfachen FV-Modells hat *Nußbaum* [1977] diesen Schätzer unabhängig vom ML-Prinzip im Hinblick auf seine asymptotischen Eigenschaften untersucht. Dabei läßt er zu, daß die Zahl der Instrumentvariablen sich mit dem Stichprobenumfang verändert — ein Fall, der z.B. bei Replikationen relevant ist, wenn dort mit wachsendem Stichprobenumfang immer mehr systematische Variablen ξ_t in die Schätzung einbezogen werden (vgl. 3.4.2 sowie 3.5.2h).

A 3.5/16

Beweisen Sie für das System (78), bei dem der Index "$M L$" weggelassen sei,

a. die Aussage $\hat{\boldsymbol{B}} \hat{\boldsymbol{\beta}}_0 = \boldsymbol{o}$
b. die Symmetrie der Matrix $\boldsymbol{X}_0' \boldsymbol{Q} \boldsymbol{X}_0 \hat{\boldsymbol{B}}$
c. die Darstellung $\hat{\boldsymbol{\Sigma}}_0 = \frac{1}{T} (\boldsymbol{X}_0' \boldsymbol{X}_0 - \boldsymbol{X}_0' \boldsymbol{Q} \boldsymbol{X}_0 \hat{\boldsymbol{B}})$
d. die Gleichung (79)
e. die Darstellung $\hat{\boldsymbol{B}} = \boldsymbol{I} - (\hat{\boldsymbol{\beta}}_0' \boldsymbol{X}_0' \boldsymbol{X}_0 \hat{\boldsymbol{\beta}}_0)^{-1} \hat{\boldsymbol{\beta}}_0 \hat{\boldsymbol{\beta}}_0' \boldsymbol{X}_0' \boldsymbol{X}_0$.

A 3.5/17

Zeigen Sie, daß im Falle $L = K$ für das System (78), wieder ohne den Index „ML", gilt:

a. $k_{\text{Min}} = 0$

b. $\boldsymbol{Z}' \boldsymbol{X}_0 \hat{\boldsymbol{\beta}}_0 = \boldsymbol{o}$

c. $\hat{\boldsymbol{\Pi}}_0 = (\boldsymbol{Z}' \boldsymbol{Z})^{-1} \boldsymbol{Z}' \boldsymbol{X}_0$

d. $\hat{\boldsymbol{\Sigma}}_0 = \frac{1}{T} \boldsymbol{X}_0' \boldsymbol{P} \boldsymbol{X}_0; \quad \boldsymbol{P} := \boldsymbol{I} - \boldsymbol{Q}.$

Hinweis: (78a) kann durch (80) ersetzt werden.

h. Das R-Modell mit $\varepsilon \equiv 0$ als FVE-Modell

Wir wollen zeigen, daß sich ein besonders wichtiger Spezialfall des **FV-Modells mit Replikationen** (3.4/1), das wir abkürzend **R-Modell** genannt hatten, als FVE-Modell schreiben läßt. Wir nehmen wie in 3.4.2d an, daß in (3.4/1) nur reine Meßfehler auftreten und daß die Beobachtungen in Paaren (x_{ti}, y_{ti}), $i = 1, \ldots, m_t$, anfallen. Ausgangspunkt unserer Betrachtungen sind also die Modellgleichungen (3.4/2) mit $\varepsilon \equiv 0$, die wir hier in etwas abgewandelter Form hinschreiben:

$$\left.\begin{aligned} \eta_{ti} &= \alpha + \beta\,\xi_{ti} \\ y_{ti} &= \eta_{ti} + w_{ti} \\ x_{ti} &= \xi_{ti} + v_{ti} \\ \xi_{ti} &= \xi_t \end{aligned}\right. \qquad t = 1, \ldots, T; \quad i = 1, \ldots, m_t. \tag{81}$$

Wie in 3.4.2d wollen wir auch hier annehmen, daß das Modell in der Funktionalvariante vorliegt. Die ξ_t sind dann als unbekannte Parameter aufzufassen.

Wir führen nun T Instrumentvariablen z^s ein:

$$z^s_{ti} := \begin{cases} 1 \text{ für } t = s \\ 0 \text{ für } t \neq s \end{cases} \qquad s = 1, \ldots, T. \tag{82}$$

Die Werte dieser Instrumentvariablen seien ähnlich wie in (13) zu einer Matrix

$$\boldsymbol{Z} = \begin{pmatrix} z^1_{11} & z^2_{11} & \cdots & z^T_{11} \\ \vdots & \vdots & & \vdots \\ z^1_{1\,m_1} & z^2_{1\,m_1} & \cdots & z^T_{1\,m_1} \\ \vdots & \vdots & & \vdots \\ z^1_{T1} & z^2_{T1} & \cdots & z^T_{T1} \\ \vdots & \vdots & & \vdots \\ z^1_{T\,m_T} & z^2_{T\,m_T} & \cdots & z^T_{T\,m_T} \end{pmatrix} = (\boldsymbol{z}^1, \ldots, \boldsymbol{z}^T) \tag{83}$$

zusammengefaßt mit M-Vektoren $\boldsymbol{z}^s$; $s = 1, \ldots, T$, $M := \Sigma\, m_t$. Analog zu $\boldsymbol{z}^s$ definieren wir M-Vektoren $\boldsymbol{y}_R$, $\boldsymbol{\eta}_R$, $\boldsymbol{x}_R$, $\boldsymbol{\xi}_R$, $\boldsymbol{v}_R$ und $\boldsymbol{w}_R$, also z.B.

$$\boldsymbol{y}_R := (y_{11}, \ldots, y_{1\,m_1}, \ldots, y_{T1}, \ldots, y_{T\,m_T})',$$

und bilden mit $\boldsymbol{\iota} := (1, \ldots, 1)'$ die $(M \times 2)$-Matrizen

$$\boldsymbol{X}_R := (\boldsymbol{\iota}, \boldsymbol{x}_R), \qquad \boldsymbol{\Xi}_R := (\boldsymbol{\iota}, \boldsymbol{\xi}_R), \qquad \boldsymbol{V}_R := (\boldsymbol{o}, \boldsymbol{v}_R).$$

Es sei schließlich

$$\boldsymbol{\Pi} := \begin{pmatrix} 1 & \xi_1 \\ \vdots & \vdots \\ 1 & \xi_T \end{pmatrix}.$$

Mit diesen Notationsvereinbarungen kann man (81) und (82) mit $\boldsymbol{\beta} := (\alpha, \beta)$ zu dem System

$$\begin{aligned} \boldsymbol{\eta}_R &= \boldsymbol{\Xi}_R \boldsymbol{\beta} \\ \boldsymbol{y}_R &= \boldsymbol{\eta}_R + \boldsymbol{w}_R \\ \boldsymbol{X}_R &= \boldsymbol{\Xi}_R + \boldsymbol{V}_R \\ \boldsymbol{\Xi}_R &= \boldsymbol{Z}\boldsymbol{\Pi} \end{aligned} \tag{84}$$

zusammenfassen. Das R-Modell (81) erhält auf diese Weise die Gestalt eines FVE-Modells (31), wobei in (31) $\boldsymbol{F} = \boldsymbol{O}$ zu setzen ist (vgl. auch Anmerkung 2 zu 3.5.2g). Entsprechend können auch die für das FVE-Modell entwickelten Schätzverfahren auf das R-Modell (84) übertragen werden. Insbesondere erhält man aus der $\hat{\text{P}}$-Schätzung (58) im R-Modell *i.e.S.* ($\sigma_{vw} = 0$) die Schätzungen (3.4/25, 27) und im R-Modell *i.w.S.* die Schätzungen (3.4/28, 27).

Auch die ML-Schätzung des Parametervektors $\boldsymbol{\beta}$ läßt sich vom FVE-Modell auf das R-Modell (84) übertragen (s. 3.5.2g und 3.4.2e). Dabei erhalten wir für das R-Modell *i.w.S.* wieder die $\hat{\text{P}}$-Schätzungen (3.4/28, 27) (vgl. Anmerkung 1 zu 3.4.2e), für das R-Modell *i.e.S.* dagegen von (3.4/25, 27) abweichende Schätzungen, weil im FVE-Modell i.e.S. mit $\boldsymbol{F} = \boldsymbol{O}$ die ML- und $\hat{\text{P}}$-Schätzungen nicht identisch sind (vgl. Anmerkung 3 zu 3.5.2g).

Man beachte jedoch, daß die Größe T im R-Modell (84) etwas anderes bedeutet als im FVE-Modell (31).

Der Anzahl T der Beobachtungen im FVE-Modell entspricht im R-Modell die Anzahl M der Elemente des Vektors $\boldsymbol{y}_R$ bzw. der Zeilen der Matrix $\boldsymbol{X}_R$. Dabei ist $M = \Sigma\, m_t$ die Summe der Replikationen über die T Beobachtungseinheiten. Die Konsistenzaussagen für das FVE-Modell beziehen sich daher beim Modell (84) auf den Grenzübergang $M \to \infty$ bei festem T. Letzteres bedeutet, daß mindestens eine Replikationszahl m_t unbegrenzt wächst.

Die Konsistenzaussagen in 3.4.2 bezogen sich dagegen vornehmlich auf den Grenzübergang $T \to \infty$, während der Fall $m_t \to \infty$ nur am Rande erwähnt wurde. Eine wachsende Zahl T bedeutet im R-Modell (84), daß die in (83) definierte Matrix $\boldsymbol{Z}$ mehr Spalten erhält, die Zahl der Instrumentvariablen z^s also zunimmt. Dieser Fall wurde in 3.5.2a bei der Diskussion des FVE-Modells nicht betrachtet. Dort wurde vielmehr immer die Anzahl L der Instrumentvariablen konstant gehalten. Eine vollständige Unterordnung des R-Modells (84) unter das FVE-Modell ist also erst möglich, wenn in die Konsistenzuntersuchungen für das FVE-Modell (31) auch der Grenzübergang $L \to \infty$ einbezogen wird [vgl. hierzu *Nußbaum*, 1977].

A 3.5/18

a. Bestimmen Sie zu (84) die Matrizen $\boldsymbol{Z}'\boldsymbol{Z}$, $\boldsymbol{Z}'\boldsymbol{X}$, $\boldsymbol{Q}$, $\boldsymbol{X}_0^{*\prime}\boldsymbol{Q}\boldsymbol{X}_0^*$ und $\boldsymbol{X}_0^{*\prime}\boldsymbol{P}\boldsymbol{X}_0^*$. Dabei sei $\boldsymbol{X}_0^* = (\boldsymbol{y}^*, \boldsymbol{x}^*)$ mit $y_{ti}^* = y_{ti} - \bar{y}$, $x_{ti}^* = x_{ti} - \bar{x}$.
b. Zeigen Sie, daß der sich als Lösung von (56) ergebende $\hat{\text{P}}$-Schätzer des Parameters $\boldsymbol{\beta}$ von (84), modifiziert für den Fall $\sigma_{vw} = 0$, mit (3.4/25) übereinstimmt.

c. Zeigen Sie, daß der 2KQ-Schätzer (42) des Parameters β von (84) mit dem in (3.4/22) definierten Schätzer $\tilde{\hat{\beta}}_{KQR}$ übereinstimmt, falls $m_t \equiv m$ für $t = 1, \ldots, T$.
d. Zeigen Sie, daß der Varianzkomponentenschätzer (54) des Parameters β von (84), modifiziert für den Fall $\sigma_{vw} = 0$, mit dem in (3.4/14) definierten Schätzer $\hat{\beta}_{VR}$ übereinstimmt, falls $m_t \equiv m$ für $t = 1, \ldots, T$.

Hinweise zu b — d: Greifen Sie bei der Bearbeitung von Aufgabenteil b auf die mit (56) äquivalente Formulierung aus A3.5/13a zurück. Bei Teil d können Sie die mit (54) äquivalente Darstellung aus A3.5/11 verwenden. Zu den Teilen b — d sei bemerkt, daß (56), (42) und (54) auch für den Fall gelten, daß alle Variablen als Abweichung von ihren arithmetischen Mitteln gemessen werden.

i. Beispiele aus der Ökonometrie und der Biochemie

① *Schätzung der marginalen Grenzneigung des Konsums nach Friedman*

Im Zusamenhang mit Friedmans Permanent-Income-Hypothese (vgl. Beispiel ① in 1.2.2e) ist vielfach versucht worden, das permanente Einkommen Y^P auf beobachtbare Variablen $z_1, \ldots, z_L$ zurückzuführen. Das System (1.2/11 — 13) wird also erweitert um eine Gleichung, die den funktionalen Zusammenhang g zwischen dem permanenten Einkommen Y^P und den erklärenden Variablen z_i beschreibt:

$$C = \beta Y^P + C^T$$

$$Y = Y^P + Y^T$$

$$Y^P = g(z_1, \ldots, z_L) + f.$$

Friedman [1957] führt z.B. für die Variablen z_i den Wert des eigenen Hauses, sonstiges Vermögen, Alter, Beruf (repräsentiert durch Null-Eins-Variablen) und ähnliches mehr an und postuliert die Linearbeziehung

$$Y^P = \sum_{i=1}^{L} \pi_i z_i + f.$$

Diese Beziehung entspricht genau (30d) mit $K = 1$ (einfaches FV-Einflußgrößen-Modell, vgl. auch 1.4.3a).

Empirische Studien zur permanenten Einkommenshypothese mit Hilfe derartiger Instrumentvariablen wurden von *Attfield* [1976, 1977] vorgelegt, der allerdings Friedmans Ansatz noch etwas modifizierte [vgl. auch *Mayer*, 1972].

Tintner [1946] postuliert für Y^P einen Polynomtrend vom Grade $L - 1$:

$$Y^P = \sum_{i=0}^{L=1} \pi_i t^i.$$

Hier sind die Instrumentvariablen z_i Potenzen von t, wobei diese Beziehung — anders als (84c) — nicht als stochastisch gestört spezifiziert ist.

Auch der vielfach gewählte Ansatz

$$Y^P = \sum_{i=1}^{L} \pi_i \, y_{t-i}$$

gehört hierher, wobei gewöhnlich $L = \infty$ gesetzt wird, die π_i aber Einschränkungen unterliegen, z.B. $\pi_i = \pi^i$ mit einem zwischen 0 und 1 liegenden Parameter π [vgl. hierzu auch *Lancaster*, 1966].

Die Schätzung der Parameter kann nach verschiedenen Methoden erfolgen. Als Beispiel betrachten wir Tintners Modell. Er benutzt den postulierten Trend für Y^P, um mit Hilfe der Trendabweichungen der gemessenen Einkommensvariablen $Y = Y^P + Y^T$ eine Schätzung der Varianz von $v := Y^T$ zu gewinnen:

$$\hat{\sigma}_v^2 := \frac{1}{T-L} \Sigma (\hat{Y}_t - Y_t)^2, \qquad \hat{Y}_t := \Sigma \hat{\pi}_i \, t^i.$$

Dabei stellt $\hat{Y}_t$ den Trendwert von Y_t dar. Entsprechend wird die Varianz von $w := C^T$ geschätzt. Ähnlich kann auch die Kovarianz σ_{vw} geschätzt werden, wenn man nicht ohnehin $\sigma_{vw} = 0$ annimmt. Diese Schätzungen entsprechen der für das FVE-Modell (31) entwickelten Schätzung (52) der Fehlerkovarianzmatrix und können, wie in 3.5.2d geschildert, zur Berechnung eines Varianzkomponentenschätzers für β herangezogen werden.

Mit den so geschätzten Fehlervarianzen hat Tintner auch eine Schätzung $\hat{\lambda}$ von $\lambda = \sigma_w^2/\sigma_v^2$, so daß er für den Fall $\sigma_{vw} = 0$ eine $\hat{\text{P}}$-Schätzung von β berechnen kann. Die Schätzformel ist durch (3.3/30) gegeben, wenn man dort λ durch $\hat{\lambda}$ ersetzt und entspricht der Schätzformel (58) für den multiplen Fall (vgl. die Anmerkung zu 3.3.1a sowie Beispiel ① in 2.3.1d).

Tintner und *Wörgötter* [1979] berechnen die Trendwerte $\hat{Y}$ und $\hat{C}$ von Y und C und bestimmen den Parameter β nach der KQ-Methode aus einer Regression von $\hat{C}$ auf $\hat{Y}$. Diese Vorgehensweise entspricht der 2KQ-Schätzung (42) beim FVE-Modell.

② *Ein Beispiel aus der Biochemie*

Carlson u.a. [1966] beschreiben ein Experiment zur Messung des Zusammenhangs zwischen biologisch durch Muskelarbeit erzeugter Wärme und gewisser chemischer Umwandlungsprozesse im Muskel. Das Experiment wurde an einem Beinmuskel des Frosches durchgeführt. Der Muskel wird über eine Zeitspanne zum Kontrahieren gebracht. Sei η die durch Muskelkontraktion erzeugte Wärme. Sie wird (fehlerhaft) durch den Temperaturanstieg im Muskel und die Wärmekapazität des Muskels gemessen. Sei ξ die im Muskel umgewandelte Menge an Phosphokreatin, die ebenfalls nicht exakt bestimmt werden kann. Das Experiment wird an mehreren Fröschen wiederholt. Man erhält eine Reihe von Meßdaten (x_t, y_t). (Man beachte, daß zur Messung von η und ξ der Frosch getötet werden muß, daß man also pro Experiment nur ein Datenpaar (x, y) erhält). Zwischen η und ξ wird eine lineare Beziehung $\eta = \alpha + \beta \xi$ angenommen, die geschätzt werden soll. Neben den Daten (x_t, y_t) stehen für die Schätzung der Regressionskoeffizienten noch weitere Meßdaten zur

Verfügung, die als Instrumentvariablen dienen können. Es sind dies z_1, das Gewicht des symmetrisch am anderen Bein des Frosches gelegenen Muskels (Kontrollmuskel) — das Gewicht des experimentellen Muskels kann hierfür nicht verwendet werden, weil es schon zur Messung der Wärmekapazität herangezogen wurde — und z_2 das Zeitintegral der Muskelanspannung. Es wird angenommen, daß ξ linear von z_1 und z_2 abhängt: $\xi = \pi_0 + \pi_1 z_1 + \pi_2 z_2 + f$, wobei f von den Meßfehlern v und w unabhängig ist. Damit liegt ein FV-Einflußgrößen-Modell vor. *Carlson* u.a. schätzen α und β nach verschiedenen Verfahren, insbesondere nach der KQ-, 2KQ- und der ML-Methode. Die konsistenten Verfahren 2KQ und ML führen zu wesentlich anderen Schätzwerten als das inkonsistente KQ-Verfahren.

3.5.3 Schätzung im FVI-Modell

a. Das FVI-Modell

Im FVE-Modell des Abschnitts 3.5.2 waren die Instrumentvariablen in ganz bestimmter Weise an das FV-Modell angebunden: die latenten exogenen Variablen wurden als abhängig von den Instrumentvariablen angenommen. Letztere wurden als Einflußgrößen aufgefaßt.

Die Instrumentvariablen können aber auch ganz anders an das FV-Modell angekoppelt sein. Sie können, statt die latenten exogenen Variablen zu beeinflussen, umgekehrt von diesen beeinflußt werden. Man bezeichnet in diesem Fall die Instrumentvariablen auch als **Indikatorvariablen** oder kürzer als **Indikatoren**, weil sie indirekt Rückschlüsse auf den Wert der sie beeinflussenden latenten Variablen erlauben, und nennt ein derartiges Modell auch **FVI-Modell (FV-Indikatoren-Modell)**.

In 1.5.1d wurde das multivariate FVI-Modell (1.5/24) eingeführt. Wir beschränken uns hier, wie schon beim FVE-Modell, auf den *univariaten* Fall. Während in (1.5/24) mehrere Strukturgleichungen angenommen wurden, die in der Vektorgleichung (1.5/24a) zusammengefaßt waren, ist das von uns im folgenden betrachtete univariate FVI-Modell durch eine einzige Strukturgleichung gekennzeichnet. Die Gleichungen dieses Modells lauten, wenn wir o.B.d.A. wieder $\varepsilon \equiv 0$ voraussetzen (s. L 1.5/5):

$$\begin{aligned} \eta_t &= \boldsymbol{\beta}' \boldsymbol{\xi}_{(t)} \\ y_t &= \eta_t + w_t \\ \boldsymbol{x}_{(t)} &= \boldsymbol{\xi}_{(t)} + \boldsymbol{v}_{(t)} \\ \boldsymbol{z}_{(t)} &= \boldsymbol{D}' \boldsymbol{\xi}_{(t)} + \boldsymbol{f}_{(t)} \end{aligned} \qquad t = 1, \ldots, T. \tag{85}$$

Beobachtbar sind y_t und die in den Vektoren $\boldsymbol{x}_{(t)} = (x_{t1}, \ldots, x_{tK})'$ und $\boldsymbol{z}_{(t)} = (z_{t1}, \ldots, z_{tL})'$ zusammengefaßten Variablen. Die Elemente von $\boldsymbol{z}_{(t)}$ sind die Indikatoren.

In Matrixschreibweise hat (85) die Gestalt

$$\begin{aligned} \boldsymbol{\eta} &= \boldsymbol{\Xi}\boldsymbol{\beta} \\ \boldsymbol{y} &= \boldsymbol{\eta} + \boldsymbol{w} \\ \boldsymbol{X} &= \boldsymbol{\Xi} + \boldsymbol{V} \\ \boldsymbol{Z} &= \boldsymbol{\Xi}\boldsymbol{D} + \boldsymbol{F} \end{aligned} \tag{86}$$

mit $(T \times K)$-Matrizen $\boldsymbol{Z}$ und $\boldsymbol{F}$. Für das Modell gelten wieder die in 1.5.1d unter Bezug auf das allgemeinere MIMIC-Modell formulierten Annahmen, die wir in dem hier zugrunde gelegten univariaten Spezialfall erneut mit (F1) — (F4) bezeichnen:

(F1/2) Die Fehlervektoren $(\boldsymbol{v}'_{(t)}, w_t, \boldsymbol{f}'_{(t)})'$, $t = 1, \ldots, T$; sind unabhängig identisch verteilt mit Erwartungswertvektor $\boldsymbol{o}$ und gemeinsamer Kovarianzmatrix.

(F3) $(\boldsymbol{V}, \boldsymbol{w}, \boldsymbol{F})$ ist von $\boldsymbol{\Xi}$ stochastisch unabhängig.

(F4) $\boldsymbol{F}$ und $(\boldsymbol{V}, \boldsymbol{w})$ sind stochastisch unabhängig.

Die Annahmen (F1/2) und (F3) für das FVI-Modell decken sich offenbar bis auf die Hinzunahme der Matrix $\boldsymbol{F}$ in (F3) mit den Annahmen (F1) — (F3) aus 1.2.2b für das multiple FV-Grundmodell (11), sofern man in (11) ebenfalls $\boldsymbol{\varepsilon} = \boldsymbol{o}$ setzt.

Stochastische Unabhängigkeit von $\boldsymbol{V}$ und $\boldsymbol{w}$ setzen wir i.d.R. nicht voraus, d.h. wir gehen im folgenden von einem FV-Indikatoren-Modell *i.w.S.* aus.

Da die Matrizen $\boldsymbol{\Xi}$ und $\boldsymbol{F}$ nach (F3) und (F4) von den in $(\boldsymbol{V}, \boldsymbol{w})$ zusammengefaßten Fehlervariablen stochastisch unabhängig sind, ist auch $\boldsymbol{Z} = \boldsymbol{\Xi}\boldsymbol{D} + \boldsymbol{F}$ von $(\boldsymbol{V}, \boldsymbol{w})$ unabhängig. Außerdem sind $\boldsymbol{Z}$ und $\boldsymbol{\Xi}$ offenbar stochastisch abhängig. Wir können daher $\boldsymbol{z}_{(t)}$ als Instrumentvariablenvektor zur Schätzung von $\boldsymbol{\beta}$ verwenden. In Betracht kommen alle auf der Kenntnis von Instrumentvariablen basierenden Verfahren aus 3.5.2. Es erübrigt sich, auf diese Verfahren hier erneut einzugehen. Stattdessen wollen wir die auf das FVI-Modell zugeschnittene ML-Schätzung darstellen, die zu anderen Ergebnissen als im FVE-Modell führt.

Bei der Darstellung des ML-Verfahrens treffen wir die Annahme, daß das FVI-Modell (85) eine Scheinvariable $\xi_1 \equiv 1$ hat. O.B.d.A. können wir dann nach entsprechender Umdefinition von $\boldsymbol{\beta}$ und $\boldsymbol{D}$ sowie der Variablenvektoren $\boldsymbol{x}_{(t)}$, $\boldsymbol{\xi}_{(t)}$ und $\boldsymbol{v}_{(t)}$ anstelle von (85) schreiben:

$$\left.\begin{aligned} y_t &= \alpha + \boldsymbol{\beta}'\,\boldsymbol{\xi}_{(t)} \\ y_t &= \eta_t + w_t \\ \boldsymbol{x}_{(t)} &= \boldsymbol{\xi}_{(t)} + \boldsymbol{v}_{(t)} \\ \boldsymbol{z}_{(t)} &= \boldsymbol{d} + \boldsymbol{D}'\,\boldsymbol{\xi}_{(t)} + \boldsymbol{f}_{(t)} \end{aligned}\right\} \quad t = 1, \ldots, T. \tag{87}$$

Wir nehmen an, daß der Vektor $\xi_{(t)}$ der eigentlichen exogenen Variablen ein K-Vektor und der Indikatorenvektor $z_{(t)}$ ein L-Vektor ist mit $L \geq K$.

Um den ML-Ansatz durchführen zu können, muß die Verteilung aller Modellvariablen festgelegt werden. Für die Fehlervariablen setzen wir voraus, daß sie gemeinsam normalverteilt sind. Die Vektoren $\xi_{(t)}$ können wir z.B. als nichtstochastisch oder als unabhängig identisch verteilt spezifizieren (Funktionalvariante oder Strukturvariante des FVI-Modells). Wir beschränken uns hier auf die *Strukturvariante* und nehmen zusätzlich an, daß die $\xi_{(t)}$ — und damit alle Modellvariablen — normalverteilt sind. Die mit diesen Annahmen ableitbaren ML-Schätzungen weisen freilich auch unter schwächeren Voraussetzungen zumeist noch zufriedenstellende asymptotische Eigenschaften auf, insbesondere Konsistenz.

b. ML-Schätzung im FVI-Modell

Zur Berechnung der Likelihoodfunktion des Modells (87) bestimmen wir die Dichtefunktion der beobachtbaren Variablen $x_{(t)}$, y_t und $z_{(t)}$. Wir führen zur Abkürzung den Vektor

$$p_t := (x'_{(t)}, y_t, z'_{(t)})'$$

mit $E(p_t) =: \mu_p$ und $V(p_t) =: \Sigma_{pp}$ ein. Alsdann lautet die Dichtefunktion von p_t:

$$f(p_t) \propto (\det \Sigma_{pp})^{-1/2} \exp\left[-\frac{1}{2}(p_t - \mu_p)' \Sigma_{pp}^{-1} (p_t - \mu_p)\right].$$

Für die gemeinsame Dichtefunktion aller p_t findet man nach einigen Rechnungen

$$f(p_1, \ldots, p_T) \propto (\det \Sigma_{pp})^{-\frac{T}{2}} \exp\left\{-\frac{T}{2}[\mathrm{sp}(\Sigma_{pp}^{-1} S) + (\bar{p} - \mu_p)' \Sigma_{pp}^{-1} (\bar{p} - \mu_p)]\right\}. \tag{88}$$

Dabei sind $\bar{p}$ und S der empirische Mittelwertvektor bzw. die empirische Kovarianzmatrix der Daten p_t:

$$\begin{aligned} \bar{p} &:= \frac{1}{T} \Sigma\, p_t \\ S &:= \frac{1}{T} \Sigma\, (p_t - \bar{p})(p_t - \bar{p})'. \end{aligned} \tag{89}$$

Den Übergang zur Likelihoodfunktion findet man, wenn man die in μ_p und Σ_{pp} zusammengefaßten ersten und zweiten Momente der beobachtbaren Variablen zu den Modellparametern in Beziehung setzt. Mit $\mu_\xi := E(\xi_{(t)})$ und $\Sigma_{\xi\xi} := V(\xi_{(t)})$ bestehen offenbar, wie man aus (87) leicht ableitet, die folgenden Momentengleichungen (in Analogie etwa zu (2.5/3)):

$$\boldsymbol{\mu}_p = \begin{pmatrix} \boldsymbol{\mu}_x \\ \mu_y \\ \boldsymbol{\mu}_z \end{pmatrix} = \begin{pmatrix} \boldsymbol{\mu}_\xi \\ \alpha + \boldsymbol{\beta}' \boldsymbol{\mu}_\xi \\ \boldsymbol{d} + \boldsymbol{D}' \boldsymbol{\mu}_\xi \end{pmatrix} \tag{90}$$

$$\boldsymbol{\Sigma}_{pp} = \begin{pmatrix} \boldsymbol{\Sigma}_{xx} & \boldsymbol{\sigma}_{xy} & \boldsymbol{\Sigma}_{xz} \\ \boldsymbol{\sigma}_{yx} & \sigma_y^2 & \boldsymbol{\sigma}_{yz} \\ \boldsymbol{\Sigma}_{zx} & \boldsymbol{\sigma}_{zy} & \boldsymbol{\Sigma}_{zz} \end{pmatrix} = \begin{pmatrix} \boldsymbol{\Sigma}_{\xi\xi} & \boldsymbol{\Sigma}_{\xi\xi}\boldsymbol{\beta} & \boldsymbol{\Sigma}_{\xi\xi}\boldsymbol{D} \\ \boldsymbol{\beta}'\boldsymbol{\Sigma}_{\xi\xi} & \boldsymbol{\beta}'\boldsymbol{\Sigma}_{\xi\xi}\boldsymbol{\beta} & \boldsymbol{\beta}'\boldsymbol{\Sigma}_{\xi\xi}\boldsymbol{D} \\ \boldsymbol{D}'\boldsymbol{\Sigma}_{\xi\xi} & \boldsymbol{D}'\boldsymbol{\Sigma}_{\xi\xi}\boldsymbol{\beta} & \boldsymbol{D}'\boldsymbol{\Sigma}_{\xi\xi}\boldsymbol{D} \end{pmatrix} + \begin{pmatrix} \boldsymbol{\Sigma}_{vv} & \boldsymbol{\sigma}_{vw} & \boldsymbol{O} \\ \boldsymbol{\sigma}_{wv} & \sigma_w^2 & \boldsymbol{o}' \\ \boldsymbol{O} & \boldsymbol{o} & \boldsymbol{\Sigma}_{ff} \end{pmatrix}.$$

Dabei wurden — in sich selbst erklärender Notation — die Kovarianzvektoren bzw. -matrizen $\boldsymbol{\Sigma}_{xx}$, $\boldsymbol{\Sigma}_{xz}$, $\boldsymbol{\sigma}_{yx}$, $\boldsymbol{\sigma}_{zy}$ und $\boldsymbol{\Sigma}_{zz}$ eingeführt.

Denkt man sich (90) in (88) eingesetzt, dann entsteht die gesuchte Likelihoodfunktion. Sie ist bei gegebenen Daten (zusammengefaßt in $\bar{\boldsymbol{p}}$ und $\boldsymbol{S}$) eine Funktion der Modellparameter (zusammengefaßt in $\boldsymbol{\mu}_p$ und $\boldsymbol{\Sigma}_{pp}$). Die Likelihoodfunktion ist bezüglich der Modellparameter zu maximieren.

Die Maximierung von (88) bzgl. $\boldsymbol{\mu}_p$ wird offensichtlich erreicht bei

$$\hat{\boldsymbol{\mu}}_{p,\,ML} = \bar{\boldsymbol{p}} = (\bar{\boldsymbol{x}}', \bar{y}, \bar{\boldsymbol{z}}')'.$$

Aus (90a) ergeben sich damit bei gegebenen Parametern $\boldsymbol{\beta}$ und $\boldsymbol{D}$ als ML-Schätzungen für $\boldsymbol{\mu}_\xi$, α und $\boldsymbol{d}$:

$$\begin{aligned} \hat{\boldsymbol{\mu}}_{\xi,\,ML} &= \bar{\boldsymbol{x}} \\ \hat{\alpha}_{ML} &= \bar{y} - \boldsymbol{\beta}'\bar{\boldsymbol{x}} \\ \hat{\boldsymbol{d}}_{ML} &= \bar{\boldsymbol{z}} - \boldsymbol{D}'\bar{\boldsymbol{x}}. \end{aligned} \tag{91}$$

Die Schätzung dieser Parameter ist also unproblematisch, sofern $\boldsymbol{\beta}$ und $\boldsymbol{D}$ gegeben sind. Es bleibt das Problem, diese Parameter sowie alle übrigen Modellparameter zu schätzen. Setzen wir (91) in (88) ein, so entsteht die partiell maximierte Likelihoodfunktion, die nur noch eine Funktion der in $\boldsymbol{\Sigma}_{pp}$ zusammengefaßten Parameter ist. Insbesondere erhält man für die logarithmierte Likelihoodfunktion bei Vernachlässigung einer für die Maximierung belanglosen additiven Konstanten die Darstellung

$$\log L = -\frac{T}{2}\left[\log \det \boldsymbol{\Sigma}_{pp} + \mathrm{sp}\,(\boldsymbol{\Sigma}_{pp}^{-1}\boldsymbol{S})\right]. \tag{92}$$

Um zu den ML-Schätzungen für die Modellparameter zu gelangen, ist log L bezüglich der in $\boldsymbol{\Sigma}_{pp}$ gemäß (90b) enthaltenen Modellparameter zu maximieren bzw. der Ausdruck in den eckigen Klammern von (92) zu minimieren. Diese Aufgabe ist i.a. nur numerisch zu lösen. *Jöreskog* [1970, 1973, 1977] hat hierfür das Programm **LISREL** entwickelt [vgl. auch *Jöreskog/Sörbom*, 1977, 1981]. Dieses liefert nicht nur die ML-Schätzungen, sondern zugleich auch eine Schätzung der asymptotischen

Kovarianzmatrix der Parameterschätzungen. Voraussetzung für das Funktionieren des LISREL-Verfahrens ist allerdings, daß die Modellparameter identifizierbar sind.

Die Identifizierbarkeit kann mit Hilfe der in (90) zusammengefaßten Momentengleichungen geprüft werden. Da alle Modellvariablen als normalverteilt spezifiziert wurden, ist Identifizierbarkeit mit M_2-Identifizierbarkeit äquivalent (vgl. auch 2.3.2c). Wir haben also nur zu klären, ob sich die Modellparameter eindeutig aus den ersten und zweiten Momenten der beobachteten Variablen ergeben. Der Zusammenhang zwischen diesen Momenten und den Modellparametern wird durch (90) gestiftet. Zu prüfen ist also, ob die Parameterwerte, die $\boldsymbol{\mu}_p$ und $\boldsymbol{\Sigma}_{pp}$ gemäß (90) bestimmen, umgekehrt durch $\boldsymbol{\mu}_p$ und $\boldsymbol{\Sigma}_{pp}$ eindeutig festgelegt sind.

Uns interessiert vornehmlich, ob $\boldsymbol{\beta}$ M_2-identifizierbar ist. Dies kann offensichtlich bejaht werden. Nach (90b) ist ja

$$\boldsymbol{\Sigma}_{zx} = \boldsymbol{D}' \boldsymbol{\Sigma}_{\xi\xi}$$

$$\boldsymbol{\sigma}_{zy} = \boldsymbol{D}' \boldsymbol{\Sigma}_{\xi\xi} \boldsymbol{\beta},$$

woraus durch Einsetzen der ersten in die zweite Gleichung die Beziehung

$$\boldsymbol{\Sigma}_{zx} \boldsymbol{\beta} = \boldsymbol{\sigma}_{zy} \tag{93}$$

folgt. Aus (93) kann $\boldsymbol{\beta}$ eindeutig gewonnen werden, sofern rg $\boldsymbol{\Sigma}_{zx} = K$ ist.

Falls in (87) genau K Indikatorvariablen vorkommen ($L = K$), kann $\boldsymbol{\beta}$ aus (93) gemäß $\boldsymbol{\beta} = \boldsymbol{\Sigma}_{zx}^{-1} \boldsymbol{\sigma}_{zy}$ berechnet werden. Werden in dieser Formel die theoretischen Kovarianzen durch ihre empirischen Analoga $(1/T)\, \boldsymbol{Z}^{*\prime} \boldsymbol{X}^*$ bzw. $(1/T)\, \boldsymbol{Z}^{*\prime} \boldsymbol{y}^*$ ersetzt, erhält man gerade die Formel (3.5/20) für den IV-Schätzer $\hat{\boldsymbol{\beta}}_{IV}$, und dieser ist hier im vorliegenden Fall auch der ML-Schätzer von $\boldsymbol{\beta}$.

Ist in (87) hingegen $L > K$, so entstehen auf ähnliche Weise aus (93) verschiedenen IV-Schätzer für $\boldsymbol{\beta}$, je nachdem, welche Gleichungen man aus (93) zur Berechnung von $\boldsymbol{\beta}$ heranzieht. Es liegt dann Überidentifikation vor. Das ML-Verfahren ist gerade für diesen Fall das geeignete Verfahren, um die in allen Indikatorvariablen steckende Information optimal auszunutzen. Allerdings können wir, wie wir aus 3.5.2 wissen, auch andere, einfachere Schätzverfahren entwickeln (z.B. das zweistufige KQ-Verfahren), die ebenfalls alle Indikatorvariablen benutzen, wenn auch vielleicht nicht in bestmöglicher Weise.

Anmerkungen:

1. Da das FV-Indikator-Modell (87) als ein normiertes FA-Modell mit den K Faktoren ξ_i, $i = 1, \ldots, K$, aufgefaßt werden kann (vgl. 1.5.2b), ist das vorstehend skizzierte ML-Verfahren zugleich ein ML-Verfahren für FA-Modelle (sogenannte konfirmatorische Faktoranalyse — vgl. *Lawley/Maxwell*, 1963; *Jöreskog*, 1969).
2. Der ML-Ansatz kann leicht auf allgemeinere FV-Modelle übertragen werden, etwa auf das multivariate FVI-Modell (1.5/24), das interdependente FV-Modell (1.5/14) oder das noch allgemeinere LISREL-Modell (1.5/25).

Um die Vorgehensweise für das letztgenannte Modell zu verdeutlichen, setzen wir erneut die *Strukturvariante* voraus und können dann in (1.5/25) den Beobachtungsindex t unterdrücken. Man erhält so mit $\boldsymbol{\varepsilon} = \boldsymbol{o}$:

$$\boldsymbol{\Gamma}' \boldsymbol{\eta} = \boldsymbol{B}' \boldsymbol{\xi}$$

$$\boldsymbol{y} = \boldsymbol{\Delta}_1' \boldsymbol{\eta} + \boldsymbol{w}$$

$$\boldsymbol{x} = \boldsymbol{\Delta}_2' \boldsymbol{\xi} + \boldsymbol{v}.$$

Im Gegensatz zu den bisher betrachteten Modellen nehmen wir o.B.d.A. an, daß alle Variablen den Erwartungswert 0 haben. Dem entspricht, daß die Modellgleichungen keine Absolutglieder aufweisen. Gegebenenfalls ließen sich diese durch die ersten Momente der beobachtbaren Variablen $\boldsymbol{x}$ und $\boldsymbol{y}$ schätzen. Für die Schätzung der verbleibenden Modellparameter benötigen wir jedenfalls nur noch die zweiten Momente der beobachtbaren Variablen. Fassen wir die beobachtbaren Variablen zu einem Vektor $\boldsymbol{p} := (\boldsymbol{x}', \boldsymbol{y}')'$ zusammen, dann ergibt sich für die Kovarianzmatrix $\boldsymbol{\Sigma}_{pp}$ von $\boldsymbol{p}$ die zu (90b) analoge Darstellung

$$\boldsymbol{\Sigma}_{pp} = \begin{pmatrix} \boldsymbol{\Sigma}_{xx} & \boldsymbol{\Sigma}_{xy} \\ \boldsymbol{\Sigma}_{yx} & \boldsymbol{\Sigma}_{yy} \end{pmatrix} = \begin{pmatrix} \boldsymbol{\Delta}_2' \boldsymbol{\Sigma}_{\xi\xi} \boldsymbol{\Delta}_2 & \boldsymbol{\Delta}_2' \boldsymbol{\Sigma}_{\xi\xi} \boldsymbol{B} \boldsymbol{\Gamma}^{-1} \boldsymbol{\Delta}_1 \\ \boldsymbol{\Delta}_1' \boldsymbol{\Gamma}'^{-1} \boldsymbol{B}' \boldsymbol{\Sigma}_{\xi\xi} \boldsymbol{\Delta}_2 & \boldsymbol{\Delta}_1' \boldsymbol{\Gamma}'^{-1} \boldsymbol{B}' \boldsymbol{\Sigma}_{\xi\xi} \; \boldsymbol{B} \boldsymbol{\Gamma}^{-1} \boldsymbol{\Delta}_1 \end{pmatrix} + \begin{pmatrix} \boldsymbol{\Sigma}_{vv} & \boldsymbol{\Sigma}_{vw} \\ \boldsymbol{\Sigma}_{wv} & \boldsymbol{\Sigma}_{ww} \end{pmatrix}.$$

Mit dieser Matrix $\boldsymbol{\Sigma}_{pp}$ und der Matrix $\boldsymbol{S}$ nach (89b) kann unter der Annahme normalverteilter Modellvariablen wieder die logarithmierte Likelihoodfunktion (92) aufgestellt werden. Ihre Maximierung ergibt die ML-Schätzungen für die Modellparameter, sofern diese identifizierbar sind.

Üblicherweise liefern Computerprogramme (wie z.B. LISREL — vgl. *Jöreskog/Sörbom*, 1981) zugleich mit der ML-Lösung auch eine Schätzung der Kovarianzmatrix der ML-Schätzungen. Fällt diese singulär oder nahezu singulär aus, so ist das ein Hinweis auf Nichtidentifizierbarkeit der Modellparameter.

3. Das FV-Einflußgrößen-Modell wurde in 3.5.2g ebenfalls nach der ML-Methode geschätzt. Dort wurde aber nicht die Strukturvariante unterstellt, vielmehr wurden die Instrumentvariablen als beliebig verteilt angenommen, und die Normalverteilungsannahme bezog sich nur auf die Fehlervariablen. Daher wurde der ML-Ansatz dort in ganz anderer Weise durchgeführt. Man kann aber auch beim FVE-Modell von einer Strukturvariante mit normalverteilten Modellvariablen ausgehen und die ML-Schätzungen in ähnlicher Weise wie für das FVI-Modell entwickeln. Wir gehen darauf jedoch nicht näher ein, zumal für das FVE-Modell keine neuen Schätzverfahren resultieren.
4. Neben der ML-Methode gibt es noch andere allgemein anwendbare Schätzverfahren, von denen wir einige schon in 3.5.2 kennengelernt haben. Hier sei noch auf das von *Wold* [1975, 1977, 1979] entwickelte NIPALS-Verfahren hingewiesen , das jedoch andere Parameterwerte schätzt [vgl. auch *Knepel*, 1981b].

A 3.5/19

a. Wie lautet das System (90b) bei Aufgabe der blockmatriziellen Schreibweise im Falle $\boldsymbol{\sigma}_{vw} := C(\boldsymbol{v}, w) = \boldsymbol{o}$ (FV-Indikatoren-Modell *i.e.S.*)?
b. Leiten Sie hieraus ab, daß der Parameter σ_w^2 des FVI-Modells i.e.S. (87) mit normalverteilten Modellvariablen identifizierbar ist.
c. Zeigen Sie, daß auch die anderen Parameter dieses Modells identifizierbar sind, wenn zusätzlich vorausgesetzt wird, daß $\boldsymbol{\Sigma}_{vv}$ diagonal ist, die Komponenten des Vektors $\boldsymbol{\beta}$ alle ungleich 0 sind und $\boldsymbol{\Sigma}_{\xi\xi}$ regulär ist.

A 3.5/20

a. Wie lautet das auf (1.5/24) bezogene multivariate Analogon des Momentengleichungssystems (90b)?
b. Unter welchen Voraussetzungen ist die $(K \times M)$-Koeffizientenmatrix $\boldsymbol{B}$ aus (1.5/24) M_2-identifizierbar?

A 3.5/21

a. Man berechne für das Modell [1)]

$$\eta = \beta \xi + \varepsilon$$

$$x = \xi + v$$

$$y = \eta + w$$

$$z_1 = \delta_1 \xi + f_1$$

$$z_2 = \delta_2 \eta + f_2$$

die Kovarianzmatrix $\boldsymbol{\Sigma}_{pp}$ des Vektors $\boldsymbol{p} = (x, y, z_1, z_2)'$ der beobachtbaren Variablen als Funktion der Modellparameter. Alle Modellvariablen mögen den Erwartungswert 0 haben; die Fehlervariablen $\varepsilon, v, w, f_1, f_2$ seien voneinander und von ξ unabhängig.

b. Zeigen Sie, daß sämtliche Modellparameter M_2-identifizierbar sind. Liegt Überidentifikation vor?

c. Beispiele aus dem Eichwesen und der Geophysik

① *Eichung von medizinischen Meßinstrumenten*

Barnett [1969] untersucht ein Kalibrierungsproblem: die Eichung medizinischer Meßgeräte an einem Standardinstrument. Zur Messung einer Größe – bei Barnett ist es die Lungenkapazität – mögen mehrere Instrumente zur Verfügung stehen, darunter ein Standardinstrument, das die Größe im Mittel mit dem Wert ξ angibt. Die Einzelmessung x des Standardinstruments ist demnach eine Zufallsvariable mit $E(x) = \xi$, m.a.W. es ist $x = \xi + v$ mit $E(v) = 0$. Die Variable v wird als zufälliger Meßfehler des Standardinstruments interpretiert.

Ein anderes Instrument mißt im Mittel den Wert η, der mit ξ linear verbunden ist: $\eta = \alpha + \beta \xi$. Der Koeffizient β bezeichnet den Skalierungsfaktor und α die Nullpunktverschiebung gegenüber dem Standardinstrument. Die Einzelmessung y ist fehlerbehaftet: $y = \eta + w$ mit $E(w) = 0$.

---

1) Dieses Modell erscheint bei *Jöreskog* und *Sörbom* [1977] zur Beschreibung einer in der experimentellen Psychologie oft anzutreffenden Situation (pre-test/post-test-Modell).

Wir können noch zusätzlich annehmen, daß v und w stochastisch unabhängig sind. Damit haben wir wieder ein FV-Modell *i.e.S.* vor uns. Mit Hilfe beider Instrumente wird dieselbe Größe — bei Barnett die Lungenkapazität — an verschiedenen Individuen je einmal gemessen (keine Replikationen). Man erhält auf diese Weise Daten (x_t, y_t). Diese reichen freilich, wie wir wissen (vgl. 2.4.1), nicht aus, die Parameter α, β, σ_v^2 und σ_w^2 konsistent zu schätzen.

Nehmen wir nun aber an, ein drittes Meßinstrument stehe zur Verfügung. Für seine Messungen gelte dasselbe wie für die des zweiten Instruments. Sei z der Meßwert des dritten Instruments. Dann ist also $z = \gamma + \delta\xi + f$ mit der stochastischen Fehlervariablen f, für die wieder $E(f) = 0$ gelte und die von w und v stochastisch unabhängig sei. Zusammen haben wir also (87) mit $L = 1$:

$$\begin{aligned} \eta &= \alpha + \beta\xi \\ y &= \eta + w \\ x &= \xi + v \\ z &= \gamma + \delta\xi + f. \end{aligned} \tag{94}$$

Dies ist ein FV-Modell mit nur einer Instrumentvariablen z, die als Indikatorvariable im Modell auftritt (univariates FV-Indikatoren-Modell mit einer Indikatorvariablen). Man kann nun z dazu benutzen, α und β nach der IV-Methode (7, 8) konsistent zu schätzen. Analog kann y als Instrumentvariable zur Schätzung von γ und δ benutzt werden:

$$\begin{aligned} \hat{\alpha}_{IV} &= \bar{y} - \hat{\beta}_{IV}\bar{x}, \qquad \hat{\beta}_{IV} = s_{yz}/s_{xz} \\ \hat{\gamma}_{IV} &= \bar{z} - \hat{\delta}_{IV}\bar{x}, \qquad \hat{\delta}_{IV} = s_{zy}/s_{xy}. \end{aligned} \tag{95}$$

Mit den so gefundenen Schätzungen lassen sich die beiden Meßinstrumente relativ zum Standardinstrument skalieren. Darüber hinaus können nach (9) und (10) sämtliche Fehlervarianzen geschätzt werden, was für die Beurteilung der unterschiedlichen Meßgenauigkeiten der Instrumente sehr wichtig ist:

$$\begin{aligned} \hat{\sigma}^2_{v,IV} &= s_x^2 - \frac{s_{yx}s_{xz}}{s_{yz}}, \\ \hat{\sigma}^2_{w,IV} &= s_y^2 - \frac{s_{xy}s_{yz}}{s_{xz}}, \\ \hat{\sigma}^2_{f,IV} &= s_z^2 - \frac{s_{xz}s_{zy}}{s_{xy}}. \end{aligned} \tag{96}$$

Hat man noch weitere Meßinstrumente, dann kann wie oben verfahren werden, wenn man die Instrumente in Dreiergruppen zusammenfaßt. Man erhält allerdings verschiedene Schätzungen für dieselben Parameter, je nachdem, welche Dreiergruppen man bildet. Auch höhere Schätzverfahren können dann herangezogen werden (2 KQ; ML), jedoch ist besonders die in 3.5.3b skizzierte ML-Schätzung ein aufwendiges Verfahren. Vgl. auch *Theobald* [1978].

② *Messung von Erdbebenstärken*

Die Stärke eines Erdbebens kann durch verschiedene Größen gemessen werden, z.B. durch die Amplitude einer bestimmten Oberflächenwelle, oder durch die Amplitude von Longitudinalwellen usw. Sei ξ eine solche Größe und $x = \xi + v$ ihr Meßwert mit dem von ξ unabhängigen Meßfehler v. Seien ferner y und z die Meßwerte zweier anderer derartiger Größen. Sie mögen mit ξ zufallsgestört linear zusammenhängen, so daß also insgesamt das folgende Gleichungssystem besteht:

$$\begin{aligned} x &= \xi + v \\ y &= \alpha + \beta\xi + w \\ z &= \gamma + \delta\xi + f. \end{aligned} \tag{97}$$

Das Modell (97) hat die gleiche Struktur wie im voranstehenden Beispiel — man braucht nur (94a) in (94b) einzusetzen, um die Äquivalenz augenfällig zu machen. Unter der Annahme unabhängiger Fehlervariablen v, w, f lassen sich die Parameter α, β, γ, δ sowie die Fehlervarianzen wieder nach den Formeln (95) und (96) schätzen.

Ganse, Amemiya und *Fuller* [1983] haben derartige Schätzungen mit seismographischen Daten vorgenommen. Sie mußten freilich die Schätzungen (95, 96) modifizieren, weil nicht für jedes Erdbebenereignis alle drei Meßwerte x, y, z vorhanden waren, sondern z.T. der Meßwert z fehlte. Dennoch konnten mit den vorliegenden Daten (gepoolte) Schätzungen für die Varianzen und Kovarianzen der Variablen x, y, z erstellt werden. Werden diese an Stelle der Stichprobenvarianzen und -kovarianzen in den Schätzformeln (95, 96) verwendet, erhält man wieder konsistente Schätzungen der Modellparameter. Sie lassen sich zudem bei normalverteilten Variablen als ML-Schätzungen interpretieren.

③ *Schätzung von Konsumfunktionen*

Wir kommen erneut auf Friedmans Permanent-Income-Modell

$$\begin{aligned} C &= \alpha + \beta Y^P + C^T \\ Y &= Y^P + Y^T \end{aligned} \tag{98}$$

zurück (s. Beispiel ① in 1.2.2e). In 2.3.1d hatten wir festgestellt, daß die Parameter dieses Modells im Falle $\alpha \neq 0$ nur dann identifizierbar und schätzbar sind, wenn das Modell durch Zusatzinformationen ergänzt wird. Nehmen wir etwa an, daß der Gesamtkonsum C in einzelne Komponenten C_i, $i = 1, \ldots, m$, zerlegt werden kann, z.B. in C_1 = Ernährung, C_2 = Wohnen, C_3 = Unterhaltung und Bildung usw. Für jede Komponente lasse sich eine Konsumfunktion vom Friedmanschen Typ (98a) ansetzen. Man hat also das Modell

$$\begin{aligned} C_i &= \alpha_i + \beta_i Y^P + C_i^T \\ Y &= Y^P + Y^T \end{aligned} \qquad i = 1, \ldots, m. \tag{99}$$

Dies ist offenbar ein FV-Indikator-Modell des Typs (97) mit $\xi := Y^P$, $x := Y$ und $v := Y^T$. Anstelle der beiden Gleichungen (97b, c) erscheinen hier die m Gleichungen (99a). Unter der Annahme, daß alle C_i^T unabhängig voneinander und von $v = Y^T$ sind, lassen sich sämtliche m Konsumfunktionen identifizieren und konsistent schätzen. *Hujer* und *Knepel* [1982b] haben mit Daten der Bundesrepublik Deutschland ein derartiges System mit Hilfe der ML-Methode geschätzt.

3.6 Konsistente Schätzung mit Informationen über die Grössenordnung der latenten exogenen Variablen

In 1.4.3b wurden im Zusammenhang mit dem einfachen FV-Modell drei Arten von A-priori-Informationen über die Größenordnung der latenten Variablen ξ_t vorgestellt, mit deren Hilfe sich konsistente Schätzer für die Modellparameter konstruieren lassen.

Der allgemeinste dort abgehandelte Informationstyp beinhaltete, daß man die Beobachtungsindizes so in zwei Gruppen G_1 und G_2 aufteilen kann, daß die arithmetischen Mittel $\bar{\xi}_1$ und $\bar{\xi}_2$ der zu G_1 und G_2 gehörenden ξ_t-Werte voneinander abweichen. Wir behandeln in erster Linie diesen Informationstyp, der wichtige Anwendungsfälle abdeckt, wobei wir die Gültigkeit von $\bar{\xi}_1 \neq \bar{\xi}_2$ nur asymptotisch voraussetzen.

Starke Beachtung in der Literatur fand vor allem der Informationstyp, nach dem man die Beobachtungsindizes derart in zwei Gruppen teilen kann, daß die ξ_t-Werte der ersten Gruppe allesamt kleiner sind als die der zweiten. Mit dieser Information lassen sich einige stärkere Aussagen ableiten.

Weitergehende Information liegt vor, wenn man die Beobachtungsindizes in mehr als zwei Gruppen aufteilen kann, derart, daß zwischen den ξ_t-Werten einer jeden Gruppe keine ξ_t-Werte aus anderen Gruppen zu liegen kommen.

Die reichhaltigste Information liegt vor, wenn man die Größenrangordnung der ξ_t-Werte vollständig kennt. In diesem Fall lassen sich die Beobachtungsindizes in vielfältiger Weise in zwei oder mehr Gruppen so aufteilen, daß die oben genannten Bedingungen erfüllt sind. Jede derartige Aufteilung gestattet die Konstruktion eines konsistenten Schätzers. Stattdessen kann aber auch die Kenntnis der Größenrangordnung direkt zur Schätzung der Parameter herangezogen werden.

Schätzungen, die auf einer der vorstehenden A-priori-Informationen beruhen, also eine Gruppierung der Beobachtungsindizes und – hierdurch induziert – aller Modellvariablen erlauben, nennen wir **G-Schätzungen**.

Alle genannten Informationstypen lassen sich durch Instrumentvariablen charakterisieren. Entsprechend lassen sich die ihnen zugeordneten Schätzer aus der IV-Methode ableiten. G-Schätzer sind also spezielle IV-Schätzer.

Wir werden uns im folgenden im wesentlichen auf das *einfache* FV-Modell i.e.S. beschränken und dort o.B.d.A. im Regelfalle wieder $\varepsilon \equiv 0$ setzen. Das multiple Modell streifen wir nur am Rande (vgl. 3.6.1f).

3.6.1 Gruppierungsverfahren (G-Schätzung)

a. G-Schätzung nach Wald

Der erste Informationstyp aus 1.4.3b beinhaltete, daß die Beobachtungsindizes so in zwei Gruppen G_1 und G_2 aufgeteilt werden können, daß die arithmetischen Mittel $\bar{\xi}_1$ und $\bar{\xi}_2$ der zu G_1 und G_2 gehörenden ξ_t-Werte verschiedene Werte besitzen. Wir wollen hier von der analogen Annahme ausgehen, daß die Gültigkeit der Ungleichung $\bar{\xi}_1 \neq \bar{\xi}_2$ zumindest asymptotisch gesichert ist (s. Annahme (G2)). Um möglichst allgemein zu bleiben, nehmen wir an, daß die Gruppenaufteilung der Beobachtungsindizes nach einem wohlbestimmten Zufallsmechanismus erfolgt, wobei natürlich eine deterministisch vorzunehmende Gruppenaufteilung als Grenzfall auch zugelassen ist.

Bezeichne T_i die Anzahl der Beobachtungsindizes t, die die Gruppe G_i konstituieren, und $t_i := T_i/T$ das Verhältnis der Gruppenumfänge zur Anzahl aller Beobachtungen ($t_1 + t_2 = 1$). Unter Verwendung dieser Bezeichnungen können wir mit $\boldsymbol{v} = (v_1, \ldots, v_T)'$ und $\boldsymbol{w} = (w_1, \ldots, w_T)'$ bezüglich der Gruppenbildung die folgenden Annahmen formulieren:

(G1) Die Gruppenaufteilung ist von $(\boldsymbol{v}, \boldsymbol{w})$ stochastisch unabhängig.

(G2) Die arithmetischen Mittel $\bar{\xi}_1$ und $\bar{\xi}_2$ sind asymptotisch verschieden:

$$p\lim(\bar{\xi}_1 - \bar{\xi}_2) \neq 0.$$

(G3) Die beiden Anteile t_i streben asymptotisch gegen positive Werte:

$$\lim t_i =: \tau_i > 0 \quad \text{m.W.1} = 1, \qquad i = 1; 2.$$

Darüber hinaus fordern wir, daß die arithmetischen Mittel $\bar{x}_1$ und $\bar{x}_2$ der zu G_1 und G_2 gehörenden x_t-Werte m.W.1 verschieden sind. Diese Bedingung ist nur eine technische Annahme, die die Existenz des noch zu entwickelnden G-Schätzers für β gewährleistet. Außerdem soll wieder die Annahme (A) aus 3.1.2a gelten.

Man kann nun auf der Basis von (G1) – (G3) zeigen, daß die für $t = 1, \ldots, T$ definierte Binärvariable

$$z_t := \begin{cases} 1 & \text{für } t \in G_1 \\ 0 & \text{für } t \in G_2 \,. \end{cases} \tag{1}$$

Instrumentvariablencharakter besitzt, d.h. den Bedingungen (I1, 2) aus 3.5.1a genügt.

Annahme (I1) ist offenbar wegen (G1) erfüllt. Ferner gilt $s_{\xi z} = t_1\, t_2\, (\bar{\xi}_1 - \bar{\xi}_2)$ (vgl. A 1.4/5b).Hieraus folgt mit (G2, 3), daß das Grenzmoment $S_{\xi z} = p\lim s_{\xi z}$ von Null verschieden ist.

Auch die asymptotische Annahme (Az) aus 3.5.1a, die wir dort für den Konsistenzbeweis benötigt hatten, ist für die Binärvariable (1) erfüllt, weil die Grenzwerte von $\bar{z} = t_1$ und $s_z^2 = t_1\, t_2$ (vgl. A 1.4/5a) wegen (G3) m.W.1 existieren.

Da (I1, 2) und (Az) für die spezielle Instrumentvariable (1) gelten, können wir diese zur konsistenten Schätzung des Parameters β nach der IV-Methode heranziehen. Man erhält aus (3.5/7) wegen $s_{yz} = t_1\, t_2\, (\bar{y}_1 - \bar{y}_2)$ und $s_{xz} = t_1\, t_2\, (\bar{x}_1 - \bar{x}_2)$ (vgl. A 1.4/5b) die G-Schätzung

$$\hat{\beta}_G = \frac{\bar{y}_1 - \bar{y}_2}{\bar{x}_1 - \bar{x}_2}. \tag{2}$$

Konsistente Schätzungen für die Parameter α, σ_v^2 und σ_w^2 sind dann nach (3.5/8 — 10) gegeben durch

$$\hat{\alpha}_G = \bar{y} - \hat{\beta}_G\, \bar{x} \tag{3}$$

$$\hat{\sigma}^2_{v,\,G} = s_x^2 - \frac{s_{xy}}{\hat{\beta}_G} \tag{4}$$

$$\hat{\sigma}^2_{w,\,G} = s_y^2 - \hat{\beta}_G\, s_{xy}. \tag{5}$$

Anstelle von (3) kann man zur Schätzung von α eine der beiden äquivalenten Darstellungen

$$\hat{\alpha}_G = \bar{y}_i - \hat{\beta}_G\, \bar{x}_i, \qquad i = 1;2 \tag{6}$$

verwenden (zum Äquivalenzbeweis vgl. A 3.6/1).

Das vorstehend dargestellte Verfahren geht auf *A. Wald* [1940] zurück. Es wird daher auch **Waldsches Gruppierungsverfahren** genannt.

Die Konsistenz der Schätzer (2) — (5), die ja alle als spezielle IV-Schätzer anzusehen sind, ergibt sich aus der Konsistenz der allgemeinen IV-Schätzer (3.5/7 — 10). Da die Schätzer (3.5/7, 8) sogar im FV-Modell *i.w.S.* konsistent sind, gilt dies auch für die G-Schätzer (2, 3).

Man kann die Konsistenz der G-Schätzer auch leicht auf direktem Wege ableiten, d.h. ohne Rückgriff auf die Ergebnisse aus 3.5.1a (s. A 3.6/2b). Dabei wird u.a. die Annahme (G2) benötigt. (G2) beinhaltet lediglich, daß zwischen $\bar{\xi}_1$ und $\bar{\xi}_2$ asymptotisch eine von Null verschiedene Differenz bestehen soll. Wie groß diese ist, ist für die Konsistenzeigenschaft unerheblich. Für die asymptotische Effizienz des G-Schätzers (2) ist die Größe der Differenz jedoch ausschlaggebend (vgl. (4.2/88)). Je größer sie ist, desto genauer ist ceteris paribus der Schätzer (2).

Die Lage der nach dem Waldschen Gruppierungsverfahren bestimmten Schätzgeraden $\hat{R}_G$ wird deutlich, wenn man in die Geradengleichung $\hat{y}_G := \hat{\alpha}_G + \hat{\beta}_G\, x$ für $\hat{\alpha}_G$

nacheinander die Darstellungen (3) und (6) einsetzt. Man erhält so nach elementarer Umformung

$$\hat{y}_G - \bar{y} = \hat{\beta}_G (x - \bar{x})$$

$$\hat{y}_G - \bar{y}_i = \hat{\beta}_G (x - \bar{x}_i) \qquad i = 1; 2.$$

Aus diesen Gleichungen ist erkennbar, daß $\hat{R}_G$ sowohl durch den Schwerpunkt $(\bar{x}, \bar{y})$ aller Beobachtungspunkte als auch durch die Gruppenschwerpunkte $(\bar{x}_1, \bar{y}_1)$ und $(\bar{x}_2, \bar{y}_2)$ verläuft:

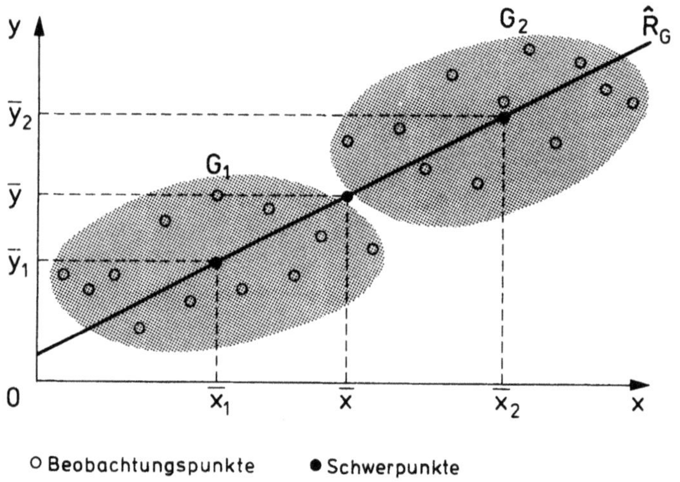

Abb. 3.6/1: G-Schätzung nach Wald

Anmerkungen:

1. Anstelle von (1) lassen sich auch auf andere Weise — z.B. durch (1.4/2) — Binärvariablen definieren, die Instrumentvariablencharakter besitzen und (2) als IV-Schätzung liefern.
2. Es ist zu bedenken, daß die Gruppenaufteilung i.a. vom Stichprobenumfang T abhängt. Dies bedeutet, daß die für einen bestimmten Stichprobenumfang gewählte Gruppenaufteilung bei Hinzunahme neuer Beobachtungen hinfällig werden kann und sämtliche Beobachtungsindizes — also auch die zuvor schon den beiden Gruppen zugeordneten — erneut aufzuteilen sind. Eine Änderung der Gruppenaufteilung mit wachsendem T impliziert aber, daß der Vektor $z = (z_1, \ldots, z_T)'$ der Instrumentvariablen (1) bei zunehmendem T nicht einfach verlängert wird, sondern sich vielmehr vollständig ändern kann. Aus 3.5.1d wissen wir aber, daß die IV-Schätzung (3.5/7) — und damit insbesondere die spezielle IV-Schätzung (2) — i.a. auch dann konsistent bleibt, wenn der Instrumentvariablenvektor z mit jeder Erweiterung der Stichprobe ganz neu anfällt. Eine entsprechende Aussage gilt für die G-Schätzer (3) — (5). Die Konsistenz von (2) — (5) ist nur daran gebunden, daß die Annahmen (G1) — (G3), dabei (G1) für jedes T, erfüllt sind.
3. So wie beim allgemeinen IV-Schätzverfahren (vgl. Anmerkung 3 zu 3.5.1a) können auch beim G-Schätzverfahren die Schätzungen für σ_v^2 oder σ_w^2 nach (4) bzw. (5) u.U. negativ ausfallen. Man wird sie dann durch den Wert Null ersetzen.

A 3.6/1

Beweisen Sie, daß die beiden Schätzformeln (6) äquivalent sind mit (3).

A 3.6/2

a. Die Aufteilung der Beobachtungsindizes in zwei Gruppen G_1 und G_2 induziert auch eine Gruppierung der Fehlervariablen v_t, w_t und $u_t = w_t - \beta v_t$. Zeigen Sie, daß die arithmetischen Mittel $\bar{v}_i$, $\bar{w}_i$ und $\bar{u}_i$ $(i = 1; 2)$ der zu G_1 und G_2 gehörenden Fehlervariablen bei Gültigkeit von (G1) und (G3) jeweils stochastisch gegen Null konvergieren.
b. Leiten Sie anschließend die Konsistenz des G-Schätzers (2) her. Stützen Sie sich dabei auf die empirische Regression (3.5/2) und die Annahmen (G1) — (G3).

A 3.6/3

a. Angenommen, die Annahme (G1) sei nicht erfüllt. Die Gruppenbildung erfolge so, daß alle t mit $w_t > 0$ der Gruppe G_1 und alle t mit $w_t < 0$ der Gruppe G_2 zugeordnet werden. (Die Fehler w_t seien alle von Null verschieden.) Was folgt dann für die Wahrscheinlichkeitslimites von $\bar{v}_i$, $\bar{w}_i$ und $\bar{u}_i$ $(i = 1; 2)$?
b. Ist $\hat{\beta}_G$ noch konsistent? Begründen Sie Ihre Antwort.

A 3.6/4

Wenden Sie die Waldschen G-Schätzungen (2) und (3) auf die folgenden Daten an:

	G_1				G_2			
x	1	2	2	3	4	5	5	6
y	6	10	12	8	10	14	16	20

Zeichnen Sie die geschätzte Regressionsgerade $\hat{R}_G$ und geben Sie deren Gleichung an. Tragen Sie in die Zeichnung auch den Gesamtschwerpunkt $(\bar{x}, \bar{y})$ aller acht Datenpaare ein.

A 3.6/5

Zeigen Sie, daß sich die G-Schätzungen von β und α nach (2) und (3) auch mit Hilfe der folgenden beiden Instrumentvariablen z_1 und z_2 als IV-Schätzer darstellen lassen:

$$z_{ti} = \begin{cases} 1 & \text{für } t \in G_i \\ 0 & \text{sonst} \end{cases} \qquad t = 1, \ldots, T; \quad i = 1, 2.$$

b. Ein Beispiel aus der Ökonometrie

Friedman [1957] nennt eine Fülle von Beispielen, bei denen die Anwendung des Waldschen G-Schätzers (2) von der Sache her zu rechtfertigen ist (zu den folgenden Ausführungen vgl. Beispiel ① aus 1.2.2e sowie 1.3.3a). Er hat z.B. aus Querschnittsdaten Konsumfunktionen für unterschiedliche soziologische Schichten — etwa landwirtschaftliche und nichtlandwirtschaftliche Haushalte — oder zu unterschiedlichen Zeitpunkten aufgestellt. So zerfällt das Beobachtungsmaterial in natürlicher Weise in zwei oder mehr Gruppen; $i = 1, \ldots, m$. Dadurch, daß die Gruppen nach soziologischen oder zeitlichen Merkmalen gebildet werden, ist die Unabhängigkeit der Gruppenbildung von den Fehlervariablen v und w (bei Friedman: transitorisches Einkommen und transitorischer Konsum) garantiert. Werden für die einzelnen Gruppen die Gruppenmittelwerte der Einkommens- und Konsumvariablen berechnet und zu Gruppenschwerpunkten ($\bar{Y}_i$, $\bar{C}_i$) zusammengestellt, dann geht Friedmans Konsumfunktion (1.2/13) durch diese Schwerpunkte, wenn man von kleineren Zufallsschwankungen absieht. Das entspricht für $m = 2$ genau der in Abb. 3.6/1 dargestellten Situation.

Eine Besonderheit der Friedmanschen Konsumfunktion ist, daß sie durch den Nullpunkt verlaufen soll ($\alpha = 0$, vgl. auch Tab. 1.2/3). In diesem speziellen Falle eines homogenen FV-Modells kann man auf die Gruppenbildung auch ganz verzichten bzw. alle Beobachtungspunkte zu einer einzigen Gruppe zusammenfassen und den Regressionskoeffizienten $\hat{\beta}$ durch $\hat{\beta} = \bar{y}/\bar{x}$ statt durch (2) konsistent schätzen, wobei man zum Konsistenzbeweis nur die (G2) entsprechende Annahme $p\lim \bar{\xi} \neq 0$ benötigt (s. A 3.6/6a). Die geschätzte Regressionsgerade ist dann einfach die Verbindungsgerade vom Koordinatenursprung zum Gesamtschwerpunkt der Beobachtungspunkte.

Eine sehr detaillierte Studie zur Friedmanschen Konsumfunktion stammt von *Modigliani* und *Ando* [1960].

Anmerkung: *Liviatan* [1961] empfiehlt die Anwendung des G-Schätzers (2) bei Vorstudien zur Engelkurven-Analyse.

A 3.6/6

a. Zeigen Sie, daß man den Parameter β des homogenen einfachen FV-Modells, d.h. des FV-Modells (3.5/1) mit $\alpha = 0$, durch $\hat{\beta} = \bar{y}/\bar{x}$ konsistent schätzen kann, wenn man $p\lim \bar{\xi} \neq 0$ voraussetzt.
b. Fertigen Sie ein Skizze für die geschätzte Regressionsgerade $\hat{R}$ an. Tragen Sie in die Zeichnung einige plausible Beobachtungspunkte ein und kennzeichnen Sie auch $\hat{\beta}$.

c. G-Schätzung mit zwei Gruppen bei weitergehender A-priori-Information

Auch bei Zeitreihendaten kann oft eine Gruppenbildung vorgenommen werden. Folgen die x_t-Werte einem Trend und sind die Fehlerterme v_t nicht zu groß, dann ist zu erwarten, daß auch die ξ_t-Werte im wesentlichen einem Trend folgen. Man kann dann eine einfache zeitliche Gruppenaufteilung vornehmen, indem man den Gesamtzeitraum $t = 1, \ldots, T$ in zwei Teilzeiträume $t = 1, \ldots, T_1$ und $t = T_1 + 1, \ldots, T$ aufteilt, wodurch insbesondere auch eine Gruppierung der ξ_t-Werte induziert wird. Alsdann werden die zur einen Gruppe gehörenden ξ_t-Werte — vielleicht von vernachlässigbaren Ausnahmen abgesehen — durchweg kleiner sein als die zur anderen Gruppe gehörenden ξ_t-Werte. Das entspricht dem zweiten Informationstyp aus 1.4.3b. Es gilt dann offenbar speziell $\bar{\xi}_1 \neq \bar{\xi}_2$.

Nicht nur im Trendfall, sondern für beliebige Daten (x_t, y_t) kann man prüfen, ob eine Aufteilung der Beobachtungsindizes $t = 1, \ldots, T$ in zwei Gruppen in dem Sinne möglich ist, daß alle ξ_t-Werte der einen Gruppe kleiner sind als alle ξ_t-Werte der anderen Gruppe. Wir wollen hier unterstellen, daß diese Voraussetzung für jedes beliebig große T erfüllt und die Gültigkeit der Ungleichung $\bar{\xi}_1 \neq \bar{\xi}_2$ auch asymptotisch gewährleistet ist, d.h. es gelte (G2). Außerdem setzen wir wieder wie in 3.6.1a die Annahmen (G3) und (A) sowie die Bedingung $\bar{x}_1 \neq \bar{x}_2$ voraus, welche die Existenz des G-Schätzers (2) gewährleistete. Die Annahme (G1) ist bei der hier beschriebenen Art der Gruppenbildung automatisch erfüllt, denn die Gruppenbildung bestimmt sich nach Größenordnung der ξ_t-Werte, und die ξ_t sind nach Annahme (F3) stochastisch unabhängig von den Fehlervariablen.

Da alle Annahmen erfüllt sind, die in 3.6.1a für den Beweis der Konsistenz von (2) benötigt wurden — wir haben jetzt nur eine Verschärfung von Annahme (G2) vorgenommen — können wir den G-Schätzer (2) und damit auch die auf (2) aufbauenden G-Schätzer (3) — (5) wieder verwenden.

Allgemein gilt, daß die stochastischen Eigenschaften eines G-Schätzers von dem zugrundegelegten Gruppierungsverfahren abhängen. Das hier vorgestellte Verfahren, das sich nach der Größenrangordnung der ξ_t richtet, garantiert, daß für alle T die Differenz $\bar{\xi}_1 - \bar{\xi}_2$ im Vergleich zu allen anderen Gruppenaufteilungsverfahren (mit denselben Aufteilungsproportionen) am größten ist und daher auch $p\lim(\bar{\xi}_1 - \bar{\xi}_2)$ einen größtmöglichen Wert annimmt. Dieser Wahrscheinlichkeitslimes ist aber für die asymptotische Effizienz des G-Schätzers ausschlaggebend. G-Schätzer mit einer aus der Größenrangordnung der ξ_t-Werte resultierenden Gruppenaufteilung sind also im Vergleich zu anderen Schätzern effizient. Darin liegt der Wert der hier verwendeten speziellen A-priori-Information.

Das beschriebene Gruppierungsverfahren stößt freilich in der Praxis auf Schwierigkeiten, weil ja die ξ_t unbeobachtbar sind. Zwar braucht man nur Minimalinformationen über die Größenordnung der ξ_t, aber selbst diese sind oft nicht gegeben.

Es wurde daher vorgeschlagen, eine Gruppenbildung der Beobachtungsindizes t hilfsweise nach der Größe der x_t-Werte vorzunehmen statt bez. der unbeobachtbaren ξ_t-Werte. In diesem Falle ist die Gruppenbildung wegen $x_t = \xi_t + v_t$ jedoch nicht unabhängig von den v_t, d.h. Annahme (G1) ist verletzt. Letztere wird aber für den Beweis der Konsistenz des G-Schätzers (2) gebraucht (s. L 3.6/2b). Infolgedessen sind die Schätzer (2) und (3) — (5) bei Gruppierung der Beobachtungsindizes bez. der beobachtbaren Werte x_t i.a. inkonsistent.

Konsistenz wäre erst dann wieder gegeben, wenn die Gruppenbildung anhand der Größenordnung der x_t zur gleichen Aufteilung führte wie eine Gruppierung nach der Größenordnung der ξ_t. Eine solche Situation ist z.B. gegeben, wenn die Meßfehlerbeträge $|v_t|$ durchweg kleiner sind als der kleinste halbe Abstand zwischen zwei benachbarten x_t-Werten (vgl. Abb. 1.4/3). Man benötigt jedoch nicht so viel an A-priori-Information, um die Konsistenz des G-Schätzers (2) wiederherzustellen.

Für den Fall der Strukturvariante des einfachen FV-Modells haben *Neyman* und *Scott* [1951] eine notwendige und hinreichende Bedingung für die Konsistenz von $\hat{\beta}_G$ gegeben, wenn man die Gruppenbildung nach der Größenordnung der x_t-Werte vornimmt und zwei gleichgroße Gruppen bildet.

Danach muß der Median M der Verteilung von ξ in einem Intervall der Länge Θ liegen, in dem die Wahrscheinlichkeitsdichte von ξ Null ist, wobei Θ mindestens so groß ist wie die Spannweite Δ der Verteilung von v.

Die Bedingung von Neyman und Scott wird jedoch in der Praxis kaum je erfüllt sein. (So hat z.B. eine normalverteilte Fehlervariable v gar keine endliche Spannweite.) Eine Gruppierung nach der Größenordnung der x_t führt daher i.a. zu inkonsistenten Schätzungen.

Das Ausmaß der Verzerrung — insbesondere auch im Vergleich zur gewöhnlichen KQ-Schätzung — untersuchten *Carter* und *Blalock* [1970] anhand einer Monte-Carlo-Studie sowie *Pakes* [1982] auf analytischem Wege. Bei der Strukturvariante mit gemeinsam normalverteilten Modellvariablen ist die asymptotische Verzerrung des G-Schätzers die gleiche wie die des KQ-Schätzers.

d. G-Schätzung mit drei Gruppen

Wir kehren nun zurück zu der Methode der Gruppierung bezüglich der ξ_t-Werte. In 3.6.1c waren wir von der A-priori-Information ausgegangen, daß sich die Beobachtungsindizes t so in *zwei* Gruppen aufteilen lassen, daß alle zur ersten Gruppe gehörenden ξ_t-Werte kleiner sind als alle ξ_t-Werte, die der zweiten Gruppe zuzuordnen sind. Von *Nair* und *Bannerjee* [1942] [1)] und unabhängig auch von *Bartlett* [1949] wurde vorgeschlagen, die Beobachtungsindizes bei Vorhandensein einer entsprechenden Zusatzinformation derart in *drei* Gruppen G_1, G_2, G_3 aufzuteilen, daß die zu G_1 gehörenden ξ_t-Werte durchweg kleiner sind als alle zu G_2 gehörenden ξ_t-Werte und diese wiederum kleiner als alle zu G_3 gehörenden ξ_t-Werte.

Die geschätzte Regressionsgerade wird dann beim **Verfahren nach Nair** so bestimmt, daß sie durch die Schwerpunkte $(\bar{x}_1, \bar{y}_1)$ und $(\bar{x}_3, \bar{y}_3)$ der „unteren" Gruppe G_1 bzw. der „oberen" Gruppe G_3 geht. Die „mittlere" Gruppe G_2 bleibt unberücksichtigt. Beim **Bartlettschen Verfahren** wird die Gerade noch zusätzlich in der Weise parallel verschoben, daß sie durch den Gesamtschwerpunkt $(\bar{x}, \bar{y})$ verläuft:

[1)] Vgl. auch *Nair* und *Shrivastava* [1942]. Im folgenden wird kurz von dem Verfahren nach Nair gesprochen.

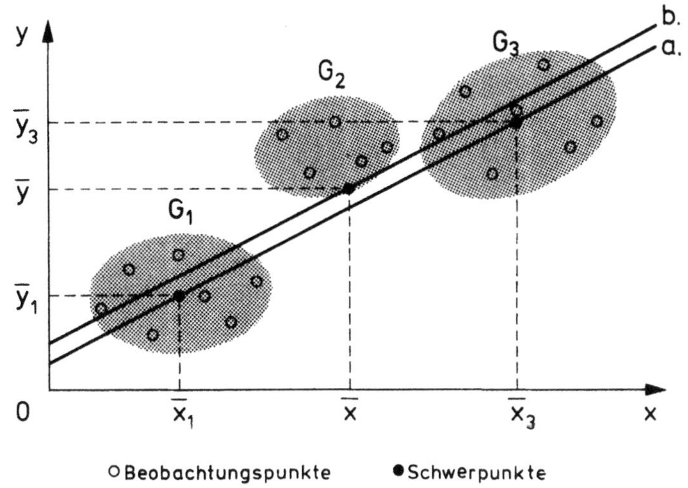

Abb. 3.6/2: Drei-Gruppen-Methode a. nach Nair- b. nach Bartlett

Man ersieht aus Abb. 3.6/2, daß die Steigung $\hat{\beta}_G$ der nach Nair oder Bartlett geschätzten Regressionsgeraden übereinstimmend gegeben ist durch

$$\hat{\beta}_G = \frac{\bar{y}_1 - \bar{y}_3}{\bar{x}_1 - \bar{x}_3}. \tag{7}$$

Die Gruppierungsverfahren nach Nair und Bartlett besitzen denselben Nachteil wie das Waldsche Verfahren: sie setzen gewisse Minimalkenntnisse über die Größenordnung der Werte ξ_t voraus, die in der Praxis häufig nicht vorhanden sind. Eine Aufteilung der Beobachtungsdaten, die ersatzweise nach der Größenordnung der x_t-Werte vorgenommen wird, verletzt auch bei den Drei-Gruppen-Verfahren in der Regel die Annahme (G1) und führt daher zu i.a. inkonsistenten Schätzungen [*Pakes*, 1982].

Die G-Schätzung nach Nair oder Bartlett (Drei-Gruppen-Verfahren) ist der Waldschen G-Schätzung (Zwei-Gruppen-Verfahren nach 3.6.1c oder 3.6.1a) in dem Sinne überlegen, als sie asymptotisch i.a. zu kleineren Schätzfehlern führen. Das liegt daran, daß durch die Herausnahme der mittleren Gruppe die arithmetischen Mittel der ξ_t-Werte der verbliebenen beiden Gruppen weiter auseinanderrücken. Von deren Abstand hängt aber die Schätzgenauigkeit ab; je größer dieser, um so genauer ist die Schätzung. Die Schätzgenauigkeit hängt allerdings auch von der Anzahl der an der Mittelwertbildung beteiligten Daten ab; je mehr Daten herangezogen werden, um so genauer ist wiederum die Schätzung. Die herausgenommene mittlere Gruppe darf daher nicht zu umfangreich sein. Im übrigen hängt der Genauigkeitsgewinn wesentlich von der Verteilung der ξ_t-Werte ab.

Man kann die Effizienz der G-Schätzer besonders gut für den Fall studieren, daß die Beobachtungsdaten fehlerfrei erhoben werden (klassisches Regressionsmodell). Auch für diesen Fall kommen Gruppierungsverfahren zur Parameterschätzung in Betracht — in Konkurrenz zu dem hier üblicherweise verwendeten KQ-Verfahren. Die Gruppierungsmethoden besitzen zwar gegenüber der KQ-Methode eine geringere Effizienz, der Effizienzverlust ist aber bei bestimmten Verteilungen des Regressors x sehr klein.

Die asymptotische Varianz der nach den Verfahren von Nair oder Bartlett bestimmten Schätzer $\hat{\beta}_G$ schneidet z.B. gegenüber der asymptotischen Varianz von $\hat{\beta}_{KQ}$ oft erstaunlich gut ab. Bei gleichförmiger Verteilung (Rechteckverteilung) der x_t-Werte beträgt die asymptotische Varianz von $\hat{\beta}_{KQ}$ etwa 89% derjenigen von $\hat{\beta}_G$, sofern die Umfänge der drei Gruppen gleich groß sind. Folgen die x_t-Werte einer unimodalen Verteilung mit endlicher Spannweite, z.B. einer Beta-Verteilung, dann wird ein Varianzverhältnis von ca. 85% erreicht, wenn die Gruppenumfänge sich etwa wie 30 : 40 : 30 verhalten [vgl. *Theil/van Yzeren*, 1956; *Gibson/Jowett*, 1957; *Pal/Bhaumik*, 1979 sowie *Sil/Bhaumik/Pal*, 1981, bei heteroskedastischen Störvariablen]. Diese Ergebnisse beziehen sich freilich nur auf das gewöhnliche Regressionsmodell ohne Fehler in den Variablen. Der Vergleich der asymptotischen Varianzen von KQ-Schätzung und G-Schätzungen im FV-Modell ist komplizierter (s. 4.2.1 und 4.2.6).

A 3.6/7

Welche Schätzformeln ergeben sich für α bei Anwendung der Verfahren nach Nair und nach Bartlett?

A 3.6/8

Mit Hilfe welcher beiden Instrumentvariablen lassen sich die G-Schätzungen von β und α nach Nair als IV-Schätzung darstellen? (Hinweis: A 3.6/5).

A 3.6/9

Zeigen Sie, daß sich die G-Schätzungen von β und α nach Bartlett (s. (7) und L 3.6/7) mit Hilfe der beiden Variablen

$$z_{t1} :\equiv 1, \qquad z_{t2} := \begin{cases} 1/T_1 & \text{für } t \in G_1 \\ 0 & \text{für } t \in G_2 \\ -1/T_3 & \text{für } t \in G_3 \end{cases}$$

als IV-Schätzer darstellen lassen.

e. G-Schätzung mit beliebiger Gruppenzahl

Es ist natürlich möglich, das Waldsche Verfahren noch weiter zu verfeinern und eine beliebige Anzahl $m \geq 2$ von Gruppen zu bilden. Die Gruppenaufteilung der Beobachtungsindizes muß dann, wie bei den Drei-Gruppenverfahren, aufgrund entsprechender Zusatzinformationen in der Weise vorgenommen werden können, daß die zur Gruppe G_i gehörenden ξ_t-Werte durchweg kleiner sind als alle zur Gruppe G_{i+1} gehörenden ξ_t-Werte ($i = 1, \ldots, m - 1$).

Nachdem wir gesehen haben, daß sich die G-Schätzungen in den Fällen $m = 2$ und $m = 3$ als IV-Schätzungen darstellen lassen, liegt es nahe, auch bei verfeinerter Gruppierung ein IV-Schätzverfahren anzusetzen. In Verallgemeinerung von (1) definieren wir folgende Instrumentvariablen $z_1, \ldots, z_m$:

$$z_{ti} := \begin{cases} 1 & \text{falls } t \in G_1 \\ 0 & \text{sonst} \end{cases} \qquad t = 1, \ldots, T; \quad i = 1, \ldots, m. \tag{8}$$

Im Falle $m = 2$, den wir in 3.6.1a behandelten, liefert (8) genau so viele Instrumentvariablen wie Regressionsparameter zu schätzen sind und die IV-Schätzungen (3.5/7, 8) sind mit den Waldschen G-Schätzungen (2, 3) identisch (s. A 3.6/5).

Für $m > 2$ sind durch (8) hingegen mehr Instrumentvariablen gegeben als zur konsistenten Schätzung von (α, β) benötigt werden. (Es liegt dann, in der Notation von 3.5.2, der Fall $L > K$ vor.) Man kann sich damit behelfen, nur zwei Instrumentvariablen heranzuziehen und die restlichen Instrumentvariablen ganz unberücksichtigt zu lassen. Genauso geht im Fall $m = 3$ die G-Schätzung nach Nair vor (vgl. A 3.6/8).

Allgemein wird man jedoch bei $m > 2$ ein Verfahren anwenden wollen, das die vorhandene Information voll ausschöpft. Hier stehen nun alle Verfahren zur Verfügung, die in 3.5.2 als Verallgemeinerungen der IV-Schätzung entwickelt wurden. Es bietet sich insbesondere die **zweistufige KQ-Schätzung** an (vgl. 3.5.2b). Sie läuft darauf hinaus, daß in jeder Gruppe G_i zunächst die Schwerpunkte $(\bar{x}_i, \bar{y}_i)$ berechnet werden. Diese werden dann so oft gezählt, wie die Gruppe G_i Elemente hat (T_i). Schließlich wird nach der gewöhnlichen KQ-Methode eine Regression der $\bar{y}_i$ auf die $\bar{x}_i$ bestimmt. Die so gewonnene Regressionsgerade ist die Schätzung nach der zweistufigen KQ-Methode.

Man kann die in den Daten steckende Information noch besser ausschöpfen, wenn man das in 3.5.2d beschriebene Verfahren der Schätzung mit Varianzkomponenten heranzieht [*Madansky*, 1959] oder das P-Verfahren auf die Gruppenschwerpunkte anwendet (vgl. 3.5.2e).

Diese Schätzverfahren gehen in die in 3.4.2d dargestellten Verfahren über, wenn die ξ_t-Werte, die zu jeweils einer Gruppe G_i gehören, alle übereinstimmen. In der Tat liegt dann gerade der Replikationsfall mit paarweiser Messung der systematischen Variablen und $\varepsilon_t \equiv 0$ vor.

Es ist auch möglich, zusätzlich die Information auszunutzen, die in der Kenntnis der Anordnung der Gruppenschwerpunkte $\bar{\xi}_i$ liegt. Das geschieht im Prinzip nach dem in 3.6.2 geschilderten Verfahren.

Anmerkung: Befinden sich in jeder Gruppe gleich viele Beobachtungspunkte und sind die zur i-ten Gruppe gehörigen ξ-Variablen unabhängig $N(\mu_i, \sigma_\xi^2)$-verteilt mit einer für alle Gruppen gleichen Varianz σ_ξ^2, gilt ferner Annahme $(N_{v,w})$, dann liegt gerade Dolbys ultrastrukturelle Version des FV-Modells vor (vgl. Anmerkung 1 zu 3.4.1a).

f. G-Schätzung im multiplen FV-Modell

Das Verfahren von Wald wurde von *Theil* und *Hooper* [1958] [vgl. auch *Gibson/Jowett*, 1957] auf den multiplen Fall übertragen. Wir verdeutlichen die dieser Verallgemeinerung zugrunde liegende Idee anhand des speziellen multiplen FV-Modells (3.2/38) mit einer Scheinvariablen $\xi_1 \equiv 1$ und zwei echten exogenen Variablen ξ_2 und ξ_3. Dieses Modell hatte bei Unterdrückung des Beobachtungsindexes die Gestalt

$$\begin{aligned} \eta &= \beta_1 + \beta_2 \xi_2 + \beta_3 \xi_3 + \varepsilon \\ y &= \eta + w \\ x_2 &= \xi_2 + v_2 \\ x_3 &= \xi_3 + v_3 . \end{aligned}$$

Als Zusatzinformation wird angenommen, daß sich die Beobachtungsindizes t unabhängig von den Fehlervariablen derart in drei Gruppen aufteilen lassen, daß die zu den Gruppen gehörigen Schwerpunkte $(\bar{\xi}_{2j}, \bar{\xi}_{3j})$, $j = 1, 2, 3$, asymptotisch paarweise verschieden sind:

$$p\lim (\bar{\xi}_{2h}, \bar{\xi}_{3h}) \neq p\lim (\bar{\xi}_{2k}, \bar{\xi}_{3k}) \qquad \text{für } h \neq k.$$

Dabei ist $\bar{\xi}_{ij}$ das arithmetische Mittel der zur j-ten Gruppe gehörigen ξ_{ti}-Werte; $i = 1, 2$. Ansonsten wird noch eine zu (G3) analoge Annahme benötigt. Wir verzichten auf eine Auflistung der Annahmen.

Das Schätzverfahren besteht nun in den folgenden Schritten: Man bildet für jede Gruppe die arithmetischen Mittel der beobachteten Variablenwerte x_{t2}, x_{t3}, y_t und stellt sie zu Tripeln $(\bar{x}_{2j}, \bar{x}_{3j}, \bar{y}_j)$, $j = 1, 2, 3$, zusammen. Sie können als Punkte im dreidimensionalen Raum mit den Koordinatensachsen x_2, x_3, y bzw. ξ_2, ξ_3, η, aufgefaßt werden. Durch die drei Punkte wird, sofern sie verschieden sind (was bei stetigen Fehlervariablen m.W.1 erfüllt ist), eindeutig eine Ebene festgelegt. Deren Gleichung

$$\hat{\eta} = \hat{\beta}_1 + \hat{\beta}_2 \xi_2 + \hat{\beta}_3 \xi_3$$

ergibt die gesuchten Parameterschätzungen. Sie sind unter den angegebenen Annahmen konsistent.

Die Effizienz dieser G-Schätzungen hängt wesentlich davon ab, wie weit die Gruppenschwerpunkte ($\overline{\xi}_{2j}$, $\overline{\xi}_{3j}$) auseinanderliegen. Man kann die Effizienz dadurch erhöhen, daß man, ähnlich wie bei den Verfahren von Nair und Bartlett, vier statt drei Gruppen bildet, wobei die vierte Gruppe „zwischen" den drei anderen zu liegen kommt (genauer: der Schwerpunkt der vierten Gruppe liegt im Inneren des Dreiecks, das durch die Schwerpunkte der drei anderen Gruppen gebildet wird). Läßt man die vierte Gruppe fort und konstruiert die Ebene nur mit Hilfe der verbleibenden drei Gruppen in der oben beschriebenen Weise, dann ist die resultierende Parameterschätzung effizienter, sofern die vierte, zentrale Gruppe nicht zu viele Beobachtungspunkte enthält.

Natürlich kann auch der allgemeine Fall der Bildung von m Gruppen auf das multiple Modell übertragen werden, wobei wieder die Verfahren von 3.5.2 auf die Instrumentvariablen (8) angewendet werden.

3.6.2 *Schätzung bei Kenntnis der Größenrangordnung*

a. Das Schätzverfahren

Wir kehren nun wieder zum *einfachen* FV-Modell mit gruppierten Daten zurück. Im Extremfall besteht jede Gruppe aus nur einem Element t. Es ist dann der dritte Informationstyp aus 1.4.3b gegeben: man hat Kenntnisse, die es erlauben, die Beobachtungsindizes t nach steigender Größe der ξ_t anzuordnen (s. Abb. 1.4/2). Als Instrumentvariable kann man die Rangzahl von ξ_t verwenden. Denken wir uns die Bebachtungsindizes derart umgeordnet, daß $\xi_1 < \xi_2 < \ldots < \xi_T$ ist (was wir bei dem hier vorausgesetzten Informationstyp immer tun können), dann ist die Rangzahl von ξ_t gerade gleich t. Mit dieser Instrumentvariablen $z_t = t$ wird aus der allgemeinen IV-Schätzformel (3.5/7)

$$\hat{\beta}_{IV} = \frac{\Sigma(y_t - \bar{y})(t - \bar{t})}{\Sigma(x_t - \bar{x})(t - \bar{t})}. \tag{9}$$

Wieder besteht in der Praxis die Schwierigkeit darin, daß die notwendige Zusatzinformation, nämlich die Kenntnis der Größenordnung der ξ_t, in vielen Fällen nicht gegeben ist. In 1.4.3b wurde eine Situation beschrieben , die die Kenntnis der Rangzahlen der ξ_t impliziert (Abb. 1.4/3). Weiß man, daß die ξ_t einem Trend folgen — wie z.B. bei einem Wachstumsprozeß — dann ist die Rangordnung ebenfalls bekannt, und man kann (9) ohne Umordnung der Beobachtungsindizes anwenden.

Anmerkungen:

1. Zu beachten ist allerdings, daß im Trendfall auch die gewöhnliche KQ-Schätzung konsistent ist (vgl. Anmerkung 1 zu 3.2.1a). IV- und KQ-Schätzung unterscheiden sich in diesem Falle nicht in ihren asymptotischen Eigenschaften, wohl aber in den Eigenschaften bei kleinen Stichproben, wobei die IV-Schätzung vorzuziehen ist [*Schneeweiß*, 1982a].

2. Die Instrumentvariable $z_t = t$ ist optimal, wenn die ξ_t, $t = 1, \ldots, T$ in gleichen Abständen folgen. Im Falle ungleicher Abstände sind andere Instrumentvariablen besser, in dem Sinne, daß sie eine kleinere asymptotische Varianz für $\hat{\beta}_{IV}$ liefern (vgl. 4.2.5). *Dorff* und *Gurland* [1961a] sowie *Bhaumik* und *Pal* [1982] untersuchen verschiedene IV-Schätzer, wenn die ξ_t in systematisch variierenden Abständen aufeinanderfolgen.
3. Eine ganz andere Möglichkeit, die gegebene Rangordnung der ξ-Werte zur Parameterschätzung auszunutzen, wird von *Theil* [1950] vorgeschlagen [vgl. auch *Kendall/Stuart*, 1979, S. 405 ff].

b. Ein Beispiel aus der Luft- und Raumfahrt

Ware [1972] beschreibt als Möglichkeit einer Anwendung der Schätzung (9) den Fall, daß ein Flugkörper sich entlang einer linearen Bahn mit variabler Geschwindigkeit bewegt, wobei die Ortskoordinaten stichprobenweise zu einzelnen Zeitpunkten gemessen werden. Es wird unterstellt, daß diese Messungen fehlerbehaftet sind.

Der Einfachheit halber nehmen wir an, daß sich die Bewegung des Flugkörpers mit zwei Koordinaten (ξ, η) beschreiben läßt. Die Gleichung der Flugbahn ist dann $\eta = \alpha + \beta\xi$. Die Messungen zu den Zeitpunkten $t = 1, \ldots, T$ seien (x_t, y_t). Die Meßfehler v_t und w_t seien unabhängig voneinander (FV-Modell *i.e.S.*) und mögen gleiche Varianz besitzen — z.B. weil für beide Messungen das gleiche Instrument verwendet wird. Man kennt also insbesondere das Verhältnis $\lambda = \sigma_w^2/\sigma_v^2$. Darüber hinaus weiß man, daß $\xi_1 < \xi_2 < \ldots < \xi_T$: die ξ_t folgen einem Trend, der auch nichtlinear sein kann.

Ware vergleicht mehrere Verfahren zur Schätzung der Regressionskoeffizienten α und β. Zum einen kann wegen $\lambda = 1$ das Prinzip der orthogonalen kleinsten Quadrate herangezogen werden (vgl. Abb. 3.3/1c). Man kann aber auch die Beobachtungspaare, wie in 3.6.1f beschrieben, zu mehreren Gruppen zusammenfassen und die Methode der orthogonalen kleinsten Quadrate auf die Gruppenschwerpunkte $(\bar{x}_i, \bar{y}_i)$ anwenden, wobei diese jeweils so oft zu zählen sind, wie die Gruppe Elemente besitzt. Das entspricht dem in 3.5.2g (Anmerkung 5) geschilderten ML-Verfahren.

Schließlich läßt sich das in 3.6.2a beschriebene Verfahren anwenden mit $z_t = t$ als Instrumentvariable. Ware zeigt, daß das letztere Verfahren im allgemeinen vorzuziehen ist, es sei denn, daß die ξ_t einem stark nichtlinearen Trend folgen.

3.7 Instrumentvariablenschätzung in dynamischen und interdependenten FV-Modellen

3.7.1 *IV-Schätzung in dynamischen FV-Modellen*

Die IV-Methode eignet sich besonders gut zur Schätzung dynamischer Modelle. In solchen Modellen brauchen zusätzliche Instrumentvariablen nicht eingeführt zu werden, da das Modell selbst so angelegt ist, daß es in der Regel geeignete Instrumentvariablen aus sich selbst hervorbringt.

Wir beschreiben zunächst nochmals das dynamische FV-Modell (Eingleichungsmodell) aus 1.5.4 und wenden uns dann bei der Schätzung verschiedenen Spezialfällen dieses Modells zu.

a. Das allgemeine Modell

Das in 1.5.4 eingeführte dynamische FV-Modell für die endogene Variable η mit nur einer exogenen Variablen ξ ließ sich durch die Gleichungen

$$\sum_{i=0}^{p} \gamma_i \eta_{t-i} = \sum_{j=0}^{q} \beta_j \xi_{t-j} + \varepsilon_t,$$

$$y_t = \eta_t + w_t \qquad t = 0, \pm 1, \pm 2, \ldots \tag{1}$$

$$x_t = \xi_t + v_t$$

beschreiben, wobei $\{\xi_t\}$ und $\{\varepsilon_t\}$ voneinander unabhängige (schwach) stationäre stochastische Prozesse sind mit $E(\varepsilon_t) = 0$ und jeder Prozeß autokorreliert sein kann. Es sei $\gamma_0 \neq 0$, $\gamma_p \neq 0$, $\beta_q \neq 0$. Wir können im übrigen o.B.d.A. annehmen, daß $\gamma_0 = 1$ ist. p und q heißen die Ordnungen der linken bzw. rechten Seite der Gleichung (1a).

Damit die Gleichung (1a) eine stationäre Lösung für η_t besitzt, die sich in der Form

$$\eta_t = \sum_{i=0}^{\infty} \pi_i \xi_{t-i} + \sum_{j=0}^{\infty} \varrho_j \varepsilon_{t-j}, \qquad t = 0, \pm 1, \pm 2, \ldots \tag{2}$$

schreiben läßt, fordern wir, daß alle Wurzeln des charakteristischen Polynoms

$f(s) := \sum_{i=0}^{p} \gamma_i s^i$ dem Betrage nach größer als Eins sind [vgl. *Box/Jenkins*, 1976].

Wie man sieht, enthält die Modellgleichung (1a) kein Absolut-Glied. Es ist o.B.d.A. fortgelassen worden, weil sich hierfür immer eine Schätzung angeben läßt, sofern nur die anderen Parameter geschätzt worden sind (vgl. A 3.3/1). Im Einklang mit dieser Vereinfachung ist hier zu fordern, daß alle Variablen den Erwartungswert Null haben.

Für das Modell (1) treffen wir die für das statische FV-Modell (1.1/1) formulierten Annahmen (F1) – (F5) mit Ausnahme der in (F1) eingeschlossenen Forderung nach Nichtvorhandensein von Autokorrelation bei den Störvariablen ε_t. Allerdings wollen wir den Fall autokorrelierter Störvariablen nur als Ausnahme ansehen und in der Regel annehmen, daß die ε_t ebenso wie die v_t und w_t nicht autokorreliert sind. Schließlich setzen wir wieder die Annahme (A) voraus, die hier die Form $\sigma_\xi^2 > 0$ annimmt.

Es wird sich zeigen, daß sich die Parameter in einem dynamischen FV-Modell in vielen Fällen mit der Instrumentvariablenmethode schätzen lassen, wobei die verzögerten Werte der Beobachtungsvariablen x und y als Instrumentvariablen herangezogen werden.

Diese sind freilich keine Instrumentvariablen *i.e.S.* (vgl. 3.5.1a), insofern als sie nicht von den Fehlervariablen zu allen Zeitpunkten unabhängig sind. Es genügt aber, wenn die zu einem Zeitpunkt t gehörenden Instrumentvariablen von den Fehlervariablen desselben Zeitpunkts unabhängig sind, und das ist häufig der Fall. Wir sprechen dann von Instrumentvariablen *i.w.S.* [1)]

Aber selbst dann, wenn die IV-Methode nicht zum Ziel führt, kann doch oft noch das allgemeinere Prinzip der Momentenmethode erfolgreich sein. Man erhält ja bekanntlich die Bestimmungsgleichungen für die Parameterschätzung der Instrumentvariablenmethode dadurch, daß man in der Modellgleichung sämtliche Variablen mit den Instrumentvariablen korreliert und dabei die Unkorreliertheit zwischen Instrumentvariablen und Fehlervariablen ausnutzt. Besteht nun diese Unkorreliertheit nicht mehr, so erhält man – wie wir sehen werden – Bestimmungsgleichungen, in denen zusätzlich zu den Parametern der Modellgleichung auch noch die Fehlervarianzen auftreten. Dies erschwert die Bestimmung der Parameterschätzungen, macht sie aber nicht in jedem Fall unmöglich. Es kann jedoch dann leicht vorkommen, daß man nichtlineare Bestimmungsgleichungen erhält, die mehr als eine Lösung zulassen. In einem solchen Fall sind die Parameter zwar nicht global, wohl aber noch lokal identifizierbar.

Wir wollen im folgenden einige Spezialfälle des dynamischen FV-Modells (1) im Hinblick auf konsistente Schätzbarkeit untersuchen.

Die Schätzung erfolgt aufgrund einer gegebenen Stichprobe (x_t, y_t), $t = 1, \ldots, T$, der empirischen Variablen, zu der noch die $q + p$ „Anfangswerte“ $x_0, x_{-1}, \ldots, x_{-q+1}$ und $y_0, y_{-1}, \ldots, y_{-p+1}$ sowie je nach Schätzverfahren eventuell weitere Anfangswerte hinzukommen, die ebenfalls gegeben sein müssen. Welche Anfangswerte gegeben sein müssen, ergibt sich aus den verwendeten (Summen-) Formeln und braucht im folgenden nicht besonders vermerkt zu werden.

Bevor wir Schätzungen für die Parameter des dynamischen FV-Modells (1) entwickeln, führen wir eine im gesamten Abschnitt 3.7.1 verwendete Notation ein.

---

1) Dieser Begriff deckt sich nicht ganz mit der in 3.5.1a verwendeten Terminologie. Wird aber die Ergodizitätsannahme (4) hinzugenommen, dann stimmen beide Terminologien für stationäre Prozesse überein.

Bezeichne (a_t, b_t) irgendein Glied eines bivariaten stationären Prozesses $\{(a_t, b_t)\}$ mit $E(a_t) = E(b_t) = 0$. Dann kürzen wir die Kovarianz $C(a_t, b_{t-\tau}) = E(a_t b_{t-\tau})$ zwischen a_t und der um τ Perioden verzögerten Variablen $b_{t-\tau}$ mit $\sigma_{ab}(\tau)$ oder, im Falle $\tau = 0$, einfach mit σ_{ab} ab. Die entsprechenden empirischen Momente einer Stichprobe $t = 1, \ldots, T$ bezeichnen wir mit $m_{ab}(\tau)$ resp. m_{ab}:

$$\begin{aligned} &\sigma_{ab}(\tau) := E(a_t b_{t-\tau}), \qquad &&\sigma_{ab} := \sigma_{ab}(0) \\ &m_{ab}(\tau) := \frac{1}{T}\sum_{t=1}^{T} a_t b_{t-\tau}, \qquad &&m_{ab} := m_{ab}(0). \end{aligned} \tag{3}$$

Wegen der Stationarität von $\{(a_t, b_t)\}$ ist (3a) von t unabhängig.

Natürlich ist bei der Definition (3b) vorauszusetzen, daß die dort auftretenden verzögerten Werte von b_t auch wirklich gegeben sind. Wir wollen in 3.7.1 außerdem durchweg unterstellen, daß die Momente (3b) für $T \to \infty$ stets stochastisch gegen die Momente (3a) konvergieren:

$$\text{plim } m_{ab}(\tau) = \sigma_{ab}(\tau), \qquad \text{plim } m_{ab} = \sigma_{ab}. \tag{4}$$

Bei den im folgenden zu analysierenden Modellen ist (4), sofern nicht von vornherein erfüllt, eine zusätzlich geforderte Eigenschaft der jeweils betrachteten stochastischen Prozesse (Ergodizitätseigenschaft).

b. Das rein autoregressive Modell

Wir beginnen die Diskussion mit dem rein autoregressiven Modell, d.h. mit einem Modell (1), in dem keine ξ-Variablen vorkommen. Der Einfachheit halber sei $p = 1$ angenommen:

$$\begin{aligned} &\eta_t + \gamma \eta_{t-1} = \varepsilon_t \\ &y_t = \eta_t + w_t \end{aligned} \qquad (0 < |\gamma| < 1). \tag{5}$$

Zunächst werde angenommen, daß die ε_t unabhängig verteilt sind. Durch Elimination von η gewinnen wir aus (3) die Gleichung

$$\begin{aligned} &y_t + \gamma y_{t-1} = u_t \\ &u_t := \varepsilon_t + w_t + \gamma w_{t-1}. \end{aligned} \tag{6}$$

Mit der Notationsvereinbarung (3) und gestützt auf die Ergodizitätsannahme (4), die bei dem hier zugrundegelegten Modell wegen $|\gamma| < 1$ automatisch erfüllt ist, leiten wir zunächst eine Schätzformel für γ her. Dazu verwenden wir y_{t-2} als Instrumentvariable i.w.S.: Wir multiplizieren (6) mit y_{t-2}, bilden Erwartungswerte und erhalten

$$\sigma_{yy}(2) + \gamma \sigma_{yy}(1) = \sigma_{uy}(2). \tag{7}$$

Wegen der Unabhängigkeit von y_{t-2} und u_t ist $\sigma_{uy}(2) = 0$. Man hat also zur Identifikation von γ die Bestimmungsgleichung

$$\sigma_{yy}(2) + \gamma\,\sigma_{yy}(1) = 0. \tag{8}$$

Da y_t von y_{t-1} abhängt, also $\sigma_{yy}(1) \neq 0$ ist, läßt sich (8) nach γ eindeutig auflösen:

$$\gamma = -\frac{\sigma_{yy}(2)}{\sigma_{yy}(1)}. \tag{9}$$

Aus der Identifikationsgleichung (9) gewinnt man eine Schätzformel, wenn man dort die theoretischen Momente durch die entsprechenden empirischen Momente ersetzt:

$$\hat{\gamma} = -\frac{m_{yy}(2)}{m_{yy}(1)}. \tag{10}$$

Die Konsistenz dieses IV-Schätzers ergibt sich aus (9) und (4).

Eine Schätzung für die Varianz σ_w^2 des Meßfehlers w_t in (5) gewinnen wir, wenn wir (6) mit y_{t-1} multiplizieren und wieder durch Erwartungswertbildung zu einer Momentengleichung übergehen:

$$\sigma_{yy}(1) + \gamma\,\sigma_{yy} = \sigma_{uy}(1). \tag{11}$$

Wegen der Unabhängigkeit zwischen y_{t-1} einerseits und ε_t und w_t andererseits und wegen der Unabhängigkeit von η_t und w_t ist

$$\sigma_{uy}(1) = \gamma\,\sigma_w^2. \tag{12}$$

Durch Einsetzen in (11) gewinnt man nach Division durch γ die Identifikationsformel

$$\sigma_w^2 = \frac{1}{\gamma}\,\sigma_{yy}(1) + \sigma_{yy}. \tag{13}$$

Werden wieder die theoretischen Momente durch ihre entsprechenden empirischen Momente und γ durch $\hat{\gamma}$ nach (10) ersetzt, dann erhalten wir in

$$\hat{\sigma}_w^2 = \frac{1}{\hat{\gamma}}\,m_{yy}(1) + m_{yy} \tag{14}$$

eine konsistente Schätzung von σ_w^2, wobei die Konsistenz auch hier auf der Ergodizitätseigenschaft (4) gründet.

Schließlich können wir für σ_ε^2 eine Schätzgleichung gewinnen, indem wir (6) mit y_t multiplizieren:

$$\sigma_{yy} + \gamma\,\sigma_{yy}(1) = \sigma_{uy}. \tag{15}$$

Die Variable y_t ist unabhängig von w_{t-1} und daher

$$\sigma_{uy} = \sigma_{\varepsilon y} + \sigma_{wy} = \sigma_{\varepsilon\eta} + \sigma_{ww} = \sigma_\varepsilon^2 + \sigma_w^2.$$

Einsetzen in (15) liefert die Identifikationsbeziehung

$$\sigma_\varepsilon^2 = \sigma_{yy} + \gamma\,\sigma_{yy}(1) - \sigma_w^2,$$

die sich mit (13) noch zu

$$\sigma_\varepsilon^2 = \frac{\gamma^2 - 1}{\gamma}\,\sigma_{yy}(1) \tag{16}$$

vereinfacht. Aus (16) gewinnt man dann mit (10) die konsistente Schätzung

$$\hat{\sigma}_\varepsilon^2 = \frac{\hat{\gamma}^2 - 1}{\hat{\gamma}}\,m_{yy}(1). \tag{17}$$

Mit (10), (14) und (17) sind konsistente Schätzungen für sämtliche Parameter des relativ simplen dynamischen FV-Modells (5) gefunden. Die Parameter σ_w^2 und σ_ε^2 konnten getrennt geschätzt werden und nicht in der Linearkombination $\sigma_{\tilde{w}}^2 = \sigma_w^2 + \sigma_\varepsilon^2$ wie bei dem sonst betrachteten statischen FV-Modell i.e.S. Bemerkenswert ist, daß die Einzelschätzung von σ_w^2 und σ_ε^2 keine zusätzliche Information verlangte.

Das Modell (5) ging aus dem allgemeineren dynamischen FV-Modell (1) hervor, wenn man dort $p = 1$ und $q = 0$ setzte. Konsistente Parameterschätzungen für das Modell (1) lassen sich auch leicht für den Fall $p > 1$ und $q = 0$ angeben. Man verwendet $y_{t-p-1}, y_{t-p-2}, \ldots, y_{t-2p}$ als Instrumentvariablen i.w.S. zur Bestimmung von Schätzungen $\hat{\gamma}_1, \ldots, \hat{\gamma}_p$. Anschließend lassen sich IV-Schätzungen für σ_w^2 und σ_ε^2 berechnen.

c. Das rein autoregressive Modell mit autokorrelierten Störvariablen

Die Parameterschätzung im dynamischen FV-Modell gestaltet sich schwieriger, wenn für ε_t Autokorrelation zugelassen wird. Das Vorgehen hängt dann davon ab, welche Annahmen über den Prozeß $\{\varepsilon_t\}$ getroffen werden. Wir untersuchen hier nur zwei Fälle, wobei wir wieder von dem speziellen Modell (5) ausgehen.

Als erstes wollen wir unterstellen, daß $\{\varepsilon_t\}$ ein gleitender Durchschnittsprozeß der Ordnung $r > 0$ ist, d.h., es gelte $\varepsilon_t = \sum_{i=0}^{r} \alpha_i\, a_{t-i}$ mit unabhängig identisch verteilten Zufallsvariablen a_t, $E(a_t) = 0$, und unbekannten Parametern α_i mit $\alpha_r \neq 0$, $\alpha_0 = 1$. Für diesen Prozeß gilt, daß ε_t und ε_{t-r-1} stochastisch unabhängig sind. Daher kann der Parameter γ in (5) ähnlich wie im Falle unabhängiger ε_t geschätzt werden. Statt y_{t-2} ist jetzt y_{t-r-2} als Instrumentvariable zu verwenden, und man schätzt γ durch die Formel

$$\hat{\gamma} = -\frac{m_{yy}(r+2)}{m_{yy}(r+1)}, \tag{18}$$

welche offenbar eine Verallgemeinerung von (10) darstellt.

Nehmen wir jetzt an, daß $\{\varepsilon_t\}$ ein autoregressiver Prozeß der Ordnung $r = 1$ sei, d.h. es gelte

$$\varepsilon_t + \delta\,\varepsilon_{t-1} = a_t, \qquad t = 0, \pm 1, \pm 2, \ldots \tag{19}$$

mit unabhängig identisch verteilten Zufallsvariablen a_t, $E(a_t) = 0$, und unbekanntem Parameter δ, $|\delta| < 1$. Durch eine einfache Transformation können wir (5) in ein Modell überführen, das unabhängige Störvariablen enthält. Hierzu addieren wir zu (5) die um eine Periode verzögerte und mit δ multiplizierte Gleichung (5) und erhalten

$$\eta_t + (\gamma + \delta)\,\eta_{t-1} + \gamma\delta\,\eta_{t-2} = \varepsilon_t + \delta\,\varepsilon_{t-1} = a_t, \quad t = 0, \pm 1, \pm 2, \ldots \tag{20}$$

Da die a_t stochastisch unabhängig sind, können wir nach dem in 3.7.1b beschriebenen Verfahren die beiden Parameter

$$\begin{aligned} \gamma_1 &:= \gamma + \delta \\ \gamma_2 &:= \gamma\delta \end{aligned} \tag{21}$$

konsistent schätzen. Man braucht nur y_{t-3} und y_{t-4} als Instrumentvariablen i.w.S. zu verwenden. Aus den Parameterschätzungen $\hat{\gamma}_1$ und $\hat{\gamma}_2$ lassen sich dann über die Gleichungen (21) Schätzungen für γ und δ gewinnen. Es zeigt sich freilich, daß die Gleichungen (21) nicht eindeutig nach γ und δ gelöst werden können. Vielmehr ergeben sich zwei Lösungspaare (γ, δ). Dies zeigt, daß γ nicht global, wohl aber lokal identifizierbar ist. Gewisse qualitative Zusatzinformationen sind erforderlich, um γ (und δ) eindeutig bestimmen zu können. Es würde z.B. genügen, wenn etwa feststünde, daß $\gamma > \delta$ ist.

Eine Kombination von gleitenden Durchschnitts- und autoregressivem Prozeß für $\{\varepsilon_t\}$ — ein sogenannter **ARMA-Prozeß** (**a**uto**r**egressive **m**oving **a**verage process) — führt zu einem entsprechend kombinierten Schätzverfahren.

d. Das autoregressive Modell mit einer nichtautokorrelierten exogenen Variablen

Nachdem wir in 3.7.1b und 3.7.1c nur das spezielle Modell (5), das keine exogenen Variablen enthält, betrachtet haben, kehren wir nun zu dem allgemeineren autoregressiven Modell (1) aus 3.7.1a mit einer exogenen Variablen zurück. Dabei setzen wir hier zunächst voraus, daß die Variablen ξ_t stochastisch unabhängig sind. Da wir eingangs angenommen haben, daß alle Modellvariablen stationären Prozessen folgen, sind die ξ_t dann wie bei der Strukturvariante unabhängig identisch verteilt. Ebenso sollen neben den Fehlervariablen w_t und v_t auch die Störvariablen ε_t stochastisch unabhängig sein, soweit nicht ausdrücklich auf diese Annahme verzichtet wird [vgl. auch *Maravall/Aigner*, 1977 sowie *Maravall*, 1979].

Ausgangspunkt unserer Überlegungen ist also das dynamische FV-Modell (1). Durch Elimination von η und ξ gewinnen wir die zu (6) analoge Regressionsform

$$\sum_{i=0}^{p} \gamma_i y_{t-i} = \sum_{j=0}^{q} \beta_j x_{t-j} + u_t$$

$$u_t := \varepsilon_t + \sum_{i=0}^{p} \gamma_i w_{t-i} - \sum_{j=0}^{q} \beta_j v_{t-j} \qquad t = 0, \pm 1, \pm 2, \ldots \qquad (22)$$

Durch Multiplikation von (22a) mit den um τ Perioden verzögerten Variablen $y_{t-\tau}$ resp. $x_{t-\tau}$, $\tau = 0, 1, 2, \ldots$, und anschließender Erwartungswertbildung erhalten wir für die unbekannten Parameter γ_i, β_j, σ_v^2 und σ_w^2 die Bestimmungsgleichungen

$$\sum_{i=0}^{p} \gamma_i \sigma_{yy}(\tau - i) - \gamma_\tau \sigma_w^2 = \sum_{j=\tau}^{q} \beta_j \sigma_{yx}(j - \tau) + \delta_{\tau 0} \sigma_\varepsilon^2$$

$$\sum_{i=0}^{\tau} \gamma_i \sigma_{yx}(\tau - i) \qquad = \beta_\tau (\sigma_x^2 - \sigma_v^2) \qquad \tau = 0, 1, 2, \ldots \qquad (23)$$

mit $\gamma_0 := 1$. Hierbei ist $\delta_{\tau 0} := 0$ für $\tau \neq 0$ und $\delta_{\tau 0} := 1$ für $\tau = 0$. Bei der Ableitung von (23) wurde die Unabhängigkeit zwischen den Fehlervariablen und ebenso die Unabhängigkeit der ξ_t ausgenutzt. Es wurde insbesondere auch benutzt, daß ξ_t von vergangenen η-Werten $\eta_{t-\tau}(\tau > 0)$ stochastisch unabhängig ist, was aus der Darstellung (2) und der Unabhängigkeit der ξ_t folgt. Es ist also $\sigma_{\eta\xi}(\tau) = 0$ für alle $\tau < 0$ und damit auch $\sigma_{yx}(\tau) = 0$ für $\tau < 0$. Es versteht sich ferner, daß $\gamma_\tau = 0$ zu setzen ist, wenn $\tau > p$ ist, und $\beta_\tau = 0$, wenn $\tau > q$ ist. Schließlich beachte man, daß $\sigma_{yy}(\tau) = \sigma_{yy}(-\tau)$.

Man könnte daran denken, auch entsprechende Momentengleichungen mit $\tau < 0$ aufzustellen. Jedoch sind die um die Beziehung

$$\sigma_x^2 = \sigma_\xi^2 + \sigma_v^2 \qquad (24)$$

ergänzten Gleichungen (23) insofern vollständig, als sie es gestatten, die Momente der empirischen Variablen, also $\sigma_{xx}(\tau)$ und $\sigma_{yx}(\tau)$ und $\sigma_{yy}(\tau)$ für $\tau = 0, \pm 1, \pm 2, \ldots$ eindeutig aus den Parameterwerten γ_i, β_j, σ_ε^2, σ_v^2, σ_w^2 und σ_ξ^2 zu bestimmen (wobei freilich noch die von den Parameterwerten unabhängigen Beziehungen $\sigma_{yy}(\tau) = \sigma_{yy}(-\tau)$, $\sigma_{yx}(\tau) = \sigma_{xy}(-\tau)$ sowie $\sigma_{xx}(\tau) = 0$ für $\tau \neq 0$ und $\sigma_{yx}(\tau) = 0$ für $\tau < 0$ heranzuziehen sind). Daher ist auch die uns interessierende Frage, ob man umgekehrt aus den Varianzen und Kovarianzen der verzögerten und unverzögerten empirischen Variablen eindeutig auf die Parameter zurückschließen kann, d.h. die Frage nach der M_2-Identifizierbarkeit der Modellparameter, schon allein anhand des Systems (23, 24) zu beantworten.

In (23) fungieren als Instrumentvariablen i.w.S. natürlich nur solche Variablen, die von u_t stochastisch unabhängig sind. Das sind die Variablen $y_{t-\tau}$ für $\tau > p$ und $x_{t-\tau}$ für $\tau > q$. Die zugehörigen Gleichungen (23a) für $\tau > p$ und (23b) für $\tau > q$ enthalten keine Fehlervarianzen, sondern nur noch die Parameter γ_i und β_j. Vor allem diese Gleichungen sind für die Bestimmung der Parameter γ_i und β_j relevant. Aber auch die übrigen Gleichungen (23) enthalten wichtige Information, nicht nur bezüglich der Fehlervarianzen, sondern auch bezüglich der Parameter γ_i und β_j. Grundsätzlich ist also das gesamte System (23, 24) zur Identifikation der Parameter heranzuziehen.

Dabei ist noch bemerkenswert, daß (23b) auch noch dann gilt, wenn die ε_t autokorreliert sind, denn die ε_t sind von $x_{t-\tau}$ stochastisch unabhängig. Man kann daher (23b) auch bei autokorrelierten ε_t zur Bestimmung der Parameter heranziehen.

In den meisten Fällen wird man mit (23, 24) mehr Gleichungen haben, als zur Parameteridentifikation nötig sind, und man kann sich auf eine Auswahl der Gleichungen beschränken. Hat man eine solche Auswahl getroffen, dann erhält man durch Ersetzen der theoretischen Momente $\sigma_{xx}(\tau)$, $\sigma_{yx}(\tau)$ und $\sigma_{yy}(\tau)$ durch die entsprechenden empirischen Momente ein System von Bestimmungsgleichungen zur Berechnung konsistenter Parameterschätzungen.

Es gibt aber auch Fälle, in denen die Gleichungen (23, 24) keine eindeutige Lösung für die Parameter gestatten, die Modellparameter also nicht M_2-identifizierbar sind. Es existieren dann keine Parameterschätzungen, die sich allein mit Hilfe der empirischen Momente $m_{xx}(\tau)$, $m_{yx}(\tau)$ und $m_{yy}(\tau)$ ausdrücken lassen.

Um all diese Möglichkeiten zu verdeutlichen, wollen wir die Gleichungen (23) etwas genauer analysieren. Wir unterscheiden hierbei verschiedene Fälle bezüglich der Ordnungen p und q.

Zunächst allerdings machen wir uns klar, daß die Koeffizienten γ_i über (23a) immer M_2-identifizierbar und damit wegen (4) auch konsistent schätzbar sind. Wir brauchen nur (23a) für $\tau > \max(p, q)$ hinzuschreiben:

$$\sum_{i=0}^{p} \gamma_i \sigma_{yy}(\tau - i) = 0, \qquad \tau > m := \max(p, q). \tag{25}$$

Man kann nun zeigen, daß dieses mit $\tau = m + 1, m + 2, \ldots, m + p$ gebildete Teilsystem von (23a) eine eindeutige Lösung $(\gamma_0, \gamma_1, \ldots, \gamma_p)$ mit $\gamma_0 = 1$ besitzt. Die mit den entsprechenden empirischen Momenten aufgestellten Gleichungen

$$\sum_{i=0}^{p} \hat{\gamma}_i m_{yy}(\tau - i) = 0, \qquad \tau = m + 1, \ldots, m + p \tag{26}$$

liefern daher konsistente Parameterschätzungen. Sie sind als IV-Schätzungen interpretierbar, wobei die insgesamt p Variablen $y_{t-\tau}$ als Instrumentvariablen i.w.S. fungieren.

Des weiteren folgt dann aus (23b) sofort, daß die Produkte $\beta_\tau(\sigma_x^2 - \sigma_v^2)$ für $\tau = 0, \ldots, q$ M_2-identifizierbar sind, da ja die linke Seite von (23b) nach dem soeben gesagten als bekannt angesehen werden kann. Wenn dann nur β_q aus (23a) identifizierbar ist, können sowohl σ_v^2 als auch alle anderen β_τ aus (23b) bestimmt werden. Zunächst bestimmt man σ_v^2, indem man in (23b) $\tau = q$ setzt. Man erhält mit

$\beta_q \neq 0$ die Identifikationsformel

$$\sigma_v^2 = \sigma_x^2 - \frac{1}{\beta_q} \sum_{i=0}^{q} \gamma_i \, \sigma_{yx}(q-i). \tag{27}$$

Für die Koeffizienten β_τ folgt mit $\sigma_x^2 - \sigma_v^2 = \sigma_\xi^2 \neq 0$ aus (23b) und (27)

$$\beta_\tau = \frac{1}{\sigma_x^2 - \sigma_v^2} \sum_{i=0}^{\tau} \gamma_i \, \sigma_{yx}(\tau - i) = \beta_q \frac{\sum_{i=0}^{\tau} \gamma_i \, \sigma_{yx}(\tau - i)}{\sum_{i=0}^{q} \gamma_i \, \sigma_{yx}(q-i)}, \quad \tau = 0, \ldots, q. \tag{28}$$

Sind erst einmal sämtliche Koeffizienten γ_i und β_j bekannt, dann lassen sich im Falle $p > 0$ auch σ_w^2 und σ_ε^2 aus (23a) bestimmen. Eine Bestimmungsgleichung für σ_w^2 ergibt sich mit $\gamma_p \neq 0$, wenn man in (23a) $\tau = p$ setzt:

$$\sigma_w^2 = \frac{1}{\gamma_p} \left[\sum_{i=0}^{p} \gamma_i \, \sigma_{yy}(p-i) - \sum_{j=p}^{q} \beta_j \, \sigma_{yx}(j-p) \right]. \tag{29}$$

Setzt man $\tau = 0$, so hat man eine Identifikationsbeziehung für σ_ε^2:

$$\sigma_\varepsilon^2 = \sum_{i=0}^{p} \gamma_i \, \sigma_{yy}(i) - \sigma_w^2 - \sum_{j=0}^{q} \beta_j \, \sigma_{yx}(j). \tag{30}$$

(Man beachte wieder, daß $\sigma_{yy}(-i) = \sigma_{yy}(i)$).

Im Falle $p = 0$ können σ_w^2 und σ_ε^2 nicht getrennt identifiziert werden. Es läßt sich lediglich die Summe $\sigma_{\bar{w}}^2 = \sigma_w^2 + \sigma_\varepsilon^2$ bestimmen, wofür wieder Gleichung (30) zur Verfügung steht.

Wir können uns also auf die Bestimmung von β_q aus (23a) konzentrieren. Alle anderen Modellparameter lassen sich dann auch identifizieren mit der genannten Einschränkung für σ_w^2 und σ_ε^2. Haben wir eine konsistente Schätzung für β_q, dann gewinnen wir aus (27) bis (30) konsistente Schätzungen für die anderen Modellparameter, wenn wir dort die γ_i durch die aus (26) gewonnenen Schätzungen $\hat{\gamma}_i$ und die theoretischen Momente von y und x durch die entsprechenden empirischen Momente ersetzen. Nur wenn sich β_q aus (23a) nicht ermitteln läßt, ist eine eingehendere Analyse des Systems (23) erforderlich.

Im folgenden wird also vornehmlich die M_2-Identifizierbarkeit von β_q untersucht, wobei hinsichtlich der Ordnungen p und q fünf Fälle unterschieden werden, die alle möglichen Konstellationen umfassen.

▷ *1. Fall*: $q = 0$

Der Fall $q = 0$ bedeutet, daß die Variable ξ in (1a) nur unverzögert auftritt. Wir können die Koeffizienten γ_i als bekannt annehmen, da sie sich auf jeden Fall nach

(25) bestimmen lassen. Die Parameter β_0, σ_ε^2 und σ_v^2 erscheinen in den Gleichungen (23) nur bei $\tau = 0$:

$$\sum_{i=0}^{p} \gamma_i \sigma_{yy}(i) - \sigma_w^2 = \beta_0 \sigma_{yx} + \sigma_\varepsilon^2$$

$$\sigma_{yx} = \beta_0 (\sigma_x^2 - \sigma_v^2).$$

Daraus können aber β_0, σ_ε^2 und σ_v^2 nicht eindeutig bestimmt werden, selbst wenn σ_w^2 gegeben wäre. Diese Parameter sind also nicht mittels der zweiten Momente identifizierbar. Das ist übrigens die gleiche Situation, die uns in 2.2.1b bei der Strukturvariante des statischen FV-Modells (Fall $p = q = 0$) schon begegnete; auch dort war β bei Fehlen von Zusatzinformationen nicht M_2-identifizierbar.

Der Parameter σ_w^2 ist hier hingegen durchaus M_2-identifizierbar, sofern nur $p > 0$. Man gewinnt die entsprechende Identifikationsformel aus (29).

▷ *2. Fall:* $q > p$

Die Koeffizienten γ_i können wieder wegen (25) als bekannt angesehen werden. Wir gewinnen β_q aus (23a), wenn wir dort $\tau = q$ setzen und beachten, daß (wegen $q > p$) $\gamma_q = 0$ ist:

$$\sum_{i=0}^{p} \gamma_i \sigma_{yy}(q - i) = \beta_q \sigma_{yx}.$$

Da aus dem Modell $\sigma_{yx} \neq 0$ folgt (s. A 3.7/1), kann diese Identifikationsbeziehung eindeutig nach β_q aufgelöst werden.

▷ *3. Fall:* $p > q > 0$

Die Koeffizienten γ_i dürfen wieder wegen (25) als bekannt angesehen werden. Eine Identifikationsformel für σ_w^2 leitet man aus (29) her, wobei dort die zweite Summe der rechten Seite wegen $p > q$ verschwindet:

$$\sigma_w^2 = \frac{1}{\gamma_p} \sum_{i=0}^{p} \gamma_i \sigma_{yy}(p - i).$$

Schließlich gewinnt man β_q aus (23a) mit $\tau = q$:

$$\sum_{i=0}^{p} \gamma_i \sigma_{yy}(q - i) - \gamma_q \sigma_w^2 = \beta_q \sigma_{yx}.$$

Diese Gleichung ist wegen $\sigma_{yx} \neq 0$ eindeutig nach β_q auflösbar.

▷ *4. Fall:* $p = q = 1$

Die Gleichungen (23a) lauten in diesem Fall

$$\sigma_{yy} \quad + \gamma_1\,\sigma_{yy}(1) - \sigma_w^2 = \beta_0\,\sigma_{yx} + \beta_1\,\sigma_{yx}(1) + \sigma_\varepsilon^2$$

$$\sigma_{yy}(1) + \gamma_1\,\sigma_{yy} - \gamma_1\,\sigma_w^2 = \beta_1\,\sigma_{yx}$$

$$\sigma_{yy}(\tau) + \gamma_1\,\sigma_{yy}(\tau - 1) = 0 \qquad \tau = 2, 3, \ldots$$

und aus (23b) wird

$$\sigma_{yx} \qquad = \beta_0\,(\sigma_x^2 - \sigma_v^2)$$

$$\sigma_{yx}(1) + \gamma_1\,\sigma_{yx} \qquad = \beta_1\,(\sigma_x^2 - \sigma_v^2)$$

$$\sigma_{yx}(\tau) + \gamma_1\,\sigma_{yx}(\tau - 1) = 0 \qquad \tau = 2, 3, \ldots$$

Es ist offensichtlich, daß wir zwar γ_1 bestimmen können, nicht aber β_0 und β_1 und mithin auch nicht die drei Fehlervarianzen: Die Parameter sind also mit Ausnahme von γ_1 nicht M_2-identifizierbar und daher auch nicht mit Hilfe von Momenten zweiter Ordnung schätzbar.

▷ *5. Fall:* $p = q > 1$

Setzen wir in (23a) $\tau = q - 1$ und $\tau = q$ und erweitern wir in den beiden so entstehenden Gleichungen die rechte Seite mit $(\sigma_x^2 - \sigma_v^2)$, dann erhalten wir bei Beachtung von $p = q$:

$$\sum_{i=0}^{q} \gamma_i\,\sigma_{yy}(q - 1 - i) - \gamma_{q-1}\,\sigma_w^2$$

$$= (\sigma_x^2 - \sigma_v^2)^{-1} \sum_{j=q-1}^{q} \beta_j\,(\sigma_x^2 - \sigma_v^2)\,\sigma_{yx}(j - q + 1)$$

$$\sum_{i=0}^{q} \gamma_i\,\sigma_{yy}(q - i) - \gamma_q\,\sigma_w^2 = (\sigma_x^2 - \sigma_v^2)^{-1}\,\beta_q\,(\sigma_x^2 - \sigma_v^2)\,\sigma_{yx}.$$

Da wir nach den Ausführungen unmittelbar vor der Fallunterscheidung sowohl die Parameter γ_i, $i = 1, \ldots, q$, als auch die Terme $\beta_j(\sigma_x^2 - \sigma_v^2)$, $j = 0, \ldots, q$, als bekannt annehmen dürfen, sind σ_w^2 und $(\sigma_x^2 - \sigma_v^2)^{-1}$ die einzigen Unbekannten in den beiden linearen Gleichungen. Auflösung des Gleichungssystems nach diesen beiden Unbekannten liefert insbesondere den Wert $\sigma_x^2 - \sigma_v^2$. Mit diesem gewinnt man schließlich über (28) bei $\tau = q$ den gesuchten Parameter β_q. Damit sind auch alle übrigen Parameter identifizierbar.

Als Resumé der vorausgegangenen Fallunterscheidungen, mit denen wir die M_2-Identifizierbarkeit der Parameter des autoregressiven Modells (1) mit stochastisch unabhängigen Variablen ξ_t untersuchten, halten wir fest, daß sich die Koeffizienten $\gamma_1, \ldots, \gamma_p$ der endogenen Variablen η_t immer mittels (25) identifizieren lassen. Die Koeffizienten $\beta_0, \ldots, \beta_q$ der exogenen Variablen ξ_t und die Fehlervarianzen σ_v^2 und

σ_ε^2 sind in den Fällen $q = 0$ und $p = q = 1$ nicht M_2-identifizierbar und damit auch nicht schätzbar. In den Fällen $p = q = 1$ und $p = q = 0$ ist auch σ_w^2 nicht M_2-identifizierbar.In allen anderen Fällen sind diese Parameter aber M_2-identifizierbar, mit der einzigen Einschränkung, daß σ_w^2 und σ_ε^2 für $q > p = 0$ nicht einzeln, sondern nur als Summe $\sigma_{\bar{w}}^2$ bestimmbar sind.

A 3.7/1

Zeigen Sie für das dynamische FV-Modell (1) mit unabhängigen ξ_t, daß $\sigma_{yx} \neq 0$ ist.

Hinweis: Verwenden Sie (23b).

e. Das autoregressive Modell mit autokorrelierten exogenen Variablen

Wir wollen jetzt annehmen, daß bei dem dynamischen FV-Modell (1) aus 3.7.1a Autokorrelation zwischen den exogenen Variablen ξ_t besteht. Diese Annahme ist z.B. für die meisten ökonomischen Zeitreihen realistisch. Sie dürfte i.d.R. auch bei nichtökonomischen Zeitreihen erfüllt sein, wenn die Zeitreihe $\{\xi_t\}$ nicht experimentell gewonnen wurde.

Mit dem Vorhandensein von Autokorrelation in den ξ_t verbessert sich die in 3.7.1d schon günstige Identifikationssituation noch weiter. Auch in den Fällen $q = 0$ und $p = q = 1$, in denen ja die Modellparameter $\beta_0, \ldots, \beta_q$, σ_v^2 und σ_ε^2 – im zweiten Fall auch σ_w^2 – bei seriell unabhängigen ξ_t nicht M_2-identifizierbar waren, ist nunmehr eine M_2-Identifikation aller Koeffizienten $\beta_0, \ldots, \beta_q$ und $\gamma_1, \ldots, \gamma_p$ möglich. Diese sind jetzt generell, d.h. bei beliebiger Wahl von p und q, als Funktion empirischer Momente zweiter Ordnung darstellbar. Zugleich werden aber auch die Identifikations- und Schätzgleichungen komplizierter. An die Stelle von (23) tritt jetzt das System

$$\begin{aligned} \sum_{i=0}^{p} \gamma_i \sigma_{yy}(\tau - i) - \gamma_\tau \sigma_w^2 &= \sum_{j=0}^{q} \beta_j \sigma_{yx}(j - \tau) + \delta_{\tau 0} \sigma_\varepsilon^2, \\ & \qquad\qquad \tau = 0, \pm 1, \pm 2, \ldots \qquad (31) \\ \sum_{i=0}^{p} \gamma_i \sigma_{yx}(\tau - i) &= \sum_{j=0}^{q} \beta_j \sigma_{xx}(j - \tau) - \beta_\tau \sigma_v^2 \end{aligned}$$

mit $\gamma_0 = 1$ und $\delta_{\tau 0}$ wie in (23). Wie sich das Schätzverfahren im einzelnen gestaltet, hängt wesentlich von den speziellen Annahmen über die Art der Autokorrelation in den ξ_t ab. Weiß man z.B., daß die ξ_t einem autoregressiven Prozeß bekannter Ordnung gehorchen, dann wird man dieses Wissen in die Schätzprozedur einfließen lassen. Spezielle Annahmen solcher Art bedingen Einschränkungen in der Autokorrelationsfolge der ξ_t, und zwar derart, daß lineare Abhängigkeiten zwischen ihnen bestehen, etwa in der Form $\sum_{i=0}^{r} \alpha_i \sigma_{\xi\xi}(\tau - i) = 0$ für alle $\tau > \tau_0$.

Hier wollen wir annehmen, daß derartige Einschränkungen nicht vorhanden sind, zumindest nicht in denjenigen Abschnitten der Autokorrelationsfolge, die für die Parameterbestimmung relevant sind. Einschränkungen in der Autokorrelationsfolge der ξ_t sind z.B. dann nicht vorhanden, wenn die ξ_t einem ARMA-Prozeß mit genügend hohen Ordnungen folgen.

Wir studieren im folgenden nur die Fälle $q = 0$ und $p = q = 1$, die bei unabhängigen ξ_t keine M_2-Identifikation der Koeffizienten β_j ($j = 0, \ldots, q$) und der Fehlervarianzen zuließen. Wie sich zeigen wird, sind die β_j ebenso wie die γ_i bei autokorrelierten ξ_t sehr wohl M_2-identifizierbar. Aus den Identifikationsbeziehungen lassen sich dann wieder Momentenschätzer ableiten, die auch hier als IV-Schätzer interpretierbar sind. Das nur anhand zweier Spezialfälle vorgestellte Schätzverfahren läßt sich leicht auf den allgemeinen Fall beliebiger (p, q)-Kombinationen übertragen. Immer lassen sich die Koeffizienten β_j und γ_i mittels geeigneter Instrumentvariablen i.w.S: konsistent schätzen (vgl. insbesondere den 2. Fall).

▷ *1. Fall: $q = 0$*

Wir betrachten zunächst das statische FV-Modell ($p = q = 0$),dessen Strukturgleichung gegeben ist durch

$$\eta_t = \beta\,\xi_t + \varepsilon_t \qquad t = 0, \pm 1, \pm 2 \ldots$$

Zusammen mit den Meßgleichungen (1b, c) erhält man hieraus nach Elimination der latenten Variablen ξ_t und η_t die empirische Regression

$$\begin{aligned} y_t &= \beta\, x_t + u_t \\ u_t &= \varepsilon_t + w_t - \beta\, v_t \end{aligned} \qquad t = 0, \pm 1, \pm 2, \ldots$$

Als Instrumentvariable i.w.S. verwenden wir x_{t-1}. Durch Multiplikation der empirischen Regression mit dieser Instrumentvariablen und anschließende Erwartungswertbildung ergibt sich

$$\sigma_{yx}(1) = \beta\, \sigma_{xx}(1).$$

Mit $\sigma_{xx}(1) \neq 0$ ist Auflösbarkeit nach β gewährleistet. Man hat dann eine Identifikationsformel für β, aus der man sofort die konsistente Schätzung

$$\hat{\beta} = \frac{m_{yx}(1)}{m_{xx}(1)}$$

gewinnt. Die Konsistenz basiert wieder auf der Ergodizitätsannahme (4).

Den Parameter σ_v^2 bestimmt man aus der Momentengleichung

$$\sigma_{yx} = \beta\, \sigma_{xx} - \beta\, \sigma_v^2,$$

welche man durch Multiplikation der empirischen Regression mit x_t ableitet.

Analog erhält man durch Multiplikation mit y_t für die Varianz $\sigma_{\tilde{w}}^2 = \sigma_\varepsilon^2 + \sigma_w^2$ die Bestimmungsgleichung

$$\sigma_{yy} = \beta\, \sigma_{xy} + \sigma_{\tilde{w}}^2.$$

Die Varianzen σ_ε^2 und σ_w^2 lassen sich nicht einzeln berechnen.

Man gewinnt diese Beziehungen natürlich auch aus (31), wenn man dort nacheinander $\tau = 0$ und $\tau = 1$ setzt.

Kommen in der Modellgleichung (1a) mit $q = 0$ auch noch verzögerte endogene Variablen vor ($p > 0$), dann ändert sich das Schätzverfahren für β nur insoweit, als neben x_{t-1} noch weitere verzögerte Variablen $x_{t-2}, x_{t-3}, \ldots$ als Instrumentvariablen heranzuziehen sind.

▷ *2. Fall:* $p = q = 1$

Die Modellgleichung (1a) lautet

$$\eta_t + \gamma\, \eta_{t-1} = \beta_0\, \xi_t + \beta_1\, \xi_{t-1} + \varepsilon_t.$$

Hieraus folgt mit (1b, c)

$$y_t + \gamma\, y_{t-1} = \beta_0\, x_t + \beta_1\, x_{t-1} + u_t$$

$$u_t \qquad = \varepsilon_t + w_t + \gamma\, w_{t-1} - \beta_0\, v_t - \beta_1\, v_{t-1}.$$

Mit x_{t-2}, x_{t-3} und x_{t-4} als Instrumentvariablen i.w.S. erhalten wir das Gleichungssystem (vgl. (27b) für $\tau = 2, 3, 4$)

$$\sigma_{yx}(2) + \gamma\, \sigma_{yx}(1) = \beta_0\, \sigma_{xx}(2) + \beta_1\, \sigma_{xx}(1)$$

$$\sigma_{yx}(3) + \gamma\, \sigma_{yx}(2) = \beta_0\, \sigma_{xx}(3) + \beta_1\, \sigma_{xx}(2)$$

$$\sigma_{yx}(4) + \gamma\, \sigma_{yx}(3) = \beta_0\, \sigma_{xx}(4) + \beta_1\, \sigma_{xx}(3).$$

Die zu den unbekannten Parametern γ, β_0, β_1 gehörige Koeffizientenmatrix ist nur bei wesentlich eingeschränktem ξ-Prozeß singulär. Sie ist beispielsweise singulär, wenn $\{\xi_t\}$ einem autoregressiven Prozeß erster Ordnung folgt: $\xi_t = \varrho\, \xi_{t-1} + e_t$. In der Tat gilt dann $\sigma_{xx}(\tau + 1) = \varrho\, \sigma_{xx}(\tau)$ für $\tau > 0$ und die Koeffizientenmatrix des obigen Systems ist singulär. Unterliegt jedoch der ξ-Prozeß keiner solch strengen Einschränkung, dann ist die Koeffizientenmatrix i.a. regulär und das Gleichungssystem läßt sich eindeutig nach γ, β_0 und β_1 auflösen. Aus den so gewonnenen Identifikationsformeln gewinnt man mit Annahme (4) wieder konsistente Schätzungen, wenn man die theoretischen Momente (3a) durch ihre empirischen Analoga (3b) ersetzt.

Nach erfolgter M_2-Identifikation von γ, β_0 und β_1 lassen sich noch für σ_v^2, σ_w^2 und σ_ε^2 Identifikations- und Schätzgleichungen herleiten, z.B. über (31a) mit $\tau = 0$ und $\tau = 1$ und über (31b) mit $\tau = 0$.

Das hier geschilderte Schätzverfahren läßt sich auch auf den Fall beliebiger (p, q)-Kombinationen verallgemeinern. Man gewinnt Identifikationsgleichungen für die Koeffizienten β_j und γ_i aus (31b), wenn man dort $\tau = q + 1, q + 2, \ldots$ einsetzt.

Die Idee, verzögerte exogene Variablen als Instrumentvariablen einzusetzen, geht auf *R. Frisch* zurück [vgl. auch *Reiersøl*, 1941].

Anmerkungen:

1. Die Theorie dynamischer FV-Modelle ist sicher noch nicht abgeschlossen. Es liegen in erster Linie Ergebnisse über die Identifizierbarkeit der Parameter vor [*Maravall/Aigner*, 1977; *Maravall*, 1979; *Nowak*, 1979, 1982, 1983, 1985; *Anderson/Deistler*, 1984; *Deistler*, 1984; *Hsiao*, 1977]. *Nowak* hat insbesondere auch den Fall untersucht, daß sowohl die Störvariable ε_t als auch die Fehlervariablen v_t und w_t allgemeinen stationären Prozessen folgen. Es ist jedoch nicht in jedem Falle klar, wie die M_2-Identifizierbarkeit, sofern sie bei einem bestimmten Modell festgestellt wurde, zum Auffinden eines konsistenten Schätzverfahrens nutzbar gemacht werden kann. *Nowak* [1981] zeigt allerdings anhand eines einfachen Beispiels, daß eine konsistente Schätzung auch bei autokorrelierten Fehlervariablen v_t möglich ist.
2. Wir haben für das dynamische FV-Modell (1) — soweit prinzipiell möglich — konsistente Schätzungen aus Momentengleichungen konstruiert. Bei einer solchen Vorgehensweise tritt häufig der Fall auf, daß mehr Momentengleichungen zur Verfügung stehen, als man für die Schätzung braucht. Das Problem ist dann, alle diese Bestimmungsgleichungen auszunutzen, um so eine möglichst effiziente Schätzung zu erhalten. *Hsiao* [1979] und *Hsiao/Robinson* [1978] lösen das Problem durch Konstruktion eines Schätzers im Spektralbereich der Zeitreihen.
3. Die im Falle autokorrelierter ξ_t erhobene Forderung, daß keine lineare Abhängigkeit in der Autokovarianzfolge der ξ_t bestehen soll, oder wenn, dann erst ab einer höheren Ordnung τ_0, ist für manche Zeitreihen problematisch. Insbesondere ökonomische Zeitreihen lassen sich häufig in guter Näherung durch einen ARMA-Prozeß verhältnismäßig niedriger Ordnungen darstellen. Dies hat lineare Abhängigkeiten in der Autokovarianzfolge zur Folge, welche gerade ausgeschlossen sein sollten. In einem solchen Fall sind die Bestimmungsgleichungen von dem Typ, wie sie in 3.7.1e (2. Fall) aufgestellt worden sind, u.U. nicht eindeutig lösbar. Man muß dann nach anderen Bestimmungsgleichungen aus (27) suchen und dabei die aus dem ARMA-Prozeß folgenden Abhängigkeiten in den $\sigma_{xx}(\tau)$ berücksichtigen [vgl. auch *Maravall*, 1979].
4. Von Interesse ist noch, daß ähnliche Methoden der Parameterschätzung, wie sie hier beschrieben wurden, auch bei unvollständigen ökonometrischen Modellen, d.h. bei I-Modellen, denen einige Gleichungen fehlen, angewendet werden können. Man kann auch in diesen Fällen verzögerte Variablen als Instrumentvariablen zur Schätzung der Parameter heranziehen [vgl. *Pauly*, 1983, 1984].

3.7.2 Die IV-Methode bei interdependenten FV-Modellen

In 1.5.1c wurde das (statische) interdependente FV-Modell vorgestellt. Wir wiederholen hier noch einmal die Modellgleichungen in der Fassung (1.5/15):

$$\begin{aligned} \boldsymbol{H}\boldsymbol{\Gamma} &= \boldsymbol{\Xi}\boldsymbol{B} + \boldsymbol{E} \\ \boldsymbol{Y} &= \boldsymbol{H} + \boldsymbol{W} \\ \boldsymbol{X} &= \boldsymbol{\Xi} + \boldsymbol{V}. \end{aligned} \tag{32}$$

Die Matrixgleichung (32a) umfaßt M Gleichungen und insgesamt M endogene sowie K exogene Variablen. Die Matrizen $\boldsymbol{E}$, $\boldsymbol{W}$, $\boldsymbol{V}$ und $\boldsymbol{\Xi}$ seien stochastisch unabhängig.

In 3.3.1e haben wir gesehen, daß sich – im Falle der Identifizierbarkeit des Modells (Identifizierbarkeit im Sinne eines I-Modells) – die Koeffizientenmatrizen $\boldsymbol{\Gamma}$ und $\boldsymbol{B}$ konsistent schätzen lassen, wenn die Kovarianzmatrix $\boldsymbol{\Sigma}$ der Fehler in den exogenen Variablen bekannt ist. Die Parameter des interdependenten FV-Modells (einschließlich der Fehlervarianzen) lassen sich in gewissen Fällen jedoch auch dann konsistent schätzen, wenn keine A-priori-Information über die Fehlervarianzen und -kovarianzen vorliegen. Häufig führt schon die IV-Methode zum Ziel. In anderen, komplizierteren Fällen können Schätzungen auf ähnliche Weise nach der allgemeineren Momentenmethode gewonnen werden.

a. Schätzung einer Modellgleichung bei beschränkter Information

Wir greifen zunächst eine einzelne Gleichung, etwa die erste, aus dem interdependenten System (32) heraus und untersuchen ihre Schätzbarkeit ohne Berücksichtigung der Struktur der anderen Gleichungen. Die zu schätzende Gleichung (vgl. (1.5/13)) möge K_1 exogene und M_1 endogene Variablen enthalten; der Koeffizient von η_1 sei 1:

$$\begin{aligned} \eta_{t1} &= -\sum_{j=2}^{M_1} \gamma_{j1}\, \eta_{tj} + \sum_{i=1}^{K_1} \beta_{i1}\, \xi_{ti} + \varepsilon_{t1} && t = 1, \dots, T \\ y_{tj} &= \eta_{tj} + w_{tj} && j = 1, \dots, M_1 \\ x_{ti} &= \xi_{ti} + v_{ti} && i = 1, \dots, K_1. \end{aligned} \tag{33}$$

Die Beobachtungsfehler w_{tj} und v_{ti} können natürlich bei einigen Variablen identisch Null sein. Dann wird die entsprechende Variable fehlerfrei gemessen. Fehlerfreie Variablen sind insbesondere die Scheinvariable sowie ggf. Trend- und Saisonvariablen. Auch andere endogene und exogene Variablen können fehlerfrei sein.

Durch Elimination der latenten Variablen η_{tj} und ξ_{ti} in (33) entsteht die Regressionsform der hier betrachteten ersten Gleichung des interdependenten FV-Modells (vgl. auch die entsprechende Gleichung (1.5/39) für das I-Modell).:

$$\begin{aligned} y_{t1} &= -\sum_{j=2}^{M_1} \gamma_{j1}\, y_{tj} + \sum_{i=1}^{K_1} \beta_{i1}\, x_{ti} + u_{t1} \\ u_{t1} &:= \varepsilon_{t1} + w_{t1} + \sum_{j=2}^{M_1} \gamma_{j1}\, w_{tj} - \sum_{i=1}^{K_1} \beta_{i1}\, v_{ti} \end{aligned} \qquad t = 1, \dots, T. \tag{34}$$

Die in (34a) auftretenden empirischen Variablen y_j sind vom Störglied u_1 im allgemeinen stochastisch abhängig. Dies gilt nicht nur für diejenigen Variablen y_j, die fehlerbehaftet sind, denn schon die latenten Variablen η_j in (33a) sind in der Regel ja von ε_1 stochastisch abhängig. Die x_i in (34a) hingegen sind nur dann von u_1 stochastisch abhängig, wenn sie fehlerbehaftet sind.

Man kann die T Beobachtungswerte der $M_1 + K_1 - 1$ Variablen $y_2, \ldots, y_{M_1}$, $x_1, \ldots, x_{K_1}$ zu einer einzigen Datenmatrix $\boldsymbol{X}_1$ und die in (33a) und (34) erscheinenden Koeffizienten $\gamma_{21}, \ldots, \gamma_{M_1 1}, \beta_{11}, \ldots, \beta_{K_1 1}$ zu einem einzigen Parametervektor $\boldsymbol{\alpha}_1$ zusammenfassen:

$$\boldsymbol{X}_1 := \begin{pmatrix} y_{12} & \cdot\cdot & y_{1M_1} & x_{11} & \cdot\cdot & x_{1K_1} \\ \vdots & & \vdots & \vdots & & \vdots \\ y_{T2} & \cdot\cdot & y_{TM_1} & x_{T1} & \cdot\cdot & x_{TK_1} \end{pmatrix}$$

$$\boldsymbol{\alpha}_1 := (-\gamma_{21}, \ldots, -\gamma_{M_1 1}, \beta_{11}, \ldots, \beta_{K_1 1})'.$$

Führt man jetzt noch die Vektoren $\boldsymbol{y}_1 := (y_{11}, \ldots, y_{T1})'$ und $\boldsymbol{u}_1 := (u_{11}, \ldots, u_{T1})'$ ein, so läßt sich (34a) in die kompaktere Form

$$\boldsymbol{y}_1 = \boldsymbol{X}_1 \boldsymbol{\alpha}_1 + \boldsymbol{u}_1$$

bringen. Verfügt man nun über $M_1 + K_1 - 1$ Instrumentvariablen, deren Werte in einer IV-Matrix $\boldsymbol{Z}_1$ zusammengefaßt seien, dann hat man analog zu (3.5/19) in

$$\boldsymbol{Z}_1' \boldsymbol{X}_1 \hat{\boldsymbol{\alpha}}_1 = \boldsymbol{Z}_1' \boldsymbol{y}_1 \qquad (35)$$

ein System von $M_1 + K_1 - 1$ Normalgleichungen zur Bestimmung eines konsistenten Schätzers für den Vektor $\boldsymbol{\alpha}_1$ (als Beispiel vgl. A 3.7/2).

Hat man mehr als $M_1 + K_1 - 1$ Instrumentvariablen, dann können sie analog zu (3.5/42) zur Konstruktion eines zweistufigen KQ-Schätzers verwendet werden.

Für die IV-Schätzung der Koeffizienten der Gleichung (33a) benötigen wir also mindestens $M_1 + K_1 - 1$ Instrumentvariablen. Dabei sind zunächst in jedem Fall die in (33a) evtl. auftretenden fehlerfreien exogenen Variablen als Instrumentvariablen zu verwenden. Für die restlichen erklärenden Variablen in (33a), also die fehlerbehafteten exogenen Variablen — ihre Anzahl sei K_* — und die $M_* := M_1 - 1$ endogenen Variablen $y_2, \ldots, y_{M_1}$ wird je eine weitere Instrumentvariable benötigt, die außerhalb von (33a) zu suchen sind. Bleibt man bei der Suche innerhalb des interdependenten Systems (32), dann müssen diese Instrumentvariablen aus den anderen Gleichungen des Modells kommen. Da sie unabhängig von ε_1 sein sollen, kommen hierfür nur die exogenen Variablen des Modells in Frage, die nicht schon in (33a) enthalten sind. Es ist also zu fordern, daß mindestens $M_* + K_*$ exogene Variablen in den restlichen Gleichungen des Systems (32) vorhanden sind, die nicht auch in der zu schätzenden Gleichung vorkommen [*Sargan*, 1958]:

▷ **Satz 3.7/1:** *Identifikationskriterium für eine Einzelgleichung eines interdependenten FV-Modells*

Gegeben sei das vollständige interdependente FV-Modell (32) mit M Gleichungen und insgesamt K exogenen Variablen. Betrachtet werde o.B.d.A. die erste Gleichung (33) dieses Systems, die $M_1 = M_* + 1$ endogene und K_1 exogene Variablen enthalte. Von letzteren seien K_* fehlerbehaftet. (Entsprechende Informationen über die Struktur der anderen Modellgleichungen seien nicht gegeben bzw. werden nicht berücksichtigt.)

Notwendige Bedingung für die (M_2-)Identifizierbarkeit der Koeffizienten der Einzelgleichung (33a) ist dann, daß für die Zahl $K - K_1$ der aus (33a) ausgeschlossenen exogenen Variablen gilt:

$$K - K_1 \geq M_* + K_* .$$

Das in Satz 3.7/1 genannte Identifikationskriterium ist schon deswegen nicht hinreichend, weil nicht jede exogene Variable außerhalb von (33a) automatisch als Instrumentvariable in Betracht kommt.

Die $K - K_1$ exogenen Variablen des Systems (32), die nicht in (33a) erscheinen, können genau dann als Instrumentvariablen bei der Koeffizientenschätzung der Gleichung (33a) herangezogen werden, wenn sie nicht nur von ε_1 unabhängig sind, sondern auch von den Fehlervariablen der K_* fehlerbehafteten exogenen Variablen aus (33a). Wenn wir aber annehmen, daß sämtliche Fehlervariablen $v_1, \ldots, v_K$ der exogenen Variablen des Modells (32) stochastisch unabhängig voneinander sind, dann lassen sich die außerhalb einer Gleichung im Modell befindlichen exogenen Variablen grundsätzlich immer als Instrumentvariablen zur Parameterschätzung verwenden.

Aber auch bei Annahme stochastischer Unabhängigkeit der Fehlervariablen $v_1, \ldots, v_K$ ist das Identifikationskriterium nach Satz 3.7/1 noch nicht hinreichend. Hinreichend wird es erst, wenn zusätzlich sichergestellt ist, daß aus den im Rahmen des Modells verfügbaren Instrumentvariablen $M_* + K_*$ Variablen ausgewählt und zu einer IV-Matrix Z_1 zusammengestellt werden können, derart, daß die Grenzmomentenmatrix $p\lim\,(1/T)\, Z_1' X_1$ existiert und regulär ist. [1] Alsdann ist es möglich, die Koeffizienten der ersten Modellgleichung nach (35) konsistent zu schätzen.

Die vorstehend beschriebene Nebenbedingung setzt voraus, daß die exogenen Variablen untereinander korreliert sind (Multikollinearität). Da diese Voraussetzung bei den üblichen ökonometrischen Modellen i.d.R. erfüllt ist, werden wir uns im folgenden um sie nicht weiter kümmern und Satz 3.7/1 wie ein hinreichendes Identifikationskriterium verwenden.

---

[1] *Geraci* [1983] hat ein hinreichendes Kriterium für die Sicherstellung dieser Bedingung angegeben. Es hat Ähnlichkeit mit dem bekannten Rangkriterium bei fehlerfreien interdependenten Modellen [vgl. auch *Hsiao*, 1976].

Sofern die Struktur der restlichen Modellgleichungen nicht berücksichtigt wird, ist jedenfalls die Forderung aus Satz 3.7/1 nach Existenz von mindestens $M_* + K_*$ exogenen Variablen außerhalb der ersten Modellgleichungen eine notwendige Bedingung für M_2-Identifizierbarkeit und damit auch für die Schätzbarkeit der Parameter dieser Gleichung mit Hilfe von Momenten zweiter Ordnung. Wird die Struktur der restlichen Modellgleichungen berücksichtigt, dann ergeben sich, wie wir noch sehen werden, andere notwendige Bedingungen.

Das Identifikationskriterium aus Satz 3.7/1 verallgemeinert die bekannte notwendige Identifikationsbedingung für interdependente Modelle ohne Fehler in den Variablen (I-Modelle). Dort lautet das entsprechende Kriterium, daß mindestens M_* exogene Variablen außerhalb der zu schätzenden Gleichung im Modell vorhanden sein müssen [vgl. z.B. *Schneeweiß*, 1978, S. 268]:

$$K - K_1 \geq M_* . \tag{36}$$

Ist die erste Gleichung eines I-Modells identifizierbar, so spricht man von **Überidentifikation**, falls in (36) das Gleichheitszeichen ausgeschlossen werden kann. Wenn wir in Anlehnung an *Geraci* [1977] die Differenz

$$G := (K - K_1) - M_* \tag{37}$$

als **Grad der Überidentifikation** der betrachteten Einzelgleichung einführen, dann läßt sich das Identifizierbarkeitskriterium $K - K_1 \geq M_* + K_*$ aus Satz 3.7/1 auch überführen in die knappere Form

$$G \geq K_* . \tag{38}$$

In den meisten größeren ökonometrischen Modellen liegt für fast alle Gleichungen Überidentifikation vor. Die Idee, diese Überidentifikation zur Schätzung im interdependenten FV-Modell auszunutzen, geht auf *Goldberger* [1972b] zurück [vgl. auch *Chernoff/Rubin*, 1953 sowie *Hausman*, 1977].

A 3.7/2

Gegeben sei das interdependente Marktmodell

$$q = \alpha + \beta_1 p_1 + \beta_2 p_2 + u_1 \quad \text{(Nachfrage)},$$
$$q = \delta + \gamma_1 p_1 + \gamma_2 k + \gamma_3 l + u_2 \quad \text{(Angebot)}$$

q : Menge des nachgefragten bzw. angebotenen Gutes
p_1 : Preis des nachgefragten bzw. angebotenen Gutes
p_2 : Preis des Substitutionsgutes
k, l : Kostenpreise (z.B. Rohstoffpreise und Lohnsatz).

Die empirischen Variablen q und p_1 seien endogen, p_2, k und l exogen. Von diesen Variablen seien q, p_1 und p_2 fehlerhaft, k und l hingegen fehlerfrei gemessen. Die beiden letzteren seien von den Meßfehlern sowie von u_1 und u_2 unabhängig. Die

Meßfehler der endogenen Variablen seien von den Meßfehlern der exogenen Variablen unabhängig (FV-Modell i.e.S.).

a. Prüfen Sie für jede der beiden Modellgleichungen, ob das Identifikationskriterium (38) aus Satz 3.7/1 erfüllt ist.
b. Geben Sie ein System von Normalgleichungen zur Bestimmung von IV-Parameterschätzungen $\hat{\alpha}$, $\hat{\beta}_1$ und $\hat{\beta}_2$ an. Verwenden Sie dabei k und l als Instrumentvariablen.
c. Stellen Sie in gleicher Weise auch ein IV-Normalgleichungssystem für die Koeffizienten der Angebotsfunktion auf.

b. Schätzung bei voller Information

In 3.7.2a hatten wir mit Satz 3.7/1 ein Identifikationskriterium für die Koeffizienten einer Einzelgleichung des interdependenten FV-Modells (32) abgeleitet, bei dem etwaige Informationen über die übrigen Strukturgleichungen unberücksichtigt blieben. Notwendige Bedingung für die Identifizierbarkeit der Koeffizienten war dann, daß der durch (37) erklärte Überidentifikationsgrad G dieser Gleichung der Bedingung (38) genügt, d.h. G muß mindestens so groß sein wie die Zahl K_* der fehlerbehafteten exogenen Variablen in dieser Gleichung. Hinreichend wird das Kriterium $G \geq K_*$ in Verbindung mit weiteren Annahmen, insbesondere der Annahme stochastischer Unabhängigkeit zwischen den Fehlern der in der Gleichung auftretenden exogenen Variablen einerseits und den dort ausgeschlossenen exogenen Variablen andererseits. Bei Gültigkeit dieser ergänzenden Annahmen lassen sich die Koeffizienten der Gleichung konsistent schätzen – z.B. über das IV-Verfahren (35) oder nach der 2KQ-Methode.

Die Überidentifikation wird allerdings weitaus besser ausgenutzt, wenn man die Struktur des ganzen interdependenten Modells, d.h. insbesondere die Überidentifikationsgrade sämtlicher Modellgleichungen, simultan berücksichtigt. Es zeigt sich, daß in diesem Fall Identifikationsmöglichkeiten oft auch dann noch bestehen, wenn das Identifikationskriterium (38) nicht erfüllt ist.

Wir wollen hier annehmen, daß die Meßfehler der exogenen Variablen voneinander stochastisch unabhängig sind. In diesem Fall ist nach *Geraci* [1976] für die M_2-Identifizierbarkeit des ganzen interdependenten FV-Modells notwendig[1)], daß eine Zuordnung der folgenden Art möglich ist: Jede fehlerbehaftete exogene Variable des Modells wird genau einer Modellgleichung, in der sie vorkommt, zugeordnet, und zwar derart, daß jeder Modellgleichung höchstens so viele Variablen zugeordnet werden, wie ihrem Überidentifikationsgrad entspricht. Wir nennen eine solche Zuordnung eine **zulässige Zuordnung**.

[1)] Bezüglich der Identifizierbarkeit einzelner Gleichungen des Modells bei Berücksichtigung der Struktur aller Gleichungen vgl. *Hsiao* [1976] und *Geraci* [1983].

▷ **Satz 3.7/2**: *Identifikationskriterium von Geraci für interdependente FV-Modelle*

Gegeben sei das vollständige interdependente FV-Modell (32) mit stochastisch unabhängigen Meßfehlern der exogenen Variablen.

Notwendig für die M_2-Identifizierbarkeit aller Koeffizienten dieses Modells ist die Existenz mindestens einer zulässigen Zuordnung.

Die einer Modellgleichung zugeordneten fehlerbehafteten exogenen Variablen werden dazu benutzt, um aus der Modellgleichung nach der Momentenmethode Bestimmungsgleichungen für die Fehlervarianzen zu gewinnen. Darüber hinaus dienen die aus einer Modellgleichung ausgeschlossenen exogenen Variablen als Instrumentvariablen zur Bestimmung der Koeffizienten dieser Modellgleichung.

Die folgenden kleinen Beispiele mögen Satz 3.7/2 und die zugehörige Schätzmethode illustrieren. Wir wollen dabei, Geraci folgend, annehmen, daß alle Variablen $t = 1, \ldots, T$ gemeinsam unabhängig identisch verteilt sind (Strukturvariante) mit dem Erwartungswert Null und mit existierenden Varianzen. Das hat u.a. zur Folge, daß die nachstehenden Modellgleichungen keine Absolutglieder enthalten, ferner, daß die empirischen Momente zweiter Ordnung der Modellvariablen stochastisch gegen die entsprechenden theoretischen Momente konvergieren. Es genügt daher, wenn im folgenden gezeigt wird, daß sich die Modellparameter mittels theoretischer Momente der beobachtbaren Modellvariablen ausdrücken lassen. Werden dann die theoretischen Momente durch ihre entsprechenden empirischen Momente ersetzt, erhält man konsistente Schätzungen für die Modellparameter.[1]

In den nachstehenden Beispielmodellen verwenden wir für jede Einzelgleichung die zu (33, 34) äquivalente Notation

$$\begin{aligned} &y_{ti} + \sum_{\substack{j=1 \\ j \neq i}}^{M_1} \gamma_{ji} y_{tj} = \sum_{k=1}^{K_1} \beta_{ki} (x_{tk} - v_{tk}) + \omega_{ti} \\ &\omega_{ti} := \varepsilon_{ti} + w_{ti} + \sum_{\substack{j=1 \\ j \neq i}}^{M_1} \gamma_{ji} w_{tj} \end{aligned} \qquad t = 1, \ldots, T, \qquad (39)$$

wobei wir der Übersichtlichkeit halber den Index t weglassen. Exogene Variablen, die ohne zugehörige Fehlervariablen auftreten, sind fehlerfrei. Hinter jeder Gleichung stehen in Form eines Paares (G, K_*) der Überidentifikationsgrad G und die Zahl K_* der in der jeweiligen Gleichung auftretenden fehlerbehafteten exogenen Variablen. Man kann aus dieser Angabe sofort erkennen, ob das Identifikationskriterium (38) aus Satz 3.7/1 erfüllt ist:

[1] Man vergleiche hierzu die entsprechende Vorgehensweise beim dynamischen Modell in 3.7.1. Das hier dargestellte Schätzverfahren bleibt auch unter allgemeineren Annahmen noch gültig.

▷ *1. Beispiel*

Wir betrachten als erstes das Modell

$$\begin{aligned} y_1 + \gamma_{21} y_2 &= \beta_{11}(x_1 - v_1) + \beta_{41} x_4 + \omega_1 \qquad (1,1) \\ \gamma_{12} y_1 + y_2 &= \beta_{12}(x_1 - v_1) + \beta_{22} x_2 + \beta_{32} x_3 + \omega_2 \qquad (0,1). \end{aligned} \tag{40}$$

Die einzige fehlerbehaftete exogene Variable x_1 wird der ersten Gleichung zugeordnet. Damit ist das Identifikationskriterium nach Satz 3.7/2 erfüllt.

Das Kriterium $G \geq K_*$ nach Satz 3.7/1 ist hingegen offensichtlich nur für die erste Modellgleichung erfüllt. Ohne Berücksichtigung von Informationen über die Struktur der ersten Modellgleichung sind die Koeffizienten der zweiten Modellgleichung demnach nicht M_2-identifizierbar und damit insbesondere auch nicht M_2-schätzbar.

Die Berücksichtigung der gesamten Modellstruktur ermöglicht hingegen eine Schätzung aller Koeffizienten. Um dies zu zeigen, multiplizieren wir (40a) nacheinander mit den als Instrumentvariablen verwendbaren Variablen x_2, x_3 und x_4, wenden jeweils anschließend den Erwartungswertoperator an und erhalten so zunächst für die Koeffizienten der ersten Modellgleichung die Identifikationsbeziehungen

$$\sigma_{y_1 x_i} + \gamma_{21}\,\sigma_{y_2 x_i} = \beta_{11}\,\sigma_{x_1 x_i} + \beta_{41}\,\sigma_{x_4 x_i}, \qquad i = 2, 3, 4. \tag{41}$$

Sie wird ergänzt durch eine Bestimmungsgleichung für die Fehlervarianz $\sigma_1^2 := V(v_1)$, die man analog durch Multiplikation mit x_1 ableitet:

$$\sigma_{y_1 x_1} + \gamma_{21}\,\sigma_{y_2 x_1} = \beta_{11}(\sigma_{x_1 x_1} - \sigma_1^2) + \beta_{41}\,\sigma_{x_4 x_1}. \tag{42}$$

Daß diese Gleichung noch aufgestellt werden kann, liegt an der Überidentifiziertheit von (40a) und der Möglichkeit einer zulässigen Zuordnung gemäß Satz 3.7/2.

Schließlich erhält man aus (40b) durch Multiplikation mit $x_1, \ldots, x_4$ für die Koeffizienten von (40b) die Identifikationsgleichungen

$$\gamma_{12}\,\sigma_{y_1 x_i} + \sigma_{y_2 x_i} = \beta_{12}(\sigma_{x_1 x_i} - \delta_{1i}\,\sigma_1^2) + \beta_{22}\,\sigma_{x_2 x_i} + \beta_{32}\,\sigma_{x_3 x_i}, \qquad i = 1, \ldots, 4 \tag{43}$$

mit $\delta_{1i} := 0$ für $i \neq 1$ und $\delta_{11} := 1$.

Man bestimmt nun zunächst γ_{21}, β_{11} und β_{41} aus (41), dann σ_1^2 aus (42), schließlich γ_{12}, β_{12}, β_{22} und β_{32} aus (43). Dabei wird angenommen, daß sich die Gleichungssysteme (41) und (43) eindeutig lösen lassen.

Wenn man in (41, 42) die theoretischen Momente durch ihre empirischen Analoga ersetzt, hat man ein Gleichungssystem zur Bestimmung von konsistenten IV-Schätzungen für die Parameter der ersten Modellgleichung. Die fehlerfreien exogenen Variablen fungieren dabei als Instrumentvariablen.

Entsprechend gewinnt man durch Modifikation von (43) Bestimmungsgleichungen für konsistente Schätzungen der Koeffizienten in der zweiten Modellgleichung (40b). Die Gleichungen (43) nutzen aus, daß σ_1^2 schon vorher in (42) mittels der ersten Modellgleichung bestimmt worden ist, d.h. es wird die Struktur der ersten Modellgleichung zur Schätzung der zweiten als zusätzliche Information herangezogen.

Es ist wichtig, bei dem geschilderten Schätzverfahren die Reihenfolge der Schätzungen zu beachten. Erst nachdem (40a) einschließlich der dort vorkommenden Fehlervarianz σ_1^2 geschätzt worden ist, kann (40b) geschätzt werden. Gerade weil danach σ_1^2 als bekannt oder wenigstens doch als konsistent geschätzt angesehen werden kann, darf man x_1 wie eine Instrumentvariable zusätzlich zu $x_2, \ldots, x_4$ zur Schätzung von (40b) heranziehen. Diese Vorgehensweise ist offenbar nur deshalb möglich, weil das Identifikationskriterium nach Satz 3.7/2 erfüllt ist und im vorliegenden Fall die Variable x_1 der Gleichung (40a) zugeordnet werden konnte.

▷ *2. Beispiel*

Ähnlich liegen die Verhältnisse in dem Modell

$$y_1 + y_{21} y_2 = \beta_{11}(x_1 - v_1) + \beta_{21}(x_2 - v_2) + \beta_{31} x_3 + \omega_1 \qquad (1,2)$$

$$\gamma_{12} y_1 + y_2 = \beta_{12}(x_1 - v_1) + \beta_{42} x_4 + \beta_{52} x_5 + \omega_2 \qquad (1,1). \qquad (44)$$

Das Identifikationskriterium nach Satz 3.7/2 ist erfüllt, wenn wir x_1 der Gleichung (44b) und x_2 der Modellgleichung (44a) zuordnen.

Die Identifikation und entsprechend die konsistente Schätzung der Modellparameter wird hier in folgender Reihenfolge durchgeführt: Zunächst gewinnt man für die vier Koeffizienten der zweiten Modellgleichung die Identifikationsbeziehungen

$$\gamma_{12}\,\sigma_{y_1x_i} + \sigma_{y_2x_i} - \beta_{12}\,\sigma_{x_1x_i} + \beta_{42}\,\sigma_{x_4x_i} + \beta_{52}\,\sigma_{x_5x_i} \qquad i = 2, \ldots, 5 \qquad (45)$$

durch Anwendung jeweils einer der Instrumentvariablen $x_2, \ldots, x_5$ auf (44b). Vermöge der ergänzenden Gleichung

$$\gamma_{12}\,\sigma_{y_1x_1} + \sigma_{y_2x_1} = \beta_{12}(\sigma_{x_1x_1} - \sigma_1^2) + \beta_{42}\,\sigma_{x_4x_1} + \beta_{52}\,\sigma_{x_5x_1}, \qquad (46)$$

die sich durch Multiplikation von (44b) mit der ihr zugeordneten Variablen x_1 und Erwartungswertbildung ergibt, läßt sich dann die Meßfehlervarianz $\sigma_1^2 = V(v_1)$ identifizieren. Den aus (46) abgeleiteten Wert für σ_1^2 benötigt man für die anschließende Bestimmung der vier Koeffizienten der ersten Modellgleichung. Man hat hierzu analog zu (43) das System

$$\sigma_{y_1x_i} + \gamma_{21}\,\sigma_{y_2x_i} = \beta_{11}(\sigma_{x_1x_i} - \delta_{1i}\,\sigma_1^2) + \beta_{21}\,\sigma_{x_2x_i} + \beta_{31}\,\sigma_{x_3x_i}, \qquad i = 1, 3, 4, 5. \qquad (47)$$

Schließlich kann man noch σ_2^2 bestimmen mit Hilfe der Gleichung

$$\sigma_{y_1x_2} + \gamma_{21}\,\sigma_{y_2x_2} = \beta_{11}\,\sigma_{x_1x_2} + \beta_{21}\,(\sigma_{x_2x_2} - \sigma_2^2) + \beta_{31}\,\sigma_{x_3x_2}. \tag{48}$$

Man beachte, daß das Kriterium $G \geq K_*$ auch beim Beispielsmodell (44) nur für eine Modellgleichung, nämlich (44b), erfüllt ist. Zur Identifikation und Schätzung der Koeffizienten in (44a) wird die Varianz σ_1^2 benötigt, die wiederum nur bei Berücksichtigung der Struktur von (44b) zugänglich ist. Im Gegensatz zum Beispiel (40) werden bei der Identifikation und Schätzung der Modellgleichung, die schon unter den Voraussetzungen des Satzes 3.7/1 identifizierbar ist, nicht nur fehlerfreie exogene Variablen als Instrumentvariablen herangezogen (nämlich x_3, x_4, x_5), sondern auch fehlerbehaftete, allerdings nur solche (in diesem Fall x_2), die in der zu schätzenden Gleichung nicht vorkommen. Damit diese wirklich Instrumentvariablencharakter besitzen, ist vorauszusetzen, daß die in ihnen enthaltenen Fehler unabhängig sind von den Fehlern der exogenen Variablen, die in der zu schätzenden Gleichung vorkommen.

▷ *3. Beispiel*

Schwieriger gestaltet sich das Schätzverfahren in dem Modell

$$y_1 + \gamma_{21}\,y_2 = \beta_{11}\,(x_1 - v_1) + \beta_{21}\,(x_2 - v_2) + \beta_{31}\,x_3 + \beta_{41}\,x_4 + \omega_1 \quad (1,2)$$

(49)

$$\gamma_{12}\,y_1 + y_2 = \beta_{12}\,(x_1 - v_1) + \beta_{22}\,(x_2 - v_2) + \beta_{52}\,x_5 + \beta_{62}\,x_6 + \omega_2 \quad (1,2).$$

Man kann x_1 der ersten Gleichung und x_2 der zweiten zuordnen oder umgekehrt. Beide Zuordnungen sind zulässig, so daß die Identifizierbarkeitsbedingung nach Satz 3.7/2 erfüllt ist. Das Identifikationskriterium $G \geq K_*$ nach Satz 3.7/1 ist hingegen für keine der beiden Gleichungen erfüllt.

Durch Multiplikation der Modellgleichungen mit $x_1, \ldots, x_6$ und anschließender Erwartungswertbildung erhalten wir für die zehn Koeffizienten und die beiden Meßfehlervarianzen die zwölf Identifikationsbeziehungen

$$\sigma_{y_1x_i} + \gamma_{21}\,\sigma_{y_2x_i} = \beta_{11}\,(\sigma_{x_1x_i} - \delta_{1i}\,\sigma_1^2) + \beta_{21}\,(\sigma_{x_2x_i} - \delta_{2i}\,\sigma_2^2) + \beta_{31}\,\sigma_{x_3x_i} + \beta_{41}\,\sigma_{x_4x_i}$$

(50)

$$\gamma_{12}\,\sigma_{y_1x_i} + \sigma_{y_2x_i} = \beta_{12}\,(\sigma_{x_1x_i} - \delta_{1i}\,\sigma_1^2) + \beta_{22}\,(\sigma_{x_2x_i} - \delta_{2i}\,\sigma_2^2) + \beta_{52}\,\sigma_{x_5x_i} + \beta_{62}\,\sigma_{x_6x_i}$$

$$i = 1, \ldots, 6.$$

Das nichtlineare Gleichungssystem (50) ist simultan nach den zwölf Parametern aufzulösen.

An diesem Beispiel zeigt sich, daß die Identifikation und Schätzung von Parametern eines interdependenten FV-Modells bei Berücksichtigung der Gesamtstruktur des Modells auch dann noch möglich sein kann, wenn das Kriterium (38) für keine Einzelgleichung erfüllt ist.

▷ *4. Beispiel*

Das folgende Modell ist nicht M_2-identifizierbar, obwohl beide Gleichungen im Sinne der Theorie interdependenter Modelle überidentifiziert sind:

$$\begin{aligned} y_1 + \gamma_{21}\, y_2 &= \beta_{11}(x_1 - v_1) + \beta_{21}\, x_2 + \omega_1 && (2{,}1) \\ \gamma_{12}\, y_1 + y_2 &= \beta_{32}(x_3 - v_3) + \beta_{42}(x_4 - v_4) + \beta_{52}\, x_5 + \omega_2 && (1{,}2). \end{aligned} \qquad (51)$$

Da der Überidentifikationsgrad G von (51b) 1 beträgt, die beiden fehlerbehafteten exogenen Variablen x_3 und x_4 aber dieser Gleichung zugeordnet werden müßten — sie kommen ja nur in dieser vor — ist eine zulässige Zuordnung nicht möglich. Nach Satz 3.7/2 ist daher mindestens einer der sieben Koeffizienten nicht M_2-identifizierbar.

Die drei Koeffizienten der Gleichung (51a), für die — anders als bei (51b) — schon die Bedingung $G \geq K_*$ erfüllt ist, lassen sich allerdings durchaus M_2-identifizieren. Durch Anwendung der Instrumentvariablen x_2, x_3, x_4 auf (51a) gewinnt man nämlich analog zu (41) und (45) drei Identifikationsbeziehungen und daraus Bestimmungsgleichungen für IV-Schätzungen. Tatsächlich hat man sogar mehr Instrumentvariablen zur Verfügung (nämlich auch noch x_5), als man zur konsistenten Schätzung der drei Koeffizienten braucht.

Eine Bestimmungsgleichung für die Fehlervarianz σ_1^2 kann man aus (51a) ableiten, wenn man mit x_1 multipliziert und dann den Erwartungswert bildet.

Die vier Koeffizienten der Modellgleichungen (51b) sind hingegen nicht M_2-identifizierbar. Die fünf Bestimmungsgleichungen, die man aus (51b) durch Multiplikation mit $x_1, \ldots, x_5$ und anschließender Erwartungswertbildung konstruieren kann, reichen nämlich zur Bestimmung der sechs Parameter γ_{12}, β_{32}, β_{42}, β_{52}, σ_3^2 und σ_4^2 offenbar nicht aus.

Anmerkungen:

1. Die hier anhand mehrerer Beispiele illustrierte, auf *Geraci* [1977, 1982] [vgl. auch *Robinson*, 1977] zurückgehende Schätzmethode weist Parallelen auf mit dem in 3.3.1f dargestellten Schätzverfahren, das sich ebenfalls auf interdependente FV-Modelle bezog. Während dort die Kenntnis der Fehlervarianzen der exogenen Variablen a priori angenommen wurde, leiteten wir hier Bestimmungsgleichungen für diese Varianzen aus dem Modell erst her (vgl. z.B. (46)). Damit dies möglich ist, müssen die einzelnen Modellgleichungen in ausreichendem Maße überidentifiziert sein. Die Bestimmungsgleichungen für die Schätzung der Modellkoeffizienten werden bei beiden Verfahren in gleicher Weise konstruiert.
2. Kompliziertere, asymptotisch effiziente Schätzverfahren wurden von *Jöreskog* [1973], *Hsiao* [1976] und *Geraci* [1977] abgeleitet. Diese Verfahren gehen von der Strukturvariante mit normalverteilten Modellvariablen aus und beruhen auf dem ML-Prinzip bzw. auf einem von *Browne* [1974] entwickelten Prinzip der verallgemeinerten kleinsten Quadrate (Structural Least Squares nach Geraci). Die Fehler der exogenen Variablen müssen dabei nicht notwendig alle voneinander stochastisch unabhängig sein.

Auch der sehr allgemeine Schätzansatz von *Robinson* [1977] kann im Prinzip auf interdependente FV-Modelle angewandt werden. Einen anderen Ansatz findet man bei *Pudney* [1982].

3. Das hier abgehandelte Schätzverfahren arbeitet ausschließlich mit zweiten Momenten der unverzögerten Modellvariablen. Es ist daher vor allem dafür geeignet, statische Modelle der Strukturvariante zu schätzen. Ist jedoch das Modell dynamisch — sei es, daß die exogenen Variablen autokorreliert sind, sei es, daß verzögerte endogene oder exogene Variablen vorkommen — dann gibt es viel mehr Möglichkeiten, konsistente Schätzer zu konstruieren (vgl 3.7.1). In der Regel sind solche Modelle weitaus eher identifizierbar als statische Modelle.

   Schätzverfahren für dynamische interdependente FV-Modelle wurden insbesondere von *Hsiao* [1979] und *Hsiao* und *Robinson* [1978] entwickelt.

A 3.7/3

Gegeben sei das folgende Modell (Strukturvariante):

$$y_1 + \gamma_{21} y_2 = \beta_{11}(x_1 - v_1) + \beta_{21}(x_2 - v_2) + \omega_1$$

$$\gamma_{12} y_1 + y_2 = \beta_{12}(x_1 - v_1) + \beta_{32} x_3 + \beta_{42} x_4 + \beta_{52} x_5 + \omega_2.$$

Die Variablen mögen alle den Erwartungswert Null und existierende Varianzen besitzen; v_1 und v_2 seien unkorreliert.

a. Untersuchen Sie für jede der beiden Einzelgleichungen, ob das Kriterium (38) nach Satz 3.7/1 erfüllt ist. Was folgt aus dem Ergebnis?
b. Prüfen Sie dann auch, ob das Identifikationskriterium nach Satz 3.7/2 erfüllt ist. Stellen Sie ggf. Bestimmungsgleichungen für IV-Parameterschätzungen auf.

3.8 Schätzung mit Informationen über die Verteilung der latenten exogenen Variablen

Wie in 2.3.2c ausgeführt, können in gewissen Fällen auch Informationen über die Verteilung der latenten exogenen Variablen eine Parameteridentifikation ermöglichen. Wir wollen in diesem Abschnitt die in 2.3.2c gefundenen Resultate zum Ausgangspunkt für die Ableitung von Schätzern nehmen, die auf solchen A-priori-Informationen beruhen. Dabei beschränken wir uns wie in 2.3.2c auf das *einfache* FV-Modell *i.e.S.* und setzen dort die *Strukturvariante* voraus:

(SV) Die latenten exogenen Variablen ξ_t sind unabhängig identisch verteilt; $t = 1, \ldots, T$.

Wir können dann wieder den Beobachtungsindex t weglassen. O.B.d.A. gelte wieder $\varepsilon \equiv 0$.

Da wir mit einer konsistenten Schätzung für β auch sofort konsistente Schätzungen für die Parameter α, σ_v^2 und σ_w^2 des einfachen FV-Modells haben (vgl. A 3.3/1), genügt es, wenn wir uns auf die Konstruktion von Schätzformeln für β konzentrieren.

Mit der Beschränkung auf die Strukturvariante scheint zunächst der Anwendungsbereich der zu entwickelnden Schätzverfahren eingeschränkt zu sein. Jedoch entspricht der Fall der Strukturvariante gerade der Situation, die in der *Statistik* vorzugsweise behandelt wird. Auch dort wird üblicherweise unterstellt, daß die Stichprobenwerte unabhängig identisch verteilt sind. In der *Ökonometrie* paßt dieser Fall am ehesten in den Bereich der Querschnittsdatenanalyse. Dort ist zudem die in 2.3.2c erhobene Forderung der Nichtnormalität der Verteilung von ξ oft erfüllt. Viele ökonometrische Variablen haben eine ausgesprochen schiefe Verteilung, wenn man sie über einer Grundgesamtheit ökonomischer Einheiten (Haushalte, Firmen, Gemeinden, etc.) betrachtet. Man denke etwa an die individuelle Einkommensverteilung.

Will man die nachfolgend behandelten Schätzverfahren auf Zeitreihendaten anwenden, dann wird man allerdings i.a. nicht von der Strukturvariante ausgehen können, da die Variablen ξ_t und die mit ihnen verknüpften Variablen x_t, η_t und y_t zumeist weder unabhängig noch identisch verteilt sind. Dennoch lassen sich die dargestellten Verfahren auch für diesen Fall unter geeigneten Zusatzannahmen rechtfertigen (z.B. Annahme der Existenz asymptotischer Momente höherer Ordnung der latenten exogenen Variablen).

3.8.1 Schätzung mit A-priori-Informationen über Momente dritter Ordnung (M-Schätzung)

Satz 2.3/1 beinhaltete die Aussage, daß es notwendig und hinreichend für die Identifizierbarkeit des Parameters β im einfachen FV-Modell ist, wenn ξ nicht normalverteilt ist (Annahme $(\bar{N}_\xi)$). Es ist daher zu erwarten, daß sich β unter der Annahme $(\bar{N}_\xi)$ konsistent schätzen läßt. Wir wollen hier $(\bar{N}_\xi)$ noch verschärfen und wie in 2.3.2d als A-priori-Information $\mu_3(\xi) \neq 0$ voraussetzen. Das dritte zentrale theoretische Moment von ξ soll also von Null verschieden, die Verteilung von ξ somit schief sein.

Die nachfolgend dargestellten unterschiedlichen Schätzer für β, die auf dieser Information beruhen, könnte man **M_3-Schätzer** nennen, weil sie aus empirischen Momenten von bis zu dritter Ordnung gebildet werden (vgl. 3.1.2b). Wir nennen sie einfach **M-Schätzer** und kennzeichnen sie mit $\hat{\beta}_{M_i}$ $(i = 1, 2, \dots)$. Numerisch ergeben sie sich durch Berechnung von bivariaten („gemischten“) und univariaten („reinen“) zentralen empirischen Momenten, für die wir im folgenden in Analogie zu (2.3/9) zur Abkürzung die Notation

$$\begin{aligned} m_{ij}(x, y) &:= \frac{1}{T} \Sigma (x - \bar{x})^i (y - \bar{y})^j \\ m_i(x) &:= m_{i0}(x, y), \qquad m_j(y) := m_{0j}(x, y) \end{aligned} \tag{1}$$

verwenden. Insbesondere ist also $m_{11}(x, y) = s_{xy}$ und $m_2(x) = s_x^2$.

a. M-Schätzung bei Normalverteilung einer Fehlervariablen

Einen ersten M-Schätzer für β gewinnen wir, wenn wir in (2.3/10) die theoretischen durch die entsprechenden empirischen Momente ersetzen [vgl. *Durbin*, 1954]:

$$\hat{\beta}_{M_1} := \frac{m_{21}(x, y)}{m_3(x)}. \tag{2}$$

Nach Satz 3.1/1 konvergieren $m_{21}(x, y)$ und $m_3(x)$ stochastisch gegen $\mu_{21}(x, y)$ und $\mu_3(x)$. Der Grenzwert $\mu_3(x)$ ist von Null verschieden, wenn neben $\mu_3(\xi) \neq 0$ noch Annahme (N_v) gilt (s. A 2.3/12b). Nach (2.3/10) ist der Schätzer (2) demnach konsistent, wenn wir normalverteilte Fehlervariablen v voraussetzen.

Aus Symmetriegründen erhält man einen anderen, ähnlich gebauten Schätzer $\hat{\beta}_{M_2}$, wenn man in (2) x und y sowie Zähler und Nenner vertauscht:

$$\hat{\beta}_{M_2} = \frac{m_3(y)}{m_{12}(x, y)}. \tag{3}$$

Dieser Schätzer ist konsistent, sofern neben $\mu_3(\xi) \neq 0$ noch (N_w) und $\beta \neq 0$ gilt. Man gewinnt (3), wenn man (1.1/1a) (mit $\varepsilon \equiv 0$) nach der Variablen ξ auflöst, also $\xi_t = -\alpha/\beta + (1/\beta)\,\eta_t$ schreibt, und für den Parameter $1/\beta$ den ersten M-Schätzer gemäß (2) konstruiert.

Anmerkung: Die Schätzmethode (2) wurde schon von *Reiersol* [1941] vorgeschlagen und auf das multiple FV-Modell übertragen.

b. M-Schätzung bei fehlender Normalverteilungsannahme

Von *Geary* [1942] stammt die Schätzformel

$$\hat{\beta}_{M_3} = \frac{m_{12}(x, y)}{m_{21}(x, y)}. \tag{4}$$

Der Schätzer (4) ist konsistent, falls neben $\mu_3(\xi) \neq 0$ auch $\beta \neq 0$ gilt. Dabei ist es gleichgültig, ob die Fehlervariablen v und w normalverteilt sind oder nicht.

Die Konsistenz von (4) ergibt sich mit Hilfe von Satz 3.1/1 und der Identifikationsformel (2.3/12), die wir unter der Voraussetzung $\mu_3(\xi) \neq 0$ und $\beta \neq 0$ abgeleitet hatten. Nach Satz 3.1/1 besitzen $m_{12}(x, y)$ und $m_{21}(x, y)$ nämlich die Wahrscheinlichkeitslimites $\mu_{12}(x, y)$ und $\mu_{21}(x, y)$, so daß der Quotient (4) wegen (2.3/12) stochastisch gegen β strebt.

A 3.8/1

Die M-Schätzer (2) — (4) lassen sich auch als IV-Schätzer *i.w.S.* interpretieren. Wie ist jeweils die Instrumentvariable zu wählen?

c. Kombination von M-Schätzern

Mit (2) — (4) haben wir drei verschiedene konsistente Schätzer für β. Durch Kombination dieser Schätzer lassen sich beliebig viele weitere konsistente Schätzer ableiten. So gewinnt man z.B. durch Bildung des arithmetischen Mittels

$$\hat{\beta}_{M_4} := \frac{1}{3}(\hat{\beta}_{M_1} + \hat{\beta}_{M_2} + \hat{\beta}_{M_3}) \tag{5}$$

oder des geometrischen Mittels

$$\hat{\beta}_{M_5} := \sqrt[3]{\hat{\beta}_{M_1}\hat{\beta}_{M_2}\hat{\beta}_{M_3}} \tag{6}$$

zwei neue Schätzer, die unter den Annahmen $\mu_3(\xi) \neq 0$ und $(N_{v,w})$ konsistent sind. Der Schätzer (6) wurde von *Drion* [1951] in der äquivalenten Fassung

$$\hat{\beta}_{M_5} = \sqrt[3]{\frac{m_3(y)}{m_3(x)}} \tag{7}$$

vorgeschlagen. Deren Äquivalenz mit (6) beweist man, indem man in (6) die Formeln (2) – (4) einsetzt.

Anmerkungen:

1. *Pal* [1980] stellt allgemein fest, daß jeder aus (2) – (4) abgeleitete Schätzer $\hat{\beta}_M := f(\hat{\beta}_{M_1}, \hat{\beta}_{M_2}, \hat{\beta}_{M_3})$ unter den Voraussetzungen $\mu_3(\xi) \neq 0$ und $(N_{v,w})$ konsistent ist, sofern nur für jeden Skalar $c \neq 0$ die Linearitätsbedingung

   $$f(c\hat{\beta}_{M_1}, c\hat{\beta}_{M_2}, c\hat{\beta}_{M_3}) = c f(\hat{\beta}_{M_1}, \hat{\beta}_{M_2}, \hat{\beta}_{M_3})$$

   und die Bedingung $f(1, 1, 1) = 1$ erfüllt ist. Die Schätzer (5) und (6) sind spezielle Elemente dieser weiten Klasse konsistenter M-Schätzer.
2. Von *Scott* [1950] stammt ein anderer M-Schätzer $\hat{\beta}_{M_6}$, der ebenfalls zu der vorstehend definierten Klasse gehört. *Scott* geht aus von der in 2.3.2c schon verwendeten Gleichung $y' = \beta x' + u$ mit $y' := y - \mu_y$ und $x' := x - \mu_x$. Wenn – wie hier vorausgesetzt – Annahme $(N_{v,w})$ gilt, dann ist u wegen $u = w - \beta v$ normalverteilt und somit auch die Differenz $u = y' - \beta x'$. Folglich gilt $E[(y' - \beta x')^3] = 0$, oder, mit der Notation (2.3/9),

   $$\mu_3(y) - 3\beta\mu_{12}(x, y) + 3\beta^2\mu_{21}(x, y) - \beta^3\mu_3(x) = 0.$$

   Man erhält eine Bestimmungsgleichung für den von Scott vorgeschlagenen Schätzer, wenn man die theoretischen Momente durch die entsprechenden empirischen Momente und β durch $\hat{\beta}_{M_6}$ ersetzt.
3. Ein Vergleich der relativen Effizienz all dieser M-Schätzer kann im Prinzip durch Berechnung der asymptotischen Varianzen vorgenommen werden. In 4.2.7 schildern wir die hierfür erforderlichen Methoden.

A 3.8/2

Beweisen Sie die Konsistenz von (6) unter den Voraussetzungen $\mu_3(\xi) \neq 0$ und $(N_{v,w})$.

3.8.2 Schätzung mit A-priori-Informationen über Kumulanten höherer Ordnung (K-Schätzung)

Die in 3.8.1 entwickelten Schätzer lassen sich dahingehend verallgemeinern, daß Momente beliebiger Ordnung zu ihrer Konstruktion herangezogen werden. Es ist dann allerdings zweckmäßiger, anstelle der Momente die Kumulanten der Verteilung von x und y zu verwenden. Während in 3.8.1 vorausgesetzt wurde, daß das zentrale theoretische Moment dritter Ordnung von ξ von Null verschieden ist, setzen wir nun voraus, daß eine theoretische Kumulante der Ordnung $n\ (n \geq 3)$ der Variablen ξ ungleich Null ist. Die für den Parameter β des einfachen FV-Modells auf der Basis dieser A-priori-Information entwickelten Schätzer nennen wir **K-Schätzer** und kennzeichnen sie mit $\hat{\beta}_{K_i}\ (i = 1, 2, \ldots)$. Ähnlich wie sich die M-Schätzer (2) und (4) formal aus Identifikationsbeziehungen ableiten ließen, lassen sich auch die von uns vorgestellten K-Schätzer aus Identifikationsformeln gewinnen. Da wir in 2.3.2c aus Platzgründen nicht auf Identifikation mittels Kumulanten eingegangen sind, holen wir die Ableitung der entsprechenden Gleichung im folgenden nach.

a. Einführung des Kumulantenbegriffs

Die **theoretischen Kumulanten** oder auch Semiinvarianten der Verteilung *einer eindimensionalen Zufallsvariablen* x mit der logarithmierten charakteristischen Funktion $\psi_x(t)$ (kumulantenerzeugende Funktion) sind definiert durch die Reihenentwicklung

$$\psi_x(t) = \sum_{i=0}^{\infty} \varkappa_i(x) \frac{\tilde{t}^i}{i!} \tag{8}$$

mit $\tilde{t} := \sqrt{-1}\, t$. Der Koeffizient $\varkappa_i(x)$ dieser Reihe heißt Kumulante der Ordnung i.

Entsprechend sind die theoretischen Kumulanten der Verteilung *eines Zufallvektors* erklärt. Ist z.B. $\psi_{xy}(s, t)$ die logarithmierte charakteristische Funktion der gemeinsamen Verteilung von x und y, dann sind deren Kumulanten definiert durch

$$\psi_{xy}(s, t) = \sum_{i=0}^{\infty} \sum_{j=0}^{\infty} \varkappa_{ij}(x, y) \frac{\tilde{s}^i}{i!} \frac{\tilde{t}^j}{j!}. \tag{9}$$

Die Koeffizienten $\varkappa_{ij}(x, y)$ heißen Kumulanten der Ordnung $n := i + j$.

Die Kumulanten in (8, 9) lassen sich als ganze rationale Funktionen der Momente darstellen. Es gilt z.B. mit der Notation (2.3/9) [vgl. z.B. *Kendall/Stuart*, 1979, Bd. 1]

$$\varkappa_1(x) = \mu_1(x) = \mu_x$$

$$\varkappa_2(x) = \mu_2(x) = \sigma_x^2, \qquad \varkappa_3(x) = \mu_3(x)$$

$$\varkappa_4(x) = \mu_4(x) - 3\,\mu_2^2(x) = \mu_4(x) - 3\,\sigma_x^4$$

$$\varkappa_{11}(x, y) = \mu_{11}(x, y) = \sigma_{xy}$$

$$\varkappa_{12}(x, y) = \mu_{12}(x, y), \qquad \varkappa_{21}(x, y) = \mu_{21}(x, y)$$

$$\varkappa_{22}(x, y) = \mu_{22}(x, y) - \mu_2(x)\,\mu_2(y) - \mu_{11}^2(x, y) = \mu_{22}(x, y) - \sigma_x^2\,\sigma_y^2 - \sigma_{xy}^2.$$

Ersetzt man in diesen Gleichungen die theoretischen Momente durch ihre empirischen Analoga, so erhält man die **empirischen Kumulanten** (Stichprobenkumulanten), die wir mit $k_i(x)$ resp. $k_{ij}(x, y)$ bezeichnen.

Wir bezeichnen die Kumulanten in (8) als univariate („reine") und diejenigen in (9) mit $i > 0$ und $j > 0$ als bivariate („gemischte") Kumulanten. Es gilt in Analogie zu (2.3/9b)

$$\varkappa_i(x) = \varkappa_{i0}(x, y), \qquad \varkappa_j(y) = \varkappa_{0j}(x, y).$$

Kumulanten besitzen eine Reihe sehr nützlicher Eigenschaften:

(a) Die Kumulante einer Summe von stochastisch unabhängigen Zufallsvariablen oder Zufallsvektoren ist gleich der Summe der entsprechenden Kumulanten der einzelnen Zufallsvariablen bzw. Zufallsvektoren.
(b) Für gemeinsam normalverteilte Variablen sind die Kumulanten der Ordnung $n > 2$ gleich Null.
(c) Für zwei stochastich unabhängige Variablen sind die bivariaten Kumulanten gleich Null.
(d) $\varkappa_{ij}(a\,x + b, c\,y + d) = a^i\,c^j\,\varkappa_{ij}(x, y)$
(e) $\varkappa_{ij}(x, x) = \varkappa_{i+j}(x)$.

Mit diesen Eigenschaften lassen sich Identifikationsformeln für den Parameter β herleiten, aus denen sich konsistente Schätzungen ergeben, wenn man die theoretischen Kumulanten durch ihre empirischen Analoga ersetzt.

b. K-Schätzung bei Normalverteilung beider Fehlervariablen

Wir wollen im folgenden voraussetzen, daß es ein $n > 2$ gibt, für das $\varkappa_n(\xi) \neq 0$ ist. Dies ist wegen $\varkappa_3(\xi) = \mu_3(\xi)$ eine Verallgemeinerung der in 3.8.1 zugrundegelegten A-priori-Information $\mu_3(\xi) \neq 0$. Mit Hilfe dieser Annahme und der Annahme $(N_{v,w})$ wollen wir eine Identifikationsformel und daraus eine konsistente Schätzung für β herleiten.

Gehen wir also aus von der Existenz einer natürlichen Zahl n mit $n > 2$ und $\varkappa_n(\xi) \neq 0$. Die Zahl n läßt sich als Summe $n = i + j$ zweier ganzer Zahlen i und j mit $i \geq 0$ und $j > 0$ darstellen. Aus der stochastischen Unabhängigkeit zwischen (ξ, η) und (v, w) gemäß (F3) folgt dann zunächst wegen (1.1/1b, c) und der Kumulanteneigenschaft (a)

$$\begin{aligned} \varkappa_{i+j}(x) &= \varkappa_{i+j}(\xi) + \varkappa_{i+j}(v) \\ \varkappa_{ij}(x, y) &= \varkappa_{ij}(\xi, \eta) + \varkappa_{ij}(v, w). \end{aligned} \tag{10}$$

Mit (d), (e) und $\eta = \alpha + \beta\,\xi$ rechnet man nach, daß

$$\varkappa_{ij}(\xi, \eta) = \beta^j\,\varkappa_{ij}(\xi, \xi) = \beta^j\,\varkappa_{i+j}(\xi). \tag{11}$$

Wenn wir nun noch Annahme ($N_{v,w}$) voraussetzen, d.h. normalverteilte Fehlervariablen v und w unterstellen, gilt aufgrund der Kumulanteneigenschaft (b) sowie wegen $i + j > 2$

$$\begin{aligned} \varkappa_{i+j}(v) &= 0 \\ \varkappa_{ij}(v, w) &= 0. \end{aligned} \tag{12}$$

Aus (10) – (12) ergibt sich

$$\varkappa_{ij}(x, y) = \beta^j \varkappa_{i+j}(x) \qquad \text{für } i + j > 2.$$

Im Falle $\varkappa_{i+j}(x) \neq 0$ und $j > 0$ kann nach β aufgelöst werden:

$$\beta = \sqrt[j]{\frac{\varkappa_{ij}(x, y)}{\varkappa_{i+j}(x)}} \qquad (j > 0,\ i + j > 2). \tag{13}$$

Die Bedingung $\varkappa_{i+j}(x) \neq 0$ ist wegen (10a, 12a) und $\varkappa_{i+j}(\xi) \neq 0$ für $i + j > 2$ offenbar erfüllt.

Der Term (13) ist für ungerades j eindeutig bestimmt. Bei geradem j gibt es zwei Lösungen, die sich nur im Vorzeichen unterscheiden. Man benötigt dann noch eine Zusatzinformation über das Vorzeichen von β, um β eindeutig identifizieren zu können. Im Falle $\sigma_{vw} \neq 0$ liefert schon (2.2/3) diese Zusatzinformation.

Man beachte, daß (F5), d.h. stochastische Unabhängigkeit der Fehlervariablen v und w, für die Herleitung von (13) nicht benötigt wird. Die Identifikationsformel (13) gilt unter der Voraussetzung ($N_{v,w}$) also auch im FV-Modell *i.w.S.*

Aus (13) gewinnt man einen ersten K-Schätzer, wenn man die theoretischen Kumulanten durch die entsprechenden empirischen Kumulanten ersetzt:

$$\hat{\beta}_{K_1} = \sqrt[j]{\frac{k_{ij}(x, y)}{k_{i+j}(x)}} \qquad (j > 0,\ i + j > 2). \tag{14}$$

Da die empirischen Kumulanten in (14) stetige Funktionen der empirischen Momente sind und letztere nach Satz 3.1/1 stochastisch gegen die zugehörigen theoretischen Momente konvergieren, sind $k_{ij}(x, y)$ und $k_{i+j}(x)$ konsistente Schätzungen für $\varkappa_{ij}(x, y)$ resp. $\varkappa_{i+j}(x)$. Der K-Schätzer (14) ist damit wegen (13) und Satz 3.1/5 konsistent.

Aus Symmetriegründen erhält man wieder – vgl. die M-Schätzer (2) und (3) – einen weiteren konsistenten Schätzer für $\beta \neq 0$, wenn man in (14) x und y sowie Zähler und Nenner vertauscht:

$$\hat{\beta}_{K_2} = \sqrt[j]{\frac{k_{i+j}(y)}{k_{ji}(x, y)}} \qquad (j > 0,\ i + j > 2). \tag{15}$$

Es gibt offensichtlich sehr viele K-Schätzer des Typs (14, 15). Die M-Schätzer (2, 3) und (7) sind z.B. lediglich Spezialfälle von (14, 15):

$$\hat{\beta}_{K_1} \xrightarrow{i = 2,\, j = 1} \hat{\beta}_{M_1} = \frac{m_{21}(x, y)}{m_3(x)}$$

$$\hat{\beta}_{K_1},\ \hat{\beta}_{K_2} \xrightarrow{i = 0,\, j = 3} \hat{\beta}_{M_5} = \sqrt[3]{\frac{m_3(y)}{m_3(x)}}$$

$$\hat{\beta}_{K_2} \xrightarrow{i = 2,\, j = 1} \hat{\beta}_{M_2} = \frac{m_3(y)}{m_{12}(x, y)}.$$

Damit haben wir noch nachträglich abgeleitet, daß $\hat{\beta}_{M_1}$, $\hat{\beta}_{M_2}$ und $\hat{\beta}_{M_5}$ auch im FV-Modell *i.w.S.* konsistent sind, sofern die Annahmen ($N_{v,w}$) und $\mu_3(\xi) \neq 0$ gelten.

Ein anderer spezieller K-Schätzer ergibt sich, wenn man in (14) $i = 0$ und $j = n$ setzt ($n > 2$):

$$\hat{\beta}_{K_1} \xrightarrow{i = 0,\, j = n > 2} \hat{\beta}_{K_1} = \sqrt[n]{\frac{k_n(y)}{k_n(x)}}.$$

Dieser von *Wolfowitz* [1952] erwähnte Schätzer stellt eine unmittelbare Verallgemeinerung von Drions Schätzer $\hat{\beta}_{M_5}$ dar, der sich für $n = 3$ ergibt.

c. *K-Schätzung bei fehlender Normalverteilungsannahme*

Man erhält eine weitere Klasse von K-Schätzern, wenn man wieder die stochastische Unabhängigkeit zwischen v und w voraussetzt (FV-Modell *i.e.S.*), dafür aber Annahme ($N_{v,w}$) fallenläßt. Alsdann gilt (12a) nicht mehr und anstelle von (12b) hat man aufgrund der in 3.8.2a aufgeführten Kumulanteneigenschaft (c)

$$\varkappa_{ij}(v, w) = 0 \qquad \text{für } i > 0, j > 0. \tag{16}$$

Aus (10, 11) und (16) folgt

$$\varkappa_{ij}(x, y) = \beta^j \varkappa_{i+j}(\xi) \qquad \text{für } i > 0, j > 0. \tag{17}$$

Man kann nun $\varkappa_{i+j}(\xi)$ dadurch eliminieren, daß man (17) für die Indexkombinationen $(i, j + 1)$ und $(i + 1, j)$ hinschreibt und den ersten Ausdruck durch den zweiten dividiert:

$$\beta = \frac{\varkappa_{i,j+1}(x, y)}{\varkappa_{i+1,j}(x, y)} \qquad (i > 0, j > 0). \tag{18}$$

Voraussetzung für die Ausführbarkeit der Division ist, daß $\varkappa_{i+1,j}(x, y) \neq 0$. Dies ist gemäß (17) im Falle $\beta \neq 0$ äquivalent mit $\varkappa_{i+1+j}(\xi) \neq 0$ $(i > 0, j > 0)$. Die letztgenannte Ungleichung setzen wir hier a priori voraus.

Aus der Identifikationsformel (18) erhält man wieder einen konsistenten K-Schätzer, wenn man die theoretischen Kumulanten durch empirische ersetzt:

$$\hat{\beta}_{K_3} = \frac{k_{i,j+1}(x, y)}{k_{i+1,j}(x, y)} \qquad (i > 0, j > 0). \tag{19}$$

Die Konsistenz von (19) ergibt sich aus denselben Überlegungen, mit denen wir die Konsistenz des K-Schätzers (14) begründeten.

Auch (19) verkörpert eine umfassende Schätzerklasse. Der Geary-Schätzer (4) ist ein Vertreter dieser Klasse:

$$\hat{\beta}_{K_3} \xrightarrow{i = j = 1} \hat{\beta}_{M_3} = \frac{m_{12}(x, y)}{m_{21}(x, y)}.$$

Anmerkungen:

1. Die Schätzung nach (19) wird als Kumulantenmethode bezeichnet. Sie stammt von *Geary* [1942, 1943] und läßt sich auf multiple wie auch auf nichtlineare Regressionsmodelle ausdehnen [vgl. auch *Kendall/Stuart*, 1979].
2. Bei der Fülle der in 3.8.2 dargestellten Schätzverfahren stellt sich erneut und in stärkerem Maße als in 3.8.1 die Frage nach der Wahl eines optimalen Verfahrens. Eine genaue Antwort kann nur durch die Angabe der exakten oder zumindest der asymptotischen Schätzfehlervarianz des jeweiligen Schätzers gegeben werden, die freilich nicht einfach zu berechnen ist [vgl. hierzu 4.2.7 sowie *Pal*, 1980 und *Madansky*, 1959].

   Grundsätzlich sind jedoch zwei Gesichtspunkte zu beachten. Momente und damit auch Kumulanten lassen sich in der Regel umso genauer schätzen, je niedriger ihre Ordnung ist. Man wird daher bestrebt sein, einen Schätzer zu verwenden, der mit Kumulanten möglichst niedriger Ordnung auskommt. Das spricht insbesondere für die M-Schätzer aus 3.8.1.

   Andererseits lassen sich nur dann Schätzungen mit kleiner Fehlervarianz erwarten, wenn die Kumulante im Nenner wesentlich von Null verschieden ist. Die Schätzer aus 3.8.1 sind unter diesem Gesichtspunkt in der Regel nur dann brauchbar, wenn die Verteilung von ξ sehr schief ist. Bei symmetrischen Verteilungen muß man versuchen, mit höheren Kumulanten auszukommen. Z.B. sind Kumulanten der vierten Ordnung dann geeignet, wenn der Exzeß von ξ wesentlich von Null, dem Wert bei der Normalverteilung, abweicht.
3. Ein Beispiel für die Verwendung von Kumulanten vierter Ordnung zur Parameterschätzung findet sich bei *Pakes* [1979].

3.8.3 Schätzverfahren ohne Momente

Voraussetzung für die in 3.8.1 und 3.8.2 entwickelten Schätzverfahren war die Nichtnormalität der Verteilung von ξ. Diese wurde allerdings nur insoweit ausgenutzt, als gefordert wurde, daß gewisse höhere Momente von ξ von denen der Normalverteilung abweichen sollten, oder anders gesagt, daß gewisse höhere Kumulanten ungleich Null sein sollten. Das setzte insbesondere die Existenz dieser Momente bzw. Kumulanten voraus. Grundsätzlich müßte aber nach dem in Satz 2.3/1 formulierten Ergebnis von *Reiersøl* eine konsistente Schätzung bei nichtnormalverteiltem ξ auch dann möglich sein, wenn ξ überhaupt keine Momente besitzt.

Neyman [1951], *Wolfowitz* [1952], *Rubin* [1956] und *Spiegelman* [1979] haben auf verschiedenen Wegen solche Schätzverfahren zumindest dem Ansatz nach entwickelt. Neymans Verfahren beruht auf der numerisch vorzunehmenden Minimierung einer sehr kompliziert — mit Hilfe gewisser charakteristischer Funktionen — aus den Daten konstruierten Funktion. Es führt zu konsistenten Schätzern, wenn entweder $(N_{v,w})$ oder (F5) gilt. Auch Mischformen dieser beiden Erfordernisse sind möglich.

Wolfowitz's Schätzansatz ist leichter zu verstehen. Er geht wie *Scott* (vgl. 3.8.1c) von der Annahme $(N_{v,w})$ und damit auch von normalverteiltem $u = w - \beta v$ aus. Schätzungen $\hat{\alpha}$ und $\hat{\beta}$ werden so bestimmt, daß die empirische Verteilungsfunktion der Residuen $\hat{u}_t = y_t - (\hat{\alpha} + \hat{\beta} x_t)$ von der Klasse der Normalverteilungen mit Erwartungswert Null den kleinsten Abstand hat[1] [vgl. auch *Wolfowitz*, 1953, 1957]. Es wird allerdings kein Verfahren angegeben, das diese Minimierung effektiv bewerkstelligt.

Aus dem Beweis von Reiersøls Identifikationssatz (Satz 2.3/1) entwickelt *Spiegelman* mit Hilfe momenterzeugender Funktionen einen (stark) konsistenten und asymptotisch normalverteilten Schätzer für β, der sich numerisch berechnen läßt.

Kiefer und *Wolfowitz* [1956] haben im übrigen gezeigt, daß auch der ML-Ansatz bei einem FV-Modell mit nichtnormalverteilter Variablen ξ grundsätzlich zu konsistenten Parameterschätzungen führt. Hierbei braucht die Verteilung von ξ nicht unbedingt parametrisch spezifiziert zu sein. Es genügt zu wissen, daß sie aus einer Klasse von Verteilungen stammt, die keine Normalverteilung enthält. Allerdings geben auch sie nicht an, wie dieser ML-Ansatz in praxi durchzuführen ist.

---

[1] Dagegen bestimmt Scott die Parameter so, daß die Residuen nur in ihrem Schiefemaß mit dem der Normalverteilung übereinstimmen.

4 Der Schätzfehler

In 3.3 — 3.8 haben wir konsistente Schätzer für FV-Modelle mit unterschiedlichen Zusatzinformationen entwickelt. Wir wissen, daß ein konsistenter Schätzer mit $T \rightarrow \infty$ stochastisch gegen den zu schätzenden Parameter konvergiert. Nicht bekannt ist uns jedoch, wie groß der Schätzfehler bei endlichem Beobachtungsumfang T sein kann. Wir sind daher noch nicht in der Lage, auf der Basis der bisher abgeleiteten Ergebnisse Konfidenzbereiche für die zu schätzenden Parameter zu konstruieren oder Testverfahren zu irgendwelchen Hypothesen über die Parameter anzugeben. Die Konsistenzaussage allein läßt entsprechende Folgerungen nicht zu.

Um zu einer über die simple Konsistenzaussage hinausgehenden Aussage für die in Kap. 3 beschriebenen Schätzer zu gelangen, müssen wir zunächst Vorstellungen über die mögliche Größe des Schätzfehlers gewinnen. Letzterer ist freilich eine Zufallsvariable, deren Spannweite meistens sogar unbegrenzt ist. Man kann jedoch versuchen, die Wahrscheinlichkeitsverteilung des Schätzfehlers zu bestimmen, um dann gewisse Schranken für den Schätzfehler zu berechnen, die dieser mit vorgegebener hoher Wahrscheinlichkeit (von z.B. 95%) nicht übersteigt. Mit Hilfe dieser Schranken und mit Hilfe der Schätzung selbst können dann Grenzen für den unbekannten Parameter angegeben werden, die jenen mit der vorgegebenen Wahrscheinlichkeit umschließen. Auf diese Weise gelangt man unmittelbar zur Konstruktion von Konfidenzbereichen.

Die Bestimmung der Wahrscheinlichkeitsverteilung des Schätzfehlers (oder alternativ: des Schätzers selbst) für einen typischen Parameter des FV-Modells — wie z.B. den Parameter β im einfachen FV-Modell — führt zu charakteristischen Schwierigkeiten, die beim klassischen Regressionsmodell nicht auftreten. Dort kann man die exogenen Variablen als determiniert annehmen und die Verteilung von $\hat{\beta} - \beta$ bzw. von $\hat{\beta}$ bei fest vorgegebenen exogenen Variablen bestimmen. Das ist hier nicht möglich, weil die exogenen Variablen mit latenten Zufallsfehlern behaftet sind und daher auf jeden Fall als stochastisch angenommen werden müssen. Eine ähnliche Schwierigkeit tritt bei den von uns als I-Modelle bezeichneten interdependenten Modellen ohne Meßfehler auf. Hier wie dort kann man noch am ehesten *asymptotische* Resultate gewinnen, aber selbst diese sind oft nur mit relativ hohem Aufwand herleitbar.

Die asymptotische Schätzfehlerverteilung für die meisten Schätzer aus 3.2 — 3.6 und 3.8 wird in 4.2 abgehandelt; auf das dynamische und das interdependente FV-Modell aus 3.7 kommen wir nicht mehr zurück. Für die Herleitung der asymptotischen Verteilungen werden einige Grenzwertsätze für Funktionen von skalaren und vektoriellen Zufallsvariablen benötigt. Diese theoretischen Grundlagen sind in 4.1 zusammengestellt.

Die in 4.2 dargestellten asymptotischen Resultate beinhalten allesamt die Aussage, daß der Schätzer bzw. der Schätzfehler unter geeigneten Bedingungen asymptotisch, d.h. für $T \rightarrow \infty$, normalverteilt ist mit einer angebbaren asymptotischen Varianz.

Ergebnisse dieser Art sind für große T wertvoll. Sie gestatten es, approximative Konfidenzbereiche sowie Testverfahren zu konstruieren. Für kleine T liefern sie zumeist immer noch recht brauchbare Faustregeln und geben zumindest eine Vorstellung über die Größenordnung des möglichen Schätzfehlers.

Wir beschreiben die Konstruktion solcher approximativen Konfidenzintervalle und Tests in 4.4. Darüber hinaus werden in 4.4 auch *exakte* Konfidenzbereiche und Tests skizziert. Letztere sind dadurch charakterisiert, daß sie ein vorgegebenes Signifikanzniveau exakt einhalten. Sie werden unter der Normalverteilungsannahme ($N_{v,w}$) konstruiert.

Es gibt für das einfache FV-Modell auch einige Ergebnisse über die Verteilung des Schätzfehlers bei endlichem Beobachtungsumfang, doch sind diese verhältnismäßig kompliziert und gelten nur unter der Normalverteilungsannahme ($N_{v,w}$). Wir gehen auf solche Ergebnisse in 4.3 ein.

4.1 Grundlagen für die Berechnung asymptotischer Verteilungen

4.1.1 Grenzwertsätze für skalare Zufallsvariablen

Für die Untersuchung des asymptotischen Verhaltens von Schätzern für das FV-Modell benötigen wir einige theoretische Grundlagen, vor allem den Zentralen Grenzwertsatz in einigen unterschiedlichen Varianten. In seiner bekanntesten und vielleicht einfachsten Variante, die wir fortan auch kurz mit (ZG1) bezeichnen, lautet dieser:[1)]

▷ **Satz 4.1/1**: *Zentraler Grenzwertsatz; Variante (ZG1)*

Sei $\{e_t\}$ eine Folge unabhängig identisch verteilter Zufallsvariablen mit dem Erwartungswert Null und der Varianz σ_e^2 und bezeichne $\bar{e} = \bar{e}(T) := (1/T)\,\Sigma\, e_t$ das arithmetische Mittel der ersten T Glieder dieser Folge.

Dann ist $\sqrt{T}\,\bar{e}$ asymptotisch normalverteilt mit Erwartungswert Null und Varianz σ_e^2:

$$\sqrt{T}\,\bar{e} \to N(0, \sigma_e^2). \tag{1}$$

Weniger bekannt, aber gerade für unsere Zwecke besonders brauchbar, ist die folgende Verallgemeinerung (ZG2):

▷ **Satz 4.1/2**: *Zentraler Grenzwertsatz; Variante (ZG2)*

Sei $\{e_t\}$ wie in (ZG1) definiert. Bezeichne $\{a_t\}$ eine feste Zahlenfolge, für die der Grenzwert

$$M_{aa} := \lim \overline{a^2} = \lim \left(\frac{1}{T}\,\Sigma\, a_t^2\right) \tag{2}$$

---

1) Es sei an die in 1.3 getroffene Vereinbarung erinnert, daß der Summationsindex bei Summen stets von 1 bis T läuft, sofern er nicht explizit angegeben wird. Limesbildungen ("lim", "plim") verstehen sich jeweils für $T \to \infty$.

existiere. Sei ferner $\overline{a\,e} = \overline{a\,e}(T) := (1/T)\,\Sigma\,a_t\,e_t$ das mit den a_t gewichtete arithmetische Mittel der ersten T Glieder der Folge $\{e_t\}$.

Dann ist $\sqrt{T}\,\overline{a\,e}$ asymptotisch normalverteilt mit Erwartungswert Null und der Varianz $M_{aa}\,\sigma_e^2$:

$$\sqrt{T}\,\overline{a\,e} \rightarrow N(0,\,M_{aa}\,\sigma_e^2). \tag{3}$$

Der vorstehende Satz folgt aus dem allgemeineren Satz 4.1/5 (vgl. Anmerkung 1 zu 4.1.2a).

Die Varianzen asymptotischer Verteilungen **(asymptotische Varianzen, Varianzen von Grenzwertverteilungen)** kennzeichnen wir im folgenden stets mit einem Querstrich. Gemäß (3) ist die asymptotische Varianz $\bar{V}(\sqrt{T}\,\overline{a\,e})$ der Zufallsvariablen $\sqrt{T}\,\overline{a\,e}$ durch $M_{aa}\,\sigma_e^2$ gegeben. Man kann zeigen, daß unter den Voraussetzungen von Satz (ZG2)

$$\bar{V}\left(\sqrt{T}\,\overline{a\,e}\right) = \lim\, V\left(\sqrt{T}\,\overline{a\,e}\right) \tag{4}$$

ist (s. A 4.1/1). Eine entsprechende Aussage gilt *nicht* allgemein, d.h. in manchen Fällen unterscheidet sich die Varianz einer Grenzverteilung durchaus vom Grenzwert einer Varianz.

Häufiger noch als (ZG2) wird eine andere, mit (ZG2) eng verwandte Variante des Zentralen Grenzwertsatzes verwendet. Wir bezeichnen sie mit (ZG2*):

▷ **Satz 4.1/3**: *Zentraler Grenzwertsatz; Variante (ZG2*)*

Die Folgen $\{e_t\}$ und $\{a_t\}$ seien wie in (ZG2) definiert. Sei $\bar{a} = \bar{a}(T) := (1/T)\,\Sigma\,a_t$ das arithmetische Mittel und

$$s_a^2 = s_a^2(T) := \frac{1}{T}\,\Sigma\,(a_t - \bar{a})^2$$

die empirische Varianz der ersten T Glieder von $\{a_t\}$. Ferner bezeichne

$$s_{ae} = s_{ae}(T) := \frac{1}{T}\,\Sigma\,(a_t - \bar{a})\,(e_t - \bar{e})$$

die empirische Kovarianz zwischen den ersten T Gliedern von $\{a_t\}$ und $\{e_t\}$. Neben (2) existiere auch der Grenzwert

$$M_a := \lim\, \bar{a}. \tag{5}$$

Dann existiert auch der Grenzwert

$$S_{aa} := \lim\, s_a^2 \tag{6}$$

und $\sqrt{T}\,s_{ae}$ ist asymptotisch normalverteilt mit Erwartungswert Null und Varianz $S_{aa}\,\sigma_e^2$:

$$\sqrt{T}\, s_{ae} \to N(0, S_{aa}\,\sigma_e^2). \tag{7}$$

Die asymptotische Varianz $\bar{V}(\sqrt{T}\, s_{ae})$ in (7) stimmt, wie man analog zu (4) leicht beweisen kann, mit dem Grenzwert von $V(\sqrt{T} s_{ae})$ überein.

Um den Zusammenhang zwischen den Sätzen (ZG2) und (ZG2*) besonders deutlich zu machen, überführen wir (7) noch in eine andere, äquivalente Form. Mit

$$a_t^* = a_t^*(T) := a_t - \bar{a}$$

gilt offenbar $s_{ae} = \overline{a^* e}$, so daß man anstelle von (7) auch

$$\sqrt{T}\, \overline{a^* e} \to N(0, S_{aa}\,\sigma_e^2) \tag{8}$$

schreiben kann. Somit beinhaltet (ZG2*), wie man durch Vergleich von (3) und (8) sieht, daß man in (ZG2) die Koeffizienten a_t durch ihre Abweichungen a_t^*(Abweichungen vom arithmetischen Mittel $\bar{a}$) ersetzen darf, wenn man gleichzeitig M_{aa} durch S_{aa} ersetzt.

Da $\bar{a}$ eine Funktion von T ist, gilt dasselbe auch für a_t^*. Man könnte dies auch durch die Schreibweise a_{tT}^* verdeutlichen. Die a_t^*bilden demnach im Gegensatz zu den a_t keine einfache, sondern eine *Doppelfolge.* Deshalb ist auch (ZG2*) eine neu zu beweisende Variante — und nicht etwa nur ein Spezialfall — von (ZG2). Der Beweis von (ZG2*) stützt sich aber wesentlich auf (ZG2).

Beweis von Satz 4.1/3 aus Satz 4.1/2: Zunächst folgt die Existenz des Grenzwertes (6) schon aus der Darstellung $s_a^2 = \overline{a^2} - \bar{a}^2$ in Verbindung mit der vorausgesetzten Existenz der Grenzwerte (2) und (5).

Um auch (7) resp. (8) herzuleiten, setzen wir $a_t^+ := a_t - M_a$. Es ist dann $a_t^* = a_t^+ + (M_a - \bar{a})$ und daher

$$\sqrt{T}\,\overline{a^* e} = \sqrt{T}\,\overline{a^+ e} + \sqrt{T}(M_a - \bar{a})\,\bar{e}.$$

Nach (ZG1), einem Spezialfall von (ZG2), ist $\sqrt{T}\bar{e}$ asymptotisch normalverteilt. Da außerdem $\lim (M_a - \bar{a}) = 0$ ist, konvergiert $\sqrt{T}(M_a - \bar{a})\,\bar{e}$ stochastisch gegen Null (vgl. Satz 4.1/7), d.h. $\sqrt{T}\,\overline{a^* e}$ und $\sqrt{T}\,\overline{a^+ e}$ besitzen die gleiche Grenzverteilung. Die Grenzverteilung von $\sqrt{T}\,\overline{a^+ e}$ ergibt sich aber unmittelbar aus (ZG2). Die Folge $\{a_t^+\}$ erfüllt nämlich die Voraussetzung (2) dieses Satzes; für den Grenzwert $M_{a^+a^+} := \lim \overline{(a^+)^2}$ gilt ja wegen $a_t^+ = (a_t - \bar{a}) + (\bar{a} - M_a)$

$$M_{a^+a^+} = \lim s_a^2 + \lim (\bar{a} - M_a)^2 = S_{aa}.$$

Folglich gilt gemäß (3)

$$\sqrt{T}\,\overline{a^+ e} \to N(0, S_{aa}\,\sigma_e^2),$$

womit dann auch (8) bewiesen ist.

A 4.1/1

Beweisen Sie (4) unter den Voraussetzungen des Satzes (ZG2).

Hinweis: $(\overline{ae})^2 = \dfrac{1}{T^2} \sum_{t=1}^{T} \sum_{s=1}^{T} a_t\, e_t\, a_s\, e_s.$

4.1.2 Grenzwertsätze für vektorielle Zufallsvariablen

a. Weitere Varianten des Zentralen Grenzwertsatzes

In den meisten Anwendungen wird eine multivariate Form von (ZG2) und (ZG2*) benötigt. Die Sätze (ZG2) und (ZG2*) charakterisieren die Grenzverteilung einer Folge von arithmetischen Mitteln $\overline{a\,e} = (1/T)\, \Sigma\, a_t\, e_t$ bzw. $\overline{a^*\,e} = (1/T)\, \Sigma\, a_t^* e_t$, wobei die a_t resp. a_t^*nichtstochastische Gewichtungsfaktoren und die e_t unabhängig identisch verteilte Zufallsvariablen mit Erwartungswert Null sind. Eine multivariate Fassung dieser Sätze würde Aussagen über die asymptotische Verteilung von Vektoren formulieren, deren Komponenten arithmetische Mittel $\overline{a_i\, e_i} = (1/T)\, \Sigma\, a_{ti}\, e_{ti}$ bzw. $\overline{a_i^* e_i} = (1/T)\, \Sigma\, a_{ti}^*\, e_{ti}$ sind ($i = 1, \ldots, m$). Die a_{ti} resp. a_{ti}^* wären dabei wieder nichtstochastische Gewichtungsfaktoren und die e_{ti} unabhängig identisch verteilte Zufallsvariablen mit Erwartungswert Null. Man kann diese Verallgemeinerungen von (ZG2) und (ZG2*) formal zu einem einzigen Satz zusammenfassen, wenn man die Notation a'_{ti} einführt und darunter für jedes i wahlweise entweder a_{ti} (Gewichte in ihrer ursprünglichen Form) oder a_{ti}^* (Gewichte in Abweichungen vom arithmetischen Mittel) versteht. Natürlich muß die Wahl für jedes i vorgegeben sein. Mit dieser Notationsvereinbarung läßt sich alsdann der nachstehende Satz formulieren:

▷ **Satz 4.1/4**· *Zentraler Grenzwertsatz*; *Variante (ZG3)*

Gegeben seien m Folgen $\{e_{ti}\}$ von Zufallsvariablen ($i = 1, \ldots, m$). Die Variablenvektoren $\boldsymbol{e}_t := (e_{t1}, \ldots, e_{tm})'$ seien unabhängig identisch verteilt mit dem Erwartungswertvektor $\boldsymbol{o}$ und der Kovarianzmatrix $\boldsymbol{\Sigma}_e := (\sigma_{e_i e_j})_{i,j=1,\ldots,m}$.

Ferner seien $\{a_{ti}\}$ m nichtstochastische Folgen. Es sei $a'_{ti} = a'_{ti}(T)$ wie vorstehend erklärt. Die Grenzwerte

$$M_{a'_i a'_j} := \lim \overline{a'_i\, a'_j} = \lim \frac{1}{T}\, \Sigma\, a'_{ti}\, a'_{tj} \tag{9}$$

sowie im Falle $a'_{ti} = a^*_{ti}$ die Grenzwerte $M_{a_i} := \lim \bar{a}_i$ mögen existieren; $i, j = 1, \ldots, m$. Sei

$$\overline{a'_i\, e_i} = \overline{a'_i\, e_i}\,(T) := \frac{1}{T}\, \Sigma\, a'_{ti}\, e_{ti}$$

das mit den a'_{ti} gewichtete arithmetische Mittel der ersten T Glieder der Folge $\{e_{ti}\}$; $i = 1, \ldots, m$.

Dann ist der Vektor $\sqrt{T}\,(\overline{a'_1\, e_1}, \ldots, \overline{a'_m\, e_m})'$ asymptotisch normalverteilt mit Erwartungswertvektor $\boldsymbol{o}$ und der nachstehend angegebenen Kovarianzmatrix $\bar{\boldsymbol{\Sigma}}$:

$$\sqrt{T}(\overline{a'_1\, e_1}, \ldots, \overline{a'_m\, e_m})' \to N(\boldsymbol{o}, \bar{\boldsymbol{\Sigma}})$$

$$\bar{\boldsymbol{\Sigma}} = (M_{a'_i a'_j}\, \sigma_{e_i e_j})_{i,j=1,\ldots,m}. \tag{10}$$

Der Querstrich über einer Kovarianzmatrix zeigt hier wie im folgenden an, daß eine **asymptotische Kovarianzmatrix (Kovarianzmatrix einer Grenzverteilung)** gemeint ist. Analog zu (4) kann man zeigen, daß die asymptotische Kovarianzmatrix $\bar{\Sigma}$ des Zufallsvektors $\sqrt{T}(\overline{a_1' e_1}, \ldots, \overline{a_m' e_m})'$ unter den Voraussetzungen von (ZG3) mit dem Grenzwert der Kovarianzmatrix dieses Vektors übereinstimmt (s. A 4.1/3).

In den meisten Fällen werden wir mit (ZG3) auskommen. Nur gelegentlich benötigen wir eine Verallgemeinerung (ZG4) dieses Satzes:

▷ **Satz 4.1/5**: *Zentraler Grenzwertsatz; Variante (ZG4)*

Gegeben seien m Folgen $\{e_{ti}\}$ von Zufallsvariablen ($i = 1, \ldots, m$) wie in (ZG3). Ferner seien $\{a_{tTi}\}$ m nichtstochastische Doppelfolgen ($t = 1, \ldots, T$; $T = 1, 2 \ldots$) mit der Eigenschaft

$$\lim \max_{t \leq T} \left(\frac{1}{\sqrt{T}} |a_{tTi}| \right) = 0. \tag{11}$$

Die Grenzwerte

$$M_{a_i a_j} = \lim \overline{a_i a_j} = \lim \frac{1}{T} \Sigma a_{tTi} a_{tTj} \tag{12}$$

mögen existieren. Sei schließlich

$$\overline{a_i e_i} := \frac{1}{T} \Sigma a_{tTi} e_{ti}$$

das mit den a_{tTi} gewichtete arithmetische Mittel der ersten T Glieder der Folge $\{e_{ti}\}$; $i = 1, \ldots, m$.

Dann ist der Vektor $\sqrt{T}(\overline{a_1 e_1}, \ldots, \overline{a_m e_m})'$ asymptotisch normalverteilt mit Erwartungswertvektor o und der nachstehend angegebenen Kovarianzmatrix $\bar{\Sigma}$:

$$\begin{aligned} &\sqrt{T}(\overline{a_1 e_1}, \ldots, \overline{a_m e_m})' \rightarrow N(o, \bar{\Sigma}) \\ &\bar{\Sigma} = (M_{a_i a_j} \sigma_{e_i e_j})_{i, j = 1, \ldots, m}. \end{aligned} \tag{13}$$

Anmerkungen:

1. Man findet den Satz in leicht abgewandelter Form bei *Schönfeld* [1969, S. 183]. *Malinvaud* [1980, S. 251] leitet ihn aus dem Zentralen Grenzwertsatz von Lindeberg-Feller ab. Bemerkenswert ist die Bedingung (11), die in (ZG3) nicht auftritt.

   Bedingung (11) läßt sich unter den Voraussetzungen von (ZG3) herleiten, wodurch sich (ZG3) und damit alle anderen hier beschriebenen Varianten des Zentralen Grenzwertsatzes als Spezialfälle von (ZG4) erweisen. Unter (ZG3) ist nämlich $a_{tTi} = a_{ti}$, und (11) ergibt sich als Folge von (9). Aus der nach (9) garantierten Existenz des Grenzwerts von $\Sigma a_{ti}^2 / T$ folgt nämlich zunächst $\lim (|a_{Ti}|/\sqrt{T}) = 0$ und daraus $\lim \max_{t \leq T} (|a_{ti}|/\sqrt{T}) = 0$, d.h. die Bedingung (11) für den Fall $a_{tTi} = a_{ti}$.

2. Es sind noch weitere Verallgemeinerungen von (ZG3) bzw. (ZG4) möglich. Insbesondere kann man ähnlich wie beim Beweis von Satz 3.1/6 zeigen, daß (ZG4) und damit auch alle anderen hier beschriebenen Varianten des Zentralen Grenzwertsatzes noch gültig bleiben, wenn die Gewichtsfolgen $\{a_{ti}\}$ bzw.

$\{a_{tTi}\}$ Folgen von Zufallsvariablen sind, sofern die Glieder dieser Folgen nur von den e_{ti} stochastisch unabhängig sind.

3. Die Aussage des Zentralen Grenzwertsatzes (ZG3) bzw. (ZG4) bleibt unter gewissen Zusatzannahmen auch dann noch richtig, wenn die e_{ti} stochastisch abhängig sind. Auf eine solche Verallgemeinerung muß man zurückgreifen, wenn man die asymptotischen Eigenschaften von Schätzern in dynamischen FV-Modellen herleiten will. Wir wollen das allerdings hier nicht weiter verfolgen.

A 4.1/2

Für jedes der in (9) auftretenden Gewichte a'_{ti} gilt definitionsgemäß entweder $a'_{ti} = a_{ti}$ oder $a'_{ti} = a^*_{ti}$. Zeigen Sie, daß

$$M_{a'_i a'_j} = \begin{cases} M_{a_i a_j} := \lim \overline{a_i a_j} & \text{falls } a'_i = a_i \text{ und } a'_j = a_j \\ S_{a_i a_j} := \lim s_{a_i a_j} & \text{falls } a'_i = a^*_i \text{ oder } a'_j = a^*_j. \end{cases}$$

A 4.1/3

a. Beweisen Sie, daß mit den Bezeichnungen und Voraussetzungen von (ZG3) gilt:

$$C\left(\sqrt{T}\,\overline{a'_i e_i},\ \sqrt{T}\,\overline{a'_j e_j}\right) = \overline{a'_i a'_j}\,\sigma_{e_i e_j}.$$

b. Berechnen Sie den Grenzwert dieser Kovarianzen und vergleichen Sie mit (10b). Interpretieren Sie das Ergebnis.

Hinweis zu a: $E(\overline{a'_i e_i}\,\overline{a'_j e_j}) = E\left(\frac{1}{T^2} \sum_{t=1}^{T} \sum_{s=1}^{T} a'_{ti} a'_{sj} e_{ti} e_{sj}\right).$

b. Hilfssätze

Gewöhnlich läßt sich der Zentrale Grenzwertsatz (ZG3) nicht direkt auf den Schätzfehler als ganzes anwenden, sondern nur auf einen Teil der Formel für den Schätzfehler. Um dennoch für den Schätzfehler insgesamt eine Aussage treffen zu können, wird neben (ZG3) noch ein weiterer Grenzwertsatz benötigt, der den Charakter eines ergänzenden Hilfssatzes besitzt [vgl. *Schneeweiß*, 1978, S. 352]:

▷ **Satz 4.1/6**: *Lineartransformation asymptotisch normalverteilter vektorieller Zufallsfolgen*

Sei $\{\boldsymbol{g}_T\}$ eine Folge von k-Zufallsvektoren. Die Vektoren $\boldsymbol{g}_T$ seien asymptotisch normalverteilt mit Erwartungswertvektor $\boldsymbol{o}$ und Kovarianzmatrix $\bar{\boldsymbol{\Sigma}}_g$:

$$\boldsymbol{g}_T \rightarrow N(\boldsymbol{o}, \bar{\boldsymbol{\Sigma}}_g) \tag{14}$$

Jeder Vektor $\boldsymbol{g}_T$ werde einer linearen Transformation $\boldsymbol{h}_T := \boldsymbol{B}_T \boldsymbol{g}_T + \boldsymbol{d}_T$ unterworfen, wobei $\boldsymbol{B}_T$ stochastische $(l \times k)$-Matrizen und $\boldsymbol{d}_T$ stochastische l-Vektoren seien.

Die Zufallsfolgen $\{\boldsymbol{B}_T\}$ und $\{\boldsymbol{d}_T\}$ mögen stochastisch gegen eine feste Matrix $\boldsymbol{B}$ resp. gegen einen festen Vektor $\boldsymbol{d}$ konvergieren:

$$\operatorname{plim} \boldsymbol{B}_T = \boldsymbol{B}, \qquad \operatorname{plim} \boldsymbol{d}_T = \boldsymbol{d}. \tag{15}$$

Dann sind die l-Vektoren $\boldsymbol{h}_T$ asymptotisch normalverteilt mit Erwartungswertvektor $\boldsymbol{d}$ und Kovarianzmatrix $\bar{\boldsymbol{\Sigma}}_h = \boldsymbol{B}\,\bar{\boldsymbol{\Sigma}}_g\,\boldsymbol{B}'$:

$$\boldsymbol{h}_T \rightarrow N(\boldsymbol{d}, \boldsymbol{B}\,\bar{\boldsymbol{\Sigma}}_g\,\boldsymbol{B}'). \tag{16}$$

Natürlich müssen die Folgen $\{\boldsymbol{B}_T\}$ und $\{\boldsymbol{d}_T\}$ in Satz 4.1/6 nicht wirklich stochastisch sein. Der Satz gilt entsprechend auch für nichtstochastische Matrizen- und Vektorenfolgen $\{\boldsymbol{B}_T\}$ bzw. $\{\boldsymbol{d}_T\}$. Man darf dann den stochastischen Grenzübergang „plim“ durch den gewöhnlichen Grenzübergang „lim“ ersetzen.

Zu bemerken ist noch, daß die in (16) auftretende asymptotische Kovarianzmatrix $\bar{\boldsymbol{\Sigma}}_h = \boldsymbol{B}\,\bar{\boldsymbol{\Sigma}}_g\,\boldsymbol{B}'$ durchaus singulär sein kann. Es liegt dann eine ausgeartete Normalverteilung vor. Ist in (15, 16) speziell $\boldsymbol{B}$ die Nullmatrix, dann konvergiert $\boldsymbol{h}_T$ stochastisch gegen den Vektor $\boldsymbol{d}$. Dieser Sonderfall sei als weiterer Hilfssatz formuliert:

▷ **Satz 4.1/7**

Sei $\{\boldsymbol{g}_T\}$ eine Folge von k-Zufallsvektoren. Die Vektoren $\boldsymbol{g}_T$ seien asymptotisch normalverteilt.

Jedes Folgenglied $\boldsymbol{g}_T$ werde einer linearen Transformation $\boldsymbol{h}_T := \boldsymbol{B}_T\,\boldsymbol{g}_T + \boldsymbol{d}_T$ unterworfen, wobei $\boldsymbol{B}_T$ stochastische $(l \times k)$-Matrizen und $\boldsymbol{d}_T$ stochastische l-Vektoren seien. Für $\{\boldsymbol{B}_T\}$ bzw. $\{\boldsymbol{d}_T\}$ gelte

$$\operatorname{plim} \boldsymbol{B}_T = \boldsymbol{O}, \qquad \operatorname{plim} \boldsymbol{d}_T = \boldsymbol{d}.$$

Dann konvergiert auch die Folge $\{\boldsymbol{h}_T\}$ stochastisch gegen den Vektor $\boldsymbol{d}$:

$$\operatorname{plim} \boldsymbol{h}_T = \boldsymbol{d}.$$

Mittels Satz 4.1/6 läßt sich noch ein nützliches Korollar zu (ZG3) ableiten:

▷ **Satz 4.1/8**

Es gelten die Voraussetzungen und Bezeichnungen von (ZG3). Ferner existiere zu jedem T ein nichtstochastischer Vektor $\boldsymbol{b}_T := (b_{1T}, \ldots, b_{mT})'$, der für $T \rightarrow \infty$ gegen einen festen Vektor $\boldsymbol{b} := (b_1, \ldots, b_m)'$ konvergiert. Sei schließlich

$$a_T := \sum_{i=1}^{m} b_{iT}\,\overline{a_i'\,e_i} \tag{17}$$

eine Linearkombination aus den gewogenen Mitteln $\overline{a_i'\,e_i}$.

Dann gilt für die Zufallsvariable $\sqrt{T}\, a_T$:

$$\sqrt{T}\, a_T \to N(0, \boldsymbol{b}' \bar{\boldsymbol{\Sigma}} \boldsymbol{b})$$

$$\boldsymbol{b}' \bar{\boldsymbol{\Sigma}} \boldsymbol{b} = \sum_{i=1}^{m} \sum_{j=1}^{m} b_i\, b_j\, M_{d_i' d_j'}\, \sigma_{e_i e_j}. \tag{18}$$

Man kann leicht zeigen, daß die asymptotische Varianz $\bar{V}(\sqrt{T}\, a_T) = \boldsymbol{b}' \bar{\boldsymbol{\Sigma}} \boldsymbol{b}$ nach (18b) mit dem Grenzwert der Varianz $V(\sqrt{T}\, a_T)$ übereinstimmt (vgl. A 4.1/5a).

Satz 4.1/6 besagte, daß eine lineare Transformation asymptotisch normalverteilter vektorieller Variablen $\boldsymbol{g}_T$ ebenfalls asymptotisch normalverteilt ist. Gelegentlich werden wir auch einen entsprechenden Satz über allgemeinere, nicht notwendig lineare Transformationen benötigen. Im Gegensatz zu Satz 4.1/6, der für eine Folge asymptotisch normalverteilter Variablenvektoren formuliert wurde, betrifft der folgende Satz Variablenvektoren $\boldsymbol{g}_T$, die stochastisch gegen einen konstanten Vektor $\boldsymbol{\gamma}$ konvergieren und erst nach Subtraktion von $\boldsymbol{\gamma}$ und anschließender Multiplikation mit $\sqrt{T}$ asymptotisch normalverteilt sind:

▷ **Satz 4.1/9**: *Differenzierbare Transformation asymptotisch normalverteilter Zufallsvektoren*

Sei $\{\boldsymbol{g}_T\}$ eine Folge von k-Zufallsvektoren $\boldsymbol{g}_T = (g_{T1}, \ldots, g_{Tk})'$. Mit einem konstanten k-Vektor $\boldsymbol{\gamma}$ gelte

$$\sqrt{T}(\boldsymbol{g}_T - \boldsymbol{\gamma}) \to N(\boldsymbol{o}, \bar{\boldsymbol{\Sigma}}_g), \qquad \bar{\boldsymbol{\Sigma}}_g = (\bar{\sigma}_{ij})_{i,j=1,\ldots,k}. \tag{19}$$

Jeder Vektor $\boldsymbol{g}_T$ werde einer (nicht notwendig linearen) skalaren Transformation $h_T := f(\boldsymbol{g}_T)$ unterworfen, wobei f an der Stelle $\boldsymbol{\gamma}$ stetig differenzierbar sei. Bezeichne

$$\boldsymbol{\nabla}_\gamma := \boldsymbol{\nabla} f(\boldsymbol{\gamma}) := \left(\frac{\partial f(\boldsymbol{\gamma})}{\partial g_{T1}}, \ldots, \frac{\partial f(\boldsymbol{\gamma})}{\partial g_{Tk}}\right)'$$

den Gradienten (Spaltenvektor der partiellen Ableitungen) von f an der Stelle $\boldsymbol{\gamma}$.

Dann gilt für die Zufallsvariable $\sqrt{T}[h_T - f(\boldsymbol{\gamma})]$:

$$\sqrt{T}[h_T - f(\boldsymbol{\gamma})] \to N(0, \boldsymbol{\nabla}_\gamma' \bar{\boldsymbol{\Sigma}}_g \boldsymbol{\nabla}_\gamma)$$

$$\boldsymbol{\nabla}_\gamma' \bar{\boldsymbol{\Sigma}}_g \boldsymbol{\nabla}_\gamma = \sum_{i=1}^{k} \sum_{j=1}^{k} \frac{\partial f(\boldsymbol{\gamma})}{\partial g_{Ti}} \cdot \frac{\partial f(\boldsymbol{\gamma})}{\partial g_{Tj}} \cdot \bar{\sigma}_{ij}. \tag{20}$$

Anmerkungen:

1. Die Sätze 4.1/6 und 4.1/7 können z.B. aus Satz 2.4 und Korollar 2.9 bei *Witting* und *Nölle* [1970, S. 44 bzw. S. 47] abgeleitet werden.

2. Die Aussage von Satz 4.1/8 gilt auch dann noch, wenn die Vektoren $\boldsymbol{b}_T$ stochastisch sind. Die Übereinstimmung von $\bar{V}(\sqrt{T}\, a_T)$ und lim $V(\sqrt{T} a_T)$ muß hingegen bei stochastischen $\boldsymbol{b}_T$ nicht mehr notwendigerweise bestehen.

   Zu Satz 4.1/8 läßt sich auch eine multivariate Verallgemeinerung ableiten. Anstelle von Skalaren a_T erscheinen bei letzterer Vektoren $\boldsymbol{a}_T$, deren Elemente Linearkombinationen des Typs (17) sind.
3. Eine vollständigen Beweis von Satz 4.1/9 findet man z.B. bei *Witting* und *Nölle* [1970, S. 49]. Wir geben hier nur eine Beweisskizze. Man entwickelt die Funktion f in eine Taylorreihe um $\boldsymbol{\gamma}$ und bricht diese nach den linearen Termen ab. Man erhält so, wenn man die Summe der weggelassenen Reihenglieder mit R_T bezeichnet,

   $$f(\boldsymbol{g}_T) = f(\boldsymbol{\gamma}) + \boldsymbol{\nabla}' f(\boldsymbol{\gamma}) (\boldsymbol{g}_T - \boldsymbol{\gamma}) + R_T.$$

   Hieraus folgt mit $f(\boldsymbol{g}_T) = h_T$

   $$\sqrt{T}(h_T - f(\boldsymbol{\gamma})) = \boldsymbol{\nabla}' f(\boldsymbol{\gamma}) \sqrt{T}(\boldsymbol{g}_T - \boldsymbol{\gamma}) + \sqrt{T}\, R_T.$$

   Man kann zeigen, daß der Restterm $\sqrt{T} R_T$ stochastisch gegen 0 konvergiert, so daß man sich beim Grenzübergang $T \to \infty$ auf den ersten Term der rechten Seite beschränken kann. Dieser aber stellt eine lineare Transformation der Variablenvektoren $\sqrt{T}(\boldsymbol{g}_T - \boldsymbol{\gamma})$ dar, die nach Voraussetzung asymptotisch normalverteilt sind. Eine Anwendung von Satz 4.1/6 mit $\boldsymbol{B}_T \equiv \boldsymbol{B} = \nabla' f(\boldsymbol{\gamma})$ und $\boldsymbol{d}_T \equiv \boldsymbol{d} = \boldsymbol{o}$ ergibt dann unmittelbar (20a).

A 4.1/4

Seien $\{g_{1\,T}\}$ und $\{g_{2\,T}\}$ zwei stochastische Folgen mit

$$(g_{1\,T}, g_{2\,T})' \to N(\boldsymbol{o}, \bar{\boldsymbol{\Sigma}}_g), \qquad \bar{\boldsymbol{\Sigma}}_g = (\bar{\sigma}_{ij})_{i,j=1,2}.$$

Seien $\{b_{1\,T}\}$ und $\{b_{2\,T}\}$ zwei weitere stochastische Folgen mit $p\text{lim}\; b_{iT} = b_i$; $i = 1, 2$. Bestimmen Sie mittels Satz 4.1/6 die Grenzverteilung der Linearkombination

$$h_T := b_{1\,T}\, g_{1\,T} + b_{2\,T}\, g_{2\,T}.$$

A 4.1/5

a. Beweisen Sie unter Verwendung von L 4.1/3a, daß mit den Voraussetzungen und Bezeichnungen von Satz 4.1/8 gilt:

$$V\left(\sqrt{T} a_T\right) = \sum_{i=1}^{m} \sum_{j=1}^{m} b_{iT}\, b_{jT}\, \overline{a_i' a_j'}\, \sigma_{e_i e_j}.$$

b. Berechnen Sie die asymptotische Varianz (18b) für den Fall $m = 2$.

4.2 Der asymptotische Schätzfehler

In diesem Abschnitt 4.2 leiten wir für die wichtigsten Schätzverfahren aus Kap. 3 die asymptotische Verteilung des Schätzfehlervektors $\hat{\boldsymbol{\beta}} - \boldsymbol{\beta}$ bzw. — beim einfachen FV-Modell — des skalaren Schätzfehlers $\hat{\beta} - \beta$ her. Wir legen dabei, soweit nichts anderes vermerkt ist, das FV-Modell *i.e.S.* zugrunde und nehmen o.B.d.A. wieder an, daß $\varepsilon \equiv 0$ ist. Wir beginnen jeweils mit dem *einfachen* FV-Modell und übertragen die Ergebnisse dann auf den multiplen Fall, wobei letzterer stets sehr knapp behandelt wird.

Wir treffen im folgenden die Annahmen (FV), (A) und (N_v) aus 1.2.2c resp. 1.2.2d, die hier noch einmal für das einfache FV-Modell aufgelistet seien:

(FV) Die latenten exogenen Variablen ξ_T sind nichtstochastisch; $t = 1, \ldots, T$.
(A) Die Grenzmomente $M_\xi = \lim \bar{\xi}$ und $S_{\xi\xi} = \lim s_\xi^2$ existieren m.W.1, und m.W.1 ist $S_{\xi\xi} > 0$.
(N_v) Die Fehlervariable v ist normalverteilt.

Wir gehen also von der *Funktionalvariante* aus. Die nachstehenden Ableitungen bleiben allerdings auch dann gültig, wenn die ξ_t beliebig verteilte Zufallsvariablen sind. Man beweist diese Verallgemeinerung mit Argumenten, wie sie im Beweis von Satz 3.1/6 angeführt wurden (vgl. auch Anmerkung 2 zu 4.1.2a sowie Anmerkung 3 zu 4.2.1a).

Die wichtigsten Ergebnisse, die in 4.2 für das einfache FV-Modell abgeleitet werden, sind in Tab. 4.2/1 zusammengefaßt.

4.2.1 Die KQ-Schätzung

a. Asymptotische Verteilung des Schätzfehlers im einfachen FV-Modell

Wir beginnen mit der Untersuchung der asymptotischen Verteilung des KQ-Schätzfehlers im einfachen FV-Modell [vgl. hierzu auch *Schneeweiß*, 1980a und *Rothenberg*, 1972]. Zunächst ist nach (3.2/6)

$$\text{plim}\, \hat{\beta}_{KQ} = \beta(1 - e),$$

wobei die asymptotische Fehlervarianz e nach (3.2/5) und (3.1/17a) gegeben ist durch

$$e = \frac{\sigma_v^2}{S_{xx}} = \frac{\sigma_v^2}{S_{\xi\xi} + \sigma_v^2}.$$

Für große T gilt demnach

$$\hat{\beta}_{KQ} \approx \beta(1 - e) = \frac{\beta S_{\xi\xi}}{S_{\xi\xi} + \sigma_v^2} \approx \frac{\beta s_\xi^2}{s_\xi^2 + \sigma_v^2}.$$

Wir wollen zunächst die asymptotische Verteilung der Zufallsvariablen $\sqrt{T}[\hat{\beta}_{KQ} - \beta s_\xi^2/(s_\xi^2 + \sigma_v^2)]$ bestimmen und daraus anschließend Aussagen über die Verteilung des KQ-Schätzfehlers $\hat{\beta}_{KQ} - \beta$ bei großem Beobachtungsumfang T ableiten. Dazu formen wir den Term $\hat{\beta}_{KQ} - \beta s_\xi^2/(s_\xi^2 + \sigma_v^2)$ unter Rückgriff auf die Definitionsgleichung für $\hat{\beta}_{KQ}$ erst einmal um:

$$\hat{\beta}_{KQ} - \frac{\beta s_\xi^2}{s_\xi^2 + \sigma_v^2} = \frac{s_{xy}(s_\xi^2 + \sigma_v^2) - \beta s_\xi^2 s_x^2}{s_x^2(s_\xi^2 + \sigma_v^2)} =: \frac{Z}{N}. \tag{1}$$

Unter Verwendung von (3.1/15a, 16a) erhält man für den Zählerterm Z nach elementaren Umformungen

$$Z = \beta s_\xi^2 (\sigma_v^2 - s_v^2) + \beta(\sigma_v^2 - s_\xi^2) s_{\xi v} + (\sigma_v^2 + s_\xi^2)(s_{\xi w} + s_{vw}).$$

Äquivalent ist die Formulierung

$$Z = \beta \overline{\xi^{*2}} (\sigma_v^2 - \overline{v^{*2}}) + \beta(\sigma_v^2 - \overline{\xi^{*2}}) \overline{\xi^* v^*} + (\sigma_v^2 + \overline{\xi^{*2}})(\overline{\xi^* w^*} + \overline{v^* w^*}) \tag{2}$$

mit den transformierten Variablen $\xi_t^* := \xi_t - \bar{\xi}$, $v_t^* := v_t - \bar{v}$ und $w_t^* := w_t - \bar{w}$. Wenn man in (2) überall v^* und w^* durch v resp. w ersetzt, resultiert ein neuer Term

$$Z' := \beta \overline{\xi^{*2}} (\sigma_v^2 - \overline{v^2}) + \beta(\sigma_v^2 - \overline{\xi^{*2}}) \overline{\xi^* v} + (\sigma_v^2 + \overline{\xi^{*2}})(\overline{\xi^* w} + \overline{vw}). \tag{3}$$

Man kann mittels Satz 4.1/7 zeigen, daß die Variablen $\sqrt{T}Z$ und $\sqrt{T}Z'$ diesselbe Grenzverteilung besitzen (s. A 4.2/1). Die asymptotische Verteilung von $\sqrt{T}Z'$ läßt sich aber nach Satz 4.1/8 bestimmen. Um deutlich zu machen, daß die Voraussetzungen dieses Satzes erfüllt sind, setzen wir dort $m = 4$ und legen die Folgen $\{a'_{ti}\}$ und $\{e_{ti}\}$, $i = 1, \ldots, 4$, in der nachstehenden Weise fest:

$$\begin{aligned} &a'_{t1} = a'_{t4} \equiv 1; \quad a'_{t2} = a'_{t3} = \xi_t^* \\ &e_{t1} = \sigma_v^2 - v_t^2; \quad e_{t2} = v_t; \quad e_{t3} = w_t; \quad e_{t4} = v_t w_t. \end{aligned} \tag{4}$$

Aus den Modellannahmen (F1, 2) und (F5) kann man ableiten, daß die durch (4b) definierten Vektoren $\boldsymbol{e}_t = (e_{t1}, \ldots, e_{t4})'$ unabhängig identisch verteilt sind und der Bedingung $E(\boldsymbol{e}_t) = \boldsymbol{o}$ genügen. Wenn wir jetzt noch

$$\begin{aligned} &b_{1T} = \beta \overline{\xi^{*2}}; \qquad b_{2T} = \beta(\sigma_v^2 - \overline{\xi^{*2}}) \\ &b_{3T} = b_{4T} = \sigma_v^2 + \overline{\xi^{*2}} \end{aligned} \tag{5}$$

setzen, dann stimmt die Summe (4.1/17) in Satz 4.1/8 gerade mit dem Term (3) überein:

$$Z' = \sum_{i=1}^{4} b_{iT} \overline{a'_i e_i}.$$

Die skalare Zufallsvariable $\sqrt{T}Z'$ besitzt daher die durch (4.1/18) festgelegte Grenzverteilung, wobei dort $m = 4$ zu setzen ist. Das gleiche gilt dann auch für die grenzverteilungsäquivalente Variable $\sqrt{T}Z$. Berücksichtigt man noch (vgl. A 4.2/2), daß wegen Annahme (N_v)

$$\sigma_{e_i e_j} = E(e_{ti} e_{tj}) = 0 \qquad i, j = 1, \ldots, 4 \quad (i \neq j)$$

gilt, so vereinfacht sich die Doppelsumme in (4.1/18b) zu einer einfachen Summe.

Man hat insgesamt die Aussage

$$\sqrt{T}\,Z \rightarrow N(0, \boldsymbol{b}'\,\bar{\boldsymbol{\Sigma}}\,\boldsymbol{b}) \tag{6}$$

$$\boldsymbol{b}'\,\bar{\boldsymbol{\Sigma}}\,\boldsymbol{b} = \sum_{i=1}^{4} b_i^2\, M_{a_i' a_i'}\, E(e_{ti}^2).$$

Aus (4) und (5) ergibt sich

$$b_1 = \beta\, S_{\xi\xi};\quad b_2 = \beta(\sigma_v^2 - S_{\xi\xi});\quad b_3 = b_4 = \sigma_v^2 + S_{\xi\xi} \tag{7}$$

$$M_{a'_1 a'_1} = M_{a'_4 a'_4} = 1;\quad M_{a'_2 a'_2} = M_{a'_3 a'_3} = S_{\xi\xi} \tag{8}$$

$$\begin{aligned} &E(e_{t1}^2) = E(v_t^4) - \sigma_v^4 = 2\,\sigma_v^4 \\ &E(e_{t2}^2) = \sigma_v^2;\quad E(e_{t3}^2) = \sigma_w^2;\quad E(e_{t4}^2) = \sigma_v^2\,\sigma_w^2. \end{aligned} \tag{9}$$

Das Ergebnis (9a) basiert wieder auf der Annahme (N_v). Letztere impliziert, daß $E(v_t^4) = 3\,\sigma_v^4$ [vgl. *Kendall/Stuart*, 1977, S. 62].

Durch Einsetzen von (7) – (9) in (6b) folgt

$$\boldsymbol{b}'\,\bar{\boldsymbol{\Sigma}}\,\boldsymbol{b} = 2\,\beta^2\, S_{\xi\xi}^2\,\sigma_v^4 + \beta^2(\sigma_v^2 - S_{\xi\xi})^2\, S_{\xi\xi}\,\sigma_v^2 + (S_{\xi\xi} + \sigma_v^2)^3\,\sigma_w^2.$$

Aus (6) wird daher schließlich, wenn man in dieser Darstellung für $\boldsymbol{b}'\,\bar{\boldsymbol{\Sigma}}\,\boldsymbol{b}$ noch $S_{xx} = S_{\xi\xi} + \sigma_v^2$ setzt und elementar umformt,

$$\begin{aligned} &\sqrt{T}\,Z \rightarrow N(0, \boldsymbol{b}'\,\bar{\boldsymbol{\Sigma}}\,\boldsymbol{b}) \\ &\boldsymbol{b}'\,\bar{\boldsymbol{\Sigma}}\,\boldsymbol{b} = \beta^2\,\sigma_v^2\, S_{\xi\xi}(\sigma_v^4 + S_{\xi\xi}^2) + S_{xx}^3\,\sigma_w^2. \end{aligned} \tag{10}$$

Für den stochastischen Term N in (1) gilt offenbar

$$\operatorname{plim} N = S_{xx}(S_{\xi\xi} + \sigma_v^2) = S_{xx}^2.$$

Nach Satz 4.1/6 folgt daher für die Zufallsvariable (1)

$$\begin{aligned} &\frac{\sqrt{T}\,Z}{N} \rightarrow N\left(0, \frac{\boldsymbol{b}'\,\bar{\boldsymbol{\Sigma}}\,\boldsymbol{b}}{S_{xx}^4}\right) \\ &\frac{\boldsymbol{b}'\,\bar{\boldsymbol{\Sigma}}\,\boldsymbol{b}}{S_{xx}^4} = \frac{\beta^2\,\sigma_v^2\, S_{\xi\xi}(\sigma_v^4 + S_{\xi\xi}^2)}{S_{xx}^4} + \frac{\sigma_w^2}{S_{xx}}. \end{aligned} \tag{11}$$

Wenn man neben $e = \sigma_v^2/S_{xx}$ auch für die Fehlervariablen w und $u = w - \beta\, v$ asymptotische relative Fehlervarianzen

$$e_w := \sigma_w^2/S_{xx};\qquad e_u := \sigma_u^2/S_{xx} \tag{12}$$

einführt, ergibt sich für die asymptotische Varianz (11b)

$$\frac{b'\,\Sigma\, b}{S_{xx}^4} = \beta^2\, e\,(1-e)\,[e^2 + (1-e)^2] + e_w$$
$$= e_u - \beta^2\, e^2\,(3 - 4\,e + 2\,e^2). \tag{13}$$

Zur Ableitung von (13) wird verwendet, daß $S_{\xi\xi}/S_{xx} = 1 - e$ (vgl. (3.1/19c)) und $e_u = e_w + \beta^2 e$.

Insgesamt haben wir mit (1), (10a) und (13) das folgende Resultat:

▷ **Satz 4.2/1:** *Charakterisierung des asymptotischen Verhaltens der KQ-Schätzung von β*

Gegeben sei das einfache FV-Modell i.e.S. (Funktionalvariante) mit normalverteilter Fehlervariablen v.

In diesem Modell ist die Zufallsvariable $\sqrt{T}[\hat{\beta}_{KQ} - \beta\, s_\xi^2/(s_\xi^2 + \sigma_v^2)]$ asymptotisch normalverteilt mit Erwartungswert 0 und nachstehender Varianz $\bar{V}_{KQ}$:

$$\sqrt{T}\left(\hat{\beta}_{KQ} - \frac{\beta\, s_\xi^2}{s_\xi^2 + \sigma_v^2}\right) \to N(0, \bar{V}_{KQ})$$
$$\bar{V}_{KQ} = e_u - \beta^2\, e^2\,(3 - 4\,e + 2\,e^2). \tag{14}$$

Wenn e hinreichend klein ist ($e < 0{,}5$), erhält man eine für praktische Zwecke voll ausreichende Approximation für $\bar{V}_{KQ}$, wenn man in (14b) die Klammer auflöst und dann alle Terme unterdrückt, die in e von höherer als zweiter Ordnung sind:

$$\bar{V}_{KQ} \approx e_u - 3\,\beta^2\, e^2. \tag{15}$$

Im Grenzfall fehlerfreier exogener Variablen, d.h. für $v = 0$, ist $e = 0$. Aus (14b) wird dann

$$\bar{V}_{KQ} = \bar{V}\left[\sqrt{T}(\hat{\beta}_{KQ} - \beta)\right] = e_u. \tag{16}$$

Gleichung (16) entspricht erwartungsgemäß der Formel für die asymptotische Varianz des Schätzfehlers $\hat{\beta}_{KQ} - \beta$ im klassischen Regressionsmodell, in welchem keine meßfehlerbehafteten Variablen auftreten. In diesem Modell ist $V(\hat{\beta}_{KQ} - \beta) = \sigma_u^2/(T\, s_x^2)$ und $\bar{V}[\sqrt{T}(\hat{\beta}_{KQ} - \beta)] = e_u$ [vgl. *Schneeweiß*, 1978, S. 62].

Anmerkungen:

1. Ohne den Faktor $\sqrt{T}$ würde die Zufallsvariable $\sqrt{T}[\hat{\beta}_{KQ} - \beta\, s_\xi^2/(s_\xi^2 + \sigma_v^2)]$ aus Satz 4.2/1 für $T \to \infty$ stochastisch gegen Null konvergieren, also gegen eine ausgeartete Verteilung. Auch muß die Schätzvariable $\hat{\beta}_{KQ}$ zentriert werden: $\sqrt{T}\hat{\beta}_{KQ}$ würde wegen $p\lim \hat{\beta}_{KQ} = \beta(1-e)$ für $T \to \infty$ nicht konvergieren, d.h. keine Grenzverteilung besitzen. Der Parameter β kommt jedoch als Zentrum nicht in Frage, denn auch $\sqrt{T}(\hat{\beta}_{KQ} - \beta)$ besitzt keine Grenzverteilung, wie man aus (3.2/7) ersieht. Naheliegend wäre es, $\beta(1-e)$ als Zentrum zu wählen, d.h. das asymptotische Verhalten von $\sqrt{T}(\hat{\beta}_{KQ} - p\lim \hat{\beta}_{KQ})$ zu untersuchen. Man kann aber beweisen, daß auch dieser Term i.a. keine Grenzverteilung besitzt.

2. Für das einfache FV-Modell *i.w.S.* (Funktionalvariante) mit gemeinsam normalverteilten Fehlervariablen v und w gilt nach *Rothenberg* [1972] in Verallgemeinerung von Satz 4.2/1

$$\sqrt{T}\left(\hat{\beta}_{KQ} - \frac{\beta s_\xi^2 + \sigma_{vw}}{s_\xi^2 + \sigma_v^2}\right) \rightarrow N(0, \bar{V}_{KQ})$$

$$\bar{V}_{KQ} = e_u - (e_{vw} - \beta e)^2 (3 - 4e + 2e^2)$$

mit $e_{vw} := \sigma_{vw}/S_{xx}$. Man erkennt sofort, daß dieses Ergebnis im Falle $\sigma_{vw} = 0$ (FV-Modell *i.e.S.*) in (14) übergeht.

3. Satz 4.2/1 wurde nur für die Funktionalvariante abgeleitet. Im Falle der Strukturvariante mit normalverteilten Modellvariablen bleibt er zwar gültig; seine Aussage ist aber nicht mehr sehr sinnvoll. Dies liegt daran, daß $\hat{\beta}_{KQ}$ in Satz 4.2/1 um die Größe $\beta s_\xi^2/(s_\xi^2 + \sigma_v^2)$ zentriert ist, welche bei der Strukturvariante stochastischen Charakter hat. Man zentriert daher hier zweckmäßiger um $plim\, \hat{\beta}_{KQ} = \beta S_{\xi\xi}/(S_{\xi\xi} + \sigma_v^2)$, d.h. um $\beta(1 - e)$, und erhält mit ähnlichen Rechnungen wie bei der Funktionalvariante [vgl. *Schneeweiß*, 1980a und *Rothenberg*, 1972]

$$\sqrt{T}[\hat{\beta}_{KQ} - \beta(1 - e)] \rightarrow N(0, e_u - \beta^2 e^2).$$

A 4.2/1

Beweisen Sie unter Rückgriff auf Satz 4.1/7, daß die durch (2) und (3) erklärten Zufallsvariablen $\sqrt{T} Z$ und $\sqrt{T} Z'$ dieselbe Grenzverteilung besitzen.

A 4.2/2

Zeigen Sie, daß für die Variablen (4b) $E(e_{ti}\, e_{tj}) = 0$ ist für $i \neq j$ $(i, j = 1, \ldots, 4)$. Verwenden Sie dabei, daß das dritte zentrale Moment einer normalverteilten Zufallsvariablen Null ist.

A 4.2/3

Berechnen Sie $\bar{V}_{KQ}$ nach (14b) und dann approximativ nach (15) sowie (16) für $S_{xx} = 100$, $\sigma_w^2 = 10$, $\beta = 0{,}5$ und für $\sigma_v^2 = 0$, $\sigma_v^2 = 5$, $\sigma_v^2 = 10$ resp. $\sigma_v^2 = 20$.

Stellen Sie durch Vergleich fest, wie gut $\bar{V}_{KQ}$ durch (15) bzw. (16) approximiert wird (Tabelle !). Verwenden Sie als Vergleichsmaß die prozentuale Abweichung der Approximation vom genauen Wert (14b).

b. Approximative Varianz und approximativer MQF

Die praktische Bedeutung der Formel (14b) liegt darin, daß sie es ermöglicht, Aussagen über die Varianz des Schätzers $\hat{\beta}_{KQ} = s_{xy}/s_x^2$ oder des Schätzfehlers $\hat{\beta}_{KQ} - \beta$ bei großem Stichprobenumfang T zu formulieren. Allerdings können aus (14b) für endliche T nur Näherungsaussagen abgeleitet werden, wobei offen bleiben muß, wie gut die Näherungen für die verschiedenen T-Werte sind. Wir können nur sagen, die Approximationen sind tendenziell umso besser, je größer T ist.

Aus (14a) folgern wir, daß $\hat{\beta}_{KQ}$ für große T näherungsweise normalverteilt ist, wobei der **Erwartungswert** $\tilde{E}(\hat{\beta}_{KQ})$ **und** die **Varianz** $\tilde{V}(\hat{\beta}_{KQ})$ **der approximierenden Normalverteilung** gegeben sind durch

$$\tilde{E}(\hat{\beta}_{KQ}) = \frac{\beta s_\xi^2}{s_\xi^2 + \sigma_v^2} = \beta\left(1 - \frac{\sigma_v^2}{s_\xi^2 + \sigma_v^2}\right)$$

$$\tilde{V}(\hat{\beta}_{KQ}) = \frac{1}{T}\bar{V}_{KQ}. \tag{17}$$

Entsprechend ist auch der Schätzfehler $\hat{\beta}_{KQ} - \beta$ näherungsweise normalverteilt. Erwartungswert und Varianz der approximierenden Normalverteilung sind gegeben durch

$$\tilde{E}(\hat{\beta}_{KQ} - \beta) = \tilde{E}(\hat{\beta}_{KQ}) - \beta = -\frac{\beta \sigma_v^2}{s_\xi^2 + \sigma_v^2}$$

$$\tilde{V}(\hat{\beta}_{KQ} - \beta) = \tilde{V}(\hat{\beta}_{KQ}) = \frac{1}{T}\bar{V}_{KQ}. \tag{18}$$

Die Momente (17) der approximierenden Normalverteilung sind strikt zu unterscheiden von den Momenten $E(\hat{\beta}_{KQ})$ und $V(\hat{\beta}_{KQ})$ der exakten Verteilung von $\hat{\beta}_{KQ}$ (Verteilung von $\hat{\beta}_{KQ}$ für festes, endliches T). Ob die exakte Verteilung eines Schätzers überhaupt Momente besitzt, ist eine durchaus nicht triviale Frage (vgl. 4.3.2b), die im Falle des gewöhnlichen KQ-Schätzers $\hat{\beta}_{KQ} = s_{xy}/s_x^2$ allerdings positiv zu beantworten ist, wie in 4.3.2b noch gezeigt wird.

Die Momente (17) können also nicht ohne weiteres als Approximationen an den exakten Erwartungswert bzw. an die exakte Varianz von $\hat{\beta}_{KQ}$ aufgefaßt werden; sie sind lediglich Erwartungswert und Varianz der Normalverteilung, die die Verteilung von $\hat{\beta}_{KQ}$ bei großem T approximiert. Wenn wir dennoch $\tilde{E}(\hat{\beta}_{KQ})$ und $\tilde{V}(\hat{\beta}_{KQ})$ auch als **approximativen Erwartungswert** bzw. **approximative Varianz** von $\hat{\beta}_{KQ}$ bezeichnen, so geschieht das nur einer bequemeren Sprechweise wegen.

Zur Beurteilung des Schätzfehlers von $\hat{\beta}_{KQ}$ bei großem T sind zwei Fehlerarten auseinanderzuhalten:

- ▷ die systematische Verzerrung (Bias) $E(\hat{\beta}_{KQ}) - \beta$ von $\hat{\beta}_{KQ}$
- ▷ die Varianz $V(\hat{\beta}_{KQ})$ von $\hat{\beta}_{KQ}$.

Zusammengefaßt werden diese beiden Fehlerarten im **mittleren quadratischen Fehler (MQF)** von $\hat{\beta}_{KQ}$:

$$MQF(\hat{\beta}_{KQ}) := E[(\hat{\beta}_{KQ} - \beta)^2] = [E(\hat{\beta}_{KQ} - \beta)]^2 + V(\hat{\beta}_{KQ}). \tag{19}$$

Da uns weder der exakte Erwartungswert des Schätzfehlers $\hat{\beta}_{KQ} - \beta$ noch die exakte Varianz von $\hat{\beta}_{KQ}$ an dieser Stelle zur Verfügung stehen (vgl. aber 4.3.2), ziehen wir zur Beurteilung des Schätzfehlers hier ersatzweise einen **approximativen MQF** heran, den wir wie folgt definieren:

$$M\tilde{Q}F(\hat{\beta}_{KQ}) := [\tilde{E}(\hat{\beta}_{KQ} - \beta)]^2 + \tilde{V}(\hat{\beta}_{KQ}). \tag{20}$$

Man erhält durch Einsetzen von (18a) sowie (17b) und (14b)

$$M\tilde{Q}F(\hat{\beta}_{KQ}) = \left(\frac{\beta\,\sigma_v^2}{s_\xi^2 + \sigma_v^2}\right)^2 + \frac{1}{T}\,[e_u - \beta^2 e^2 (3 - 4\,e + 2\,e^2)].$$

Für den Verzerrungsteil (18a) dieses approximativen MQF gilt wegen $S_{xx} = S_{\xi\xi} + \sigma_v^2$ und $e = \sigma_v^2 / S_{xx}$

$$\lim\,[\tilde{E}(\hat{\beta}_{KQ} - \beta)]^2 = \beta^2 e^2,$$

so daß man für hinreichend groß gewähltes T die Näherung

$$[\tilde{E}(\beta_{KQ} - \beta)]^2 \approx \beta^2 e^2$$

hat. Wenn man auch den Varianzteil $\tilde{V}(\hat{\beta}_{KQ}) = (1/T)\,\bar{V}_{KQ}$ gemäß (15) approximiert, gewinnt man eine Näherung, die bei kleinem e ($e < 0{,}5$) und hinreichend großem T brauchbar ist:

$$M\tilde{Q}F(\hat{\beta}_{KQ}) \approx \beta^2 e^2 + \frac{1}{T}\,(e_u - 3\,\beta^2 e^2). \tag{21}$$

Aus der Darstellung (21) erkennt man:

- ▷ Der Varianzteil (15) kann für sehr große T vernachlässigt werden; es überwiegt in diesem Fall der Verzerrungsteil $\beta^2 e^2$.
- ▷ Für weniger große T (aber immer noch so große T, daß die Approximation durch die Normalverteilung sinnvoll ist) überwiegt der Varianzteil. Die Größe des Varianzteils wiederum wird in erster Linie von der Größe des Terms e_u / T bestimmt.

Diese Sachverhalte werden durch Abb. 4.2/1 veranschaulicht:

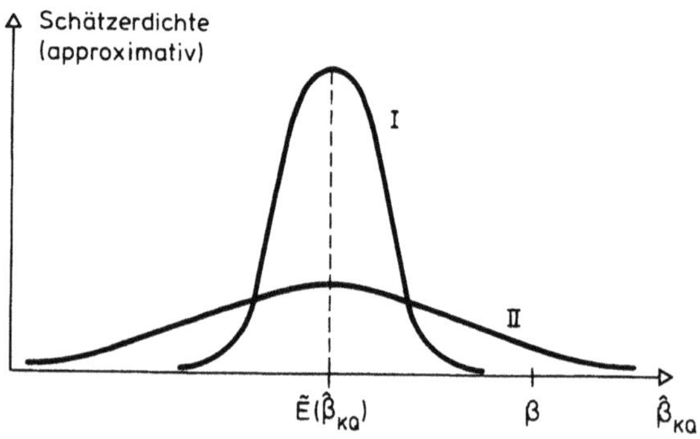

Abb. 4.2/1: Approximative Dichte von $\hat{\beta}_{KQ}$ für sehr große T (I) und für mittelgroße T (II)

A 4.2/4

a. Berechnen Sie den approximativen MQF von $\hat{\beta}_{KQ}$ gemäß (21) mit den Werten $e_w = 0{,}1$; $e = 0{,}1$; $\beta = 0{,}5$; $T = 10$ unter der Annahme, daß die Approximation an die Normalverteilung für dieses T schon hinreichend gut ist.

Führen Sie diesselbe Rechnung dann auch für $T = 100$ und $T = 1000$ aus. Stellen Sie alle Ergebnisse in einer Tabelle zusammen, wobei Varianz- und Verzerrungsteil des approximativen MQF jeweils getrennt auszuweisen sind.

b. Für welchen Wert von T sind Varianz- und Verzerrungsteil gleich groß?

c. Multiples FV-Modell

Rothenberg [1972] hat die Aussage von Satz 4.2/1 auf den multiplen Fall übertragen [vgl. auch *Davies/Hutton*, 1975]. Er beweist u.a. für die Funktionalvariante des multiplen FV-Modells *i.e.S.* (vgl. Tab. 1.2/1) mit gemeinsam normalverteilten Fehlervariablen $v_1, \ldots, v_K$ und $\boldsymbol{A} := \boldsymbol{M}_{xx}^{-1}(\boldsymbol{M}_{xx} - \boldsymbol{\Sigma})\,\boldsymbol{M}_{xx}^{-1}$:

$$\sqrt{T}\,[\hat{\boldsymbol{\beta}}_{KQ} - (\boldsymbol{\Xi}'\boldsymbol{\Xi} + T\boldsymbol{\Sigma})^{-1}\boldsymbol{\Xi}'\boldsymbol{\Xi}\boldsymbol{\beta}] \rightarrow N(\boldsymbol{o}, \bar{\boldsymbol{V}}_{KQ}) \tag{22}$$

$$\bar{\boldsymbol{V}}_{KQ} = (\sigma_u^2 - \boldsymbol{\beta}'\boldsymbol{\Sigma}\boldsymbol{M}_{xx}^{-1}\boldsymbol{\Sigma}\boldsymbol{\beta})\,\boldsymbol{M}_{xx}^{-1} - \boldsymbol{A}\boldsymbol{\Sigma}\boldsymbol{\beta}\boldsymbol{\beta}'\boldsymbol{\Sigma}\boldsymbol{A} - (\boldsymbol{\beta}'\boldsymbol{\Sigma}\boldsymbol{A}\boldsymbol{\Sigma}\boldsymbol{\beta})\,\boldsymbol{A}.$$

Das von Rothenberg ebenfalls abgeleitete entsprechende Ergebnis für das multiple FV-Modell *i.w.S.* ist natürlich noch komplexer (vgl. auch Anmerkung 2 zu 4.2.1a).

Kapteyn und *Wansbeek* [1979] geben für das multiple FV-Modell *i.e.S.* (Funktionalvariante) auch die gemeinsame asymptotische Verteilung der KQ-Schätzungen von β und σ_u^2 an. Wir wollen darauf aber nicht weiter eingehen.

4.2.2 Die V-Schätzung

a. Asymptotische Verteilung des Schätzfehlers im einfachen FV-Modell

Bei allen konsistenten Schätzern entfällt die Berücksichtigung einer asymptotischen Verzerrung. Wir können direkt die asymptotische Verteilung des Schätzers bzw. des Schätzfehlers bestimmen. Allerdings ist auch hier wieder mit $\sqrt{T}$ zu multiplizieren, damit überhaupt eine nichtausgeartete Grenzverteilung resultiert.

Der Regressionskoeffizient β des einfachen FV-Modells wurde bei bekannter Fehlervarianz σ_v^2 durch den V-Schätzer $\hat{\beta}_V = s_{xy}/(s_x^2 - \sigma_v^2)$ konsistent geschätzt (s. (3.3/4)). Ziel der folgenden Rechnungen ist die Bestimmung der Grenzverteilung von $\sqrt{T}(\hat{\beta}_V - \beta)$.

Für den Schätzfehler $\hat{\beta}_V - \beta$ erhält man zunächst

$$\hat{\beta}_V - \beta = \frac{s_{xy} - \beta(s_x^2 - \sigma_v^2)}{s_x^2 - \sigma_v^2} =: \frac{Z}{N}. \tag{23}$$

Unter Verwendung von (3.2/15a, 16a) folgt für den Zählerterm Z nach elementaren Umformungen

$$Z = \beta(\sigma_v^2 - s_v^2) - \beta s_{\xi v} + s_{\xi w} + s_{vw}$$

oder, mit $\xi_t^* = \xi_t - \bar{\xi}$, $v_t^* = v_t - \bar{v}$ und $w_t^* = w_t - \bar{w}$, die äquivalente Darstellung

$$Z = \beta(\sigma_v^2 - \overline{v^{*2}}) - \beta \overline{\xi^* v^*} + \overline{\xi^* w^*} + \overline{v^* w^*}.$$

Auch hier ersetzen wir, wie schon zuvor in (2), überall v^* und w^* durch v und w und erhalten einen neuen Term Z':

$$Z' := \beta(\sigma_v^2 - \overline{v^2}) - \beta \overline{\xi^* v} + \overline{\xi^* w} + \overline{v w}. \tag{24}$$

Wegen

$$p\lim \sqrt{T}(Z - Z') = 0 \tag{25}$$

stimmen die Grenzverteilungen von $\sqrt{T}Z$ und $\sqrt{T}Z'$ überein (vgl. L 4.2/1). Letztere läßt sich aber wieder nach Satz 4.1/8 bestimmen. Wir setzen dort $m = 4$ und definieren die Folgen $\{a'_{ti}\}$ und $\{e_{ti}\}$ erneut durch (4) und die Elemente des Vektors $\boldsymbol{b}_T = (b_{1T}, \ldots, b_{4T})'$ durch

$$b_{1T} = \beta, \qquad b_{2T} = -\beta, \qquad b_{3T} = b_{4T} \equiv 1. \tag{26}$$

Mit diesen Setzungen stimmt die Summe (4.1/17) aus Satz 4.1/8 mit dem Term (24) überein. Die skalare Zufallsvariable $\sqrt{T}Z'$ und mithin auch $\sqrt{T}Z$ besitzen daher nach Satz 4.1/8 die asymptotische Verteilung (6), wobei die in (6b) auftretenden Größen $M_{a'_i a'_i}$ und $E(e_{ti}^2)$; $i = 1, \ldots, 4$; wieder durch (8, 9) gegeben sind. Da die Elemente (26) des Vektors $\boldsymbol{b}_T$ hier offenbar von T gar nicht abhängen, gilt für die Grenzwerte $b_i = \lim b_{iT}$; $i = 1, \ldots, 4$:

$$b_1 = \beta, \qquad b_2 = -\beta, \qquad b_3 = b_4 = 1. \tag{27}$$

Setzt man nun (8, 9) und (27) in (6) ein, so ergibt sich analog zu (10)

$$\begin{aligned} &\sqrt{T}Z \to N(0, \boldsymbol{b}' \bar{\boldsymbol{\Sigma}} \boldsymbol{b}) \\ &\boldsymbol{b}' \bar{\boldsymbol{\Sigma}} \boldsymbol{b} = (S_{\xi\xi} + \sigma_v^2)(\sigma_w^2 + \beta^2 \sigma_v^2) + \beta^2 \sigma_v^4. \end{aligned} \tag{28}$$

Für den Term N aus (23) gilt

$$p\lim N = S_{xx} - \sigma_v^2 = S_{\xi\xi}.$$

Nach Satz 4.1/6 folgt daher für den Quotienten (23) bei Beachtung von $\sigma_u^2 = \sigma_w^2 + \beta^2 \sigma_v^2$:

$$\begin{aligned} &\sqrt{T}\frac{Z}{N} \to N\left(0, \frac{\boldsymbol{b}' \bar{\boldsymbol{\Sigma}} \boldsymbol{b}}{S_{\xi\xi}^2}\right) \\ &\frac{\boldsymbol{b}' \bar{\boldsymbol{\Sigma}} \boldsymbol{b}}{S_{\xi\xi}^2} = \frac{S_{xx}\sigma_u^2 + \beta^2 \sigma_v^4}{S_{\xi\xi}^2}. \end{aligned} \tag{29}$$

Verwendet man wieder abkürzend die asymptotischen relativen Fehlervarianzen $e_w = \sigma_w^2 / S_{xx}$ und $e_u = \sigma_u^2 / S_{xx}$, so kann man anstelle von (29b) schreiben (s. A 4.2/5)

$$\frac{b' \bar{\Sigma} b}{S_{\xi\xi}^2} = \frac{e_w + \beta^2 e(1+e)}{(1-e)^2} = \frac{e_u + \beta^2 e^2}{(1-e)^2}. \qquad (30)$$

Mit (23), (29a) und (30) haben wir das nachstehende Ergebnis gewonnen:

▷ **Satz 4.2/2:** *Asymptotische Verteilung des Fehlers der V-Schätzung von β*

Gegeben sei das einfache FV-Modell i.e.S. mit normalverteilter Fehlervariablen v.

In diesem Modell ist die Zufallsvariable $\sqrt{T}(\hat{\beta}_V - \beta)$ asymptotisch normalverteilt mit Erwartungswert 0 und der nachstehenden Varianz $\bar{V}_V$:

$$\begin{aligned} &\sqrt{T}(\hat{\beta}_V - \beta) \rightarrow N(0, \bar{V}_V) \\ &\bar{V}_V = \frac{e_u + \beta^2 e^2}{(1-e)^2}. \end{aligned} \qquad (31)$$

Wir stützten uns bei der Ableitung dieses Satzes auf die Annahme (FV). Wie zu Beginn des Abschnitts 4.2 angedeutet, gilt das Ergebnis (31) aber unabhängig von (FV).

Die Aussage von Satz 4.2/2 bleibt auch ohne Annahme (N_v) richtig; es ändert sich dann nur die asymptotische Varianz (31b).

Es sei bemerkt, daß sich die asymptotische Varianz (31b) mit $\hat{e} := \sigma_v^2 / s_x^2$ auch aus den Daten konsistent schätzen läßt durch (vgl. (3.3/4) und (3.3/7))

$$\begin{aligned} &\hat{\bar{V}}_V = \frac{\hat{e}_u + \hat{\beta}_V^2 \hat{e}^2}{(1-\hat{e})^2} \\ &\hat{e}_u = \frac{\hat{\sigma}_{w,V}^2 + \hat{\beta}_V \sigma_v^2}{s_x^2}. \end{aligned} \qquad (32)$$

Eine brauchbare Approximation von $\bar{V}_V$ ergibt sich, wenn man den Term $(1-e)^{-2}$ in (31b) in eine Potenzreihe

$$\frac{(e_u + \beta^2 e^2)}{(1-e)^2} = e_u(1 + 2e + 3e^2 + \ldots) + \beta^2 e^2 (1 + 2e + 3e^2 + \ldots)$$

entwickelt und dann alle Potenzen in e wegläßt, die von höherer als zweiter Ordnung sind:

$$\bar{V}_V \approx e_u(1 + 2e) + \beta^2 e^2. \qquad (33)$$

Dabei wird auch der Term $3\, e_u e^2$ unterdrückt, weil er größenordnungsmäßig der dritten Potenz von e entspricht.

Im Grenzfall fehlerfreier exogener Variablen ist $e = 0$, so daß sich (31b) dann vereinfacht zu

$$\bar{V}_V = e_u. \tag{34}$$

Das entspricht genau dem Wert für die asymptotische Varianz von $\sqrt{T}(\hat{\beta}_{KQ} - \beta)$ im klassischen Regressionsmodell (vgl. den Kommentar im Anschluß an (16)).

Bei sehr kleinem e (etwa $e < 0{,}1$) kann man anstelle von (33) auch einfach (34) als Approximation für (31b) verwenden. Diese Näherung ist aber (33) unterlegen (vgl. A 4.2/6).

A 4.2/5

Beweisen Sie (30).

A 4.2/6

Berechnen Sie $\bar{V}_V$ exakt nach (31b) und approximativ nach (33) und (34). Verwenden Sie dabei die Daten aus A 4.2/3.

Stellen Sie durch Vergleich fest, wie genau $\bar{V}_V$ durch (33) bzw. (34) bei den verschiedenen Werten von σ_v^2 approximiert wird (Tabelle!). Verwenden Sie als Vergleichsmaß die prozentuale Abweichung der Approximationen vom exakten Wert (31b).

b. Approximative Varianz, approximativer MQF und Vergleich mit der KQ-Schätzung

Aus (31) folgt, daß $\hat{\beta}_V$ für große T näherungsweise normalverteilt ist, wobei Erwartungswert $\tilde{E}(\hat{\beta}_V)$ und Varianz $\tilde{V}(\hat{\beta}_V)$ der approximierenden Normalverteilung — kurz **approximativer Erwartungswert und approximative Varianz** — gegeben sind durch

$$\tilde{E}(\hat{\beta}_V) = \beta, \qquad \tilde{V}(\hat{\beta}_V) = \frac{1}{T}\bar{V}_V. \tag{35}$$

Die Schätzvariable $\hat{\beta}_V$ ist demnach für große T approximativ $N(\beta, (1/T)\,\bar{V}_V)$-verteilt. Entsprechend ist dann der Schätzfehler $\hat{\beta}_V - \beta$ für große T näherungsweise $N(0, (1/T)\,\bar{V}_V)$-verteilt. Über die Güte der Approximation kann man sich z.B. durch Monte-Carlo-Experimente ein Bild machen [vgl. *Ketellapper*, 1982a].

Der analog zu (20) definierte **approximative mittlere quadratische Fehler** $M\tilde{Q}F(\hat{\beta}_V)$ ist mit $\tilde{V}(\hat{\beta}_V)$ identisch, weil der Verzerrungsteil von $M\tilde{Q}F(\hat{\beta}_V)$ aufgrund der Konsistenz von $\hat{\beta}_V$ hier Null ist. Bei Verwendung von (33) hat man

$$M\tilde{Q}F(\hat{\beta}_V) = \tilde{V}(\hat{\beta}_V) \approx \frac{1}{T}[e_u(1 + 2e) + \beta^2 e^2]. \tag{36}$$

Wir wollen jetzt noch das asymptotische Verhalten des KQ-Schätzers $\hat{\beta}_{KQ}$ und des

V-Schätzers $\hat{\beta}_V$ vergleichen. Die asymptotischen Varianzen $\bar{V}_V$ resp. $\bar{V}_{KQ}$ nehmen im Falle fehlerfreier exogener Variablen, d.h. für $e = 0$, übereinstimmend den Wert e_u an. Für $0 < e < 1$ gilt aber unter der trivialen Voraussetzung $\beta \neq 0$ die Ungleichung

$$\bar{V}_V > \bar{V}_{KQ}. \tag{37}$$

Der Unterschied zwischen beiden Varianzen ergibt sich approximativ aus (33) und (15):

$$\bar{V}_V - \bar{V}_{KQ} \approx 2\,e\,(e_u + 2\,\beta^2\,e). \tag{38}$$

Würde man beim Vergleich der V-Schätzung und der KQ-Schätzung von β nur auf die asymptotische Varianz achten, so müßte man letztere wegen (37) vorziehen. Da aber $\hat{\beta}_{KQ}$ im Gegensatz zum asymptotisch unverzerrten Schätzer $\hat{\beta}_V$ eine asymptotische Verzerrung $\bar{E}(\hat{\beta}_{KQ} - \beta) \neq 0$ aufweist (s. (18)), gewinnt die V-Schätzung bei Zugrundelegung des MQF als Vergleichskriterium mit zunehmendem T an Attraktivität. Für kleinere T kann bei der Anwendung dieses Vergleichsmaßstabes jedoch durchaus die KQ-Schätzung genauer sein, weil dann die Verzerrung im Vergleich zur Varianz weniger ins Gewicht fällt (vgl. auch die Diskussion im Anschluß an (21)).

Die vorstehende Aussage wird bestätigt, wenn man $\hat{\beta}_{KQ}$ und $\hat{\beta}_V$ anhand ihrer approximativen MQF (21) und (36) vergleicht. Welcher der beiden Werte $M\tilde{Q}F(\hat{\beta}_{KQ})$ und $M\tilde{Q}F(\hat{\beta}_V)$ größer ist, hängt in erster Linie von T ab. Bei kleinem T ist es durchaus möglich – besonders bei kleinem $|\beta|$ – daß $M\tilde{Q}F(\hat{\beta}_V)$ den größeren Wert besitzt. Bei großem T überwiegt aber sicher $M\tilde{Q}F(\hat{\beta}_{KQ})$. In diesem Sinne ist $\hat{\beta}_V$ zumindest bei großem Stichprobenumfang dem Schätzer $\hat{\beta}_{KQ}$ überlegen. Für einen eingehenderen Vergleich des MQF von $\hat{\beta}_V$ und $\hat{\beta}_{KQ}$, aber auch von anderen Schätzern, vgl. *Ketellapper* [1982a, 1983].

A 4.2/7

Beweisen Sie (37) in zwei Schritten. Zeigen Sie, daß

a. $\bar{V}_V > e_u$

b. $e_u > \bar{V}_{KQ}$

$(0 < e < 1, \beta \neq 0)$.

A 4.2/8

a. Berechnen Sie die Differenz zwischen $\bar{V}_V$ und $\bar{V}_{KQ}$ einmal exakt nach (31b) und (14b) sowie approximativ nach (38). Verwenden Sie die Daten aus A 4.2/3. Beschränken Sie sich dabei auf den Fall $\sigma_v^2 = 10$.
b. Geben Sie auch an, um wieviel Prozent $\bar{V}_{KQ}$ kleiner ist als $\bar{V}_V$.

Hinweis zu a: Greifen Sie auf die Tabellen aus L 4.2/3 und L 4.2/6 zurück.

A 4.2/9

a. Berechnen Sie den approximativen MQF näherungsweise nach (36) und (21) mit $e = 0{,}1$; $e_u = 0{,}125$; $\beta = 0{,}5$; $T = 10$. Führen Sie dieselben Berechnungen dann auch für $T = 100$ und $T = 1000$ durch. Stellen Sie alle Ergebnisse in einer Tabelle zusammen.

b. Für welches T wären die rechtsstehenden Terme in (36) und (21) gleich groß?

Hinweis zu a: Greifen Sie auf die Tabellen aus L 4.2/4 und L 4.2/6 zurück.

c. *Multiples FV-Modell*

Das in Satz 4.2/2 zusammengefaßte Ergebnis läßt sich wieder auf den multiplen Fall übertragen. Wenn man in Verallgemeinerung von Annahme (N_v) von einem $N(\boldsymbol{o}, \boldsymbol{\Sigma})$-verteilten Fehlervektor $\boldsymbol{v} = (v_1, \ldots, v_K)'$ ausgeht, so kann man für das multiple FV-Modell *i.e.S.* beweisen [vgl. *Schneeweiß*, 1976; *Fuller*, 1980 sowie *Kapteyn/Wansbeek*, 1981], daß der Vektor $\sqrt{T}(\hat{\boldsymbol{\beta}}_V - \boldsymbol{\beta})$ asymptotisch normalverteilt ist mit dem Erwartungswertvektor $\boldsymbol{o}$ und nachstehender Kovarianzmatrix $\bar{\boldsymbol{V}}_V$:

$$\sqrt{T}(\hat{\boldsymbol{\beta}}_V - \beta) \rightarrow N(\boldsymbol{o}, \bar{\boldsymbol{V}}_V)$$

$$\bar{\boldsymbol{V}}_V = (\boldsymbol{M}_{xx} - \boldsymbol{\Sigma})^{-1} (\sigma_u^2 \boldsymbol{M}_{xx} + \boldsymbol{\Sigma} \boldsymbol{\beta} \boldsymbol{\beta}' \boldsymbol{\Sigma}) (\boldsymbol{M}_{xx} - \boldsymbol{\Sigma})^{-1}. \tag{39}$$

Kommen fehlerfreie exogene Variablen vor, dann kann man von diesen bereinigen und erhält für die V-Schätzung $\hat{\boldsymbol{\beta}}_{2,V}$ des Vektors $\boldsymbol{\beta}_2$ der Koeffizienten der verbleibenden exogenen Variablen eine zu (39) analoge Aussage (vgl. 3.3.1d, insbesondere (3.3/24)).

Anmerkung: Wenn in der Schätzformel (3.3/16) für den Vektor $\boldsymbol{\beta}$ die Fehlerkovarianzmatrix $\boldsymbol{\Sigma}$ durch eine konsistente Schätzung $\hat{\boldsymbol{\Sigma}}$ ersetzt wird, entsteht eine $\hat{\text{V}}$-Schätzung von $\boldsymbol{\beta}$ im FV-Modell i.e.S. (vgl. Anmerkung 1 am Ende von 3.3.1c). Ihre asymptotische Kovarianzmatrix $\bar{\boldsymbol{V}}_{\hat{V}}$ hat *Fuller* [1980, Theorem 3] für den Fall angegeben, daß die Schätzung $\hat{\boldsymbol{\Sigma}}$ erwartungstreu und stochastisch unabhängig von den Modellvariablen ist und bis auf einen Proportionalitätsfaktor einer Wishartverteilung folgt, wobei die Zahl d der Freiheitsgrade mit T derart gegen unendlich geht, daß $\lim d/T =: \delta > 0$ existiert. Alsdann ist

$$\bar{\boldsymbol{V}}_{\hat{V}} = (\boldsymbol{M}_{xx} - \boldsymbol{\Sigma})^{-1} \left[\sigma_u^2 \boldsymbol{M}_{xx} + \frac{1}{\delta} (\boldsymbol{\beta}' \boldsymbol{\Sigma} \boldsymbol{\beta}) \boldsymbol{\Sigma} + \left(1 + \frac{1}{\delta}\right) \boldsymbol{\Sigma} \boldsymbol{\beta} \boldsymbol{\beta}' \boldsymbol{\Sigma} \right] (\boldsymbol{M}_{xx} - \boldsymbol{\Sigma})^{-1}.$$

Die Formel geht offensichtlich für $\delta \rightarrow \infty$ in (39b) über.

4.2.3 Die P-Schätzung

a. Asymptotische Verteilung des Schätzfehlers im einfachen FV-Modell

Im einfachen FV-Modell i.e.S. wird der Regressionskoeffizient β bei bekanntem Fehlervarianzquotienten $\lambda := \sigma_w^2 / \sigma_v^2$ durch die P-Schätzung $\hat{\beta}_P$ nach (3.3/30) konsistent geschätzt. *Robertson* [1974] und *Patefield* [1977] leiten die asymptotische Verteilung von $(\hat{\alpha}_P, \hat{\beta}_P)$ ab. Wir wollen hier nur die asymptotische Verteilung von $\hat{\beta}_P$ resp.

des Schätzfehlers $\hat{\beta}_P - \beta$ behandeln, wobei wir jetzt voraussetzen, daß die Fehlervariablen v_t und w_t gemeinsam normalverteilt sind (Annahme $(N_{v,w})$).

Bei der Herleitung der Grenzverteilung des (wieder mit $\sqrt{T}$ zu multiplizierenden) Schätzfehlers $\hat{\beta}_P - \beta$ gehen wir nicht direkt von der Schätzformel (3.3/30) für $\hat{\beta}_P$ aus, sondern von (3.3/31), der quadratischen Bestimmungsgleichung für $\hat{\beta}_P$. Diese Gleichung lautet, wenn man λ durch die ausführlichere Notation σ_w^2/σ_v^2 ersetzt und mit σ_v^2 erweitert,

$$\hat{\beta}_P^2\,\sigma_v^2\,s_{xy} + \hat{\beta}_P(\sigma_w^2\,s_x^2 - \sigma_v^2\,s_y^2) = \sigma_w^2\,s_{xy}. \tag{40}$$

Wir formen (40) zunächst so um (s. A 4.2/10), daß sie als Gleichung für $\hat{\beta}_P - \beta$ erscheint und erhalten

$$(\hat{\beta}_P - \beta)^2\,a + (\hat{\beta}_P - \beta)\,b = c \tag{41}$$

mit den Koeffizienten

$$\begin{aligned} a &:= \sigma_v^2\,s_{xy}, \qquad b := \sigma_w^2\,s_x^2 - \sigma_v^2\,(s_y^2 - 2\,\beta\,s_{xy}) \\ c &:= \sigma_w^2\,(s_{xy} - \beta\,s_x^2) + \beta\,\sigma_v^2\,(s_y^2 - \beta\,s_{xy}). \end{aligned} \tag{42}$$

Äquivalent zu (41) ist die Darstellung

$$\sqrt{T}(\hat{\beta}_P - \beta)\,[(\hat{\beta}_P - \beta)\,a + b] = \sqrt{T}\,c. \tag{43}$$

Wir bestimmen als erstes den Wahrscheinlichkeitslimes von $[(\hat{\beta}_P - \beta)\,a + b]$ und zeigen danach, daß $\sqrt{T}\,c$ asymptotisch normalverteilt ist.

Die Wahrscheinlichkeitslimites der Variablen a und b aus (42a) existieren, wie man aus (3.1/17, 18) ersieht. Für $[(\hat{\beta}_P - \beta)\,a + b]$ ergibt sich somit wegen der Konsistenz von $\hat{\beta}_P$ nach Satz 3.1/5

$$\operatorname{plim}\,[(\hat{\beta}_P - \beta)\,a + b] = \operatorname{plim}\,b =: B. \tag{44}$$

Dabei ist, wie man unter Rückgriff auf (42a) und (3.1/17/18) verifiziert,

$$B = \sigma_w^2\,S_{xx} - \sigma_v^2\,(S_{yy} - 2\,\beta\,S_{xy}) = (\sigma_w^2 + \beta^2\,\sigma_v^2)\,S_{\xi\xi}. \tag{45}$$

Im hier zugrundegelegten FV-Modell i.e.S. mit $\varepsilon \equiv 0$ ist $\sigma_w^2 + \beta^2\,\sigma_v^2$ die Varianz der Variablen $u = w - \beta\,v$; d.h. es gilt

$$B = \sigma_u^2\,S_{\xi\xi}. \tag{46}$$

Wir wollen voraussetzen, daß $B \neq 0$ ist.

Für (42b) gewinnt man mit (3.1/15, 16) nach einiger Rechnung die Darstellung

$$c = \beta\,\sigma_w^2\,(\sigma_v^2 - s_v^2) - \beta\,\sigma_v^2\,(\sigma_w^2 - s_w^2) + \sigma_u^2\,s_{\xi u} + (\sigma_w^2 - \beta^2\,\sigma_v^2)\,s_{vw}. \tag{47}$$

Wir können ähnlich wie in 4.2.1a und 4.2.2a die Terme s_v^2, s_w^2, s_{vw} und $s_{\xi u}$ durch $\overline{v^2}$, $\overline{w^2}$, $\overline{v\,w}$ und $\overline{\xi^*\,u}$ ersetzen, ohne daß sich die asymptotische Verteilung $\sqrt{T}\,c$ ändert (vgl. auch L 4.2/1). Wir erhalten auf diese Weise den Ausdruck

$$c' := \beta\,\sigma_w^2\,(\sigma_v^2 - \overline{v^2}) - \beta\,\sigma_v^2\,(\sigma_w^2 - \overline{w^2}) + \sigma_u^2\,\overline{\xi^*\,u} + (\sigma_w^2 - \beta^2\,\sigma_v^2)\,\overline{v\,w}\,. \tag{48}$$

Die Grenzverteilung von $\sqrt{T}\,c'$ bestimmt sich aber wieder nach Satz 4.1/8. Wir setzen dort erneut $m = 4$ und definieren die Glieder der $\{a'_{ti}\}$ und $\{e_{ti}\}$ in teilweiser Übereinstimmung mit (4) durch

$$\begin{aligned} &a'_{t1} = a'_{t2} = a'_{t4} \equiv 1; \qquad a'_{t3} = \xi_t^* \\ &e_{t1} = \sigma_v^2 - v_t^2; \qquad e_{t2} = \sigma_w^2 - w_t^2; \qquad e_{t3} = u_t; \qquad e_{t4} = v_t\,w_t. \end{aligned} \tag{49}$$

Die Elemente des Vektors $\boldsymbol{b}_T = (b_{1\,T}, \ldots, b_{4\,T})'$ erklären wir durch

$$b_{1\,T} = \beta\,\sigma_w^2; \qquad b_{2\,T} = -\,\beta\,\sigma_v^2; \qquad b_{3\,T} = \sigma_u^2; \qquad b_{4\,T} = \sigma_w^2 - \beta^2\,\sigma_v^2. \tag{50}$$

Mit diesen Setzungen stimmt die Summe (4.1/17) aus Satz 4.1/8 mit (48) überein. Man erhält dann analog zu (6a) bei Berücksichtigung der Grenzverteilungsäquivalenz von $\sqrt{T}\,c'$ und $\sqrt{T}\,c$ die Aussage

$$\sqrt{T}\,c \rightarrow N(0, \boldsymbol{b}'\,\bar{\boldsymbol{\Sigma}}\,\boldsymbol{b}), \tag{51}$$

wobei $\boldsymbol{b}'\,\bar{\boldsymbol{\Sigma}}\,\boldsymbol{b}$ wegen der mit Annahme $(\mathrm{N}_{v,\,w})$ ableitbaren Beziehungen $E(e_{ti}\,e_{tj}) = 0$ $(i \neq j)$ durch (6b) gegeben ist. Die in (6b) auftretenden Terme $b_i = \lim b_{i\,T}$ sind offenbar mit den $b_{i\,T}$ aus (50) identisch; die Terme $M_{a'_i a'_i}$ und $E(e_{ti}^2)$ bestimmen sich analog zu (8, 9) aus (49). Annahme $(\mathrm{N}_{v,\,w})$ wird für die Berechnung von $E(e_{t1}^2)$ und $E(e_{t2}^2)$ benötigt:

$$\begin{aligned} &b_1 = \beta\,\sigma_w^2; \qquad b_2 = -\,\beta\,\sigma_v^2; \qquad b_3 = \sigma_u^2; \qquad b_4 = \sigma_w^2 - \beta^2\,\sigma_v^2 \\ &M_{a'_1 a'_1} = M_{a'_2 a'_2} = M_{a'_4 a'_4} = 1; \qquad M_{a'_3 a'_3} = S_{\xi\xi} \\ &E(e_{t1}^2) = 2\,\sigma_v^4; \qquad E(e_{t2}^2) = 2\,\sigma_w^4; \qquad E(e_{t3}^2) = \sigma_u^2; \qquad E(e_{t4}^2) = \sigma_v^2\,\sigma_w^2. \end{aligned}$$

Durch Einsetzen in (6b) folgt

$$\boldsymbol{b}'\,\bar{\boldsymbol{\Sigma}}\,\boldsymbol{b} = 4\,\beta^2\,\sigma_v^4\,\sigma_w^4 + \sigma_u^6\,S_{\xi\xi} + (\sigma_w^2 - \beta^2\,\sigma_v^2)^2\,\sigma_v^2\,\sigma_w^2$$

und hieraus wegen $\sigma_u^2 = \sigma_w^2 + \beta^2\,\sigma_v^2$ und $S_{\xi\xi} = S_{xx} - \sigma_v^2$

$$\boldsymbol{b}'\,\bar{\boldsymbol{\Sigma}}\,\boldsymbol{b} = \sigma_u^4\,(S_{xx}\,\sigma_u^2 - \beta^2\,\sigma_v^4)\,. \tag{52}$$

Aus (43) — (46) und (51, 52) ergibt sich, daß der Term $\sqrt{T}(\hat{\beta}_P - \beta)$ asymptotisch $N(0, \boldsymbol{b}'\,\bar{\boldsymbol{\Sigma}}\,\boldsymbol{b}/B^2)$-verteilt ist, wobei gemäß (52) und (46)

$$\frac{\boldsymbol{b}'\,\bar{\boldsymbol{\Sigma}}\,\boldsymbol{b}}{B^2} = \frac{S_{xx}\,\sigma_u^2 - \beta^2\,\sigma_v^4}{S_{\xi\xi}^2}.$$

Mit den Abkürzungen $e = \sigma_v^2/S_{xx}$ und $e_u = \sigma_u^2/S_{xx}$ kann man auch schreiben:

$$\frac{b' \bar{\Sigma} b}{B^2} = \frac{e_u - \beta^2 e^2}{(1 - e)^2}.$$

Wir stellen zusammenfassend fest:

▷ **Satz 4.2/3:** *Asymptotische Verteilung des Fehlers der P-Schätzung von β*

Gegeben sei das einfache FV-Modell i.e.S. mit normalverteilten Fehlervariablen v und w.

In diesem Modell ist die Zufallsvariable $\sqrt{T}(\hat{\beta}_P - \beta)$ asymptotisch normalverteilt mit Erwartungswert 0 und nachstehender Varianz $\bar{V}_P$:

$$\sqrt{T}(\hat{\beta}_P - \beta) \to N(0, \bar{V}_P)$$
$$\bar{V}_P = \frac{e_u - \beta^2 e^2}{(1 - e)^2}. \tag{53}$$

Ein Vergleich mit (31) zeigt, daß die P-Schätzung von β der V-Schätzung asymptotisch überlegen ist:

$$\bar{V}_P < \bar{V}_V. \tag{54}$$

A 4.2/10

Beweisen Sie, daß (40) mit (41,) äquivalent ist.

b. Multiples FV-Modell

Malinvaud [1980] und — auf anderem Wege — *Kapteyn* und *Wansbeek* [1981] sowie *Fuller* [1980] leiten die asymptotische Kovarianzmatrix des aus (3.3/59) bestimmbaren P-Schätzers im multiplen FV-Modell her. Nach *Kapteyn* und *Wansbeek* ist im multiplen FV-Modell *i.e.S.* bei normalverteilten Fehlervariablen

$$\sqrt{T}(\hat{\boldsymbol{\beta}}_P - \boldsymbol{\beta}) \to N(\boldsymbol{o}, \bar{V}_P)$$
$$\bar{V}_P = (\boldsymbol{M}_{xx} - \boldsymbol{\Sigma})^{-1} (\sigma_u^2 \boldsymbol{M}_{xx} - \boldsymbol{\Sigma} \boldsymbol{\beta} \boldsymbol{\beta}' \boldsymbol{\Sigma}) (\boldsymbol{M}_{xx} - \boldsymbol{\Sigma})^{-1}. \tag{55}$$

Außerdem ist $\sqrt{T}(\hat{\sigma}_{w,P} - \sigma_w^2)$ asymptotisch $N(0, 2\,\sigma_w^4)$-verteilt und $\hat{\sigma}_{w,P}$ ist asymptotisch unabhängig von $\hat{\boldsymbol{\beta}}_P$.

Anmerkung: *Fuller* [1980, Theorem 6] hat für die $\hat{\text{P}}$-Schätzung (vgl. Anmerkung 1 zu 3.3.2c) des Parametervektors $\boldsymbol{\beta}$ die asymptotische Kovarianzmatrix für den Fall angegeben, daß die Schätzung $\hat{\boldsymbol{\Sigma}}_0$ erwartungstreu und stochastisch unabhängig von den Modellvariablen ist und bis auf einen Proportionalitätsfaktor einer Wishartverteilung folgt, wobei die Zahl d der Freiheitsgrade dieser Schätzung mit T derart gegen Unendlich geht, daß $\lim d/T =: \delta > 0$ existiert. Es ergibt sich dann für das FV-Modell *i.w.S.*:

$$\bar{V}_{\hat{P}} = (\boldsymbol{M}_{xx} - \boldsymbol{\Sigma})^{-1} \left[\sigma_u^2 \left(\boldsymbol{M}_{xx} + \frac{1}{\delta} \boldsymbol{\Sigma}\right) - \left(1 + \frac{1}{\delta}\right) (\boldsymbol{\Sigma} \boldsymbol{\beta} - \boldsymbol{\sigma}) (\boldsymbol{\Sigma} \boldsymbol{\beta} - \boldsymbol{\sigma})'\right] (\boldsymbol{M}_{xx} - \boldsymbol{\Sigma})^{-1}.$$

Diese Formel geht für $\boldsymbol{\sigma} = \boldsymbol{o}$ (FV-Modell *i.e.S.*) und $\delta \to \infty$ in (55b) über.

c. Der Fall vollständig bekannter Kovarianzmatrix Σ_0

Wir verwenden den P-Schätzer des Vektors $\boldsymbol{\beta}_0 = (1, -\boldsymbol{\beta}')'$ auch dann, wenn die Kovarianzmatrix $\boldsymbol{\Sigma}_0$ der Fehlervariablen $w, v_1, \ldots, v_K$ nicht nur bis auf einen Proportionalitätsfaktor k, sondern sogar vollständig bekannt ist. Wir erhielten $\hat{\boldsymbol{\beta}}_{0,P}$ in diesem Fall als den zur Lösung q_{Min} des Eigenwertproblems (3.3/83) gehörenden Eigenvektor. Für den Teilvektor $\boldsymbol{\beta}$ von $\boldsymbol{\beta}_0$ resultierte speziell die P-Schätzung (3.3/85), in der beim hier zugrundegelegten FV-Modell i.e.S. $\boldsymbol{\sigma} = \boldsymbol{o}$ zu setzen ist. Bei bestimmten Modellspezifikationen (vgl. 3.3.3) hat (3.3/85) zugleich den Charakter einer ML-Schätzung.

Wenn man $\boldsymbol{\Sigma}_0$ exakt kennt — was im FV-Modell i.e.S. mit $\boldsymbol{\varepsilon} = \boldsymbol{o}$ nach (1.2/10) äquivalent ist mit der Kenntnis von σ_w^2 und $\boldsymbol{\Sigma}$ — könnte man den Regressionskoeffizientenvektor $\boldsymbol{\beta}$ allerdings statt durch (3.3/85) auch durch den V-Schätzer (3.3/16) konstistent schätzen. Der P-Schätzer (3.3/85) ist jedoch effizienter als der V-Schätzer. Ein Vergleich von (55) mit (39) zeigt nämlich sofort, daß $\bar{V}_P < \bar{V}_V$, in dem Sinne, daß $\bar{V}_V - \bar{V}_P$ eine positiv definite Matrix ist. Das Ergebnis (54) gilt also auch im multiplen Fall.

Es gibt sehr viele andere konsistente Schätzer, die wie die P- und V-Schätzer die Kenntnis von $\boldsymbol{\Sigma}_0$ ausnutzen und sich mit Hilfe der zweiten Momente der empirischen Variablen konstruieren lassen. *Nussbaum* [1978] betrachtet eine solche Klasse von konsistenten Schätzern $\hat{\boldsymbol{\beta}}$, die auf der Momentenmethode basieren, und zeigt, daß der P-Schätzer innerhalb dieser Klasse effizient ist. Mit der Momentenmethode kommt man bei der Kenntnis von $\boldsymbol{\Sigma}_0$ unter Ausnutzung aller bestehenden Beziehungen zwischen den zweiten Momenten der beobachtbaren Variablen $y, x_1, \ldots, x_K$ und dem Parametervektor $\boldsymbol{\beta}$ im multiplen FV-Modell i.e.S. zu dem folgenden System von Bestimmungsgleichungen (s. A 4.2/11a):

$$\begin{aligned} &\frac{1}{T}\, \boldsymbol{y}'\, \boldsymbol{X}\hat{\boldsymbol{\beta}} = \frac{1}{T}\, \boldsymbol{y}'\, \boldsymbol{y} - \sigma_w^2 \\ &\left(\frac{1}{T}\, \boldsymbol{X}'\, \boldsymbol{X} - \boldsymbol{\Sigma}\right)\hat{\boldsymbol{\beta}} = \frac{1}{T}\, \boldsymbol{X}'\, \boldsymbol{y}. \end{aligned} \tag{56}$$

Wenn man eine $[(K + 1) \times K]$-Blockmatrix $\boldsymbol{M}$ und einen $(K + 1)$-Vektor $\boldsymbol{a}$ durch

$$\boldsymbol{M} := \frac{1}{T}\begin{pmatrix} \boldsymbol{y}'\, \boldsymbol{X} \\ \boldsymbol{X}'\, \boldsymbol{X} - T\boldsymbol{\Sigma} \end{pmatrix}, \qquad \boldsymbol{a} := \frac{1}{T}\begin{pmatrix} \boldsymbol{y}'\, \boldsymbol{y} - T\sigma_w^2 \\ \boldsymbol{X}'\, \boldsymbol{y} \end{pmatrix} \tag{57}$$

definiert, erhält man für (56) die knappere Darstellung

$$\boldsymbol{M}\hat{\boldsymbol{\beta}} = \boldsymbol{a}. \tag{58}$$

Das System (56) resp. (58) ist überbestimmt, da es aus $K + 1$ Gleichungen besteht, während der Vektor $\boldsymbol{\beta}$ nur K Komponenten besitzt. Durch Auswahl von irgend K Gleichungen aus dem System erhält man ein — i.d.R. eindeutig lösbares — Gleichungssystem zur Bestimmung eines konsistenten Schätzers $\hat{\boldsymbol{\beta}}$. Da es insgesamt

$K + 1$ Auswahlmöglichkeiten gibt, kann man auf diese Weise $K + 1$ verschiedene konsistente Schätzer gewinnen; insbesondere gewinnt man $\hat{\boldsymbol{\beta}}_V$ aus den letzten K Gleichungen des Systems (58).

Allgemeiner erhält man eine umfangreiche Klasse konsistenter Schätzer, wenn man (58) mit einer $[K \times (K + 1)]$-Matrix $\boldsymbol{D}$ von links multipliziert und dann das so entstehende System

$$\boldsymbol{D}\,\boldsymbol{M}\hat{\boldsymbol{\beta}} = \boldsymbol{D}\,\boldsymbol{a} \tag{59}$$

nach $\hat{\boldsymbol{\beta}}$ auflöst. $\boldsymbol{D}$ kann dabei eine aus den Daten $(\boldsymbol{y}, \boldsymbol{X})$ gebildete Matrix sein. Sie muß stochastisch konvergieren und zwar so, daß das beim Grenzübergang aus (59) entstehende Gleichungssystem noch eindeutig lösbar ist.

Auch $\hat{\boldsymbol{\beta}}_P$ kann mit Hilfe einer geeigneten Matrix $\boldsymbol{D}$ in die Form (59) gebracht werden. *Nussbaum* [1978] zeigt, daß $\hat{\boldsymbol{\beta}}_P$ innerhalb der durch (59) gegebenen Klasse effizient ist in dem Sinne, daß bei einem Vergleich der asymptotischen Kovarianzmatrizen $\bar{\boldsymbol{V}}_P$ und $\bar{\boldsymbol{V}}$ von $\hat{\boldsymbol{\beta}}_P$ resp. von irgend einem anderen Schätzer $\hat{\boldsymbol{\beta}}$ aus der Klasse $\bar{\boldsymbol{V}} - \bar{\boldsymbol{V}}_P$ immer positiv semidefinit ausfällt. Er zeigt des weiteren, daß jeder konsistente Schätzer $\hat{\boldsymbol{\beta}}$ in einen effizienten Schätzer $\hat{\boldsymbol{\beta}}_E$ verwandelt werden kann, indem man zunächst die Matrix

$$\boldsymbol{D} := (\hat{\boldsymbol{\beta}}, \boldsymbol{I})\,\boldsymbol{\Sigma}_0^{-1}$$

konstruiert und mit dieser das System (59) aufstellt. Hierfür wird allerdings $\boldsymbol{\Sigma}_0$ als regulär vorausgesetzt. Ist insbesondere $\hat{\boldsymbol{\beta}} = \hat{\boldsymbol{\beta}}_V$, so erhält man speziell den Schätzer

$$\hat{\boldsymbol{\beta}}_E = (\boldsymbol{M}'\,\boldsymbol{\Sigma}_0^{-1}\,\boldsymbol{M})^{-1}\,\boldsymbol{M}'\,\boldsymbol{\Sigma}_0^{-1}\,\boldsymbol{a}. \tag{60}$$

Da der Schätzer $\hat{\boldsymbol{\beta}}_E$ wie $\hat{\boldsymbol{\beta}}_P$ effizient ist, besitzt er diesselbe asymptotische Kovarianzmatrix wie $\hat{\boldsymbol{\beta}}_P$. Der Vorteil der Verwendung von (60) liegt darin, daß $\hat{\boldsymbol{\beta}}_E$ bedeutend einfacher als $\hat{\boldsymbol{\beta}}_P$ zu berechnen ist.

A 4.2/11

a. Zeigen Sie, daß sich (56) bei bekannter Kovarianzmatrix $\boldsymbol{\Sigma}_0$ aus (3.1/43) ergibt.
b. Zeigen Sie, daß sich (60) aus (59) ergibt, wenn man dort $\boldsymbol{D} = (\hat{\boldsymbol{\beta}}_V, \boldsymbol{I})\,\boldsymbol{\Sigma}_0^{-1}$ wählt.

4.2.4 Die R-Schätzungen

In 3.4 hatten wir das FV-Modell mit Replikationen – von uns abkürzend R-Modell genannt – in verschiedenen Varianten vorgestellt. Zu jeder Variante wurden konsistente Schätzer entwickelt, die teils auf dem Momenten-, teils auf dem ML-Ansatz beruhten. Da wir uns in 3.4 auf das *einfache* R-Modell beschränkten, wollen wir das auch hier tun. Im einfachen R-Modell ist der Koeffizient β der i.d.R. wichtigste Parameter. Wir geben die asymptotische Varianz seiner Schätzung bei den verschiedenen Schätzverfahren an. Dabei beschränken wir uns darauf, die aus der Literatur bekannten Resultate [*Fuller*, 1980; *Dorff/Gurland*, 1961a; *Villegas*, 1966; *Nussbaum*, 1977] zu übernehmen, und verzichten auf eigene Ableitungen.

Die asymptotische Theorie des R-Modells gestaltet sich ganz verschieden, je nachdem, ob man das Verhalten des Schätzers für eine unbeschränkt wachsende Zahl von Meßgruppen ($T \to \infty$) oder für unbeschränkt wachsende Replikationszahlen ($n_t \to \infty$, $m_t \to \infty$) untersucht. Im ersteren Fall ist es zweckmäßig, von der aggregierten Form (3.4/8) des FV-Modells auszugehen, während der zweite Fall – für den wir paarweise anfallende Beobachtungen vorauszusetzen – am besten im Zusammenhang mit dem FVE-Modell gesehen wird (vgl. 3.5.2h).

Wir treffen im folgenden wieder die Annahme ($N_{v,w}$) gemeinsamer normalverteilter Fehlervariablen. Bezüglich der Replikationszahlen gehen wir durchweg von der Annahme (3.4/10) aus, setzen also $m_t \equiv m$ und $n_t \equiv n$ für $t = 1, \ldots, T$ (konstante Replikationszahlen; vgl. aber *Dorff* und *Gurland* [1961a] für den allgemeineren Fall beliebiger Replikationszahlen). Das aggregierte FV-Modell (3.4/8) weist dann gemäß (3.4/11) homoskedastische Fehlervariablen $\bar{v}_t$ und $\bar{w}_t$ auf.

a. Asymptotische Verteilung des Schätzfehlers im Falle $\varepsilon \not\equiv 0$ ($T \to \infty$)

Für den Fall, daß das R-Modell (3.4/1) i.e.S. einen Fehler in der Gleichung (ε) enthält, haben wir in 3.4.2b, gestützt auf die Annahme konstanter Replikationszahlen, für β den mit $\hat{\beta}_{VR}$ bezeichneten konsistenten $\hat{\text{V}}$-Schätzer (3.4/14) hergeleitet. Dabei wurde die Fehlervarianz σ_v^2 durch die innere Varianz (3.4/5b) der Daten x_{ti} erwartungstreu geschätzt. Diese Schätzung $\hat{\sigma}_{v,R}^2$ ist unter den hier getroffenen Voraussetzungen (N_v) und $m_t \equiv m$ bis auf einen Proportionalitätsfaktor wishartverteilt mit $T(m-1)$ Freiheitsgraden. Sie ist ferner stochastisch unabhängig von den aggregierten Variablen, insbesondere von den $\bar{v}_t$ [zur letzten Behauptung vgl. z.B. *Cramér*, 1946, S. 382]. Damit sind alle Voraussetzungen für die Anwendung der Varianzformel von *Fuller* [1980] auf den $\hat{\text{V}}$-Schätzer (3.4/14) gegeben (vgl. die Anmerkung zu 4.2.2c). Man erhält die Aussage, daß $\sqrt{T}(\hat{\beta}_{VR} - \beta)$ für $T \to \infty$ asymptotisch $N(0, \bar{V}_{VR})$-verteilt ist mit

$$\bar{V}_{VR} = \frac{\sigma_{\bar{u}}^2 S_{\bar{x}\bar{x}}}{S_{\xi\xi}^2} + \frac{\beta^2 \sigma_{\bar{v}}^4 (m+1)}{S_{\xi\xi}^2 (m-1)}. \tag{61}$$

Hier ist die Varianz $\sigma_{\bar{u}}^2$ der aggregierten Variablen $\bar{u} = \bar{w} + \varepsilon - \beta \bar{v}$ gegeben durch

$$\sigma_{\bar{u}}^2 = \sigma_{\bar{w}}^2 + \sigma_\varepsilon^2 + \beta^2 \sigma_{\bar{v}}^2, \tag{62}$$

wobei nach (3.4/11) $\sigma_{\bar{v}}^2 = \sigma_v^2 / m$ und $\sigma_{\bar{w}}^2 = \sigma_w^2 / n$.

Für das Grenzmoment $S_{\bar{x}\bar{x}}$ in (61) gilt in Verallgemeinerung von (3.1/17a)

$$S_{\bar{x}\bar{x}} := \text{plim } s_{\bar{x}}^2 = S_{\xi\xi} + \sigma_{\bar{v}}^2. \tag{63}$$

Wenn man noch ähnlich wie in (12) die Abkürzungen

$$\bar{e} := \sigma_{\bar{v}}^2 / S_{\bar{x}\bar{x}}, \qquad \bar{e}_u := \sigma_{\bar{u}}^2 / S_{\bar{x}\bar{x}} \tag{64}$$

einführt, erhält man das folgende Resultat (vgl. auch Satz 4.2/2):

▷ **Satz 4.2/4:** *Asymptotische Verteilung ($T \to \infty$) des Fehlers der $\hat{V}$-Schätzung (3.4/14) von β*

Gegeben sei das einfache R-Modell i.e.S. mit normalverteilten Fehlervariablen v sowie konstanten Replikationszahlen m resp. n.

In diesem Modell ist die Zufallsvariable $\sqrt{T}(\hat{\beta}_{VR} - \beta)$ asymptotisch normalverteilt mit Erwartungswert 0 und nachstehender Varianz $\bar{V}_{VR}$:

$$\sqrt{T}(\hat{\beta}_{VR} - \beta) \to N(0, \bar{V}_{VR})$$

$$\bar{V}_{VR} = \frac{\bar{e}_u + \dfrac{m+1}{m-1}\beta^2 \bar{e}^2}{(1-\bar{e})^2}. \tag{65}$$

Anmerkung: Bez. des R-Modells *i.w.S.* ($\sigma_{vw} \neq 0$) mit $\varepsilon \not\equiv 0$ vgl. *Fuller* [1980, Theorem 1].

b. Asymptotische Verteilung des Schätzfehlers im Falle $\varepsilon \equiv 0$ ($T \to \infty$)

Für den Fall, daß keine Fehler in der Gleichung auftreten ($\varepsilon \equiv 0$), sondern nur Fehler in den beiden systematischen Variablen ξ_t und η_t, hatten wir in 3.4.2c, wieder gestützt auf die Annahme konstanter Replikationszahlen, für β den mit $\hat{\beta}_{PR}$ bezeichneten konsistenten $\hat{\text{P}}$-Schätzer (3.4/20) aus dem aggregierten FV-Modell (3.4/8) abgeleitet. Die Fehlervarianzen σ_v^2 und σ_w^2 wurden dabei durch die inneren Varianzen (3.4/5) der Daten x_{ti} und y_{tj} erwartungstreu geschätzt. Diese Schätzungen besitzen bei Gültigkeit von (3.4/10) $T(m-1)$ bzw. $T(n-1)$ Freiheitsgrade und sind von den aggregierten Variablen unabhängig.

Damit sind alle Voraussetzungen für die Anwendung der Varianzformel von *Fuller* [1980, Theorem 8] auf die $\hat{\text{P}}$-Schätzung (3.4/20) gegeben. Man erhält so das folgende Ergebnis [vgl. auch *Dorff/Gurland*, 1961a]:

▷ **Satz 4.2/5:** *Asymptotische Verteilung ($T \to \infty$) des Fehlers der $\hat{P}$-Schätzung (3.4/20) von β*

Gegeben sei das einfache R-Modell i.e.S. mit $\varepsilon \equiv 0$, normalverteilten Fehlervariablen v und w sowie konstanten Replikationszahlen m resp. n.

In diesem Modell ist die Zufallsvariable $\sqrt{T}(\hat{\beta}_{PR} - \beta)$ asymptotisch normalverteilt mit Erwartungswert 0 und nachstehender Varianz $\bar{V}_{PR1}$:

$$\bar{V}_{PR1} = \frac{\sigma_{\bar{u}}^2 S_{\bar{x}\bar{x}}}{S_{\xi\xi}^2} - \frac{\beta^2 \sigma_{\bar{v}}^4}{S_{\xi\xi}^2}(1 - 4\,a\,p^2)$$

$$a := \frac{1}{2}\left(\frac{1}{m-1} + \frac{1}{n-1}\right), \qquad p := \frac{\sigma_{\bar{w}}^2}{\sigma_{\bar{u}}^2} = \left(1 + \beta^2 \frac{n\,\sigma_v^2}{m\,\sigma_w^2}\right)^{-1}. \tag{66}$$

A 4.2/12

Im R-Modell i.e.S mit $\varepsilon \equiv 0$ und konstanten Replikationszahlen kann β sowohl durch $\hat{\beta}_{VR}$ als auch durch $\hat{\beta}_{PR}$ konsistent geschätzt werden mit den asymptotischen Varianzen (61) bzw. (66). Zeigen Sie, daß für $n \geq 2$ immer $\bar{V}_{VR} \geq \bar{V}_{PR1}$ gilt.

c. *Asymptotische Verteilung des Schätzfehlers bei paarweise anfallenden Beobachtungen und $\varepsilon \equiv 0$ $(T \to \infty)$*

Falls die Beobachtungen in Paaren $(x_{t1}, y_{t1}), \ldots, (x_{tm}, y_{tm})$ anfallen, hat man als Ausgangsbasis die Modellgleichungen (3.4/2). Wie wir in 3.4.2d ausgeführt haben, liegt es bei paarweise anfallenden Beobachtungen nahe, von einem FV-Modell i.w.S. auszugehen, d.h. nicht von vorneherein $\sigma_{vw} = 0$ anzunehmen. Wir betrachten daher das R-Modell (3.4/2) *i.w.S.* und setzen dort noch $\varepsilon \equiv 0$. Den Parameter β dieses Modells konnten wir durch den ebenfalls mit $\hat{\beta}_{PR}$ bezeichneten konsistenten $\hat{\text{P}}$-Schätzer (3.4/28) schätzen. Da wir eingangs die Verabredung getroffen haben, von konstanten Replikationszahlen auszugehen, dürfen wir in (3.4/28) $m_t \equiv m$ setzen. Auf die so vereinfachte $\hat{\text{P}}$-Schätzung (3.4/28) läßt sich wieder mit $(\text{N}_{v,w})$ ein Ergebnis von *Fuller* [1980] anwenden (vgl. die Anmerkung zu 4.2.3b). Demzufolge ist $\sqrt{T}(\hat{\beta}_{PR} - \beta)$ für $T \to \infty$ asymptotisch $N(0, \bar{V}_{PR2})$-verteilt mit

$$\bar{V}_{PR2} = \frac{\sigma_{\bar{u}}^2}{S_{\xi\xi}} + \frac{m}{m-1}\,\frac{\sigma_{\bar{v}}^2\,\sigma_{\bar{w}}^2}{S_{\xi\xi}^2}\,(1 - \varrho_{vw}^2) \tag{67}$$

und $\varrho_{vw} = \sigma_{vw}/(\sigma_v\,\sigma_w)$. In Abwandlung der Formel (62), die sich auf das R-Modell i.e.S mit $\varepsilon \not\equiv 0$ bezog, ist $\sigma_{\bar{u}}^2$ hier gegeben durch

$$\sigma_{\bar{u}}^2 = \sigma_{\bar{w}}^2 - 2\,\beta\,\sigma_{\bar{v}\bar{w}} + \beta^2\,\sigma_{\bar{v}}^2, \tag{68}$$

wobei $\sigma_{\bar{v}}^2 = \sigma_v^2/m$, $\sigma_{\bar{w}}^2 = \sigma_w^2/m$ und $\sigma_{\bar{v}\bar{w}} := C(\bar{v}_t, \bar{w}_t) = \sigma_{vw}/m$ (s. auch L 3.4/1b)

A 4.2/13

Im R-Modell i.e.S. mit paarweise anfallenden Beobachtungen und $\varepsilon \equiv 0$ kann β sowohl durch (3.4/20) mit $n = m$ wie auch durch (3.4/28) konsistent geschätzt werden. Die zugehörigen asymptotischen Varianzen $\bar{V}_{PR1}$ und $\bar{V}_{PR2}$ sind durch (66) mit $n = m$ resp. (67) mit $\varrho_{vw} = 0$ gegeben. Zeigen Sie, daß $\bar{V}_{PR2} \geq \bar{V}_{PR1}$.

d. *Asymptotische Verteilung des Schätzfehlers bei paarweise anfallenden Beobachtungen und $\varepsilon \equiv 0$ $(m \to \infty)$*

Wir betrachten erneut das R-Modell (3.4/2) mit paarweise anfallenden Beobachtungen und konstanten Replikationszahlen $(n_t = m_t \equiv m)$. Anders als in den vorausgegangenen Unterabschnitten diskutieren wir jetzt die asymptotische Verteilung des Schätzfehlers verschiedener R-Schätzungen $\hat{\beta}$ für $m \to \infty$ bei festem T. Wir untersuchen also die Grenzverteilung von $\sqrt{m}\,(\hat{\beta} - \beta)$ für unbeschränkt wachsende Replikationszahl m bei konstanter Anzahl zu replizierender Variablenpaare $(\xi_1, \eta_1), \ldots, (\xi_T, \eta_T)$. Dabei benötigen wir die Annahmen $\varepsilon \equiv 0$ und $s_\xi^2 \neq 0$, um zu gewährleisten, daß die in 3.4.2 eingeführten R-Schätzer für $m \to \infty$ konsistent sind.

Das vorstehend spezifizierte spezielle R-Modell kann, wie in 3.5.2h gezeigt wurde, als FVE-Modell aufgefaßt werden. Die in 4.2.5 noch darzustellenden asymptotischen Ergebnisse für letzteres können auf das hier zugrundegelegte Modell unmittelbar übertragen werden. Die entsprechenden Ergebnisse wollen wir aber ohne Bezug auf das FVE-Modell direkt aus dem R-Modell herleiten.

Wir beginnen die Untersuchung mit dem einfachsten Schätzer für β, dem in (3.4/22) eingeführten KQ-Schätzer

$$\hat{\beta}_{KQR} = \frac{s_{\bar{x}\bar{y}}}{s_{\bar{x}}^2}. \tag{69}$$

Für den Schätzfehler $\hat{\beta}_{KQR} - \beta$ erhält man mit $\bar{y}_t = \alpha + \beta \bar{x}_t + \bar{u}_t$ und $\bar{x}_t = \xi_t + \bar{v}_t$ die Darstellung (vgl. auch (3.2/9)):

$$\hat{\beta}_{KQR} - \beta = \frac{s_{\bar{x}\bar{u}}}{s_{\bar{x}}^2} = \frac{1}{s_{\bar{x}}^2}(s_{\xi\bar{u}} + s_{\bar{v}\bar{u}}). \tag{70}$$

Es gilt nun im einzelnen, wobei alle Grenzübergänge für $m \to \infty$ zu verstehen sind (s. A 4.2/14):

$$\begin{aligned} &\text{plim } s_{\bar{x}}^2 = s_\xi^2 \\ &\text{plim } \sqrt{m}\, s_{\bar{v}\bar{u}} = 0 \\ &\sqrt{m}\, s_{\xi\bar{u}} \to N\left(0, \frac{\sigma_u^2 s_\xi^2}{T}\right). \end{aligned} \tag{71}$$

Aus (70, 71) folgt mit Satz 4.1/6

$$\sqrt{m}\,(\hat{\beta}_{KQR} - \beta) \to N\left(0, \frac{\sigma_u^2}{T s_\xi^2}\right). \tag{72}$$

Die asymptotische Varianz von $\hat{\beta}_{KQR}$ (für $m \to \infty$) ist also identisch mit der Varianz desjenigen KQ-Schätzers von β, der aus einer Regression vom Typ $\bar{y}_t = \alpha + \beta \xi_t + \bar{u}_t$ bei gegebenen ξ_t, $t = 1, \ldots, T$, berechnet werden könnte.

Was nun die anderen Schätzer von β betrifft, die im Falle $\varepsilon \equiv 0$ noch konstruiert werden können, also insbesondere $\hat{\beta}_{VR}$ nach (3.4/14) und $\hat{\beta}_{PR}$ nach (3.4/20) beim R-Modell *i.e.S.* (beim R-Modell *i.w.S.* vgl. L 3.4/2 und (3.4/28)), so sei zunächst daran erinnert, daß sie ebenso wie $\hat{\beta}_{KQR}$ allesamt gewissen k-Klassenschätzern im FVE-Modell entsprechen (vgl. 3.5.2h und L 3.5/18). Insbesondere entspricht $\hat{\beta}_{KQR}$ dem 2KQ-Schätzer im FVE-Modell. Mit diesem sind die anderen k-Klassenschätzer asymptotisch äquivalent (vgl. 3.5.2f nebst Anmerkung), was, angewandt auf das R-Modell, zur Folge hat, daß $\hat{\beta}_{VR}$ und $\hat{\beta}_{PR}$ mit $\hat{\beta}_{KQR}$ für $m \to \infty$ asymptotisch äquivalent sind und daher die gleiche Grenzverteilung (72) aufweisen. Dies gilt sowohl für das R-Modell im engeren wie im weiteren Sinne. Der einzige Unterschied ist der, daß in (72) in der für das R-Modell *i.w.S.* (mit $\varepsilon \equiv 0$) gültigen Formel $\sigma_u^2 = \sigma_w^2 - 2\beta\sigma_{vw} + \beta^2\sigma_v^2$ beim R-Modell *i.e.S.* $\sigma_{vw} = 0$ zu setzen ist.

A 4.2/14

Leiten Sie (71) her. Benutzen Sie dabei die Sätze 4.1/6 und 4.1/7.

A 4.2/15

Zeigen Sie für das R-Modell i.e.S., daß $\hat{\beta}_{VR}$ mit $\hat{\beta}_{KQR}$ in dem Sinne asymptotisch äquivalent ist, daß $p\lim \sqrt{m}(\hat{\beta}_{VR} - \hat{\beta}_{KQR}) = 0$ ist.

A 4.2/16

Leiten Sie (72) aus (4.2/85) her, indem Sie das R-Modell als FVE-Modell auffassen.

Hinweis: Man rechne mit den Daten x_{ti} als Abweichungen vom arithmetischen Mittel.

4.2.5 Die IV-Schätzung

a. Asymptotische Verteilung des Schätzfehlers im einfachen FV-Modell

Den Regressionskoeffizienten β des einfachen FV-Modells (gleichgültig, ob i.e.S. oder i.w.S.) konnten wir bei Kenntnis einer Instrumentvariablen z, für die wir in 3.5.1a die Annahmen (I1), (I2) und (Az) getroffen hatten, durch den IV-Schätzer $\hat{\beta}_{IV} = s_{yz}/s_{xz}$ konsistent schätzen (s. (3.5/7)). Wir bestimmen im folgenden die Grenzverteilung $\sqrt{T}(\hat{\beta}_{IV} - \beta)$.

In den einleitenden Bemerkungen zu 4.2 hatten wir vereinbart, bei der Ableitung asymptotischer Verteilungen durchweg von der Annahme nichtstochastischer ξ_t-Werte auszugehen und bemerkt, daß die so abgeleiteten Ergebnisse auch ohne diese Annahme gültig bleiben. Wir setzen hier zusätzlich feste z_t-Werte voraus. Die Gültigkeit der nachfolgenden Resultate ist aber wiederum nicht an diese Bedingungen gebunden.

Für den Schätzfehler $\hat{\beta}_{IV} - \beta$ ergibt sich aus (3.5/5) die Darstellung

$$\hat{\beta}_{IV} - \beta = \frac{s_{uz}}{s_{xz}}. \tag{73}$$

Die Grenzverteilung von $\sqrt{T}s_{uz}$ bestimmt sich nach Satz 4.1/3. Setzt man dort $e_t := u_t$ und $a_t := z_t$, so sind wegen Annahme (Az) die Voraussetzungen (4.1/5, 6) des Satzes erfüllt und es gilt gemäß (4.1/7)

$$\sqrt{T}\, s_{uz} \to N(0, S_{zz}\,\sigma_u^2). \tag{74}$$

Aus (73, 74) folgt bei Beachtung von $p\lim s_{xz} = S_{xz}$ nach Satz 4.1/6 die Aussage

$$\sqrt{T}(\hat{\beta}_{IV} - \beta) \rightarrow N\left(0, \frac{S_{zz}\,\sigma_u^2}{S_{xz}^2}\right). \tag{75}$$

Wenn man wieder die Abkürzung $e_u = \sigma_v^2 / S_{xx}$ verwendet und die Grenzkorrelation

$$R_{xz} := \frac{S_{xz}}{S_x\, S_z} = p\lim \frac{s_{xz}}{s_x\, s_z} = p\lim r_{xz}$$

einführt, erhält man für die asymptotische Varianz in (75) die kürzere Darstellung

$$\frac{S_{zz}\,\sigma_u^2}{S_{xz}^2} = \frac{e_u}{R_{xz}^2}. \tag{76}$$

Wir haben mit (75, 76) abgeleitet:

▷ **Satz 4.2/6**: *Asymptotische Verteilung des Fehlers der IV-Schätzung von β*

Gegeben sei das einfache FV-Modell mit einer durch die Annahmen (I1, 2) und (Az) charakterisierten Instrumentvariablen.

In diesem Modell ist die Zufallsvariable $\sqrt{T}(\hat{\beta}_{IV} - \beta)$ asymptotisch normalverteilt mit Erwartungswert 0 und nachstehender Varianz $\bar{V}_{IV}$:

$$\sqrt{T}(\hat{\beta}_{IV} - \beta) \rightarrow N(0, \bar{V}_{IV})$$
$$\bar{V}_{IV} = \frac{e_u}{R_{xz}^2}. \tag{77}$$

Aus (77) folgt, daß $\hat{\beta}_{IV}$ und $\hat{\beta}_{IV} - \beta$ für große T näherungsweise $N(\beta, (1/T)\, \bar{V}_{IV})$-verteilt resp. $N(0, (1/T)\, \bar{V}_{IV})$-verteilt sind.

Man ersieht aus (77b), daß $\bar{V}_{IV}$ umgekehrt proportional zur Grenzkorrelation R_{xz} ist und wegen $e_u = \sigma_u^2 / S_{xx}$ auch zur Grenzvarianz S_{xx}, d.h.:

▷ Die Genauigkeit der IV-Schätzung nimmt mit wachsender Varianz von x zu.

▷ Die Genauigkeit der IV-Schätzung nimmt auch mit wachsender Korrelation zwischen x und z zu.

Die erste Aussage gilt entsprechend auch für die KQ-Schätzung im klassischen Regressionsmodell. Die zweite Aussage legt noch einmal den kritischen Punkt bei der Anwendung des IV-Verfahrens bloß. Instrumentvariablen sind dieser Aussage zufolge nur dann brauchbar (im Sinne einer kleinen asymptotischen Schätzfehlervarianz $\bar{V}_{IV}$), wenn sie hoch mit x korreliert sind. Da sie aber gleichzeitig gemäß (I1) von den Fehlervarianzen (v, w) stochastisch unabhängig sein sollen, ist die Verwendung von Instrumentvariablen immer ein heikles Unterfangen.

Die asymptotische Varianz (77b) läßt sich aus den Daten konsistent schätzen durch

$$\hat{\bar{V}}_{IV} = \frac{\hat{e}_u}{r_{xz}^2} = \frac{\hat{\sigma}_u^2}{s_x^2\, r_{xz}^2}$$

$$\hat{\sigma}_u^2 := \frac{1}{T}\,\Sigma\,\hat{u}_t^2 = \frac{1}{T}\,\Sigma\,(y_t - \hat{\alpha}_{IV} - \hat{\beta}_{IV}\,x_t)^2. \tag{78}$$

Für $\bar{V}_{IV}$ existiert wegen $R_{xz}^2 \leq 1 - e$ (s. A 4.2/17) zudem die Abschätzung

$$\bar{V}_{IV} \geq \frac{e_u}{1 - e}. \tag{79}$$

In (79) wird die untere Grenze genau dann erreicht, wenn $R_{\xi z}^2 = 1$. Letzteres ist erfüllt, wenn z und ξ in einer linearen Beziehung zueinander stehen. In diesem Falle ist ein optimaler IV-Schätzer $\hat{\beta}_{IV,\,\mathrm{Opt}}$ konstruierbar mit

$$\bar{V}_{IV,\,\mathrm{Opt}} := \bar{V}\left[\sqrt{T}\,(\hat{\beta}_{IV,\,\mathrm{Opt}} - \beta)\right] = \frac{e_u}{1 - e}. \tag{80}$$

Im FV-Modell *i.e.S.* ist die asymptotische Varianz $\bar{V}_{IV,\,\mathrm{Opt}}$ für $e \neq 0$ und $\beta \neq 0$ kleiner als die asymptotische Varianz $\bar{V}_V$ des V-Schätzers $\hat{\beta}_V$ nach (31b), jedoch größer als die asymptotische Varianz $\bar{V}_{KQ}$ nach (14b) (s. A 4.2/18):

$$\bar{V}_{KQ} < \bar{V}_{IV,\,\mathrm{Opt}} < \bar{V}_V \tag{81}$$

A 4.2/17

Beweisen Sie, daß $R_{xz}^2 \leq 1 - e$.

A 4.2/18

Beweisen Sie (81) in zwei Schritten. Zeigen Sie, daß

a. $\bar{V}_V > \bar{V}_{IV,\,\mathrm{Opt}}$ b. $\bar{V}_{IV,\,\mathrm{Opt}} > e_u > \bar{V}_{KQ}$.

Hinweis: Nehmen Sie $0 < e < 1$ und $\beta \neq 0$ an.

A 4.2/19

a. Leiten Sie analog zu (33) für $\bar{V}_{IV,\,\mathrm{Opt}}$ eine Näherungsformel her, indem Sie $(1-e)^{-1}$ in eine geometrische Reihe entwickeln und dann alle Potenzen von höherer als zweiter Ordnung unterdrücken.
b. Geben Sie dann in Anlehnung an (38) auch eine Formel für die approximative Differenz zwischen $\bar{V}_V$ und $\bar{V}_{IV,\,\mathrm{Opt}}$ an.

A 4.2/20

a. Bestimmen Sie eine untere Schranke für den Betrag der Grenzkorrelation R_{xz} im Falle $\sigma_v^2 = 10$, $S_{xx} = 100$.
b. Berechnen Sie $\bar{V}_{IV,\,\mathrm{Opt}}$ für $\sigma_v^2 = 10$, $S_{xx} = 100$, $\sigma_w^2 = 10$, $\beta = 0{,}5$ und $\sigma_{vw} = 0$. Vergleichen Sie mit den entsprechenden Ergebnissen für $\bar{V}_{KQ}$ und $\bar{V}_V$ (s. L 4.2/3 und L 4.2/6).

b. Multiples FV-Modell

Auch die für den IV-Schätzer abgeleiteten asymptotischen Ergebnisse lassen sich auf den multiplen Fall übertragen. Diese Übertragung erfordert keine neuen Überlegungen.

Zunächst betrachten wir den in 3.5.1b zugrundegelegten Fall, daß K Instrumentvariablen $z_1, \ldots, z_K$ gegeben sind, die den Annahmen (I1, 2) und (Az) genügen. Die in einer Matrix $\boldsymbol{Z}$ zusammengefaßten Werte der Instrumentvariablen werden wieder o.B.d.A. als fest angesehen. Die Matrix $\boldsymbol{Z}'\boldsymbol{X}$ sei regulär und damit invertierbar.

Wir bestimmen für den in (3.5/17) eingeführten multiplen IV-Schätzer $\hat{\boldsymbol{\beta}}_{IV} = (\boldsymbol{Z}'\boldsymbol{X})^{-1}\boldsymbol{X}'\boldsymbol{y}$ die asymptotische Verteilung des mit $\sqrt{T}$ multiplizierten Schätzfehlers. Aus (3.5/18) gewinnt man zunächst die Gleichung

$$\sqrt{T}(\hat{\boldsymbol{\beta}}_{IV} - \beta) = \left(\frac{1}{T}\boldsymbol{Z}'\boldsymbol{X}\right)^{-1}\left(\frac{1}{\sqrt{T}}\boldsymbol{Z}'\boldsymbol{u}\right).$$

Äquivalent ist die Darstellung

$$\sqrt{T}(\hat{\boldsymbol{\beta}}_{IV} - \beta) = \left(\frac{1}{T}\boldsymbol{Z}'\boldsymbol{X}\right)^{-1}\sqrt{T}(\overline{z_1 u}, \ldots, \overline{z_K u})'\ . \tag{82}$$

Bevor wir die Grenzverteilung von (82) bestimmen, ermitteln wir zunächst diejenige des Vektors $\sqrt{T}(\overline{z_1 u}, \ldots, \overline{z_K u})'$ unter Verwendung von Satz 4.1/4. Wir setzen dort $e_{ti} \equiv u_t$ und $a'_{ti} = z_{ti}$ $(t = 1, \ldots, T;\ i = 1, \ldots, K)$ und erhalten bei Beachtung von Annahme (Az) – dieser entspricht in Satz 4.1/4 die Annahme der Existenz der Grenzwerte (4.1/9) – die Aussage

$$\sqrt{T}(\overline{z_1 u}, \ldots, \overline{z_K u})' \rightarrow N(\boldsymbol{o}, \sigma_u^2 \boldsymbol{M}_{zz}). \tag{83}$$

Aus (82, 83) folgt nun nach Satz 4.1/6, wenn man dort $\boldsymbol{B}_T = [(1/T)\boldsymbol{Z}'\boldsymbol{X}]^{-1}$ und $\boldsymbol{g}_T = \sqrt{T}(\overline{z_1 u}, \ldots, \overline{z_K u})'$ setzt:

$$\begin{aligned} &\sqrt{T}(\hat{\boldsymbol{\beta}}_{IV} - \boldsymbol{\beta}) \rightarrow N(\boldsymbol{o}, \bar{\boldsymbol{V}}_{IV}) \\ &\bar{\boldsymbol{V}}_{IV} = \sigma_u^2 \boldsymbol{M}_{zx}^{-1}\boldsymbol{M}_{zz}\boldsymbol{M}_{xz}^{-1}. \end{aligned} \tag{84}$$

Man erkennt aus (84), daß die Genauigkeit der IV-Schätzung – wie im einfachen FV-Modell – ganz wesentlich abhängt von der Stärke des Zusammenhangs zwischen exogenen Variablen und Instrumentvariablen, hier ausgedrückt durch die Grenzmomentenmatrix $\boldsymbol{M}_{zx} = \text{plim}\,(1/T)\,\boldsymbol{Z}'\,\boldsymbol{X}$.

Wenn L Instrumentvariablen $z_1, \ldots, z_L$ $(L > K)$ gegeben sind, die Anzahl der Instrumentvariablen die Anzahl der exogenen Variablen x_i des multiplen FV-Modells also übersteigt (Überidentifikationsfall), versagt die IV-Schätzmethode, weil die Matrix $\boldsymbol{Z}'\,\boldsymbol{X}$ dann nicht mehr quadratisch und $(\boldsymbol{Z}'\,\boldsymbol{X})^{-1}$ somit nicht mehr erklärt ist. Für den Fall $L \geq K$ hatten wir in 3.5.2b den allgemeineren 2KQ-Schätzer (3.5/42) eingeführt. Mit den eingangs getroffenen Annahmen kann man für diesen Schätzer ableiten, daß

$$\begin{aligned} &\sqrt{T}\,(\hat{\boldsymbol{\beta}}_{2KQ} - \boldsymbol{\beta}) \rightarrow N(\boldsymbol{o}, \bar{V}_{2KQ}) \\ &\bar{V}_{2KQ} = \sigma_u^2\,(\boldsymbol{M}_{xz}\,\boldsymbol{M}_{zz}^{-1}\,\boldsymbol{M}_{zx})^{-1}. \end{aligned} \tag{85}$$

Der Beweis wird ähnlich wie für (84) geführt (s. A 4.2/21).

Wie schon in 3.5.2f ausgeführt, sind die k-Klassenschätzer (3.5/61) mit $\text{plim}\,\sqrt{T}(k - 1) = 0$ asymptotisch mit dem 2KQ-Schätzer äquivalent. Ihre asymptotischen Kovarianzmatrizen sind daher ebenfalls durch (85b) gegeben.

Es sei erwähnt, daß (85) für $L = K$ in (84) übergeht (vgl. A 3.5/8b).

A 4.2/21

Beweisen Sie (85) unter Rückgriff auf L 3.5/8a.

c. Erweiterter Instrumentvariablenbegriff

Schließlich sei noch erwähnt, daß die asymptotischen Eigenschaften der IV-Schätzung erhalten bleiben, wenn wir den Instrumentvariablenbegriff in der in 3.5.1d skizzierten Weise verallgemeinern. Für das einfache FV-Modell heißt dies speziell, daß auch dann, wenn die Werte der Instrumentvariablen mit jeder Stichprobe neu anfallen, die Aussage von Satz 4.2/6 unverändert gültig bleibt. Voraussetzung ist allerdings, daß die Variablen $z_{t(T)}$ den in 3.5.1d aufgeführten Verallgemeinerungen der Annahmen (I1, 2) und (Az) genügen. Darüber hinaus muß noch die folgende Bedingung erfüllt sein:

$$\lim_{T \to \infty} \max_{t \leq T} \left(\frac{1}{\sqrt{T}} \, |z_{t(T)}| \right) = 0 \qquad \text{m.W.1.}$$

Alsdann kann mit Satz 4.1/5 für $\hat{\beta}_{IV}$ die asymptotische Aussage (77) bewiesen werden. Ähnlich beweist man für das multiple FV-Modell, daß auch (84) bei erweitertem Instrumentvariablenbegriff gültig bleibt.

Anmerkung: Es sei nochmals erwähnt (vgl. Anmerkung 2 zu 3.5.1a), daß die Instrumentvariablen beliebigen umkehrbaren linearen Transformationen unterliegen können, ohne daß dadurch der IV-Schätzer geändert wird. Im Falle des einfachen FV-Modells kann statt z eine transformierte Variable $z' = a + b\,z$ verwendet werden: $\hat{\beta}_{IV}$ bleibt davon unberührt. Dabei können a und b noch von den Stichprobenwerten $z_1 \ldots z_T$ bzw. $z_{1(T)}, \ldots, z_{T(T)}$ abhängen. Es ist daher sehr wohl möglich, daß auch in Fällen, in denen die zum Beweis von (77) benötigten Annahmen nicht alle erfüllt sind, eine linear transformierte Variable z' gefunden werden kann, die diese Voraussetzungen erfüllt. Insbesondere kann man durch Standardisierung der Variablen z_t, d.h. durch die Transformation $z'_t = (z_t - \bar{z})/s_z$, immer erreichen, daß die Annahme (Az) erfüllt ist.

4.2.6 Die G-Schätzungen

Die Schätzung durch Gruppenbildung hatten wir in 3.6.1 als Spezialfall der IV-Schätzung herausgestellt, wobei wir uns dort weitgehend auf das einfache FV-Modell i.e.S. bezogen. Wir wollen uns hier ganz auf dieses Modell beschränken. Die nachfolgenden Resultate sind daher aus Satz 4.2/6 ableitbar.

a. Asymptotische Verteilung des Fehlers der G-Schätzung nach Wald

Der in 3.6.1a eingeführte Zwei-Gruppen-Schätzer $\hat{\beta}_G = (\bar{y}_1 - \bar{y}_2)/(\bar{x}_1 - \bar{x}_2)$ läßt sich als IV-Schätzer $\hat{\beta}_{IV} = s_{yz}/s_{xz}$ darstellen mit

$$z_t := \begin{cases} 1 & t \in G_1 \\ 0 & t \in G_2 \end{cases} \tag{86}$$

als Instrumentvariablen (vgl. (3.6/1)). Für den Beweis der Konsistenz dieses speziellen IV-Schätzers hatten wir in 3.6.1a die Annahmen (G1) — (G3) getroffen. Für die Instrumentvariable (86) gilt (s. L 1.4/5)

$$s_z^2 = t_1\, t_2\,; \qquad s_{xz} = t_1\, t_2\, (\bar{x}_1 - \bar{x}_2),$$

wobei $t_1 := T_1/T$ und $t_2 := T_2/T$ das Verhältnis der Gruppenumfänge T_1 und T_2 zur Anzahl T aller Beobachtungen bezeichnen. Die Existenz der Grenzwerte lim $t_i =: \tau_i$ $(i = 1; 2)$ ist nach (G3) gesichert. Mit

$$\text{plim}\,(\bar{x}_1 - \bar{x}_2) =: d \tag{87}$$

folgt für die Grenzmomente S_{zz} und S_{xz} der Variablen (86)

$$S_{zz} = \tau_1\, \tau_2\,; \qquad S_{xz} = \tau_1\, \tau_2\, d.$$

Durch Einsetzen dieser Momente in (76, 77) erhält man das folgende Ergebnis:

▷ **Satz 4.2/7**: *Asymptotische Verteilung des Fehlers der Waldschen G-Schätzung*

Gegeben sei das einfache FV-Modell i.e.S. Die Beobachtungsindizes $t = 1, \ldots, T$ mögen so in zwei Gruppen aufzuteilen sein, daß die Annahmen (G1) — (G3) erfüllt sind.

In diesem Modell ist die Variable $\sqrt{T}(\hat{\beta}_G - \beta)$ mit $\hat{\beta}_G = (\bar{y}_1 - \bar{y}_2)/(\bar{x}_1 - \bar{x}_2)$ asymptotisch normalverteilt mit Erwartungswert 0 und nachstehender Varianz $\bar{V}_G$:

$$\sqrt{T}(\hat{\beta}_G - \beta) \to N(0, \bar{V}_G)$$
$$\bar{V}_G = \frac{\sigma_u^2}{\tau_1 \, \tau_2 \, d^2}. \tag{88}$$

A 4.2/22

Berechnen Sie mit den Daten aus A 3.6/4 für den Waldschen Schätzer $\hat{\beta}_G$ näherungsweise die asymptotische Varianz (88b), indem Sie in (88b) anstelle von σ_u^2 die Schätzung $\hat{\sigma}_u^2 := [1/(T-2)] \, \Sigma \, \hat{u}_t^2$ mit $\hat{u}_t := y_t - \hat{\alpha}_G - \hat{\beta}_G \, x_t$ verwenden und τ_i durch t_i $(i = 1; 2)$ sowie d durch $\bar{x}_1 - \bar{x}_2$ ersetzen.

b. Asymptotische Verteilung des Fehlers der G-Schätzung nach Nair und Bartlett

Da auch der Drei-Gruppen-Schätzer $\hat{\beta}_G = (\bar{y}_1 - \bar{y}_3)/(\bar{x}_1 - \bar{x}_3)$ nach Nair und Bartlett als spezieller IV-Schätzer aufzufassen ist (s. A 3.6/8), kann man die asymptotische Verteilung $\sqrt{T}(\hat{\beta}_G - \beta)$ auch hier aus Satz 4.2/6 gewinnen. Man erhält in Analogie zu (88)

$$\sqrt{T}(\hat{\beta}_G - \beta) \to N(0, \bar{V}_G)$$
$$\bar{V}_G = \frac{\sigma_u^2}{\tau_1 \, \tau_3 \, g^2} \tag{89}$$

mit $\tau_3 := \lim T_3/T$ und $g := \operatorname{plim}(\bar{x}_1 - \bar{x}_3)$.

4.2.7 Die M- und K-Schätzungen

In 3.8.1 hatten wir auf der Basis der Annahme $\mu_3(\xi) := E[(\xi - \bar{\xi})^3] \neq 0$ für den Parameter β des einfachen FV-Modells i.e.S. die M-Schätzungen (3.8/2 — 7) abgeleitet, deren Konsistenz z.T. an die Annahme $(N_{v,w})$ normalverteilter Fehlervariablen v und w gebunden war. In 3.8.2 setzten wir allgemeiner $\varkappa_n(\xi) \neq 0$ voraus (für ein $n > 2$) und gewannen so — z.T. wieder mit $(N_{v,w})$ — die K-Schätzungen (3.8/14, 15) und (3.8/19).

Wir legen im folgenden wie in 3.8 durchweg das einfache FV-Modell i.e.S. in der *Strukturvariante* zugrunde und bestimmen unter Verwendung von Satz 4.1/9 für einige der vorstehend genannten M- und K-Schätzungen $\hat{\beta}$ die Grenzverteilung des Terms $\sqrt{T}(\hat{\beta} - \beta)$. Um die Konsistenz der hier betrachteten Schätzer $\hat{\beta}$ zu gewährleisten, gehen wir durchgängig von der Annahme $(N_{v,w})$ aus.

a. Asymptotische Verteilunng des Fehlers einer allgemeinen Klasse von M- und K-Schätzungen

Die in 3.8 abgeleiteten konsistenten M- und K-Schätzungen (3.8/2 – 4), (3.8/7), (3.8/14 – 15) und (3.8/19) besitzen alle die Form

$$\hat{\beta}_{MK} = \left(\frac{g_{T1}}{g_{T2}}\right)^{\frac{1}{n}} \tag{90}$$

mit ganzzahligem $n > 0$ und empirischen Momenten oder Kumulanten g_{T1} und g_{T2} von dritter oder höherer Ordnung. Die g_{Ti} konvergieren stochastisch gegen die entsprechenden theoretischen Momente resp. Kumulanten, die wir abkürzend mit γ_i bezeichnen: $p\lim g_{Ti} = \gamma_i$; $i = 1, 2$. Wir setzen voraus, daß $\gamma_2 \neq 0$. Wegen der Konsistenz der M- und K-Schätzer aus 3.8 ist dann

$$\beta = \left(\frac{\gamma_1}{\gamma_2}\right)^{\frac{1}{n}}. \tag{91}$$

Fassen wir die g_{Ti} und die γ_i; $i = 1, 2$; zu Vektoren $\boldsymbol{g}_T = (g_{T1}, g_{T2})'$ und $\boldsymbol{\gamma} = (\gamma_1, \gamma_2)'$ zusammen, so gilt [s. *Cramér*, 1971, Kap. 28]

$$\sqrt{T}(\boldsymbol{g}_T - \boldsymbol{\gamma}) \to N(\boldsymbol{o}, \bar{\boldsymbol{V}}).$$

Die Elemente $\bar{v}_{11}$, $\bar{v}_{12} = \bar{v}_{21}$ und $\bar{v}_{22}$ der asymptotischen Kovarianzmatrix $\bar{\boldsymbol{V}}$ lassen sich als Funktionen höherer Momente der empirischen Variablen (x_t, y_t) darstellen. Die Existenz dieser Momente wollen wir ebenfalls voraussetzen.

Mit $\gamma_2 \neq 0$ ist gewährleistet, daß die Funktion

$$f(\boldsymbol{g}_T) := \left(\frac{g_{T1}}{g_{T2}}\right)^{\frac{1}{n}}$$

an der Stelle $\boldsymbol{g}_T = \boldsymbol{\gamma}$ stetig differenzierbar ist. Für den zugehörigen Gradienten an dieser Stelle errechnet man bei Beachtung von (91):

$$\boldsymbol{\nabla}_\gamma = \frac{\beta}{n}\left(\frac{1}{\gamma_1}, -\frac{1}{\gamma_2}\right)' \tag{92}$$

Wir können jetzt Satz 4.1/9 anwenden, dessen Voraussetzungen hier alle erfüllt sind. Man erhält so, wenn man in Satz 4.1/9 $f(\boldsymbol{g}_T) = \hat{\beta}$ und $f(\boldsymbol{\gamma}) = \beta$ setzt, die Aussage

$$\sqrt{T}(\hat{\beta}_{MK} - \beta) \to N(0, \boldsymbol{\nabla}'_\gamma \bar{\boldsymbol{V}} \boldsymbol{\nabla}_\gamma).$$

Mit (92) hat man insgesamt das folgende Resultat:

▷ **Satz 4.2/8**:*Asymptotische Verteilung einer Klasse von M- und K-Schätzungen für β*

Gegeben sei das einfache FV-Modell i.e.S. (Strukturvariante) mit normalverteilten Fehlervariablen v und w.

In diesem Modell ist die Zufallsvariable $\sqrt{T}(\hat{\beta}_{MK} - \beta)$ für M- und K-Schätzungen $\hat{\beta}_{MK}$, welche die Gestalt $\hat{\beta}_{MK} = (g_{T1}/g_{T2})^{1/n}$ mit ganzzahligem $n > 0$ und empirischen Momenten oder Kumulanten g_{T1} und g_{T2} dritter und höherer Ordnung haben, asymptotisch normalverteilt mit Erwartungswert 0 und nachstehender Varianz $\bar{V}_{MK}$:

$$\sqrt{T}(\hat{\beta}_{MK} - \beta) \to N(0, \bar{V}_{MK}) \tag{93}$$

$$\bar{V}_{MK} = \frac{\beta^2}{n^2}\left(\frac{\bar{v}_{11}}{\gamma_1^2} - \frac{2\,\bar{v}_{12}}{\gamma_1\,\gamma_2} + \frac{\bar{v}_{22}}{\gamma_2^2}\right). \tag{93}$$

Dabei ist $\gamma_i := \operatorname{plim} g_{Ti}$, während $\bar{v}_{ii}$ die asymptotische Varianz von $\sqrt{T}(g_{Ti} - \gamma_i), i = 1, 2$, und $\bar{v}_{12}$ die asymptotische Kovarianz von $\sqrt{T}(g_{T1} - \gamma_1)$ und $\sqrt{T}(g_{T2} - \gamma_2)$bezeichnen.

b. Asymptotische Verteilung des Fehlers spezieller M- und K-Schätzungen

Wir wollen zur Illustration aus der in Satz 4.2/8 beschriebenen allgemeinen Klasse von M- und K-Schätzungen $\hat{\beta}_{MK}$ exemplarisch zwei Vertreter herausgreifen und die zugehörigen Varianzen (93b) bestimmen. Beginnen wir mit dem speziellen M-Schätzer $\hat{\beta}_{M_1} = m_{21}(x, y)/m_3(x)$ nach (3.8/2). Dieser Schätzer, für den zur Sicherung der Konsistenz statt $(N_{v,w})$ nur die schwächere Annahme (N_v) zu treffen ist, besitzt offenbar die Form (90) mit $n = 1$, $g_{T1} = m_{21}(x, y)$ und $g_{T2} = m_3(x)$. Nach Satz 4.2/8 ist $\sqrt{T}(\hat{\beta}_{M_1} - \beta)$ asymptotisch $N(0, \bar{V}_{M_1})$-verteilt mit

$$\bar{V}_{M_1} = \beta^2\left(\frac{\bar{v}_{11}}{\gamma_1^2} - \frac{2\,\bar{v}_{12}}{\gamma_1\,\gamma_2} + \frac{\bar{v}_{22}}{\gamma_2^2}\right) = \frac{1}{\gamma_2^4}(\gamma_2^2\,\bar{v}_{11} - 2\,\gamma_1\,\gamma_2\,\bar{v}_{12} + \gamma_1^2\,\bar{v}_{22}). \tag{94}$$

Dabei bezeichnen $\gamma_1 = \mu_{21}(x, y)$ und $\gamma_2 = \mu_3(x)$ wieder die Wahrscheinlichkeitslimites von g_{T1} bzw. g_{T2}, $\bar{v}_{11}$ und $\bar{v}_{22}$ die asymptotischen Varianzen der skalaren Zufallsvariablen $\sqrt{T}(g_{T1} - \gamma_1)$ resp. $\sqrt{T}(g_{T2} - \gamma_2)$ und $\bar{v}_{12}$ deren asymptotische Kovarianz. Für $\bar{v}_{11}$, $\bar{v}_{12}$ und $\bar{v}_{22}$ gelten mit der Notation (2.3/9) die Darstellungen [s. *Kendall/Stuart*, 1977, Kap. 10 oder *Cramér*, 1971, Kap. 27]

$$\bar{v}_{11} = \mu_{42} - 4\,\mu_{31}\,\mu_{11} - 2\,\mu_{22}\,\mu_{20} - \mu_{21}^2 + \mu_{20}^2\,\mu_{02} + 8\,\mu_{20}\,\mu_{11}^2$$

$$\bar{v}_{12} = \mu_{51} - 2\,\mu_{40}\,\mu_{11} - 4\,\mu_{31}\,\mu_{20} - \mu_{30}\,\mu_{21} + 9\,\mu_{20}^2\,\mu_{11}$$

$$\bar{v}_{22} = \mu_{60} - 6\,\mu_{40}\,\mu_{20} - \mu_{30}^2 + 9\,\mu_{20}^3,$$

wobei $\mu_{ij}(x, y)$ durch μ_{ij} abgekürzt wurde. Einsetzen in (94) liefert

$$\begin{aligned}\bar{V}_{M_1} = \mu_{30}^{-4}\,(&\mu_{60}\,\mu_{21}^2 - 2\,\mu_{51}\,\mu_{30}\,\mu_{21} + \mu_{42}\,\mu_{30}^2 - 6\,\mu_{40}\,\mu_{21}^2\,\mu_{20}\\ &+ 4\,\mu_{40}\,\mu_{30}\,\mu_{21}\,\mu_{11} + 8\,\mu_{31}\,\mu_{30}\,\mu_{21}\,\mu_{20} - 4\,\mu_{31}\,\mu_{30}^2\,\mu_{11}\\ &- 2\,\mu_{30}^2\,\mu_{22}\,\mu_{20} + \mu_{30}^2\,\mu_{20}^2\,\mu_{02} + 8\,\mu_{30}^2\,\mu_{20}\,\mu_{11}^2\\ &- 18\,\mu_{30}\,\mu_{20}^2\,\mu_{21}\,\mu_{11} + 9\,\mu_{21}^2\,\mu_{20}^3).\end{aligned} \tag{95}$$

Die in (95) auftretenden höheren Momente können durch die entsprechenden empirischen Momente konsistent geschätzt werden.

Analog zu (95) lassen sich auch die asymptotischen Varianzen der M-Schätzungen (3.8/3, 4) und der K-Schätzung (3.8/19) berechnen. Da sie alle die Gestalt (90) mit $n = 1$ aufweisen, bestimmen sich die asymptotischen Varianzen dieser Schätzer alle nach (94), nur mit jeweils anderen Termen γ_i und $\bar{v}_{ij}$, $i, j = 1, 2$.

Betrachten wir jetzt noch den K-Schätzer $\hat{\beta}_{K_1} = \sqrt[j]{k_{ij}(x, y)/k_{i+j}(x)}$ nach (3.8/14). Auch er besitzt die Form (90), wobei hier $n = j$, $g_{T1} = k_{ij}(x, y)$ und $g_{T2} = k_{i+j}(x)$ ist. Nach Satz 4.2/8 ist $\sqrt{T}(\hat{\beta}_{K_1} - \beta)$ bei Gültigkeit von $(\mathrm{N}_{v,w})$ asymptotisch $N(0, \bar{V}_{K_1})$-verteilt mit

$$\bar{V}_{K_1} = \frac{\beta^2}{j^2}\left(\frac{\bar{v}_{11}}{\gamma_1^2} - \frac{2\,\bar{v}_{12}}{\gamma_1\,\gamma_2} + \frac{\bar{v}_{22}}{\gamma_2^2}\right). \tag{96}$$

Dabei ist $\gamma_1 := \varkappa_{ij}(x, y)$ und $\gamma_2 := \varkappa_{i+j}(x)$. Wenn man noch $\bar{v}_{11}$, $\bar{v}_{12}$ und $\bar{v}_{22}$ kennt, kann man die Varianz $\bar{V}_{K_1}$ aus (96) berechnen.

Die wichtigsten Ergebnisse, die bisher in 4.2 für das einfache FV-Modell abgeleitet wurden, sind in der folgenden Übersicht (Tab. 4.2/1) zusammengefaßt.

Anmerkung: Einen Vergleich der verschiedenen asymptotischen Varianzen von M-Schätzern findet man bei *Pal* [1980a].

A 4.2/23

Berechnen Sie mit Satz 4.2/8 die asymptotische Varianz der in (3.8/7) eingeführten M-Schätzung $\hat{\beta}_{M_5} = \sqrt[3]{m_3(y)/m_3(x)}$.

Schätz-verf.	Ergänzende Annahmen	Grenzverteilung ($T \rightarrow \infty$)	Asymptotische Varianz
KQ	(FV), (N_v) $\sigma_{vw} = 0$	$\sqrt{T}\left(\hat{\beta}_{KQ} - \frac{\beta\, s_\xi^2}{s_\xi^2 + \sigma_v^2}\right) \rightarrow N(0, \bar{V}_{KQ})$	$\bar{V}_{KQ} = e_u - \beta^2 e^2 (3 - 4e + 2e^2)$
V	(N_v), $\sigma_{vw} = 0$	$\sqrt{T}(\hat{\beta}_V - \beta) \rightarrow N(0, \bar{V}_V)$	$\bar{V}_V = \frac{e_u + \beta^2 e^2}{(1-e)^2}$
P	($N_{v,w}$), $\sigma_{vw} = 0$	$\sqrt{T}(\hat{\beta}_P - \beta) \rightarrow N(0, \bar{V}_P)$	$\bar{V}_P = \frac{e_u - \beta^2 e^2}{(1-e)^2}$
R	(N_v), (3.4/10), $\sigma_{vw} = 0$	$\sqrt{T}(\hat{\beta}_{VR} - \beta) \rightarrow N(0, \bar{V}_{VR})$	$\bar{V}_{VR} = \frac{\sigma_u^2 S_{xx}}{S_{\xi\xi}^2} + \frac{\beta^2 \sigma_v^4 (m+1)}{S_{\xi\xi}^2 (m-1)}$
	($N_{v,w}$), (3.4/10), $\varepsilon = 0$, $\sigma_{vw} = 0$	$\sqrt{T}(\hat{\beta}_{PR} - \beta) \rightarrow N(0, \bar{V}_{PR1})$	$\bar{V}_{PR1} = \frac{\sigma_u^2 S_{xx}}{S_{\xi\xi}^2} - \frac{\beta^2 \sigma_v^4}{S_{\xi\xi}^2}(1 - 4ap^2)$ $a := \frac{1}{2}\left(\frac{1}{m-1} + \frac{1}{n-1}\right), \quad p := \frac{\sigma_w^2}{\sigma_u^2}$
	($N_{v,w}$), (3.4/10), $m = n$, $\varepsilon = 0$	$\sqrt{T}(\hat{\beta}_{PR} - \beta) \rightarrow N(0, \bar{V}_{PR2})$	$\bar{V}_{PR2} = \frac{\sigma_u^2}{S_{\xi\xi}} + \frac{m}{m-1}\frac{\sigma_v^2 \sigma_w^2}{S_{\xi\xi}^2}(1 - \varrho_{vw}^2)$
IV	(11) – (12), (Az)	$\sqrt{T}(\hat{\beta}_{IV} - \beta) \rightarrow N(0, \bar{V}_{IV})$	$\bar{V}_{IV} = \frac{e_u}{R_{xz}^2} = \frac{S_{zz}\sigma_u^2}{S_{xz}^2}$
G (Wald)	(G1) – (G3)	$\sqrt{T}(\hat{\beta}_G - \beta) \rightarrow N(0, \bar{V}_G)$	$\bar{V}_G = \frac{\sigma_u^2}{\tau_1 \tau_2 d^2}; \quad \tau_i = \lim T_i/T; \quad i = 1, 2$
M, K	($N_{v,w}$) $\hat{\beta}_{MK} = \left(\frac{g_{T1}}{g_{T2}}\right)^{\frac{1}{n}}$ $\sigma_{vw} = 0$	$\sqrt{T}(\hat{\beta}_{MK} - \beta) \rightarrow N(0, \bar{V}_{MK})$	$\bar{V}_{MK} = \frac{\beta^2}{n^2}\left(\frac{\bar{v}_{11}}{\gamma_1^2} - \frac{2\bar{v}_{12}}{\gamma_1 \gamma_2} + \frac{\bar{v}_{22}}{\gamma_2^2}\right)$ $\gamma_i := \operatorname{plim} g_{Ti}; \quad i = 1,2$

Tab. 4.2/1: Asymptotisches Verhalten verschiedener Schätzungen im einfachen FV-Modell

4.2.8 Kombinierte Schätzungen

Die Möglichkeit, verschiedene Schätzer zu einem neuen Schätzer zu kombinieren, hatten wir schon in 3.8.1c am Beispiel der M-Schätzer erörtert. Irgend zwei konsistente Schätzer $\hat{\beta}_1$ und $\hat{\beta}_2$ können z.B. linear kombiniert werden zu einem neuen Schätzer

$$\hat{\beta}_3 := a_1 \hat{\beta}_1 + a_2 \hat{\beta}_2. \tag{97}$$

Der Schätzer (97) ist wegen $plim\, \hat{\beta}_3 = (a_1 + a_2)\,\beta$ offenbar genau dann konsistent, wenn die Koeffizienten a_1 und a_2 sich zu 1 addieren.

Die lineare Kombination zweier konsistenter Schätzer kann vor allem dann sinnvoll sein, wenn die beiden Schätzer mit Hilfe unabhängiger Zusatzinformationen gebildet worden sind. Z.B. könnte $\hat{\beta}_1 = \hat{\beta}_V$ (Schätzer bei bekannter Fehlervarianz σ_v^2) und $\hat{\beta}_2 = \hat{\beta}_{IV}$ (Schätzer bei gegebener Instrumentvariablen z) sein. In der Praxis ist es natürlich selten, daß man über zwei voneinander unabhängige Zusatzinformationen verfügt. Wenn dieser Fall aber vorliegt, sollte man die vorhandene Zusatzinformation auch voll ausnutzen, etwa durch Bildung einer Linearkombination (97). Hierbei wird man die Koeffizienten a_1 und a_2 mit $a_1 + a_2 = 1$ in (97) so wählen, daß der Schätzer $\hat{\beta}_3$ eine möglichst kleine asymptotische Varianz $\bar{V}_3 := \bar{V}[\sqrt{T}(\hat{\beta}_3 - \beta)]$ besitzt. Letztere ist, wenn man $\bar{V}_1$ und $\bar{V}_2$ in Analogie zu $\bar{V}_3$ definiert, gegeben durch

$$\begin{aligned} \bar{V}_3 &= a_1^2\, \bar{V}_1 + 2\, a_1\, a_2\, \bar{C}_{12} + a_2^2\, \bar{V}_2 \\ \bar{C}_{12} &:= \bar{C}[\sqrt{T}(\hat{\beta}_1 - \beta),\ \sqrt{T}(\hat{\beta}_2 - \beta)]. \end{aligned} \tag{98}$$

Man benötigt demnach zur Minimierung von $\bar{V}_3$ neben $\bar{V}_1$ und $\bar{V}_2$ noch die asymptotische Kovarianz $\bar{C}_{12}$ der (mit $\sqrt{T}$ multiplizierten) Schätzfehler von $\hat{\beta}_1$ und $\hat{\beta}_2$. Für $\hat{\beta}_1 = \hat{\beta}_V$ und $\hat{\beta}_2 = \hat{\beta}_{IV}$ beweist man z.B. $\bar{C}_{12} = e_u/(1 - e)$. Nach Berechnung von (98b) bereitet es jedenfalls keine Schwierigkeit mehr, $\bar{V}_3$ zu minimieren [vgl. *Schneeweiß/Witschel*, 1981; *Schneeweiß*, 1983].

Man kann zum Zwecke der Minimierung des MQF aber nach (97) auch einen inkonsistenten Schätzer linear kombinieren, z.B. $\hat{\beta}_1 := \hat{\beta}_{KQ}$ mit $\hat{\beta}_2 := \hat{\beta}_V$. Eine Kombination des KQ-Schätzers mit dem V-Schätzer kommt vor allem bei mittelgroßem Stichprobenumfang in Betracht, weil der MQF von $\hat{\beta}_{KQ}$ in diesem Fall kleiner als der MQF von $\hat{\beta}_V$ sein kann (vgl. die Diskussion im Anschluß an (38)). Der MQF des Schätzers $\hat{\beta}_3 = a_1 \hat{\beta}_{KQ} + a_2 \hat{\beta}_V$ läßt sich bei geeigneter Wahl der Koeffizienten a_1 und a_2 noch unter den MQF des KQ-Schätzers drücken.

Diese Situation wird durch die folgende Abb. 4.2/2 veranschaulicht. Der KQ-Schätzer ist zwar nicht erwartungstreu, hat aber gegenüber der V-Schätzung nach (37) eine kleinere asymptotische Varianz. Die Kombination beider gemäß (97) hat bei entsprechender Wahl von a_1 und a_2 eine asymptotische Verzerrung, die geringer als die von $\hat{\beta}_{KQ}$ ist, und eine asymptotische Varianz, die zwischen denen der Ausgangsschätzer liegt oder sogar kleiner ist als jede der beiden Varianzen:

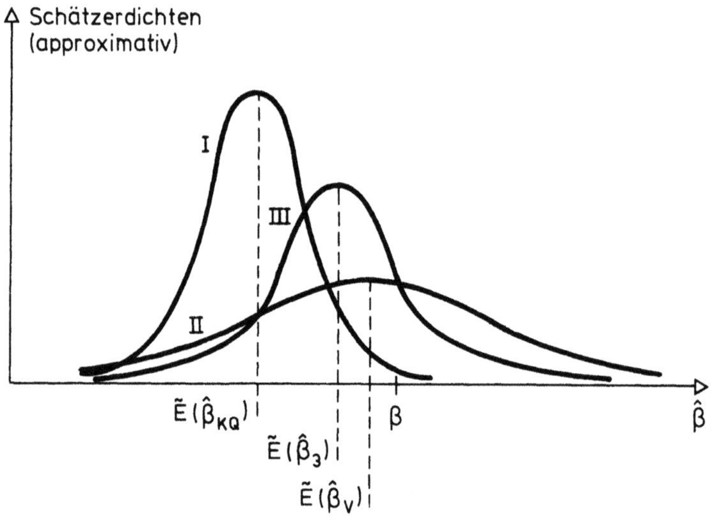

Abb. 4.2/2: Approximative Verteilung von $\hat{\beta}_{KQ}$ (I), $\hat{\beta}_V$ (II) und $\hat{\beta}_3$ (III) bei mittelgroßem Stichprobenumfang

Anmerkung: *Feldstein* [1974] schlägt für das einfache FV-Modell (Funktionalvariante) zur Schätzung von β ein „gewogenes Mittel" (97) aus dem KQ-Schätzer und dem IV-Schätzer zum Zwecke der Minimierung des asymptotischen MQF vor. *Carter* und *Fuller* [1980] kombinieren in ähnlicherweise Weise den IV-Schätzer mit dem inkonsistenten Schätzer $\hat{\beta} = s_{xy.z}/s^2_{x.z}$. Dabei ist $s_{xy.z}$ die partielle empirische Kovarianz von x und y bei gegebener Instrumentvariablen z, also die Kovarianz der Residuen der Regressionen von x auf z bzw. von y auf z. Entsprechend bezeichnet $s^2_{x.z}$ die Residualvarianz einer Regression von x auf z.

Nach *Pal* [1980b] kann der 2KQ-Schätzer des Parameters β im einfachen FVE-Modell mit mehreren Instrumentvariablen $z_1, \ldots, z_L$ als optimale Linearkombination der mit $z_1, \ldots, z_L$ gebildeten IV-Schätzer interpretiert werden [vgl. auch *Goldberger*, 1973].

4.3 Verteilungen von Schätzern bei endlichen Stichproben

In 4.2 haben wir gefunden, daß die Verteilung des Schätzfehlers für die dort betrachteten Schätzer unter geeigneten Zusatzannahmen und bei geeigneter Normierung mit $T \to \infty$ gegen eine Normalverteilung strebt, deren Varianz wir berechnen konnten (vgl. Tab. 4.2/1). Diese asymptotische Normalverteilung approximiert die Verteilung des Schätzfehlers für endliche T, sofern nur der Stichprobenumfang T hinreichend groß ist. Wenn aber T klein ist, kann die Verteilung des Schätzfehlers erheblich von der asymptotischen Verteilung abweichen.

Es besteht daher ein Bedüfnis, die Verteilung des Schätzfehlers für jedes beliebige endliche T, insbesondere aber für kleine T, zu kennen. Solche für einen endlichen Stichprobenumfang T berechneten Verteilungen bezeichnet man auch als **exakte Verteilungen** und die zugehörigen Momente, soweit sie existieren, als **exakte Momente**. Nur bei Kenntnis der exakten Verteilungen oder zumindest gewisser exakter

Momente von Schätzern resp. Schätzfehlern lassen sich Schätzgütevergleiche anstellen, die nicht nur für große T brauchbar sind.

Die Berechnung der exakten Verteilungen von Schätzern ist nur bei genauer Spezifikation der Verteilung der Modellvariablen möglich. Im folgenden wollen wir uns i.a. auf das einfache FV-Modell *i.e.S.* mit $\varepsilon \equiv 0$ beziehen und dort durchweg annehmen. daß die Fehlervariablen normalverteilt sind:

($N_{v,w}$) Die Fehlervariablen v und w sind normalverteilt.

Die systematischen Variablen ξ_t sehen wir entweder als unbekannte Parameter an (Funktionalvariante) oder als unabhängig identisch normalverteilte Zufallsvariablen (Strukturvariante mit (N_ξ)).

Unter diesen Annahmen ist es in manchen Fällen möglich, die exakte Verteilung des Schätzers bzw. des Schätzfehlers anzugeben; in einigen weiteren Fällen kann man diese Verteilung zumindest näherungsweise berechnen (mit einer besseren Näherung — versteht sich — als sie die asymptotische Verteilung darstellt). Schließlich kann man auch Angaben über exakte Momente der Verteilung des Schätzers machen, insbesondere über den Erwartungswert und die Varianz.

Um eine Verbindung zwischen exakten und asymptotischen Ergebnissen herstellen zu können, benötigen wir stellenweise wie in 4.2 die asymptotische Annahme (A).

4.3.1 Grundlagen

a. Stand der Kleine-Stichproben-Forschung

Die **Kleine-Stichproben-Forschung**, im folgenden kurz **FSR** genannt (finite sample research), befaßt sich mit der Berechnung exakter oder approximativer Verteilungen oder Charakteristika von Verteilungen (Momente) für Schätzer und Testvariablen bei endlichem Stichprobenumfang T. Die FSR ist noch eine recht junge Forschungsrichtung, die sich langsam seit Beginn der 60'er Jahre entwickelt und erst in den letzten zehn Jahren eine stürmischen Aufschwung genommen hat.

Taylor [1983], der sich als Anwender ökonometrischer Theorien versteht, analysiert den Stand der FSR und stellt dabei einige ketzerische Fragen zu ihrer Relevanz, die eine stimulierende Diskussion mit den „Vätern" der FSR provoziert haben [*Anderson*, 1983; *Kmenta*, 1983; *Mariano*, 1983 u.a.]. Er behauptet, daß FSR-Ergebnisse bislang noch nirgendwo direkt in einer Anwendung ihren Niederschlag gefunden hätten und nennt dafür drei mögliche Erklärungsgründe: FSR-Ergebnisse sind Funktionen unbekannter Parameter, sie sind meist überaus komplex, somit kaum handhabbar, und sie beruhen auf restriktiven, i.a. nicht verifizierbaren Verteilungsannahmen. Er vertritt ferner die Ansicht, daß die FSR für die empirische Ökonometrie von untergeordneter Bedeutung sei. Modellspezifikation etwa sei ein wesentlich wichtigeres Feld. Was nütze die Kenntnis der exakten Verteilung eines Schätzers, wenn das zugrundeliegende Modell nur eine sehr vereinfachende Abbildung der komplexen Wirklichkeit darstellt? Hier werde nur eine Scheingenauigkeit vorgetäuscht.

Taylor räumt allerdings ein, daß die FSR durchaus auf die Praxis Einfluß habe, wobei dieser Einfluß mehr indirekt sei. Die FSR kann etwa Hilfestellungen bei der Entscheidung zwischen asymptotisch äqivalenten Schätzern geben, auch wenn ihre Ergebnisse Funktionen unbekannter Parameter sind. Aus einer exakten Verteilungsfunktion läßt sich ablesen, von welchen Schlüsselparametern die Verteilung einer Statistik abhängt. Dies kann z.B. das Design einer Simulation mit ökonometrischen Modellen (**Monte-Carlo-Studien**, kurz **MC-Studien**) beeinflussen. FSR-Ergebnisse liefern außerdem einen Vergleichsmaßstab zur Bewertung der Brauchbarkeit von verschiedenen Approximationen (asymptotische Verteilungen oder approximierte exakte Verteilungen).

Die Entdeckung der FSR, daß die Nichtexistenz von Momenten bei gebräuchlichen Schätzern ein gar nicht so seltenes Phänomen ist, stellt allerdings schon einen Beweis dar für bereits bestehenden direkten Einfluß auf die Praxis, wie *Kmenta* [1983] betont. Jeder, der MC-Studien durchführt, muß sich unbehaglich fühlen, wenn er Erwartungswerte und Varianzen berechnet, deren theoretische Werte evtl. unendlich sind. Die FSR wirkt insofern auch auf diese Weise auf die Anlage von MC-Studien ein und läßt Praktiker in der Zukunft vielleicht zunehmend nach momentenunabhängigen Schätzervergleichskriterien suchen. *Mittag* [1986] macht deutlich, daß FSR-Ergebnisse ferner als Ausgangspunkt für die Entwicklung neuer Schätzverfahren von direktem Nutzen sein können.

Die bisherige geringe Verbreitung von Ideen der FSR ist, wie *Kmenta* [1983] vermutet, auf die Komplexität des Gegenstandes und auch auf das Fehlen von FSR-Konzepten und -Resultaten in einschlägigen Lehrbüchern zurückzuführen. Exakte Verteilungs- und Dichtefunktionen, wie sie von der FSR für verschiedene Schätzer entwickelt wurden (vornehmlich für Strukturkoeffizienten des I-Modells) weisen in der Tat eine meist ziemlich komplizierte Gestalt auf (s. 4.3.2a und 4.3.3a). In die Funktionsterme gehen i.a. unendliche Summen sog. hypergeometrischer Funktionen ein. Für den Anwender der FSR sind daher Approximationen von FSR-Ergebnissen ein Ausweg. Die Verwendung der gebräuchlichen Approximationsverfahren, wie etwa der auf dem Zentralen Grenzwertsatz beruhenden **Edgeworth-Approximation** [vgl. hierzu z.B. *Rothenberg*, 1983], erfordern aber solide mathematisch-statistische Kenntnisse. Die Entwicklung neuer, einfacher zu handhabender Approximationsverfahren könnte dem breiteren praktischen Einsatz von FSR-Resultaten den Weg ebnen.

Weiterentwicklungen sind auch bezüglich der Annahmen zu erwarten, die FSR-Ableitungen zugrunde liegen. *Mariano* [1983] prognostiziert, daß die FSR die restriktive Normalverteilungsannahme abschwächen oder ganz aufgeben wird und auch für alternative Störvariablenverteilungen Ergebnisse gewinnen wird.

Wir stellen zusammenfassend fest, daß die FSR Grundlagenforschung ist, die erst allmählich eine allgemein anerkannte direkte Einwirkung auf die ökonometrische Praxis haben wird. Die Geschwindigkeit, mit der FSR-Ideen und-Resultate sich durchsetzen, hängt auch von der Intensität der Kommunikation zwischen den in der FSR tätigen Forschern und potentiellen Anwendern ab. Wir wollen diese Kommunikation dadurch unterstützen, daß wir in 4.3.2 und 4.3.3 exemplarisch zwei FSR-Ergebnisse für das einfache FV-Modell i.e.S. ausführlich darstellen: die Bestimmung und Auswertung der exakten Dichtefunktion für den gewöhnlichen und den orthogonalen KQ-Schätzer. In 4.3.4 skizzieren wir FSR-Resultate für den IV-Schätzer.

b. Die Wishartverteilung

Für die Bestimmung von exakten Dichtefunktionen für Schätzer im einfachen FV-Modell i.e.S. benötigen wir einige Grundlagen zur **Wishartverteilung**, die im folgenden zusammengestellt sind. Eine ausführliche Behandlung dieser Verteilung findet sich z.B. bei *Muirhead* [1982, Abschn. 3.2].

Wichtig im Zusammenhang mit der Ableitung von Dichtefunktionen bei der *Strukturvariante* mit normalverteilten Modellvariablen ist die **zentrale Wishartverteilung**:

▷ **Def. 4.3/1**: *Zentrale Wishartverteilung*

Seien z_t unabhängig identisch $N(o, \boldsymbol{\Sigma})$-verteilte p-dimensionale Zufallsvektoren; $t = 1, \ldots, T$; $T \geq p$. Die Matrix $\boldsymbol{M} := \Sigma z_t z_t'$ heißt dann zentral wishartverteilt mit T Freiheitsgraden und Parametermatrix $\boldsymbol{\Sigma}$: $\quad \boldsymbol{M} \sim W(T, \boldsymbol{\Sigma})$.

Bei der *Funktionalvariante* wird die **nichtzentrale Wishartverteilung** benötigt:

▷ **Def. 4.3/2**: *Nichtzentrale Wishartverteilung*

Seien z_t unabhängig $N(\boldsymbol{\mu}_t, \boldsymbol{\Sigma})$-verteilte p-dimensionale Zufallsvektoren, $t = 1, \ldots, T$; $T \geq p$. Die Matrix $\boldsymbol{M} := \Sigma z_t z_t'$ heißt dann nichtzentral wishartverteilt mit T Freiheitsgraden, Parametermatrix $\boldsymbol{\Sigma}$ und Nichtzentralitätsmatrix $A = \Sigma \boldsymbol{\mu}_t \boldsymbol{\mu}_t'$: $\quad \boldsymbol{M} \sim W(T, \boldsymbol{\Sigma}, A)$.

Man kann auf der Basis dieser Definitionen den folgenden Satz mittels orthogonaler Transformationen beweisen:

▷ **Satz 4.3/1**: *Wishartverteilte empirische Kovarianzmatrizen*

Seien z_t unabhängig $N(\boldsymbol{\mu}_t, \boldsymbol{\Sigma})$-verteilte p-dimensionale Zufallsvektoren; $t = 1, \ldots, T$; $T - 1 \geq p$.

Dann ist die Matrix $\boldsymbol{S} := \Sigma(z_t - \bar{z})(z_t - \bar{z})'$ im Falle konstanter Erwartungswertvektoren $\boldsymbol{\mu}_t$ $(\boldsymbol{\mu}_t \equiv \boldsymbol{\mu})$ zentral wishartverteilt mit $T - 1$ Freiheitsgraden und Parametermatrix $\boldsymbol{\Sigma}$: $\quad \boldsymbol{S} \sim W(T - 1, \boldsymbol{\Sigma})$. Im Falle nichtkonstanter $\boldsymbol{\mu}_t$ ist $\boldsymbol{S}$ nichtzentral wishartverteilt mit $T - 1$ Freiheitsgraden, Parametermatrix $\boldsymbol{\Sigma}$ und Nichtzentralitätsmatrix $A = \Sigma(\boldsymbol{\mu}_t - \bar{\boldsymbol{\mu}})(\boldsymbol{\mu}_t - \bar{\boldsymbol{\mu}})'$: $\boldsymbol{S} \sim W(T - 1, \boldsymbol{\Sigma}, A)$.

Die Dichtefunktionen wishartverteilter Matrizen sind relativ kompliziert. Wir geben sie hier nur für den Fall $p = 2$ an:

▷ **Satz 4.3/2**: *Dichtefunktion einer zentral wishartverteilten Matrix*

Sei $\boldsymbol{S}$ ein (2×2)-Matrix mit $\boldsymbol{S} \sim W(T-1, \boldsymbol{\Sigma})$. Die gemeinsame Dichtefunktion der Elemente von $\boldsymbol{S}$ ist gegen durch

$$f(s_{11}, s_{12}, s_{22}) = \frac{(\det \boldsymbol{S})^{\frac{T}{2}-2} \exp\left(-\frac{1}{2} \operatorname{sp} \boldsymbol{\Sigma}^{-1} \boldsymbol{S}\right)}{2^{T-1} \sqrt{\pi}\, (\det \boldsymbol{\Sigma})^{\frac{T-1}{2}}\, \Gamma\left(\frac{T-1}{2}\right) \Gamma\left(\frac{T}{2}-1\right)},$$

falls $\boldsymbol{S}$ positiv definit ist; andernfalls hat die Dichtefunktion den Wert Null.

▷ **Satz 4.3/3**: *Dichtefunktion einer nichtzentral wishartverteilten Matrix*

Sei $\boldsymbol{S}$ eine (2×2)-Matrix mit $\boldsymbol{S} \sim W(T-1, \boldsymbol{\Sigma}, \boldsymbol{A})$ und $\operatorname{rg} \boldsymbol{A} = 1$. Die gemeinsame Dichtefunktion der Elemente von $\boldsymbol{S}$ ist gegeben durch

$$f(s_{11}, s_{12}, s_{22}) = \frac{(\det \boldsymbol{S})^{\frac{T}{2}-2} \exp\left(-\frac{1}{2} \operatorname{sp} \boldsymbol{\Sigma}^{-1} \boldsymbol{S}\right)}{2^{\frac{T+1}{2}} (\det \boldsymbol{\Sigma})^{\frac{T-1}{2}} (\operatorname{sp} \boldsymbol{S} \boldsymbol{\Sigma}^{-1} \boldsymbol{A} \boldsymbol{\Sigma}^{-1})^{\frac{T-3}{4}}}$$
$$\times \frac{\exp\left(-\frac{1}{2} \operatorname{sp} \boldsymbol{\Sigma}^{-1} \boldsymbol{A}\right)}{\sqrt{\pi}\, \Gamma\left(\frac{T}{2}-1\right)} I_{\frac{1}{2}(T-3)}\left(\sqrt{\operatorname{sp} \boldsymbol{S} \boldsymbol{\Sigma}^{-1} \boldsymbol{A} \boldsymbol{\Sigma}^{-1}}\right),$$

falls $\boldsymbol{S}$ positiv definit ist; andernfalls hat die Dichtefunktion den Wert Null.

Die in Satz 4.3/3 auftretende Funktion $I_n(x)$ ist die sog. **modifizierte Besselfunktion**, die wiederum über die **Gammafunktion** $\Gamma(x)$ definiert ist:

$$I_n(x) := \left(\frac{x}{2}\right)^n \sum_{k=0}^{\infty} \frac{\left(\frac{x}{2}\right)^{2k}}{k!\, \Gamma(n+k+1)}$$

$$\Gamma(x) := \int_0^{\infty} e^{-t} t^{x-1}\, dt \qquad (x > 0).$$

4.3.2 Der KQ - Schätzer

a. Exakte Dichtefunktion

Richardson und *Wu* [1970] haben die Dichtefunktion $f(\hat{\beta}_{KQ})$ des Schätzers $\hat{\beta}_{KQ}$ für das einfache FV-Modell i.e.S. unter der Voraussetzung $(\mathrm{N}_{v,\,w})$ abgeleitet, und zwar sowohl für die Strukturvariante als auch für die Funktionalvariante.

Betrachten wir zunächst die *Strukturvariante* mit unabhängig identisch normalverteilten Variablen ξ_t. Die Vektoren $\boldsymbol{z}_t := (x_t, y_t)'$ sind hier für $t = 1, \ldots, T$ unabhängig identisch normalverteilt mit Erwartungswertvektor $\boldsymbol{\mu}$ und fester Kovarianzmatrix $\boldsymbol{\Sigma}$:

$$z_t \sim N(\mu, \boldsymbol{\Sigma})$$

$$\boldsymbol{\mu} = \begin{pmatrix} \mu_\xi \\ \alpha + \beta\mu_\xi \end{pmatrix}, \quad \boldsymbol{\Sigma} = \begin{pmatrix} \sigma_x^2 & \sigma_{xy} \\ \sigma_{xy} & \sigma_y^2 \end{pmatrix} \qquad t = 1, \ldots, T. \tag{1}$$

Die Elemente von $\boldsymbol{\Sigma}$ sind durch (2.2/2c — e) gegeben. Die Matrix

$$\boldsymbol{S} := \Sigma(\boldsymbol{z}_t - \bar{\boldsymbol{z}})(\boldsymbol{z}_t - \bar{\boldsymbol{z}})' = T\begin{pmatrix} s_x^2 & s_{xy} \\ s_{xy} & s_y^2 \end{pmatrix} \tag{2}$$

ist nach Satz 4.3/1 $W(T-1, \boldsymbol{\Sigma})$-verteilt. Die gemeinsame Dichtefunktion von $s_{11} := Ts_x^2$, $s_{12} := Ts_{xy}$ und $s_{22} := Ts_y^2$ bestimmt sich nach Satz 4.3/2 (vgl. A 4.3/1a).

Die Transformationen

$$r := \frac{s_{12}}{s_{11}}, \qquad p := s_{22} - \frac{s_{12}^2}{s_{11}}, \qquad u := s_{11} \tag{3}$$

mit der Jacobideterminante $\det \boldsymbol{J} = 1/u$ führen dann auf die gemeinsame Dichtefunktion der gemäß (3) definierten Variablen r, p und u (vgl. A 4.3/1b). Aus der letztgenannten Dichtefunktion erhält man durch sukzessive Ausintegration von u und p die Dichtefunktion von $r = \hat{\beta}_{KQ}$. Man erhält auf diese Weise für die Strukturvariante die **exakte Dichtefunktion** (s. A 4.3/1c)

$$f(\hat{\beta}_{KQ}) = \frac{(\det \boldsymbol{\Sigma})^{\frac{T-1}{2}} \cdot \Gamma\left(\frac{T}{2}\right)}{\sqrt{\pi}\,\Gamma\left(\frac{T-1}{2}\right) k(\hat{\beta}_{KQ})^{\frac{T}{2}}\, \sigma_x^{T-2}} \tag{4}$$

$$k(\hat{\beta}_{KQ}) := \sigma_x^2 \hat{\beta}_{KQ}^2 - 2\,\sigma_{xy}\,\hat{\beta}_{KQ} + \sigma_y^2.$$

Bei der *Funktionalvariante* ist die Ableitung der exakten Dichtefunktion $f(\hat{\beta}_{KQ})$ etwas aufwendiger. Die Vektoren $\boldsymbol{z}_t = (x_t, y_t)'$ sind jetzt nicht mehr identisch normalverteilt:

$$\boldsymbol{z}_t \sim N(\boldsymbol{\mu}_t, \boldsymbol{\Sigma})$$

$$\boldsymbol{\mu}_t = \begin{pmatrix} \xi_t \\ \alpha + \beta \xi_t \end{pmatrix}, \quad \boldsymbol{\Sigma} = \begin{pmatrix} \sigma_v^2 & 0 \\ 0 & \sigma_w^2 \end{pmatrix} \qquad t = 1, \ldots, T. \tag{5}$$

Die Matrix $\boldsymbol{S}$ nach (2) ist gemäß Satz 4.3/1 $W(T-1, \boldsymbol{\Sigma}, A)$-verteilt mit der Nichtzentralitätsmatrix $A = \Sigma(\boldsymbol{\mu}_t - \bar{\boldsymbol{\mu}})(\boldsymbol{\mu}_t - \bar{\boldsymbol{\mu}})'$. Obwohl $\boldsymbol{S}$ nichtzentral wishartverteilt ist, kann man bei der Bestimmung der Dichtefunktion von $\hat{\beta}_{KQ} = s_{12}/s_{11}$ ganz ähnlich vorgehen wie bei der Strukturvariante. Es resultiert mit $\delta := \sigma_v^2/\sigma_w^2 = \lambda^{-1}$ und $Ts_\xi^2/\sigma_v^2 =: 2c$

$$f(\hat{\beta}_{KQ}) = \frac{\exp[-c(1+\delta\beta^2)]}{\sqrt{\lambda\pi}(1+\delta\hat{\beta}_{KQ}^2)^T} \sum_{j=0}^{\infty} \frac{\Gamma\left(\frac{T}{2}+j\right) c^j (1+\delta\beta\hat{\beta}_{KQ})^{2j}}{\Gamma\left(\frac{T-1}{2}+j\right) j!\,(1+\delta\hat{\beta}_{KQ}^2)^j} \times$$
$$_1F_1\left(\frac{T}{2}-1, \frac{T-1}{2}+j, c\,\delta\beta^2\right). \tag{6}$$

Dabei bezeichnet $_1F_1(a, b, x)$ die sog. **Kummersche Funktion**:

$$_1F_1(a, b, x) := \frac{\Gamma(b)}{\Gamma(a)} \sum_{j=0}^{\infty} \frac{\Gamma(a+j)}{\Gamma(b+j)} \frac{x^j}{j!}. \tag{7}$$

A 4.3/1

a. Welche Gestalt besitzt bei der Strukturvariante die gemeinsame Dichtefunktion der Elemente s_{11}, s_{12}, s_{22} der Wishartmatrix (2)?
b. Leiten Sie daraus die gemeinsame Dichte der transformierten Variablen r, p und u nach (3) her.
c. Berechnen Sie die Dichtefunktion (4) von $r = \hat{\beta}_{KQ}$ als Randverteilung der in Aufgabenteil b gefundenen Dichte von r, p und u.

b. Erwartungswert

Aus den Darstellungen (4) resp. (6) für die exakte Dichtefunktion des KQ-Schätzers $\hat{\beta}_{KQ}$ lassen sich die exakten Momente $E(\hat{\beta}_{KQ})$ und $V(\hat{\beta}_{KQ})$ sowie der exakte mittlere quadratische Fehler MQF $(\hat{\beta}_{KQ})$ ableiten. Wir wenden uns zunächst dem exakten Erwartungswert $E(\hat{\beta}_{KQ})$ zu.

Bei der *Strukturvariante* kann man den exakten Erwartungswert von $\hat{\beta}_{KQ}$ aus (4) durch Integration oder aber auch unabhängig von der exakten Dichtefunktion aus der Regressionstheorie ableiten. Wir wollen hier den zweiten Weg skizzieren.

Da alle Modellvariablen annahmegemäß gemeinsam normalverteilt sind, läßt sich eine lineare Regressionsbeziehung

$$y = a + b\,x + \varphi$$

aufstellen mit einer von x unabhängigen $N(0, \sigma_\varphi^2)$-verteilten Variablen φ. Hierbei ist $b = \sigma_{xy}/\sigma_x^2$ [vgl. z.B. *Timm*, 1975, S. 123 f.].

Liegt nun — wie immmer bei der Strukturvariante — eine unabhängige Stichprobe $(x_1, y_1), \ldots, (x_T\ y_T)$ vor, dann kann b nach der KQ-Methode durch $\hat{b}_{KQ} = s_{xy}/s_x^2$ geschätzt werden. Die KQ-Schätzung des Koeffizienten b stimmt also mit der KQ-Schätzung des Koeffizienten β überein. Aus der Regressionstheorie ist ferner bekannt [vgl. z.B. *Schneeweiß*, 1978, S. 59], daß $\hat{b}_{KQ}$ erwartungstreu ist. Es gilt also

$$E(\hat{\beta}_{KQ}) = E(\hat{b}_{KQ}) = \frac{\sigma_{xy}}{\sigma_x^2}.$$

Nach (2.3/1) ist andererseits $\beta = \sigma_{xy}/(\sigma_x^2 - \sigma_v^2)$, d.h. es ist

$$E(\hat{\beta}_{KQ}) = \beta \cdot \frac{\sigma_x^2 - \sigma_v^2}{\sigma_x^2}.$$

Wenn wir wieder zwecks Abkürzung den Quotienten (3.2/5) einführen, der im Falle der Strukturvariante ja die spezielle Gestalt $e = \sigma_v^2/\sigma_x^2$ besitzt, so folgt für den **exakten Erwartungswert des KQ-Schätzers** die Darstellung

$$E(\hat{\beta}_{KQ}) = \beta(1 - e) \tag{8}$$

Bei der Strukturvariante mit normalverteilten Modellvariablen ist demnach der **exakte Erwartungswert des KQ-Schätzfehlers**

$$E(\hat{\beta}_{KQ} - \beta) = -\beta e$$

nicht vom Stichprobenumfang T abhängig. Insbesondere ist also auch der **asymptotische Erwartungswert** $\bar{E}(\hat{\beta}_{KQ}) - \beta) := \lim E(\hat{\beta}_{KQ} - \beta)$ im Einklang mit (3.2/7) gegeben durch

$$\bar{E}(\hat{\beta}_{KQ} - \beta) = -\beta e. \tag{9}$$

Aus (8) ersieht man noch, daß $\hat{\beta}_{KQ}$ im Falle $\sigma_v^2 = 0$ (degeneriertes FV-Modell), also $e = 0$, erwartungstreu ist.

Bei der *Funktionalvariante* ergibt sich aus (6) für den **exakten Erwartungswert des KQ-Schätzers**

$$E(\hat{\beta}_{KQ}) = \beta\left[1 - e^{-c}\,{}_1F_1\left(\frac{T-3}{2}, \frac{T-1}{2}, c\right)\right], \tag{10}$$

wobei wieder $T s_\xi^2 / \sigma_v^2 = 2\,c$. Aus dieser Darstellung folgt für den exakten Erwartungswert des KQ-Schätzfehlers sofort die Formel

$$E(\hat{\beta}_{KQ} - \beta) = -\,\beta\, e^{-c}\,{}_1F_1\left(\frac{T-3}{2}, \frac{T-1}{2}, c\right).$$

Hieraus läßt sich mit

$$\tilde{\tilde{e}} := \sigma_v^2 \cdot \left(\frac{T}{T-1}\, s_\xi^2 + \sigma_v^2\right)^{-1} = \left(1 + \frac{2\,c}{T-1}\right)^{-1} \tag{11}$$

und Annahme (A) die Abschätzung

$$E(\hat{\beta}_{KQ} - \beta) = -\,\beta\,\tilde{\tilde{e}}\left[1 - \frac{2}{T-1}(1 - \tilde{\tilde{e}})^2\right] + 0\,(T^{-2})$$

ableiten[1]. Offenbar ist $\tilde{\tilde{e}}$, ähnlich wie (3.3/1), eine Approximation der asymptotischen relativen Fehlervarianz $e = \sigma_v^2/(S_{\xi\xi} + \sigma_v^2)^{-1}$; insbesondere gilt $\lim \tilde{\tilde{e}} = e$.

Für den **asymptotischen Erwartungswert des KQ-Schätzfehlers** folgt wegen $\lim \tilde{\tilde{e}} = e$ wieder im Einklang mit (3.2/7)

$$\bar{E}(\hat{\beta}_{KQ} - \beta) = -\,\beta\, e. \tag{12}$$

Offenbar stimmt (12) auch mit dem Grenzwert des für die Funktionalvariante abgeleiteten approximativen Erwartungswertes $\tilde{E}(\hat{\beta}_{KQ} - \beta)$ überein (vgl. (4.2/18a)).

Anhand des FSR-Ergebnisses (10) läßt sich illustrieren, daß die Kleine-Stichproben-Forschung Ausgangspunkt für die Entwicklung ganz neuer Schätzverfahren sein kann. Dazu schreiben wir (10) zunächst in der Form

$$\begin{aligned} E(\hat{\beta}_{KQ}) &= \beta(1 - d) \\ d &:= e^{-c}\,{}_1F_1\left(\frac{T-3}{2}, \frac{T-1}{2}, c\right). \end{aligned} \tag{13}$$

---

[1] Vgl. *Richardson / Wu* [1970, S. 729]. Mit $0\,(T^{-n})$ wird nach Landau eine Funktion $g(T)$ bezeichnet, für die gilt, daß $|g(T)| \cdot T^n$ bei dem betrachteten Grenzprozeß (hier und im folgenden: $T \to \infty$) beschränkt bleibt; $n = 0, 1, 2 \ldots$ In (10) wie später auch in (13), (21) und (22) bedeutet e die Eulersche Zahl.

Auf diese Weise wird die Ähnlichkeit mit der in (3.2/6) angegebenen asymptotischen Darstellung

$$p\lim \hat{\beta}_{KQ} = \beta(1 - e)$$

$$e := \frac{\sigma_v^2}{S_{xx}} = \frac{\sigma_v^2}{p\lim s_x^2}$$

besonders deutlich. Die Darstellung (3.2/6) gab Anlaß zur Definition des V-Schätzers (3.3/2), also

$$\hat{\beta}_V := \frac{\hat{\beta}_{KQ}}{1 - \tilde{e}} = \frac{s_{xy}}{s_x^2 - \sigma_v^2}$$

mit $\tilde{e} := \sigma_v^2 / s_x^2$. Bei der Konstruktion dieses Schätzers wurde approximativ $\tilde{e}$ anstelle der i.a. nicht bekannten asymptotischen relativen Fehlervarianz e verwendet. Wegen $p\lim \tilde{e} = e$ ist der V-Schätzer konsistent, besitzt aber keinen endlichen Erwartungswert [vgl. *Ketellapper*, 1983].

Während der "klassische" V-Schätzer (3.3/2) die asymptotische Verzerrung korrigiert, käme, wie *Mittag* [1986] feststellt, auch mit

$$\hat{\beta}_1 := \frac{\hat{\beta}_{KQ}}{1 - d} \tag{14}$$

eine auf der Theorie endlicher Stichproben basierende Korrektur der KQ-Schätzung in Betracht. Der Schätzer (14), der die in (13) ausgewiesene exakte Verzerrung korrigiert, ist nach Konstruktion für jedes T erwartungstreu. Er ist aber insofern "künstlich", als zur Berechung des Korrekturterms $d = d(T)$ über die — auch beim klassischen V-Schätzer vorauszusetzende — Kenntnis von σ_v^2 hinaus wegen $c = T s_\xi^2 / (2\, \sigma_v^2)$ auch noch die Kenntnis von s_ξ^2 benötigt wird. *Mittag* [1986] schlägt daher vor, den Term d geeignet zu approximieren, z.B. dadurch, daß man in (13b) jeweils c durch $\tilde{c} := T(s_x^2 - \sigma_v^2)/(2\, \sigma_v^2)$ ersetzt. Der so gebildete Schätzer

$$\hat{\beta}_2 := \frac{\hat{\beta}_{KQ}}{1 - \tilde{d}} \tag{15}$$

korrigiert die exakte Verzerrung nur noch approximativ, gründet aber auf derselben A-priori-Information wie der klassische V-Schätzer (Kenntnis von σ_v^2). Ein Vergleich der V-Schätzer (3.3/2) und (15) kann über eine MC-Studie erfolgen, wobei die unverzerrte V-Schätzung (14) zweckmäßigerweise als Kontrollschätzung fungiert (Schätzung bei idealer Informationsbasis). Neben (3.2/2) und (15) lassen sich mittels Simulation auch die zugehörigen $\hat{\text{V}}$-Schätzungen vergleichen (vgl. die Anmerkung zu 3.3.1a).

Es ist nicht unmittelbar zu erkennen, wie weit sich die Werte der Schätzungen $\hat{\beta}_{KQ}$ und $\hat{\beta}_1$ resp. $\hat{\beta}_2$ in einer konkreten Situation unterscheiden, weil die Berechnung der Werte der Kummerschen Funktion nicht trivial ist (iterativer Algorithmus). Offenbar ist d nach (13b) eine Funktion von T und $\tau := s_\xi^2/\sigma_v^2$. Um eine Vorstellung von der Größenordnung des Korrekturterms d zu vermitteln, geben wir hier einige errechnete Werte von d wieder:

T	τ = 0.5	τ = 1	τ = 2	τ = 4
5	0.571	0.367	0.199	0.100
7	0.603	0.413	0.245	0.133
9	0.619	0.435	0.267	0.149
11	0.629	0.449	0.281	0.159
13	0.635	0.457	0.290	0.166
15	0.640	0.464	0.296	0.171
17	0.643	0.468	0.301	0.174
19	0.646	0.472	0.304	0.177
⋮	⋮	⋮	⋮	⋮
29	0.653	0.482	0.315	0.185
⋮	⋮	⋮	⋮	⋮
49	0.659	0.490	0.323	0.191
⋮	⋮	⋮	⋮	⋮
69	0.661	0.493	0.326	0.194
⋮	⋮	⋮	⋮	⋮
89	0.662	0.494	0.327	0.195
⋮	⋮	⋮	⋮	⋮
∞	0.667	0.500	0.333	0.200

Tab. 4.3/1: Korrekturterm d für Korrektur der KQ-Schätzung auf FSR-Basis. Quelle: Mittag [1986].

Man ersieht aus Tab. 4.3/1, daß das Ausmaß der Korrektur bei der modifizierten KQ-Schätzung (14) mit wachsendem τ abnimmt. Dies ist auch plausibel: Wenn τ zunimmt, nimmt die relative Bedeutung des Meßfehlers ab (abnehmende "Fehlerverschmutzung" der Daten). Dies wiederum vermindert das Ausmaß der Verzerrung der KQ-Schätzung. Wegen (13a) ist mit $T = 17$ z.B. $E(\hat{\beta}_{KQ}) = 0{,}357\beta$, falls $\tau = 0{,}5$, resp. $E(\hat{\beta}_{KQ}) = 0{,}826\beta$, falls $\tau = 4$.

Aus Tab. 4.3/1 geht werter hervor, daß d bei festem τ und wachsendem T zunimmt. Das Ausmaß der Verzerrung der KQ-Schätzung steigt also mit wachsendem T. Für $\tau = 2$ ist wegen (13a) z.B. $E(\hat{\beta}_{KQ}) = 0{,}719\beta$, falls $T = 11$, bzw. $E(\hat{\beta}_{KQ}) = 0{,}673\beta$, falls $T = 89$. Asymptotisch werden die bei der Strukturvariante gegebenen Verhältnisse erreicht, d.h. der Term d strebt mit $T \to \infty$ gegen e. Bei der Strukturvariante ist $\tau = \sigma_\xi^2/\sigma_v^2$ und $e = \sigma_v^2/\sigma_x^2 = 1/(1 + \tau)$. Der Korrekturterm d konvergiert folglich gegen $1/(1 + \tau)$. Die Grenzwerte für $T \to \infty$ sind in Tab. 4.3/1 in der letzten Zeile ausgewiesen.

Anmerkung: *Halperin* und *Gurian* [1971] verallgemeinern einige der von Richardson und Wu für die Funktionalvariante dargestellten Ergebnisse. Während letztere die Dichtefunktion des KQ-Schätzers im FV-Modell *i.e.S.* explizit bestimmen und hieraus einige Charakteristika der Verteilung ableiten, gehen Halperin und Gurian vom FV-Modell *i.w.S.* aus (vgl. Tab. 1.2/1) und bestimmen unter Verwendung momenterzeugender Funktionen Charakteristika der Verteilung des KQ-Schätzers in diesem allgemeineren Modell. Die Dichtefunktion selbst wird hingegen nicht ermittelt. Für den exakten Erwartungswert des KQ-Schätzers ergibt sich z.B. nach Halperin und Gurian im FV-Modell *i.w.S.*

$$E(\hat{\beta}_{KQ}) = \left(\beta - \varrho\sqrt{\lambda}\right)(1-e)^{-c}\,{}_1F_1\left(\frac{T-3}{2}, \frac{T-1}{2}, c\right) + \varrho\sqrt{\lambda}$$

mit dem Korrelationskoeffizienten $\varrho := \sigma_{vw}/(\sigma_v\,\sigma_w)$. Diese Darstellung ist mit dem Ergebnis (10) verträglich, denn im Falle $\sigma_{vw} = 0$ (FV-Modell *i.e.S.*) geht sie ja offenbar in (10) über.

c. MQF und Varianz

Aus der exakten Dichtefunktion $f(\hat{\beta}_{KQ})$ läßt sich nicht nur $E(\hat{\beta}_{KQ})$, sondern auch $E(\hat{\beta}^2_{KQ})$ und damit der exakte mittlere quadratische Fehler

$$MQF(\hat{\beta}_{KQ}) := E[(\hat{\beta}_{KQ} - \beta)^2] = E(\hat{\beta}^2_{KQ}) - 2\,\beta\,E(\hat{\beta}_{KQ}) + \beta^2 \tag{16}$$

ermitteln. Mit (16) hat man gemäß (4.2/19) in

$$V(\hat{\beta}_{KQ}) = MQF(\hat{\beta}_{KQ}) - [E(\hat{\beta}_{KQ} - \beta)]^2 = V(\hat{\beta}_{KQ} - \beta) \tag{17}$$

eine Bestimmungsformel für die **exakte Varianz des KQ-Schätzers** resp. des **KQ-Schätzfehlers.**

Für die *Strukturvariante* ergibt sich auf diese Weise

$$MQF(\hat{\beta}_{KQ}) = \frac{1}{T-3}(e_u - \beta^2 e^2) + \beta^2 e^2 \tag{18}$$

$$V(\hat{\beta}_{KQ}) = \frac{1}{T-3}(e_u - \beta^2 e^2). \tag{19}$$

Dabei bezeichnet e_u wieder die asymptotische relative Fehlervarianz σ_u^2/S_{xx}, welche bei der Strukturvariante die spezielle Gestalt $e_u = \sigma_u^2/\sigma_x^2$ besitzt.

Für die **asymptotische Varianz des** mit $\sqrt{T}$ multiplizierten **KQ-Schätzers** folgt aus (19) unmittelbar

$$\bar{V}\left(\sqrt{T}\hat{\beta}_{KQ}\right) = e_u - \beta^2 e^2. \tag{20}$$

Dieses Ergebnis steht im Einklang mit der asymptotischen Formel, die wir am Ende von 4.2.1a (s. dort Anmerkung 3) für die Strukturvariante angegeben hatten.

Bei der *Funktionalvariante* lauten die entsprechenden Ergebnisse [vgl. *Richardson/Wu*, 1970, S. 731] mit $\lambda = \sigma_w^2/\sigma_v^2$ und $T s_\xi^2/\sigma_v^2 = 2\,c$

$$MQF(\hat{\beta}_{KQ}) = \frac{e^{-c}}{T-3}\left[(\beta^2 + \lambda)\,{}_1F_1\left(\frac{T-3}{2}, \frac{T-1}{2}, c\right)\right.$$
$$\left. + (T-4)\,\beta^2\,{}_1F_1\left(\frac{T-5}{2}, \frac{T-1}{2}, c\right)\right] \tag{21}$$

$$V(\hat{\beta}_{KQ}) = e^{-c}\left[\frac{\beta^2 + \lambda}{T-3} - \beta^2 e^{-c}\,{}_1F_1\left(\frac{T-3}{2}, \frac{T-1}{2}, c\right)\right]{}_1F_1\left(\frac{T-3}{2}, \frac{T-1}{2}, c\right)$$
$$+ \frac{T-4}{T-3}\,\beta^2 e^{-c}\,{}_1F_1\left(\frac{T-5}{2}, \frac{T-1}{2}, c\right) \tag{22}$$

Wenn man jede der in (21) auftretenden Funktionsterme ${}_1F_1\,(a, b, x)$ einzeln abschätzt, läßt sich aus (22) mit der Notation (11) nach einiger Rechnung noch die Abschätzung

$$V(\hat{\beta}_{KQ}) = \frac{1}{T-3}\,[\lambda\,\tilde{\tilde{e}} + \beta^2\,\tilde{\tilde{e}}\,(1-\tilde{\tilde{e}})\,\{\tilde{\tilde{e}}^2 + (1-\tilde{\tilde{e}})^2\}] + 0\,(T^{-2}) \tag{23}$$

ableiten. Für die Variable $\sqrt{T}\hat{\beta}_{KQ}$ erhält man hieraus bei Beachtung von $e_u = (\beta^2 + \lambda)\,e$

$$\bar{V}\left(\sqrt{T}\hat{\beta}_{KQ}\right) = e_u - \beta^2 e^2\,(3 - 4\,e + 2\,e^2). \tag{24}$$

Dieses Ergebnis steht im Einklang mit der Formel (4.2/14b), die wir für die zentrierte Variable $\sqrt{T}[\hat{\beta}_{KQ} - \beta\,s_\xi^2/(s_\xi^2 + \sigma_v^2)]$ abgeleitet hatten.

Aus den Ergebnissen $\bar{E}(\hat{\beta}_{KQ} - \beta) = -\beta\,e$ und $\bar{V}(\hat{\beta}_{KQ} - \beta) = 0$, die gemäß (9, 12) und (20, 24) sowohl für die Struktur- als auch für die Funktionalvariante gelten, folgt insbesondere die Aussage $p\lim\,(\hat{\beta}_{KQ} - \beta) = -\beta\,e$, welche wir in 3.2.1a unter der Annahme (A) schon für das allgemeine FV-Modell (FV-Modell ohne Annahme (SV) resp. (FV)) hergeleitet hatten.

Die für die Funktionalvariante abgeleiteten Formeln (21) und (22) sind noch etwas unhandlicher als die Formel (8) für den exakten Erwartungswert. Wir wollen zur Veranschaulichung der Größenordnung des exakten MQF analog zu Tab. 4.3/1 wieder einige numerische Ergebnisse wiedergeben, wobei neben dem MQF der KQ-Schätzung zu Vergleichszwecken auch der MQF der in (14) definierten modifizierten KQ-Schätzung $\hat{\beta}_1$ angegeben wird. Wegen $E(\hat{\beta}_1) = \beta$ und der Varianzformel $V(\hat{\beta}_1) = V(\hat{\beta}_{KQ})/(1 - d)^2$ besteht zwischen beiden die Beziehung

$$MQF(\hat{\beta}_1) = \frac{V(\hat{\beta}_{KQ})}{(1 - d)^2} = \frac{MQF(\hat{\beta}_{KQ})}{(1 - d)^2} - \left(\frac{d}{1 - d}\right)^2 \beta^2.$$

Mit (21) und vorgegebenem β ist also auch MQF $(\hat{\beta}_1)$ unmittelbar errechenbar. Die nachstehenden Werte wurden mit $\beta = 1$ und $\lambda = 1$ errechnet:

T	τ = 0.5		τ = 1		τ = 2		τ = 4	
	KQ	mod. KQ	KQ	mod. KQ	KQ	mod. KQ	KQ	mod. KQ
5	0.714	2.107	0.408	0.682	0.202	0.253	0.100	0.111
7	0.557	1.228	0.312	0.411	0.152	0.162	0.073	0.074
9	0.512	0.891	0.286	0.303	0.137	**0.122**	0.063	**0.056**
11	0.492	0.705	0.274	**0.242**	0.129	0.098	0.057	0.045
13	0.481	0.585	0.268	0.201	0.125	0.082	0.054	0.038
15	0.474	0.501	0.264	0.173	0.122	0.070	0.051	0.033
17	0.469	**0.438**	0.262	0.152	0.120	0.062	0.050	0.029
19	0.466	0.389	0.260	0.135	0.119	0.055	0.049	0.026
⋮	⋮	⋮	⋮	⋮	⋮	⋮	⋮	⋮
29	0.457	0.251	0.255	0.087	0.115	0.035	0.045	0.016
⋮	⋮	⋮	⋮	⋮	⋮	⋮	⋮	⋮
49	0.451	0.146	0.253	0.051	0.113	0.021	0.043	0.009
⋮	⋮	⋮	⋮	⋮	⋮	⋮	⋮	⋮
69	0.449	0.109	0.252	0.036	0.112	0.014	0.042	0.007
⋮	⋮	⋮	⋮	⋮	⋮	⋮	⋮	⋮
89	0.446	0.066	0.251	0.028	0.112	0.011	0.041	0.005
⋮	⋮	⋮	⋮	⋮	⋮	⋮	⋮	⋮
∞	0.444	0.000	0.250	0.000	0.111	0.000	0.040	0.000

Tab. 4.3/2: MQF der unkorrigierten und der auf FSR-Basis korrigierten KQ-Schätzung. Quelle: Mittag [1986].

Man erkennt aus Tab. 4.3/2 z.B., daß der "künstliche" modifizierte KQ-Schätzer (14) im Vergleich zum KQ-Schätzer im Falle $\tau = 1$ für $T \geq 11$ und im Falle $\tau = 2$ für $T \geq 9$ einen kleineren MQF aufweist.

Anmerkungen:

1. *Halperin* und *Gurian* [1971] beweisen für den $MQF(\hat{\beta}_{KQ})$ im FV-Modell *i.w.S.* (Funktionalvariante)

$$MQF(\hat{\beta}_{KQ}) = \frac{e^{-c}}{T-3}\left\{\left[\left(\beta - \varrho\sqrt{\lambda}\right)^2 + \lambda(1-\varrho^2)\right]{}_1F_1\left(\frac{T-3}{2}, \frac{T-1}{2}, c\right)\right.$$
$$\left. + (T-4)\left(\beta - \varrho\sqrt{\lambda}\right)^2 {}_1F_1\left(\frac{T-5}{2}, \frac{T-1}{2}, c\right)\right\},$$

wobei wieder $\varrho := \sigma_{vw}/(\sigma_v \sigma_w)$. Für $\sigma_{vw} = 0$ (FV-Modell *i.e.S.*) geht diese Darstellung offenbar in (21) über.

2. *Anderson* [1976, S. 9] gibt eine Näherungsformel für die Dichte von $\hat{\beta}_{KQ}$ an, die er unter Ausnutzung der in 1.5.3b (Anmerkung) beschriebenen Beziehung zwischen FV- und I-Modell aus Ergebnissen über den 2KQ-Schätzer im I-Modell herleitet.

4.3.3 Der orthogonale KQ-Schätzer

a. Exakte Dichtefunktion

Die orthogonale KQ-Regressionsgerade für das einfache FV-Modell ist diejenige Regressionsgerade, welche die Quadratsumme der *orthogonalen* Abstände der Beobachtungspunkte (x_t, y_t) minimiert. Ihre Steigung $\hat{\beta} := \hat{\beta}_{0\,KQ}$ ist nach (3.3/37)

$$\hat{\beta} = \frac{1}{2\, s_{xy}} \left[(s_y^2 - s_x^2) + \sqrt{4\, s_{xy}^2 + (s_y^2 - s_x^2)^2} \right]. \tag{25}$$

In 3.3.2a hatten wir diese Schätzung des Regressionskoeffizienten β als Spezialfall der P-Schätzung (3.3/30) herausgestellt (Schätzung mit der A-priori-Information $\lambda := \sigma_w^2/\sigma_v^2 = 1$; vgl. Abb. 3.3/1c). Wir wollen im folgenden die exakte Dichtefunktion des konsistenten Schätzers (25) für die *Funktionalvariante* mit normalverteilten Fehlervariablen ableiten, wobei wir uns eng an *Anderson* [1980] sowie *Anderson/Sawa* [1982] anlehnen.

Betrachten wir also das um die A-priori-Information $\lambda = 1$, d.h. $\sigma_w^2 = \sigma_v^2$, ergänzte einfache FV-Modell *i.e.S.* mit den Zusatzannahmen (FV) und ($N_{v,\,w}$). Da der Schätzer (25) bezüglich der Beobachtungsvektoren $z_t = (x_t, y_t)'$ homogen vom Grade Null und mithin invariant gegenüber Skalentransformationen ist, können wir o.B.d.A. annehmen, daß $\sigma_v^2 = 1$. Für die z_t gilt dann nach (5)

$$z_t \sim N(\mu_t, I), \quad \mu_t = (\xi_t, \alpha + \beta\, \xi_t)', \qquad t = 1, \ldots, T. \tag{26}$$

Wenn man die Beobachtungspunkte $z_t = (x_t, y_t)'$ einer Drehung um einen beliebigen Punkt der (x, y)-Ebene unterwirft, drehen sich die orthogonale KQ-Regressionsgerade $\hat{y} = \hat{\alpha} + \hat{\beta}\, x$ und die wahre Regressionsgerade $\eta = \alpha + \beta\, \xi$ entsprechend mit; erstere, weil die Methode der orthogonalen kleinsten Abstände invariant gegenüber Drehungen ist. Wenn man die Winkel, die die Geraden mit der Abzisse bilden, mit $\hat{\Phi}$ resp. Φ bezeichnet ($\hat{\beta} = \tan \hat{\Phi}$, $\beta = \tan \Phi$), dann bleibt demnach die Winkeldifferenz $\hat{\Phi} - \Phi$ bei Drehungen unverändert, d.h. die Verteilung von $\hat{\Phi} - \Phi$ ist nicht vom Wert des Parameters β abhängig.

Auch die Kovarianzmatrix $\Sigma = I$ der Beobachtungsvektoren bleibt bei Drehungen der gerade beschriebenen Art unverändert, wie man elementar beweist. Die Mittelwertvektoren μ_t ändern sich jedoch, weil sich α, β und ξ_t ändern. Durch die Drehung wird β zu $\beta_0 = 0$ und ξ_t zu $\xi_{t0} = a + \sqrt{1 + \beta^2}\, \xi_t$ mit einer für das Folgende belanglosen, allein vom Drehpunkt abhängigen Konstanten a. Auch die Änderung von α zu α_0 hängt vom Drehpunkt ab und ist für uns ohne Belang.

Wir leiten zunächst die Dichtefunktion von $\hat{\beta}$ für den Fall $\beta = 0$ her und skizzieren dann, wie man daraus die Dichtefunktion von $\hat{\beta}$ für beliebiges β gewinnen kann. Den orthogonalen KQ-Schätzer im Spezialfall $\beta = 0$ bezeichnen wir mit $\hat{\beta}_0$, den zugehörigen Steigungswinkel mit $\hat{\Phi}_0$.

Gelte also (26) mit $\beta = 0$. Dann ist die in (2) eingeführte Matrix $\boldsymbol{S}$ nach Satz 4.3/1 $W(T-1, \boldsymbol{I}, \boldsymbol{A})$-verteilt mit der Nichtzentralitätsmatrix

$$\boldsymbol{A} = \begin{pmatrix} \Sigma(\xi_t - \bar{\xi})^2 & 0 \\ 0 & 0 \end{pmatrix} =: \begin{pmatrix} \delta^2 & 0 \\ 0 & 0 \end{pmatrix}. \tag{27}$$

Die gemeinsame Dichtefunktion der Elemente $s_{11} = Ts_x^2$, $s_{12} = Ts_{xy}$ und $s_{22} = Ts_y^2$ von $\boldsymbol{S}$ ist, wie man mit Satz 4.3/3 und Rückgriff auf die Definition der modifizierten Besselfunktion aus 4.3.1b verifiziert, gegeben durch

$$f(s_{11}, s_{12}, s_{22}) = \frac{(s_{11}s_{22} - s_{12}^2)^{\frac{T}{2}-2} \exp\left(-\frac{s_{11}+s_{22}}{2}\right) \exp\left(-\frac{\delta^2}{2}\right)}{2^{T-1}\sqrt{\pi}\,\Gamma\left(\frac{T}{2}-1\right)} \cdot \sum_{j=0}^{\infty} \frac{(s_{11}\delta^2)^j}{4^j j!\,\Gamma\left(\frac{T-1}{2}+j\right)}, \tag{28}$$

falls $\boldsymbol{S}$ positiv definit ist (also bei gleichzeitiger Gültigkeit von $s_{11} > 0$, $s_{22} > 0$ und $s_{11}s_{22} - s_{12}^2 > 0$) bzw. identisch Null, falls $\boldsymbol{S}$ nicht positiv definit ist. Man kann ähnlich wie in 4.3.2a die gemeinsame Dichtefunktion der transformierten Variablen $p := s_{11} + s_{22}$ und

$$s := \frac{s_{11}}{s_{11} + s_{22}}, \qquad r := \frac{s_{12}}{s_{11} + s_{22}} \tag{29}$$

bestimmen und aus dieser durch Ausintegration von p die gemeinsame Dichtefunktion von r und s. Der Einfachheit halber belegen wir alle Dichtefunktionen mit demselben Symbol f. Die Dichtefunktion von r und s ist dann für $0 < s < 1$ und $s(1-s) > r^2$, also innerhalb des in Abb. 4.3/1 wiedergegebenen Kreises $[s-(1/2)]^2 + r^2 = (1/2)^2$, gegeben durch

$$f(r, s) = \frac{[s(1-s) - r^2]^{\frac{T}{2}-2} \exp\left(-\frac{\delta^2}{2}\right)}{\sqrt{\pi}\,\Gamma\left(\frac{T}{2}-1\right)} \sum_{j=0}^{\infty} \frac{\Gamma(T+j-1)}{j!\,\Gamma\left(\frac{T-1}{2}+j\right)} \left(\frac{\delta^2}{2}\right)^j s^j \tag{30}$$

und Null auf dem Rande sowie außerhalb des Kreises. *Anderson* [1980, S. 28] überführt die Variablen r und s in Polarkoordinaten $\hat{\psi}$ und u, wobei die alten Variablen

(29) mit den neuen Variablen verbunden sind über die Gleichungen

$$r = u \sin \hat{\psi}, \qquad s = \frac{1}{2} + u \cos \hat{\psi} \tag{31}$$

mit $-\pi \leq \hat{\psi} \leq \pi$ und $0 \leq u < 1/2$:

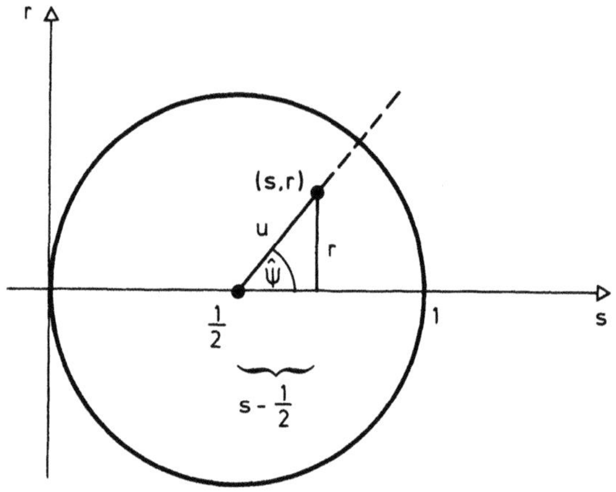

Abb. 4.3/1: Polarkoordinatentransformation

Wenn man die Jacobideterminante der Polarkoordinatentransformation berechnet hat, kann man aus (30) die gemeinsame Dichtefunktion von $\hat{\psi}$ und u und daraus, nach Ausintegration von u, die Dichtefunktion von $\hat{\psi}$ bestimmen. Für diese ergibt sich

$$f(\hat{\psi}) = \frac{\exp\left(-\frac{\delta^2}{2}\right)}{2^{T-1}\sqrt{\pi}} \sum_{j=0}^{\infty} \frac{\Gamma(T+j-1)}{\Gamma\left(\frac{T-1}{2}+j\right)} \left(\frac{\delta^2}{4}\right)^j \sum_{i=0}^{j} \frac{\Gamma\left(\frac{i}{2}+1\right)\cos^i \hat{\psi}}{\Gamma\left(\frac{T+i}{2}\right) i!\,(j-i)!} \tag{32}$$

Aus Abb. 4.3/1 entnimmt man

$$\tan\frac{\hat{\psi}}{2} = \frac{\sin\hat{\psi}}{1+\cos\hat{\psi}} = \frac{2r}{2s-1+2u} = \frac{2r}{2s-1+\sqrt{4r^2+(2s-1)^2}}. \tag{33}$$

Einsetzen von (29) in (33) liefert nach elementaren Umformungen (s. auch A 3.3/11a)

$$\tan\frac{\hat{\psi}}{2} = \frac{2s_{12}}{s_{11}-s_{22}+\sqrt{4s_{12}^2+(s_{11}-s_{22})^2}} = \hat{\beta}_0. \tag{34}$$

Für den Term $\cos\hat{\psi}$ in (32) folgt nun mit (34)

$$\cos\hat{\psi} = \frac{1-\tan^2(\hat{\psi}/2)}{1+\tan^2(\hat{\psi}/2)} = \frac{1-\hat{\beta}_0^2}{1+\hat{\beta}_0^2}. \tag{35}$$

Mit (32) und (35) gewinnt man für die Dichtefunktion von $\hat{\beta}_0$ bei Verwendung der Kummerschen Funktion (7) die Darstellung

$$f(\hat{\beta}_0) = \frac{\exp\left(-\frac{\delta^2}{2}\right)}{\sqrt{\pi}(1+\hat{\beta}_0^2)} \sum_{i=0}^{\infty} \frac{\Gamma\left(\frac{T+i-1}{2}\right)}{\Gamma\left(\frac{T-1}{2}+i\right)\Gamma\left(\frac{i+1}{2}\right)} \left[\frac{\delta^2(1-\hat{\beta}_0^2)}{4(1+\hat{\beta}_0^2)}\right]^i \times$$
$$ {}_1F_1\left(T+i-1, \frac{T-1}{2}+i, \frac{\delta^2}{4}\right). \tag{36}$$

Mit (36) ist auch die Dichtefunktion des orthogonalen KQ-Schätzers $\hat{\beta}$ für *beliebiges* β der Berechnung zugänglich. Wie vorher erwähnt, ist ja die Neigungswinkeldifferenz $\hat{\Phi} - \Phi$ von geschätzter und wahrer Regressionsgeraden unabhängig vom Wert des Parameters β. Insbesondere gilt also $\hat{\Phi} - \Phi = \hat{\Phi}_0 - \Phi_0$ und folglich wegen $\Phi_0 = 0$

$$\hat{\beta} - \beta = \tan(\hat{\Phi}_0 + \Phi) - \tan\Phi = \frac{(1+\beta^2)\hat{\beta}_0}{1-\beta\hat{\beta}_0}. \tag{37}$$

Damit ist ein Zusammenhang zwischen $\hat{\beta}$ und $\hat{\beta}_0$ hergestellt, der es gestattet, aus (36) die Dichtefunktion des orthogonalen KQ-Schätzers für beliebiges β abzuleiten. Man muß jedoch wegen der durch die Drehung hervorgerufenen Änderung der ξ_t zu ξ_{t0} und der dadurch bedingten Modifikation von δ^2 aus (27) diesen Nichtzentralitätsparameter durch $\delta_0^2 := (1+\beta^2)\,\Sigma(\xi_t - \bar{\xi})^2$ ersetzen. Wenn man sich noch von der eingangs getroffenen Vereinfachung $\sigma^2 = 1$ löst, indem man den Nichtzentralitätsparameter δ_0^2 durch σ^2 dividiert, erhält man schließlich mit $\mu^2 := \delta_0^2/\sigma^2$:

$$f(\hat{\beta}) = \frac{\exp\left(-\frac{\mu^2}{2}\right)}{\sqrt{\pi}(1+\hat{\beta}^2)} \sum_{i=0}^{\infty} \frac{\Gamma\left(\frac{T+i-1}{2}\right)}{\Gamma\left(\frac{T-1}{2}+i\right)\Gamma\left(\frac{i+1}{2}\right)} \times$$
$$\left[\frac{\mu^2}{4}\cdot\frac{(1-\beta^2)(1-\hat{\beta}^2)+4\beta\hat{\beta}}{(1+\beta^2)(1+\hat{\beta}^2)}\right]^i \; {}_1F_1\left(T+i-1, \frac{T-1}{2}+i, \frac{\mu^2}{4}\right). \tag{38}$$

A 4.3/2

a. Verifizieren Sie (37).
b. Stellen Sie $\hat{\beta}_0$ als Funktion von $\hat{\beta}$ dar und berechnen Sie die erste Ableitung $d\hat{\beta}_0/d\hat{\beta}$ dieser Funktion.
c. Durch welche formalen Schritte gewinnt man (38) aus (36)?

b. Momente

Aus (38) kann man ableiten, daß der Erwartungswert des orthogonalen KQ-Schätzers nicht existiert. Der Erwartungswert des Betrages von $\hat{\beta}$ läßt sich nämlich mit einer Konstanten $c > 0$ wie folgt abschätzen:

$$E(|\hat{\beta}|) = \int_{-\infty}^{\infty} |r| f(r)\, d r \geqq c \int_{\infty}^{\infty} \frac{|r|}{1 + r^2}\, d r = \infty .$$

Mit dem Erwartungswert sind dann auch alle Momente höherer Ordnung nichtexistent.

Anmerkungen:

1. Die Nichtexistenz von Momenten wirft Probleme auf für die Durchführung von Simulationsstudien (Monte-Carlo-Studien). Die Berechnung numerischer Schätzwerte für Erwartungswerte oder Varianzen im Rahmen von Simulationen wird fragwürdig, wenn nicht bekannt ist, ob die theoretischen Momente überhaupt existieren; vgl. *Sargan* [1976, 1982] oder *Kmenta* [1983].
2. Momente sind allerdings nur ein Charakteristikum der Verteilung eines Schätzers. Die Nichtexistenz von Momenten sagt noch nicht viel aus über die Gestalt der zugehörigen Verteilung und über die Güte eines Schätzers. Im Falle nicht existierender Momente muß man beim Schätzervergleich andere Vergleichskriterien heranziehen (Perzentile oder Verwendung approximativer Momente).

4.3.4 IV-Schätzung

Auch für den einfachen IV-Schätzer $\hat{\beta}_{IV} = s_{yz}/s_{xz}$ aus 3.5.1a läßt sich die exakte Dichtefunktion angeben. Verallgemeinerungen auf den multiplen Fall sind zwar möglich, wurden aber in der Literatur bisher immer nur im Zusammenhang mit dem I-Modell dargestellt. Wir wollen hier nur das einfache FV-Modell mit nur einer Instrumentvariablen etwas ausführlicher behandeln und uns beim multiplen Fall auf Literaturangaben beschränken.

a. Einfaches FV-Modell mit einer Instrumentvariablen

Wir gehen vom einfachen FV-Modell *i.w.S.* (1.1/1) in der Funktionalvariante mit normalverteilten Fehlervariablen aus (Annahme (FV) und ($N_{v,\,w}$)). O.B.d.A. gelte wieder $\varepsilon \equiv 0$. Es sei ferner eine nichtstochastische Instrumentvariable z gegeben, an die wir nur die Forderung stellen wollen, daß $s_z^2 \neq 0$ sein soll. Die Annahmen (I1) und (I2), die wir in 3.5.1a für Instrumentvariablen getroffen haben, benötigen wir hier nicht. Die Bedingung (I1) der Unabhängigkeit zwischen z und (v, w) ist wegen der angenommenen Nichtstochastizität von z ohnehin erfüllt; die Bedingung (I2) der asymptotischen Korreliertheit zwischen ξ und z ist nur für die Herleitung asymptotischer Eigenschaften erforderlich, die hier aber außer Betracht bleiben.

Für den Schätzfehler des IV-Schätzers ergibt sich mit (4.2/73), $x = \xi + v$ und $u = w - \beta v$

$$\hat{\beta}_{IV} - \beta = \frac{s_{uz}}{s_{xz}} = \frac{s_{uz}}{s_{\xi z} + s_{vz}}. \tag{39}$$

Der Term $s_{\xi z}$ ist hier nichtstochastisch. Die empirischen Momente s_{uz} und s_{vz} sind wegen

$$s_{uz} = \frac{1}{T}\,\Sigma(z_t - \bar{z})\,u_t, \qquad s_{vz} = \frac{1}{T}\,\Sigma(z_t - \bar{z})\,v_t$$

lineare Funktionen der normalverteilten Variablen u und v und daher selbst normalverteilt.

Für die Varianzen und die Kovarianz dieser Momente errechnet man (vgl. L 4.1/1 und L 4.1/3)

$$V(s_{uz}) = \frac{1}{T}\,\sigma_u^2\,s_z^2, \quad V(s_{vz}) = \frac{1}{T}\,\sigma_v^2\,s_z^2, \quad C(s_{uz}, s_{vz}) = \frac{1}{T}\,\sigma_{uv}\,s_z^2.$$

Die gemeinsame Verteilung von s_{uz} und s_{xz} ist daher gegeben durch

$$\begin{pmatrix} s_{uz} \\ s_{xz} \end{pmatrix} \sim N\left(\begin{pmatrix} 0 \\ s_{\xi z} \end{pmatrix}, \frac{s_z^2}{T}\begin{pmatrix} \sigma_u^2 & \sigma_{uv} \\ \sigma_{uv} & \sigma_v^2 \end{pmatrix}\right) \tag{40}$$

mit $\sigma_{uv} = \sigma_{wv} - \beta\,\sigma_v^2$ und $\sigma_u^2 = \sigma_w^2 - 2\,\beta\,\sigma_{wv} + \beta^2\,\sigma_v^2$.

Es folgt, daß $\hat{\beta}_{IV} - \beta$ als Quotient zweier gemeinsam normalverteilter Variablen darstellbar ist. Für einen solchen Quotienten wurde die Dichtefunktion schon von *Fieller* [1932] angegeben. Wir wollen hier einer Darstellung von *Greenberg* und *Webster* [1983, S. 325 – 328] folgen und finden für den Schätzfehler $b := \hat{\beta}_{IV} - \beta$ die Dichtefunktion

$$f(b) = \frac{K}{\pi A}\exp\left(\frac{-C}{2K^2}\right)\left[1 + D\cdot I\cdot\exp\left(\frac{D^2}{2}\right)\right] \tag{41}$$

mit

$$\begin{aligned}
A &= A(b) := (\sigma_v^2\,b^2 - 2\,\sigma_{uv}\,b + \sigma_u^2)\,s_z^2/T \\
B &= B(b) := (-\,\sigma_{uv}\,b + \sigma_u^2)\,s_{\xi z}\,s_z^2/T \\
C &:= \sigma_u^2\,s_{\xi z}^2\,s_z^2/T \\
K &:= \sqrt{\sigma_u^2\,\sigma_v^2 - \sigma_{uv}^2}\,s_z^2/T \\
D &= D(b) := B/(K\sqrt{A}) \\
I &= I(D) := \int_0^D \exp\left(-\frac{u^2}{2}\right)du = 2\,\pi\left[\Phi(D) - \frac{1}{2}\right].
\end{aligned} \tag{42}$$

Dabei ist Φ die Verteilungsfunktion der Standardnormalverteilung.

Für den Fall eines FV-Modells *i.e.S.* ($\sigma_{vw} = 0$) kann man die Ausdrücke (42a – d) mit $\lambda = \sigma_w^2/\sigma_v^2$ noch etwas umformen:

$$A = [\lambda + (\beta + b)^2]\,\sigma_v^2\, s_z^2/T$$

$$B = [\lambda + \beta(\beta + b)]\,\sigma_v^2\, s_{\xi z}\, s_z^2/T$$

$$C = (\lambda + \beta^2)\,\sigma_v^2\, s_{\xi z}^2\, s_z^2/T$$

$$K = \sqrt{\lambda}\,\sigma_v^2\, s_z^2/T.$$

Als Quotient zweier normalverteilter Variablen besitzt $\hat{\beta}_{IV} - \beta$ keinen Erwartungswert und mithin auch keine Varianz.

Anmerkungen:

1. Da sich der G-Schätzer $\hat{\beta}_G$ aus 3.6.1a als spezieller IV-Schätzer mit der Instrumentvariablen (3.6/1) darstellen läßt, gilt die in (41) angegebene Verteilung auch für $\hat{\beta}_G$. Man hat lediglich $s_{\xi z}$ und s_z^2 durch $t_1\, t_2\,(\xi_1 - \xi_2)$ bzw. $t_1\, t_2$ zu ersetzen (vgl. 3.6.1a). *Richardson* und *Wu* [1970] geben eine andere Formel für die exakte Dichte von $\hat{\beta}_G$ für den Fall zweier gleich großer Gruppen an, die sie als Spezialfall der Dichte für den Kleinstquadratschätzer gewinnen (vgl. (4.3/6)). In der Tat ist ja $\hat{\beta}_G$ die Steigung der durch die beiden Gruppenschwerpunkte $(\bar{x}_i, \bar{y}_i)$, $i = 1, 2$, gehenden Geraden und kann insofern als KQ-Schätzer von $\bar{y}_i$ auf $\bar{x}_i$ interpretiert werden. Die Formel von Richardson und Wu lautet (nach Korrektur eines Schreibfehlers) für das FV-Modell *i.e.S.*

$$f(\hat{\beta}_G) = \frac{\sqrt{\delta}\exp[-\bar{c}(1 + \delta\beta^2)]}{\pi(1 + \delta\hat{\beta}_G^2)}\;{}_1F_1\left[1, \frac{1}{2}, \frac{\bar{c}(1 + \delta\beta\hat{\beta}_G)^2}{1 + \delta\hat{\beta}_G^2}\right]$$

mit $\bar{c} := T(\bar{\xi}_1 - \bar{\xi}_2)^2/(8\,\sigma_v^2)$, $\delta = \sigma_v^2/\sigma_w^2$. Sie kann in (41) mit den oben angegebenen Ersetzungen überführt werden.

2. Ausgehend von (41) kann man sofort die Dichtefunktion für $\sqrt{T}(\hat{\beta}_{IV} - \beta)$ angeben. Sie geht, wie nicht anders zu erwarten, für $T \to \infty$ gegen die Dichtefunktion der Standardnormalverteilung, sofern die Bedingung (I2) erfüllt ist.

3. In dem rein theoretischen Grenzfall $s_{\xi z} = 0$ geht (41) in die Dichtefunktion einer linear transformierten Cauchyvariablen über:

$$f(b) = \frac{K}{\pi A(b)} = \frac{c}{\pi[1 + c^2(b - d)^2]}$$

mit $c := \sigma_v^2/\sqrt{\sigma_u^2\sigma_v^2 - \sigma_{uv}^2}$ und $d := \sigma_{uv}/\sigma_v^2$. Im Falle $\sigma_{vw} = 0$ ist $c = 1/\sqrt{\lambda}$ und $d = -\beta$. Diese Verteilung konvergiert für $T \to \infty$ nicht gegen die Normalverteilung, was noch einmal die Bedeutung der Bedingung (I2) hervorhebt.

4. Einen anderen Zugang zur Ermittlung von Kleine-Stichproben-Eigenschaften des IV-Schätzers findet man bei *Dorff/Gurland* [1961b].

b. Einfaches FVE-Modell

Als eine Alternative zur Funktionalvariante wollen wir hier noch den Fall betrachten, daß die latente exogene Variable ξ, wie in 1.4.3a beschrieben, mit der Instrumentvariablen z zufallsgestört linear verbunden ist:

$$\xi_t = \gamma + \delta z_t + f_t. \tag{43}$$

Wenn dann noch für die Störvariablen f_t die in 1.5.3d aufgeführten Bedingungen erfüllt sind, haben wir ein einfaches FVE-Modell vor uns. Wir nehmen zusätzlich an, daß f_t normalverteilt ist. Die z_t dagegen seien nichtstochastisch.

In diesem Modell gilt für den Schätzfehler des Instrumentvariablenschätzers zunächst wieder (39). Für x_t hat man mit $\tilde{v}_t := v_t + f_t$ die Beziehung

$$x_t = \gamma + \delta z_t + \tilde{v}_t, \tag{44}$$

die man aus (43) gewinnt, wenn man dort ξ_t vermöge der Gleichung $x_t = \xi_t + v_t$ eliminiert (vgl. auch 3.5.2a). Nach (44) ist also

$$s_{xz} = \delta s_z^2 + s_{\tilde{v}z}. \tag{45}$$

Mit (45) erhält man dann aus (39)

$$\hat{\beta}_{IV} - \beta = \frac{s_{uz}}{\delta s_z^2 + s_{\tilde{v}z}}. \tag{46}$$

Das ist wieder ein Quotient zweier gemeinsam normalverteilter Variablen, der ganz ähnlich wie (39) aufgebaut ist. Man braucht nur noch v durch $\tilde{v}$ und $s_{\xi z}$ durch δs_z^2 zu ersetzen, um (39) in (46) umzuwandeln. Entsprechend gewinnt man die Dichtefunktion für den Schätzfehler $b = \hat{\beta}_{IV} - \beta$, wenn man in (41) die eben genannten Ersetzungen vornimmt.

c. Multiples FVE-Modell

Im multiplen FV-Modell mit ebenso vielen Instrumentvariablen wie exogenen Variablen ($L = K$; vgl. 3.5.1b) gilt für die IV-Schätzung die Darstellung (3.5/17). Beim multiplen FV-Modell mit mehr Instrumentvariablen als exogenen Variablen ($L > K$; vgl. 3.5.2) wird man eines der „höheren" Schätzverfahren heranziehen (2KQ, ML, k-Klasse).

Für diese Schätzer wie auch (im Fall $L = K$) für den IV-Schätzer sind in der Literatur die Verteilungen oder näherungsweise die Momente bei kleinen Stichproben angegeben worden, allerdings stets im Zusammenhang mit dem I-Modell. Jedoch lassen sich diese Ergebnisse unmittelbar auf das FV-Modell übertragen. Wenn wir nämlich letzteres durch Anbinden der Instrumentvariablen mittels linearer Gleichungen wie in 3.5.2a zum FVE-Modell erweitern, dann kann dieses als I-Modell interpretiert werden (s. 1.5.3b und 3.5.2f), und die genannten Schätzverfahren stimmen mit den gleichlautenden Schätzverfahren des korrespondierenden I-Modells überein.

Einen Überblick über den Stand und über neuere Entwicklungen auf dem Gebiet „Kleine-Stichproben-Eigenschaften von Schätzern im I-Modell" geben *Phillips* [1980, 1983], *Mariano* [1977, 1982], *Anderson* [1982], *Taylor* [1983], *Rothenberg* [1983, 1984], sowie *Greenberg/Webster* [1983, Kap. 10 — 11].

Die exakten Verteilungen sind i.d.R. so kompliziert, daß ein Bedarf nach Näherungsformeln besteht. Solche lassen sich z.B. durch **Edgeworth-Entwicklungen** gewinnen [vgl. *Anderson*, 1982; *Rothenberg*, 1983]. Diese, die exakte Verteilung des Schätzfehlers approximierenden Verteilungen besitzen Erwartungswerte und Varianzen auch dann, wenn sie für die exakte Verteilung nicht existieren. So läßt sich z.B. nach *Rothenberg* [1983] ein approximativer Bias für $\hat{\beta}_{IV}$ aus dem einfachen FVE-Modell *i.e.S.* herleiten, obwohl der Instrumentvariablenschätzer keinen Erwartungswert besitzt:

$$B(\hat{\beta}_{IV}) \approx \frac{1}{T} \frac{\beta \sigma_v^2}{\delta^2 s_z^2}.$$

Lassen sich auf diese Weise Bias und/oder Varianz eines Schätzers exakt oder näherungsweise berechnen, dann besteht grundsätzlich die Möglichkeit, aus asymptotisch äquivalenten Schätzern solche auszuwählen, die „günstige" Kleine-Stichproben-Eigenschaften haben. Sie können dadurch ausgezeichnet sein, daß sie einen möglichst kleinen Bias oder einen möglichst kleinen mittleren quadratischen Fehler bei kleinen Stichproben haben. Da sich insbesondere für die k-Klassenschätzer aus 3.5.2f Bias und mittlerer quadratischer Fehler zumindest näherungsweise berechnen lassen [vgl. *Rothenberg*, 1983], ist gerade diese Klasse von Schätzverfahren für die Auswahl günstiger Schätzer geeignet.

Als Beispiel sei auf Fullers Schätzer (3.5/62) verwiesen. Es zeigt sich, daß sein Bias bis zur Ordnung $1/T$ verschwindet, wenn man den dort angegebenen Parameter a gleich 1 setzt. Der mittlere quadratische Fehler von Fullers Schätzer ist für $a = 4$ kleiner als für jedes $a < 4$.

4.4 Konfidenzbereiche und Tests für das einfache FV-Modell

Exakte Konfidenzintervalle und **exakte Tests** sind dadurch charakterisiert, daß sie ein vorgegebenes Konfidenzniveau $1 - \omega$ bzw. ein vorgegebenes Signifikanzniveau ω exakt einhalten. **Approximative Konfidenzintervalle** und **approximative Tests** besitzen diese Eigenschaft nur näherungsweise.

Die Kenntnis der exakten Verteilung eines Parameterschätzers genügt i.a. nicht, um einen exakten Konfidenzbereich für den Parameter anzugeben oder um einen Parametertest mit vorgegebenem Signifikanzniveau durchzuführen. Die Verteilung eines Schätzers hängt nämlich in der Regel sowohl von dem zu schätzenden Parameter als auch noch von anderen Modellparametern ab — z.B. ist (4.3/38) eine Funktion von s_ξ^2/σ_v^2. Zur Konstruktion eines exakten Konfidenzbereichs bzw. eines exakten Testverfahrens benötigt man aber eine Testvariable, deren Verteilung nicht von den Modellparametern abhängt.

Solche Testvariablen lassen sich tatsächlich in einigen Fällen bestimmen. Insbesondere können wir im einfachen FV-Modell i.e.S., auf das wir uns wieder beschränken wollen, Testvariablen für den Parameter β angeben, sofern geeignete Zusatzinformationen vorliegen, etwa Kenntnis des Varianzquotienten $\lambda = \sigma_v^2/\sigma_w^2$, Kenntnis einer Instrumentvariablen z oder Vorliegen von Replikationen. In diesen Fällen ist es möglich, einen Konfidenzbereich für β zu konstruieren. Vorauszusetzen ist allerdings, daß die Beobachtungsfehler normalverteilt sind (Annahme ($N_{v,w}$)). Über die Variable ξ brauchen wir keine Annahme zu treffen.

Die asymptotische Theorie läßt lediglich die Konstruktion approximativer Tests und Konfidenzbereiche zu. Wir streifen diese Thematik kurz in 4.4.1.

In 4.4.2 – 4.4.6 geben wir exakte Tests und Konfidenzintervalle für FV-Modelle mit unterschiedlicher Zusatzinformation an.

4.4.1 Approximative Konfidenzintervalle und Tests

Wenn bekannt ist, daß ein Schätzer $\hat{\beta}$ normalverteilt ist und man außerdem seine Standardabweichung kennt, kann man leicht einen Konfidenzbereich für den unbekannten Parameter β konstruieren oder ein Testverfahren zur Überprüfung einer Hypothese über β angeben. Gilt nämlich etwa $\hat{\beta} \sim N(\beta, \sigma^2)$, dann ist

$$K := [\hat{\beta} - k_\omega \sigma, \hat{\beta} + k_\omega \sigma]$$

ein **Konfidenzintervall** zum **Signifikanzniveau** ω. Der **Konfidenzkoeffizient** k_ω ist dadurch definiert, daß eine $N(0, 1)$-verteilte Zufallsvariable mit Wahrscheinlichkeit $1 - \omega$ im Intervall $[-k_\omega, k_\omega]$ liegt. Bei vorgegebenem ω läßt sich k_ω aus Tabellen zur Standardnormalverteilung ablesen. Das so konstruierte Konfidenzintervall K überdeckt mit Wahrscheinlichkeit $1 - \omega$ den wahren Parameterwert β:

$$P(\beta \in K) = 1 - \omega \tag{1}$$

Ein Test der Punkthypothese

$$H_0 : \beta = \beta_0$$

läßt sich dann mit der $N(0, 1)$-verteilten Testvariablen

$$\tau := \frac{\hat{\beta} - \beta_0}{\sigma} \tag{2}$$

so durchführen, daß H_0 genau dann verworfen wird, wenn $|\tau| > k_\omega$ ist:

$$|\tau| > k_\omega \Leftrightarrow H_0 \text{ wird abgelehnt.}$$

Dieser Test hat die Eigenschaft, daß die Wahrscheinlichkeit für die fälschliche Ablehnung von H_0 (Fehler 1. Art) gerade ω ist:

$$P(|\tau| > k_\omega | H_0) = \omega. \tag{3}$$

Aus 4.2 wissen wir nun, daß sich im einfachen FV-Modell die Verteilungen verschiedener Schätzer $\hat{\beta}$ durch eine Normalverteilung approximieren lassen. Dies gilt – z.B. unter den in Tab. 4.2/1 aufgeführten Zusatzannahmen – für jeden der früher betrachteten konsistenten Schätzer, insbesondere für die Schätzer $\hat{\beta}_V$, $\hat{\beta}_P$ und $\hat{\beta}_{IV}$. Es gilt also für all diese Schätzer näherungsweise (vgl. z.B. (4.2/35)):

$$\hat{\beta} \sim N(\beta, \tilde{\sigma}^2)$$
$$\tilde{\sigma}^2 := \frac{1}{T}\, \bar{V}[\sqrt{T}(\hat{\beta} - \beta)]. \tag{4}$$

Für diese Schätzer läßt sich daher ein **approximatives Konfidenzintervall**

$$\tilde{K} := [\hat{\beta} - k_\omega\, \tilde{\sigma}, \hat{\beta} + k_\omega\, \tilde{\sigma}]$$

konstruieren. Es gilt anstelle von (1)

$$P(\beta \in \tilde{K}) \approx 1 - \omega.$$

In der Praxis muß $\tilde{\sigma}$ allerdings durch eine (konsistente) Schätzung $\hat{\tilde{\sigma}}$ ersetzt werden. Das impliziert, daß die Näherung noch weiter verfälscht wird. Der Gesamtfehler mag bei großem T noch vernachlässigbar sein, bei kleinem T aber ist er u.U. gravierend.

Der Test (3) der Nullhypothese H_0 ist dann nicht mit (2), sondern hilfsweise mit der Testvariablen

$$\tau := \frac{\hat{\beta} - \beta_0}{\hat{\tilde{\sigma}}} \tag{5}$$

durchzuführen. Die Testeigenschaft (3) gilt dann nur approximativ, wobei tatsächliches Signifikanzniveau $P(|\tau| > k_\omega \mid H_0)$ und nominelles Signifikanzniveau ω für kleine T erheblich voneinander abweichen können.

4.4.2 Exakter Konfidenzbereich und Test bei bekanntem Quotienten der Fehlervarianzen

Grundlage für die in diesem Abschnitt abgeleiteten Tests und Konfidenzbereiche ist die Kenntnis des Varianzquotienten $\lambda = \sigma_w^2/\sigma_v^2$. Wir beschränken uns erneut auf das *einfache* FV-Modell i.e.S mit $\varepsilon \equiv 0$ [zum multiplen FV-Modell vgl. *Schneeweiß*, 1982b], dessen Modellgleichungen noch einmal angegeben seien:

$$\begin{aligned} y_t &= \alpha + \beta\,\xi_t + w_t \\ x_t &= \xi_t + v_t \end{aligned} \qquad t = 1, \ldots, T. \tag{6}$$

Die Fehlervariablen v_t und w_t seien jeweils unabhängig identisch normalverteilt (Annahme ($N_{v,w}$)). Außerdem gehen wir zunächst von nichtstochastischen Variablen ξ_t aus (*Funktionalvariante* des FV-Modells), werden uns aber später von dieser Annahme lösen.

a. Gemeinsamer Test für α und β

Wir wollen als erstes einen Test für das Parameterpaar (α, β) aufstellen. Zu prüfen ist also die Nullhypothese

$$H_0 : \alpha = \alpha_0, \beta = \beta_0,$$

wobei α_0 und β_0 gewisse hypothetische vorgegebene Werte für die Parameter α und β sind. Um zu einer geeigneten Testvariablen zu gelangen, definieren wir, einer Idee von *Williams* [1959, 1973] folgend, die beiden Variablen

$$\begin{aligned} y_{0t} &:= y_t - \alpha_0 - \beta_0 x_t \\ x_{0t} &:= \beta_0 (y_t - \alpha_0) + \lambda x_t. \end{aligned} \tag{7}$$

Mit Hilfe von (6) erhalten wir

$$\begin{aligned} y_{0t} &= \alpha - \alpha_0 + (\beta - \beta_0)\, \xi_t + w_t - \beta_0 v_t \\ x_{0t} &= \beta_0 (\alpha - \alpha_0) + (\lambda + \beta \beta_0)\, \xi_t + \beta_0 w_t + \lambda v_t. \end{aligned} \tag{8}$$

Definieren wir abkürzend

$$\begin{aligned} w_{0t} &:= w_t - \beta_0 v_t \\ v_{0t} &:= \beta_0 w_t + \lambda v_t, \end{aligned} \tag{9}$$

dann stellen wir zunächst fest, daß v_0 und w_0 unkorreliert und damit, weil normalverteilt, auch stochastisch unabhängig sind. In der Tat ist

$$E(v_{0t} w_{0t}) = \beta_0 (\sigma_w^2 - \lambda \sigma_v^2) = 0.$$

Definieren wir schließlich noch

$$\xi_{0t} := \beta_0 (\alpha - \alpha_0) + (\lambda + \beta \beta_0)\, \xi_t, \tag{10}$$

dann läßt sich (8) unter Berücksichtigung von (9) in der Form

$$\begin{aligned} y_{0t} &= a_0 + b_0\, \xi_{0t} + w_{0t} \\ x_{0t} &= \qquad\quad \xi_{0t} + v_{0t} \end{aligned} \tag{11}$$

schreiben mit

$$\begin{aligned} a_0 &:= (\alpha - \alpha_0) \frac{\lambda + \beta_0^2}{\lambda + \beta \beta_0} \\ b_0 &:= \frac{\beta - \beta_0}{\lambda + \beta \beta_0}. \end{aligned} \tag{12}$$

Das System (11) stellt die Gleichungen eines neuen FV-Modells i.e.S. dar. Wir können den Test auch anhand dieses transformierten FV-Modells konstruieren. Die Nullhypothese H_0 ist nämlich wegen (12) äquivalent mit

$$H_0: \ a_0 = b_0 = 0. \tag{13}$$

Wenn wir jetzt noch zu der regressionsartigen Beziehung

$$\begin{aligned} y_{0t} &= a_0 + b_0 x_{0t} + u_{0t} \\ u_{0t} &:= w_{0t} - b_0 v_{0t} \end{aligned} \tag{14}$$

übergehen, dann ist also zu prüfen, ob in (14a) die Parameter a_0 und b_0 verschwinden. Wäre (14a) eine echte Regression (mit Unabhängigkeit zwischen Regressor x_0 und Störvariable u_0), dann ließe sich diese Hypothese nach dem wohlbekannten **F-Test** prüfen [vgl. z.B. *Schneeweiß*, 1978, S. 116]: Man bildet mit den KQ-Residuen $\hat{u}_{0t}$ der Regression (14a) die F^2_{T-2}-verteilte Testvariable

$$\tau := \frac{(T-2)(\Sigma y_{0t}^2 - \Sigma \hat{u}_{0t}^2)}{2\, \Sigma \hat{u}_{0t}^2} \tag{15}$$

und lehnt H_0 zum Signifikanzniveau ω genau dann ab, wenn τ größer als das $(1-\omega)$-Perzentil $F^2_{T-2}(1-\omega)$ der F-Verteilung zu 2 und $T-2$ Freiheitsgraden ausfällt:

$$\tau > F^2_{T-2}(1-\omega) \Leftrightarrow H_0 \text{ wird abgelehnt.}$$

Dieser für die klassische Regressionstheorie gültige Test kann nun aber auch für unser FV-Modell herangezogen werden. Zwar ist in (14a) der Regressor x_{0t} im allgemeinen nicht unabhängig von der Störvariablen u_{0t}, aber gerade dann, wenn die Nullhypothese (13) gültig ist, besteht stochastische Unabhängigkeit zwischen x_{0t} und u_{0t}. Denn wegen (14b) ist dann $u_{0t} = w_{0t}$, und w_{0t} ist nach (11b) unabhängig von x_{0t}. Also besitzt die Variable τ — gerade wie beim klassichen Regressionsmodell — im Falle H_0 eine F-Verteilung mit 2 und $T-2$ Freiheitsgraden. Wird also der Test auf H_0 im FV-Modell in der oben beschriebenen Weise mit Hilfe der Testvariablen (15) durchgeführt, dann hält er das vorgegebene Signifikanzniveau ω genau ein.

Die Machtfunktion dieses F-Tests weicht sicher von der des klassischen F-Tests im Regressionsmodell ab, aber tendenziell sind ähnliche Ergebnisse zu erwarten: bei (nicht zu großen) Abweichungen von der Nullhypothese wird die Testvariable eher größere Werte annehmen und mit größerer Wahrscheinlichkeit als unter H_0 die Schranke $F^2_{T-2}(1-\omega)$ überschreiten, was dann zur Ablehnung von H_0 führt.

Der F-Test wurde zunächst nur für die Funktionalvariante des FV-Modells abgeleitet. Wir können uns jetzt von dieser Einschränkung lösen. Sind die ξ_t stochastische Variablen, dann lassen sich alle vorausgegangenen Argumente wiederholen, indem sämtliche Wahrscheinlichkeitsaussagen als bedingte bei gegebenen ξ_t, $t = 1, \ldots, T$, verstanden werden. Insbesondere folgt, daß im Falle H_0 die bedingte Verteilung von

τ bei gegebenen ξ_t, $t = 1, \ldots, T$ eine F^2_{T-2}-Verteilung ist. Da dies für *jeden* vorgegebenen Vektor von ξ_t-Werten gilt, ist τ auch unbedingt F-verteilt. Der beschriebene F-Test kann daher unverändert auch bei stochastischer Spezifikation der ξ_t durchgeführt werden.

b. Test für β

Der soeben beschriebene F-Test überprüft die Werte der beiden Parameter α und β gleichzeitig. Vielfach wird man aber in erster Linie an einer genauen Kenntnis des Parameters β interessiert sein, weniger an einer Kenntnis des Parameters α. In diesem Fall empfiehlt es sich, einen Test anzuwenden, der nur den Wert des Parameters β überprüft. D.h., wir brauchen einen Test für die Nullhypothese

$$H_0^*: \beta = \beta_0,$$

worin β_0 ein vorgebener hypothetischer Wert des Parameters β ist. Ein solcher Test ist leicht durch Modifikation des vorangegangenen Tests zu gewinnen. Wir bilden wieder die Variablen (7), jetzt aber mit einem beliebigen Wert für α_0 (z.B. $\alpha_0 = 0$), gehen zum transformierten FV-Modell (11) und der zugehörigen regressionsähnlichen Beziehung (14) über und stellen fest, daß H_0^* äquivalent ist mit

$$H_0^*: b_0 = 0. \tag{16}$$

Diese Hypothese ist im Modell (14) zu prüfen. Wieder erkennen wir, daß im Falle H_0^* die Beziehung (14a) eine echte Regression darstellt, insofern nämlich, als unter H_0^* die Variablen x_{0t} und u_{0t} stochastisch unabhängig sind. Wir können daher nach denselben Überlegungen wie im Falle des Tests auf die Hypothese (13) die Hypothese H_0^* nach dem klassischen F-Test prüfen, der sich allerdings im Falle der einfachen Regression (14a) auf den bekannten **t-Test** reduziert [vgl. z.B. *Schneeweiß*, 1978, S. 134]. Mit Hilfe des empirischen Korrelationskoeffizienten $r_0 = s_{x_0y_0}/(s_{x_0}s_{y_0})$ zwischen x_0 und y_0 konstruieren wir die mit $T-2$ Freiheitsgraden t-verteilte Testvariable

$$\tau := \sqrt{T-2}\,\frac{r_0}{\sqrt{1-r_0^2}} \tag{17}$$

und lehnen H_0^* zum Signifikanzniveau ω genau dann ab, wenn $|\tau|$ größer als das $(1-\omega/2)$-Perzentil $t_{T-2}(1-\omega/2)$ dieser Verteilung ausfällt:

$$|\tau| > t_{T-2}\left(1-\frac{\omega}{2}\right) \Leftrightarrow H_0^* \text{ wird abgelehnt.}$$

Um diesen t-Test in eine Form zu bringen, die eine unmittelbare Berechnung der Testvariablen (17) aus den Daten x_t und y_t gestattet, formen wir (17) noch etwas um.

Zunächst berechnen wir unter Zuhilfenahme der Definition (7) den Korrelationskoeffizienten r_0:

$$r_0 = -\frac{s_{xy}\beta_0^2 + (\lambda s_x^2 - s_y^2)\beta_0 - \lambda s_{xy}}{\sqrt{[(s_y^2\beta_0^2 + 2\lambda s_{xy}\beta_0 + \lambda^2 s_x^2)(s_x^2\beta_0^2 - 2 s_{xy}\beta_0 + s_y^2)]}}. \tag{18}$$

Es ergibt sich dann für τ nach (17)

$$\tau = -\sqrt{T-2}\,\frac{s_{xy}\beta_0^2 - (s_y^2 - \lambda s_x^2)\beta_0 - \lambda s_{xy}}{(\beta_0^2 + \lambda)\sqrt{s_x^2 s_y^2 - s_{xy}^2}}. \tag{19}$$

c. *Konfidenzbereich für β*

Mit Hilfe des t-Tests läßt sich aber auch ein Konfidenzbereich K für den unbekannten Parameter β zu gegebenem Konfidenzniveau $1 - \omega$ konstruieren: K ist die Menge aller β_0, die durch den t-Test nicht abgelehnt werden, d.h.

$$K = \left\{\beta_0 \,\middle|\, |\tau| \le t_{T-2}\left(1 - \frac{\omega}{2}\right)\right\}. \tag{20}$$

Nach Konstruktion gilt dann offensichtlich für den wahren Parameterwert β:

$$P(\beta \in K) = P\left(|\tau| \le t_{T-2}\left(1 - \frac{\omega}{2}\right)\right) = 1 - \omega,$$

d.h., K besitzt in der Tat das Konfidenzniveau $1 - \omega$.

Wir wollen K näher bestimmen. K ist gemäß (20) und (19) durch die Menge aller β_0 gegeben, für die gilt:

$$\begin{aligned} &|s_{xy}\beta^2{}_0 - (s_y^2 - \lambda s_x^2)\beta_0 - \lambda s_{xy}| \le a(\beta_0^2 + \lambda) \\ &a := t_{T-2}\left(1 - \frac{\omega}{2}\right)\sqrt{s_x^2 s_y^2 - s_{xy}^2}\Big/\sqrt{T-2}. \end{aligned} \tag{21}$$

Wenn wir noch abkürzend

$$\begin{aligned} f_1(\beta_0) &:= |s_{xy}\beta_0^2 - (s_y^2 - \lambda s_x^2)\beta_0 - \lambda s_{xy}| \\ f_2(\beta_0) &:= a(\beta_0^2 + \lambda) \end{aligned} \tag{22}$$

setzen, haben wir für K die Darstellung

$$K = \{\beta_0 \,|\, f_1(\beta_0) \le f_2(\beta_0)\}. \tag{23}$$

Wir wollen Gestalt und relative Lage der Graphen von f_1 und f_2 näher kennzeichnen, wobei wir $\lambda > 0$ annehmen.

Der Graph von f_2 ist eine nach oben geöffnete Parabel mit dem Scheitelpunkt $(0, \lambda\, a)$. Wegen $a > 0$ und $\lambda > 0$ existieren keine Nullstellen.

Die Funktion f_1 hat zwei Nullstellen $\beta^+ > o$ und $\beta^- < 0$. Diese sind mit den Lösungen von (3.3/31) identisch. Ein Vergleich mit der Formel (3.3/30) für $\hat{\beta}_P$ zeigt, daß $\beta^+ = \hat{\beta}_P$, falls $s_{xy} > 0$, und $\beta^- = \hat{\beta}_P$, falls $s_{xy} < 0$ (s. hierzu die Ausführungen in 2.3.1b). Der P-Schätzer $\hat{\beta}_P$ liegt somit wegen (23) und $f_2(\beta_0) \geq 0$ immer innerhalb des Konfidenzbereichs K. Der Graph von f_1 besteht für $\beta_0 \geq \hat{\beta}^+$ und $\beta_0 \leq \hat{\beta}^-$ aus zwei Ästen einer ebenfalls nach oben geöffneten Parabel. Zwischen den Nullstellen wird er durch die an der Abszisse gespiegelte Fortsetzung dieser Parabel beschrieben.

Die Schnittstellen der Graphen f_1 und f_2 ergeben sich als Lösungen der quadratischen Gleichungen

$$s_{xy}\,\beta_0^2 - (s_y^2 - \lambda\, s_x^2)\,\beta_0 - \lambda\, s_{xy} = \pm\, a\,(\beta_0^2 + \lambda). \tag{24}$$

Da beide Gleichungen offenbar dieselbe Diskriminante besitzen, haben sie gleich viele reelle Lösungen, nämlich jeweils beide entweder 0 oder 2 (im Grenzfall mit Wahrscheinlichkeit 0 auch beide je eine Lösung). Wegen $f_1(0) = \lambda |s_{xy}|$ und $f_2(0) = \lambda\, a$ unterscheiden wir die Fälle $|s_{xy}| < a$ und $|s_{xy}| > a$.

Im Falle $|s_{xy}| < a$ sind die Parabeläste von f_2 steiler als die von f_1. Der Konfidenzbereich K ist dann unbegrenzt, und zwar besteht K entweder aus der ganzen Abszisse (Abb. 4.4/1a) oder, wenn a in die Nähe von $|s_{xy}|$ rückt und (24) insgesamt vier Lösungen besitzt, aus der Abszisse, aus der zwei endliche Intervalle herausgeschnitten sind (Abb. 4.4/1b). Der erste Fall tritt genau dann ein, wenn

$$(s_y^2 - \lambda\, s_x^2)^2 < 4\,\lambda\, s_x^2\, s_y^2\,[g - r_{xy}^2\,(1 + g)]$$

ist mit $g := t_{T-2}^2\,(1 - \omega/2)/(T - 2)$.

Im Falle $|s_{xy}| > a$ sind die Parabeläste von f_1 steiler als die von f_2, und K besteht aus zwei disjunkten endlichen Intervallen K_1 und K_2, wovon das eine die Schätzung $\hat{\beta}_P$ enthält (Abb. 4.4/1c). Der Fall $|s_{xy}| > a$ wird mit hoher Wahrscheinlichkeit bei großem T eintreten. Allgemein gilt $|s_{xy}| > a$ genau dann, wenn x und y signifikant korreliert sind. Im Grenzfall $|s_{xy}| = a$ sind noch andere Bereiche K möglich.

Daß der Konfidenzbereich K selbst bei großem T nicht zu einem Intervall wird, zeigt, daß seine Konstruktion mit Mängeln behaftet ist, die man allerdings nicht beseitigen kann, ohne die Forderung nach einem exakt einzuhaltenden vorgegebenen Konfidenzniveau zu verletzen. Es liegt natürlich nahe, nur das Teilintervall auszuwählen, daß $\hat{\beta}_P$ enthält. Aber dieses so konstruierte Konfidenzintervall enthielte den wahren Parameterwert mit einer kleineren Wahrscheinlichkeit als $1 - \omega$. Das tatsächliche Konfidenzniveau wäre also kleiner als das nominell vorgegebene. Für große T ist aber der Unterschied vernachlässigbar, weil wegen der Konsistenz von $\hat{\beta}_P$ die Wahrscheinlichkeit, daß $\hat{\beta}_P$ und β in getrennten Intervallen liegen, mit $T \to \infty$ gegen 0 konvergiert.

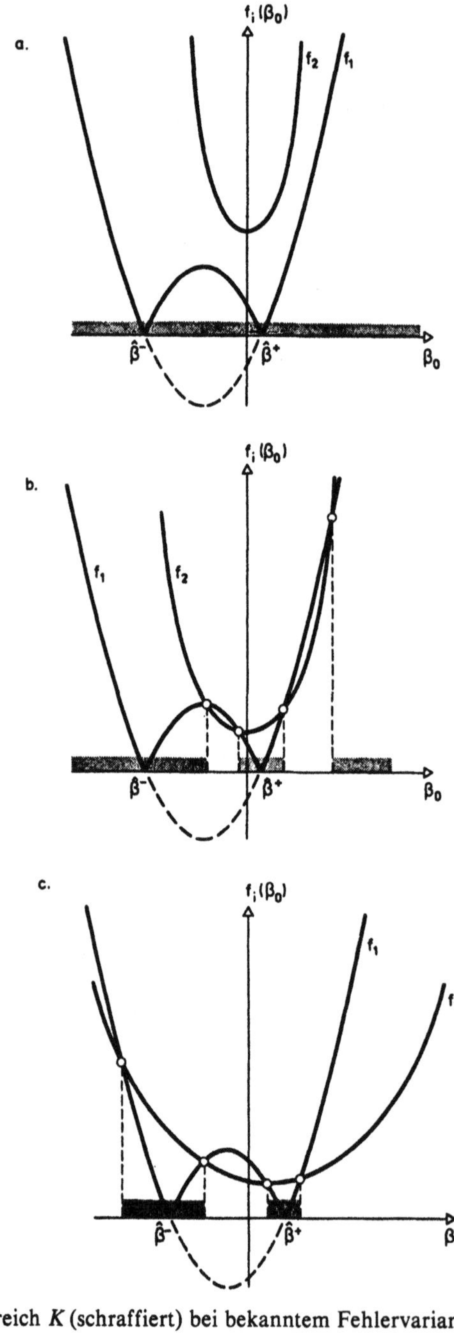

Abb. 4.4/1: Konfidenzbereich K (schraffiert) bei bekanntem Fehlervarianzquotienten $\lambda > 0$

a. $K = \mathbb{R}$

b. $K = K_1 \cup K_2 \cup K_3 \quad (K_1 \cap K_2 \cap K_3 = \emptyset)$

c. $K = K_1 \cup K_2 \quad (K_1 \cap K_2 = \emptyset)$.

Anmerkungen:

1. *Creasy* [1956] hat die Testvariable (19) auf anderem Weg in einer Form hergeleitet, in der sie sich auf den Neigungswinkel $\Theta = \arctan \beta$ statt auf β bezieht. Man kann dann einen Konfidenzbereich K für Θ konstruieren, der ähnlich aussieht wie für β, dabei aber die dem FV-Modell inhärente Symmetrie deutlicher zum Ausdruck bringt. K besteht entweder aus der Menge aller $\Theta (0 \leq \Theta < \pi)$ oder aus zwei disjunkten, gleich großen Intervallen, die symmetrisch um $\hat{\Theta}_P := \arctan \hat{\beta}_P$ und um $\hat{\Theta}_P + \pi/2$ (modulo π) angeordnet sind.

   Bezüglich anderer Herleitungen und Varianten vgl. *Jolicoeur* [1968], *Jolicoeur/Mosimann* [1968], *Patefield* [1981b] und *Gleser* [1982].
2. *Jolicoeur* [1973] und *Galata* [1984] untersuchen mittels Monte-Carlo-Simulationen, wie häufig bei kleinen Stichproben die in Abb. 4.4/1 dargestellten Fällen auftreten können und welche Änderungen im nominalen Konfidenzniveau man in Kauf nehmen muß, wenn man als Konfidenzintervall nur dasjenige Teilintervall des exakten Konfidenzbereichs benutzt, in dem die Schätzung $\hat{\beta}_P$ liegt. Es zeigt sich, daß die Änderung im Konfidenzniveau auch bei sehr kleinen Stichproben ($T = 10$) ganz gering ist. Dagegen kommt der Fall, daß der Konfidenzbereich aus ganz $\mathbb{R}$ besteht (Abb. 4.4/1a) ziemlich häufig vor.

   Ein Beispiel für die Anwendung des exakten Konfidenzbereichs in einer biometrischen Untersuchung (allometrische Beziehung zwischen Sauerstoffverbrauch und Körpergewicht) geben *Jolicoeur* und *Heusner* [1971].
3. *Sprott* und *Viveros* [1985] untersuchen die Likelihoodfunktion des FV-Modells (6). Ihre ungewöhnliche Gestalt entspricht den seltsamen Formen des Konfidenzbereichs in Abb. 4.4/1.

4.4.3 Exakter Konfidenzbereich und Test bei Kenntnis beider Fehlervarianzen

Für den Fall, daß im einfachen FV-Modell i.e.S. (6) mit normalverteilten Fehlervariablen v_t und w_t deren Fehlervarianzen σ_v^2 und σ_w^2 bekannt sind, hat *R. L. Brown* [1957] eine simple Methode zur Konstruktion von Parametertests und Konfidenzbereichen angegeben (Verallgemeinerungen auf den multiplen Fall bei *Brown* und *Fereday* [1958]).

Der Test prüft die sich auf α und β gemeinsam beziehende Nullhypothese

$$H_0 : \alpha = \alpha_0, \quad \beta = \beta_0.$$

Wir gehen bei der folgenden Ableitung der Einfachheit halber wieder von der *Funktionalvariante* aus, können aber mit ähnlichen Argumenten wie am Schluß von 4.4.2a nachweisen, daß das Ergebnis auch bei stochastischer Spezifikation der ξ_t-Werte gültig bleibt.

Die Konstruktion einer Testvariablen beruht auf der Eigenschaft der Variablen $u_t = w_t - \beta v_t$, unter den hier getroffenen Annahmen $N(0, \sigma_u^2)$-verteilt zu sein, wobei $\sigma_u^2 = \sigma_w^2 + \beta^2 \sigma_v^2$ (vgl. (1.3/15b) mit $\varepsilon \equiv 0$). Der Quotient $\Sigma u_t^2/\sigma_u^2$ ist dann zentral χ^2-verteilt mit T Freiheitsgraden. Definieren wir nun mit (7a) die Testvariable

$$\tau := \frac{\Sigma y_{0t}^2}{V(y_{0t})} = \frac{\Sigma (y_t - \alpha_0 - \beta_0 x_t)^2}{\sigma_w^2 + \beta_0^2 \sigma_v^2}, \tag{25}$$

so ist im Falle H_0 offenbar $y_{0t} = y_t - \alpha - \beta x_t = u_t$ und somit $\tau = \Sigma u_t^2/\sigma_u^2$, d.h. τ ist zentral χ_T^2-verteilt. Ist H_0 nicht erfüllt, dann folgt τ einer nichtzentralen χ_T^2-

Verteilung. Es liegt daher nahe, die Nullhypothese wie folgt zu prüfen: H_0 wird zum Signifikanzniveau ω genau dann abgelehnt, wenn τ größer als das $(1 - \omega)$-Perzentil $\chi^2_T(1 - \omega)$ der zentralen χ^2-Verteilung mit T Freiheitsgraden ausfällt:

$$\tau > \chi^2_T(1 - \omega) \Leftrightarrow H_0 \text{ wird abgelehnt.}$$

Der Test von Brown ist eine wichtige Vorstufe zur Konstruktion eines entsprechenden Tests im Replikationsfall (vgl. 4.4.4). Mit ihm kann in der üblichen Weise ein Konfidenzbereich für (α, β) konstruiert werden. Er besteht aus allen Paaren (α_0, β_0), die durch den Test nicht abgelehnt werden.

Ein Test der Nullhypothese

$$H_0^*: \beta = \beta_0$$

wird mit Hilfe der zu (25) analogen Variablen

$$\tau^* := \frac{\Sigma(y_t^* - \beta_0 x_t^*)^2}{\sigma_w^2 + \beta_0^2 \sigma_v^2}$$

durchgeführt, wobei $y_t^* = y_t - \bar{y}$ und $x_t^* = x_t - \bar{x}$. Im Falle H_0^* ist $\tau^* = \Sigma(u_t - \bar{u})^2/\sigma_u^2$, d.h. τ^* ist zentral χ^2_{T-1}-verteilt. Man prüft also nach dem Schema

$$\tau^* > \chi^2_{T-1}(1 - \omega) \Leftrightarrow H_0^* \text{ wird abgelehnt.}$$

Als Konfidenzbereich K für β erhält man ähnlich wie in 4.4.2c:

$$K = \{\beta_0 \mid \tau^* > \chi^2_{T-1}(1 - \omega)\}.$$

Auch hier können verschiedene Formen für K vorkommen. Für große T ist K mit hoher Wahrscheinlichkeit ein endliches Intervall. K kann aber auch die ganze reelle Zahlengerade einnehmen oder die Zahlengerade, aus der ein endliches Intervall herausgeschnitten ist. Schließlich ist es sogar möglich, daß K leer ausfällt.

Anmerkung: *Galata* [1984] hat die Machtfunktionen der Tests von 4.4.2 und 4.4.3 berechnet und miteinander verglichen. Danach ist der Test von Creasy lokal (d.h. in der Nähe der Nullhypothese) mächtiger als der Test von Brown [vgl. auch *Than Pe*, 1982].

4.4.4 Exakter Konfidenzbereich und Test im Replikationsfall

Wir betrachten das in 3.4.2d zugrunde gelegte Replikationsmodell (R-Modell) mit paarweiser Messung der systematischen Variablen η_t und ξ_t und verschwindenden "shocks" ($\varepsilon \equiv 0$). Zusätzlich setzen wir noch voraus, daß die Replikationszahl konstant ist ($m_t \equiv m$):

$$\begin{aligned} \eta_t &= \alpha + \beta \xi_t \\ y_{ti} &= \eta_t + w_{ti} \qquad t = 1, \ldots, T; \; i = 1, \ldots, m. \qquad (26) \\ x_{ti} &= \xi_t + v_{ti} \end{aligned}$$

Die Vektoren $(v_{ti}, w_{ti})'$ seien unabhängig identisch normalverteilt mit Erwartungswertvektor $\boldsymbol{o}$. Ferner seien v_{ti} und w_{ti} stochastisch unabhängig $t = 1, \ldots, T$; $i = 1, \ldots, m$ (R-Modell *i.e.S.*).

Durch Mittelung über die Replikationen erhalten wir analog zu (3.4/8) das zugehörige aggregierte FV-Modell

$$\begin{aligned} \eta_t &= \alpha + \beta \xi_t \\ \bar{y}_t &= \eta_t + \bar{w}_t \qquad t = 1, \ldots, T. \\ \bar{x}_t &= \xi_t + \bar{v}_t \end{aligned} \tag{27}$$

Wir benutzen das Modell (27) zum Test der Nullhypothese

$$H_0: \ \alpha = \alpha_0, \quad \beta = \beta_0.$$

Bei der Konstruktion eines Tests lassen wir uns von der Idee des in 4.4.3 beschriebenen Tests leiten. Dort waren allerdings die Fehlervarianzen als bekannt angenommen worden, während sie hier unbekannt sind.

Wir stellen zunächst fest, daß die Variablen

$$u_{ti} := w_{ti} - \beta v_{ti} = y_{ti} - \alpha - \beta x_{ti} \tag{28}$$

wegen der Normalverteilungsannahme $N(0, \sigma_u^2)$-verteilt sind, wobei wieder $\sigma_u^2 = \sigma_w^2 + \beta^2 \sigma_v^2$. Entsprechend sind die gemittelten Variablen

$$\bar{u}_t := \frac{1}{m} \sum_{i=1}^{m} u_{ti} = \bar{y}_t - \alpha - \beta \bar{x}_t \tag{29}$$

dann $N(0, \sigma_{\bar{u}}^2)$-verteilt mit $\sigma_{\bar{u}}^2 = \sigma_u^2 / m$. Somit gilt

$$\frac{m}{\sigma_u^2} \Sigma \bar{u}_t^2 \sim \chi_T^2. \tag{30}$$

Die unbekannte Varianz σ_u^2 wird durch

$$\hat{\sigma}_u^2 = \frac{1}{T(m-1)} \sum_{t=1}^{T} \sum_{i=1}^{m} (u_{ti} - \bar{u}_t)^2$$

konsistent und erwartungstreu geschätzt (vgl. (3.4/5) mit $n_t = m_t \equiv m$). Einsetzen von (28) und (29) liefert

$$\begin{aligned} \hat{\sigma}_u^2 = \frac{1}{T(m-1)} \sum_{t=1}^{T} \sum_{i=1}^{m} [(y_{ti} - \bar{y}_t)^2 - 2\beta (y_{ti} - \bar{y}_t)(x_{ti} - \bar{x}_t) \\ + \beta^2 (x_{ti} - \bar{x}_t)^2]. \end{aligned} \tag{31}$$

Der Quotient $T(m-1)\, \hat{\sigma}_u^2 / \sigma_u^2$ ist von $\Sigma\, \bar{u}_t^2$ stochastisch unabhängig und folgt einer χ^2-Verteilung mit $T(m-1)$ Freiheitsgraden. Wird daher in (30) σ_u^2 durch $\hat{\sigma}_u^2$ ersetzt, so resultiert nach Division durch T eine Größe, die einer F-Verteilung mit T und $T(m-1)$ Freiheitsgraden folgt:

$$\frac{m}{T\hat{\sigma}_u^2} \sum_{t=1}^{T} \bar{u}_t^2 \sim F_{T(m-1)}^{T}. \tag{32}$$

Man erhält nun die gewünschte Testvariable, wenn man in (32) für $\bar{u}_t$ und $\hat{\sigma}_u^2$ die Ausdrücke aus (29) und (31) einsetzt, zugleich aber α und β durch die hypothetisch vorgegebenen Werte α_0 und β_0 ersetzt:

$$\tau := \frac{T(m-1)\, m \sum_{t=1}^{T} (\bar{y}_t - \alpha_0 - \beta_0 \bar{x}_t)^2}{T \sum_{t=1}^{T} \sum_{i=1}^{m} [(y_{ti} - \bar{y}_t)^2 - 2\beta_0 (y_{ti} - \bar{y}_t)(x_{ti} - \bar{x}_t) + \beta_0^2 (x_{ti} - \bar{x}_t)^2]}. \tag{33}$$

Die Variable (33) ist unter H_0 mit dem $F_{T(m-1)}^{T}$-verteilten Term aus (32) identisch. Dies legt nahe, die Nullhypothese in der folgenden Weise zu testen: H_0 wird zum Signifikanzniveau ω genau dann abgelehnt, wenn τ größer als das $(1-\omega)$-Perzentil $F_{T(m-1)}^{T}(1-\omega)$ der F-Verteilung zu T und $T(m-1)$ Freiheitsgraden ausfällt:

$\tau > F_{T(m-1)}^{T}(1-\omega) \Leftrightarrow H_0$ wird abgelehnt.

Alle Paare (α_0, β_0), die durch den Test nicht abgelehnt werden, konstituieren dann wieder einen Konfidenzbereich K für die Regressionskoeffizienten.

In ganz ähnlicher Weise kann die Nullhypothese

$H_0^*: \beta = \beta_0$

geprüft werden. Man erhält eine Testvariable τ^*, wenn man in (33) den Faktor T im Nenner durch $T-1$ und die Summe im Zähler durch $\sum(\bar{y}_t^* - \beta_0 \bar{x}_t^*)^2$ ersetzt. Dabei ist $\bar{x}_t^* = \bar{x}_t - \bar{x}$ und $\bar{y}_t^* = \bar{y}_t - \bar{y}$ mit $\bar{x} = (1/T)\sum \bar{x}_t$ und $\bar{y} = (1/T)\sum \bar{y}_t$ (vgl. (3.4/13c)). Die so erklärte Variable τ^* folgt im Falle H_0^* einer F-Verteilung mit $T-1$ und $T(m-1)$ Freiheitsgraden. Man kann daher H_0^* wie folgt testen:

$\tau^* > F_{T(m-1)}^{T-1}(1-\omega) \Leftrightarrow H_0^*$ wird abgelehnt.

Anmerkung: Der Test mit der Testvariablen (33) stammt von *Villegas* [1964], der ihn für den multivariaten Fall angibt [vgl. auch *Sprent*, 1966 und *Healy*, 1958]. Villegas untersucht auch den mit Hilfe der Testvariablen konstruierbaren Konfidenzbereich für die Parameter und für die Modellgerade $\eta = \alpha + \beta\xi$. Bemerkenswert ist, daß der Test unverändert auch für ein FV-Modell *i.w.S.* verwendet werden kann. In die Schätzformel (31) geht nämlich die Unkorreliertheit von v und w nicht ein.

Der Test kann ferner auch ohne die Annahme konstanter Replikationszahlen durchgeführt werden. In diesem Fall ist, wenn m_t die Anzahl der Messungen für das Variablenpaar (ξ_t, η_t) bezeichnet, in (33) der Zähler durch $(M-T)\sum m_t(\bar{y}_t - \alpha_0 - \beta_0 \bar{x}_t)^2$ gegeben, wobei $M := \sum m_t$. Im Nenner von (33) ist lediglich die Summationsgrenze m durch m_t zu ersetzen.

4.4.5 Exakter Konfidenzbereich und Test bei Kenntnis einer Instrumentvariablen

In diesem Abschnitt gehen wir weiter vom einfachen FV-Modell (6) mit normalverteilten Fehlervariablen aus. Dabei darf $\sigma_{vw} \neq 0$ sein (FV-Modell *i.w.S.*). Wir setzen voraus, daß eine Instrumentvariable z zur Verfügung steht. Sie ist gemäß der in 3.5.1a formulierten Annahme (I1) von den Fehlervariablen v und w stochastisch unabhängig. Die asymptotischen Annahmen (I2) und (Az) aus 3.5.1a werden nur zur Entwicklung der asymptotischen Eigenschaften des Tests benötigt.

Wir wollen annehmen, daß die latente systematische Variable ξ über eine lineare, stochastisch gestörte Beziehung von z abhängt:

$$\xi_t = \gamma + \delta z_t + f_t \qquad t = 1, \ldots, T. \tag{34}$$

Dabei sei $\delta \neq 0$ und f_t eine vom Vektor $(z_1, \ldots, z_T)'$ unabhängige $N(0, \sigma_f^2)$-verteilte Zufallsvariable. Durch die Zusatzgleichung (34) wird das hier betrachtete einfache FV-Modell zu einem FV-Einflußgrößen-Modell (einfaches FVE-Modell; vgl. 1.4.3a).

Wir konstruieren zunächst wie in 4.4.2 einen Test für die beiden Parameter α und β gemeinsam, dann einen nur für β und schließlich auf letzterem aufbauend einen Konfidenzbereich für β.

a. Gemeinsamer Test für α und β

Zu prüfen sei die Hypothese

$$H_0 : \alpha = \alpha_0, \quad \beta = \beta_0$$

mit vorgegebenen Werten α_0 und β_0. Wir benutzen wieder die durch (7a) definierte Variable $y_{0t} := y_t - \alpha_0 - \beta_0 x_t$. Mit Hilfe der Modellgleichungen (6) und (34) wird daraus

$$y_{0t} = a_0 + b_0 z_t + f_{0t} \tag{35}$$

mit

$$\begin{aligned} a_0 &:= \alpha - \alpha_0 + (\beta - \beta_0)\gamma \\ b_0 &:= (\beta - \beta_0)\delta \\ f_{0t} &:= u_t + (\beta - \beta_0)(v_t + f_t). \end{aligned} \tag{36}$$

Gleichung (35) stellt eine gewöhnliche Regression von y_{0t} auf z_t mit normalverteilten Störvariablen f_0 dar. Im Rahmen dieser Regression ist die wegen (36) zu H_0 äquivalente Hypothese

$$H_0 : a_0 = b_0 = 0$$

zu prüfen. Als Testvariable verwenden wir analog zu (15)

$$\tau := \frac{(T-2)(\Sigma y_{0t}^2 - \Sigma \hat{f}_{0t}^2)}{2\, \Sigma \hat{f}_{0t}^2}, \tag{37}$$

wobei $\hat{f}_{0t}$ die KQ-Residuen der Regression (35) sind. Die Variable τ ist im Falle H_0 F-verteilt mit $T-2$ und 2 Freiheitsgraden. Damit kann man H_0 zum Signifikanzniveau ω wie folgt prüfen:

$$\tau > F^2_{T-2}(1-\omega) \leftrightarrow H_0 \text{ wird abgelehnt.}$$

Einen Konfidenzbereich für (α, β) erhält man wieder durch die Menge aller (α_0, β_0), die durch diesen Test nicht abgelehnt werden.

b. Test für β

Ist nur die Hypothese

$$H_0^*: \ \beta = \beta_0$$

zu prüfen, so kann man wieder die Regression (35) aufstellen, diesmal aber mit einem beliebigen Wert für α_0 (z.B. $\alpha_0 = 0$). Man prüft dann im Rahmen dieser Regression die wegen (36b) zu H_0^* äquivalente Hypothese

$$H_0^*: \ b_0 = 0.$$

Dafür kann der übliche t-Test herangezogen werden. Man verwendet wie in 4.4.2b die Testvariable

$$\tau := \sqrt{T-2}\,\frac{r_0}{\sqrt{1-r_0^2}}, \tag{38}$$

wobei $r_0 := s_{zy_0}/(s_z\, s_{y_0})$ hier den Korrelationskoeffizienten von y_0 und z bezeichnet. Die Variable τ ist, sofern H_0^* besteht, t-verteilt mit $T-2$ Freiheitsgraden. Der Test von H_0^* zum Signifkanzniveau ω wird daher wie in 4.4.2b durchgeführt:

$$|\tau| > t_{T-2}\left(1-\frac{\omega}{2}\right) \leftrightarrow H_0^* \text{ wird abgelehnt.}$$

Die Testvariable (38) kann noch als Funktion der Daten (x_t, y_t, z_t) dargestellt werden. Hierzu berechnen wir zunächst mittels (7a)

$$r_0 = -\frac{s_{xz}\beta_0 - s_{yz}}{s_z\sqrt{s_x^2\beta_0^2 - 2\,s_{xy}\beta_0 + s_y^2}}.$$

Es ist dann

$$\tau = -\sqrt{T-2}\,\frac{s_{xz}\beta_0 - s_{yz}}{s_z\sqrt{s_x^2\beta_0^2 - 2\,s_{xy}\beta_0 + s_y^2}}. \tag{39}$$

Dabei wurde abkürzend

$$
\begin{aligned}
s_{\check{x}}^2 &:= s_x^2 - \frac{s_{xz}^2}{s_z^2} \\
s_{\check{y}}^2 &:= s_y^2 - \frac{s_{yz}^2}{s_z^2} \\
s_{\check{x}\check{y}} &:= s_{xy} - \frac{s_{xz}\, s_{yz}}{s_z^2}
\end{aligned}
\tag{40}
$$

gesetzt. Die Terme (40) sind die empirischen Varianzen und Kovarianzen der von z „bereinigten" Variablen x und y, nämlich

$$
\begin{aligned}
\check{x}_t &:= x_t - \frac{s_{xz}}{s_z^2}\, z_t \\
\check{y}_t &:= y_t - \frac{s_{yz}}{s_z^2}\, z_t .
\end{aligned}
\tag{41}
$$

Mit (39) und (40) kann τ unmittelbar aus den Daten berechnet werden.

Die Testvariable (39) kann mit einigen algebraischen Umformungen noch in die Form

$$\tau = \frac{\hat{\beta}_{IV} - \beta_0}{\hat{\hat{\sigma}}_{IV}} \tag{42}$$

überführt werden, wobei

$$
\begin{aligned}
\hat{\hat{\sigma}}_{IV} &:= \frac{s_z\, s_{\check{y}_0}}{\sqrt{T-2}\; s_{xz}} \\
\check{y}_{0t} &:= y_{0t} - \frac{s_{y_0 z}}{s_z^2}\, z_t .
\end{aligned}
\tag{43}
$$

Im Falle H_0 ist offenbar $y_{0t} = u_t$ und $\check{y}_{0t} = \check{u}_t$ mit $\check{u}_t := u_t - (s_{uz}/s_z^2)\, z_t$. Unter H_0 gilt also

$$\hat{\hat{\sigma}}_{IV}^2 = \frac{s_z^2\, s_{\check{u}}^2}{(T-2)\cdot s_{xz}^2}$$

und somit wegen $p\mathrm{lim}\; s_{\check{u}}^2 = \sigma_u^2$ und (4.2/76, 77)

$$p\mathrm{lim}\; T\,\hat{\hat{\sigma}}_{IV}^2 = \bar{V}_{IV}. \tag{44}$$

Dabei bezeichnete $\bar{V}_{IV}$ die asymptotische Varianz von $\sqrt{T}(\hat{\beta}_{IV} - \beta)$ und $\hat{\beta}_{IV} = s_{yz}/s_{xz}$ den IV-Schätzer für β. Aus Satz 4.2/6 leiteten wir ab, daß $\hat{\beta}_{IV}$ für große T approximativ $N(\beta, (1/T)\,\bar{V}_{IV})$-verteilt ist. Die Schätzung (43a) ist demnach wegen (44) unter H_0 eine konsistente Schätzung der Standardabweichung $\bar{\sigma}_{IV} = \sqrt{\bar{V}_{IV}/T}$ dieser approximierenden Normalverteilung. Die Testvariable τ ist also, wie aus der Darstellung (42) direkt ersichtlich, vom Typ (5), den wir in 4.4.1 aus der asymptotischen Theorie abgeleitet hatten.

Anmerkung: Für den vorstehend dargestellten exakten t-Test und seine Verallgemeinerungen auf den multiplen Fall finden sich viele Belegstellen in der Literatur: *Geary* [1949], *Durbin* [1954], *Sargan* [1958], *Williams* [1959, 1973], *Halperin* [1961].

c. *Konfidenzbereich für β*

Mit Hilfe des in 4.4.5b gerade beschriebenen Tests erhalten wir einen Konfidenzbereich K für β zum Konfidenzniveau $1 - \omega$, wenn wir alle β_0 in K zusammenfassen, die durch den Test nicht abgelehnt werden, also:

$$K = \left\{\beta_0 \,\middle|\, |\tau| < t_{T-2}\left(1 - \frac{\omega}{2}\right)\right\}. \tag{45}$$

Wir wollen den Bereich K näher bestimmen. Gemäß (45) und (39) ist K durch die Menge aller β_0 gegeben, für die mit $T > 2$ gilt:

$$\begin{aligned}&(s_{xz}\,\beta_0 - s_{yz})^2 \le a\,(s_{\hat{x}}^2\,\beta_0^2 - 2\,s_{\hat{x}\hat{y}}\,\beta_0 + s_{\hat{y}}^2)\\ &a := \frac{s_z^2}{T-2}\,t_{T-2}^2\left(1 - \frac{\omega}{2}\right) > 0.\end{aligned} \tag{46}$$

Wenn wir ähnlich wie in 4.4.2c die Funktionen

$$\begin{aligned}&f_1(\beta_0) := (s_{xz}\,\beta_0 - s_{yz})^2\\ &f_2(\beta_0) := a\,(s_{\hat{x}}^2\,\beta_0^2 - 2\,s_{\hat{x}\hat{y}\,\beta_0} + s_{\hat{y}}^2)\end{aligned} \tag{47}$$

einführen, können wir anstelle von (45) kürzer schreiben:

$$K = \{\beta_0 \,|\, f_1(\beta_0) \le f_2(\beta_0)\}. \tag{48}$$

Die Graphen der Funktionen (47) sind offenbar Parabeln. Wir wollen ihre relative Lage näher untersuchen.

Die zu f_1 gehörende Parabel ist nach oben geöffnet. Ihr Scheitelpunkt liegt in $(\hat{\beta}_{IV}, 0)$.

Die zu f_2 gehörende Parabel ist wegen $a\,s_{\hat{x}}^2 \ge 0$ ebenfalls nach oben geöffnet oder degeneriert im Grenzfall $s_{\hat{x}}^2 = 0$ zu einer Parallelen zur β_0-Achse.

Da die quadratische Form (47b) ferner positiv semidefinit ist, ist $f_2(\beta_0) \ge 0$ für alle β_0. Insbesondere ist also auch $f_2(\hat{\beta}_{IV}) \ge 0$. Zusammen mit $f_1(\hat{\beta}_{IV}) = 0$ folgt daraus, daß die IV-Schätzung $\hat{\beta}_{IV} = s_{yz}/s_{xy}$ immer innerhalb des Konfidenzbereichs (48) liegt.

Wir unterscheiden nun drei Fälle, je nachdem, ob die Differenz

$$q_{xx} := s_{xz}^2 - a s_x^2 \tag{49}$$

positiv, negativ oder Null ist.

Ist $q_{xx} > 0$, so verlaufen die Parabeläste von f_1 steiler als die von f_2. Die Parabeln schneiden sich dann, wenn man den nur m.W.0. auftretenden Grenzfall $f_1(\hat{\beta}_{IV}) = f_2(\hat{\beta}_{iV}) = 0$ ausklammert, in zwei Punkten mit den Abszissenwerten β_1 und β_2 ($\beta_1 < \beta_2$). K ist in diesem Fall ein endliches Intervall mit den Endpunkten β_1 und β_2 (Abb. 4.4/2a). In dem genannten Grenzfall schrumpft das Intervall auf den Punkt $\hat{\beta}_{IV}$ zusammen (Abb. 4.4/2b). Wir wollen auch hier noch von einem Konfidenzintervall sprechen (degeneriertes Konfidenzintervall).

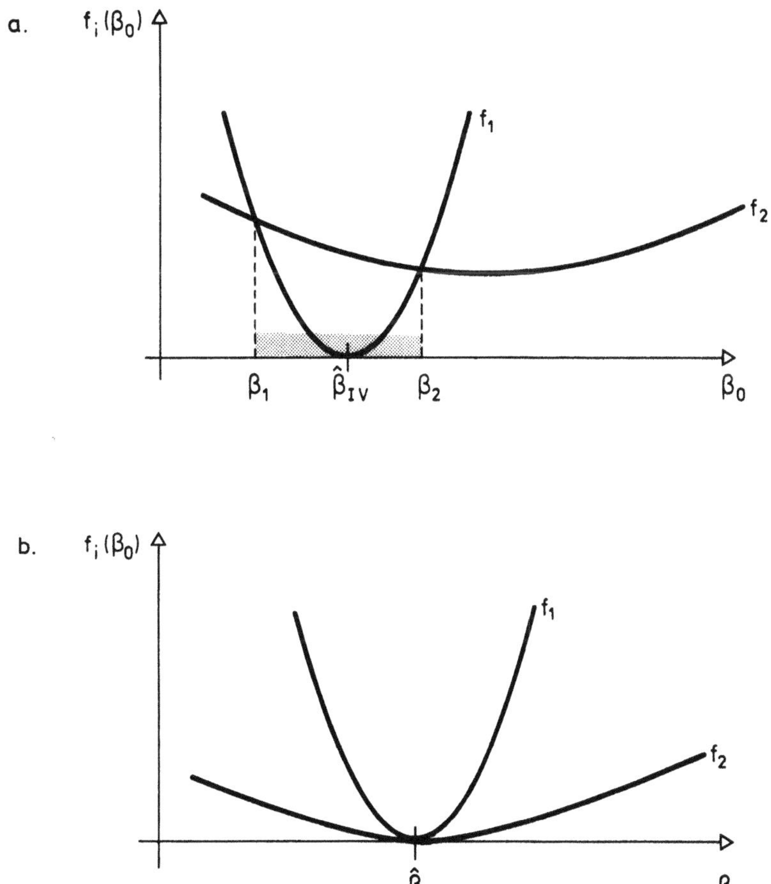

Abb. 4.4/2: Konfidenzbereiche K (schraffiert) bei gegebener Instrumentvariablen und $q_{xx} > 0$

a. $K = [\beta_1, \beta_2]$ b. $K = \{\hat{\beta}_{IV}\}$

Ist umgekehrt $q_{xx} < 0$, dann liegt entweder die Parabel f_2 ganz oberhalb der Parabel f_1 (allenfalls berühren sich beide in einem Punkt), oder sie schneidet diese wieder in zwei Punkten mit den Abszissen β_1 und β_2 ($\beta_1 < \beta_2$), wobei $f_1(\beta_0) < f_2(\beta_0)$ für $\beta_0 < \beta_1$ und für $\beta_0 > \beta_2$. Im ersten Fall besteht K aus der ganzen β_0-Achse ($K = \mathbb{R}$; Abb. 4.4/3a), im zweiten Fall aus zwei durch das Intervall (β_1, β_2) getrennten Halbgeraden:

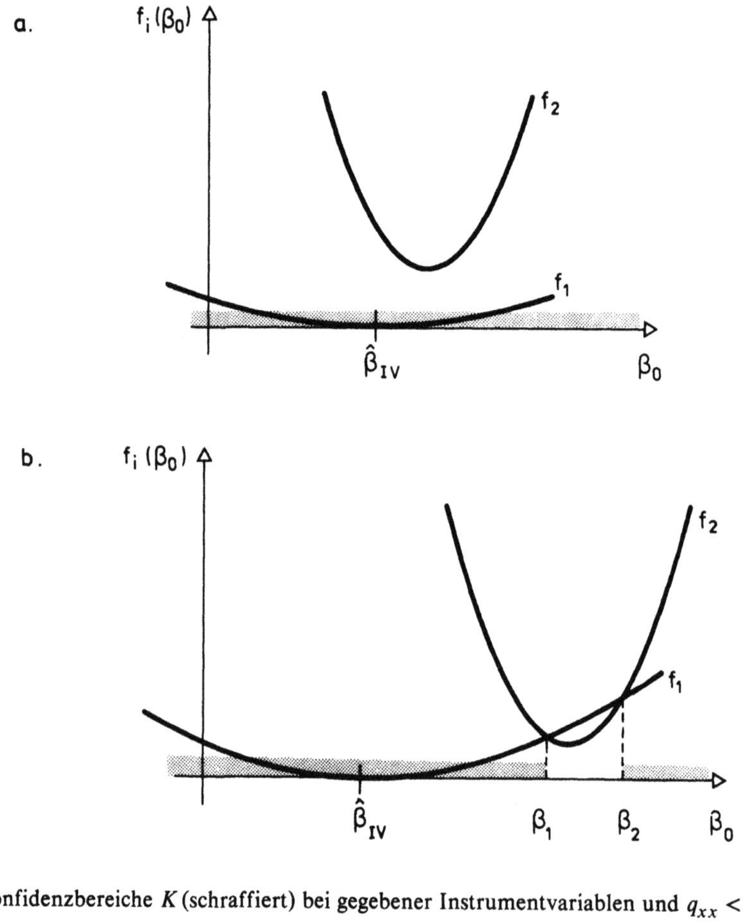

Abb. 4.4/3: Konfidenzbereiche K (schraffiert) bei gegebener Instrumentvariablen und $q_{xx} < 0$

a. $K = \mathbb{R}$ b. $K = \mathbb{R} \setminus (\beta_1, \beta_2)$

Im Übergangsfall $q_{xx} = 0$, der allerdings nur m. W.0 eintritt, kann entweder $f_1(\beta_0) \leq f_2(\beta_0)$ für alle β_0 sein oder die Parabeln schneiden sich in genau einem Punkt. Im ersten Fall ist wieder $K = \mathbb{R}$ im zweiten besteht K aus einer von links oder rechts begrenzten Halbgeraden.

Notwendig und hinreichend für die Existenz eines endlichen Konfidenzintervalls

$$K = \{\beta_0 \mid \beta_1 \leq \beta_0 \leq \beta_2\} = [\beta_1, \beta_2] \tag{50}$$

ist demnach, daß $q_{xx} > 0$. Um K für diesen Fall zu bestimmen, errechnen wir die Endpunkte β_1 und β_2 des Intervalls als Lösungen der Gleichung $f_1(\beta) = f_2(\beta)$. Wir bringen letztere unter Verwendung von q_{xx} und der ergänzenden Setzungen

$$q_{xy} := s_{xz}\, s_{yz} - a s_{\check{x}\check{y}}$$
$$q_{yy} := s_{yz}^2 - a s_{\check{y}}^2 \tag{51}$$

zunächst in die äquivalente Form

$$q_{xx}\,\beta^2 - 2\,q_{xy}\,\beta + q_{yy} = 0$$

und erhalten daraus für die Lösungen β_1 und β_2 die Darstellung

$$\beta_{1,2} = \frac{1}{q_{xx}}\left(q_{xy} \mp \sqrt{q_{xy}^2 - q_{xx}\,q_{yy}}\right). \tag{52}$$

Man erkennt aus (49) und (46b), daß die Bedingung $q_{xx} > 0$ für große T mit hoher Wahrscheinlichkeit erfüllt ist; der in (49) eingehende Term a ist für große T nämlich sehr klein. Für kleine T gilt $q_{xx} > 0$ dann mit hoher Wahrscheinlichkeit, wenn z mit x stark korreliert ist. In diesem Fall ist nämlich in (49) s_{xz}^2 groß und $s_{\check{x}}^2$ klein. Das zeigt noch einmal, daß man bestrebt sein muß, eine Instrumentvariable zu verwenden, die hochgradig mit x korreliert ist.

Wir können zusammenfassend festhalten, daß wir bei Gültigkeit der Ungleichung $q_{xx} > 0$ ein endliches Konfidenzintervall (50) erhalten, das den IV-Schätzer $\hat{\beta}_{IV} = s_{yz}/s_{xz}$ umfaßt und dessen Grenzen durch (52) gegeben sind.

Die Variable q_{xx} ist die kritische Größe bei der Berechnung des Konfidenzintervalls (50). Je größer q_{xx} ist – d.h. u.a., je stärker x und z korreliert sind – umso kleiner wird das Konfidenzintervall und umso genauer wird also auch die Schätzung.

A 4.4/1

a. Zeigen Sie, daß die Bedingung $q_{xx} > 0$ äquivalent ist mit der Ungleichung $r_{xz}^2/(1-r_{xz}^2) > t_{T-2}^2[1-(\omega/2)]/(T-2)$, wobei $r_{xz} = s_{xz}/(s_x\, s_z)$ den Korrelationskoeffizienten von x und z bezeichnet.
b. Beweisen Sie, daß $s_{\check{x}}^2 > 0$ genau dann gilt, wenn $r_{xz}^2 < 1$.

A 4.4/2

a. Testen Sie die Hypothese $H_0: \beta = 6$ auf dem Signifikanzniveau $\omega = 0{,}05$ mit den Daten aus A 3.5/1.
b. Konstruieren Sie dann einen Konfidenzbereich K. Geben Sie dessen Grenzen an und verifizieren Sie, daß $\hat{\beta}_{IV}$ in K liegt.

d. Der Spezialfall der G-Schätzung

Die in 3.6.1 diskutierten G-Schätzungen hatten wir als spezielle IV-Schätzungen charakterisiert. Man gewinnt also Teststatistiken und Konfidenzbereiche für diese G-Schätzer durch Spezialisierung der in 4.4.5a — c behandelten Theorie. Wir zeigen dies exemplarisch anhand des Waldschen G-Schätzers (3.6/2) beim Test für β.

Der G-Schätzer (3.6/2) ist ein IV-Schätzer mit (3.6/1) als Instrumentvariable. Für diese gilt (s. L 1.4/5)

$$\begin{aligned} s_{xz} &= t_1\, t_2\, (\bar{x}_1 - \bar{x}_2) \\ s_{yz} &= t_1\, t_2\, (\bar{y}_1 - \bar{y}_2) \\ s_z^2 &= t_1\, t_2. \end{aligned} \tag{53}$$

Dabei bezeichnet $t_i = T_i / T$ wieder das Verhältnis der Gruppenumfänge zur Anzahl T aller Beobachtungen; $i = 1, 2$.

Durch Einsetzen von (53) in (39) erhält man für die Testvariable τ die Darstellung

$$\tau = -\sqrt{t_1\, t_2\, (T-2)}\, \frac{(\bar{x}_1 - \bar{x}_2)\, \beta_0 - (\bar{y}_1 - \bar{y}_2)}{\sqrt{s_{\check{x}}^2\, \beta_0^2 - 2\, s_{\check{x}\check{y}}\, \beta_0 + s_{\check{y}}^2}}. \tag{54}$$

Einige Mühe bereitet die algebraische Bestimmung der Momente $s_{\check{x}}^2$, $s_{\check{y}}^2$ und $s_{\check{x}\check{y}}$ nach (40). Für $s_{\check{x}}^2$ folgt aus (40a) und (53) zunächst

$$s_{\check{x}}^2 = s_x^2 - t_1\, t_2\, (\bar{x}_1 - \bar{x}_2)^2.$$

Hieraus gewinnt man unter Beachtung von $t_1 + t_2 = 1$ und $t_1\, \bar{x}_1 + t_2\, \bar{x}_2 = \bar{x}$ (vgl. L 1.4/5b) nach elementaren Umformungen

$$s_{\check{x}}^2 = s_x^2 - [t_1\, (\bar{x}_1 - \bar{x})^2 + t_2\, (\bar{x}_2 - \bar{x})^2]. \tag{55}$$

Der in den eckigen Klammern stehende Ausdruck ist die Varianz zwischen den beiden Gruppen (externe Varianz). Folglich ist $s_{\check{x}}^2$ die Varianz innerhalb der Gruppen (interne Varianz), also die aus den beiden Gruppenvarianzen

$$(s_x^2)_i := \frac{1}{T_i} \sum_{t \in G_i} (x_t - \bar{x}_i)^2\,; \qquad i = 1, 2, \tag{56}$$

gebildete gewogene Summe

$$s_{\check{x}}^2 = t_1\, (s_x^2)_1 + t_2\, (s_x^2)_2. \tag{57}$$

Ganz entsprechend sind $s_{\check{y}}^2$ und $s_{\check{x}\check{y}}$ als interne Varianzen und Kovarianzen zu interpretieren:

$$
\begin{aligned}
s_{\check{y}}^2 &= t_1\,(s_y^2)_1 + t_2\,(s_y^2)_2 \\
s_{\check{x}\check{y}} &= t_1\,(s_{xy})_1 + t_2\,(s_{xy})_2 .
\end{aligned}
\tag{58}
$$

Dabei ist $(s_y^2)_i$ analog zu (56) und $(s_{xy})_i$ durch

$$
(s_{xy})_i := \frac{1}{T_i} \sum_{t \in G_i} (x_t - \bar{x}_i)\,(y_t - \bar{y}_i); \qquad i = 1, 2 \tag{59}
$$

als Kovarianz zwischen x und y innerhalb der Gruppe G_i erklärt.

5 Spezifikationstests und Prognose

5.1 Modellspezifikationstests

5.1.1 Problemstellung

Die in diesem Buch beschriebenen Verfahren zur Behandlung von FV-Modellen gehen in einfachere Verfahren über oder lassen sich durch einfachere ersetzen, wenn die Fehler in den exogenen Variablen verschwinden, wenn also gar kein echtes FV-Modell vorliegt. Das multiple FV-Modell

$$\begin{aligned} \boldsymbol{\eta} &= \boldsymbol{\Xi}\boldsymbol{\beta} + \boldsymbol{\varepsilon} \\ \boldsymbol{y} &= \boldsymbol{\eta} + \boldsymbol{w} \\ \boldsymbol{X} &= \boldsymbol{\Xi} + \boldsymbol{V} \end{aligned} \tag{1}$$

geht z.B. in ein gewöhnliches Regressionsmodell

$$\boldsymbol{y} = \boldsymbol{X}\boldsymbol{\beta} + \tilde{\boldsymbol{w}} \tag{2}$$

über, wenn $\boldsymbol{V} = \boldsymbol{O}$ oder, anders gesagt, wenn die Kovarianzmatrix $\boldsymbol{\Sigma}$ der Fehler in den exogenen Variablen die Nullmatrix ist. An die Stelle der je nach Informationslage sehr unterschiedlichen und z.T. komplizierten Parameterschätzungen des FV-Modells tritt dann die einfache KQ-Schätzung. Die KQ-Schätzung ist im Falle eines fehlerfreien Regressionsmodells nicht nur besonders einfach, sie ist außerdem im Vergleich zu anderen Schätzungen (z.B. IV-Schätzung oder Momentenschätzung) effizient. Man wird daher zur Beschreibung einer Beziehung zwischen Variablen y und $x_1, \ldots, x_K$, wenn irgend möglich, eher das Modell (2) ansetzen als das kompliziertere Modell (1). Jedoch ist das nur gerechtfertigt, wenn tatsächlich $\boldsymbol{\Sigma} = \boldsymbol{O}$ ist.

Es stellt sich die Frage, ob man das Vorhandensein von Fehlern in den exogenen Variablen empirisch prüfen kann. Sicher ist das dann nicht möglich, wenn das Modell nicht identifizierbar ist, was z.B. für die Strukturvariante mit normalverteilten Variablen bei Fehlen von Zusatzinformationen zutrifft. In anderen Fällen aber existieren konsistente Parameterschätzungen, und ein Vergleich dieser Schätzungen mit der inkonsistenten KQ-Schätzung liefert einen Hinweis auf eventuell vorhandene Fehler in den Variablen. Die Idee eines derartigen Tests besteht also im wesentlichen darin, daß die Signifikanz des Unterschieds $\hat{\boldsymbol{\beta}}_{KQ} - \hat{\boldsymbol{\beta}}$ zwischen dem KQ-Schätzer $\hat{\boldsymbol{\beta}}_{KQ}$ und einem irgendwie gewonnenen konsistenten Schätzer $\hat{\boldsymbol{\beta}}$ geprüft wird. Ist dieser Unterschied signifikant, dann liegt ein FV-Modell vor, und die Nullhypothese des Vorliegens eines gewöhnlichen Regressionsmodells ($\boldsymbol{\Sigma} = \boldsymbol{O}$) ist zu verwerfen.

Zur Konstruktion eines konsistenten Vergleichsschätzers $\hat{\boldsymbol{\beta}}$ sind, wie wir wissen, Zusatzkenntnisse erforderlich. Sicherlich können diese nicht in der Kenntnis von $\boldsymbol{\Sigma}$ wie beim V-Schätzer oder in der Kenntnis einer zu $\boldsymbol{\Sigma}$ proportionalen Matrix $\boldsymbol{\Lambda}$ wie beim P-Schätzer bestehen, denn dann wüßte man ja schon, daß Fehler in den exogenen Variablen vorliegen. Auch mit Hilfe von Replikationen kann man unmittelbar prüfen, ob Meßfehler vorhanden sind, und deren Ausmaß abschätzen. Für einen Spezifikationstest verwendbare Zusatzkenntnisse sind dagegen einmal das Wissen um eine nicht normalverteilte ξ-Variable (vgl. 3.8), zum anderen die Kenntnis von Instrumentvariablen (vgl. 3.5).

Für den letzeren Fall haben *Durbin* [1954], *Liviatan* [1961], *Fuller* [1977], *Hausman* [1978] und *Wu* [1973, 1974] Tests der Nullhypothese $\boldsymbol{\Sigma} = \boldsymbol{O}$ entwickelt. Sie setzen also voraus, daß Instrumentvariablen gegeben sind. Als solche müssen diese die Annahmen (I1) und (I2) aus 3.5.1b erfüllen, insbesondere dann, wenn der Test asymptotisch, d.h. für große T, angewandt werden soll. Für einen Test bei endlichem T genügt im Prinzip die Annahme (I1), nach der die Instrumentvariablen von den (mutmaßlichen) Fehlervariablen stochastisch unabhängig sind. Allerdings ist für eine hinreichende Trennschärfe des Tests auch eine genügend hohe Korrelation zwischen Instrumentvariablen und exogenen Variablen erforderlich.

Wir wollen im folgenden nur einen auf dieser Grundidee basierenden Spezifikationstest, den Test nach Wu, ausführlich darstellen. Zwei weitere Tests werden nur skizziert.

5.1.2 Spezielle Spezifikationstests

a. Ein Test von Wu

Ausgangspunkt ist das FV-Modell (1). Aus (1) folgt die regressionsähnliche Beziehung

$$\begin{aligned} \boldsymbol{y} &= \boldsymbol{X}\boldsymbol{\beta} + \boldsymbol{u} \\ \boldsymbol{u} &= \boldsymbol{w} + \boldsymbol{\varepsilon} - \boldsymbol{V}\boldsymbol{\beta}. \end{aligned} \tag{3}$$

Wir unterstellen, daß sämtliche Fehlervariablen gemeinsam normalverteilt sind.

Die zu prüfende Nullhypothese lautet

$$H_0 : \boldsymbol{\Sigma} = \boldsymbol{O}.$$

Sei ferner $\boldsymbol{Z}$ wieder die in (3.5/13) eingeführte $(T \times L)$-Matrix, die die Werte von $L \geq K$ Instrumentvariablen zusammenfaßt. Wie in 3.5.1b setzen wir voraus, daß rg $\boldsymbol{Z}'\boldsymbol{X} = K$ m.W.1. Wir wollen darüber hinaus annehmen, daß m.W.1

$$\operatorname{rg}(\boldsymbol{X}, \boldsymbol{Z}) = K + L \tag{4}$$

ist, was impliziert, daß $T \geq K + L \geq 2K$. Im Falle $L > K$ folgt

$$T > 2K. \tag{5}$$

Diese Ungleichung wollen wir auch im Falle $L = K$ annehmen.

Sei $\boldsymbol{Q} := \boldsymbol{Z}(\boldsymbol{Z}'\boldsymbol{Z})^{-1}\boldsymbol{Z}'$ die in (3.5/40) eingeführte Projektionsmatrix auf $\boldsymbol{Z}$. Dann können wir den KQ- und den IV-Schätzer von $\boldsymbol{\beta}$ aufstellen, letzteren als zweistufigen KQ-Schätzer (vgl. (3.5/42)):

$$\begin{aligned} \hat{\boldsymbol{\beta}}_{KQ} &= (X'\,X)^{-1}\,X'\,\boldsymbol{y} \\ \hat{\boldsymbol{\beta}}_{2\,KQ} &= (X'\,Q\,X)^{-1}\,X'\,Q\,\boldsymbol{y}. \end{aligned} \tag{6}$$

Der Test von H_0 beruht im Prinzip auf einer Überprüfung der Differenz

$$\boldsymbol{d} := \hat{\boldsymbol{\beta}}_{2\,KQ} - \hat{\boldsymbol{\beta}}_{KQ}.$$

Diese wird mit Hilfe der Kovarianzmatrix $\boldsymbol{\Sigma}_d$ des Vektors $\boldsymbol{d}$ standardisiert und zu der quadratischen Form

$$q := \boldsymbol{d}'\,\boldsymbol{\Sigma}_d^{-1}\,\boldsymbol{d} \tag{7}$$

komprimiert. Wir fassen q als vorläufige Testvariable auf und bestimmen die Verteilung von q.

Für den Differenzenvektor $\boldsymbol{d}$ gilt zunächst

$$\boldsymbol{d} = [\hat{\boldsymbol{\beta}}_{2\,KQ} - (X'\,Q\,X)^{-1}\,X'\,Q\,X\boldsymbol{\beta}] - [\hat{\boldsymbol{\beta}}_{KQ} - (X'\,X)^{-1}\,X'\,X\boldsymbol{\beta}].$$

Nach Einsetzen von (6) und Ausklammern von $\boldsymbol{u} = \boldsymbol{y} - X\boldsymbol{\beta}$ folgt

$$\boldsymbol{d} = [(X'\,Q\,X)^{-1}\,X'\,Q - (X'\,X)^{-1}\,X']\,\boldsymbol{u} =: C'\,\boldsymbol{u}. \tag{8}$$

Im Falle H_0 ist $X = \Xi$. Da $\boldsymbol{u}$ unabhängig von Ξ und Z ist, hat man unter H_0

$$E[\boldsymbol{d} \mid \Xi, Z] = C'\,E[\boldsymbol{u} \mid \Xi, Z] = \boldsymbol{o}. \tag{9}$$

Ferner bestimmen wir — ebenfalls unter H_0 — die bedingte Kovarianzmatrix des Vektors $\boldsymbol{d}$ bei gegebenen Ξ und Z als

$$\boldsymbol{\Sigma}_d := V[\boldsymbol{d} \mid \Xi, Z] = E[\boldsymbol{d}\,\boldsymbol{d}' \mid \Xi, Z] = C'\,E[\boldsymbol{u}\,\boldsymbol{u}' \mid \Xi, Z]\,C = \sigma_u^2\,C'\,C$$

oder kürzer

$$\boldsymbol{\Sigma}_d = \sigma_u^2\,D. \tag{10}$$

Für $D := C'\,C$ rechnet man leicht nach:

$$D = (X'\,Q\,X)^{-1} - (X'\,X)^{-1}. \tag{11}$$

Wegen (4) ist D und damit $\boldsymbol{\Sigma}_d$ regulär (vgl. A 5.1/1), womit der Ausdruck (7) nachträglich gerechtfertigt wird. Aus der Darstellung (8) ergibt sich, daß der Zufallsvektor $\boldsymbol{d}$ im Falle H_0 bei gegebenen Matrizen Ξ und Z bedingt $N(\boldsymbol{o}, \boldsymbol{\Sigma}_d)$-verteilt ist ($K$-dimensionale Normalverteilung). Es folgt dann aus (7), daß die Testgröße q im

Falle H_0 eine χ^2-Verteilung mit K Freiheitsgraden besitzt. Man hat also, wenn man noch (10) in (7) einsetzt,

$$q = \frac{\boldsymbol{d}' \boldsymbol{D}^{-1} \boldsymbol{d}}{\sigma_u^2} \sim \chi_K^2 \quad \text{(bei } H_0\text{)}. \tag{12}$$

Mit Hilfe der provisorischen Testvariablen q könnte dann ein Test so gestaltet werden, daß man zu vorgegebenem Signifikanzniveau ω (z.B. $\omega = 0{,}05$) das $(1 - \omega)$-Perzentil $\chi^2(1 - \omega)$ der χ^2-Verteilung zu K Freiheitsgraden aufsucht und H_0 genau dann ablehnt, wenn $q > \chi^2(1 - \omega)$ ausfällt.

Im Falle, daß H_0 besteht, ist dann die Wahrscheinlichkeit, H_0 abzulehnen, nach Konstruktion des Tests gerade $1 - \omega$. Ist dagegen H_0 falsch, d.h. liegen tatsächlich Fehler in den exogenen Variablen vor, dann wird der Ausdruck q zu größeren Werten hin tendieren, und die Wahrscheinlichkeit, daß H_0 abgelehnt wird, ist größer. Der Haken an diesem Test ist, daß die Testvariable q nicht aus den allein gegebenen Daten $(\boldsymbol{X}, \boldsymbol{y})$ berechnet werden kann, weil σ_u^2 unbekannt ist.

Um zu einem praktikablen Test zu gelangen, muß der unbekannte Parameter σ_u^2 in (12) durch eine Schätzung ersetzt werden, wodurch man zu einer berechenbaren Testvariablen

$$\hat{q} := \frac{\boldsymbol{d}' \boldsymbol{D}^{-1} \boldsymbol{d}}{\hat{\sigma}_u^2}$$

gelangt. Es bieten sich zwei Schätzungen von σ_u^2 an, die IV- bzw. 2KQ-Schätzung und die KQ-Schätzung nach (3.2/33), also

$$\hat{\sigma}_{u,KQ}^2 = \frac{1}{T - K} (\boldsymbol{y} - \boldsymbol{X}\hat{\boldsymbol{\beta}}_{KQ})' (\boldsymbol{y} - \boldsymbol{X}\hat{\boldsymbol{\beta}}_{KQ}). \tag{13}$$

Erstere ist in jedem Fall konsistent, letztere nur unter H_0. In beiden Fällen ist also die Testvariable $\hat{q}$ unter H_0 asymptotisch χ_K^2-verteilt. Ist dagegen H_0 falsch, dann wird bekanntlich σ_u^2 durch die KQ-Schätzung asymptotisch unterschätzt (vgl. (3.2/35)). Das aber bedeutet, daß die mit Hilfe von $\hat{\sigma}_{u,KQ}^2$ gebildete Testvariable $\hat{q}$ zu größeren Werten hin tendiert, also eher zu einer Ablehnung der Nullhypothese führt als bei Verwendung von $\hat{\sigma}_{u,2KQ}^2$. Anders gesagt, der Test hat bei Benutzung der KQ-Schätzung für σ_u^2 eine größere Macht als bei Benutzung der 2KQ-Schätzung. Wir entscheiden uns also für die Testvariable

$$\hat{q}_{KQ} := \frac{\boldsymbol{d}' \boldsymbol{D}^{-1} \boldsymbol{d}}{\hat{\sigma}_{u,KQ}^2}. \tag{14}$$

Da diese unter H_0 asymptotisch χ_K^2-verteilt ist, kann sie für große T anstelle von q zum Test der Nullhypothese verwendet werden. Ihre Verteilung ist bei kleinen T

allerdings nicht ohne weiteres bestimmbar. Man kann jedoch zu der verwandten Testvariablen

$$\tilde{q}_{KQ} := \frac{\boldsymbol{d}' \boldsymbol{D}^{-1} \boldsymbol{d}/K}{[(T-K)\,\hat{\sigma}^2_{u,\,KQ} - \boldsymbol{d}' \boldsymbol{D}^{-1} \boldsymbol{d}]/(T-2K)} \tag{15}$$

übergehen. Diese ist, wie man zeigen kann (s. A 5.1/2), eine monotone Funktion von $\hat{q}_{KQ}$, so daß die Testvariablen (15) und (14) zu identischen Tests führen. Die Verteilung von (15) aber läßt sich auch für endliche T bestimmen.

Wir zeigen, daß (15) unter H_0 eine F-Verteilung besitzt. Die folgenden Schlüsse gelten bei gegebenem $\boldsymbol{X}$ und $\boldsymbol{Z}$; das Ergebnis (19) bzw. (20) wird aber von dieser Einschränkung nicht berührt.

Zunächst ist nach (3.2/33, 34) sowie wegen $\boldsymbol{d} = \boldsymbol{C}' \boldsymbol{u}$ und $\boldsymbol{D} = \boldsymbol{C}' \boldsymbol{C}$

$$\begin{aligned} (T-K)\,\hat{\sigma}^2_{u,\,KQ} &= \boldsymbol{u}' [\boldsymbol{I} - \boldsymbol{X}(\boldsymbol{X}'\boldsymbol{X})^{-1}\boldsymbol{X}']\,\boldsymbol{u} := \boldsymbol{u}' \boldsymbol{A} \boldsymbol{u} \\ \boldsymbol{d}' \boldsymbol{D}^{-1} \boldsymbol{d} &= \boldsymbol{u}' \boldsymbol{C}(\boldsymbol{C}'\boldsymbol{C})^{-1} \boldsymbol{C}' \boldsymbol{u} := \boldsymbol{u}' \boldsymbol{B} \boldsymbol{u}. \end{aligned} \tag{16}$$

Die so definierten Matrizen $\boldsymbol{A} = \boldsymbol{I} - \boldsymbol{X}(\boldsymbol{X}'\boldsymbol{X})^{-1}\boldsymbol{X}'$ und $\boldsymbol{B} = \boldsymbol{C}(\boldsymbol{C}'\boldsymbol{C})^{-1}\boldsymbol{C}'$ sind, wie man sofort verifiziert, symmetrisch und idempotent. Nach (8) ist ferner $\boldsymbol{C}'\boldsymbol{X} = \boldsymbol{O}$ und somit auch $\boldsymbol{B}\boldsymbol{X} = \boldsymbol{O}$. Mit diesen Beziehungen leitet man ab, daß $\boldsymbol{A}\boldsymbol{B} = \boldsymbol{B}\boldsymbol{A} = \boldsymbol{B}$ ist. Daraus resultiert weiter, daß die in der trivalen Zerlegung

$$\boldsymbol{u}' \boldsymbol{A} \boldsymbol{u} = \boldsymbol{u}' \boldsymbol{B} \boldsymbol{u} + \boldsymbol{u}' (\boldsymbol{A} - \boldsymbol{B})\,\boldsymbol{u} \tag{17}$$

auftretenden Koeffizientenmatrizen $\boldsymbol{B}$ und $(\boldsymbol{A} - \boldsymbol{B})$ symmetrisch, idempotent und orthogonal sind. Da nun $\boldsymbol{u}'\boldsymbol{A}\boldsymbol{u}/\sigma^2_u$ unter H_0 einer χ^2-Verteilung mit $T-K$ Freiheitsgraden folgt [vgl. z.B. *Schneeweiß*, 1978, S. 111], müssen nach dem Satz von Cochran auch $\boldsymbol{u}'\boldsymbol{B}\boldsymbol{u}/\sigma^2_u$ und $\boldsymbol{u}'(\boldsymbol{A}-\boldsymbol{B})\,\boldsymbol{u}/\sigma^2_u$ je einer χ^2-Verteilung folgen. Von $\boldsymbol{u}'\boldsymbol{B}\boldsymbol{u}/\sigma^2_u = \boldsymbol{d}'\boldsymbol{D}^{-1}\boldsymbol{d}/\sigma^2_u$ wußten wir das schon (vgl. (12)). Die Zahl der Freiheitsgrade für diese Variable war K. Mithin hat $\boldsymbol{u}'(\boldsymbol{A}-\boldsymbol{B})\,\boldsymbol{u}/\sigma^2_u$ gerade $T-2K$ Freiheitsgrade:

$$\underbrace{\frac{\boldsymbol{u}'\boldsymbol{A}\boldsymbol{u}}{\sigma^2_u}}_{\chi^2_{T-K}} = \underbrace{\frac{\boldsymbol{u}'\boldsymbol{B}\boldsymbol{u}}{\sigma^2_u}}_{\chi^2_K} + \underbrace{\frac{\boldsymbol{u}'(\boldsymbol{A}-\boldsymbol{B})\,\boldsymbol{u}}{\sigma^2_u}}_{\chi^2_{T-2K}} \tag{18}$$

Wegen (5) ist sichergestellt, daß $T - 2K > 0$ ist.

Die beiden rechtsstehenden χ^2-Variablen in (18) sind stochastisch unabhängig, und daher ist ihr Quotient, nachdem Zähler und Nenner durch ihre jeweiligen Freiheitsgrade dividiert worden sind, F-verteilt mit K und $T-2K$ Freiheitsgraden:

$$\frac{\boldsymbol{u}'\boldsymbol{B}\boldsymbol{u}/K}{\boldsymbol{u}'(\boldsymbol{A}-\boldsymbol{B})\,\boldsymbol{u}/(T-2K)} \sim F^K_{T-2K}. \tag{19}$$

Dieser Quotient ist aber identisch mit der Testvariablen $\tilde{q}_{KQ}$, wie man sofort aus (15) und (16) erkennt. Es gilt also

$$\tilde{q}_{KQ} \sim F^K_{T-2K}. \tag{20}$$

Bei Verwendung der Testvariablen $\tilde{q}_{KQ}$ kann daher der Test der Nullhypothese H_0 so durchgeführt werden, daß man im ersten Schritt zu vorgegebenem Signifikanzniveau ω das $(1-\omega)$-Perzentil $F^K_{T-2K}(1-\omega)$ der F-Verteilung zu K und $T-2K$ Freiheitsgraden aus einer Verteilungstabelle entnimmt. Sodann wird $\tilde{q}_{KQ}$ im zweiten Schritt aus den Daten berechnet. Im abschließenden dritten Schritt erfolgt die Testentscheidung: im Falle $\tilde{q}_{KQ} > F^K_{T-2K}(1-\omega)$ wird H_0 abgelehnt, andernfalls angenommen:

$$\tilde{q}_{KQ} > F^K_{T-2K}(1-\omega) \Leftrightarrow H_0 \text{ wird abgelehnt.}$$

Die Ablehnung von H_0 bedeutet, daß ein echtes FV-Modell vorliegt, daß also mindestens eine exogene Variable fehlerbehaftet ist.

A 5.1/1

a. Beweisen Sie die Existenz der Matrix $\boldsymbol{D}$, indem Sie zeigen, daß die Matrix $\boldsymbol{X}'\,\boldsymbol{Q}\,\boldsymbol{X}$ positiv definit ist.
b. Zeigen Sie, daß auch $\boldsymbol{D}$ positiv definit ist.

Hinweis zu b: Sind $\boldsymbol{A}$ und $\boldsymbol{B}$ positiv definite Matrizen, dann ist $\boldsymbol{A}^{-1} - \boldsymbol{B}^{-1}$ genau dann positiv definit, wenn $\boldsymbol{B} - \boldsymbol{A}$ es ist.

A 5.1/2

Beweisen Sie, daß die Testvariable (15) eine monotone Funktion von (14) ist.

b. Andere Tests

Neben dem Test von Wu gibt es grundsätzlich noch verschiedene andere Möglichkeiten, das Vorhandensein von Fehlern in den Variablen zu überprüfen. Man kann auf Testverfahren zurückgreifen, die eigentlich für andere Zwecke geschaffen worden sind, sich aber auch für Tests auf FV-Modelle eignen. Wir wissen z.B., daß die Residuen in einem Zeitreihen-FV-Modell mit autokorrelierten exogenen Variablen asymptotisch autokorreliert sind (vgl. 1.3.3c). Es liegt daher nahe, den **Durbin-Watson-Test** oder irgend einen anderen Test auf Autokorrelation der Störvariablen als Test auf Fehler in den Variablen umzuinterpretieren. Ganz ähnlich kann der **Ramsey-Test** [*Ramsey*, 1969], der u.a. die Unabhängigkeit von exogener und Störvariable prüft, als Test auf ein FV-Modell verstanden werden, sind doch bei einem FV-Modell Störvariable und exogene Variable stochastisch abhängig.

5.2 Prognose

5.2.1 Problemstellung

Zum Abschluß noch ein paar Bemerkungen zum Prognoseproblem.

Unsere Bemühungen waren in erster Linie darauf gerichtet, die Struktur des FV-Modells empirisch zu erfassen. Es ging darum, die Parameter zu identifizieren, mit Hilfe der Daten zu schätzen und den unvermeidlichen Schätzfehler einzugrenzen.

Der nächste Schritt wäre nun der, mit Hilfe der geschätzten Struktur eines FV-Modells die Variablen zu prognostizieren. Man wird insbesondere an bedingte Prognosen denken, also etwa an Prognosen der endogenen Variablen bei gegebenen exogenen Variablen. Von Interesse kann auch eine Prognose der latenten systematischen Variablen sein, wenn Werte für die zugehörigen beobachtbaren Variablen gegeben sind.

Wir wollen hier das Prognoseproblem am einfachen FV-Modell mit $\sigma_{vw} = 0$ studieren (FV-Modell *i.e.S.*). Die Modellgleichungen (1.1/1) lauten, wenn man o.B.d.A. wieder $\varepsilon \equiv 0$ annimmt und den Beobachtungsindex t unterdrückt:

$$\begin{aligned} \eta &= \alpha + \beta\xi \\ y &= \eta + w \\ x &= \xi + v. \end{aligned} \tag{1}$$

Das Modell soll in der *Funktionalvariante* (Zusatzannahme (FV)) oder in der *Strukturvariante* (Zusatzannahme (SV)) spezifiziert sein. Bei der Funktionalvariante nehmen wir an, daß die Modellparameter α, β, σ_v^2 und σ_w^2 bekannt sind. Bei der Behandlung der Strukturvariante setzen wir zusätzlich noch die Kenntnis der Parameter μ_ξ und σ_ξ^2 voraus.

In der Praxis sind die genannten Modellparameter natürlich nicht bekannt. Wir können aber davon ausgehen, daß für sie konsistente Schätzungen vorliegen, welche mit Hilfe gegebener Zusatzinformationen nach den in Kap. 3 dargestellten Verfahren gefunden worden sind. Wenn wir im folgenden lediglich theoretische Prognoseformeln entwickeln, die die prognostizierten Werte in Abhängigkeit von wahren Modellparametern angeben, so gewinnt man doch aus diesen praktisch relevante Prognoseformeln, wenn man die Parameter durch Schätzwerte ersetzt (vgl. auch die Anmerkungen am Ende von 3.3.1a und 3.3.2a zur $\hat{\mathrm{V}}$-Schätzung und $\hat{\mathrm{P}}$-Schätzung).

Wir unterscheiden zwei Prognoseprobleme, je nachdem, welche Daten uns für die Prognose zur Verfügung stehen:

▷ *Erstes Prognoseproblem*:
Gegeben ist ein Wert für die Variable x. Man finde beste Prognosewerte für ξ, η, y.

▷ *Zweites Prognoseproblem*:
Gegeben sind ein Wertepaar (x, y) für die Variablen x und y. Man finde beste Prognosen für ξ und η.

Diese beiden Prognoseprobleme werden unter den beiden Modellvarianten getrennt behandelt.

Bei der Strukturvariante sind alle Modellvariablen stochastisch. Wir nehmen an, daß alle Variablen gemeinsam normalverteilt sind (Annahme (N)).

Bei der Funktionalvariante sind die Werte von ξ und folglich auch die von η Parameter (inzidentelle Parameter). Die Prognose von ξ und η ist daher mit der Schätzung dieser Werte identisch. Wir setzen hier voraus, daß v und w gemeinsam normalverteilt sind (Annahme ($N_{v,w}$)).

5.2.2 *Das erste Prognoseproblem*

a. Strukturvariante

Ausgangspunkt unserer Überlegungen ist zunächst das Modell (1) mit gemeinsam normalverteilten Modellvariablen. Es sei ein Wert für x gegeben. Gesucht sind Prognosen $\hat{\xi}$, $\hat{\eta}$, $\hat{y}$ für ξ, η, y. Beste erwartungstreue Prognosen, in dem Sinne, daß sie unter allen anderen erwartungstreuen die kleinste Varianz haben, werden durch den bedingten Erwartungswert bei gegebenem x geliefert, also z.B.

$$\hat{\xi} := E(\xi | x) \tag{2}$$

und entsprechend für $\hat{\eta}$ und $\hat{y}$ (vgl. (7) und (8)).

Um (2) zu bestimmen, setzen wir eine lineare Regression von ξ auf x an:

$$\xi - \mu_\xi = b(x - \mu_x) + e.$$

Dabei ist $E(e|x) = 0$. Ein solcher Ansatz ist bei gemeinsam normalverteilten Variablen (ξ, x) immer möglich. Offenbar ist dann

$$E(\xi | x) = \mu_\xi + b(x - \mu_\xi), \tag{3}$$

wobei gemäß (2.2/2a) $\mu_x = \mu_\xi$ gesetzt wurde. Für b hat man aufgrund der Regressionstheorie

$$b = \sigma_{x\xi} / \sigma_x^2.$$

Mit $x = \xi + v$ gilt $\sigma_{x\xi} = \sigma_\xi^2 = \sigma_x^2 - \sigma_v^2$ (vgl. auch (2.2/2c)). Bei Verwendung des Varianzquotienten (3.2/5), der hier die Gestalt $e = \sigma_v^2 / \sigma_x^2$ besitzt, folgt somit

$$b = \frac{\sigma_x^2 - \sigma_v^2}{\sigma_x^2} = 1 - e. \tag{4}$$

Demnach ergibt sich mit (2) — (4) die Prognoseformel

$$\hat{\xi} = \mu_\xi + (1 - e)(x - \mu_\xi). \tag{5}$$

In der äquivalenten Darstellung

$$\hat{\xi} = e\,\mu_\xi + (1 - e)\,x \tag{6}$$

erscheint $\hat{\xi}$ als gewogenes Mittel von μ_ξ und x mit den Gewichten e und $1 - e$.
Für die Prognose von η erhalten wir wegen (2a)

$$\hat{\eta} := E(\eta|x) = \alpha + \beta\,E(\xi|x) = \alpha + \beta\,\hat{\xi}. \tag{7}$$

Die Prognose von y ist gleich derjenigen von η:

$$\hat{y} := E(y|x) = E(\eta|x) + E(w|x) = E(\eta|x) = \hat{\eta}. \tag{8}$$

Dies gilt wegen der stochastischen Unabhängigkeit von w und x und der daraus ableitbaren Beziehung

$$E(w|x) = E(w) = 0.$$

Wir wollen die Prognoseformel (7) noch etwas näher untersuchen. Durch Einsetzen von (6) hat man zunächst

$$\hat{\eta} = \alpha + \beta\,[e\,\mu_\xi + (1 - e)\,x].$$

Mit den Setzungen

$$\begin{aligned} \alpha' &:= \alpha + \beta\,e\,\mu_\xi \\ \beta' &:= \beta\,(1 - e) \end{aligned} \tag{9}$$

wird daraus

$$\hat{\eta} = \alpha' + \beta'\,x. \tag{10}$$

Die Koeffizienten α' und β' sind aber die Regressionsparameter einer linearen Regression von y auf x:

$$y = \alpha' + \beta'\,x + u, \qquad E(u|x) = 0. \tag{11}$$

Man weist dies nach, indem man für α' und β' mit Hilfe der Momentengleichungen (2.2/2) verifiziert, daß sie den folgenden, aus der Regressionstheorie bekannten Bestimmungsgleichungen genügen:

$$\alpha' = \mu_y - \beta'\,\mu_x$$

$$\beta' = \sigma_{xy}/\sigma_{xx}.$$

Das Resultat (10, 11) besagt für die Praxis, daß man zur Prognose von η bzw. y bei gegebenem x nicht auf das geschätzte FV-Modell zurückgreifen muß. Es genügt, die nach der KQ-Methode geschätzte Regression (11) von y auf x zu kennen. Diese kann dann nach (10) für die Prognose verwendet werden.

b. Funktionalvariante

Betrachten wir nun die Funktionalvariante. Es gilt, den unbekannten Parameter ξ bei gegebenem x optimal zu schätzen. Bei normalverteilter Fehlervariablen v können wir ξ nach der ML-Methode bestimmen. Es ist dann nämlich $x \sim N(\xi, \sigma_v^2)$ und die ML-Schätzung daher gegeben durch

$$\hat{\xi} = x. \tag{12}$$

Diese Prognose (Schätzung) von ξ ist, auch wenn v nicht normalverteilt ist, eine beste lineare unverzerrte Schätzung.

Als Prognose (Schätzung) von η ergibt sich nach (1a)

$$\hat{\eta} = \alpha + \beta x. \tag{13}$$

Schließlich erhalten wir eine Prognose von y als

$$\hat{y} = \alpha + \beta x = \hat{\eta}. \tag{14}$$

c. Ein Beispiel aus der Geophysik

Wir kommen auf das Beispiel ② aus 3.5.3c zurück, betrachten aber jetzt nur die beiden ersten Gleichungen des dort angegebenen Modells (97):

$$x = \xi + v$$

$$y = \alpha + \beta \xi + w.$$

Dabei war ξ ein Maß für die Erdbebenstärke, x sein Meßwert und y der Meßwert eines anderen Maßes für die Erdbebenstärke. Bei unabhängigen Fehlervariablen v und w liegt ein FV-Modell *i.e.S.* vor. Wir nehmen an, daß die Modellparameter schon mit geeigneten Daten geschätzt worden sind. Das Modell kann dann zur Lösung des folgenden von *Ganse, Amemiya* und *Fuller* [1983] formulierten Prognoseproblems herangezogen werden: Aus einer seismographischen Station liegen Meßwerte x_t vor, ohne daß die zugehörigen Werte y_t gemessen worden sind. Wie lassen sich Schätzungen („Prognosewerte“) $\hat{y}_t$ für die unbekannten Werte y_t gewinnen?

Falls die *Strukturvariante* vorliegt und die Daten x_t derselben Verteilung folgen wie die x-Werte, die zur Schätzung des FV-Modells benutzt worden sind, und falls alle Variablen normalverteilt sind, braucht zur Prognose von y_t nicht das FV-Modell herangezogen zu werden. Es genügt, wie in 5.2.2a beschrieben, eine Regression von y auf x zu schätzen und diese für die Prognose von y_t bei gegebenem x_t zu verwenden.

In dem Beispiel, das die Autoren betrachten, stammen aber die x_t aus einer anderen Verteilung als die x-Werte des Schätzdatenmaterials. Daher muß für jedes x_t der zugehörige Prognosewert von y_t nach dem Modell der *Funktionalvariante*, wie in 5.2.2b beschrieben, also mittels (14), bestimmt werden. Für die Prognose wird also das FV-Modell voll benötigt. Die Prognosen mittels einer einfachen Regression von y auf x würden verzerrte Werte liefern.

5.2.3 *Das zweite Prognoseproblem*

a. Strukturvariante

Wieder werden alle Variablen des Modells (1) als gemeinsam normalverteilt angenommen. Es sei jetzt ein Wertepaar (x, y) gegeben. Gesucht sind Prognosen $\hat{\xi}$, $\hat{\eta}$ für ξ und η.

Eine beste erwartungstreue Prognose für ξ findet man im bedingten Erwartungswert von ξ bei gegebenen x und y:

$$\hat{\xi} = E(\xi | x, y). \tag{15}$$

Um (15) zu bestimmen, setzen wir eine lineare Regression von ξ auf x und y an:

$$\xi - \mu_\xi = b(x - \mu_x) + c(y - \mu_y) + e.$$

Dabei ist $E(e | x, y) = 0$. Alsdann gilt

$$E(\xi | x, y) = \mu_\xi + b(x - \mu_\xi) + c(y - \alpha - \beta\mu_\xi). \tag{16}$$

Dabei wurde $\mu_x = \mu_\xi$ und $\mu_y = \alpha + \beta\mu_\xi$ gesetzt — vgl. (2.2/2a, b). Die Koeffizienten b und c gewinnt man aus den Normalgleichungen

$$\sigma_{xx} b + \sigma_{xy} c = \sigma_{x\xi}$$

$$\sigma_{xy} b + \sigma_{yy} c = \sigma_{y\xi} .$$

Diese besitzen die Lösungen

$$b = D(\sigma_{yy}\sigma_{x\xi} - \sigma_{xy}\sigma_{y\xi})$$

$$c = D(\sigma_{xx}\sigma_{y\xi} - \sigma_{xy}\sigma_{x\xi})$$

mit $D := (\sigma_{xx}\sigma_{yy} - \sigma_{xy}^2)^{-1}$. Mit Hilfe der Momentengleichungen (2.2/2) lassen sich sämtliche Momente durch Modellparameter ausdrücken, wobei noch $\sigma_{x\xi} = \sigma_\xi^2$ und $\sigma_{y\xi} = \beta\sigma_\xi^2$ hinzukommen. Man erhält nach einigen Rechnungen für b und c:

$$b = A\sigma_w^2$$

$$c = A\beta\sigma_v^2$$

$$A := \frac{1}{\sigma_u^2}\left(1 + \frac{\sigma_v^2\sigma_w^2}{\sigma_u^2\sigma_\xi^2}\right)^{-1}.$$

Dabei ist $\sigma_u^2 = \sigma_w^2 + \beta^2\sigma_v^2$ (vgl. (1.3/15b) mit $\varepsilon \equiv 0$). Somit ergibt sich als Prognoseformel für ξ:

$$\hat{\xi} = \mu_\xi + A[\sigma_w^2(x - \mu_\xi) + \beta\sigma_v^2(y - \alpha - \beta\mu_\xi)]. \tag{17}$$

Für η erhalten wir schließlich

$$\hat{\eta} = \alpha + \beta\,\hat{\xi}. \tag{18}$$

b. Funktionalvariante

Bei der Funktionalvariante ist ξ ein unbekannter Parameter, der jetzt bei gegebenem Datenpaar (x, y) optimal zu schätzen ist. Bei normalverteilten Fehlervariablen v und w kann wieder die ML-Methode herangezogen werden. In 3.3.2b hatten wir eine bedingte ML-Schätzung für ξ unter der Bedingung hergeleitet, daß die Modellparameter bekannt sind. Das ist genau die Bedingung, die wir in 5.2.1 dem Prognoseproblem zugrunde gelegt haben. Wir können daher die in 3.3.2b angegebene Gleichung (3.3/44) unmittelbar heranziehen und finden nach einiger Rechnung als Lösung für $\hat{\xi}$:

$$\hat{\xi} = \frac{1}{\sigma_u^2}\,[\sigma_w^2\,x + \beta\,\sigma_v^2\,(y - \alpha)]. \tag{19}$$

Wegen $\sigma_u^2 = \sigma_w^2 + \beta^2\,\sigma_v^2$ ist $\hat{\xi}$ ein gewogenes Mittel von x und $(y - \alpha)/\beta$ mit den Gewichten σ_w^2 und $\beta^2\,\sigma_v^2$.

Will man diese Prognose $\hat{\xi}$ mit (17) vergleichen, dann ist es zweckmäßig, (19) durch Subtraktion eines dem Mittelwert μ_ξ entsprechenden Wertes, z.B. des Grenzwertes $M_\xi = \lim \bar{\xi}$, in die Form

$$\hat{\xi} = M_\xi + \frac{1}{\sigma_u^2}\,[\sigma_w^2\,(x - M_\xi) + \beta\,\sigma_v^2\,(y - \alpha - M_\xi)] \tag{20}$$

zu bringen. Man erkennt dann, daß sich (20) von (17), abgesehen von dem Unterschied zwischen μ_ξ und M_ξ, nur in dem Faktor A bzw. $1/\sigma_u^2$ unterscheidet. Aus der Definition von A ersieht man, daß $A < 1/\sigma_u^2$, d.h. $\hat{\xi}$ wird durch (20) näher an μ_ξ herangeschoben als durch (17). Für $\sigma_\xi^2 \to \infty$ geht A in $1/\sigma_u^2$ über und die beiden Prognoseformeln unterscheiden sich nicht mehr.

Für η gilt wieder die Schätz-(Prognose-)Formel

$$\hat{\eta} = \alpha + \beta\,\hat{\xi}. \tag{21}$$

Es sei noch erwähnt, daß die Gleichungen (19) und (21) im Falle $\sigma_v^2 = \sigma_w^2$ eine einfache geometrische Interpretation erlauben. Dann ist nämlich $(\hat{\xi}, \hat{\eta})$ gerade der durch orthogonale Projektion des Punktes (x, y) auf die Modellgerade $\eta = \alpha + \beta\,\xi$ gefundene Projektionspunkt (vgl. Abb. 3.3/1c).

Der größte Teil des Buches befaßte sich mit dem Problem, wie eine verborgene Modellstruktur mittels fehlerbehafteter Daten ans Licht gehoben werden kann, also — in statistischer Terminologie — wie man unverzerrte und möglichst effiziente Parameterschätzungen und Tests durchführen kann. Das zum Schluß behandelte Prognoseproblem fällt aus diesem vorgegebenen Rahmen. Dennoch zeigt die vorangegangene Diskussion in 5.2, und das Beispiel in 5.2.2c machte dies noch besonders deutlich, daß auch zur Erstellung einer gut begründeten Prognose die Kenntnis der zugrunde liegenden Struktur i.a. erforderlich ist.

Darin liegt wohl überhaupt der Wert einer Strukturerforschung, daß die von allen Zufälligkeiten und Nebensächlichkeiten bereinigte autonome Struktur zum Vorschein kommt. Nur über die Kenntnis autonomer Strukturen, die sich immer wieder — auch mit unterschiedlichem Zahlenmaterial — finden lassen, kann eine Theorie empirisch begründet werden. Friedmans Konsumtheorie ist dafür ein einleuchtendes Beispiel. Letztlich verhelfen gut fundierte Theorien auch zu gesicherten Prognosen.

Lösungen zu den Übungsaufgaben

Wir vereinbaren auch für die Lösungen, daß der Summationsindex bei Summen (Σ) und der Multiplikationsindex bei Produkten (Π) stets von 1 bis T läuft. Limesbildungen („lim“, „$p$lim“) verstehen sich jeweils für $T \to \infty$, sofern nicht anders angegeben.

L 1.1/1

a. Im Falle $x_1 \equiv 1$ ist $\boldsymbol{x}_1 = (1, \ldots, 1)'$ und $\frac{1}{T} \boldsymbol{x}_1' \boldsymbol{y} = \bar{y}$. Folglich gilt

$$\boldsymbol{P}_1 \boldsymbol{y} = \boldsymbol{y} - \frac{1}{T} \boldsymbol{x}_1 \boldsymbol{x}_1' \boldsymbol{y} = \boldsymbol{y} - \bar{y} \boldsymbol{x}_1 = (y_1 - \bar{y}, \ldots, y_T - \bar{y})' = \boldsymbol{y}^*.$$

b. Wegen $\boldsymbol{x}_1 = (1, \ldots, 1)'$ gilt $\frac{1}{T} \boldsymbol{x}_1' \boldsymbol{x}_1 = 1$ und mithin

$$\boldsymbol{P}_1 \boldsymbol{x}_1 = \boldsymbol{x}_1 - \frac{1}{T} \boldsymbol{x}_1 \boldsymbol{x}_1' \boldsymbol{x}_1 = \boldsymbol{x}_1 - \boldsymbol{x}_1 = \boldsymbol{o}.$$

c. $\boldsymbol{P}_1' = (\boldsymbol{I} - \frac{1}{T} \boldsymbol{x}_1 \boldsymbol{x}_1')' = \boldsymbol{I} - \frac{1}{T} \boldsymbol{x}_1 \boldsymbol{x}_1' = \boldsymbol{P}_1.$

Wegen $\boldsymbol{x}_1' \boldsymbol{x}_1 = T$ hat man

$$(\boldsymbol{x}_1 \boldsymbol{x}_1')^2 = \boldsymbol{x}_1 \boldsymbol{x}_1' \boldsymbol{x}_1 \boldsymbol{x}_1' = \boldsymbol{x}_1 (\boldsymbol{x}_1' \boldsymbol{x}_1) \boldsymbol{x}_1' = T \boldsymbol{x}_1 \boldsymbol{x}_1'$$

und somit

$$\boldsymbol{P}_1^2 = \boldsymbol{I}^2 - 2 \cdot \frac{1}{T} \boldsymbol{x}_1 \boldsymbol{x}_1' + \left(\frac{1}{T} \boldsymbol{x}_1 \boldsymbol{x}_1'\right)^2 = \boldsymbol{I} - \frac{1}{T} \boldsymbol{x}_1 \boldsymbol{x}_1' = \boldsymbol{P}_1.$$

L 1.2/1

a. Äquivalent zu (F3) — (F5) ist die Forderung, daß die Vektoren $\boldsymbol{v}$, $\boldsymbol{w}$, $\boldsymbol{\varepsilon}$ und $\boldsymbol{\xi}$ stochastisch unabhängig sind.

b. Seien (v_t, w_t) und ε_t für jedes t stochastisch unabhängig. Für die gemeinsame Dichtefunktion aller Fehlervariablen gilt dann[1)]

$$\begin{aligned} & f(v_1, \ldots, v_T, w_1, \ldots, w_T, \varepsilon_1, \ldots, \varepsilon_T) \\ &= \Pi f(v_t, w_t, \varepsilon_t) && \text{nach (F1)} \\ &= \Pi [f(v_t, w_t) f(\varepsilon_t)] && \text{nach Voraussetzung} \\ &= \Pi f(v_t, w_t)\, \Pi f(\varepsilon_t) \\ &= f(v_1, \ldots, v_T, w_1, \ldots, w_T) f(\varepsilon_1, \ldots, \varepsilon_T) && \text{nach (F1).} \end{aligned}$$

---

1) Der Einfachheit halber werden hier alle auftretenden Dichtefunktionen mit demselben Symbol f bezeichnet und nur anhand der Argumentvariablen unterschieden.

Aus dieser Zerlegung geht hervor, daß ($\boldsymbol{v}$, $\boldsymbol{w}$) und $\boldsymbol{\varepsilon}$ stochastisch unabhängig sind; d.h. es gilt (F4).

c. (F5) läßt sich abschwächen zu der Forderung, daß v_t und w_t für jedes t stochastisch unabhängig sind. Zusammen mit (F1) kann man aus dieser abgeschwächten Annahme (F5) herleiten (vgl. Lösungsteil b).

L 1.2/2

Nach (F2) ist $E(v_t) = 0$ und daher wegen $\tilde{w}_t = w_t + \varepsilon_t$ und (F4)

$$\sigma_{v\tilde{w}} = E(v_t w_t) + E(v_t \varepsilon_t) = E(v_t w_t) = \sigma_{vw}.$$

L 1.2/3

a. Äquivalent zu (F3) – (F5) ist die Forderung, daß $\boldsymbol{V}$, $\boldsymbol{w}$, $\boldsymbol{\varepsilon}$ und $\boldsymbol{\Xi}$ stochastisch unabhängig sind (vgl. L 1.2/1a).

b. $$\boldsymbol{\Sigma}^* = \begin{pmatrix} \sigma_2^2 & & 0 \\ & \ddots & \\ 0 & & \sigma_K^2 \end{pmatrix}.$$

L 1.2/4

Annahme (A) für das multiple FV-Modell beinhaltet, daß der Grenzwert der Matrix

$$(*) \quad \frac{1}{T} \boldsymbol{\Xi}' \boldsymbol{\Xi} = (\overline{\xi_i \xi_j})_{i, j = 1, \ldots, K}$$

m.W.1 existiert und regulär ist. Im Falle $\xi_1 \equiv 1$ und $K = 2$ kann man bei ξ_2 den Index weglassen; (*) hat dann spezielle Gestalt

$$(**) \quad \frac{1}{T} \boldsymbol{\Xi}' \boldsymbol{\Xi} = \begin{pmatrix} 1 & \bar{\xi} \\ \bar{\xi} & \overline{\xi^2} \end{pmatrix}.$$

Die Matrix (**), deren Determinante gerade s_ξ^2 ist, hat genau dann m.W.1 einen Grenzwert, wenn die Grenzwerte $M_\xi = \lim \bar{\xi}$ und $M_{\xi\xi} = \lim \overline{\xi^2}$ m.W.1 existieren. Die Regularität des Grenzwertes von (**) ist offenbar genau dann gewährleistet, wenn $S_{\xi\xi} = \lim s_\xi^2 > 0$.

L 1.3/1

$$\begin{aligned} p\lim \hat{\alpha} &= p\lim \hat{\alpha}^* - b + d\, p\lim \beta^* && \text{s. (6)} \\ &= (\alpha + b - \beta d) - b + \beta d && \text{s. (5a, b)} \\ &= \alpha. \end{aligned}$$

Wenn man in der ersten Zeile den Wahrscheinlichkeitslimes jeweils durch den Erwartungswertoperator ersetzt, hat man auch den Beweis für die Erwartungstreue des Schätzers (6) geführt.

L 1.3/2

Gemäß Aufgabenstellung sind $\hat{\alpha}^* = 10, \hat{\beta}^* = 3$ und $\hat{\sigma}^2_{\varepsilon *} = 1$ die KQ-Schätzungen der empirischen Regression (2). Die beiden letzten Schätzungen sind nach (5b, c) erwartungstreu und konsistent. Eine entsprechende Schätzung für α erhält man nach (6) mit $b = 2$ und $d = 1$:

$$\hat{\alpha} = 10 - 2 + 3 \cdot 1 = 11$$

L 1.3/3

Erwartungstreue und konsistente Schätzungen erhält man nach (11) mit $a = 1{,}02$, $c = 0{,}99$; $\hat{\alpha}^{**} = 10, \hat{\beta}^{**} = 3$ und $\hat{\sigma}^2_{\varepsilon **} = 1$:

$$\hat{\alpha} = \frac{10}{1{,}02} \approx 9{,}80$$

$$\hat{\beta} = \frac{0{,}99 \cdot 3}{1{,}02} \approx 2{,}91$$

$$\hat{\sigma}^2_{\varepsilon} = \frac{1}{1{,}02^2} \approx 0{,}96.$$

L 1.3/4

Es gilt (7) mit $p = 0{,}02$ und $q = -0{,}01$. Wenn man die Meßfehler in x_t durch $q\,\bar{\xi}$ approximiert, erhält man bei Beachtung von $\bar{x} = 0{,}99\,\bar{\xi} = 10$

$$q\,\xi_t \approx -0{,}01\,\bar{\xi} = -\frac{0{,}01 \cdot 10}{0{,}99} \approx -0{,}10.$$

Analog gilt wegen $\bar{y} = 1{,}02\,\bar{\eta} = 30$

$$p\,\eta_t \approx 0{,}02\,\bar{\eta} = \frac{0{,}02 \cdot 30}{1{,}02} \approx 0{,}59.$$

Anstelle von $y_t = 1{,}02\,\eta_t$, $x_t = 0{,}99\,\xi_t$ können wir also näherungsweise schreiben:

$$y_t = \eta_t + 0{,}59, \qquad x_t = \xi_t - 0{,}10.$$

L 1.3/5

a. Die exakt korrigierte Regression lautet

$\hat{y} = 9{,}80 + 2{,}91\,x$ (s. L 1.3/3).

b. Nach Approximation der proportionalen Meßfehler durch konstante Meßfehler nach L 1.3/4 kann von einer Regression (1) mit $b = 0{,}59$ und $d = -0{,}10$ ausgegangen werden.

Gegeben sind also jetzt die Parameterschätzungen $\hat{\alpha}^* = 10$ und $\hat{\beta}^* = 3$ einer empirischen Regression (2) mit konstanten Meßfehlern. Zu korrigieren ist nur $\hat{\alpha}^*$, wie man aus (3) ersieht. Die korrigierte, d.h. unverzerrte und konsistente Schätzung $\hat{\alpha}$ ist über (6) zu berechnen:

$$\hat{\alpha} = 10 - 0{,}59 + 3 \cdot (-0{,}10) = 9{,}11.$$

Man erhält demnach als Näherung die Regression $\hat{y} = 9{,}11 + 3\,x$.

L 1.3/6

Gesucht sind die KQ-Schätzungen $\hat{\beta}_1, \hat{\beta}_2, \hat{\beta}_3$ der „wahren" Regression

$$\eta_t = \beta_1 + \beta_2\,\xi_{t2} + \beta_3\,\xi_{t3} + \varepsilon_t.$$

Für die empirischen Variablen y_t, x_{t2} und x_{t3} gilt

$$y_t = \eta_t + 2; \qquad x_{t2} = 0{,}99\,\xi_{t2}; \qquad x_{t3} = \xi_{t3} - 4.$$

Durch Elimination von η_t, ξ_{t2} und ξ_{t3} folgt

$$y_t = \beta_1^* + \beta_2^* x_{t2} + \beta_3^* x_{t3} + \varepsilon_t^*$$

$$\beta_1^* := \beta_1 + 2 + 4\,\beta_3; \qquad \beta_2^* := \frac{\beta_2}{0{,}99}; \qquad \beta_3^* := \beta_3; \qquad \varepsilon_t^* := \varepsilon_t.$$

Wegen $\hat{\beta}_1^* = 10$, $\hat{\beta}_2^* = 3$ und $\hat{\beta}_3^* = -5$ folgt

$$\hat{\beta}_1 = 28; \quad \hat{\beta}_2 = 2{,}97; \quad \hat{\beta}_3 = -5.$$

L 1.3/7

a. $\eta_{T+1} = 11 + 3 \cdot \xi_{T+1} = 11 + 3 \cdot 15 = 56.$

b. $\eta_{T+1} = 11 + 3 \cdot (x_{T+1} - 1) = 11 + 3 \cdot 15 = 56.$

$$y_{T+1} = 10 + 3 \cdot x_{T+1} = 10 + 3 \cdot 16 = 58.$$

L 1.3/8

a. Bei Unterdrückung des Beobachtungsindexes gilt

$$\sigma_{xu} = E(x\,u) - E(x)\,E(u) = E(x\,u)$$

Wegen $x = \xi + v$ und $u = w + \varepsilon - \beta v$ folgt mit den Annahmen (F1) – (F4)

$$\sigma_{xu} = E[(\xi + v)(w + \varepsilon - \beta v)] = E(v w) - \beta E(v^2) = \sigma_{vw} - \beta \sigma_v^2.$$

b. Im FV-Modell *i.e.S.* ist $\sigma_{vw} = 0$ wegen (F5), d.h. es gilt (16).

L 1.3/9

Wir fassen die Regressionskoeffizienten $\alpha =: \beta_1$ und $\beta =: \beta_2$ zu einem Vektor $\boldsymbol{\beta} = (\beta_1, \beta_2)'$ zusammen.

In dem in Abb. 1.3/3 veranschaulichten Fall ist

$$\boldsymbol{X}_1 = \begin{pmatrix} 1 & \xi_1 - v' \\ 1 & \xi_1 + v' \\ 1 & \xi_2 - v' \\ 1 & \xi_2 + v' \end{pmatrix}, \quad \boldsymbol{y}_1 = \begin{pmatrix} \eta_1 \\ \eta_1 \\ \eta_2 \\ \eta_2 \end{pmatrix},$$

$$\boldsymbol{X}_1' \boldsymbol{X}_1 = 2 \begin{pmatrix} 2 & \xi_1 + \xi_2 \\ \xi_1 + \xi_2 & \xi_1^2 + \xi_2^2 + 2 v'^2 \end{pmatrix}, \quad \boldsymbol{X}_1' \boldsymbol{y}_1 = 2 \begin{pmatrix} \eta_1 + \eta_2 \\ \eta_1 \xi_1 + \eta_2 \xi_2 \end{pmatrix}.$$

Für Abb. 1.3/5 gilt entsprechend

$$\boldsymbol{X}_2 = \begin{pmatrix} 1 & \xi_1 - v' \\ 1 & \xi_1 - v' \\ 1 & \xi_1 + v' \\ 1 & \xi_1 + v' \\ 1 & \xi_2 - v' \\ 1 & \xi_2 - v' \\ 1 & \xi_2 + v' \\ 1 & \xi_2 + v' \end{pmatrix}, \quad \boldsymbol{y}_2 = \begin{pmatrix} \eta_1 - w' \\ \eta_1 + w' \\ \eta_1 - w' \\ \eta_1 + w' \\ \eta_2 - w' \\ \eta_2 + w' \\ \eta_2 - w' \\ \eta_2 + w' \end{pmatrix},$$

$$\boldsymbol{X}_2' \boldsymbol{X}_2 = 4 \begin{pmatrix} 2 & \xi_1 + \xi_2 \\ \xi_1 + \xi_2 & \xi_1^2 + \xi_2^2 + 2 v'^2 \end{pmatrix}, \quad \boldsymbol{X}_2' \boldsymbol{y}_2 = 4 \begin{pmatrix} \eta_1 + \eta_2 \\ \eta_1 \xi_1 + \eta_2 \xi_2 \end{pmatrix}.$$

Offensichtlich liefert die KQ-Schätzformel $\hat{\boldsymbol{\beta}} = (\boldsymbol{X}' \boldsymbol{X})^{-1} \boldsymbol{X}' \boldsymbol{y}$ in beiden Fällen denselben Vektor $\hat{\boldsymbol{\beta}}$.

L 1.3/10

Um eine bessere Vergleichbarkeit zu ermöglichen, geben wir zunächst noch einmal Abb. 1.3/3 wieder:

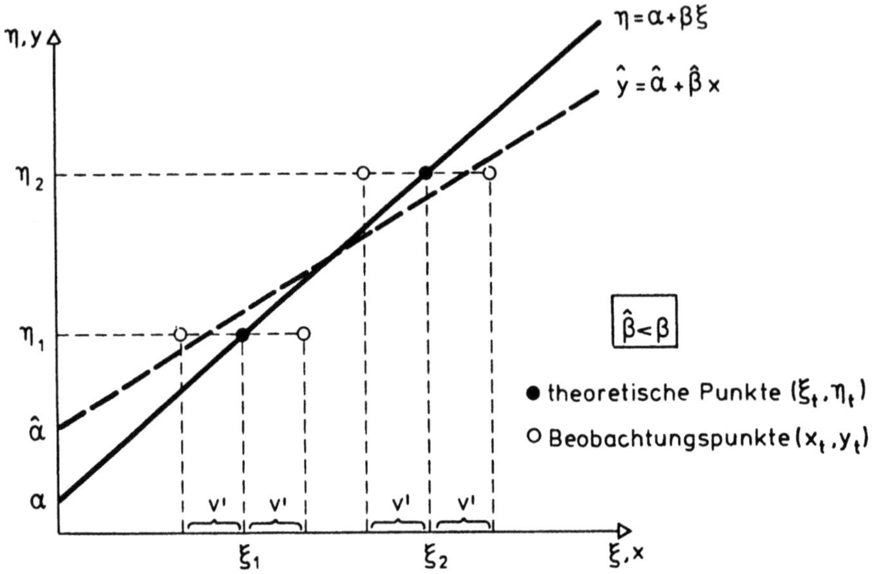

Wenn man den Abstand zwischen ξ_1 und ξ_2 vergrößert und v' nicht verändert, weicht die geschätzte Regressionsgerade weniger stark von der wahren Regressionsgeraden ab:

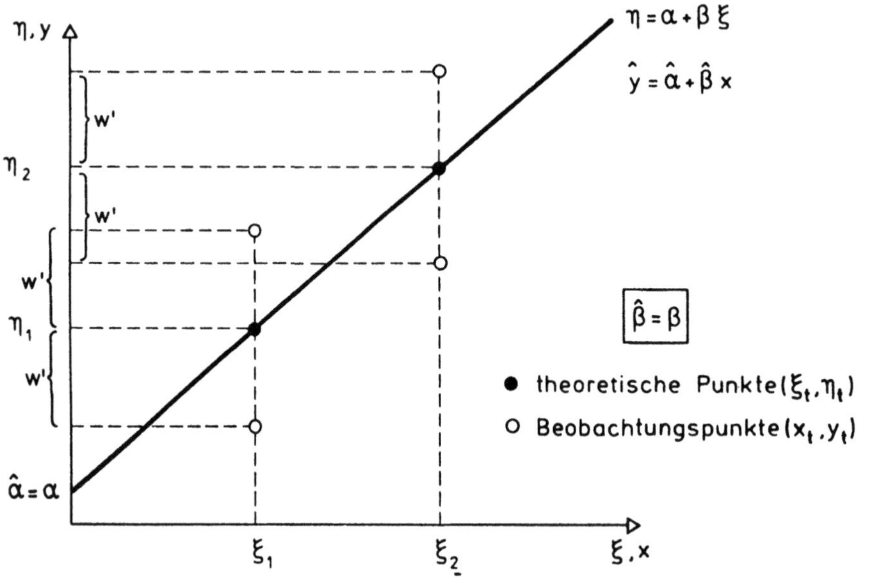

Wenn man ξ_1 und ξ_2 wie in Abb 1.3/3 wählt, dort aber v' verkleinert, so liegt die geschätzte ebenfalls näher an der wahren Regressionsgeraden als in Abb. 1.3/3:

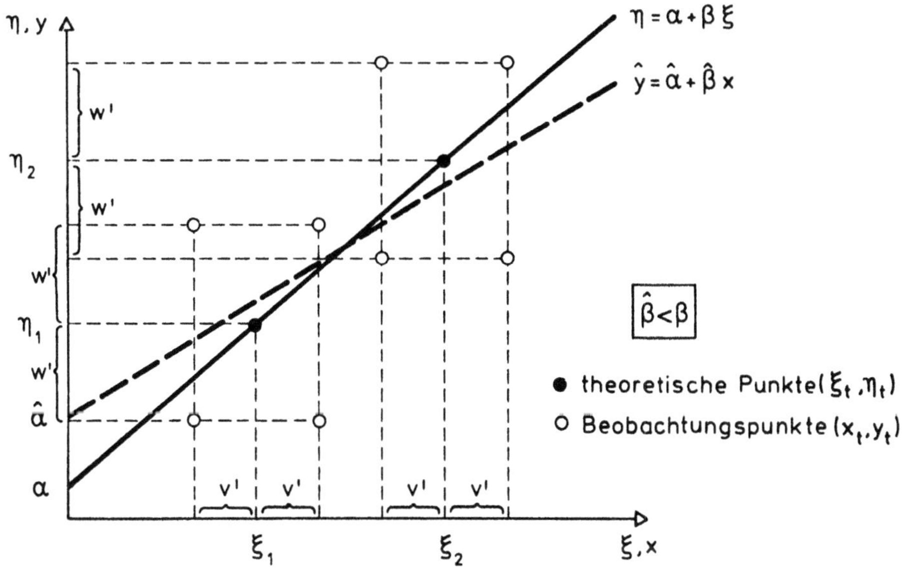

Die Zeichnungen lassen erkennen, daß die bei der KQ-Schätzung auftretende systematische Verzerrung mit zunehmender Streuung von ξ und mit abnehmender Streuung von v abnimmt.

L 1.3/11

Die vier möglichen Beobachtungspunkte P_1 bis P_4 sind in der nachstehenden Abbildung dargestellt:

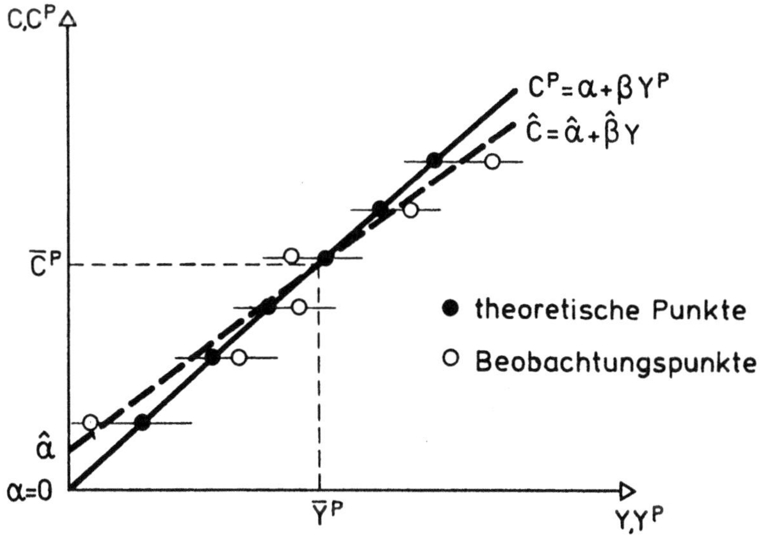

ırch Münzwurf seien nun z.B. folgende v_t-Werte bestimmt: $v_1 = -1$, $v_2 = 1$, $= 1$, $v_4 = 1$.
Dann sind P_1 und P_2 je einmal, P_3 keinmal und P_4 zweimal realisiert worden. Aus r sich daraus ergebenden Wertetabelle

x	-3	-1	3	3
y	-2	-2	2	2

rechnet man für die KQ-Schätzungen $\hat{\beta}$ und $\hat{\alpha}$:

$$= \frac{s_{xy}}{s_{xx}} \approx 0{,}74, \qquad \hat{\alpha} = \bar{y} - \hat{\beta}\,\bar{x} \approx -0{,}37.$$

an kann dieses Simulationsexperiment mehrfach wiederholen und bekommt für und $\hat{\beta}$ z.B. die folgenden Werte (einschließlich des zuerst gewonnenen Wertepaa-s):

$\hat{\alpha}$	$\hat{\beta}$	v_1	v_2	v_3	v_4
$-0{,}37$	0,74	-1	1	1	1
$-0{,}37$	0,74	-1	1	1	1
$-0{,}55$	1,09	1	1	-1	1
-1	1	1	1	1	1

e Durchschnittergebnisse sind hier $\bar{\hat{\alpha}} = -0{,}57$ und $\bar{\hat{\beta}} = 0{,}89$.

1.3/12

Im FV-Modell *i.w.S.* ist die Varianz σ_u^2 der Variablen $u_t = w_t + \varepsilon_t - \beta\, v_t$ gegeben durch

$$\sigma_u^2 = \sigma_w^2 + \sigma_\varepsilon^2 - 2\,\beta\,\sigma_{vw} + \beta^2\,\sigma_v^2.$$

Für die Varianz $\sigma_u^2 = V(u_t)$ der Komponenten

$$u_t = w_t + \varepsilon_t - \sum_{i=1}^{K} \beta_i\, v_{ti} = w_t + \varepsilon_t - \boldsymbol{\beta}'\, \boldsymbol{v}_{(t)}$$

des Vektors $\boldsymbol{u} = (u_1, \ldots, u_T)$ in (1.1/14) gilt

$$\sigma_u^2 = \sigma_w^2 + \sigma_\varepsilon^2 - 2\,\boldsymbol{\sigma}'\,\boldsymbol{\beta} + \boldsymbol{\beta}'\,\boldsymbol{\Sigma}\,\boldsymbol{\beta}$$

Mit $\boldsymbol{\sigma} = (\sigma_{v_1 w}, \ldots, \sigma_{v_K w})'$. Im multiplen FV-Modell *i.e.S.* ist $\boldsymbol{\sigma} = \boldsymbol{o}$.

L 1.4/1

a. Abb. 1.3/4 enthält die Information $\sigma_v^2 = 0$. Der Parameter β des zu Abb. 1.3/4 gehörenden Modells wird daher, wie man aus (1.3/17, 18) ersieht, durch den KQ-Schätzer $\hat{\beta} = s_{xy}/s_x^2$ konsistent geschätzt.

b. Abb. 1.3/3 enthält die Information $\sigma_w^2 = 0$. Man kann die dort veranschaulichte Regression als eine Regression von x auf y auffassen. Löst man die Gleichung $y = \alpha + \beta\,\xi$ nach ξ auf [1] und addiert noch v auf beiden Seiten der Gleichung, dann erhält man wegen $x = \xi + v$ die Umkehrregression

$$x = \alpha^* + \beta^* y + v$$

mit $\alpha^* := -\alpha/\beta$ und $\beta^* := 1/\beta$. Die klassische Voraussetzung der stochastischen Unabhängigkeit von Regressand (hier: y) und Störvariablen (hier: v) ist bei dieser Regression gemäß Modellannahme (F3) erfüllt. Daher wird β^* durch den zur Umkehrregression gehörenden KQ-Schätzer $\hat{\beta}^* = s_{xy}/s_y^2$ konsistent geschätzt. Eine konsistente Schätzung für $\hat{\beta}$ ist dann durch $\hat{\beta} = 1/\hat{\beta}^* = s_y^2/s_{xy}$ gegeben.

L 1.4/2

Mit $s_{vz} = 0$ gilt $s_{xz} = s_{\xi z}$ und daher

$$r_{xz} = \frac{s_{xz}}{s_x\ s_z} = \frac{s_{\xi z}}{s_x\ s_z} = \frac{s_{\xi z}}{s_\xi\ s_z}\,\frac{s_\xi}{s_x} = r_{\xi z}\,\frac{s_\xi}{s_x}.$$

Ist auch $s_{\xi v} = 0$, so gilt $s_x^2 = s_\xi^2 + s_v^2$. Mit Hilfe der letzten Beziehung kann man in der Gleichung $r_{xz} = r_{\xi z} s_\xi / s_x$ entweder s_x oder s_ξ eliminieren. Im ersten Fall ergibt sich

$$r_{xz} = r_{\xi z}\,\frac{s_\xi}{\sqrt{s_\xi^2 + s_v^2}} = r_{\xi z}\Big/\sqrt{1 + \frac{s_v^2}{s_\xi^2}}.$$

Wird stattdessen s_ξ ersetzt, erhält man

$$r_{xz} = r_{\xi z}\,\frac{\sqrt{s_x^2 - s_v^2}}{s_x} = r_{\xi z}\sqrt{1 - \frac{s_v^2}{s_x^2}}.$$

L 1.4/3

a. Mit $\xi_t = t + h_t$ und $z_t = t$ gilt

$$s_\xi^2 = s_t^2 + 2\,s_{th} + s_h^2, \qquad s_z^2 = s_t^2, \qquad s_{\xi z} = s_t^2 + s_{th}$$

---

[1] In Abb. 1.3/3 ist $\eta \equiv y$ und mithin $y = \alpha + \beta\,\xi$.

$$r_{\xi z} = \frac{s_{\xi z}}{s_\xi\, s_z} = \frac{s_t^2 + s_{th}}{\sqrt{s_t^2 + 2\, s_{th} + s_h^2}\; s_t} = \frac{1 + \frac{s_{th}}{s_t^2}}{\sqrt{1 + \frac{2\, s_{th}}{s_t^2} + \frac{s_h^2}{s_t^2}}}.$$

b. Wir berechnen zunächst $plim\,(s_h^2/s_t^2)$. Es ist

$$s_t^2 = \frac{1}{T}\Sigma\, t^2 - \left(\frac{1}{T}\Sigma\, t\right)^2 = \frac{(T+1)\,(2\,T+1)}{6} - \left(\frac{T+1}{2}\right)^2 = \frac{T^2-1}{12}$$

Hieraus ist zu ersehen, daß $s_t^2 \to \infty$ für $T \to \infty$. Beachtet man außerdem, daß $plim\, s_h^2 = \sigma_h^2$, so folgt $plim\,(s_h^2/s_t^2) = 0$. Da auch $plim\,(s_{th}/s_t^2) = 0$ ist (s. Lösungshinweis), ergibt sich

$$plim\; r_{\xi z} = \frac{plim\left(1 + \frac{s_{th}}{s_t^2}\right)}{\sqrt{plim\left((1 + \frac{s_{th}}{s_t^2} + \frac{s_h^2}{s_t^2}\right)}} = 1.$$

L 1.4/4

Die Rangzahlen der ξ_t ergeben sich wie folgt:

$$\begin{array}{lcccccc} \xi_t: & \xi_2 < & \xi_3 < & \xi_1 < & \xi_4 < & \xi_6 < & \xi_5 \\ & \downarrow & \downarrow & \downarrow & \downarrow & \downarrow & \downarrow \\ z_t: & 1 & 2 & 3 & 4 & 5 & 6 \end{array}$$

Es ist also in der Tabelle zu ergänzen:

$z_1 = 3,\; z_2 = 1,\; z_3 = 2,\; z_4 = 4,\; z_5 = 6,\; z_6 = 5.$

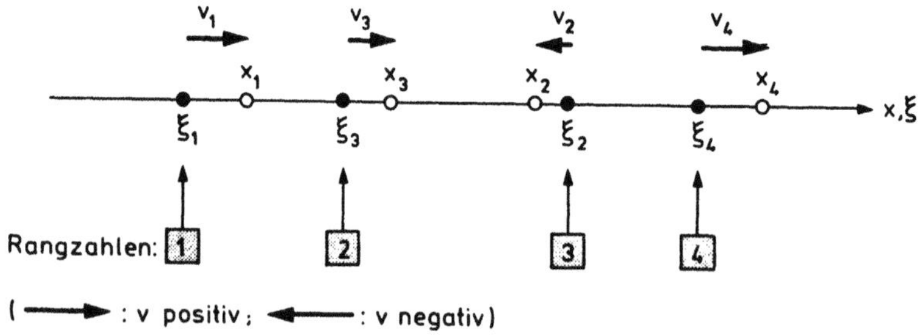

Anmerkung: Wenn man die in der Tabelle aufgeführten Datenpaare (x_t, y_t) nach steigender Größe der ξ_t ordnet, d.h. die Rangzahlen der ξ_t als Ordnungskriterium zugrundelegt, erhält man offenbar eine andere Anordnung als wenn man die Größe der Meßwerte x_t als Ordnungskriterium wählte. Die Größenrangordnungen der oben veranschaulichten ξ- und x-Werte stimmen also nicht überein. (ξ- und x-Werte mit gleicher Größenrangordnung sind in Abb. 1.4/3 wiedergegeben.)

L 1.4/5

a. $\bar{z} = \frac{1}{T}(T_1 \cdot 1 + T_2 \cdot 0) = t_1$

$$\overline{z^2} = \frac{1}{T}(T_1 \cdot 1^2 + T_2 \cdot 0^2) = t_1$$

$$s_z^2 = \overline{z^2} - (\bar{z})^2 = (1 - t_1)\, t_1 = t_1\, t_2$$

b. $\bar{x} = t_1\, \bar{x}_1 + t_2\, \bar{x}_2, \quad \bar{z} = t_1, \quad \overline{xz} = \frac{1}{T} \sum_1 x_t = t_1\, \bar{x}_1.$

Für s_{xz} folgt daher:

$$\begin{aligned} s_{xz} &= \overline{xz} - \bar{x}\,\bar{z} \\ &= t_1\, \bar{x}_1 - t_1\,(t_1\, \bar{x}_1 + t_2\, \bar{x}_2) \\ &= t_1\,(\bar{x}_1 - t_1\, \bar{x}_1 - t_2\, \bar{x}_2) \\ &= t_1\,(t_2\, \bar{x}_1 - t_2\, \bar{x}_2) \\ &= t_1\, t_2\,(\bar{x}_1 - \bar{x}_2). \end{aligned}$$

L 1.4/6

Wenn man der Einfachheit halber den Index t wegläßt, gilt mit $\gamma := E(\xi_t^3)$

$$E(x^3) = E[(\xi + v)^3] = \gamma + 3\, E(\xi^2)\, E(v) + 3\, \mathrm{E}(\xi)\, E(v^2) + E(v^3) = \gamma.$$

Es ist nämlich $E(v) = 0$ nach (F2), $E(\xi) = 0$ nach Voraussetzung und $E(v^3) = 0$, weil v normalverteilt ist.

L 1.5/1

a. Die Zerlegung von $\boldsymbol{B}_0$ impliziert entsprechende Zerlegungen der Matrizen $\boldsymbol{\Xi}_0$, $\boldsymbol{X}_0$ und $\boldsymbol{V}_0$ in (12). Man kann daher anstelle von (12) etwa schreiben, wenn man $\boldsymbol{B}_{00} = \boldsymbol{I}$ setzt:

$$(\boldsymbol{\Xi}_1, \boldsymbol{\Xi}_2) \begin{pmatrix} \boldsymbol{I} \\ \boldsymbol{B}_1 \end{pmatrix} = \boldsymbol{O}$$

$$(\boldsymbol{X}_1, \boldsymbol{X}_2) = (\boldsymbol{\Xi}_1, \boldsymbol{\Xi}_2) + (\boldsymbol{V}_1, \boldsymbol{V}_2).$$

Wenn man die Umbenennungen $\boldsymbol{H} := \boldsymbol{\Xi}_1$, $\boldsymbol{\Xi} := \boldsymbol{\Xi}_2$, $\boldsymbol{Y} := \boldsymbol{X}_1$, $\boldsymbol{X} := \boldsymbol{X}_2$, $\boldsymbol{W} := \boldsymbol{V}_1$, $\boldsymbol{V} := \boldsymbol{V}_2$ und $\boldsymbol{B} := -\boldsymbol{B}_1$ vornimmt, hat man gerade (8) mit $\boldsymbol{E} = \boldsymbol{O}$.

b. Sei $\bar{B}_0 = (\bar{B}'_{00}, \bar{B}'_1)'$ irgendeine zu B_0 äquivalente Matrix, d.h. es gelte

$$\begin{pmatrix} \bar{B}_{00} \\ \bar{B}_1 \end{pmatrix} = \begin{pmatrix} B_{00} \\ B_1 \end{pmatrix} A = \begin{pmatrix} B_{00} & A \\ B_1 & A \end{pmatrix}$$

mit beliebiger regulärer Matrix A. Ist B_{00} regulär, so kann insbesondere $A := B_{00}^{-1}$ gewählt werden, also $\bar{B}_{00} = I$.

L 1.5/2

Sei B der lineare Raum aller N-dimensionalen Lösungsvektoren b des homogenen Gleichungssystems $\Xi_0\, b = o$.
Sei $K :=$ rg Ξ_0 und $D :=$ dim B. Dann gilt $K = N - D$.

Sämtliche Lösungsmatrizen B_0 von (12a) mit rg $B_0 = M$ werden dadurch gebildet, daß man M beliebige linear unabhängige $b_i \in B$ als Spalten von B_0 verwendet, d.h. $B_0 = (b_1, \ldots, b_M)$. Damit überhaupt eine Lösung B_0 mit rg $B_0 = M$ existiert, muß $D \geq M$ sein. B_0 ist in diesem Falle bis auf reguläre Transformationen von rechts genau dann eindeutig bestimmt, wenn $D = M$ ist, d.h. wenn $K = N - M$.

L 1.5/3

a. Es mögen die Annahmen (MF3) und (MF4) gelten. Aus (MF3) folgt die stochastische Unabhängigkeit von (V, W, E, F_1) und (Ξ_1, Ξ_2, Z_2). Da wegen (22e) $F_2 = \Xi_1 - Z_2\Pi$ ist, gilt daher auch stochastische Unabhängigkeit zwischen (V, W, E, F_1) und (F_2, Ξ_2, Z_2). Der zweite Teil von (MF3) impliziert die stochastische Unabhängigkeit von (V, W, E, F_1), F_2 und (Ξ_2, Z_2). Mit (MF4) folgt schließlich, daß (V, W), E, F_1, F_2 und (Ξ_2, Z_2) stochastisch unabhängig sind.

   Seien jetzt (V, W) E, F_1, F_2 und (Ξ_2, Z_2) als stochastisch unabhängig angenommen. Dann folgen sofort (MF4) und der zweite Teil von (MF3). Der erste Teil von (MF3) kann wie folgt hergeleitet werden: Zunächst ist (V, W, E, F_1) von (Ξ_2, Z_2, F_2) stochastisch unabhängig. Wegen (22c) ist dann aber auch (V, W, E, F_1) von Ξ_2, Ξ_1, $Z_2)$ und damit von (Ξ, Z_2) stochastisch unabhängig.

b. Nach (MF3, 4) ist (E, V, W) von (F_1, Ξ, Z_2) stochastisch unabhängig. Wegen (22d) ist dann auch (E, V, W) von (Z_1, Z_2) stochastisch unabhängig.

L 1.5/4

Wir lassen zur Vereinfachung den Index t fort.

a. Sei $\xi' = (\xi'_1, \xi'_2)$. Die Vektoren x und v und ebenso die Matrizen B und D seien analog zu ξ zerlegt, so daß $B'\,\xi = B'_1\,\xi_1 + B'_2\,\xi_2$ und $D'\,\xi = D'_1\,\xi_1 + D'_2\,\xi_2$ gilt.

Dann kann das System (21) wie folgt dargestellt werden:

$$\begin{pmatrix} \boldsymbol{\Gamma}' & \boldsymbol{O} & -\boldsymbol{B}_1' \\ \boldsymbol{O} & \boldsymbol{I} & -\boldsymbol{D}_1' \\ \boldsymbol{O} & \boldsymbol{O} & \boldsymbol{I} \end{pmatrix} \begin{pmatrix} \boldsymbol{\eta} \\ \boldsymbol{z}_1 \\ \boldsymbol{\xi}_1 \end{pmatrix} = \begin{pmatrix} \boldsymbol{B}_2' & \boldsymbol{O} \\ \boldsymbol{D}_2' & \boldsymbol{O} \\ \boldsymbol{O} & \boldsymbol{\Pi}' \end{pmatrix} \begin{pmatrix} \boldsymbol{\xi}_2 \\ \boldsymbol{z}_2 \end{pmatrix} + \begin{pmatrix} \boldsymbol{\varepsilon} \\ \boldsymbol{f}_1 \\ \boldsymbol{f}_2 \end{pmatrix}$$

$$\begin{pmatrix} \boldsymbol{y} \\ \boldsymbol{z}_1 \\ \boldsymbol{x}_1 \end{pmatrix} = \begin{pmatrix} \boldsymbol{\eta} \\ \boldsymbol{z}_1 \\ \boldsymbol{\xi}_1 \end{pmatrix} + \begin{pmatrix} \boldsymbol{w} \\ \boldsymbol{o} \\ \boldsymbol{v}_1 \end{pmatrix}$$

$$\begin{pmatrix} \boldsymbol{x}_2 \\ \boldsymbol{z}_2 \end{pmatrix} = \begin{pmatrix} \boldsymbol{\xi}_2 \\ \boldsymbol{z}_2 \end{pmatrix} + \begin{pmatrix} \boldsymbol{v}_2 \\ \boldsymbol{o} \end{pmatrix}.$$

Das ist offensichtlich ein System der Form (14). Die stochastischen Annahmen des interdependenten FV-Modells (14) sind aufgrund der für das Modell (21) getroffenen Annahmen ebenfalls erfüllt.

b. Mit $\boldsymbol{\zeta} := \boldsymbol{D}'\,\boldsymbol{\xi}$ kann das System (24) wie folgt dargestellt werden:

$$\begin{pmatrix} \boldsymbol{\eta} \\ \boldsymbol{\zeta} \end{pmatrix} = \begin{pmatrix} \boldsymbol{B}' \\ \boldsymbol{D}' \end{pmatrix} \boldsymbol{\xi} + \begin{pmatrix} \boldsymbol{\varepsilon} \\ \boldsymbol{o} \end{pmatrix}$$

$$\begin{pmatrix} \boldsymbol{y} \\ \boldsymbol{z} \end{pmatrix} = \begin{pmatrix} \boldsymbol{\eta} \\ \boldsymbol{\zeta} \end{pmatrix} + \begin{pmatrix} \boldsymbol{w} \\ \boldsymbol{f} \end{pmatrix}$$

$$\boldsymbol{x} = \boldsymbol{\xi} + \boldsymbol{v}.$$

Das ist offensichtlich ein multivariates FV-Modell (5).

L 1.5/5

Die *multivariaten* Fassungen von FVE-Modell und FVI-Modell sind dadurch gekennzeichnet, daß M Strukturgleichungen angenommen werden ($M \geq 1$), die in (23a) resp. (24a) zusammengefaßt sind. Im *univariaten* (aber multiplen) FVE- und FVI-Modell ist $M = 1$. Aus der in (1.5/2) eingeführten $(K \times M)$-Matrix $\boldsymbol{B}$ wird dann ein K-Vektor $\boldsymbol{\beta}$ und die M-Vektoren $\boldsymbol{\eta}$, $\boldsymbol{y}$, $\boldsymbol{w}$ und $\boldsymbol{\varepsilon}$ nach (1.5/3, 4) gehen in skalare Variablen über. Man erhält so bei Unterdrückung des Beobachtungsindexes t:

FVE-Modell (*univariates, multiples*)	FVI-Modell (*univariates, multiples*)
$\eta = \boldsymbol{\beta}' \boldsymbol{\xi} + \varepsilon$	$\eta = \boldsymbol{\beta}' \boldsymbol{\xi} + \varepsilon$
$y = \eta + w$	$y = \eta + w$
$\boldsymbol{x} = \boldsymbol{\xi} + \boldsymbol{v}$	$\boldsymbol{x} = \boldsymbol{\xi} + \boldsymbol{v}$
$\boldsymbol{\xi} = \boldsymbol{\Pi}' \boldsymbol{z} + \boldsymbol{f}$	$\boldsymbol{q} = \boldsymbol{D}' \boldsymbol{\xi} + \boldsymbol{f}$

Anmerkung: Das univariate einfache FVE-Modell resp. FVI-Modell wurde in 1.4.3a vorgestellt. Dort ist $\boldsymbol{\xi} = (1, \xi)'$, d.h. es tritt in der Strukturgleichung neben einer Scheinvariablen $\xi_1 \equiv 1$ nur eine echte exogene Variable $\xi_2 =: \xi$ auf.

L 1.5/6

Die $(M \times N)$-Matrix $\boldsymbol{P}_C := \boldsymbol{C}(\boldsymbol{C}' \boldsymbol{C})^{-1} \boldsymbol{C}'$ ist eine Projektionsmatrix. Gleiches gilt für für $(N \times N)$-Matrix $\boldsymbol{P}_B := \boldsymbol{B}_0 (\boldsymbol{B}_0' \boldsymbol{B}_0)^{-1} \boldsymbol{B}_0'$. Wegen (32) ist $\boldsymbol{P}_C \boldsymbol{P}_B = \boldsymbol{P}_B \boldsymbol{P}_C = \boldsymbol{O}$. Ferner ist rg $\boldsymbol{P}_C$ = rg $\boldsymbol{C} = K$ und rg $\boldsymbol{P}_B$ = rg $\boldsymbol{B}_0 = M$. Es ist daher rg $(\boldsymbol{P}_B + \boldsymbol{P}_C) = K + M = N$. Aus $(\boldsymbol{P}_B + \boldsymbol{P}_C)^2 = \boldsymbol{P}_B + \boldsymbol{P}_C$ ergibt sich, daß $\boldsymbol{P}_B + \boldsymbol{P}_C = \boldsymbol{I}$. Nun ist nach (33) $\boldsymbol{C} \boldsymbol{\psi} = \boldsymbol{P}_C \boldsymbol{\xi}_0 = (\boldsymbol{I} - \boldsymbol{P}_B) \boldsymbol{\xi}_0$. Zusammen mit der aus (31a) ableitbaren Beziehung $\boldsymbol{P}_B \boldsymbol{\xi}_0 = \boldsymbol{o}$ folgt schließlich $\boldsymbol{C} \boldsymbol{\psi} = \boldsymbol{\xi}_0$.

L 1.5/7

$$\xi = \xi_1 + \xi_2 = (1 + p)\, \xi_1 - v = x - v, \qquad v := -\varepsilon.$$

Mit $x := (1 + p)\xi_1$ gilt also $x = \xi + v$. Dabei ist v von ξ_1 und damit auch von x stochastisch unabhängig. Folglich liegt Berksons Fall vor.

L 1.5/8

Bei festem x_t gelten mit $\xi_t = x_t - v_t$ die Beziehungen $\sigma_{\xi v} = -\sigma_v^2$ und $\sigma_\xi = \sigma_v$. Daher ist $\varrho_{\xi v} = \sigma_{\xi v}/(\sigma_\xi \sigma_v) = -1$.

L 2.1/1

Die gemeinsame Verteilung von x und y ist durch die Angabe aller möglichen Wertepaare und der zu jedem Wertepaar gehörigen Wahrscheinlichkeit festgelegt. Es können genau die folgenden $2^3 = 8$ Wertepaare (x, y) auftreten:

$$(\xi_1 + v', \alpha + \beta\, \xi_1 + w'), (\xi_2 + v', \alpha + \beta\, \xi_2 + w')$$

$$(\xi_1 + v', \alpha + \beta\, \xi_1 - w'), (\xi_2 + v', \alpha + \beta\, \xi_2 - w')$$

$(\xi_1 - v', \alpha + \beta \xi_1 + w'), (\xi_2 - v', \alpha + \beta \xi_2 + w')$

$(\xi_1 - v', \alpha + \beta \xi_1 - w'), (\xi_2 - v', \alpha + \beta \xi_2 - w')$.

Jedes dieser Paare wird mit der Wahrscheinlichkeit $0{,}5^3 = 0{,}125$ realisiert, weil ξ, v und w gemäß (F3) stochastisch unabhängig sind.

Anmerkung: Die angegebenen 8 Wertepaare sind in Abb. 1.3/5 veranschaulicht.

L 2.1/2

Nur S_3 und S_6 sind identifizierbar (vgl. Abb. 2.1/1).

L 2.1/3

Jeder Wahrscheinlichkeitsverteilung P_k ist hier eindeutig ein Parameterwert α_j zugeordnet:

beobachtete Wahrscheinlichkeitsverteilung P_k	P_1	P_2	P_3	P_4
durch P_k eindeutig bestimmter Wert von α	α_1	α_2	α_3	α_1

Der Parameter α ist daher identifizierbar.

L 2.1/4

Bei Beobachtung von P_1 können die Strukturen S_1 oder S_3 mit den Parameterwerten α_1 bzw. α_2 vorliegen. Ein eindeutiger Rückschluß von P_1 auf einen bestimmten Parameterwert ist also nicht möglich:

beobachtete Wahrscheinlichkeitsverteilung P_k	P_1	P_2	P_3	P_4
durch P_k eindeutig bestimmter Wert von α	–	α_2	α_3	α_3

Der Parameter α ist demnach nicht identifizierbar.

Anmerkung: Obwohl die Verteilungen P_2 — P_4 jeweils eindeutig einen Parameterwert von α bestimmen, ist α nicht identifizierbar, denn es gibt ja eine Verteilung (P_1), der kein Parameterwert von α eindeutig zugeordnet ist.

L 2.1/5

α ist nicht M_2-identifizierbar, denn S_1 und S_2 haben verschiedene Parameterwerte α_1 und α_2, erzeugen aber Verteilungen P_1 und P_2 mit gleichen Momenten erster und zweiter Ordnung.

β ist M_2-identifizierbar, denn S_1 und S_2 stimmen im Wert von β überein ($\beta = \beta_1$). S_3 hat zwar einen anderen β-Wert (nämlich β_2), die von S_3 induzierte Verteilung P_3 besitzt aber auch andere Momente zweiter Ordnung (z.B. σ'_x statt σ_x).

L 2.2/1

Da die für das FV-Modell i.e.S. typische Annahme (F5) nur für die Ableitung von (2e) benötigt wird, ändert sich nur (2e). In (2e) ist noch der Summand σ_{vw} aufzunehmen:

$$\begin{aligned}\sigma_{xy} &= E\,[(x - \mu_x)\,(y - \mu_y)] \\ &= E\,[\{(\xi - \mu_\xi) + v\}\,\{\beta\,(\xi - \mu_\xi) + w\}] = \beta\,\sigma_\xi^2 + \sigma_{vw}.\end{aligned}$$

Das Momentengleichungssystem für das einfache FV-Modell *i.w.S.* (Strukturvariante) lautet also komplett:

$$\begin{aligned}\mu_x &= \mu_\xi \\ \mu_y &= \alpha + \beta\,\mu_\xi \\ \sigma_x^2 &= \sigma_\xi^2 + \sigma_v^2 \\ \sigma_y^2 &= \beta^2\,\sigma_\xi^2 + \sigma_w^2 \\ \sigma_{xy} &= \beta\,\sigma_\xi^2 + \sigma_{vw}.\end{aligned}$$

L 2.2/2

a. Es ändert sich lediglich (2d). Es ist dort σ_w^2 durch $\sigma_{\tilde{w}}^2 = \sigma_w^2 + \sigma_\varepsilon^2$ zu ersetzen:

$$\sigma_y^2 = E\,[(y - \mu_y)^2] = E\,[\{\beta\,(\xi - \mu_\xi) + \tilde{w}\}^2] = \beta^2\,\sigma_\xi^2 + \sigma_{\tilde{w}}^2\,.$$

b. Eine M_2-Identifizierbarkeit der Parameter des FV-Modells i.e.S. mit $\varepsilon \not\equiv 0$ in der Form (2.1/1) ist bei Fehlen von Zusatzinformation nicht möglich. Es sind hier ja sogar sieben Parameter (nämlich α, β, μ_ξ, σ_ξ^2, σ_v^2, σ_w^2, σ_ε^2) aus nur fünf Gleichungen zu bestimmen. (Die Situation entspricht insofern derjenigen im FV-Modell i.w.S. mit $\varepsilon \equiv 0$.)

L 2.2/3

a. $\alpha = \mu_y - \beta\,\mu_x, \qquad \sigma_\xi^2 = \dfrac{\sigma_{xy}}{\beta}$

$$\sigma_v^2 = \sigma_x^2 - \frac{\sigma_{xy}}{\beta}, \qquad \sigma_w^2 = \sigma_y^2 - \beta\,\sigma_{xy}$$

b. $\beta = \dfrac{\mu_y}{\mu_x}, \qquad \sigma_\xi^2 = \sigma_{xy} \cdot \dfrac{\mu_x}{\mu_y}$

$$\sigma_v^2 = \sigma_x^2 - \sigma_{xy} \cdot \frac{\mu_x}{\mu_y}, \qquad \sigma_w^2 = \sigma_y^2 - \sigma_{xy} \cdot \frac{\mu_y}{\mu_x}.$$

L 2.2/4

Aus der dritten und fünften Gleichung des Systems aus L 2.2/1 folgt

$$\sigma_{xy} - \frac{\sigma_{vw}}{\sigma_v^2}\,\sigma_x^2 = \beta\,\sigma_\xi^2 + \sigma_{vw} - \left(\frac{\sigma_{vw}}{\sigma_v^2}\,\sigma_\xi^2 + \sigma_{vw}\right) = \left(\beta - \frac{\sigma_{vw}}{\sigma_v^2}\right)\sigma_\xi^2$$

und hieraus mit $\varkappa := \sigma_{vw}/\sigma_v^2$

$\operatorname{sgn}(\beta - \varkappa) = \operatorname{sgn}(\sigma_{xy} - \varkappa\,\sigma_x^2).$

L 2.2/5

a. Im Falle $\sigma_{xy} = 0$ kann das System (2) bei beliebig vorgegebenem β erfüllt werden. (Man braucht nur $\sigma_\xi^2 = 0$ zu setzen und die übrigen Parameter dem System anzupassen.)

Für β lassen sich also aus (2) im Falle $\sigma_{xy} = 0$ keine Restriktionen ableiten, was man auch mit der Ungleichungskette $0 \leq |\beta| < \infty$ ausdrücken kann. Letztere ist insofern interessant, als sie identisch ist mit der Ungleichungskette, die man aus (4) erhielte, wenn man dort $\sigma_{xy} \to 0$ streben ließe. (4) liefert also formal auch dann noch eine wahre Aussage, wenn man $\sigma_{xy} \to 0$ streben läßt.

Ist $\sigma_x^2 = 0$, dann ist auch $\sigma_{xy} = 0$ und β kann demzufolge wieder jeden beliebigen Wert annehmen.

b. Die Ungleichungskette (4) ist wegen (3) äquivalent mit

$$\frac{\sigma_{xy}}{\sigma_x^2} \leq \beta \leq \frac{\sigma_y^2}{\sigma_{xy}} \qquad \text{falls } \sigma_{xy} > 0,$$

$$\frac{\sigma_y^2}{\sigma_{xy}} \leq \beta \leq \frac{\sigma_{xy}}{\sigma_x^2} \qquad \text{falls } \sigma_{xy} < 0.$$

L 2.2/6

a. Äquivalent zu (4) ist die Darstellung

$$|\varrho_{xy}| \frac{\sigma_y}{\sigma_x} \leq |\beta| \leq \frac{1}{|\varrho_{xy}|} \cdot \frac{\sigma_y}{\sigma_x}.$$

b. Die beiden Schranken im Lösungsteil *a* und damit auch in (4) stimmen offenbar genau dann überein, wenn $|\varrho_{xy}| = 1$. Aus (4) wird dann somit bei Beachtung der Vorzeichenbedingung (3)

$$\beta = \frac{\sigma_{xy}}{\sigma_x^2} = \frac{\sigma_y^2}{\sigma_{xy}}.$$

c. Setzt man die im Falle $|\varrho_{xy}| = 1$ gültige Gleichung für β in (2e) ein, so folgt

$$\sigma_x^2 = \sigma_\xi^2$$

und damit wegen (2c) $\sigma_v^2 = 0$.

Entsprechend beweist man, daß im Falle $|\varrho_{xy}| = 1$ auch $\sigma_w^2 = 0$ ist. Aus der Darstellung für β in Lösungsteil a folgt zunächst $\beta^2 = \sigma_y^2/\sigma_x^2$. Setzt man dies in (2d) ein, so ergibt sich zusammen mit $\sigma_x^2 = \sigma_\xi^2$ die Gleichung

$$\sigma_w^2 = \sigma_y^2 - \beta^2 \sigma_x^2 = \sigma_y^2 - \sigma_y^2 = 0.$$

Anmerkung: Das FV-Modell degeneriert demnach im Falle $|\varrho_{xy}| = 1$ zum klassischen Regressionsmodell ohne Meßfehler. Man kann diese Aussage auch unmittelbar aus den erst in 2.2.2b abgeleiteten Abschätzungen (5) und (6) gewinnen.

L 2.2/7

Für die Fehlervarianz σ_v^2 folgt aus (2c, e)

$$\sigma_v^2 = \sigma_x^2 - \frac{\sigma_{xy}}{\beta},$$

wofür man wegen (3) auch schreiben kann

$$\sigma_v^2 = \sigma_x^2 - \frac{|\sigma_{xy}|}{|\beta|}.$$

Mit dem rechten Teil der Ungleichungskette (4) wird daraus

$$\sigma_v^2 \leq \sigma_x^2 - \frac{\sigma_{xy}^2}{\sigma_y^2} = \sigma_x^2 (1 - \varrho_{xy}^2).$$

L 2.2/8

Aus (2c) und (6) folgt

$$\sigma_\xi^2 = \sigma_x^2 - \sigma_v^2 \geq \sigma_x^2 - \sigma_x^2 (1 - \varrho_{xy}^2) = \sigma_x^2 \varrho_{xy}^2 .$$

Aus (2c) erhält man

$$\sigma_\xi^2 = \sigma_x^2 - \sigma_v^2 \leq \sigma_x^2 .$$

L 2.3/1

a. $\sigma_\xi^2 = \sigma_x^2 - \sigma_v^2$.

b. $\sigma_w^2 = \sigma_y^2 - \beta^2 \dfrac{\sigma_{xy}}{\beta} = \sigma_y^2 - \dfrac{\sigma_{xy}^2}{\sigma_x^2 - \sigma_v^2}$.

c. $\alpha = \mu_y - \beta \mu_x = \mu_y - \dfrac{\sigma_{xy}}{\sigma_x^2 - \sigma_v^2} \mu_x .$

L 2.3/2

a. Durch Ausklammern von σ_y^2 folgt aus (2)

$$\beta = \frac{\sigma_y^2}{\sigma_{xy}} \cdot \left(1 - \frac{\sigma_w^2}{\sigma_y^2}\right).$$

b. Aus (2.2/2c, e) erhält man

$$\beta = \frac{\sigma_{xy}}{\sigma_\xi^2} = \frac{\sigma_{xy}}{\sigma_x^2} \cdot \frac{(\sigma_\xi^2 + \sigma_v^2)}{\sigma_\xi^2} = \frac{\sigma_{xy}}{\sigma_x^2} \left(1 + \frac{\sigma_v^2}{\sigma_\xi^2}\right).$$

c. Aus (1) ergibt sich nach Ausklammern von σ_x^2 im Nenner:

$$\beta = \frac{\sigma_{xy}}{\sigma_x^2 (1 - \sigma_v^2 / \sigma_x^2)} .$$

L 2.3/3

a. Die angegebene Identifikationsformel folgt aus den Gleichungen $\sigma_x^2 = \sigma_\xi^2 + \sigma_v^2$ und $\sigma_{xy} = \beta \sigma_\xi^2 + \sigma_{vw}$ des Systems aus L 2.2/1 nach Eliminierung von σ_ξ^2.

b. Wenn man von (2.1/1) mit $\varepsilon \not\equiv 0$ ausgeht, ändert sich bei dem in L 2.2/1 angegebenen Momentengleichungssystem nur die vorletzte Gleichung; es ist dort σ_w^2 durch $\sigma_{\bar{w}}^2$ zu ersetzen (vgl. L 2.2/2). Da σ_w^2 aber in die Identifikationsformel $\beta = (\sigma_{xy} - \sigma_{vw})/(\sigma_x^2 - \sigma_v^2)$ gar nicht eingeht, ändert sich die Formel nicht.

L 2.3/4

Aus den letzten drei Gleichungen des in L 2.2/1 angegebenen Systems erhält man nach Einsetzen von $\sigma_w^2 = \lambda\, \sigma_v^2$ und $\sigma_{vw} = \varkappa\, \sigma_v^2$ sowie anschließender Elimination von σ_ξ^2 und σ_v^2 die Gleichung

$$\frac{\sigma_{xy} - \beta\, \sigma_x^2}{\varkappa - \beta} = \frac{\sigma_y^2 - \beta\, \sigma_{xy}}{\lambda - \beta\, \varkappa}$$

und daraus für β die quadratische Gleichung $\beta^2\, A - \beta\, C = B$ mit den Lösungen

$$(*) \quad \beta = \frac{1}{2\, A}\left(C \pm \sqrt{4\, A\, B + C^2}\right).$$

Von den beiden Lösungen (*) kommt zunächst nur diejenige in Betracht, die der in L 2.2/4 angegebenen Bedingung sgn $(\beta - \varkappa) =$ sgn A genügt. Diese Bedingung ist offenbar äquivalent mit der Ungleichung $(\beta - \varkappa)\, A \geq 0$, aus welcher man nach Einsetzen von (*) die Restriktion

$$C - 2\, A\, \varkappa \pm \sqrt{4\, A\, B + C^2} \geq 0$$

erhält. Es gilt aber immer

$$(**) \qquad \sqrt{4\, A\, B + C^2} \geq |C - 2\, A\, \varkappa|,$$

so daß die vorletzte Ungleichung nur dann erfüllt ist, wenn in (*) das positive Vorzeichen gilt.

Um die Gültigkeit der Ungleichung (**) zu beweisen, quadrieren wir sie und erhalten nach einigen Umformungen

$$A^2\, \varkappa^2 - A\, C\, \varkappa - A\, B \leq 0.$$

Wegen $\varkappa\, C = \lambda\, A - B$ wird daraus $A^2\, (\varkappa^2 - \lambda) \leq 0$ oder $\varkappa^2 \leq \lambda$ bzw.

$$\frac{\sigma_{vw}^2}{\sigma_v^2\, \sigma_w^2} \leq 1\, .$$

Diese mit (**) äquivalente Ungleichung ist offensichtlich immer erfüllt.

L 2.3/5

a. Wir setzen abkürzend $a := \sigma_y^2 - \lambda\, \sigma_x^2$. Erweitert man den Term (sgn σ_{xy}) $\sqrt{\lambda + (a/2\, \sigma_{xy})^2}$ mit $2\,|\sigma_{xy}|$, so folgt wegen (sgn $\sigma_{xy})/|\sigma_{xy}| = 1/\sigma_{xy}$ aus (4)

$$\beta = \frac{a}{2\, \sigma_{xy}} + \frac{\operatorname{sgn} \sigma_{xy}}{2\,|\sigma_{xy}|} \sqrt{4\, \lambda^2\, \sigma_{xy}^2 + a^2} = \frac{1}{2\, \sigma_{xy}}\left(a + \sqrt{4\, \lambda\, \sigma_{xy}^2 + a^2}\right).$$

b. *Im* Falle $\sigma_{xy} = 0$ reduziert sich (3) zu $\beta(\lambda\,\sigma_x^2 - \sigma_y^2) = 0$. Da der Term in der Klammer wegen $\lambda \neq \sigma_y^2/\sigma_x^2$ von Null verschieden ist, kann diese Gleichung nur für $\beta = 0$ erfüllt sein.

Die Parameter α, σ_v^2 und σ_ξ^2 bestimmt man dann aus (2.2/2) durch Einsetzen von $\beta = 0$:

$$\alpha = \mu_y, \qquad \sigma_v^2 = \sigma_y^2/\lambda, \qquad \sigma_\xi^2 = \sigma_x^2 - \sigma_y^2/\lambda.$$

L 2.3/6

a. Die Varianz $V(x_i^{(t)})$ der Variablen $x_i^{(t)} = \xi_i + v_i^{(t)}$ ist für alle $i\,(i = 1, \ldots, N)$ gleich, weil alle Modellvariablen bzgl. i unabhängig identisch verteilt sind. Ihr Wert ist auch vom Zeitpunkt t unabhängig, weil $V(v_i^{(t)}) = \sigma_v^2$. Man erhält daher mit (7) und $V(x_i^{(t)}) =: \sigma_x^2$

$$\varrho^{(1,2)} := \frac{C(x_i^{(1)}, x_i^{(2)})}{\sqrt{V(x_i^{(1)})}\sqrt{V(x_i^{(2)})}} = \frac{\sigma_\xi^2}{\sigma_x^2}.$$

b. $\beta = \dfrac{\sigma_{xy}}{\sigma_\xi^2} = \dfrac{\sigma_{xy}}{\sigma_x^2} \cdot \dfrac{\sigma_x^2}{\sigma_\xi^2} = \dfrac{b}{\varrho^{(1,2)}}; \qquad b := \dfrac{\sigma_{xy}}{\sigma_x^2}$

c. $\hat{\beta} = \dfrac{0{,}75}{0{,}83} \approx 0{,}9.$

L 2.3/7

$$\beta = \frac{\varrho_{yz}}{\varrho_{xz}} \cdot \frac{\sigma_y}{\sigma_x}.$$

L 2.3/8

Man erhält die gesuchten Identifikationsformeln, wenn man in L 2.2/3 jeweils β durch σ_{yz}/σ_{xz} ersetzt. Für α folgt so z.B.

$$\alpha = \mu_y - \frac{\sigma_{yz}}{\sigma_{xz}} \cdot \mu_x.$$

L 2.3/9

Die Identifikationsformel (8) für β bleibt unverändert. Für α erhält man aus (8) und dem in L 2.2/1 angegebenen Momentengleichungssystem ebenfalls unverändert die Bestimmungsgleichung aus L 2.3/8.

Dagegen sind σ_{vw}, σ^2_v, σ^2_w und σ^2_ξ nicht $(M_2\text{-})$identifizierbar, weil (8) und das System aus L 2.2/1 zusammen nicht ausreichen, um diese Parameter zu bestimmen.

L 2.3/10

Ersetzt man in (2.2/4) β durch den in L 2.3/7 angegebenen Term und multipliziert die Ungleichungskette noch mit σ_x/σ_y, so folgt

$$|\varrho_{xy}| \le \left|\frac{\varrho_{yz}}{\varrho_{xz}}\right| \le \frac{1}{|\varrho_{xy}|}.$$

L 2.3/11

Gemäß (2.2/3) und (8) ist $\operatorname{sgn}(\sigma_{yz}/\sigma_{xz}) = \operatorname{sgn}\sigma_{xy}$. Mit $\sigma_{xz} > 0$ und $\sigma_{xy} > 0$ muß also auch $\sigma_{yz} > 0$ gelten.

L 2.3/12

a. Wegen $u = w - \beta v$ und $x = \xi + v$ sowie (F2) — (F5) gilt mit $x' = x - \mu_x$ und $\xi' = \xi - \mu_\xi$:

$$\begin{aligned}\mu_{21}(x, u) &= \mu_{21}(x, w) - \beta\,\mu_{21}(x, v)\\ &= E(x'^2 w) - \beta E(x'^2 v)\\ &= (\sigma^2_\xi + \sigma^2_v)\,E(w) - \beta E[(\xi' + v)^2 v]\\ &= -\beta[\sigma^2_\xi \underbrace{E(v)}_{0} + 2\underbrace{E(\xi')}_{0}\sigma^2_v + \underbrace{E(v^3)}_{0}] = 0\,.\end{aligned}$$

Dabei ist $E(v^3) = 0$, weil v annahmegemäß normalverteilt ist.

b. Gemäß (2.2/2a) ist $\mu_x = \mu_\xi$ und daher $x'^3 = \xi'^3 + 3\,\xi'^2 v + 3\,\xi' v^2 + v^3$. Nach Bildung des Erwartungswertes auf beiden Seiten erhält man bei Beachtung der Modellannahmen (F2) und (F3) $\mu_3(x) = \mu_3(\xi) + E(v^3)$. Im Falle $E(v^3) = 0$ — speziell also bei normalverteiltem v — gilt demnach $\mu_3(x) = \mu_3(\xi)$.

L 2.3/13

Wir beweisen nur (11a). Es ist

$$\mu_{12}(x, y) = E(x'\,y'^2) = E[(\xi' + v)(\eta' + w)^2]$$

$$= E(\xi'\,\eta'^2) + 2\,E(\xi'\,\eta')\,E(w) + E(\xi')\,E(w^2) + E(v)\,E[(\eta' + w)^2]$$

$$= E(\xi'\,\eta'^2) = \mu_{12}(\xi, \eta).$$

Der Beweis von (11b) verläuft analog.

L 2.5/1

Es ist nur die Gleichung (4e) zu ersetzen durch $\boldsymbol{\sigma}_{xy} = \boldsymbol{\Sigma}_{\xi\xi} \boldsymbol{\beta} + \boldsymbol{\sigma}$ mit $\boldsymbol{\sigma}$ aus (1.2/10).

L 2.5/2

Mit $\eta = \boldsymbol{\beta}' \boldsymbol{\xi}$ gilt $\sigma^2_\eta = \boldsymbol{\beta}' \boldsymbol{\Sigma}_{\xi\xi} \boldsymbol{\beta}$ sowie $\boldsymbol{\sigma}_{\xi\eta} = \boldsymbol{\Sigma}_{\xi\xi} \boldsymbol{\beta}$ und folglich

$$\boldsymbol{\Sigma}_{\xi_0\xi_0} = \begin{pmatrix} \sigma^2_\eta & \boldsymbol{\sigma}'_{\xi\eta} \\ \boldsymbol{\sigma}_{\xi\eta} & \boldsymbol{\Sigma}_{\xi\xi} \end{pmatrix} = \begin{pmatrix} \boldsymbol{\beta}' \boldsymbol{\Sigma}_{\xi\xi} \boldsymbol{\beta} & \boldsymbol{\beta}' \boldsymbol{\Sigma}_{\xi\xi} \\ \boldsymbol{\Sigma}_{\xi\xi} \boldsymbol{\beta} & \boldsymbol{\Sigma}_{\xi\xi} \end{pmatrix}.$$

L 2.5/3

Gemäß (1.1/6) lautet die symmetrische Form des einfachen FV-Modells, wenn die Modellvariablen in Abweichungen vom Mittelwert gemessen werden ($\alpha = 0$):

$$\beta_0 \xi_0 + \beta_1 \xi_1 = 0$$

$$x_i = \xi_i + v_i, \qquad i = 0, 1.$$

Setzen wir $\beta_0 = 1, \beta_1 = -\beta$ und $\boldsymbol{\beta}_0 := (1, -\beta)'$. Die beiden Elementarregressionen sind dann die Regression von x_0 auf x_1, d.h. von y auf x, und die Umkehrregression von x auf y. Die zugehörigen Koeffizientenvektoren sind $\boldsymbol{b}_0 = (1, -\sigma_{xy}/\sigma^2_x)$ bzw. $\boldsymbol{b}_1 = (-\sigma_{xy}/\sigma^2_y, 1)$. Nach Normierung erhalten wir die Koeffizientenvektoren der Elementarregressionen:

$$\tilde{\boldsymbol{b}}_0 = (1, -\sigma_{xy}/\sigma^2_x)', \qquad \tilde{\boldsymbol{b}}_1 = (1, -\sigma^2_y/\sigma_{xy})'.$$

Die Koeffizientenvektoren sind offenbar kompatibel.

Da ein FV-Modell *i.e.S.* vorliegt, ist $\boldsymbol{\sigma} = \boldsymbol{o}$ in (1.2/10) und damit $\boldsymbol{\Sigma}_0$ diagonal.

Es folgt daher nach Satz 2.5/1, daß $\boldsymbol{\beta}_0 = c_0 \tilde{\boldsymbol{b}}_0 + c_1 \tilde{\boldsymbol{b}}_1$ mit $c_i \geq 0$ und $c_0 + c_1 = 1$. Dies heißt aber, daß

$$\beta = c_0 \cdot \sigma_{xy}/\sigma^2_x + c_1 \cdot \sigma^2_y/\sigma_{xy}.$$

Der Koeffizient β liegt also zwischen σ_{xy}/σ^2_x und σ^2_y/σ_{xy}. Das aber ist gerade die Aussage der Doppelungleichung (2.2/4) zusammen mit der Vorzeichenregel (2.2/3) – vgl. auch L 2.2/5b.

L 3.1/1

Mit (FV) und (F2) gilt $E(\overline{\xi v}) = 0$ und daher

$$V(\overline{\xi v}) = E[(\overline{\xi v})^2] = \frac{1}{T^2} E\left[\sum_t \sum_{t'} (\xi_t v_{t'})(\xi_{t'} v_{t'})\right].$$

Da ferner $E(v_t v_{t'}) = 0$ für $t \neq t'$ (siehe Annahme (F1)), erhält man weiter

$$V(\overline{\xi v}) = \frac{1}{T^2} \Sigma \xi_t^2 E(v_t^2) = \frac{1}{T} \sigma_v^2 \overline{\xi^2} = \frac{1}{T} \sigma_v^2 (s_\xi^2 + \bar{\xi}^2).$$

Zur Ableitung von (11a) benötigt man also neben (FV) noch (F1, 2).

L 3.1/2

$S_{xu} = \sigma_{vw} - \beta \sigma_v^2$ (vgl. auch L 1.3/8a).

L 3.1/3

Wir betrachten jeweils nur die erste Spalte der Matrizen in (36c). Aus (32) und den Darstellungen

$$M_{\xi\xi} = \text{plim} \frac{1}{T} \Xi' \Xi = (\text{plim } \overline{\xi_i \xi_j})_{i,j=1,\dots,K}$$

$$M_{xx} = \text{plim} \frac{1}{T} X' X = (\text{plim } \overline{x_i x_j})_{i,j=1,\dots,K}$$

ersieht man sofort, daß die erste Spalte von $M_{\xi\xi}$ bzw. M_{xx} im Falle $\xi_1 \equiv x_1 \equiv 1$ mit den Vektoren M_ξ resp. M_x übereinstimmt. Da die erste Spalte von Σ im Falle $\xi_1 \equiv x_1 \equiv 1$ der Nullvektor ist, folgt (36a).

Zum Beweis der zweiten Aussage betrachten wir nur die jeweils erste Komponente der Vektoren

$$M_{xy} = \text{plim} \frac{1}{T} X' y = \text{plim } (\overline{x_1 y}, \dots, \overline{x_K y})'$$

$$M_{\xi\xi} \beta = \text{plim} \left(\sum_{i=1}^{K} \beta_i \overline{\xi_1 \xi_i}, \dots, \sum_{i=1}^{K} \beta_i \overline{\xi_K \xi_i}\right)'.$$

Im Falle $\xi_1 \equiv x_1 \equiv 1$ sind diese Komponenten identisch mit M_y resp. $\beta' M_\xi$, d.h. es gilt (36b).

L 3.1/4

a. Für $i, j = 2, \ldots, K$ gilt

$$s_{\xi_i \xi_j} = \overline{\xi_i^* \xi_j^*} = \overline{\xi_i \xi_j} - \overline{\xi}_i \overline{\xi}_j.$$

Mit Hilfe des Vektors $\overline{\boldsymbol{\xi}}_* := (\overline{\xi}_2, \ldots, \overline{\xi}_K)'$ der Matrizen $\boldsymbol{\Xi}^*$ und $\boldsymbol{\Xi}_*$, lassen sich die Gleichungen in

$$\frac{1}{T} \boldsymbol{\Xi}^{*\prime} \boldsymbol{\Xi}^* = \frac{1}{T} \boldsymbol{\Xi}'_* \boldsymbol{\Xi}_* - \overline{\boldsymbol{\xi}}_* \overline{\boldsymbol{\xi}}'_*$$

zusammenfassen. Bildet man auf beiden Seiten den Wahrscheinlichkeitslimes, erhält man

$$\boldsymbol{S}_{\xi\xi} = \boldsymbol{M}^*_{\xi\xi} - \boldsymbol{M}^*_{\xi} \boldsymbol{M}^{*\prime}_{\xi}.$$

b. Die Matrix $\boldsymbol{M}_{\xi\xi}$ läßt sich wie folgt zerlegen:

$$\boldsymbol{M}_{\xi\xi} = \begin{pmatrix} 1 & \boldsymbol{M}^{*\prime}_{\xi} \\ \boldsymbol{M}^*_{\xi} & \boldsymbol{M}^*_{\xi\xi} \end{pmatrix}.$$

Sei $\boldsymbol{a} \neq \boldsymbol{o}$ ein beliebiger $(K-1)$-Vektor und $\boldsymbol{b} := (-\boldsymbol{a}' \boldsymbol{M}^*_{\xi}, \boldsymbol{a}')'$. Dann ist (vgl. Lösungsteil a)

$$\boldsymbol{b}' \boldsymbol{M}_{\xi\xi} \boldsymbol{b} = \boldsymbol{a}' \boldsymbol{M}^*_{\xi\xi} \boldsymbol{a} - \boldsymbol{a}' \boldsymbol{M}^*_{\xi} \boldsymbol{M}^{*\prime}_{\xi} \boldsymbol{a} = \boldsymbol{a}' \boldsymbol{S}_{\xi\xi} \boldsymbol{a} > 0,$$

weil $\boldsymbol{M}_{\xi\xi}$ positiv definit ist. Folglich ist $\boldsymbol{S}_{\xi\xi}$ positiv definit.

c. Wegen (A) und (36c) ist $\boldsymbol{M}_{xx}$ positiv definit und damit regulär. Wegen Teil b und (40c) ist $\boldsymbol{S}_{xx}$ positiv definit und damit ebenfalls regulär.

L 3.1/5

a. $\sum_{j=1}^{K} \sigma_{ij} \beta_j = \sum_{j=1}^{K} \beta_j \operatorname{plim} \overline{x_i x_j} - \operatorname{plim} \overline{x_i y}, \qquad i = 1, \ldots, K.$

b. $\sigma_i^2 \beta_i = \sum_{j=1}^{K} \beta_j \operatorname{plim} \overline{x_i x_j} - \operatorname{plim} \overline{x_i y}.$

Unter der Voraussetzung $\beta_i \neq 0$ kann durch β_i dividiert werden. Man erhält so die Identifikationsgleichung

$$\sigma_i^2 = \frac{1}{\beta_i} \left(\sum_{j=1}^{K} \beta_j \operatorname{plim} \overline{x_i x_j} - \operatorname{plim} \overline{x_i y} \right).$$

c. Aus der Identifikationsbeziehung gewinnt man eine konsistente Schätzung $\hat{\sigma}_i^2$, wenn man die Elemente des Vektors $\boldsymbol{\beta}$ durch ihre konsistenten Schätzungen und die empirischen Grenzmomente durch die entsprechenden endlichen Momente ersetzt:

$$\hat{\sigma}_i^2 := \frac{1}{\hat{\beta}_i}\left(\sum_{j=1}^{K} \hat{\beta}_j \overline{x_i x_j} - \overline{x_i y}\right).$$

L 3.2/1

a. Die Existenz des asymptotischen empirischen Korrelationskoeffizienten $R_{xy} = p\text{lim } r_{xy}$ ist wegen $r_{xy} = s_{xy}/(s_x s_y)$ sicher gewährleistet, wenn die Wahrscheinlichkeitslimites S_{xx}, S_{yy} und S_{xy} von s_x^2, s_y^2 resp. s_{xy} existieren und wenn außerdem S_{xx} und S_{yy} positiv sind.

   Die Existenz der drei Wahrscheinlichkeitslimites ist im FV-Modell bei Gültigkeit der Zusatzannahme (A) gewährleistet. Da $S_{\xi\xi}$ gemäß (A) positiv ist, gilt dies wegen (3.1/17) auch für S_{xx} und S_{yy}.

b. Die nichttriviale rechte Seite von (8) lautet, wenn man auf die Definitionen von e und R_{xy} zurückgreift und die Ergebnisse aus Lösungsteil a berücksichtigt,

$$\frac{\sigma_v^2}{S_{\xi\xi} + \sigma_v^2} \leq 1 - \frac{\beta^2 S_{\xi\xi}^2}{(S_{\xi\xi} + \sigma_v^2)(\beta^2 S_{\xi\xi} + \sigma_w^2)}.$$

   Äquivalent ist die Darstellung

$$(*) \quad \sigma_v^2 \leq (S_{\xi\xi} + \sigma_v^2) - \frac{\beta^2 S_{\xi\xi}^2}{\beta^2 S_{\xi\xi} + \sigma_w^2}.$$

   Die Ungleichung (*) ist für $\sigma_w^2 = 0$ offenbar richtig; es gilt dann das Gleichheitszeichen. Im Falle $\sigma_w^2 \neq 0$ muß (*) dann erst recht gelten, weil die rechte Seite von (*) im Falle $\sigma_w^2 \neq 0$ offenbar größer ist als für $\sigma_w^2 = 0$. Es gilt also $e < 1 - R_{xy}^2$ genau dann, wenn $\sigma_w^2 \neq 0$; für $\sigma_w^2 = 0$ ist $e = 1 - R_{xy}^2$.

L 3.2/2

Anstelle von (3.1/18a) gilt im FV-Modell *i.w.S.*

$$S_{xy} = \beta S_{\xi\xi} + \sigma_{vw}.$$

Man erhält daher anstelle von (6)

$$p\text{lim } \hat{\beta}_{KQ} = \frac{S_{xy}}{S_{xx}} = \frac{\beta(S_{xx} - \sigma_v^2) + \sigma_{vw}}{S_{xx}} = \beta(1 - e) + \frac{\sigma_{vw}}{S_{xx}}.$$

L 3.2/3

Nach (6) ist $e = 0{,}1$ und daher $plim\ \hat{\beta}_{KQ} = 0{,}9\ \beta$. Der Parameter β wird also um 10% seines Wertes unterschätzt (Unterschätzung wegen $\beta > 0$).

L 3.2/4

Für $T = 40$ gelten die Approximationen $\hat{\beta}_{KQ} \approx plim\ \hat{\beta}_{KQ}$, $e \approx \sigma_v^2 / s_x^2$ und daher nach (6) mit $\sigma_v^2 = 4$ und $s_x^2 = 20$

$\hat{\beta}_{KQ} \approx plim\ \hat{\beta}_{KQ} \approx \beta(1 - 0{,}2) = 0{,}8\ \beta.$

Mit $\hat{\beta}_{KQ} = 0{,}42$ ergibt sich $\beta \approx 0{,}525$.

L 3.2/5

a. $plim\ (\hat{\alpha}_{KQ} - \alpha) = -\ M_x\ plim\ (\hat{\beta}_{KQ} - \beta)$.

b. Mit $M_x = 10$ und $plim\ (\hat{\beta}_{KQ} - \beta) = -\ 0{,}2$ folgt

$plim\ (\hat{\alpha}_{KQ} - \alpha) = -\ 10 \cdot (-\ 0{,}2) = 2.$

Diese Situation ist in der nachstehenden Abbildung veranschaulicht.

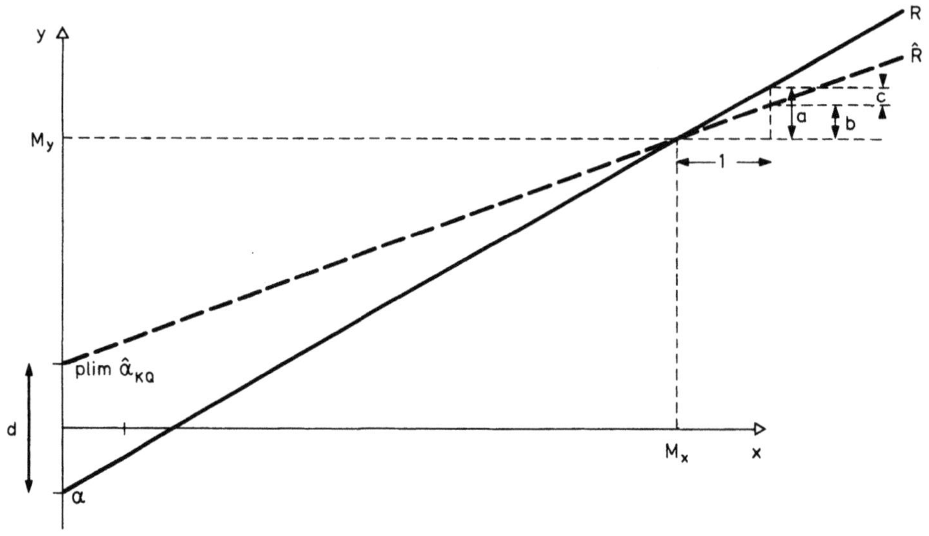

R : wahre Regressionsgerade

$\hat{R}$: asymptotische KQ-Schätzgerade

a: Steigung von $R\ (= \beta)$

b: Steigung von $\hat{R}\ (= plim\ \hat{\beta}_{KQ})$

c: $-\ plim\ (\hat{\beta}_{KQ} - \beta)\ (= 0{,}2)$

d: $plim\ (\hat{\alpha}_{KQ} - \alpha)\ \ (= 2)$

L 3.2/6

Aus Symmetriegründen gilt analog zu (23): $\sigma_v^2 \leq plim\ \hat{\sigma}_{u'}^2 \leq \sigma_{u'}^2$.

L 3.2/7

a. Wir übernehmen aus L 3.2/4 den Wert $\beta \approx 0{,}525$ und verwenden erneut die für $T = 40$ vertretbaren Approximationen $S_{xx} \approx s_x^2$, $e \approx \sigma_v^2 / s_x^2$. Es folgt dann mit $\sigma_v^2 = 4$ und $s_x^2 = 20$

$$plim\ (\hat{\sigma}_u^2 - \sigma_u^2) = -(\beta\, e)^2\, S_{xx} \approx -(0{,}525 \cdot 0{,}2)^2 \cdot 20 \approx -0{,}22.$$

b. Da σ_u^2 approximativ um den Betrag 0,22 unterschätzt wird, gilt mit $\hat{\sigma}_u^2 = 2$

$$\sigma_u^2 \approx plim\ \hat{\sigma}_u^2 + 0{,}22 \approx \hat{\sigma}_u^2 + 0{,}22 = 2{,}22.$$

L 3.2/8

Anstelle von (21) erhält man $plim\ \hat{\sigma}_u^2 = \sigma_u^2$.

L 3.2/9

a. Im Falle $K = 2$ degenerieren die in (31) auftretenden Vektoren und Matrizen zu Skalaren (vgl. (1.1/30) und (1.2/8)):

$$\begin{array}{lll} \boldsymbol{\beta}^* \rightarrow \beta_2 =: \beta & & \boldsymbol{\Sigma}^* \rightarrow \sigma_{22} =: \sigma_v^2 \\ \hat{\boldsymbol{\beta}}^*_{KQ} \rightarrow \hat{\beta}_{2,KQ} =: \hat{\beta}_{KQ} & & \boldsymbol{I} \rightarrow 1 \\ \boldsymbol{S}_{xx} \rightarrow plim\ s_x^2 =: S_{xx} & & (x := x_2) \end{array}$$

Demnach geht (31) im Falle $K = 2$ in (6) über:

$$plim\ \hat{\beta}_{KQ} = \left(1 - \frac{\sigma_v^2}{S_{xx}}\right)\beta = \beta(1 - e).$$

b. Im Falle $K = 2$ gilt mit $x := x_2$ und $\sigma_v^2 := \sigma_{22}$

$$\boldsymbol{M}_{xx} = plim \begin{pmatrix} 1 & \bar{x} \\ \bar{x} & \overline{x^2} \end{pmatrix} = \begin{pmatrix} 1 & M_x \\ M_x & M_{xx} \end{pmatrix}, \quad \boldsymbol{\Sigma} = \begin{pmatrix} 0 & 0 \\ 0 & \sigma_v^2 \end{pmatrix}$$

$$\boldsymbol{M}_{xx}^{-1} = \frac{1}{M_{xx} - M_x^2} \begin{pmatrix} M_{xx} & -M_x \\ -M_x & 1 \end{pmatrix} = \frac{1}{S_{xx}} \begin{pmatrix} M_{xx} & -M_x \\ -M_x & 1 \end{pmatrix}.$$

Wenn man noch $(\alpha, \beta) := (\beta_1, \beta_2)$ setzt, folgt aus (27) mit $e = \sigma_v^2 / S_{xx}$

$$plim \begin{pmatrix} \hat{\alpha}_{KQ} \\ \hat{\beta}_{KQ} \end{pmatrix} = \left[I - \frac{1}{S_{xx}} \begin{pmatrix} 0 & -M_x \sigma_v^2 \\ 0 & \sigma_v^2 \end{pmatrix} \right] \begin{pmatrix} \alpha \\ \beta \end{pmatrix} = \begin{pmatrix} \alpha + \beta M_x e \\ \beta (1 - e) \end{pmatrix}.$$

L 3.2/10

Im multiplen FV-Modell *i.w.S.* ist (3.1/29b) zu ersetzen durch (vgl. (3.1/24))

$$plim \frac{1}{T} \boldsymbol{V}' \boldsymbol{w} = (\sigma_{v_1 w}, \ldots, \sigma_{v_K w})' =: \boldsymbol{\sigma}$$

Man erhält daher anstelle von (3.1/31)

$$plim \frac{1}{T} \boldsymbol{X}' \boldsymbol{u} = \boldsymbol{\sigma} - \boldsymbol{\Sigma} \boldsymbol{\beta}.$$

Somit ergibt sich jetzt statt (27)

$$plim \hat{\boldsymbol{\beta}}_{KQ} = \boldsymbol{\beta} + \boldsymbol{M}_{xx}^{-1} (\boldsymbol{\sigma} - \boldsymbol{\Sigma} \boldsymbol{\beta}) = (\boldsymbol{I} - \boldsymbol{M}_{xx}^{-1} \boldsymbol{\Sigma}) \boldsymbol{\beta} + \boldsymbol{M}_{xx}^{-1} \boldsymbol{\sigma}.$$

L 3.2/11

Zur Abkürzung setzen wir hier $\boldsymbol{M} := \boldsymbol{M}_{\xi\xi}$. Dann ist nach (3.1/33a) $\boldsymbol{M}_{xx} = \boldsymbol{M} + \boldsymbol{\Sigma}$. Dabei ist $\boldsymbol{M}$ positiv definit und $\boldsymbol{\Sigma}$ positiv semidefinit.

$\boldsymbol{A}$ wird wie folgt umgeformt:

$$\begin{aligned} \boldsymbol{A} &= \boldsymbol{\Sigma} [\boldsymbol{I} - (\boldsymbol{M} + \boldsymbol{\Sigma})^{-1} \boldsymbol{\Sigma}] = \boldsymbol{\Sigma} (\boldsymbol{M} + \boldsymbol{\Sigma})^{-1} (\boldsymbol{M} + \boldsymbol{\Sigma} - \boldsymbol{\Sigma}) = \boldsymbol{\Sigma} (\boldsymbol{M} + \boldsymbol{\Sigma})^{-1} \boldsymbol{M} \\ &= \boldsymbol{M} (\boldsymbol{M} + \boldsymbol{\Sigma})^{-1} (\boldsymbol{M} + \boldsymbol{\Sigma}) \boldsymbol{M}^{-1} \boldsymbol{\Sigma} (\boldsymbol{M} + \boldsymbol{\Sigma})^{-1} \boldsymbol{M} \\ &= \boldsymbol{M} (\boldsymbol{M} + \boldsymbol{\Sigma})^{-1} (\boldsymbol{\Sigma} + \boldsymbol{\Sigma} \boldsymbol{M}^{-1} \boldsymbol{\Sigma}) (\boldsymbol{M} + \boldsymbol{\Sigma})^{-1} \boldsymbol{M}. \end{aligned}$$

Aus der letzten Form für $\boldsymbol{A}$ ist ersichtlich, daß $\boldsymbol{A}$ positiv semidefinit ist.

L 3.2/12

a. Asymptotischer Schätzfehler für den Koeffizienten β_2 der fehlerbehafteten exogenen Variablen x_2:

$$plim (\hat{\beta}_{2, KQ} - \beta_2) = -\frac{1}{1 - R^2} e_{22} \beta_2.$$

In dieser Gleichung tritt — im Gegensatz zu (7) — noch ein Verstärkungsfaktor auf.

Asymptotischer Schätzfehler für den Koeffizienten β_3 der fehlerfreien exogenen Variablen x_3:

$$plim\,(\hat{\beta}_{3,\,KQ} - \beta_3) = + \frac{R}{1 - R^2} \cdot \frac{S_2}{S_3} \cdot e_{22}\,\beta_2 .$$

b. Im Falle $\beta_2 > 0$ liefert die KQ-Schätzung für β_2 offenbar asymptotisch einen zu kleinen Wert (negativer asymptotischer Schätzfehler), für β_3 einen zu großen oder zu kleinen Wert (positiver bzw. negativer asymptotischer Schätzfehler), je nachdem, ob $R > 0$ oder $R < 0$ ist.

Im Falle $\beta_2 < 0$ kehren sich die Vorzeichen der asymptotischen Schätzfehler um.

L 3.2/13

a. Die Gleichung (53) folgt wegen (3.1/4) aus

$$X_2^{*\prime}\,X_2^* = X_2'\,P_1\,X_2 = X_2'\,X_2 - X_2'\,X_1\,(X_1'\,X_1)^{-1}\,X_1'\,X_2 .$$

b. Durch Einsetzen von (48b) erhält man mit $X_1 = \Xi_1$

$$\frac{1}{T}\,\Xi_2'\,P_1\,w = \frac{1}{T}\,\Xi_2'\,w - \left(\frac{1}{T}\,\Xi_2'\,\Xi_1\right)\left(\frac{1}{T}\,\Xi_1'\,\Xi_1\right)^{-1}\left(\frac{1}{T}\,\Xi_1'\,w\right).$$

Annahme (A) gewährleistet die Existenz von $plim(1/T)\Xi_i'\Xi_1$, $i = 1;2$. Ferner gilt mit (3.1/30b) insbesondere auch $plim(1/T)\Xi_i' w = o$, $i = 1;2$. Es folgt also $plim\,(1/T)\,\Xi_2'\,P_1\,w = o$.

Der Beweis der drei anderen asymptotischen Aussagen erfolgt analog. Die Beziehung $plim\,(1/T)\,V_2'\,P_1\,V_2 = \Sigma_2$ ergibt sich z.B. aus der Darstellung

$$\frac{1}{T}\,V_2'\,P_1\,V_2 = \frac{1}{T}\,V_2'\,V_2 - \left(\frac{1}{T}\,V_2'\,\Xi_1\right)\left(\frac{1}{T}\,\Xi_1'\,\Xi_1\right)^{-1}\left(\frac{1}{T}\,\Xi_1'\,V_2\right)$$

unter Rückgriff auf die beiden Gleichungen $plim(1/T)\,V_2'\,V_2 = \Sigma_2$ und $plim(1/T)\,\Xi_1'\,V_2 = O$, welche sich aus (3.1/29a, 30a) ableiten.

c. Für M_{xx} gilt die Zerlegung

$$M_{xx} = \begin{pmatrix} M_{11} & M_{12} \\ M_{21} & M_{22} \end{pmatrix}.$$

Nach L 3.1/4c ist M_{xx} positiv definit. Sei nun $a \neq o$ ein beliebiger K_2-Vektor und $b := (-\,a'\,M_{21}\,M_{11}^{-1},\, a')'$. Dann gilt

$$b'\,M_{xx}\,b = a'\,M_{22}\,a - a'\,M_{21}\,M_{11}^{-1}\,M_{12}\,a = a'\,M_{22}^*\,a > 0.$$

Folglich ist $\boldsymbol{M}_{22}^*$ positiv definit und damit regulär.

d. Durch Einsetzen von (49a) in (50) ergibt sich

$$\hat{\boldsymbol{\beta}}_{2,KQ} = \boldsymbol{\beta}_2 + \left(\frac{1}{T}\boldsymbol{X}_2^{*\prime}\boldsymbol{X}_2^*\right)^{-1}\left(\frac{1}{T}\boldsymbol{X}_2^{*\prime}\boldsymbol{u}^*\right).$$

Hieraus folgt bereits (52), wenn man die Regularität von $\boldsymbol{M}_{22}^*$ benutzt und noch beweist, daß $plim\,(1/T)\,\boldsymbol{X}_2^*\boldsymbol{u}^* = -\boldsymbol{\Sigma}_2\boldsymbol{\beta}_2$. Die letztgenannte Beziehung ergibt sich aber aus der Darstellung

$$\boldsymbol{X}_2^{*\prime}\boldsymbol{u}^* = \boldsymbol{\Xi}_2'\boldsymbol{P}_1\boldsymbol{w} - \boldsymbol{\Xi}_2'\boldsymbol{P}_1\boldsymbol{V}_2\boldsymbol{\beta}_2 + \boldsymbol{V}_2'\boldsymbol{P}_1\boldsymbol{w} - \boldsymbol{V}_2'\boldsymbol{P}_1\boldsymbol{V}_2\boldsymbol{\beta}_2$$

in Verbindung mit den in Aufgabenteil b angegebenen Gleichungen.

e. Durch Einsetzen von (47a) in (51) folgt

$$\hat{\boldsymbol{\beta}}_{1,KQ} = \boldsymbol{\beta}_1 + (\boldsymbol{X}_1'\boldsymbol{X}_1)^{-1}\boldsymbol{X}_1'\boldsymbol{X}_2(\boldsymbol{\beta}_2 - \hat{\boldsymbol{\beta}}_{2,KQ}) + (\boldsymbol{X}_1'\boldsymbol{X}_1)^{-1}\boldsymbol{X}_1'\boldsymbol{u}$$

$$= \boldsymbol{\beta}_1 - \left(\frac{1}{T}\boldsymbol{X}_1'\boldsymbol{X}_1\right)^{-1}\left(\frac{1}{T}\boldsymbol{X}_1'\boldsymbol{X}_2\right)(\hat{\boldsymbol{\beta}}_{2,KQ} - \boldsymbol{\beta}_2) + \left(\frac{1}{T}\boldsymbol{X}_1'\boldsymbol{X}_1\right)^{-1}\left(\frac{1}{T}\boldsymbol{X}_1'\boldsymbol{u}\right),$$

Hieraus folgt (55), denn mit (3.1/31) gilt $plim(1/T)\boldsymbol{X}_1'\boldsymbol{u} = -\boldsymbol{\Sigma}_1\boldsymbol{\beta}_1 = \boldsymbol{o}$.

($\boldsymbol{\Sigma}_1$ bezeichne die – mit der Nullmatrix identische – Kovarianzmatrix der Variablen $v_1, \ldots, v_{K_1}$.)

L 3.2/14

Werden die asymptotischen Varianzen und der asymptotische Korrelationskoeffizient der von $x_1, \ldots, x_{K-2}$ bereinigten Variablen x_{K-1} und x_K mit einem * gekennzeichnet, dann gilt analog zu (43)

$$plim\,(\hat{\beta}_{K,KQ} - \beta_K) = -\frac{1}{1-R^{*2}}\left[e_{KK}^*\beta_K - R^*e_{K-1,K-1}^*\beta_{K-1}\frac{S_{K-1}^*}{S_K^*}\right.$$

$$\left. + e_{K-1,K}^*\left(\beta_{K-1}\frac{S_{K-1}^*}{S_K^*} - R^*\beta_K\right)\right].$$

Dabei ist $e_{KK}^* = (\sigma_{KK}/S_K^*S_K^*)$ usw.

Man erhält eine entsprechende Formel für $\hat{\beta}_{K-1,KQ}$, wenn man die Indizes K und $K-1$ vertauscht.

Anmerkung: R^* ist die asymptotische partielle Korrelation zwischen x_{K-1} und x_K, d.h.: $R^* = R_{K,K-1.2,\ldots,K-2}$. Für S_{KK}^* und $S_{K-1,K-1}^*$ gilt:

$S_{KK}^* = S_{KK}(1 - R_{K.2,\ldots,K-2}^2)$, $S_{K-1,K-1}^* = S_{K-1,K-1}(1 - R_{K-1.2,\ldots,K-2}^2)$.

Dabei ist z.B. $R_{K.2,\ldots,K-2}$ die asymptotische multiple Korrelation von x_K mit $x_2, \ldots, x_{K-2}$.

L 3.3/1

Bei Beachtung von (3.1/19) erhält man

$$plim\,\hat{\alpha} \;= (\alpha + \beta M_\xi) - \beta M_\xi = \alpha$$

$$plim\,\hat{\sigma}_v^2 = (S_{\xi\xi} + \sigma_v^2) - \beta^{-1} \cdot \beta S_{\xi\xi} = \sigma_v^2$$

$$plim\,\hat{\sigma}_w^2 = (\beta^2 S_{\xi\xi} + \sigma_w^2) - \beta \cdot \beta S_{\xi\xi} = \sigma_w^2.$$

L 3.3/2

a. Im FV-Modell *i.w.S.* gilt anstelle von (3.1/18a) die Beziehung $S_{xy} = \beta S_{\xi\xi} + \sigma_{vw}$; die Grenzmomentenbeziehungen (3.1/17) gelten unverändert. Aus (10) folgt daher

$$plim\,\hat{\beta}_V = \frac{(\beta S_{\xi\xi} + \sigma_{vw}) - \sigma_{vw}}{(S_{\xi\xi} + \sigma_v^2) - \sigma_v^2} = \beta$$

$$plim\,\hat{\sigma}_{w,\,V}^2 = (\beta^2 S_{\xi\xi} + \sigma_w^2) - \beta\,[(\beta S_{\xi\xi} + \sigma_{vw}) - \sigma_{vw})] = \sigma_w^2\,.$$

b. $$plim\,\hat{\beta}_V = \frac{\beta S_{\xi\xi} + \sigma_{vw}}{(S_{\xi\xi} + \sigma_v^2) - \sigma_v^2} = \beta + \frac{\sigma_{vw}}{S_{\xi\xi}}.$$

L 3.3/3

a. $\hat{\alpha}_V - \hat{\alpha}_{KQ} = (\bar{y} - \hat{\beta}_V \bar{x}) - (\bar{y} - \hat{\beta}_{KQ} \bar{x}) = (\hat{\beta}_{KQ} - \hat{\beta}_V)\,\bar{x}.$

b. Äquivalent ist die Verhältnisgleichung $(\hat{\alpha}_{KQ} - \hat{\alpha}_V) : \bar{x} = (\hat{\beta}_V - \hat{\beta}_{KQ}) : 1$, die durch die nachstehende Skizze veranschaulicht wird:

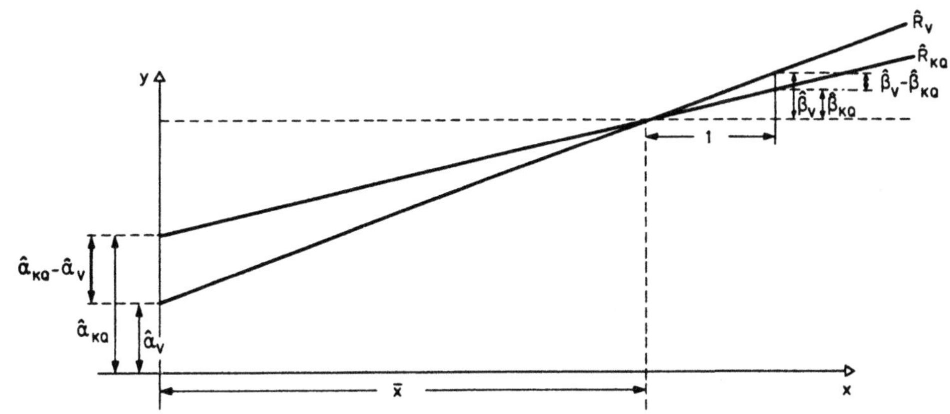

$\hat{R}_{KQ}$: KQ-Regressionsgerade $\qquad$ $\hat{R}_V$: Regressionsgerade der V-Schätzung

L 3.3/4

Die gemeinsame Dichtefunktion der Fehlervariablen v_t und w_t; $t = 1, \ldots, T$; lautet

$$f(v_1, \ldots, v_T, w_1, \ldots, w_T) = \frac{1}{(2\pi\sigma_v\sigma_w)^T} \exp\left[-\frac{1}{2}\left(\frac{1}{\sigma_v^2}\Sigma v_t^2 + \frac{1}{\sigma_w^2}\Sigma w_t^2\right)\right]$$

(vgl. hierzu (3.3/40)). Aus ihr entsteht die Likelihoodfunktion, wenn man $v_t = x_t - \xi_t$ und $w_t = y_t - \alpha - \beta\xi_t$ einsetzt und den resultierenden Ausdruck als Funktion der unbekannten Parameter $\alpha, \beta, \sigma_w^2, \xi_1, \ldots, \xi_T$ ansieht.

Wählt man nun ξ_t so, daß $w_t = 0$ wird, dann kann man den Wert der Likelihoodfunktion beliebig groß werden lassen, wenn man nur σ_w genügend klein ansetzt. Die Likelihoodfunktion nimmt also beliebig große Werte an.

L 3.3/5

a. $$\left[\boldsymbol{I} - \left(\frac{1}{T}\boldsymbol{X}'\boldsymbol{X}\right)^{-1}\boldsymbol{\Sigma}\right]^{-1} = [(\boldsymbol{X}'\boldsymbol{X})^{-1}(\boldsymbol{X}'\boldsymbol{X} - T\boldsymbol{\Sigma})]^{-1}$$
$$= (\boldsymbol{X}'\boldsymbol{X} - T\boldsymbol{\Sigma})^{-1}\boldsymbol{X}'\boldsymbol{X}.$$

b. Bei (15) braucht nur *eine* Matrixinversion durchgeführt zu werden. Außerdem entfällt eine Division durch T, die zu höheren Rundungsfehlern führt.

L 3.3/6

a. Im FV-Modell *i.w.S.* gilt $\text{plim}(1/T)\boldsymbol{V}'\boldsymbol{w} = \boldsymbol{\sigma}$ anstelle von (3.1/29b), und (3.1/34a) ist zu ersetzen durch $\boldsymbol{M}_{xy} = \boldsymbol{M}_{\xi\xi}\boldsymbol{\beta} + \boldsymbol{\sigma}$. Die Grenzmomentenbeziehungen (3.1/33) gelten unverändert. Wegen

$$\hat{\boldsymbol{\beta}}_V = \left(\frac{1}{T}\boldsymbol{X}'\boldsymbol{X} - \boldsymbol{\Sigma}\right)^{-1}\left(\frac{1}{T}\boldsymbol{X}'\boldsymbol{y} - \boldsymbol{\sigma}\right)$$

$$\hat{\sigma}_{w,V}^2 = \frac{1}{T}\boldsymbol{y}'\boldsymbol{y} - \hat{\boldsymbol{\beta}}'_V\left(\frac{1}{T}\boldsymbol{X}'\boldsymbol{y} - \boldsymbol{\sigma}\right)$$

folgt daher

$$\text{plim}\,\hat{\boldsymbol{\beta}}_V = [(\boldsymbol{M}_{\xi\xi} + \boldsymbol{\Sigma}) - \boldsymbol{\Sigma}]^{-1}[\boldsymbol{M}_{\xi\xi}\boldsymbol{\beta} + \boldsymbol{\sigma}) - \boldsymbol{\sigma}] = \boldsymbol{\beta}$$

$$\text{plim}\,\hat{\sigma}_{w,V}^2 = (\boldsymbol{\beta}'\boldsymbol{M}_{\xi\xi}\boldsymbol{\beta} + \sigma_w^2) - \boldsymbol{\beta}'[(\boldsymbol{M}_{\xi\xi}\boldsymbol{\beta} + \boldsymbol{\sigma}) - \boldsymbol{\sigma}] = \sigma_w^2.$$

b. $$\text{plim}\,\hat{\boldsymbol{\beta}}_V = [(\boldsymbol{M}_{\xi\xi} + \boldsymbol{\Sigma}) - \boldsymbol{\Sigma}]^{-1}(\boldsymbol{M}_{\xi\xi}\boldsymbol{\beta} + \boldsymbol{\sigma}) = \boldsymbol{\beta} + \boldsymbol{M}_{\xi\xi}^{-1}\boldsymbol{\sigma}.$$

L 3.3/7

Im Falle $K = 2$ degenerieren $\boldsymbol{\beta}^*$ und $\boldsymbol{\Sigma}^*$ zu Skalaren (vgl. (1.1/30) und (1.2/8); aus $\boldsymbol{X}^*$ wird ein Vektor (vgl. (1.1/32)):

$$\boldsymbol{\beta}^* \quad \rightarrow \quad \beta_2 =: \beta \qquad\qquad \boldsymbol{\Sigma}^* \quad \rightarrow \quad \sigma_{22} =: \sigma_v^2$$

$$\boldsymbol{X}^* \quad \rightarrow \quad (x_1^*, \ldots, x_T^*)' \qquad\qquad (x_t^* := x_{t2}^*)$$

Man erhält daher aus (18) im Falle $K = 2$ bei Beachtung von $\boldsymbol{y}^* = (y_1^*, \ldots, y_T^*)'$:

$$\begin{aligned}
\hat{\beta}_V &= (\Sigma\, x_t^{*2} - T\sigma_v^2)^{-1} (\Sigma\, x_t^* y_t^*) \\
&= \left(\frac{1}{T} \Sigma\, x_t^{*2} - \sigma_v^2\right)^{-1} \left(\frac{1}{T} \Sigma\, x_t^* y_t^*\right) \\
&= \frac{s_{xy}}{s_x^2 - \sigma_v^2}.
\end{aligned}$$

L 3.3/8

a. $$\hat{\beta}_{1,V}(\Sigma\, x_{t1}^2 - T\sigma_{11}) + \hat{\beta}_{2,V}(\Sigma\, x_{t1}\, x_{t2} - T\sigma_{12}) = \Sigma\, x_{t1}\, y_t$$

$$\hat{\beta}_{1,V}(\Sigma\, x_{t2}\, x_{t1} - T\sigma_{21}) + \hat{\beta}_{2,V}(\Sigma\, x_{t2}^2 - T\sigma_{22}) = \Sigma\, x_{t2}\, y_t.$$

b. Das in Lösungsteil a angegebene System vereinfacht sich, wenn neben $K = 2$ noch zusätzlich $\xi_1 \equiv 1$ und damit auch $x_1 \equiv 1$ angenommen wird. Man erhält mit $x := x_2$, $\alpha := \beta_1$, $\beta := \beta_2$ und $\sigma_v^2 := \sigma_{22}$ nach Division durch T

$$\hat{\alpha}_V + \hat{\beta}_V \bar{x} = \bar{y}$$
$$\hat{\alpha}_V \bar{x} + \hat{\beta}_V (\overline{x^2} - \sigma_v^2) = \overline{x\,y}$$

Die vorletzte Gleichung liefert (6). Gleichung (4) ergibt sich nach Elimination von $\hat{\alpha}_V$:

$$\hat{\beta}_V [\underbrace{\overline{x^2} - (\bar{x})^2}_{s_x^2} - \sigma_v^2] = \underbrace{\overline{x\,y} - \bar{x}\,\bar{y}}_{s_{xy}}.$$

L 3.3/9

a. Wir ermitteln zunächst die Elemente des Vektors $\hat{\boldsymbol{\beta}}_{KQ}^* = (\hat{\beta}_{2,KQ}; \hat{\beta}_{3,KQ})'$ aus dem Normalgleichungssystem $\boldsymbol{X}^{*\prime} \boldsymbol{X}^* \hat{\boldsymbol{\beta}}_{KQ}^* = \boldsymbol{X}^{*\prime} \boldsymbol{y}^*$. Man erhält $\boldsymbol{X}^*$ und $\boldsymbol{y}^*$, wenn man von den Beobachtungswerten x_{t2}, x_{t3} und y_t jeweils $\bar{x}_2 = 2$, $\bar{x}_3 = 5$ resp. $\bar{y} = 16$ subtrahiert:

$$X^* = \begin{pmatrix} -1 & -2 \\ -1 & -1 \\ 0 & 0 \\ 1 & 1 \\ 1 & 2 \end{pmatrix}, \quad y^* = \begin{pmatrix} -6 \\ -4 \\ 0 \\ 5 \\ 5 \end{pmatrix}, \quad X^{*\prime} X^* = \begin{pmatrix} 4 & 6 \\ 6 & 10 \end{pmatrix}, \quad X^{\prime} y^* = \begin{pmatrix} 20 \\ 31 \end{pmatrix}.$$

Das KQ-Normalgleichungssystem lautet somit

$$\begin{pmatrix} 4 & 6 \\ 6 & 10 \end{pmatrix} \begin{pmatrix} \hat{\beta}_{2, KQ} \\ \hat{\beta}_{3, KQ} \end{pmatrix} = \begin{pmatrix} 20 \\ 31 \end{pmatrix}.$$

Die Lösungen dieses Systems sind

$$\hat{\beta}_{2, KQ} = 3{,}5; \qquad \hat{\beta}_{3, KQ} = 1.$$

Für die KQ-Schätzung von β_1 errechnet man

$$\hat{\beta}_{1, KQ} = \bar{y} - (3{,}5\, \bar{x}_2 + 1 \cdot \bar{x}_3) = 4.$$

b. Wir bestimmen die Elemente des konsistenten Schätzvektors $\hat{\boldsymbol{\beta}}^*_V = (\hat{\beta}_{2, V}; \hat{\beta}_{3, V})'$ aus dem Normalgleichungssystem $(\boldsymbol{X}^{*\prime} \boldsymbol{X}^* - T \boldsymbol{\Sigma}^*) \hat{\boldsymbol{\beta}}^*_V = \boldsymbol{X}^{*\prime} \boldsymbol{y}^*$ (Normalgleichungssystem für den V-Schätzer von $\boldsymbol{\beta}^*$). Wegen

$$\boldsymbol{\Sigma}^* = \begin{pmatrix} 0{,}02 & 0 \\ 0 & 0{,}04 \end{pmatrix}, \qquad T \boldsymbol{\Sigma}^* = \begin{pmatrix} 0{,}1 & 0 \\ 0 & 0{,}2 \end{pmatrix}$$

erhält man das System

$$\left[\begin{pmatrix} 4 & 6 \\ 6 & 10 \end{pmatrix} - \begin{pmatrix} 0{,}1 & 0 \\ 0 & 0{,}2 \end{pmatrix} \right] \begin{pmatrix} \hat{\beta}_{2, V} \\ \hat{\beta}_{3, V} \end{pmatrix} = \begin{pmatrix} 20 \\ 31 \end{pmatrix}$$

mit den Näherungslösungen $\hat{\beta}_{2, V} \approx 4{,}5$ und $\hat{\beta}_{3, V} \approx 0{,}4$.

Eine konsistente Schätzung von β_1 ist dann (bei Vernachlässigung der Rundungsfehler) gegeben durch $\hat{\beta}_{1, V} = \bar{y} - (4{,}5\, \bar{x}_2 + 0{,}4\, \bar{x}_3) = 5$.

Eine konsistente Schätzung von σ^2_w ist durch die scheinvariablenbereinigte Fassung von (20) gegeben:

$$\hat{\sigma}^2_{w, V} = \frac{1}{T} (\boldsymbol{y}^{*\prime} \boldsymbol{y}^* - \boldsymbol{\beta}^{*\prime}_V \boldsymbol{X}^{*\prime} \boldsymbol{y}^*).$$

Wegen $T = 5$ und $\boldsymbol{y}^{*\prime} \boldsymbol{y}^* = 102$ folgt

$$\hat{\sigma}^2_{w,V} \approx \frac{1}{5}\left[102 - \begin{pmatrix}4{,}5\\0{,}4\end{pmatrix}'\begin{pmatrix}20\\31\end{pmatrix}\right] = -\,0{,}08.$$

Diese Varianzschätzung ist negativ und daher unbrauchbar.

L 3.3/10

Bei Beachtung von (3.1/33b, 34a) erhält man

$p\lim \hat{\sigma}^2_w = (\boldsymbol{\beta}'\, \boldsymbol{M}_{\xi\xi}\, \boldsymbol{\beta} + \sigma^2_w) - \boldsymbol{\beta}'\, \boldsymbol{M}_{\xi\xi}\, \boldsymbol{\beta} = \sigma^2_w.$

L 3.3/11

a. Wir setzen abkürzend $a := s^2_y - \lambda\, s^2_x$. Es ist dann

$$a + \sqrt{4\,\lambda\, s^2_{xy} + a^2} = \frac{a^2 - (4\,\lambda\, s^2_{xy} + a^2)}{a - \sqrt{4\,\lambda\, s^2_{xy} + a^2}} = -\frac{4\,\lambda\, s^2_{xy}}{a - \sqrt{4\,\lambda\, s^2_{xy} + a^2}}$$

$$\hat{\beta}_P = \frac{1}{2\, s_{xy}}\left(a + \sqrt{4\,\lambda\, s^2_{xy} + a^2}\right) = -\frac{2\,\lambda\, s_{xy}}{a - \sqrt{4\,\lambda\, s^2_{xy} + a^2}}.$$

Wenn man jetzt a unter Verwendung der Beziehung $a = -\,\lambda\, b$ eliminiert, erhält man die zu beweisende Darstellung.

b. Im Falle $\lambda = \infty$ vereinfacht sich die in Lösungsteil a angegebene Darstellung für $\hat{\beta}_P$ wegen $b = s^2_x$ zu $\hat{\beta}_P = s_{xy}/s^2_x$.

L 3.3/12

Durch Einsetzen von (33) in (35) folgt $\hat{S}_{\xi\xi,P} = s_{xy}/\hat{\beta}_P$. Es gilt somit

$\hat{S}_{\xi\xi,P} \geq 0 \quad \Leftrightarrow \quad \operatorname{sgn} \hat{\beta}_P = \operatorname{sgn} s_{xy}.$

Weiter gilt mit (33, 34) und (36a)

$$\hat{\sigma}^2_{v,P} \geq 0 \Leftrightarrow s^2_x \geq \frac{s_{xy}}{\hat{\beta}_P} = \frac{|s_{xy}|}{|\hat{\beta}_P|} \Leftrightarrow |\hat{\beta}_P| \geq \frac{|s_{xy}|}{s^2_x} = |\hat{\beta}_{KQ}|$$

$$\hat{\sigma}^2_{w,P} \geq 0 \Leftrightarrow s^2_y \geq \hat{\beta}_P\, s_{xy} = |\hat{\beta}_P|\,|s_{xy}| \Leftrightarrow |\hat{\beta}_P| \leq \frac{s^2_y}{|s_{xy}|} = |\breve{\beta}_{KQ}|.$$

L 3.3/13

a. Der Term, der in (30) in der eckigen Klammer steht, ist offenbar nichtnegativ. Hieraus folgt sofort (36a).

b. Wegen (36a) und nach Definiton von $\breve{\beta}_{KQ}$ gilt

$$|\hat{\beta}_P| \leq |\breve{\beta}_{KQ}| \Leftrightarrow |\hat{\beta}_P| \leq \frac{s_y^2}{|s_{xy}|} \Leftrightarrow s_{xy}\,\hat{\beta}_P \leq s_y^2.$$

Durch Einsetzen von $\hat{\beta}_P$ gemäß (30) erhält man

$$s_{xy}\,\hat{\beta}_P \leq s_y^2 \Leftrightarrow \sqrt{4\,\lambda\,s_{xy}^2 + (s_y^2 - \lambda\,s_x^2)^2} \leq s_y^2 + \lambda\,s_x^2 \Leftrightarrow s_{xy}^2 \leq s_x^2\,s_y^2.$$

Die letzte Ungleichung ist aber immer erfüllt.

Für die linke Hälfte der Ungleichungskette (36b) gilt wieder wegen (36a)

$$|\hat{\beta}_{KQ}| \leq |\hat{\beta}_P| \Leftrightarrow \frac{|s_{xy}|}{s_x^2} \leq |\hat{\beta}_P| \Leftrightarrow \frac{s_{xy}}{\hat{\beta}_P} \leq s_x^2.$$

Durch Einsetzen von $\hat{\beta}_P$ gemäß A 3.3/11a folgt

$$\frac{s_{xy}}{\hat{\beta}_P} \leq s_x^2 \Leftrightarrow \sqrt{4\,\lambda^{-1}\,s_{xy}^2 + (s_x^2 - \lambda^{-1}s_y^2)^2} \leq s_x^2 + \lambda^{-1}\,s_y^2 \Leftrightarrow s_{xy}^2 \leq s_x^2\,s_y^2\,.$$

Auch hier ist die letzte Ungleichung stets erfüllt.

L 3.3/14

Wir setzen analog zu (39) abkürzend $\check{v}_t := x_t - \xi_t$ und $\check{w}_t := y_t - \alpha - \beta\xi_t$. Es gilt dann offenbar

$$\check{w}_t - \beta\,\check{v}_t = y_t - \alpha - \beta\,x_t = u_t$$

$$(\check{w}_t - \beta\,\check{v}_t)^2 = \check{w}_t^2 - 2\,\beta\,\check{v}_t\,\check{w}_t + \beta^2\,\check{v}_t^2 = u_t^2.$$

Gemäß (44) ist

$$\frac{\check{v}_t}{\sigma_v^2} + \beta\frac{\check{w}_t}{\sigma_w^2} = 0$$

und somit auch

$$\left(\frac{\check{v}_t}{\sigma_v^2} + \beta\frac{\check{w}_t}{\sigma_w^2}\right)^2 = \frac{\check{v}_t^2}{\sigma_v^4} + 2\,\beta\frac{\check{v}_t\,\check{w}_t}{\sigma_v^2\,\sigma_w^2} + \beta^2\,\frac{\check{w}_t^2}{\sigma_w^4} = 0$$

$$-\,2\,\beta\,\check{v}_t\,\check{w}_t = \frac{\sigma_w^2}{\sigma_v^2}\,\check{v}_t^2 + \frac{\sigma_v^2}{\sigma_w^2}\,\beta^2\,\check{w}_t^2.$$

Damit erhält man

$$u_t^2 = \check{w}_t^2 + \frac{\sigma_w^2}{\sigma_v^2}\,\check{v}_t^2 + \frac{\sigma_v^2}{\sigma_w^2}\,\beta^2\,\check{w}_t^2 + \beta^2\,\check{v}_t^2 = \left(\frac{\check{v}_t^2}{\sigma_v^2} + \frac{\check{w}_t^2}{\sigma_w^2}\right)(\sigma_w^2 + \beta^2\,\sigma_v^2)\,.$$

Wegen $\sigma_u^2 = \sigma_w^2 + \beta^2 \sigma_v^2$ (vgl. (1.3/15b)) folgt

$$\frac{u_t^2}{\sigma_u^2} = \frac{\check{v}_t^2}{\sigma_v^2} + \frac{\check{w}_t^2}{\sigma_w^2},$$

woraus sich durch Aufsummieren unmittelbar (46) ergibt.

L 3.3/15

a. Aus den Gleichungen

$$\Sigma (y_t^* - \beta x_t^*)^2 = T(s_y^2 - 2 s_{xy} \beta + s_x^2 \beta^2)$$

$$\sigma_w^2 + \beta^2 \sigma_v^2 = \sigma_v^2 (\lambda + \beta^2)$$

folgt, daß (49) äquivalent ist zu der Aufgabe, die Funktion

$$f(\beta) := \frac{s_y^2 - 2 s_{xy} \beta + s_x^2 \beta^2}{\lambda + \beta^2}$$

bez. β zu minimieren. Die Lösung $\hat{\beta}_{ML}$ dieses Minimierungsproblems man aus der Gleichung $f'(\beta) = 0$. Nun ist, wie man nach elementarer I verifiziert,

$$f'(\beta) = \frac{2 [s_{xy} \beta^2 - (s_y^2 - \lambda s_x^2) \beta - \lambda s_{xy}]}{(\lambda + \beta^2)^2} =: \frac{g(\beta)}{h(\beta)}.$$

Offenbar gilt $f'(\beta) = 0$ genau dann, wenn $g(\beta) = 0$. Letzteres bedeutet $\hat{\beta}_{ML}$ durch (50) bestimmt ist.

b. Seien $\hat{\beta}_1$ und $\hat{\beta}_2$ die beiden Lösungen der quadratischen Gleichung (: Lösungen sind charakterisiert durch die Bedingung

$$f'(\hat{\beta}_i) = g(\hat{\beta}_i) = 0 \qquad i = 1; 2$$

wobei $f(\beta)$ und $g(\beta)$ gemäß Lösungsteil a definiert sind. Die Vorzeich und $\hat{\beta}_2$ sind verschieden wegen $\hat{\beta}_1 \hat{\beta}_2 = -\lambda$ (Satz von Vieta). Diejeni $\hat{\beta}_i =: \hat{\beta}_{ML}$, für die $f''(\hat{\beta}_i) > 0$ gilt, minimiert $f(\beta)$ und ist damit L Minimierungsproblems (49). Man errechnet bei Beachtu $g(\hat{\beta}_i) = 0$ mit $a := s_y^2 - \lambda s_x^2$

$$f''(\hat{\beta}_i) = \frac{g'(\hat{\beta}_i)}{h(\hat{\beta}_i)} = \frac{2 (2 s_{xy} \hat{\beta}_i - a)}{(\lambda + \hat{\beta}_i^2)^2}$$

b. Aus $g(\hat{\beta}_i) = 0$ folgt $a = s_{xy} \hat{\beta}_i - \lambda s_{xy} / \hat{\beta}_i$ und somit

Aus den jetzt leicht zu verifizierenden Äquivalenzen

$$f''(\hat{\beta}_i) > 0 \Leftrightarrow g'(\hat{\beta}_i) > 0 \Leftrightarrow s_{xy}\hat{\beta}_i > 0$$

geht unmittelbar hervor, daß $\hat{\beta}_{ML}$ der Bedingung sgn $\hat{\beta}_{ML}$ = sgn s_{xy} genügen muß. Diese Bedingung ist aber für die Lösung (51) der Gleichung (50) offenbar erfüllt. Für die andere Lösung von (50) ist sie dann zwangsläufig nicht erfüllt (Satz von Vieta).

L 3.3/16

a. Im Falle $\lambda = 1$, d.h. $\sigma_w^2 = \sigma_v^2$, ist (44) äquivalent mit

$$(x_t - \breve{\xi}_t) + \beta(y_t - \breve{\eta}_t) = 0.$$

Die durch (x_t, y_t) und $(\breve{\xi}_t, \breve{\eta}_t)$ verlaufende Gerade R besitzt dann die Steigung

$$m = \frac{y_t - \breve{\eta}_t}{x_t - \breve{\xi}_t} = -\frac{1}{\beta}\,.$$

Da das Produkt der Steigungen zweier zueinander orthogonaler Geraden stets -1 ist, steht R senkrecht auf der gegebenen Regressionsgeraden $\eta = \alpha + \beta\xi$, auf der auch der Punkt $(\breve{\xi}_t, \breve{\eta}_t)$ liegt. Folglich ist $(\breve{\xi}_t, \breve{\eta}_t)$ unter der Voraussetzung $\lambda = 1$ die orthogonale Projektion von (x_t, y_t) auf die Gerade $\eta = \alpha + \beta\xi$.

b. Im Falle $\lambda = 1$ ist (45) äquivalent mit

$$\Sigma[(x_t - \breve{\xi}_t)^2 + (y_t - \breve{\eta}_t)^2] \to \min_{\alpha,\beta}$$

Der Ausdruck in der eckigen Klammer ist gerade das Quadrat des Abstandes zwischen den Punkten(x_t, y_t) und $(\breve{\xi}_t, \breve{\eta}_t)$. Dieser Abstand ist aber nach Lösungsteil *a* identisch mit dem orthogonalen Abstand des Punktes (x_t, y_t) von der gegebenen Regressionsgeraden $\eta = \alpha + \beta\xi$. Somit beinhaltet (45) im Falle $\lambda = 1$, daß die Summe der quadrierten orthogonalen Abstände der Beobachtungspunkte (x_t, y_t) von der zu schätzenden Regressionsgeraden zu minimieren sind.

L 3.3/17

Im Falle $K=2$ und $x_1 \equiv 1$ gilt mit $x_0 =: y$, $x_2 =: x$, $(\beta_1, \beta_2) =: (\alpha, \beta)$ sowie mit $\boldsymbol{\beta}_0 = (1, -\alpha, -\beta)'$:

$$\boldsymbol{X}_0 = \begin{pmatrix} y_1 & 1 & x_1 \\ \vdots & \vdots & \vdots \\ y_T & 1 & x_T \end{pmatrix}, \qquad \frac{1}{T}\boldsymbol{X}_0'\boldsymbol{X}_0 = \begin{pmatrix} \overline{y^2} & \bar{y} & \overline{xy} \\ \bar{y} & 1 & \bar{x} \\ \overline{xy} & \bar{x} & \overline{x^2} \end{pmatrix}.$$

Die Kovarianzmatrix $\boldsymbol{\Sigma}_0$ der Fehlervariablen $v_0 = w$, $v_1 \equiv 0$ und $v_2 := v$ ist — wenn man noch $\sigma_{vw} = 0$ voraussetzt — in diesem speziellen Falle durch (29) gegeben. Mit $\sigma_v^2 =: k$ gilt dann

$$\boldsymbol{\Sigma}_0 = k \begin{pmatrix} \lambda & 0 & 0 \\ 0 & 0 & 0 \\ 0 & 0 & 1 \end{pmatrix} =: k\,\boldsymbol{\Lambda}, \qquad \frac{1}{T} \boldsymbol{X}_0' \boldsymbol{X}_0 - k\,\boldsymbol{\Lambda} = \begin{pmatrix} \overline{y^2} - k\lambda & \bar{y} & \overline{x\,y} \\ \bar{y} & 1 & \bar{x} \\ \overline{x\,y} & \bar{x} & \overline{x^2} - k \end{pmatrix}.$$

P-Schätzungen $\hat{k}_P\,\hat{\alpha}_P$ und $\hat{\beta}_P$ sind somit nach (59) durch dasjenige Lösungstripel $(\hat{k}_P, \hat{\alpha}_P, \hat{\beta}_P)$ des Systems

$$\begin{aligned} &(y^2 - \hat{k}_P \lambda) - \hat{\alpha}_P\,\bar{y} - \hat{\beta}_P\,\overline{x\,y} = 0 \\ &\bar{y} \qquad\qquad\;\; - \hat{\alpha}_P \quad - \hat{\beta}_P\,\bar{x} = 0 \\ &\overline{x\,y} \qquad\quad\;\; - \hat{\alpha}_P\,\bar{x} - \hat{\beta}_P\,(\overline{x^2} - \hat{k}_P) = 0 \end{aligned}$$

gegeben, bei dem $\hat{k}_P$ minimal ist. Aus der zweiten Gleichung des vorstehenden Systems ersieht man, daß $\hat{\alpha}_P$ durch (32) definiert sein muß. Man kann daher $\hat{\alpha}_P$ eliminieren und erhält als Bestimmungsgleichungen für $\hat{k}_P$ und $\hat{\beta}_P$ das einfachere System

$$(*) \qquad \begin{aligned} &(s_y^2 - \hat{k}_P \lambda) - \hat{\beta}_P\, s_{xy} = 0 \\ &s_{xy} - \hat{\beta}_P\,(s_x^2 - \hat{k}_P) \quad = 0. \end{aligned}$$

Aus der letzten Gleichung folgt für die P-Schätzung von $k := \sigma_v^2$ die Darstellung (33). Die P-Schätzung von β ermittelt man, indem man beide Gleichungen nach $\hat{k}_P\,\lambda$ auflöst und gleichsetzt. Man erhält auf diese Weise für $\hat{\beta}_P$ die quadratische Bestimmungsgleichung (31).

Als Schätzer $\hat{\beta}_P$ ist dann diejenige der beiden Lösungen $\hat{\beta}_i$ zu wählen, für die $\hat{k}_P$ minimal ist. Da für $\hat{k}_P = \hat{\sigma}_{v,P}^2$ die Darstellung (33) gilt, ist dies diejenige, für die $\operatorname{sgn} s_{xy} = \operatorname{sgn} \hat{\beta}_i$. Die durch die letztgenannte Bedingung eindeutig bestimmte Lösung von (31) ist aber gerade (30).

Aus (60) folgt wegen (29) schließlich $\hat{\sigma}_{w,P}^2 = \hat{k}_P\,\lambda$. Ersetzt man entsprechend $\hat{k}_P\,\lambda$ in der ersten Gleichung des Systems (*) durch $\hat{\sigma}_{w,P}^2$, so ergibt sich sofort (34).

L 3.3/18

a. Einsetzen der im Anschluß an (53) eingeführten Zerlegungen für $\boldsymbol{X}_0$, $\boldsymbol{\beta}_0$ und $\boldsymbol{\Lambda}$ in (59) liefert

$$\min_{\hat{k}_P}: \quad \left[\frac{1}{T}\begin{pmatrix} \boldsymbol{X}_1' \boldsymbol{X}_1 & \boldsymbol{X}_1' \boldsymbol{X}_2 \\ \boldsymbol{X}_2' \boldsymbol{X}_1 & \boldsymbol{X}_2' \boldsymbol{X}_2 \end{pmatrix} - \hat{k}_P \begin{pmatrix} \boldsymbol{\Lambda}_{11} & \boldsymbol{O} \\ \boldsymbol{O} & \boldsymbol{O} \end{pmatrix}\right] \begin{pmatrix} \hat{\boldsymbol{\beta}}_{1,P} \\ \hat{\boldsymbol{\beta}}_{2,P} \end{pmatrix} = \boldsymbol{o}.$$

Äquivalent ist das System

$$(*) \quad \min_{\hat{k}_P}: \begin{cases} \left(\frac{1}{T} \boldsymbol{X}_1' \boldsymbol{X}_1 - \hat{k}_P \boldsymbol{\Lambda}_{11}\right) \hat{\boldsymbol{\beta}}_{1,P} + \frac{1}{T} \boldsymbol{X}_1' \boldsymbol{X}_2 \hat{\boldsymbol{\beta}}_{2,P} = \boldsymbol{o} \\ \frac{1}{T} \boldsymbol{X}_2' \boldsymbol{X}_1 \hat{\boldsymbol{\beta}}_{1,P} + \frac{1}{T} \boldsymbol{X}_2' \boldsymbol{X}_2 \hat{\boldsymbol{\beta}}_{2,P} = \boldsymbol{o}. \end{cases}$$

Aus der zweiten Gleichung dieses Systems folgt sofort die erste zu beweisende Aussage.

b. Zum Beweis der anderen Aussage multiplizieren wir im System (*) die zweite Gleichung mit $\boldsymbol{X}_1' \boldsymbol{X}_2 (\boldsymbol{X}_2' \boldsymbol{X}_2)^{-1}$ und subtrahieren die resultierende Gleichung von der ersten Systemgleichung. Es ergibt sich

$$\min_{\hat{k}_P}: \left[\left(\frac{1}{T} \boldsymbol{X}_1' \boldsymbol{X}_1 - \hat{k}_P \boldsymbol{\Lambda}_{11}\right) - \frac{1}{T} \boldsymbol{X}_1' \boldsymbol{X}_2 (\boldsymbol{X}_2' \boldsymbol{X}_2)^{-1} \boldsymbol{X}_2' \boldsymbol{X}_1\right] \hat{\boldsymbol{\beta}}_{1,P} = \boldsymbol{o}$$

oder

$$\min_{\hat{k}_P}: \left(\frac{1}{T} \boldsymbol{X}_1' \boldsymbol{P}_2 \boldsymbol{X}_1 - \hat{k}_P \boldsymbol{\Lambda}_{11}\right) \hat{\boldsymbol{\beta}}_{1,P} = \boldsymbol{o}.$$

Wegen der Symmetrie und der Idempotenz von $\boldsymbol{P}_2$ kann in der letzten Klammer $\boldsymbol{X}_1' \boldsymbol{P}_2 \boldsymbol{X}_1$ durch $\boldsymbol{X}_1' \boldsymbol{P}_2' \boldsymbol{P}_2 \boldsymbol{X}_1 = \boldsymbol{X}_1^{*\prime} \boldsymbol{X}_1^*$ ersetzt werden.

L 3.4/1

a. $$\hat{\sigma}_{vw,R} = \frac{1}{M-T} \sum_{t=1}^{T} \sum_{i=1}^{m_t} (x_{ti} - \bar{x}_t)(y_{ti} - \bar{y}_t).$$

b. Das zugehörige aggregierte FV-Modell wird durch (8) und (9) beschrieben, wobei (9b) zu ersetzen ist durch

$$V(\bar{v}_t) = \frac{\sigma_v^2}{m_t}, \qquad V(\bar{w}_t) = \frac{\sigma_w^2}{m_t}, \qquad C(\bar{v}_t, \bar{w}_t) = \frac{\sigma_{vw}}{m_t}.$$

L 3.4/2

$$\hat{\beta}_{VR} = \frac{s_{\bar{x}\bar{y}} - \hat{\sigma}_{vw,R}/m}{s_{\bar{x}}^2 - \hat{\sigma}_{v,R}^2/m}$$

Dabei ist $\hat{\sigma}_{v,R}^2$ durch (5b) und $\hat{\sigma}_{vw,R}$ durch L 3.4/1a gegeben.

L 3.5/1

$\bar{x} = 2,\quad \bar{y} = 16,\quad s_x^2 = 0{,}8;\quad s_y^2 = 20{,}4;$

$s_{xy} = 4;\quad s_{xz} = 2;\quad s_{yz} = 9{,}8;$

$\hat{\beta}_{IV} = 4{,}9;\quad \hat{\alpha}_{IV} = 6{,}2;\quad \hat{\sigma}^2_{v,IV} \approx -0{,}02;\quad \hat{\sigma}^2_{w,IV} = 0{,}8.$

Da die Schätzung für σ_v^2 negativ ist, ist sie unbrauchbar.

L 3.5/2

a. Das IV-Normalgleichungssystem (19) lautet für $K = 3$; wenn man $\hat{\beta}_{i,IV}$ jeweils durch $\hat{\beta}_i$ abkürzt ($i = 1, \ldots, 3$):

$$\hat{\beta}_1 \Sigma x_{t1} z_{t1} + \hat{\beta}_2 \Sigma x_{t2} z_{t1} + \hat{\beta}_3 \Sigma x_{t3} z_{t1} = \Sigma y_t z_{t1}$$

$$\hat{\beta}_1 \Sigma x_{t1} z_{t2} + \hat{\beta}_2 \Sigma x_{t2} z_{t2} + \hat{\beta}_3 \Sigma x_{t3} z_{t2} = \Sigma y_t z_{t2}$$

$$\hat{\beta}_1 \Sigma x_{t1} z_{t3} + \hat{\beta}_2 \Sigma x_{t2} z_{t3} + \hat{\beta}_3 \Sigma x_{t3} z_{t3} = \Sigma y_t z_{t3}$$

b. Wenn man in Lösungsteil a $x_{t1} = z_{t1} \equiv 1$ setzt und jede Gleichung durch T dividiert, erhält man zunächst

$$\hat{\beta}_1 + \hat{\beta}_2 \bar{x}_2 + \hat{\beta}_3 \bar{x}_3 = \bar{y}$$

$$\hat{\beta}_1 \bar{z}_2 + \hat{\beta}_2 \overline{x_2 z_2} + \hat{\beta}_3 \overline{x_3 z_2} = \overline{y z_2}$$

$$\hat{\beta}_1 \bar{z}_3 + \hat{\beta}_2 \overline{x_2 z_3} + \hat{\beta}_3 \overline{x_3 z_3} = \overline{y z_3}.$$

Man kann nun die erste Gleichung mit $\bar{z}_2$ bzw. $\bar{z}_3$ multiplizieren und anschließend von der zweiten und dritten Gleichung subtrahieren. Auf diese Weise ergibt sich

$$\hat{\beta}_2 s_{x_2 z_2} + \hat{\beta}_3 s_{x_3 z_2} = s_{y z_2}$$
$$\hat{\beta}_2 s_{x_2 z_3} + \hat{\beta}_3 s_{x_3 z_3} = s_{y z_3}.$$

Nach Multiplikation mit T folgt schließlich

$$(*)\quad \begin{aligned} \hat{\beta}_2 \Sigma x^*_{t2} z^*_{t2} + \hat{\beta}_3 \Sigma x^*_{t3} z^*_{t2} &= \Sigma y^*_t z^*_{t2} \\ \hat{\beta}_2 \Sigma x^*_{t2} z^*_{t3} + \hat{\beta}_3 \Sigma x^*_{t3} z^*_{t3} &= \Sigma y^*_t z^*_{t3}. \end{aligned}$$

c. $\boldsymbol{Z}^{*\prime} \boldsymbol{X}^* \hat{\boldsymbol{\beta}}^*_{IV} = \boldsymbol{Z}^{*\prime} \boldsymbol{y}^*.$

L 3.5/3

a. Im Falle $K = 2$ und $x_1 \equiv 1$ hat man mit den angegebenen Setzungen

$$Z = \begin{pmatrix} 1 & z_1 \\ \vdots & \vdots \\ 1 & z_T \end{pmatrix}, \qquad X = \begin{pmatrix} 1 & x_1 \\ \vdots & \vdots \\ 1 & x_T \end{pmatrix}, \qquad y = \begin{pmatrix} y_1 \\ \vdots \\ y_T \end{pmatrix}, \quad \beta = \begin{pmatrix} \alpha \\ \beta \end{pmatrix}.$$

Das zu (17) äquivalente IV-Normalgleichungssystem (19) besitzt dann — bei Unterdrückung des Indexes "IV" und nach Division durch T — die Gestalt (vgl. L 3.5/2b)

$$\hat{\alpha} + \hat{\beta}\,\bar{x} = \bar{y}$$

$$\hat{\alpha}\,\bar{z} + \hat{\beta}\,\overline{x\,z} = \overline{y\,z}$$

mit den Lösungen

$$\hat{\beta} = \frac{\overline{y\,z} - \bar{y}\,\bar{z}}{\overline{x\,z} - \bar{x}\,\bar{z}} = \frac{s_{yz}}{s_{xz}}, \qquad \hat{\alpha} = \bar{y} - \hat{\beta}\,\bar{x}.$$

b. Wegen $(1/T)\,y'\,y = \overline{y^2}$, $(1/T)\,X'\,y = (\bar{y}, \overline{x\,y})'$ und $\hat{\beta}' = (\bar{y} - \hat{\beta}\,\bar{x}, \hat{\beta})$ erhält man dann aus (21), bei fortgesetzter Weglassung des Indexes "IV",

$$\hat{\sigma}_w^2 = \overline{y^2} - \bar{y}^2 - \hat{\beta}\,(\overline{x\,y} - \bar{x}\,\bar{y}\,) = s_y^2 - \hat{\beta}\,s_{xy}.$$

Aus (22) ergibt sich mit $v_2 =: v$

$$\hat{\sigma}_v^2 = \frac{1}{\hat{\beta}}\,[(\bar{y} - \hat{\beta}\,\bar{x})\,\bar{x} + \hat{\beta}\,\overline{x^2} - \overline{x\,y}] = s_x^2 - \frac{s_{xy}}{\hat{\beta}}.$$

L 3.5/4

Wir legen zunächst eine Arbeitstabelle an:

	x_2	x_3	y	z_2	z_3	x_2^*	x_3^*	y^*	z_2^*	z_3^*	$x_2^* z_2^*$	$x_2^* z_3^*$	$x_3^* z_2^*$	$x_3^* z_3^*$	$y^* z_2^*$	$y^* z_3^*$
	1	3	10	2	1	−1	−2	−6	−2	−4	2	4	4	8	12	24
	1	4	12	1	3	−1	−1	−4	−3	−2	3	2	3	2	12	8
	2	5	16	4	5	0	0	0	0	0	0	0	0	0	0	0
	3	6	21	6	8	1	1	5	2	3	2	3	2	3	10	15
	3	7	21	7	8	1	2	5	3	3	3	3	6	6	15	15
Summe	10	25	80	20	25	0	0	0	0	0	10	12	15	19	49	62
Mittelwert	2	5	16	4	5											

Aus dem System (*) aus L 3.5/2b wird daher, wenn man wieder den Index "IV" unterdrückt:

$$10\,\hat{\beta}_2 + 15\,\hat{\beta}_3 = 49$$

$$12\,\hat{\beta}_2 + 19\,\hat{\beta}_3 = 62.$$

Dieses Gleichungssystem hat die Lösungen $\hat{\beta}_2 = 0{,}1$ und $\hat{\beta}_3 = 3{,}2$. Für $\hat{\beta}_1$ folgt dann (vgl. L 3.5/2b)

$$\hat{\beta}_1 = \bar{y} - \hat{\beta}_2\,\bar{x}_2 - \hat{\beta}_3\,\bar{x}_3 = 16 - 0{,}1 \cdot 2 - 3{,}2 \cdot 5 = -\,0{,}2.$$

L 3.5/5

Mit $\xi_1 \equiv 1$ und damit $x_1 \equiv 1$ erhält man aus (22) für $i = 1$ bei Unterdrückung des Indexes "IV":

$$\hat{\sigma}_1^2 = \frac{1}{\hat{\beta}_1}\left(\sum_{j=1}^{K} \hat{\beta}_j\,\bar{x}_j - \bar{y}\right) = \frac{1}{\hat{\beta}_1} \cdot 0 = 0.$$

Daß der in der Klammer stehende Ausdruck den Wert Null besitzt, sieht man, wenn man die erste Gleichung des IV-Normalgleichungssystems (19) betrachtet. Diese lautet mit $z_1 \equiv 1$

$$\hat{\beta}_1 \sum x_{t1} + \hat{\beta}_2 \sum x_{t2} + \ldots + \hat{\beta}_K \sum x_{tK} = \sum y_t.$$

L 3.5/6

a. $\sum_{j=0}^{K} \sigma_{ij}\, b_j = \sum_{j=0}^{K} b_j \operatorname{plim} \overline{x_i\, x_j} \qquad i = 0, \ldots, K.$

b. $\sigma_i^2\, b_i = \sum_{j=0}^{K} b_j \operatorname{plim} \overline{x_i\, x_j} \qquad i = 0, \ldots, K.$

Unter der Voraussetzung $b_i \neq 0$ kann durch b_i dividiert werden. Man gewinnt so die Identifikationsgleichung

$$\sigma_i^2 = \frac{1}{b_i} \sum_{j=0}^{K} b_j \operatorname{plim} \overline{x_i\, x_j} \qquad i = 0, \ldots, K.$$

c. Wenn man in den vorstehenden Identifikationsbeziehungen $b_0 = \beta_0$ und $b_i = -\beta_i$ für $i = 1, \ldots, K$ setzt und danach β_0 durch $\hat{\beta}_0 := 1$, die Parameter $\beta_1, \ldots, \beta_K$ durch konsistente Schätzungen $\hat{\beta}_1, \ldots, \hat{\beta}_K$ und die empirischen Grenzmomente durch die entsprechenden endlichen Momente ersetzt (analog zu L 3.1/5c), erhält man die konsistenten Varianzschätzungen

$$\hat{\sigma}_i^2 = \begin{cases} \overline{x_0^2} - \sum\limits_{j=1}^{K} \hat{\beta}_j \overline{x_j x_0} & \text{für } i = 0 \\ \dfrac{1}{\hat{\beta}_i} \left(\sum\limits_{j=1}^{K} \hat{\beta}_j \overline{x_i x_j} - \overline{x_i x_0} \right) & \text{für } i = 1, \ldots, K. \end{cases}$$

Macht man nun die Variablenumbenennungen (1.1/20) rückgängig, d.h. setzt man $x_0 =: y$ und $v_0 = w$, so folgt mit(1.1/21)

$$\hat{\sigma}_w^2 = \overline{y^2} - \sum_{j=1}^{K} \hat{\beta}_j \overline{x_j y} = \frac{1}{T} (\boldsymbol{y}' \boldsymbol{y} - \hat{\boldsymbol{\beta}}' \boldsymbol{X}' \boldsymbol{y})$$

$$\hat{\sigma}_i^2 = \frac{1}{\hat{\beta}_i} \left(\sum_{j=1}^{K} \hat{\beta}_j \overline{x_i x_j} - \overline{x_i y} \right) \qquad i = 1, \ldots, K.$$

d. Wenn man in den beiden letzten Schätzformeln für $\hat{\boldsymbol{\beta}}$ speziell $\hat{\boldsymbol{\beta}}_{IV} = (\hat{\beta}_{1, IV}, \ldots, \hat{\beta}_{K, IV})'$ verwendet, erhält man (21, 22).

L 3.5/7

a. Nach (31d) ist $\boldsymbol{Z\Pi} = \boldsymbol{\Xi} - \boldsymbol{F}$ und damit auch

$$(\boldsymbol{Z}' \boldsymbol{Z})^{-1} \boldsymbol{Z}' (\boldsymbol{\Xi} - \boldsymbol{F}) = (\boldsymbol{Z}' \boldsymbol{Z})^{-1} \boldsymbol{Z}' \boldsymbol{Z} \boldsymbol{\Pi} = \boldsymbol{\Pi}.$$

Wegen (F3) ist $p\lim [(1/T) \boldsymbol{Z}' \boldsymbol{F}] = \boldsymbol{O}$. Mit (I2), (Az) und der eingangs angenommenen Regularität von $\boldsymbol{M}_{zz}$ folgt dann mit (16)

$$\boldsymbol{\Pi} = p\lim \left[\left(\frac{1}{T} \boldsymbol{Z}' \boldsymbol{Z} \right)^{-1} \left(\frac{1}{T} \boldsymbol{Z}' \boldsymbol{\Xi} - \frac{1}{T} \boldsymbol{Z}' \boldsymbol{F} \right) \right] = \boldsymbol{M}_{zz}^{-1} \boldsymbol{M}_{z\xi} = \boldsymbol{M}_{zz}^{-1} \boldsymbol{M}_{zx}.$$

Offenbar ist rg $\boldsymbol{\Pi}$ = rg $\boldsymbol{M}_{z\xi}$. Nach (I2) gilt aber rg $\boldsymbol{M}_{z\xi} = K$.

b. Aus (38) erhält man zunächst $\tilde{\boldsymbol{\Sigma}}_0 \boldsymbol{\beta}_0 = \boldsymbol{\Sigma}_0 \boldsymbol{\beta}_0 + \boldsymbol{\Sigma}_{00} \boldsymbol{\beta}_0$. Für den Term $\boldsymbol{\Sigma}_{00} \boldsymbol{\beta}_0$ gilt aber mit (37) und wegen $\boldsymbol{\beta}_0 = (1, -\boldsymbol{\beta}')'$

$$\boldsymbol{\Sigma}_{00} \boldsymbol{\beta}_0 = \begin{pmatrix} \boldsymbol{\beta}' \boldsymbol{\Sigma}_f \boldsymbol{\beta} & \boldsymbol{\beta}' \boldsymbol{\Sigma}_f \\ \boldsymbol{\Sigma}_f \boldsymbol{\beta} & \boldsymbol{\Sigma}_f \end{pmatrix} \begin{pmatrix} 1 \\ -\boldsymbol{\beta} \end{pmatrix} = \begin{pmatrix} \boldsymbol{\beta}' \boldsymbol{\Sigma}_f \boldsymbol{\beta} - \boldsymbol{\beta}' \boldsymbol{\Sigma}_f \boldsymbol{\beta} \\ \boldsymbol{\Sigma}_f \boldsymbol{\beta} - \boldsymbol{\Sigma}_f \boldsymbol{\beta} \end{pmatrix} = \boldsymbol{o}.$$

L 3.5/8

a. Wenn man den Vektor $\boldsymbol{y}$ in (42) gemäß (12a) durch $\boldsymbol{X\beta} + \boldsymbol{u}$ ersetzt, resultiert die Darstellung

$$\hat{\boldsymbol{\beta}}_{2KQ} = \boldsymbol{\beta} + [\boldsymbol{X}'\boldsymbol{Z}(\boldsymbol{Z}'\boldsymbol{Z})^{-1}\boldsymbol{Z}'\boldsymbol{X}]^{-1}\boldsymbol{X}'\boldsymbol{Z}(\boldsymbol{Z}'\boldsymbol{Z})^{-1}\boldsymbol{Z}'\boldsymbol{u}.$$

Hieraus ergibt sich

$$p\lim \hat{\boldsymbol{\beta}}_{2KQ} = \boldsymbol{\beta} + \left[p\lim\left\{\left(\frac{1}{T}\boldsymbol{X}'\boldsymbol{Z}\right)\left(\frac{1}{T}\boldsymbol{Z}'\boldsymbol{Z}\right)^{-1}\left(\frac{1}{T}\boldsymbol{Z}'\boldsymbol{X}\right)\right\}\right]^{-1}$$

$$p\lim\left\{\left(\frac{1}{T}\boldsymbol{X}'\boldsymbol{Z}\right)\left(\frac{1}{T}\boldsymbol{Z}'\boldsymbol{Z}\right)^{-1}\left(\frac{1}{T}\boldsymbol{Z}'\boldsymbol{u}\right)\right\}.$$

Bei Beachtung von (I2), (Az), (15) und (16) folgt dann

$$p\lim \hat{\boldsymbol{\beta}}_{2KQ} = \boldsymbol{\beta} + (\boldsymbol{M}'_{zx}\boldsymbol{M}_{zz}^{-1}\boldsymbol{M}_{zx})^{-1}\boldsymbol{M}'_{zx}\cdot\boldsymbol{M}_{zz}^{-1}\cdot\boldsymbol{o} = \boldsymbol{\beta}.$$

b. Im Falle $L = K$ sind die Matrizen $\boldsymbol{X}'\boldsymbol{Z}$ und $\boldsymbol{Z}'\boldsymbol{X}$ quadratisch und aufgrund der Annahme rg $\boldsymbol{Z}'\boldsymbol{X} = K$ dann auch regulär. Für den 2KQ-Schätzer (42) gilt somit

$$\begin{aligned}\hat{\boldsymbol{\beta}}_{2KQ} &= [\boldsymbol{X}'\boldsymbol{Z}(\boldsymbol{Z}'\boldsymbol{Z})^{-1}\boldsymbol{Z}'\boldsymbol{X}]^{-1}\boldsymbol{X}'\boldsymbol{Z}(\boldsymbol{Z}'\boldsymbol{Z})^{-1}\boldsymbol{Z}'\boldsymbol{y}\\ &= (\boldsymbol{Z}'\boldsymbol{X})^{-1}\boldsymbol{Z}'\boldsymbol{Z}(\boldsymbol{X}'\boldsymbol{Z})^{-1}\boldsymbol{X}'\boldsymbol{Z}(\boldsymbol{Z}'\boldsymbol{Z})^{-1}\boldsymbol{Z}'\boldsymbol{y}\\ &= (\boldsymbol{Z}'\boldsymbol{X})^{-1}\boldsymbol{Z}'\boldsymbol{y}.\end{aligned}$$

L 3.5/9

Nach der KQ-Methode ergibt sich der Vektor der Regressionskoeffizienten einer Regression von $\hat{\boldsymbol{y}}$ auf $\hat{\boldsymbol{\Xi}}_{KQ}$ als

$$\hat{\boldsymbol{\beta}} = (\hat{\boldsymbol{\Xi}}'_{KQ}\hat{\boldsymbol{\Xi}}_{KQ})^{-1}\hat{\boldsymbol{\Xi}}'_{KQ}\hat{\boldsymbol{y}}.$$

Mit $\hat{\boldsymbol{y}} = \boldsymbol{Q}\boldsymbol{y}$ und $\hat{\boldsymbol{\Xi}}_{KQ} = \boldsymbol{Q}\boldsymbol{X}$ wird daraus (42), d.h. es ist $\hat{\boldsymbol{\beta}} = \hat{\boldsymbol{\beta}}_{2KQ}$.

L 3.5/10

Wir gehen zunächst vom scheinvariablenbereinigten einfachen FV-Modell in der ursprünglichen Form aus, welche man aus (3.2/29a) für $K = 2$ gewinnt:

$$(*)\quad \boldsymbol{y}^* = \beta\boldsymbol{x}^* + \boldsymbol{u}^*.$$

Dabei ist $y_t^* = y_t - \bar{y}$ usf. Die 2KQ-Schätzung des Koeffizienten β des FVE-Modells mit $L \geq 2$ Instrumentvariablen ist jetzt gegeben durch (vgl. (42))

$$\hat{\beta}_{2KQ} = \frac{x^{*\prime} Q^* y^*}{x^{*\prime} Q^* x^*}$$

mit $Q^* := Z^* (Z^{*\prime} Z^*)^{-1} Z^{*\prime}$, $Z^* = (z_2^*, \ldots, z_L^*)'$.

Betrachten wir nun anstelle von (*) die für $\beta \neq 0$ äquivalente Gleichung

$$(^{**}) \qquad x^* = \beta' y^* + u'^*$$

mit $\beta' := 1/\beta$ und $u'^* := -u^*/\beta$. Die 2KQ-Schätzung von β' lautet dann

$$\hat{\beta}'_{2KQ} = \frac{y^{*\prime} Q^* x^*}{y^{*\prime} Q^* y^*}.$$

Damit gewinnt man für β wegen $\beta = 1/\beta'$ die Schätzung

$$\hat{\beta} = \frac{1}{\hat{\beta}'_{2KQ}} = \frac{y^{*\prime} Q^* y^*}{y^{*\prime} Q^* x^*}.$$

Anmerkung: Die Schätzungen $\hat{\beta}$ und $\hat{\beta}_{2KQ}$ sind offenbar verschieden. Sie besitzen aber dieselbe asymptotische Varianz (vgl. (4.2/85)).

L 3.5/11

Nach (45) ist $I = Q + P$ und daher

$$X' X = X' Q X + X' P X, \qquad X' y = X' Q y + X' P y.$$

Setzt man diese Darstellungen in (54) ein, so folgt die Behauptung.

L 3.5/12

a. Die Darstellung für $\hat{\boldsymbol{\beta}}_{VK}$ aus A 3.5/11 liefert in Verbindung mit (42)

$$\begin{aligned}
\hat{\boldsymbol{\beta}}_{VK} - \hat{\boldsymbol{\beta}}_{2KQ} &= (X' Q X - l X' P X)^{-1} [(X' Q y - l X' P y) \\
&\quad - (X' Q X - l X' P X)(X' Q X)^{-1} X' Q y] \\
&= l (X' Q X - l X' P X)^{-1} [X' P X (X' Q X)^{-1} X' Q y \\
&\quad - X' P y] \\
&= l \left(\frac{1}{T} X' Q X - \frac{1}{T} l X' P X\right)^{-1} \left(\frac{1}{T} X' P X \hat{\boldsymbol{\beta}}_{2KQ} - \frac{1}{T} X' P y\right).
\end{aligned}$$

Da $\lim \sqrt{T}\, l = 0$ und weil ferner alle anderen Terme stochastisch konvergieren, ist die Behauptung bewiesen.

b. Mit $p\lim \sqrt{T}(\hat{\boldsymbol{\beta}}_{VK} - \hat{\boldsymbol{\beta}}_{KQ}) = \boldsymbol{o}$ gilt zunächst auch $p\lim (\hat{\boldsymbol{\beta}}_{VK} - \hat{\boldsymbol{\beta}}_{2KQ}) = \boldsymbol{o}$. Zusammen mit der Konsistenz von $\hat{\boldsymbol{\beta}}_{2KQ}$ folgt dann

$$p\lim \hat{\boldsymbol{\beta}}_{VK} = p\lim \hat{\boldsymbol{\beta}}_{2KQ} + p\lim (\hat{\boldsymbol{\beta}}_{VK} - \boldsymbol{\beta}_{2KQ}) = \boldsymbol{\beta}.$$

L 3.5/13

a. Wegen $\boldsymbol{I} = \boldsymbol{Q} + \boldsymbol{P}$ gilt mit $l := q - 1$

$$(\boldsymbol{X}_0' \boldsymbol{X}_0 - q \boldsymbol{X}_0' \boldsymbol{P} \boldsymbol{X}_0) \boldsymbol{\beta}_0 = \boldsymbol{o} \Leftrightarrow (\boldsymbol{X}_0' \boldsymbol{Q} \boldsymbol{X}_0 - l \boldsymbol{X}_0' \boldsymbol{P} \boldsymbol{X}_0) \boldsymbol{\beta}_0 = \boldsymbol{o}.$$

Da l eine streng monoton wachsende Funktion von q ist, ist die Minimierungsaufgabe (56) offenbar äquivalent damit, ein minimales l zu finden, das der letzten Gleichung genügt.

b. Wenn man die Gleichung $(\boldsymbol{X}_0' \boldsymbol{X}_0 - q \boldsymbol{X}_0' \boldsymbol{P} \boldsymbol{X}_0) \boldsymbol{\beta}_0 = \boldsymbol{o}$ durch q dividiert, so folgt mit $k := 1 - 1/q$

$$(\boldsymbol{X}'_0 \boldsymbol{X}_0 - q \boldsymbol{X}_0' \boldsymbol{P} \boldsymbol{X}_0) \boldsymbol{\beta}_0 = \boldsymbol{o} \Leftrightarrow \left[\frac{1}{q} \boldsymbol{X}_0' \boldsymbol{X}_0 - (\boldsymbol{X}_0' \boldsymbol{X}_0 - \boldsymbol{X}_0' \boldsymbol{Q} \boldsymbol{X}_0)\right] \boldsymbol{\beta}_0 = \boldsymbol{o}$$

$$\Leftrightarrow (\boldsymbol{X}_0' \boldsymbol{Q} \boldsymbol{X}_0 - k \boldsymbol{X}_0' \boldsymbol{X}_0) \boldsymbol{\beta}_0 = \boldsymbol{o}.$$

Unter den Voraussetzungen von Satz 3.5/1 gilt $q_{\text{Min}} \geq 1 > 0$. Da k aber für $q > 0$ eine streng monoton wachsende Funktion von q ist, ist die Minimierungsaufgabe (56) äquivalent damit, ein minimales k zu finden, das der letzten Gleichung genügt.

L 3.5/14

Wir brauchen nur zu zeigen, daß die Matrix $\boldsymbol{M} := \boldsymbol{X}_0' \boldsymbol{X}_0 - q \boldsymbol{X}_0' \boldsymbol{P} \boldsymbol{X}_0$ im Falle $L = K$ für $q = 1$ singulär ist. Denn dann ist $q = 1$ Eigenwert und wegen Satz 3.5/1 auch kleinster Eigenwert von (56).

Gelte also $L = K$ und $q = 1$. Wegen $\boldsymbol{Q} = \boldsymbol{I} - \boldsymbol{P} = \boldsymbol{Z}(\boldsymbol{Z}' \boldsymbol{Z})^{-1} \boldsymbol{Z}'$ ist dann

$$\boldsymbol{M} = \boldsymbol{X}_0' \boldsymbol{Q} \boldsymbol{X}_0 = \boldsymbol{X}_0' \boldsymbol{Z}(\boldsymbol{Z}' \boldsymbol{Z})^{-1} \boldsymbol{Z}' \boldsymbol{X}_0.$$

Mit $\boldsymbol{c} := (1, -\boldsymbol{y}' \boldsymbol{Z}(\boldsymbol{X}' \boldsymbol{Z})^{-1})'$ folgt

$$\boldsymbol{Z}' \boldsymbol{X}_0 \boldsymbol{c} = (\boldsymbol{Z}' \boldsymbol{y}, \boldsymbol{Z}' \boldsymbol{X}) \boldsymbol{c} = \boldsymbol{Z}' \boldsymbol{y} - \boldsymbol{Z}' \boldsymbol{X}(\boldsymbol{Z}' \boldsymbol{X})^{-1} \boldsymbol{Z}' \boldsymbol{y} = \boldsymbol{o}$$

und daher $\boldsymbol{M} \boldsymbol{c} = \boldsymbol{o}$. $\boldsymbol{M}$ ist somit wegen $\boldsymbol{c} \neq \boldsymbol{o}$ singulär.

L 3.5/15

Mit $l := k - 1$ kann (61) wegen $\boldsymbol{Q} = \boldsymbol{I} - \boldsymbol{P}$ in der Form

$$\hat{\boldsymbol{\beta}}_k = (\boldsymbol{X}' \boldsymbol{Q} \boldsymbol{X} - l \boldsymbol{X}' \boldsymbol{P} \boldsymbol{X})^{-1} (\boldsymbol{X}' \boldsymbol{Q} \boldsymbol{y} - l \boldsymbol{X}' \boldsymbol{P} \boldsymbol{y})$$

geschrieben werden. Analog zu L 3.5/12a leitet man daraus mit (42) ab, daß

$$\hat{\boldsymbol{\beta}}_k - \hat{\boldsymbol{\beta}}_{2KQ} = l\left(\frac{1}{T}\boldsymbol{X}'\boldsymbol{Q}\boldsymbol{X} - \frac{1}{T}l\boldsymbol{X}'\boldsymbol{P}\boldsymbol{X}\right)^{-1}\left(\frac{1}{T}\boldsymbol{X}'\boldsymbol{P}\boldsymbol{X}\hat{\boldsymbol{\beta}}_{2KQ} - \frac{1}{T}\boldsymbol{X}'\boldsymbol{P}\boldsymbol{y}\right).$$

Da die Terme in den beiden letzten Klammern stochastisch konvergieren, folgt hieraus unter der Voraussetzung $p\lim\sqrt{T}l = 0$, daß $p\lim\sqrt{T}(\hat{\boldsymbol{\beta}}_k - \hat{\boldsymbol{\beta}}_{2KQ}) = \boldsymbol{o}$.

L 3.5/16

Wir unterdrücken hier den Index "ML":

a. $\hat{\boldsymbol{B}}\hat{\boldsymbol{\beta}}_0 = \hat{\boldsymbol{\beta}}_0 - (\hat{\boldsymbol{\beta}}_0'\hat{\boldsymbol{\Sigma}}_0\hat{\boldsymbol{\beta}}_0)^{-1}\hat{\boldsymbol{\beta}}_0(\hat{\boldsymbol{\beta}}_0'\hat{\boldsymbol{\Sigma}}_0\hat{\boldsymbol{\beta}}_0) = \hat{\boldsymbol{\beta}}_0 - \hat{\boldsymbol{\beta}}_0 = \boldsymbol{o}.$

b. $\boldsymbol{X}_0'\boldsymbol{Q}\boldsymbol{X}_0\hat{\boldsymbol{B}} = \boldsymbol{X}_0'\boldsymbol{Q}\boldsymbol{X}_0 - (\hat{\boldsymbol{\beta}}_0'\hat{\boldsymbol{\Sigma}}_0\hat{\boldsymbol{\beta}}_0)^{-1}\boldsymbol{X}_0'\boldsymbol{Q}\boldsymbol{X}_0\hat{\boldsymbol{\beta}}_0\hat{\boldsymbol{\beta}}_0'\hat{\boldsymbol{\Sigma}}_0$ s. (78e)

$= \boldsymbol{X}_0'\boldsymbol{Q}\boldsymbol{X}_0 - (\hat{\boldsymbol{\beta}}_0'\hat{\boldsymbol{\Sigma}}_0\hat{\boldsymbol{\beta}}_0)^{-1}T k_{\text{Min}}\hat{\boldsymbol{\Sigma}}_0\hat{\boldsymbol{\beta}}_0\hat{\boldsymbol{\beta}}_0'\boldsymbol{\Sigma}_0$ s. (78a)

Da $\boldsymbol{X}_0'\boldsymbol{Q}\boldsymbol{X}_0$ und $\hat{\boldsymbol{\Sigma}}_0\hat{\boldsymbol{\beta}}_0\hat{\boldsymbol{\beta}}_0'\hat{\boldsymbol{\Sigma}}_0$ symmetrisch sind, muß dies dann auch für $\boldsymbol{X}_0'\boldsymbol{Q}\boldsymbol{X}_0\hat{\boldsymbol{B}}$ gelten.

c. Aus (78b, d) leitet man ab, daß

$$\hat{\boldsymbol{\Sigma}}_0 = \frac{1}{T}(\boldsymbol{X}_0 - \boldsymbol{Q}\boldsymbol{X}_0\hat{\boldsymbol{B}})'(\boldsymbol{X}_0 - \boldsymbol{Q}\boldsymbol{X}_0\hat{\boldsymbol{B}})$$

$$= \frac{1}{T}(\boldsymbol{X}_0'\boldsymbol{X}_0 - \boldsymbol{X}_0'\boldsymbol{Q}\boldsymbol{X}_0\hat{\boldsymbol{B}} - \hat{\boldsymbol{B}}'\boldsymbol{X}_0'\boldsymbol{Q}\boldsymbol{X}_0 + \hat{\boldsymbol{B}}'\boldsymbol{X}_0'\boldsymbol{Q}\boldsymbol{X}_0\hat{\boldsymbol{B}})$$

$$= \frac{1}{T}(\boldsymbol{X}_0'\boldsymbol{X}_0 - 2\boldsymbol{X}_0'\boldsymbol{Q}\boldsymbol{X}_0\hat{\boldsymbol{B}} + \boldsymbol{X}_0'\boldsymbol{Q}\boldsymbol{X}_0\hat{\boldsymbol{B}}^2) \quad \text{s. Lösungsteil b}$$

$$= \frac{1}{T}(\boldsymbol{X}_0'\boldsymbol{X}_0 - \boldsymbol{X}_0'\boldsymbol{Q}\boldsymbol{X}_0\hat{\boldsymbol{B}}) \quad \text{wegen der Idempotenz von } \hat{\boldsymbol{B}}.$$

d. $\hat{\boldsymbol{\Sigma}}_0\hat{\boldsymbol{\beta}}_0 = \frac{1}{T}(\boldsymbol{X}_0'\boldsymbol{X}_0 - \boldsymbol{X}_0'\boldsymbol{Q}\boldsymbol{X}_0\hat{\boldsymbol{B}})\hat{\boldsymbol{\beta}}_0$ s. Lösungsteil c

$= \frac{1}{T}\boldsymbol{X}_0'\boldsymbol{X}_0\hat{\boldsymbol{\beta}}_0$ s. Lösungsteil a

e. $\hat{\boldsymbol{B}} = \boldsymbol{I} - (\hat{\boldsymbol{\beta}}_0'\hat{\boldsymbol{\Sigma}}_0\hat{\boldsymbol{\beta}}_0)^{-1}\hat{\boldsymbol{\beta}}_0(\hat{\boldsymbol{\Sigma}}_0\hat{\boldsymbol{\beta}}_0)'$ s. (78e)

$= \boldsymbol{I} - (\hat{\boldsymbol{\beta}}_0'\boldsymbol{X}_0'\boldsymbol{X}_0\hat{\boldsymbol{\beta}}_0)^{-1}\hat{\boldsymbol{\beta}}_0\hat{\boldsymbol{\beta}}_0'\boldsymbol{X}_0'\boldsymbol{X}_0$ s. (79).

L 3.5/17

a. Nach L 3.5/13b sind die auf (56) und (80) führenden Minimierungsprobleme

$$\min_q : \quad (X_0' X_0 - q X_0' P X_0) \boldsymbol{\beta}_0 = o$$

$$\min_k : \quad (X_0' Q X_0 - k X_0' X_0) \boldsymbol{\beta}_0 = o.$$

äquivalent, wobei die Minima q_{Min} und k_{Min} über $k_{\text{Min}} = (1 - 1/q_{\text{Min}})$ verbunden sind. Da q in der ersten Gleichung im Falle $L = K$ durch $q_{\text{Min}} = 1$ minimiert wird (s. L3.5/14), wird k in der zweiten durch $k_{\text{Min}} = 0$ minimiert. Die zweite Minimierungsaufgabe ist aber mit (78a) äquivalent.

b. Mit $k_{\text{Min}} = 0$ ergibt sich aus (80) $X_0' Q X_0 \hat{\boldsymbol{\beta}}_0 = o$ und hieraus mit $Q = Z(Z'Z)^{-1} Z'$

$$\hat{\boldsymbol{\beta}}_0' X_0' Z (Z' Z)^{-1} Z' X_0 \hat{\boldsymbol{\beta}}_0 = 0.$$

Wegen der positiven Definitheit von $(Z'Z)^{-1}$ folgt die Behauptung.

c. Nach (78d, e) ist

$$\hat{\boldsymbol{\Pi}}_0 = (Z' Z)^{-1} [Z' X_0 - (\hat{\boldsymbol{\beta}}_0' \hat{\boldsymbol{\Sigma}}_0 \hat{\boldsymbol{\beta}}_0)^{-1} Z' X_0 \hat{\boldsymbol{\beta}}_0 \hat{\boldsymbol{\beta}}_0' \hat{\boldsymbol{\Sigma}}_0].$$

Wegen $Z' X_0 \hat{\boldsymbol{\beta}}_0 = o$ (s. Lösungsteil b) folgt hieraus die Behauptung.

d. Nach (78b) und Lösungsteil c ist

$$\hat{\boldsymbol{\Sigma}}_0 = \frac{1}{T} (X_0 - Q X_0)' (X_0 - Q X_0) = \frac{1}{T} X_0' P X_0.$$

L 3.5/18

a. $Z' Z = \operatorname{diag}(m_1, m_2, \ldots, m_T)$.

$$Z' X = \begin{pmatrix} m_1 & m_1 \bar{x}_1 \\ m_2 & m_2 \bar{x}_2 \\ \vdots & \vdots \\ m_T & m_T \bar{x}_T \end{pmatrix} \qquad \text{mit } \bar{x}_t \text{ wie in (3.4/3b).}$$

Q ist eine blockdiagonale Matrix mit den Blöcken $(1/m_t)\, \boldsymbol{\iota} \boldsymbol{\iota}'$, $t = 1, \ldots, T$, wobei $\boldsymbol{\iota} = (1, \ldots, 1)'$ mit m_t Einsen.

$$X_0^{*\prime} Q X_0^* = M \begin{pmatrix} \bar{s}_{\bar{y}}^2 & \bar{s}_{\bar{y}\bar{x}} \\ \bar{s}_{\bar{x}\bar{y}} & \bar{s}_{\bar{x}}^2 \end{pmatrix}$$

mit $\bar{s}_{\bar{y}}^2$ usw. wie in (3.4/26), $M = \sum m_t$. Ferner ist

$$\boldsymbol{X}_0^{*\prime} \boldsymbol{P} \boldsymbol{X}_0^* = \begin{pmatrix} m_{yy} & m_{yx} \\ m_{xy} & m_{xx} \end{pmatrix}$$

mit $m_{xy} := \sum_{t=1}^{T} \sum_{i=1}^{m_t} (x_{ti} - \bar{x}_t)(y_{ti} - \bar{y}_t)$ usw. (vgl. auch (3.4/5)).

Die Matrix $[1/(M - T)]\, \boldsymbol{X}_0^{*\prime} \boldsymbol{P} \boldsymbol{X}_0^*$ ist die (um die Zahl der Freiheitsgrade korrigierte) interne, $(1/M)\, \boldsymbol{X}_0^{*\prime} \boldsymbol{Q} \boldsymbol{X}_0^*$ die externe Kovarianzmatrix des Variablenpaars (y, x). Die Matrix $[(1/(M - T)]\, \boldsymbol{X}_0^{*\prime} \boldsymbol{P} \boldsymbol{X}_0^*$ ist die R-Schätzung der Fehlerkovarianzmatrix — vgl. (3.4/5) und L 3.4/1a.

Für die Lösungsteile b bis d sei angenommen, daß die Modellgleichungen (84) von der Scheinvariablen bereinigt sind. Alle Variablen werden dann als Abweichungen vom Mittelwert gemessen. Der Parameter α entfällt, und der Parametervektor $\boldsymbol{\beta}$ ist gleich dem Parameter β; entsprechend ist $\boldsymbol{\beta}_0 = (1, -\beta)'$.

b. Das Minimierungsproblem (56) ist mit der Eigenwertaufgabe A 3.5/13a äquivalent. Diese kann in dem hier vorliegenden Fall unter Beachtung von Lösungsteil a wie folgt geschrieben werden:

$$\min_h : \left[\begin{pmatrix} \bar{s}_{\bar{y}}^2 & \bar{s}_{\bar{y}\bar{x}} \\ \bar{s}_{\bar{x}\bar{y}} & \bar{s}_{\bar{y}}^2 \end{pmatrix} - h \begin{pmatrix} \hat{\sigma}_{w,R}^2 & \hat{\sigma}_{wv,R} \\ \hat{\sigma}_{vw,R} & \hat{\sigma}_{v,R}^2 \end{pmatrix} \right] \begin{pmatrix} 1 \\ -\beta \end{pmatrix} = \boldsymbol{o}.$$

Im Falle $\sigma_{vw} = 0$ wird man $\hat{\sigma}_{vw,R}$ durch 0 ersetzen. Die resultierende Eigenwertaufgabe hat (3.4/25) als Lösung (s. auch L 3.3/17).

c. Die Anwendung von (42) auf das Modell (84) liefert bei Beachtung von Lösungsteil a:

$$\hat{\beta}_{2KQ} = \bar{s}_{\bar{x}\bar{y}} / \bar{s}_{\bar{x}}^2.$$

Im Falle $m_t \equiv m$ ist $\bar{s}_{\bar{x}\bar{y}} = s_{\bar{x}\bar{y}}$ sowie $\bar{s}_{\bar{x}}^2 = s_{\bar{x}}^2$ gemäß (3.4/13) und $\hat{\beta}_{2KQ} = s_{\bar{x}\bar{y}} / s_{\bar{x}}^2 = \hat{\beta}_{KQR}$.

d. Wird (54) auf das Modell (84) angewandt, dann ist $T = M$ und $L = T$ zu setzen. Aus (54) wird dann bei Beachtung von L 3.5/11 und Lösungsteil a:

$$\hat{\beta}_{VK} = \frac{\bar{s}_{\bar{x}\bar{y}} - \hat{\sigma}_{vw,R}/\bar{m}}{\bar{s}_{\bar{x}}^2 - \hat{\sigma}_{v,R}^2/\bar{m}}$$

mit $\bar{m} = M/T$. Im Falle $\sigma_{vw} = 0$ wird man $\hat{\sigma}_{vw,R}$ durch 0 ersetzen. Ist dann noch $m_t = m$ für $t = 1, \ldots, T$, dann erhält man

$$\hat{\beta}_{VK} = \frac{s_{\bar{x}\bar{y}}}{s_{\bar{x}}^2 - \hat{\sigma}_{v,R}^2/m} = \hat{\beta}_{VR}.$$

L 3.5/19

a. Mit $\boldsymbol{\sigma}_{vw} = \boldsymbol{\sigma}'_{wv} = \boldsymbol{o}$ folgt aus (90b):

$$\boldsymbol{\Sigma}_{xx} = \boldsymbol{\Sigma}_{\xi\xi} + \boldsymbol{\Sigma}_{vv}$$

$$\boldsymbol{\Sigma}_{xz} = \boldsymbol{\Sigma}_{\xi\xi}\,\boldsymbol{D}$$

$$\boldsymbol{\Sigma}_{zz} = \boldsymbol{D}'\,\boldsymbol{\Sigma}_{\xi\xi}\,\boldsymbol{D} + \boldsymbol{\Sigma}_{ff}$$

$$\sigma_y^2 = \boldsymbol{\beta}'\,\boldsymbol{\Sigma}_{\xi\xi}\,\boldsymbol{\beta} + \sigma_w^2$$

$$\boldsymbol{\sigma}_{xy} = \boldsymbol{\Sigma}_{\xi\xi}\,\boldsymbol{\beta}$$

$$\boldsymbol{\sigma}_{yz} = \boldsymbol{\beta}'\,\boldsymbol{\Sigma}_{\xi\xi}\,\boldsymbol{D}.$$

b. Da der Parameter $\boldsymbol{\beta}$ M_2-identifzierbar und ferner $\boldsymbol{\Sigma}_{\xi\xi}\boldsymbol{\beta} = \boldsymbol{\sigma}_{xy}$ ist, kann $\boldsymbol{\beta}'\,\boldsymbol{\Sigma}_{\xi\xi}\,\boldsymbol{\beta}$ bestimmt werden. Zusammen mit

$$\sigma_w^2 = \sigma_y^2 - \boldsymbol{\beta}'\,\boldsymbol{\Sigma}_{\xi\xi}\,\boldsymbol{\beta}$$

folgt dann, daß σ_w^2 M_2-identifizierbar und damit auch identifizierbar ist.

c. Ist zusätzlich $\boldsymbol{\Sigma}_{vv}$ diagonal, dann sind zunächst die Nichtdiagonalelemente von $\boldsymbol{\Sigma}_{\xi\xi}$ wegen $\boldsymbol{\Sigma}_{\xi\xi} = \boldsymbol{\Sigma}_{xx} - \boldsymbol{\Sigma}_{vv}$ identifizierbar. Aus derselben Gleichung folgt

$$-\boldsymbol{\Sigma}_{vv}\,\boldsymbol{\beta} = \boldsymbol{\Sigma}_{\xi\xi}\,\boldsymbol{\beta} - \boldsymbol{\Sigma}_{xx}\,\boldsymbol{\beta} = \boldsymbol{\sigma}_{xy} - \boldsymbol{\Sigma}_{xx}\,\boldsymbol{\beta}.$$

Da die rechte Seite dieser Gleichungskette bestimmbar ist und da $\boldsymbol{\Sigma}_{vv}$ diagonal ist, kann auch $\boldsymbol{\Sigma}_{vv}$ bestimmt werden, sofern alle Komponenten von $\boldsymbol{\beta}$ ungleich 0 sind. Damit ist auch $\boldsymbol{\Sigma}_{\xi\xi}$ identifizierbar.

Wegen $\boldsymbol{\Sigma}_{xz} = \boldsymbol{\Sigma}_{\xi\xi}\,\boldsymbol{D}$ (s. Lösungsteil a) und der vorausgesetzten Regularität von $\boldsymbol{\Sigma}_{\xi\xi}$ folgt nun weiter, daß auch die Matrizen $\boldsymbol{D}$ und $\boldsymbol{\Sigma}_{ff}$ identifizierbar sind, letztere wegen $\boldsymbol{\Sigma}_{ff} = \boldsymbol{\Sigma}_{zz} - \boldsymbol{D}'\,\boldsymbol{\Sigma}_{\xi\xi}\,\boldsymbol{D}$. Die restlichen Parameter $\boldsymbol{\mu}_\xi$, $\boldsymbol{\alpha}$ und $\boldsymbol{d}$ des Modells (87) lassen sich dann aus (90a) bestimmen.

L 3.5/20

a. Für die Kovarianzmatrix $\boldsymbol{\Sigma}_{pp}$ des Vektors $\boldsymbol{p} := (\boldsymbol{x}', \boldsymbol{y}', \boldsymbol{z}')'$ der beobachtbaren Variablen gilt

$$\boldsymbol{\Sigma}_{pp} = \begin{pmatrix} \boldsymbol{\Sigma}_{xx} & \boldsymbol{\Sigma}_{xy} & \boldsymbol{\Sigma}_{xz} \\ \boldsymbol{\Sigma}_{yx} & \boldsymbol{\Sigma}_{yy} & \boldsymbol{\Sigma}_{yz} \\ \boldsymbol{\Sigma}_{zx} & \boldsymbol{\Sigma}_{zy} & \boldsymbol{\Sigma}_{qzz} \end{pmatrix} = \begin{pmatrix} \boldsymbol{\Sigma}_{\xi\xi} & \boldsymbol{\Sigma}_{\xi\xi}\,\boldsymbol{B} & \boldsymbol{\Sigma}_{\xi\xi}\,\boldsymbol{D} \\ \boldsymbol{B}'\,\boldsymbol{\Sigma}_{\xi\xi} & \boldsymbol{B}'\,\boldsymbol{\Sigma}_{\xi\xi}\,\boldsymbol{B} & \boldsymbol{B}'\,\boldsymbol{\Sigma}_{\xi\xi}\,\boldsymbol{D} \\ \boldsymbol{D}'\,\boldsymbol{\Sigma}_{\xi\xi} & \boldsymbol{D}'\,\boldsymbol{\Sigma}_{\xi\xi}\,\boldsymbol{B} & \boldsymbol{D}'\,\boldsymbol{\Sigma}_{\xi\xi}\,\boldsymbol{D} \end{pmatrix} + \begin{pmatrix} \boldsymbol{\Sigma}_{vv} & \boldsymbol{\Sigma}_{vw} & \boldsymbol{O} \\ \boldsymbol{\Sigma}_{wv} & \boldsymbol{\Sigma}_{ww} & \boldsymbol{O} \\ \boldsymbol{O} & \boldsymbol{O} & \boldsymbol{\Sigma}_{ff} \end{pmatrix}.$$

b. Aus diesem System erhält man $\boldsymbol{\Sigma}_{zx} = \boldsymbol{D}'\,\boldsymbol{\Sigma}_{\xi\xi}$ sowie $\boldsymbol{\Sigma}_{zy} = \boldsymbol{D}'\,\boldsymbol{\Sigma}_{\xi\xi}\,\boldsymbol{B}$ und daher analog zu (93)

$\boldsymbol{\Sigma}_{zx} \boldsymbol{B} = \boldsymbol{\Sigma}_{zy}.$

Die $(K \times M)$-Matrix $\boldsymbol{B}$ ist demnach M_2-identifizierbar, sofern rg $\boldsymbol{\Sigma}_{zx} = K$ ist.

L 3.5/21

a. Es gilt mit $\sigma_{\tilde{w}}^2 = \sigma_w^2 + \sigma_\varepsilon^2$ und $\sigma_\eta^2 = \beta^2 \sigma_\xi^2 + \sigma_\varepsilon^2$:

$$\boldsymbol{\Sigma}_{pp} = \begin{pmatrix} \sigma_x^2 & \sigma_{xy} & \sigma_{xz_1} & \sigma_{xz_2} \\ \sigma_{xy} & \sigma_y^2 & \sigma_{yz_1} & \sigma_{yz_2} \\ \sigma_{z_1x} & \sigma_{z_1y} & \sigma_{z_1}^2 & \sigma_{z_1z_2} \\ \sigma_{z_2x} & \sigma_{z_2y} & \sigma_{z_2z_1} & \sigma_{z_2}^2 \end{pmatrix} = \begin{pmatrix} \sigma_\xi^2 & \beta\,\sigma_\xi^2 & \delta_1\,\sigma_\xi^2 & \beta\,\delta_2\,\sigma_\xi^2 \\ \beta\,\sigma_\xi^2 & \beta^2\,\sigma_\xi^2 & \beta\,\delta_1\,\sigma_\xi^2 & \delta_2\,\sigma_\eta^2 \\ \delta_1\,\sigma_\xi^2 & \beta\,\delta_1\,\sigma_\xi^2 & \delta_1^2\,\sigma_\xi^2 & \beta\,\delta_1\,\delta_2\,\sigma_\xi^2 \\ \beta\,\delta_2\,\sigma_\xi^2 & \delta_2\sigma_\eta^2 & \beta\,\delta_1\,\delta_2\,\sigma_\xi^2 & \delta_2^2\,\sigma_\eta^2 \end{pmatrix} + \begin{pmatrix} \sigma_v^2 & & & \\ & \sigma_{\tilde{w}}^2 & & 0 \\ 0 & & \sigma_{f_1}^2 & \\ & & & \sigma_{f_2}^2 \end{pmatrix}.$$

b. Man gewinnt nun wie folgt die Parameter aus den Varianzen und Kovarianzen der beobachtbaren Variablen:

$$\beta = \sigma_{yz_1}/\sigma_{xz_1}, \qquad \delta_1 = \sigma_{yz_1}/\sigma_{xy}, \qquad \delta_2 = \sigma_{xz_2}/\sigma_{xy},$$

$$\sigma_\xi^2 = \sigma_{xy}/\beta, \qquad \sigma_\eta^2 = \sigma_{yz_2}/\delta_2,$$

$$\sigma_v^2 = \sigma_x^2 - \sigma_\xi^2, \qquad \sigma_{\tilde{w}}^2 = \sigma_y^2 - \beta^2\,\sigma_\xi^2,$$

$$\sigma_{f_1}^2 = \sigma_{z_1}^2 - \delta_1^2\,\sigma_\xi^2, \qquad \sigma_{f_2}^2 = \sigma_{z_2}^2 - \delta_2^2\,\sigma_\eta^2.$$

Die originären Parameter σ_w^2 und σ_ε^2 bestimmt man schließlich aus den Gleichungen

$$\sigma_{\tilde{w}}^2 = \sigma_w^2 + \sigma_\varepsilon^2, \qquad \sigma_\eta^2 = \beta^2\,\sigma_\xi^2 + \sigma_\varepsilon^2.$$

Bei der Ableitung der Identifikationsformeln für die Modellparameter wurde die Beziehung $\sigma_{z_1z_2} = \beta\,\delta_1\,\delta_2\,\sigma_\xi^2$ (vgl. Lösungsteil a) nicht benutzt. Das Modell ist also überidentifiziert.

Die Elemente der Matrix $\boldsymbol{\Sigma}_{pp}$ sind nicht frei. Sie unterliegen der aus der letzten Gleichung ableitbaren Restriktion $\sigma_{xy} = \sigma_{yz_1} \cdot \sigma_{xz_2}/\sigma_{z_1z_2}$.

L 3.6/1

Zunächst beweist man, daß $\bar{y}_1 - \hat{\beta}_G\,\bar{x}_1 = \bar{y}_2 - \hat{\beta}_G\,\bar{x}_2$, indem man $\hat{\beta}_G$ gemäß (2) einsetzt und ausmultipliziert. Danach zeigt man die Äquivalenz von (3) und einer der beiden Gleichungen (6):

$$\begin{aligned}\hat{\alpha}_G &= \bar{y} - \hat{\beta}_G \bar{x} \\ &= (t_1 \bar{y}_1 + t_2 \bar{y}_2) - \hat{\beta}_G (t_1 \bar{x}_1 + t_2 \bar{x}_2) \\ &= t_1 (\bar{y}_1 - \hat{\beta}_G \bar{x}_1) + t_2 (\bar{y}_2 - \hat{\beta}_G \bar{x}_2) \\ &= (t_1 + t_2)(\bar{y}_1 - \hat{\beta}_G \bar{x}_1) \\ &= \bar{y}_1 - \hat{\beta}_G \bar{x}_1 .\end{aligned}$$

L 3.6/2

a. Wir beweisen zunächst, daß $p\lim \bar{w}_1 = 0$. Dazu betrachten wir von den Elementen w_t ($t = 1, \dots, T$) diejenigen Elemente $w_{t'}$, deren Indizes t' zu G_1 gehören. Es gibt T_1 solcher Elemente $w_{t'}$. Das arithmetische Mittel dieser T_1 Elemente ist $\bar{w}_1$. Nach (F1) sind alle w_t und damit wegen (G1) auch alle $w_{t'}$ unabhängig identisch verteilt. Ebenfalls wegen (G1) wird der Erwartungswert der $w_{t'}$ nicht davon beeinflußt, daß $t' \in G_1$. In Verbindung mit (F2) folgt also, daß $E(w_{t'}) = 0$. Nach Satz 3.1/1 und Satz 3.1/2 ist daher

$$\underset{T_1 \to \infty}{p\lim} \; \bar{w}_1 = 0.$$

Aus (G3) ersieht man, daß T_1 gegen unendlich strebt, falls dies für T gilt. Folglich gilt auch

$$\underset{T \to \infty}{p\lim} \; \bar{w}_1 = 0.$$

Analog zeigt man, daß $p\lim \bar{w}_2 = 0$ und $p\lim \bar{v}_i = 0$ sind ($i = 1; 2$).
Aus $p\lim \bar{w}_i = p\lim \bar{v}_i = 0$ folgt wegen $\bar{u}_i = \bar{w}_i - \beta \bar{v}_i$ sofort $p\lim \bar{u}_i = 0$ ($i = 1; 2$).

b. Aus (2) erhält man mit $y_t = \alpha + \beta x_t + u_t$ und $x_t = \xi_t + v_t$ die Darstellung

$$\begin{aligned}\hat{\beta}_G &= \frac{(\alpha + \beta \bar{x}_1 + \bar{u}_1) - (\alpha + \beta \bar{x}_2 + \bar{u}_2)}{\bar{x}_1 - \bar{x}_2} \\ &= \beta + \frac{\bar{u}_1 - \bar{u}_2}{\bar{x}_1 - \bar{x}_2} \\ &= \beta + \frac{\bar{u}_1 - \bar{u}_2}{(\bar{\xi}_1 - \bar{\xi}_2) + (\bar{v}_1 - \bar{v}_2)} .\end{aligned}$$

Wegen (G2) und der in Aufgabenteil a mit (G1) und (G3) bewiesenen Gleichungen $p\lim \bar{v}_i = p\lim \bar{u}_i = 0$ ($i = 1; 2$) folgt hieraus die Konsistenz von $\hat{\beta}_G$.

L 3.6/3

a. Zunächst gilt $E(\bar{w}_1) > 0$, $E(\bar{w}_2) < 0$ und $plim\ \bar{w}_1 > 0$, $plim\ \bar{w}_2 < 0$. Da die Gruppenbildung nur von w abhängig ist, d.h. eine Funktion von w ist, und v und w nach (F5) unabhängig sind (FV-Modell i.e.S.), ist $plim\ \bar{v}_i = 0$; $i = 1,2$ (vgl. auch L 3.6/2a).

   Für $\bar{u}_i = \bar{w}_i - \beta\ \bar{v}_i$ folgt dann $plim\ \bar{u}_i = plim\ \bar{w}_i$, d.h. es ist $plim\ \bar{u}_1 > 0$, $plim\ \bar{u}_2 < 0$.

b. Wegen der in L 3.6/2b angegebenen Darstellung von $\hat{\beta}_G$ folgt schließlich $plim\ (\hat{\beta}_G - \beta) \neq 0$, d.h., $\hat{\beta}_G$ ist nicht konsistent.

L 3.6/4

Es ist $\bar{x}_1 = 2$, $\bar{x}_2 = 5$, $\bar{y}_1 = 9$, $\bar{y}_2 = 15$. Nach (2) und (6) ergibt sich daher $\hat{\beta}_G = 2$ und $\hat{\alpha}_G = 5$.

Die Gleichung der geschätzten Regressionsgeraden $\hat{R}_G$ ist dann gegeben durch $\hat{y}_G = 5 + 2\,x$.

$\hat{R}_G$ verläuft sowohl durch die Gruppenschwerpunkte (2; 9) und (5; 15) als auch durch den Gesamtschwerpunkt (3,5; 12):

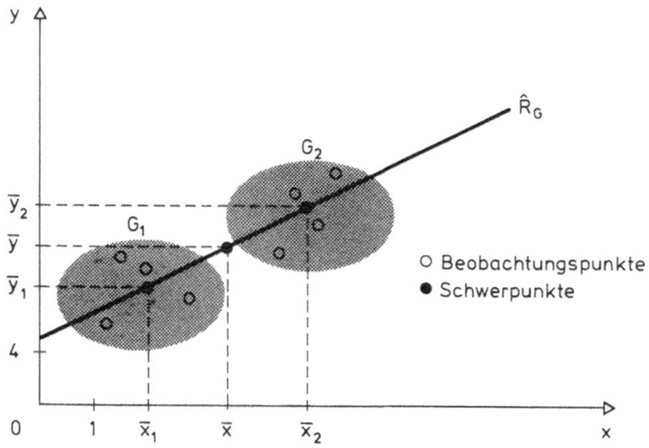

L 3.6/5

Wir stellen das IV-Normalgleichungssystem (3.5/19) auf mit

$$\boldsymbol{Z} = \begin{pmatrix} z_{11} & z_{12} \\ \vdots & \vdots \\ z_{T1} & z_{T2} \end{pmatrix}, \boldsymbol{X} = \begin{pmatrix} 1 & x_1 \\ \vdots & \vdots \\ 1 & x_T \end{pmatrix}, \boldsymbol{y} = \begin{pmatrix} y_1 \\ \vdots \\ y_T \end{pmatrix}, \boldsymbol{\beta} = \begin{pmatrix} \alpha \\ \beta \end{pmatrix}$$

Man erhält bei Unterdrückung des Indexes "IV" (vgl. L 3.5/2a und L 3.5/3a)

$$\hat{\alpha}\, T_1 + \hat{\beta} \sum_1 x_t = \sum_1 y_t$$

$$\hat{\alpha}\, T_2 + \hat{\beta} \sum_2 x_t = \sum_2 y_t$$

Nach Division durch T_1 resp. T_2 folgt das System

$$\hat{\alpha} + \hat{\beta}\, \bar{x}_1 = \bar{y}_1$$

$$\hat{\alpha} + \hat{\beta}\, \bar{x}_2 = \bar{y}_2$$

mit den Lösungen (vgl. auch A 3.6/1)

$$\hat{\beta} = \frac{\bar{y}_1 - \bar{y}_2}{\bar{x}_1 - \bar{x}_2}, \qquad \hat{\alpha} = \bar{y}_i - \hat{\beta}\, \bar{x}_i = \bar{y} - \hat{\beta}\, \bar{x}, \qquad i = 1; 2.$$

L 3.6/6

a. Zunächst gilt wegen $y_t = \beta x_t + u_t$ und $x_t = \xi_t + v_t$ (vgl. auch L 3.6/2b)

$$\hat{\beta} = \frac{\bar{y}}{\bar{x}} = \frac{\beta \bar{x} + \bar{u}}{\bar{x}} = \beta + \frac{\bar{u}}{\bar{x}} = \beta + \frac{\bar{u}}{\bar{\xi} + \bar{v}}.$$

Mit (3.1/6a, 9a) und $p\lim \bar{\xi} \neq 0$ folgt dann die Konsistenz von $\hat{\beta}$.

b. Die geschätzte Regressionsgerade $\hat{R}$ hat die Gleichung $\hat{y} = (\bar{y}/\bar{x})\, x$. Sie verläuft durch den Schwerpunkt $(\bar{x}, \bar{y})$ und durch den Koordinatenursprung:

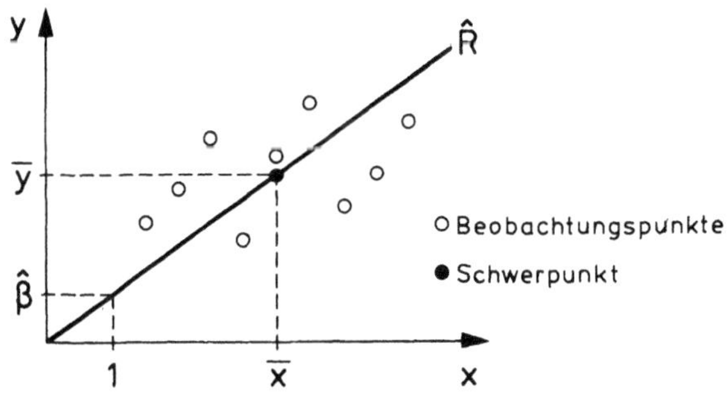

L 3.6/7

Beim Verfahren nach Nair verläuft die Gerade durch die Gruppenschwerpunkte $(\bar{x}_1, \bar{y}_1)$ und $(\bar{x}_3, \bar{y}_3)$. Man hat daher

$$\hat{\alpha}_G = \bar{y}_1 - \hat{\beta}_G\, \bar{x}_1 = \bar{y}_3 - \hat{\beta}_G\, \bar{x}_3.$$

Beim Verfahren nach Bartlett geht die Gerade hingegen durch den Gesamtschwerpunkt $(\bar{x}, \bar{y})$; α wird daher durch (3) geschätzt.

L 3.6/8

Wenn man zwei Instrumentvariablen z_1 und z_3 durch

$$z_{ti} := \begin{cases} 1 & \text{für } t \in G_i \\ 0 & \text{sonst} \end{cases} \qquad i = 1;3$$

definiert, erhält man, analog zu L 3.6/5, aus (3.5/19) die Gleichungen

$$\hat{\alpha} + \hat{\beta}\,\bar{x}_1 = \bar{y}_1$$

$$\hat{\alpha} + \hat{\beta}\,\bar{x}_3 = \bar{y}_3$$

mit den Lösungen

$$\hat{\beta} = \frac{\bar{y}_1 - \bar{y}_3}{\bar{x}_1 - \bar{x}_3}, \qquad \hat{\alpha} = \bar{y}_i - \hat{\beta}\,\bar{x}_i \qquad i = 1; 3.$$

Das sind genau die Schätzformeln nach Nair (s. (7) und L 3.6/7).

L 3.6/9

Mit den so erklärten Instrumentvariablen erhält man aus (3.5/19) die Gleichungen (s. L 3.5/3a)

$$\hat{\alpha} + \hat{\beta}\,\bar{x} = \bar{y}$$

$$\hat{\alpha}\,\bar{z}_2 + \hat{\beta}\,\overline{x\,z_2} = \overline{y\,z_2}.$$

Nach Definition von z_2 ist

$$\bar{z}_2 = \frac{1}{T}\left(\sum_1 \frac{1}{T_1} - \sum_3 \frac{1}{T_3}\right) = \frac{1}{T}(1 - 1) = 0$$

$$\overline{x\,z_2} = \frac{1}{T}\left(\sum_1 \frac{x_t}{T_1} - \sum_2 \frac{x_t}{T_3}\right) = \frac{1}{T}(\bar{x}_1 - \bar{x}_3), \qquad \overline{y\,z_2} = \frac{1}{T}(\bar{y}_1 - \bar{y}_3).$$

Man hat somit das System

$$\hat{\alpha} + \hat{\beta}\,\bar{x} = \bar{y}$$

$$\hat{\beta}\,(\bar{x}_1 - \bar{x}_3) = \bar{y}_1 - \bar{y}_3$$

mit den Lösungen

$$\hat{\beta} = \frac{\bar{y}_1 - \bar{y}_3}{\bar{x}_1 - \bar{x}_3}, \qquad \hat{\alpha} = \bar{y} - \beta\,\bar{x}.$$

Das sind aber gerade die Schätzformeln nach Bartlett (s. (7) und L 3.6/7).

L 3.7/1

Für $\tau = 0$ geht (23b) über in $\gamma_0 \sigma_{yx} = \beta_0(\sigma_x^2 - \sigma_v^2)$. Wegen $\gamma_0 = 1$, $\beta_0 \neq 0$ und $\sigma_x^2 - \sigma_v^2 = \sigma_\xi^2 \neq 0$ folgt $\sigma_{yx} \neq 0$.

L 3.7/2

a. Es bezeichne wieder $K - K_1$ die Zahl der aus der betrachteten Einzelgleichung ausgeschlossenen exogenen Variablen, K_* die Zahl der in der Gleichung auftretenden fehlerbehafteten exogenen Variablen und M_* die jeweilige Zahl der erklärenden endogenen Variablen. Es gilt dann mit $G = (K - K_1) - M_*$:

	$K - K_1$	M_*	G	K_*
Nachfragegl.	2	1	1	1
Angebotsgl.	1	1	0	0

Das notwendige Kriterium (38) ist demnach in beiden Fällen erfüllt.

b. Die Nachfragegleichung ist von der Gestalt (34a) mit $M_1 = 2$, $K_1 = 2$ und $x_1 \equiv 1$ sowie $(-\gamma_{21}) =: \beta_1, \beta_{11} =: \alpha, \beta_{21} =: \beta_2$. Zur Bestimmung eines konsistenten IV-Schätzers $\hat{\boldsymbol{\alpha}}_1$ für den Koeffizientenvektor $\boldsymbol{\alpha}_1 = (\beta_1, \alpha, \beta_2)'$ steht nach (35) das Normalgleichungssystem $\boldsymbol{Z}_1' \boldsymbol{X}_1 \hat{\boldsymbol{\alpha}}_1 = \boldsymbol{Z}_1' \boldsymbol{y}_1$ zur Verfügung, wobei hier $\boldsymbol{y}_1 = (q_1, \ldots, q_T)'$ und

$$\boldsymbol{X}_1 = \begin{pmatrix} p_{11} & 1 & p_{12} \\ \vdots & \vdots & \vdots \\ p_{T1} & 1 & p_{T2} \end{pmatrix}, \qquad \boldsymbol{Z}_1 = \begin{pmatrix} 1 & k_1 & l_1 \\ \vdots & \vdots & \vdots \\ 1 & k_T & l_T \end{pmatrix}.$$

c. Die Angebotsgleichung ist von der Gestalt (34a) mit $M_1 = 2$, $K_1 = 3$ und $x_1 \equiv 1$ sowie $(-\gamma_{21}) =: \gamma_1, \beta_{11} =: \delta, \beta_{21} =: \gamma_2, \beta_{31} =: \gamma_3$. Zur Bestimmung eines konsistenten IV-Schätzers $\hat{\boldsymbol{\alpha}}_1$ für den Vektor $\boldsymbol{\alpha}_1 = (\gamma_1, \delta, \gamma_2, \gamma_3)'$ hat man erneut (35) mit $\boldsymbol{y}_1 = (q_1, \ldots, q_T)'$ und

$$\boldsymbol{X}_1 = \begin{pmatrix} p_{11} & 1 & k_1 & l_1 \\ \vdots & \vdots & \vdots & \vdots \\ p_{T1} & 1 & k_T & l_T \end{pmatrix}, \qquad \boldsymbol{Z}_1 = \begin{pmatrix} 1 & k_1 & l_1 & p_{12} \\ \vdots & \vdots & \vdots & \vdots \\ 1 & k_T & l_T & p_{T2} \end{pmatrix}.$$

L 3.7/3

a. Es gilt (vgl. L 3.7/2a)

	$K - K_1$	M_*	G	K_*
1. Gleichung	3	1	2	2
2. Gleichung	1	1	0	1

Das Kriterium (38) ist demnach nur für die erste Modellgleichung erfüllt. Ohne Berücksichtigung von Informationen über die Struktur der ersten Modellgleichung sind die Koeffizienten der zweiten Modellgleichung also gemäß Satz 3.7/1 nicht M_2-identifizierbar.

b. Eine zulässige Zuordnung ist gegeben, wenn wir x_1 und x_2 beide der ersten Modellgleichung zuordnen. Das Identifikationskriterium nach Satz 3.7/2 ist somit erfüllt.

Identifikationsbeziehungen für die acht Koeffizienten und für die beiden Meßfehlervarianzen leitet man analog zu (45) und (47) ab:

$$\gamma_{12}\,\sigma_{y_1x_i} + \sigma_{y_2x_i} = \beta_{12}\,(\sigma_{x_1x_i} - \delta_{1i}\,\sigma_1^2) + \beta_{32}\,\sigma_{x_3x_i} + \beta_{42}\,\sigma_{x_4x_i} + \beta_{52}\,\sigma_{x_5x_i}$$

$$i = 1, \ldots, 5.$$

$$\sigma_{y_1x_i} + \gamma_{21}\,\sigma_{y_2x_i} = \beta_{11}\,(\sigma_{x_1x_i} - \delta_{1i}\,\sigma_1^2) + \beta_{21}\,(\sigma_{x_2x_i} - \delta_{2i}\,\sigma_2^2)$$

Wenn man jeweils die theoretischen Momente durch ihre empirischen Analoga ersetzt, hat man zehn Bestimmungsgleichungen für IV-Schätzungen der genannten zehn Parameter.

L 3.8/1

Man gewinnt die M-Schätzer $\hat{\beta}_{M_i}$, $i = 1, 2, 3$, gemäß (2) – (4), wenn man mit den Instrumentvariablen $z_1 := (x - \bar{x})^2$, $z_2 := (y - \bar{y})^2$ bzw. $z_3 := (x - \bar{x})(y - \bar{y})$ jeweils den IV-Schätzer

$$\hat{\beta}_{IV_i} := \frac{s_{yz_i}}{s_{xz_i}} = \frac{\Sigma\,(y - \bar{y})\,z_i}{\Sigma\,(x - \bar{x})\,z_i}, \qquad i = 1, 2, 3$$

konstruiert.

Die Variablen z_i haben den Charakter von Instrumentvariablen i.w.S. Mit $(\mathrm{N}_{v,\,w})$ kann man nämlich zum einem ableiten, daß z_i und (v, w) asymptotisch unkorreliert sind. Offenbar existiert zum anderen auch $S_{\xi z_i} = \operatorname{plim} s_{\xi z_i} = \sigma_{\xi z_i}$ und wegen $\mu_3(\xi) \neq 0$ gilt $S_{\xi z_i} \neq 0$ (vgl. auch L 2.3/12, 13).

L 3.8/2

Da die Schätzer (2) – (4) konsistent sind, gilt

$$\operatorname{plim} \hat{\beta}_{M_5} = \sqrt[3]{(\operatorname{plim} \hat{\beta}_{M_1})\,(\operatorname{plim} \hat{\beta}_{M_2})\,(\operatorname{plim} \hat{\beta}_{M_3})} = \beta.$$

L 4.1/1

Nach Voraussetzung ist $E(e_t) = 0$ für alle Glieder der Folge $\{e_t\}$. Da ferner die Glieder der Folge $\{a_t\}$ nichtstochastisch sind, ist

$$E(\sqrt{T}\,\overline{a\,e}) = \frac{1}{\sqrt{T}} \Sigma\, a_t\, E(e_t) = 0$$

und daher

$$V(\sqrt{T}\,\overline{a\,e}) = E[(\sqrt{T}\,\overline{a\,e})^2] = T\,E[(\overline{a\,e})^2].$$

Bei Beachtung des Lösungshinweises folgt

$$V(\sqrt{T}\,\overline{a\,e}) = \frac{1}{T} \sum_{t=1}^{T} \sum_{s=1}^{T} a_t\, a_s\, E(e_t\, e_s).$$

Da die Folgenglieder e_t stochastisch unabhängig sind, ist $E(e_t\, e_s) = E(e_t)\, E(e_s) = 0$ für $t \neq s$, d.h.

$$V(\sqrt{T}\,\overline{a\,e}) \frac{1}{T} \Sigma\, a_t^2\, E(e_t^2) = \frac{1}{T} \Sigma\, a_t^2\, \sigma_e^2 = \overline{a^2}\, \sigma_e^2.$$

Hieraus erhält man wegen (2, 3) sofort (4):

$$\lim V(\sqrt{T}\,\overline{a\,e}) = M_{aa}\, \sigma_e^2 = \bar{V}(\sqrt{T}\,\overline{a\,e}).$$

L 4.1/2

Daß $M_{a'_i a'_j} = S_{a_i a_j}$ ist, falls $a'_i = a^*_i$ oder/und $a'_j = a^*_j$, erkennt man aus den folgenden Gleichungen:

$$\overline{a^*_i a^*_j} = \frac{1}{T} \Sigma\, (a_{ti} - \bar{a}_i)(a_{tj} - \bar{a}_j) = s_{a_i a_j}$$

$$\overline{a_i\, a^*_j} = \frac{1}{T} \Sigma\, a_{ti}\, (a_{tj} - \bar{a}_j) = \overline{a_i\, a_j} - \bar{a}_i\, \bar{a}_j = s_{a_i a_j}.$$

L 4.1/3

a. Nach Voraussetzung ist $E(e_{ti}) = 0$ und daher

$$E(\overline{a'_i\, e_i}) = \frac{1}{T} \Sigma\, a'_{ti}\, E(e_{ti}) = 0 \qquad i = 1, \ldots, m.$$

Für die Kovarianz $\sigma_{ij} := C(\sqrt{T}\,\overline{a_i' e_i}, \sqrt{T}\,\overline{a_j' e_j})$ gilt folglich

$$\sigma_{ij} = E\,(\sqrt{T}\,\overline{a_i' e_i}\,\sqrt{T}\,\overline{a_j' e_j}) = T\,E\,(\overline{a_i' e_i}\;\overline{a_j' e_j}).$$

Bei Beachtung des Lösungshinweises ergibt sich hieraus

$$\sigma_{ij} = \frac{1}{T}\sum_{t=1}^{T}\sum_{s=1}^{T} a_{ti}'\,a_{sj}'\,E(e_{ti}\,e_{sj}) = \frac{1}{T}\Sigma\, a_{ti}'\,a_{tj}'\,E\,(e_{ti}\,e_{tj}).$$

Das letzte Gleichheitszeichen gilt, weil $E(e_{ti}\,e_{sj}) = 0$ für $t \neq s$. Man erhält schließlich

$$\sigma_{ij} = \frac{1}{T}\Sigma\, a_{ti}'\;a_{tj}'\,\sigma_{e_ie_j} = \overline{a_i'\,a_j'}\,\sigma_{e_ie_j}.$$

b. Die Grenzwerte $\lim \sigma_{ij}$ $(i, j = 1, \ldots, m)$ ergeben nach (9) gerade die in (10b) wiedergegebenen Elemente der asymptotischen Kovarianzmatrix $\bar{\boldsymbol{\Sigma}}$. Dies bedeutet, daß der Grenzwert der Kovarianzmatrix des Vektors $\sqrt{T}(\overline{a_1' e_1}, \ldots, \overline{a_m' e_m})'$ mit der asymptotischen Kovarianzmatrix dieses Vektors übereinstimmt.

L 4.1/4

Wenn wir $\boldsymbol{g}_T := (g_{1T}, g_{2T})'$, $\boldsymbol{B}_T := (b_{1T}, b_{2T})$ und $d_T :\equiv 0$ setzen, erhält man für die Linearkombination h_T die Darstellung $h_T = \boldsymbol{B}_T\boldsymbol{g}_T + d_T$. Die Voraussetzungen (14, 15) von Satz 4.1/6 sind erfüllt, wobei in (15) $\boldsymbol{B} = (b_1, b_2)$ und $d = 0$ ist. Es folgt daher nach (16)

$$h_T \rightarrow N(0, \bar{\sigma}_h^2),$$

$$\bar{\sigma}_h^2 = \boldsymbol{B}\,\bar{\boldsymbol{\Sigma}}_g\,\boldsymbol{B}' = b_1^2\,\bar{\sigma}_{11} + 2\,b_1\,b_2\,\bar{\sigma}_{12} + b_2^2\,\bar{\sigma}_{22}.$$

L 4.1/5

a. Es ist $E(\overline{a_i' e_i}) = 0$ (vgl. L 4.1/3a) und somit

$$E\left(\sqrt{T}\,a_T\right) = \sqrt{T}\sum_{i=1}^{m} b_{iT}\,E(\overline{a_i' e_i}) = 0$$

$$V\left(\sqrt{T}\,a_T\right) = E\left[\left(\sqrt{T}\,a_T\right)^2\right] = T\sum_{i=1}^{m}\sum_{j=1}^{m} b_{iT}\,b_{jT}\,E\,(\overline{a_i' e_i}\;\overline{a_j' e_j}).$$

Nach L 4.1/3a ist $T\,E(\overline{a_i' e_i}\;\overline{a_j' e_j}) = \overline{a_i'\,a_j'}\,\sigma_{e_ie_j}$, woraus unmittelbar die Behauptung folgt.

b. Aus $\boldsymbol{b} = (b_1, \ldots, b_m)'$ und der Darstellung (10b) erhält man mit $\bar{\sigma}_{ij} := M_{a'_i a'_j} \sigma_{e_i e_j}$

$$\boldsymbol{b}' \bar{\boldsymbol{\Sigma}} \boldsymbol{b} = \sum_{i=1}^{m} \sum_{j=1}^{m} b_i \, b_j \, \bar{\sigma}_{ij}.$$

Für $m = 2$ ergibt sich speziell

$$\boldsymbol{b}' \bar{\boldsymbol{\Sigma}} \boldsymbol{b} = b_1^2 \, \bar{\sigma}_{11} + 2 \, b_1 \, b_2 \, \bar{\sigma}_{12} + b_2^2 \, \bar{\sigma}_{22}.$$

L 4.2/1

Für die empirische Kovarianz $\overline{v^* \, w^*} = s_{vw}$ gilt die Darstellung $\overline{v^* \, w^*} = \overline{v \, w} - \bar{v} \, \bar{w}$.. Wird daher in (2) $\overline{v^* \, w^*}$ durch $\overline{v \, w}$ ersetzt, so ändert sich $\sqrt{T} Z$ insgesamt um den Betrag $\sqrt{T}(\sigma_v^2 + \overline{\xi^{*2}}) \, \bar{v} \, \bar{w}$. Nun gilt nach (3.1/6a) und Satz 4.1/1

$$p\lim \bar{v} = 0, \qquad \sqrt{T} \, \bar{w} \rightarrow N(0, \sigma_w^2)$$

und daher $p\lim (\sqrt{T} \, \bar{v} \, \bar{w}) = 0$ nach Satz 4.1/7. Da $\overline{\xi^{*2}}$ nach Annahme (A) stochastisch gegen $S_{\xi\xi}$ konvergiert, erhält man somit schließlich

$$p\lim \sqrt{T}(\sigma_v^2 + \overline{\xi^{*2}}) \, \bar{v} \bar{w} = (\sigma_v^2 + S_{\xi\xi}) \cdot 0 = 0.$$

Ersetzt man also in (2) $\overline{v^* \, w^*}$ durch $\overline{v \, w}$, so ändert sich $\sqrt{T} Z$ um einen Betrag, der für $T \rightarrow \infty$ stochastisch gegen Null konvergiert. Dasselbe gilt, wie man analog zeigt, für die Ersetzung von $\overline{v^{*2}}$ durch $\overline{v^2}$.

Die Ersetzung von $\overline{\xi^* \, v^*}$ und $\overline{\xi^* \, w^*}$ durch $\overline{\xi^* \, v}$ resp. $\overline{\xi^* \, w}$ ändert (2) nicht einmal für endliches T, denn es ist ja (vgl. L 4.1/2)

$$\overline{\xi^* \, v^*} = \overline{\xi^* \, v} = s_{\xi v}; \qquad \overline{\xi^* \, w^*} = \overline{\xi^* \, w} = s_{\xi w}.$$

L 4.2/2

Aus (4b) folgt in Verbindung mit (N_v) sowie den Modellannahmen (F1, 2) und (F5):

$$E(e_{t1} \, e_{t2}) = \sigma_v^2 \, E(v_t) - E(v_t^3) = - E(v_t^3) = 0$$

$$E(e_{t1} \, e_{t3}) = \sigma_v^2 \, E(w_t) - E(v_t^2) \, E(w_t) = 0$$

$$E(e_{t1} \, e_{t4}) = \sigma_v^2 \, E(v_t) \, E(w_t) - E(v_t^3) \, E(w_t) = 0$$

$$E(e_{t2} \, e_{t3}) = E(v_t) \, E(w_t) = 0$$

$$E(e_{t2} \, e_{t4}) = E(v_t^2) \, E(w_t) = 0$$

$$E(e_{t3} \, e_{t4}) = E(v_t) \, E(w_t^2) = 0.$$

L 4.2/3

Es ist $e_w = 0{,}1$; $e = \sigma_v^2/100$; $e_u = e_w + 0{,}25\,e$. Der exakte Wert für $\bar{V}_{KQ}$ ist nach (14b) gegeben durch

$$\bar{V}_{KQ} = e_u - 0{,}25\, e^2 (3 - 4\,e + 2\,e^2).$$

Dieser Wert kann nach (15) durch $e_u - 0{,}75\, e^2$ oder nach (16) durch e_u approximiert werden.

Die prozentualen Abweichungen der Approximationen vom genauen Wert bezeichnen wir mit D_1 bzw. D_2:

$$D_1 := \frac{\bar{V}_{KQ} - e_u}{\bar{V}_{KQ}} \cdot 100, \qquad D_2 := \frac{\bar{V}_{KQ} - (e_u - 0{,}75\, e^2)}{\bar{V}_{KQ}} \cdot 100.$$

Man erhält dann die folgende Tabelle:

σ_v^2	e	$\bar{V}_{KQ}$	e_u	$e_u - 0{,}75\, e^2$	D_1 (%)	D_2 (%)
0	0	0,1000	0,1000	0,1000	0	0
5	0,05	0,1107	0,1125	0,1106	– 1,6	0,1
10	0,10	0,1185	0,1250	0,1175	– 5,5	0,8
20	0,20	0,1272	0,1500	0,1200	– 17,9	5,7

Interpretation: Aus der Tabelle ist zu ersehen, daß $\bar{V}_{KQ}$ durch e_u nicht so genau approximiert wird wie durch (15). Außerdem ist zu erkennen, daß $\bar{V}_{KQ}$ durch e_u stets vergrößert und durch (15) stets verkleinert wird, wenn man vom Fall $e = 0$ absieht. Man kann zeigen, daß dies ganz allgemein gilt ($\beta \neq 0$, $0 < e < 1$); vgl. auch A 4.2/7b.

L 4.2/4

a. Der Verzerrungsteil des approximativen MQF beträgt nach (21) näherungsweise

$$\beta^2 e^2 = 0{,}5^2 \cdot 0{,}1^2 = 0{,}0025.$$

Für den Varianzteil erhält man nach (21) bei Beachtung von $e_u = e_w + \beta^2 e$ die Näherung

$$\frac{1}{T}(e_u - 3\,\beta^2 e^2) = \frac{1}{T}[e_w + \beta^2 e(1 - 3\,e)] = \frac{1}{T} \cdot 0{,}1175.$$

Damit ergibt sich die folgende Tabelle:

T	Verzerrungs-teil	Varianz-teil	approximativer MQF nach (21)
10	0,0025	0,0118	0,0143
100	0,0025	0,0012	0,0037
1000	0,0025	0,0001	0,0026

b. Verzerrungs- und Varianzteil sind dann gleich, wenn $0{,}0025 = 0{,}1175/T$. Das ist der Fall für $T = 47$.

L 4.2/5

Wenn man auf der rechten der Seite der Gleichung (29b) $S_{\xi\xi}$ durch $S_{xx} - \sigma_v^2$ ersetzt und dort anschließend Zähler und Nenner durch S_{xx}^2 dividiert, erhält man mit $e = \sigma_v^2 / S_{xx}$ und $e_u = \sigma_u^2 / S_{xx}$

$$\frac{\boldsymbol{b}' \,\bar{\boldsymbol{\Sigma}}\, \boldsymbol{b}}{S_{\xi\xi}^2} = \frac{e_u + \beta^2 e^2}{(1 - e)^2}.$$

Nach Einsetzen von $e_u = e_w + \beta^2 e$ geht der rechtsstehende Quotient in den mittleren Term der Gleichungskette (30) über.

L 4.2/6

Es ist wieder $e = \sigma_v^2 / 100$ und $e_u = 0{,}1 + 0{,}25\, e$. Für den exakten Wert (31b) gilt also

$$\bar{V}_V = \frac{e_u + 0{,}25\, e^2}{(1 - e)^2}.$$

Dieser Wert kann nach (33) durch $e_u (1 + 2\, e) + 0{,}25\, e^2$ oder nach (34) durch e_u approximiert werden. Mit

$$D_1 := \frac{\bar{V}_V - e_u}{\bar{V}_V} \cdot 100, \qquad D_2 := \frac{\bar{V}_V - [e_u (1 + 2\, e) + 0{,}25\, e^2]}{\bar{V}_V} \cdot 100$$

resultiert die folgende Tabelle:

σ_v^2	e	$\bar{V}_V$	e_u	$e_u(1 + 2e) + 0{,}25\,e^2$	D_1 (%)	D_2 (%)
0	0	0,1000	0,1000	0,1000	0	0
5	0,05	0,1253	0,1125	0,1244	10,25	0,77
10	0,10	0,1574	0,1250	0,1525	20,59	3,12
20	0,20	0,2500	0,1500	0,2200	40,00	12,00

Interpretation: Aus der Tabelle ist zu ersehen, daß der Wert $\bar{V}_V$ durch (34) nicht so genau approximiert wird wie durch (33). Man erkennt, daß $\bar{V}_V$ durch die Approximation (34) stets verkleinert wird, wenn man vom Fall $e = 0$ absieht.

Durch Vergleich mit der Tabelle aus L 4.2/3 verifiziert man ferner, daß für $e \neq 0$ die Abschätzung

$$\bar{V}_{KQ} < e_u < \bar{V}_V$$

gilt. In L 4.2/7 wird gezeigt, daß diese ganz allgemein gilt ($\beta \neq 0$, $0 < e < 1$).

L 4.2/7

a. Im Falle $0 < e < 1$ und $\beta \neq 0$ gilt für (31b) die Abschätzung

$$\bar{V}_V = \frac{e_u + \beta^2 e^2}{(1 - e)^2} > e_u + \beta^2 e^2 > e_u.$$

b. Zunächst gilt ganz allgemein

$$3 - 4e + 2e^2 = 2(1 - e)^2 + 1 > 0.$$

Für $e > 0$ und $\beta \neq 0$ gilt ferner $\beta^2 e^2 > 0$. Der Term $\beta^2 e^2 (3 - 4e + 2e^2)$ in (14b) ist daher unter der Voraussetzung $e > 0$ und $\beta \neq 0$ positiv. Es folgt

$$e_u > e_u - \beta^2 e^2 (3 - 4e + 2e^2) = \bar{V}_{KQ}.$$

L 4.2/8

a. Mit den in A 4.2/3 angegebenen Daten und $\sigma_v^2 = 10$ ist (vgl. die Tabellen in L 4.2/3 und L 4.2/6) $\bar{V}_V = 0{,}1574$ und $\bar{V}_{KQ} = 0{,}1185$. Die exakte Differenz beträgt also 0,0389.

Die exakte Differenz kann gemäß (38) durch $2e(e_u + 0{,}5e)$ approximiert werden. Wegen $e = 0{,}1$ und $e_u = 0{,}1250$ (s. L 4.2/3) besitzt dieser Term den Wert 0,035.

b. Wir bezeichnen den Prozentsatz, um den sich $\bar{V}_V$ von $\bar{V}_{KQ}$ unterscheidet, mit D:

$$D = \frac{\bar{V}_V - \bar{V}_{KQ}}{\bar{V}_V} \cdot 100 = \frac{3{,}89}{0{,}1574} \approx 24{,}71.$$

Wenn man bei der Berechnung von D die approximative Differenz heranzieht, erhält man

$$D = \frac{0{,}0350}{0{,}1574} \cdot 100 \approx 22{,}24.$$

L 4.2/9

a. Nach (36) und (21) ist mit $e = 0{,}1$, $e_u = 0{,}125$ und $\beta = 0{,}5$ (vgl. die Tabellen aus L 4.2/6 und L 4.2/4)

$$M\tilde{Q}F(\hat{\beta}_V) \approx \frac{1}{T} \cdot 0{,}1525; \quad M\tilde{Q}F(\hat{\beta}_{KQ}) \approx 0{,}0025 + \frac{1}{T} \cdot 0{,}1175.$$

Demzufolge ergibt sich folgende Tabelle:

T	$M\tilde{Q}F(\hat{\beta}_V)$	$M\tilde{Q}F(\hat{\beta}_{KQ})$
10	0,01525	0,01425
100	0,00153	0,00368
1000	0,00015	0,00262.

b. Nach Lösungsteil a stimmen die rechtsstehenden Terme in (36) und (21) überein, wenn

$$\frac{1}{T} \cdot 0{,}1525 = 0{,}0025 + \frac{1}{T} \cdot 0{,}1175.$$

Diese Gleichung ist erfüllt für

$$T = \frac{0{,}1525 - 0{,}1175}{0{,}0025} = \frac{350}{25} = 14.$$

L 4.2/10

Gleichung (40) hat die Form $\hat{\beta}^2 a + \hat{\beta} b_1 = c_1$ mit $a = \sigma_v^2 s_{xy}$, $b_1 := \sigma_w^2 s_x^2 - \sigma_v^2 s_y^2$, $c_1 := \sigma_w^2 s_{xy}$ und $\hat{\beta} := \hat{\beta}_P$. Man erhält

$$\hat{\beta}^2 a + \hat{\beta} b_1 = c_1$$

$$\Leftrightarrow (\hat{\beta} - \beta)^2 a + (\hat{\beta} - \beta) b_1 + (2 \hat{\beta} \beta a - \beta^2 a + \beta b_1) = c_1$$

$$\Leftrightarrow (\hat{\beta} - \beta)^2 a + (\hat{\beta} - \beta) \underbrace{(2 \beta a + b_1)}_{b} = \underbrace{c_1 - \beta (\beta a + b_1)}_{c}.$$

Man verifiziert leicht, daß die Koeffizienten b und c gerade die in (42) angegebene Gestalt aufweisen.

L 4.2/11

a. Im FV-Modell i.e.S. mit $\boldsymbol{\varepsilon} = \boldsymbol{o}$, für das wir (3.1/43) abgeleitet hatten, bedeutet Kenntnis von $\boldsymbol{\Sigma}_0$ Kenntnis von σ_w^2 und $\boldsymbol{\Sigma}$. Man kann dann in (3.1/43) anstelle von Schätzungen $\hat{\sigma}_w^2$ und $\hat{\boldsymbol{\Sigma}}$ die bekannten Parameter σ_w^2 und $\boldsymbol{\Sigma}$ einsetzen und erhält so bei Aufgabe der Blockmatrixschreibweise

$$\frac{1}{T}\boldsymbol{y}'\boldsymbol{y} = \hat{\boldsymbol{\beta}}'\hat{\boldsymbol{M}}_{\xi\xi}\hat{\boldsymbol{\beta}} + \sigma_w^2$$

$$\frac{1}{T}\boldsymbol{y}'\boldsymbol{X} = \hat{\boldsymbol{\beta}}'\hat{\boldsymbol{M}}_{\xi\xi}$$

$$\frac{1}{T}\boldsymbol{X}'\boldsymbol{y} = \hat{\boldsymbol{M}}_{\xi\xi}\hat{\boldsymbol{\beta}}$$

$$\frac{1}{T}\boldsymbol{X}'\boldsymbol{X} = \hat{\boldsymbol{M}}_{\xi\xi} + \boldsymbol{\Sigma}.$$

Aus den ersten beiden Gleichungen folgt sofort (56a), aus den letzten beiden (56b).

b. Sei $\boldsymbol{D} = (\hat{\boldsymbol{\beta}}_V, \boldsymbol{I})\,\boldsymbol{\Sigma}_0^{-1}$ mit $\hat{\boldsymbol{\beta}}_V = (\boldsymbol{X}'\boldsymbol{X} - T\boldsymbol{\Sigma})^{-1}\boldsymbol{X}'\boldsymbol{y}$. Bei Beachtung von (57a) erhält man zunächst $\boldsymbol{D} = T(\boldsymbol{X}'\boldsymbol{X} - T\boldsymbol{\Sigma})^{-1}\boldsymbol{M}'\boldsymbol{\Sigma}_0^{-1}$. Mit (59) folgt dann

$$\hat{\boldsymbol{\beta}} = (\boldsymbol{D}\boldsymbol{M})^{-1}\boldsymbol{D}\boldsymbol{a} = [(\boldsymbol{X}'\boldsymbol{X} - T\boldsymbol{\Sigma})^{-1}\boldsymbol{M}'\boldsymbol{\Sigma}_0^{-1}\boldsymbol{M}]^{-1}(\boldsymbol{X}'\boldsymbol{X} - T\boldsymbol{\Sigma})^{-1}\boldsymbol{M}'\boldsymbol{\Sigma}_0^{-1}\boldsymbol{a}.$$

Der nach dem zweiten Gleichheitszeichen stehende Term ist aber gerade gleich der rechten Seite von (60).

L 4.2/12

$$\bar{V}_{VR} - \bar{V}_{PR1} \geq 0 \Leftrightarrow \frac{m+1}{m-1} \geq 2\left(\frac{1}{m-1} + \frac{1}{n-1}\right)p^2 - 1 \Leftrightarrow \frac{m(n-1)}{m+n-2} \geq p^2.$$

Wegen $p \leq 1$ ist die letzte Ungleichung richtig, wenn

$$\frac{m(n-1)}{m+n-2} \geq 1.$$

Das aber ist äquivalent mit $n \geq 2$.

L 4.2/13

Um (66) und (67) besser vergleichen zu können, ist es zweckmäßig, (66) durch Einsetzen von (63) wie folgt umzuformen:

$$\bar{V}_{PR1} = \frac{\sigma_{\bar{u}}^2}{S_{\xi\xi}} + \frac{\sigma_{\bar{v}}^2\,\sigma_{\bar{w}}^2}{S_{\xi\xi}^2}[1 + 4\,a\,p\,(1-p)].$$

Im Falle $n = m$ ist $a = 1/(m-1)$. Mit $\varrho_{vw} = 0$ gilt dann:

$$\bar{V}_{PR2} \geq \bar{V}_{PR1} \Leftrightarrow \frac{m}{m-1} \geq 1 + \frac{4\,p\,(1-p)}{m-1} \Leftrightarrow 1 \geq 4\,p\,(1-p).$$

Die letzte Ungleichung ist aber immer erfüllt.

L 4.2/14

Alle Grenzübergänge verstehen sich jeweils für $m \to \infty$. Summiert wird jeweils über $t = 1, \ldots, T$, falls nichts anderes angegeben.

a. $s_{\bar{x}}^2 = s_{\xi}^2 + 2\, s_{\xi \bar{v}} + s_{\bar{v}}^2 = s_{\xi}^2 + \frac{1}{T}\,[2\, \Sigma (\xi_t - \bar{\xi})\, \bar{v}_t + \Sigma\, (\bar{v}_t - \bar{v})^2];$

$$\bar{v} := \frac{1}{T}\, \Sigma\, \bar{v}_t = \frac{1}{T} \Sigma \left(\frac{1}{m} \sum_{i=1}^{m} v_{ti} \right).$$

Offenbar ist $p\mathrm{lim}\ \bar{v}_t = 0$ für $t = 1, \ldots, T$ und daher $p\mathrm{lim}\ s_{\xi \bar{v}} = 0$ und $p\mathrm{lim}\ s_{\bar{v}}^2 = 0$. Damit ist (71a) bewiesen.

b. $s_{\bar{v}\bar{u}} = \frac{1}{T}\, \Sigma\, (\bar{v}_t - \bar{v})\, \bar{u}_t.$

wobei $\bar{u}_t$ analog zu $\bar{v}_t$ definiert ist. Es gilt $\sqrt{m}\, \bar{u}_t \to N(0, \sigma_u^2)$ (vgl. Satz 4.1/1) und $p\mathrm{lim}\ \bar{v}_t = p\mathrm{lim}\ \bar{v} = 0$; $t = 1, \ldots, T$. Daraus folgt nach Satz 4.1/7 die Gleichung (71b).

c. $s_{\xi \bar{u}} = \frac{1}{T}\, \Sigma\, (\xi_t - \bar{\xi})\, \bar{u}_t.$

Mit $\sqrt{m}\, \bar{u}_t \to N(0, \sigma_u^2)$, $t = 1, \ldots, T$, und wegen der stochastischen Unabhängigkeit der $\bar{u}_t$ folgt mit Satz 4.1/6 hieraus (71c).

Anmerkung: Dem Index T aus Satz 4.1/6 und 4.1/7 entspricht hier der Index m, dem Vektor $\boldsymbol{g}_T$ der von m abhängige Vektor $\bar{\boldsymbol{u}} = (\bar{u}_1, \ldots, \bar{u}_T)'$.

L 4.2/15

Alle Grenzübergänge verstehen sich wieder für $m \to \infty$. Für $\hat{\sigma}_{v,R}^2$ schreiben wir abkürzend $\hat{\sigma}_v^2$:

$$\hat{\beta}_{VR} = \frac{s_{\bar{x}\bar{y}}}{s_{\bar{x}} - \hat{\sigma}_v^2/m} = \frac{s_{\bar{x}\bar{y}}}{s_{\bar{x}}^2} \cdot \frac{s_{\bar{x}}^2}{s_{\bar{x}}^2 - \hat{\sigma}_v^2/m} = \hat{\beta}_{KQR} \cdot \frac{s_{\bar{x}}^2}{s_{\bar{x}}^2 - \hat{\sigma}_v^2/m}$$

$$\sqrt{m}\,(\hat{\beta}_{VR} - \hat{\beta}_{KQR}) = \sqrt{m}\, \hat{\beta}_{KQR} \left(\frac{s_{\bar{x}}^2}{s_{\bar{x}}^2 - \hat{\sigma}_v^2/m} - 1 \right) = \hat{\beta}_{KQR} \cdot \frac{\hat{\sigma}_v^2/\sqrt{m}}{s_{\bar{x}}^2 - \hat{\sigma}_v^2/m}.$$

Da sowohl $\hat{\beta}_{KQR}$ als auch $\hat{\sigma}_v^2$ konsistent sind für $m \to \infty$ (vgl. z.B. (3.4/7)) und da $p\lim s_x^2 = s_\xi^2 \neq 0$ ist, konvergiert die rechte Seite der Gleichungskette stochastisch gegen Null.

L 4.2/16

Wird das R-Modell gemäß 3.5.2h als FVE-Modell aufgefaßt, dann ist $\hat{\beta}_{KQR}$ gerade der 2KQ-Schätzer im FVE-Modell. Dessen asymptotische Varianz ist durch (4.2/85b) gegeben mit

$$M_{zz} = \underset{m \to \infty}{p\lim} \frac{1}{Tm} Z' Z, \quad M_{xz} = \underset{m \to \infty}{p\lim} \frac{1}{Tm} X^{*\prime} Z, \quad M_{zx} = M'_{xz}.$$

Dabei ist Z eine blockdiagonale Matrix mit T gleichen Blöcken $\iota = (1, \ldots, 1)'$, die jeweils m Einsen enthalten; X^* bezeichnet hier den Vektor $X^* := (x_{11}^*, \ldots, x_{1m}^*, x_{21}^*, \ldots, x_{2m}^*, \ldots, x_{T1}^*, \ldots, x_{Tm}^*)'$ mit $x_{ti}^* = x_{ti} - \bar{x}$.

Es folgt mit $x_t^* := \frac{1}{m} \sum_{i=1}^{m} x_{ti}^*$:

$$\frac{1}{Tm} Z' Z = \frac{1}{T} I, \qquad \frac{1}{Tm} X^{*\prime} Z = \frac{1}{T} (x_1^*, \ldots, x_T^*)'.$$

Für die Grenzmomentenmatrizen erhält man dann mit $\xi_t^* := \xi_t - \bar{\xi}$

$$M_{zz} = \frac{1}{T} I, \quad M_{xz} = \frac{1}{T} (\xi_1^*, \ldots, \xi_T^*)'.$$

Schließlich erhält man für (4.2/85b):

$$\sigma_u^2 (M_{xz} M_{zz}^{-1} M_{zx})^{-1} = \sigma_u^2 \left(\frac{1}{T} \Sigma \xi_t^{*2} \right)^{-1} = \frac{\sigma_u^2}{s_\xi^2}.$$

Dies ist die asymptotische Varianz von $\sqrt{Tm}\,(\hat{\beta}_{KQR} - \beta)$ für $m \to \infty$. Die asymptotische Varianz von $\sqrt{m}\,(\hat{\beta}_{KQR} - \beta)$ ist dann $\sigma_u^2 / T s_\xi^2$. Zusammen mit (4.2/85a) ergibt sich damit (72).

L 4.2/17

Nach (3.5/6) und (3.1/17a) ist $S_{xz} = S_{\xi z}$ sowie $S_{\xi\xi} = S_{xx} - \sigma_v^2$. Es gilt deshalb mit $e = \sigma_v^2 / S_{xx}$:

$$R_{xz}^2 = \frac{S_{xz}^2}{S_{xx} S_{zz}} = \frac{S_{\xi z}^2}{S_{\xi\xi} S_{zz}} \cdot \frac{S_{xx} - \sigma_v^2}{S_{xx}} = R_{\xi z}^2 (1 - e).$$

Wegen $R_{\xi z}^2 \leq 1$ folgt hieraus $R_{xz}^2 \leq 1 - e$.

L 4.2/18

a. Für $0 < e < 1$ und $\beta \neq 0$ gelten für (77b) die Abschätzungen

$$\bar{V}_V = \frac{e_u + \beta^2 e^2}{(1-e)^2} > \frac{e_u}{(1-e)^2} > \frac{e_u}{1-e} = \bar{V}_{IV,\,\mathrm{Opt}}.$$

b. Mit (80) hat man wegen $0 < e < 1$ und L 4.2/7b

$$\bar{V}_{IV,\,\mathrm{Opt}} = \frac{e_u}{1-e} > e_u > \bar{V}_{KQ}.$$

L 4.2/19

a. $\bar{V}_{IV,\,\mathrm{Opt}} = \dfrac{e_u}{1-e} = e_u\,(1 + e + e^2 + e^3 + \ldots) \approx e_u\,(1+e).$

Dabei wurde auch der Term $e_u\, e^2$ unterdrückt, weil er größenordnungsmäßig der dritten Potenz von e entspricht.

b. Aus (33) und der Näherungsformel für $\bar{V}_{IV,\,\mathrm{Opt}}$ folgt

$$\bar{V}_V - \bar{V}_{IV,\,\mathrm{Opt}} \approx e_u\,(1 + 2\,e) + \beta^2 e^2 - e_u\,(1+e) = e_u\, e + \beta^2 e^2.$$

L 4.2/20

a. Im Falle $\sigma_v^2 = 10$, $S_{xx} = 100$ ist $e = 0{,}1$ und daher wegen $R_{xz}^2 \leq 1 - e$

$$|R_{xz}| \leq \sqrt{1 - 0{,}1} \approx 0{,}95.$$

b. Für die angegebenen Werte ist wieder $e = 0{,}1$ und $e_u = 0{,}125$ (vgl. die Tabelle in L 4.2/3). Nach (80) gilt also

$$\bar{V}_{IV,\,\mathrm{Opt}} = \frac{0{,}125}{1 - 0{,}1} \approx 0{,}1389.$$

Die entsprechenden Werte für $\bar{V}_{KQ}$ und $\bar{V}_V$ lauten (vgl. die Tabellen in L 4.2/3 und L 4.2/6):

$$\bar{V}_{KQ} = 0{,}1185; \qquad \bar{V}_V = 0{,}1574.$$

Diese Ergebnisse stehen im Einklang mit (81).

L 4.2/21

Aus der in L 3.5/8a angegebenen Darstellung für $\hat{\boldsymbol{\beta}}_{2\,KQ}$ erhält man

$$\sqrt{T}\,(\hat{\boldsymbol{\beta}}_{2\,KQ} - \boldsymbol{\beta}) = \left[\frac{1}{T}\,\boldsymbol{X}'\,\boldsymbol{Z}\left(\frac{1}{T}\,\boldsymbol{Z}'\,\boldsymbol{Z}\right)^{-1}\frac{1}{T}\,\boldsymbol{Z}'\,\boldsymbol{X}\right]^{-1}\frac{1}{T}\,\boldsymbol{X}'\,\boldsymbol{Z}\left(\frac{1}{T}\,\boldsymbol{Z}'\boldsymbol{Z}\right)^{-1}\frac{1}{\sqrt{T}}\,\boldsymbol{Z}'\,\boldsymbol{u}.$$

Nach (83) sowie wegen $plim\,(1/T)\,\boldsymbol{Z}'\,\boldsymbol{Z} =: \boldsymbol{M}_{zz}$ und $plim\,(1/T)\,\boldsymbol{Z}'\,\boldsymbol{X} =: \boldsymbol{M}_{zx}$ gilt

$$\frac{1}{\sqrt{T}}\,\boldsymbol{Z}'\,\boldsymbol{u} \to N(\boldsymbol{o}, \sigma_u^2\,\boldsymbol{M}_{zz}),$$

$$plim\left[\frac{1}{T}\,\boldsymbol{X}'\,\boldsymbol{Z}\left(\frac{1}{T}\,\boldsymbol{Z}'\,\boldsymbol{Z}\right)^{-1}\frac{1}{T}\,\boldsymbol{Z}'\,\boldsymbol{X}\right]^{-1}\frac{1}{T}\,\boldsymbol{X}'\,\boldsymbol{Z}\left(\frac{1}{T}\,\boldsymbol{Z}'\,\boldsymbol{Z}\right)^{-1}$$

$$= (\boldsymbol{M}_{xz}\,\boldsymbol{M}_{zz}^{-1}\,\boldsymbol{M}_{zx})^{-1}\,\boldsymbol{M}_{xz}\,\boldsymbol{M}_{zz}^{-1}.$$

Es folgt daher nach Satz 4.1/6 die Aussage (85):

$$\sqrt{T}\,(\hat{\boldsymbol{\beta}}_{2KQ} - \boldsymbol{\beta}) \to N(\boldsymbol{o}, \sigma_u^2\,(\boldsymbol{M}_{xz}\,\boldsymbol{M}_{zz}^{-1}\,\boldsymbol{M}_{zx})^{-1}).$$

L 4.2/22

Nach L 3.6/4 ist $\hat{\beta}_G = 2$, $\hat{\alpha}_G = 5$ und daher $\hat{u}_t = y_t - 5 - 2\,x_t$. Man erhält folgende Tabelle

(x_t, y_t)	(1; 6)	(2;10)	(2; 12)	(3; 8)	(4; 10)	(5; 14)	(5; 16)	(6; 20)
$\hat{u}_t$	− 1	1	3	− 3	− 3	− 1	1	3

Daraus errechnet man

$$\hat{\sigma}_u^2 = \frac{1}{T-2}\,\Sigma\,\hat{u}_t^2 = \frac{1}{8-2}\cdot 40 = \frac{20}{3}.$$

Wegen $T_1 = T_2 = T/2$ setzen wir $\tau_1 = \tau_2 \approx 0{,}5$; den Grenzwert d approximieren wir durch $d \approx \bar{x}_1 - \bar{x}_2 = -3$. Man erhält so nach (88b)

$$\bar{V}_G = \frac{\sigma_u^2}{\tau_1\,\tau_2\,d^2} \approx \frac{20}{3\cdot 0{,}5^2\cdot(-3)^2} \approx 2{,}96.$$

L 4.2/23

Es gilt die Varianzformel (96) mit $j = 3$ und $\gamma_1 = \mu_3(y) =: \mu_{03}$ sowie $\gamma_2 = \mu_3(x) =: \mu_{30}$, d.h.:

$$\bar{V}_{M_5} = \frac{\beta^2}{9}\left(\frac{\bar{v}_{11}}{\mu_{03}^2} - \frac{2\,\bar{v}_{12}}{\mu_{03}\,\mu_{30}} + \frac{\bar{v}_{22}}{\mu_{30}^2}\right).$$

Die Elemente $\bar{v}_{11}$, $\bar{v}_{12}$ und $\bar{v}_{22}$ sind hier gegeben durch

$$\bar{v}_{11} = \mu_{06} - 6\,\mu_{04}\,\mu_{02} - \mu_{03}^2 + 9\,\mu_{02}^3$$

$$\bar{v}_{12} = \mu_{33} - \mu_{30}\,\mu_{03} - 3\,\mu_{31}\,\mu_{02} - 3\,\mu_{13}\,\mu_{20} + 9\,\mu_{20}\,\mu_{02}\,\mu_{11}$$

$$\bar{v}_{22} = \mu_{60} - 6\,\mu_{40}\,\mu_{20} - \mu_{30}^2 + 9\,\mu_{20}^3$$

(vgl. z.B. *Kendall/Stuart* [1979, Kap. 10], Gleichungen (10.23) und (10.24)).

L 4.3/1

a. Für die gemeinsame Dichtefunktion $f(s_{11}, s_{12}, s_{22})$ der Elemente von $\boldsymbol{S}$ gilt nach Satz 4.3/2 im Falle einer positiven Definitheit von $\boldsymbol{S}$, d.h. unter den Voraussetzungen $s_{11} > 0$, $s_{22} > 0$ und $s_{11}\,s_{22} - s_{12}^2 > 0$:

$$f(s_{11}, s_{12}, s_{22}) = C\,(s_{11}\,s_{22} - s_{12}^2)^{\frac{T}{2} - 2} \exp\left[-\frac{1}{2 \det \boldsymbol{\Sigma}}\,(s_{22}\,\sigma_x^2 - 2\,s_{12}\,\sigma_{xy} + s_{11}\,\sigma_y^2)\right]$$

$$C := \left[2^{T-1}\sqrt{\pi}\,(\det \boldsymbol{\Sigma})^{\frac{T-1}{2}}\,\Gamma\left(\frac{T-1}{2}\right)\Gamma\left(\frac{T}{2} - 1\right)\right]^{-1}.$$

Dabei ist $\boldsymbol{\Sigma}$ durch (1b) gegeben. Wenn $\boldsymbol{S}$ nicht positiv definit ist, besitzt f den Wert Null.

b. Für die gemeinsame Dichtefunktion der Variablen (3), die der Einfachheit halber mit demselben Symbol f bezeichnet sei, gilt im Falle $u > 0$ und $p > 0$ mit C aus Lösungsteil a:

$$f(r, p, u) = C\,u\,(u\,p)^{\frac{T}{2} - 2} \exp\left[-\frac{1}{2 \det \boldsymbol{\Sigma}}\,(\sigma_x^2\,p + k(r)\,u)\right]$$

$$k(r) := r^2\,\sigma_x^2 - 2\,r\,\sigma_{xy} + \sigma_y^2.$$

Man erhält diesen Ausdruck, wenn man in der Dichtefunktion von Lösungsteil a die Momente s_{11}, s_{12}, s_{22} durch r, p, u mittels (3) ersetzt und noch durch die Jacobideterminante der Transformation (3), die den Wert $1/u$ hat, dividiert.

Wenn die Bedingungen $u > 0$ und $p >$ o nicht simultan erfüllt sind, besitzt f den Wert Null.

c. Wir schreiben die Dichtefunktion aus Lösungsteil b in der Form

$$f(r, p, u) = C \cdot h(p) \cdot g(r, u)$$

mit

$$h(p) \quad := p^{\frac{T}{2}-2} \exp\left(-\frac{\sigma_x^2 p}{2 \det \boldsymbol{\Sigma}}\right)$$

$$g(r, u) := u^{\frac{T}{2}-1} \exp\left(-\frac{k(r)\, u}{2 \det \boldsymbol{\Sigma}}\right)$$

Mit $q := \sigma_x^2\, p/(2 \det \boldsymbol{\Sigma})$ ist

$$\int_0^\infty h(p)\, dp = \left(\frac{2 \det \boldsymbol{\Sigma}}{\sigma_x^2}\right)^{\frac{T}{2}-2} \int_0^\infty q^{\frac{T}{2}-2} \exp(-q)\, dq$$

$$= \left(\frac{2 \det \boldsymbol{\Sigma}}{\sigma_x^2}\right)^{\frac{T}{2}-1} \Gamma\left(\frac{T}{2}-1\right) =: D$$

Mit $v := k(r)\, u/(2 \det \Sigma)$ finden wir ähnlich

$$\int_0^\infty g(r, u)\, du = \left(\frac{2 \det \boldsymbol{\Sigma}}{k(r)}\right)^{\frac{T}{2}} \int_0^\infty v^{\frac{T}{2}-1} \exp(-v)\, dv$$

$$= \left(\frac{2 \det \boldsymbol{\Sigma}}{k(r)}\right)^{\frac{T}{2}} \Gamma\left(\frac{T}{2}\right) =: F(r)$$

Insgesamt ergibt sich nun für die Randverteilung

$$f(r) = \int_{-\infty}^{\infty} \int_{-\infty}^{\infty} f(r, p, u)\, dp\, du = C \cdot D \cdot F(r).$$

Dies ist aber gerade (4a) mit $\hat{\beta}_{KQ} = r$.

L 4.3/2

a. $$\hat{\beta} = \tan(\hat{\Phi}_0 + \Phi) = \frac{\tan \hat{\Phi}_0 + \tan \Phi}{1 - \tan \hat{\Phi}_0 \tan \Phi}.$$

Es folgt dann weiter wegen $\beta = \tan \Phi$ und $\hat{\beta}_0 = \tan \hat{\Phi}_0$

$$\hat{\beta} - \beta = \frac{(1 + \beta^2)\, \hat{\beta}_0}{1 - \beta \hat{\beta}_0}$$

b. Wenn man die eben bewiesene Gleichung (37) nach $\hat{\beta}_0$ auflöst, erhält man

$$\hat{\beta}_0 = \frac{\hat{\beta} - \beta}{1 + \hat{\beta}\beta}, \qquad \frac{d\hat{\beta}_0}{d\hat{\beta}} = \frac{1 + \beta^2}{(1 + \beta\hat{\beta})^2}.$$

c. Wenn man auf der rechten Seite in (36) $\hat{\beta}_0$ durch $(\hat{\beta} - \beta)/(1 + \beta\hat{\beta})$ ersetzt, mit $d\hat{\beta}_0/d\hat{\beta}$ multipliziert und den ursprünglichen Nichtzentralitätsparameter δ^2 wie im Text beschrieben durch μ^2 ersetzt, erhält man nach einigen Umformungen die Darstellung (38).

L 4.4/1

a. Die Bedingung $q_{xx} > 0$ ist nach (49) äquivalent mit $s_{\tilde{x}z}^2/s_{\tilde{x}}^2 > a$. Nun gilt aber mit (40a)

$$\frac{s_{xz}^2}{s_{\tilde{x}}^2} = \frac{s_{xz}^2\, s_z^2}{s_x^2\, s_z^2 - s_{xz}^2} = \frac{r_{xz}^2\, s_z^2}{1 - r_{xz}^2}.$$

Man hat daher mit (46b)

$$q_{xx} > 0 \Leftrightarrow \frac{r_{xz}^2}{1 - r_{xz}^2} > \frac{a}{s_z^2} \Leftrightarrow \frac{r_{xz}^2}{1 - r_{xz}^2} > \frac{t_{T-2}^2\left(1 - \frac{\omega}{2}\right)}{T-2}.$$

b. Nach (40) ist $s_{\tilde{x}}^2 = (s_x^2\, s_z^2 - s_{xz}^2)/s_z^2$. Es gilt daher

$$s_{\tilde{x}}^2 > 0 \Leftrightarrow s_{xz}^2 < s_x^2\, s_z^2 \Leftrightarrow r_{xz}^2 < 1.$$

L 4.4/2

a. Einer Tabelle der t-Verteilungen mit 3 Freiheitsgraden entnehmen wir für $\omega = 0.05$:

$$t_3\left(1 - \frac{\omega}{2}\right) = t_3\,(0{,}975) = 3{,}182.$$

Mit $s_z^2 = 5{,}2$ und den Momenten aus L 3.5/1 ist gemäß (40)

$$s_{\tilde{x}}^2 = 0{,}8 - \frac{2^2}{5{,}2} \approx 0{,}03077$$

$$s_{\tilde{y}}^2 = 20{,}4 - \frac{9{,}8^2}{5{,}2} \approx 1{,}93077$$

$$s_{\tilde{x}\tilde{y}} = 4 - \frac{2 \cdot 9{,}8}{5{,}2} \approx 0{,}23077.$$

Es folgt somit nach (39)

$$\tau \approx \sqrt{3} \cdot \frac{12 - 9{,}8}{\sqrt{5{,}2 \cdot (0{,}03077 \cdot 36 - 0{,}23077 \cdot 12 + 1{,}93077)}} \approx 3{,}22$$

Somit ist $|\tau| > t_3\,(1 - (\omega/2))$, und die Hypothese H_0 ist abzulehnen.

b. Gemäß (46b) und Lösungsteil a ist

$$a = \frac{5{,}2}{3} \cdot 3{,}182^2 \approx 17{,}5502$$

und somit nach (49) und (51)

$$q_{xx} \approx 2^2 - 17{,}5502 \cdot 0{,}03077 \approx 3{,}4600$$

$$q_{xy} \approx 2 \cdot 9{,}8 - 17{,}5502 \cdot 0{,}23077 \approx 15{,}5499$$

$$q_{yy} \approx 9{,}8^2 - 17{,}5502 \cdot 1{,}93077 \approx 62{,}1546.$$

Die Grenzen des Konfidenzintervalls $K = [\beta_1, \beta_2]$ sind nach (52) gegeben durch

$$\beta_{1,2} = \frac{1}{3{,}4600}\left(15{,}5499 \mp \sqrt{15{,}5499^2 - 3{,}4600 \cdot 62{,}1546}\right),$$

d.h. es gilt $\beta_1 \approx 3{,}0$ und $\beta_2 \approx 6{,}0$.

Der Wert $\hat{\beta}_{IV} = 4{,}9$ liegt also erwartungsgemäß in K.

L 5.1/1

a. Die $(K \times K)$-Matrix $\boldsymbol{X}'\boldsymbol{Q}\boldsymbol{X} = \boldsymbol{X}'\boldsymbol{Z}(\boldsymbol{Z}'\boldsymbol{Z})^{-1}\boldsymbol{Z}'\boldsymbol{X}$ ist jedenfalls positiv semidefinit. Da nach Voraussetzung rg $\boldsymbol{Z}'\boldsymbol{X} = K$ gilt, ist sie auch regulär und damit positiv definit.

b. Da $\boldsymbol{X}'\boldsymbol{Q}\boldsymbol{X}$ und $\boldsymbol{X}'\boldsymbol{X}$ positiv definite Matrizen sind (s. Lösungsteil a) ist die Matrix $\boldsymbol{D} = (\boldsymbol{X}'\boldsymbol{Q}\boldsymbol{X})^{-1} - (\boldsymbol{X}'\boldsymbol{X})^{-1}$ genau dann positiv definit, wenn die Matrix $\boldsymbol{C} := \boldsymbol{X}'\boldsymbol{X} - \boldsymbol{X}'\boldsymbol{Q}\boldsymbol{X} = \boldsymbol{X}'(\boldsymbol{I} - \boldsymbol{Q})\boldsymbol{X}$ positiv definit ist (vgl. Lösungshinweis). Da $\boldsymbol{I} - \boldsymbol{Q}$ symmetrisch und idempotent ist, ist $\boldsymbol{C}$ jedenfalls positiv semidefinit. $\boldsymbol{C}$ ist daher positiv definit, wenn sich $\boldsymbol{C}$ als regulär erweist.

Die Regularität von $\boldsymbol{C}$ ergibt sich aber aus (4) über einen indirekten Beweis: Wäre $\boldsymbol{X}'(\boldsymbol{I} - \boldsymbol{Q})\boldsymbol{X}$ singulär, dann gäbe es einen Vektor $\boldsymbol{a} \neq \boldsymbol{o}$ mit $(\boldsymbol{I} - \boldsymbol{Q})\boldsymbol{X}\boldsymbol{a} = \boldsymbol{o}$, d.h. $\boldsymbol{X}\boldsymbol{a} = \boldsymbol{Q}\boldsymbol{X}\boldsymbol{a}$ bzw. $\boldsymbol{X}\boldsymbol{a} = \boldsymbol{Z}\boldsymbol{b}$ mit $\boldsymbol{b} := (\boldsymbol{Z}'\boldsymbol{Z})^{-1}\boldsymbol{Z}'\boldsymbol{X}\boldsymbol{a}$. Dies aber hieße, daß rg $(\boldsymbol{X}; \boldsymbol{Z}) < K + L$ wäre, im Widerspruch zu (4).

L 5.1/2

Da der Quotient aus (19) mit der Testvariablen $\tilde{q}_{KQ}$ identisch ist, gilt

$$\frac{T - 2K}{K} \cdot \tilde{q}_{KQ} = \frac{\boldsymbol{u}'\boldsymbol{B}\boldsymbol{u}}{\boldsymbol{u}'\boldsymbol{A}\boldsymbol{u} - \boldsymbol{u}'\boldsymbol{B}\boldsymbol{u}}.$$

Aus (14) und (16) folgt für $\hat{q}_{KQ}$ die entsprechende Beziehung

$$\frac{1}{T - K} \cdot \hat{q}_{KQ} = \frac{\boldsymbol{u}'\boldsymbol{B}\boldsymbol{u}}{\boldsymbol{u}'\boldsymbol{A}\boldsymbol{u}}.$$

Es ist also $\tilde{q}_{KQ}$ wegen (5) als Funktion von $\hat{q}_{KQ}$ darstellbar:

$$\tilde{q}_{KQ} = \frac{K}{T-2K} \cdot \frac{\hat{q}_{KQ}}{T-K-\hat{q}_{KQ}} =: f(\hat{q}_{KQ}).$$

Da wegen der Zerlegung (17) $\boldsymbol{u}' \boldsymbol{B} \boldsymbol{u} < \boldsymbol{u}' \boldsymbol{A} \boldsymbol{u}$ ist, gilt $0 < \hat{q}_{KQ} < T - K$. In diesem Bereich ist aber $f(\hat{q}_{KQ})$ monoton wachsend.

Literaturverzeichnis

Abraham B, Ledolter J (1979) A note on the multiple indicator-multiple cause model with several latent variables. Metrika 26: 215 — 217

Acton F S (1959) Analysis of Straight-Line-Data. Dover

Adcock R J (1877) Note on the method of least squares. The Analyst 4: 183 — 184

Adcock R J (1878) A problem in least squares. The Analyst 5: 53 — 54

Aigner D J (1974a) An appropriate econometric framework for estimating a labor-supply function from the SEO file. International Economic Review 15: 59 — 68

Aigner D J (1974b) MSE dominance of least squares with errors of observation. Journal of Econometrics 2: 365 — 372

Aigner D J, Goldberger A S, (eds) (1977) Latent Variables in Socio-Economic Models. North-Holland, Amsterdam

Aigner D J, Hsiao C, Kapteyn A, Wansbeek T J (1984) Latent variable models in econometrics. In: Griliches Z, Intriligator M (eds) Handbook of Econometrics Vol. 2, Chap. 23. North-Holland, Amsterdam pp 1321 — 1393

Amemiya Y, Fuller W A (1984) Estimation for the multivariate errors-in-variables model with estimated error covariance matrix. The Annals of Statistics 12: 497 — 509

Anderson B D O, Deistler M (1984) Identifiability in dynamic errors-in-variables models. Journal of Time Series Analysis 5: 1 — 13

Anderson T W (1946) The non-central Wishart distribution and certain problems of multivariate statistics. Annals of Mathematical Statistics 17: 409 — 431

Anderson T W (1951) Estimating linear restrictions on regression coefficients for multivariate normal distributions. Annals of Mathematical Statistics 22: 327 — 351

Anderson T W (1964) Corrigendum. Annals of Mathematical Statistics 35: 923 — 924

Anderson T W (1976) Estimation of linear functional relationships: approximate distributions and connections with simultaneous equations in econometrics. Journal of the Royal Statistical Society B 38: 1 — 36

Anderson T W (1980) Recent results on the estimation of a linear functional relationship. In: Krishnaiah P R (ed) Multivariate Analysis V, North-Holland, Amsterdam, pp 23 — 34

Anderson T W (1982) Some recent developments on the distribution of single-equation estimators. In: Hildenbrand W (ed) Advances in Econometrics. Chap 4. Cambridge Univ Press, Cambridge, pp 109 — 122

Anderson T W (1983) Kommentar zu Taylor. Econometric Review 2: 41 — 47

Anderson T W (1984) Estimating linear statistical relationships. The Annals of Statistics 12: 1 — 45

Anderson T W, Hurwicz L (1949) Errors and shocks in economic relationships. Econometrica 17: 23 — 25

Anderson T W, Rubin H (1949) Estimation of the parameters of a single equation in a complete system of stochastic equations. Annals of Mathematical Statistics 20: 46 — 63

Anderson T W, Sawa T (1982) Exact and approximate distributions of the maximum likelihood estimator of a slope coefficient. Journal of the Royal Statistical Society B, 44: 52 — 62

Attfield C L F (1976) Estimation of the structural parameters in a permanent income model. Economica 43: 247 — 255

Attfield C L F (1977) Estimation of a model containing unobservable variables using grouped observations. An application to the permanent income hypothesis. Journal of Econometrics 6: 51 — 63

Aufm Kampe H (1979) Identifizierbarkeit in multivariaten Fehler-in-den-Variablen-Modellen. Universität Bonn. Unveröffentlicht

Avery R B (1979) Modelling monetary policy as an unobservable variable. Journal of Econometrics 10: 291 — 311

Barnett V D (1967) A note on linear structural relationships when both residual variances are known. Biometrika 54: 670 — 672

Barnett V D (1969) Simultaneous pairwise linear structural relationships. Biometrics 25: 129 — 142

Barnett V D (1970) Fitting straight lines — the linear functional relationship with replicated observations. Applied Statistics 19: 135 — 144

Barnett V D (1976) The statistician: Jack of all trades, master of one? The Statistician 25: 261 — 279

Barnow B S (1976) The use of proxy variables when one or two independent variables are measured with error. The American Statistician 30: 119 — 121
Bartlett M S (1949) The fitting of straight lines if both variables are subject to error. Biometrics 5: 207 — 212
Barton D E, David F N (1960) Models of functional relationship illustrated on astronomical data. Bulletin de l'Institut International de Statistique 38: 9 — 33
Battese G E, Fuller W A, Hickman R D (1976) Estimation of response variances from interview — reinterview surveys. Journal of the Indian Society of Agricultural Statistics 28: 1 — 4
Bauer H (1978) Wahrscheinlichkeitstheorie und Grundzüge der Maßtheorie. 3. Aufl. Walter de Gruyter, Berlin
Bekker P A (1984) Comment on: Identification in the linear errors in variables model. Research Memorandum 159, Tilburg Universität
Bekker P, Kapteyn A, Wansbeek T (1984) Measurement error and endogeneity in regression: bounds for ML and 2 SLS estimates. In: Dijkstra T K (ed) Misspecification Analysis. Springer, Berlin
Berkson J (1950) Are there two regressions ? Journal of the American Statistical Association 45: 164 — 180
Bhalla S S (1979) Measurement errors and the permanent income hypothesis: evidence from rural India. The American Economic Review 69: 295 — 307
Bhaumik M, Pal M (1982) Grouping and rank estimators in EVMs. Technical Report ERU 7/82, Indian Statistical Institute, Calcutta
Birch M W (1964) A note on the maximum likelihood estimation of a linear structural relationship. Journal of the American Statistical Association 59: 1175 — 1178
Blalock H M (1969) Multiple indicators and the causal approach to measurement error. American Journal of Sociology 75: 264 — 272
Blomqvist N (1977) On the relation between change and initial value. Journal of the American Statistical Association 72: 746 — 749
Box G E P, Jenkins G H (1976) Time Series Analysis. Forecasting and Control, 2nd edn. Holden-Day, San Francisco
Britt H I, Luecke R H (1973) The estimation of parameters in nonlinear implicit models. Technometrics 15: 233 — 247
Brown R L (1957) The bivariate structural relation. Biometrika 44: 84 — 96
Brown R L, Fereday F (1958) Multivariate linear structrual relations. Biometrika 45: 136 — 153
Browne M W (1974) Generalized least-squares estimators in the analysis of covariance structures. South African Statistical Journal 8
Cameron M, Collerson K D, Compston W, Morton R (1981) The statistical analysis and interpretation of imperfectly-fitted Rb-Sr isochrons from polymetamorphic terrains. Geochimica et Cosmochimica Acta 45: 1087 — 1097
Carlson F D, Sobel E, Watson G S (1966) Linear relationships between variables affected by errors. Biometrics 22: 252 — 267
Carrol R J, Spiegelman C H, Lan K K G, Bailey K T, Abbot R D (1984) On errors-in-variables for binary regression models. Biometrika 71: 19 — 25
Carrol R J, Stefanski L (1983) Measurement error in logistic regression: the functional case. Paper presented at the Business Economics Section of the American Statistical Association Meeting, Toronto, Canada
Carter L F, Blalock H M (1970) Underestimation of error in Wald-Bartlett slope estimation. Applied Statistics 19: 34 — 41
Carter R L, Fuller W A (1980) Instrumental variable estimation of the simple errors in variables model. Journal of the American Statistical Association 75: 687 — 692
Chamberlain G (1977) Education, income and ability revisited. In: Aigner D J, Goldberger A S (eds) Latent Variables In Socio-Economic Models. Chap. 10. North-Holland, Amsterdam, pp 143 — 161
Chamberlain G, Griliches Z (1975) Unobservables with a variance-components structure: ability schooling, and the economic success of brothers. International Economic Review 16: 422 — 449
Chan N N (1965) On circular functional relationships. Journal of the Royal Statistical Society B 27: 45 — 56
Chan N N (1980) Estimating linear functional relationships. In: Matusita K (ed) Recent Developments in Statistical Inference and Data Analysis. North-Holland, Amsterdam

Chan N N, Mak T K (1983) Estimation of multivariate linear functional relationships. Biometrica 70: 263 — 267

Chan N N, Mak T K (1984) Heteroskedastic errors in a linear functional relationship. Biometrika 71: 212 — 215

Chan L K, Mak T K (1979) Maximum likelihood estimation of a linear structural relationship with replication. Journal of the Royal Statistical Society B 41: 263 — 268

Chan L K, Mak T K (1984) Maximum likelihood estimation in multivariate structural relationships. Scandinavian Journal of Statistics 11: 45 — 50

Chernoff H, Rubin H (1953) Asymptotic properties of limited information estimates under generalized conditions. In: Hood W C, Koopmans T C (eds) Studies in Econometric Methods. Wiley, New York

Clark K B, Freeman R B (1980) How elastic is the demand for labor? The Review of Economics and Statistics 62: 509 — 520

Clutton-Brock M (1967) Likelihood distributions for estimating functions when both variables are subject to error. Technometrics 9: 261 — 269

Cochran W G (1943) The comparison of different scales of measurement for experimental results. The Annals of Mathematical Statistics 14: 205 — 216

Cochran W G (1968) Errors of measurement in statistics. Technometrics 10: 637 — 666

Cochran W G (1970) Some effects of errors of measurement on multiple correlation. Journal of the American Statistical Association 65: 22 — 34

Copas J B (1972) The likelihood surface in the linear functional relationship problem. Journal of the Royal Statistical Society B 34: 274 — 278

Costner H C (1969) Theory, deduction and rules of correspondence. American Journal of Sociology 75: 245 — 263

Cramér H (1971) Mathematical Methods of Statistics. Princeton University Press, Princeton, N J.

Creasy M A (1956) Confidence limits for the gradient in the linear functional relationship. Journal of the Royal Statistical Society B 18: 65 — 69

Dalenius T (1977) Bibliography on non-sampling errors in surveys — I, II, III. International Statistical Review 45: 71 — 89, 181 — 197, 303 — 317

Davies R B, Hutton B (1975) The effect of errors in the independent variables in linear regression. Biometrika 62: 383 — 391

DeGracie J S, Fuller W A (1972) Estimation of the slope and analysis of covariance when the concomitant variable is measured with error. Journal of the American Statistical Association 67: 930 — 37

Deistler M (1984) Linear errors-in-variables models. In: Franke J, Härdle W, Martin D (eds) Robust and Nonlinear Time Series Analysis. Lecture Notes in Statistics, Springer, Heidelberg

Denton F T, Oksanen E H (1972) A multi-country analysis of effects of data revisions on an econometric model. Journal of the American Statistical Association 67: 286 — 291

Dolby G R (1972) Generalized least squares and maximum likelihood estimation of nonlinear relationships. Journal of the Royal Statistical Society B 34: 393 — 400

Dolby G R (1976) The ultra-structural relation: a synthesis of the functional and structural relations. Biometrica 63: 39 — 50

Dolby G R, Freeman T G (1975) Functional relationships having many independent variables and errors with multivariate normal distribution. Journal of Multivariate Analysis 5: 466 — 479

Dolby G R, Lipton S (1972) Maximum likelihood estimation of the general nonlinear relationship with replicated observations and correlated errors. Biometrika 59: 121 — 129

Dorff N, Gurland J (1961a) Estimation of the parameters of a linear functional relation. Journal of the Royal Statistical Society B 23: 160 — 171

Dorff N, Gurland J (1961b) Small sample behavior of slope estimators in a linear functional relation. Biometrics 17: 283 — 298

Drion E F (1951) Estimation of the parameters of a straight line and of the variances of the variables if they are both subject to error. Indagationes Mathematicae 13: 256 — 260

Duever T A, O'Driscoll K F, Reilly P M (1983) The use of the error-in-variables model in terpolymerization. Journal of Polymer Science: Polymer Chemistry 21: 2003 — 2010

Duncan O D (1966) Path analysis: sociological examples. American Journal of Sociology 72: 1 — 16

Durbin J (1954) Errors in variables. International Statistical Review 22: 23 — 32

Eisner R (1958) The permanent income hypothesis: comment. American Economic Review 48: 972 — 990

Fedorov V V (1974) Regression problems with controllable variables subject to error. Biometrika 61: 49 — 56

Feldstein M (1974) Errors in variables: a consistent estimator with smaller MSE in finite samples. Journal of the American Statistical Association 69: 990 — 996

Fieller E C (1932) The distribution of the index in a normal bivariate population. Biometrika 24: 428 — 440

Fisz M (1980) Wahrscheinlichkeitsrechnung und Mathematische Statistik, 10. Aufl. VEB Deutscher Verlag der Wissenschaften, Berlin

Florens J P, Mouchert M, Richard J F (1974) Bayesian inference in errors-in-variables models. Journal of Multivariate Analysis 4: 419 — 452

Friedman M (1957) A Theory of the Consumption Function. Princeton University Press, Princeton

Frisch R (1934) Statistical Confluence Analysis by Means of Complete Regression Systems. University of Oslo, Institute of Economics, Oslo.

Frohn J (1980) Grundausbildung in Ökonometrie. Walter de Gruyter, Berlin New York

Fuller W A (1977) Some properties of a modification of the limited information estimator. Econometrica 45: 939 — 954

Fuller W A (1980) Properties of some estimators for the errors-in-variables model. Annals of Statistics 8: 407 — 422

Fuller W A (1985) Measurement Error Models. Manuskript, erscheint voraussichtlich bei Wiley, New York

Fuller W A, Hidiroglou M A (1978) Regression estimation after correcting for attenuation. Journal of the American Statistical Association 73: 99 — 104

Gänssler P, Stute W (1977) Wahrscheinlichkeitstheorie. Springer, Heidelberg New York

Galata R (1984) Parametertests im Regressionsmodell mit Fehlern in den Variablen. Forschungsberichte aus dem Institut f. Statistik u. Wissenschaftstheorie der Universität München, Serie Oe Nr. 14

Ganse R A, Amemiya Y, Fuller W A (1983) Prediction when both variables are subject to error, with application to earthquake magnitudes. Journal of the American Statistical Association 78: 761 — 765

Garber S, Klepper S (1980a) Extending the classical normal errors-in-variables model. Econometrica 48: 1541 — 1546

Garber S, Klepper S (1980b) "Administered pricing" or competition coupled with errors of measurement. International Economic Review 21: 413 — 435

Geary R C (1942) Inherent relations between random variables. Proceedings of the Royal Irish Academy A 47: 63 — 76

Geary R C (1943) Relations between statistics: the general and the sampling problem when the samples are large. Proceedings of the Royal Irish Academy A 49: 177 — 196

Geary R C (1948) Studies in relations between economic time series. Journal of the Royal Statistical Society B 10: 140 — 158

Geary R C (1949) Determination of linear relations between systematic parts of variables with errors of observation the variances of which are unknown. Econometrica 17: 30 — 58

Geary R C (1953) Non-linear functional relationship between two variables when one variable is controlled. Journal of the American Statistical Association 48: 94 — 103

Geraci V J (1976) Identification of simultaneous equation models with measurement error. Journal of Econometrics 4: 263 — 283

Geraci V J (1977) Estimation of simultaneous equation models with measurement error. Econometrica 45: 1243 — 1255

Geraci V J (1982) Simultaneous Equation Models With Measurement Error. Garland Publishing, New York London

Geraci V J (1983) Errors in variables and the individual structural equation. International Economic Review 24: 217 — 236.

Gibson W M, Jowett G H (1957) Three-group regression analysis. Part 1: Simple regression analysis. Part 2: Multiple regression analysis. Applied Statistics 6: 114 — 122, 189 — 197

Gini C (1921) Sull' interpolazione di una retta quando i valori della variabile indipendente sono affetti da errori accidentali. Metron 1: 63 — 82

Gleser L J (1981) Estimation in a multivariate "errors-in-variables" regression model: large sample results. Annals of Statistics 9: 24 — 44

Gleser L J (1982) Confidence regions for the slope in a linear errors-in-variables regression model. Technical Report 82-23, Purdue University
Goldberger A S (1964) Econometric Theory. Wiley, New York
Goldberger A S (1972a) Structural equation methods in the social sciences. Econometrica 40: 979 — 1002
Goldberger A S (1972b) Maximum likelihood estimation of regressions containing unobservable independent variables. International Economic Review 13: 1 — 15
Goldberger A S (1973) Efficient estimation in overidentified models: an interpretive analysis. In: Goldberger A S, Duncan O D (eds) Structural Equation Models in the Social Sciences. Chap. 7. Seminar Press, New York, pp 131 — 152
Goldberger A S (1974) Unobservable variables in econometrics. In: Zarembka P (ed) Frontiers in Econometrics. Academic Press, New York, pp 193 — 213
Goldberger A S, Duncan O D (eds) (1973) Structural Equation Models in the Social Sciences. Seminar Press, New York
Granger C W J (1969) Investigating causal relations by econometric models and cross-spectral methods. Econometrica 37: 424 — 438
Greenberg E, Webster C E Jr (1983) Advanced Econometrics. A Bridge to the Literature. Wiley, New York
Grether D M, Maddala G S (1973) Errors in variables and serially correlated disturbances in distributed lag models. Econometrica 41: 255 — 262
Griliches Z (1974) Errors in variables and other unobservables. Econometrica 42: 971 — 998
Griliches Z, Mason W M (1972) Education, income and ability. Journal of Political Economy 80: 74 — 103
Griliches Z, Ringstad V (1970) Errors in the variables bias in nonlinear contexts. Econometrica 38: 368 — 370
Gruber J (1968) Ökonometrische Modelle des Cowles-Commission-Typs: Bau und Interpretation. Parey, Hamburg
Haavelmo T (1950) Remarks on Frisch's confluence analysis and its uses in econometrics. In: Koopmans T C (ed) Statistical Inference In Dynamic Economic Models. Wiley, New York, pp 258 — 265
Halperin M (1961) The fitting of straight lines and prediction when both variables are subject to error. Journal of the American Statistical Association 56: 657 — 669
Halperin M, Gurian J (1971) A note on estimation in straight line regression when both variables are subject to error. Journal of the American Statistical Association 66: 587 — 589
Hanushek E A, Jackson J E (1977) Statistical Methods for Social Scientists. Academic Press, New York
Hauser R M, Goldberger A S (1971) The treatment of unobservable variables in path analysis. In: Costner H L (ed) Sociological Methodology. Jossey-Bass, San Francisco, pp 81 — 117
Hausman J A (1977) Errors in variables in simultaneous equation models. Journal of Econometrics 5: 389 — 401
Hausman J A (1978) Specification tests in econometrics. Econometrica 46: 1251 — 1271
Healy M J R (1958) Variation within individuals in human biology. Human Biology 30: 210 — 218
Healy J D (1980) Maximum likelihood estimation of a multivariate linear functional relationship. Annals of Multivariate Analysis 10: 243 — 251
Hey E N, Hey M H (1960) The statistical estimation of a rectangular hyperbole. Biometrics 16: 606 — 617
Hooper J W, Theil H (1958) The extension of Wald's method of fitting straight lines to multiple regression. Review of the International Statistical Institute 26: 37 — 47
Höschel H-P (1978) Generalized least-squares estimators of linear functional relations with known error covariance. Mathematische Operationsforschung und Statistik, Ser. Statistics 9: 9 — 26
Höschel H-P, Penev S (1980) Least-squares curve fitting for nonlinear models with errors in variables and globally convergent Gauss-Newton procedures. CORE Discussion Paper 8025
Houthakker H S (1958) The permanent income hypothesis. American Economic Review 48: 396 — 409
Hsiao C (1976) Identification and estimation of simultaneous equation models with measurement error. International Economic Review 17: 319 — 339
Hsiao C (1977) Corrigendum. International Economic Review 18: 252
Hsiao C (1977) Identification of a linear dynamic simultaneous error-shock model. International Economic Review 18 No. 1: 181 — 194
Hsiao C (1979) Measurement error in a dynamic simultaneous equation model with stationary disturbances. Econometrica 47: 475 — 494
Hsiao C, Robinson P M (1978) Efficient estimation of a dynamic error-shock model. International Economic Review 19: 467 — 479

Hujer R, Knepel H (1982a) Spezifikation und Schätzung sozio-ökonomischer Indikatormodelle. Allgemeines Statistisches Archiv 66: 174 — 194
Hujer R, Knepel H (1982b) "Unbeobachtbare" Variablen in ökonometrischen Modellen. Das Wirtschaftsstudium 11: 188 — 195
Humak K M S (1983) Statistische Methoden der Modellbildung II. Akademie-Verlag, Berlin
Isogawa Y (1984) Large sample theory for a multivariate structural relationship with replication. Communications in Statistics — Theory and Methods 13: 2111 — 2118
Johnston J (1972) Econometric Methods, 2nd. edn. Mc Graw-Hill, New York
Jolicoeur P (1963) The multivariate generalization of the allometry equation. Biometrics 19: 497 — 499
Jolicoeur P (1968) Interval estimation of the slope of the major axis of a bivariate normal distribution in the case of a small sample. Biometrics 24: 679 — 682
Jolicoeur P (1973) Imaginary confidence limits of the slope of the major axis of a bivariate normal distribution: a sampling experiment. Journal of the American Statistical Association 68: 866 — 871
Jolicoeur P, Heusner A A (1971) The allometry equation in the analysis of the standard oxygen consumption and body weight of the white rat. Biometrics 27: 841 — 855
Jolicoeur P, Mosimann J E (1968) Intervalles de confiance pour la pente de l'axe majeur d'une distribution normale bidimensionelle. Biometrie — Praximetrie 9: 121 — 140
Jöreskog K G (1969) A general approach to confirmatory maximum likelihood factor analysis. Psychometrika 34: 183 — 202
Jöreskog K G (1970) A general method for analysis of covariance structures. Biometrika 57: 239 — 251
Jöreskog K G (1973) A general method for estimating a linear structural equation system. In: Goldberger A S, Duncan O D (eds) Structural Equation Models in the Social Sciences. Chap. 5. Seminar Press, New York, pp 85 — 112
Jöreskog K G (1977) Structural equation models in the social sciences. Specification, estimation and testing. In: Krishnaiah P R (ed) Applications of Statistics. North-Holland, Amsterdam, pp 265 — 287
Jöreskog K, Goldberger A S (1975) Estimation of a model with multiple indicators and multiple causes of a single latent variable. Journal of the American Statistical Association 70: 631 — 639
Jörskog K G, Sörbom D (1977) Statistical models and methods for analysis of longitudinal data. In: Aigner D J, Goldberger A S (eds) Latent Variables In Socio-Economic Models. Chap. 16. North-Holland, Amsterdam, pp 285 — 325
Jöreskog K G, Sörbom D (1981) LISREL V. Analysis of Linear Structural Relationships by Maximum Likelihood and Least Squares Methods. National Educational Resources, Inc., Chicago (distributed by International Educational Services)
Kakwani N C (1972) On the bias in estimates of import demand parameters. International Economic Review 13: 239 — 244
Kalbfleisch J D, Sprott D A (1970) Applications of likelihood methods to models involving large numbers of parameters. Journal of the Royal Statistical Society B 23: 175 — 208
Kalman R E (1960) A new approach to linear filtering and predicition theory. Journal of Basic Engineering 82: 35 — 45
Kalman R E (1983) Identifiability and modeling in econometrics. In: Krishnaiah P R (ed) Developments in Statistics, Vol. 4. Chap. 2. Academic Press, New York, pp 97 — 136
Kalman R E (1984)We can do something about multi-collinearity! Communications in Statistics — Theory and Methods 13: 115 — 125
Kapteyn A, Wansbeek T (1981) Structural methods in functional models. Discussion Paper. Centraal Bureau voor de Statistiek, Voorburg
Kapteyn A, Wansbeek T (1983) Identification in the linear errors-in-variables model. Econometrica 51: 1847 — 1849
Kapteyn A, Wansbeek T (1984) Errors in variables: consistent adjusted least squares (CALS) estimation. Communications in Statistics — Theory and Methods 13: 1811 — 1837
Kemp M C (1962) Errors of measurement and bias in estimates of import demand parameters. The Economic Record 38: 369 — 372
Kendall M G, Stuart A (1977) The Advanced Theory of Statistics, Vol. 1, 4th edn. Charles Griffin, London
Kendall M G, Stuart A (1979) The Advanced Theory of Statistics, Vol. 2, 4th edn. Charles Griffin, London
Ketellapper R H (1982a) The impact of observational errors on parameter estimation in econometrics. Dissertation, Universität Groningen

Ketellapper R H (1982b) Two-stage least squares estimation in the simultaneous equation model with errors in the variables. Review of Economics and Statistics 64: 696 — 701

Ketellapper R H (1983) On estimating parameters in a simple errors-in-variables model. Technometrics 25: 43 — 47

Kiefer J, Wolfowitz J (1956) Consistency of the maximum likelihood estimator in the presence of infinitely many incidental parameters. Annals of Mathematical Statistics 27: 887 — 906

Kirchgässner G (1981) Einige neuere Verfahren zur Erfassung kausaler Beziehungen zwischen Zeitreihen. Vandenhoek und Ruprecht, Göttingen

Klepper S, Leamer E E (1984) Consistent sets of estimates for regressions with errors in all variables. Econometrica 52: 163 — 183

Kmenta J (1983) Kommentar zu Taylor. Econometric Reviews 2: 55 — 60

Knepel H (1981a) Sozioökonomische Indikatormodelle zur Arbeitsmarktanalyse. Campus, Frankfurt

Knepel H (1981b) Modelle mit unbeobachtbaren Variablen. Der PLS-Ansatz. Statistische Hefte 22: 248 — 278

Kohler W K (1985) The impact of measurement errors on OLS estimates of import demand parameters. Jahrbücher für Nationalökonomie und Statistik 200: 173 — 185

Konijn H S (1962) Identification and estimation in a simultaneous equation model with errors in variables. Econometrica 30: 79 — 87

Konijn H S (1981) Maximum likelihood estimator and confidence intervals for a simple errors-in-variables model. Communications in Statistics — Theory and Methods10: 983 — 996

Koopmans T C (1937) Linear regression analysis of economic time series. Publication No. 20 of Netherlands Economic Institute, Haarlem

Krämer W (1982) Asymptotische Verteilungen einiger Schätzverfahren bei Trend und Fehlern in den Variablen. Institut für Höhere Studien, Wien. Unveröffentlicht

Krämer W (1985) Trend in ökonometrischen Modellen. Anton Hain, Königstein/Ts.

Kunitomo N (1983) Notes on estimation of structural equations when the number of excluded exogenous variables is large: connections with linear functional relationships. University of Tokyo, Faculty of Economics. Unveröffentlicht

Kuznets S (1941) National Income and its Composition. National Bureau of Economic Research, New York

Lancaster T (1966) A note on "errors in variables" models. Journal of the American Statistical Association 61: 129 — 135

Langaskens Y, Van Rijikeghem W (1974) A new method to estimate measurement errors in national account statistics: the Belgian case. International Statistical Review 42: 283 — 290

Lawley D N (1940) The estimation of factor loadings by the method of maximum likelihood. Proceedings of the Royal Statistical Society of Edinburgh A 60: 64 — 82

Lawley D N, Maxwell A E (1963) Factor Analysis as a Statistical Method. Butterworth & Co., London

Leamer E E (1978) Least squares versus instrumental variables estimation in a simple errors-in-variables model. Econometrica 46: 961 — 968

Levi M D (1973) Errors in the variables bias in the presence of correctly measured variables. Econometrica 41: 985 — 986

Levi M D (1977) Measurement errors and bounded OLS estimates. Journal of Econometrics 6: 165 — 171

Lindley D V (1947) Regression lines and the linear functional relationship. Journal of the Royal Statistical Society, Supplement 9: 218 — 244

Lindley D V, El-Sayyad G M (1968) The Bayesian estimation of a linear functional relationship. Journal of the Royal Statistical Society B 30: 190 — 202

Liviatan N (1961) Errors in variables and Engel curve analysis. Econometrica 29: 336 — 362

Liviatan N (1963) Tests of the permanent-income hypothesis based on a reinterview savings survey. In: Christ C F et al (eds) Measurement in Economics: Studies in Mathematical Economics and Econometrics in Memory of Yehuda Grunfeld. Stanford University Press, Stanford, Calif., pp 29 — 59

Lösgen K-H (1976) Modell mit einer unbeobachtbaren Variablen. Forschungsberichte aus dem Institut für Statistik und Wissenschaftstheorie der Universität München, Serie Oe, Nr. 5

Madansky W (1959) The fitting of straight lines when both variables are subject to error. Journal of the American Statistical Association 54: 173 — 205

Malinvaud E (1970) Statistical Methods of Econometrics. 2nd. edn. North-Holland, Amsterdam
Malinvaud E (1980) Statistical Methods of Econometrics, 3rd edn. North-Holland, Amsterdam
Maravall A (1979) Identification In Dynamic Shock-Error Models. Springer,Heidelberg
Maravall A, Aigner D J (1977) Identification of the dynamic shock-error model: The case of dynamic regression. In: Aigner D J, Goldberger A S (eds) Latent Variables in Socio-Economic Models. Chap. 18. North-Holland, Amsterdam, pp 349 – 363
Mariano R S (1977) Finite sample properties of instrumental variable estimators of structural coefficients. Econometrica 45: 487 – 496
Mariano R S (1982) Analytic small sample distribution theory in econometrics: the simultaneous equations case. International Economic Review 23: 503 – 533
Mariano R S (1983) Kommentar zu Taylor. Econometric Review 2: 71 – 74
Mayer T (1972) Permanent Income, Wealth, and Consumption. University of California Press, Berkeley, California
McCallum B T (1972) Relative asymptotic bias from errors of omisssion and measurement. Econometrica 40: 757 – 758
McIntyre G A, Brooks C, Compton W, Turek A (1966) The statistical assessment of Rb-Sr isochrons. Journal of Geophysical Research 71: 5459 – 5468
Miller M H, Modigliani F (1966) Some estimates of the cost of capital to the electric utility industry. American Economic Review 56: 333 – 391
Mittag H-J (1986) Modifikation der KQ-Schätzung im Modell mit Fehlern in den Variablen bei endlichem Stichprobenumfang. Diskussionsbeitrag No 104 des Fachbereichs Wirtschaftswissenschaft der FernUniversität Hagen
Modigliani F, Ando A (1960) The "Permanent Income" and the "Life Cycle" hypothesis of saving behaviour: comparison and tests. In: Friend I, Jones R (eds) Study of Consumer Expenditures, Income and Savings (Proc. of the Conference on Consumption and Saving), Vol II. University of Pennsylvania, pp 49 – 174
Moran P A P (1971) Estimating structural and functional relationships. Journal of Multivariate Analysis 1: 232 – 255
Morgenstern O (1963) On the Accuracy of Economic Observations. Princeton University Press, Princeton
Morton R (1981) Efficiency of estimating equations and the use of pivots. Biometrika 68: 227 – 233
Muirhead R J (1982) Aspects of Multivariate Statistical Theory. Wiley, New York
Nair K R, Banerjee K S (1942) A note on fitting of straight lines if both variables are subject to error. Sankhya 6: 331
Nair K R, Shrivastava M P (1942) On a simple method of curve fitting. Sankhya 6: 121 – 132
Newbold P (1978) Feedback induced by measurement errors. International Economic Review 19: 787 – 791
Neyman J (1951) Existence of consistent estimates of the directional parameter in a linear structural relation between two variables. Annals of Mathematical Statistics 22: 497 – 512
Neyman J, Scott E L (1948) Consistent estimates based on partially consistent observations. Econometrica 16: 1 – 32
Neyman J, Scott E L (1951) On certain methods of estimating the linear structural relation. Annals of Mathematical Statistics 22: 352 – 361
Nowak E (1975) Eine einheitliche Methode zur konsistenten Schätzung von Parametern in ökonometrischen Systemen mit Fehlern in den Variablen. Forschungsbericht aus dem Institut für Statistik und Wissenschaftstheorie der Universität München, Serie Oe, No 2
Nowak E (1979) Identifikation in allgemeinen linearen Modellen der Zeitreihenanalyse mit Fehlern in den Variablen. Habilitationsschrift, Universität München
Nowak E (1981) Identifikation und Schätzung ökonometrischer Zeitreihenmodelle mit Fehlern in den Variablen. Zeitschrift für Wirtschafts- und Sozialwissenschaften 101: 519 – 536
Nowak E (1982) Identification of the general infinite lag model with autocorrelated errors in the variables. In: Charatsis E G (ed) Selected Papers on Contemporary Econometric Problems. Chap. 7. The Athens School of Economics and Business Science, Athen, pp 161 – 169
Nowak E (1983) Identification of the dynamic shock-error model with autocorrelated errors. Journal of Econometrics 23, 211 – 221
Nowak E (1985) Global identification of the dynamic shock-error model. Journal of Econometrics 27: 211 – 219

Nussbaum M (1976) Maximum likelihood and least squares estimation of linear functional relationships. Mathematische Operationsforschung und Statistik, Ser. Statistics 7: 23 – 49

Nussbaum M (1977) Asymptotic optimality of estimators of a linear functional relation if the ratio of the error variances is known. Mathematische Operationsforschung und Statistik, Ser. Statistics 8: 173 – 198

Nussbaum M (1978) Asymptotic efficiency of estimators of a multivariate linear functional relation. Vortrag vor der Akademie der Wissenschaften der DDR, Berlin

O'Neill M, Sinclair L G, Smith F J (1969) Polynomial curve fitting when abscissas and ordinates are both subject to error. Computer Journal 12: 52 – 56

Orcutt G (1950) Measurement of price elasticities in international trade. The Review of Economics and Statistics 32: 117 – 132

Pakes A (1979) Aggregation effects and panel data estimation problems: an empirical examination of the R&D intensity decision. Harvard Institute of Economic Research Discussion Paper 699, Cambridge, Mass.

Pakes A (1982) On the asymptotic bias of Wald-type estimators of a straight line when both variables are subject to error. International Economic Review 23: 491 – 497

Pal M (1980a) Consistent moment estimators of regression coefficients in the presence of errors in variables. Journal of Econometrics 14: 349 – 364

Pal M (1980b) Some observations on estimation of bivariate relationships in the presence of errors-in-variables. Sankhya: The Indian Journal of Statistics B 42: 98 – 109

Pal M, Bhaumik M (1979) A note on Bartlett's method of grouping in regression analysis. Technical Report No. ERU/5/79, Indian Statistical Institute, Calcutta

Patefield W M (1977) On the information matrix in the linear functional relationship problem. Applied Statistics 26: 69 – 70

Patefield W M (1978) The unreplicated ultrastructural relation: large sample properties. Biometrika 65: 535 – 540

Patefield W M (1981a) Multivariate linear relationships: maximum likelihood estimation and regression bounds. Journal of the Royal Statistical Society B 43: 342 – 352

Patefield W M (1981b) Confidence intervals for the slope of a linear functional relationship. Communications in Statistics A10: 1759 – 1764

Pauly R (1981) Statistische Analyse ausgewählter Schätzer im kontemporär korrelierten Regressionsmodell mit verzögerten prädeterminierten Variablen: Asymptotische und kleine Stichprobeneigenschaften. Institut für Ökonometrie und Operations Research, Universität Bonn

Pauly R (1983) Offene versus vollständige Modellbildung in der Ökonometrie. Statistische Hefte 24: 21 – 45

Pauly R (1984) Statistische Analyse ausgewählter Schätzer im kontemporär korrelierten Regressionsmodell mit prädeterminiertem verzögerten Regressor und autokorrelierten Fehlern. Statistische Hefte 25: 107 – 134

Pearson K (1901) On lines and planes of closest fit to systems of points in space. Phil. Mag. Ser. 6: 559 – 572

Phillips P C B (1980) The exact finite sample density of instrumental variable estimation in an equation with $n+1$ endogenous variables. Econometrica 48: 861 – 878

Phillips P C B (1983) Exact small sample theory in the simultaneous equations model. In: Griliches Z, Intriligator M L (eds) Handbook of Econometrics, Vol. 1. Chap. 8. North-Holland, Amsterdam

Pudney S E (1982) Estimating latent variable systems when specification is uncertain: Generalized component analysis and the eliminant method. Journal of the American Statistical Association 77: 883 – 889

Ramsey J B (1969) Tests for specification errors in classical linear least squares regression analysis. Journal of the Royal Statistical Society B 31: 350 – 371

Rao C R (1966) Characterisation of the distribution of random variables in linear structural relations. Sankhya 28: 251 – 260

Rao C R (1967) On vector variables with a linear structure and a characterisation of the multivariate normal distribution. Bulletin de l'Institut International de Statistique 42: 1207 – 1213

Rao C R (1969) A decomposition theorem for vector variables with a linear structure. The Annals of Mathematical Statistics 40: 1845 – 1849

Rao P (1973) Some notes on the errors-in-variables model. The American Statistician 27: 217 – 218

Reiersøl O (1941) Confluence analysis by means of lag moments and other methods of confluence analysis. Econometrica 9: 1 – 24

Reiersøl O (1945) Confluence analysis by means of instrumental sets of variables. Arkiv för Matematik, Astronomie och Fysik A 32: 119

Reiersøl O (1950) Identifiability of a linear relation between variables which are subject to error. Econometrica 18: 375 — 389

Reilly P M, Patino-Leal H (1981) A Bayesian study of the error-in-variables model. Technometrics 23: 221 — 231

Richardson D H, Wu D M (1970) Least squares and grouping method estimators in the errors-in-variables model. Journal of the American Statistical Association 65: 724 — 748

Rinne H (1969a) Die Verläßlichkeit von Sozialproduktdaten auf der Basis ihrer Revisionen. Eine ökonometrische Studie, dargestellt am Beispiel der Bundesrepublik Deutschland. A. Hain, Meisenheim

Rinne H (1969b) On revision in national accounts estimates. Review of Income and Wealth 15: 229 — 245

Robertson C A (1974) Large-sample theory for the linear structural relation. Biometrika 61: 353 — 359

Robinson P M (1974) Identification, estimation and large-sample theory for regressions containing unobserved variables. International Economic Review 15: 680 — 692

Robinson P M (1977) The estimation of a multivariate linear relation. Journal of Multivariate Analysis 7: 409 — 423

Robins P K, West R W (1977) Measurement errors in the estimation of home value. Journal of the American Statistical Association 72: 290 — 294

Rothenberg T J (1972) The asymptotic distribution of the least squares estimator in the errors-in-variables model. Unveröffentlichtes Manuskript (mimeo)

Rothenberg T J (1983) Asymptotic properties of some estimators in structural models. In: Karlin S, Amemiya T, Goodman L A (eds) Studies in Econometrics, Time Series, and Multivariate Statistics. Academic Press, New York, pp 153 — 168

Rothenberg T J (1984) Approximating the distributions of econometric estimators and test statistics. In: Griliches Z, Intriligator M D (eds) Handbook of Econometrics, Vol. II. Chap. 15. North-Holland, Amsterdam, pp 881 — 935

Rubin H (1956) Uniform convergence of random functions with applications to statistics. Annals of Mathematical Statistics 27: 200 — 203

Sargan J D (1958) The estimation of economic relationships using instrumental variables. Econometrica 26: 393 — 415

Sargan J D (1976) Econometric estimators and the Edgeworth approximation. Econometrica 44: 421 — 448

Sargan J D (1982) On Monte Carlo estimates of moments that are infinite. In: Basmann R L, Rhodes G F (eds) Advances in Econometrics, Vol. 1. JAI Press, London, pp 267 — 299

Scheffé H (1958) Fitting straight lines when one variable is controlled. Journal of the American Statistical Association 53: 106 — 117

Schneeweiß H (1976) Consistent estimation of a regression with errors in the variables. Metrika 23: 101 — 115

Schneeweiß H (1978) Ökonometrie, 3. Aufl. Physica, Würzburg

Schneeweiß H (1980a) Different asymptotic variances for the same estimator in a regression with errors in the variables. Methods of Operation Research 36: 249 — 269

Schneeweiß H (1980b) Modelle mit Fehlern in den Variablen. Methods of Operations Research 37: 41 — 77

Schneeweiß H (1982a) A simple regression model with trend and error in the exogenous variable. In: Deistler M, Fürst E, Schwödiauer G (eds) Games, Economic Dynamics, and Time Series Analysis. Physica, Würzburg, pp 347 — 358

Schneeweiß H (1982b) Note on Creasy's confidence limits for the gradient in the linear functional relationship. Journal of Multivariate Analysis 12: 155 — 158

Schneeweiß H (1983) An efficient linear combination of estimators in a regression with errors in the variables. In: Beckmann M J, Eichhorn W, Krelle W (eds) Mathematische Systeme in der Ökonomie. Athenäum Verlag, Königstein/Ts, pp 479 — 489

Schneeweiß H (1985) Estimating linear relations with errors in the variables: The merging of two approaches. In: Schneeweiß H, Strecker H (eds) Contributions to Econometrics and Statistics Today — in memoriam Günter Menges. Springer, Heidelberg, pp 207 — 221

Schneeweiß H, Mittag H-J (1979) Ökonometrische Modelle mit Fehlern in den Variablen. FernUniversität Hagen

Schneeweiß H, Witschel H (1981) A linear combination of estimators in an errors-in-variables model — a Monte Carlo study. In: Büning H, Naeve P (eds) Computational Statistics. Walter de Gruyter, Berlin, pp 263 — 280
Schönfeld P (1969) Methoden der Ökonometrie, Bd. 1. Vahlen, Berlin
Schönfeld P (1971) Methoden der Ökonometrie, Bd. 2. Vahlen, Berlin
Schultz H (1938) The Theory and Measurement of Demand. The University of Chicago Press, Chicago, Ill.
Scobie G M, Johnson P R (1975) Estimation of the elasticity of substitution in the presence of errors of measurement. Journal of Econometrics 3: 51 — 56
Scott E L (1950) Note on consistent estimates of the linear structural relation between two variables. Annals of Mathematical Statistics 21: 284 — 288
Sil S, Bhaumik M, Pal M (1981) A note on optimum grouping estimator in an heteroscedastic model. Technical Report ERU (2/81), Indian Statistical Institute, Calcutta
Solari M E (1969) The "Maximum Likelihood Solution" of the problem of estimating a linear functional relationship. Journal of the Royal Statistical Society B 31: 372 — 375
Spiegelman C (1979) On estimating the slope of a straight line when both variables are subject to error. Annals of Statistics 7: 201 — 206
Sprent P (1966) A generalized least-squares approach to linear functional relationships. Journal of the Royal Statistical Society B 28: 278 — 297
Sprent P (1969) Models in Regression and Related Topics. Methuen, London
Sprent P (1970) The saddle point of the likelihood surface for a linear functional relationship. Journal of the Royal Statistical Society B 32: 432 — 434
Sprott D A, Viveros R (1985). The estimation of ratios and related quantities. In: Schneeweiß H, Strecker H (eds) Contributions to Econometrics and Statistics Today — in memoriam Günter Menges. Springer, Heidelberg, pp 242 — 251
Strecker H (1980) Model for the decomposition of errors in statistical data into components, and the ascertainment of respondent errors by means of accuracy checks. Jahrbücher für Nationalökonomie und Statistik 195: 385 — 420
Strecker H, Wiegert R, Peeters J, Kafka K (1983) Messung der Antwortvariabilität auf Grund von Erhebungsmodellen mit Wiederholungszählungen. Reihe: Angewandte Statistik und Ökonometrie, Vandenhoek und Ruprecht, Göttingen
Strecker H, Wiegert R (1985) Estimation of the response variance in surveys. In: Schneeweiß H, Strecker H (eds) Contributions to Econometrics and Statistics Today. Springer, Heidelberg, pp 267 — 288
Stroud W F (1972) Comparing conditional means and variances in a regression model with measurement errors of known variances. Journal of the American Statistical Association 67: 407 — 412
Summers R (1959) A note on least squares bias in household expenditure analysis. Econometrica 27: 121 — 126
Taylor W E (1983) On the relevance of finite sample distribution theory. Econometric Review 2: 1 — 39
Than Pe (1982) Exact non-null distribution of a test of correlation in the context of linear functional relationship models. Mathematische Schriften, Gesamthochschule Kassel
Theil H (1950) A rank-invariant method of linear and polynomial regression analysis. Nederland. Akad. Wetenschapen Proc. A 53:383 — 392, 521 — 525, 1397 — 1412. Reprint in Indagationes Math. 12:85 — 91, 173 — 177, 467 — 482
Theil H, van Yzeren J (1956) On the efficiency of Wald's method of fitting straight lines. Review of the International Statistical Institute 24: 17 — 26
Theobald C M (1975) An inequaltity with application to multivariate analysis. Biometrika 62: 461 — 466 sowie Biometrika 63: 685
Theobald C M (1978) Comparative calibration, linear structural relationships and congeneric measurements. Biometrics 34: 39 — 45
Thurstone L L (1931) Multiple factor analysis. Psychological Review 38: 406 — 427
Thurstone L L (1947) Multiple Factor Analysis. The University of Chicago Press, Chicago, Ill.
Timm N H (1975) Multivariate Analysis with Applications in Education and Psychology. Wadsworth Publishing, Monterey, Cal.
Tintner G (1940) The Variate Difference Method. Principia Press, Bloomington, Ind.
Tintner G (1944) An application of the variate difference method to multiple regression. Econometrica 12: 97 — 113

Tintner G (1945) A note on rank, multicollinearity, and multiple regression. Annals of Mathematical Statistics 16: 304 – 308
Tintner G (1946) Multiple regression for systems of equations. Econometrica 14: 5 – 32
Tintner G (1952) Econometrics. Wiley, New York
Tintner G, Wörgötter G (1979) Ein empirischer Test der Annahme der permanenten Einkommenshypothese von Milton Friedman. Empirica 1: 23 – 45
Tukey J W (1951) Components in regression. Biometrics 7: 33 – 70
van Uven M J (1930) Adjustment of *N* points (in *n*-dimensional space) II. Koninklyke Academie van Wetenschappen to Amsterdam, Proc Sect Sci 33: 307 – 326
Villegas C (1961) Maximum likelihood estimation of a linear functional relationship. Annals of Mathematical Statistics 32: 1048 – 1062
Villegas C (1964) Confidence region for a linear relation. Annals of Mathematical Statistics 35: 780 – 788
Villegas C (1966) On the asymptotic efficiency of least squares estimators. Annals of Mathematical Statistics 37: 1676 – 1683
Wald A (1940) Fitting of straight lines if both variables are subject to error. Annals of Mathematical Statistics 11: 284 – 300
Ware J H (1972) Fitting straight lines when both variables are subject to error and the ranks of the means are known. Journal of the American Statistical Association 67: 891 – 897
Warren R D, White J K, Fuller W A (1974) An errors-in-variables analysis of managerial role performance. Journal of the American Statistical Association 69: 886 – 93
Wickens M R (1972) A note on the use of proxy variables. Econometrica 40: 759 – 761
Willassen Y (1979) Extension of some results by Reiersøl to multivariate models. Scandinavian Journal of Statistics 6: 89 – 91
Williams E J (1959) Regression Analysis. Wiley, New York
Williams E J (1973) Tests of correlation in multivariate analysis. Bulletin of the International Statistical Institute 45: Proceedings of the 39th Session, Book 4, pp 219 – 232
Witting H, Nölle G (1970) Angewandte Mathematische Statistik. Teubner, Stuttgart
Wold H (1975) Soft modeling by latent variables: The non-linear iterative partial least squares (NIPALS) approach. In: Gani J (ed) Perspectives In Probability and Statistics. Academic Press, London, pp 117 – 142
Wold H (1977) Open path models with latent variables. The NIPALS approach. In: Albach H, Helmstädter E, Henn R (eds) Quantitative Wirtschaftsforschung. J C B Mohr, Tübingen, pp 729 – 754
Wold H (1979) Model construction and evaluation when theoretical knowledge is scarce. An example of the use of partial least squares. Cahiers du Département d'Econométrie, Genf
Wolfowitz J (1952) Consistent estimators of the parameters of a linear structural relation. Skandinavisk Aktuarietidskrift 35: 132 – 151
Wolfowitz J (1957) The minimum distance method. The Annals of Mathematical Statistics 28: 75 – 88
Wolter K M, Fuller W A (1982a) Estimation of the quadratic errors-in-variables model. Biometrika 69: 175 – 182
Wolter K M, Fuller W A (1982b) Estimation of nonlinear errors-in-variables models. Annals of Statistics 10: 539 – 548
Wright S (1921) Correlation and causation. Journal of the Agricultural Research 20: 557 – 585
Wright S (1934) The method of path coefficients. American Mathematical Society 5: 161 – 215
Wright S (1960) The treatment of reciprocal interaction, with or without lag, in path analysis. Biometrics 16: 423 – 445
Wright S (1968) Evolution and the Genetics of Populations. Vol 1: Genetic and Biometric Foundations. Chicago, Ill.
Wu D (1973) Alternative tests of independence between stochastic regressors and disturbances. Econometrica 41: 733 – 750
Wu D (1974) Alternative tests of independence between stochastic regressors and disturbances: finite sample results. Econometrica 42: 529 – 546
Wu M, Ware J H, Feinlaub M (1980) On the relation between blood pressure change and initial value. Journal of Chronic Disease 30: 637 – 644
Zellner A (1970) Estimation of regression relationships containing unobservable variables. International Economic Review 11: 441 – 454

Zellner A (1971) An Introduction to Bayesian Inference in Econometrics. Wiley, New York
Zellner A, Theil H (1962) Three-stage least squares: simultaneous estimation of simultaneous equations. Econometrica 30: 54 – 78

Autorenverzeichnis

Sachverzeichnis

GPSR Compliance

The European Union's (EU) General Product Safety Regulation (GPSR) is a set of rules that requires consumer products to be safe and our obligations to ensure this.

If you have any concerns about our products, you can contact us on ProductSafety@springernature.com

In case Publisher is established outside the EU, the EU authorized representative is:

Springer Nature Customer Service Center GmbH
Europaplatz 3
69115 Heidelberg, Germany

Batch number: 10578397

Printed by Printforce, the Netherlands

Schneeweiß / Mittag: Lineare Modelle mit fehlerbehafteten Daten

Statistische Daten enthalten in der Regel Meß- oder Beobachtungsfehler („Fehler in den Variablen“). Dieses fachübergreifend angelegte Buch befaßt sich mit Modellen, bei denen solche Fehler explizit berücksichtigt werden. Es zeigt auf, welche unerwünschten Auswirkungen fehlerbehaftete Daten auf die Parameterschätzung in linearen Modellen haben und führt in Methoden ein, die solche Auswirkungen kompensieren. Die Theorie wird ergänzt durch zahlreiche praxisnahe Anwendungsbeispiele, u.a. aus den Fachgebieten Ökonometrie, Sozialwissenschaften, Biometrie, Medizin, Agrarwissenschaften, Geophysik, Luft- und Raumfahrt. Aufgrund zahlreicher Übungsaufgaben, einschließlich ausführlicher Lösungen, eignet sich dieses umfassende Werk besonders für das Selbststudium. Es wendet sich sowohl an Praktiker als auch an Studenten und Wissenschaftler.

Hans Schneeweiß. Geboren 1933. Studium der Mathematik und Physik. 1960 Promotion an der Johann-Wolfgang-Goethe-Universität in Frankfurt zum Dr. phil.nat. Von 1959 – 1965 Assistent am statistischen Lehrstuhl der Rechts- und Wirtschaftswissenschaftlichen Fakultät der Universität des Saarlandes, Saarbrücken. 1964 Verleihung der Venia legendi für die Fächer Statistik und Ökonometrie. 1965 – 1973 ordentlicher Professor für Statistik und Ökonometrie an der Universität des Saarlandes. Seit 1973 an der Ludwig-Maximilians-Universität München. Autor mehrerer Publikationen.

Hans-Joachim Mittag. Geboren 1948. Studium der Mathematik mit naturwissenschaftlichem Zweitfach. 1973 erste Staatsprüfung für das Höhere Lehramt. Referendarausbildung in Wiesbaden. Nach dem zweiten Staatsexamen tätig als Gymnasiallehrer in Wiesbaden. 1977 Übernahme einer Assistentenstelle an der Fernuniversität Hagen. Seit Mai 1979 dort Akademischer Rat am Lehrgebiet Statistik und Ökonometrie. Autor / Koautor verschiedener Fernstudienkurse.

ISBN 3-7908-0320-0
9 783790 803204 90000
ISBN 3-7908-0320-0